Klaus Lucas

Angewandte Statistische Thermodynamik

Mit 156 Abbildungen und 93 Beispielen

Springer-Verlag Berlin Heidelberg GmbH

Professor Dr.-Ing. Klaus Lucas

Fachgebiet Thermodynamik
Universität Duisburg
Lotharstraße 1
4100 Duisburg 1

ISBN 978-3-662-05752-0   ISBN 978-3-662-05751-3 (eBook)
DOI 10.1007/978-3-662-05751-3

·CIP-Kurztitelaufnahme der Deutschen Bibliothek
Lucas, Klaus:
Angewandte Statistische Thermodynamik/Klaus Lucas.
Berlin, Heidelberg, New York, London, Paris, Tokyo: Springer, 1986.

Für
Gabi, Hanno und Elena

Vorwort

Die thermodynamischen Eigenschaften fluider Systeme sind von interdisziplinärem Interesse. Entsprechend wendet sich dieses Buch an einen interdisziplinären Leserkreis, zu dem neben Ingenieuren auch Chemiker, Physiker und anwendungsorientierte Mathematiker gehören mögen, soweit sie über das Grundsätzliche hinaus an praktischen thermodynamischen Rechnungen interessiert sind.

Die Klassische Thermodynamik stellt ein allgemeines Netzwerk von Beziehungen bereit, das die thermodynamischen Gleichgewichtszustände beschreibt. Sie gibt jedoch keine Hinweise auf explizite Gleichungen für die thermodynamischen Funktionen, z. B. die thermische Zustandsgleichung oder die Abhängigkeit der Aktivitätskoeffizienten in einer fluiden Mischung von Zusammensetzuung, Temperatur und Druck. Diese notwendigen zusätzlichen Informationen sind systemspezifisch und müssen daher grundsätzlich aus Messungen an dem betrachteten System gewonnen werden. Da in der Regel nur einige wenige Daten zur Verfügung stehen bzw. aufgenommen werden können, kommt es darauf an, von diesen wenigen Daten den bestmöglichen Gebrauch zu machen, d. h. sie gegebenenfalls weit über den durch Messungen abgedeckten Bereich hinaus zu extrapolieren. Zu diesem Zweck benötigt man systemspezifische Gleichungen, also solche die dem betrachteten System in seinem molekularen Aufbau weitgehend physikalisch angepaßt sind. Die Entwicklung solcher Gleichungen für die thermodynamischen Funktionen auf der Grundlage von Molekülmodellen ist Aufgabe der Angewandten Statistischen Thermodynamik.

Dieses Buch enthält eine integrierte Darstellung der Theorie und Anwendung der Statistischen Thermodynamik. Im deutschen wie auch im internationalen Schrifttum besteht ein bisher nicht überbrückter Graben zwischen den für Anfänger geschriebenen Lehrbüchern über Statistische Thermodynamik auf der einen und den für Anfänger ungeeigneten diesbezüglichen Monographien und Originalveröffentlichungen auf der anderen Seite. Wird in den elementaren Lehrbüchern nur ein unzureichender Eindruck von den Anwendungen dieser Theorie gegeben, so bietet das mit komplizierteren Anwendungen befaßte Schrifttum in der Regel auf Grund seiner kompakten Darstellung keine ausreichende Hilfe bei der Einarbeitung in die Materie. Das vorliegende Buch verfolgt demgegenüber das Ziel, den Leser von den elementaren und auf das wirklich Notwendige beschränkten Grundlagen der molekularen Theorie zu den heutigen, computergestützten Anwendungen der Statistischen Thermodynamik auf bereits recht komplizierte und praktisch wichtige Systeme zu führen. Es ist in sieben Kapitel gegliedert. In Kap. 1 werden die wichtigsten Beziehungen der Klassischen Thermodynamik einfacher Systeme angegeben und die typischen Schwächen rein empirischer Gleichungen für die thermodynamischen Funktionen anhand einiger Beispiele aufgezeigt. Die Modellierung des Einzelmoleküls und seiner Wechselwirkung mit anderen erfordert einige Grundkenntnisse in der Quantenmechanik, die in Kap. 2 vermittelt werden. Ebenfalls in Kap. 2 werden die Grundlagen der Statistischen Mechanik bereitgestellt, die die Brücke zwischen den Eigenschaften eines Kollektivs von Molekülen und seinen thermodynamischen Funktionen liefert. Erste Anwendungen beziehen sich auf das ideale Gas, dessen thermodynamische Funktionen in Kap. 3 anhand von Zahlenbeispielen für einige Moleküle berechnet werden. Rechnungen dieser Art sind heute bereits für recht komplizierte, vielatomige Moleküle möglich. Für die meisten darüber hinausgehenden Anwendungen der Statistischen Thermodynamik benötigt man die Kraftwirkungen zwischen den Molekülen. Diesbezügliche Modelle in Termen molekularer Parameter werden in Kap. 4 auf quantenmechanischer Grundlage entwickelt. Sie sind auf starre Moleküle beschränkt. Reale Gase aus starren Molekülen, deren thermodynamische Funktionen im wesentlichen exakt mit den intermolekularen Kräften zwischen je zwei oder höchstens drei Molekülen verknüpft sind, werden in Kap. 5 abgehandelt. Hier wird deutlich, daß man mit Hilfe der Statistischen Thermodynamik Gasdaten mit hoher Genauigkeit inter- und extrapolieren kann. Für Flüssigkeiten können die Gleichungen der Statistischen Thermodynamik bei realistischen Wechselwirkungsmodellen nicht exakt ausgewertet werden. Man ist daher auf Approximationen angewiesen. Die beiden wichtigsten, das Prinzip korrespondierender Zustände und die Störungstheorie, werden in Kap. 6 aus den exakten statistischen Gleichungen entwickelt. In Kap. 7 werden diese Erkenntnisse auf Mischphasen erweitert.

Die vorliegende Darstellung ist auf den primär an den praktischen Anwendungen interessierten Leser zugeschnitten. Die schwierigen physikalischen und mathematischen Grundlagen der Statistischen Mechanik und der Quantenmechanik werden daher nur in bescheidenem Umfang entwickelt. Mathematische Ableitungen erstrecken sich grundsätzlich nur auf solche Gleichungen, die in den Anwendungen wirklich benötigt werden. Sie werden nicht in einer möglichst knappen und eleganten Form angegeben, sondern in ausreichend dichten und einfachen mathematischen Zwischenschritten, um dem angesprochenen Leserkreis eine wirkliche Hilfe bei der Einarbeitung zu geben. Besondere Bedeutung wird der zahlenmäßigen Auswertung der statistischen Gleichungen beigemessen. Hierzu dienen zahlreiche Beispiele, die auch illustrieren, was man heute mit der Angewandten Statistischen Thermodynamik praktisch erreichen kann. In einigen Fällen sind die Beispiele so ausgearbeitet, daß sie vom Leser mühelos nachvollzogen werden und als Kontrolle seines Lernerfolges dienen können. In anderen Fällen sind es Ergebnisse numerischer Rechnungen an Großrechenanlagen, deren Reproduktion mühsam, aber zur Überprüfung der eigenen Rechenprogramme geeignet ist.

Bei der Abfassung des Manuskriptes und der Ausarbeitung der Beispiele haben mich die derzeitigen und früheren Mitarbeiter meines Institutes in vielfältiger Weise unterstützt. Besonders verpflichtet bin ich den Herren Dr.-Ing. W. Ameling, Dr.-Ing. M. Luckas, Dr.-Ing. B. Moser und Dr. rer. nat. K. P.

Shukla für ihre zahlreichen Beiträge, ohne die dieses Buch nicht hätte geschrieben werden können. Beim Lesen der Korrekturen und kleineren Rechnungen haben mich die Herren Dipl.-Ing. H. Marquardt und Dipl.-Ing. M. Ripke tatkräftig unterstützt. Auch ihnen möchte ich an dieser Stelle herzlich danken. Frau K. Henschel hat mit großer Kompetenz, Sorgfalt und Geduld die mühsame und langwierige Reinschrift besorgt, wofür ich ihr herzlich dankbar bin. Dem Springer-Verlag schließlich danke ich für die stets angenehme Zusammenarbeit und die Sorgfalt bei der Herstellung des Buches.

Duisburg, im Juli 1986   K. Lucas

Inhaltsverzeichnis

6   Flüssigkeiten   306

Formelzeichen

A	freie Energie, Helmholtz-Potential
a_i	Aktivität der Komponente i
B	großkanonisches Potential, zweiter Virialkoeffizient
C	dritter Virialkoeffizient
C	Lichtgeschwindigkeit
C_p	isobare Wärmekapazität
c_v	isochore Wärmekapazität
d	Hartkugeldurchmesser
E	Energie, Entwicklungskoeffizient
F	Kraft
f	Fugazität, Mayer-Funktion
G	freie Enthalpie, Gibbs-Potential
$g(r)$	Paarkorrelationsfunktion
g	Entartungsgrad
H	Enthalpie, Hamilton-Funktion
H_i	Henry-Koeffizient der Komponente i
h	Plancksches Wirkungsquantum
I	Trägheitsmoment
i	$\sqrt{-1}$
k	Boltzmann-Konstante
m	Masse
N	Molekülzahl, Molzahl
N_L	Loschmidt-Zahl
n	Moleküldichte
P	Wahrscheinlichkeit
p	Druck, Impuls
Q	kanonische Zustandssumme, Multipolmoment
q	Molekülzustandssumme
R	Gaskonstante
r	Abstand
S	Entropie
T	thermodynamische Temperatur
U	innere Energie, potentielle Energie, intermolekulare Energiefunktion
V	Volumen
$\tilde{V}$	Wechselwirkungsoperator

v	Geschwindigkeit
x	Molenbruch, Koordinatenrichtung
y	Koordinatenrichtung, Packungsdichte des Hartkörperfluids
Z	Konfigurationsintegral, Realfaktor
z	Koordinatenrichtung

Griechische Buchstaben

α	Dipol-Polarisierbarkeit, Antikugelparameter
β	$1/kT$
ε	Potentialparameter, Energie
ϕ	Paarpotential
φ	Fugazitätskoeffizient
κ	Anisotropie der Dipol-Polarisierbarkeit
λ	Wellenlänge, Eigenwert, Störparameter
γ_i	Aktivitätskoeffizient der Komponente i
ν	stöchiometrischer Koeffizient, Frequenz
μ	chemisches Potential, Dipolmoment
μ^0	Joule-Thomson-Koeffizient
ψ	Wellenfunktion
Π	Polarisierbarkeitstensor
ω	Orientierungswinkel, azentrischer Faktor
Ω	Oktopolmoment, Kollisionsintegral
θ	Quadrupolmoment, charakteristische Temperatur
σ	Potentialparameter, Symmetriezahl
η	Viskosität, Packungsdichte des Hartkugelfluids
Ξ	großkanonische Zustandssumme

Indizes und Suffizes

a, b	Abstoßungszentren („Sites")
c	kritischer Punkt, konfigurationelle Größe
d	Hartkugel
E	Exzeß
el	Elektronen
G	Gas
h	Hartkörper
i, j	Komponente i, j im Gemisch, Quantenzustände
id	ideales Gas
iL	ideale Lösung
ir	innere Rotation
ivL	ideal verdünnte Lösung
Korr	Korrekturen
L	Flüssigkeit
ntr	nichttranslatorisch

o	Referenzwert
oi	reine Komponente i
P	Störbeitrag
r	Rotation, reduziert
ref	Referenzzustand
res	residuell
s	Sättigung
tr	translatorisch
v	Schwingung
$''$	Dampf
$'$	siedende Flüssigkeit
$*$	konjugiert komplex, dimensionslos
$\sim$	Operator
α, β, κ	Komponenten, Phasen

1 Die Klassische Thermodynamik einfacher Systeme

In den Anwendungen der Thermodynamik spielen Materialeigenschaften von Fluiden eine überragende Rolle. Die Kreisprozesse der Energieumwandlungsanlagen und die in ihnen umgesetzten Prozeßenergien werden in starkem Maße durch Zustandsgrößen wie das Volumen, die Enthalpie und die Entropie der Arbeitsmedien beeinflußt. In der Technischen Thermodynamik [1–6] wird gezeigt, wie diese Zustandsgrößen in die Prozeßberechnung eingehen. Verfahrenstechnische Anlagen beruhen in ihrer Wirkungsweise oft auf Phasen- und Reaktionsgleichgewichten in Gemischen. In der Chemischen Thermodynamik werden die einschlägigen thermodynamischen Bedingungen für solche Gleichgewichtszustände durch thermodynamische Funktionen, insbesondere das chemische Potential, allgemein formuliert [7–12]. Insgesamt sind diese verschiedenen Aspekte des Materialverhaltens fluider Systeme durch ein abgeschlossenes und wohl dokumentiertes Netzwerk von allgemeinen Gleichungen erfaßt: das Gleichungsgerüst der Klassischen Thermodynamik.

Für praktische Rechnungen ist dieses Formelgerüst durch explizite Gleichungen für die thermodynamischen Funktionen, z. B. eine thermische Zustandsgleichung oder eine Gleichung für das chemische Potential in Abhängigkeit von Temperatur, Druck und Zusammensetzung, zu ergänzen. Die Klassische Thermodynamik liefert keinen Hinweis auf den mathematischen Aufbau solcher Gleichungen. Praktisch postuliert man daher mehr oder weniger einfache mathematische Funktionen und paßt ihre Parameter an Daten an. Da in typischen Anwendungsfällen, insbesondere in Gemischen, immer nur wenige Daten verfügbar sind, bzw. aufgenommen werden können, kommt es darauf an, aus diesem begrenzten Datenmaterial möglichst viel Aufschluß über die thermodynamischen Eigenschaften des Systems abzulesen. Dies ist nur dann möglich, wenn der prinzipielle Aufbau der Gleichungen bereits ein Maximum an Information über das System enthält, d. h. auf das betrachtete System zugeschnitten ist. Die anzupassenden Parameter müssen hierzu eine klare physikalische Bedeutung haben und zahlenmäßig wenige sein. Nur dann kann man erwarten, für sie physikalisch sinnvolle Zahlenwerte aus einer Anpassung an Meßwerte zu gewinnen und vernünftige Extrapolationen in nicht vermessene Bereiche durchführen zu können. In der Regel kennt man für jedes betrachtete System die beteiligten Moleküle, und man kann einige Aussagen über ihren Aufbau und ihre Eigenschaften machen. Diese Informationen in Berechnungsgleichungen für die thermodynamischen Funktionen einzubauen ist die Aufgabe der Statistischen Thermodynamik.

1.1 Grundlegende Beschreibung des Materialverhaltens durch thermodynamische Zustandsgrößen

Durch Einführung geeigneter thermodynamischer Zustandsgrößen läßt sich das Materialverhalten eines Fluids grundlegend, d. h. ohne Einschränkung auf ein spezielles System, beschreiben.

Nach dem ersten Hauptsatz der Thermodynamik ändert sich die innere Energie eines Systems in dem Maße, indem Energie in ihren verschiedenen Erscheinungsformen über seine Grenzen transferiert wird. Beschränkt man sich auf Systeme ohne komplizierte innere Spannungen, ohne elektromagnetische Felder und ohne nennenswerte Schwerkraft- und Oberflächeneffekte, so läßt sich das Differential der inneren Energie U grundlegend durch die folgende Beziehung darstellen:

$$\mathrm{d}U = T\,\mathrm{d}S - p\,\mathrm{d}V + \sum \mu_\mathrm{j}\,\mathrm{d}N_\mathrm{j}. \tag{1.1.1}$$

Dies ist die Gibbssche Fundamentalgleichung für einfache Systeme. Die meisten Fluide der Energie- und Verfahrenstechnik sind solche einfachen Systeme, wenn man von der wichtigen Ausnahme der Blasen- und Tröpfchensysteme absieht. Die grundlegenden Variablen der Energiefunktion U sind die Entropie S, das Volumen V und die Gesamtheit der Molekülzahlen bzw., wenn durch die Loschmidt-Zahl dividiert, der Molzahlen oder Substanzmengen der Komponenten $\{N_\mathrm{j}\}$. Sie sind die Koordinaten, die sich in einem einfachen System bei Energietransfer über die Systemgrenze primär verändern. Die zugeordneten, grundlegenden Intensitätsgrößen sind die Temperatur $T = (\partial U/\partial S)_{V,\,\{N_\mathrm{j}\}}$, der Druck $p = -(\partial U/\partial V)_{S,\,\{N_\mathrm{j}\}}$ und das chemische Potential $\mu_\mathrm{j} = (\partial U/\partial N_\mathrm{j})_{S,\,V,\,N_\mathrm{j}^*}$, wobei N_j^* das Konstanthalten aller Molekülzahlen bzw. Molzahlen außer N_j und $\{N_\mathrm{j}\}$ die Menge aller N_j bedeutet. Sie geben an, mit welcher Intensität die innere Energie reagiert, wenn die Entropie bzw. das Volumen bzw. die Substanzmenge einer Komponente verändert werden. Die Gibbssche Fundamentalgleichung ist grundlegend in dem Sinne, daß bei ihrer Entwicklung keine stoffspezifischen Einschränkungen gemacht wurden. Sie liefert damit prinzipiell allgemeine, d. h. nicht auf einzelne Fluide beschränkte Beziehungen für das Materialverhalten einfacher Systeme. Die unabhängigen Variablen dieser Energiefunktion, also die Zustandsgrößen S, V und N_j sind für praktische Rechnungen allerdings ungeeignet. Sie sind vorzugeben für ein abgeschlossenes System, d. h. ein System, über dessen Grenzen weder Energie noch Materie transportiert werden können. Solche Systeme spielen in den praktischen Anwendungen der Thermodynamik eine untergeordnete Rolle. Durch geeignete mathematische Operationen, die Legendre-Transformationen, kann man jedoch von der Energiefunktion in Termen von S, V und N_j auf andere, gleichwertige Funktionen in Termen anderer unabhängiger Variablen übergehen [13]. Die wichtigsten der auf diese Weise abzuleitenden thermodynamischen Potentiale sind die freie Energie oder auch das Helmholtz-Potential,

$$A(T, V, \{N_\mathrm{j}\}) = U - TS, \tag{1.1.2}$$

mit dem Differential

$$\mathrm{d}A = -S\,\mathrm{d}T - p\,\mathrm{d}V + \sum \mu_j\,\mathrm{d}N_j \tag{1.1.3}$$

und die freie Enthalpie oder auch das Gibbs-Potential

$$G(T, p, \{N_j\}) = U + pV - TS \tag{1.1.4}$$

mit dem Differential

$$\mathrm{d}G = -S\,\mathrm{d}T + V\,\mathrm{d}p + \sum \mu_j\,\mathrm{d}N_j. \tag{1.1.5}$$

Das Differential der freien Energie in Termen von T, V, $\{N_j\}$ und das Differential der freien Enthalpie in Termen von T, p und $\{N_j\}$ sind fundamentale Beziehungen vom gleichen Range wie die Gibbssche Fundamentalgleichung. Es lassen sich daher sämtliche thermodynamischen Zustandsgrößen aus ihnen als Funktion der entsprechenden Variablen berechnen. So findet man z. B. für die Enthalpie $H = U + pV$ als Funktion von T, p, $\{N_j\}$ die Berechnungsgleichung

$$H(T, p, \{N_j\}) = G - T\left(\frac{\partial G}{\partial T}\right)_{p,\{N_j\}} = \left(\frac{\partial (G/T)}{\partial (1/T)}\right)_{p,\{N_j\}}, \tag{1.1.6}$$

eine Beziehung, die auch als Gibbs-Helmholtz-Gleichung bekannt ist. Für den Druck als Funktion von T, V und $\{N_j\}$, die sogenannte thermische Zustandsgleichung, ergibt sich:

$$p(T, V, \{N_j\}) = -\left(\frac{\partial A}{\partial V}\right)_{T,\{N_j\}}. \tag{1.1.7}$$

Die wichtigste Größe schließlich, das chemische Potential μ_j, berechnet sich nach

$$\mu_j(T, V, \{N_j\}) = \left(\frac{\partial A}{\partial N_j}\right)_{T,V,N_j^*} \tag{1.1.8}$$

beziehungsweise

$$\mu_j(T, p, \{x_j\}) = \left(\frac{\partial G}{\partial N_j}\right)_{T,p,N_j^*} \tag{1.1.9}$$

mit $\{x_j\}$ als der Menge aller Molenbrüche der Komponenten.

Nach dem zweiten Hauptsatz ist der Gleichgewichtszustand in einem abgeschlossenen System durch das Maximum der Entropie definiert. Diese Bedingung läßt sich umformulieren in die Bedingungen des Minimums der freien Energie bei festen Werten von T, V und $\{N_j\}$, bzw. des Minimums der freien Enthalpie bei festen Werten von T, p und $\{N_j\}$. In heterogenen Systemen ergeben sich daraus die folgenden Bedingungsgleichungen für das Gleichgewicht zwischen den verschiedenen Phasen α, β, ...

$$T^{(\alpha)} = T^{(\beta)} = \ldots \tag{1.1.10}$$

$$p^{(\alpha)} = p^{(\beta)} = \ldots \tag{1.1.11}$$

$$\mu_j^{(\alpha)} = \mu_j^{(\beta)} = \ldots, \tag{1.1.12}$$

wobei die Bedingung der gleichen chemischen Potentiale für alle Komponenten j die Zusammensetzung der verschiedenen Phasen steuert. In homogenen Systemen mit chemischen Reaktionen unterliegt das isotherm-isobare Reaktionsgleichgewicht der Bedingung:

$$G = \sum_j N_i \mu_i = \text{Minimum} \tag{1.1.13}$$

mit N_i als den Molzahlen im Gleichgewicht. Die freie Enthalpie wird unter Beachtung der Stoffbilanzen auf Grund der Atomzahlerhaltung der Elemente minimiert. In einfachen Fällen rechnet man mit der aus (1.1.13) ableitbaren Form

$$0 = \sum \mu_i \nu_i \tag{1.1.14}$$

mit ν_i als dem stöchiometrischen Koeffizienten der Komponente i. Im allgemeinen Falle sind Phasen- und Reaktionsgleichgewichte einander überlagert und es laufen mehrere Reaktionen gleichzeitig ab. Auch bei solch komplizierten Gleichgewichten sind die Gleichungen (1.1.10) bis (1.1.13) bzw. (1.1.14) ein hinreichendes System von Bedingungen für die Verteilung der verschiedenen Komponenten auf die verschiedenen Phasen.

1.2 Einführung experimentell zugänglicher Funktionen

Die allgemeinen Beziehungen des Abschn. 1.1 stellen ein prinzipiell vollständiges Gleichungssystem zur Beschreibung des Materialverhaltens einfacher Systeme dar. Praktisch ist dieses Gleichungssystem nicht ohne weiteres anwendbar, da die Klassische Thermodynamik keine Zahlenwerte für die thermodynamischen Potentiale liefert. Man ist daher auf Messungen angewiesen. Die thermodynamischen Potentiale $A(T, V, \{N_j\})$ und $G(T, p, \{N_j\})$ sind für ein gegebenes Fluid nicht direkt experimentell bestimmbar. Experimentell zugänglich sind dagegen die thermische Zustandsfläche $p(T, V, \{N_j\})$, Gleichgewichtsdaten im Verdampfungs-, Schmelz- und Entmischungsgleichgewicht sowie die Prozeßenergien Wärme und Arbeit.

1.2.1 Thermische Zustandsfläche im gesamten Zustandsgebiet

Zur Berechnung thermodynamischer Funktionen aus der thermischen Zustandsgleichung $p(T, V, \{N_j\})$ führt man residuelle Zustandsgrößen ein, nach

$$X^{\text{res}}(T, V, \{N_j\}) = X(T, V, \{N_j\}) - X^{\text{id}}(T, V, \{N_j\}) \tag{1.2.1}$$

bzw.

$$X^{\text{res}}(T, p, \{N_j\}) = X(T, p, \{N_j\}) - X^{\text{id}}(T, p, \{N_j\}). \tag{1.2.2}$$

Hier bedeutet X^{id} die Zustandsgröße X, ausgewertet bei $T, V, \{N_j\}$ bzw. $T, p, \{N_j\}$, unter Verwendung der universellen thermischen Zustandsgleichung für das ideale

Gas, d. h.

$$(pV)^{\mathrm{id}} = NRT \tag{1.2.3}$$

Mit N als der Molzahl, bzw.

$$(pV^{\mathrm{id}}) = NkT \tag{1.2.4}$$

mit N als der Molekülzahl.

Hier ist R die universelle Gaskonstante, k die Boltzmann-Konstante und es gilt

$$R = kN_{\mathrm{L}} \tag{1.2.5}$$

mit N_{L} als der Loschmidt-Zahl. Man findet daher für die residuelle freie Energie:

$$A^{\mathrm{res}}(T, V, \{N_{\mathrm{j}}\}) = -\int_{\infty}^{V} \left[p(T, V, \{N_{\mathrm{j}}\}) - \frac{NRT}{V} \right] \mathrm{d}V \tag{1.2.6}$$

und für die residuelle freie Enthalpie:

$$G^{\mathrm{res}}(T, p, \{N_{\mathrm{j}}\}) = \int_{0}^{p} \left[V - \frac{NRT}{p} \right] \mathrm{d}p. \tag{1.2.7}$$

Für die Volumenabhängigkeit der freien Energie bei konstanter Temperatur und konstanten Molzahlen ergibt sich

$$\begin{aligned} A(T, V, \{N_{\mathrm{j}}\}) &- A(T, V^{\circ}, \{N_{\mathrm{j}}\}) \\ &= A^{\mathrm{res}}(T, V, \{N_{\mathrm{j}})\} - A^{\mathrm{res}}(T, V^{\circ}, \{N_{\mathrm{j}}\}) - NRT \ln \frac{V}{V^{\circ}} \end{aligned} \tag{1.2.8}$$

bzw. entsprechend für die Druckabhängigkeit der freien Enthalpie bei konstanter Temperatur und konstanten Molzahlen:

$$\begin{aligned} G(T, p, \{N_{\mathrm{j}}\}) &- G(T, p^{\circ}, \{N_{\mathrm{j}}\}) \\ &= G^{\mathrm{res}}(T, p, \{N_{\mathrm{j}}\}) - G^{\mathrm{res}}(T, p^{\circ}, \{N_{\mathrm{j}}\}) + NRT \ln \frac{p}{p^{\circ}}. \end{aligned} \tag{1.2.9}$$

Die Druck- bzw. Volumenabhängigkeit der thermodynamischen Funktionen ist damit durch die thermische Zustandsfläche festgelegt. Die Temperaturabhängigkeit der thermodynamischen Funktionen läßt sich durch die aus Wärmemessungen zugängliche Wärmekapazität erfassen, nach

$$C_{\mathrm{V}} = \left(\frac{\partial U}{\partial T} \right)_{\mathrm{V}, \{N_{\mathrm{j}}\}} \tag{1.2.10}$$

bzw.

$$C_{\mathrm{p}} = \left(\frac{\partial H}{\partial T} \right)_{\mathrm{p}, \{N_{\mathrm{j}}\}}. \tag{1.2.11}$$

Da die Differenz zweier Zustandsgrößen nicht von dem mathematischen Weg abhängt, auf dem sie gebildet wird, kann man die Temperaturänderung in den idealen Gaszustand verlegen. Damit ist die Temperatur- und Dichteabhängigkeit der freien Energie bzw. die Temperatur- und Druckabhängigkeit der freien Enthalpie aus der Wärmekapazität im idealen Gaszustand und der thermischen Zustandsgleichung berechenbar. In paraktischen Rechnungen benutzt man nicht die thermodynamischen Potentiale, sondern andere technisch wichtige Funktionen. Es gilt z. B. für die Entropie:

$$S(T, V, \{N_j\}) - S(T^o, V^o, \{N_j\})$$

$$= \int_{T^o}^{T} \frac{C_V^{id}}{T} \, dT + S^{res}(T, V, \{N_j\}) - S^{res}(T^o, V^o, \{N_j\}) + NR \ln \frac{V}{V^o}$$

$$(1.2.12)$$

mit entsprechenden Beziehungen für die Enthalpie und die innere Energie. Die Phasengleichgewichtsbedingungen, (1.1.10) bis (1.1.12) lassen sich ausschließlich, d. h. ohne Hinzuziehen der Wärmekapazität, in Termen der thermischen Zustandsfläche formulieren. Man schreibt dazu das Gleichungssystem um, zu

$$T^{(\alpha)} = T^{(\beta)} = \ldots = T \tag{1.2.13}$$

$$p^{(\alpha)} = p^{res}(T, n^{(\alpha)}, \{x_i^{(\alpha)}\}) + n^{(\alpha)} kT = p^{(\beta)}$$
$$= p^{res}(T, n^{(\beta)}, \{x_i^{(\beta)}\}) + n^{(\beta)} kT = \ldots \tag{1.2.14}$$

$$\mu_j^{res,\,\alpha}(T, n^{(\alpha)}, \{x_i^{(\alpha)}\}) + RT \ln(x_j^{(\alpha)} n^{(\alpha)})$$
$$= \mu_j^{res,\,\beta}(T, n^{(\beta)}, \{x_i^{(\beta)}\}) + RT \ln(x_j^{(\beta)} n^{(\beta)}) = \ldots \tag{1.2.15}$$

wobei

$$\mu_j^{res}(T, n, \{x_i\}) = a^{res}(T, n, \{x_i\}) + \frac{p^{res}(T, n, \{x_i\})}{n} + \left(\frac{\partial a^{res}(T, n, \{x_i\})}{\partial x_j}\right)_{T, n, x_j^*}$$

$$- \sum_{i=1}^{\kappa} x_i \left(\frac{\partial a^{res}(T, n, \{x_i\})}{\partial x_i}\right)_{T, n, x_j^*} . \tag{1.2.16}$$

Hier bedeuten $\{x_i^{(\alpha)}\}$ alle Molenbrüche der beteiligten Komponenten in der Phase α. Entsprechend ist $n^{(\alpha)} = (N/V)^{(\alpha)}$ die Moleküldichte bzw. für $N = N_L$ die Moldichte der Phase α. Die Ableitungen der residuellen freien Energie nach dem Molenbruch einer Komponente in (1.2.16) sind für konstante Molenbrüche aller anderen Komponenten zu bilden. Die Endgleichung in Termen der thermischen Zustandsfläche folgt aus (1.2.6). Die thermodynamische Bedingung für das Reaktionsgleichgewicht (1.1.13), benötigt zusätzlich zur Wärmekapazität im idealen Gaszustand und der thermischen Zustandsfläche noch die aus Wärmemessungen zugänglichen Bildungsenthalpien der Komponenten, die ihre willkürlichen Energiebezugspunkte aufeinander abstimmen. Entsprechende experimentelle Daten für die Entropie sind prinzipiell entbehrlich, da der Entropie durch den dritten Hauptsatz der Thermodynamik ein fester Nullpunkt für $T = 0\,K$ zugeordnet wird. Praktisch werden Standardentropien eingeführt. Die thermische Zustandsgleichung in Verbindung mit der Wärmekapazität im idealen Gaszustand sowie den Bildungsenthalpien der beteiligten Komponenten erlauben die vollständige Berechnung des thermodynamischen Materialverhaltens eines fluiden Gemisches.

1.2.2 Thermische Zustandsfläche im Gas, Hilfsfunktionen in der Flüssigkeit

Die Beschreibung des Materialverhaltens einfacher Systeme durch die thermische Zustandsfläche ist nicht immer der praktisch sinnvollste Weg. Insbesondere bei niedrigen Drücken beschränkt man sich oft auf die Benutzung einer thermischen Zustandsgleichung für das Gasgebiet und führt zur Beschreibung der thermodynamischen Eigenschaften im flüssigen Zustand besondere Hilfsfunktionen ein. Ausgangspunkt für die Definition solcher Hilfsfunktionen ist die Reduktion des chemischen Potentials auf geeignete Referenz- oder Standardzustände in Gas und Flüssigkeit. Für Gasgemische ist ein naheliegender Referenzzustand das Gemisch idealer Gase. Für das chemische Potential einer Komponente i in einem realen Gasgemisch schreibt man daher:

$$\mu_i(T, p, \{x_j\}) = \mu_i^{id}(T, p, x_i) + RT \ln \frac{f_i(T, p, \{x_j\})}{f_i^{id}(T, p, x_i)}$$

$$= \mu_i^{id}(T, p, x_i) + RT \ln \phi_i(T, p, \{x_j\}). \tag{1.2.17}$$

Hierin ist $f_i(T, p, \{x_j\})$ die Fugazität der Komponente i in dem realen Gasgemisch und f_i^{id} die entsprechende Größe im idealen Gasgemisch, d. h.

$$f_i^{id}(T, p, x_i) = x_i\, p. \tag{1.2.18}$$

Mit $\phi_i = f_i / f_i^{id}$ ist der Fugazitätskoeffizient bezeichnet. Er berechnet sich aus der thermischen Zustandsfläche $p(T, V, \{N_j\})$ nach

$$\ln \phi_i = \int\limits_V^\infty \left[\frac{V}{RT} \left(\frac{\partial p}{\partial N_i} \right)_{T, V, N_i^*} - 1 \right] \frac{\mathrm{d}V}{V} - \ln \frac{pV}{NRT}. \tag{1.2.19}$$

Für Komponenten flüssiger Gemische sind für verschiedene Anwendungsfälle unterschiedliche Referenzzustände sinnvoll. Wir beschränken uns der Einfachheit halber auf binäre Systeme und schreiben allgemein für das chemische Potential einer Komponente i in einer flüssigen Mischphase:

$$\mu_i(T, p, x_j) = \mu_i^o(T, p) + RT \ln \frac{f_i(T, p, x_i)}{f_i^o(T, p)}. \tag{1.2.20}$$

Hier ist $\mu_i^o(T, p)$ das chemische Potential der Komponente i in einem reinen Referenzzustand ($x_i = 1$) mit der zugehörigen Fugazität $f_i^o(T, p)$. Wenn die reine Komponente i bei Temperatur und Druck der Mischphase im selben Aggregatzustand wie das Gemisch vorliegt, also ebenfalls flüssig ist, dann ist dies der geeignete Standardzustand. Es gilt dann für das chemische Potential mit $\mu_i^o(T, p) = \mu_{oi}(T, p)$ und $f_i^o(T, p) = f_{oi}(T, p)$

$$\mu_i(T, p, x_i) = \mu_{oi}(T, p) + RT \ln \frac{f_i(T, p, x_i)}{f_{oi}(T, p)}. \tag{1.2.21}$$

Ist hingegen die reine Komponente i bei Temperatur und Druck des Gemisches nicht flüssig, sondern z. B. gasförmig oder fest wie bei der Lösung von Gasen bzw.

Festkörpern in Flüssigkeiten, so ist der reine Zustand dieser Komponente bei Temperatur und Druck des Gemisches kein geeigneter Referenzzustand zur Beschreibung des chemischen Potentials dieser Komponente in der flüssigen Mischung. Man benutzt hier als hypothetischen Reinstoffzustand dieser Komponente denjenigen Zustand, bei dem die Fugazität definiert ist durch

$$f_i^{o,\,ivL}(T, p) = \lim_{x_i \to 1} f_i^{ivL} = H_i(T, p).$$

(1.2.22)

Hierbei kennzeichnet der Suffix *ivL* den Grenzfall der ideal verdünnten Lösung, d.h. die reale Lösung im Grenzfall $x_i \to 0$, in dem für die Fugazität gilt

$$f_i^{ivL}(T, p, x_i) = x_i H_i(T, p),$$

(1.2.23)

wobei $H_i(T, p)$ der Henry-Koeffizient ist. Für das chemische Potential der Komponente *i* in diesem hypothetischen flüssigen Reinstoffzustand gilt:

$$\mu_i^{o,\,ivL}(T, p) = \mu_{oi}^{id}(T, p) + RT \ln \frac{H_i(T, p)}{p}$$

(1.2.24)

und das chemische Potential dieser Komponente in der flüssigen Mischung läßt sich ausdrücken durch

$$\mu_i(T, p, x_i) = \mu_i^{o,\,ivL}(T, p) + RT \ln \frac{f_i(T, p, x_i)}{H_i(T, p)}.$$

(1.2.25)

Für das residuelle chemische Potential gilt allgemein

$$\mu_i^{res}(T, p, x_i) = RT \ln \frac{f_i(T, p, x_i)}{x_i\, p}.$$

(1.2.26)

Damit stehen der Henry-Koeffizient $H_i(T, p)$ und die Reinstoffugazität $f_{oi}(T, p)$ in einfachen Zusammenhängen zu Grenzwerten des residuellen chemischen Potential der Komponente *i* nach

$$RT \ln \frac{H_i(T, p)}{p} = \lim_{x_i \to 0} \mu_i^{res}(T, p, x_i) = \mu_i^{res,\,ivL}(T, p)$$

(1.2.27)

und

$$RT \ln \frac{f_{oi}(T, p)}{p} = \lim_{x_i \to 1} \mu_i^{res}(T, p, x_i) = \mu_{oi}^{res}(T, p).$$

(1.2.28)

Die realen Reinstoffzustände der Komponenten sind besonders angenehme Referenzzustände, da ihre Eigenschaften grundsätzlich ohne Messungen an Gemischdaten ermittelt werden können. Insbesondere ist die Verallgemeinerung von binären auf polynäre Gemische formal trivial. Man legt sie daher auch oft der Beschreibung von Verdampfungsgleichgewichten zugrunde, obwohl dann in der Regel die reine, leichter siedende Komponente nicht als Flüssigkeit existiert. Bei niedrigen Temperaturen und Drücken, insbesondere in genügender Entfernung vom kritischen Gebiet der Mischphase, kann man die Eigenschaften der leichter siedenden, reinen Komponente bei der Temperatur des Gemisches, aber einem etwas höheren Druck, z.B. ihrem Sattdampfdruck, leicht ermitteln. Da die Eigenschaften reiner Flüssigkeiten nicht stark vom Druck abhängen, kann man die so ermittelten Eigenschaften auf die entsprechenden einer hypothetischen, reinen Flüssigkeit bei Temperatur und Druck des Gemisches mit guter Genauigkeit umrechnen. Damit wird de facto auch für die leichter siedende Komponente der einfache Reinstoffzustand als Referenzzustand zugrunde gelegt. In einer solchen Anwendung können daher auch im Verdampfungsgleichgewicht die chemischen Potentiale aller Komponenten durch (1.2.20) beschrieben werden. Das Verhältnis von Fugazität in der Mischphase zu Reinstoffugazität nennt man auch Aktivität, nach

$$a_i^{oi}(T, p, x_i) = \frac{f_i(T, p, x_i)}{f_{oi}} \qquad (1.2.29)$$

und führt mit

$$\gamma_i^{oi}(T, p, x_i) = a_i^{oi}/x_i \qquad (1.2.30)$$

den Aktivitätskoeffizienten ein. Der Suffix *oi* kennzeichnet den zugrunde gelegten Referenzzustand. Viele Verdampfungsgleichgewichte bei niedrigen Drücken lassen sich damit nach Einführung von Fugazitäts- und Aktivitätskoeffizienten einfach durch die folgende Formulierung der Gleichgewichtsbeziehung (1.1.12) beschreiben:

$$x_i'' p = x_i' \gamma_{oi}(T, p, x_i) \, p_{soi} F_i \qquad (1.2.31)$$

mit

$$F_i = \frac{\phi_{oi}''(T, p_{soi})}{\phi_i''(T, p, x_i)} \exp \int_{p_{soi}}^{p} \frac{v_{oi}}{RT} \, dp. \qquad (1.2.32)$$

Hierbei bedeuten x_i'' und x_i' den Molenbruch der Komponente *i* im Dampf bzw. in der Flüssigkeit, ϕ_{oi}'' den Fugazitätskoeffizienten des reinen Dampfes *i*, ϕ_i'' den Fugazitätskoeffizienten der Komponente *i* im Gasgemisch, v_{oi} das Molvolumen der reinen flüssigen Komponente *i* und p_{soi} den Dampfdruck der reinen Komponente *i*. Diese und die entsprechenden Gleichungen für die anderen Phasengleichgewichte, z. B. Entmischungsgleichgewichte in Flüssigkeiten und Schmelzgleichgewichte können dazu dienen, aus bekannten Gleichungen für die Temperatur- und Konzentrationsabhängigkeit der Aktivitätskoeffizienten die Gleichgewichte zu berechnen. Andererseits kann man mit ihrer Hilfe aus Gleichgewichtsdaten Aktivitätskoeffizienten ermitteln und zur Korrelation der Gleichgewichtsdaten sowie, in einfachen Fällen, zur Extrapolation auf andere Eigenschaften der flüssigen Mischung verwenden. Nach der Homogenitätsrelation

$$G(T, p, N_j) = \sum N_i \, \mu_i(T, p, x_i) \qquad (1.2.33)$$

ist die freie Enthalpie aus den chemischen Potentialen berechenbar. Damit ergeben sich letztlich sämtliche thermodynamischen Eigenschaften flüssiger Gemische aus den Aktivitätskoeffizienten ihrer Komponenten. Praktisch stellt man jedoch häufig fest, daß die Temperatur-, Druck- und Konzentrationsabhängigkeit der Aktivitätskoeffizienten nicht genügend genau aus Meßdaten, z. B. solchen des Verdampfungsgleichgewichtes, ermittelt werden kann, um daraus andere thermodynamische Eigenschaften der Flüssigkeit oder Gleichgewichte bei anderen Temperaturen zu berechnen. Für genaue Rechnungen sind zusätzliche Meßwerte der flüssigen Phase erforderlich. Zur Motivation geeigneter zusätzlicher Meßwerte führt man mit $\gamma_i^{oi} = 1$ das Konzept der idealen Lösung als Referenzgemisch ein. Für das chemische Potential einer Komponente i in einer idealen Lösung gilt daher nach (1.2.21):

$$\mu_i^{iL}(T, p, x_i) = \mu_{oi}(T, p) + RT \ln x_i, \tag{1.2.34}$$

und für die thermodynamischen Eigenschaften folgt daraus:

$$h^{iL}(T, p, x_i) = \sum x_i h_{oi}(T, p) \tag{1.2.35}$$

$$v^{iL}(T, p, x_i) = \sum x_i v_{oi}(T, p) \tag{1.2.36}$$

$$s^{iL}(T, p, x_i) = \sum x_i s_{oi}(T, p) - R \sum x_i \ln x_i \tag{1.2.37}$$

$$g^{iL}(T, p, x_i) = \sum x_i g_{oi}(T, p) + RT \sum x_i \ln x_i. \tag{1.2.38}$$

Die thermodynamischen Eigenschaften realer Mischphasen werden durch Addition von Korrekturfunktionen, sogenannten Exzeßgrößen, auf die der idealen Lösung zurückgeführt, nach

$$h(T, p, x_i) = \sum x_i h_{oi}(T, p) + h^E(T, p, x_i) \tag{1.2.39}$$

$$v(T, p, x_i) = \sum x_i v_{oi}(T, p) + v^E(T, p, x_i) \tag{1.2.40}$$

$$s(T, p, x_i) = \sum x_i s_{oi}(T, p) - R \sum x_i \ln x_i + s^E(T, p, x_i) \tag{1.2.41}$$

$$g(T, p, x_i) = \sum x_i g_{oi}(T, p) + RT \sum x_i \ln x_i + g^E(T, p, x_i). \tag{1.2.42}$$

Nach diesen Gleichungen werden die thermodynamischen Eigenschaften einer flüssigen Mischung in erster Näherung aus denen der idealen Lösung und damit aus den Reinstoffeigenschaften berechnet. Allgemein ist diese Formulierung der Thermodynamik fluider Gemische nur sinnvoll, wenn alle Reinstoffe bei Temperatur und Druck des Gemisches im selben Aggregatzustand, also z. B. flüssig sind. Bei der Lösung von Gasen und Feststoffen in Flüssigkeiten bezieht man h^E auf 1 mol gelöster Substanz und spricht von Lösungsenthalpien. In manchen technischen Anwendungen sind die Näherungswerte der idealen Lösung bereits ausreichend. Für genaue Rechnungen werden die Exzeßfunktionen h^E und v^E, die direkt meßbar sind, hinzugefügt. Ihr formaler Zusammenhang mit den Aktivitätskoeffizienten ergibt sich aus der Beziehung

$$\left(\frac{\partial N g^E}{\partial N_i} \right)_{T, p, N_i^*} = RT \ln \gamma_i \tag{1.2.43}$$

sowie den allgemeinen Beziehungen zwischen g^E und h^E bzw. v^E, das heißt

$$\left(\frac{\partial (g^E/T)}{\partial (1/T)} \right)_{p, x} = h^E \tag{1.2.44}$$

und

$$\left(\frac{\partial g^E}{\partial p}\right)_{T,x} = v^E = \left(\frac{\partial h^E}{\partial p}\right)_{T,x} + T\left(\frac{\partial v^E}{\partial T}\right)_{p,x}. \tag{1.2.45}$$

Die Exzeßfunktionen v^E, h^E können recht genau und einfach direkt gemessen werden und g^E ist aus Gleichgewichtsdaten berechenbar. Die Eigenschaften einer flüssigen Mischung sind damit experimentell zugänglich. Man hat im übrigen damit sehr sensible Daten zur Überprüfung einer Theorie oder eines Modells für das Materialverhalten eines fluiden Gemisches zur Verfügung. Insbesondere gilt für die freie Exzeßenergie bei T, p, x_i:

$$\begin{aligned}
a^E(T, p, x_i) = {}& a^{res}[T, v(T, p, x_i), x_i] - RT \ln v(T, p, x_i) \\
& - \sum x_i \{a_{oi}^{res}[T, v(T, p)] - RT \ln v_{oi}(T, p)\}. \tag{1.2.46}
\end{aligned}$$

Da die residuelle freie Energie aus einer thermischen Zustandsfläche berechenbar ist, gilt dies auch für alle anderen isobaren Exzeßfunktionen. Der Vergleich mit gemessenen Daten stellt einen strengen Test für die Qualität der thermischen Zustandsgleichung dar.

In Verdampfungsgleichgewichten bei hohen Drücken sind die Referenzzustände der reinen Komponenten nicht für alle Komponenten sinnvoll. Hier ist die Berechnung mit einer konsistenten thermischen Zustandsgleichung im gesamten fluiden Bereich die Methode der Wahl. Bei niedrigen Drücken, aber sehr stark unterschiedlichen Eigenschaften der Komponenten bezeichnet man das Phasengleichgewicht oft als Löslichkeit, z. B. Löslichkeit eines Gases in einer Flüssigkeit, eines Feststoffes in einem Gas usw. Diese Gleichgewichte sind durch sehr kleine Konzentrationen der leichter siedenden Komponente in der kondensierten Phase sowie der schwerer siedenden Komponenten in der Gasphase gekennzeichnet. In solchen Anwendungen ist der durch (1.2.22) definierte Referenzzustand für die leichter flüchtige Komponente adäquat. Für das Verhältnis von Fugazität in der Mischphase zu Henry-Koeffizient führen wir wieder die Aktivität ein, nach

$$a_i^{o,\,ivL}(T, p, x_i) = \frac{f_i(T, p, x_i)}{H_i(T, p)} \tag{1.2.47}$$

bzw. mit

$$\gamma_i^{o,\,ivL}(T, p, x_i) = a_i^{o,\,ivL}/x_i \tag{1.2.48}$$

den Aktivitätskoeffizienten, beide nun bezogen auf die Verhältnisse in der ideal verdünnten Lösung. Für das chemische Potential gilt dann nach (1.2.25):

$$\mu_i(T, p, x_i) = \mu_i^{o,\,ivL}(T, p) + RT \ln x_i + RT \ln \gamma_i^{o,\,ivL} \tag{1.2.49}$$

und das Phasengleichgewicht für die Lösung eines Gases in einer Flüssigkeit wird beschrieben durch

$$x_i^G p \, \phi_i^G(T, p, x_i) = x_i^L H_i(T, p) \, \gamma_i^{o,\,ivL}(T, p, x_i), \tag{1.2.50}$$

wobei die Suffizes G und L das Gas bzw. die Flüssigkeit kennzeichnen. Für die Löslichkeit der schwer flüchtigen Komponente im Gas gelten weiterhin (1.2.31) und (1.2.32), da hierfür der reine flüssige Zustand der geeignete Standardzustand ist.

Insgesamt steht damit wiederum ein allgemeingültiges System von Beziehungen für das Materialverhalten und die thermodynamischen Funktionen in Termen experimentell zugänglicher Größen wie der thermischen Zustandsfläche in der Gasphase, der Exzeßfunktionen sowie der Aktivitätskoeffizienten und Henry-Koeffizienten zur Verfügung. Diese Beziehungen werden praktisch in Termen der unabhängigen Variablen T, p und $\{x_i\}$ benutzt. Thermische Zustandsgleichungen und die Beziehungen der Statistischen Thernmodynamik verwenden statt des Druckes die Dichte. Bei der Definition der Fugazität ist dann für den Grenzwert des idealen Gases p durch nRT zu ersetzen, wobei n die Moldichte der jeweiligen Phase, in Flüssigkeiten also die der Flüssigkeit, ist.

1.3 Empirische Rechenmodelle

Die Beschreibung des thermodynamischen Materialverhaltens durch die experimentellen Ausgangsdaten wie die thermische Zustandsfläche, die Wärmekapazität, Phasengleichgewichtsdaten und die Exzeßfunktionen beinhaltet Differentiationen nach und Integrationen über die gewählten unabhängigen Variablen. Man benötigt also analytische Funktionen zur Darstellung und Interpolation des experimentellen Datenmaterials. Hierzu können grundsätzlich rein empirische Funktionen, z. B. Polynome oder nach mathematisch-statistischen Verfahren ausgewählte Funktionstypen benutzt werden, deren Konstanten an die Meßwerte angepaßt werden. Die grundsätzlichen Grenzen solcher empirischer Rechenmodelle zeigen bereits einige wenige typische Ergebnisse für binäre Systeme. Polynäre Systeme werden in diesem Buch nicht behandelt, da die Anwendung der Statistischen Thermodynamik bereits durch Rechnungen an reinen Stoffen und binären Systemen klar dargestellt werden kann.

Die Aufstellung einer empirischen thermischen Zustandsgleichung für ein fluides Gemisch in einem großen Zustandsbereich ist ein zeitraubendes und praktisch nur in Einzelfällen lösbares Problem. Man hat einen geeigneten mathematischen Ansatz zu wählen und dessen Konstanten für die reinen Komponenten des betrachteten Systems an p-V-T-Daten in den homogenen Zustandsgebieten Gas und Flüssigkeit sowie an die Sättigungsdaten wie Dampfdruck, Siededichte und Taudichte anzupassen. Nach Möglichkeit werden auch Meßwerte kalorischer Zustandsgrößen wie der Verdampfungsenthalpie und der Wärmekapazität hinzugezogen. Die Konzentrationsabhängigkeit wird durch empirische Mischungsregeln für die Reinstoffparameter eingeführt, wobei diese Mischungsregeln an Daten des Gemisches, z. B. Daten des Verdampfungsgleichgewichts, angepaßt werden. Als Beispiel für die Beschreibung des Materialverhaltens mit einer in dieser Weise entwickelten, komplizierten thermischen Zustandsgleichung werden in Tabelle 1.1 und den Bildern 1.1 und 1.2 Rechenergebnisse nach der Bender-Gleichung [14] mit 20 empirischen Parametern und Meßwerte für die Systeme Sauerstoff–Argon und Argon–Stickstoff sowie die reinen Komponenten miteinander verglichen. Tabelle 1.1 zeigt die Standardabweichungen für den Druck und die Dichte der reinen Komponenten in den verschiedenen Zustandsbereichen. Der Index c bedeutet kritischer Zustand, die Suffizes V, L und s kennzeichnen den Dampf, die Flüssigkeit und den Sättigungszustand. Die Abweichungen liegen

Tabelle 1.1. Standardabweichungen für Druck σ_p und Dichte σ_n der thermischen Zustandsgleichung von Bender [14] für die reinen Fluide Stickstoff, Argon und Sauerstoff in den verschiedenen Zustandsbereichen

	Stickstoff	Argon	Sauerstoff
Gasgebiet	$\sigma_p = 0{,}2\,\%$	$\sigma_p = 0{,}2\,\%$	$\sigma_p = 0{,}1\,\%$
$T > T_c: n < n_c$	$\sigma_n = 0{,}3\,\%$	$\sigma_n = 0{,}3\,\%$	$\sigma_n = 0{,}2\,\%$
$T < T_c: n < n^{V,s}$			
Flüssigkeitsgebiet			
$T > T_c: n > n_c$	$\sigma_p = 1{,}4\,\%$	$\sigma_p = 2{,}1\,\%$	$\sigma_p = 1{,}3\,\%$
$T < T_c: n > n^{L,s}$	$\sigma_n = 0{,}2\,\%$	$\sigma_n = 0{,}2\,\%$	$\sigma_n = 0{,}1\,\%$
Kritisches Gebiet			
$T \leq 1{,}25\,T_c$	$\sigma_p = 0{,}8\,\%$	$\sigma_p = 0{,}5\,\%$	$\sigma_p = 0{,}3\,\%$
$0{,}66\,n_c < n < 1{,}5\,n_c$	$\sigma_n = 1{,}5\,\%$	$\sigma_n = 1{,}3\,\%$	$\sigma_n = 0{,}9\,\%$
T_{min} in K	63,14	83,78	82
T_{max} in K	1073	1073	373
p_{max} in bar	500	500	355
n_{max}	$2{,}80\,n_c$	$2{,}66\,n_c$	$2{,}86\,n_c$

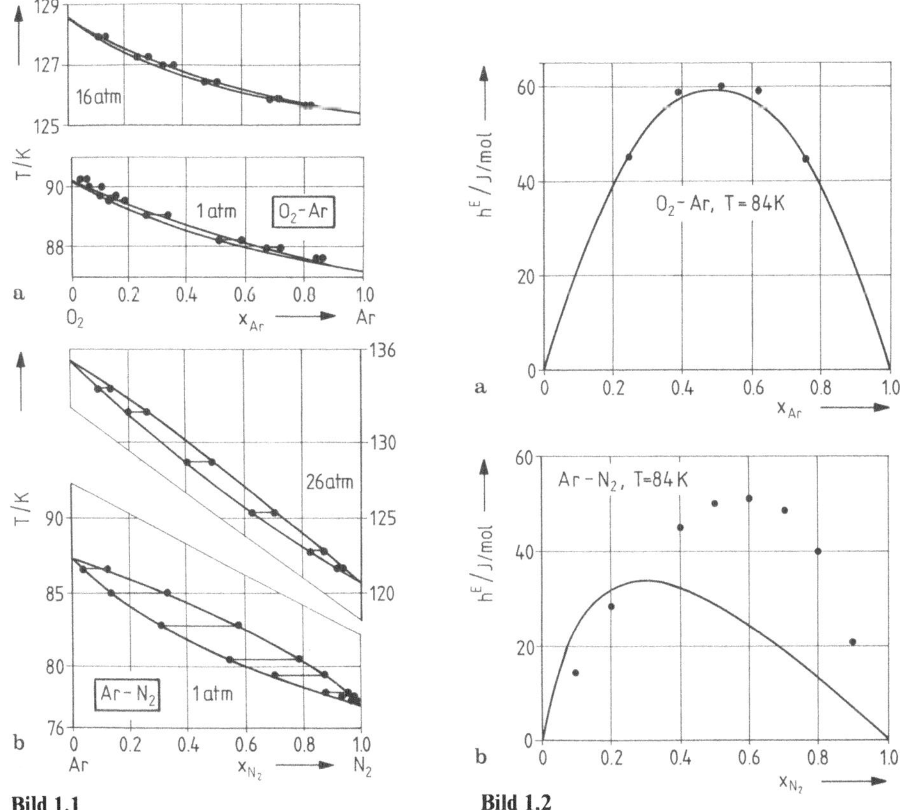

Bild 1.1   **Bild 1.2**

Bild 1.1. Isobare Verdampfungsgleichgewichte für die Gemische **a** Sauerstoff–Argon und **b** Argon–Stickstoff nach der Bender-Gleichung [14]. ● Experiment, — Bender-Gleichung

Bild 1.2. Exzeßenthalpien der binären Systeme **a** Sauerstoff–Argon und **b** Argon–Stickstoff nach der Bender-Gleichung [14]. ● Experiment, — Bender-Gleichung

nicht streng, aber doch im wesentlichen im Bereich der Genauigkeit der Daten. Bild 1.1 zeigt isobare Verdampfungsgleichgewichte für die Systeme Sauerstoff–Argon und Argon–Stickstoff. Die binären Gleichgewichtsdaten wurden zur Optimierung der Mischungsregeln benutzt. Die Exzeßenthalpien der binären Systeme Sauerstoff-Argon und Argon-Stickstoff, die nicht zur Anpassung der Mischungsregeln benutzt wurden, werden mit sehr unterschiedlicher Qualität berechnet, wie Bild 1.2 zeigt. Für die entsprechenden Exzeßvolumina findet man sogar falsche Vorzeichen [14]. Insgesamt zeigt sich, daß die Daten, die zur Anpassung der empirischen Konstanten benutzt wurden, in einem großen Zustandsbereich sehr befriedigend durch eine solch komplizierte thermische Zustandsgleichung wiedergegeben werden. Extrapolationen jeglicher Art sind jedoch unsicher. Komplizierte empirische Zustandsgleichungen sind daher in erster Linie komfortable Datenspeicher, insbesondere für reine Fluide, für die zuverlässiges Datenmaterial vorliegt. Für Gemische sind nur selten genügend Daten bekannt, um eine umfassende Zustandsgleichung aufzustellen. Hier kennt man häufig nur einige Daten des Verdampfungsgleichgewichtes, und die Aufgabe besteht darin, die vorliegenden Daten in optimaler Weise zu interpolieren und extrapolieren. In solchen Anwendungen bevorzugt man einfache Formen der thermischen Zustandsgleichung, z. B. die von Redlich und Kwong [15]. Sie hat nur zwei an Meßwerte anzupassende Parameter und kann daher die Zustandsgrößen der reinen Komponenten nur in einem begrenzten Bereich mit vernünftiger Genauigkeit beschreiben. Paßt man diese beiden Parameter an Dampfdruckdaten, eventuell auch zusätzlich an Siededichtedaten der reinen Komponenten an, so kann man diese thermische Zustandsgleichung als Ausgangspunkt für eine einfache Korrelation und begrenzte Extrapolation von Verdampfungsgleichgewichten des betrachteten Gemisches benutzen. Hierzu postuliert man einfache Mischungsregeln für die Konstanten mit einem oder zwei an Meßwerte anzupassenden binären Parametern. Für die Systeme Sauerstoff–Argon und Argon–Stickstoff zeigt Bild 1.3 den Vergleich berechneter isobarer Dampfdruckdaten mit Meßwerten, Bild 1.4 den entsprechenden Vergleich für die Exzeßenthalpien. Die Wiedergabegenauigkeit der Dampfdruckdaten entspricht in etwa der der Bender-Gleichung. Die Exzeßenthalpien, und im Gegensatz zu [14] auch die Exzeßvolumina, werden vernünftig abgeschätzt. In bescheidenem Umfang kann man auch auf andere Temperaturen extrapolieren. Größere Schwierigkeiten ergeben sich bei Gemischen mit stark polaren Komponenten und aus sehr unterschiedlich großen Molekülen. Durch Einführung komplizierterer Mischungsregeln und/oder temperaturabhängiger binärer Parameter können aber auch in solchen Systemen die Phasengleichgewichte in der Regel gut durch einfache Zustandsgleichungen beschrieben werden. Dies gilt auch für komplizierte Fälle, in denen eine Dampfphase mit zwei flüssigen Phasen im Gleichgewicht steht. Allerdings werden die Eigenschaften in den homogenen Zustandsgebieten, also Volumen, Enthalpien und Entropien, in der Regel nicht mit technisch befriedigender Genauigkeit dargestellt, im Gegensatz zu Rechnungen mit komplizierten Zustandsgleichungen. Die einfachen thermischen Zustandsgleichungen haben ihr Haupteinsatzgebiet daher in der Korrelation von Phasengleichgewichten in Gemischen.

Bei niedrigen Drücken lassen sich thermodynamische Rechnungen in der Regel leichter unter Verwendung von Aktivitätskoeffizienten und Exzeßfunktio-

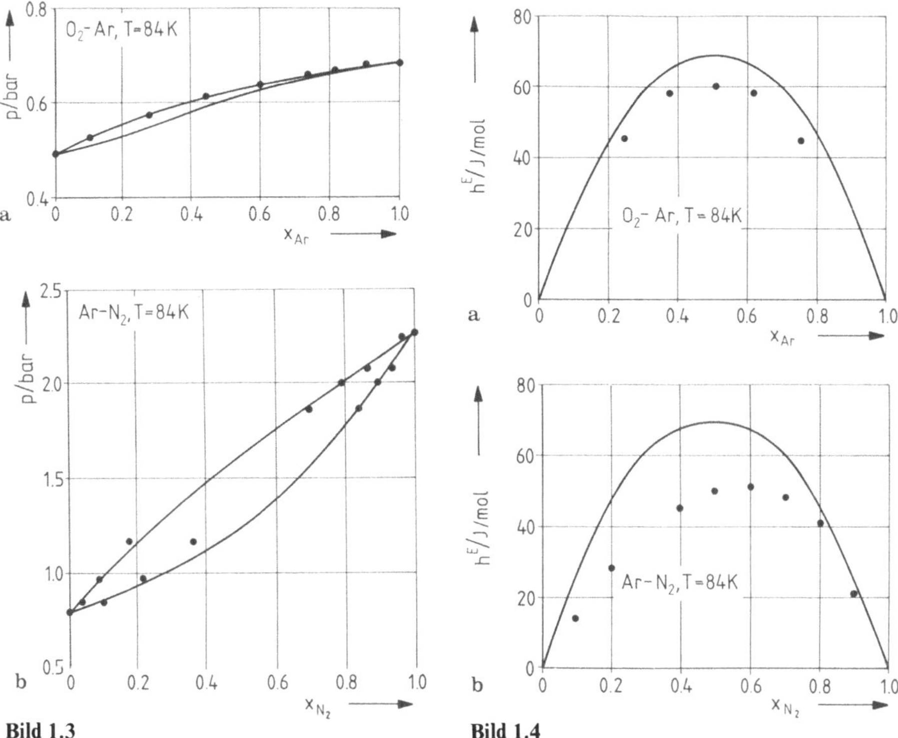

Bild 1.3   **Bild 1.4**

Bild 1.3. Isotherme Verdampfungsgleichgewichte für die Gemische **a** Sauerstoff–Argon und **b** Argon–Stickstoff nach der Redlich-Kwong-Gleichung. ● Experiment, — Redlich-Kwong-Gleichung

Bild 1.4. Exzeßenthalpien der binären Systeme **a** Sauerstoff–Argon und **b** Argon–Stickstoff nach der Redlich-Kwong-Gleichung. ● Experiment, — Redlich-Kwong-Gleichung

nen durchführen. Hat man wiederum einige Daten des Verdampfungsgleichgewichts binärer Gemische zur Verfügung, so lassen sich diese zur Bestimmung der Konstanten in einem Ansatz für die freie Exzeßenthalpie verwenden. Oft verwendet man hierfür einfach eine Polynomentwicklung, z. B. den Redlich-Kister-Ansatz

$$g^E = x_1 x_2 [A + B(x_1 - x_2) + C(x_1 - x_2)^2 + \ldots]. \qquad (1.3.1)$$

Die Parameter $A, B, C, \ldots$ dieses Ansatzes werden nach (1.2.43) aus p-x-Daten für die verschiedenen Isothermen als Funktion der Temperatur bestimmt. Sie eignen sich in der Regel gut für die Korrelation und mäßige Extrapolation der Gleichgewichtsdaten. Die Bestimmung der Exzeßenthalpie daraus nach (1.2.44) ist dagegen recht unzuverlässig. Typische Fehler liegen bei 30 %, wie Bild 1.5 am Beispiel von Benzol–Hexan zeigt. In nahezu idealen Systemen findet man ein völliges Versagen dieser Methode zur Berechnung der Exzeßenthalpie, mit Fehlern von mehr als einer Größenordnung [16]. Kennt man hingegen Daten der Exzeßenthalpie, dann kann man über eine Integration von (1.2.44) in Verbindung mit (1.2.31) die

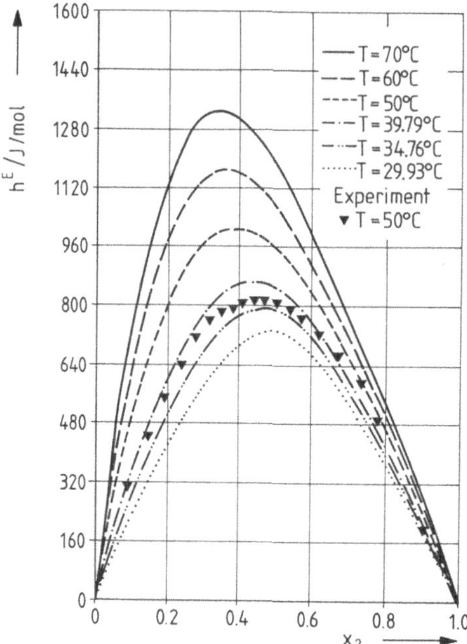

Bild 1.5. Berechnung der Exzeßenthalpie h^E aus Daten des Verdampfungsgleichgewichts für das System Benzol–Hexan bei Temperaturen zwischen 29,93 °C und 70 °C. Daten aus [20–22]

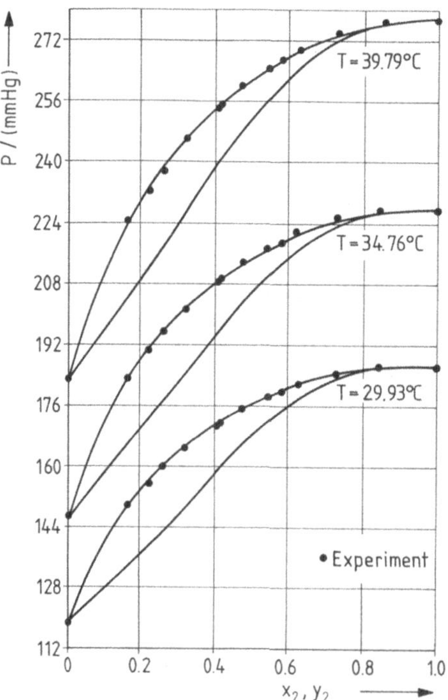

Bild 1.6. Vorausberechnung der Temperaturabhängigkeit des Verdampfungsgleichgewichts des Systems Benzol–Hexan aus h^E-Daten bei 25 °C und 50 °C, $T_{ref} = 25$ °C. Daten aus [20–22]

Temperaturabhängigkeit des Verdampfungsgleichgewichts ermitteln. Man benötigt dabei Daten des Verdampfungsgleichgewichts bei einer Bezugstemperatur. Bei solchen Rechnungen werden ausgezeichnete Ergebnisse in dem Temperaturbereich erzielt, in dem h^E-Messungen vorliegen, wie Bild 1.6 für das System Benzol–Hexan zeigt. Indessen ergeben sich zunehmende Fehler in dem Maße, in dem man über den durch h^E-Messungen abgedeckten Temperaturbereich hinausgeht. Es ist schließlich vorgeschlagen worden [17], das Verdampfungsgleichgewicht selbst, d. h. nicht nur seine Temperaturabhängigkeit, aus Daten der Exzeßenthalpie und einem Gleichungsansatz für die freie Exzeßenthalpie vorauszuberechnen. Dieses Verfahren ist prinzipiell nur möglich, wenn der verwendete Gleichungsansatz für g^E die Temperaturabhängigkeit des betrachteten Systems exakt beschreibt. Eine solche Gleichung ist im allgemeinen nicht bekannt, und die aus h^E-Daten berechneten Werte für g^E sind daher in der Regel schlecht. Ein Beispiel dafür zeigt Tabelle 1.2 für das System Chloroform–Tetrachlorkohlenstoff bei 313,15 K unter Verwendung des Redlich-Kister-Ansatzes (1.3.1) [18]. Trotz der schlechten qualitativen Berechnung von g^E sind die daraus gewonnenen Konzentrationen und Drücke im Verdampfungsgleichgewicht bei mäßig nichtidealen Systemen in recht befriedigender Übereinstimmung mit dem Experiment. Hierfür hat die Methode einen praktischen Sinn. Grundsätzlich und auch praktisch für stark nichtideale Systeme ist sie hingegen abzulehnen.

Eine Frage besonderer praktischer Bedeutung ist die nach der Extrapolation von den Eigenschaften der reinen Komponenten auf die der aus ihnen gebildeten Gemische. Bei der Benutzung einer thermischen Zustandsgleichung, z. B. der Redlich-Kwong-Gleichung, hat man hierzu allgemeine Mischungsregeln für die Reinstoffkonstanten anzunehmen. Praktisch verwendet man zwei quadratische Mischungsregeln für beide Konstanten, mit einer arithmetischen Kombinationsregel für den Volumenparameter und einer geometrischen Kombinationsregel für den Energieparameter. Bei Einführung von Aktivitätskoeffizienten und Exzeßgrößen kann man in erster Näherung eine ideale Lösung postulieren oder eine empirische Mischungstheorie, z. B. die Scatchard-Hildebrand-Theorie [19] heranzie-

Tabelle 1.2. Berechnung des Verdampfungsgleichgewichts im System Chloroform–Tetrachlorkohlenstoff bei 313,15 K aus h^E-Daten [18]

Geglättete experimentelle Daten				Aus h^E berechnete Daten		
x_1	y_1	p mm Hg	g^E (J/mol)	y_1	p mm Hg	g^E (J/mol)
0,0000	0,0000	213,3	0,0	0,0000	213,3	0,0
0,0827	0,1474	230,2	33,1	0,1641	235,0	62,3
0,1840	0,2936	248,8	63,6	0,3153	257,9	123,3
0,3074	0,4398	269,4	87,9	0,4560	281,3	174,8
0,4218	0,5550	287,0	99,4	0,5617	299,7	200,2
0,5200	0,6430	301,2	101,5	0,6414	313,4	204,9
0,6258	0,7296	315,7	95,7	0,7209	326,4	192,2
0,7266	0,8061	328,7	82,3	0,7939	337,4	163,1
0,8438	0,8903	343,0	56,0	0,8791	348,5	108,2
0,9145	0,9399	351,1	33,9	0,9323	354,3	64,2
1,0000	1,0000	360,5	0,0	1,0000	360,5	0,0

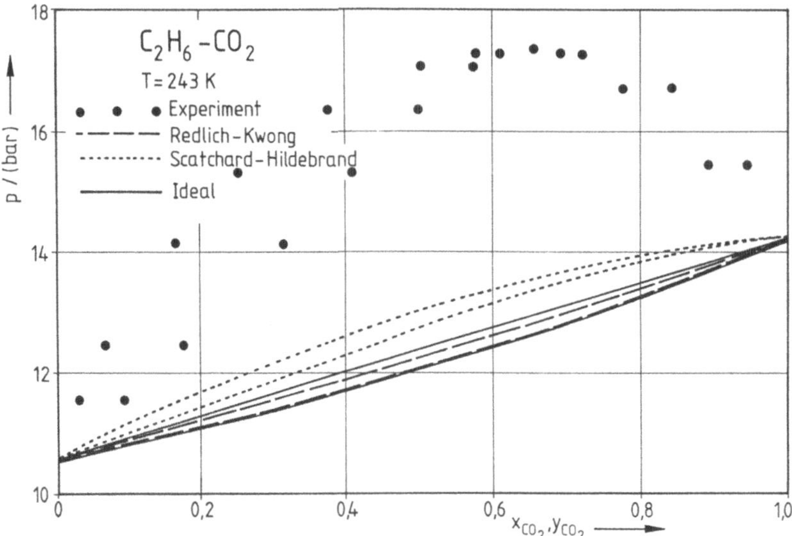

Bild 1.7. Verdampfungsgleichgewicht des Systems $C_2H_6-CO_2$ (Vorausberechnung aus Reinstoffen). Daten aus [23]

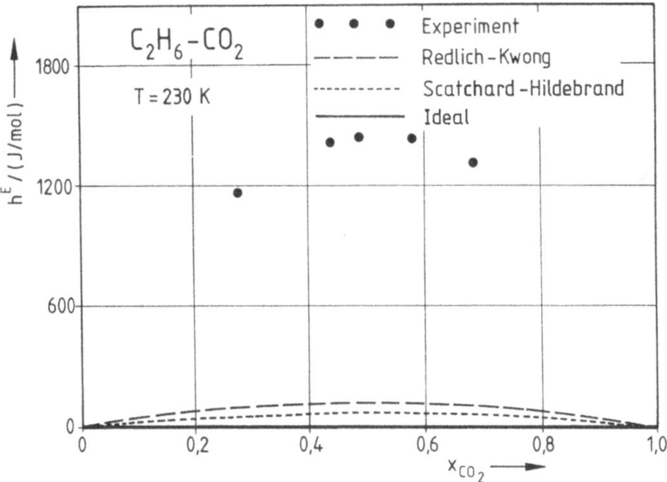

Bild 1.8. Exzeßenthalpie des Systems $C_2H_6-CO_2$ (Vorausberechnung aus Reinstoffen). Daten aus [24]

hen. Die Bilder 1.7 bis 1.9 zeigen die extrapolierten Ergebnisse für das Verdampfungsgleichgewicht und die Exzeßfunktion h^E und v^E am Beispiel des Systems Äthan–Kohlendioxid. Dieses System ist stark nichtideal. Demgegenüber liefern alle Extrapolationen von den Reinstoffen auf das Gemisch Ergebnisse, die nicht einmal als Näherungswerte des experimentell gefundenen Systemverhaltens angesehen werden können. Typisch ist dabei die relative Ähnlichkeit der Ergebnisse für die nach den drei ganz verschiedenen Modellen durchgeführten Extrapola-

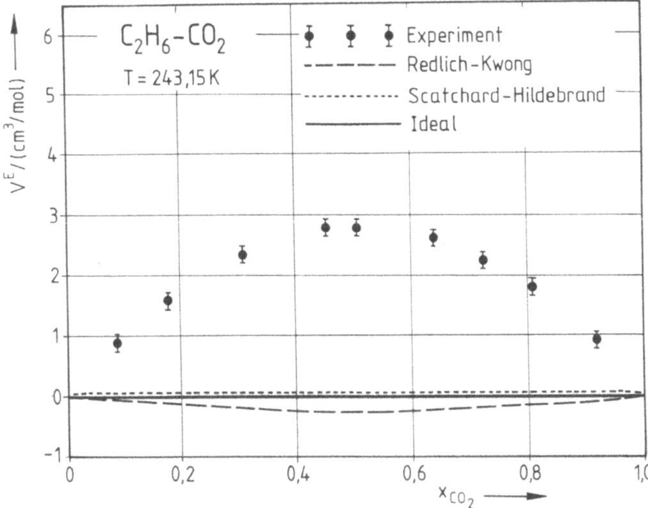

Bild 1.9. Exzeßvolumen des Systems $C_2H_6-CO_2$ (Vorausberechnung aus Reinstoffen). Daten aus [24]

tionen. Diese Ähnlichkeit gründet sich auf die im wesentlichen gleichwertigen Mischungsregeln für die Reinstoffparameter. Naturgemäß findet man für nahezu ideale Systeme wesentlich bessere Ergebnisse bei der Extrapolation von Reinstoffen auf die Gemische. Es ist jedoch selten möglich, à priori abzuschätzen, ob ein System nahezu ideal ist oder nicht.

1.4 Molekulartheoretische Rechenmodelle

Eine Gleichung ist grundsätzlich nur extrapolationsfähig, wenn sie den funktionalen Zusammenhang der abhängigen Variablen, die extrapoliert werden soll, von den betrachteten unabhängigen Variablen richtig enthält. Dies ist bei rein empirischen Ansätzen für die thermodynamischen Funktionen grundsätzlich nicht zu erwarten. Molekulartheoretische Rechenmodelle versuchen, den Funktionsaufbau durch molekulare Modellvorstellungen möglichst realistisch zu gestalten. Sie gehen von den Molekülen des betrachteten Systems aus. Diese Moleküle sind gekennzeichnet durch einen bestimmten geometrischen Aufbau aus verschiedenen Atomen, durch Schwingungsfrequenzen, durch eine elektrische Ladungsverteilung und andere Eigenschaften mehr. Bei starren Molekülen lassen sich einige wenige Molekülparameter zu einer weitgehenden Charakterisierung des Moleküls einführen. Tabellenwerke für solche Molekülparameter liegen vor. Für große flexible Moleküle ist nur eine recht grobe Charakterisierung möglich. Die entscheidende Eigenschaft eines Systems aus Molekülen ist seine Energie. Ist diese Energie in Abhängigkeit aller sie beeinflussenden mikroskopischen Variablen bekannt bzw. aus der Charakterisierung der Moleküle berechenbar, so folgen daraus nach statistischen Überlegungen sämtliche seiner thermodynamischen Eigenschaften. Dies ist die Methode der Statistischen Thermodynamik.

Die Entwicklung der Statistischen Thermodynamik geht bis ins vergangene Jahrhundert zurück. Die praktische Anwendung dieser Theorie hatte nach der Entdeckung der Quantenmechanik ihren ersten großen Erfolg in den dreißiger Jahren dieses Jahrhunderts mit der sehr genauen theoretischen Berechnung der thermodynamischen Funktion idealer Gase aus Molekülspektren. Für kleine, starre Moleküle sind diese Entwicklungen im wesentlichen abgeschlossen. Die Interpretation der Spektren großer Moleküle bereitet allerdings grundsätzlich Schwierigkeiten, wenngleich auch für viele solcher Moleküle akkurate thermodynamische Funktionen im idealen Gaszustand berechnet worden sind. Die Theorie der Gleichgewichts- und Transporteigenschaften realer Gase aus einatomigen Molekülen ist ebenfalls im wesentlichen entwickelt und adäquate Wechselwirkungsmodelle stehen zur Verfügung. Die meisten praktisch interessanten Gase bestehen indessen aus mehratomigen Molekülen. Hier sind erst in jüngster Zeit Modelle für die intermolekularen Wechselwirkungen aufgestellt worden, die eine attraktive praktische Anwendung ermöglichen. Die Theorie der Gleichgewichtseigenschaften realer Gase ist im wesentlichen abgeschlossen. Hingegen ist die Theorie der Transporteigenschaften verdünnter, mehratomiger Gase, insbesondere für die Wärmeleitfähigkeit, heute noch in der Entwicklung. Die gegenwärtigen Forschungsaktivitäten konzentrierren sich insbesondere auf Flüssigkeiten, sowohl bei der Entwicklung der statistischen Theorie als auch bei der Entwicklung von Wechselwirkungsmodellen. Da in Flüssigkeiten die Moleküleigenschaften einen besonders großen Einfluß auf die individuellen thermodynamischen Eigenschaften haben, besteht hier der größte praktische Bedarf an einer molekularen Theorie. Dieses Gebiet wird alljährlich durch zahlreiche Publikationen erweitert. Für eine Reihe verhältnismäßig einfacher Moleküle sind praktisch auswertbare Modelle entwickelt worden, so daß bereits heute zahlreiche interessante Anwendungen möglich sind.

Molekulartheoretische Rechenmodelle haben einige prinzipielle Vorteile gegenüber rein empirischen Rechenmodellen. Ausgehend von Meßdaten in engen Zustandsbereichen kann man in andere Bereiche extrapolieren. Insbesondere lassen sich aus Daten reiner Stoffe vernünftige Abschätzungen über das Materialverhalten der aus ihnen gebildeten Gemische ableiten. Für viele technische Ansprüche sind die Vorhersagen noch nicht genau genug. Sie stellen jedoch eine eindeutige Verbesserung gegenüber den empirischen Methoden dar, unabhängig davon, ob diese stark nichtideal sind oder nicht. Zwar ist die Berechnung des Materialverhaltens thermodynamischer Systeme mit molekulartheoretischen Rechenmodellen aufwendiger als mit empirischen Gleichungen. Da jedoch in Zukunft kleine Rechner mit der Leistungsfähigkeit heutiger Großrechner zur allgemeinen Verfügung stehen werden, ist zu erwarten, daß der Nachteil größeren Rechenaufwands immer weniger und der Vorteil der besseren Extrapolierbarkeit immer mehr ins Gewicht fallen wird.

1.5 Zusammenfassung

Die Gleichgewichtszustände einfacher Systeme werden durch den zweiten Hauptsatz der Thermodynamik in Verbindung mit einem Netzwerk thermodynamischer

Gleichungen beschrieben. Dieses Gleichungsgerüst der Klassischen Thermodynamik wird erst durch die Einführung experimentell zugänglicher Funktionen auf praktische Probleme anwendbar. Solche Funktionen sind die Wärmekapazitäten im idealen Gaszustand, die thermische Zustandsgleichung sowie Daten der Phasengleichgewichte und Exzeßfunktionen. Mit Hilfe empirischer Rechenmodelle kann man zwischen gemessenen Daten interpolieren. Extrapolationen auf nicht durch Meßwerte abgedeckte Situationen sind mit großen Unsicherheiten behaftet. Die Statistische Thermodynamik führt Informationen über den molekularen Aufbau eines Systems in die thermodynamischen Funktionen ein. Die so gewonnenen molekulartheoretischen Rechenmodelle können daher auch in nicht trivialen Fällen zur Extrapolation von gemessenen Daten benutzt werden.

Literatur zu Kapitel 1

1. Baehr, H. D.: Thermodynamik. Berlin: Springer-Verlag 1962
2. Schmidt, E.; Stephan, K.; Mayinger, F.: Technische Thermodynamik, Bd. 1. Berlin: Springer-Verlag 1975
3. Löffler, H. J.: Thermodynamik, Bd. 1. Berlin: Springer-Verlag 1969
4. Reynolds, W. C.: Thermodynamics. New York: McGraw-Hill 1968
5. Lee, J. F.; Sears, R. W.: Thermodynamics. Reading: Addison-Wesley 1963
6. Kirillin, V. A.; Sycher, V. V.; Sheindlin, A. E.: Engineering thermodynamics. Moskau: Mir Publishers 1976
7. Schmidt, E.; Stephan, K.; Mayinger, F.: Technische Thermodynamik, Bd. 2. Berlin: Springer-Verlag 1977
8. Löffler, H. J.: Thermodynamik, Bd. 2. Berlin: Springer-Verlag 1969
9. Denbigh, K.: The principles of chemical equilibrium. Oxford: Cambridge University Press 1971
10. Bett, K. E.; Rowlinson, J. S.; Saville, G.: Thermodynamics for chemical engineers. London: The Athlone Press 1975
11. Lewis, G. N.; Randall, M.; Pitzer, K. S.; Brewer, L.: Thermodynamics. New York: McGraw-Hill 1961
12. Smith, J. M.; Van Ness, H. C.: Introduction to chemical engineering thermodynamics. New York: McGraw-Hill 1975
13. Callen, H. B.: Thermodynamics. New York: Wiley 1960
14. Bender, E.: Die Berechnung von Phasengleichgewichten mit der thermischen Zustandsgleichung – dargestellt an den reinen Fluiden Argon, Stickstoff, Sauerstoff und ihren Gemischen. Habilitationsschrift, Ruhr-Universität Bochum 1971
15. Redlich, O.; Kwong, J. N. S.: Chem. Rev. 44 (1949) 233
16. Ameling, W.; Siddiqi, M. A.; Lucas, K.: J. Chem. Eng. Data 28 (1983) 184
17. Hanks, R. W.; Gupta, A. C.; Christensen, J. J.: Ind. Eng. Chem. Fundam. 10 (1971) 504
18. Siddiqi, M. A., Lucas, K.: Fluid Phase Equilibria 16 (1984) 87
19. Hildebrand, J. H., Prausnitz, J. M.; Scott, R. L.: Regular and Related Solutions. New York: Van Nostrand Reinhold 1970
20. Gmehling, J.; Onken, U.: DECHEMA Chemistry Data Series. Bd. 1, Teil 1, 2a und 2b. Frankfurt: DECHEMA, 1977
21. Paz-Andrade, M. J.: Int. Data Series A. A & M University Texas: Thermodynamic research center, 1973
22. Diaz-Pena, M.; Menduina, C.: J. Chem. Thermodyn. 6 (1974) 1097
23. Fredenslund, D.; Mollerup, J.: Faraday Trans. J. Chem. Soc. 70 (1974) 1653
24. Wallis, K. P.; Chancy, P.; Zollweg, J. A.; Streett, W. B.: J. Chem. Thermodyn. 16 (1984) 811

2 Grundlagen der Quantenmechanik und der Statistischen Mechanik

In der Einführung wurde dargelegt, daß die Statistische Thermodynamik die phänomenologischen thermodynamischen Eigenschaften eines Systems aus den Eigenschaften seiner Moleküle ableitet. Die Eigenschaften der einzelnen Moleküle wie auch ihre Wechselwirkungen untereinander werden durch eine spezielle Theorie, die Quantenmechanik, beschrieben. Den Übergang von den molekularen Eigenschaften eines Systems zu seinen phänomenologisch-thermodynamischen liefert eine weitere spezielle Theorie, die Statistische Mechanik. Im Rahmen der angewandten Statistischen Thermodynamik benötigen wir daher sowohl Grundlagen der Quantenmechanik als auch der Statistischen Mechanik. Allerdings können wir uns auf diejenigen Grundlagen beschränken, die für die Anwendungen der Statistischen Thermodynamik unmittelbare Bedeutung haben. Es zeigt sich, daß hierfür recht oberflächliche Kenntnisse genügen und daß die Tiefen dieser beiden Theorien keineswegs ausgelotet zu werden brauchen.

2.1 Einige Grundlagen der Quantenmechanik

In der klassischen Mechanik ist es üblich, die Bewegung von Körpern durch die gleichzeitige Angabe von Orts- und Impulskoordinaten zu kennzeichnen. Die Gesetze der klassischen Mechanik beschreiben die Erscheinungen der makroskopischen Welt in voller Übereinstimmung mit den experimentellen Erkenntnissen. Eindrucksvolles experimentelles Material zeigt jedoch, daß diese klassische Theorie nicht in der Lage ist, sehr kleine Körper, z. B. Mikroteilchen wie Protonen, Elektronen, unter Umständen auch ganze Moleküle, zu erfassen. Es erweist sich vielmehr als notwendig, das Verhalten solcher Mikroteilchen bzw. den Zustand eines Mikrosystems zur Erklärung bestimmter Phänomene durch eine spezielle Funktion, die sogenannte Wellenfunktion ψ, zu beschreiben [1–5].

2.1.1 Die Wellenfunktion

Bekanntlich kann man die bei Experimenten mit Lichtstrahlen beobachteten Erscheinungen nur dann vollständig erklären, wenn man der Strahlung eine duale

Natur zuordnet, d.h. sie in einigen Experimenten als Wellen, in anderen Experimenten hingegen als Partikel (Photonen) ansieht. Ein Beispiel für den Wellencharakter der Lichtstrahlung stellen die Interferenzerscheinungen am Beugungsgitter dar, ein Beispiel für den Partikelcharakter der photoelektrische Effekt. Die Welle charakterisiert man durch die Frequenz v und die Wellenlänge λ, die Teilchen hingegen durch die Energie E bzw. ihren Impuls p. Will man vom Korpuskelbild zum Wellenbild übergehen, so muß man die folgenden Beziehungen zwischen beiden benutzen:

$$E = h v \tag{2.1.1}$$

$$p = \frac{h v}{c} = \frac{h}{\lambda}, \tag{2.1.2}$$

wobei c die Lichtgeschwindigkeit und h das Plancksche Wirkungsquantum von der Dimension Impuls mal Länge, beides universelle Naturkonstanten, sind. Im übrigen gilt die Beziehung:

$$v = \frac{c}{\lambda}. \tag{2.1.3}$$

Im Jahre 1924 stellte L. de Broglie die Hypothese auf, daß eine analoge Dualität auch für materielle Teilchen gilt. Er ordnete damit einem Partikel der Energie E und des Impulses p eine Welle zu, deren Wellenlänge nach den obigen Übertragungsregeln

$$\lambda = \frac{h}{p} = \frac{h}{m v} \tag{2.1.4}$$

ist, wobei m die Masse und v die Geschwindigkeit des Teilchens ist. Man spricht von der De Broglieschen Wellenlänge.

Die experimentelle Bestätigung der De Broglieschen Hypothese ergab sich aus der Tatsache, daß Teilchen wie Elektronen, Protonen und ganze Moleküle unter bestimmten experimentellen Bedingungen Interferenzerscheinungen aufweisen, die nur dadurch erklärt werden können, daß man ihnen Wellen zuordnet. Ein schematisierter Interferenzversuch läuft so ab, daß eine Welle bzw. ein Partikelstrahl auf einen Schirm fällt, in den zwei Löcher L_1 und L_2 gebohrt sind, vgl. Bild 2.1 [1]. Auf einem genügend weit entfernten Auffangschirm (Photoschicht, Fluoreszenz) entsteht ein Interferenzbild, das aus aufeinanderfolgenden hellen und dunklen Streifen besteht. Zur Erklärung dieses Bildes vom Wellenstandpunkt stellt man sich vor, daß die Bohrungen L_1 und L_2 zu Zentren von Kugelwellen werden, die sich zum Auffangschirm hin ausbreiten und miteinander durch Überlagerung interferieren. An den Stellen des Auffangschirmes, an denen der Gangunterschied dieser Wellen gleich null oder gleich einer geraden Anzahl von Halbwellen ist, erhalten wir eine maximale Amplitude, d.h. einen hellen Streifen. Dort aber, wo der Gangunterschied gleich einer ungeraden Zahl von Halbwellen ist, löschen sich die Wellen bei der Interferenz aus, die Amplitude ist gleich null und es ergibt sich ein dunkler Streifen. Will man nun das Bild vom auftreffenden Partikelstrahl nicht aufgeben, so muß man eine statistische Betrachtung für die

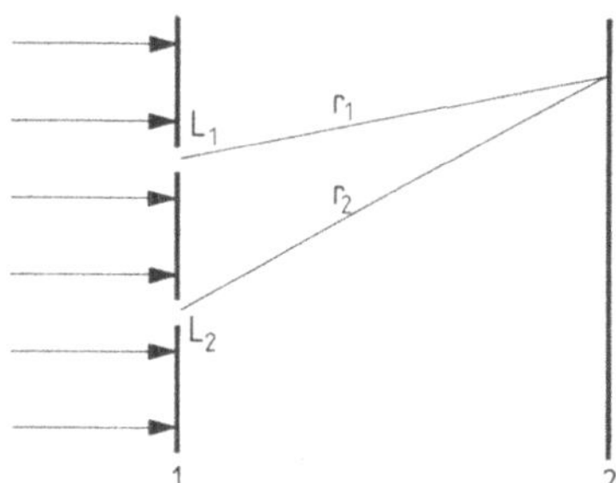

Bild 2.1. Interferenzversuch (schematisch). *1* Schirm, *2* Anfangschirm

Verteilung der Elektronentrefferorte auf dem Auffangschirm einführen. Ein gradliniger Flug durch die Löcher, wie nach klassischer Vorstellung erwartet, ist unvereinbar mit dem beobachteten Interferenzbild. Die hellen Interferenzstreifen sind vielmehr diejenigen Orte, auf die die Elektronen bevorzugt auftreffen, die dunklen Streifen jene, wo sie überhaupt nicht auftreffen. Die Wahrscheinlichkeit für den Aufenthaltsort eines Elektrons wird mit der sogenannten Wellenfunktion $\psi = \psi(x, y, z, t)$ in Zusammenhang gebracht. Die Wahrscheinlichkeit, ein Elektron aufzufinden, ist dort am größten, wo die Amplitude des zugeordneten Wellenfeldes ihren größten Wert hat und null dort, wo die Amplitude null ist, wobei das Wellenfeld aus der statistischen Überlagerung $\psi = c_1\psi_1 + c_2\psi_2$ der den Einzelelektronen zugeordneten Wellen entstanden ist (Superposition). Da die Amplitude sowohl positiv wie auch negativ sein kann, die Wahrscheinlichkeit aber stets eine positive Zahl ist, muß man die Wahrscheinlichkeit durch das Quadrat der Amplitude charakterisieren. Die Wellenfunktion stellt keine reale oder anschaulich greifbare Welle in einem physikalischen Medium dar, sie ist eine rein konzeptionelle Funktion, eingeführt und legitimiert zur Beschreibung des experimentellen Verhaltens von atomistischen Systemen. Sie kann und wird daher im allgemeinen komplex sein. Betrachten wir z. B. ein System aus zwei Mikroteilchen im kartesischen Koordinatensystem, so führen wir zu seiner Beschreibung die Wellenfunktion $\psi(x_1, y_1, z_1, x_2, y_2, z_2, t)$ ein. Die Wahrscheinlichkeit für eine bestimmte Konfiguration, d. h. dafür, die beiden Partikel an den Orten zwischen r_1 und $r_1 + \mathrm{d}r_1$ sowie r_2 und $r_2 + \mathrm{d}r_2$ zu finden, ist daher:

$$P = \psi\psi^* \,\mathrm{d}r_1\,\mathrm{d}r_2, \tag{2.1.5}$$

wobei $r_i = \{x_i, y_i, z_i\}$.

Da irgendeine Konfiguration stets vorliegen muß, ergibt sich die Normierungsbedingung zu

$$\int \psi\psi^* \,\mathrm{d}r_N = 1, \tag{2.1.6}$$

wobei über alle Orte des Systems zu integrieren ist.

2.1.2 Die Postulate der Quantenmechanik

Das theoretische Gerüst der Quantenmechanik ist eng an das der klassischen Mechanik angelehnt. Die Besonderheit der Bewegungsgesetze in Mikrosystemen drückt sich in der Quantenmechanik dadurch aus, daß die dynamischen Variablen der klassischen Mechanik, wie Ortskoordinate, Impuls oder Energie, durch mathematische Größen anderer Wesensart dargestellt werden. Hierzu sagt das 1. Postulat:

„Jeder dynamischen Variablen der klassischen Mechanik wird in der Quantenmechanik ein bestimmter linearer Operator zugeordnet, der auf die Wellenfunktion ψ wirkt. Es wird angenommen, daß zwischen diesen linearen Operatoren dieselben Identitätsbeziehungen bestehen wie zwischen den entsprechenden Größen der klassischen Mechanik."

Betrachten wir z. B. die Hamilton-Funktion H, also die Gesamtenergie, die ein sich bewegender Körper (Massenpunkt) im Rahmen der klassischen Mechanik hat:

$$H = \frac{1}{2m}(p_x^2 + p_y^2 + p_z^2) + U(x, y, z). \tag{2.1.7}$$

Hier sind m die Masse des Körpers, p_x, p_y und p_z die kartesischen Koordinaten des Impulses. Der erste Term der Hamilton-Funktion repräsentiert somit die kinetische Energie des Massenpunktes. $U(x, y, z)$ ist die an jedem durch die kartesischen Ortskoordinaten bestimmten Ort festgelegte potentielle Energie.

In der Quantenmechanik wird einer Ortskoordinate, z. B. x, der Operator der Multiplikation zugeordnet. Es gilt also

$$\tilde{x}\psi = x\psi, \tag{2.1.8}$$

wobei die Tilde hier und im folgenden stets einen Operator kennzeichnet. Das Analoge gilt für die nur von Ortskoordinaten abhängige potentielle Energie, d. h.

$$\tilde{U}\psi = U\psi. \tag{2.1.9}$$

Für die Impulskoordinaten findet die Quantenmechanik einen komplexen Differentiationsoperator, nach:

$$\tilde{p}_x\psi = \frac{h}{2\pi i}\frac{\partial}{\partial x}\psi \tag{2.1.10}$$

mit analogen Ausdrücken für die anderen kartesischen Komponenten.

Nach dem ersten Postulat gilt daher für den Hamilton-Operator der Quantenmechanik:

$$\tilde{H} = -\frac{h^2}{8\pi^2 m}\tilde{\nabla}^2 + \tilde{U}(x, y, z), \tag{2.1.11}$$

mit

$$\tilde{\nabla}^2 = \frac{\partial^2}{\partial x^2} + \frac{\partial^2}{\partial y^2} + \frac{\partial^2}{\partial z^2}.$$

Der Hamilton-Operator ist hermitisch. Seine Eigenfunktionen und Eigenwerte haben daher eine Reihe wichtiger Eigenschaften, vgl. Anhang 2.2.

Beispiel 2.1

Man zeige, daß der Hamilton-Operator hermitisch ist.

Lösung

Die hermitische Eigenschaft eines Operators $\tilde{F}$ ist definiert durch, vgl. (A 2.2.3):

$$\int_{-\infty}^{\infty} \psi^* \tilde{F} \psi \, dx = \int_{-\infty}^{\infty} (\tilde{F}\psi)^* \psi \, dx.$$

Der Hamilton-Operator ist im eindimensionalen Fall definiert durch:

$$\tilde{H} = -\frac{h^2}{8\pi^2 m} \frac{d^2}{dx^2} + \tilde{U}.$$

Für den Differentialoperator gilt:

$$\int_{-\infty}^{\infty} \psi^* \frac{d^2}{dx^2} \psi \, dx = \left[\psi^* \frac{d\psi}{dx}\right]_{-\infty}^{\infty} - \int_{-\infty}^{\infty} \frac{d\psi}{dx} \frac{d\psi^*}{dx} \, dx$$

$$= -\left[\psi \frac{d\psi^*}{dx}\right]_{-\infty}^{\infty} + \int_{-\infty}^{\infty} \psi \frac{d^2\psi^*}{dx^2} \, dx$$

$$= \int_{-\infty}^{\infty} \frac{d^2}{dx^2} \psi^* \psi \, dx,$$

womit seine hermitische Eigenschaft erwiesen ist. Es wurde benutzt, daß für $x \to \infty$ $\psi \to 0$ gehen muß.

Für den Multiplikationsoperator ist die Hermitizität ohne weiteres einsichtig, so daß damit auch die Hermititzität von $\tilde{H}$ bewiesen ist.

Für die Verknüpfung der quantenmechanischen Operatoren mit den Zahlen, die wir bei Messungen der entsprechenden mechanischen Größen erhalten, sagt das 2. Postulat:

„Wenn man bei wiederholter Messung einer gewissen mechanischen Größe jedesmal eine bestimmte Zahl λ erhält, so sind der dieser Größe entsprechende Operator $\tilde{F}$, die Wellenfunktion ψ, die den Systemzustand charakterisiert und die Meßgröße λ durch die Beziehung

$$\tilde{F}\psi = \lambda \psi \tag{2.1.12}$$

verknüpft. Umgekehrt gilt, daß bei Gültigkeit dieser Gleichung bei der Messung der mechanischen Größe $\tilde{F}$ im Zustand ψ die Zahl λ herauskommt."

Die obige Gleichung bedeutet mathematisch, daß die Anwendung des Operators $\tilde{F}$ auf eine Funktion ψ dieselbe Funktion ψ multipliziert mit einer Zahl λ ergibt. Ist ψ eine stetige, endliche und für jedes x eindeutige Funktion, so nennt man ψ die Eigenfunktion des Operators $\tilde{F}$ und λ seinen zur Funktion ψ gehörigen Eigenwert.

Beispiel 2.2

Man zeige, daß $\psi(x) = \cos 4x$ eine Eigenfunktion des Operators $\tilde{F} = -\dfrac{d^2}{dx^2}$ mit dem Eigenwert $\lambda = 16$ ist.

Lösung

Es muß gelten

$$\tilde{F}\psi = \lambda\psi$$

bzw.

$$-\frac{d^2}{dx^2}\cos 4x = 16\cos 4x.$$

2.1.3 Die Schrödinger-Gleichung und ihre wichtigsten Lösungen für Molekülmodelle

Wenden wir das 2. Postulat auf die Gesamtenergie unseres Systemes im Zustand ψ an, so gilt:

$$\tilde{H}\psi = E\psi. \tag{2.1.13}$$

Dies ist die Schrödinger-Gleichung. Sie sagt aus, daß ψ die dem Energieeigenwert E zugehörige Eigenfunktion des Operators $\tilde{H}$ ist. Bei der Lösung der Schrödinger-Gleichung für ein bestimmtes System stellt man in der Regel fest, daß es sich in vielen verschiedenen Zuständen n befinden kann, mit den Werten E_n und ψ_n. Damit ergibt sich aus dem 2. Postulat, daß die Gesamtheit der Werte E_n, die man im Experiment bei der Messung der Gesamtenergie eines Systems erhält, durch das Spektrum von Eigenwerten des Hamilton-Operators für dieses System gegeben ist.

Energieeigenwerte E_n molekularer Systeme werden wir in der Statistischen Thermodynamik oft benötigen. Die Schrödinger-Gleichung ist daher das für unsere Anwendungen wichtigste Resultat der Quantenmechanik. Aus der Natur des Hamilton-Operators folgt, daß sich die Ermittlung von Energieeigenwerten E_n molekularer Systeme auf die Lösung einer partiellen Differentialgleichung 2. Ordnung unter bestimmten Randbedingungen reduziert. Es zeigt sich, daß atomistische Systeme in der Regel nur diskrete Energiewerte annehmen können, d.h. die Energie ist gequantelt. Dies wird in den folgenden Abschnitten an den drei wichtigsten Bewegungstypen eines Moleküls demonstriert, der Translation, der Schwingung und der Rotation.

2.1.3.1 Die Translationsbewegung eines Moleküls

Ein besonders einfaches Molekülmodell besteht in der Annahme eines Massenpunktes, der Translationsbewegungen ausführt. Es ist realistisch für ein einatomiges Gas, wie z.B. Argon, wenn die Elektronenenergie in den Energienullpunkt einbezogen wird und keine Wechselwirkungskräfte zwischen den Molekülen wirken.

Beschränken wir uns der Einfachheit halber zunächst auf eine eindimensionale Bewegung in x-Richtung, so lautet die Schrödinger-Gleichung

$$\frac{d^2\psi_x}{dx^2} + \frac{8\pi^2 m}{h^2}(\varepsilon_x - V_x)\psi_x = 0. \tag{2.1.14}$$

Hier ist $\psi_x(x)$ die Wellenfunktion des Atoms, ε_x seine Gesamtenergie und V_x seine potentielle Energie. Die Ortszustände des Moleküls sind dadurch eingeschränkt, daß es sich innerhalb der Systemberandung (Behälter $0 < x < X$) aufhalten muß. Dies wird dadurch der Differentialgleichung aufgeprägt, daß für die potentielle Energie V_x gilt:

$$V_x = \infty \quad \text{für } x = 0, X \tag{2.1.15}$$

$$V_x = 0 \quad \text{für } 0 < x < X. \tag{2.1.16}$$

Innerhalb des Behälters, d.h. für $0 < x < X$ gilt also die Schrödinger-Gleichung in der Form

$$\frac{d^2 \psi_x}{dx^2} + \frac{8 \pi^2 m}{h^2} \varepsilon_x \psi_x = 0 \tag{2.1.17}$$

mit den Randbedingungen

$$\psi_x(0) = 0 \tag{2.1.18}$$

$$\psi_x(X) = 0 \tag{2.1.19}$$

als Bedingungen dafür, daß sich das Atom nicht außerhalb des Behälters aufhalten kann.

Die allgemeine Lösung der Schrödinger-Gleichung für das betrachtete Molekülmodell lautet:

$$\psi_x = C_1 \sin\left(x \sqrt{\frac{8 \pi^2 m \varepsilon_x}{h^2}}\right) + C_2 \cos\left(x \sqrt{\frac{8 \pi^2 m \varepsilon_x}{h^2}}\right). \tag{2.1.20}$$

Die Randbedingung bei $x = 0$ fordert:

$$C_2 = 0 \tag{2.1.21}$$

und die bei $x = X$

$$0 = C_1 \sin\left(X \sqrt{\frac{8 \pi^2 m \varepsilon_x}{h^2}}\right). \tag{2.1.22}$$

Da $C_1 \neq 0$ sein muß, um überhaupt eine irgendwo im Behälter von null verschiedene Wellenfunktion zu erhalten, liefert die Randbedingung bei $x = X$:

$$\sin\left(X \sqrt{\frac{8 \pi^2 m \varepsilon_x}{h^2}}\right) = 0 \tag{2.1.23}$$

bzw.

$$X \sqrt{\frac{8 \pi^2 m \varepsilon_x}{h^2}} = n_x \pi \tag{2.1.24}$$

mit

$$n_x = 1, 2, 3, \ldots$$

als der Translationsquantenzahl in x-Richtung. Der Wert $n_x = 0$ ist wegen der Normierungsbedingung der Wellenfunktion ausgeschlossen, vgl. (2.1.27). Physikalisch würde er bedeuten, daß das Molekül überhaupt nicht in dem erlaubten x-Bereich anzutreffen ist.

Wir erhalten damit das Ergebnis, daß die Gesamtenergie der Translationsbewegung nur diskrete Werte annehmen kann, nach

$$\varepsilon_{n_x} = \frac{h^2}{8\,m\,X^2}\,n_x^2.$$

(2.1.25)

Die Energie der Translationsbewegung ist also gequantelt, wobei sich die Quantelung aus den Randbedingungen der Schrödinger-Gleichung ergibt. Im niedrigsten Quantenzustand, d.h. $n_x = 1$, hat das Molekül eine endliche Energie, es kann also nie in einem Ruhezustand angetroffen werden. Dies ist eine Folge der Heisenbergschen Unschärferelation, vgl. Abschn. 2.1.5.

Die Wellenfunktion ψ_{n_x} im Quantenzustand n_x ergibt sich zu

$$\psi_{n_x}(x) = C_1 \sin\left(n_x \pi\, \frac{x}{X}\right), \quad n_x = 1, 2, \ldots.$$

(2.1.26)

Die Konstante C_1 ergibt sich aus der Normierungsbedingung

$$\int\limits_{x=0}^{X} \psi_{n_x}^2(x)\,\mathrm{d}x = 1,$$

(2.1.27)

die hier zum Ausdruck bringt, daß sich das Atom in jedem Quantenzustand n_x an irgendeiner Position des Behälters befinden muß, zu

$$C_1 = \sqrt{\frac{2}{X}}.$$

(2.1.28)

Damit gilt also für die normierte Wellenfunktion im Zustand n_x:

$$\psi_{n_x}(x) = \sqrt{\frac{2}{X}}\,\sin\left(n_x \pi\, \frac{x}{X}\right).$$

(2.1.29)

Man sieht außerdem sogleich, daß diese Eigenfunktion $\psi_{n_x}(x)$ die Eigenschaft der Orthogonalität (vgl. Anhang 2.2) besitzt, denn es gilt:

$$\int\limits_{0}^{X} \psi_m(x)\,\psi_n(x)\,\mathrm{d}x = \int\limits_{0}^{X} \sin\left(m\,\frac{\pi x}{X}\right)\sin\left(n\,\frac{\pi x}{X}\right)\mathrm{d}x$$

$$= \frac{1}{2}\int\limits_{0}^{X}\left[\cos\left[(m-n)\,\frac{\pi x}{X}\right] - \cos\left[(m+n)\,\frac{\pi x}{X}\right]\right]\mathrm{d}x \equiv 0.$$

(2.1.30)

Die Eigenfunktion ist daher orthonomiert (vgl. Anhang 2.2).

Diese Wellenfunktionen und die dazugehörigen Wahrscheinlichkeiten sind für die ersten vier Werte der Translationsquantenzahl in Bild 2.2 aufgezeichnet. Man erkennt, daß im niedrigsten Translationszustand ($n_x = 1$) das Atom mit größter Wahrscheinlichkeit in Behältermitte anzutreffen ist, während mit zunehmenden Werten der Quantenzahl alle Orte in zunehmendem Maße gleichwahrscheinliche Aufenthaltsorte des Atoms werden. Dies entspricht dem erwarteten Resultat für

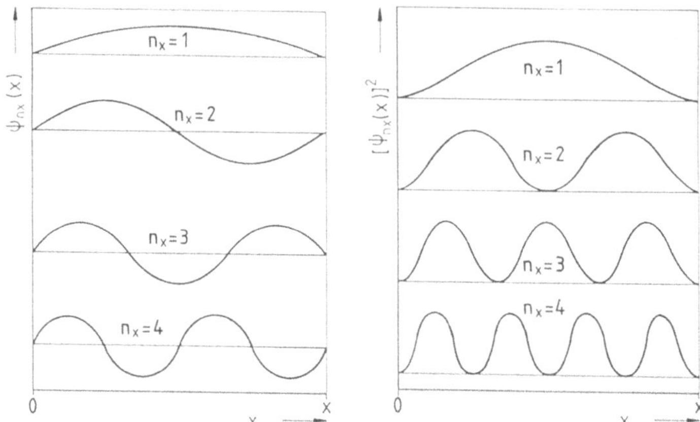

Bild 2.2. Wellenfunktion und Wahrscheinlichkeitsfunktion für die Translationsbewegung eines Moleküls

ein makroskopisches Teilchen. Die an diesem Sonderfall bestätigte allgemeine Forderung, daß die Gesetze der Quantenmechanik für große Werte der Quantenzahlen asymptotisch in die der klassischen Mechanik für makroskopische Körper übergehen, wird als Korrespondenzprinzip bezeichnet.

Verallgemeinern wir dieses Ergebnis auf eine Translationsbewegung in den drei Koordinatenrichtungen x, y, z, so gilt wegen der Unabhängigkeit der drei Bewegungsrichtungen:

$$\varepsilon_{n_x\,n_y\,n_z} = \frac{h^2}{8\,m}\left(\frac{n_x^2}{X^2} + \frac{n_y^2}{Y^2} + \frac{n_z^2}{Z^2}\right), \tag{2.1.31}$$

bzw., wenn man ohne Einschränkung der Allgemeinheit einen kubischen Behälter annimmt:

$$\varepsilon_{n_x\,n_y\,n_z} = \frac{h^2}{8\,m\,V^{2/3}}\,(n_x^2 + n_y^2 + n_z^2). \tag{2.1.32}$$

Die Energieeigenwerte der Translationsbewegung hängen also vom Volumen ab und sind durch das Volumen festgelegt. Man sieht darüber hinaus, daß verschiedenen Zuständen des Systems gleiche Werte der Energie zugeordnet sein können. Dieses Phänomen bezeichnet man als Entartung. Bild 2.3 [2] zeigt ein Diagramm, in dem die Energiewerte ε, die Entartungsgerade g und die zugehörigen Quantenzahlen für einige Zustände aufgetragen sind.

2.1.3.2 Der lineare harmonische Oszillator

Für die Schwingungsbewegung eines zweiatomigen Moleküls wird der lineare harmonische Oszillator als Modell benutzt.

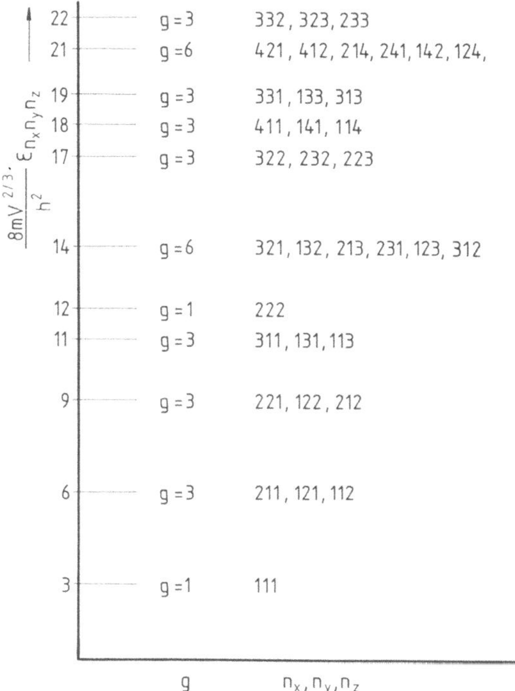

Bild 2.3. Energieniveaus, Entartungsgrade und Quantenzahlen bei der Translation

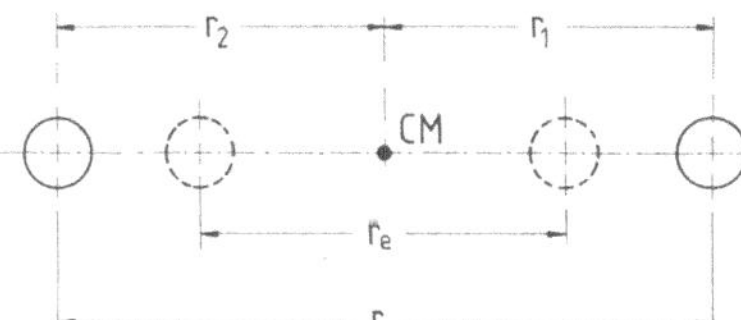

Bild 2.4. Schwingung eines zweiatomigen Moleküls. CM Molekülschwerpunkt

Bei diesem Modell der Schwingung wird eine lineare Rückstellkraft angenommen, nach

$$F = -\varepsilon(r - r_e), \tag{2.1.33}$$

mit ε als der Kraftkonstante und r_e als dem Gleichgewichtsabstand der beiden Atome. Bild 2.4 zeigt die Anordnung der Atome und die Bezeichnungen.
Die Bewegungsgleichung des Atoms 1 lautet dann:

$$-\varepsilon(r - r_e) = m_1 \frac{d^2 r_1}{dt^2}. \tag{2.1.34}$$

Umschreiben auf den aktuellen intraatomaren Abstand r liefert mit $m_1 r_1 = m_2 r_2 = m_2(r_2 + r_1) - m_2 r_1 = m_2 r - m_2 r_1$, also

$$r = \frac{m_1 + m_2}{m_2} r_1 \quad \text{und} \quad r_1 = \frac{m_2}{m_1 + m_2} r. \tag{2.1.35}$$

Aus (2.1.34) folgt damit:

$$\frac{m_1 m_2}{m_1 + m_2} \frac{\mathrm{d}^2 r}{\mathrm{d}t^2} + \varepsilon(r - r_e) = m_r \frac{\mathrm{d}^2 x}{\mathrm{d}t^2} + \varepsilon x = 0. \tag{2.1.36}$$

Hierbei gilt:

$$x = r - r_e \quad \text{und} \quad m_r = \frac{m_1 m_2}{m_1 + m_2}.$$

Als Lösung dieser Differentialgleichung ergibt sich x als periodische Funktion der Zeit mit der Frequenz:

$$v_0 = \frac{1}{2\pi} \sqrt{\frac{\varepsilon}{m_r}}. \tag{2.1.37}$$

Die Proportionalitätskonstante für die Rückstellkraft wird also

$$\varepsilon = 4\pi^2 v_0^2 m_r. \tag{2.1.38}$$

Daraus ergibt sich die potentielle intramolekulare Energie zu

$$U_{im} = -\int\limits_0^x F \, \mathrm{d}x = \int\limits_0^x \varepsilon x \, \mathrm{d}x = \frac{1}{2} \varepsilon x^2 = 2\pi^2 v_0^2 x^2 m_r. \tag{2.1.39}$$

Dies ist die potentielle Energie eines harmonischen Oszillators. Sie ist in Bild 2.5 als ausgezogene Kurve dargestellt.

Diese parabolische Potentialkurve stellt nach klassischer Sicht die Grenzkurve für die Bewegung des Oszillators dar. Eine Schwingung mit der Gesamtenergie E kann nur die Ausdehnung (x_1, x_2) erreichen, da dort $E = U$ und damit der Umkehrpunkt der Schwingung erreicht ist. Für den Mikrooszillator, also etwa ein schwingendes zweiatomiges Molekül, müssen wir aus der SchrödingerGleichung die stehenden Wellen ermitteln, die im Inneren des durch die parabolische Potentialkurve gebildeten Potentialkastens entstehen. Die SchrödingerGleichung für den linearen Oszillator lautet:

$$\frac{\mathrm{d}^2 \psi}{\mathrm{d}x^2} + \frac{8\pi^2 m_r}{h^2} (\varepsilon - 2\pi^2 v_0^2 m_r x^2) \psi = 0. \tag{2.1.40}$$

Mit den Abkürzungen

$$\lambda = \frac{8\pi^2 m_r}{h^2} \varepsilon$$

und

$$\alpha = \frac{4\pi^2 m_r v_0}{h}$$

lautet die Schrödinger-Gleichung

$$\frac{d^2\psi}{dx^2} + (\lambda - \alpha^2 x^2)\,\psi = 0. \qquad (2.1.41)$$

Zur Lösung betrachten wir zunächst den Grenzfall, daß x sehr groß ist und $\alpha x \gg \lambda$. Für diesen Fall reduziert sich die Schrödinger-Gleichung zu:

$$\frac{d^2\psi}{dx^2} - \alpha^2 x^2 \psi = 0. \qquad (2.1.42)$$

Die Lösung dieser Gleichung ist (für große x)

$$\psi = e^{-\alpha x^2/2}, \qquad (2.1.43)$$

wobei das Minuszeichen die notwendige Bedingung $\psi(x \to \infty) \to 0$ an eine Wellenfunktion sichert.

Unter Verwendung dieser asymptotischen Lösung machen wir für die Lösung der vollständigen Schrödinger-Gleichung des linearen harmonischen Oszillators den Ansatz

$$\psi = e^{-\alpha x^2/2} f(x). \qquad (2.1.44)$$

Einsetzen in die Schrödinger-Gleichung liefert:

$$\frac{d^2 f}{dx^2} - 2\alpha x \frac{df}{dx} + (\lambda - \alpha)\,f = 0. \qquad (2.1.45)$$

Wir ersetzen nun x durch die dimensionslose Variable ξ, nach

$$\xi = \sqrt{\alpha}\,x, \qquad (2.1.46)$$

womit aus der Schrödinger-Gleichung wird

$$\frac{d^2 H}{d\xi^2} - 2\xi \frac{dH}{d\xi} + \left(\frac{\lambda}{\alpha} - 1\right) H = 0. \qquad (2.1.47)$$

$H(\xi)$ ist eine Funktion, die man durch Vertauschen der unabhängigen Variablen x durch ξ in $f(x)$ erhält.

Die Funktion $H(\xi)$ wird in Form einer Reihe angesetzt:

$$H(\xi) = \sum_j a_v \xi^j = a_0 + a_1 \xi + a_2 \xi^2 + a_3 \xi^3 + \dots. \qquad (2.1.48)$$

Nach Einsetzen dieses Ansatzes in die Schrödinger-Gleichung ergibt sich:

$$1 \cdot 2 a_2 + 2 \cdot 3 a_3 \xi + 3 \cdot 4 a_4 \xi^2 + 4 \cdot 5 a_5 \xi^3 + \dots$$
$$- 2 a_1 \xi - 2 \cdot 2 a_2 \xi^2 - 2 \cdot 3 a_3 \xi^3 - \dots$$
$$+ \left(\frac{\lambda}{\alpha} - 1\right) a_0 + \left(\frac{\lambda}{\alpha} - 1\right) a_1 \xi + \left(\frac{\lambda}{\alpha} - 1\right) a_2 \xi^2 + \left(\frac{\lambda}{\alpha} - 1\right) a_3 \xi^3 + \dots$$
$$= 0. \qquad (2.1.49)$$

Da ξ beliebig ist, kann man durch Koeffizientenvergleich Bedingungen für die Reihenkoeffizienten a_j der Reihe für $H(\xi)$ ableiten. So gilt:

$$1 \cdot 2\,a_2 + \left(\frac{\lambda}{\alpha} - 1\right) a_0 = 0$$

$$2 \cdot 3\,a_3 - 2\,a_1 + \left(\frac{\lambda}{\alpha} - 1\right) a_1 = 0$$

$$3 \cdot 4\,a_4 - 4\,a_2 + \left(\frac{\lambda}{\alpha} - 1\right) a_2 = 0$$

$$\vdots$$

oder allgemein

$$a_{j+2} = -\frac{\left(\dfrac{\lambda}{\alpha} - 2j - 1\right)}{(j+1)(j+2)}\,a_j. \tag{2.1.50}$$

Diese Rekursionsformel für die Reihenkoeffizienten erlaubt die Berechnung von $a_2, a_3, a_4, \ldots$ aus a_0 und a_1, für die keine Bedingungen vorliegen. Setzt man $a_0 = 0$, so enthält die Reihe (2.1.48) nur ungeradzahlige Potenzen von ξ, setzt man hingegen $a_1 = 0$, so enthält sie nur geradzahlige Potenzen von ξ. Wir erhalten auf diese Weise daher zwei verschiedene partikuläre Lösungen der Differentialgleichung (2.1.47).

Für beliebige Werte des Energieparameters λ besteht die Reihe für $H(\xi)$ aus einer unendlichen Anzahl von Termen. Sie kommt dann nicht als richtige Lösung in Betracht, da sie so rasch mit ξ ansteigt, daß die Wellenfunktion trotz des durch (2.1.43) gegebenen Vorfaktors für $x \to \infty$ unendlich groß wird und damit keine Lösung des Problems darstellen kann. Um dies zu zeigen, vergleichen wir die Reihe $H(\xi)$ für $a_1 = 0$ mit der für e^{ξ^2}

$$e^{\xi^2} = 1 + \xi^2 + \frac{\xi^4}{2!} + \frac{\xi^6}{3!} + \ldots + \frac{\xi^j}{\left(\dfrac{j}{2}\right)!} + \frac{\xi^{j+2}}{\left(\dfrac{j}{2}+1\right)!} + \ldots$$

$$= \sum_j b_j\,\xi^j, \quad j = 0, 2, 4, \ldots.$$

Für große Werte von ξ, bei denen kleine Werte von j unbedeutend sind, gilt die folgende Beziehung für das Verhältnis der Entwicklungskoeffizienten beider Reihen:

$$\frac{a_{j+2}}{b_{j+2}} = \frac{\dfrac{2}{j}\,a_j}{\dfrac{2}{j}\,b_j} = \frac{a_j}{b_j} \neq f(j). \tag{2.1.51}$$

Damit unterscheiden sich die höheren Terme der Reihe $H(\xi)$ für $a_1 = 0$ von denen der Reihe für e^{ξ^2} nur um eine Konstante, so daß für große Werte von ξ die Reihe

$H(\xi)$ für $a_1 = 0$ sich wie e^{ξ^2} verhält. Damit wird aber nach (2.1.44) $\psi(x)$ unendlich für $x \to \infty$. Eine ganz analoge Betrachtung läßt sich für die Reihe $H(\xi)$ für $a_0 = 0$ durchführen, die nur ungerade Potenzen von ξ enthält. Sie wird verglichen mit der Reihe

$$\xi\, e^{\xi^2} = \xi^1 + \xi^3 + \frac{\xi^5}{2!} + \frac{\xi^7}{3!} + \ldots + \frac{\xi^j}{\left(\dfrac{j-1}{2}\right)!} + \frac{\xi^{j+2}}{\left(\dfrac{j+1}{2}\right)!} + \ldots = \sum_j c_j\, \xi^j,$$

$$j = 1, 3, 5, \ldots.$$

Auch hier gilt für große Werte von j

$$\frac{a_{j+2}}{c_{j+2}} = \frac{a_j}{c_j} \mp f(j), \tag{2.1.52}$$

so daß sich die Reihe $H(\xi)$ für $a_0 = 0$ für große Werte von ξ wie $\xi\, e^{\xi^2}$ verhält und damit ebenfalls nicht als Lösung für die Wellenfunktion in Betracht kommt.

Eine physikalisch sinnvolle Lösung erhält man hingegen, wenn man den Energieparameter λ bzw. λ/α nur ausgewählte Werte annehmen läßt, die die Reihenentwicklungen, d.h. die beiden partikulären Lösungen nach einer endlichen Anzahl von Gliedern abbricht, so daß sich lediglich Polynome ergeben. Aus der Rekursionsformel (2.1.50) erkennt man, daß für

$$\frac{\lambda}{\alpha} = (2j + 1) \tag{2.1.53}$$

die Reihen nach dem Glied ξ^j abgebrochen werden. Zum Beispiel gilt für $\lambda/\alpha = 5$, daß $a_4 = 0$ und damit die Reihe $H(\xi)$ für $a_1 = 0$ auf das Glied mit a_0 und a_2 beschränkt ist. Die daraus folgende Bedingung für die Energiewerte des linearen harmonischen Oszillators lautet:

$$\varepsilon_v = (v + \tfrac{1}{2})\, h\, v_0, \qquad v = 0, 1, 2, \ldots, \tag{2.1.54}$$

wobei $j \triangleq v$ die Schwingungsquantenzahl ist. Die Quantelung der Gesamtenergie für den linearen harmonischen Oszillator ergibt sich aus der Bedingung einer endlichen Wellenfunktion für große Werte der Ortskoordinaten. Die einzelnen Energieniveaus sind nicht entartet, d.h. zu jedem individuellen Quantzustand gehört ein individueller Energiewert. Die ersten sieben Energiewerte sind schematisch in Bild 2.5 eingetragen.

Die Wellenfunktionen des linearen harmonischen Oszillators in seinen verschiedenen Quantenzuständen sind gegeben durch

$$\psi_v(\xi) = e^{-\xi^2/2}\, H_v(\xi). \tag{2.1.55}$$

Die noch unbestimmte Konstante a_0 oder a_1 in $H_v(\xi)$ dient zur Normierung der Wellenfunktion nach

$$\int\limits_{-\infty}^{+\infty} \psi_v^*(x)\, \psi_v(x)\, \mathrm{d}x = \int\limits_{-\infty}^{+\infty} \psi_v^2(x)\, \mathrm{d}x = 1. \tag{2.1.56}$$

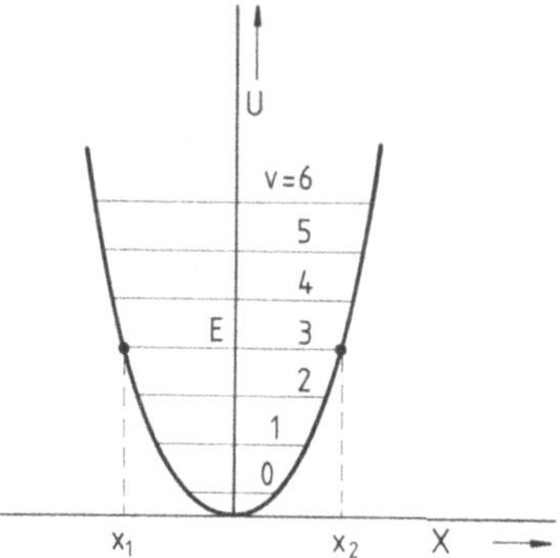

Bild 2.5. Potentialkurve und Energiewerte eines harmonischen Oszillators

Man kann allgemein zeigen, daß diese Wellenfunktionen auch die Orthogonalitätsbeziehung befriedigen.

Wir betrachten hier besonders den Schwingungsgrundzustand, für den gilt:

$$\varepsilon_0 = \frac{h v_0}{2}.$$

Im Schwingungsgrundzustand gilt $a_1 = 0$, d.h. die Reihe mit den geraden Gliedern ist die einzige Lösung für die Wellenfunktion, und man erhält:

$$\psi_0(\xi) = a_0 e^{-\xi^2/2}$$

als einzige Lösung.

Aus der Normierungsbedingung findet man wegen

$$a_0^2 \int\limits_{-\infty}^{+\infty} e^{-\alpha x^2}\, dx = 1$$

$$a_0 = \left(\frac{\alpha}{\pi}\right)^{1/4}, \tag{2.1.57}$$

so daß die Wellenfunktion lautet:

$$\psi_0(x) = \left(\frac{\alpha}{\pi}\right)^{1/4} e^{-\frac{\alpha}{2} x^2} \tag{2.1.58}$$

und die dazugehörige Wahrscheinlichkeitsfunktion

$$\psi_0^2(x) = \sqrt{\frac{\alpha}{\pi}}\, e^{-\alpha x^2}. \tag{2.1.59}$$

Bild 2.6 zeigt die Funktionen. Wie das Diagramm für die Wahrscheinlichkeitsfunktion zeigt, liegt im Grundzustand des linearen harmonischen Oszillators das Teilchen mit größter Wahrscheinlichkeit in der Nullage. Bemerkenswert ist, daß seine Auslenkung mit einer geringeren, aber durchaus endlichen Wahrscheinlichkeit sogar größere Werte annimmt, als es nach klassischer Vorstellung überhaupt

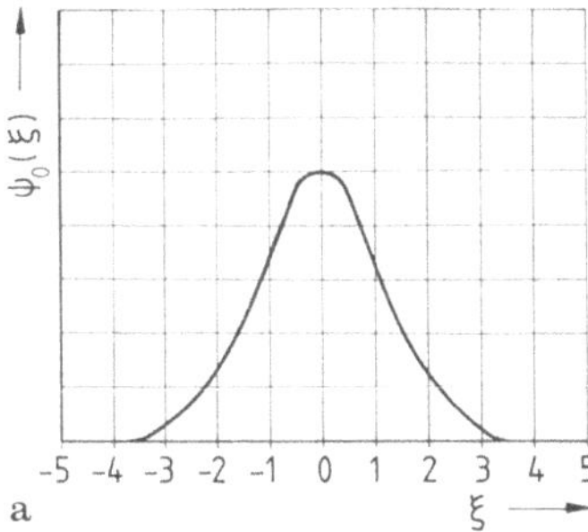

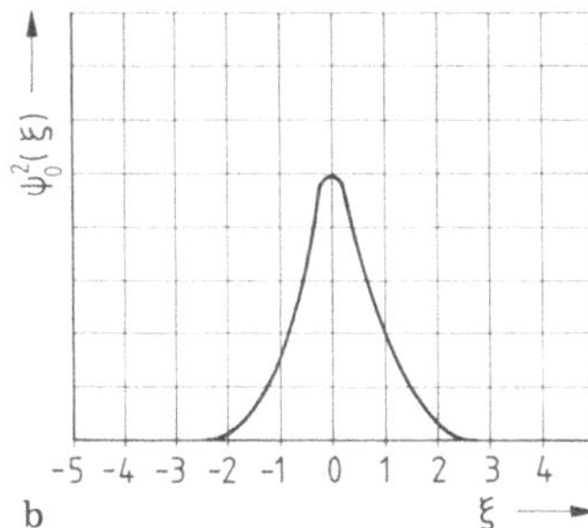

Bild 2.6. **a** Wellenfunktion und **b** Wahrscheinlichkeitsfunktion des linearen, harmonischen Oszillators im Grundzustand

möglich ist, d. h. $x = \pm \sqrt{1/\alpha}$ bzw. $\xi = \pm 1$, bei der die Gesamtenergie $\varepsilon_0 = h v_0/2$ gleich der potentiellen Energie $U = 2\pi^2 v_0^2 m_r x^2$ ist und das Teilchen daher seinen Umkehrpunkt hat. Für $v = 0$ widerspricht das quantenmechanische Ergebnis daher vollkommen den klassischen Vorstellungen.

Für $v = 1$ ist die Reihe mit den ungeraden Gliedern die einzige Lösung, und man erhält:

$$\psi_1(\xi) = a_1 \xi \, e^{-\xi^2/2}. \tag{2.1.60}$$

Für $v = 2$ gilt die gerade Reihe und $a_4 = 0$, so daß man erhält:

$$\psi_2(\xi) = \left[a_0 \left(1 - \frac{\lambda/\alpha - 1}{1 \cdot 2} \xi^2 \right) e^{-\xi^2/2} \right]. \tag{2.1.61}$$

Entsprechend können die höheren Wellenfunktionen abgeleitet werden. Man kann zeigen, daß im Grenzfall sehr großer Schwingungsquantenzahlen der Übergang zum klassischen Verhalten erfolgt, in Übereinstimmung mit dem Korrespondenzprinzip.

2.1.3.3 Der lineare starre Rotator

Für die Rotationsbewegung eines zweiatomigen Moleküls wird der lineare starre Rotator als Modell benutzt. Bild 2.7 zeigt die Anordnung der Atome und die Bezeichnungen.

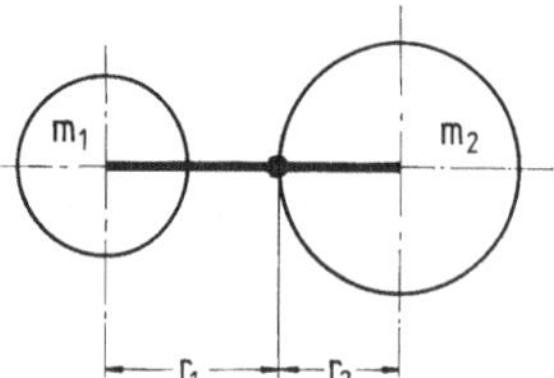

Bild 2.7. Der lineare starre Rotator

Die kinetische Energie des Atoms 1 ist

$$E_{K_1} = \tfrac{1}{2} m_1 v_1^2 = \tfrac{1}{2} m_1 (\dot{x}_1^2 + \dot{y}_1^2 + \dot{z}_1^2). \tag{2.1.62}$$

Einführung eines Polarkoordinatensystems, dessen Ursprung im Drehpunkt 0 liegt, liefert mit

$$x = r \sin\theta \cdot \cos\phi$$
$$y = r \sin\theta \cdot \sin\phi$$
$$z = r \cdot \cos\theta$$

für konstanten Abstand r_1

$$\dot{x}_1 = \frac{dx_1}{dt} = r_1 \cdot \dot{\theta} \cos\theta \cos\phi - r_1 \dot{\phi} \sin\theta \sin\phi \tag{2.1.63}$$

$$\dot{y}_1 = \frac{dy_1}{dt} = r_1 \cdot \dot{\theta} \cos\theta \sin\phi + r_1 \dot{\phi} \sin\theta \cos\phi \tag{2.1.64}$$

$$\dot{z}_1 = \frac{dz_1}{dt} = - r_1 \dot{\theta} \sin\theta. \tag{2.1.65}$$

Damit folgt für die kinetische Energie des ersten Teilchens

$$E_{K_1} = \tfrac{1}{2} m_1 r_1^2 (\dot{\theta}^2 + \dot{\phi}^2 \sin^2\theta). \tag{2.1.66}$$

Analog folgt für die kinetische Energie des Teilchens 2

$$E_{K_2} = \tfrac{1}{2} m_2 r_2^2 (\dot{\theta}^2 + \dot{\phi}^2 \sin^2\theta). \tag{2.1.67}$$

Die gesamte kinetische Energie des starren Drehkörpers ist durch die Summe beider Bestandteile gegeben.

$$E_K = E_{K_1} + E_{K_2} = \tfrac{1}{2} (m_1 r_1^2 + m_2 r_2^2)(\dot{\theta}^2 + \dot{\phi}^2 \sin^2\theta). \tag{2.1.68}$$

Nach Einführung des Trägheitsmomentes I

$$I = m_1 r_1^2 + m_2 r_2^2 \tag{2.1.69}$$

erhält man

$$E_K = \frac{I}{2} (\dot{\theta}^2 + \dot{\phi}^2 \sin^2\theta) \tag{2.1.70}$$

als Gleichung für die kinetische Energie des linearen starren Rotators.

Ein Vergleich der Gl.(2.1.70) mit (2.1.66) oder (2.1.67) zeigt, daß der starre Drehkörper dieselbe Energie hat wie ein Massenpunkt mit der Masse I, der in der Entfernung $r = 1$ um die durch den Ursprung gehende Achse rotiert. Er hat insbesondere keine potentielle Energie und wird in natürlicher Weise durch Polarkoordinaten beschrieben.

Für den Mikrorotator, z. B. ein rotierendes zweiatomiges Molekül, lautet somit die Schrödinger-Gleichung:

$$\tilde{\nabla}^2 \psi + \frac{8\pi^2 I \varepsilon}{h^2} \psi = 0. \tag{2.1.71}$$

Der Differentialoperator $\tilde{\nabla}^2$ ist in Polarkoordinaten für die betrachtete Bewegung anzuschreiben. Explizit erhält man daher für die Schrödinger-Gleichung:

$$\frac{1}{\sin\theta} \frac{\partial}{\partial\theta}\left(\sin\theta \frac{\partial\psi}{\partial\theta}\right) + \frac{1}{\sin^2\theta} \frac{\partial^2\psi}{\partial\phi^2} + \alpha\psi = 0 \tag{2.1.72}$$

mit

$$\alpha = \frac{8\pi^2 I \varepsilon}{h^2}. \tag{2.1.73}$$

Zur Lösung der Differentialgleichung machen wir zunächst einen Produktansatz [6]:

$$\psi(\theta,\phi) = U(\theta)\, V(\phi), \tag{2.1.74}$$

womit sich ergibt:

$$\frac{\sin\theta}{U} \frac{\partial}{\partial\theta}\left(\sin\theta \frac{\partial U}{\partial\theta}\right) + \alpha\sin^2\theta = -\frac{1}{V} \frac{\partial^2 V}{\partial\phi^2}. \tag{2.1.75}$$

Auf der linken Seite der Gleichung befindet sich die Variable θ, auf der rechten die Variable ϕ. Soll die Gleichung für alle Kombinationen von θ und ϕ erfüllt sein, so müssen beide Seiten der Gleichung gleich einer Konstanten sein. Es gilt also:

$$\frac{\sin\theta}{U} \frac{\partial}{\partial\theta}\left(\sin\theta \frac{\partial U}{\partial\theta}\right) + \alpha\sin^2\theta = m^2 \tag{2.1.76}$$

sowie

$$-\frac{1}{V} \frac{\partial^2 V}{\partial\phi^2} = m^2. \tag{2.1.77}$$

Wir betrachten zunächst (2.1.77)

$$\frac{\partial^2 V}{d\phi^2} + m^2 V = 0. \tag{2.1.78}$$

Diese lineare, homogene Differentialgleichung 2. Ordnung wird durch den folgenden Lösungsansatz befriedigt:

$$V = c\, e^{\lambda\phi}, \tag{2.1.79}$$

wobei mit

$$\lambda^2 \, e^{\lambda\phi} + m^2 \, e^{\lambda\phi} = 0$$

für den Parameter λ gilt:

$$\lambda = \pm \, im. \qquad (2.1.80)$$

Damit erhält man

$$V = c \, e^{\pm im\phi} = c \, [\cos m\phi \pm i \, \sin m\phi]. \qquad (2.1.81)$$

Da die Lösung aus physikalischen Gründen periodisch sein muß, gilt:

$$V(\phi = 0) = V(\phi = 2\pi), \qquad (2.1.82)$$

d.h. die Funktion (d.h. mittelbar der rotierende Körper) muß nach einmaligem Umlauf den gleichen Anfangswert haben. Die Lösung muß damit der folgenden Bedingung genügen:

$$c \, e^0 = c \, e^{\pm 2\pi mi} \qquad (2.1.83)$$

oder

$$1 = \cos 2\pi m \pm i \, \sin 2\pi m.$$

Diese Bedingung kann jedoch nur für ganzzahliges m erfüllt werden, d.h.

$$m = 0, \pm 1, \pm 2, \dots. \qquad (2.1.84)$$

Die Ermittlung der Konstanten c erfolgt aus der Normierungsbedingung

$$\int\limits_0^{2\pi} V V^* \, d\phi = 1 \qquad (2.1.85)$$

zu

$$c = \pm \frac{1}{\sqrt{2\pi}}. \qquad (2.1.86)$$

Damit folgt

$$V(\phi) = \pm \frac{1}{\sqrt{2\pi}} e^{im}, \qquad m = 0, \pm 1, \pm 2, \dots \qquad (2.1.87)$$

für die ϕ-Abhängigkeit der Wellenfunktion.

Betrachten wir nun die Differentialgleichung (2.1.76):

$$\frac{1}{\sin\theta} \frac{\partial}{\partial\theta} \left(\sin\theta \, \frac{\partial U}{\partial\theta} \right) + \left(\alpha - \frac{m^2}{\sin^2\theta} \right) U = 0.$$

Einführung der neuen Veränderlichen

$$x = \cos\theta \quad \text{mit} \quad -1 \leq x \leq 1 \quad \text{und} \quad 1 - x^2 = \sin^2\theta$$

führt auf:

$$(1 - x^2) \frac{d^2 U}{dx^2} - 2x \frac{dU}{dx} + \left(\alpha - \frac{m^2}{1 - x^2}\right) U = 0. \tag{2.1.88}$$

Für eine spezielle Einschränkung von α, nämlich $\alpha = l(l + 1)$ und l, m ganzzahlig, ist eine partikuläre Lösung dieser Differentialgleichung:

$$y = (1 - x^2)^{|m/2|} \frac{d^m}{dx^m} P_l(x), \tag{2.1.89}$$

wobei $P_l(x)$ die Legendre-Polynome sind, d.h.

$$P_l(x) = (-1)^l \frac{1}{2^l l!} \frac{d^l}{dx^l} (1 - x^2)^l.$$

Im vorliegenden Falle ist α zunächst nicht in obiger Weise eingeschränkt, m ist allerdings tatsächlich ganzzahlig, wegen (2.1.87). Damit ist der durch l beeinflußte Faktor der Lösung (2.1.89) unbestimmt und wird durch einen Reihenansatz mit unbestimmten Koeffizienten ersetzt. Der durch m bestimmte Faktor wird hingegen aus (2.1.89) übernommen. Es folgt also als naheliegender Ansatz:

$$U = (1 - x^2)^{|m/2|} W(x) \tag{2.1.90}$$

mit

$$W(x) = \sum_{\lambda = 0}^{\alpha} a_\lambda x^\lambda. \tag{2.1.91}$$

Einsetzen von (2.1.90) in die Differentialgleichung führt auf:

$$0 = (1 - x^2) \cdot W'' - 2x(|m| + 1) \cdot W' + [\alpha - |m| - m^2] W. \tag{2.1.92}$$

Einsetzen der Reihenentwicklung für W, (2.1.91), führt auf die folgende Form der Differentialgleichung:

$$\begin{aligned}
0 = {} & 2a_2 + (\alpha - |m|(|m| + 1)) a_0 \\
& + \{6a_3 + [\alpha - (1 + |m|)(2 + |m|)] a_1\} x \\
& + \{12a_4 + [\alpha - (2 + |m|)(3 + |m|)] a_2\} x^2 \\
& + \\
& \vdots \; \{(n + 2)(n + 1) a_{n+2} + [\alpha - (n + |m|)(n + |m| + 1)] a_n\} x^n.
\end{aligned} \tag{2.1.93}$$

Diese Gleichung ist nur erfüllt, wenn die einzelnen Potenzen von x gleich null sind, d.h.

$$(n + 2)(n + 1) a_{n+2} + [\alpha - (n + |m|)(n + |m| + 1)] a_n = 0$$

oder

$$\frac{a_{n+2}}{a_n} = \frac{(n + |m|)(n + |m| + 1) - \alpha}{(n + 2)(n + 1)}, \tag{2.1.94}$$

womit eine Rekursionsformel für die Entwicklungskoeffizienten a_ν gefunden ist.

Die Koeffizienten a_0 und a_1 sind unbestimmt. Man erhält daher je eine partikuläre Lösung für $a_0 = 0$ und $a_1 = 0$. Für $n \to \infty$ gilt:

$$\frac{a_{n+2}}{a_n} = 1,$$

d. h. für $x = 1$ konvergiert die Reihe nur, wenn sie aus endlich vielen Gliedern besteht. Dies bedeutet, daß der Zähler von (2.1.94) bei einem $n < \infty$ zu null werden muß, d. h. es muß gelten:

$$0 \overset{!}{=} (n + |m|)(n + |m| + 1) - \alpha, \quad n = 0, 1, 2, \ldots . \tag{2.1.95}$$

Mit der Beziehung

$$l = n + |m|, \quad l = 0, 1, 2, \ldots$$

für $|m| \leq l$, da insgesamt die Ordnung der Differentiation von $(1 - x^2)$ in (2.1.89) nicht negativ werden darf, kann diese Bedingung erfüllt werden durch

$$0 = l(l + 1) - \alpha, \tag{2.1.96}$$

wodurch sich tatsächlich die für (2.1.89) erforderliche Einschränkung von α ergibt.

Die Rotationsenergie ist daher gequantelt, nach der Vorschrift:

$$\varepsilon_{\mathrm{r}} = l(l + 1)\frac{h^2}{8\pi^2 I}. \tag{2.1.97}$$

Gleichung (2.1.88) läßt sich also schreiben als:

$$(1 - x^2)\frac{\mathrm{d}^2 U}{\mathrm{d}x^2} - 2x\frac{\mathrm{d}U}{\mathrm{d}x} + \left(l(l + 1) - \frac{m^2}{1 - x^2}\right) U = 0 \tag{2.1.98}$$

mit

$$l = 0, 1, 2, \ldots$$

$$|m| \leq l$$

und der Lösung (2.1.89). Wegen $|m| \leq l$ kann m insgesamt

$$g = 2l + 1 \tag{2.1.99}$$

Werte annehmen. Zu einer bestimmten Rotationsenergie $\varepsilon_{\mathrm{r}}(l)$ gehören also $g = 2l + 1$ Wellenfunktionen, d. h. Systemzustände. Jedes Rotationsniveau ist daher $(2l + 1)$fach entartet.

2.1.4 Mittelwerte

Nach dem 2. Postulat hat eine bestimmte mechanische Größe λ in einem System, dessen Zustand durch die Wellenfunktion ψ beschrieben wird, die ihrerseits Eigenfunktion des der Größe λ entsprechenden Operators $\tilde{F}$ ist, einen festen Wert. Nun haben wir es häufig jedoch mit Systemzuständen zu tun, die sich nicht als Eigenfunktionen des betrachteten Operators ergeben, und in solchen Fällen hat die entsprechende mechanische Größe keinen festen Wert. Betrachten wir z. B. ein System, dem die beiden Gleichungen

$$\tilde{F}\psi_1 = \lambda_1\psi_1 \tag{2.1.100}$$

$$\tilde{F}\psi_2 = \lambda_2\psi_2 \tag{2.1.101}$$

zugeordnet sind, so sind ψ_1, ψ_2 zwei Eigenfunktionen des Operators $\tilde{F}$ mit den zugehörigen Eigenwerten λ_1 und λ_2. Nach dem 2. Postulat hat die dem Operator $\tilde{F}$ entsprechende mechanische Größe im Zustand ψ_1 des Systems den festen Wert λ_1 und im Zustand ψ_2 des Systems den festen Wert λ_2. Nach dem durch die Linearität der Schrödinger-Gleichung gegebenen Superpositionsprinzip für Wellen kann sich das System außer in den durch die Eigenfunktionen ψ_1 und ψ_2 bestimmten Zuständen auch in einem durch eine lineare Superposition definierten Zustand ψ mit

$$\psi = c_1\psi_1 + c_2\psi_2 \tag{2.1.102}$$

befinden. Diese Wellenfunktion ψ ist nun keine Eigenfunktion des Operators $\tilde{F}$, denn

$$\begin{aligned}
\tilde{F}\psi &= \tilde{F}(c_1\psi_1 + c_2\psi_2) = c_1\tilde{F}\psi_1 + c_2\tilde{F}\psi_2 \\
&= c_1\lambda_1\psi_1 + c_2\lambda_2\psi_2 \neq \lambda\psi.
\end{aligned} \tag{2.1.103}$$

Im Zustand ψ hat die dem Operator $\tilde{F}$ entsprechende mechanische Größe λ keinen festen Wert. Stellen wir uns eine große Anzahl der betrachteten Systeme vor, die sich alle im Zustand ψ befinden, und messen die mechanische Größe λ, so erhalten wir verschiedene Zahlen λ_1 oder λ_2, nämlich die erlaubten Eigenwerte, die allerdings mit einer gewissen statistischen Verteilung auftreten. In einem solchen Falle interessieren wir uns für den Mittelwert von λ, d. h. seinen Erwartungswert als Kennzeichen eines statistischen Ensembles.

Zur Ableitung der Berechnungsvorschrift für diesen Mittelwert betrachten wir zunächst den Mittelwert einer Koordinate x. Da $\psi\psi^*\,\mathrm{d}x$ die Wahrscheinlichkeit dafür darstellt, ein Teilchen zwischen x und $x + \mathrm{d}x$ anzutreffen, ist der Mittelwert der Koordinate gegeben zu

$$x_\mathrm{m} = \int\limits_{-\infty}^{+\infty} x\psi\psi^*\,\mathrm{d}x, \tag{2.1.104}$$

wobei ψ als normiert anzusehen ist.

In quantenmechanischer Schreibweise, in der $\tilde{x}$ ein Multiplikationsoperator ist, läßt sich dies schreiben als:

$$x_\mathrm{m} = \int\limits_{-\infty}^{+\infty} \psi^*\tilde{x}\psi\,\mathrm{d}x. \tag{2.1.105}$$

Betrachten wir nun die Mittelwertbildung für den Hamilton-Operator:

$$\tilde{H} = -\frac{h^2}{8\pi^2 m}\frac{d^2}{dx^2} + \tilde{U}(x) = \tilde{T} + \tilde{U}, \qquad (2.1.106)$$

wobei $\tilde{T}$ der Operator der kinetischen Energie ist.

Ist ψ_i die Eigenfunktion des Hamilton-Operators, die dem Eigenwert E_i entspricht, so gilt:

$$-\frac{h^2}{8\pi^2 m}\frac{d^2\psi_i}{dx^2} + \tilde{U}\psi_i = E_i\psi_i. \qquad (2.1.107)$$

Multiplikation von links mit ψ_i^* und Integration ergibt:

$$\int_{-\infty}^{+\infty}\psi_i^*\left(-\frac{h^2}{8\pi^2 m}\frac{d^2}{dx^2}\right)\psi_i\,dx + \int_{-\infty}^{+\infty}\psi_i^*\tilde{U}\psi_i\,dx = E_i\int_{-\infty}^{+\infty}\psi_i^*\psi_i\,dx. \qquad (2.1.108)$$

Hierfür können wir auch schreiben:

$$\int_{-\infty}^{+\infty}\psi_i^*\tilde{T}\psi_i\,dx + U_m = E_i, \qquad (2.1.109)$$

wobei U_m der Mittelwert der potentiellen Energie ist. Da hier E_i ein fester Zahlenwert sein muß, muß der erste Term auf der linken Seite der Mittelwert der kinetischen Energie sein, und es gilt:

$$T_m = \int_{-\infty}^{+\infty}\psi_i^*\tilde{T}\psi_i\,dx. \qquad (2.1.110)$$

Damit haben wir als allgemeine Formel für die mittlere Energie:

$$E_m = \int_{-\infty}^{+\infty}\psi^*\tilde{H}\psi\,dx. \qquad (2.1.111)$$

In dem besonderen Fall, in dem wegen

$$\tilde{H}\psi = E\psi$$

ψ eine Eigenfunktion von $\tilde{H}$ ist, gilt

$$E_m = E\int\psi^*\psi\,dx = E \qquad (2.1.112)$$

entsprechend der Forderung des 2. Postulates.

Kennen wir also die Wellenfunktion, die den Zustand des Mikrosystems beschreibt, so können wir mit Hilfe von Operatoren die Mittelwerte aller mechanischen Größen errechnen. Nach dem Superpositionsprinzip gilt der folgende Zusammenhang zwischen der Wellenfunktion und den Eigenfunktionen des Systems:

$$\psi = c_1\psi_1 + c_2\psi_2 + \ldots = \sum_K c_K\psi_K. \qquad (2.1.113)$$

Der Erwartungswert einer Größe F ist daher gegeben durch:

$$F_m = \int \psi^* \tilde{F} \psi \, d\tau$$
$$= \int [(c_1 \psi_1)^* + (c_2 \psi_2)^* + \ldots] \tilde{F} [c_1 \psi_1 + c_2 \psi_2 + \ldots] \, d\tau$$
$$= c_1^2 \lambda_1 + c_2^2 \lambda_2 + \ldots, \tag{2.1.114}$$

wobei das 2. Postulat und die Orthonormierungsbedingungen der Eigenfunktionen berücksichtigt wurden.

Wendet man nun noch die Normierungsbedingungen der Wellenfunktion an

$$1 = \int \psi^* \psi \, d\tau = c_1^2 + c_2^2 + \ldots, \tag{2.1.115}$$

so erkennt man, daß die Quadrate der Entwicklungskoeffizienten Wahrscheinlichkeiten und damit statistische Gewichte für die einzelnen Zustände $1, 2, \ldots$ darstellen. Damit sind sie auch Wahrscheinlichkeiten dafür, daß man bei der Messung der mechanischen Größe F die Werte $\lambda_1, \lambda_2, \ldots$ erhält.

2.1.5 Die Heisenbergsche Unschärferelation

Wir betrachten ein System in einem bestimmten Quantenzustand n, der durch die Wellenfunktion ψ_n beschrieben wird. Wenn diese Wellenfunktion ψ_n sowohl Eigenfunktion des Operators $\tilde{F}$ als auch Eigenfunktion des Operators $\tilde{M}$ ist, dann gilt:

$$\tilde{F} \psi_n = F_n \psi_n \tag{2.1.116}$$
$$\tilde{M} \psi_n = M_n \psi_n, \tag{2.1.117}$$

und die den beiden Operatoren $\tilde{F}$ und $\tilde{M}$ entsprechenden physikalischen Größen haben gleichzeitig, d.h. im selben Systemzustand, die festen Werte F_n und M_n. Multipliziert man (2.1.116) von links mit $\tilde{M}$ und (2.1.117) von links mit $\tilde{F}$ und subtrahiert die so entstandenen Beziehungen voneinander, so findet man mit

$$(\tilde{M} \tilde{F} - \tilde{F} \tilde{M}) = 0 \tag{2.1.118}$$

eine Bedingungsgleichung für zwei Operatoren, deren zugeordnete physikalische Größen gleichzeitig, d.h. im selben Systemzustand, feste Werte haben. Man bezeichnet die durch (2.1.118) gegebene Eigenschaft der Operatoren $\tilde{F}$ und $\tilde{M}$ als kommutativ.

Auch die umgekehrte Aussage gilt: Sind zwei Operatoren kommutativ, so haben sie gemeinsame Eigenfunktionen, und die ihnen zugeordneten physikalischen Größen haben feste Werte. Man spricht von scharfen Eigenwerten. Betrachten wir zum Beispiel die Eigenfunktion ψ des Operators $\tilde{A}$ nach

$$\tilde{A} \psi = A \psi$$

und führen wir einen zweiten Operator $\tilde{B}$ ein, der mit $\tilde{A}$ kommutiert, dann gilt

$$\tilde{A} \tilde{B} \psi = \tilde{B} \tilde{A} \psi = \tilde{B} A \psi = A \tilde{B} \psi.$$

Hieraus folgt, daß $\tilde{B} \psi$ eine Eigenfunktion des Operators $\tilde{A}$ ist, die dem Wert A der physikalischen Größe entspricht. Da auch ψ diese Eigenschaft hat, beschreiben beide Funktionen ψ und $\tilde{B}\psi$ ein- und denselben Zustand, d. h. es muß gelten

$$\tilde{B}\psi = B\psi,$$

wobei B ein konstanter Multiplikator ist. Damit ist ψ auch eine Eigenfunktion von $\tilde{B}$, und die zugehörigen physikalischen Größen haben als Eigenwerte A und B feste Werte.

Man kann sich z. B. leicht davon überzeugen, daß zwei Koordinaten x und y gleichzeitig feste Werte haben können, denn ihnen ist der jeweilige Multiplikationsoperator zugeordnet, und es gilt

$$\tilde{x}\psi = x\psi$$
$$\tilde{y}\psi = y\psi$$

und damit

$$(\tilde{x}\tilde{y} - \tilde{y}\tilde{x})\psi = (xy - yx)\psi = 0, \tag{2.1.119}$$

womit gezeigt ist, daß die Koordinaten x, y gleichzeitig feste Werte annehmen.

In analoger Weise läßt sich zeigen, daß die Koordinate x und die Impulskomponente p_y gleichzeitig feste Werte annehmen, denn es gilt:

$$\tilde{x} = x$$
$$\tilde{p}_y = \frac{h}{2\pi i}\frac{\partial}{\partial y}$$

und damit

$$(\tilde{x}\tilde{p}_y - \tilde{p}_y\tilde{x})\psi = \left(x\frac{h}{2\pi i}\frac{\partial}{\partial y} - \frac{h}{2\pi i}\frac{\partial}{\partial y}x\right)\psi = 0. \tag{2.1.120}$$

Andererseits findet man, daß die Koordinate x und die Impulskomponente p_x nicht gleichzeitig feste Werte annehmen können. Mit

$$(\tilde{x}\tilde{p}_x - \tilde{p}_x\tilde{x})\psi = \left(x\frac{h}{2\pi i}\frac{\partial}{\partial x} - \frac{h}{2\pi i}\frac{\partial}{\partial x}x\right)\psi$$
$$= x\frac{h}{2\pi i}\frac{\partial\psi}{\partial x} - \frac{h}{2\pi i}\left(\psi + x\frac{\partial\psi}{\partial x}\right)$$
$$= -\frac{h}{2\pi i}\psi \neq 0 \tag{2.1.121}$$

folgt, daß die der Koordinate x und der Impulskomponente p_x zugeordneten Operatoren nicht kommutativ sind, womit gezeigt ist, daß sie nicht gleichzeitig feste Werte annehmen können.

Wir fragen nun danach, welche Unsicherheit bei den gleichzeitigen Werten von x und p_x mindestens vorliegen muß. Als Maß dafür dient die Wurzel aus dem mittleren Abweichungsquadrat, also:

$$\sqrt{\langle(\Delta x)^2\rangle} = \sqrt{\langle x^2\rangle - \langle x\rangle^2} \tag{2.1.122}$$

und

$$\sqrt{\langle (\Delta p_x)^2 \rangle} = \sqrt{\langle p_x^2 \rangle - \langle p_x \rangle^2}. \qquad (2.1.123)$$

Wir betrachten dazu die Ungleichung [1]:

$$I = \int \left| \alpha\, \Delta x\, \psi + \beta\, \frac{d\psi}{dx} \right|^2 dx \geqq 0 \qquad (2.1.124)$$

mit beliebigen reellen Hilfsvariablen α und β. Das Integral läßt sich umschreiben zu:

$$\begin{aligned}
I &= \int \left(\alpha\, \Delta x\, \psi + \beta\, \frac{d\psi}{dx} \right) \left(\alpha\, \Delta x\, \psi^* + \beta\, \frac{d\psi^*}{dx} \right) dx \\[2mm]
&= \int \alpha^2 (\Delta x)^2\, \psi^*\psi\, dx + \int \alpha\beta \left(\Delta x\, \psi\, \frac{d\psi^*}{dx} + \frac{d\psi}{dx}\, \Delta x\, \psi^* \right) dx \\[2mm]
&\quad + \int \beta^2\, \frac{d\psi}{dx}\, \frac{d\psi^*}{dx}\, dx \\[2mm]
&= \alpha^2 \int (\Delta x)^2\, \psi^*\psi\, dx + \alpha\beta \int \Delta x\, \frac{d}{dx}\, (\psi^*\psi)\, dx + \beta^2 \int \frac{d\psi^*}{dx}\, \frac{d\psi}{dx}\, dx.
\end{aligned}$$

Durch partielle Integration des zweiten und dritten Integrals sowie Verwendung des Impulsoperators nach (2.1.10) findet man:

$$\begin{aligned}
I &= \alpha^2 \langle (\Delta x)^2 \rangle - \alpha\beta \int \psi^*\psi\, dx + \beta^2\, \frac{4\pi^2}{h^2} \int \psi^*\, \tilde{p}_x^2\, \psi\, dx \\[2mm]
&= \alpha^2 \langle (\Delta x)^2 \rangle - \alpha\beta + \beta^2\, \frac{4\pi^2}{h^2}\, \langle (\Delta p_x)^2 \rangle. \qquad (2.1.125)
\end{aligned}$$

Im letzten Term auf der rechten Seite steht zunächst das mittlere Impulsquadrat. Der mittlere Impuls kann jedoch ohne Einschränkung der Allgemeinheit null gesetzt werden, da der Impulsoperator zu einem in x ungeraden Integranden führt. Daher kann man für das mittlere Impulsquadrat auch das mittlere Abweichungsquadrat des Impulses setzen. Es gilt also:

$$I = \langle \Delta x^2 \rangle \left[\frac{\alpha h}{2\pi\beta} - \frac{\beta h}{4\pi\beta\, \langle \Delta x^2 \rangle} \right]^2 + \langle \Delta p_x^2 \rangle - \frac{h^2}{16\pi^2\, \langle \Delta x^2 \rangle} \geqq 0. \qquad (2.1.126)$$

Da $\langle \Delta x^2 \rangle > 0$, ist die obige Ungleichung für beliebige Werte von α und β erfüllt für

$$\langle \Delta p_x^2 \rangle \geqq \frac{h^2}{16\pi^2\, \langle \Delta x^2 \rangle} \qquad (2.1.127)$$

oder auch

$$\langle \Delta x^2 \rangle \, \langle \Delta p_x^2 \rangle \geqq \frac{h^2}{16\pi^2}. \qquad (2.1.128)$$

Daraus ergibt sich als Beziehung für die gleichzeitige Unbestimmtheit von x-Ort und x-Impuls:

$$\sqrt{\langle \Delta x^2 \rangle}\, \sqrt{\langle \Delta p_x^2 \rangle} \geqq \frac{h}{4\pi}. \tag{2.1.129}$$

Dies ist die Heisenbergsche Unschärferelation für die Operatoren $\tilde{x}$ und $\tilde{p}_x$.

Beispiel 2.3

Für den linearen harmonischen Oszillator im Grundzustand mit der Wellenfunktion

$$\psi(x) = \left(\frac{\alpha}{\pi}\right)^{1/4} e^{-\frac{\alpha x^2}{2}}$$

berechne man $\sqrt{\langle \Delta x^2 \rangle}\, \sqrt{\langle \Delta p_x^2 \rangle}$.

Lösung

Wir bilden die folgenden Mittelwerte:

$$\langle x \rangle = \int\limits_{-\infty}^{+\infty} \psi^* \tilde{x} \psi \, dx = \sqrt{\frac{\alpha}{\pi}} \int\limits_{-\infty}^{+\infty} x\, e^{-\alpha x^2}\, dx = 0$$

$$\langle p_x \rangle = \int\limits_{-\infty}^{+\infty} \psi^* \tilde{p}_x \psi \, dx = \sqrt{\frac{\alpha}{\pi}} \int\limits_{-\infty}^{+\infty} e^{-\frac{\alpha x^2}{2}} \frac{h}{2\pi i} \frac{\partial}{\partial x} e^{-\frac{\alpha x^2}{2}}\, dx$$

$$= -\sqrt{\frac{\alpha}{\pi}} \frac{h}{2\pi i} \alpha \int\limits_{-\infty}^{+\infty} x\, e^{-\alpha x^2}\, dx = 0$$

$$\langle x^2 \rangle = \int\limits_{-\infty}^{+\infty} \psi^* (\tilde{x})^2 \psi \, dx = \sqrt{\frac{\alpha}{\pi}} \int\limits_{-\infty}^{+\infty} x^2\, e^{-\alpha x^2}\, dx = \frac{1}{2\alpha}$$

$$\langle p_x^2 \rangle = \int\limits_{-\infty}^{+\infty} \psi^* (\tilde{p}_x)^2 \psi \, dx = \sqrt{\frac{\alpha}{\pi}} \int\limits_{-\infty}^{+\infty} e^{-\frac{\alpha x^2}{2}} \left(\frac{h}{2\pi i} \frac{\partial}{\partial x}\right)^2 e^{-\frac{\alpha x^2}{2}}\, dx$$

$$= -\sqrt{\frac{\alpha}{\pi}} \frac{h^2}{4\pi^2} \int\limits_{-\infty}^{+\infty} e^{-\frac{\alpha x^2}{2}} \left(-\alpha e^{-\frac{\alpha x^2}{2}} + \alpha^2 x^2 e^{-\frac{\alpha x^2}{2}}\right) dx$$

$$= -\sqrt{\frac{\alpha}{\pi}} \frac{h^2}{4\pi^2} \left[-\sqrt{\frac{\pi}{\alpha}} + \alpha^2 \frac{1}{2\alpha} \sqrt{\frac{\pi}{\alpha}} \right] = \frac{h^2}{4\pi^2} \frac{\alpha}{2}.$$

Für den linearen harmonischen Oszillator lautet daher das Ergebnis

$$\sqrt{\langle \Delta x^2 \rangle}\, \sqrt{\langle \Delta p_x^2 \rangle} = \frac{h}{4\pi}$$

in Übereinstimmung mit der Heisenbergschen Unschärferelation.

Beispiel 2.4

Für den eindimensionalen Translator in einem Behälter der Länge X mit der Wellenfunktion

$$\psi_{n_x}(x) = \sqrt{\frac{2}{X}} \sin\left(n_x \pi \frac{x}{X}\right)$$

berechne man $\sqrt{\langle \Delta x^2 \rangle}\, \sqrt{\langle \Delta p_x^2 \rangle}$.

Lösung

Wir bilden die für die Berechnung erforderlichen Mittelwerte.

$$\langle x \rangle = \int_0^X x \frac{2}{X} \sin^2\left(n_x \pi \frac{x}{X}\right) dx = \frac{1}{X} \int_0^X x \left[1 - \cos\left(\frac{2 n_x \pi x}{X}\right)\right] dx$$

$$= \frac{X}{2} - \frac{1}{X} \left\{ \left[\frac{\cos\dfrac{2\pi n_x x}{X}}{\left(\dfrac{4 n_x^2 \pi^2}{X^2}\right)}\right]_0^X + \left[\frac{x \sin\dfrac{2\pi n_x x}{X}}{\left(\dfrac{2 n_x \pi}{X}\right)}\right]_0^X \right\} = \frac{X}{2}$$

$$\langle p_x \rangle = \int_0^X \sqrt{\frac{2}{X}} \sin\left(n_x \pi \frac{x}{X}\right) \frac{h}{2\pi i} \frac{\partial}{\partial x} \sqrt{\frac{2}{X}} \sin\left(n_x \pi \frac{x}{X}\right) dx = 0$$

$$\langle x^2 \rangle = \frac{2}{X} \int_0^X x^2 \sin^2\left(n_x \pi \frac{x}{X}\right) dx = \frac{1}{X} \int_0^X x^2 \left[1 - \cos\frac{2 n_x \pi x}{X}\right] dx$$

$$= \frac{X^2}{3} - \frac{1}{X} \left\{ \left[\frac{x^2 \sin\dfrac{2 n_x \pi x}{X}}{\dfrac{2 n_x \pi}{X}}\right]_0^X - \frac{2}{\dfrac{2 n_x \pi}{X}} \int_0^X x \sin\frac{2 n_x \pi x}{X} dx \right\}$$

$$= \frac{X^2}{3} + \frac{2}{2 n_x \pi} \frac{1}{X} \left\{ \left[\frac{\sin\dfrac{2 n_x \pi}{X} x}{\left(\dfrac{2 n_x \pi}{X}\right)^2}\right]_0^X - \left[\frac{x \cos\dfrac{2 n_x \pi x}{X}}{\dfrac{2 n_x \pi}{X}}\right]_0^X \right\}$$

$$= \frac{X^2}{3} - \frac{1}{2}\left(\frac{X}{n_x \pi}\right)^2$$

$$\langle \Delta p_x^2 \rangle = -\frac{2}{X}\left(\frac{h}{2\pi}\right)^2 \int_0^X \sin\left(n_x \pi \frac{x}{X}\right) \frac{d^2}{dx^2} \sin\left(n_x \pi \frac{x}{X}\right) dx$$

$$= \frac{2}{X}\left(\frac{h}{2\pi}\right)^2 \left(\frac{n_x \pi}{X}\right)^2 \int_0^X \sin^2\left(n_x \pi \frac{x}{X}\right) dx$$

$$= \frac{2}{X}\left(\frac{h}{2\pi}\right)^2 \left(\frac{n_x \pi}{X}\right)^2 \left[-\frac{\sin\left(n_x \pi \dfrac{x}{X}\right)\cos\left(n_x \pi \dfrac{x}{X}\right)}{\dfrac{2 n_x \pi}{X}} + \frac{1}{2} x\right]_0^X$$

$$= \left(\frac{h}{2\pi}\right)^2 \left(\frac{n_x \pi}{X}\right)^2 .$$

Für den Translator lautet daher das Ergebnis

$$\sqrt{\langle \Delta x^2 \rangle}\, \sqrt{\langle \Delta p_x^2 \rangle} = \frac{h}{2\pi} \sqrt{\left[\frac{X^2}{12} - \frac{1}{2}\left(\frac{X}{n_x \pi}\right)^2\right]\left(\frac{n_x \pi}{X}\right)^2}$$

$$= \frac{h}{2\pi} \sqrt{\frac{(n_x \pi)^2}{12} - \frac{1}{2}} .$$

Den niedrigsten Energiezustand, d.h. $n_x = 1$, erhält man mit

$$\sqrt{\langle \Delta x^2 \rangle}\, \sqrt{\langle \Delta p_x^2 \rangle} = \frac{h}{2\pi} \sqrt{\frac{\pi^2}{12} - \frac{1}{2}} = 0{,}568 \cdot \frac{h}{2\pi} > \frac{h}{4\pi} .$$

Die allgemeine Ungleichung ist damit auch für den Translator erfüllt.

2.2 Einige Grundlagen der Statistischen Mechanik

Die Statistische Mechanik stellt die grundlegenden Beziehungen zwischen den atomistischen Energien eines Systems aus Molekülen und seiner makroskopischen Energie bereit. Sie gründet sich auf einige Postulate sowie statistische und kombinatorische Erkenntnisse für Systeme aus einer großen Anzahl von Elementen [6–9].

2.2.1 Die Postulate der Statistischen Mechanik

2.2.1.1 Makrozustand und Mikrozustand

Der makroskopische thermodynamische Zustand eines Systems, den wir kurz den „Makrozustand" nennen, ist durch die Angabe weniger makroskopischer Größen festgelegt. Bei einfachen Systemen bestimmen $K + 2$ Zustandsgrößen jede extensive Zustandsgröße vollständig, wobei K die Anzahl der Komponenten ist, vgl. Kap. 1. So kann man etwa U, V und alle N_j vorgeben, oder auch T, V und alle N_j, und hat dadurch den Makrozustand bestimmt.

Zu jedem festen Makrozustand sind nun sehr viele verschiedene Mikrozustände denkbar. Hier verstehen wir unter einem Mikrozustand einen Zustand des Systems, der sich durch Beobachtungen von atomistischer Feinheit identifizieren läßt. Ein bestimmter Mikrozustand ist nach klassischer Auffassung durch feste Orts- und Geschwindigkeitskoordinaten aller Atome festgelegt. Wenn wir ein System in einem festen Makrozustand halten, so werden sich wegen des ständigen Orts- und Geschwindigkeitswechsels der Moleküle ständig neue Mikrozustände einstellen. Einige makroskopische Zustandsgrößen des Systems lassen sich auch für die Mikrozustände definieren, z. B. sind dies die dynamischen Variablen Druck und Energie sowie die Dichte. So ist der Druck die Kraft, die die Moleküle infolge ihrer Impulsänderung bei Zusammenstößen mit der Wand auf die Wand übertragen. Die Energie ist die Summe der kinetischen und potentiellen Molekülenergien und daher wie der Druck wegen der ständigen zeitlichen Änderungen der Mikrozustände auch bei festem Makrozustand eine fluktuierende Größe. Nach klassischer Vorstellung durchlaufen alle dynamischen Variablen mit der Zeit kontinuierliche Schwankungen. Für den Druck würde man z. B. bei festem Makrozustand den in Bild 2.8 gezeigten Verlauf messen, wenn man ein Meßgerät von atomistischer Feinheit hätte.

Da das Meßgerät makroskopische Dimensionen hat, zeigt es einen Mittelwert an, der gegeben ist durch

$$p = \lim_{\tau \to \infty} \frac{1}{\tau} \int p(t) \, \mathrm{d}t \tag{2.2.1}$$

mit τ als Meßzeit.

Im Abschn. 2.1 wurde dargelegt, daß die Eigenschaften atomistischer Systeme grundsätzlich richtig nur durch die Quantenmechanik beschrieben werden. Die

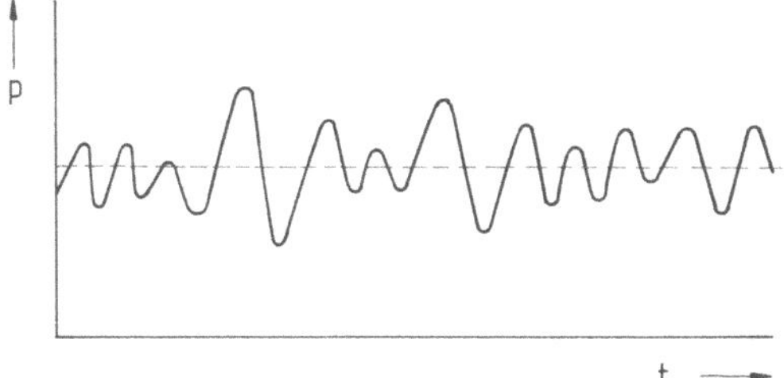

Bild 2.8. Mikroskopischer Druckverlauf bei festem Makrozustand in klassischer Sicht

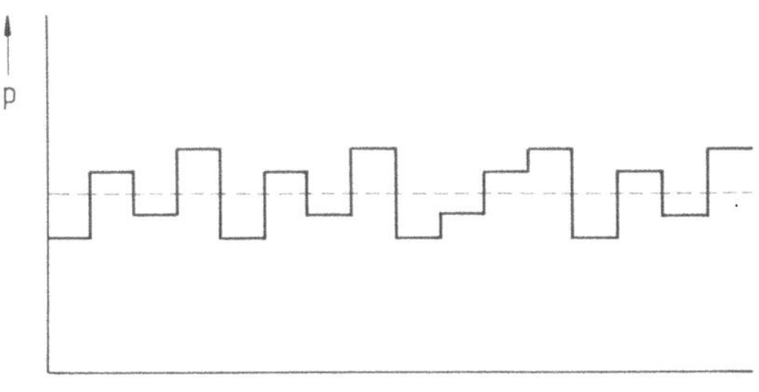

Bild 2.9. Mikroskopischer Druckverlauf bei festem Makrozustand in quantenmechanischer Sicht

Quantenmechanik lehrt, daß die Energie eines Systemes nicht beliebige Werte annehmen kann, sondern nur diskrete. Die Energie ist gequantelt. Die nach klassischer Auffassung kontinuierlich ineinander übergehenden Mikrozustände haben ihre Analogien in den Quantenzuständen der Quantenmechanik, wobei die Werte der dynamischen Variablen in den verschiedenen Quantenzuständen nur diskrete Werte annehmen können. Aus quantenmechanischer Sicht ergibt sich daher für die mikroskopische Interpretation einer makroskopischen Messung des Druckes:

$$p = \lim_{\tau \to \infty} \frac{1}{\tau} \sum p_i \, \Delta t_i \tag{2.2.2}$$

wobei der in Bild 2.9 gezeigte Druckverlauf anzunehmen ist.

Offenbar ist unmöglich, die Impulsänderungen von $0\,(10^{23})$ Molekülen als Funktion der Zeit zu kennen. Damit kommt eine theoretische Berechnung der zeitlichen Mittelung und damit der thermodynamischen Zustandsgröße Druck für ein System mit festem Makrozustand nicht in Betracht, selbst wenn man die einzelnen Druckwerte in den einzelnen Quantenzuständen ermitteln könnte. Die statistische Mechanik liefert jedoch einen Weg zur Bestimmung eines dem Zeitmittel und damit der gesuchten Größe entsprechenden Wertes.

2.2.1.2 Gesamtheiten und Mittelwertbildung

Eine Gesamtheit (Ensemble) ist eine (gedachte) Sammlung sehr vieler Systeme im gleichen Makrozustand. Ist dieser Makrozustand durch Vorgabe von U, V, N_j bestimmt (abgeschlossenes System), so hat jedes System der Gesamtheit diese Werte U, V, N_j, und man spricht von einer mikrokanonischen Gesamtheit. Ist hingegen der Makrozustand durch Vorgabe von T, V, N_j bestimmt (geschlossenes

System in Kontakt mit einem Wärmereservoir), so hat jedes System der Gesamtheit diese Werte von T, V, N_j, und man spricht von einer kanonischen Gesamtheit. Ist schließlich das System gekennzeichnet durch V, T, μ_1, μ_2 ..., (offenes System in Kontakt mit einem Wärme- und Materialreservoir), so haben wieder alle Systeme der Gesamtheit diese Werte von V, T, μ_1, μ_2 ..., und man spricht von einer groß-kanonischen Gesamtheit.

Während die Systeme einer Gesamtheit zu jedem Zeitpunkt makroskopisch völlig identisch sind, gilt dies nicht für ihre Mikrozustände. Zu jedem Makrozustand gehören sehr viele verschiedene Mikrozustände. Wenn die Gesamtheit hinreichend viele Systeme enthält – man kann sie sich als beliebig groß vorstellen –, dann werden zu jedem Zeitpunkt, d. h. bei jeder Momentaufnahme, alle Mikrozustände, die bei festem Makrozustand möglich sind, in der Gesamtheit vertreten sein.

Die Statistische Mechanik gründet sich auf zwei Postulate über die Eigenschaften von Gesamtheiten:

1. Das Zeitmittel einer dynamischen Eigenschaft x eines makroskopischen Systems ist gleich dem Gesamtheitsmittel dieser Eigenschaft

$$x = \sum_i P_i x_i. \tag{2.2.3}$$

Hierbei ist x_i der Wert der betrachteten dynamischen Eigenschaft im Quantenzustand i und P_i die relative Wahrscheinlichkeit dieses Mikrozustandes. Diese relative Wahrscheinlichkeit ist gleich der Anzahl der Systeme im Quantenzustand i, bezogen auf die Gesamtzahl der Systeme, womit die gewöhnliche Mittelungsvorschrift für gleichartige Elemente gegeben ist (z. B. Ermittelung des Durchschnittsalters der Bevölkerung). Das 1. Postulat ist unmittelbar plausibel, wie das folgende Beispiel zeigt. In einen Kasten mit drei gleich großen Kugeln, von denen eine weiß und zwei rot sind, greift man 999mal blind hinein und entnimmt jeweils eine Kugel, die anschließend wieder hineingelegt wird. Das Verhältnis von weißen zu roten Griffen wird 1 : 2 sein, d. h. wir werden 333mal die weiße und 666mal eine rote Kugel gegriffen haben. Das Ergebnis eines viele Male wiederholten Versuchs mit einem System (Kasten) ist ein zeitlicher Mittelwert und entspricht der Druckmessung mit einem makroskopischen Meßgerät. Dieser Mittelwert würde sich auch ergeben, wenn bei einem anderen, einmaligen Versuch 999 solcher Kästen mit einer weißen und zwei roten Kugeln zu einer Gesamtheit zusammengestellt und auf einmal mit entsprechend 999 Händen blind hineingegriffen würde. Die zeitliche Mittelung ist der Mittelung über eine Gesamtheit äquivalent.

Zur praktischen Verwendung des 1. Postulats braucht man eine Aussage über P_i. Hierzu führt man ein 2. Postulat ein.

2. In einer mikrokanonischen Gesamtheit im makroskopischen Gleichgewicht haben alle möglichen Zustände die gleiche Wahrscheinlichkeit. Es gilt also für

$$E_i = E_j: P_i = P_j. \tag{2.2.4}$$

Damit ist jeder Mikrozustand in der mikrokanonischen Gesamtheit durch die gleiche Anzahl von Systemen repräsentiert.

Beide Postulate sind nicht streng und vollständig beweisbar. Während das erste unmittelbar plausibel ist, ist das zweite zunächst unverständlich. Für uns sind diese Postulate Grundwahrheiten wie die Hauptsätze der klassischen Thermodynamik, die durch den Vergleich der aus ihnen gezogenen Konsequenzen mit dem Experiment gerechtfertigt werden.

2.2.2 Die statistische Fundamentalgleichung für die freie Energie

2.2.2.1 Die Berechnung der relativen Wahrscheinlichkeit eines Mikrozustandes in der kanonischen Gesamtheit

Zur Berechnung einer dynamischen Eigenschaft x in der kanonischen Gesamtheit benötigen wir die relativen Wahrscheinlichkeiten ihrer Mikrozustände P_i. Wir betrachten hierzu eine kanonische Gesamtheit, das heißt eine (gedachte) Sammlung von Systemen mit festen Werten von N, V, T. Das thermodynamische Potential eines Systems in den Variablen N, V und T ist die freie Energie A. Diese kanonische Gesamtheit umgeben wir mit einer adiabaten Isolation, so daß die Gesamtenergie der kanonischen Gesamtheit einen festen Wert hat, U_k.

Eine solche kanonische Gesamtheit stellen wir nun in beliebig großer Stückzahl her. Wir bauen aus all diesen kanonischen Gesamtheiten eine übergeordnete Gesamtheit, die wegen der gleichen vorgegebenen Energie der sie bildenden kanonischen Gesamtheiten eine mikrokanonische Gesamtheit ist, vgl. Bild 2.10. Jedes System der mikrokanonischen Gesamtheit, also jede kanonische Gesamtheit, hat einen in folgender Weise festgelegten Makrozustand:

$$\left.\begin{array}{l} \pi_k = \text{Anzahl der Systeme} \\ U_k = \text{totale Energie} \\ V_k = \pi_k V = \text{totales Volumen} \end{array}\right\} \quad \text{der kanonischen Gesamtheit.}$$

Zu diesem festen Makrozustand der kanonischen Gesamtheit gehören sehr viele Mikrozustände bzw. Quantenzustände. Verschiedene Quantenzustände der kanonischen Gesamtheit sind gegeben, wenn sich ihre Systeme in verschiedener

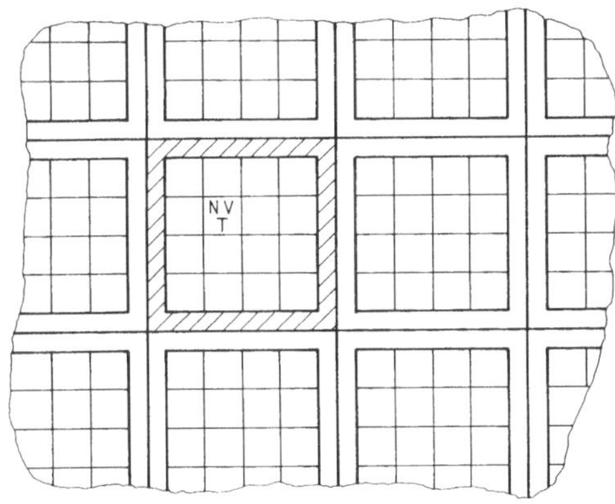

Bild 2.10. Mikrokanonische Gesamtheit aus adiabat isolierten kanonischen Gesamtheiten

Weise auf die vielen möglichen Energiezustände des Einzelsystems verteilen. Die möglichen Energiewerte eines Systems der kanonischen Gesamtheit bezeichnen wir mit E_i. Man kann mit Hilfe der Schrödinger-Gleichung im Prinzip errechnen, welche Energiewerte E_i einem System zugeordnet sind. Für die im vorigen Abschnitt betrachteten Modelle hängen sie bei Einzelmolekülen außer vom Molekülaufbau noch vom Volumen ab. Bei Systemen aus wechselwirkenden Molekülen hängen sie noch zusätzlich von der Molekülzahl ab. Wir wollen im folgenden annehmen, daß diese Energiewerte festliegen. Sie sind für jedes System der kanonischen Gesamtheit die gleichen, da die Werte V und N_α identisch sind. Damit liegt E_i als Wertesatz $(E_1, E_2, E_3, \ldots E_m)$ vor. Jedes System der kanonischen Gesamtheit befindet sich in einem dieser Energiezustände, deren Anzahl unvorstellbar groß ist.

Wir wollen nun eine spezielle Verteilung n der Systeme in der kanonischen Gesamtheit über diese möglichen Energiewerte E_i betrachten. Es sollen n_1-Systeme den Energiezustand E_1 haben, n_2-Systeme den Energiezustand E_2, usw. Den Zahlensatz $n\,(n_1, n_2, \ldots)$ nennt man die Verteilung n. Er bestimmt den Quantenzustand der kanonischen Gesamtheit. Offenbar sind nun viele verschiedene Verteilungen n und damit Quantenzustände der kanonischen Gesamtheit denkbar, alle jedoch müssen den folgenden Bedingungen genügen:

$$\sum_i n_i(n) = \pi_k \tag{2.2.5}$$

$$\sum_i n_i(n)\, E_i = U_k. \tag{2.2.6}$$

Für eine vorgegebene Verteilung n ist die relative Wahrscheinlichkeit $(P_i)_n$ des Mikrozustandes i eines Systems der kanonischen Gesamtheit definitionsgemäß gegeben durch

$$(P_i)_n = \frac{n_i(n)}{\pi_k} = \frac{\text{Anzahl der Systeme im Zustand } i \text{ bei der Verteilung } n}{\text{Gesamtzahl der Systeme}} \tag{2.2.7}$$

Nun existieren aber sehr viele Verteilungen n, die die Nebenbedingungen fester Systemzahl π_k und fester Gesamtenergie U_k der der kanonischen Gesamtheit erfüllen. Die gesuchte Wahrscheinlichkeit P_i des Mikrozustandes i unseres Systems ist daher der Mittelwert von $(P_i)_n$ über alle möglichen Verteilungen n

$$P_i = \sum_n (P_i)_n\, P_n, \tag{2.2.8}$$

wobei P_n die Wahrscheinlichkeit der Verteilung n ist.

Für diese Wahrscheinlichkeit gilt weiter definitionsgemäß:

$$P_n := \frac{\pi_{mk}(n)}{\pi_{mk}} = \frac{\pi_{mk}(n)}{\sum\limits_n \pi_{mk}(n)}, \tag{2.2.9}$$

wobei $\pi_{mk}(n)$ die Anzahl der Systeme der mikrokanonischen Gesamtheit, also die Anzahl der kanonischen Gesamtheiten ist, die sich im Zustand n befinden.

$\pi_{mk} = \sum_n \pi_{mk}(n)$ ist die Gesamtzahl aller Systeme der mikrokanonischen Gesamtheit.

Wir benötigen die Anzahl der Systeme der mikrokanonischen Gesamtheit $\pi_{mk}(n)$, also die Anzahl der kanonischen Gesamtheiten, die die Verteilung n aufweisen. Zu ihrer Berechnung nutzen wir die Tatsache aus, daß alle diese kanonischen Gesamtheiten die gleiche Energie haben. Die verschiedenen Verteilungen n der Systeme der kanonischen Gesamtheiten auf ihre vielen möglichen Energieeigenwerte stellen verschiedene Quantenzustände der kanonischen Gesamtheiten dar. Diese verschiedenen Quantenzustände sind alle gleich wahrscheinlich, da sie alle dieselbe Energie U_k besitzen. Wegen der gleichen Wahrscheinlichkeit aller Quantenzustände n der kanonischen Gesamtheiten ist die Anzahl $\pi_{mk}(n)$ direkt der Anzahl der kombinatorischen Realisationsmöglichkeiten der Verteilung n der Systeme in der kanonischen Gesamtheit proportional. Wenn also ein bestimmter Quantenzustand der kanonischen Gesamtheit n' 100mal kombinatorisch realisiert werden kann und ein anderer Quantenzustand n'' nur 10mal, so wird man den Zustand n' 10mal so häufig antreffen wie den Zustand n'', vorausgesetzt, daß beide à priori gleich wahrscheinlich sind.

Damit ist der Weg zur Berechnung von $\pi_{mk}(n)$ gewiesen. Wir bezeichnen mit $\Omega_k(n)$ die Anzahl der kombinatorischen Realisationsmöglichkeiten einer Verteilung n der Systeme der kanonischen Gesamtheiten auf ihre Energieeigenwerte. Damit kann man schreiben:

$$P_n = \frac{\Omega_k(n)}{\sum_n \Omega_k(n)}.$$

(2.2.10)

Mit der früher benutzten Beziehung (2.2.8)

$$P_i = \sum_n (P_i)_n P_n$$

(2.2.11)

gilt:

$$P_i = \frac{\sum_n (P_i)_n \, \Omega_k(n)}{\sum_n \Omega_k(n)}.$$

(2.2.12)

Für $(P_i)_n$ gilt nach (2.2.7):

$$(P_i)_n = \frac{n_i(n)}{\pi_k},$$

(2.2.13)

und damit wird

$$P_i = \frac{1}{\pi_k} \frac{\sum_n \Omega_k(n) \, n_i(n)}{\sum_n \Omega_k(n)}$$

(2.2.14)

als Ausdruck für die relative Wahrscheinlichkeit des Quantenzustands i in den Systemen der kanonischen Gesamtheiten. Die Berechnung eines Ausdrucks für

$\Omega_k(n)$ führt auf ein kombinatorisches Problem, nämlich die Frage nach der Anzahl der Realisierungsmöglichkeiten einer bestimmten Verteilung n in der kanonischen Gesamtheit. Eine bestimmte Verteilung n ist dadurch gegeben, daß n_1-Systeme im Energiezustand E_1, n_2-Systeme im Energiezustand $E_2, \ldots$ sind. Jeweils n_1-Systeme sind also identisch im Hinblick auf ihren Mikrozustand, ebenso jeweils n_2-Systeme usw. Die kombinatorische Frage, auf wie viele verschiedene Weisen π_k-Elemente angeordnet werden können, wenn jeweils $n_1, n_2, \ldots$ identisch sind, hat die Lösung:

$$\Omega_k(n) = \frac{\pi_k!}{\prod_j n_j!}. \tag{2.2.15}$$

Beispiel 2.5

Eine kanonische Gesamtheit bestehe aus vier Systemen: A, B, C, D, die jeweils drei Energiezustände E_1, E_2, E_3 annehmen können. Wir betrachten speziell die Verteilungen $n_1(1,2,1)$ und $n_2(4,0,0)$. Man berechne die Anzahl der kombinatorischen Realisationsmöglichkeiten $\Omega_k(n_1)$ und $\Omega_k(n_2)$.

Lösung

In Tabelle 2.1 sind die kombinatorischen Realisationsmöglichkeiten der Verteilung $n_1(1,2,1)$ dargestellt:

Tabelle 2.1. Kombinatorische Realisationsmöglichkeiten der Verteilung n_1

	A	B	C	D
1	E_1	E_2	E_2	E_3
2	E_1	E_2	E_3	E_2
3	E_1	E_3	E_2	E_2
4	E_2	E_1	E_2	E_3
5	E_3	E_1	E_2	E_2
6	E_2	E_1	E_3	E_2
7	E_2	E_2	E_1	E_3
8	E_2	E_3	E_1	E_2
9	E_3	E_2	E_1	E_2
10	E_2	E_2	E_3	E_1
11	E_2	E_3	E_2	E_1
12	E_3	E_2	E_2	E_1

Es gibt also 12 verschiedene Realisationsmöglichkeiten, entsprechend

$$\Omega_k(1,2,1) = \frac{4!}{1!\,2!\,1!} = 12.$$

Die Verteilung $n_2(4,0,0)$ hat demgegenüber nur eine Realisationsmöglichkeit, entsprechend

$$\Omega_k(4,0,0) = \frac{4!}{4!\,0!\,0!} = 1.$$

Die Verteilung n_1 ist damit 12mal so wahrscheinlich wie die Verteilung n_2.

Beispiel 2.6

Eine mit (2.2.15) verwandte kombinatorische Frage ist die nach der Anzahl verschiedener Weisen, wie man N-Elemente anordnen kann, wenn jeweils $n_1, n_2, \ldots$ zu einer Gruppe zusammengefaßt werden, in dieser Gruppe aber auf $g_1, g_2, \ldots$ verschiedene Weisen plaziert werden können. Dieses Problem tritt auf, wenn bei der Verteilung von N-Molekülen auf ihre Energieniveaus deren Entartungsgrade g_j berücksichtigt werden. Man gebe den entsprechenden kombinatorischen Ausdruck an.

Lösung

Die Anzahl der Anordnungsweisen ist nun vielfach größer, da in jeder Gruppe von n_j-Elementen diese auf g_j-Plätze verteilt werden können, nach $g_j^{n_j}$. Es gilt also:

$$\Omega(n) = N! \prod_j \frac{g_j^{n_j}}{n_j!}.$$

Um nun die Summen in Zähler und Nenner unseres Ausdruckes für P_i auswerten zu können, machen wir von der Tatsache Gebrauch, daß $\Omega_k(n)$ eine ungeheuer und beliebig große Zahl ist, wegen $\pi_k \to \infty$. Die gesamte Summe wird dann in hervorragender Genauigkeit durch ihren maximalen Summanden wiedergegeben, denn die Abhängigkeit der Anzahl der Mikrozustände von der Verteilung n, bezogen auf die bei der wahrscheinlichsten Verteilung n^*, sieht wie in Bild 2.11 gezeichnet aus. Für wachsende Zahlen von π_k und damit $\Omega_k(n)$ wird die Abhängigkeit spitzer, bis schließlich für $\pi_k \to \infty$ nur noch die Nadelverteilung übrig bleibt. Man spricht von der Methode des maximalen Terms. Aus alledem folgt, daß wir die Summe durch den maximalen Term, d.h. den Term der Verteilung n^* mit der größten Anzahl der kombinatorischen Realisierungsmöglichkeiten, ersetzen dürfen.

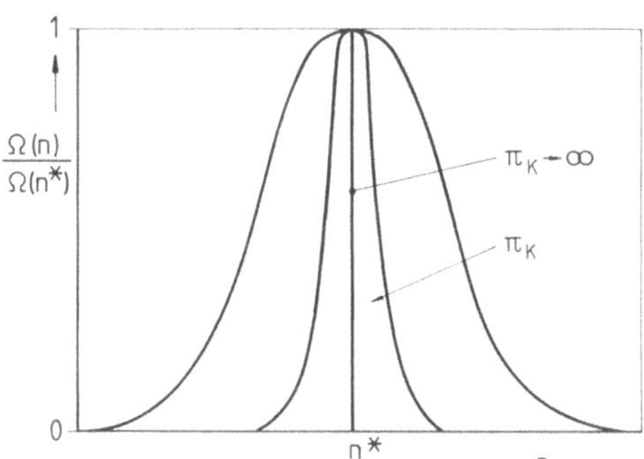

Bild 2.11. Zur Methode des maximalen Terms

Beispiel 2.7

a) Wir haben 100 Kugeln, die wir in zwei Kästen nach zwei Verteilungen $n_a(50,50)$ und $n_b(51,49)$ aufteilen. Man berechne das Verhältnis der Realisationsmöglichkeiten beider Verteilungen.

b) Wir haben $2 \cdot 10^7$ Kugeln, die wir in $2 \cdot 10^4$ Kästen nach zwei Verteilungen $n_a(1\,000, 1\,000)$ und $n_b(999, 1\,001)$ aufteilen. Wie groß ist hier das Verhältnis der Realisationsmöglichkeiten beider Verteilungen?

Lösung

a) Die Anzahl der Realisationsmöglichkeiten dieser Verteilungen ist:

$$\Omega(n_a) = \frac{100!}{(50!)(50!)}$$

$$\Omega(n_b) = \frac{100!}{(49!)(51!)}.$$

Für das Verhältnis gilt daher

$$\frac{\Omega(n_a)}{\Omega(n_b)} = \frac{(49!)(51!)}{(50!)(50!)} = \frac{(49!)(50!)\,51}{(49!)(50!)\,50} = \frac{51}{50} = 1{,}02.$$

b) Die Anzahl der Realisationsmöglichkeiten der Verteilung n_a ist gegeben durch:

$$\Omega(a) = \frac{2 \cdot 10^7!}{(10^3!)^{20\,000}}$$

im Fall b durch

$$\Omega(b) = \frac{2 \cdot 10^7!}{(1\,001!)^{10\,000}\,(999!)^{10\,000}}.$$

Das Verhältnis dieser Zahlen ist nun:

$$\frac{\Omega(a)}{\Omega(b)} = \left[\frac{(1\,001!)\,(999!)}{(1\,000!)\,(1\,000!)}\right]^{10\,000} = \left[\frac{1\,001}{1\,000}\right]^{10\,000} = 1{,}001^{10\,000} = 21\,917.$$

Dies ist bereits eine recht große Zahl. Die Verteilung n_a, die sich nur sehr gering von der Verteilung n_b unterscheidet, hat dennoch ca. 22000mal so viele Mikrozustände. Bei den viel größeren Zahlen, die in unseren Anwendungsfällen vorkommen, werden verschieden Verteilungen noch krasser auseinandergehen, d. h. wird sich die wahrscheinlichste Verteilung noch krasser von allen anderen Verteilungen abheben.

Damit folgt aus (2.2.14):

$$P_i = \frac{1}{\pi_k}\,\frac{\Omega_k(n^*)\,n_i(n^*)}{\Omega_k(n^*)} = \frac{n_i(n^*)}{\pi_k}. \tag{2.2.16}$$

Der nächste Schritt besteht nun darin, die Verteilung $n_i(n^*)$ zu berechnen, in der $\Omega_k(n)$ maximal wird. Mathematisch bedeutet diese Frage: Welche aller möglichen Verteilungen n, die die Nebenbedingungen erfüllen, gibt den maximalen Wert von $\Omega_k(n)$? Dies ist eine Extremwertaufgabe, bei der allerdings die Nebenbedingungen $\sum n_i = \pi_k$ und $\sum n_i E_i = U_k$ zu beachten sind. Gleichbedeutend aber einfacher ist die Aufgabe, das Maximum von $\ln \Omega_k(n)$ aufzusuchen. Beide Maxima liegen an der gleichen Stelle, weil $\ln \Omega_k(n)$ monoton mit $\Omega_k(n)$ wächst.

Es gilt mit (2.2.15):

$$\ln \Omega_k(n) = \ln \frac{(\sum_i n_i)!}{\prod_i n_i!} = \ln\{(\textstyle\sum_i n_i)!\} - \sum_i \{\ln(n_i)!\}. \tag{2.2.17}$$

Die Logarithmen der Fakultätsausdrücke kann man mit Hilfe der Stirlingschen Formel für große n schreiben als (Anhang 2.3):

$$\ln n! \approx n \ln n - n \tag{2.2.18}$$

und erhält

$$\ln \Omega_k(n) = \left(\sum_i (n_i)\right) \ln \left(\sum_i (n_i)\right) - \left(\sum_i n_i\right)\right) - \sum_i (n_i \ln n_i - n_i)$$

$$= \left(\sum_i n_i\right) \ln \left(\sum_i n_i\right) - \sum_i n_i \ln n_i$$

$$= \pi_k \ln \pi_k - \sum_i n_i \ln n_i. \tag{2.2.19}$$

Beispiel 2.8

Man berechne $\ln n!$ für $n = 5, 8, 10$ und 20 exakt und nach der Stirlingschen Näherungsformel. Wie groß ist der relative Fehler der Näherung für diese Fälle in Prozent?

Lösung

$$\ln 5! = 4{,}78749$$
$$5 \ln 5 - 5 = 3{,}04718.$$

Der relative Fehler beträgt also ca. 36% für $n = 5$. Entsprechend findet man einen relativen Fehler von ca. 18% für $n = 8$, ca. 13% für $n = 10$ und ca. 5% für $n = 20$. Für große Zahlen verschwindet daher der relative Fehler der Stirlingschen Näherungsformel.

Die Bedingung für das Maximum (Extremwert) dieser Funktion lautet:

$$d \ln \Omega_k(n) = 0 = - \sum_i d(n_i \ln n_i) = - \sum_i dn_i(\ln n_i)$$

$$- \sum_i \underbrace{\frac{1}{n_i} \, dn_i \, n_i}_{0} = - \sum_i (\ln n_i) \, dn_i. \tag{2.2.20}$$

In einer gewöhnlichen Extremwertaufgabe sind alle dn_i unabhängig voneinander, so daß man hätte $(\ln n_i) = 0$ für $i = 1, 2, \ldots$, d.h. $n_1 = n_2 = \ldots = n_k = 1$. Dies würde bedeuten, daß je ein System im Zustand 1, ein System im Zustand 2 usw. vorliegt. Dies ist ein unsinniges Ergebnis, zumal es gleich viele Energiezustände wie Systeme in der kanonischen Gesamtheit voraussagt, und dies ist unmöglich, da die Anzahl der Systeme in der kanonischen Gesamtheit beliebig, die Anzahl der Energiezustände hingegen durch die Quantenmechanik wohl bestimmt ist. Zur richtigen Auswertung der Extremwertbedingung (2.2.20) ist zu berücksichtigen, daß die dn_i nicht unabhängig voneinander sind. Es bestehen aufgrund der Nebenbedingungen vielmehr die folgenden Beziehungen:

$$d\pi_k = \sum_i dn_i = 0 \tag{2.2.21}$$

$$dU_k = \sum_i E_i \, dn_i = 0. \tag{2.2.22}$$

Also sind nur $(i - 2)$ unabhängige dn_i vorhanden. Das Auffinden von Extremwerten unter Nebenbedingungen erfordert ein spezielles mathematisches Verfahren, die Methode der Lagrangeschen Multiplikatoren. Man multipliziert die Nebenbedingungen mit je einem Faktor α, β und erhält

$$\sum_i \alpha \, dn_i = \sum_i \beta \, E_i \, dn_i = 0. \tag{2.2.23}$$

Die beiden Gleichungen werden zu der Extremwertbedingung hinzuaddiert:

$$\sum_i \ln n_i \, dn_i + \sum_i \alpha \, dn_i + \sum_i \beta \, E_i \, dn_i$$

$$= \sum_i (\ln n_i + \alpha + \beta \, E_i) \, dn_i = 0. \tag{2.2.24}$$

Wir schreiben diese Gleichung aus

$$(\ln n_1 + \alpha + \beta \, E_1) \, dn_1 + (\ln n_2 + \alpha + \beta \, E_2) \, dn_2$$

$$+ (\ln n_3 + \alpha + \beta \, E_3) \, dn_3 + \ldots + (\ln n_k + \alpha + \beta \, E_k) \, dn_k = 0.$$

Die unbekannten, aber bislang beliebigen Multiplikatoren werden nun so gewählt, daß die ersten beiden Klammern verschwinden:

$$\ln n_1 + \alpha + \beta \, E_1 = 0. \tag{2.2.25}$$

$$\ln n_2 + \alpha + \beta \, E_2 = 0. \tag{2.2.26}$$

Dann sind die restlichen dn_i $(i = 3, 4, \ldots, k)$ unabhängig voneinander, und (2.2.24) ist erfüllt für

$$\ln n_i + \alpha + \beta \, E_i = 0 \qquad i = 1, 2, \ldots, k, \tag{2.2.27}$$

das heißt für alle i.

Beispiel 2.9

Ein Rechteck mit dem festen Umfang $U = 8$ soll maximalen Flächeninhalt A haben. Nach der Methode der Lagrangeschen Multiplikatoren bestimme man die Seitenlängen.

Lösung

Es gilt

$$A = x \cdot y \to \max$$

unter der Nebenbedingung

$$U = 2(x + y) = 8.$$

Die Maximalbedingung lautet

$$dA = \frac{\partial A}{\partial x} \, dx + \frac{\partial A}{\partial y} \, dy = y \, dx + x \, dy = 0.$$

Die Nebenbedingung lautet in differentieller Form

$$2 \, dx + 2 \, dy = 0.$$

Einführung des Lagrangeschen Multiplikators α in die Nebenbedingung ergibt:

$$2\alpha(dx + dy) = 0.$$

Die Maximalbedingung lautet also:

$$(y + 2\alpha) \, dx + (x + 2\alpha) \, dy = 0$$

mit der Lösung

$$x = y = -2\alpha.$$

Aus der Nebenbedingung folgt $\alpha = -1$, so daß gilt

$$x = y = 2.$$

Die allgemeine Lösung für die wahrscheinlichste Verteilung lautet daher:

$$n_i(n^*) = e^{(-\alpha - \beta E_i)}. \tag{2.2.28}$$

Setzen wir dies in die 1. Nebenbedingung ein, d.h.

$$\sum_i n_i(n^*) = \pi_k = \sum_i e^{-\alpha - \beta E_i}, \tag{2.2.29}$$

so folgt für den Lagrangeschen Multiplikator α:

$$e^{-\alpha} = \frac{\pi_k}{\sum_i e^{-\beta E_i}} \tag{2.2.30}$$

und damit

$$n_i(n^*) = \frac{\pi_k\, e^{-\beta E_i}}{\sum_i e^{-\beta E_i}}. \tag{2.2.31}$$

Damit gilt für die relative Wahrscheinlichkeit:

$$P_i = \frac{n_i(n^*)}{\pi_k} = \frac{e^{-\beta E_i}}{\sum_i e^{-\beta E_i}} = \frac{e^{-\beta E_i}}{Q}. \tag{2.2.32}$$

Q ist die kanonische Zustandssumme mit

$$Q = \sum_i e^{-\beta E_i}. \tag{2.2.33}$$

Den Multiplikator β können wir mit der zweiten Nebenbedingung formal ausdrücken durch

$$\sum n_i(n^*)\, E_i = U_k = \frac{\sum_i e^{-\beta E_i}\, E_i}{\sum_i e^{-\beta E_i}}\, \pi_k. \tag{2.2.34}$$

Offenbar hängt β von den möglichen Energiewerten E_i und der Gesamtenergie U_k der kanonischen Gesamtheit ab. Die physikalische Interpretation dieser Größe erfolgt mit Hilfe der klassischen Thermodynamik.

2.2.2.2 Verknüpfung der thermodynamischen Funktionen mit der kanonischen Zustandssumme

Wir zeigen nun, wie sich die thermodynamischen Funktionen durch die kanonische Zustandssumme ausdrücken lassen. Nach dem ersten Postulat der Statistischen Mechanik können wir die dynamischen Variablen des Systems, die in jedem Quantenzustand einen definierten Wert haben, direkt durch das Gesamtheitsmittel ausdrücken. In der kanonischen Gesamtheit sind innere Energie und Druck solche dynamischen Variablen. Es gilt daher für die innere Energie des Systems:

$$U = \sum P_i E_i = \frac{1}{Q} \sum E_i \, e^{-\beta E_i} = \frac{-1}{Q} \left(\frac{\partial Q}{\partial \beta} \right)_{N,V} = - \left(\frac{\partial \ln Q}{\partial \beta} \right)_{N,V}. \qquad (2.2.35)$$

Die entsprechende Gleichung für den Druck

$$p = \sum P_i \, p_i \qquad (2.2.36)$$

läßt sich nicht ohne weiteres zu einer Beziehung zwischen Druck und kanonischer Zustandssumme umschreiben. Hierzu müssen zunächst die Druckwerte in den einzelnen Quantenzuständen durch die entsprechenden Energiewerte ausgedrückt werden, da diese in der kanonischen Zustandssumme auftreten und wir letztlich den Druck durch die kanonische Zustandssumme ausdrücken wollen. Wir gehen daher anders vor: Ausgangspunkt ist das totale Differential der inneren Energie U. Hierzu schreiben wir mit $U = U(E_i, P_i) = \sum P_i E_i$

$$dU = \sum_i \left(\frac{\partial U}{\partial P_i} \right)_{E_i} dP_i + \sum_i \left(\frac{\partial U}{\partial E_i} \right)_{P_i} dE_i$$
$$= \sum_i E_i \, dP_i + \sum_i P_i \, dE_i. \qquad (2.2.37)$$

Mit

$$P_i = \frac{1}{Q} \, e^{-\beta E_i} \qquad (2.2.38)$$

gilt

$$E_i = - \frac{1}{\beta} (\ln P_i + \ln Q). \qquad (2.2.39)$$

Die Energieeigenwerte eines Systems sind nach der Quantenmechanik durch Vorgabe von $\{N_\alpha\}, V$ festgelegt. Mit $E_i = E_i(\{N_\alpha\}, V)$ gilt:

$$dE_i = \left(\frac{\partial E_i}{\partial V} \right)_{\{N_\alpha\}} dV + \sum_\alpha \left(\frac{\partial E_i}{\partial N_\alpha} \right)_{V, N_\alpha^*} dN_\alpha. \qquad (2.2.40)$$

Insgesamt folgt also für das totale Differential der inneren Energie:

$$dU = - \frac{1}{\beta} \sum_i (\ln P_i + \ln Q) \, dP_i + \sum_i P_i \left(\frac{\partial E_i}{\partial V} \right)_{\{N_\alpha\}} dV$$
$$+ \sum_i P_i \sum_\alpha \left(\frac{\partial E_i}{\partial N_\alpha} \right)_{V, N_\alpha^*} dN_\alpha. \qquad (2.2.41)$$

Mit

$$\sum dP_i = 0 \qquad (2.2.42)$$

und

$$\sum \ln P_i \, \mathrm{d}P_i = \mathrm{d} \sum P_i \ln P_i \tag{2.2.43}$$

folgt:

$$\mathrm{d}U = -\frac{1}{\beta}\mathrm{d}\left(\sum_i P_i \ln P_i\right) + \sum_i P_i \left(\frac{\partial E_i}{\partial V}\right)_{\{N_\alpha\}} \mathrm{d}V$$
$$+ \sum_\alpha \left[\sum_i P_i \left(\frac{\partial E_i}{\partial N_\alpha}\right)_{V,\,N_\alpha^*}\right] \mathrm{d}N_\alpha. \tag{2.2.44}$$

Als allgemeine Beziehung aus der phänomenologischen Thermodynamik kennen wir die Gibbssche Fundamentalgleichung (1.1.1):

$$\mathrm{d}U = T \, \mathrm{d}S - p \, \mathrm{d}V + \sum_\alpha \mu_\alpha \, \mathrm{d}N_\alpha. \tag{2.2.45}$$

Eine Gegenüberstellung beider Gleichungen liefert statistische Ausdrücke für die thermodynamische Temperatur, die Entropie, den Druck und das chemische Potential.

Für das Produkt aus Druck und Volumendifferential gilt:

$$p \, \mathrm{d}V = -\sum_i P_i \left(\frac{\partial E_i}{\partial V}\right)_{\{N_\alpha\}} \mathrm{d}V. \tag{2.2.46}$$

Wegen $p = \sum_i P_i \, p_i$ und damit

$$p \, \mathrm{d}V = \left(\sum_i P_i \, p_i\right) \mathrm{d}V \tag{2.2.47}$$

folgt daraus:

$$p_i = -\left(\frac{\partial E_i}{\partial V}\right)_{\{N_\alpha\}}. \tag{2.2.48}$$

Damit gilt für den Druck:

$$p = \sum_i P_i \, p_i = \frac{1}{Q} \sum_i e^{-\beta E_i} \left(-\frac{\partial E_i}{\partial V}\right)_{\{N_\alpha\}}. \tag{2.2.49}$$

Wegen

$$\left(\frac{\partial \ln Q}{\partial V}\right)_{\beta,\,\{N_\alpha\}} = \frac{\beta}{Q} \sum_i -\left(\frac{\partial E_i}{\partial V}\right)_{\{N_\alpha\}} e^{-\beta E_i} \tag{2.2.50}$$

gilt schließlich

$$p = \frac{1}{\beta}\left(\frac{\partial \ln Q}{\partial V}\right)_{\beta,\,\{N_\alpha\}}, \tag{2.2.51}$$

womit der gesuchte Zusammenhang zwischen dem Druck und der kanonischen Zustandssumme gefunden ist.

Für das Produkt aus thermodynamischer Temperatur und Entropiedifferential findet man:

$$T \, dS = - \frac{1}{\beta} \, d(\sum_i P_i \ln P_i).$$

(2.2.52)

Da die Entropie die Dimension Energie/Temperatur hat, die Wahrscheinlichkeit hingegen dimensionslos ist, folgt daraus:

$$dS = - k \, d(\sum_i P_i \ln P_i)$$

(2.2.53)

und

$$T = \frac{1}{k\beta},$$

(2.2.54)

wobei k eine universelle Konstante mit der Dimension Energie/Temperatur ist. Es ist naheliegend, hinter dieser Konstante die Boltzmann-Konstante zu vermuten, da die Boltzmann-Konstante die einzige thermodynamische Konstante mit der Dimension Energie/Temperatur ist. Der Beweis für die Richtigkeit dieser Vermutung folgt bei der Behandlung des idealen Gases. Damit ist die kanonische Zustandssumme auf die Variablen der kanonischen Gesamtheit zurückgeführt, $Q = Q(T, V, N)$.

Für die Entropie folgt nun durch Integration:

$$S = - k \sum_i P_i \ln P_i + C.$$

(2.2.55)

Aus dem dritten Hauptsatz, vgl. Kap. 1, wissen wir, daß für den perfekten Kristall die Entropie am absoluten Nullpunkt verschwindet.

$$\lim_{T \to 0} S = 0 \quad \text{für den perfekten Kristall.}$$

(2.2.56)

Ein perfekter Kristall ist eine Substanz, deren Mikrozustand am absoluten Nullpunkt eindeutig als Zustand niedrigster Energie festliegt. Es gilt daher:

$$\lim_{T \to 0} P_1 = 1, \quad \text{für } P_2 = P_3 = \ldots = 0.$$

(2.2.57)

Die Übereinstimmung der statistischen Gleichung für die Entropie mit dem dritten Hauptsatz verlangt also:

$$C = 0$$

(2.2.58)

und

$$S = - k \sum_i P_i \ln P_i.$$

(2.2.59)

Wegen

$$\ln P_i = - \beta E_i - \ln Q$$

(2.2.60)

folgt

$$\sum_i P_i \ln P_i = - \ln Q - \sum_i P_i \, \beta E_i$$

(2.2.61)

und damit

$$S = k \ln Q + \frac{U}{T} = k \ln Q + k T \left(\frac{\partial \ln Q}{\partial T}\right)_{V, \{N_\alpha\}}. \tag{2.2.62}$$

Damit ist auch die Entropie aus der kanonischen Zustandssumme berechenbar.

Schließlich findet man aus dem Produkt aus chemischem Potential der Komponente α mit dem Differential der Molekülzahl N_α den folgenden Ausdruck für das chemische Potential:

$$\mu_\alpha = \sum_i P_i \left(\frac{\partial E_i}{\partial N_\alpha}\right)_{T, V, N_\alpha^*} = \frac{1}{Q} \sum_i e^{-\frac{E_i}{kT}} \left(\frac{\partial E_i}{\partial N_\alpha}\right)_{T, V, N_\alpha^*}$$

$$= - k T \left(\frac{\partial \ln Q}{\partial N_\alpha}\right)_{T, V, N_\alpha^*}. \tag{2.2.63}$$

Damit ist auch das chemische Potential einer Komponente auf die kanonische Zustandssumme zurückgeführt.

Mit U und S ist auch die freie Energie A durch die kanonische Zustandssumme auszudrücken, vgl. (1.1.2):

$$A = U - TS = U - k T \ln Q - U = - k T \ln Q. \tag{2.2.64}$$

Wir wissen, daß $A(T, V, N)$ den Charakter einer Fundamentalgleichung hat und somit alle thermodynamischen Informationen über ein System enthält. Die statistische Fundamentalgleichung für die freie Energie lautet in Termen der quantenmechanischen Energiewerte

$$A(T, V, \{N_\alpha\}) = - k T \ln \sum_i e^{\frac{-E_i(V, \{N_\alpha\})}{kT}}. \tag{2.2.65}$$

Hieraus lassen sich erneut alle Beziehungen der thermodynamischen Funktionen mit der kanonischen Zustandssumme ableiten. Wir erhalten:

$$dA = - S \, dT - p \, dV + \sum_\alpha \mu_\alpha \, dN_\alpha \tag{2.2.66}$$

$$p = - \left(\frac{\partial A}{\partial V}\right)_{T, \{N_\alpha\}} = k T \left(\frac{\partial \ln Q}{\partial V}\right)_{T, \{N_\alpha\}} \tag{2.2.67}$$

$$S = - \left(\frac{\partial A}{\partial T}\right)_{V, \{N_\alpha\}} = + k T \left(\frac{\partial \ln Q}{\partial T}\right)_{V, \{N_\alpha\}} + k \ln Q \tag{2.2.68}$$

$$\mu_\alpha = \left(\frac{\partial A}{\partial N_\alpha}\right)_{T, V, N_\alpha^*} = - k T \left(\frac{\partial \ln Q}{\partial N_\alpha}\right)_{T, V, N_\alpha^*} \tag{2.2.69}$$

$$U = A + TS = - k T \ln Q + k T \ln Q + k T^2 \left(\frac{\partial \ln Q}{\partial T}\right)_{V, \{N_\alpha\}}$$

$$= k T^2 \left(\frac{\partial \ln Q}{\partial T}\right)_{V, \{N_\alpha\}} \tag{2.2.70}$$

$$H = U + pV = k T^2 \left(\frac{\partial \ln Q}{\partial T}\right)_{V, \{N_\alpha\}} + k TV \left(\frac{\partial \ln Q}{\partial V}\right)_{T, \{N_\alpha\}} \tag{2.2.71}$$

$$G = A + pV = -kT \ln Q + kTV \left(\frac{\partial \ln Q}{\partial V} \right)_{T, \{N_\alpha\}} \tag{2.2.72}$$

$$C_v = \left(\frac{\partial U}{\partial T} \right)_{V, \{N_\alpha\}} = 2kT \left(\frac{\partial \ln Q}{\partial T} \right)_{V, \{N_\alpha\}} + kT^2 \left(\frac{\partial^2 \ln Q}{\partial T^2} \right)_{V, \{N_\alpha\}}. \tag{2.2.73}$$

Diese statistischen Ausdrücke für die thermodynamischen Funktionen sind letztlich aus der klassischen Thermodynamik entwickelt und daher mit ihr konsistent. Sie gehen aber über die klassischen Gleichungen hinaus, indem sie molekulare Eigenschaften des Systems, die Energieeigenwerte E_i, in die allgemeinen Beziehungen einführen. Sie sind die Grundgleichungen der Statistischen Thermodynamik für die unabhängigen Variablen $T, V, \{N_\alpha\}$. Spezielle Systeme unterscheiden sich durch spezielle Ausdrücke für die Energieeigenwerte E_i.

Beispiel 2.10

Aus der Entropiegleichung

$$S = -k \sum_i P_i \ln P_i$$

leite man die Boltzmannsche Entropieformel $S = k \ln W$ zwischen der Entropie und der thermodynamischen Wahrscheinlichkeit ab.

Lösung

Nach (2.2.19) gilt für die Anzahl der Realisierungsmöglichkeiten der wahrscheinlichsten Verteilung n^* in einer kanonischen Gesamtheit aus $\prod$-Systemen:

$$\ln \Omega(n^*) = \prod \ln \prod - \sum_i n_i \ln n_i.$$

Dafür kann man schreiben:

$$\begin{aligned} \ln \Omega(n^*) &= \prod \ln \prod - \prod \sum_i P_i(n^*) \ln \left[\prod P_i(n^*) \right] \\ &= \prod \ln \prod - \prod \ln \prod - \prod \sum_i P_i(n^*) \ln P_i(n^*) \\ &= - \prod \sum_i P_i(n^*) \ln P_i(n^*). \end{aligned}$$

Es gilt also für die Entropie der kanonischen Gesamtheit:

$$S = k \ln \Omega(n^*) = k \ln \Omega.$$

Die Entropie ist dem Logarithmus der Realisierungsmöglichkeiten der wahrscheinlichsten Verteilung und damit auch aller Verteilungen proportional. Da die Anzahl der Realisierungsmöglichkeiten mit der Wahrscheinlichkeit einer Verteilung oder auch eines ganzen Systems zusammenhängt, schreibt man auch mit Boltzmann

$$S = k \ln W.$$

2.2.3 Die statistische Fundamentalgleichung für das großkanonische Potential

2.2.3.1 Die Berechnung der relativen Wahrscheinlichkeit eines Mikrozustandes in der großkanonischen Gesamtheit

Die großkanonische Gesamtheit ist eine Zusammenstellung beliebig vieler offener Systeme, die mit ihrer jeweiligen Umgebung Wärme und Stoff austauschen können. Die einzelnen Systeme der großkanonischen Gesamtheit haben daher außer der Energie insbesondere die Molekülzahl als fluktuierende Größe. Wir umgeben die großkanonische Gesamtheit gedanklich mit einer wärme- und stoffdichten Isolierung und stellen beliebig viele so isolierte großkanonische Gesamtheiten zusammen. Das dadurch entstehende Supersystem ist durch eine feste Gesamtenergie, ein festes Gesamtvolumen und eine feste Gesamtmolekülzahl seiner Teilsysteme charakterisiert und ist damit eine mikrokanonische Gesamtheit. Der Mikrozustand der großkanonischen Gesamtheit liegt fest, wenn die Mikrozustände aller Einzelsysteme, die die Gesamtheit bilden, festliegen. Jeder Mikrozustand eines Einzelsystems ist gekennzeichnet durch den Energiezustand E_j, der nach der Quantenmechanik einer der Werte $E_1, \ldots E_j, \ldots$ ist, die durch Vorgabe von N_α und V für ein System grundsätzlich festgelegt sind. Wir setzen im folgenden zunächst ein Reinstoffsystem voraus. Da die Molekülzahl eines Systems der großkanonischen Gesamtheit nicht konstant ist, liegt damit der Wertesatz der Energieeigenwerte im Gegensatz zu den Systemen einer kanonischen Gesamtheit nicht fest, sondern hängt von der augenblicklichen Molekülzahl ab. Es ist daher zweckmäßig, den Energiezustand eines Systems mit den beiden Indizes ij zu versehen, wobei i die momentane Anzahl der Moleküle und j den speziellen Energiewert aus dem für die bei Vorgabe von $(N = i, V)$ festliegenden Wertesatz bezeichnet.

Wir betrachten nun eine bestimmte Verteilung n der Systeme der großkanonischen Gesamtheit auf ihre Mikrozustände. Es mögen sich n_{11}-Systeme mit einem Molekül im Energiezustand E_{11} befinden, d.h. $E_1(N = 1)$, n_{21}-Systeme mit zwei Molekülen im Energiezustand E_{21}, d.h. $E_1(N = 2)$ und so weiter. Die Wahrscheinlichkeit, bei dieser Verteilung ein System der großkanonischen Gesamtheit mit der Molekülzahl i im zugehörigen Energiezustand ij anzutreffen, ist

$$P_{ij}(n) = \frac{n_{ij}(n)}{\pi_{gk}}, \qquad (2.2.74)$$

wobei $n_{ij}(n)$ die Anzahl der Systeme mit i Molekülen im Energiezustand j aus dem Wertesatz aller Energieeigenwerte von Systemen mit der Molekülzahl $N = i$ darstellt und π_{gk} die Gesamtzahl der Systeme in der großkanonischen Gesamtheit bezeichnet.

Die für die statistische Berechnung der thermodynamischen Funktionen maßgebliche Wahrscheinlichkeit P_{ij} ist der Mittelwert über die entsprechenden Wahrscheinlichkeiten für alle möglichen Verteilungen n, die die nachstehenden Nebenbedingungen erfüllen:

$$\sum_i \sum_j n_{ij} = \pi_{gk} \qquad (2.2.75)$$

$$\sum_i \sum_j n_{ij} E_{ij} = U_{gk} \qquad (2.2.76)$$

$$\sum_i \sum_j n_{ij} i = N_{gk}, \qquad (2.2.77)$$

wobei bei der Auswertung der Summen i von 0 bis N_{gk}, d.h. der Gesamtzahl der Moleküle der großkanonischen Gesamtheit und damit auch der maximalen Molekülzahl eines Systems der großkanonischen Gesamtheit, läuft. Ebenso wie bei den Ableitungen zur kanonischen Gesamtheit kann man auch hier für diesen

Mittelwert über alle Verteilungen den Wert für die wahrscheinlichste Verteilung einsetzen, also

$$P_{ij}(n^*) = \frac{n_{ij}(n^*)}{\pi_{gk}}. \qquad (2.2.78)$$

Für die Gesamtzahl der Realisierungsmöglichkeiten einer bestimmten Verteilung n gilt die kombinatorische Formel

$$\Omega_{gk}(n^*) = \frac{\pi_{gk}!}{\prod_i \prod_j n_{ij}!}. \qquad (2.2.79)$$

Die wahrscheinlichste Verteilung n^* macht Ω_{gk} und damit auch $\ln \Omega_{gk}$ zum Maximum. Es gilt:

$$\ln \Omega_{gk}(n) = \ln(\pi_{gk})! - \sum_i \sum_j \ln(n_{ij})! \qquad (2.2.80)$$

Und damit läßt sich die Maximalbedingung mit der Bedingung konstanter Systemzahl und der Stirlingschen Formel schreiben als:

$$\begin{aligned}
\mathrm{d} \ln \Omega_{gk}(n) = 0 &= \mathrm{d} \ln(\pi_{gk})! - \sum_i \sum_j \mathrm{d} \ln(n_{ij})! \\
&= - \sum_i \sum_j \mathrm{d} \ln(n_{ij})! \\
&= - \sum_i \sum_j [\mathrm{d}(n_{ij} \ln n_{ij}) - \mathrm{d}n_{ij}] \\
&= - \sum_i \sum_j \ln n_{ij} \, \mathrm{d}n_{ij} = 0.
\end{aligned} \qquad (2.2.81)$$

Die Nebenbedingungen dieser Extremaufgabe lassen sich schreiben als:

$$\sum_i \sum_j \alpha \, \mathrm{d}n_{ij} = 0 \qquad (2.2.82)$$

$$\sum_i \sum_j \beta E_{ij} \, \mathrm{d}n_{ij} = 0 \qquad (2.2.83)$$

und

$$\sum_i \sum_j \gamma i \, \mathrm{d}n_{ij} = 0, \qquad (2.2.84)$$

wobei α, β und γ drei Lagrangesche Multiplikatoren sind. Addition dieser Nebenbedingungen zu der Maximalbedingung ergibt:

$$\begin{aligned}
\sum_i \sum_j \alpha \, \mathrm{d}n_{ij} &+ \sum_i \sum_j \beta E_{ij} \, \mathrm{d}n_{ij} + \sum_i \sum_j \gamma i \, \mathrm{d}n_{ij} + \sum_i \sum_j \ln n_{ij} \, \mathrm{d}n_{ij} \\
&= \sum_i \sum_j [\alpha + \beta E_{ij} + \gamma i + \ln n_{ij}] \mathrm{d}n_{ij} = 0.
\end{aligned} \qquad (2.2.85)$$

Bei geeigneter Wahl der Lagrangeschen Parameter erhält man das Ergebnis

$$n_{ij}(n^*) = \mathrm{e}^{-\alpha} \, \mathrm{e}^{-\beta E_{ij}} \, \mathrm{e}^{-\gamma i}. \qquad (2.2.86)$$

Den Multiplikator α findet man leicht aus der Bedingung

$$\sum_i \sum_j n_{ij}(n^*) = \pi_{gk} = e^{-\alpha} \sum_i \sum_j e^{-\beta E_{ij}} e^{-\gamma i}. \tag{2.2.87}$$

Daraus folgt

$$n_{ij}(n^*) = \pi_{gk} \frac{e^{-\beta E_{ij}} e^{-\gamma i}}{\sum_i \sum_j (e^{-\beta E_{ij}} e^{-\gamma i})} \tag{2.2.88}$$

und man erhält die gesuchte Wahrscheinlichkeit dafür, daß ein System der großkanonischen Gesamtheit im Betrachtungsaugenblick $N_i = i$ Moleküle und den Energiezustand E_{ij} aufweist:

$$P_{ij} = \frac{n_{ij}(n^*)}{\pi_{gk}} = \frac{e^{-\beta E_{ij}} e^{-\gamma i}}{\sum_i \sum_j e^{-\beta E_{ij}} e^{-\gamma i}} = \frac{e^{-\beta E_{ij}} e^{-\gamma i}}{\Xi} \tag{2.2.89}$$

mit $\Xi = \sum_i \sum_j e^{-\beta E_{ij}} e^{-\gamma i}$ als der großkanonischen Zustandssumme.

2.2.3.2 Verknüpfung der thermodynamischen Funktionen mit der großkanonischen Zustandssumme

Mit dem Ausdruck (2.2.89) für die relative Wahrscheinlichkeit eines Mikrozustandes in der großkanonischen Gesamtheit entwickeln wir nun die statistischen Analoga der thermodynamischen Funktionen in der großkanonischen Gesamtheit.
Für die innere Energie gilt:

$$U = \sum_i \sum_j P_{ij} E_{ij} = \frac{\sum_i \sum_j E_{ij} e^{-\beta E_{ij}} e^{-\gamma i}}{\sum_i \sum_j e^{-\beta E_{ij}} e^{-\gamma i}}$$

$$= \frac{\sum_i \sum_j E_{ij} e^{-\beta E_{ij}} e^{-\gamma i}}{\Xi}. \tag{2.2.90}$$

Analog gilt für die Molekülzahl eines Systems der großkanonischen Gesamtheit:

$$N = \sum_i \sum_j P_{ij} i = \frac{\sum_i \sum_j i e^{-\beta E_{ij}} e^{-\gamma i}}{\sum_i \sum_j e^{-\beta E_{ij}} e^{-\gamma i}} = \frac{\sum_i \sum_j i e^{-\beta E_{ij}} e^{-\gamma i}}{\Xi}. \tag{2.2.91}$$

Zur Gegenüberstellung der statistischen Analoga mit der Gibbsschen Fundamentalgleichung für ein offenes System brauchen wir das totale Differential der inneren Energie:

$$dU = \sum_i \sum_j (E_{ij}\, dP_{ij} + P_{ij}\, dE_{ij}). \tag{2.2.92}$$

Aus (2.2.89) folgt:

$$- \beta E_{ij} = \ln P_{ij} + \gamma i + \ln \Xi \tag{2.2.93}$$

und daraus:

$$- \sum_i \sum_j E_{ij}\, dP_{ij} = \frac{1}{\beta} \sum_i \sum_j \ln P_{ij}\, dP_{ij} + \frac{1}{\beta} \gamma \sum_i \sum_j i\, dP_{ij}$$

$$+ \frac{1}{\beta} \sum_i \sum_j \ln \Xi\, dP_{ij}. \tag{2.2.94}$$

Wegen

$$dN = \sum_i \sum_j i\, dP_{ij} \tag{2.2.95}$$

gilt mit $\sum_i \sum_j dP_{ij} = 0$

$$\sum_i \sum_j E_{ij}\, dP_{ij} = \frac{1}{\beta}\, d\left[- \sum_i \sum_j P_{ij} \ln P_{ij} \right] - \frac{\gamma}{\beta}\, dN, \tag{2.2.96}$$

womit der erste Term im totalen Differential der inneren Energie die für den Vergleich mit der Gibbsschen Fundamentalgleichung erforderliche Form hat. Für den zweiten Term gilt:

$$\sum_i \sum_j P_{ij}\, dE_{ij} = \sum_i \sum_j P_{ij} \left(\frac{\partial E_{ij}}{\partial V} \right)_{\!N} dV, \tag{2.2.97}$$

weil jedem Summanden eine feste Molekülzahl zugeordnet ist und daher die Abhängigkeit von E_{ij} von der Molekülzahl in der obigen Summe nicht zu berücksichtigen ist.

Insgesamt gilt also:

$$dU = \frac{1}{\beta}\, d\left[- \sum_i \sum_j P_{ij} \ln P_{ij} \right] + \sum_i \sum_j P_{ij} \left(\frac{\partial E_{ij}}{\partial V} \right)_{\!N} dV - \frac{\gamma}{\beta}\, dN. \tag{2.2.98}$$

Die Gibbssche Fundamentalgleichung für ein offenes Reinstoffsystem lautet:

$$dU = T\, dS - p\, dV + \mu\, dN. \tag{2.2.99}$$

Vergleich beider Beziehungen liefert:

$$S = - k \sum_i \sum_j P_{ij} \ln P_{ij}, \tag{2.2.100}$$

wobei der dritte Hauptsatz und die Dimension der Entropie berücksichtigt wurden sowie, vgl. (2.2.54):

$$T = \frac{1}{\beta k}, \tag{2.2.101}$$

$$\mu = - \gamma k T \tag{2.2.102}$$

und schließlich

$$p = - \sum_i \sum_j P_{ij} \left(\frac{\partial E_{ij}}{\partial V} \right)_N . \qquad (2.2.103)$$

Damit lassen sich nun Beziehungen zwischen den thermodynamischen Funktionen und der großkanonischen Zustandssumme ableiten.

Für die großkanonische Zustandssumme gilt:

$$\Xi = \sum_i \sum_j e^{-E_{ij}/kT} e^{i\mu/kT} = \sum_{N \geq 0} \left[e^{N\mu/kT} \sum_j e^{-E_{Nj}/kT} \right]. \qquad (2.2.104)$$

Dafür kann man auch schreiben:

$$\Xi = \sum_{N=0}^{N_{gk}} Q_N \, e^{N\mu/kT} \qquad (2.2.105)$$

mit $Q_N = \sum_j e^{-E_j(N,V)/kT}$ als der kanonischen Zustandssumme eines Systemes aus N Molekülen. Die großkanonische Zustandssumme läßt sich also als Reihe schreiben, bei der die aufeinanderfolgenden Glieder Teilsysteme von $1, 2, 3, \ldots$ Molekülen enthalten.

Für die Wahrscheinlichkeit können wir dann schreiben:

$$\ln P_{ij} = - \frac{E_{ij}}{kT} + \frac{i\mu}{kT} - \ln \Xi \qquad (2.2.106)$$

woraus folgt:

$$- P_{ij} \ln P_{ij} = \frac{1}{kT} (E_{ij} - i\mu) \frac{e^{-E_{ij}/kT} \, e^{i\mu/kT}}{\Xi} + \frac{e^{-E_{ij}/kT} \, e^{i\mu/kT}}{\Xi} \ln \Xi \qquad (2.2.107)$$

und

$$- k \sum_i \sum_j P_{ij} \ln P_{ij} = \frac{1}{T} \frac{\sum_i \sum_j (E_{ij} - i\mu) e^{-E_{ij}/kT} \, e^{i\mu/kT}}{\Xi} + k \ln \Xi. \qquad (2.2.108)$$

Setzt man hier anstelle der statistischen Größen die analogen thermodynamischen Funktionen, so erhält man

$$S = \frac{1}{T} (U - N\mu) + k \ln \Xi. \qquad (2.2.109)$$

Mit

$$N\mu = G, \qquad (2.2.110)$$

wobei G die freie Enthalpie ist, folgt also:

$$U - TS - G = B(T, V, \mu) = - kT \ln \Xi(T, V, \mu). \qquad (2.2.111)$$

Hierbei ist B das großkanonische Potential. Damit haben wir die molekulare Fundamentalgleichung in den Variablen T, V, μ abgeleitet. Aus der Eulerschen

Gleichung

$$U = TS - pV + \mu N \tag{2.2.112}$$

folgt

$$-B = pV. \tag{2.2.113}$$

Aus der Gibbs-Duhem-Gleichung

$$S\,dT - V\,dp + N\,d\mu = 0 \tag{2.2.114}$$

folgt andererseits

$$d(pV) = S\,dT + p\,dV + N\,d\mu \tag{2.2.115}$$

und damit

$$\left[\frac{\partial(pV)}{\partial T}\right]_{V,\mu} = S = k\left[\ln\varXi + T\left(\frac{\partial \ln\varXi}{\partial T}\right)_{V,\mu}\right] \tag{2.2.116}$$

und

$$\left[\frac{\partial(pV)}{\partial\mu}\right]_{T,V} = N = kT\left(\frac{\partial \ln\varXi}{\partial\mu}\right)_{T,V}. \tag{2.2.117}$$

Weitere Beziehungen zwischen den thermodynamischen Funktionen und der großkanonischen Zustandssumme erhält man leicht aus den allgemeinen thermodynamischen Gleichungen.

So findet man:

$$U = TS + G - kT\ln\varXi = kT^2\left(\frac{\partial \ln\varXi}{\partial T}\right)_{V,\mu} + \mu N \tag{2.2.118}$$

$$A = U - TS = -kT\ln\varXi + \mu N \tag{2.2.119}$$

$$p = kT\left(\frac{\partial \ln\varXi}{\partial V}\right)_{T,\mu} = \frac{kT}{V}\ln\varXi. \tag{2.2.120}$$

Für Gemische mit den Molekülzahlen $N_\alpha, N_\beta \ldots$ gilt für die großkanonische Zustandssumme:

$$\varXi = \sum_{N_\alpha}\sum_{N_\beta}\ldots\sum_i e^{N_\alpha\mu_\alpha/kT}\,e^{N_\beta\mu_\beta/kT}\ldots e^{-E_i/kT} \tag{2.2.121}$$

mit entsprechenden Gleichungen für die thermodynamischen Funktionen.

2.2.4 Die halbklassische Schreibweise der kanonischen Zustandssumme

Aus den Abschn. 2.2.2 und 2.2.3 geht die zentrale Bedeutung der kanonischen Zustandssumme

$$Q = \sum_i e^{-E_i/kT} \tag{2.2.122}$$

hervor. Sie wurde aus der quantenmechanischen Vorstellung, daß die Energiezustände eines Systems nur diskrete Werte annehmen können, abgeleitet. In vielen Fällen der praktischen Anwendung benutzt man die kanonische Zustandssumme in einer anderen Schreibweise. Dabei geht man von der klassischen Auffassung aus, daß der Mikrozustand eines atomistischen Systems durch die kontinuierlich variierbaren Orts- und Impulskoordinaten seiner atomistischen Bestandteile bestimmt ist. In einem System aus einatomigen Molekülen sind diese atomistischen Bestandteile die Atome, wenn man die Anordnung der Elektronen und des Atomkerns zueinander als starr ansieht. Bei mehratomigen Molekülen sind es die einzelnen Atome der Moleküle, wenn deren Anordnung zueinander beweglich ist. Allgemein ist der Mikrozustand eines atomistischen Systems damit durch die Orts- und Impulskoordinaten aller Atome bestimmt. Die Gesamtheit aller dieser Koordinaten der Moleküle bezeichnet man mit Γ und den durch sie aufgespannten Raum als Molekülphasenraum. Anstelle der Energie E_i des Quantenzustandes i tritt die Hamilton-Funktion $H(\Gamma)$, also bei konservativen Systemen die Gesamtenergie des molekularen Systems, die sich aus der kinetischen Energie der Moleküle und der potentiellen Energie auf Grund von Wechselwirkungskräften zwischen ihnen zusammensetzt und eine kontinuierliche Funktion der Orts- und Impulskoordinaten ist. Die Summation über alle Quantenzustände wird sinngemäß durch eine Integration über Γ ersetzt.

Die Postulate der statistischen Mechanik lauten dann:

$$\text{1.} \qquad x = \int P(\Gamma)\, x(\Gamma)\, d\Gamma \tag{2.2.123}$$

$$\text{2.} \qquad P(\Gamma_1) = P(\Gamma_2) \quad \text{für} \quad H(\Gamma_1) = H(\Gamma_2). \tag{2.2.124}$$

Für die Wahrscheinlichkeit eines bestimmten Mikrozustandes erhalten wir gemäß (2.2.32):

$$P(\Gamma)\, d\Gamma = \frac{e^{-H(\Gamma)/kT}\, d\Gamma}{\int\limits_{\Gamma} e^{-H(\Gamma)/kT}\, d\Gamma}. \tag{2.2.125}$$

Das Integral im Nenner wird Phasenintegral genannt. Es entspricht bei quantenmechanischer Betrachtung der kanonischen Zustandssumme. Zwischen beiden Größen besteht offenbar ein Zusammenhang der Art

$$Q = C \int\limits_{\Gamma} e^{-H(\Gamma)/kT}\, d\Gamma. \tag{2.2.126}$$

Da die Gesetze der Quantenmechanik wegen $(E_{i+1} - E_i)/kT \to 0$ für hohe Temperaturen (große Quantenzahlen) asymptotisch zu denen der klassischen Mechanik führen (Korrespondenzprinzip), muß gelten:

$$C = \lim_{T \to \infty} \frac{\sum\limits_{i} e^{-E_i/kT}}{\int\limits_{\Gamma} e^{-H(\Gamma)/kT}\, d\Gamma}. \tag{2.2.127}$$

Die Konstante unterscheidet sich von 1 wegen der spezifisch unterschiedlichen Betrachtungsweise in klassischer und quantenmechanischer Sicht. Zum einen bezieht sich diese unterschiedliche Betrachtungsweise auf die Nicht-Unterscheidbarkeit der Moleküle. Bei der quantenmechanischen Herleitung der kanonischen Zustandssumme ist die Nicht-Unterscheidbarkeit gleichartiger Moleküle berücksichtigt, da die Energiezustände E_i aus der quantenmechanischen Schrödinger-Gleichung stammen und die Summation jeden Zustand nur einmal berücksichtigt. Bei der klassischen Herleitung werden auch gleichartige Moleküle als unterscheidbar angesehen. Werden nämlich die Koordinaten zweier Moleküle ausgetauscht, so werden zwei Beiträge zu dem Integral gefunden, die identisch sind und in der quantenmechanischen Formulierung nur einmal auftreten. Bei N identischen Molekülen wird also jeder Beitrag N!-mal gezählt anstatt nur einmal, so daß durch N! zu teilen ist. Z.B. findet man bei drei Molekülen die Anordnungen 123 132 213 231 312 321, d.h. 3! = 6 als bei unterscheidbaren Molekülen verschiedene Mikrozustände, die bei Nicht-Unterscheidbarkeit zu einem Mikrozustand werden. Zum anderen ergibt sich eine unterschiedliche Betrachtungsweise durch die Heisenbergsche Unschärferelation. Diese sagt aus, daß bei gleichzeitiger Messung der Orts- und Impulskoordinate eines Teilchens das Produkt der Ungenauigkeiten, d.h. z.B. $(\Delta x)(\Delta p)_x$, prinzipiell die Größenordnung von h, also des Planckschen Wirkungsquantums, hat. Insbesondere gilt, vgl. Abschn. 2.1.5, daß $(\Delta x)(\Delta p)_x \geq h/4\pi$. In klassischer Betrachtungsweise verändern sich die Phasenkoordinaten kontinuierlich, der Zustand eines Teilchens ist durch Angabe von Orts- und Impulskoordinaten definiert. Aus quantenmechanischer Sicht ist hingegen wegen der Heisenbergschen Unschärferelation der Raum der Orts-Impuls-Koordinaten in Zellen aufzuteilen, deren Volumina die Größenordnung h haben. Das klassische Differential $dp\,dr$ für ein Einzelmolekül entspricht daher einem Volumen des Phasenraumes von h^f, für alle N Moleküle ergibt sich entsprechend h^{Nf}. Hier hat das Plancksche Wirkungsquantum die Dimension Impuls $\times$ Ort, N ist die Anzahl der Moleküle und f die Anzahl der Impuls-Orts-Koordinatenpaare pro Molekül, seiner sogenannten Freiheitsgrade, d.h. drei pro Atom im Molekül entsprechend den drei Richtungen im Raum. Durch dieses Volumen muß das klassische Ergebnis dividiert werden, um es im Grenzfall hoher Temperaturen in Übereinstimmung mit den korrekten quantenmechanischen Ergebnissen zu bringen.

Beispiel 2.11

Für den Sonderfall der Translationsbewegung eines Atoms in einem Behälter vom Volumen V leite man den durch die Heisenbergsche Unschärferelation bedingten Dimensionsfaktor ab.

Lösung

Die Energieniveaus für den Translator, (2.1.32)

$$\varepsilon_{n_x n_y n_z} = \frac{h^2}{8\,m\,V^{2/3}}\,(n_x^2 + n_y^2 + n_z^2)$$

führen zu den folgenden gequantelten Impulswerten

$$p_{n_x} = \sqrt{2m\,\varepsilon_{n_x}} = \sqrt{\frac{h^2}{4\,V^{2/3}}\,n_x^2} = (\pm)\frac{h}{2\,V^{1/3}}\,n_x$$

mit entsprechenden Werten für p_{n_y} und p_{n_z}.

Es gilt also

$$(\Delta p_{n_x})\,(\Delta p_{n_y})\,(\Delta p_{n_z}) = \left(\frac{h^3}{8\,V}\right) 8,$$

wobei der Faktor 8 sich daraus erklärt, daß bei positiver Wahl von n_x, n_y und n_z nur ein Oktant der gesamten Zelle des klassisch aufgespannten Impulsraumes gefunden wird. Da die Hamilton-Funktion der Translationsbewegung keinen Beitrag der Ortskoordinaten enthält, kann über diese Koordinaten sofort integriert werden, so daß folgt:

$$(\Delta x)\,(\Delta y)\,(\Delta z)\,(\Delta p_{n_x})\,(\Delta p_{n_y})\,(\Delta p_{n_z}) = V\left(\frac{h^3}{8\,V}\right) 8 = h^3,$$

womit der quantenmechanisch bedingte Dimensionsfaktor für den betrachteten einfachen Sonderfall gefunden ist.

Damit folgt insgesamt für den Faktor C:

$$C = \frac{1}{N!\,h^{Nf}}, \tag{2.2.128}$$

und die kanonische Zustandssumme in halbklassischer Formulierung lautet:

$$Q = \frac{1}{N!\,h^{Nf}} \int_\Gamma e^{-H/kT}\,d\Gamma. \tag{2.2.129}$$

Das „halb" in der Bezeichnung „halbklassische Formulierung" bezieht sich auf die beiden quantenmechanischen Korrekturen, die aus dem Phasenintegral die kanonische Zustandssumme machen, nämlich den Faktor $1/N!$ für die Nicht-Unterscheidbarkeit der Moleküle und den Faktor $1/h^{Nf}$ als quantenmechanische Korrektur des klassischen Differentials $d\boldsymbol{p}\,d\boldsymbol{r}$. Wenn das System eine Mischung aus mehreren Komponenten α ist, so lautet die kanonische Zustandssumme in halbklassischer Formulierung entsprechend:

$$Q = \frac{1}{\prod_\alpha(N_\alpha!\,h^{N_\alpha f_\alpha})} \int_\Gamma e^{-H/kT}\,d\Gamma. \tag{2.2.130}$$

Die Hamilton-Funktion eines molekularen Systems ist identisch mit der Gesamtenergie, die durch die Bewegung und Lage seiner Moleküle bzw. Atome zum Ausdruck kommt. Sie setzt sich zusammen aus Beiträgen der Schwerpunkttranslation, der äußeren Rotation der Moleküle um Achsen durch den Schwerpunkt und den inneren Molekülbewegungen, wie Schwingungen und innere Rotationen. Alle diese Bewegungstypen lassen sich formal in einen kinetischen und einen potentiellen Anteil aufspalten, und man erhält demgemäß für die Hamilton-Funktion

$$H = H^{kin} + H^{pot}. \tag{2.2.131}$$

Zum kinetischen Teil der Hamilton-Funktion gehören die kinetischen Anteile der Translation, der äußeren und inneren Rotation und der Schwingungen. Sie können ohne Berücksichtigung der Anwesenheit anderer Moleküle aus der Betrachtung des Einzelmoleküls berechnet werden. Zur potentiellen Energie gehören diejenigen Anteile dieser Bewegungstypen, die von den Wechselwirkungen mit

Nachbarmolekülen bestimmt werden. Wir fassen diesen potentiellen Anteil zu einer Größe U, der intermolekularen Energiefunktion, zusammen und schreiben

$$H = H^{\text{trans, kin}} + H^{\text{rot, kin}} + H^{\text{vib, kin}} + U. \tag{2.2.132}$$

Die kanonische Zustandssumme schreibt sich damit

$$Q = Q^{\text{trans, kin}} \, Q^{\text{rot, kin}} \, Q^{\text{vib, kin}} \, Z \, \frac{1}{N!} \tag{2.2.133}$$

mit

$$Z = \int e^{-U/kT} \, d\Gamma_{\text{konf}} \tag{2.2.134}$$

als dem sogenannten Konfigurationsintegral. Die durch das Konfigurationsintegral gegebenen Beiträge zu den thermodynamischen Funktionen werden als konfigurationelle Anteile bezeichnet und erhalten den Suffix c. Das Konfigurationsintegral ist im allgemeinen ein Integral über die äußeren und inneren Konfigurationskoordinaten der Moleküle. Viele relativ kleine Moleküle üben schnelle Schwingungen aus, die nicht von der Anwesenheit von Nachbarmolekülen abhängen, und haben keine oder von Nachbarmolekülen unabhängige innere Rotationen. Diese Beiträge fallen dann aus dem Konfigurationsintegral heraus, d.h. die Schwingung und innere Rotation sind ausschließlich kinetischer Natur. Für ein System aus solchen als starr bezeichneten Molekülen hängt die intermolekulare Energiefunktion nur von den äußeren Konfigurationskoordinaten der Moleküle ab, d.h. der Lage ihrer Schwerpunkte sowie ihren Orientierungen im Raum. In solchen Fällen brauchen intramolekulare Kraftfelder nicht berücksichtigt zu werden, und der Aufbau der intermolekularen Energiefunktion ist verhältnismäßig einfach. Er wird im Kapitel über intermolekulare Kräfte entwickelt. Die meisten strengen Anwendungen der Statistischen Thermodynamik beziehen sich auf solche starren Moleküle. Für nichtstarre Moleküle müssen nach heutigem Kenntnisstand durch Modellvorstellungen starke Vereinfachungen der wirklichen intermolekularen Energiefunktion eingeführt werden.

Beispiel 2.12

Man werte die kanonische Zustandssumme für den kinetischen Translationsanteil in der halbklassischen Näherung aus.

Lösung

Der kinetische Anteil der Translation ist universell gegeben durch

$$H^{\text{trans, kin}} = \sum_{\text{i}}^{3N} \frac{p_{\text{i}}^2}{2 m_{\text{i}}},$$

wobei p_{i} die Impulskoordinaten des Schwerpunktes sind. Da keiner der anderen Beiträge zur Hamilton-Funktion von ihnen abhängt, kann man über sie getrennt integrieren, und für den kinetischen Anteil der Translation ergibt sich dabei universell:

$$Q^{\text{trans, kin}} = \frac{1}{N! \, h^{Nf_{\text{tr}}}} \int_{-\infty}^{+\infty} e^{-\sum_{1}^{3N} (p_{\text{i}}^2/2m_{\text{i}})/kT} \, dp^N$$

$$= \frac{1}{N! \, h^{3N}} \left[\int_{-\infty}^{+\infty} e^{-\frac{p^2}{2mkT}} \, dp \right]^{3N} = \frac{1}{N!} \left(\frac{2\pi m \, k \, T}{h^2} \right)^{2/3N} = \frac{1}{N!} \, \Lambda^{-3N}$$

mit

$$\Lambda = \sqrt{\frac{h^2}{2\pi m k T}}.$$

Die zur Begründung des quantenmechanischen Korrekturfaktors h^{3N} zusätzlich erforderliche Integration über die Ortskoordinaten der Molekülschwerpunkte erfolgt bei der Integration über U.

2.3 Zusammenfassung

In der Quantenmechanik wird der Zustand eines atomistischen Systems durch die Wellenfunktion ψ beschrieben. Die Postulate der Quantenmechanik führen auf die Schrödinger-Gleichung, nach der ψ die dem Energieeigenwert E zugehörige Eigenfunktion des Hamilton-Operators $\tilde{H}$ ist. Atomistische Systeme können in der Regel nur diskrete Energiewerte annehmen, wie aus Lösungen der Schrödinger-Gleichung für die einfachen Fälle des Translators, linearen harmonischen Oszillators und linearen starren Rotators deutlich wird. Kennt man die Wellenfunktion eines Systems, so lassen sich daraus die Mittelwerte aller mechanischen Größen berechnen. Die Heisenbergsche Unschärferelation macht eine Aussage über die minimale Unsicherheit, die der gleichzeitigen Festlegung physikalischer Größen zuzuordnen ist. Die Statistische Mechanik liefert das statistische Analogon der freien Energie in Termen der kanonischen Zustandssumme, die eine Summation über die Energiezustände eines Systems enthält. In offenen Systemen tritt an die Stelle der kanonischen die großkanonische Gesamtheit mit der entsprechenden Zustandssumme. Praktisch arbeitet man meistens mit der halbklassischen Schreibweise der kanonischen Zustandssumme, die die Nicht-Unterscheidbarkeit der Moleküle und die Heisenbergsche Unschärferelation in die klassische Schreibweise einführt. Die kanonische Zustandssumme läßt sich in dieser Schreibweise in Anteile der kinetischen Translation, der kinetischen Rotation, der kinetischen Vibration und das Konfigurationsintegral faktorisieren. Das Konfigurationsintegral enthält die intermolekulare Energiefunktion, die durch die Wechselwirkungen zwischen den Molekülen bestimmt wird. Für starre Moleküle hängt diese intermolekulare Energiefunktion nur von den äußeren Konfigurationskoordinaten der Moleküle ab, d.h. von der Lage ihrer Schwerpunkte und ihrer Orientierung im Raum. Da die freie Energie in Termen von T, V, $\{N_\alpha\}$ eine Fundamentalgleichung ist, lassen sich auch alle thermodynamischen Funktionen entsprechend faktorisieren; damit steht ein Gleichungssystem zur Berechnung der thermodynamischen Funktionen aus molekularen Energien bereit.

Anhang 2.1

Universelle Konstanten der Molekularen Thermodynamik

Plancksches Wirkungsquantum h $\qquad$ $6{,}62620 \cdot 10^{-34}$ Js
Lichtgeschwindigkeit $\qquad$ c $\qquad$ $2{,}9979 \cdot 10^{8}$ m/s

Loschmidt-Zahl	N_L	$6{,}02217 \cdot 10^{23}$ 1/mol
Boltzmann-Konstante	k	$1{,}38062 \cdot 10^{-23}$ J/K
Gaskonstante	$R = N_L k$	$8{,}3143$ J/mol K
Elementarladung	e	$1{,}6022 \cdot 10^{-19}$ C

Einheiten

Länge	1 Atomeinheit (a.u.) = $0{,}5292$ Å
	1 Å = 10^{-8} cm
Energie	1 Atomeinheit (a.u.) = $27{,}206$ eV
	1 eV = $1{,}6022 \cdot 10^{-12}$ erg
	= 96 487 J/mol
	= 8 065,57 cm^{-1}
	1 K = $1{,}43882$ cm^{-1}

Anhang 2.2

Die Hermitizität des Hamilton-Operators und ihre Folgerungen

In der Schrödinger-Gleichung

$$\tilde{H} \psi_n = E_n \psi_n \tag{A 2.2.1}$$

ist $\tilde{H}$ der Hamilton-Operator, ψ_n ist eine Eigenfunktion dieses Operators, die dem Eigenwert E_n entspricht. Der Hamilton-Operator lautet als Funktion nur einer Variablen x:

$$\tilde{H} = \frac{\tilde{p}_x^2}{2m} + \tilde{U} = -\frac{h^2}{8\pi^2 m} \frac{\mathrm{d}^2}{\mathrm{d}x^2} + \tilde{U} \tag{A 2.2.2}$$

und ist daher die Summe aus dem Differentialoperator $-\dfrac{\mathrm{d}^2}{\mathrm{d}x^2}$ und dem Multiplikationsoperator $\tilde{U}$.

Beide Operatoren und damit auch der Hamilton-Operator sind selbstadjungiert bzw. hermitisch, d.h., sie haben die Eigenschaft

$$\int_{-\infty}^{+\infty} u^* \tilde{F} v \, \mathrm{d}x = \int_{-\infty}^{+\infty} (\tilde{F} u)^* v \, \mathrm{d}x, \tag{A 2.2.3}$$

wobei $u(x)$ und $v(x)$ zwei im allgemeinen komplexe Funktionen sind, die quadratisch integrierbar sind und daher bei Annäherung an die Integrationsgrenzen hinreichend schnell verschwinden. $\tilde{F}$ ist einer der beiden Operatoren in $\tilde{H}$.

Selbstadjungierte Operatoren besitzen reelle Eigenwerte, denn es gilt mit

$$\tilde{F} v = \lambda v$$

$$\int_{-\infty}^{+\infty} v^* \tilde{F} v \, \mathrm{d}x = \lambda \int_{-\infty}^{+\infty} v^* v \, \mathrm{d}x$$

sowie

$$\int\limits_{-\infty}^{+\infty} (\tilde{F}v)^* v \, dx = \lambda^* \int\limits_{-\infty}^{+\infty} v^* v \, dx.$$

Da beide Gleichungen bei einem selbstadjungierten Operator $\tilde{F}$ gleich sein müssen, gilt

$$. \; \lambda = \lambda^*, \tag{A 2.2.4}$$

d.h., die Eigenwerte des Operators $\tilde{F}$ sind reell.

Die Eigenfunktionen selbstadjungierter Operatoren besitzen die wichtige Eigenschaft, zueinander orthogonal zu sein. Zwei Funktionen $u_m(x)$ und $u_n(x)$ aus dem System $u_1, u_2, \ldots$ werden als orthogonal bezeichnet, wenn gilt

$$\int u_m u_n \, dx = 0 \quad \text{für} \quad m \neq n,$$

bzw. bei komplexen Funktionen

$$\int u_m^* u_n \, dx = 0 \quad \text{für} \quad m \neq n. \tag{A 2.2.5}$$

Zum Beweis betrachten wir die Gleichungen:

$$\tilde{F} u_m = \lambda_m u_m$$
$$\tilde{F} u_n = \lambda_n u_n.$$

Wenn $\tilde{F}$ ein selbstadjungierter Operator ist, sind λ_m und λ_n reelle Eigenwerte, mit $\lambda_m = \lambda_m^*$ und $\lambda_n = \lambda_n^*$. Wegen der Hermitizität von $\tilde{F}$ gilt

$$\int u_m^* \tilde{F} u_n \, dx = \int (\tilde{F} u_m)^* u_n \, dx$$

und damit

$$\lambda_n \int u_m^* u_n \, dx = \lambda_m^* \int u_m^* u_n \, dx.$$

Es folgt also

$$(\lambda_n - \lambda_m) \int u_m^* u_n \, dx = 0.$$

Wenn wir unterstellen dürfen, daß $\lambda_n \neq \lambda_m$, dann gilt

$$\int u_m^* u_n \, dx = 0, \quad m \neq n$$

als Bedingung für Orthogonalität von u_m und u_n. Die Bedingung $\lambda_n \neq \lambda_m$ bedeutet bezogen auf die Schrödinger-Gleichung, daß zwei Systemzuständen m und n verschiedene Energiewerte $E_m \neq E_n$ zugeordnet sind, d.h. ein Verbot von Entartung. Dann, und nur dann, bilden die Wellenfunktionen des Systems ein System orthogonaler Funktionen. Ein solches System wird als vollständig bezeichnet, wenn außer den betrachteten Funktionen $u_1, u_2, \ldots, u_k$ keine weitere Funktion u_{k+1} existiert, die zu allen Funktionen $u_1 \ldots u_k$ orthogonal ist. Es ist darüber hinaus normiert, wenn durch Multiplikation mit einem geeigneten Faktor erreicht wird, daß gilt:

$$\int u_m^* u_n \, dx = \delta_{mn}, \tag{A 2.2.6}$$

wobei δ_{mn} das Kronecker-Symbol mit $\delta_{mn} = 1$ für $m = n$ und $\delta_{mn} = 0$ für $m \neq n$ ist.

Ist im Gegensatz zur obigen Annahme mehreren Eigenfunktionen der gleiche Eigenwert zugeordnet, so liegt Entartung vor. Ein Eigenwert λ_n eines Operators $\tilde{F}$ ist zweifach entartet, wenn es zwei Eigenfunktionen u_{n1} und u_{n2} gibt, denen gleiche Eigenwerte λ_n zugeordnet sind. Die Eigenfunktionen u_{n1} und u_{n2} sind dann nicht zueinander orthogonal. Man kann jedoch aus diesen entarteten Eigenfunktionen Linearkombinationen bilden, die auch Eigenfunktionen desselben Operators, aber gleichzeitig orthogonal sind. Wir betrachten diesen Fall am Beispiel zweier linear unabhängiger Eigenfunktionen u_1 und u_2 des Operators $\tilde{F}$

$$\tilde{F} u_1 = \lambda u_1$$
$$\tilde{F} u_2 = \lambda u_2 .$$

Die Linearkombination

$$u = c_1 u_1 + c_2 u_2 ,$$

die wegen der vorausgesetzten linearen Unabhängigkeit von Null verschieden ist, ist ebenfalls eine Eigenfunktion des Operators $\tilde{F}$, denn es gilt:

$$\tilde{F} u = \tilde{F}(c_1 u_1 + c_2 u_2) = c_1 \tilde{F} u_1 + c_2 \tilde{F} u_2$$
$$= \lambda(c_1 u_1 + c_2 u_2) = \lambda u .$$

Aus den entarteten Eigenfunktionen u_1 und u_2 kann man insbesondere solche Linearkombinationen bilden, die orthogonal und normiert sind. Wir normieren zunächst u_1 durch

$$|a|^2 \int u_1^* u_1 \, dx = 1 ,$$

wodurch der Normierungsfaktor

$$|a| = \frac{1}{\sqrt{\int u_1^* u_1 \, dx}}$$

gefunden ist. Die u_1 entsprechende normierte Funktion ist daher definiert als

$$w_1 = \frac{u_1}{\sqrt{\int u_1^* u_1 \, dx}} .$$

Wir bilden nun eine Linearkombination aus w_1 und u_2:

$$v_2 = a_{21} w_1 + u_2 .$$

Durch die spezielle Wahl des Koeffizienten

$$a_{21} = - \int w_1^* u_2 \, dx$$

wird die Funktion w_1 orthogonal zu v_2, denn es gilt:

$$\int w_1^* v_2 \, dx = \int w_1^* \left[- \left(\int w_1^* u_2 \, dx \right) w_1 + u_2 \right] dx$$
$$= - \int w_1^* u_2 \, dx + \int w_1^* u_2 \, dx = 0 .$$

Die v_2 entsprechende normierte Funktion lautet:

$$w_2 = \frac{v_2}{\sqrt{\int v_2^* v_2 \, dx}},$$

und es gilt (A 2.2.6)

$$\int w_1^* w_2 \, dx = \delta_{12},$$

womit wir die nicht-orthogonalen Funktionen u_1 und u_2 durch die orthogonalen, normierten Funktionen w_1 und w_2 ersetzen können. Man spricht auch von Schmidtscher Orthogonalisierung. Die Orthogonalitätsbedingung für Eigenfunktionen eines selbstadjungierten Operators sind daher auch bei Entartung erfüllt, wenn man die entarteten Eigenfunktionen durch ihre orthogonalisierten Linearkombinationen ersetzt.

Anhang 2.3

Die Stirlingsche Formel

Im Jahre 1730 gab J. Stirling die folgende Abschätzung für $n!$ an

$$1 \leq \frac{n!}{\sqrt{2\pi n}\, n^n \, e^{-n}} \leq e^{\frac{1}{12n}}. \tag{A 2.3.1}$$

Darauf beruht die Näherung von $n!$ für große n

$$n! \cong \sqrt{2\pi n}\, n^n \, e^{-n} \tag{A 2.3.2}$$

beziehungsweise

$$\ln n! = n \ln n - n + \tfrac{1}{2} \ln n + \tfrac{1}{2} \ln 2\pi \cong n \ln n - n. \tag{A 2.3.3}$$

Literatur zu Kapitel 2

1. Schpolski, E. W.: Atomphysik, Bd. II. Berlin: VEB Deutscher Verlag der Wissenschaften 1956
2. Pauling, L.; Wilson, E. B.: Introduction to quantum mechanics. New York: McGraw-Hill 1935
3. Kestin, J.; Dorfman, J. R.: A course in statistical thermodynamics. New York: Academic Press 1971
4. Merzbacher, E.: Quantum mechanics. New York: John Wiley 1970
5. Messiah, A.: Quantum mechanics. Amsterdam: North Holland Publishing Company 1975
6. Hála, E.; Boublik, T.: Einführung in die statistische Thermodynamik. Braunschweig: Vieweg 1970
7. Hill, T. L.: Introduction to statistical thermodynamics. Reading: Addison-Wesley 1960
8. Reed, T. M.; Gubbins, K. E.: Applied statistical mechanics. New York: McGraw-Hill 1973
9. Rowlinson, J. S.: Liquids and liquid mixtures. London: Butterworth 1982

3 Das ideale Gas

3.1 Definition und Bedeutung

Ein ideales Gas ist ein spezielles molekulares System. Es besteht aus voneinander unabhängigen Molekülen ohne intermolekulare Anziehungs- oder Abstoßungskräfte und ohne Eigenvolumen. Die Moleküle eines idealen Gases sind somit Punktpartikel, die bei einer chemisch einheitlichen Komponente nicht voneinander unterscheidbar sind, weder durch ihre Eigenschaften noch durch ihre Lokalisierung. Ein solches Modellsystem kann es real nicht geben. Im Grenzfall verschwindender Dichte sind die Moleküle jedoch im zeitlichen Mittel so weit voneinander entfernt, daß die Kräfte zwischen ihnen und auch ihre Eigenvolumina ohne Einfluß auf einige der thermodynamischen Funktionen des Systems sind. Auch sind dann alle Orte des Systems in gleicher Weise für alle Moleküle gleich erreichbar. Es ist daher zu erwarten, daß zumindest einige Aspekte des thermodynamischen Verhaltens realer Gase im Grenzfall verschwindender Dichte durch die Gesetze des idealen Gases korrekt beschrieben werden.

Phänomenologisch ist bekannt, daß alle realen Gase im Grenzfall verschwindender Dichte die thermische Zustandsgleichung

$$pV = NRT$$

erfüllen und daß ihre innere Energie unabhängig vom Volumen wird, d. h.

$$\left(\frac{\partial U}{\partial V}\right)_T = 0.$$

Wir zeigen im folgenden, daß das ideale Gas diese beiden Eigenschaften realer Gase bei verschwindender Dichte richtig wiedergibt. Die große praktische Bedeutung des idealen Gases ergibt sich aus der experimentell gesicherten Tatsache, daß schon beim gewöhnlichen Atmosphärendruck und gewöhnlichen Temperaturen die Abweichungen der meisten realen Gase von dem Verhalten idealer Gase vernachlässigbar klein sind. Außerdem wird auch bei hohen Dichten durch die Definition von residuellen Größen das ideale Gas als Bezugszustand für die Berechnung der thermodynamischen Funktionen realer Fluide benutzt, vgl. Kap. 1. In der Klassischen Thermodynamik wird schließlich gezeigt, daß sich alle thermodynamischen Funktionen aus der Wärmekapazität im idealen Gaszustand und der thermischen Zustandsgleichung berechnen lassen, vgl. Kap. 1. Insbesondere die Wärmekapazität im idealen Gaszustand hat daher eine große technische Bedeutung über den Zustandsbereich des idealen Gases hinaus.

3.2 Die kanonische Zustandssumme für das ideale Gas

Für die kanonische Zustandssumme gilt allgemein in quantenmechanischer Schreibweise, vgl. (2.2.33):

$$Q = \sum_i e^{-E_i/kT}. \tag{3.2.1}$$

In einem idealen Gas sind die Moleküle voneinander unabhängig. Daraus folgt, daß sich die Energie des Systems in jedem Quantenzustand i additiv aus den Energien der einzelnen Moleküle ε_j zusammensetzt, die sich ihrerseits in einer bestimmten, durch i gekennzeichneten Weise, auf ihre Quantenzustände verteilen. Diese einfache Aufspaltung der Gesamtenergie ist bei Anwesenheit intermolekularer Wechselwirkungskräfte nicht möglich, gilt also nur für den idealen Gaszustand.

Damit kann man für die ersten Energiezustände eines aus einem idealen Gas mit den zunächst als unterscheidbar angenommenen Molekülen $a, b, \ldots, N$ bestehenden Systemes schreiben:

$$
\begin{aligned}
E_1^{id} &= \varepsilon_{a1} + \varepsilon_{b1} + \ldots + \varepsilon_{N1} \\
E_2^{id} &= \varepsilon_{a2} + \varepsilon_{b1} + \ldots + \varepsilon_{N1} \\
E_3^{id} &= \varepsilon_{a1} + \varepsilon_{b2} + \ldots + \varepsilon_{N1}. \\
&\vdots
\end{aligned}
\tag{3.2.2}
$$

Damit wird aus der kanonischen Zustandssumme

$$
\begin{aligned}
\sum_i e^{-E_i^{id}/kT} &= e^{-(\varepsilon_{a1} + \varepsilon_{b1} + \ldots + \varepsilon_{N1})/kT} \\
&\quad + e^{-(\varepsilon_{a2} + \varepsilon_{b1} + \ldots + \varepsilon_{N1})/kT} \\
&\quad + e^{-(\varepsilon_{a1} + \varepsilon_{b2} + \ldots + \varepsilon_{N1})/kT} \\
&\quad + \ldots \\
&= [e^{-\varepsilon_{a1}/kT} + e^{-\varepsilon_{a2}/kT} + \ldots][e^{-\varepsilon_{b1}/kT} + e^{-\varepsilon_{b2}/kT} + \ldots] \\
&\quad \ldots [e^{-\varepsilon_{N1}/kT} + e^{-\varepsilon_{N2}/kT} + \ldots] = \prod_{s=1}^{N} (\sum_i e^{-\varepsilon_{si}/kT}).
\end{aligned}
\tag{3.2.3}
$$

Mit der Molekül-Zustandssumme des Moleküls s

$$q_s = \sum_i e^{-\varepsilon_{si}/kT} \tag{3.2.4}$$

folgt also

$$\sum_i e^{-E_i^{id}/kT} = \prod_{s=1}^{N} q_s. \tag{3.2.5}$$

Die Moleküle eines reinen idealen Gases sind nicht unterscheidbar. Es verschwindet also die Unterscheidung $a, b, c \ldots$, und man erhält

$$Q^{\mathrm{id}} = (q)^N \, \frac{1}{N!}. \qquad (3.2.6)$$

Der Faktor $1/N!$ muß eingeführt werden, weil wegen der Nicht-Unterscheidbarkeit der einzelnen Moleküle in der bisherigen Rechnung jeder Quantenzustand ($N!$)-mal gezählt wird, obwohl er nur einmal gezählt werden darf. So läßt sich ein spezieller Mikrozustand eines Systems aus drei Molekülen, denen jeweils die Molekülenergiezustände k, l und m möglich sind und bei dem jedes Molekül in einem anderen Energiezustand ist, auf die in Tabelle 3.1 gezeigten Weisen realisieren:

Tabelle 3.1.   Realisierungsmöglichkeiten eines bestimmten Mikrozustandes für ein System aus drei Molekülen, jeweils in verschiedenen Quantenzuständen k, l, m.

Molekül	Molekülenergiezustand					
1	k	k	l	l	m	m
2	l	m	k	m	k	l
3	m	l	m	k	l	k

Das sind sechs Möglichkeiten, entsprechend $N! = 3! = 6$. Insgesamt handelt es sich jedoch nur um einen Mikrozustand E_1, da die Moleküle nicht unterscheidbar sind und es daher nicht darauf ankommt, welches Molekül in welchem Energiezustand ist. Die obige Überlegung ist nur richtig, wenn jedes Molekül in einem anderen Energiezustand vorliegt. Dies ist der Fall, wenn die Zahl der Energiezustände des einzelnen Moleküls erheblich größer ist als die Zahl der Moleküle selbst. Nehmen wir an, daß in dem obigen Beispiel jedem Molekül ein weiterer Energiezustand i möglich wäre, so würden in die obige Betrachtung ebenfalls nur jeweils drei Molekülenergiezustände eingehen, da ein und derselbe Systemmikrozustand nur durch immer dieselben Energiezustände zu realisieren ist. Die Verteilungen $(k\,l\,m)$ und $(k\,l\,i)$ repräsentieren hingegen verschiedene Mikrozustände und müssen daher getrennt gezählt werden. Allgemein ist in einem System von N Molekülen und K Zuständen pro Molekül die Wahrscheinlichkeit dafür, daß jedes Molekül in einem anderen Energiezustand ist, gegeben durch $K!/[(K-N)! \, K^N]$, und dies wird 1 für $K \gg N$. Für Temperaturen über 20 K gilt in der Tat, daß die Anzahl der Energiezustände des einzelnen Moleküls viel höher ist als die Anzahl der Moleküle. Man spricht von korrigierter Boltzmann-Statistik, wobei sich das „korrigiert" auf den Faktor $1/N!$ bezieht. Wir schließen mit diesen Annahmen sehr tiefe Temperaturen bei den späteren Anwendungen aus.

Die zur Bestimmung der Molekülzustandssumme erforderlichen Energieeigenwerte des Moleküls lassen sich nicht absolut bestimmen. Wie in der phänomenologischen Thermodynamik auch führt man daher einen Energienullpunkt ein,

d. h. einen bestimmten Bezugszustand, von dem aus die Energie gemessen werden soll. Diesen Energiebezugspunkt berücksichtigen wir in den thermodynamischen Funktionen durch einen Term U^0. Der Anschaulichkeit halber wählen wir als Nullpunkt für die Energieeigenwerte eines Moleküls diejenige Energie, die ein freies Molekül in der Kern- und Elektronengrundkonfiguration mit den niedrigsten möglichen Quantenzahlen für die übrigen Bewegungen aufweist. Bezogen auf ein System aus N unabhängigen Molekülen, also ein ideales Gas, liegt dieser Zustand am absoluten Nullpunkt, d. h. bei $T = 0\,K$, vor, worauf damit die Größen bezogen sind.

Oft sind die Energiewerte verschiedener Molekülquantenzustände gleich groß, die obige Form der Molekülzustandssumme enthält daher eine Anzahl gleicher Glieder. Die Zahl der Quantenzustände (Energiezustände) mit dem gleichen Energiewert ε_j wird Entartungsgrad g_j genannt. Für die Molekülzustandssumme kann man daher auch schreiben

$$q = \sum_j g_j \, e^{-\varepsilon_j/kT} \qquad \text{(Summation über alle Energieniveaus)} . \qquad (3.2.7)$$

Die kanonische Zustandssumme für Gemische idealer Gase läßt sich wegen der Unabhängigkeit der einzelnen Moleküle in Erweiterung von (3.2.6) schreiben als:

$$Q^{id} = \frac{1}{N_\alpha!\,N_\beta!\ldots N_\kappa!}\, q_\alpha^{N_\alpha}\, q_\beta^{N_\beta}\ldots q_\kappa^{N_\kappa} . \qquad (3.2.8)$$

Hier sind $q_\alpha, q_\beta \ldots$ die Molekülzustandssummen der Komponenten $\alpha, \beta \ldots$ im Gemisch beim Systemvolumen V.

3.3 Die verschiedenen Beiträge zur Energie eines Moleküls und ihre Einführung in die kanonische Zustandssumme für das ideale Gas

Zur Auswertung der Molekülzustandssumme und damit der Berechnung der thermodynamischen Funktionen idealer Gase benötigt man die Energiezustände oder die Energieniveaus und entsprechenden Entartungsgrade der Moleküle. Prinzipiell liefert diese Aussagen die Quantenmechanik in Verbindung mit den experimentellen Ergebnissen der Molekularspektroskopie. Indessen sind auch einzelne Moleküle bis auf die einfachsten Fälle sehr komplizierte Systeme. Die entsprechenden quantenmechanischen Rechnungen sind sehr kompliziert und nicht allgemein durchführbar. Es ist daher notwendig, vereinfachte Modelle für die Moleküle zu entwerfen. Generell ist ein aus n Massenpunkten bestehender Körper durch $3\,n$ Paare von Lage- und Impulskoordinaten mechanisch bestimmt, entsprechend den drei Lage- und Impulskoordinaten für jeden Massenpunkt. In Übereinstimmung damit sagt man, daß ein aus n Atomen gebildetes Molekül $3\,n$ Bewegungskoordinaten (Impulskoordinaten) besitzt. Dabei ist vorausgesetzt, daß alle Masse des Moleküls in den Atomkernen konzentriert ist, daß also den Elektronen keine Masse zugeordnet wird. Dabei kann man in einfachen Fällen die

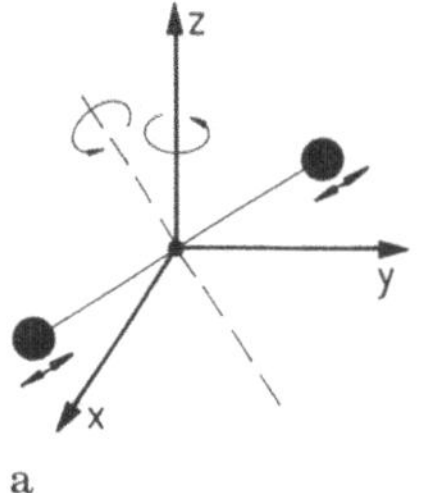

a

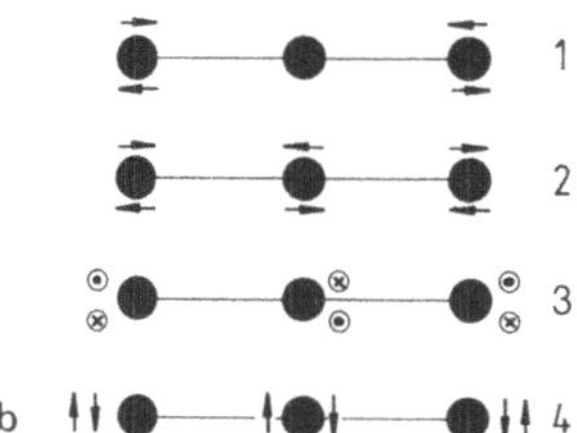

b

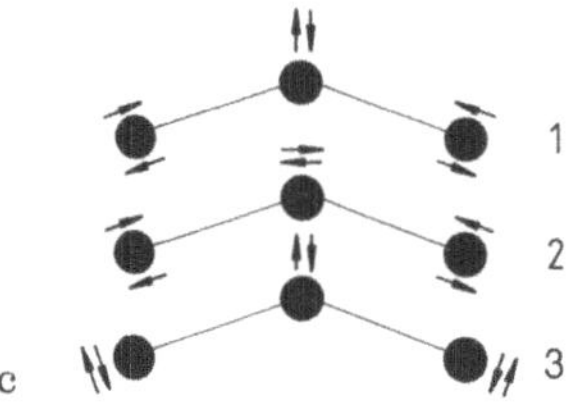

c

Bild 3.1. Bewegungstypen einfacher Moleküle. **a** Zweiatomiges Molekül, **b** lineares dreiatomiges Molekül, *1* Streckschwingung, *2* Streckschwingung 2, *3* Biegeschwingung 1, *4* Biegeschwingung 2. **c** gewinkeltes dreiatomiges Molekül

$3n$ Bewegungskoordinaten zwanglos einer gleichen Anzahl von Bewegungstypen zuordnen, die man auch als Freiheitsgrade des Moleküls bezeichnet, vgl. Bild 3.1.

So kann man die Bewegung eines einatomigen Moleküls als Translation eines Schwerpunktes in drei Richtungen auffassen und hat dadurch drei Translationsfreiheitsgrade.

Der Bewegungsenergiezustand eines zweiatomigen Moleküls mit $3n = 6$ Koordinaten ist durch die folgenden Bewegungstypen gekennzeichnet: Translationsbewegung des Molekülschwerpunktes CM in drei Richtungen, zwei durch Winkel definierte Rotationsbewegungen (die Rotation um die verbindende Achse besitzt keine Energie, da das entsprechende Trägheitsmoment Null ist) um Achsen durch den Molekülschwerpunkt und eine Schwingungsbewegung der Atome gegeneinander, bei der der Molekülschwerpunkt unverrückt bleibt. Bei der anschaulichen Deutung der Molekülbewegung eines zweiatomigen Moleküls werden demnach die sechs Impulskoordinaten $p_{x1}, p_{x2}, p_{y1}, p_{y2}, p_{z1}, p_{z2}$ der zwei Atome ersetzt durch $p_{xCM}, p_{yCM}, p_{zCM}, p_\vartheta, p_\phi, p_r$, also die drei Impulskoordinaten der Schwerpunkttranslation, die zwei Impulskoordinaten der Rotation und eine Impulskoordinate der Schwingung, vgl. Bild 3.1.

Die anschauliche Interpretation des Bewegungszustands dreiatomiger Moleküle ist wesentlich schwieriger. Lineare dreiatomige Moleküle haben drei Translationsfreiheitsgrade des Molekülschwerpunktes, zwei Freiheitsgrade der Molekülrotation um Achsen durch den Schwerpunkt und einen Rest von $3 \cdot 3 - 5 = 4$ Freiheitsgraden für innere Molekülbewegungen, also solchen, die mit inneren Deformierungen der Molekülgeometrie einhergehen. Bei diesen inneren Deformierungen bleibt wieder der Molekülschwerpunkt unverrückt. Im vorliegenden Fall des linearen dreiatomigen Moleküls sind dies die in Bild 3.1 gezeigten Schwingungen. Die Biegeschwingung kann in beliebiger Raumlage erfolgen. Die beliebige Lage wird durch zwei Biegeschwingungen in zueinander senkrechten Ebenen realisiert. Nichtlineare dreiatomige Moleküle haben drei Translationsfreiheitsgrade des Schwerpunktes, drei Freiheitsgrade der Molekülrotation um Achsen durch den Schwerpunkt und einen Rest von $3 \cdot 3 - 6 = 3$ Freiheitsgraden für innere Molekülbewegungen bei unverrücktem Molekülschwerpunkt, und zwar die in Bild 3.1 gezeigten Schwingungen. Hier darf die Biegeschwingung nur einmal gezählt werden, da die verschiedenen Ebenen, in denen sie sich vollziehen kann, durch die bei linearen Molekülen fehlende Rotation um die dritte Achse berücksichtigt sind.

Vier- und mehratomige Moleküle haben drei Freiheitsgrade der Schwerpunkttranslation, drei Freiheitsgrade der Molekülrotation um Achsen durch den Schwerpunkt und einen Rest von $3 \cdot n - 6$ Freiheitsgraden für innere Molekülbewegungen. Eine große Anzahl innerer Molekülbewegungen entzieht sich der anschaulichen Deutung, zumal neben Schwingungsbewegungen auch innere Rotationen auftreten können. Allen inneren Molekülbewegungen ist gemeinsam, daß der Schwerpunkt ortsfest ist. Bei Einführungen vereinfachter Modellvorstellungen sind diese Bewegungen quantenmechanischen Rechnungen zugänglich. Experimentelle Informationen über die dabei eingehenden Molekülkonstanten erhält man aus der Analyse der verschiedenen Molekülspektren.

Entscheidend für die Auswertung der kanonischen Zustandssumme des idealen Gases ist die Unabhängigkeit zweier grundsätzlich verschiedener Molekülbewegungsarten, nämlich der Translationsbewegung des Molekülschwerpunktes von allen anderen Bewegungsfreiheitsgraden des Moleküls. Fassen wir alle nichttranslatorischen Freiheitsgrade mit ε_{ntr} zusammen, so gilt:

$$\varepsilon = \varepsilon_{tr} + \varepsilon_{ntr}. \tag{3.3.1}$$

Setzt man diese Aufspaltung in die Gleichung für die kanonische Zustandssumme ein, so folgt für ein reines, ideales Gas:

$$
\begin{aligned}
Q^{id} &= \frac{1}{N!} \Big[\sum_{\text{Mikrozustände}} e^{-(\varepsilon_{tr} + \varepsilon_{ntr})/kT} \Big]^N \\
&= \frac{1}{N!} \Big[\big(\sum_{tr} e^{-\varepsilon_{i,\,tr}/kT} \big) \big(\sum_{ntr} e^{-\varepsilon_{i,\,ntr}/kT} \big) \Big]^N \\
&= \frac{1}{N!} [q_{tr}\, q_{ntr}]^N = \frac{1}{N!}\, q_{tr}^N\, q_{ntr}^N.
\end{aligned}
\tag{3.3.2}
$$

Die Molekülzustandssummen der Translation und der nichttranslatorischen Freiheitsgrade sind in einem idealen Gas demnach unabhängig voneinander. Da beide offensichtlich eine Funktion der Temperatur sind, kann nur eine von ihnen vom Volumen abhängen. Nach (2.1.32) sind die Energiewerte der Translationsbewegung eine Funktion des Volumens. Damit hängt die Molekülzustandssumme der Translation von Temperatur und Volumen ab, die Molekülzustandssumme der nichttranslatorischen Freiheitsgrade ist hingegen eine reine Funktion der Temperatur.

Für die thermodynamischen Funktionen erhält man damit, stets bezogen auf die Energie des idealen Gases bei 0 K:

$$A^{\mathrm{id}} - U^0 = -kT \ln Q^{\mathrm{id}} = -kT\lfloor -\ln N! + N \ln q_{\mathrm{tr}} + N \ln q_{\mathrm{ntr}} \rfloor$$

$$= kT \ln N! - NkT \ln q_{\mathrm{tr}} - NkT \ln q_{\mathrm{ntr}} = A_{\mathrm{tr}}^{\mathrm{id}} + A_{\mathrm{ntr}}^{\mathrm{id}} - U^0 \tag{3.3.3}$$

$$U^{\mathrm{id}} - U^0 = kT^2 \left(\frac{\partial \ln Q^{\mathrm{id}}}{\partial T} \right)_{\mathrm{V,N}} = kT^2 \left[N \left(\frac{\partial \ln q_{\mathrm{tr}}}{\partial T} \right)_{\mathrm{N,V}} + N \left(\frac{\partial \ln q_{\mathrm{ntr}}}{\partial T} \right)_{\mathrm{N,V}} \right]$$

$$= U_{\mathrm{tr}}^{\mathrm{id}} + U_{\mathrm{ntr}}^{\mathrm{id}} - U^0 \tag{3.3.4}$$

$$S^{\mathrm{id}} = -\frac{A^{\mathrm{id}}}{T} + \frac{U^{\mathrm{id}}}{T} = Nk \left[-\frac{\ln N!}{N} + \ln q_{\mathrm{tr}} + T \left(\frac{\partial \ln q_{\mathrm{tr}}}{\partial T} \right)_{\mathrm{V,N}} \right]$$

$$+ Nk \left[\ln q_{\mathrm{ntr}} + T \left(\frac{\partial \ln q_{\mathrm{ntr}}}{\partial T} \right)_{\mathrm{V,N}} \right] = S_{\mathrm{tr}}^{\mathrm{id}} + S_{\mathrm{ntr}}^{\mathrm{id}} \tag{3.3.5}$$

$$p^{\mathrm{id}} = kT \left(\frac{\partial \ln Q^{\mathrm{id}}}{\partial V} \right)_{\mathrm{N,T}} = NkT \left(\frac{\partial \ln q_{\mathrm{tr}}}{\partial V} \right)_{\mathrm{N,T}} = p_{\mathrm{tr}}^{\mathrm{id}}. \tag{3.3.6}$$

Bei der Entropie kürzt sich der Bezugswert der Energie heraus, in Übereinstimmung mit der Festlegung des Entropienullpunktes durch den dritten Hauptsatz. Der Druck hängt als einzige thermodynamische Größe beim idealen Gas nur von der Molekülzustandssumme der Translation, nicht aber von der nichttranslatorischen Bewegung des Moleküls relativ zu seinem Schwerpunkt ab. Da die Individualität des Moleküls in seinen nichttranslatorischen Freiheitsgraden steckt, dürfen wir eine einfache und universelle Berechnungsgleichung für den Druck erwarten, nicht jedoch für die kalorischen Zustandsgrößen des idealen Gases.

Die nichttranslatorischen Energiefreiheitsgrade eines Moleküls setzen sich aus Rotationen um Achsen durch den Molekülschwerpunkt, aus Schwingungen und aus inneren Rotationen von einzelnen Molekülgruppen gegeneinander zusammen. Darüber hinaus können die Elektronen außer ihrer gewöhnlichen Grundkonfiguration bei hohen Temperaturen angeregte Zustände einnehmen. In unserem bisherigen Modell sind Energiefreiheitsgrade auf Grund von Elektronenquantenzuständen unberücksichtigt geblieben, da wir stets den niedrigsten Quantenzustand, also die Elektronengrundkonfiguration, vorausgesetzt und den entsprechenden Energiewert in den Energiebezugspunkt einbezogen haben. Dennoch muß wegen einer möglichen Entartung der Elektronengrundkonfiguration ein diesbezüglicher Term in der Molekülzustandssumme berücksichtigt werden. Wir führen daher einen Beitrag der Elektronenenergie formal in die gesamte Molekülenergie auf Grund von nichttranslatorischen Freiheitsgraden ein.

Eine wesentliche Annahme für die weitere Rechnung besteht darin, daß alle diese Formen der nichttranslatorischen Molekülenergie voneinander unabhängig sind. Diese Annahme ist gewöhnlich gut. Eine Ausnahme bildet die Separierbarkeit der äußeren Rotationen und der Schwingungen. Da sich in schwingenden Molekülen der Abstand zwischen den Atomen ständig ändert, insbesondere im Mittel größer wird, vergrößert sich auch das Trägheitsmoment, das in die Rotationsenergie eingeht. Dieser Kopplungseffekt, ebenso wie andere Korrekturen dieses einfachen Modells, werden durch einen Term ε_{korr} berücksichtigt. Man erhält damit für die innere Molekülenergie

$$\varepsilon_{ntr} = \varepsilon_r + \varepsilon_v + \varepsilon_{ir} + \varepsilon_{el} + \varepsilon_{korr}. \tag{3.3.7}$$

Entsprechend setzt sich die Molekülzustandssumme der nichttranslatorischen Freiheitsgrade dann multiplikativ zusammen:

$$q_{ntr} = q_r\, q_v\, q_{ir}\, q_{el}\, q_{korr}. \tag{3.3.8}$$

Diese Aufspaltung erlaubt es, jeden Freiheitsgrad getrennt auf seine Energiezustände zu untersuchen. Dies ist ein erheblich einfacheres Problem, als die gesamte komplexe innere Bewegung des Moleküls zu betrachten. Es wird sich zeigen, daß die Beiträge der nichttranslatorischen Freiheitsgrade zu den thermodynamischen Funktionen von gewissen Moleküleigenschaften abhängen, die man aus der Literatur, z.B. Handbüchern über spektroskopische Daten, entnehmen muß. Wegen der logarithmischen Beziehung zwischen den thermodynamischen Funktionen und der Molekülzustandssumme setzen sich die thermodynamischen Zustandsgrößen additiv aus den Beiträgen der einzelnen Energietypen zusammen. Man kann daher jeden Beitrag getrennt ermitteln und dann zum Schluß alle Beiträge addieren.

3.4 Die thermische Zustandsgleichung idealer Gase

Gleichung (3.3.6) zeigt, daß die thermische Zustandsgleichung eines idealen Gases nur von der Translationsbewegung seiner Moleküle abhängt, denn nur diese ist eine Funktion des Volumens. Zur Ableitung der thermischen Zustandsgleichung idealer Gase benötigen wir daher ausschließlich die Molekülzustandssumme der Translation.

In idealen Gasen ist die Energie der Schwerpunkttranslation rein kinetischer Natur, denn es wirken keine Kräfte zwischen den Molekülen. Die Energiezustände der kinetischen Schwerpunkttranslation sind in Abschn. 2.1, vgl. (2.1.32), aus der Schrödinger-Gleichung abgeleitet worden. Für die Translations-Molekülzustandssumme gilt daher:

$$q_{tr} = \sum_{n_x} \sum_{n_y} \sum_{n_z} e^{-\frac{h^2}{8mkT}V^{-2/3}(n_x^2 + n_y^2 + n_z^2)}. \tag{3.4.1}$$

Die einzelnen Energieniveaus der Translation liegen sehr eng beieinander. Es ist daher erlaubt, die Summation über die diskreten Werte der Summenglieder durch eine Integration zu ersetzen, vgl. Anhang 3.1:

$$q_{tr} = \int\limits_{n_x=0}^{\infty} \int\limits_{n_y=0}^{\infty} \int\limits_{n_z=0}^{\infty} e^{-\frac{h^2}{8m\,kT} V^{-2/3}(n_x^2 + n_y^2 + n_z^2)} \, dn_x \, dn_y \, dn_z$$

$$= \left[\int\limits_{n_x=0}^{\infty} e^{-\frac{h^2}{8m\,kT} V^{-2/3} n_x^2} \, dn_x \right]^3 = \left(\frac{2\pi m k T}{h^2} \right)^{3/2} V. \tag{3.4.2}$$

Wir haben hier die Translationsquantenzahlen von Null an laufen lassen. Gemäß der Nullpunktsdefinition müßte eigentlich die Energie mit den niedrigsten Quantenzuständen, d.h. $n_x, n_y, n_z = 1$, aus der Translationszustandssumme herausgenommen und in den Energienullpunkt einbezogen werden. Diese Energie ist von der Größenordnung 10^{-40} J und damit sehr klein gegenüber der mittleren Energie eines Moleküls von $3/2\,kT$, vgl. (3.6.4). Sie kann daher als null angesehen werden und unberücksichtigt bleiben.

Damit gilt für die thermische Zustandsgleichung

$$p = p_{tr}^{id} = N\,kT \left(\frac{\partial \ln q_{tr}}{\partial V} \right)_{N,T} = \frac{N\,kT}{V}. \tag{3.4.3}$$

Für $N = N_L$ bezieht sich das Volumen V auf ein Mol, und wir finden

$$pv = RT, \tag{3.4.4}$$

mit

$$R = N_L k \tag{3.4.5}$$

als der universellen Gaskonstante.

Die thermische Zustandsgleichung idealer Gase ist eine universelle, stoffunabhängige Beziehung, die sich auch experimentell im Grenzfall verschwindender Dichte verifizieren läßt. Damit ist nachträglich die Bedeutung von k in

$$\beta = \frac{1}{kT}$$

als Boltzmann-Konstante bestätigt, vgl. (2.2.54). Bei sehr tiefen Temperaturen, $T \to 0$, brechen sowohl die Schreibweise der Zustandssumme als Integral als auch die korrigierte Boltzmann-Statistik zusammen, so daß auch die thermische Zustandsgleichung (3.4.3) dann nicht mehr gilt. Dabei ist die Temperaturgrenze für den Ersatz der Summe durch ein Integral so niedrig, daß sie ohne praktische Bedeutung ist, vgl. Beispiel 3.2. Die Gültigkeit der korrigierten Boltzmann-Statistik ist begrenzt durch die Forderung [1]:

$$\sqrt{\frac{2m\,kT}{h^2}} \left(\frac{V}{N} \right)^{2/3} \gg 1, \tag{3.4.6}$$

wonach sich bei Molekülen wie Helium und Wasserstoff Temperaturen von einigen K ergeben.

Beispiel 3.1

Man berechne die Molekülzustandssumme der Translation in der halbklassischen Näherung.

Lösung

Für die Molekülzustandssumme der Translationsfreiheitsgrade gilt nach (3.3.2):

$$q_{tr} = (N! \, Q_{tr}^{id})^{1/N}. \tag{3.4.7}$$

Hier ist Q_{tr}^{id} die kanonische Zustandssumme der Translation für ein ideales Gas, die in halbklassischer Schreibweise nach (2.2.129) gegeben ist durch, vgl. Beispiel 2.11:

$$Q_{tr}^{id} = \frac{1}{N! \, h^{Nf_{tr}}} \int e^{-H_{tr}^{id}(\Gamma_{tr})/kT} \, d\Gamma_{tr} = \frac{1}{N!} \Lambda^{-3N} V^N. \tag{3.4.8}$$

Damit gilt für die Molekülzustandssumme der Translation

$$q_{tr} = \Lambda^{-3} V = \left(\frac{2\pi \, m \, kT}{h^2} \right)^{3/2} V. \tag{3.4.9}$$

Man erhält daher das gleiche Resultat wie durch Auswertung der quantenmechanischen Form der Molekülzustandssumme, wenn man dort die Summe durch ein Integral ersetzt.

Beispiel 3.2

Für ein Wasserstoffmolekül in einem Behälter von $V = 1 \text{ cm}^3$ schätze man die Temperatur ab, bei der die Approximation der Summe über die Quantenzustände durch ein Integral fragwürdig wird.

Lösung

Für die Approximation der Summe durch ein Integral muß gelten

$$\varepsilon_{n_x + 1} - \varepsilon_{n_x} \ll kT$$

oder

$$\frac{h^2}{8 \, m \, V^{2/3} \, kT} \ll 1.$$

Es gilt also

$$\frac{(6{,}62 \cdot 10^{-34})^2 \, N^2 \, m^2 \, s^2}{8 \cdot \dfrac{2 \cdot 10^{-3} \, kg}{6{,}02 \cdot 10^{23}} \cdot 1{,}381 \cdot 10^{-23} \, J/K \cdot 10^{-4} \, m^2} \ll T.$$

Für die Temperatur muß daher gelten

$$T \gg 1{,}2 \cdot 10^{-14} \text{ K}.$$

Bei Molekülen mit größerer Masse ist die Grenze noch tiefer. Sie ist damit für praktische Anwendungen ohne Belang.

3.5 Allgemeine Gleichungen für die thermodynamischen Funktionen idealer Gase und Gasgemische

Nachdem nun die thermische Zustandsgleichung idealer Gase als universelle Beziehung bekannt ist, kann diese in die allgemeinen Beziehungen zwischen den kalorischen Zustandsgrößen und der thermischen Zustandsgleichung, vgl. Kap. 1, eingesetzt werden. Man findet damit:

$$U^{id}(T, \{N_j\}) - U^{id}(T^0, \{N_j\}) = \int_{T^0}^{T} C_V^{id}(T, \{N_j\}) \, dT \qquad (3.5.1)$$

$$H^{id}(T, \{N_j\}) = U^{id}(T, \{N_j\}) + NRT \qquad (3.5.2)$$

$$S^{id}(T, V, \{N_j\}) - S^{id}(T^0, V^0, \{N_j\}) = \int_{T^0}^{T} \frac{C_V^{id}(T, \{N_j\})}{T} \, dT + NR \ln \frac{V}{V^0}$$
$$(3.5.3)$$

$$S^{id}(T, p, \{N_j\}) - S^{id}(T^0, p^0, \{N_j\}) = \int_{T^0}^{T} \frac{C_p^{id}(T, \{N_j\})}{T} \, dT - NR \ln \frac{p}{p^0}$$
$$(3.5.4)$$

$$A^{id}(T, V, \{N_j\}) - A^{id}(T^0, V^0, \{N_j\})$$
$$= \int_{T^0}^{T} C_V^{id}(T, \{N_j\}) \, dT - T \int_{T^0}^{T} \frac{C_V^{id}(T, \{N_j\})}{T} \, dT - NRT \ln \frac{V}{V^0} \qquad (3.5.5)$$

$$G^{id}(T, p, \{N_j\}) - G^{id}(T^0, p^0, \{N_j\})$$
$$= \int_{T^0}^{T} C_p^{id}(T, \{N_j\}) \, dT - T \int_{T^0}^{T} \frac{C_p^{id}(T, \{N_j\})}{T} \, dT + NRT \ln \frac{p}{p^0}. \qquad (3.5.6)$$

Diese Beziehungen enthalten mit den Wärmekapazitäten C_V^{id} bzw. C_p^{id} molekül-spezifische Größen, die nach den Erkenntnissen über die Aufspaltung der Zustandssumme von der Temperatur und bei Gemischen auch von der Zusammensetzung, nicht aber von Druck und Volumen abhängen. Sie müssen sich aus einer detaillierten Auswertung der gesamten Molekülzustandssumme ergeben. Außerdem sind die thermodynamischen Funktionen in dem durch den Suffix 0 bezeichneten Referenzzustand molekülspezifisch. Während dabei die innere Energie stets nur als Differenz ermittelt werden kann, hat die Entropie in Übereinstimmung mit dem 3. Hauptsatz einen absoluten Wert, der ebenfalls aus der vollständigen Auswertung der Molekülzustandssumme zu ermitteln sein muß. Aus (3.5.1) folgt, daß die innere Energie eines idealen Gases unabhängig vom Volumen ist. Dies ist in Übereinstimmung mit dem Verhalten realer Gase im Grenzfall verschwindender Dichte. Indessen entspricht die weitergehende Aussage, daß die innere Energie ebenso wie die Wärmekapazität und die Enthalpie eines idealen Gases unabhängig von der Dichte bzw. vom Druck sind, nicht dem Verhalten realer Gase bei verschwindender Dichte.

Für die Berechnung der thermodynamischen Funktionen von Gemischen aus denen der reinen Komponenten lassen sich ebenfalls einige allgemeine Gleichungen angeben. Aus der kanonischen Zustandssumme für ein Gemisch idealer Gase

$$Q^{id} = \frac{1}{N_\alpha! \, N_\beta! \ldots N_K!} \, q_\alpha^{N_\alpha} q_\beta^{N_\beta} \cdots q_K^{N_K} \qquad (3.5.7)$$

folgt für die freie Energie unter Benutzung der Stirlingschen Formel, vgl. Anhang 2.3:

$$A^{id} - U^0 = -kT \ln Q^{id} = kT \sum_\alpha (N_\alpha \ln N_\alpha - N_\alpha - N_\alpha \ln q_\alpha)$$

$$= NkT \sum_\alpha x_\alpha (\ln x_\alpha + \ln N) - kT \sum_\alpha (N_\alpha + N_\alpha \ln q_\alpha)$$

$$= NkT \sum_\alpha x_\alpha \ln x_\alpha + \sum_\alpha kT \left(-N_\alpha - N_\alpha \ln \frac{q_\alpha}{N} \right). \qquad (3.5.8)$$

Die Molekülzustandssumme der Komponente α im Gemisch läßt sich allgemein darstellen als

$$q_\alpha = f(T)\, V. \qquad (3.5.9)$$

Wegen der bei gleichen Werten von Temperatur und Druck im Gemisch und Reinstoff, also bei isotherm-isobarer Vermischung, aus der thermischen Zustandsgleichung für ideale Gase folgenden Beziehung

$$\frac{q_\alpha}{q_{0\alpha}} = \frac{V}{V_{0\alpha}} = \frac{N}{N_\alpha} \qquad (3.5.10)$$

kann man schreiben

$$\frac{q_\alpha}{N} = \frac{q_{0\alpha}}{N_\alpha}, \qquad (3.5.11)$$

wobei $q_{0\alpha}$ die Molekülzustandssumme von reinem α, d. h. bei dem aus Temperatur, Druck und Molekülzahl berechenbaren Volumen $V_{0\alpha}$, ist.

Dann gilt:

$$A^{id} - U^0 = NkT \sum_\alpha x_\alpha \ln x_\alpha + \sum_\alpha kT(-N_\alpha + N_\alpha \ln N_\alpha - N_\alpha \ln q_{0\alpha})$$

$$= NkT \sum_\alpha x_\alpha \ln x_\alpha + \sum_\alpha (A^{id}_{0\alpha} - U^0_{0\alpha}), \qquad (3.5.12)$$

mit

$$A^{id}_{0\alpha} = A^{id}_{0\alpha}(T, V_{0\alpha}) = A^{id}_{0\alpha}(T, p).$$

Für $N = N_L$, d. h. bezogen auf ein Mol Gemisch, gilt

$$a^{id} - u^0 = RT \sum_\alpha x_\alpha \ln x_\alpha + \sum_\alpha x_\alpha(a^{id}_{0\alpha} - u^0_{0\alpha}). \qquad (3.5.13)$$

Setzt man die reinen Komponenten hingegen unvermischt zum Systemvolumen V zusammen, so folgt für die freie Energie eines solchen zusammengesetzten Systems:

$$A^{id} - U^0 = \sum_\alpha (A_{0\alpha} - U^0_{0\alpha}), \qquad (3.5.14)$$

wobei $A_{0\alpha}$ wieder beim Teilvolumen $V_{0\alpha}$ des Systems mit der reinen Komponente α auszuwerten ist. Gleichung (3.5.13) kann auch direkt aus der Definition des idealen Gases abgeleitet werden. Aus dieser Definition folgt, daß die Moleküle eines idealen Gases unabhängig voneinander sind. Jede Komponente verhält sich daher so, als stünde ihr das Systemvolumen allein zur Verfügung. Beim isotherm-isobaren Vermischen expandiert daher jede Komponente α vom ursprünglichen Volumen $V_{0\alpha}$ auf das Systemvolumen V. Bei diesem Expansionsprozeß ändert sich die freie Energie der Komponenten um

$$\Delta A_\alpha = -N_\alpha \, k \, T \ln \frac{V}{V_{0\alpha}} = N_\alpha \, k \, T \ln x_\alpha. \qquad (3.5.15)$$

Insgesamt erfolgt beim Vermischen damit eine Änderung der freien Energie um

$$\Delta A = \sum_\alpha N_\alpha \, k \, T \ln x_\alpha = N \, k \, T \sum_\alpha x_\alpha \ln x_\alpha, \qquad (3.5.16)$$

womit (3.5.13) auch ohne statistische Gleichungen abgeleitet ist. Allerdings würde (3.5.16) in dieser Ableitung auch für die Vermischung zweier identischer Reinstoffe gelten, was offensichtlich falsch ist (Gibbssches Paradoxon!). Die statistische Ableitung zeigt hingegen, daß die freie Mischungsenergie bei isotherm-isobarer Vermischung an die Unterscheidbarkeit der Moleküle, d.h. unterschiedliche Komponenten, gebunden ist.

Die analogen Ergebnisse erhält man für alle thermodynamischen Funktionen, die vom Volumen abhängen, also

$$S = \sum_\alpha S_{0\alpha}(T, V_{0\alpha}) - N \, k \sum_\alpha x_\alpha \ln x_\alpha \qquad (3.5.17)$$

und

$$G - U^0 = \sum_\alpha (G_{0\alpha}(T, V_{0\alpha}) - U_{0\alpha}^0) + N \, k \, T \sum_\alpha x_\alpha \ln x_\alpha. \qquad (3.5.18)$$

Im Gegensatz dazu gelten für alle nicht vom Volumen abhängigen thermodynamischen Funktionen einfache Additionsformeln, unabhängig davon, ob es sich um ein zusammengesetztes System oder um ein ideales Gasgemisch handelt, z.B.

$$U - U^0 = \sum_\alpha (U_{0\alpha} - U_{0\alpha}^0) \qquad (3.5.19)$$

$$H - H^0 = \sum_\alpha (H_{0\alpha} - H_{0\alpha}^0). \qquad (3.5.20)$$

Für den Druck gilt insbesondere

$$p^{\mathrm{id}} = \sum_\alpha \frac{N_\alpha \, k \, T}{V} = \sum_\alpha p_\alpha^{\mathrm{id}}, \qquad (3.5.21)$$

wobei $p_\alpha^{\mathrm{id}} = \dfrac{N_\alpha \, k \, T}{V}$ der Partialdruck der Komponente α im idealen Gasgemisch ist. Man bezeichnet (3.5.21) als das Daltonsche Gesetz. Allgemein wird der Partialdruck oft definiert durch

$$p_\alpha = x_\alpha p, \qquad (3.5.22)$$

womit auch allgemein stets gilt

$$\sum_\alpha p_\alpha = p. \tag{3.5.23}$$

Nur im idealen Gasgemisch hat jedoch der Partialdruck eine klare physikalische Bedeutung, so daß seine Verwendung in anderen Mischphasen vermieden werden sollte.

3.6 Molekülspezifische Gleichungen für die thermodynamischen Funktionen idealer Gase

Bei den allgemeinen Gleichungen des vorangegangenen Abschnitts wurde die Individualität der Moleküle in die Wärmekapazitäten und die Zustandsgrößen im Referenzzustand einbezogen. Für diese Größen liefert die vollständige und detaillierte Auswertung aller molekularen Energien eines speziellen Moleküls weitere Informationen. Es ist sinnvoll, diese weitergehenden Informationen getrennt nach energetischen Molekülfreiheitsgraden zu analysieren, da sich der Wert einer Zustandsgröße additiv aus den Beiträgen der einzelnen Freiheitsgrade zusammensetzt.

3.6.1 Der Beitrag der Translation

Die Molekülzustandssumme der Translation lautet nach (3.4.2)

$$q_{tr} = \left(\frac{2\pi m k T}{h^2}\right)^{3/2} V. \tag{3.6.1}$$

Damit lassen sich die Beiträge der Translation zu den thermodynamischen Funktionen ohne weiteres angeben, wobei die Translationsenergie im niedrigsten Quantenzustand in ausgezeichneter Näherung null ist und entsprechende Nullpunktsenergien also nicht abgezogen zu werden brauchen:

$$A_{tr}^{id} = k T \ln N! - N k T \ln q_{tr}$$
$$= N k T \left((\ln N - 1) - \ln \left\{ \left(\frac{2\pi m k T}{h^2}\right)^{3/2} V \right\} \right). \tag{3.6.2}$$

Mit den im Anhang 2.1 zusammengestellten Werten für die Naturkonstanten k, h und N_L findet man die folgende einfach auszuwertende Zahlenwertgleichung für die auf RT bezogene molare freie Energie der Translation als Funktion von Temperatur und Druck:

$$\frac{a_{tr}^{id}}{RT} = 2{,}6519 - 2{,}5 \ln(T/\mathrm{K}) + \ln(p/\mathrm{bar}) - 1{,}5 \ln(M/\mathrm{g\,mol}^{-1}). \tag{3.6.3}$$

Weiterhin gilt:

$$U_{tr}^{id} = N k T^2 \left(\frac{\partial \ln q_{tr}}{\partial T}\right)_V = \frac{3}{2} N k T \tag{3.6.4}$$

$$C_{V_{tr}}^{id} = \left(\frac{\partial U_{tr}^{id}}{\partial T}\right)_N = \frac{3}{2} N k \tag{3.6.5}$$

$$S_{tr}^{id} = N k \left[-\frac{\ln N!}{N} + \ln q_{tr} + T \left(\frac{\partial \ln q_{tr}}{\partial T}\right)_V \right]$$

$$= N k \left[-(\ln N - 1) + \ln \left\{ \left(\frac{2\pi m k T}{h^2}\right)^{3/2} V \right\} + \frac{3}{2} \right]$$

$$= N k \left[-\ln N + \ln \left\{ \left(\frac{2\pi m k T}{h^2}\right)^{3/2} V \right\} + \frac{5}{2} \right]. \tag{3.6.6}$$

Als leicht auswertbare Zahlenwertgleichung ergibt sich daraus für die molare Entropie als Funktion von Temperatur und Druck:

$$\frac{s_{tr}^{id}}{R} = -1{,}1519 + 2{,}5 \ln(T/\text{K}) - \ln(p/\text{bar}) + 1{,}5 \ln(M/\text{g mol}^{-1}). \tag{3.6.7}$$

Schließlich gilt:

$$H_{tr}^{id} = U_{tr}^{id} + (pV)^{id} = \frac{5}{2} N k T \tag{3.6.8}$$

$$C_{P_{tr}}^{id} = \left(\frac{\partial H_{tr}^{id}}{\partial T}\right)_N = \frac{5}{2} N k \tag{3.6.9}$$

$$G_{tr}^{id} = (H_{tr}^{id} - T S_{tr}^{id})$$

$$= \frac{5}{2} N k T - N k T \left[-\ln N + \ln \left\{ \left(\frac{2\pi m k T}{h^2}\right)^{3/2} V \right\} + \frac{5}{2} \right]$$

$$= N k T \left[\ln N - \ln \left\{ \left(\frac{2\pi m k T}{h^2}\right)^{3/2} V \right\} \right], \tag{3.6.10}$$

und die entsprechende Zahlenwertgleichung lautet als Funktion von Temperatur und Druck

$$\frac{g_{tr}^{id}}{RT} = 3{,}6519 - 2{,}5 \ln(T/\text{K}) + \ln(p/\text{bar}) - 1{,}5 \ln(M/\text{g mol}^{-1}). \tag{3.6.11}$$

Die Translationsfunktionen hängen außer von den unabhängigen Variablen T, V, N bzw. T, p, N und den Universalkonstanten k, h nur von der Molekülmasse m ab. Zu ihrer Berechnung sind daher keine Meßwerte erforderlich. Allerdings gelten diese Gleichungen nicht ohne Einschränkung. S_{tr}^{id} ist offensichtlich nicht konsistent mit dem 3. Hauptsatz, weil $\ln T \to -\infty$ für $T \to 0$, und die Wärmekapazität fällt in Wirklichkeit bei $T \to 0$ auf den Wert null ab, im Gegensatz zu (3.6.5) bzw.

(3.6.9). Wie bereits in Abschn. 3.4 besprochen, sind zweierlei Gründe für dieses Versagen verantwortlich. Zum einen gilt bei sehr kleinen Temperaturen die hier verwendete korrigierte Boltzmann-Statistik nicht. Außerdem ist auch die Schreibweise der Zustandssumme als Integral bei sehr tiefen Temperaturen nicht zulässig, sondern durch eine Aufsummierung der durch die Schrödinger-Gleichung gegebenen Energieterme zu ersetzen, vgl. Beispiel 3.2. Diese bei strenger Betrachtung zu beachtenden Grenzen spielen bei den praktischen Anwendungen kaum eine Rolle, mit Ausnahme allenfalls von Helium und Wasserstoff bei sehr niedrigen Temperaturen. Der Faktor $1/N!$, der mit der korrigierten Boltzmann-Statistik eingeführt wurde, liefert für die Entropie und alle mit ihr zusammenhängenden thermodynamischen Funktionen die erforderliche Proportionalität zur Molekülzahl, also die extensive Eigenschaft $S \sim N$.

3.6.2 Der Beitrag der Elektronenenergie

Die Zustandssumme der Elektronenenergie lautet:

$$q_{el} = \sum_j g_{el,j}\, e^{-\varepsilon_{el,j}/kT}$$

$$= g_{el,0} + g_{el,1}\, e^{-\varepsilon_{el,1}/kT} + \ldots \qquad (3.6.12)$$

Hier ist $\varepsilon_{el,j}$ das Energieniveau j der Elektronenenergie und $g_{el,j}$ sein Entartungsgrad.

Nach der getroffenen Nullpunktdefinition ist in der Bezugsenergie die Energie der Elektronengrundkonfiguration $\varepsilon_{el,0}$ bereits erfaßt. Sie ist daher hier gleich null zu setzen, so daß nur $g_{el,0}$ als Entartungsgrad des Elektronengrundzustandes $j = 0$ im ersten Term verbleibt. $\varepsilon_{el,1}$ ist der erste angeregte Elektronenzustand. Seine Energie ist i. allg. so viel höher als $\varepsilon_{el,0}$, daß der zweite Summand gegen den ersten vernachlässigbar wird, wenn die Temperatur nicht sehr hoch ($T > 1\,500$ K) wird. Zuverlässige Rechnungen müssen den Effekt abschätzen. Zur Vereinfachung der Schreibweise führt man mit $\theta_{el,j} = \varepsilon_{el,j}/k$ die charakteristische Temperatur des j-ten Elektronenanregungszustandes ein.

Grundsätzlich sind die Entartungsgrade und Energieniveaus der Elektronenbewegung wieder aus der Schrödinger-Gleichung zu bestimmen. Die allgemeine Lösung dieser Gleichung für Atome mit mehreren Elektronen ist jedoch nicht bekannt. Man muß daher diese Angaben direkt spektroskopischen Daten entnehmen. In der spektroskopischen Literatur hat sich dazu eine spezielle Nomenklatur eingebürgert. Für die thermodynamischen Funktionen gilt:

$$A_{el}^{id} - U_{el}^0 = -N\,kT \ln q_{el} = -N\,kT \ln\Big(\sum_j g_{el,j}\, e^{-\theta_{el,j}/T}\Big)$$

$$= G_{el}^{id} - U_{el}^0 \qquad (3.6.13)$$

$$U_{el}^{id} - U_{el}^0 = N\,kT^2\left(\frac{d \ln q_{el}}{\partial T}\right) = N\,kT^2\,\frac{1}{q_{el}}\left(\frac{dq_{el}}{\partial T}\right)$$

$$= N\,k\,\frac{\sum g_{el,j}\,\theta_{el,j}\, e^{-\theta_{el,j}/T}}{\sum g_{el,j}\, e^{-\theta_{el,j}/T}} = H_{el}^{id} - U_{el}^0 \qquad (3.6.14)$$

$$S_{el}^{id} = -\frac{A^{id}}{T} + \frac{U^{id}}{T}$$

$$= N k \left[\ln \sum (g_{el,j}\, e^{-\theta_{el,j}/T}) + \frac{\sum g_{el,j}(\theta_{el,j}/T)\, e^{-\theta_{el,j}/T}}{\sum g_{el,j}\, e^{-\theta_{el,j}/T}} \right] \qquad (3.6.15)$$

$$C_{V_{el}}^{id} = C_{p_{el}}^{id} = \left(\frac{\partial U_{el}}{\partial T}\right)_N = \frac{N k \sum g_{el,j}(\theta_{el,j}/T)^2\, e^{-\theta_{el,j}/T}}{\sum g_{el,j}\, e^{-\theta_{el,j}/T}}$$

$$- \left(\frac{\sum g_{el,j}(\theta_{el,j}/T)\, e^{-\theta_{el,j}/T}}{\sum g_{el,j}\, e^{-\theta_{el,j}/T}} \right)^2 N k. \qquad (3.6.16)$$

Beispiel 3.3

Man berechne die thermodynamischen Funktionen von Argon im idealen Gaszustand beim Druck $p = 1,01325$ bar in Abhängigkeit von der Temperatur zwischen 100 K und 4 000 K.

Lösung

Argon besteht aus einatomigen Molekülen, so daß lediglich Beiträge der Translation und Elektronenenergie bei der Auswertung der Zustandssumme in Betracht zu ziehen sind.

Es gelten die folgenden Formeln für die Translationsbeiträge ($M = 39,948$ g/mol):

$$\frac{u_{tr}^{id}}{RT} = \frac{3}{2}$$

$$\frac{h_{tr}^{id}}{RT} = \frac{5}{2}$$

$$\frac{c_{V,tr}^{id}}{R} = \frac{3}{2}$$

$$\frac{c_{p,tr}^{id}}{R} = \frac{5}{2}$$

$$\frac{a_{tr}^{id}}{RT} = 2{,}6519 - 2{,}5 \ln(T/K) + \ln(p/\text{bar}) - 1{,}5 \ln[M/\text{g mol}^{-1}]$$

$$\frac{s_{tr}^{id}}{R} = -1{,}1519 + 2{,}5 \ln(T/K) - \ln(p/\text{bar}) + 1{,}5 \ln[M/\text{g mol}^{-1}].$$

Mit $M = 39,948$ g/mol können hieraus sofort Zahlenwerte ermittelt werden.

Zur Berechnung des Beitrages der Elektronenenergie benötigt man einschlägige Moleküldaten. Nach [2] gilt

$$g_{el,0} = 1,$$

d.h. der Grundzustand der Elektronenenergie ist nicht entartet, sowie, vgl. Anhang 2.1 bezüglich der Einheiten,

$$\varepsilon_{el,1} = 93\,143,8 \text{ cm}^{-1}.$$

Damit findet man als charakteristische Temperatur des ersten Elektronenanregungszustands:

$$\theta_{el,1} = \frac{\varepsilon_{el,1}}{k} = 134\,017 \text{ K}.$$

Damit ist selbst bei der höchsten Temperatur von 4 000 K

$$\frac{\theta_{el,1}}{4\,000} = 33{,}5$$

so groß, daß der Beitrag der Elektronenenergie nicht berücksichtigt zu werden braucht. Tabelle B 3.3.1 zeigt die Zahlenergebnisse für a^{id}/RT und s^{id}/R.

Tabelle B 3.3.1 Zahlenergebnisse

T in K	$(a^{id} - u^0)/RT$	s^{id}/R
100	$-14{,}38$	$15{,}88$
200	$-16{,}11$	$17{,}61$
500	$-18{,}40$	$19{,}90$
1 000	$-20{,}14$	$21{,}64$
2 000	$-21{,}87$	$23{,}37$
3 000	$-22{,}88$	$24{,}38$
4 000	$-23{,}60$	$25{,}10$

3.6.3 Der Beitrag der äußeren Rotation

Die Zustandssumme der Rotationsfreiheitsgrade des Moleküls um Achsen durch den Molekülschwerpunkt lautet:

$$q_r = \sum_i e^{-\varepsilon_{ri}/kT}. \tag{3.6.17}$$

Die Energiezustände der Rotation werden aus der Lösung der Schrödinger-Gleichung für ein einfaches Molekülmodell bezogen. Die Modellierung besteht darin, daß das Molekül als starr angenommen wird, wobei die atomaren Abstände und Winkel diejenigen der niedrigsten intramolekularen, durch die atomistischen Ladungsträger bestimmten Energie sein sollten. Dieses Modell ist bei gewöhnlichen Temperaturen in guter Übereinstimmung mit der Realität. Korrekturen für Abweichungen lassen sich angeben. Der Zustand mit der niedrigsten Quantenzahl hat die Rotationsenergie null, so daß bei der Angabe der thermodynamischen Funktionen die Nullpunktsenergie entfallen kann.

3.6.3.1 Lineare Moleküle

Für das vereinfachte Modell des linearen starren Rotators ist die Schrödinger-Gleichung in Abschn. 2.1 gelöst worden. Man erhält für Energieniveaus und Entartungsgrad, vgl. (2.1.97) bzw. (2.1.99):

$$\varepsilon_{rj} = \frac{j(j+1)h^2}{8\pi^2 I} \quad j = 0, 1, 2, \ldots \tag{3.6.18}$$

$$g_{rj} = 2j + 1. \tag{3.6.19}$$

Dabei ist I das Trägheitsmoment um den Massenschwerpunkt. Es ist definiert als $I = \sum_i m_i r_i^2$, mit m_i als der Masse des Atoms i und r_i als dem Abstand dieses Atoms i vom Molekülschwerpunkt. Einsetzen in (3.6.17) für die Zustandssumme liefert

$$q_r = \sum_j g_{rj} e^{-\frac{j(j+1)h^2}{8\pi^2 I kT}} = \sum_{j=0}^{\infty} (2j+1) e^{-j(j+1)\frac{\theta_r}{T}}. \tag{3.6.20}$$

Hierbei ist

$$\theta_r = \frac{h^2}{8\pi^2 I k} \tag{3.6.21}$$

die charakteristische Rotationstemperatur, eine aus dem Aufbau des Moleküls zu berechnende Größe. Praktisch wird I aus spektroskopischen Daten bestimmt. Die Summe (3.6.20) läuft über alle j, die verschiedenen Quantenzuständen zugeordnet sind. Durch Betrachtung der zugehörigen Wellenfunktionen erkennt man, daß bei symmetrischen Molekülen die aufeinander folgenden Werte $0, 2, 4, \ldots$ bzw. $1, 3, 5, \ldots$ sein müssen [3].

Wenn $\theta_r \ll T$, was meist der Fall ist, dann sind die einzelnen Beiträge zu der Summe nicht sehr voneinander verschieden. Man kann dann die Summation durch ein Integral ersetzen und erhält:

$$q_r = \int_0^\infty (2j + 1)\, e^{-j(j+1)\theta_r/T}\, dj = \int_0^\infty e^{-j(j+1)\theta_r/T}\, d[j(j+1)] = \frac{T}{\theta_r}. \tag{3.6.22}$$

Dieses Ergebnis ist richtig für unsymmetrische Moleküle. Die allgemeine Lösung muß die Nichtunterscheidbarkeit der Molekülorientierungen bei symmetrischen Molekülen, die beim Übergang von der quantenmechanischen Summe zum Integral nicht beachtet wurde, einführen. Sie lautet:

$$q_r = \frac{T}{\theta_r}\frac{1}{\sigma_r} \tag{3.6.23}$$

mit $\sigma_r = 1$ für unsymmetrische Moleküle wie NO
$\qquad \sigma_r = 2$ für symmetrische lineare Moleküle wie N_2, CO_2.

σ_r ist die Symmetriezahl der äußeren Rotation. Sie gibt allgemein an, auf wie viele verschiedene Weisen eine bestimmte Molekülorientierung durch Rotation erzeugt werden kann, wenn gleiche Atome als nicht unterscheidbar angesehen werden.

Für die thermodynamischen Funktionen findet man daraus:

$$A_r^{id} = -N k T \ln \frac{T}{\sigma_r \theta_r} = G_r^{id} \tag{3.6.24}$$

$$S_r^{id} = N k \left[\ln \frac{T}{\sigma_r \theta_r} + 1 \right] \tag{3.6.25}$$

$$K U_r^{id} = NkT = H_r^{id} \tag{3.6.26}$$

$$C_{Vr}^{id} = Nk = C_{pr}^{id}. \tag{3.6.27}$$

Die Rotationsbeiträge zur inneren Energie und zur Wärmekapazität im idealen Gaszustand sind unabhängig von der Molekülidentität. Die Wärmekapazität ist zudem noch unabhängig von der Temperatur. Dies gilt nur für $T \gg \theta_r$. Wenn die Temperatur nicht hoch genug ist, um die Summe durch ein Integral zu ersetzen, muß eine Reihenentwicklung bzw. eine direkte Aufsummierung durchgeführt werden. Dies ist häufig bei zweiatomigen Molekülen mit einem Wasserstoffatom der Fall, die sich durch eine recht hohe Rotationstemperatur auszeichnen,

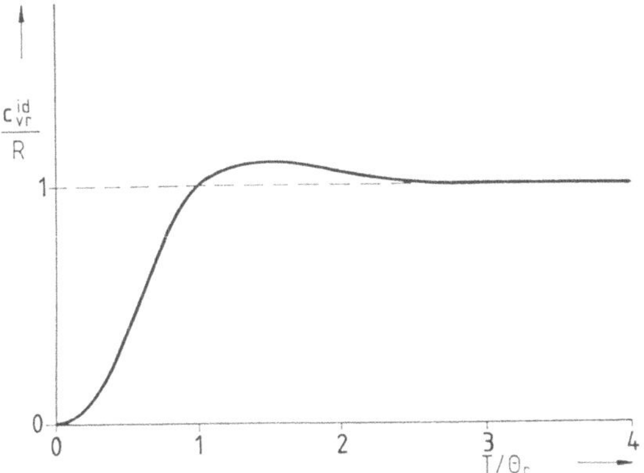

Bild 3.2. Schematischer Verlauf von $c_{\mathrm{vr}}^{\mathrm{id}}/R$ über T/θ_{r} bei niedrigen reduzierten Temperaturen

$10 < \theta_{\mathrm{r}} < 90$. Die direkte Aufsummierung führt zu einem Verlauf der Rotationsanteile der molaren Wärmekapazität, wie er in Bild 3.2 qualitativ angegeben ist. Das Auftreten des Maximums ist ein Quanteneffekt. Es kommt zustande, weil die Exponentialglieder der Zustandssumme mit fortschreitender Aufsummierung abfallen, der Entartungsgrad hingegen zunimmt. Auch bei Gasen mit niedriger Rotationstemperatur ist dieses Maximum vorhanden, hat dort jedoch wegen der niedrigen Temperaturen keine praktische Bedeutung. Bei hinreichend tiefen Temperaturen, bei denen grundsätzlich direkt aufsummiert werden muß, verschwindet der Rotationsbeitrag zur Wärmekapazität.

Beispiel 3.4

Man berechne die Molekülzustandssumme der Rotation für ein zweiatomiges Molekül in der halbklassischen Näherung.

Lösung

In Abschn. 2.1 wurde bei der Untersuchung des starren linearen Rotators gezeigt, daß dessen kinetische Energie in Kugelkoordinaten gegeben ist durch (2.1.70)

$$E_{\mathrm{k,r}} = \frac{I}{2}(\dot{\theta}^2 + \dot{\phi}^2 \sin^2 \theta)$$

mit

$$I = m_1 r_1^2 + m_2 r_2^2$$

als dem Trägheitsmoment des Rotators in bezug auf seine beiden Drehachsen.

Die kanonische Zustandssumme eines Systems aus N linearen Rotatoren lautet in halbklassischer Näherung:

$$Q_{\mathrm{r}}^{\mathrm{id}} = \frac{1}{h^{\mathrm{Nfr}}} \int e^{-H_r(\mathbf{p},\,\mathbf{q})/kT} \, \mathrm{d}\mathbf{p} \, \mathrm{d}\mathbf{q},$$

wobei p, q Impuls- und Ortskoordinaten in einem noch unbestimmten Koordinatensystem sind. Wählen wir insbesondere Kugelkoordinaten, so gilt

$$p_{\theta} = \frac{\partial E_{\mathrm{k,r}}}{\partial \dot{\theta}} = I\,\dot{\theta}$$

$$p_{\phi} = \frac{\partial E_{\mathrm{k,r}}}{\partial \dot{\phi}} = I\,\dot{\phi}\,\sin^2 \theta,$$

und es gilt also für die kanonische Zustandssumme:

$$Q_r^{id} = \frac{1}{h^{2N}} \left[\int\limits_{p_\theta = -\infty}^{+\infty} \int\limits_{p_\phi = -\infty}^{+\infty} \int\limits_{\theta = 0}^{\pi} \int\limits_{\phi = 0}^{2\pi} e^{-\frac{1}{2IkT}\left(p_\theta^2 + \frac{p_\phi^2}{\sin^2\theta}\right)} dp_\theta \, dp_\phi \, d\theta \, d\phi \right]^N$$

$$= \left[\frac{1}{h^2} \sqrt{2IkT\pi} \sqrt{2IkT\pi} \, 2 \cdot 2\pi \right]^N.$$

Für die Molekülzustandssumme der Rotation gilt damit:

$$q_r = (Q_r^{id})^{1/N} = \frac{8\pi^2 I kT}{h^2} = \frac{T}{\theta_r}.$$

Man erhält das gleiche Resultat wie aus den quantenmechanischen Energieniveaus, wenn dort die Summe durch ein Integral ersetzt wird.

3.6.3.2 Nichtlineare Moleküle

Die kinetische Rotationsenergie eines starren nichtlinearen Moleküls läßt sich in der klassischen Mechanik am einfachsten durch seine Hauptträgheitsmomente ausdrücken. Das sind die Trägheitsmomente um die Hauptträgheitsachsen, die ihrerseits dadurch definiert sind, daß die gemischten Trägheitsmomente wie $I_{xy} = \sum_i m_i x_i y_i$ des Körpers um diese Achsen verschwinden. Die Hauptträgheits- momente I_A, I_B und I_C sind im allgemeinen Falle verschieden. Es gibt jedoch Klassen von Molekülen, bei denen je zwei identisch sind und auch solche, bei denen alle drei identisch sind. Diese Erkenntnisse, die mit den Symmetrieeigen- schaften eines Moleküls zusammenhängen, sind der spektroskopischen Literatur zu entnehmen. Insbesondere ergibt sich der Grenzfall linearer Moleküle dadurch, daß eines der Hauptträgheitsmomente null (oder verschwindend klein) ist, wäh- rend die beiden anderen identisch sind.

Sind die Hauptträgheitsmomente für ein betrachtetes nichtlineares Molekül bekannt, entweder durch Berechnung aus der Molekülgeometrie oder direkt aus der spektroskopischen Literatur, so berechnet sich die kinetische Energie des Rotators nach der klassischen Mechanik zu [4]:

$$E_{kin} = \frac{1}{2I_A} \left[\sin\chi \, p_\theta - \frac{\cos\chi}{\sin\theta} (p_\phi - \cos\theta \, p_\chi) \right]^2$$

$$+ \frac{1}{2I_B} \left[\cos\chi \, p_\theta + \frac{\sin\chi}{\sin\theta} (p_\phi - \cos\theta \, p_\chi) \right]^2$$

$$+ \frac{1}{2I_C} p_\chi^2. \tag{3.6.28}$$

In dieser Gleichung sind θ und ϕ die Orientierungswinkel einer Hauptträgheits- achse relativ zu einem beliebigen Koordinatensystem im Molekül. Der Winkel χ beschreibt die Drehung um diese Hauptträgheitsachse, und p_θ, p_ϕ und p_χ sind die Impulskomponenten in den drei Winkelrichtungen. Die Hauptträgheitsmomente I_A, I_B und I_C beziehen sich auf die Hauptträgheitsachsen, insbesondere I_C auf die durch θ und ϕ beschriebene. Die obige Gleichung geht in die im Beispiel 3.4 für den linearen Rotator benutzte über, wenn der dann überflüssige Winkel χ und der zugehörige Impuls p_χ zu null gesetzt werden.

Nichtlineare Moleküle haben in der Regel eine genügend große Masse für die Approximation der Zustandssumme durch die halbklassische Näherung. Die kanonische Zustandssumme für ein System von N nichtlinearen Rotatoren lautet in halbklassischer Schreibweise:

$$Q_r^{id} = \left[\frac{1}{h^{f_r}} \int \ldots \int e^{-E_{kin}/kT} \, dp_\theta \, dp_\phi \, dp_\chi \, d\theta \, d\phi \, d\chi \right]^N . \tag{3.6.29}$$

Zur Integration setzen wir

$$x = \sin\chi \, p_\theta - \frac{\cos\chi}{\sin\theta} (p_\phi - \cos\theta \, p_\chi)$$

und

$$y = \cos\chi \, p_\theta + \frac{\sin\chi}{\sin\theta} (p_\phi - \cos\theta \, p_\chi)$$

sowie (vgl. Anhang 3.1):

$$dp_\theta \, dp_\phi = \sin\theta \, dx \, dy.$$

Es gilt also:

$$Q_r^{id} = \left[\frac{1}{h^3} \int \ldots \int e^{-\frac{1}{2kT}\left(\frac{x^2}{I_A} + \frac{y^2}{I_B} + \frac{p^2}{I_C}\right)} \sin\theta \, dx \, dy \, dp_\chi \, d\theta \, d\phi \, d\chi \right]^N \tag{3.6.30}$$

und damit

$$q_r = \frac{\pi^{1/2}}{\sigma_r} \left(\frac{8\pi^2 I_A kT}{h^2} \right)^{1/2} \left(\frac{8\pi^2 I_B kT}{h^2} \right)^{1/2} \left(\frac{8\pi^2 I_C kT}{h^2} \right)^{1/2} . \tag{3.6.31}$$

Die Symmetriezahl σ_r berücksichtigt wieder, daß manche Moleküle eine Reihe von verschiedenen Orientierungen haben, die quantenmechanisch nicht voneinander unterscheidbar sind und lediglich auf Grund der klassischen Rechnung jeweils σ_r-mal berücksichtigt worden sind. Zur Erläuterung wird das tetraederförmige CH_4-Molekül betrachtet. Die 3 H-Atome auf der Papierfläche können auf drei verschiedene Weisen angeordnet werden, ohne daß dabei ein neuer Quantenzustand entsteht. Da dies mit jedem der vier Atome als Spitzenatom gemacht werden kann, ergeben sich zwölf Anordnungen für ein und denselben Quantenzustand, d.h. $\sigma_r = 12$. Allgemein ist σ_r gleich der Anzahl der Möglichkeiten, wie oft man ein Molekül durch starre Rotation um weniger als 360° in ein und denselben Zustand versetzen kann. Für viele Moleküle ist die Symmetriezahl ohne weiteres aus Tabellen zu entnehmen.

Aus Gründen der kompakten Schreibweise setzt man als Abkürzung

$$\theta_{rA} = \frac{h^2}{8\pi^2 I_A k}; \quad \theta_{rB} = \frac{h^2}{8\pi^2 I_B k}; \quad \theta_{rC} = \frac{h^2}{8\pi^2 I_C k}$$

und findet für die Molekülzustandssumme der Rotation:

$$q_r = \frac{\pi^{1/2}}{\sigma_r} \left(\frac{T^3}{\theta_{rA} \, \theta_{rB} \, \theta_{rC}} \right)^{1/2} . \tag{3.6.32}$$

Für die thermodynamischen Funktionen erhält man dann:

$$A_r^{id} = -NkT \ln\left[\frac{\pi^{1/2}}{\sigma_r}\left(\frac{T^3}{\theta_{rA}\,\theta_{rB}\,\theta_{rC}}\right)^{1/2}\right] = G_r^{id} \tag{3.6.33}$$

$$S_r^{id} = Nk\left\{\ln\left[\frac{\pi^{1/2}}{\sigma_r}\left(\frac{T^3}{\theta_{rA}\,\theta_{rB}\,\theta_{rC}}\right)^{1/2}\right] + \frac{3}{2}\right\} \tag{3.6.34}$$

$$U_r^{id} = \tfrac{3}{2}NkT = H_r^{id} \tag{3.6.35}$$

$$C_{V_r}^{id} = \tfrac{3}{2}Nk = C_{p_r}^{id}. \tag{3.6.36}$$

Diese Schreibweise gilt nur für $T \gg \theta_r$, d.h. eine voll angeregte Rotation, wobei $\theta_r = (\theta_{rA}\,\theta_{rB}\,\theta_{rC})^{1/3}$. Unter dieser Bedingung sind wieder die Rotationsbeiträge zur inneren Energie und zur Wärmekapazität unabhängig von der Molekülidentität, die Wärmekapazität zudem noch unabhängig von der Temperatur. Bei sehr tiefen Temperaturen muß eine direkte Aufsummierung vorgenommen werden, und dabei wird $C_{V_r}^{id} \to 0$ für $T \to 0$.

3.6.4 Der Beitrag der Schwingung

Bei der Schwingung schwingen die Atome um ihre Gleichgewichtslage, d.h. denjenigen Atomabstand bzw. diejenige molekulare Konfiguration, bei der die intramolekulare potentielle Energie des Moleküls minimal ist. Die potentielle Energie kommt durch die elektrostatische Wirkung der atomistischen Ladungsträger in einem Molekül zustande.

3.6.4.1 Zweiatomige Moleküle

Wir betrachten ein zweiatomiges Molekül im Elektronengrundzustand. Seine intramolekulare potentielle Energie ist abhängig von dem Abstand r zwischen den Atomen, vgl. Bild 3.3, Kurve 1. Das Minimum kennzeichnet die Gleichgewichtslage der Atome zueinander. Die Arbeit, um die beiden Moleküle aus der Gleichge-

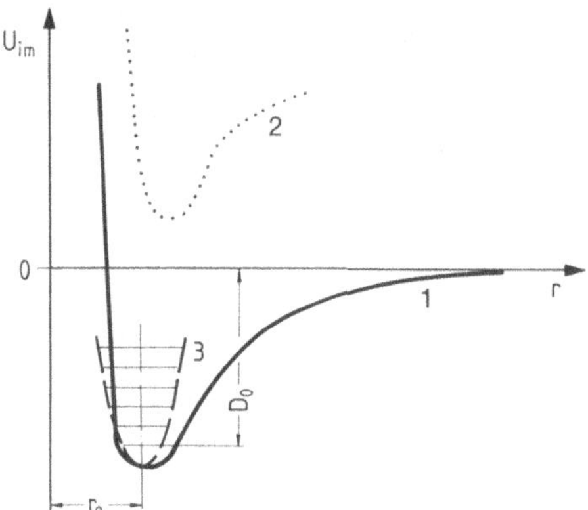

Bild 3.3. Potentielle Energie eines zweiatomigen Oszillators

wichtslage zu entfernen, wird durch die Kurve $U_{\mathrm{im}}(r)$ bestimmt. Im ersten Elektronenanregungszustand würde man etwa die Kurve 2 finden. Diese angeregte Elektronenkonfiguration hat grundsätzlich eine höhere Energie als die des Grundzustandes. Um die quantenmechanische Rechnung für die Energiezustände bei der Schwingung der beiden Atome gegeneinander einfacher zu machen, wird wieder ein Modell eingeführt. Es ist das Modell eines harmonischen Oszillators, Kurve 3.

In Abschn. 2.1 wurde gezeigt, daß die Energiezustände eines linearen harmonischen Oszillators gegeben sind durch, vgl. (2.1.54):

$$\varepsilon_{\mathrm{v}} = (\tfrac{1}{2} + v)\, h v_0 \qquad v = 0, 1, 2, \dots \tag{3.6.37}$$

Hierbei ist v_0 die Grundfrequenz und v die Quantenzahl. Jeder Energiewert ist nicht-entartet, d.h. $g_{\mathrm{v}} = 1$. Für jeden durch einen Wert von v gekennzeichneten Schwingungszustand gibt es einen vollen Satz von Rotationszuständen. Unter den gemachten idealisierenden Annahmen ist er unabhängig vom Schwingungszustand und daher nur einmal zu ermitteln.

Die Molekülzustandssumme der Schwingung für zweiatomige Moleküle lautet nun:

$$q_{\mathrm{v}} = \sum_{i} \mathrm{e}^{-\varepsilon_{\mathrm{vi}}/kT} = \sum_{v=0}^{\infty} \mathrm{e}^{-v h v_0 / kT}. \tag{3.6.38}$$

Bei der letzten Schreibweise wurde berücksichtigt, daß bei unserer Nullpunktdefiniton, vgl. Abschn. 3.2,

$$\varepsilon_{\mathrm{v}} - \varepsilon_{\mathrm{v}}^{0} = (\tfrac{1}{2} + v)\, h v_0 - h v_0 / 2 = v h v_0 \qquad v = 1, 2, \dots \tag{3.6.39}$$

und $\varepsilon_{\mathrm{v}}^{0} = h v_0 / 2$ Bestandteil der Nullpunktenergie ist, als Energie des niedrigsten Quantenzustandes der Schwingung. Bei den Schwingungsbeiträgen zu den thermodynamischen Funktionen muß daher die entsprechende Nullpunktsenergie abgezogen werden.

Bei der Schwingung liegen die Energieniveaus so weit auseinander, daß das Ersetzen der Summation durch die Integration nicht möglich ist. Die Reihe $1 + x + x^2 + \dots$ hat jedoch für $|x| < 1$ die Summenformel $(1 - x)^{-1}$, so daß gilt:

$$q_{\mathrm{v}} = \frac{1}{1 - \mathrm{e}^{-h v_0 / kT}} = \frac{1}{1 - \mathrm{e}^{-\theta_{\mathrm{v}}/T}}. \tag{3.6.40}$$

Zwar ist es physikalisch sinnlos, die Summe (3.6.38) tatsächlich bis $v \to \infty$ anzuwenden, da bei sehr hohen Werten der Schwingungsquantenzahl das Molekül dissoziiert. Diese Komplikation ist jedoch ohne große praktische Bedeutung, da θ_{v}/T so groß ist, daß nur die ersten Terme der Summe in (3.6.38) einen bedeutenden Beitrag zur Molekülzustandssumme der Schwingung liefern.

Die Grundfrequenz v_0 ergibt sich wieder aus spektroskopischen Daten, die aus der Literatur entnommen werden. Mit $\theta_{\mathrm{v}} = \dfrac{h v_0}{k}$ bezeichnet man die charakteristische Schwingungstemperatur.

Für die thermodynamischen Funktionen erhält man nun:

$$A_{\mathrm{v}}^{\mathrm{id}} - U_{\mathrm{v}}^{0} = -N k T \ln \frac{1}{1 - \mathrm{e}^{-\theta_{\mathrm{v}}/T}} \tag{3.6.41}$$

$$S_v^{id} = \frac{-A}{T} + \frac{U}{T} = Nk\left(\ln\frac{1}{1 - e^{-\theta_v/T}} + \frac{\theta_v/T}{e^{\theta_v/T} - 1}\right) \qquad (3.6.42)$$

$$U_v^{id} - U_v^0 = \frac{\theta_v/T}{e^{\theta_v/T} - 1}\,NkT = H_v^{id} - U_v^0 \qquad (3.6.43)$$

$$C_{V_v}^{id} = C_{p_v}^{id} = Nk\,\frac{(\theta_v/T)^2\,e^{\theta_v/T}}{(e^{\theta_v/T} - 1)^2}. \qquad (3.6.44)$$

Beispiel 3.5

Man untersuche die Besetzungszahlen der ersten fünf Rotationsenergieniveaus und Schwingungsenergieniveaus für CO bei 50, 100, 300 und 1 000 K.

Lösung

Die Besetzungszahl des j-ten Rotationsenergieniveaus ist gegeben durch:

$$\left(\frac{n_j}{n}\right)_r = \frac{(2j + 1)\,e^{-j(j+1)\,\theta_r/T}}{T/\theta_r}.$$

Die charakteristische Temperatur der Rotation von CO ist 2,78 K [5–8]. Es ergeben sich damit die in Tabelle B 3.5.1 zusammengestellten Zahlenwerte:

Tabelle B 3.5.1. Zahlenwerte für die Rotation

T in K	n_0/n	n_1/n	n_2/n	n_3/n	n_4/n	n_5/n
50	0,0556	0,1492	0,1991	0,1997	0,1646	0,1154
100	0,0278	0,0789	0,1176	0,1394	0,1435	0,1328
300	0,0093	0,0273	0,0438	0,0580	0,0693	0,0772
1 000	0,0028	0,0083	0,0137	0,0188	0,0237	0,0281

Die charakteristische Temperatur der Schwingung ist $\theta_v = 3\,120$ K [5, 6]. Die Besetzungszahl des v-ten Niveaus ist gegeben durch:

$$\left(\frac{n_v}{n}\right)_v = e^{-v\,\theta_v/T}[1 - e^{-\theta_v/T}].$$

Man erhält damit die in Tabelle B 3.5.2 zusammengestellten Zahlenwerte:

Tabelle B 3.5.2. Zahlenwerte für die Schwingung

T in K	n_0/n	n_1/n	n_2/n	n_3/n	n_4/n	n_5/n
50	~ 1	0	0	0	0	0
100	~ 1	0	0	0	0	0
300	~ 1	0	0	0	0	0
1 000	0,956	0,042	0,002	~ 0	0	0

Wir finden, daß die Energieniveaus der Rotation ein Maximum in den Besetzungszahlen aufweisen und bei 50 K bereits mehrere Niveaus besetzt sind. Demgegenüber sind bei tiefen Temperaturen alle Moleküle im niedrigsten Schwingungszustand, und erst bei hohen Temperaturen stellt sich allmählich eine breitere Verteilung ein.

Beispiel 3.6

Man berechne die Molekülzustandssumme der Schwingung für ein zweiatomiges Molekül in der halbklassischen Näherung.

Lösung

Die Gesamtenergie eines linearen harmonischen Oszillators in klassischer Betrachtungsweise lautet, vgl. Abschn. 2.1.3.2:

$$H = E_{kin} + U = \frac{1}{2m_r}\,p_r^2 + \frac{1}{2}\,\varepsilon(r - r_e)^2$$

mit

$$m_r = \frac{m_1\,m_2}{m_1 + m_2}$$

und ε als der die Rückstellkraft beschreibende Konstante. Für die Molekülzustandssumme von N harmonischen Oszillatoren gilt:

$$q_v = (Q_v^{id})^{1/N}$$

mit

$$
Q_v^{id} = \left[\frac{1}{h^{f_v}} \int e^{-H_v^{id}(\Gamma_v)/kT}\, d\Gamma_v\right]^N
$$
$$
= \frac{1}{h^N}\left[\int_{-\infty}^{\infty}\int_{-\infty}^{\infty} e^{-\frac{1}{kT}\left(\frac{p_r^2}{2m_r} + \frac{\varepsilon(r-r_e)^2}{2}\right)}\, dr\, dp_r\right]^N
$$
$$
= \left[\frac{2\pi kT}{h}\left(\frac{m_r}{\varepsilon}\right)^{1/2}\right]^N.
$$

Damit folgt für die Molekülzustandssumme mit (2.1.38)

$$q_v = \frac{T}{\theta_v}.$$

Dies stimmt erwartungsgemäß nicht mit dem korrekten Ergebnis (3.6.38) bzw. (3.6.40) überein. Das korrekte Ergebnis geht jedoch für hohe Temperaturen in das der halbklassischen Näherung über, wie es nach dem Korrespondenzprinzip sein muß.

3.6.4.2 Mehratomige Moleküle

Der Schwingungszustand mehratomiger Moleküle wird durch eine sogenannte Normaltransformation auf Normalschwingungen reduziert. Hierbei wird die Position der Atomkerne durch einen speziellen Satz von Koordinaten ausgedrückt, die sogenannten Normalkoordinaten q_l. Sie sind dadurch definiert, daß die potentielle Energie der molekularen Konfiguration relativ zu der der Gleichgewichtskonfiguration ausgedrückt werden kann als [9]:

$$U_{im} = U_1 + U_2 + \ldots = \sum_{l=1}^{\substack{3n-5\\3n-6}} U_l, \quad \text{mit} \quad U_l = \tfrac{1}{2}\varepsilon_l(q_l - q_{le})^2. \tag{3.6.45}$$

Hier ist ε_l die Kraftkonstante der durch l beschriebenen Bewegung und q_{le} der Gleichgewichtswert von q_l. Die Summation über $3n-5$ Beiträge bezieht sich auf lineare, die über $3n-6$ Beiträge auf nichtlineare Moleküle.

Man kann dann zeigen, daß die Gleichung für die Schwingungsbewegung, die $3n-6(3n-5)$ Ortsvariablen enthält, aufgespalten werden kann in $3n-6$

$(3n - 5)$ einfache Gleichungen, von denen jede nur eine der Koordinaten q enthält. Jede dieser $3n - 6(3n - 5)$ Gleichungen hat dieselbe Form wie die Bewegungsgleichung für einen zweiatomigen Oszillator und beschreibt eine Schwingung des gesamten Moleküls, bei der jeder Kern mit derselben Frequenz oszilliert. Eine solche molekulare Schwingung nennt man eine Normalschwingung. Jede allgemeine Schwingung des Moleküls kann auf diese Weise als eine Superposition von Normalschwingungen ausgedrückt werden. Die Gleichungen für die Energieniveaus dieser Normalschwingungen sind mit denen eines zweiatomigen Moleküls identisch. Die Energieniveaus können jedoch im Gegensatz zum zweiatomigen Molekül entartet sein, das heißt, es kann Schwingungen geben, die bei gleicher Frequenz mehrfach vorkommen. Dies ist z. B. bei der Biegeschwingung des CO_2-Moleküls der Fall, vgl. Bild 3.1. Diese Normalschwingungen sind voneinander unabhängig und durch die Grundfrequenzen v_{0j} charakterisiert. Ihre Zahl ist gleich der Anzahl der Schwingungsfreiheitsgrade, also $3n - 5$ für ein lineares und $3n - 6$ für ein nichtlineares Molekül. Der Schwingungsenergiezustand v eines mehratomigen Moleküls ist durch die Summe der entsprechenden Energien der einzelnen Normalschwingungen j angegeben.

$$\varepsilon_v = \sum_j \varepsilon_{vj} = \sum_j h v_{0j}(v + \tfrac{1}{2}), \quad v = 0, 1, 2, \ldots \quad j = 1 \ldots \frac{(3n - 5)}{(3n - 6)}. \quad (3.6.46)$$

Wenn wir wieder die Nullpunktdefinition beachten, dann folgt:

$$q_{vj} = \sum_v e^{-\varepsilon_{vj}/kT} = \sum_v e^{-h v_{0j}/kT} = \frac{1}{1 - e^{-\theta_{vj}/T}} \quad (3.6.47)$$

$$q_v = \prod_j^{\substack{3n-5 \\ 3n-6}} q_{vj} = \prod_j^{\substack{3n-5 \\ 3n-6}} \frac{1}{1 - e^{-\theta_{vj}/T}} \quad (3.6.48)$$

mit $\theta_{vj} = h v_{0j}/k$ als der charakteristischen Temperatur der Normalschwingung j.

Die thermodynamischen Funktionen sind analog zu dem Fall zweiatomiger Moleküle. Da der ln von q gebildet wird, ist der gesamte Schwingungsbeitrag gleich der Summe der Schwingungsbeiträge der Normalschwingungen. Die Normalfrequenzen sind wieder der spektroskopischen Literatur zu entnhemen. Wenn weniger als $3n - 5$ bzw. $3n - 6$ Normalfrequenzen für ein Molekül gefunden werden, so kann das ein Hinweis auf innere Rotationen sein. Indessen sind Verdrehungsschwingungen, die nicht zu vollen inneren Rotationen führen, in den Normalfrequenzen enthalten.

Es stellt sich schließlich die Frage nach der Berechtigung der harmonischen Näherung. Sie ist zumindest bei niedrigen Temperaturen ausgezeichnet, weil dann fast alle Moleküle im niedrigsten Schwingungszustand, vgl. Beispiel 3.5 sind, d. h. in einem Bereich der Potentialkurve, in dem die reale Energiekurve in ausgezeichneter Näherung durch die des harmonischen Oszillators approximiert wird.

Beispiel 3.7

Man berechne die thermodynamischen Funktionen von Stickstoff im idealen Gaszustand bei $p = 1{,}01325$ bar in Abhängigkeit von der Temperatur zwischen 100 und 1 000 K.

Lösung

Stickstoff ist ein zweiatomiges, homonukleares Molekül. Es sind daher Beiträge aufgrund von Translation, Elektronenenergie, Rotation und Schwingung in Betracht zu ziehen.

1. Translation:
Die Auswertung der Zahlenwertgleichungen für die Translationsbeiträge erfolgt wie in Beispiel 3.3. Es gilt $M = 28,0134$ g/mol.

2. Elektronenenergie:
Nach [6] gilt $\varepsilon_1 = 69\,290$ cm^{-1}, $g_1 = 3$ und $g_0 = 1$. Die charakteristische Temperatur der ersten Elektronenanregung ist daher

$$\theta_{el,1} = 99\,696 \text{ K}.$$

Diese Temperatur ist so hoch, daß ein Beitrag aufgrund von Elektronenanregung außer Betracht bleiben kann. Da der Grundzustand nicht entartet ist, liefert die Elektronenenergie keinen über die Nullpunktsenergie hinausgehenden Beitrag.

3. Rotation:
Nach [6] findet man eine charakteristische Rotationstemperatur von $\theta_r = 2,89$ K, in [5] ist demgegenüber ein Wert $\theta_r = 2,92$ K angegeben. Diese Unterschiede wirken sich nur geringfügig auf die thermodynamischen Funktionen aus. Wegen der Symmetrie des Moleküls ist $\sigma_r = 2$.

4. Schwingung:
Nach [6] findet man eine charakteristische Schwingungstemperatur von $\theta_v = 3\,394$ K, in [5] demgegenüber einen Wert von $\theta_v = 3\,352$ K. Diese Unterschiede wirken sich wiederum nur geringfügig auf die thermodynamischen Funktionen aus.

Tabelle B 3.7.1 stellt die Beiträge für die einzelnen Freiheitsgrade zusammen, wobei die Rotations- und Schwingungstemperaturen von [5] zugrunde gelegt wurden.

Tabelle B 3.7.1 Beiträge für die einzelnen Freiheitsgrade

T in K	$(a^{id} - u^0)/RT$			s^{id}/R			c_v^{id}/R		
	tr	*r*	*v*	*tr*	*r*	*v*	*tr*	*r*	*v*
100	− 13,85	− 2,84	0,00	15,35	3,84	0,00	1,5	1,0	0,00
200	− 15,58	− 3,53	0,00	17,08	4,53	0,00	1,5	1,0	0,00
500	− 17,87	− 4,45	0,00	19,37	5,45	0,01	1,5	1,0	0,06
1 000	− 19,60	− 5,14	− 0,04	21,10	6,14	0,16	1,5	1,0	0,42

Beispiel 3.8

Man berechne die thermodynamischen Funktionen von Stickoxid (NO) im idealen Gaszustand bei $p = 1,01325$ bar in Abhängigkeit von der Temperatur zwischen 100 und 1 000 K.

Lösung

Stickoxid ist ein zweiatomiges, heteronukleares Molekül. Es sind daher Beiträge aufgrund von Translation, Elektronenenergie, Rotation und Schwingung in Betracht zu ziehen.

1. Translation:
Die Auswertung der Zahlenwertgleichungen für die Translationsbeiträge erfolgt wie in den vorigen Aufgaben. Es gilt

$$M = 30,008 \text{ g/mol}.$$

2. Elektronenenergie:
Nach [6] gilt $\varepsilon_1 = 121,1$ cm^{-1}, $g_1 = 2$ und $g_0 = 2$. Die charakteristische Temperatur der ersten Elektronenanregung ist daher

$$\theta_{el,1} = 174 \text{ K}.$$

Dieser Wert wird in [5] bestätigt. Er ist so gering, daß ein entsprechender Beitrag in der Zustandssumme zu berücksichtigen ist. Außerdem ist bereits der Grundzustand entartet, so daß auch dies zu einem Beitrag für einige der thermodynamischen Funktionen führt.

3. Rotation:

In [6] findet man eine charakteristische Rotationstemperatur von $\theta_r = 2{,}45$ K, die auch durch [5] bestätigt wird. Wegen der unsymmetrischen Form des Moleküls ist $\sigma_r = 1$.

4. Schwingung:

In [6] findet man eine charakteristische Schwingungstemperatur von $\theta_v = 2\,739$ K, in [5] demgegenüber einen Wert von $\theta_v = 2\,701$ K. Dieser Unterschied ist für die thermodynamischen Funktionen ohne große Bedeutung.

Tabelle B 3.8.1 stellt die Beiträge für die einzelnen Freiheitsgrade zusammen, wobei die Schwingungstemperatur von [5] zugrunde gelegt wurde.

Tabelle B 3.8.1 Beiträge für die einzelnen Freiheitsgrade

T in K	$(a^{\mathrm{id}} - u^0)/RT$				s^{id}/R				c_v^{id}/R			
	tr	*el*	*r*	*v*	*tr*	*el*	*r*	*v*	*tr*	*el*	*r*	*v*
100	$-13{,}95$	$-0{,}85$	$-3{,}71$	$0{,}00$	$15{,}45$	$1{,}11$	$4{,}71$	$0{,}00$	$1{,}5$	$0{,}385$	$1{,}0$	$0{,}00$
200	$-15{,}68$	$-1{,}04$	$-4{,}40$	$0{,}00$	$17{,}18$	$1{,}30$	$5{,}40$	$0{,}00$	$1{,}5$	$0{,}158$	$1{,}0$	$0{,}00$
500	$-17{,}97$	$-1{,}23$	$-5{,}32$	$0{,}00$	$19{,}47$	$1{,}37$	$6{,}32$	$0{,}03$	$1{,}5$	$0{,}0294$	$1{,}0$	$0{,}13$
1 000	$-19{,}71$	$-1{,}30$	$-6{,}01$	$-0{,}07$	$21{,}21$	$1{,}38$	$7{,}01$	$0{,}26$	$1{,}5$	$0{,}00075$	$1{,}0$	$0{,}56$

Beispiel 3.9

Man berechne die thermodynamischen Funktionen von Ammoniak (NH_3) im idealen Gaszustand bei $p = 1{,}01325$ bar in Abhängigkeit von der Temperatur zwischen 100 und 1 000 K.

Lösung

Ammoniak ist ein vieratomiges Molekül, dem keine inneren Verdrehungen möglich sind. Es sind daher Beiträge aufgrund von Translation, Elektronenenergie, Rotation und Schwingung in Betracht zu ziehen.

1. Translation:

Die Auswertung der Zahlenwertgleichungen für die Translationsbeiträge erfolgt wie in den vorigen Aufgaben. Es gilt

$$M = 17{,}031 \text{ g/mol.}$$

2. Elektronenenergie:

Nach [10] gilt $\varepsilon_1 = 46\,136$ cm^{-1}, $g_1 = g_0 = 1$. Die charakteristische Temperatur der ersten Elektronenanregung ist daher

$$\theta_{\mathrm{el},1} = 66\,382 \text{ K.}$$

Diese Temperatur ist so hoch, daß ein Beitrag aufgrund von Elektronenanregung außer Betracht bleiben kann. Da außerdem der Grundzustand nicht entartet ist, liefert die Elektronenenergie keinen über die Nullpunktsenergie hinausgehenden Beitrag.

3. Rotation:

Ammoniak gehört zur Klasse der symmetrischen Kreiselmoleküle. Von seinen Hauptträgheitsmomenten sind zwei identisch. In [10] findet man $\theta_{r,A} = \theta_{r,B} = 13{,}59$ K und $\theta_{r,C} = 8{,}91$ K, in [5] demgegenüber $\theta_{r,A} = \theta_{r,B} = 14{,}5$ K und $\theta_{r,C} = 9{,}34$ K. Wegen der Symmetrie des Moleküls gilt $\sigma_r = 3$.

4. Schwingung:

Ammoniak hat vier Atome und ist nicht linear, es gibt daher grundsätzlich sechs Schwingungsfreiheitsgrade. In [10] findet man die folgenden Schwingungstemperaturen $\theta_{v,1} = 2\,340$ K,

$\theta_{v,2} = 1\,342$ K, $\theta_{v,3} = 4\,801$ K und $\theta_{v,4} = 4\,955$ K. Demgegenüber findet man in [5] $\theta_{v,1} = 2\,344$ K, $\theta_{v,2} = 1\,365$ K, $\theta_{v,3} = 4\,794$ K und $\theta_{v,4} = 4\,911$ K. Der erste und vierte Schwingungszustand sind jeweils zweifach entartet.

Tabelle B 3.9.1 stellt die Beiträge für die einzelnen Freiheitsgrade zusammen, wobei die Rotations- und Schwingungstemperaturen von [5] zugrunde gelegt wurden.

Tabelle B 3.9.1. Beiträge für die einzelnen Freiheitsgrade

T in K	$(a^{id} - u^0)/RT$			s^{id}/R			c_v^{id}/R		
	tr	r	v	tr	r	v	tr	r	v
100	$-13{,}10$	$-2{,}59$	$0{,}00$	$14{,}60$	$4{,}09$	$0{,}00$	$1{,}5$	$1{,}5$	$0{,}00$
200	$-14{,}83$	$-3{,}63$	$0{,}00$	$16{,}33$	$5{,}13$	$0{,}01$	$1{,}5$	$1{,}5$	$0{,}05$
500	$-17{,}12$	$-5{,}00$	$-0{,}09$	$18{,}62$	$6{,}50$	$0{,}37$	$1{,}5$	$1{,}5$	$0{,}99$
1 000	$-18{,}86$	$-6{,}04$	$-0{,}52$	$20{,}36$	$7{,}54$	$1{,}60$	$1{,}5$	$1{,}5$	$2{,}70$

Die relativ großen Unterschiede in den Rotationstemperaturen der Quellen [5] und [10] wirken sich bei 1 000 K zu ca. 1,5 % im Rotationsbeitrag zu den thermodynamischen Funktionen a und s aus. Der Einfluß auf die vollständigen Zahlenwerte für a und s liegt dann bei ca. 0,5 %.

3.6.5 Der Beitrag der inneren Rotation

Bei mehratomigen nichtlinearen Molekülen können neben der äußeren Rotation auch innere Rotationsbewegungen auftreten. Dabei drehen sich einzelne Molekülgruppen relativ zueinander um eine Achse.

Betrachtet man z. B. ein Molekül wie Äthan, so können die beiden CH_3-Gruppen um die verbindende Achse gegeneinander rotieren, vgl. Bild 3.4. Die potentielle Energie dieser inneren Rotation ist dann von der Abstoßung (im Falle Äthan) der C—H-Bindungen der einzelnen CH_3-Gruppen abhängig. Die Änderung der Potentialfunktion mit dem Drehwinkel bei Äthan weist wegen der Symmetrie der rotierenden Gruppen einen sehr regelmäßigen Verlauf auf. U besitzt dann ein Maximum, wenn sich zwei C—H-Bindungen gerade gegenüberstehen. Hingegen besitzt U ein Minimum, das auf den Wert null normiert werden kann, wenn eine C—H-Bindung genau zwischen zwei C—H-Bindungen der gegenüberliegenden Gruppe steht. U_{max} bezeichnet man als Potentialschranke der inneren Rotation. Die einzelnen C—H-Bindungen haben einen Winkel von 120° zueinander. Daher folgen Minimum und Maximum aufeinander nach einer Drehung um jeweils 60°. Als Symmetriezahl der inneren Rotation ergibt sich die Anzahl der Minima bzw. Maxima der Potentialfunktion pro 2π. Bei Äthan gilt $\sigma_{ir} = 3$.

Der Potentialverlauf in Bild 3.4 läßt sich beschreiben durch:

$$U = \tfrac{1}{2} U_{max}(1 - \cos \sigma_{ir} \phi). \tag{3.6.49}$$

Man unterschiedet drei Fälle bezüglich der Größe von U_{max}.

1. U_{max}/kT ist groß.

Wenn U_{max}/kT in der Größenordnung 10 und darüber liegt, dann besitzen nur sehr wenige Moleküle genügend Energie, um die Potentialschranke zu überwinden. Die resultierende Bewegung ist eine Oszillation um die Stellung, bei der die

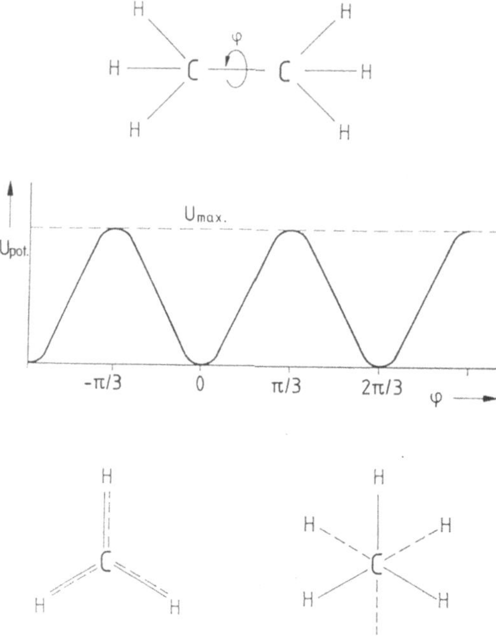

Bild 3.4. Innere Rotation beim Äthan-Molekül

potentielle Energie minimal ist. Die Winkel ϕ sind sehr klein (Beispiel Äthylen). Es handelt sich dann bei dieser molekülinternen Energieform nicht um eine innere Rotation, sondern um eine Torsionsschwingung. Sie ist wie eine Normalschwingung zu behandeln, da beide Bewegungsgleichungen bei linearer Rückstellkraft formal identisch sind, wenn man die reduzierte Masse durch ein reduziertes Trägheitsmoment ersetzt. Sie kommt in der Regel bei Doppelbindungen zwischen zwei Kohlenstoffatomen vor.

2. U_{max}/kT ist annähernd null.

Wenn U_{max}/kT genügend klein ist, kann die Abhängigkeit der Drehbewegung vom Winkel vernachlässigt werden. Die resultierende Bewegung ist dann eine freie innere Rotation. In diesem Falle entfällt der betreffende Schwingungsfreiheitsgrad und ist durch den der freien inneren Rotation zu ersetzen. Betrachten wir hierzu ein Molekül mit zwei symmetrischen Drehgruppen wie Äthan, d.h. Drehgruppen, deren Trägheitsmomente zu den beiden Achsen senkrecht zur Drehachse gleich sind, so ändern sich bei einer Rotation um die Drehachse die Hauptträgheitsmomente des Moleküls nicht und die Drehachse ist eine Hauptträgheitsachse. Die kinetische Energie der Drehung des Moleküls um diese Drehachse ist:

$$E_K = \tfrac{1}{2} I_1 (\dot{\alpha}_1)^2 + \tfrac{1}{2} I_2 (\dot{\alpha}_2)^2, \tag{3.6.50}$$

wenn I_1, I_2 die Trägheitsmomente der beiden Drehgruppen in bezug auf die Drehachse sind und $\dot{\alpha}_1, \dot{\alpha}_2$ die entsprechenden Drehwinkelgeschwindigkeiten. Die vollständige Bewegung des Moleküls um diese Achse spaltet sich auf in die Drehung des als starr angesehenen Rotators um den Winkel θ und eine zusätzliche innere Rotation, wenn die beiden Drehgeschwindigkeiten der beiden Drehgruppen verschieden groß sind. Es gilt also:

$$E_K = E_{Kr} + E_{Kir}. \tag{3.6.51}$$

Mit

$$\dot{\phi} = \dot{\alpha}_1 - \dot{\alpha}_2$$

schreiben wir (3.6.50) um zu

$$E_K = \tfrac{1}{2}(I_1 + I_2)(\dot{\theta})^2 + \tfrac{1}{2}I_{ir}(\dot{\phi})^2, \tag{3.6.52}$$

wobei

$$\dot{\theta} = \frac{I_1\dot{\alpha}_1 + I_2\dot{\alpha}_2}{I_1 + I_2} \tag{3.6.53}$$

und

$$I_{ir} = \frac{I_1 I_2}{I_1 + I_2}. \tag{3.6.54}$$

Wir stellen fest, daß für $\dot{\alpha}_1 = \dot{\alpha}_2 = \dot{\alpha}$, d.h. $\dot{\phi} = 0$, mit

$$E_K = \tfrac{1}{2}(I_1 + I_2)\dot{\alpha}^2 = E_{Kr} \tag{3.6.55}$$

die kinetische Energie eines starren Rotators um eine Hauptträgheitsachse als Drehachse herauskommt.

Entsprechend ist für $I_1\dot{\alpha}_1 = -I_2\dot{\alpha}_2$

$$E_K = \tfrac{1}{2}I_{ir}(\dot{\phi})^2 = E_{Kir} \tag{3.6.56}$$

die kinetische Energie des inneren Rotators.

Der Beitrag E_{Kr} wurde bereits in dem Beitrag der äußeren Rotation erfaßt. Die Zustandssumme der inneren Rotation lautet in halbklassischer Näherung:

$$\begin{aligned}
q_{ir} &= \frac{1}{h\,\sigma_{ir}} \int\limits_{p_\phi=-\infty}^{\infty} \int\limits_{\phi=0}^{2\pi} e^{-\frac{1}{2I_{ir}kT}\,p_\phi^2}\, dp_\phi\, d\phi \\
&= \frac{1}{\sigma_{ir}}\left(\frac{8\pi^3 I_{ir}\, kT}{h^2}\right)^{1/2} = \frac{1}{\sigma_{ir}}\left(\frac{T}{\theta_{ir}}\right)^{1/2},
\end{aligned} \tag{3.6.57}$$

wobei σ_{ir} die Symmetriezahl der inneren Rotation ist, die das klassische Resultat in Übereinstimmung mit den quantenmechanischen Symmetrieforderungen bringt und $\theta_{ir} = \dfrac{h^2}{8\pi^3 k\, I_{ir}}$ die charakteristische Temperatur der inneren Rotation.

In den meisten Molekülen sind die Drehgruppen nicht symmetrisch, und die Drehachse ist nicht gleichzeitig eine Hauptträgheitsachse. Die Ermittlung der kinetischen Energie der inneren Rotation in einem solchen allgemeinen Fall ist kompliziert. Für den Fall, daß eine symmetrische Drehgruppe an einen starren, unsymmetrischen Molekülrest angegliedert ist, gilt (3.6.56) mit [3]:

$$I_{ir} = I_1\left[1 - I_1\left(\frac{\cos^2\alpha}{I_a} + \frac{\cos^2\beta}{I_b} + \frac{\cos^2\gamma}{I_c}\right)\right], \tag{3.6.58}$$

wobei I_1 das Trägheitsmoment der Drehgruppe in bezug auf die Drehachse, I_a, I_b, I_c die Hauptträgheitsmomente des Moleküls und α, β, γ die Winkel der Hauptträgheitsachsen mit der Drehachse sind. Für den Fall der Drehung um eine Hauptträgheitsachse c gilt $\gamma = 0°$, $\alpha, \beta = 90°$, $I_c = I_1 + I_2$, und man findet (3.6.54).

Wenn ein Molekül mehrere rotierende Gruppen besitzt, so gilt näherungsweise:

$$q_{ir} \approx q_{ir(1)} \, q_{ir(2)} \cdots q_{ir(n)}. \qquad (3.6.59)$$

Sind die Trägheitsmomente der rotierenden Gruppen klein gegenüber den Hauptträgheitsmomenten des Moleküls und rotieren die Gruppen unabhängig voneinander, so ist (3.6.59) exakt. Der Beitrag der freien inneren Rotation zu den thermodynamischen Funktionen berechnet sich damit zu:

$$A_{ir}^{id} = - NkT \ln q_{ir} = - NkT \left[- \ln \sigma_{ir} + \tfrac{1}{2} \ln \left(\frac{T}{\theta_{ir}} \right) \right] = G_{ir}^{id} \qquad (3.6.60)$$

$$S_{ir}^{id} = - \left(\frac{\partial A}{\partial T} \right)_V = Nk \left[- \ln \sigma_{ir} + \tfrac{1}{2} \ln (T/\theta_{ir}) + \tfrac{1}{2} \right] \qquad (3.6.61)$$

$$U_{ir}^{id} = A_{ir}^{id} + T S_{ir}^{id} = \tfrac{1}{2} NkT = H_{ir}^{id} \qquad (3.6.62)$$

$$C_{p_{ir}}^{id} = \left(\frac{\partial H_{ir}^{id}}{\partial T} \right)_N = C_{v_{ir}}^{id} = \left(\frac{\partial U_{ir}^{id}}{\partial T} \right)_N = \tfrac{1}{2} Nk. \qquad (3.6.63)$$

Wenn Freiheitsgrade der inneren Rotation berücksichtigt werden, vermindern sich entsprechend die Schwingungsfreiheitsgrade. Im allgemeinen kann man davon ausgehen, daß nur dann eine innere Rotation auftritt, wenn eine Atomgruppe durch eine Einfachbindung an einen Molekülrest angebunden ist.

3. U_{max}/kT ist weder sehr groß noch sehr klein

Die resultierende Bewegung ist dann weder Drillschwingung noch freie Rotation, sondern eine gehinderte innere Rotation. Ein häufig verwendeter Ansatz für die Winkelabhängigkeit dieser potentiellen Energie ist $U = \tfrac{1}{2} \sum\limits_{n=1} U_{max,n} [1 - \cos(n\phi)]$, wobei n typischerweise von 1 bis 6 läuft und einige Terme je nach Symmetrie des Moleküls verschwinden können. $U_{max,n}$ wird an spektroskopische Daten oder auch an Meßwerte der Wärmekapazität angepaßt. Die Lösung der Schrödinger-Gleichung für diese komplizierte potentielle Energie erfolgt für jeden individuellen Fall numerisch [11] und die Energieeigenwerte werden zur Zustandssumme direkt aufsummiert. In vielen einfachen Fällen kann man die potentielle Energie approximieren durch einen einzigen Term $U = 1/2 \, U_{max,n} [1 - \cos(n\phi)]$. Für diesen Spezialfall sind die numerischen Lösungen für die thermodynamischen Funktionen in Anhang 3.2 vertafelt, wobei diese Tabellen insbesondere für den häufigsten Fall einer rotierenden CH_3-Gruppe ($n = 3$), aber darüber hinaus auch für andere Werte von n, gelten. Damit ist für viele Anwendungsfälle auch der komplizierte Beitrag der gehinderten inneren Rotation durch einfache Handrechnungen ermittelbar.

Beispiel 3.10

Man schätze den Beitrag der inneren Rotation zu den thermodynamischen Funktionen von Methanol (CH_4O) im idealen Gaszustand bei $p = 1,01325$ bar in Abhängigkeit von der Temperatur zwischen 100 und 1 000 K ab.

Lösung

Methanol ist ein nichtlineares Molekül mit sechs Atomen. Es hat daher $6 \cdot 3 - 3 - 3 = 12$ innere Bewegungsfreiheitsgrade. In [5] findet man die folgenden Moleküldaten:

$$I_A \cdot I_B = 233,9 \cdot 10^{-80}\,\text{g cm}^2$$

und

$$I_C = 35,31 \cdot 10^{-40}\,\text{g cm}^2.$$

Desweiteren findet man die folgenden Schwingungstemperaturen

$$\theta_{v1} = 5\,295\,\text{K};\quad \theta_{v2} = 4\,279\,\text{K};\quad \theta_{v3} = 4\,093\,\text{K};\quad \theta_{v4} = 2\,127\,\text{K};$$
$$\theta_{v5} = 2\,052\,\text{K};\quad \theta_{v6} = 1\,936\,\text{K};\quad \theta_{v7} = 1\,485\,\text{K};\quad \theta_{v8} = 1\,546\,\text{K};$$
$$\theta_{v9} = 4\,279\,\text{K};\quad \theta_{v10} = 2\,092\,\text{K};\quad \theta_{v11} = 1\,769\,\text{K}.$$

Eine 12. Schwingungstemperatur wird nicht angegeben, es ist also ein Freiheitsgrad der inneren Rotation in Betracht zu ziehen. Betrachtet man den Molekülaufbau im Detail, so stellt er sich wie in Bild B 3.10.1 gezeigt dar [12]. Eine innere Rotation ist zu erwarten durch Drehung der CH_3-Gruppe gegen die OH-Gruppe um die CO-Achse.

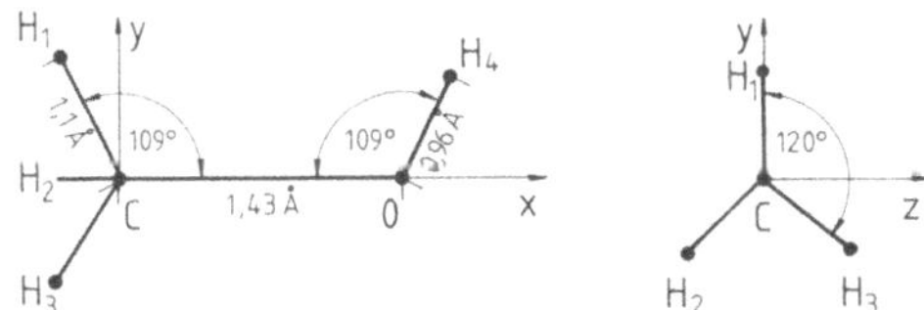

Bild B 3.10.1. Molekülaufbau Methanol

Da nur die leichten Wasserstoffatome zu den Trägheitsmomenten der rotierenden Gruppen beitragen, erscheint in erster Näherung eine Abschätzung des Trägheitsmomentes der inneren Rotation nach der Formel (3.6.54) adäquat

$$I_{ir} = \frac{I_1 I_2}{I_1 + I_2}$$

mit

$$I_1 = 3\,m_H[1,1\sin(180° - 109°)]^2 = 5,389 \cdot 10^{-40}\,\text{g cm}^2$$

und

$$I_2 = m_H[0,96(\sin 180° - 109°)]^2 = 1,368 \cdot 10^{-40}\,\text{g cm}^2.$$

Man erhält dann

$$I_{ir} = \frac{I_1 I_2}{I_1 + I_2} = 1,091 \cdot 10^{-40}\,\text{g cm}^2.$$

Mit diesem Zahlenwert kann die Zustandssumme der freien inneren Rotation ohne Schwierigkeiten ausgewertet werden.

Strenggenommen handelt es sich bei der inneren Rotation des Methanolmoleküls um die Rotation einer symmetrischen Drehgruppe 1 um eine starren, unsymmetrischen Rest 2. Die exakte Formel für das hierbei einzusetzende Trägheitsmoment der inneren Rotation lautet (vgl. (3.6.58))

$$I_{ir} = I_1\left[1 - I_1\left(\frac{\cos^2\alpha}{I_a} + \frac{\cos^2\beta}{I_b} + \frac{\cos^2\gamma}{I_c}\right)\right]$$

mit I_a, I_b und I_c als den Hauptträgheitsmomenten des Moleküls und α, β, γ als den Winkeln zwischen den entsprechenden Hauptträgheitsachsen und der Drehachse der rotierenden Gruppen.

Zur Auswertung dieser Beziehung müssen wir also die Hauptträgheitsmomente des Moleküls sowie die Lage seiner Hauptträgheitsachsen bestimmen. Wir wollen annehmen, daß uns die

Hauptträgheitsmomente nicht aus [5] bekannt seien. Hierzu wird zunächst ein beliebiges Koordinatensystem festgelegt, und die Atomkoordinaten werden darin bestimmt. Mit diesen Atomkoordinaten in einem beliebigen Koordinatensystem werden die Schwerpunktskoordinaten ermittelt und damit auch die Atomkoordinaten im Schwerpunktsystem. Hieraus kann der Trägheitstensor im Schwerpunktsystem berechnet werden. Die Eigenwerte der Determinante des Trägheitstensors sind die Hauptträgheitsmomente. Wir führen die erforderlichen Rechnungen im Detail durch.

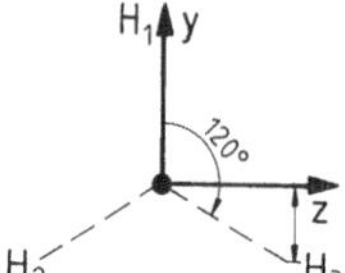

Bild B 3.10.2. Atomskoordinaten in einem beliebigen Koordinatensystem

1. Bestimmung der Atomkoordinaten in einem beliebigen Koordinatensystem mit dem C-Atom als Ursprung, vgl. Bild B 3.10.2

$$x_C = 0; \quad y_C = 0; \quad z_C = 0$$
$$x_0 = 1{,}43 \text{ Å}; \quad y_0 = 0; \quad z_0 = 0$$
$$x_{H_1} = -1{,}1 \cos 71° = -0{,}358 \text{ Å} = x_{H_2} = x_{H_3}$$
$$x_{H_4} = 1{,}43 + 0{,}96 \cos 71° = 1{,}742 \text{ Å}$$
$$y_{H_1} = 1{,}1 \sin 71° = 1{,}04 \text{ Å}$$
$$y_{H_2} = -[\sin(120° - 90°) \cdot 1{,}1] \cdot \sin 71° = -0{,}520 \text{ Å}$$
$$y_{H_3} = y_{H_2}$$
$$y_{H_4} = 0{,}96 \sin 71° = 0{,}908 \text{ Å}$$
$$z_{H_1} = 0$$
$$z_{H_2} = -1{,}1 \cos(109° - 90°) \cos(120° - 90°) = -0{,}9007 \text{ Å}$$
$$z_{H_3} = 0{,}9007 \text{ Å}$$
$$z_{H_4} = 0.$$

2. Bestimmung der Schwerpunktskoordinaten und der Atomkoordinaten im Schwerpunktsystem

Wir können nun in bezug auf das willkürlich gewählte Koordinatensystem die Schwerpunktskoordinaten ermitteln.

$$x_s = \frac{\sum m_i x_i}{\sum m_i} = \frac{12 \cdot 0 + 16 \cdot 1{,}43 + \{1(-0{,}358)\}\, 3 + 1 \cdot 1{,}742}{12 + 16 + 3 + 1} = 0{,}7358 \text{ Å}$$

$$y_s = \frac{\sum m_i y_i}{\sum m_i} = 0{,}0284 \text{ Å}$$

$$z_s = \frac{\sum m_i z_i}{\sum m_i} = 0.$$

Nunmehr können wir die Koordinaten der einzelnen Atome in bezug auf das Schwerpunktskoordinatensystem bestimmen. Man findet durch einfache Subtraktionen bzw. Additionen, wobei nach wie vor die y-Achse sowie die O—H-Linie und eine C—H-Linie in einer Ebene sind:

Atom	x	y	z
C	$-0{,}7359$	$-0{,}0284$	0
O	$0{,}6941$	$-0{,}0284$	0
H_1	$-1{,}0940$	$1{,}0117$	0
H_2	$-1{,}0940$	$-0{,}5484$	$-0{,}9007$
H_3	$-1{,}0940$	$-0{,}5484$	$0{,}9007$
H_4	$1{,}0067$	$0{,}8793$	0

3. Bestimmung der Hauptträgheitsmomente

Wir können nunmehr die neun Elemente des Trägheitstensors im Schwerpunktsystem ermitteln

$$I_{xx} = \sum_i m_i(y_i^2 + z_i^2) = m_C[(-0,0284)^2 + 0^2]$$
$$+ m_O[(-0,0284)^2 + 0^2]$$
$$+ m_{H_1}[(1,0117)^2 + 0^2] + m_{H_2}[(-0,5484)^2 + (-0,9007)^2]$$
$$+ m_{H_3}[(-0,5484)^2 + (0,9007)^2] + m_{H_4}[(0,8794)^2 + 0^2]$$
$$= 4,0433 \text{ g/mol Å}^2$$

$$I_{yy} = \sum_i m_i(x_i^2 + z_i^2) = 20,433 \text{ g/mol Å}^2$$

$$I_{zz} = \sum_i m_i(x_i^2 + y_i^2) = 21,231 \text{ g/mol Å}^2$$

$$I_{xy} = \sum_i m_i x_i y_i = 0,9137 \text{ g/mol Å}^2$$

$$I_{yz} = I_{xz} = 0.$$

Die Hauptträgheitsachsen sind dadurch definiert, daß in dem durch sie gebildeten Koordinatensystem gilt:

$$I_{xy} = I_{yz} = I_{xz} = 0$$

und

$$I_{xx} = I_a, \quad I_{yy} = I_b \quad \text{und} \quad I_{zz} = I_c,$$

wobei I_a, I_b und I_c die Hauptträgheitsmomente sind.

Ist man nur an dem Produkt $I_a I_b I_c$ interessiert, z. B. zur Berechnung der Zustandssumme der Rotation, so kann man die Determinante

$$DI = \begin{vmatrix} I_{xx} & -I_{xy} & -I_{xz} \\ -I_{xy} & I_{yy} & -I_{yz} \\ -I_{xz} & -I_{yz} & I_{zz} \end{vmatrix} = I_a I_b I_c$$

auswerten. Man findet im vorliegenden Falle

$$I_a I_b I_c = 1\,760 \, \frac{\text{g}^3}{\text{mol}^3} \text{Å}^6 = 7\,951 \cdot 10^{-120} \text{ g}^3 \text{ cm}^6$$

in recht guter Übereinstimmung mit den Daten in [5].

Will man jedoch die Hauptträgheitsmomente einzeln haben und auch die Lage der Hauptträgheitsachsen, so sind die Eigenwerte der Matrix MI zu berechnen. Diese Eigenwerte λ_i sind die Hauptträgheitsmomente. Die Eigenwerte der Matrix MI sind definiert durch die Gleichung

$$\det(MI - \lambda E) = 0$$

beziehungsweise

$$\begin{vmatrix} I_{xx} - \lambda & -I_{xy} & -I_{xz} \\ -I_{xy} & I_{yy} - \lambda & -I_{yz} \\ -I_{xz} & -I_{yz} & I_{zz} - \lambda \end{vmatrix} = 0.$$

Die Eigenwerte von MI errechnen sich aus:

$$\begin{vmatrix} 4,0433 - \lambda & -0,9137 & 0 \\ -0,9137 & 20,433 - \lambda & 0 \\ 0 & 0 & 21,231 - \lambda \end{vmatrix} = 0.$$

Dies führt auf die charakteristische Gleichung

$$(21,231 - \lambda)\,[(4,0433 - \lambda)(20,433 - \lambda) - (-0,9137)^2] = 0$$

Die drei Eigenwerte (Hauptträgheitsmomente) von MI folgen damit zu:

$$\lambda_a = 3{,}9925 \text{ g/mol Å}^2$$
$$\lambda_b = 20{,}4808 \text{ g/mol Å}^2$$
$$\lambda_c = 21{,}2275 \text{ g/mol Å}^2.$$

Man findet also für die Hauptträgheitsmomente schließlich:

$$I_a = 4{,}0238 \cdot \frac{1}{6{,}022 \cdot 10^{23}} \, 10^{-16} = 6{,}63 \cdot 10^{-40} \text{ g cm}^2$$
$$I_b = 34{,}01 \cdot 10^{-40} \text{ g cm}^2$$
$$I_c = 35{,}25 \cdot 10^{-40} \text{ g cm}^2$$

in akzeptabler Übereinstimmung mit den Daten von [5]. Es gilt im übrigen

$$DI = \begin{vmatrix} I_a & 0 & 0 \\ 0 & I_b & 0 \\ 0 & 0 & I_c \end{vmatrix}.$$

4. Lage der Hauptträgheitsachsen

Wegen $I_{zz} = I_c$ ist die z-Achse eine Hauptträgheitsachse. Bezeichnen wir die drei Hauptträgheits-achsen mit r_a, r_b, r_c, so gilt

$$r_c = \{0, 0, z\}.$$

Die Hauptträgheitsachse r_a bestimmt sich aus:

$$(MI)\, r_a - \lambda_a r_a = 0.$$

Dies ergibt:

$$(4{,}0433 - 3{,}9925\, x_a \qquad\qquad - 0{,}9137\, y_a + \qquad\qquad\qquad 0\, z_a = 0$$
$$- 0{,}9137\, x_a + (20{,}433 - 3{,}9925\, y_a + \qquad\qquad\qquad 0\, z_a = 0$$
$$0\, x_a + \qquad\qquad\qquad 0\, y_a + (21{,}231 - 3{,}9925)\, z_a = 0.$$

Es gilt also:

$$\tan \alpha_a = \frac{y_a}{x_a} = \frac{0{,}0508}{0{,}9137} = \frac{0{,}9137}{16{,}4464}$$

bzw.

$$\alpha_a = 3{,}2°$$

und

$$\alpha_b = 93{,}2°.$$

Damit liegen die Hauptträgheitsachsen fest (Bild B 3.10.3).

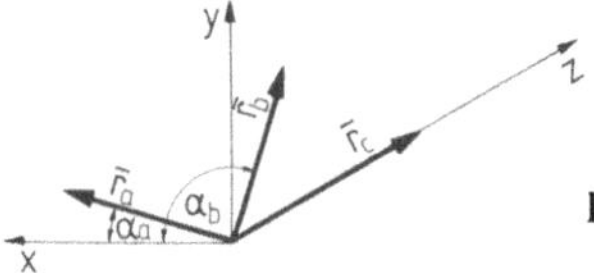

Bild B 3.10.3. Hauptträgheitsachsen von Methanol

Für das akkurate Trägheitsmoment der inneren Rotation gilt damit schließlich:

$$I_{ir} = 5{,}389 \left[1 - 5{,}389 \left(\frac{\cos^2 3{,}2°}{6{,}63} + \frac{\cos^2 93{,}2°}{34{,}01} + \frac{\cos^2 90°}{35{,}25} \right) \right] = 1{,}020 \cdot 10^{-40} \text{ g cm}^2.$$

Der Unterschied zu der einfachen Näherungsrechnung beträgt hier nur ca. 7 %.

Die Zustandssumme der inneren Rotation für Methanol berechnet sich damit zu:

$$q_{ir} = \frac{1}{\sigma_{ir}} \sqrt{\frac{T}{\theta_{ir}}} = \frac{1}{3} \sqrt{\frac{T}{12,5}}.$$

Nach [3] gilt für die Potentialschranke der inneren Rotation bei Methanol, wenn experimentelle Daten der Wärmekapazität zu ihrer Bestimmung herangezogen werden:

$$u_{max} = 4\,000 \text{ J/mol}.$$

In [7] wird demgegenüber ein Wert von $u_{max} = 4\,486$ J/mol aus direkten spektroskopischen Messungen angegeben.

Bei $T = 1\,000$ K findet man so, wenn man den in [3] angegebenen Wert von u_{max} benutzt:

$$\frac{1}{q_{ir}} = 0,34$$

$$\frac{u_{max}}{RT} = 0,48$$

und aus den Tabellen des Anhangs 3.2

$$\frac{c_{V,ir}^{\,id}}{R} \cong 0,522$$

$$\frac{s_{ir}^{id}}{R} \cong \left(\frac{s_{ir}}{R}\right)_{frei}^{id} - 0,012 = \left[\frac{1}{2} - \ln \sigma_{ir} + \frac{1}{2} \ln \frac{T}{\theta_{ir}}\right] - 0,012 = 1,58.$$

Tabelle B 3.10.1 gibt die Beiträge der inneren Rotation an. Ihre Unsicherheit angesichts des unsicheren Wertes für die Potentialschranke der inneren Rotation und der nur näherungsweise gültigen Potentialfunktion bzw. der daraus gewonnenen Tabellen zur Berechnung der Anteile der inneren Rotation zu den thermodynamischen Funktionen liegt in der Größenordnung von 5% bei der tiefsten Temperatur.

Tabelle B 3.10.1. Beiträge der inneren Rotation

T in K	$1/q_{ir}$	U_{max}/RT	$(a/RT)_{ir}$		$(s/R)_{ir}$		$(c_v/R)_{ir}$	
			frei	gehindert	frei	gehindert	frei	vollständig
200	0,75	2,41	$-0,29$	0,094	0,79	$-0,161$	0,5	0,667
500	0,47	0,96	$-0,75$	0,090	1,24	$-0,043$	0,5	0,573
1 000	0,34	0,48	$-1,09$	0,054	1,59	$-0,012$	0,5	0,521

Der Beitrag der inneren Rotation zu den thermodynamischen Funktionen von Methanol ist durchaus merklich. Für die Wärmekapazität etwa gilt bei $T = 200$ K

$$\frac{c_v^{id}}{R} = 1,5 + 1,5 + 0,086 + 0,667 = 3,753,$$

wobei der Anteil der inneren Rotation immerhin etwa 20% ausmacht. Angesichts der Unsicherheiten bei der hier durchgeführten Abschätzung dieses Anteils liegt der zu erwartende Fehler in c_v^{id}/R bei 1%. Bei hohen Temperaturen überwiegt der Beitrag der Schwingungsenergie. So findet man bei $T = 1\,000$ K

$$\frac{c_v^{id}}{R} = 1,5 + 1,5 + 6,23 + 0,521 = 9,751,$$

und der Anteil der inneren Rotation ist auf ca. 5% zurückgegangen und c_v^{id}/R dürfte eine Genauigkeit von besser als 1% haben.

3.6.6 Der Beitrag von Korrekturen

Die bisherigen Rechnungen wurden unter der Annahme durchgeführt, daß die Rotation des Moleküls als starr angesehen und für die Schwingung die wahre intramolekulare potentielle Energie durch eine symmetrische Parabel angenähert werden darf. Insbesondere aus der ersten Annahme folgt, daß Rotation und Schwingung unabhängig voneinander sind. Dieses Modell ist eine vernünftige Näherung bei niedrigen Temperaturen, bei hohen Temperaturen bringt man Korrekturen an. Dabei sind mehrere verschiedene Effekte zu berücksichtigen:

1. Bei starker Rotation dehnt sich das Molekül aus und erhöht dabei sein Trägheitsmoment. Für den starren zweiatomigen Rotator gilt:

$$\varepsilon_r = \frac{h^2}{8\pi^2 I} j(j+1) \tag{3.6.64}$$

oder auch, in der meist benutzten Notation,

$$\frac{\varepsilon_r}{hc} = B_c\, j(j+1) \tag{3.6.65}$$

mit $B_c = \dfrac{h}{8\pi^2 I c}$ und c als der Lichtgeschwindigkeit.

Will man die Ausdehnung des Moleküls berücksichtigen, so macht man den Ansatz

$$\frac{\varepsilon_r}{hc} = B_e\, j(j+1) - D_e\, j^2(j+1)^2 + \dots . \tag{3.6.66}$$

Hierbei ist B_e der Wert für B_c, wenn die Molekülkonfiguration durch das Minimum der Elektronenenergie gekennzeichnet ist, also die Gleichgewichtslage bezüglich der Schwingungen annimmt. D_e ist ein aus der spektroskopischen Literatur zu entnehmender Parameter. Der Korrekturterm liefert die physikalisch plausible Verkleinerung von ε_r auf Grund von zentrifugaler Molekülausdehnung bei höherer Temperatur, d.h. höheren Quantenzahlen der Rotation.

2. Bei starker Schwingung macht sich bemerkbar, daß die wirkliche potentielle Energie keine Parabel ist. Für den harmonischen Oszillator gilt:

$$\varepsilon_v = h v_0 (v + \tfrac{1}{2}) \tag{3.6.67}$$

oder auch, in der meistens benutzten Notation,

$$\frac{\varepsilon_v}{hc} = \omega_e (v + \tfrac{1}{2}) \tag{3.6.68}$$

mit $\omega_e = \dfrac{v_0}{c}$.

Die Anharmonizität wird durch den folgenden Ansatz berücksichtigt:

$$\frac{\varepsilon_v}{hc} = \omega_e(v + \tfrac{1}{2}) - x_e(v + \tfrac{1}{2})^2 + \dots. \tag{3.6.69}$$

Hierbei ist x_e die Anharmonizitätskonstante, die i. allg. klein ($\sim 10^{-2}$) ist und Tabellenwerten entnommen werden muß. Die Berechnung der Zustandssumme hat dann durch direktes Aufsummieren zu erfolgen. In der Regel braucht man nur wenige Terme bis zur Konvergenz, insbesondere darf nur so weit summiert werden, daß die Dissoziationsenergie noch nicht überschritten wird. Praktisch merkt man das daran, daß q_{vanh} bei hohen v wieder abnimmt. Die oft notwendige Ableitung nach der Temperatur wird dann numerisch vollzogen.

3. Bei höheren Schwingungszuständen wird der mittlere Abstand zwischen zwei Atomen größer, da der Dehnung weniger Widerstand entgegengesetzt wird als der Zusammendrückung. Der Atomabstand wird eine Funktion des Schwingungszustandes. Damit ist eine Koppelung zwischen Rotations- und Schwingungszuständen gegeben. Man berücksichtigt dies dadurch, daß man die Größen B_v und D_v anstelle der Größen B_e und D_e für die Rotation einführt.

$$B_v = B_e - \alpha(v + \tfrac{1}{2}) \dots \tag{3.6.70}$$
$$D_v = D_e - \beta(v + \tfrac{1}{2}) \dots. \tag{3.6.71}$$

Hierbei sind α, β Kopplungskonstanten, die aus der spektroskopischen Literatur entnommen werden müssen.

Wenn man sehr genaue Rechnungen für komplizierte Moleküle machen will, dann sind solche und noch eine Reihe weiterer Verfeinerungen vonnöten. Die Zustandssumme für Rotation und Schwingung wird dann ein recht komplizierter, durch halbempirische Formeln für die Korrektureffekte bestimmter Ausdruck. Grundsätzlich geht es darum, das spektroskopische Material über die Energiezustände möglichst weitgehend auszunutzen. Aber schon das hier gezeigte einfache Modell des starren Rotators und harmonischen Oszillators liefert für nicht zu komplizierte Moleküle und nicht zu hohe Temperaturen gute Genauigkeiten. Der Beitrag der Korrekturen macht oft nicht mehr als einige Zehntel Prozent aus. In vielen Fällen kann man davon ausgehen, daß die gerechneten Werte eine höhere Genauigkeit haben, als sie bei kalorischen Messungen erreichbar ist.

3.7 Die Gleichgewichtskonstante von Reaktionsgleichgewichten in der Gasphase

Aussagen zum chemischen Gleichgewicht bei Gasreaktionen gehören zu den wichtigsten Anwendungen der Statistischen Thermodynamik. Aus der phänomenologischen Thermodynamik ist als Gleichgewichtskriterium das Minimum der freien Enthalpie bekannt, was auf die Bedingung, vgl. Kap. 1:

$$\sum \mu_j v_j = 0 \tag{3.7.1}$$

führt. Dieses Kriterium läßt sich aus der Bedingung maximaler Wahrscheinlichkeit auch statistisch herleiten. Für die praktische Anwendung bringt dies jedoch nichts Neues, und wir wollen daher hier nur seine Auswertung mit Hilfe der statistischen Ergebnisse besprechen.

Für Gemische idealer Gase läßt sich das Gleichgewichtskriterium umschreiben zu:

$$\ln K = -\frac{\sum \mu_{0j}^{id}(T, p^0)\, v_j}{RT} = \ln \prod_j \left(\frac{x_j\, p}{p^0}\right)^{v_j}. \tag{3.7.2}$$

Wenn man die Gleichgewichtskonstante $K = K(T)$ berechnen kann, kann man auch die Zusammensetzung im Reaktionsgleichgewicht ausrechnen. Dabei ist man nicht auf ideale Gase beschränkt, wenn man zur Berücksichtigung von Realgaseffekten anstelle von $(x_j\, p)$ Fugazitäten einführt. Die Gleichgewichtskonstante ist auch in diesem Falle durch thermodynamische Funktionen des idealen Gaszustandes definiert.

Für das molare chemische Potential der Komponente α im idealen Gaszustand beim Standarddruck p^0 gilt mit $\mu_{0\alpha}^{id} = a_{0\alpha}^{id} + RT$:

$$\mu_{0\alpha}^{id}(T, p^0) - u_{0\alpha}^{id}(T = 0, p^0) = -RT \ln \frac{q_{0\alpha}(T, p^0)}{N_L}. \tag{3.7.3}$$

Hier ist der Energiebezugswert $u_{0\alpha}^{id}(T = 0, p^0)$ von besonderer Bedeutung, da sich bei chemischen Reaktionen die Stoffe umwandeln und die Energiebezugswerte für jede Komponente verschieden sind. Damit wird die Gleichgewichtskonstante:

$$K = (e^{-\frac{\Delta u^0}{RT}}) \prod_\alpha \left(\frac{q_{0\alpha}}{N_L}\right)^{v_\alpha} \tag{3.7.4}$$

mit

$$\Delta u^0 = \sum_\alpha v_\alpha u_{0\alpha}^{id}\,(T = 0, p^0). \tag{3.7.5}$$

Die Zustandssumme $q_{0\alpha}$ beim Standarddruck $p^0 = 1{,}013$ bar wird nach den zuvor beschriebenen Methoden berechnet. Man findet oft den folgenden Ausdruck vertafelt:

$$-\frac{\mu_{0\alpha}^{id}(T, p^0) - u_{0\alpha}^{id}(T = 0, p^0)}{T} = R \ln \frac{q_{0\alpha}(T, p^0)}{N_L}. \tag{3.7.6}$$

Zur Berechnung der Gleichgewichtskonstante benötigt man zudem noch Δu^0. Man kann diese Größe nach der hier gewählten Nullpunktdefinition als Reaktionsenthalpie bei $T = 0$ K interpretieren. Eine sinnvolle Auswertung der Nullpunktsenergien bei chemischen Reaktionen ist durch energetische Umrechnung aller Moleküle auf den Zustand der getrennten Atome im niedrigsten Energiezustand durch Hinzufügen der jeweiligen Dissoziationsenergie D_0 möglich. Da die Anzahl der Atome jeder Sorte auf beiden Seiten der Reaktionsgleichung dieselben sind, heben sich die Nullpunktsenergien der getrennten Atome heraus, und man erhält auf diese Weise:

$$\Delta u^0 = \sum_\alpha v_\alpha D_{0\alpha}. \tag{3.7.7}$$

Dissoziationsenergien sind oft als molekulare Konstanten vertafelt. Ein äquivalenter Weg zur Ermittelung von Δu^0 geht von den meist bekannten Bildungsenthalpien der beteiligten Komponenten aus. Man berechnet daraus die Reaktionsenthalpie im Standardzustand und führt diese über die statistischen Gleichungen für die Enthalpie auf die Reaktionsenthalpie bei 0 K zurück. Entsprechend kann man Bildungsenthalpien aus vertafelten Dissoziationsenergien berechnen.

Beispiel 3.11

Man berechne die Gleichgewichtskonstante und die Gleichgewichtszusammensetzung der Wassergasreaktion

$$CO + H_2O \rightleftharpoons CO_2 + H_2$$

für verschiedene Temperaturen zwischen 300 und 2000 K.

Lösung

Die Gleichung für die Gleichgewichtskonstante lautet (vgl. (3.7.4)):

$$K = (e^{-\frac{\Delta u^0}{RT}}) \prod_\alpha \left(\frac{q_{0\alpha}}{N_L}\right)^{\nu_\alpha}.$$

Wir logarithmieren und faktorieren:

$$\ln K = -\Delta u^0/RT + \ln \frac{q_{0\,CO_2}\,q_{0\,H_2}}{q_{0\,CO}^0\,q_{0\,H_2O}^0}$$

$$= -\Delta u^0/RT + \ln\left(\frac{q_{0\,CO_2}\,q_{0\,H_2}}{q_{0\,CO}\,q_{0\,H_2O}}\right)_{tr} + \ln\left(\frac{q_{0\,CO_2}\,q_{0\,H_2}}{q_{0\,CO}\,q_{0\,H_2O}}\right)_r + \ln\left(\frac{q_{0\,CO_2}\,q_{0\,H_2}}{q_{0\,CO}\,q_{0\,H_2O}}\right)_v.$$

Der Beitrag der Translation zur Gleichgewichtskonstante beträgt

$$\ln\left(\frac{q_{0\,CO_2}\,q_{0\,H_2}}{q_{0\,CO}\,q_{0\,H_2O}}\right)_{tr} = \frac{3}{2}\ln\frac{M_{CO_2}\,M_{H_2}}{M_{CO}\,M_{H_2O}} = -2{,}60745,$$

wobei Temperatur und Bezugsdruck p^0 herausfallen, da alle Komponenten denselben stöchiometrischen Faktor haben.

Für den Beitrag der Rotation benötigt man die Rotationstemperaturen der beteiligten Komponenten. Aus [5] entnimmt man:

$$\theta_{r,H_2} = 85{,}29 \text{ K}; \quad \theta_{r,CO} = 2{,}815 \text{ K}; \quad \theta_{r,CO_2} = 0{,}57 \text{ K};$$
$$\theta_{r_A,H_2O} = 39{,}4 \text{ K}; \quad \theta_{r_B,H_2O} = 21{,}0 \text{ K}; \quad \theta_{r_C,H_2O} = 13{,}7 \text{ K}.$$

Für den Rotationsbeitrag zur Gleichgewichtskonstante findet man damit

$$\ln\left(\frac{q_{0\,CO_2}\,q_{0\,H_2}}{q_{0\,CO}\,q_{0\,H_2O}}\right)_r = \ln\left(\frac{\sigma_{CO}\,\sigma_{H_2O}}{\sigma_{CO_2}\,\sigma_{H_2}}\right) - \frac{1}{2}\ln(\pi T) + \ln\left(\frac{\theta_{r,CO}(\theta_{r,A}\,\theta_{r,B}\,\theta_{r,C})_{H_2O}^{1/2}}{\theta_{r,CO_2}\,\theta_{r,H_2}}\right)$$
$$= 0{,}55335 - \frac{1}{2}\ln T.$$

Für den Beitrag der Schwingung benötigt man Schwingungstemperaturen. Aus [5] entnimmt man:

$$\theta_{v,H_2} = 5995 \text{ K}; \quad \theta_{v,CO} = 3080{,}7 \text{ K}$$
$$\theta_{v1,CO_2} = 961 \text{ K}; \quad \theta_{v2,CO_2} = 961 \text{ K}; \quad \theta_{v3,CO_2} = 1924 \text{ K}; \quad \theta_{v4,CO_2} = 3379 \text{ K}$$
$$\theta_{v1,H_2O} = 5258{,}8 \text{ K}; \quad \theta_{v2,H_2O} = 2293{,}0 \text{ K}; \quad \theta_{v3,H_2O} = 5400{,}8 \text{ K}$$

Damit ergeben sich nachstehende Schwingungsbeiträge

T in K	$\ln\left(\dfrac{q_{0\,CO_2}\,q_{0\,H_2}}{q_{0\,CO}\,q_{0\,H_2O}}\right)_v$
100	0,00013
200	0,01650
500	0,32670
1 000	0,99602
2 000	1,89598

Zur Ermittlung der Reaktionsenergie bei 0 K benutzen wir die Bildungsenthalpien im Standardzustand, d.h. $t = 25^\circ$ C, $p^0 = 1,013$ bar [12], berechnen die Reaktionsenthalpie im Standardzustand und führen diese auf die Reaktionsenergie bei 0 K zurück.

Für die Reaktionsenthalpie im Standardzustand gilt:

$$\Delta h_{298}^R = h_{CO_2}^f + h_{H_2}^f - h_{H_2O}^f - h_{CO}^f$$
$$= -393\,693 + 0 + 242\,579 + 110\,594 = -40\,520 \text{ J/mol}.$$

Außerdem muß gelten:

$$\Delta h_{298}^R = (h - h^0)_{CO_2} + (h - h^0)_{H_2} - (h - h^0)_{CO} - (h - h^0)_{H_2O}$$
$$+ (h_{CO_2}^0 + h_{H_2}^0 - h_{CO}^0 - h_{H_2O}^0),$$

wobei gilt

$$\Delta u^0 = u_{CO_2}^0 + u_{H_2}^0 - u_{CO}^0 - u_{H_2O}^0 = h_{CO_2}^0 + h_{H_2}^0 - h_{CO}^0 - h_{H_2O}^0,$$

und der Suffix 0 an $T = 0$ K erinnert.

Wir benutzen die statistischen Gleichungen zur Berechnung der Enthalpiedifferenzen zu:

$$(h - h^0)_{CO_2} = \frac{7}{2}RT + R\sum_v \frac{\theta_v}{e^{\theta_v/T} - 1} = 9\,359 \text{ J/mol}$$

$$(h - h^0)_{H_2} = \frac{7}{2}RT + R\frac{\theta_v}{e^{\theta_v/T} - 1} = 8\,672 \text{ J/mol}$$

$$(h - h^0)_{CO} = \frac{7}{2}RT + R\frac{\theta_v}{e^{\theta_v/T} - 1} = 8\,673 \text{ J/mol}$$

$$(h - h^0)_{H_2O} = 4RT + R\sum_v \frac{\theta_v}{e^{\theta_v/T} - 1} = 9\,920 \text{ J/mol}.$$

Damit folgt:

$$\Delta u^0 = -39\,958 \text{ J/mol}.$$

Alternativ dazu kann man die Reaktionsenergie bei 0 K aus den vertafelten Dissoziationsenergien der Moleküle ermitteln. In [5, 10] findet man

$$D_{0,CO} = 11,1 \text{ eV} = 1\,071\,039 \text{ J/mol}$$
$$D_{0,H_2} = 4,476 \text{ eV} = 431\,889 \text{ J/mol}$$
$$D_{0,CO-O} = 5,453 \text{ eV} = 526\,160 \text{ J/mol}$$
$$D_{0,H-OH} = 5,113 \text{ eV} = 493\,353 \text{ J/mol}.$$

Mit

$$-\Delta u^0 = \sum v_\alpha D_{0\alpha} = 41\,105 \text{ J/mol}$$

ergibt sich ein Wert in guter Übereinstimmung mit den aus den Bildungsenthalpien der Komponenten berechneten.

Wir können nun die Gleichgewichtskonstante in Abhängigkeit von der Temperatur vertafeln, wobei wir die aus den Dissoziationsenergien ermittelte Reaktionsenergie bei 0 K verwenden.

T in K	K	K_{exp}
500	156,56	117,22
1 000	1,541	1,315
2 000	0,226	0,207

In der 2. Spalte sind zum Vergleich experimentelle Werte aufgeführt [13]. Zur Berechnung der Gleichgewichtszusammensetzung gilt bei einem Ausgangsgemisch von 1 mol CO und 1 mol H_2O:

$$n_{CO} = 1 - \xi$$
$$n_{H_2O} = 1 - \xi$$
$$n_{H_2} = \xi$$
$$n_{CO_2} = \xi$$
$$\overline{\sum n = 2 \text{ mol}}$$

$$x_{CO} = \frac{1-\xi}{2}; \quad x_{H_2O} = \frac{1-\xi}{2}; \quad x_{H_2} = \frac{\xi}{2}; \quad x_{CO_2} = \frac{\xi}{2}$$

und damit

$$K = \frac{\xi^2}{(1-\xi)^2}.$$

Die Reaktionslaufzahl ξ bestimmt sich aus der Gleichung:

$$\xi^2 (K - 1) - 2 K \xi + K = 0$$

zu

$$\xi = \frac{K}{K-1} \pm \sqrt{\left(\frac{K}{K-1}\right)^2 - \frac{K}{K-1}}.$$

Mit der Bedingung $0 \leqq \xi \leqq 1$ ergeben sich die folgenden Werte:

T in K	ξ	ξ_{exp}	x_{CO}	x_{H_2O}	x_{H_2}	$x_{CO_{exp}}$	$x_{H_2O_{exp}}$	$x_{H_2\,exp}$
500	0,926	0,916	0,037	0,037	0,463	0,042	0,042	0,458
1 000	0,554	0,537	0,223	0,223	0,277	0,232	0,232	0,269
2 000	0,322	0,315	0,339	0,339	0,161	0,342	0,342	0,158

Die mit dem Index exp versehenen Werte sind aus K_{exp} berechnet worden.

3.8 Zusammenfassung

Die thermodynamischen Eigenschaften idealer Gase können mit hoher Genauigkeit aus spektroskopischen Konstanten berechnet werden. Aus dem geometrischen Aufbau des Moleküls ergeben sich seine Trägheitsmomente. Die größten

Schwierigkeiten bereitet die Bestimmung des vollständigen Satzes von Schwingungsfrequenzen bei komplizierten Molekülen aus den spektroskopischen Meßwerten. Viele der Grundschwingungen sind schwach. Es gibt jedoch theoretische Leitlinien für ihre Auswahl und tabellarische Zusammenstellungen für eine Vielzahl von Molekülen [14–17]. In neuerer Zeit sind auch für recht komplizierte Moleküle mit einer großen Anzahl von Atomen und mehreren inneren Rotationsgruppen zuverlässige Berechnungen der thermodynamischen Funktionen mit dem Modell des starren Rotators und harmonischen Oszillators durchgeführt worden [18–23]. Insbesondere bei der Berechnung des Anteils der inneren Rotation wurden dabei allerdings kompliziertere, an das spektroskopische Material angepaßte Potentialfunktionen für diesen Anteil benutzt, entsprechende Lösungen für die Energieniveaus der Schrödinger-Gleichung ermittelt und die Zustandssumme durch direktes Aufsummieren ausgewertet. Die Übereinstimmung solcher Rechnungen mit Meßwerten ist durchweg gut, in der spezifischen Wärmekapazität sind die Abweichungen nur in Ausnahmefällen größer als 1 %. In einfachen Fällen sind die gerechneten Werte zuverlässiger als kalorische Meßdaten. Bei allen Beispielrechnungen dieses Kapitels, die sich auf verhältnismäßig einfache Moleküle beschränken, wurde daher auf einen Vergleich mit Meßwerten verzichtet.

Das ideale Gas, dessen thermodynamische Funktionen durch Einsetzen seiner thermischen Zustandsgleichung in die allgemeinen Beziehungen definiert sind, beschreibt reale Gase im Grenzfall verschwindender Dichte nur teilweise korrekt. Insbesondere ist seine Dichte- bzw. Druckunabhängigkeit der inneren Energie bzw. der Enthalpie nicht in Übereinstimmung mit den Eigenschaften realer Gase im Grenzfall verschwindender Dichte. Das ideale Gas ist daher auch in diesem Grenzfall nicht identisch mit einem realen Gas.

Anhang 3.1

Ein spezielles Integral

Das Integral

$$I = \int\limits_0^\infty e^{-ax^2}\, dx$$

hat die Lösung

$$I = \tfrac{1}{2}\sqrt{\frac{\pi}{a}}\,.$$

Die Jakobi-Determinante

Will man bei einer Integration von den Variablen x, y, z auf die Variablen a, b, c übergehen, so gilt:

$$dx\, dy\, dz = J\, da\, db\, dc$$

mit J, der Jakobi-Determinante, definiert durch:

$$J = \begin{vmatrix} \dfrac{\partial x}{\partial a} & \dfrac{\partial y}{\partial a} & \dfrac{\partial z}{\partial a} \\[2mm] \dfrac{\partial x}{\partial b} & \dfrac{\partial y}{\partial b} & \dfrac{\partial z}{\partial b} \\[2mm] \dfrac{\partial x}{\partial c} & \dfrac{\partial y}{\partial c} & \dfrac{\partial z}{\partial c} \end{vmatrix} .$$

Anhang 3.2

Beiträge der gehinderten inneren Rotation zu den thermodynamischen Funktionen
Bei der Auswertung der Beiträge der gehinderten inneren Rotation zu den thermodynamischen Funktionen für den einfachen Sonderfall einer rotierenden CH_3-Gruppe berechnet man zunächst die Molekülzustandssumme der freien inneren Rotation q_{ir}. Außerdem verschafft man sich einen Wert für die Potentialschranke, d. h. u_{max}/RT. Damit erhält man die Beiträge der gehinderten inneren Rotation aus den nachstehenden Tabellen [3].

$$\frac{c_{V\,ir}}{R}$$

$\dfrac{u_{max}}{RT}$	$1/q_{ir}$									
	0,0	0,05	0,10	0,15	0,20	0,25	0,30	0,35	0,40	0,45
0,0	0,500	0,500	0,500	0,500	0,500	0,500	0,500	0,500	0,500	0,500
0,2	0,505	0,505	0,505	0,504	0,504	0,503	0,503	0,502	0,502	0,502
0,4	0,520	0,520	0,519	0,518	0,517	0,516	0,515	0,514	0,513	0,512
0,6	0,544	0,543	0,543	0,541	0,540	0,537	0,536	0,533	0,531	0,529
0,8	0,575	0,575	0,574	0,573	0,570	0,568	0,564	0,561	0,557	0,553
1,0	0,614	0,613	0,612	0,610	0,607	0,603	0,599	0,594	0,588	0,582
1,5	0,730	0,729	0,727	0,722	0,716	0,708	0,700	0,689	0,678	0,666
2,0	0,844	0,853	0,849	0,842	0,833	0,821	0,808	0,792	0,775	0,757
2,5	0,967	0,965	0,960	0,950	0,939	0,926	0,906	0,884	0,864	0,840
3,0	1,056	1,054	1,048	1,038	1,023	1,004	0,982	0,956	0,929	0,903
3,5	1,118	1,116	1,109	1,097	1,080	1,060	1,034	1,004	0,973	0,940
4,0	1,157	1,154	1,145	1,132	1,114	1,091	1,062	1,031	0,996	0,960
4,5	1,175	1,172	1,163	1,147	1,126	1,102	1,071	1,038	1,001	0,962
5,0	1,180	1,176	1,166	1,150	1,128	1,100	1,067	1,035	0,992	0,951
6,0	1,165	1,161	1,149	1,130	1,103	1,072	1,036	0,996	0,953	0,907
7,0	1,140	1,135	1,121	1,099	1,070	1,034	0,993	0,948	0,899	0,849
8,0	1,115	1,110	1,094	1,069	1,036	0,996	0,950	0,900	0,847	0,793
9,0	1,095	1,089	1,072	1,044	1,006	0,961	0,910	0,855	0,799	9,742
10,0	1,080	1,073	1,054	1,023	0,982	0,933	0,878	0,820	0,758	0,695
12,0	1,059	1,051	1,028	0,992	0,944	0,887	0,823	0,756	0,687	0,620
14,0	1,047	1,038	1,011	0,968	0,913	0,848	0,778	0,704	0,631	0,560
16,0	1,039	1,029	0,998	0,950	0,888	0,816	0,739	0,660	0,582	0,508
18,0	1,034	1,022	0,987	0,932	0,864	0,786	0,703	0,620	0,538	0,462
20,0	1,030	1,016	0,978	0,919	0,844	0,760	0,671	0,583	0,499	0,421

Anhang 3.2 (Fortsetzung)

$$\frac{c_{V\,\text{ir}}}{R}$$

$\dfrac{u_{\max}}{RT}$	$1/q_{\text{ir}}$									
	0,50	0,55	0,60	0,65	0,70	0,75	0,80	0,85	0,90	0,95
0,0	0,500	0,500	0,500	0,500	0,500	0,500	0,500	0,500	0,500	0,500
0,2	0,503	0,503	0,503	0,503	0,503	0,503	0,503	0,503	0,503	0,503
0,4	0,512	0,512	0,511	0,510	0,509	0,508	0,507	0,507	0,506	0,505
0,6	0,528	0,526	0,524	0,521	0,519	0,516	0,514	0,512	0,510	0,509
0,8	0,549	0,545	0,541	0,537	0,532	0,528	0,523	0,519	0,516	0,513
1,0	0,576	0,569	0,563	0,556	0,549	0,542	0,536	0,529	0,523	0,519
1,5	0,654	0,641	0,627	0,613	0,600	0,586	0,574	0,561	0,548	0,538
2,0	0,737	0,717	0,695	0,675	0,654	0,633	0,613	0,594	0,577	0,560
2,5	0,815	0,786	0,757	0,729	0,701	0,675	0,649	0,623	0,599	0,577
3,0	0,872	0,837	0,804	0,771	0,738	0,705	0,673	0,642	0,612	0,586
3,5	0,907	0,869	0,832	0,795	0,758	0,721	0,685	0,651	0,617	0,586
4,0	0,923	0,883	0,842	0,802	0,761	0,722	0,684	0,647	0,611	0,578
4,5	0,922	0,880	0,837	0,794	0,753	0,711	0,671	0,634	0,596	0,561
5,0	0,910	0,864	0,821	0,776	0,733	0,691	0,650	0,611	0,574	0,537
6,0	0,859	0,812	0,765	0,719	0,675	0,632	0,590	0,552	0,514	0,480
7,0	0,799	0,748	0,699	0,652	0,607	0,564	0,523	0,484	0,448	0,416
8,0	0,739	0,687	0,635	0,586	0,540	0,497	0,457	0,420	0,385	0,354
9,0	0,685	0,629	0,576	0,527	0,481	0,437	0,397	0,361	0,328	0,298
10,0	0,635	0,579	0,526	0,475	0,428	0,385	0,346	0,311	0,280	0,251
12,0	0,557	0,498	0,441	0,389	0,343	0,302	0,266	0,233	0,205	0,180
14,0	0,492	0,445	0,374	0,324	0,279	0,241	0,207	0,177	0,152	0,132
16,0	0,439	0,377	0,322	0,273	0,230	0,195	0,163	0,137	0,115	0,098
18,0	0,392	0,331	0,276	0,229	0,190	0,157	0,130	0,108	0,088	0,072
20,0	0,353	0,292	0,240	0,196	0,159	0,129	0,105	0,085	0,068	0,055

Anhang 3.2 (Fortsetzung)

$$\frac{\Delta s_{\text{ir}}}{R} = \frac{s_{\text{ir,frei}}}{R} - \frac{s_{\text{ir}}}{R}$$

$\dfrac{u_{\max}}{RT}$	$1/q_{\text{ir}}$									
	0,0	0,05	0,10	0,15	0,20	0,25	0,30	0,35	0,40	0,45
0,0	0,000	0,000	0,000	0,000	0,000	0,000	0,000	0,000	0,000	0,000
0,2	0,002	0,003	0,002	0,002	0,002	0,003	0,002	0,002	0,002	0,001
0,4	0,010	0,010	0,009	0,009	0,009	0,009	0,008	0,008	0,007	0,006
0,6	0,022	0,022	0,022	0,022	0,020	0,020	0,020	0,019	0,017	0,017
0,8	0,039	0,039	0,039	0,038	0,036	0,035	0,034	0,034	0,033	0,031
1,0	0,060	0,059	0,059	0,058	0,056	0,056	0,054	0,053	0,051	0,048
1,5	0,127	0,127	0,126	0,125	0,122	0,119	0,116	0,114	0,108	0,103
2,0	0,210	0,210	0,209	0,206	0,202	0,198	0,192	0,187	0,179	0,171
2,5	0,302	0,301	0,299	0,294	0,290	0,286	0,277	0,268	0,257	0,246
3,0	0,395	0,394	0,391	0,386	0,381	0,373	0,362	0,352	0,340	0,326
3,5	0,486	0,485	0,482	0,475	0,467	0,458	0,446	0,434	0,421	0,402
4,0	0,571	0,570	0,567	0,559	0,550	0,539	0,525	0,509	0,493	0,473

Anhang 3.2 (Fortsetzung)

$$\frac{\Delta s_{ir}}{R} = \frac{s_{ir,frei}}{R} - \frac{s_{ir}}{R}$$

$\dfrac{u_{max}}{RT}$	$1/q_{ir}$									
	0,0	0,05	0,10	0,15	0,20	0,25	0,30	0,35	0,40	0,45
4,5	0,650	0,649	0,644	0,637	0,626	0,614	0,597	0,581	0,562	0,538
5,0	0,722	0,720	0,715	0,706	0,694	0,681	0,663	0,645	0,622	0,598
6,0	0,844	0,842	0,836	0,827	0,813	0,796	0,776	0,752	0,727	0,699
7,0	0,945	0,943	0,936	0,924	0,909	0,888	0,866	0,840	0,810	0,779
8,0	1,029	1,027	1,018	1,005	0,987	0,965	0,940	0,910	0,877	0,843
9,0	1,100	1,097	1,088	1,074	1,054	1,029	1,001	0,968	0,932	0,894
10,0	1,162	1,159	1,149	1,133	1,111	1,085	1,052	1,016	0,978	0,937
12,0	1,266	1,262	1,250	1,231	1,205	1,173	1,138	1,095	1,050	1,003
14,0	1,351	1,347	1,333	1,312	1,282	1,245	1,204	1,156	1,104	1,051
16,0	1,423	1,419	1,403	1,379	1,346	1,304	1,256	1,204	1,148	1,090
18,0	1,487	1,481	1,464	1,437	1,399	1,354	1,301	1,243	1,183	1,121
20,0	1,543	1,537	1,518	1,487	1,445	1,396	1,338	1,277	1,212	1,146

$\dfrac{u_{max}}{RT}$	$1/q_{ir}$									
	0,50	0,55	0,60	0,65	0,70	0,75	0,80	0,85	0,90	0,95
0,0	0,000	0,000	0,000	0,000	0,000	0,000	0,000	0,000	0,000	0,000
0,2	0,001	0,001	0,003	0,001	0,001	0,001	0,002	0,002	0,004	0,002
0,4	0,006	0,006	0,006	0,006	0,006	0,005	0,005	0,005	0,005	0,005
0,6	0,016	0,015	0,014	0,013	0,013	0,012	0,011	0,011	0,010	0,010
0,8	0,028	0,029	0,026	0,025	0,024	0,021	0,019	0,016	0,016	0,014
1,0	0,046	0,044	0,041	0,038	0,037	0,033	0,030	0,027	0,025	0,022
1,5	0,100	0,093	0,088	0,083	0,076	0,069	0,064	0,058	0,055	0,048
2,0	0,163	0,155	0,146	0,137	0,127	0,117	0,107	0,098	0,090	0,080
2,5	0,234	0,223	0,211	0,198	0,185	0,172	0,157	0,144	0,131	0,119
3,0	0,310	0,305	0,278	0,262	0,244	0,227	0,209	0,192	0,175	0,159
3,5	0,383	0,364	0,344	0,324	0,303	0,282	0,261	0,239	0,218	0,198
4,0	0,451	0,430	0,407	0,384	0,360	0,334	0,310	0,286	0,262	0,238
4,5	0.515	0,489	0,464	0,439	0,412	0,383	0,356	0,329	0,300	0,274
5,0	0,573	0,546	0,517	0,487	0,457	0,427	0,397	0,367	0,336	0,307
6,0	0,670	0,637	0,604	0,571	0,536	0,502	0,467	0,433	0,398	0,364
7,0	0,745	0,708	0,673	0,635	0,597	0,560	0,521	0,483	0,445	0,408
8,0	0,806	0,766	0,726	0,686	0,644	0,604	0,562	0,521	0,481	0,441
9,0	0,854	0,811	0,768	0,726	0,681	0,637	0,593	0,550	0,507	0,465
10,0	0,893	0,848	0,803	0,756	0,709	0,663	0,617	0,572	0,528	0,484
12,0	0,954	0,903	0,852	0,802	0,749	0,699	0,650	0,602	0,555	0,509
14,0	0,998	0,942	0,887	0,832	0,778	0,724	0,673	0,620	0,571	0,523
16,0	1,031	0,972	0,912	0,853	0,797	0,741	0,685	0,633	0,581	0,532
18,0	1,057	0,995	0,931	0,870	0,810	0,751	0,695	0,641	0,588	0,538
20,0	1,078	1,012	0,946	0,882	0,820	0,760	0,702	0,646	0,593	0,542

Anhang 3.2 (Fortsetzung)

$$\frac{\Delta g_{ir}}{RT} = \frac{g_{ir}}{RT} - \frac{g_{ir,\,frei}}{RT}$$

$\dfrac{u_{max}}{RT}$	$1/q_{ir}$									
	0,0	0,05	0,10	0,15	0,20	0,25	0,30	0,35	0,40	0,45
0,0	0,000	0,000	0,000	0,000	0,000	0,000	0,000	0,000	0,000	0,000
0,2	0,097	0,077	0,059	0,043	0,031	0,023	0,017	0,013	0,009	0,006
0,4	0,190	0,164	0,138	0,113	0,089	0,066	0,049	0,036	0,028	0,022
0,6	0,278	0,246	0,213	0,182	0,150	0,119	0,093	0,072	0,057	0,045
0,8	0,360	0,322	0,285	0,248	0,211	0,176	0,144	0,116	0,093	0,073
1,0	0,438	0,395	0,352	0,310	0,270	0,231	0,196	0,162	0,132	0,105
1,5	0,614	0,561	0,508	0,457	0,407	0,360	0,313	0,271	0,227	0,190
2,0	0,764	0,702	0,642	0,583	0,526	0,471	0,417	0,365	0,316	0,269
2,5	0,892	0,823	0,755	0,690	0,627	0,566	0,505	0,447	0,391	0,340
3,0	1,001	0,925	0,852	0,781	0,712	0,645	0,580	0,517	0,456	0,399
3,5	1.095	1,013	0,934	0,857	0,783	0,712	0,642	0,575	0,513	0,449
4,0	1,176	1,088	1,004	0,922	0,843	0,770	0,694	0,624	0,558	0,490
4,5	1,247	1,154	1,065	0,979	0,896	0,816	0,739	0,665	0,596	0,525
5,0	1,309	1,212	1,118	1,028	0,940	0,856	0,777	0,700	0,626	0,555
6,0	1,414	1,308	1,206	1,108	1.014	0,924	0,838	0,755	0,676	0,601
7,0	1,501	1,386	1,277	1,171	1,071	0,974	0,884	0,797	0,714	0,635
8,0	1,575	1,452	1,335	1,224	1,117	1,016	0,920	0,828	0,742	0,660
9,0	1,639	1,509	1,385	1,268	1,156	1,051	0,950	0,855	0,765	0,680
10,0	1,695	1,558	1,429	1,305	1,189	1,079	0,975	0,876	0,783	0,696
12,0	1,791	1,642	1,501	1,368	1,242	1,124	1,013	0,909	0,811	0,720
14,0	1,872	1,711	1,559	1,417	1,284	1,159	1,042	0,933	0,831	0,736
16,0	1,942	1,770	1,609	1,458	1,317	1,187	1,065	0,952	0,846	0,748
18,0	2,002	1,821	1,650	1,492	1,346	1,210	1,083	0,966	0,857	0,757
20,0	2,057	1,865	1,687	1,522	1,369	1,228	1,098	0,977	0,867	0,764

$\dfrac{u_{max}}{RT}$	$1/q_{ir}$									
	0,50	0,55	0,60	0,65	0,70	0,75	0,80	0,85	0,90	0,95
0,0	0,000	0,000	0,000	0,000	0,000	0,000	0,000	0,000	0,000	0,000
0,2	0,005	0,003	0,003	0,002	0,001	0,001	0,001	0,001	0,001	0,000
0,4	0,018	0,012	0,009	0,007	0,005	0,003	0,003	0,003	0,002	0,001
0,6	0,034	0,026	0,021	0,015	0,011	0,008	0,006	0,004	0,003	0,002
0,8	0,056	0,045	0,034	0,026	0,020	0,014	0,010	0,007	0,005	0,003
1,0	0,082	0,066	0,052	0,040	0,031	0,023	0,016	0,011	0,007	0,004
1,5	0,155	0,126	0,101	0,079	0,061	0,046	0,032	0,023	0,016	0,009
2,0	0,227	0,187	0,152	0,121	0,095	0,072	0,053	0,037	0,025	0,014
2,5	0,290	0,243	0,201	0,162	0,128	0,099	0,073	0,052	0,034	0,020
3,0	0,343	0,292	0,244	0,200	0,160	0,125	0,093	0,066	0,044	0,025
3,5	0,390	0,334	0,281	0,232	0,188	0,148	0,111	0,079	0,053	0,030
4,0	0,428	0,369	0,313	0,260	0,212	0,167	0,128	0,092	0,061	0,034
4,5	0,460	0,398	0,340	0,285	0,232	0,185	0,142	0,104	0,068	0,038
5,0	0,488	0,423	0,361	0,303	0,249	0,199	0,153	0,111	0,074	0,041
6,0	0,530	0,460	0,395	0,334	0,276	0,222	0,171	0,125	0,083	0,045

Anhang 3.2 (Fortsetzung)

$\dfrac{u_{max}}{RT}$	$1/q_{ir}$									
	0,50	0,55	0,60	0,65	0,70	0,75	0,80	0,85	0,90	0,95
7,0	0,559	0,488	0,420	0,356	0,295	0,237	0,184	0,134	0,089	0,047
8,0	0,582	0,508	0,438	0,371	0,308	0,248	0,193	0,141	0,093	0,049
9,0	0,600	0,523	0,450	0,383	0,317	0,256	0,199	0,146	0,096	0,049
10,0	0,613	0,535	0,461	0,391	0,325	0,263	0,205	0,149	0,098	0,050
12,0	0,633	0,552	0,475	0,404	0,336	0,271	0,211	0,153	0,100	0,051
14,0	0,647	0,563	0,485	0,412	0,342	0,276	0,215	0,156	0,102	0,051
16,0	0,657	0,571	0,491	0,417	0,346	0,280	0,217	0,158	0,103	0,051
18,0	0,664	0,577	0,496	0,420	0,349	0,282	0,219	0,159	0,104	0,051
20,0	0,669	0,581	0,499	0,422	0,351	0,283	0,220	0,161	0,104	0,051

Literatur zu Kapitel 3

1. Kestin, J.; Dorfman, J. R.: A course in statistical thermodynamics. New York: Academic Press 1971, p. 233
2. Moore, C. E.: Atomic energy levels. NSRDS-NBS 35, Vol. I. Washington 1971
3. McClelland, B. J.: Statistical thermodynamics. London. Chapman and Hall 1973, pp. 200–205
4. Mayer, J. E.; Mayer, M. G.: Statistical mechanics. New York: Wiley 1940, pp. 191–194
5. Landolt-Börnstein: Zahlenwerte und Funktionen aus Physik, Chemie, Geographie und Technik, Bd. 2, 4. Teil. Berlin: Springer-Verlag 1961
6. Herzberg, G.: Molecular spectra and molecular structure. I. Spectra of diatomic molecules. New York: Van Nostrand Reinhold Company 1950
7. Landolt-Börnstein: Zahlenwerte und Funktionen aus Naturwissenschaft und Technik. Neue Serie. Gruppe II, Bd. 4. Berlin: Springer-Verlag 1967
8. Landolt-Börnstein: Zahlenwerte und Funktionen aus Naturwissenschaft und Technik. Neue Serie. Gruppe II, Bd. 6. Berlin: Springer-Verlag 1974
9. Pauling, L.; Wilson, E. B.: Introduction to quantum mechanics. New York: McGraw-Hill 1935, pp. 282–290
10. Herzberg, G.: Molecular spectra and molecular structure, III. Electronic spectra and electronic structure of polyatomic molecules. New York: Van Nostrand Reinhold Company 1966
11. Lewis, J. D.; Malloy, T. B.; Chao, T. H.; Laane, J.: J. Mol. Structure 12 (1972) 427
12. CRC-Handbook of Chemistry and Physics, 57th Ed. Cleveland: CRC-Press 1976–1977
13. Barin, I.; Knacke, O.: Thermodynamical properties of inorganic substances. Berlin: Springer-Verlag 1977
14. Shimanouchi, T.: Nat. Stand. Ref. Data Ser. Nat. Bur. Stand. 39 (1972)
15. Shimanouchi, T.: J. Phys. Chem. Ref. Data 6 (1977) 993
16. Shimanouchi, T.; Matsuura, H.; Ogawa, Y.; Harada, I.: J. Phys. Chem. Ref. Data 7 (1978) 1323
17. Shimanouchi, T.; Matsuura, H.; Ogawa, Y.; Harada, I.: J. Phys. Chem. Ref. Data 9 (1980) 1149
18. Chen, S. S.; Kudchadker, S. A.; Wilhoit, R. C.: J. Phys. Chem. Ref. Data 8 (1979) 527
19. Draeger, J. A.: J. Chem. Thermodyn. 4 (1982) 999
20. Chao, J.; Hall, K. R.: 9th ASME-Symposium on thermophysical properties. Boulder: 1985
21. Chao, J.; Zwolinski, B. J.: J. Phys. Chem. Ref. Data 7 (1978) 363
22. Kudchadker, S. A.; Kudchadker, A. P.; Wiehoit, R. C.; Zwolinski, B. J.: J. Phys. Chem. Ref. Data 7 (1978) 417
23. Pamidimukkala, K. M.; Rogers, D.; Skinner, G. B.: J. Phys. Chem. Ref. Data 11 (1982) 83

4 Intermolekulare Kräfte

4.1 Der Ursprung intermolekularer Kräfte

Moleküle bestehen aus positiven und negativen Ladungen. Diese Ladungen üben nach dem Coulombschen Gesetz Wechselwirkungen aufeinander aus, deren Überlagerung bei Ladungsträgern verschiedener Moleküle zu intermolekularen Kräften führt. Die intermolekularen Kräfte haben also einen elektrostatischen Ursprung. Aus der alltäglichen Erfahrung sind einige grundsätzliche Eigenschaften dieser Kräfte bekannt. Gase mit einem großen mittleren Abstand zwischen den Molekülen kondensieren bei Temperaturabsenkung und damit Verminderung der kinetischen Molekülenergie zu Flüssigkeiten. Dies deutet auf die Existenz von Anziehungskräften bei großen Abständen zwischen den Molekülen hin. Flüssigkeiten mit einem kleinen mittleren Abstand zwischen den Molekülen setzen einer Kompression sehr hohen Widerstand entgegen, woraus die Existenz von Abstoßungskräften bei kleinen intermolekularen Abständen abzuleiten ist.

Der elektrostatische Ursprung der Abstoßungskräfte bei kurzen Abständen tritt in Erscheinung, wenn zwei Atome sich so nahe kommen, daß ihre Elektronenhüllen einander überlappen. Das Prinzip von Pauli schränkt die Anzahl der Elektronen im Überlappungsbereich ein. Die Elektronenwolken werden danach so verformt, daß im Überlappungsbereich die Energie insgesamt erhöht und die Elektronendichte verringert wird. Durch den Abzug von Elektronen aus dem Überlappungsbereich sind die positiv geladenen Kerne unvollständig von negativen Elektronen abgeschirmt und üben daher eine Abstoßungskraft aufeinander aus. Man spricht auch von Überlappungskräften.

Die bei großen Molekülabständen herrschenden Kräfte sind im wesentlichen Anziehungskräfte, aber bei bestimmten Konfigurationen auch Abstoßungskräfte. Sie lassen sich in drei Typen unterteilen. Moleküle mit asymmetrischen, d. h. von der kugelsymmetrischen Form abweichenden Ladungsverteilungen, weisen sogenannte permanente Multipole auf, z. B. Dipole, Quadrupole, Oktopole usw. Zwischen diesen permanenten Multipolen ergeben sich elektrostatische Anziehungs- und Abstoßungskräfte, je nach der gegenseitigen Anordnung von je zwei Molekülen. Man spricht von Multipolkräften. Bei einer Wechselwirkung zwischen einem Molekül mit permanenten Multipolen und einem zweiten, das polar oder kugelsymmetrisch sein kann, verformt das elektrische Feld des polaren Moleküls die Elektronenverteilung des zweiten und induziert damit Multipole in ihm. Die so induzierten Multipole des zweiten Moleküls wechselwirken mit den permanenten

Multipolen des polaren Moleküls und erzeugen Anziehungskräfte. Man spricht von Induktionskräften. Schließlich existieren bekanntlich auch dann langreichweitige Wechselwirkungskräfte, wenn keines der beteiligten Moleküle permanente Multipole aufweist, z. B. bei der Wechselwirkung zwischen zwei Argonatomen. Die Elektronen eines Moleküls sind in ständiger Bewegung, so daß die Elektronendichte in einem Molekül ständig oszilliert. Auf diese Weise entstehen in kugelförmigen ebenso wie in asymmetrischen Molekülen momentane Asymmetrien in der Ladungsverteilung, d. h. momentane Multipole. Ein momentaner Multipol in einem Molekül induziert einen momentanen Multipol in einem anderen. Beide wechselwirken und erzeugen eine Anziehungskraft. Man spricht von Dispersionskräften. Dispersionskräfte treten bei allen intermolekularen Wechselwirkungen auf, im Gegensatz zu Multipol- und Induktionskräften, die an permanente Multipole, zumindest einer Molekülsorte im System, gebunden sind. Häufig liefern die Dispersionskräfte weit stärkere Beiträge als die Multipol- oder Induktionskräfte.

4.2 Die intermolekulare Energiefunktion

4.2.1 Das Konzept der intermolekularen Energiefunktion

In den Grundgleichungen der statistischen Mechanik werden die intermolekularen Wechselwirkungen durch eine intermolekulare Energiefunktion U erfaßt, vgl. (2.2.132) für die Hamilton-Funktion. Zu ihrer Definition betrachten wir als System zwei einatomige Moleküle, z. B. Argonatome, 1 und 2. Sie bestehen jeweils aus einem positiv geladenen Kern, der von einer negativ geladenen, kugelsymmetrischen Elektronenwolke umgeben ist. Wenn die beiden Moleküle unendlich weit voneinander entfernt sind ($r_{12} \to \infty$), besteht keine Wechselwirkung zwischen ihnen und die gesamte Energie des Systems ist gleich der Summe der Einzelenergien der beiden Moleküle

$$E(r_{12} \to \infty) = E_1 + E_2. \tag{4.2.1}$$

Wenn sich die beiden Atome nun auf eine endliche Entfernung r_{12} nahe kommen, werden Wechselwirkungskräfte zwischen ihnen wirksam. Die Gesamtenergie des Systems ist dann nicht mehr gleich der Summe der Energien der Einzelmoleküle, sondern enthält noch einen zusätzlichen Term $U(r_{12})$, die intermolekulare Energiefunktion, auf Grund der Wechselwirkungskräfte

$$E(r_{12}) = E_1 + E_2 + U(r_{12}). \tag{4.2.2}$$

Nach dem Energieerhaltungsprinzip muß die zusätzliche Wechselwirkungsenergie $U(r_{12})$ gleich der Arbeit der intermolekularen Kraft bei der Annäherung der Moleküle von $\infty \to r_{12}$ sein. Mit

$$F_j = -\frac{dU}{dr_j} = -\frac{dU}{dr_{ij}} = -e_{ij}\frac{dU(r_{12})}{dr_{12}} \tag{4.2.3}$$

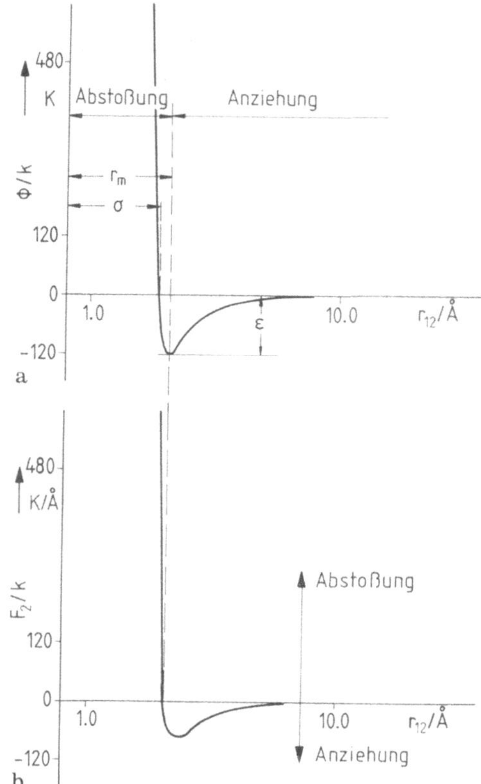

Bild 4.1. a Wechselwirkungsenergie ϕ und **b** Kraft F zwischen zwei einatomigen Molekülen

als der Kraft auf das Molekül, $r_{ij} = r_j - r_i$ als dem Abstandsvektor von Molekül i zu Molekül j und e_{ij} als seinem Einheitsvektor gilt:

$$U(r_{12}) = -\int_{\infty}^{r_{12}} e_{ij} \cdot F_j \, dr_{12} = -\int_{\infty}^{r_{12}} F \, dr. \tag{4.2.4}$$

Das negative Vorzeichen in (4.2.3) erklärt sich daraus, daß die Kraft vereinbarungsgemäß positiv gezählt wird, wenn sie eine Abstoßungskraft ist. Eine negative Kraft ist damit eine Anziehungskraft. Bild 4.1 zeigt den typischen Verlauf der intermolekularen Wechselwirkungsenergie zwischen zwei einatomigen Molekülen und die ihr zugeordnete Kraft F, wobei die bei einer Paarwechselwirkung übliche Bezeichnung $\phi(r)$ für das Paarpotential anstelle der intermolekularen Energiefunktion $U(r)$ benutzt wurde. Die wesentlichen Parameter eines solchen Paarpotentials sind der Nulldurchgang σ bzw. der Minimumsabstand r_m sowie die Potentialtiefe ε. Das gezeichnete Potential zeigt eine starke Abstoßungskraft bei kleinen sowie eine viel schwächere Anziehungskraft bei langen Abständen. Die gewählten Einheiten sind Å für den Abstand und K für die Energie, d.h. das Paarpotential wird als Vielfaches der Boltzmannkonstante k angegeben. Der Koordinatenursprung markiert die Lage des Moleküls 1.

Die Tatsache, daß bei der Wechselwirkung zwischen zwei Argonatomen eine nur von r abhängige intermolekulare Energiefunktion definiert werden kann, ist eine Konsequenz der Born-Oppenheimer-Approximation über die Separierbarkeit der Kernbewegung von der Elektronenbewegung. Aufgrund des großen Massenverhältnisses zwischen Atomkernen und Elektronen ist die Bewegung der Elektronen so viel schneller als die der Atomkerne, daß zu jedem Abstand r_{12} der Atomkernzentren eine ausreichend hohe Anzahl von Elektronenfluktuationen gehört, um das entsprechende Kraftfeld aufzubauen. Kern- und Elektronenbewegungen können daher unabhängig voneinander betrachtet werden, d. h. die Bewegung der Kerne vollzieht sich in einem für jeden Abstand r aufgrund der Elektronenbewegung vorgegebenen äußeren Kraftfeld. Der intermolekularen Energiefunktion und der Elektronenenergie sind damit voneinander unabhängige Koordinaten des Phasenraumes, hier des Atomphasenraumes, zugeordnet. Bei der Auswertung der intermolekularen Energiefunktion wird nur der Grundzustand der Elektronenenergie berücksichtigt. Die Überlegungen zur Definition der intermolekularen Energiefunktion in einem makroskopischen System mit sehr vielen einatomigen Molekülen sind analog. Die intermolekulare Energiefunktion ist dann allerdings insofern komplizierter, als man es in der Regel mit der gleichzeitigen Wechselwirkung von mehr als zwei Molekülen zu tun hat. Die gesamte intermolekulare Energiefunktion setzt sich dann aus der Summe aller Paarpotentiale plus den darüber hinaus wirksamen Dreikörperpotentialen und evtl. noch höheren Mehrkörperpotentialen zusammen.

Wesentlich komplizierter wird die intermolekulare Energiefunktion, wenn Wechselwirkungen zwischen mehratomigen Molekülen betrachtet werden. Grundsätzlich hängen dann die Potentialfunktionen außer von dem Abstand der Molekülzentren zusätzlich von der gegenseitigen Orientierung der Moleküle ab. Die Rotation der Moleküle enthält daher neben dem kinetischen Beitrag, dem des idealen Gases, noch einen potentiellen Beitrag aus der intermolekularen Energiefunktion. Weiterhin ist eine Beeinflussung der intermolekularen Energiefunktion durch Molekülschwingungen in Betracht zu ziehen. Für viele kleine Moleküle sind jedoch die Schwingungsfrequenzen hoch und ihre Unterschiede in Gas und Flüssigkeit dementsprechend vernachlässigbar. Der Schwingungsbeitrag hängt dann nicht von der Konfiguration des molekularen Systems ab. Es gibt keine diesbezüglichen Koordinaten in der intermolekularen Energiefunktion und die Molekülschwingungen werden allein durch den Idealgasbeitrag erfaßt. Man spricht in diesem Falle von starren Molekülen und kennzeichnet sie durch intermolekulare Energiefunktionen, die ausschließlich von der Konfiguration der Molekülzentren und den Molekülorientierungen abhängen, vgl. Kap. 2. Moleküle mit inneren Rotationen wie Äthan lassen sich ebenfalls näherungsweise durch dieses Konzept erfassen [1]. Auch kleine flexible Moleküle mit zwei oder mehr energetisch und kinetisch leicht zugänglichen Konformationen, wie z. B. Butan, lassen sich auf das Konzept starrer Moleküle zurückführen, wenn man jede Konformation als eine Komponente definiert mit einer Konzentration, die dem statistischen Gewicht der Konformation entspricht [2].

Das Konzept einer allein orts- und orientierungsabhängigen intermolekularen Energiefunktion bricht zusammen, wenn große flexible Moleküle betrachtet werden. Praktische Rechnungen zielen dann darauf ab, das Molekül in starre Untergruppen zu zerlegen und intermolekulare Energiefunktionen zwischen diesen Molekülgruppen einzuführen.

4.2.2 Die Berechnung der intermolekularen Energiefunktion

Gemäß ihrer Definition

$$U = E - E(\infty) \tag{4.2.5}$$

ergibt sich die intermolekulare Energiefunktion aus der Differenz der Gesamtenergie des aus Ladungsträgern aufgebauten molekularen Systems vermindert um die Gesamtenergie dieses Systems, wenn alle Moleküle unendlich weit voneinander entfernt sind. Die Gesamtenergie eines Systems folgt prinzipiell aus seiner Schrödinger-Gleichung. Angeschrieben für den beliebigen Zustand n lautet diese Gleichung, vgl. Abschn. 2.1:

$$\tilde{H}\psi_n = E_n\psi_n. \tag{4.2.6}$$

Der Hamiltonoperator $\tilde{H}$ kann in einen kinetischen und potentiellen Teil aufgespalten werden, nach

$$\tilde{H} = \tilde{H}_{kin} + \tilde{H}_{pot} = -\frac{h^2}{8\pi^2}\sum_a\frac{1}{m_a}\tilde{V}_a^2 + \tfrac{1}{2}\sum_a\sum_{b\neq a}\tilde{V}_{ab}. \tag{4.2.7}$$

Hierbei sind a, b die Laufindizes der einzelnen Ladungsträger, die das System ausmachen, vgl. Bild 4.2a. Der Wechselwirkungsoperator $\tilde{V}_{ab}$ zwischen den Ladungsträgern a und b ist nach dem Coulombschen Gesetz definiert als

$$\tilde{V}_{ab} = \frac{q_a q_b}{r_{ab}}, \tag{4.2.8}$$

d. h. er stellt in der Schrödinger-Gleichung die Multiplikation von $\dfrac{q_a q_b}{r_{ab}}$ mit ψ dar.

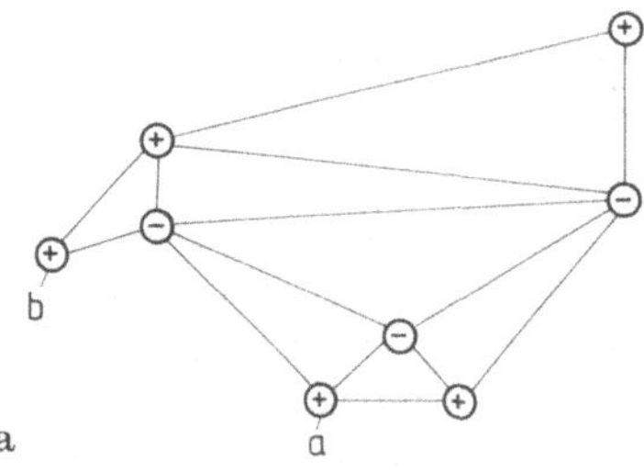

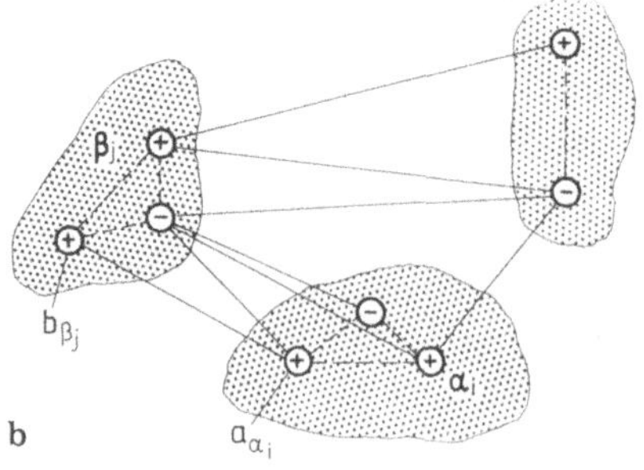

Bild 4.2. a System von Ladungsträgern unter gegenseitiger Wechselwirkung (Wechselwirkungen *teilweise* durch Verbindungsgeraden angedeutet) **b** System von Molekülen unter gegenseitiger Wechselwirkung
– – – innermolekulare Wechselwirkungen,
——— intermolekulare Wechselwirkungen

Wie in Abschn. 2.1 dargelegt, ist die Wellenfunktion ψ_n die dem Eigenwert E_n zugehörige Eigenfunktion des Hamiltonoperators. In einem molekularen System lassen sich die einzelnen Ladungsträger individuellen Molekülen zuordnen, vgl. Bild 4.2b. Es ist daher sinnvoll, auch in der mathematischen Darstellung des Hamiltonoperators Wechselwirkungen von Ladungsträgern innerhalb eines Moleküls von solchen der Ladungsträger verschiedener Moleküle zu unterscheiden:

$$\tilde{H} = -\frac{h^2}{8\pi^2} \sum_a^K \frac{1}{m_a} \tilde{V}_a^2 + \frac{1}{2} \sum_\alpha^K \sum_i^{N_\alpha} \sum_a^{K_{\alpha_i}} \sum_{b \neq a}^{K_{\alpha_i}} \tilde{V}_{a_{\alpha_i} b_{\alpha_i}}$$
$$+ \frac{1}{2} \sum_\alpha^K \sum_\beta^K \sum_i^{N_\alpha} \sum_j^{N_\beta} \sum_a^{K_{\alpha_i}} \sum_b^{K_{\beta_j}} \tilde{V}_{a_{\alpha_i} b_{\beta_j}}, \qquad (4.2.9)$$

wobei, wenn $\alpha = \beta : i \neq j$.

Hierbei erfaßt $\tilde{V}_{a_{\alpha_i} b_{\alpha_i}}$ die Wechselwirkung zwischen den Ladungsträgern a und b des Moleküls α_i. Diese Wechselwirkung ist in der Molekülzustandssumme des Moleküls α_i berücksichtigt, vgl. Kap. 3. $\tilde{V}_{a_{\alpha_i} b_{\beta_j}}$ erfaßt die Wechselwirkung zwischen den Ladungsträgern a und b der verschiedenen Moleküle α_i und β_j und ist der für die intermolekulare Energiefunktion entscheidende Beitrag.

Die Schrödinger-Gleichung für ein realen Molekülen zuzuordnendes, kompliziertes System aus Ladungsträgern, Elektronen und positiv geladenen Atomkernen ist nicht exakt lösbar. Die intermolekulare Energiefunktion ist daher nur in einfachen Sonderfällen direkt aus exakten quantenmechanischen Rechnungen zugänglich. Dennoch werden in zunehmendem Maße solche „ab-initio"-Rechnungen auch für Modelle komplizierter Moleküle durchgeführt und diese bilden die Basis für die theoretisch-analytische Beschreibung der intermolekularen Energiefunktion [3, 4]. In den meisten praktischen Fällen haben Modelle für die Berechnung der intermolekularen Energiefunktion halbempirischen Charakter, d.h. sie enthalten sowohl theoretisch gesicherte Beiträge wie auch empirische Elemente.

4.3 Intermolekulare Paar- und Dreikörperpotentiale starrer Moleküle bei großen intermolekularen Abständen

Bei großen intermolekularen Abständen kann die Wechselwirkungsenergie der Ladungsträger verschiedener Moleküle als Störung eines Referenzsystems (0) ohne solche Wechselwirkungen aufgefaßt werden. Die intermolekulare Energiefunktion kann dann durch eine Störungsrechnung berechnet werden.

4.3.1 Die Rayleigh-Schrödinger-Störungstheorie [5–8]

Zur Lösung der Schrödinger-Gleichung für die Gesamtenergie unseres betrachteten Systems aus Ladungsträgern definieren wir als ungestörtes System ein solches, in dem die einzelnen Moleküle voneinander unendlich weit entfernt sind. Für den

Hamiltonoperator dieses ungestörten Systems gilt daher:

$$\tilde{H}^{(0)} = \tilde{H}^{kin} + \frac{1}{2} \sum_{\alpha}^{\kappa} \sum_{i}^{N_\alpha} \sum_{a}^{K_{\alpha_i}} \sum_{b \neq a}^{K_{\alpha_i}} \tilde{V}_{a_{\alpha_i} b_{\alpha_i}}. \tag{4.3.1}$$

Die Lösung der Schrödinger-Gleichung für ein solches System, nämlich ein ideales Gas, ist bekannt, vgl. Kap. 3. Damit können auch seine Energiezustände $E_n^{(0)}$ und seine Wellenfunktion $\psi_n^{(0)}$ als bekannt vorausgesetzt werden, d.h. es sind folgende Werte bekannt

$$\psi_0^{(0)}, \psi_1^{(0)}, \psi_2^{(0)}, \ldots, \psi_n^{(0)}, \ldots$$

und

$$E_0^{(0)}, E_1^{(0)}, E_2^{(0)}, \ldots, E_n^{(0)}, \ldots.$$

Im Sinne einer Störungsrechnung entwickeln wir die Wellenfunktionen und Energiewerte des betrachteten Systems in eine Reihe in Termen des Störparameters g. Betrachten wir dabei in Übereinstimmung mit dem Konzept der intermolekularen Energiefunktion insbesondere den Elektronengrundzustand o und unterstellen [8], daß er nicht entartet ist (vgl. Anhang 2.2), so gilt

$$\psi_0 = \psi_0^{(0)} + g\,\psi_0^{(1)} + g^2\,\psi_0^{(2)} + g^3\,\psi_0^{(3)} + \ldots \tag{4.3.2}$$

sowie

$$E_0 = E_0^{(0)} + g\,E_0^{(1)} + g^2\,E_0^{(2)} + g^3\,E_0^{(3)} + \ldots. \tag{4.3.3}$$

Für den Hamiltonoperator des betrachteten molekularen Systems wird angesetzt:

$$\tilde{H} = \tilde{H}^{(0)} + g\,\tilde{V}, \tag{4.3.4}$$

mit

$$\tilde{V} = \frac{1}{2} \sum_{\alpha}^{\kappa} \sum_{\beta}^{\kappa} \sum_{i}^{N_\alpha} \sum_{j}^{N_\beta} \sum_{a}^{K_{\alpha_i}} \sum_{b}^{K_{\beta_j}} \tilde{V}_{a_{\alpha_i} b_{\beta_j}}, \tag{4.3.5}$$

wobei, wenn $\alpha = \beta : i \neq j$.

Setzt man diese Störansätze in die Schrödinger-Gleichung ein und beachtet, daß die Gleichung für beliebige Werte von g erfüllt sein muß, so erhält man durch Koeffizientenvergleich in den verschiedenen Potenzen von g die folgende Hierarchie von Gleichungen:

$$g^0: \tilde{H}^{(0)}\psi_0^{(0)} = E_0^{(0)}\psi_0^{(0)} \tag{4.3.6}$$

$$g^1: \tilde{H}^{(0)}\psi_0^{(1)} + \tilde{V}\psi_0^{(0)} = E_0^{(0)}\psi_0^{(1)} + E_0^{(1)}\psi_0^{(0)} \tag{4.3.7}$$

$$g^2: \tilde{H}^{(0)}\psi_0^{(2)} + \tilde{V}\psi_0^{(1)} = E_0^{(0)}\psi_0^{(2)} + E_0^{(1)}\psi_0^{(1)} + E_0^{(2)}\psi_0^{(0)} \tag{4.3.8}$$

$$g^3: \tilde{H}^{(0)}\psi_0^{(3)} + \tilde{V}\psi_0^{(2)} = E_0^{(0)}\psi_0^{(3)} + E_0^{(1)}\psi_0^{(2)} + E_0^{(2)}\psi_0^{(1)} + E_0^{(3)}\psi_0^{(0)}. \tag{4.3.9}$$

Wenn es gelingt, die Wellenfunktion in 1. Ordnung der Störrechnung $\psi_0^{(1)}$ auf die bekannte $\psi_0^{(0)}$ des ungestörten Systems zurückzuführen, läßt sich auch der Störterm 1. Ordnung zum Energieeigenwert $E_0^{(1)}$ des Grundzustands ermitteln. Man kann insbesondere zeigen, daß durch eine geeignete Normierung der Wellenfunktionen die Störenergien $E_0^{(2n+1)}$ bis zur $2n+1$-ten Ordnung aus der Kenntnis der Störfunktionen $\psi_0^{(n)}$ bis zur n-ten Ordnung berechnet werden können. Man wählt hierzu die Normierung:

$$\int \psi_0^{(0)*}\, \psi_0^{(0)}\, \mathrm{d}\tau = 1 \tag{4.3.10}$$

$$\int \psi_0^{(0)*}\, \psi_0\, \mathrm{d}\tau = 1, \tag{4.3.11}$$

wobei τ die Gesamtheit der unabhängigen Veränderlichen in ψ bedeutet. Die Wellenfunktion des ungestörten Systems wird daher auf 1 normiert, die tatsächliche Wellenfunktion hingegen nicht. Einsetzen von (4.3.2) in (4.3.11) sowie Verwendung von (4.3.10) führt auf

$$\sum_{K=1}^{\infty} g^{(K)} \int \psi_0^{(0)*}\, \psi_0^{(K)}\, \mathrm{d}\tau = 0 \tag{4.3.12}$$

und damit auf die Orthogonalitätsbeziehung

$$\int \psi_0^{(0)*}\, \psi_0^{(K)}\, \mathrm{d}\tau = 0, \quad K \neq 0. \tag{4.3.13}$$

Bei der durch (4.3.10) und (4.3.11) vorgegebenen Normierung der Wellenfunktionen sind die Störfunktionen sämtlicher Ordnungen zur ungestörten Funktion $\psi_0^{(0)}$ orthogonal, nicht aber untereinander auf 1 normiert. Dies behebt die Unbestimmtheit der Wellenfunktionen im Gleichungssystem (4.3.6) bis (4.3.9), die sich z. B. darin äußert, daß man zu $\psi_0^{(1)}$ in (4.3.7) ein beliebiges Vielfaches von $\psi_0^{(0)}$ addieren kann, ohne die Gleichung ungültig zu machen. Zur Ermittlung der Störenergien in Termen der Störwellenfunktionen multipliziert man (4.3.7) bis (4.3.9) von links skalar mit $\psi_0^{(0)*}$ und integriert. Aus (4.3.7) findet man dann:

$$\int \psi_0^{(0)*}\, \tilde{H}^{(0)} \psi_0^{(1)}\, \mathrm{d}\tau + \int \psi_0^{(0)*}\, \tilde{V}\psi_0^{(0)}\, \mathrm{d}\tau$$
$$= \int \psi_0^{(0)*}\, E_0^{(0)} \psi_0^{(1)}\, \mathrm{d}\tau + \int \psi_0^{(0)*}\, E_0^{(1)} \psi_0^{(0)}\, \mathrm{d}\tau. \tag{4.3.14}$$

Benutzt man hier die hermitische Eigenschaft von $\tilde{H}^{(0)}$ (vgl. Anhang 2.2) und setzt (4.3.6) ein, so gilt:

$$E_0^{(1)} = \int \psi_0^{(0)*}\, \tilde{V}\psi_0^{(0)}\, \mathrm{d}\tau. \tag{4.3.15}$$

Entsprechend verfährt man mit (4.3.8) und findet:

$$\int \psi_0^{(0)*}\, \tilde{H}^{(0)} \psi_0^{(2)}\, \mathrm{d}\tau + \int \psi_0^{(0)*}\, \tilde{V}\psi_0^{(1)}\, \mathrm{d}\tau$$
$$= \int \psi_0^{(0)*}\, E_0^{(0)} \psi_0^{(2)}\, \mathrm{d}\tau + \int \psi_0^{(0)*}\, E_0^{(1)} \psi_0^{(1)}\, \mathrm{d}\tau + \int \psi_0^{(0)*}\, E_0^{(2)} \psi_0^{(0)}\, \mathrm{d}\tau. \tag{4.3.16}$$

Ausnutzen der Hermitizität von $\tilde{H}^{(0)}$ sowie der eingeführten Orthonormierungsbedingungen ergibt:

$$E_0^{(2)} = \int \psi_0^{(0)*}\, \tilde{V}\psi_0^{(1)}\, \mathrm{d}\tau. \tag{4.3.17}$$

Schließlich findet man durch analoge Manipulationen an (4.3.9):

$$E_0^{(3)} = \int \psi_0^{(0)*}\, \tilde{V}\psi_0^{(2)}\, \mathrm{d}\tau = \int \psi_0^{(2)*}\, \tilde{V}\psi_0^{(0)}\, \mathrm{d}\tau$$
$$= -\int \psi_0^{(2)*}\, \tilde{H}^{0} \psi_0^{(1)}\, \mathrm{d}\tau = -\int \psi_0^{(1)*}\, \tilde{H}^{(0)} \psi_0^{(2)}\, \mathrm{d}\tau$$
$$= \int \psi_0^{(1)*}\, \tilde{V}\psi_0^{(1)}\, \mathrm{d}\tau - \int \psi_0^{(1)*}\, E_0^{(1)} \psi_0^{(1)}\, \mathrm{d}\tau, \tag{4.3.18}$$

wobei zusätzlich (4.3.7) und (4.3.8) benutzt wurden. Damit sind die Störenergien bis zur 3. Ordnung auf die Wellenfunktionen des ungestörten Systems bzw. die Störfunktionen 1. Ordnung zurückgeführt.

Die noch unbekannte Störfunktion 1. Ordnung wird durch einen Ansatz berechnet, zu dessen Motivierung zunächst von der selbstadjungierten (hermitischen) Eigenschaft des Hamiltonoperators Gebrauch gemacht wird. In Anhang 2.2 wurde gezeigt, daß selbstadjungierte Operatoren auf Eigenfunktionen führen, die zueinander orthogonal sind. Für die Wellenfunktionen des ungestörten Zustands, die Eigenfunktionen des Hamiltonoperators des ungestörten Systems sind, gilt daher die wichtige Beziehung:

$$\int \psi_m^{(0)*} \, \psi_n^{(0)} \, d\tau = 0, \quad \text{für } m \neq n. \tag{4.3.19}$$

Wenn diese Wellenfunktionen normiert werden, so gilt allgemein

$$\int \psi_m^{(0)*} \, \psi_n^{(0)} \, d\tau = \delta_{mn}, \tag{4.3.20}$$

wobei δ_{mn} das Kronecker-Symbol ist, d.h. $\delta_{mn} = 0$ für $m \neq n$ und $\delta_{mn} = 1$ für $n = m$, vgl. (4.3.10). Diese Normierung kann durch Multiplikation mit einem geeigneten Faktor stets vollzogen werden und wird im folgenden vorausgesetzt. Bekanntlich läßt sich eine beliebige Funktion der Variablen τ unter wenigen einschränkenden mathematischen Bedingungen in Termen eines vollständigen Systems orthogonaler normierter Funktionen derselben Variablen τ entwickeln [9]. Diese Möglichkeit läßt sich nutzen, um einen Ansatz für den Störterm 1. Ordnung der Wellenfunktion in Termen des vollständigen Satzes der orthogonalen und normierten Wellenfunktion des ungestörten Systems zu formulieren:

$$\psi_0^{(1)} = \sum_k a_k \, \psi_k^{(0)}. \tag{4.3.21}$$

Da die Wellengleichung des ungestörten Systems sowohl zu diskreten als auch zu kontinuierlichen Energiespektren führt, für die Gültigkeit der Entwicklung aber ein vollständiger Satz orthogonaler Funktionen erforderlich ist, ist unter der Summation die über alle diskreten Zustände plus einem Integral über alle kontinuierlichen Zustände zu verstehen.

Für die Störfunktion 1. Ordnung erhält man einen expliziten Ausdruck in Termen der $\psi_n^{(0)}$, wenn man (4.3.21) in (4.3.7) einsetzt, von links mit $\psi_j^{(0)*}$ multipliziert und integriert:

$$\sum_k a_k \int \psi_j^{(0)*} (E_k^{(0)} - E_0^{(0)}) \, \psi_k^{(0)} \, d\tau = \int \psi_j^{(0)*} (E_0^{(1)} - \tilde{V}) \, \psi_0^{(0)} \, d\tau. \tag{4.3.22}$$

Berücksichtigt man hier die Bedingungen (4.3.20), so folgt:

$$a_j = \frac{- \int \psi_j^{(0)*} \, \tilde{V} \psi_0^{(0)} \, d\tau}{E_j^{(0)} - E_0^{(0)}}, \quad j \neq 0. \tag{4.3.23}$$

Eingesetzt in die Entwicklung für $\psi_0^{(1)}$ (4.3.21), führt dies auf:

$$\psi_0^{(1)} = \sum_{k \neq 0} \frac{\int \psi_k^{(0)*} \, \tilde{V} \psi_0^{(0)} \, d\tau}{E_0^{(0)} - E_k^{(0)}} \, \psi_k^{(0)} + a_0 \, \psi_0^{(0)}. \tag{4.3.24}$$

Der Koeffizient a_0 ist null wegen (4.3.13).

Setzt man dies in (4.3.17) ein, so erhält man

$$E_0^{(2)} = \sum_{k \neq 0} \frac{\int \psi_0^{(0)*} \, \tilde{V}\psi_k^{(0)} \, d\tau \int \psi_k^{(0)*} \, \tilde{V}\psi_0^{(0)} \, d\tau}{E_0^{(0)} - E_k^{(0)}}. \tag{4.3.25}$$

Einsetzen in (4.3.18) führt auf:

$$\begin{aligned}
E_0^{(3)} &= \int \left(\sum_{k \neq 0} \frac{\int \psi_k^{(0)*} \, \tilde{V}\psi_0^{(0)} \, d\tau}{E_0^{(0)} - E_k^{(0)}} \, \psi_k^{(0)} \right)^* \tilde{V} \left(\sum_{k \neq 0} \frac{\int \psi_k^{(0)*} \, \tilde{V}\psi_0^{(0)} \, d\tau}{E_0^{(0)} - E_k^{(0)}} \, \psi_k^{(0)} \right) d\tau \\
&\quad - E_0^{(1)} \int \left(\sum_{k \neq 0} \frac{\int \psi_k^{(0)*} \, \tilde{V}\psi_0^{(0)} \, d\tau}{E_0^{(0)} - E_k^{(0)}} \, \psi_k^{(0)} \right)^* \left(\sum_{k \neq 0} \frac{\int \psi_k^{(0)*} \, \tilde{V}\psi_0^{(0)} \, d\tau}{E_0^{(0)} - E_k^{(0)}} \, \psi_k^{(0)} \right) d\tau \\
&= \sum_{\substack{j \quad k \\ \neq 0}} \frac{\int \psi_0^{(0)*} \, \tilde{V}\psi_j^{(0)} \, d\tau \int \psi_j^{(0)*} \, \tilde{V}\psi_k^{(0)} \, d\tau \int \psi_k^{(0)*} \, \tilde{V}\psi_0^{(0)} \, d\tau}{(E_0^{(0)} - E_k^{(0)})(E_0^{(0)} - E_j^{(0)})} \\
&\quad - E_0^{(1)} \sum_{j \neq 0} \frac{\int \psi_0^{(0)*} \, \tilde{V}\psi_j^{(0)} \, d\tau \int \psi_j^{(0)*} \, \tilde{V}\psi_0^{(0)} \, d\tau}{(E_0^{(0)} - E_j^{(0)})^2}.
\end{aligned} \tag{4.3.26}$$

Damit ist die Energie des Systems bis zur 3. Ordnung der Störungstheorie auf die Wellenfunktionen des ungestörten Systems zurückgeführt. Für die intermolekulare Energiefunktion gilt demnach:

$$U = E - E^{(0)} = E_0^{(1)} + E_0^{(2)} + E_0^{(3)} + \dots. \tag{4.3.27}$$

4.3.2 Die Multipolentwicklung des Wechselwirkungsoperators in Kugelflächenfunktionen

In dem aus der Rayleigh-Schrödinger-Störungstheorie folgenden Ausdruck für die intermolekulare Energiefunktion tritt der Wechselwirkungsoperator $\tilde{V}$ auf:

$$\tilde{V} = \frac{1}{2} \sum_{\alpha}^{\kappa} \sum_{\beta}^{\kappa} \sum_{i}^{N_{\alpha_i}} \sum_{j}^{N_{\beta_j}} \sum_{a}^{K_{\alpha_i}} \sum_{b}^{K_{\beta_j}} \tilde{V}_{a_{\alpha_i} b_{\beta_j}}. \tag{4.3.28}$$
$$\scriptstyle \alpha = \beta \,:\, i \neq j$$

Seine Operatorfunktion ist Multiplikation mit der Wellenfunktion. Hierin ist

$$\tilde{V}_{a_{\alpha_i} b_{\beta_j}} = \frac{q_{a_{\alpha_i}} q_{b_{\beta_j}}}{r_{a_{\alpha_i} b_{\beta_j}}} \tag{4.3.29}$$

der Wechselwirkungsoperator zwischen einer Ladung q_a im Molekül α_i und einer Ladung q_b im Molekül β_j. Summiert man über alle Ladungen in dem jeweiligen Molekül, so erhält man mit

$$\tilde{V}_{\alpha_i \beta_j} = \sum_{a}^{K_{\alpha_i}} \sum_{b}^{K_{\beta_j}} \frac{q_{a_{\alpha_i}} q_{b_{\beta_j}}}{r_{a_{\alpha_i} b_{\beta_j}}} \tag{4.3.30}$$

den Wechselwirkungsoperator zwischen einem Molekül α_i und einem Molekül β_j, wobei $q_{a_{\alpha_i}}$ die Ladung a im Molekül i der Komponente α ist, mit einer entsprechenden Bedeutung für $q_{b_{\beta_j}}$, und $r_{a_{\alpha_i} b_{\beta_j}}$ der Abstand dieser beiden Ladungen.

Die Paar- und Dreikörperpotentiale sollen bei einigen der späteren Anwendungen als Funktion des Abstandes zwischen den molekularen Zentren und der gegenseitigen Orientierung der Moleküle sowie bekannter Molekülparameter zur Charakterisierung ihrer Ladungsverteilungen vorliegen. Um dies zu erreichen wird der Wechselwirkungsoperator durch eine Reihenentwicklung in Kugelfunktionen ausgedrückt. Wir gehen dabei von dem in Bild 4.3 gezeigten Koordinatensystem aus, wobei zur Vereinfachung der Notation unter a und b nunmehr a_{α_i} und b_{β_j} verstanden werden soll. Der im Wechselwirkungsoperator auftretende Abstand r_{ab} läßt sich wie folgt ausdrücken:

$$\frac{1}{r_{ab}} = (r_a^2 + r_b^2 - 2 r_a r_b \cos \gamma)^{-1/2} \tag{4.3.31}$$

wobei für den Winkel γ gilt:

$$\begin{aligned}
\cos \gamma &= \frac{\boldsymbol{n}_{r_a} \cdot \boldsymbol{n}_{r_b}}{1 \cdot 1} = n_{r_{a,x}} n_{r_{b,x}} + n_{r_{a,y}} n_{r_{b,y}} + n_{r_{a,z}} n_{r_{b,z}} \\
&= (\sin \vartheta_a \cos \phi_a)(\sin \vartheta_b \cos \phi_b') \\
&\quad + (\sin \vartheta_a \sin \phi_a)(\sin \vartheta_b \sin \phi_b') + \cos \vartheta_a \cos \vartheta_b \\
&= \cos \vartheta_a \cos \vartheta_b + \sin \vartheta_a \sin \vartheta_b \cos(\phi_b' - \phi_a).
\end{aligned} \tag{4.3.32}$$

Alle Koordinaten der Ladung b müssen nunmehr in Termen des gestrichenen Koordinatensystems, das für das Molekül β_j zuständig ist, ausgedrückt werden. Es müssen also r_b und ϑ_b zugunsten von r_b' und ϑ_b' eliminiert werden. Hierzu werden die folgenden, aus Bild 4.3 unmittelbar abzulesenden Beziehungen benutzt:

$$r_b \cos \vartheta_b = r_{\alpha_i \beta_j} + r_b' \cos \vartheta_b' \tag{4.3.33}$$

sowie

$$r_b \sin \vartheta_b = r_b' \sin(\pi - \vartheta_b') = r_b' \sin \vartheta_b'. \tag{4.3.34}$$

Wir bilden nun die Quadrate beider Gleichungen und addieren zu

$$r_b^2 = r_{\alpha_i \beta_j}^2 + r_b'^2 + 2 r_{\alpha_i \beta_j} r_b' \cos \vartheta_b'. \tag{4.3.35}$$

Einsetzen von (4.3.35) und (4.3.32) in die Beziehung (4.3.31) für $1/r_{ab}$ sowie Benutzung der beiden Gleichungen (4.3.33) und (4.3.34) ergibt:

$$\begin{aligned}
\frac{1}{r_{ab}} = \frac{1}{r_{\alpha_i \beta_j}} \Bigg[1 &+ \left(\frac{r_a}{r_{\alpha_i \beta_j}}\right)^2 + \left(\frac{r_b'}{r_{\alpha_i \beta_j}}\right)^2 + 2 \left(\frac{r_b'}{r_{\alpha_i \beta_j}} \cos \vartheta_b' - \frac{r_a}{r_{\alpha_i \beta_j}} \cos \vartheta_a \right) \\
&- 2 \frac{r_a r_b'}{r_{\alpha_i \beta_j}^2} (\cos \vartheta_a \cos \vartheta_b' + \sin \vartheta_a \sin \vartheta_b' \cos(\phi_b' - \phi_a)) \Bigg]^{-\frac{1}{2}}.
\end{aligned} \tag{4.3.36}$$

Durch (4.3.36) ist der reziproke Abstand zwischen zwei Ladungen a und b verschiedener Moleküle durch den Abstand zwischen den beiden Molekülzentren sowie den Koordinaten der Ladungen in dem Koordinatensystem des jeweiligen Moleküls ausgedrückt.

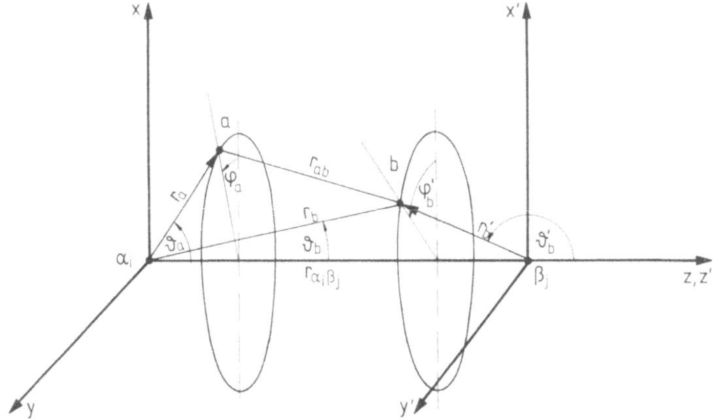

Bild 4.3. Das raumfeste Koordinatensystem der Zwei-Zentren-Entwicklung

Es ist möglich, durch formale Rechenoperationen (vgl. Anahng 4.1) die Gl. (4.3.36) in eine Taylorreihe um die beiden Molekülzentren α_i und β_j aus Bild 4.3 zu entwickeln, die sogenannte Zwei-Zentren-Entwicklung. Man erhält eine Potenzreihe in $r_a/r_{\alpha_i\beta_j}$ und $r_b'/r_{\alpha_i\beta_j}$, in der die Orientierungsabhängigkeit durch Kugelfunktionen ausgedrückt wird:

$$\frac{1}{r_{ab}} = \sum_{l_1=0}^{\infty} \sum_{l_2=0}^{\infty} \sum_{m=-l_<}^{+l_<} \frac{r_a^{l_1} r_b'^{l_2}}{r_{\alpha_i\beta_j}^{l_1+l_2+1}}$$

$$\cdot \frac{4\pi(l_1+l_2)!\,(-1)^{l_2}}{\sqrt{(2l_1+1)(2l_2+1)(l_1-m)!\,(l_1+m)!\,(l_2-m)!\,(l_2+m)!}}$$

$$\cdot Y_{l_1}^{-m}(\vartheta_a,\phi_a)\, Y_{l_2}^{m}(\vartheta_b',\phi_b'). \tag{4.3.37}$$

In dieser Gleichung sind die Kugelflächenfunktionen definiert durch (vgl. Anhang 4.1):

$$Y_l^m(\vartheta,\phi) = (-1)^m \sqrt{\frac{(2l+1)(l-m)!}{4\pi(l+m)!}}\, P_l^m(\cos\vartheta)\, e^{im\phi} \tag{A 4.1.8}$$

mit

$$P_l^m(\cos\vartheta) = \frac{(1-\cos^2\vartheta)^{m/2}}{2^l l!}\, \frac{d^{l+m}}{d(\cos\vartheta)^{l+m}}(\cos^2\vartheta-1)^l \tag{A 4.1.2}$$

als der Definition der Legendre-Polynome. Das Symbol $l_<$ bedeutet den minimalen Wert von l_1 oder l_2.

Es ist klar, daß die Entwicklung von $1/r_{ab}$ nur für im Vergleich zur räumlichen Ausdehnung der Moleküle, d.h. r_a oder r_b' große Abstände $r_{\alpha_i\beta_j}$ gut konvergiert. Es muß insbesondere gelten $r_{\alpha_i\beta_j} \geq r_a + r_b'$, die sogenannte Nicht-Überlappungsbedingung. Insofern gelten alle im folgenden daraus abgeleiteten Ergebnisse streng nur für in dieser Weise verstandene große Abstände zwischen den Molekülen. In der praktischen Anwendung der daraus abgeleiteten Beiträge zur intermolekularen Energiefunktion braucht diese Einschränkung bei sehr kleinen Molekülabständen nicht berücksichtigt zu werden, da dort andere Beiträge zur intermolekularen Energiefunktion, die Abstoßungskräfte, dominieren. Problematisch ist (4.3.37) bei Abständen, die einerseits so groß sind, daß die Abstoßungskräfte noch nicht dominieren, andererseits aber so klein sind, daß die Reihenentwicklung aus (4.3.37) nur sehr langsam, wenn überhaupt, konvergiert, also insbesondere bei Abständen im Bereich der Potentialmulde. Hier ist eine theoretische Aussage über die Anwendbarkeit von (4.3.37) und der darauf aufbauenden Ergebnisse nicht möglich. Praktische Wechselwirkungsmodelle addieren in diesem Bereich die kurz- und langreichweitigen Beiträge. Gute Erfolge bei ihrer Benutzung in thermodynamischen Rechnungen rechtfertigen dieses Vorgehen.

Gleichung (4.3.37) stellt den Ladungsabstand $1/r_{ab}$ in dem raumfesten Zwei-Zentren-Koordinatensystem aus Bild 4.3 dar. Erwünscht ist jedoch eine Darstellung der intermolekularen Energiefunktion in Termen der gegenseitigen Orientierung der Moleküle. Man muß daher zu molekülfesten Koordinatensystemen übergehen. Bezeichnet man die Koordinaten in den beiden molekülfesten Koordinatensystemen durch eine Überstreichung, die Orientierungen dieser Koordinatensysteme im raumfesten Koordinatensystem mit ω und führt die sogenannten Clebsch-Gordan-Koeffizienten $C(l_1 l_2 l_1 + l_2; m_1 m_2 m)$ ein, so ergibt sich durch diese Koordinatentransformation (vgl. Anhang 4.2):

$$
\frac{1}{r_{ab}} = \sum_{l_1=0}^{\infty} \sum_{l_2=0}^{\infty} \sum_{\substack{m_1 \ n_1 \\ m_2 \ n_2}} \sum \frac{r_a^{l_1} r_b'^{l_2}}{r_{\alpha_i \beta_j}^{l_1+l_2+1}}
$$

$$
4\pi(-1)^{l_2} \sqrt{\frac{(2l_1+2l_2)!}{(2l_1+1)!(2l_2+1)!}} \, C(l_1 l_2 l_1 + l_2; m_1 m_2 0)
$$

$$
Y_{l_1}^{n_1}(\vartheta_a, \phi_a) \, Y_{l_2}^{n_2}(\vartheta_b', \phi_b') \, D_{m_1 n_1}^{l_1}(\omega_{\alpha_i})^* \, D_{m_2 n_2}^{l_2}(\omega_{\beta_j})^*. \tag{4.3.38}
$$

Hier sind die $D_{mn}^{l}(\omega)^*$ Drehmatrizen, die die obige Transformation herbeiführen. Sie sind in Anhang 4.2 definiert. Die Laufvariablen m und n können Werte zwischen $-l$ und l annehmen. Will man sich zusätzlich noch von der Einschränkung befreien, daß die beiden Molekülzentren auf der z-Achse des raumfesten Koordinatensystems liegen, so muß man auch deren Orientierungsabhängigkeit ω durch eine Kugelflächenfunktion erfassen. Durch eine weitere Transformation mit ω als der Orientierung von $r_{\alpha_i \beta_j}$ im raumfesten Koordinatensystem (vgl. Anhang 4.2) findet man:

$$
\frac{1}{r_{ab}} = \sum_{l_1=0}^{\infty} \sum_{l_2=0}^{\infty} \sum_{\substack{m_1 \ n_1 \\ m_2 \ n_2 \\ m}} \sum \frac{r_a^{l_1} r_b'^{l_2}}{r_{\alpha_i \beta_j}^{l_1+l_2+1}} \, Y_{l_1}^{n_1}(\vartheta_a, \phi_a) \, Y_{l_2}^{n_2}(\vartheta_b', \phi_b')
$$

$$
\frac{4\pi(-1)^{l_2}}{2l_1+2l_2+1} \sqrt{\frac{4\pi(2l_1+2l_2+1)!}{(2l_1+1)!(2l_2+1)!}} \, C(l_1 l_2 l_1 + l_2; m_1 m_2 m)
$$

$$
D_{m_1 n_1}^{l_1}(\omega_{\alpha_i})^* \, D_{m_2 n_2}^{l_2}(\omega_{\beta_j})^* \, Y_{l_1+l_2}^{m}(\omega)^*. \tag{4.3.39}
$$

Hier gilt $m = m_1 + m_2$, wegen $C = 0$ für $m_1 + m_2 \neq m$.

Setzt man (4.3.39) in den Wechselwirkungsoperator zwischen dem Molekül α_i und dem Molekül β_j ein und definiert durch

$$^{\gamma}\tilde{M}_l^n = \sum_a^{K_\gamma} r_a^l q_a Y_l^n(\vartheta_a, \phi_a) \tag{4.3.40}$$

den Multipoloperator eines Moleküls der Molekülart γ, so erhält man mit

$$\tilde{V}_{\alpha_i\beta_j} = \sum_{l_1=0}^{\infty} \sum_{l_2=0}^{\infty} \sum_{\substack{m_1\,n_1 \\ m_2\,n_2 \\ m}} \frac{4\pi(-1)^{l_2}}{r_{\alpha_i\beta_j}^{l_1+l_2+1}}$$

$$\sqrt{\frac{4\pi(2l_1+2l_2+1)!}{(2l_1+1)!(2l_2+1)!}} \; \frac{^{\alpha}\tilde{M}_{l_1}^{n_1}\,{}^{\beta}\tilde{M}_{l_1}^{n_1}}{2l_1+2l_2+1}$$

$$C(l_1 l_2 l_1+l_2; m_1 m_2 m) \, D_{m_1 n_1}^{l_1}(\omega_{\alpha_i})^* \, D_{m_2 n_2}^{l_2}(\omega_{\beta_j})^* \, Y_{l_1+l_2}^m(\omega)^* \tag{4.3.41}$$

die formale Multipolentwicklung des Wechselwirkungsoperators zwischen den Molekülen α_i und β_j in Kugelfunktionen.

4.3.3 Beiträge erster Ordnung zur intermolekularen Energiefunktion: Die Multipolkräfte

4.3.3.1 Der allgemeine Ausdruck für das Paarpotential der Multipolkräfte

Nach (4.3.15) gilt für den Störterm erster Ordnung der Rayleigh-Schrödinger-Störungstheorie und damit nach (4.3.27) den Beitrag erster Ordnung zur intermolekularen Energiefunktion:

$$E_0^{(1)} = U^{(1)} = \int \psi_0^{(0)*} \frac{1}{2} \sum_\alpha^K \sum_\beta^K \sum_i^{N_\alpha} \sum_j^{N_\beta} \tilde{V}_{\alpha_i\beta_j} \psi_0^{(0)} \, d\tau. \tag{4.3.42}$$

Die Wellenfunktion des ungestörten Systems (ideales Gas) im Grundzustand läßt sich wegen der Unabhängigkeit der einzelnen Moleküle in einfacher Weise auf die Wellenfunktionen der einzelnen Moleküle im Grundzustand zurückführen:

$$\psi_0^{(0)} = \prod_\alpha^K \prod_i^{N_\alpha} \psi_{0_{\alpha_i}}^{(0)}. \tag{4.3.43}$$

Man erhält daher für $E_0^{(1)}$, wenn man die Multipolentwicklung des Wechselwirkungsoperators (4.3.41) einsetzt, (4.3.43) sowie die Normierungsbedingung (4.3.20) berücksichtigt und die Tatsache benutzt, daß ein Operator $\tilde{V}_{\alpha_i\beta_j}$ unabhängig von den Koordinaten einer Wellenfunktion $\psi_{0_{\gamma_k}}$ ist:

$$U^{(1)} = \frac{1}{2} \sum_{\substack{\alpha \\ \;}}^K \sum_{\substack{\beta \\ \alpha=\beta}}^K \sum_{\substack{i \\ \;}}^{N_\alpha} \sum_{\substack{j \\ i\neq j}}^{N_\beta} \phi_{\alpha_i\beta_j}^{mult} \tag{4.3.44}$$

mit

$$\phi_{\alpha_i \beta_j}^{\text{mult}}(r_{\alpha_i \beta_j} \omega_{\alpha_i} \omega_{\beta_j}) = \sum_{l_1=0}^{\infty} \sum_{l_2=0}^{\infty} \sum_{\substack{m_1 \ n_1 \\ m_2 \ n_2}}$$

$$E_{\alpha_i \beta_j}^{\text{mult}}(l_1 l_2 l_1 + l_2; n_1 n_2; r_{\alpha_i \beta_j}) \; C(l_1 l_2 l_1 + l_2; m_1 m_2 m)$$

$$D_{m_1 n_1}^{l_1}(\omega_{\alpha_i})^* \; D_{m_2 n_2}^{l_2}(\omega_{\beta_j})^* \; Y_{l_1 + l_2}^m(\omega)^* \tag{4.3.45}$$

beziehungsweise

$$\phi_{\alpha_i \beta_j}^{\text{mult}}(r_{\alpha_i \beta_j} \omega_{\alpha_i} \omega_{\beta_j}) = \sum_{l_1=0}^{\infty} \sum_{l_2=0}^{\infty} \sum_{\substack{m_1 \ n_1 \\ m_2 \ n_2}}$$

$$E_{\alpha_i \beta_j}^{\text{mult}}(l_1 l_2 l_1 + l_2; n_1 n_2; r_{\alpha_i \beta_j}) \sqrt{\frac{2l_1 + 2l_2 + 1}{4\pi}}$$

$$C(l_1 l_2 l_1 + l_2; m_1 m_2 0) \; D_{m_1 n_1}^{l_1}(\omega_{\alpha_i})^* \; D_{m_2 n_2}^{l_2}(\omega_{\beta_j})^* . \tag{4.3.46}$$

Gleichung (4.3.45) bezieht sich auf eine allgemeine Anordnung der beiden Moleküle im Raum, während in (4.3.46) die beiden Molekülzentren auf der z-Achse des raumfesten Koordinatensystems angeordnet sind. Für die Entwicklungskoeffizienten der Multipolkräfte gilt:

$$E_{\alpha_i \beta_j}^{\text{mult}}(l_1 l_2 l_1 + l_2; n_1 n_2; r_{\alpha_i \beta_j}) = \frac{4\pi(-1)^{l_2}}{r_{\alpha_i \beta_j}^{l_1 + l_2 + 1}}$$

$$\sqrt{\frac{4\pi(2l_1 + 2l_2 + 1)!}{(2l_1 + 1)! (2l_2 + 1)!}} \; \frac{{}^{\alpha}Q_{l_1}^{n_1} \; {}^{\beta}Q_{l_2}^{n_2}}{2l_1 + 2l_2 + 1} . \tag{4.3.47}$$

Hierin sind mit

$$^{\gamma}Q_l^n = \int \psi_{0\gamma}^{(0)*} \; {}^{\gamma}\tilde{M}_{l_1}^{n_1} \; \psi_{0\gamma}^{(0)} \, d\tau_{\gamma} \tag{4.3.48}$$

die permanenten Multipolelemente der Molekülart γ als Erwartungswerte der entsprechenden Multipoloperatoren im Grundzustand von γ definiert worden. Sie sind Kenngrößen der Ladungsverteilung einer Molekülart γ im Grundzustand.

4.3.3.2 Die Multipolmomente

Ausgehend von der Definitionsgleichung (4.3.40) erhält man die folgenden gleichwertigen Ausdrücke für die Multipolmomente:

$$^{\gamma}Q_l^n = \int \psi_{0\gamma}^{(0)*} \sum_{a}^{K_{\gamma}} r_a^l q_a \, Y_l^n(\vartheta_a, \phi_a) \, \psi_{0\gamma}^{(0)} \, d\tau_{\gamma} \tag{4.3.49}$$

$$= \int \psi_{0\gamma}^{(0)*} \int r^l q_{\gamma}(\tau) \, Y_l^n(\vartheta, \phi) \, d\tau_{\gamma} \, \psi_{0\gamma}^{(0)} \, d\tau_{\gamma} \tag{4.3.50}$$

$$= \int r^l \varrho_{\gamma}(\tau) \, Y_l^n(\vartheta, \phi) \, d\tau_{\gamma} . \tag{4.3.51}$$

Hier bedeutet die Integration über $d\tau_{\gamma}$ eine Integration über alle Ortskoordinaten der Molekülsorte γ, d.h. die Abstände r und die Winkel ϑ, ϕ, die alle im molekülfesten Koordinatensystem definiert sind. Die früher für das molekülfeste Koordinatensystem eingeführten Überstreichungen werden künftig zur Vereinfachung der Notation weggelassen. Die zweite Form von (4.3.50) ergibt sich daraus, daß man die Summation über die Einzelladungen im molekülfesten Koordinatensystem durch eine Integration über eine als kontinuierlich angesehene Ladungsverteilung ersetzt und (4.3.51) dadurch, daß man unter $r^l \varrho_\gamma(\tau)$ den Erwartungswert von $r^l q_\gamma(\tau)$ versteht.

Permanente Multipole mit $l = 0, 1, 2, 3, 4, \ldots$ bezeichnet man als Monopol (-ladung), Dipol, Quadrupol, Oktopol, Hexadecapol usw. Experimentelle Daten molekularer Dipolmomente liegen für zahlreiche Moleküle vor, Quadrupolmomente sind ebenfalls in vielen Fällen bekannt, meist allerdings mit geringerer Genauigkeit. Eine ausführliche Zusammenstellung dieser Moleküldaten findet man in [10, 12]. Daten für Oktopolmomente liegen nur in Sonderfällen vor und sind praktisch am ehesten für Tetraedermoleküle (CH_4, CCl_4) bedeutsam. Noch seltener sind Daten für das Hexadecapolmoment, das als erste Koorektur der kugelförmigen Ladungsverteilung insbesondere für Oktaedermoleküle (SF_6) eine Rolle spielt. Aus dieser begrenzten Verfügbarkeit von Multipoldaten ergibt sich, daß die Multipolentwicklung bei den meisten Molekülen nach dem Quadrupolmoment abgebrochen werden muß, sofern es sich nicht um Tetraeder- oder Oktaedermoleküle handelt. Man erkennt im übrigen, daß ein Multipolmoment der Ordnung l ein Tensor mit $(2l + 1)$ Komponenten wegen $-l \leq n \leq l$ ist. So hat das Dipolmoment drei Komponenten und das Quadrupolmoment fünf.

Die Anzahl der von null verschiedenen und unabhängigen Komponenten der Multipoltensoren kann durch Ausnutzung der Symmetrie eines Moleküls reduziert werden. In der praktischen Anwendung kommt es daher darauf an, geschickte molekülfeste Koordinatensysteme zu definieren und die Multipoltensoren unter optimaler Ausnutzung von Molekülsymmetrien auf eine möglichst geringe Anzahl von Komponenten zu reduzieren, für die dann Zahlenwerte in Tabellenwerken nachgeschlagen werden müssen. Allgemeiner Ausgangspunkt solcher Umformungen ist die Umschreibung der hier in Kugelfunktionen definierten permanenten Multipole in kartesische Koordinaten des molekülfesten Koordinatensystems. Zwischen den Kugelkoordinaten und den kartesischen Koordinaten besteht der allgemeine Zusammenhang:

$$x = r \sin \vartheta \cos \phi$$
$$y = r \sin \vartheta \sin \phi$$
$$z = r \cos \vartheta$$

mit $r^2 = x^2 + y^2 + z^2$.

Der in den Kugelfunktionen auftretende Ausdruck $r^n (\sin \vartheta)^n e^{in\phi}$ läßt sich wegen

$$x \pm iy = r \sin \vartheta (\cos \phi \pm i \sin \phi) = r \sin \vartheta\, e^{\pm i\phi}$$

ausdrücken durch

$$r^n (\sin \vartheta)^n e^{\pm in\phi} = (x \pm iy)^n.$$

Damit und mit der Definition der Kugelfunktionen (vgl. Anhang 4.1) findet man die folgende Darstellung der Multipolmomente in kartesischen Koordinaten:

$$Q_0^0 = \int \varrho \, \frac{1}{\sqrt{4\pi}} \, d\tau = \frac{q}{\sqrt{4\pi}}, \tag{4.3.52}$$

$$Q_1^0 = \int \varrho \, r \, Y_1^0 \, d\tau = \int \varrho \, \tfrac{1}{2} \sqrt{\tfrac{3}{\pi}} \, z \, d\tau = \tfrac{1}{2} \sqrt{\tfrac{3}{\pi}} \, \mu_z, \tag{4.3.53}$$

$$Q_1^{\pm 1} = \int \varrho \, r \, Y_1^{\pm 1} \, d\tau = \int \varrho \mp \tfrac{1}{2} \sqrt{\tfrac{3}{2\pi}} (x \pm i\,y) \, d\tau$$
$$= \mp \tfrac{1}{2} \sqrt{\tfrac{3}{2\pi}} (\mu_x \pm i\,\mu_y), \tag{4.3.54}$$

$$Q_2^0 = \int \varrho \, r^2 \, Y_2^0 \, d\tau = \int \varrho \, \tfrac{1}{4} \sqrt{\tfrac{5}{\pi}} (3z^2 - r^2) \, d\tau = \tfrac{1}{2} \sqrt{\tfrac{5}{\pi}} \, \theta_{zz}, \tag{4.3.55}$$

$$Q_2^{\pm 1} = \int \varrho \, r^2 \, Y_2^{\pm 1} \, d\tau = \int \varrho \mp \tfrac{1}{2} \sqrt{\tfrac{15}{2\pi}} \, z(x \pm i\,y) \, d\tau$$
$$= \mp \tfrac{1}{3} \sqrt{\tfrac{15}{2\pi}} (\theta_{xz} \pm i\,\theta_{yz}), \tag{4.3.56}$$

$$Q_2^{\pm 2} = \int \varrho \, r^2 \, Y_2^{\pm 2} \, d\tau = \int \varrho \, \tfrac{1}{4} \sqrt{\tfrac{15}{2\pi}} (x \pm i\,y)^2 \, d\tau$$
$$= \tfrac{1}{6} \sqrt{\tfrac{15}{2\pi}} (\theta_{xx} - \theta_{yy} \pm 2i\,\theta_{xy}), \tag{4.3.57}$$

$$Q_3^0 = \int \varrho \, r^3 \, Y_3^0 \, d\tau = \int \varrho \, \tfrac{1}{2} \sqrt{\tfrac{7}{\pi}} \, \tfrac{1}{2} (5z^3 - 3r^2 z) \, d\tau = \tfrac{1}{2} \sqrt{\tfrac{7}{\pi}} \, \Omega_{zzz}, \tag{4.3.58}$$

$$Q_3^{\pm 1} = \int \varrho \, r^3 \, Y_3^{\pm 1} \, d\tau = \int \varrho \mp \tfrac{1}{4} \sqrt{\tfrac{21}{\pi}} \, \tfrac{1}{2} [(5z^2 x - r^2 x) \pm i(5z^2 y - r^2 y)] \, d\tau$$
$$= \mp \tfrac{1}{4} \sqrt{\tfrac{21}{\pi}} (\Omega_{xzz} \pm i\,\Omega_{yzz}), \tag{4.3.59}$$

$$Q_3^{\pm 2} = \int \varrho \, r^3 \, Y_3^{\pm 2} \, d\tau$$
$$= \int \varrho \, \tfrac{1}{2} \sqrt{\tfrac{105}{2\pi}} \, \tfrac{1}{2} \, \tfrac{1}{5} [(5x^2 z - r^2 z) - (5y^2 z - r^2 z) \pm i\,10\,xyz] \, d\tau$$
$$= \tfrac{1}{10} \sqrt{\tfrac{105}{2\pi}} (\Omega_{xxz} - \Omega_{yyz} \pm i\,2\Omega_{xyz}), \tag{4.3.60}$$

$$Q_3^{\pm 3} = \int \varrho \, r^3 \, Y_3^{\pm 3} \, d\tau = \int \varrho \mp \tfrac{1}{8} \sqrt{\tfrac{35}{\pi}} [x^3 - 3y^2 x \pm i(3x^2 y - y^3)] \, d\tau$$
$$= \int \varrho \mp \tfrac{1}{4} \sqrt{\tfrac{35}{\pi}} \, \tfrac{1}{5} \, \tfrac{1}{2} [5x(x^2 - 3y^2) \pm 5i\,y(3x^2 - y^2)] \, d\tau$$
$$= \pm \tfrac{1}{20} \sqrt{\tfrac{35}{\pi}} [\Omega_{xzz} + 4\Omega_{xyy} \mp i(4\Omega_{xxy} + \Omega_{yzz})]. \tag{4.3.61}$$

Gleichungen für höhere Multipolmomente in kartesischen Koordinaten lassen sich analog ableiten. In den obigen Gleichungen werden die folgenden Definitionen für die kartesischen Koordinaten der Multipoltensoren benutzt:

$$q = \int \varrho \, d\tau \tag{4.3.62}$$

als Ladung des Moleküls,

$$\mu_\alpha = \int \varrho \, \alpha \, d\tau \tag{4.3.63}$$

als α-Komponente des Dipolmoments,

$$\theta_{\alpha\beta} = \tfrac{1}{2} \int \varrho \, (3\alpha\beta - r^2 \delta_{\alpha\beta}) \, d\tau \tag{4.3.64}$$

als $\alpha\beta$-Komponente des Quadrupolmoments und

$$\Omega_{\alpha\beta\gamma} = \tfrac{1}{2} \int \varrho \, [5\alpha\beta\gamma - r^2(\alpha\,\delta_{\beta\gamma} + \beta\,\delta_{\gamma\alpha} + \gamma\,\delta_{\alpha\beta})] \, d\tau \tag{4.3.65}$$

als $\alpha\beta\gamma$-Element des Oktopolmoments.

Der Quadrupoltensor hat in dieser Definition die Spur null, so daß, wie oben allgemein gezeigt wurde, nur fünf Tensorkomponenten unabhängig sein können. Benutz man als molekülfestes Koordinatensystem die Hauptachsen des Quadrupoltensors, so entfallen die nichtdiagonalen Elemente, d. h.

$$\theta_{xy} = \theta_{xz} = \theta_{yz} = 0 \tag{4.3.66}$$

und wegen

$$\theta_{xx} + \theta_{yy} + \theta_{zz} = 0 \tag{4.3.67}$$

bleiben nur zwei unabhängige Komponenten des Quadrupoltensors erhalten. Es gilt dann:

$$Q_2^0 = \tfrac{1}{2}\sqrt{\tfrac{5}{\pi}}\,\theta_{zz} \tag{4.3.68}$$

und

$$Q_2^{\pm 2} = \tfrac{1}{6}\sqrt{\tfrac{15}{2\pi}}\,(\theta_{xx} - \theta_{yy}) = \tfrac{1}{6}\sqrt{\tfrac{15}{2\pi}}\,(2\theta_{xx} + \theta_{zz}) \tag{4.3.69}$$

sowie

$$Q_2^{\pm 1} = 0. \tag{4.3.70}$$

Der Dipolvektor hat im allgemeinen Falle drei von null verschiedene Komponenten. Bei einfachen Molekülen liegt der Dipolvektor auf einer der Hauptachsen des Quadrupoltensors. Man wählt diese Achse dann als z-Achse des molekülfesten Koordinatensystems. Damit reduziert sich der Dipolvektor auf einen Skalar μ, nämlich seine z-Komponente, und es gilt:

$$Q_1^0 = \tfrac{1}{2}\sqrt{\tfrac{3}{\pi}}\,\mu \tag{4.3.71}$$

sowie

$$Q_1^{\pm 1} = 0. \tag{4.3.72}$$

Dies trifft insbesondere für lineare Moleküle zu, für die wegen verschwindender Ladungsverteilung, außer in z-Richtung, zusätzlich noch

$$Q_2^{\pm 2} = 0 \tag{4.3.73}$$

gilt. Lineare Moleküle haben daher ein skalares Dipolmoment und ein skalares Quadrupolmoment. Das gleiche gilt für symmetrische Kreiselmoleküle, wie z. B. NH_3.

Der Oktopoltensor wird nur für tetraedrische Moleküle berücksichtigt, da er dort das niedrigste von null verschiedene Multipolmoment und damit die erste Korrektur gegenüber einer kugelförmigen Ladungsverteilung repräsentiert. Dies zeigt man durch das in Bild 4.4 dargestellte molekülfeste Koordinatensystem [11]. Die Anordnung ist dadurch gekennzeichnet, daß das Tetraedermolekül zunächst so angeordnet wird, daß die zum oberen H-Atom zeigende CH-Bindung (r_1) mit der z-Achse zusammenfällt und eine weitere CH-Bindung (r_2) in der $z - x$-Ebene liegt. Darauf wird das gesamte Molekül so um die y-Achse gedreht, daß die Ebene der zwei anderen CH-Bindungen (r_3, r_4) in die $y - z$-Ebene fällt. Durch die vier CH-Bindungen definierten zwei Ebenen stehen damit senkrecht aufeinander. Die letztere Drehung ist daher eine Drehung um den halben Tetraederwinkel, d. h. $\vartheta/2$ ($\vartheta = 109{,}47°$) und r_1, r_2 sind um $\vartheta/2$ spiegelbildlich von der z-Achse in die $z - x$-Ebene gedreht. Analog sind r_3, r_4 spiegelbildlich zur z-Achse um $\vartheta/2$ in die

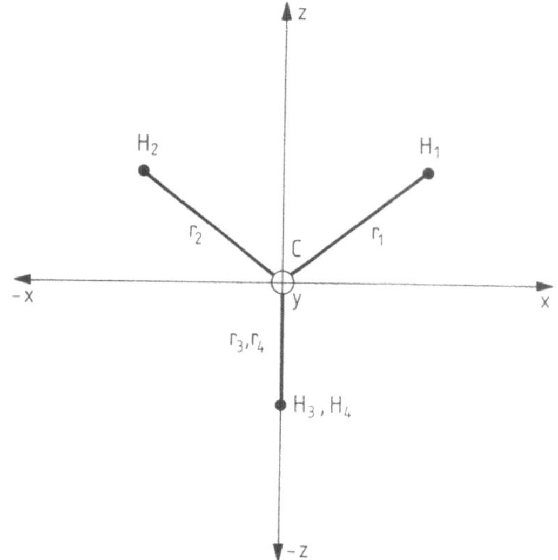

Bild 4.4. Lage eines Tetraedermoleküls im molekülfesten Koordinatensystem

$y - z$-Ebene gedreht. Es gilt also bei dieser Lage des Tetraedermoleküls im molekülfesten Koordinatensystem:

$$r_1 = \{r \sin \vartheta/2;\ 0;\ r \cos \vartheta/2\}$$

$$r_2 = \{-r \sin \vartheta/2;\ 0;\ r \cos \vartheta/2\}$$

$$r_3 = \{0;\ r \sin \vartheta/2;\ -r \cos \vartheta/2\}$$

$$r_4 = \{0;\ -r \sin \vartheta/2;\ -r \cos \vartheta/2\}.$$

Damit ergeben sich die folgenden Werte für die kartesischen Koordinaten der Multipoltensoren, wenn man die Ladungsverteilung ϱ wieder als begrenzt auf die intermolekularen Bindungen, d.h. außerhalb der CH-Bindungsstäbe zu null annimmt:

$$\mu_x = \int \varrho\, r\, [\sin \vartheta/2 - \sin \vartheta/2 + 0 + 0]\mathrm{d}\tau = 0, \tag{4.3.74}$$

$$\mu_y = \int \varrho\, r\, [0 + 0 + \sin \vartheta/2 - \sin \vartheta/2]\mathrm{d}\tau = 0, \tag{4.3.75}$$

$$\mu_z = \int \varrho\, r\, [\cos \vartheta/2 + \cos \vartheta/2 - \cos \vartheta/2 - \cos \vartheta/2]\mathrm{d}\tau = 0, \tag{4.3.76}$$

$$\theta_{xx} = \tfrac{1}{2}\int \varrho\, r^2\, [3\sin^2 \vartheta/2 + 3\sin^2 \vartheta/2 + 0 + 0 - 4]\mathrm{d}\tau = 0, \tag{4.3.77}$$

$$\theta_{yy} = \tfrac{1}{2}\int \varrho\, r^2\, [0 + 0 + 3\sin^2 \vartheta/2 + 3\sin^2 \vartheta/2 - 4]\mathrm{d}\tau = 0, \tag{4.3.78}$$

$$\theta_{zz} = \tfrac{1}{2}\int \varrho\, r^2\, [3\cos^2 \vartheta/2 + 3\cos^2 \vartheta/2 + 3\cos^2 \vartheta/2 + 3\cos^2 \vartheta/2 - 4]\mathrm{d}\tau = 0, \tag{4.3.79}$$

$$\theta_{xy} = \tfrac{1}{2}\int \varrho\, r^2\, [0 + 0 + 0 + 0]\mathrm{d}\tau = 0, \tag{4.3.80}$$

$$\theta_{xz} = \tfrac{1}{2}\int \varrho\, r^2\, [3\sin \vartheta/2 \cos \vartheta/2 - 3\sin \vartheta/2 \cos \vartheta/2 + 0 + 0]\mathrm{d}\tau = 0, \tag{4.3.81}$$

$$\theta_{yz} = \tfrac{1}{2}\int \varrho\, r^2\, [0 + 0 - 3\sin \vartheta/2 \cos \vartheta/2 + 3\sin \vartheta/2 \cos \vartheta/2]\mathrm{d}\tau = 0, \tag{4.3.82}$$

$$\Omega_{xxx} = \tfrac{1}{2}\int \varrho\, r^3\, [5\sin^3 \vartheta/2 - 5\sin^3 \vartheta/2 + 0 + 0$$
$$- 3(\sin \vartheta/2 \cdot 1 - \sin \vartheta/2 \cdot 1) + 0 + 0] = 0, \tag{4.3.83}$$

$$\Omega_{yyy} = \tfrac{1}{2} \int \varrho \, r^3 \left[0 + 0 + 5\sin^3 \vartheta/2 - 5\sin^3 \vartheta/2 \right.$$
$$\left. - 3(0 + 0 + \sin \vartheta/2 - \sin \vartheta/2) \right] d\tau = 0, \tag{4.3.84}$$

$$\Omega_{zzz} = \tfrac{1}{2} \int \varrho \, r^3 \left[5\cos^3 \vartheta/2 + 5\cos^3 \vartheta/2 - 5\cos^3 \vartheta/2 - 5\cos^3 \vartheta/2 \right.$$
$$\left. - 3(\cos \vartheta/2 + \cos \vartheta/2 - \cos \vartheta/2 - \cos \vartheta/2) \right] d\tau = 0, \tag{4.3.85}$$

$$\Omega_{xxy} = \tfrac{1}{2} \int \varrho \, r^3 \left[5 \cdot 0 + 5 \cdot 0 + 5 \cdot 0 + 5 \cdot 0 - (\sin \vartheta/2 - \sin \vartheta/2) \right] d\tau = 0, \tag{4.3.86}$$

$$\Omega_{xxz} = \tfrac{1}{2} \int \varrho \, r^3 \left[5\sin^2 \vartheta/2 \cos \vartheta/2 + 5\sin^2 \vartheta/2 \cos \vartheta/2 + 0 + 0 \right.$$
$$\left. - (\cos \vartheta/2 + \cos \vartheta/2 - \cos \vartheta/2 - \cos \vartheta/2) \right] d\tau$$
$$= 5 \int \varrho \, r^3 \sin^2 \vartheta/2 \cos \vartheta/2 \, d\tau, \tag{4.3.87}$$

$$\Omega_{xyy} = \tfrac{1}{2} \int \varrho \, r^3 \left[0 + 0 + 0 + 0 - (\sin \vartheta/2 - \sin \vartheta/2 + 0 + 0) \right] d\tau = 0, \tag{4.3.88}$$

$$\Omega_{xyz} = \tfrac{1}{2} \int \varrho \, r^3 \left[0 + 0 + 0 + 0 - (0) \right] d\tau = 0, \tag{4.3.89}$$

$$\Omega_{xzz} = \tfrac{1}{2} \int \varrho \, r^3 \left[5\sin \vartheta/2 \cos^2 \vartheta/2 - 5\sin \vartheta/2 \cos^2 \vartheta/2 + 0 + 0 \right.$$
$$\left. - (\sin \vartheta/2 - \sin \vartheta/2 + 0 + 0) \right] d\tau = 0, \tag{4.3.90}$$

$$\Omega_{yyz} = \tfrac{1}{2} \int \varrho \, r^3 \left[5 \cdot 0 + 5 \cdot 0 - 5\sin^2 \vartheta/2 \cos \vartheta/2 - 5\sin^2 \vartheta/2 \cos \vartheta/2 \right.$$
$$\left. - (\cos \vartheta/2 + \cos \vartheta/2 - \cos \vartheta/2 - \cos \vartheta/2) \right] d\tau$$
$$= - 5 \int \varrho \, r^3 \sin^2 \vartheta/2 \cos \vartheta/2 \, d\tau, \tag{4.3.91}$$

$$\Omega_{yzz} = \tfrac{1}{2} \int \varrho \, r^3 \left[0 + 0 + 5\sin \vartheta/2 \cos^2 \vartheta/2 - 5\sin \vartheta/2 \cos^2 \vartheta/2 \right.$$
$$\left. - (\sin \vartheta/2 - \sin \vartheta/2 + 0 + 0) \right] d\tau = 0. \tag{4.3.92}$$

Damit gelten die folgenden Ausdrücke für die Multipolelemente tetraedrischer Moleküle:

$$Q_1^0 = Q_1^{\pm 1} = Q_2^0 = Q_2^{\pm 1} = Q_2^{\pm 2} = 0$$
$$Q_3^0 = Q_3^{\pm 1} = Q_3^{\pm 3} = 0$$
$$Q_3^{\pm 2} = \tfrac{1}{5} \sqrt{\tfrac{105}{2\pi}} \, \Omega, \tag{4.3.93}$$

mit

$$\Omega = 5 \int \varrho \, r^3 \sin^2 \vartheta/2 \cos \vartheta/2 \, d\tau \tag{4.3.94}$$

als dem Oktopolmoment des Tetraedermoleküls. Bei Berücksichtigung von Multipolmomenten bis $l \leq 3$ bleibt somit für Tetraedermoleküle nur ein Element das Oktopoltensors übrig.

Entsprechend läßt sich zeigen, daß für Oktaedermoleküle (SF_6) nur ein Element des Hexadecapoltensors als erste Korrektur der kugelförmigen Ladungsverteilung übrig bleibt.

Für Atome, kugelförmige Ionen oder andere kugelförmige Ladungsverteilungen nimmt der Multipoltensor eine besonders einfache Form an. Es gilt:

$$^\gamma Q_l^n = \int r^2 \, r^l \, \varrho_\gamma(r) \, dr \int Y_l^n \sin \vartheta \, d\vartheta \, d\phi. \tag{4.3.95}$$

Nach dem Integraltheorem für Kugelfunktionen [10, Gleichung A 38]

$$\int Y_l^n \, d\omega = \sqrt{4\pi} \, \delta_{l0} \, \delta_{n0}$$

findet man daraus

$$^{\gamma}Q_l^n \equiv 0 \qquad (4.3.96)$$

für $l, n \neq 0$ und mit (4.3.62)

$$^{\gamma}Q_0^0 = \frac{q_\gamma}{\sqrt{4\pi}}. \qquad (4.3.97)$$

Für neutrale kugelförmige Moleküle verschwinden die Multipolkräfte. Es gibt daher auch keine Multipolkräfte zwischen einem kugelförmigen neutralen Molekül und einem beliebigen anderen Molekül. Für elektrisch geladene kugelförmige Partikel findet man mit (4.3.46)

$$\phi_{\alpha_i\beta_j}^{\text{mult}} = \frac{q_\alpha q_\beta}{r_{\alpha_i\beta_j}} \qquad (4.3.98)$$

das Coulombsche Gesetz.

Zahlenwerte für Multipolmomente hängen grundsätzlich vom Ursprung des gewählten Koordinatensystems ab [10]. In neutralen Molekülen ist das Dipolmoment unabhängig von einer Verschiebung des Ursprungs, das Quadrupolmoment transformiert sich jedoch, sofern nicht das Dipolmoment null ist. Gewöhnlich sind Zahlenwerte für die Multipolmomente auf den Massenschwerpunkt bezogen. Dies ist jedoch nicht immer der günstigste Bezugspunkt, so daß bisweilen Transformationen sinnvoll sein können [10].

4.3.3.3 Die Entwicklungskoeffizienten der Multipolkräfte einfacher Moleküle

Gleichung (4.3.47) für die Entwicklungskoeffizienten der Multipolkräfte können nunmehr in Termen der zuvor definierten Komponenten der Multipoltensoren angegeben werden. Wir beschränken uns hier auf einfache Moleküle, also auf solche, bei denen der Dipolvektor mit einer der Hauptachsen des Quadrupoltensors zusammenfällt (z-Achse) sowie auf $l \leq 3$

$$E_{\alpha\beta}^{\text{mult}}(112; 00; r_{\alpha_i\beta_j}) = -2\sqrt{\tfrac{6\pi}{5}}\,\mu_\alpha\mu_\beta\, r_{\alpha_i\beta_j}^{-3}, \qquad (4.3.99)$$

$$E_{\alpha\beta}^{\text{mult}}(123; 0^{\pm}2; r_{\alpha_i\beta_j}) = \sqrt{\tfrac{10\pi}{7}}\,(2\theta_{\beta xx} + \theta_{\beta zz})\mu_\alpha\, r_{\alpha_i\beta_j}^{-4}, \qquad (4.3.100)$$

$$E_{\alpha\beta}^{\text{mult}}(123; 00; r_{\alpha_i\beta_j}) = 2\sqrt{\tfrac{15\pi}{7}}\,\mu_\alpha\theta_{\beta zz}\, r_{\alpha_i\beta_j}^{-4}, \qquad (4.3.101)$$

$$E_{\alpha\beta}^{\text{mult}}(213; {}^{\pm}20; r_{\alpha_i\beta_j}) = -\sqrt{\tfrac{10\pi}{7}}\,(2\theta_{\alpha xx} + \theta_{\alpha zz})\mu_\beta\, r_{\alpha_i\beta_j}^{-4}, \qquad (4.3.102)$$

$$E_{\alpha\beta}^{\text{mult}}(213; 00; r_{\alpha_i\beta_j}) = -2\sqrt{\tfrac{15\pi}{7}}\,\theta_{\alpha zz}\mu_\beta\, r_{\alpha_i\beta_j}^{-4}, \qquad (4.3.103)$$

$$E_{\alpha\beta}^{\text{mult}}(224; {}^{\pm}2^{\pm}2; r_{\alpha_i\beta_j}) = \tfrac{5}{9}\sqrt{\tfrac{14\pi}{5}}\,(2\theta_{\alpha xx} + \theta_{\alpha zz})(2\theta_{\beta xx} + \theta_{\beta zz})\, r_{\alpha_i\beta_j}^{-5}, \qquad (4.3.104)$$

$$E_{\alpha\beta}^{\text{mult}}(224; 0^{\pm}2; r_{\alpha_i\beta_j}) = \tfrac{2}{9}\sqrt{105\pi}\,\theta_{\alpha zz}(2\theta_{\beta xx} + \theta_{\beta zz})\, r_{\alpha_i\beta_j}^{-5}, \qquad (4.3.105)$$

$$E_{\alpha\beta}^{\text{mult}}(224; {}^{\pm}20; r_{\alpha_i\beta_j}) = \tfrac{2}{9}\sqrt{105\pi}\,\theta_{\beta zz}(2\theta_{\alpha xx} + \theta_{\alpha zz})\, r_{\alpha_i\beta_j}^{-5}, \qquad (4.3.106)$$

$$E_{\alpha\beta}^{\text{mult}}(224; 00; r_{\alpha_i\beta_j}) = \tfrac{2}{3}\sqrt{70\pi}\,\theta_{\alpha zz}\theta_{\beta zz}\, r_{\alpha_i\beta_j}^{-5}, \qquad (4.3.107)$$

$$E_{\alpha\beta}^{\text{mult}}(235; {}^{\pm}2^{\pm}2; r_{\alpha_i\beta_j}) = -4\sqrt{\tfrac{21\pi}{22}}\,(2\theta_{\alpha xx} + \theta_{\alpha zz})\Omega_\beta\, r_{\alpha_i\beta_j}^{-6}, \qquad (4.3.108)$$

$$E_{\alpha\beta}^{\text{mult}}(235;\,0^{\pm}2;\,r_{\alpha_i\beta_j}) = -\,12\,\sqrt{\tfrac{7\pi}{11}}\,\theta_{\alpha zz}\,\Omega_\beta\,r_{\alpha_i\beta_j}^{-6}, \tag{4.3.109}$$

$$E_{\alpha\beta}^{\text{mult}}(325;\,^{\pm}2^{\pm}2;\,r_{\alpha_i\beta_j}) = 4\,\sqrt{\tfrac{21\pi}{22}}\,\Omega_\alpha(2\,\theta_{\beta xx} + \theta_{\beta zz})\,r_{\alpha_i\beta_j}^{-6}, \tag{4.3.110}$$

$$E_{\alpha\beta}^{\text{mult}}(325;\,^{\pm}20;\,r_{\alpha_i\beta_j}) = 12\,\sqrt{\tfrac{7\pi}{11}}\,\theta_{\beta zz}\,\Omega_\alpha\,r_{\alpha_i\beta_j}^{-6}, \tag{4.3.111}$$

$$E_{\alpha\beta}^{\text{mult}}(134;\,0^{\pm}2;\,r_{\alpha_i\beta_j}) = -\,\tfrac{8}{15}\,\sqrt{\tfrac{105\pi}{2}}\,\mu_\alpha\,\Omega_\beta\,r_{\alpha_i\beta_j}^{-5}, \tag{4.3.112}$$

$$E_{\alpha\beta}^{\text{mult}}(314;\,^{\pm}20;\,r_{\alpha_i\beta_j}) = -\,\tfrac{8}{15}\,\sqrt{\tfrac{105\pi}{2}}\,\Omega_\alpha\,\mu_\beta\,r_{\alpha_i\beta_j}^{-5}, \tag{4.3.113}$$

$$E_{\alpha\beta}^{\text{mult}}(336;\,^{\pm}2^{\pm}2;\,r_{\alpha_i\beta_j}) = -\,\tfrac{168}{5}\,\sqrt{\tfrac{33\pi}{91}}\,\Omega_\alpha\,\Omega_\beta\,r_{\alpha_i\beta_j}^{-7}. \tag{4.3.114}$$

Andere Wechselwirkungskoeffizienten treten unter den genannten Bedingungen nicht auf. Lineare und symmetrische Kreiselmoleküle (z. B. NH_3), deren Quadrupoltensor durch einen Skalar ausgedrückt werden kann, sind durch $(2\,\theta_{xx} + \theta_{zz}) = 0$ gekennzeichnet, so daß in diesen Fällen einige Entwicklungskoeffizienten entfallen.

Beispiel 4.1

Man leite die Entwicklungskoeffizienten für die Wechselwirkung zwischen dem Dipolmoment eines Moleküls α_i und dem Quadrupolmoment eines Moleküls β_j ab.

Lösung

Die Laufvariable l_1 hat den Wert 1 für das Dipolmoment, die Laufvariable l_2 den Wert 2 für das Quadrupolmoment. Es handelt sich also um Koeffizienten der Art

$$E_{\alpha\beta}^{\text{mult}}(123;\,n_1\,n_2;\,r_{\alpha_i\beta_j}).$$

Die n_1, n_2 können grundsätzlich alle Werte, die durch $\pm\,n_1 \leqq l_1$ bzw. $\pm\,n_2 \leqq l_2$ eingeschränkt sind, annehmen. Damit gilt $\pm\,n_1 \leqq 1$ und $\pm\,n_2 \leqq 2$. Wählt man als molekülfestes Koordinatensystem die Hauptachsen des Quadrupoltensors, und fällt die Richtung des Dipolvektors mit einer dieser Hauptachsen zusammen, dann gilt $n_1 = 0$ und $\pm\,n_2 = 2$.

Wir erhalten daher die folgenden Entwicklungskoeffizienten aus (4.3.47):

$$\begin{aligned}
E_{\alpha\beta}^{\text{mult}}(123;\,0^{\pm}2;\,r_{\alpha_i\beta_j}) &= \frac{4\pi(-1)^2}{r_{\alpha_i\beta_j}^{1+2+1}}\,\sqrt{\frac{4\pi(2+4+1)!}{(3!)(5!)}}\,\frac{^\alpha Q_1^0\,{}^\beta Q_2^{\pm 2}}{7} \\[2mm]
&= \frac{4\pi}{r_{\alpha_i\beta_j}^4}\,\sqrt{\frac{4\pi\,7!}{3!\,5!}}\,\frac{1}{7}\,\frac{1}{2}\,\sqrt{\frac{3}{\pi}}\,\mu_\alpha\,\frac{1}{6}\,\sqrt{\frac{15}{2\pi}}\,(\theta_{\beta xx} - \theta_{\beta yy}) \\[2mm]
&= \sqrt{\frac{10\pi}{7}}\,(2\,\theta_{\beta xx} + \theta_{\beta zz})\,\mu_\alpha\,r_{\alpha_i\beta_j}^{-4}
\end{aligned}$$

und

$$E_{\alpha\beta}^{\text{mult}}(123;\,00;\,r_{\alpha_i\beta_j}) = 2\,\sqrt{\frac{15\pi}{7}}\,\mu_\alpha\,\theta_{\beta zz}\,r_{\alpha_i\beta_j}^{-4}.$$

4.3.3.4 Explizite Formeln für die Abstands- und Orientierungsabhängigkeit der Multipolkräfte einfacher Moleküle

Wir beschränken uns im folgenden wiederum auf einfache Moleküle, also solche, bei denen die Richtung des Dipolvektors mit einer der Hauptachsen des Quadrupoltensors zusammenfällt (z-Achse). Die Entwicklungskoeffizienten für solche Moleküle sind im vorherigen Abschnitt zusammengestellt, wobei bei allen Molekülgeometrien, außer der tetraedrischen, die Multipolentwicklung nach dem

Quadrupolmoment abgebrochen wurde ($l \leq 2$) und für Tetraedermoleküle ausschließlich das Oktopolmoment ($l \leq 3$) benutzt wurde. Wählen wir als z-Koordinate des raumfesten Koordinatensystems die Verbindungsachse der beiden Molekülzentren, so gilt für das Paarpotential, das einem gegebenen Entwicklungskoeffizienten $E_{\alpha\beta}^{\text{mult}}(l_1 l_2 l; n_1 n_2; r_{\alpha_i \beta_j})$ entspricht, nach (4.3.46):

$$\phi^{\text{mult}}(l_1 l_2 l; n_1 n_2; r_{\alpha_i \beta_j}) = \sqrt{\frac{2l+1}{4\pi}}\, E_{\alpha\beta}^{\text{mult}}(l_1 l_2 l; n_1 n_2; r_{\alpha_i \beta_j})$$

$$\sum_{m_1 = -l_1}^{l_1} C(l_1 l_2 l; m_1 \underline{m}_1 0)\, D_{m_1 n_1}^{l_1}(\omega_{\alpha_i})^*\, D_{\underline{m}_1 n_2}^{l_2}(\omega_{\beta_j})^*, \tag{4.3.115}$$

wobei

$$l = l_1 + l_2$$

und eine Unterstreichung den negativen Wert bedeutet:

$$\underline{m}_1 = -m_1.$$

Zur expliziten Darstellung der Winkelabhängigkeit des Paarpotentials müssen die Drehmatrizen $D_{mn}^{l}(\omega)^*$ ausgewertet werden. Dies ist mit (A 4.2.2) bis (A 4.2.5) ohne Schwierigkeiten möglich. Die entsprechenden Zahlenwerte der C-Koeffizienten werden nach (A 4.2.7) berechnet. Man findet dann die nachstehenden Ausdrücke, wobei $\phi = \phi_{\beta_j} - \phi_{\alpha_i}$ gesetzt wird:

$$\phi_{\alpha\beta}^{\mu\mu}(r_{\alpha_i \beta_j}, \omega_{\alpha_i} \omega_{\beta_j}) = -\frac{\mu_\alpha \mu_\beta}{r_{\alpha_i \beta_j}^3}\left[2\cos\vartheta_{\alpha_i}\cos\vartheta_{\beta_j} - \sin\vartheta_{\alpha_i}\sin\vartheta_{\beta_j}\cos\phi\right]. \tag{4.3.116}$$

Dieses Wechselwirkungsmodell in Verbindung mit dem Lennard-Jones-Potential (4.5.8) wird als Stockmayer-Potential bezeichnet.

$$\phi_{\alpha\beta}^{\mu\theta}(r_{\alpha_i \beta_j}, \omega_{\alpha_i} \omega_{\beta_j})$$

$$= -\frac{3}{2}\frac{\mu_\alpha \theta_{\beta zz}}{r_{\alpha_i \beta_j}^4}\left[2\sin\vartheta_{\alpha_i}\sin\vartheta_{\beta_j}\cos\vartheta_{\beta_j}\cos\phi - \cos\vartheta_{\alpha_i}(3\cos^2\vartheta_{\beta_j} - 1)\right]$$

$$+ \frac{3}{2}\frac{\mu_\beta \theta_{\alpha zz}}{r_{\alpha_i \beta_j}^4}\left[2\sin\vartheta_{\alpha_i}\cos\vartheta_{\alpha_i}\sin\vartheta_{\beta_j}\cos\phi - \cos\vartheta_{\beta_j}(3\cos^2\vartheta_{\alpha_i} - 1)\right]$$

$$- \frac{3}{2}\frac{(2\theta_{\alpha xx} + \theta_{\alpha zz})\mu_\beta}{r_{\alpha_i \beta_j}^4}\left\{\cos\vartheta_{\beta_j}\sin^2\vartheta_{\alpha_i}\cos 2\chi_{\alpha_i}\right.$$

$$- \frac{1}{3}\left[\sin\vartheta_{\alpha_i}(1 - \cos\vartheta_{\alpha_i})\sin\vartheta_{\beta_j}\cos(\phi + 2\chi_{\alpha_i})\right.$$

$$\left.\left. - \sin\vartheta_{\alpha_i}(1 + \cos\vartheta_{\alpha_i})\sin\vartheta_{\beta_j}\cos(\phi - 2\chi_{\alpha_i})\right]\right\}$$

$$+ \frac{3}{2}\frac{(2\theta_{\beta xx} + \theta_{\beta zz})\mu_\alpha}{r_{\alpha_i \beta_j}^4}\left\{\cos\vartheta_{\alpha_i}\sin^2\vartheta_{\beta_j}\cos 2\chi_{\beta_j}\right.$$

$$+ \frac{1}{3}\left[\sin\vartheta_{\alpha_i}\sin\vartheta_{\beta_j}(1 + \cos\vartheta_{\beta_j})\cos(\phi + 2\chi_{\beta_j})\right.$$

$$\left.\left. - \sin\vartheta_{\alpha_i}\sin\vartheta_{\beta_j}(1 - \cos\vartheta_{\beta_j})\cos(\phi - 2\chi_{\beta_j})\right]\right\}, \tag{4.3.117}$$

$$\phi_{\alpha\beta}^{\theta\theta}(r_{\alpha_i\beta_j}, \omega_{\alpha_i}\omega_{\beta_j})$$

$$= \frac{3}{4}\frac{\theta_{\alpha zz}\theta_{\beta zz}}{r_{\alpha_i\beta_j}^5}\left[\sin^2\vartheta_{\alpha_i}\sin\vartheta_{\beta_j}\cos 2\phi\, 2(3\cos^2\vartheta_{\alpha_i}-1)(3\cos^2\vartheta_{\beta_j}-1)\right.$$

$$\left. -16\sin\vartheta_{\alpha_i}\cos\vartheta_{\alpha_i}\sin\vartheta_{\beta_j}\cos\vartheta_{\beta_j}\cos\phi\right]$$

$$+\frac{1}{8}\frac{\theta_{\alpha zz}(2\theta_{\beta xx}+\theta_{\beta zz})}{r_{\alpha_i\beta_j}^5}\left\{\sin^2\vartheta_{\alpha_i}(1+\cos\vartheta_{\beta_j})^2\cos(2\phi+2\chi_{\beta_j})\right.$$

$$+\sin^2\vartheta_{\alpha_i}(1-\cos\vartheta_{\beta_j})^2\cos(2\phi-2\chi_{\beta_j})$$

$$+16\left[\sin\vartheta_{\alpha_i}\cos\vartheta_{\alpha_i}\sin\vartheta_{\beta_j}(1+\cos\vartheta_{\beta_j})\cos(\phi+2\chi_{\beta_j})\right.$$

$$\left. -\sin\vartheta_{\alpha_i}\cos\vartheta_{\alpha_i}\sin\vartheta_{\beta_j}(1-\cos\vartheta_{\beta_j})\cos(\phi-2\chi_{\beta_j})\right]$$

$$\left. +12(3\cos^2\vartheta_{\alpha_i}-1)\sin^2\vartheta_{\beta_j}\cos(2\chi_{\beta_j})\right\}$$

$$+\frac{1}{8}\frac{(2\theta_{\alpha xx}+\theta_{\alpha zz})}{r_{\alpha_i\beta_j}^5}\left\{(1+\cos\vartheta_{\alpha_i})^2\sin^2\vartheta_{\beta_j}\cos(2\phi-2\chi_{\alpha_i})\right.$$

$$+(1-\cos\vartheta_{\alpha_i})^2\sin\vartheta_{\beta_j}\cos(2\phi+2\chi_{\alpha_i})$$

$$+16\left[\sin\vartheta_{\alpha_i}(1+\cos\vartheta_{\alpha_i})\sin\vartheta_{\beta_j}\cos\vartheta_{\beta_j}\cos(\phi-2\chi_{\alpha_i})\right.$$

$$\left. -\sin\vartheta_{\alpha_i}(1-\cos\vartheta_{\alpha_i})\sin\vartheta_{\beta_j}\cos\vartheta_{\beta_j}\cos(\phi+2\chi_{\alpha_i})\right]$$

$$\left. +12\sin^2\vartheta_{\alpha_i}(3\cos^2\vartheta_{\beta_j}-1)\cos(2\chi_{\alpha_i})\right\}$$

$$+\frac{1}{48}\frac{(2\theta_{\alpha xx}+\theta_{\alpha zz})(2\theta_{\beta xx}+\theta_{\beta zz})}{r_{\alpha_i\beta_j}^5}$$

$$\cdot\left\{(1+\cos\vartheta_{\alpha_i})^2(1+\cos\vartheta_{\beta_j})^2\cos(2\phi-2\chi_{\alpha_i}+2\chi_{\beta_j})\right.$$

$$+(1-\cos\vartheta_{\alpha_i})^2(1-\cos\vartheta_{\beta_j})^2\cos(2\phi+2\chi_{\alpha_i}-2\chi_{\beta_j})$$

$$+(1+\cos\vartheta_{\alpha_i})^2(1-\cos\vartheta_{\beta_j})^2\cos(2\phi-2\chi_{\alpha_i}-2\chi_{\beta_j})$$

$$+(1-\cos\vartheta_{\alpha_i})^2(1+\cos\vartheta_{\beta_j})^2\cos(2\phi+2\chi_{\alpha_i}+2\chi_{\beta_j})$$

$$+16\left[\sin\vartheta_{\alpha_i}(1-\cos\vartheta_{\alpha_i})\sin\vartheta_{\beta_j}(1+\cos\vartheta_{\beta_j})\cos(\phi+2\chi_{\alpha_i}+2\chi_{\beta_j})\right.$$

$$+\sin\vartheta_{\alpha_i}(1+\cos\vartheta_{\alpha_i})\sin\vartheta_{\beta_j}(1-\cos\vartheta_{\beta_j})\cos(\phi-2\chi_{\alpha_i}-2\chi_{\beta_j})$$

$$-\sin\vartheta_{\alpha_i}(1+\cos\vartheta_{\alpha_i})\sin\vartheta_{\beta_j}(1+\cos\vartheta_{\beta_j})\cos(\phi-2\chi_{\alpha_i}+2\chi_{\beta_j})$$

$$\left. -\sin\vartheta_{\alpha_i}(1-\cos\vartheta_{\alpha_i})\sin\vartheta_{\beta_j}(1-\cos\vartheta_{\beta_j})\cos(\phi+2\chi_{\alpha_i}-2\chi_{\beta_j})\right]$$

$$\left. +72\sin^2\vartheta_{\alpha_i}\sin^2\vartheta_{\beta_j}\cos 2\chi_{\alpha_i}\cos 2\chi_{\beta_j}\right\}, \tag{4.3.118}$$

$$\phi_{\alpha\beta}^{\mu\Omega}(r_{\alpha_i\beta_j}, \omega_{\alpha_i}\omega_{\beta_j})$$

$$= -\frac{3}{2}\frac{\mu_\alpha\Omega_\beta}{r_{\alpha_i\beta_j}^5}\left[\sin\vartheta_{\alpha_i}\sin\vartheta_{\beta_j}(1+\cos\vartheta_{\beta_j})(3\cos\vartheta_{\beta_j}-1)\cos(\phi+2\chi_{\beta_j})\right.$$

$$-\sin\vartheta_{\alpha_i}\sin\vartheta_{\beta_j}(1-\cos\vartheta_{\beta_j})(3\cos\vartheta_{\beta_j}+1)\cos(\phi-2\chi_{\beta_j})$$

$$\left. +8\cos\vartheta_{\alpha_i}\sin^2\vartheta_{\beta_j}\cos\vartheta_{\beta_j}\cos 2\chi_{\beta_j}\right]$$

$$-\frac{3}{2}\frac{\Omega_\alpha\mu_\beta}{r_{\alpha_i\beta_j}^5}\left[\sin\vartheta_{\alpha_i}(1+\cos\vartheta_{\alpha_i})(3\cos\vartheta_{\alpha_i}-1)\sin\vartheta_{\beta_j}\cos(\phi-2\chi_{\alpha_i})\right.$$

$$-\sin\vartheta_{\alpha_i}(1-\cos\vartheta_{\alpha_i})(3\cos\vartheta_{\alpha_i}+1)\sin\vartheta_{\beta_j}\cos(\phi+2\chi_{\alpha_i})$$

$$\left. +8\sin^2\vartheta_{\alpha_i}\cos\vartheta_{\alpha_i}\cos\vartheta_{\beta_j}\cos 2\chi_{\alpha_i}\right], \tag{4.3.119}$$

$$\phi_{\alpha\beta}^{\theta\Omega}(r_{\alpha_i\beta_j},\omega_{\alpha_i}\omega_{\beta_j})$$

$$= -\frac{1}{8}\frac{(2\,\theta_{\alpha xx}+\theta_{\alpha zz})\,\Omega_\beta}{r_{\alpha_i\beta_j}^6}$$

$$\cdot\{(1+\cos\vartheta_{\alpha_i})^2\,(1+\cos\vartheta_{\beta_j})^2\,(3\cos\vartheta_{\beta_j}-2)\,\cos(2\phi-2\chi_{\alpha_i}+2\chi_{\beta_j})$$

$$+(1-\cos\vartheta_{\alpha_i})^2\,(1-\cos\vartheta_{\beta_j})^2\,(3\cos\vartheta_{\beta_j}+2)\,\cos(2\phi+2\chi_{\alpha_i}-2\chi_{\beta_j})$$

$$+(1-\cos\vartheta_{\alpha_i})^2\,(1-\cos\vartheta_{\beta_j})^2\,(3\cos\vartheta_{\beta_j}+2)\,\cos(2\phi-2\chi_{\alpha_i}-2\chi_{\beta_j})$$

$$+(1-\cos\vartheta_{\alpha_i})^2\,(1+\cos\vartheta_{\beta_j})^2\,(3\cos\vartheta_{\beta_j}-2)\,\cos(2\phi+2\chi_{\alpha_i}+2\chi_{\beta_j})$$

$$+10\sin\vartheta_{\alpha_i}\sin\vartheta_{\beta_j}[(1+\cos\vartheta_{\alpha_i})\,(1-\cos\vartheta_{\beta_j})\,(3\cos\vartheta_{\beta_j}+1)$$

$$\cdot\cos(\phi-2\chi_{\alpha_i}-2\chi_{\beta_j})+(1-\cos\vartheta_{\alpha_i})\,(1+\cos\vartheta_{\beta_j})\,(3\cos\vartheta_{\beta_j}-1)$$

$$\cdot\cos(\phi+2\chi_{\alpha_i}+2\chi_{\beta_j})-(1+\cos\vartheta_{\alpha_i})\,(1+\cos\vartheta_{\beta_j})\,(3\cos\vartheta_{\beta_j}-1)$$

$$\cdot\cos(\phi-2\chi_{\alpha_i}+2\chi_{\beta_j})-(1-\cos\vartheta_{\alpha_i})\,(1-\cos\vartheta_{\beta_j})\,(3\cos\vartheta_{\beta_j}+1)$$

$$\cdot\cos(\phi+2\chi_{\alpha_i}-2\chi_{\beta_j})]$$

$$+120\sin^2\vartheta_{\alpha_i}\sin^2\vartheta_{\beta_j}\cos\vartheta_{\beta_j}\cos2\chi_{\alpha_i}\cos2\chi_{\beta_j}\}$$

$$-\frac{3}{4}\frac{\theta_{\alpha zz}\Omega_\beta}{r_{\alpha_i\beta_j}^6}\{\sin^2\vartheta_{\alpha_i}[(1+\cos\vartheta_{\beta_j})^2\,(3\cos\vartheta_{\beta_j}-2)\,\cos(2\phi+2\chi_{\beta_j})$$

$$+(1-\cos\vartheta_{\beta_j})^2\,(3\cos\vartheta_{\beta_j}+2)\,\cos(2\phi-2\chi_{\beta_j})]$$

$$+10\sin\vartheta_{\alpha_i}\cos\vartheta_{\alpha_i}\sin\vartheta_{\beta_j}[(1+\cos\vartheta_{\beta_j})\,(3\cos\vartheta_{\beta_j}-1)\,\cos(\phi+2\chi_{\beta_j})$$

$$-(1-\cos\vartheta_{\beta_j})\,(3\cos\vartheta_{\beta_j}+1)\,\cos(\phi-2\chi_{\beta_j})]$$

$$+20(3\cos^2\vartheta_{\alpha_i}-1)\sin^2\vartheta_{\beta_j}\cos\vartheta_{\beta_j}\cos2\chi_{\beta_j}\}$$

$$+\frac{1}{8}\frac{\Omega_\alpha(2\,\theta_{\beta xx}+\theta_{\beta zz})}{r_{\alpha_i\beta_j}^6}$$

$$\cdot\{(1+\cos\vartheta_{\alpha_i})^2\,(3\cos\vartheta_{\alpha_i}-2)(1+\cos\vartheta_{\beta_j})^2\,\cos(2\phi-2\chi_{\alpha_i}+2\chi_{\beta_j})$$

$$+(1-\cos\vartheta_{\alpha_i})^2\,(3\cos\vartheta_{\alpha_i}+2)(1-\cos\vartheta_{\beta_j})^2\,\cos(2\phi+2\chi_{\alpha_i}-2\chi_{\beta_j})$$

$$+(1+\cos\vartheta_{\alpha_i})^2\,(3\cos\vartheta_{\alpha_i}-2)(1-\cos\vartheta_{\beta_j})^2\,\cos(2\phi-2\chi_{\alpha_i}-2\chi_{\beta_j})$$

$$+(1-\cos\vartheta_{\alpha_i})^2\,(3\cos\vartheta_{\alpha_i}+2)(1+\cos\vartheta_{\beta_j})^2\,\cos(2\phi+2\chi_{\alpha_i}+2\chi_{\beta_j})$$

$$+10\sin\vartheta_{\alpha_i}\cos\vartheta_{\beta_j}[(1+\cos\vartheta_{\alpha_i})\,(3\cos\vartheta_{\alpha_i}-1)\,(1-\cos\vartheta_{\beta_j})$$

$$\cdot\cos(\phi-2\chi_{\alpha_i}-2\chi_{\beta_j})+(1-\cos\vartheta_{\alpha_i})\,(3\cos\vartheta_{\alpha_i}+1)\,(1+\cos\vartheta_{\beta_j})$$

$$\cdot\cos(\phi+2\chi_{\alpha_i}+2\chi_{\beta_j})-(1+\cos\vartheta_{\alpha_i})\,(3\cos\vartheta_{\alpha_i}-1)\,(1+\cos\vartheta_{\beta_j})$$

$$\cdot\cos(\phi-2\chi_{\alpha_i}+2\chi_{\beta_j})-(1-\cos\vartheta_{\alpha_i})\,(3\cos\vartheta_{\alpha_i}+1)\,(1-\cos\vartheta_{\beta_j})$$

$$\cdot\cos(\phi+2\chi_{\alpha_i}-2\chi_{\beta_j})]$$

$$+120\sin^2\vartheta_{\alpha_i}\cos\vartheta_{\alpha_i}\sin^2\vartheta_{\beta_j}\cos2\chi_{\alpha_i}\cos2\chi_{\beta_j}\}$$

$$+\frac{3}{4}\frac{\Omega_\alpha\theta_{\beta zz}}{r_{\alpha_i\beta_j}^6}\{\sin^2\vartheta_{\beta_j}[(1+\cos\vartheta_{\alpha_i})^2\,(3\cos\vartheta_{\alpha_i}-2)\,\cos(2\phi-2\chi_{\alpha_i})$$

$$+(1-\cos\vartheta_{\alpha_i})^2\,(3\cos\vartheta_{\alpha_i}+2)\,\cos(2\phi+2\chi_{\alpha_i})]$$

$$+10\sin\vartheta_{\alpha_i}\sin\vartheta_{\beta_j}\cos\vartheta_{\beta_j}[(1+\cos\vartheta_{\alpha_i})\,(3\cos\vartheta_{\alpha_i}-1)\,\cos(\phi-2\chi_{\alpha_i})$$

$$- (1 - \cos \vartheta_{\alpha_i})(3 \cos \vartheta_{\alpha_i} + 1) \cos(\phi + 2\chi_{\alpha_i})]$$
$$+ 20 \sin^2 \vartheta_{\alpha_i} \cos \vartheta_{\alpha_i}(3 \cos^2 \vartheta_{\beta_j} - 1) \cos 2\chi_{\alpha_i}\}, \tag{4.3.120}$$

$$\phi_{\alpha\beta}^{\Omega\Omega}(r_{\alpha_i \beta_j}, \omega_{\alpha_i} \omega_{\beta_j})$$

$$= - \frac{9}{40} \frac{\Omega_\alpha \Omega_\beta}{r_{\alpha_i \beta_j}^7} \{4[(1 + \cos \vartheta_{\alpha_i})^2 (3 \cos \vartheta_{\alpha_i} - 2)$$

$$\cdot (1 + \cos \vartheta_{\beta_j})^2 (3 \cos \vartheta_{\beta_j} - 2) \cos(2\phi - 2\chi_{\alpha_i} + 2\chi_{\beta_j})$$

$$+ (1 - \cos \vartheta_{\alpha_i})^2 (3 \cos \vartheta_{\alpha_i} + 2)$$

$$\cdot (1 - \cos \vartheta_{\beta_j})^2 (3 \cos \vartheta_{\beta_j} + 2) \cos(2\phi + 2\chi_{\alpha_i} - 2\chi_{\beta_j})$$

$$+ (1 + \cos \vartheta_{\alpha_i})^2 (3 \cos \vartheta_{\alpha_i} - 2)(1 - \cos \vartheta_{\beta_j})^2 (3 \cos \vartheta_{\beta_j} + 2)$$

$$\cdot \cos(2\phi - 2\chi_{\alpha_i} - 2\chi_{\beta_j})$$

$$+ (1 - \cos \vartheta_{\alpha_i})^2 (3 \cos \vartheta_{\alpha_i} + 2)(1 + \cos \vartheta_{\beta_j})^2 (3 \cos \vartheta_{\beta_j} - 2)$$

$$\cdot \cos(2\phi + 2\chi_{\alpha_i} + 2\chi_{\beta_j})]$$

$$+ 25 \sin \vartheta_{\alpha_i} \sin \vartheta_{\beta_j}[(1 + \cos \vartheta_{\alpha_i})(3 \cos \vartheta_{\alpha_i} - 1)(1 - \cos \vartheta_{\beta_j})$$

$$\cdot (3 \cos \vartheta_{\beta_j} + 1) \cos(\phi - 2\chi_{\alpha_i} - 2\chi_{\beta_j}) + (1 - \cos \vartheta_{\alpha_i})(3 \cos \vartheta_{\alpha_i} + 1)$$

$$\cdot (1 + \cos \vartheta_{\beta_j})(3 \cos \vartheta_{\beta_j} - 1) \cos(\phi + 2\chi_{\alpha_i} + 2\chi_{\beta_j})$$

$$- (1 + \cos \vartheta_{\alpha_i})(3 \cos \vartheta_{\alpha_i} - 1)(1 + \cos \vartheta_{\beta_j})(3 \cos \vartheta_{\beta_j} - 1)$$

$$\cdot \cos(\phi - 2\chi_{\alpha_i} + 2\chi_{\beta_j}) - (1 - \cos \vartheta_{\alpha_i})(3 \cos \vartheta_{\alpha_i} + 1)$$

$$\cdot (1 - \cos \vartheta_{\beta_j})(3 \cos \vartheta_{\beta_j} + 1) \cos(\phi + 2\chi_{\alpha_i} - 2\chi_{\beta_j})]$$

$$- \sin \vartheta_{\alpha_i} \sin \vartheta_{\beta_j}[(1 + \cos \vartheta_{\alpha_i})^2 (1 - \cos \vartheta_{\beta_j})^2 \cos(3\phi - 2\chi_{\alpha_i} - 2\chi_{\beta_j})$$

$$+ (1 - \cos \vartheta_{\alpha_i})^2 (1 + \cos \vartheta_{\beta_j})^2 \cos(3\phi + 2\chi_{\alpha_i} + 2\chi_{\beta_j})$$

$$+ (1 + \cos \vartheta_{\alpha_i})^2 (1 + \cos \vartheta_{\beta_j})^2 \cos(3\phi - 2\chi_{\alpha_i} + 2\chi_{\beta_j})$$

$$+ (1 - \cos \vartheta_{\alpha_i})^2 (1 - \cos \vartheta_{\beta_j})^2 \cos(3\phi + 2\chi_{\alpha_i} - 2\chi_{\beta_j})]$$

$$+ 800 \sin^2 \vartheta_{\alpha_i} \cos \vartheta_{\alpha_i} \sin^2 \vartheta_{\beta_j} \cos \vartheta_{\beta_j} \cos 2\chi_{\alpha_i} \cos 2\chi_{\beta_j}\}. \tag{4.3.121}$$

Wieder ist bei linearen oder anderen hochsymmetrischen Molekülen, deren Quadrupoltensor durch einen Skalar beschrieben wird, die Bedingung $(2\theta_{xx} + \theta_{zz}) = 0$ einzusetzen, wobei einige Terme entfallen.

Eine vollständige Information über das Dipol- und Quadrupolmoment findet man für die meisten Moleküle heute noch nicht [10]. In der Regel ist jedoch zumindest das Dipolmoment bekannt, so daß der Entwicklungskoeffizient $E_{\alpha\beta}^{\mathrm{mult}}(112; 00; r_{\alpha_i \beta_j})$ und das zugehörige Paarpotential ausgewertet werden können. Aus praktischen Gründen müssen dann alle höheren Beiträge zu den Multipolkräften vernachlässigt werden. Die Modellierung der Multipolkräfte ist dann sehr unvollständig und theoretisch unbefriedigend, wenngleich die Berücksichtigung des Dipolmomentes bereits wesentliche Züge des wahren Paarpotentials einbringt.

Beispiel 4.2

Man entwickle den expliziten Ausdruck für das Paarpotential der Dipol-Dipol-Wechselwirkung.

Lösung

Der Dipolvektor fällt mit der z-Achse des gewählten molekülfesten Koordinatensystems zusammen. Wegen (4.3.72) gilt daher $n_1 = n_2 = 0$ und damit nach (4.3.115):

$$
\phi_{\alpha\beta}^{\mu\mu}(r_{\alpha_i\beta_j}, \omega_{\alpha_i}\omega_{\beta_j}) = \phi_{\alpha\beta}(112; 00; r_{\alpha_i\beta_j}, \omega_{\alpha_i}\omega_{\beta_j})
$$

$$
= \sqrt{\tfrac{5}{4\pi}}\,(-2\sqrt{\tfrac{6\pi}{5}}\,\mu_\alpha\mu_\beta r_{\alpha_i\beta_j}^{-3})\,[C(112; -110)\,D_{-10}^1(\omega_{\alpha_i})^*\,D_{10}^1(\omega_{\beta_j})^*
$$

$$
+ C(112; 000)\,D_{00}^1(\omega_{\alpha_i})^*\,D_{00}^1(\omega_{\beta_j})^*
$$

$$
+ C(112; 1-10)\,D_{10}^1(\omega_{\alpha_i})^*\,D_{-10}^1(\omega_{\beta_j})^*]
$$

$$
= -2\sqrt{\tfrac{3}{2}}\,\mu_\alpha\mu_\beta r_{\alpha_i\beta_j}^{-3}\left[\sqrt{\tfrac{1}{6}}\left(e^{-i\phi_{\alpha_i}}\frac{\sin\vartheta_{\alpha_i}}{\sqrt{2}}\,e^0\right)\left(e^{i\phi_{\beta_j}}\frac{-\sin\vartheta_{\beta_j}}{\sqrt{2}}\,e^0\right)\right.
$$

$$
+ \sqrt{\tfrac{2}{3}}\,(e^0\cos\vartheta_{\alpha_i}\,e^0)(e^0\cos\vartheta_{\beta_j}\,e^0)
$$

$$
\left.+ \sqrt{\tfrac{1}{6}}\left(e^{i\phi_{\alpha_i}}\frac{-\sin\vartheta_{\alpha_i}}{\sqrt{2}}\,e^0\right)\left(e^{-i\phi_{\beta_j}}\frac{\sin\vartheta_{\beta_j}}{\sqrt{2}}\,e^0\right)\right]
$$

$$
= -\frac{\mu_\alpha\mu_\beta}{r_{\alpha_i\beta_j}^3}\left[-e^{i\phi}\tfrac{1}{2}\sin\vartheta_{\alpha_i}\sin\vartheta_{\beta_j} + 2\cos\vartheta_{\alpha_i}\cos\vartheta_{\beta_j}\right.
$$

$$
\left.- e^{-i\phi}\tfrac{1}{2}\sin\vartheta_{\alpha_i}\sin\vartheta_{\beta_j}\right]
$$

$$
= -\frac{\mu_\alpha\mu_\beta}{r_{\alpha_i\beta_j}^3}\left[2\cos\vartheta_{\alpha_i}\cos\vartheta_{\beta_j} - \sin\vartheta_{\alpha_i}\sin\vartheta_{\beta_j}\cos\phi\right].
$$

Beispiel 4.3

Man entwickle den expliziten Ausdruck für das Paarpotential zwischen den Quadrupolen eines linearen Moleküls α_i und eines einfachen nichtlinearen Moleküls β_j.

Lösung

Das lineare Molekül α_i ist durch $n_1 = 0$ gekennzeichnet, das nichtlineare Molekül β_j kann die Werte $n_2 = -2, 0, 2$ annehmen. Es gilt demnach für die Quadrupol-Quadrupol-Wechselwirkung zwischen diesen beiden Molekülen

$$
\phi_{\alpha\beta}^{\theta\theta}(r_{\alpha_i\beta_j}, \omega_{\alpha_i}\omega_{\beta_j}) = \phi_{\alpha\beta}(224; 0-2) + \phi_{\alpha\beta}(224; 0+2) + \phi_{\alpha\beta}(224; 00).
$$

Wir berechnen im Detail:

$$
\phi(224; 0-2) = \sqrt{\frac{9}{4\pi}\frac{2}{9}}\,\sqrt{105\pi}\,\theta_{\alpha zz}(2\theta_{\beta xx} + \theta_{\beta zz})\,r_{\alpha_i\beta_j}^{-5}
$$

$$
\cdot[C(224; -22)\,D_{-20}^2(\omega_{\alpha_i})^*\,D_{2-2}^2(\omega_{\beta_j})^*
$$

$$
+ C(224; -11)\,D_{-10}^2(\omega_{\alpha_i})^*\,D_{1-2}^2(\omega_{\beta_j})^*
$$

$$
+ C(224; 00)\,D_{00}^2(\omega_{\alpha_i})^*\,D_{0-2}^2(\omega_{\beta_j})^*
$$

$$
+ C(224; 1-1)\,D_{10}^2(\omega_{\alpha_i})^*\,D_{-1-2}^2(\omega_{\beta_j})^*
$$

$$
+ C(224; 2-2)\,D_{20}^2(\omega_{\alpha_i})^*\,D_{-2-2}^2(\omega_{\beta_j})^*]
$$

$$
= \sqrt{\frac{35}{3}}\,\frac{\theta_{\alpha zz}(2\theta_{\beta xx} + \theta_{\beta zz})}{r_{\alpha_i\beta_j}^5}
$$

$$
\cdot\left[\sqrt{\frac{1}{70}}\frac{\sqrt{6}}{4}\sin^2\vartheta_{\alpha_i}\frac{1}{4}(1 - \cos^2\vartheta_{\beta_j})^2\,e^{-2i\phi_{\alpha_i} + 2i\phi_{\beta_j} - 2i\chi_{\beta_j}}\right.
$$

$$
- \sqrt{\frac{8}{35}}\frac{\sqrt{6}}{2}\sin\vartheta_{\alpha_i}\cos\vartheta_{\alpha_i}\frac{\sin\vartheta_{\beta_j}}{2}(1 - \cos\vartheta_{\beta_j})\,e^{-i\phi_{\alpha_i} + i\phi_{\beta_j} - 2i\chi_{\beta_j}}
$$

$$+ \sqrt{\frac{18}{35}}\, \frac{1}{2}\, (3\cos^2 \vartheta_{\alpha_i} - 1)\, \frac{\sqrt{6}}{4}\, \sin^2 \vartheta_{\beta_j}\, e^{-2i\chi_{\beta_j}}$$

$$+ \sqrt{\frac{8}{35}}\, \frac{\sqrt{6}}{2}\, \sin \vartheta_{\alpha_i} \cos \vartheta_{\alpha_i}\, \frac{\sin \vartheta_{\beta_j}}{2}\, (1 + \cos \vartheta_{\beta_j})\, e^{i\phi_{\alpha_i} - i\phi_{\beta_j} - 2i\chi_{\beta_j}}$$

$$+ \sqrt{\frac{1}{70}}\, \frac{\sqrt{6}}{4}\, \sin^2 \vartheta_{\alpha_i}\, \frac{1}{4}\, (1 + \cos \vartheta_{\beta_j})^2\, e^{2i\phi_{\alpha_i} - 2i\phi_{\beta_j} - 2i\chi_{\beta_j}} \Big]$$

$$= \frac{\theta_{\alpha zz}(2\theta_{\beta xx} + \theta_{\beta zz})}{r^5_{\alpha_i \beta_j}} \Big[\frac{1}{16} \sin^2 \vartheta_{\alpha_i}(1 - \cos \vartheta_{\beta_j})^2\, e^{2i(\phi_{\beta_j} - \phi_{\alpha_i} - \chi_{\beta_j})}$$

$$- \sin \vartheta_{\alpha_i} \cos \vartheta_{\alpha_i} \sin \vartheta_{\beta_j}(1 - \cos \vartheta_{\beta_j})\, e^{i(\phi_{\beta_j} - \phi_{\alpha_i} - 2\chi_{\beta_j})}$$

$$+ \frac{3}{4}(3\cos^2 \vartheta_{\alpha_i} - 1) \sin^2 \vartheta_{\beta_j}\, e^{-2i\chi_{\beta_j}}$$

$$+ \sin \vartheta_{\alpha_i} \cos \vartheta_{\alpha_i} \sin \vartheta_{\beta_j}(1 + \cos \vartheta_{\beta_j})\, e^{-i(\phi_{\beta_j} - \phi_{\alpha_i} + 2\chi_{\beta_j})}$$

$$+ \frac{1}{16} \sin^2 \vartheta_{\alpha_i}(1 + \cos^2 \vartheta_{\beta_j})^2\, e^{-2i(\phi_{\beta_j} - \phi_{\alpha_i} + \chi_{\beta_j})} \Big].$$

Entsprechend werden die Ausdrücke für die beiden anderen Terme abgeleitet. Addition ergibt, wenn man die Exponentialfunktionen durch Kosinusfunktionen ausdrückt:

$$\phi^{\theta\theta}_{\alpha\beta}(r_{\alpha_i \beta_j}, \omega_{\alpha_i} \omega_{\beta_j}) = \frac{3}{4}\, \frac{\theta_{\alpha zz}\theta_{\beta zz}}{r^5_{\alpha_i \beta_j}} \left[\sin^2 \vartheta_{\alpha_i} \sin^2 \vartheta_{\beta_j} \cos 2\phi + 2(3\cos^2 \vartheta_{\alpha_i} - 1)(3\cos^2 \vartheta_{\beta_j} - 1) \right.$$

$$\left. - 16 \sin \vartheta_{\alpha_i} \cos \vartheta_{\alpha_i} \sin \vartheta_{\beta_j} \cos \vartheta_{\beta_j} \cos \phi \right]$$

$$+ \frac{1}{8}\, \frac{\theta_{\alpha zz}(2\theta_{\beta xx} + \theta_{\beta zz})}{r^5_{\alpha_i \beta_j}} \left\{ \sin^2 \vartheta_{\alpha_i}(1 + \cos \vartheta_{\beta_j})^2 \cos(2\phi + 2\chi_{\beta_j}) \right.$$

$$+ \sin^2 \vartheta_{\alpha_i}(1 - \cos \vartheta_{\beta_j})^2 \cos(2\phi - 2\chi_{\beta_j})$$

$$+ 16\left[\sin \vartheta_{\alpha_i} \cos \vartheta_{\alpha_i} \sin \vartheta_{\beta_j}(1 + \cos \vartheta_{\beta_j}) \cos(\phi + 2\chi_{\beta_j}) \right.$$

$$\left. - \sin \vartheta_{\alpha_i} \cos \vartheta_{\alpha_i} \sin \vartheta_{\beta_j}(1 - \cos \vartheta_{\beta_j}) \cos(\phi - 2\chi_{\beta_j}) \right]$$

$$\left. + 12(3\cos^2 \vartheta_{\alpha_i} - 1) \sin^2 \vartheta_{\beta_j} \cos(2\chi_{\beta_j}) \right\}.$$

Beispiel 4.4

Wie lautet das Paarpotential der Multipolkräfte zwischen den Molekülen des Systems $CO(\alpha) - CH_4(\beta)$?

Lösung

CO ist ein lineares Molekül mit einem Dipol und einem Quadrupol. CH_4 ist ein Tetraedermolekül mit einem Oktopol. Man erhält daher als Paarpotential auf Grund von Multipolkräften:

$$\phi^{\text{mult}} = \sum_{\alpha, \beta} \phi^{\mu\mu}_{\alpha\beta} + \phi^{\mu\theta}_{\alpha\beta} + \phi^{\theta\theta}_{\alpha\beta} + \phi^{\mu\Omega}_{\alpha\beta} + \phi^{\theta\Omega}_{\alpha\beta} + \phi^{\Omega\Omega}_{\alpha\beta}$$

$$= \phi^{\mu\mu}_{\alpha\alpha} + \phi^{\mu\theta}_{\alpha\alpha} + \phi^{\theta\theta}_{\alpha\alpha} + \phi^{\mu\Omega}_{\alpha\beta} + \phi^{\theta\Omega}_{\alpha\beta} + \phi^{\Omega\Omega}_{\beta\beta}$$

$$= -\frac{\mu_\alpha^2}{r^3_{\alpha_i \beta_j}} \left[2\cos \vartheta_{\alpha_i} \cos \vartheta_{\alpha_j} - \sin \vartheta_{\alpha_i} \sin \vartheta_{\alpha_j} \cos \phi \right]$$

$$- \frac{3}{2}\, \frac{\mu_\alpha \theta_{\alpha zz}}{r^4_{\alpha_i \alpha_j}} \left[2\sin \vartheta_{\alpha_i} \sin \vartheta_{\alpha_j} \cos \vartheta_{\alpha_j} \cos \phi - \cos \vartheta_{\alpha_i}(3\cos^2 \vartheta_{\alpha_j} - 1) \right]$$

$$+ \frac{3}{2}\, \frac{\mu_\alpha \theta_{\alpha zz}}{r^4_{\alpha_i \alpha_j}} \left[2\sin \vartheta_{\alpha_i} \cos \vartheta_{\alpha_i} \sin \vartheta_{\alpha_j} \cos \phi - \cos \vartheta_{\alpha_j}(3\cos^2 \vartheta_{\alpha_j} - 1) \right]$$

$$+ \frac{3}{4}\, \frac{\theta_{\alpha zz}^2}{r^5_{\alpha_i \alpha_j}} \left[\sin^2 \vartheta_{\alpha_i} \sin^2 \vartheta_{\alpha_j} \cos 2\phi + 2(3\cos^2 \vartheta_{\alpha_i} - 1)(3\cos^2 \vartheta_{\alpha_j} - 1) \right.$$

$$- 16\sin\vartheta_{\alpha_i}\cos\vartheta_{\alpha_i}\sin\vartheta_{\alpha_j}\cos\vartheta_{\alpha_j}\cos\phi]$$

$$-\frac{3}{2}\frac{\mu_\alpha\Omega_\beta}{r_{\alpha_i\beta_j}^5}\left[\sin\vartheta_{\alpha_i}\sin\vartheta_{\beta_j}(1+\cos\vartheta_{\beta_j})(3\cos\vartheta_{\beta_j}-1)\cos(\phi+2\chi_{\beta_j})\right.$$

$$-\sin\vartheta_{\alpha_i}\sin\vartheta_{\beta_j}(1-\cos\vartheta_{\beta_j})(3\cos\vartheta_{\beta_j}+1)\cos(\phi-2\chi_{\beta_j})$$

$$+8\cos\vartheta_{\alpha_i}\sin^2\vartheta_{\beta_j}\cos\vartheta_{\beta_j}\cos2\chi_{\beta_j}]$$

$$-\frac{3}{4}\frac{\theta_{\alpha zz}\Omega_\beta}{r_{\alpha_i\beta_j}^6}\left\{\sin^2\vartheta_{\alpha_i}[(1+\cos\vartheta_{\beta_j})^2(3\cos\vartheta_{\beta_j}-2)\cos(2\phi+2\chi_{\beta_j})\right.$$

$$+(1-\cos\vartheta_{\beta_j})^2(3\cos\vartheta_{\beta_j}+2)\cos(2\phi-2\chi_{\beta_j})]$$

$$+10\sin\vartheta_{\alpha_i}\cos\vartheta_{\alpha_i}\sin\vartheta_{\beta_j}[(1+\cos\vartheta_{\beta_j})(3\cos\vartheta_{\beta_j}-1)\cos(\phi+2\chi_{\beta_j})$$

$$-(1-\cos\vartheta_{\beta_j})(3\cos\vartheta_{\beta_j}+1)\cos(\phi-2\chi_{\beta_j})]$$

$$+20(3\cos^2\vartheta_{\alpha_i}-1)\sin^2\vartheta_{\beta_j}\cos\vartheta_{\beta_j}\cos2\chi_{\beta_j}\}$$

$$-\frac{9}{40}\frac{\Omega_\beta^2}{r_{\beta_i\beta_j}^7}\left\{4[(1+\cos\vartheta_{\beta_i})^2(3\cos\vartheta_{\beta_i}-2)(1+\cos\vartheta_{\beta_j})^2\right.$$

$$\cdot(3\cos\vartheta_{\beta_j}-2)\cos(2\phi-2\chi_{\beta_i}+2\chi_{\beta_j})$$

$$+(1-\cos\vartheta_{\beta_i})^2(3\cos\vartheta_{\beta_i}+2)(1-\cos\vartheta_{\beta_j})^2(3\cos\vartheta_{\beta_j}+2)\cos(2\phi+2\chi_{\beta_i}-2\chi_{\beta_j})$$

$$+(1+\cos\vartheta_{\beta_i})^2(3\cos\vartheta_{\beta_i}-2)(1-\cos\vartheta_{\beta_j})^2(3\cos\vartheta_{\beta_j}+2)\cos(2\phi-2\chi_{\beta_i}-2\chi_{\beta_j})$$

$$+(1-\cos\vartheta_{\beta_i})^2(3\cos\vartheta_{\beta_i}+2)(1+\cos\vartheta_{\beta_j})^2(3\cos\vartheta_{\beta_j}-2)\cos(2\phi+2\chi_{\beta_i}+2\chi_{\beta_j})]$$

$$+25\sin\vartheta_{\beta_i}\sin\vartheta_{\beta_j}[(1+\cos\vartheta_{\beta_i})(3\cos\vartheta_{\beta_i}-1)(1-\cos\vartheta_{\beta_j})$$

$$\cdot(3\cos\vartheta_{\beta_j}+1)\cos(\phi-2\chi_{\beta_i}-2\chi_{\beta_j})$$

$$+(1-\cos\vartheta_{\beta_i})(3\cos\vartheta_{\beta_i}+1)(1+\cos\vartheta_{\beta_j})(3\cos\vartheta_{\beta_j}-1)\cos(\phi+2\chi_{\beta_i}+2\chi_{\beta_j})$$

$$-(1+\cos\vartheta_{\beta_i})(3\cos\vartheta_{\beta_i}-1)(1+\cos\vartheta_{\beta_j})(3\cos\vartheta_{\beta_j}-1)\cos(\phi-2\chi_{\beta_i}+2\chi_{\beta_j})$$

$$-(1-\cos\vartheta_{\beta_i})(3\cos\vartheta_{\beta_i}+1)(1-\cos\vartheta_{\beta_j})(3\cos\vartheta_{\beta_j}+1)\cos(\phi+2\chi_{\beta_i}-2\chi_{\beta_j})]$$

$$-\sin\vartheta_{\beta_i}\sin\vartheta_{\beta_j}[(1+\cos\vartheta_{\beta_i})^2(1-\cos\vartheta_{\beta_j})^2\cos(3\phi-2\chi_{\beta_i}-2\chi_{\beta_j})$$

$$+(1-\cos\vartheta_{\beta_i})^2(1+\cos\vartheta_{\beta_j})^2\cos(3\phi+2\chi_{\beta_i}+2\chi_{\beta_j})$$

$$+(1+\cos\vartheta_{\beta_i})^2(1+\cos\vartheta_{\beta_j})^2\cos(3\phi-2\chi_{\beta_i}+2\chi_{\beta_j})$$

$$+(1-\cos\vartheta_{\beta_i})^2(1-\cos\vartheta_{\beta_j})^2\cos(3\phi+2\chi_{\beta_i}-2\chi_{\beta_j})]$$

$$+800\sin^2\vartheta_{\beta_i}\cos\vartheta_{\beta_i}\sin^2\vartheta_{\beta_j}\cos\vartheta_{\beta_j}\cos2\chi_{\beta_i}\cos2\chi_{\beta_j}\}.$$

Beispiel 4.5

Man berechne die Abstandsabhängigkeit der Dipol-Dipol-Wechselwirkungsenergie für die nachstehend definierten Orientierungen der beiden Moleküle:

a) $\xrightarrow{\; - \;\; + \;}$ $\xleftarrow{\; + \;\; - \;}$;   b) $\xrightarrow{\; - \;\; + \;}$ $\xrightarrow{\; - \;\; + \;}$;   c) $\begin{smallmatrix}+\\[-2pt]\uparrow\\[-2pt]-\end{smallmatrix}\begin{smallmatrix}+\\[-2pt]\uparrow\\[-2pt]-\end{smallmatrix}$;   d) $\otimes\begin{smallmatrix}+\\[-2pt]\uparrow\\[-2pt]-\end{smallmatrix}$.

Lösung

a) $\phi=0,\quad \vartheta_{\alpha_i}=0°,\quad \vartheta_{\beta_j}=180°$

$$\phi_{\alpha\beta}=-\frac{\mu_\alpha\mu_\beta}{r_{\alpha_i\beta_j}^3}[2\cdot1(-1)-0\cdot0\cdot1]=\frac{2\mu_\alpha\mu_\beta}{r_{\alpha_i\beta_j}^3}$$

b) $\phi=0,\quad \vartheta_{\alpha_i}=0,\quad \vartheta_{\beta_j}=0$

$$\phi_{\alpha\beta}=-\frac{\mu_\alpha\mu_\beta}{r_{\alpha_i\beta_j}^3}[2\cdot1\cdot1-0\cdot0\cdot1]=-\frac{2\mu_\alpha\mu_\beta}{r_{\alpha_i\beta_j}^3}$$

c) $\phi = 0$, $\quad \vartheta_{\alpha_i} = 90°$, $\quad \vartheta_{\beta_j} = 90°$

$$\phi_{\alpha\beta} = -\frac{\mu_\alpha \mu_\beta}{r_{\alpha_i \beta_j}^3}[2 \cdot 0 \cdot 0 - 1 \cdot 1 \cdot 1] = +\frac{\mu_\alpha \mu_\beta}{r_{\alpha_i \beta_j}^3}$$

d) $\phi = 90°$, $\quad \vartheta_{\alpha_i} = 90°$, $\quad \vartheta_{\beta_j} = 90°$

$$\phi_{\alpha\beta} = -\frac{\mu_\alpha \mu_\beta}{r_{\alpha_i \beta_j}^3}[2 \cdot 0 \cdot 0 - 1 \cdot 1 \cdot] = 0.$$

Beispiel 4.6

Man ermittle die mittlere Kraftwirkung zwischen zwei Molekülen, die nach dem Dipol-Dipol-Paarpotential miteinander wechselwirken.

Lösung

Die Häufigkeit einer bestimmten Orientierung der beiden Moleküle wird durch ihren Boltzmann-Faktor bestimmt, vgl. Kap. 2. Es gilt daher für das gemittelte Paarpotential:

$$\overline{\phi_{12}^{\mu\mu}} = \frac{\int \phi_{12} \, e^{-\phi_{12}/kT} \, d\omega_1 \, d\omega_2}{\int e^{-\phi_{12}/kT} \, d\omega_1 \, d\omega_2}$$

$$= \frac{\dfrac{+\mu^2}{r^3} \int [\sin\vartheta_1 \sin\vartheta_2 \cos\phi - 2\cos\vartheta_1 \cos\vartheta_2]\left[1 - \dfrac{\mu^2/kT}{r^3}(\sin\vartheta_1 \sin\vartheta_2 \cos\phi - 2\cos\vartheta_1 \cos\vartheta_2) + \ldots\right] d\omega_1 \, d\omega_2}{\int \left[1 - \dfrac{\mu^2/kT}{r^3}(\sin\vartheta_1 \sin\vartheta_2 \cos\phi - 2\cos\vartheta_1 \cos\vartheta_2) + \ldots\right] d\omega_1 \, d\omega_2}$$

Es gilt:

$$\int_0^\pi \int_0^\pi \int_0^{2\pi} (\sin\vartheta_1 \sin\vartheta_2 \cos\phi - 2\cos\vartheta_1 \cos\vartheta_2) \sin\vartheta_1 \sin\vartheta_2 \, d\vartheta_1 \, d\vartheta_2 \, d\phi$$

$$= \int_0^{2\pi} \cos\phi \, d\phi \left(\int_0^\pi \sin^2\vartheta \, d\vartheta\right)^2 - 2 \cdot 2\pi \left(\int_0^\pi \cos\vartheta \sin\vartheta \, d\vartheta\right)^2$$

$$= [\sin\phi]_0^{2\pi} \left\{\left[-\frac{\sin\vartheta \cos\vartheta}{2}\Big|_0^\pi + \frac{1}{2}\int_0^\pi \sin^0\vartheta \, d\vartheta\right]\right\}^2 - 4\pi\left\{\left[\frac{1}{2}\sin^2\vartheta\right]_0^\pi\right\}^2 = 0$$

und

$$\int_0^\pi \int_0^\pi \int_0^{2\pi} [\sin^2\vartheta_1 \sin^2\vartheta_2 \cos^2\phi - 4\sin\vartheta_1 \cos\vartheta_1 \sin\vartheta_2 \cos\vartheta_2 \cos\phi + 4\cos^2\vartheta_1 \cos^2\vartheta_2]$$

$$\cdot \sin\vartheta_1 \sin\vartheta_2 \, d\vartheta_1 \, d\vartheta_2 \, d\phi$$

$$= \left(\int_0^\pi \sin^3\vartheta \, d\vartheta\right)^2 \int_0^{2\pi} \cos^2\phi \, d\phi - 4\left(\int_0^\pi \sin^2\vartheta \cos\vartheta \, d\vartheta\right)^2 \int_0^{2\pi} \cos\phi \, d\phi$$

$$+ 8\pi\left(\int_0^\pi \cos^2\vartheta \sin\vartheta \, d\vartheta\right)^2 = \frac{16\pi}{3}.$$

Damit erhält man:

$$\overline{\phi_{12}^{\mu\mu}} = \frac{-\dfrac{16}{3}\pi \dfrac{\mu^4}{r^6 kT}}{8\pi} = -\frac{2}{3}\frac{\mu^4}{r^6 kT}$$

und daraus als Kraft

$$\overline{F_2^{\mu\mu}} = -\bar{e}_{12}\frac{d\overline{\phi_{12}^{\mu\mu}}}{dr} = -\frac{4}{r^7}\frac{\mu^4}{kT}.$$

Die Dipol-Dipol-Wechselwirkung führt daher im Mittel zu einer Anziehungskraft zwischen den Molekülen.

4.3.3.5 Erfassung der Multipolkräfte durch Punkt-Ladungsmodelle

Die Beschreibung der Multipolkräfte durch experimentell oder theoretisch bestimmte Multipole bis zum Quadrupol ist für viele einfache Moleküle befriedigend. In komplizierteren Fällen benötigt man jedoch mehr Multipole als bekannt sind, d. h. die Ladungsverteilung weicht so stark von der Kugelgestalt ab, daß die Multipolentwicklung aus theoretischen und praktischen Gründen nicht sinnvoll ist.

Eine in solchen Fällen sinnvollere Erfassung der Multipolkräfte ermöglichen Punkt-Ladungsmodelle durch die Beziehung:

$$\phi_{\alpha_i \beta_j}^{\mathrm{mult}}(r_{\alpha_i \beta_j}, \omega_{\alpha_i} \omega_{\beta_j}) = \sum_{a,\,b} \frac{q_{a_{\alpha_i}} q_{b_{\beta_j}}}{r_{a_{\alpha_i} b_{\beta_j}}}. \tag{4.3.122}$$

Hierbei ist $q_{a_{\alpha_i}}$ die Ladung am Ort a des Moleküls α_i mit einer entsprechenden Bedeutung von $q_{b_{\beta_j}}$, und $r_{a_{\alpha_i} b_{\beta_j}}$ ist der Abstand zwischen beiden Ladungen. Die analytische Transformation des Ladungsabstandes in den Abstand zwischen den Molekülzentren $r_{\alpha_i \beta_j}$ und die Orientierungswinkel des Moleküls wird in Abschn. 4.4.1 abgehandelt. Sie wird jedoch in manchen Anwendungen gar nicht benötigt. Unbekannt ist zunächst die Ladungsverteilung für ein bestimmtes Molekül. Sie muß aus quantenmechanischen „ab-initio"-Rechnungen ermittelt bzw. modellmäßig so postuliert werden, daß die vorhandenen Informationen wie Neutralität, Dipol- und, eventuell, Quadrupomoment richtig wiedergegeben werden. Die höheren Momente werden dann automatisch sinnvoll erfaßt. Eine adäquat festgelegte, diskrete Ladungsverteilung erzeugt damit eine Multipolwechselwirkung, die der einer Multipolentwicklung mit einer ausreichend hohen Anzahl von Gliedern entspricht [10, 13]. Auf diese Weise hat man die Multipolkräfte von recht komplizierten Molekülen modelliert [4, 14, 15]. Grundsätzlich geeignet ist das Punkt-Ladungsmodell zur Berechnung von Virialkoeffizienten und in Computersimulationen. Für Störungsrechnungen um ein kugelsymmetrisches Referenzfluid, vgl. Kap. 6, ist es nicht ohne weiteres anwendbar.

4.3.4 Beiträge zweiter Ordnung zur intermolekularen Energiefunktion: Induktions- und Dispersionskräfte

4.3.4.1 Der Störterm zweiter Ordnung als Summe über Paar- und Dreikörperkräfte

Nach (4.3.25) gilt die folgende Beziehung für den Störterm zweiter Ordnung der Rayleigh-Schrödinger-Störungstheorie und damit nach (4.3.27) für den Beitrag zweiter Ordnung zur intermolekularen Energiefunktion:

$$E_0^{(2)} = U^{(2)} = \sum_{k \neq 0} \frac{\int \psi_0^{(0)*} \tilde{V} \psi_k^{(0)}\, d\tau \int \psi_k^{(0)*} \tilde{V} \psi_0^{(0)}\, d\tau}{E_0^{(0)} - E_k^{(0)}}. \tag{4.3.123}$$

Im ungestörten Zustand (ideales Gas) ergeben sich die Wellenfunktionen und Energiezustände aus den entsprechenden Größen der einzelnen Moleküle nach

$$\psi_0^{(0)} = \prod_\alpha^\kappa \prod_i^{N_\alpha} \psi_{0_{\alpha_i}}^{(0)}$$

und

$$E_0^{(0)} = \sum_\alpha^\kappa \sum_i^{N_\alpha} E_{0_{\alpha_i}}^{(0)} .$$

Setzt man dies und den Ausdruck des Wechselwirkungsoperators in Termen der Wechselwirkung zwischen einem Molekül α_i und einem Molekül β_j in (4.3.123) ein, so folgt:

$$U^{(2)} = \sum_{\{k_{\alpha_i}\} \neq \{0_{\alpha_i}\}} \frac{\displaystyle\int \prod_\alpha^\kappa \prod_i^{N_\alpha} \psi_{0_{\alpha_i}}^{(0)*} \left| \frac{1}{2} \sum_{\alpha_i \beta_j} \tilde{V}_{\alpha_i \beta_j} \right| \prod_\alpha^\kappa \prod_i^{N_\alpha} \psi_{k_{\alpha_i}}^{(0)} \, d\tau \int \prod_\alpha^\kappa \prod_i^{N_\alpha} \psi_{k_{\alpha_i}}^{(0)*} \left| \frac{1}{2} \sum_{\alpha_i \beta_j} \tilde{V}_{\alpha_i \beta_j} \right| \prod_\alpha^\kappa \prod_i^{N_\alpha} \psi_{0_{\alpha_i}}^{(0)} \, d\tau}{\displaystyle\sum_\alpha^\kappa \sum_i^{N_\alpha} \left(E_{0_{\alpha_i}}^{(0)} - E_{k_{\alpha_i}}^{(0)} \right)}$$

$$(4.3.124)$$

In dieser und in den folgenden Gleichungen werden die senkrechten Striche zur deutlichen optischen Trennung der Wellenfunktionen von den Operatoren eingeführt. Sie entfallen in allen Ausdrücken, in denen diese Trennung ohne weiteres erkennbar ist. Beim Übergang von den Wellenfunktionen des Gesamtsystems auf die der einzelnen Moleküle wurde hier die Summation über alle angeregten Zustände des ungestörten Gesamtsystems durch eine Summation über alle Verteilungen der Moleküle α_i über die Zustände k ersetzt. Entsprechend bedeutet $\{k_{\alpha_i}\}$ eine bestimmte Verteilung dieser Art, während $\{0_{\alpha_i}\}$ bedeutet, daß alle Moleküle α_i im Grundzustand aller ihrer Freiheitsgrade vorliegen. Es ist zweckmäßig, diese Summation in Teilsummen für bestimmte Verteilungen k_{α_i} aufzuspalten, und zwar solche mit jeweils 1, 2, 3, ... Molekülen in einem angeregten Zustand, alle anderen hingegen im Grundzustand. In diesem Sinne kann man schreiben, wenn man die Menge aller Wellenfunktionen im Grundzustand zur Vereinfachung der Notation durch Punkte andeutet:

$$U^{(2)} = \frac{1}{4} \sum_\alpha^\kappa \sum_{i=1}^{N_\alpha} \sum_{k_{\alpha_i} \neq 0_{\alpha_i}} \frac{\displaystyle\int \ldots \left| \sum_\beta^\kappa \sum_j^{N_\beta} (\tilde{V}_{\alpha_i \beta_j} + \tilde{V}_{\beta_j \alpha_i}) \right| \ldots \psi_{k_{\alpha_i}}^{(0)} \ldots d\tau \int \ldots \psi_{k_{\alpha_i}}^{(0)*} \ldots \left| \sum_\gamma^\kappa \sum_k^{N_\gamma} (\tilde{V}_{\alpha_i \gamma_k} + \tilde{V}_{\gamma_k \alpha_i}) \right| \ldots d\tau}{E_{0_{\alpha_i}}^{(0)} - E_{k_{\alpha_i}}^{(0)}}$$

$$+ \frac{1}{8} \sum_\alpha^\kappa \sum_\beta^\kappa \sum_i^{N_\alpha} \sum_j^{N_\beta} \sum_{k_{\alpha_i} \neq 0_{\alpha_i}} \sum_{k_{\beta_j} \neq 0_{\beta_j}}$$
$$\alpha = \beta : i \neq j$$

$$\frac{\displaystyle\int \ldots | \tilde{V}_{\alpha_i \beta_j} + \tilde{V}_{\beta_j \alpha_i} | \ldots \psi_{k_{\alpha_i}}^{(0)} \psi_{k_{\beta_j}}^{(0)} \ldots d\tau \int \ldots \psi_{k_{\alpha_i}}^{(0)*} \psi_{k_{\beta_j}}^{(0)*} \ldots | \tilde{V}_{\alpha_i \beta_j} + \tilde{V}_{\beta_j \alpha_i} | \ldots d\tau}{E_{0_{\alpha_i}}^{(0)} - E_{k_{\alpha_i}}^{(0)} + E_{0_{\beta_j}}^{(0)} - E_{k_{\beta_j}}^{(0)}}$$

$$(4.3.125)$$

Hier bedeutet eine Summation über k_{α_i} eine Summation über alle Anregungszustände des Moleküls α_i.

Dies läßt sich kompakter schreiben als:

$$U^{(2)} = \sum_{\alpha} \sum_{\beta} \sum_{\gamma} \sum_{i} \sum_{j} \sum_{k} \sum_{k_{\alpha_i} \neq 0_{\alpha_i}} \frac{\int \psi_{0_{\alpha_i}}^{(0)*} \psi_{0_{\beta_j}}^{(0)*} \tilde{V}_{\alpha_i \beta_j} \psi_{k_{\alpha_i}}^{(0)} \psi_{0_{\beta_j}}^{(0)} \, d\tau \int \psi_{k_{\alpha_i}}^{(0)*} \psi_{0_{\gamma_k}}^{(0)*} \tilde{V}_{\alpha_i \gamma_k} \psi_{0_{\alpha_i}}^{(0)} \psi_{0_{\gamma_k}}^{(0)} \, d\tau}{E_{0_{\alpha_i}}^{(0)} - E_{k_{\alpha_i}}^{(0)}}$$

$$\scriptstyle \alpha = \beta \,:\, i \neq j$$
$$\scriptstyle \alpha = \gamma \,:\, i \neq k$$
$$\scriptstyle \beta = \gamma \,:\, j \neq k$$

$$+ \frac{1}{2} \sum_{\alpha} \sum_{\beta} \sum_{i} \sum_{j} \sum_{k_{\alpha_i} \neq 0_{\alpha_i}} \sum_{k_{\beta_j} \neq 0_{\beta_j}} \frac{\int \psi_{0_{\alpha_i}}^{(0)*} \psi_{0_{\beta_j}}^{(0)*} \tilde{V}_{\alpha_i \beta_j} \psi_{k_{\alpha_i}}^{(0)} \psi_{k_{\beta_j}}^{(0)} \, d\tau \int \psi_{k_{\alpha_i}}^{(0)*} \psi_{k_{\beta_j}}^{(0)*} \tilde{V}_{\alpha_i \beta_j} \psi_{0_{\alpha_i}}^{(0)} \psi_{0_{\beta_j}}^{(0)} \, d\tau}{E_{0_{\alpha_i}}^{(0)} - E_{k_{\alpha_i}}^{(0)} + E_{0_{\beta_j}}^{(0)} - E_{k_{\beta_j}}^{(0)}}$$

$$\scriptstyle \alpha = \beta \,:\, i \neq j$$

$$(4.3.126)$$

In der ersten Teilsumme ist jeweils nur ein Molekül α_i im Anregungszustand k_{α_i}. Wegen der Orthogonalitätsbeziehung (4.3.20) müssen hier alle Wechselwirkungen, die α_i nicht enthalten, herausfallen. In der zweiten Teilsumme sind nur zwei Moleküle, nämlich α_i und β_j, in ihren Anregungszuständen k_{α_i} bzw. k_{β_j}. Andere Wechselwirkungen als solche zwischen α_i und β_j können daher wegen der Orthogonalitätsbeziehung nicht auftreten. Aus demselben Grunde verschwinden auch alle weiteren Teilsummen, die drei und mehr Moleküle in angeregten Zustand berücksichtigen. Die durch die erste und zweite Teilsumme in (4.3.125) beschriebenen Beiträge zur intermolekularen Energiefunktion repräsentieren verschiedene Typen von Wechselwirkungen. In der ersten Teilsumme werden Wechselwirkungen erfaßt, bei denen ein angeregtes Molekül mit einem oder zwei (wenn $\beta_j \neq \gamma_k$) Molekülen im Grundzustand zusammenwirken. Man spricht von Induktionskräften, weil diese Wechselwirkung auch klassisch als eine solche abgeleitet werden kann, bei denen ein permanenter Multipol (Grundzustand) mit einem momentanen, durch sein Feld in einem anderen Molekül induzierten Multipol wechselwirkt. Offenbar lassen sich diese Induktionskräfte durch ein Paar- und ein Dreikörperpotential erfassen. Die zweite Teilsumme erfaßt Wechselwirkungen, bei denen jeweils zwei angeregte Moleküle zusammenwirken. Man spricht von Dispersionskräften, weil die analogen Vorgänge für die Dispersion des Lichtes verantwortlich sind. Im Rahmen der Störungsrechnung 2. Ordnung werden die Dispersionskräfte durch ein Paarpotential erfaßt.

Mit diesen Erkenntnissen ist es sinnvoll, den Beitrag zweiter Ordnung zur intermolekularen Energiefunktion in folgender Weise zu schreiben:

$$U^{(2)} = \frac{1}{2} \sum_{\alpha} \sum_{\beta} \sum_{i} \sum_{j} (\phi_{\alpha_i \beta_j}^{\text{ind}} + \phi_{\alpha_i \beta_j}^{\text{dis}}) + \frac{1}{6} \sum_{\alpha} \sum_{\beta} \sum_{\gamma} \sum_{i} \sum_{j} \sum_{k} \phi_{\alpha_i \beta_j \gamma_k}^{\text{ind}}. \qquad (4.3.127)$$

$$\scriptstyle \alpha = \beta \,:\, i \neq j \qquad\qquad \alpha = \beta \,:\, i \neq j$$
$$\scriptstyle \alpha = \gamma \,:\, i \neq k$$
$$\scriptstyle \beta = \gamma \,:\, j \neq k$$

Hierbei bedeutet $\phi_{\alpha_i \beta_j \gamma_k}^{\text{ind}}$ den Beitrag der Dreikörperinduktionskräfte, die über den additiven Anteil hinausgehen. Es gilt:

$$\phi_{\alpha_i \beta_j}^{\text{ind}} = \sum_{k_{\alpha_i} \neq 0_{\alpha_i}} \frac{[\int \psi_{0_{\alpha_i}}^{(0)*} \psi_{0_{\beta_j}}^{(0)*} \tilde{V}_{\alpha_i \beta_j} \psi_{k_{\alpha_i}}^{(0)} \psi_{0_{\beta_j}}^{(0)} \, d\tau][\int \psi_{k_{\alpha_i}}^{(0)*} \psi_{0_{\beta_j}}^{(0)*} \tilde{V}_{\alpha_i \beta_j} \psi_{0_{\alpha_i}}^{(0)} \psi_{0_{\beta_j}}^{(0)} \, d\tau]}{E_{0_{\alpha_i}}^{(0)} - E_{k_{\alpha_i}}^{(0)}}$$

$$+ \sum_{k_{\beta_j} \neq 0_{\beta_j}} \frac{[\int \psi_{0_{\beta_j}}^{(0)*} \psi_{0_{\alpha_i}}^{(0)*} \tilde{V}_{\alpha_i \beta_j} \psi_{k_{\beta_j}}^{(0)} \psi_{0_{\alpha_i}}^{(0)} \, d\tau][\int \psi_{k_{\beta_j}}^{(0)*} \psi_{0_{\alpha_i}}^{(0)*} \tilde{V}_{\alpha_i \beta_j} \psi_{0_{\beta_j}}^{(0)} \psi_{0_{\alpha_i}}^{(0)} \, d\tau]}{E_{0_{\beta_j}}^{(0)} - E_{k_{\beta_j}}^{(0)}}.$$

$$(4.3.128)$$

In (4.3.128) wurde derjenige Anteil der ersten Teilsumme von (4.3.126) berücksichtigt, bei dem γ_k gleich β_j ist. Physikalisch ist anschaulich klar, daß die Induktionswirkung zwischen zwei Molekülen aus zwei verschiedenen Beiträgen bestehen muß, nämlich einem mit dem einen Molekül im angeregten Zustand und einem anderen mit dem anderen Molekül im angeregten Zustand. Weiterhin gilt:

$$\phi_{\alpha_i\beta_j}^{\text{disp}} = \sum_{k_{\alpha_i}\neq 0_{\alpha_i}} \sum_{k_{\beta_j}\neq 0_{\beta_j}} \frac{\left[\int \psi_{0_{\alpha_i}}^{(0)*}\psi_{0_{\beta_j}}^{(0)*}\tilde{V}_{\alpha_i\beta_j}\psi_{k_{\alpha_i}}^{(0)}\psi_{k_{\beta_j}}^{(0)}\,\mathrm{d}\tau\right]\left[\int \psi_{k_{\alpha_i}}^{(0)*}\psi_{k_{\beta_j}}^{(0)*}\tilde{V}_{\alpha_i\beta_j}\psi_{0_{\alpha_i}}^{(0)}\psi_{0_{\beta_j}}^{(0)}\,\mathrm{d}\tau\right]}{E_{0_{\alpha_i}}^{(0)} - E_{k_{\alpha_i}}^{(0)} + E_{0_{\beta_j}}^{(0)} - E_{k_{\beta_j}}^{(0)}}.$$

$$(4.3.129)$$

Schließlich gilt:

$$\phi_{\alpha_i\beta_j\gamma_k}^{\text{ind}} = 2\sum_{k_{\alpha_i}\neq 0_{\alpha_i}} \frac{\int \psi_{0_{\alpha_i}}^{(0)*}\psi_{0_{\beta_j}}^{(0)*}\tilde{V}_{\alpha_i\beta_j}\psi_{k_{\alpha_i}}^{(0)}\psi_{0_{\beta_j}}^{(0)}\,\mathrm{d}\tau \int \psi_{k_{\alpha_i}}^{(0)*}\psi_{0_{\gamma_k}}^{(0)*}\tilde{V}_{\alpha_i\gamma_k}\psi_{0_{\alpha_i}}^{(0)}\psi_{0_{\gamma_k}}^{(0)}\,\mathrm{d}\tau}{E_{0_{\alpha_i}}^{(0)} - E_{k_{\alpha_i}}^{(0)}}$$

$$+ 2\sum_{k_{\beta_j}\neq 0_{\beta_j}} \frac{\int \psi_{0_{\alpha_i}}^{(0)*}\psi_{0_{\beta_j}}^{(0)*}\tilde{V}_{\alpha_i\beta_j}\psi_{0_{\alpha_i}}^{(0)}\psi_{k_{\beta_j}}^{(0)}\,\mathrm{d}\tau \int \psi_{k_{\beta_j}}^{(0)*}\psi_{0_{\gamma_k}}^{(0)*}\tilde{V}_{\beta_j\gamma_k}\psi_{0_{\beta_j}}^{(0)}\psi_{0_{\gamma_k}}^{(0)}\,\mathrm{d}\tau}{E_{0_{\beta_j}}^{(0)} - E_{k_{\beta_j}}^{(0)}}$$

$$+ 2\sum_{k_{\gamma_k}\neq 0_{\gamma_k}} \frac{\int \psi_{0_{\alpha_i}}^{(0)*}\psi_{0_{\gamma_k}}^{(0)*}\tilde{V}_{\alpha_i\gamma_k}\psi_{0_{\alpha_i}}^{(0)}\psi_{k_{\gamma_k}}^{(0)}\,\mathrm{d}\tau \int \psi_{0_{\beta_j}}^{(0)*}\psi_{k_{\gamma_k}}^{(0)*}\tilde{V}_{\beta_j\gamma_k}\psi_{0_{\beta_j}}^{(0)}\psi_{0_{\gamma_k}}^{(0)}\,\mathrm{d}\tau}{E_{0_{\gamma_k}}^{(0)} - E_{k_{\gamma_k}}^{(0)}}$$

$$(4.3.130)$$

wobei berücksichtigt wurde, daß bei einer Dreikörper-Induktionswechselwirkung je ein Anteil für ein jedes Molekül im angeregten Zustand auftreten muß.

Beispiel 4.7

Für ein System aus den drei Molekülen 1, 2, 3 der gleichen Komponente zeige man die Übereinstimmung von (4.3.126) mit (4.3.127) bis (4.3.130).

Lösung

Wir führen zur Abkürzung der Notation ein

$$\sum_{k_1} \frac{\int \psi_{0_1}^{(0)*}\psi_{0_2}^{(0)*}\tilde{V}_{12}\psi_{k_1}^{(0)}\psi_{0_2}^{(0)}\,\mathrm{d}\tau \int \psi_{k_1}^{(0)*}\psi_{0_3}^{(0)*}\tilde{V}_{13}\psi_{0_1}^{(0)}\psi_{0_3}^{(0)}\,\mathrm{d}\tau}{E_{0_1}^{(0)} - E_{k_1}^{(0)}} = V_{12}V_{13}.$$

Damit folgt aus der ersten Teilsumme von (4.3.126) für die Induktionsbeiträge:

$$U_{\text{ind}}^{(2)} = V_{12}V_{12} + V_{12}V_{13} + V_{13}V_{12} + V_{13}V_{13} + V_{21}V_{21} + V_{21}V_{23} + V_{23}V_{21} + V_{23}V_{23}$$

$$+ V_{31}V_{31} + V_{31}V_{32} + V_{32}V_{31} + V_{32}V_{32}$$

$$= (V_{12}V_{12} + V_{21}V_{21}) + (V_{13}V_{13} + V_{31}V_{31}) + (V_{23}V_{23} + V_{32}V_{32})$$

$$+ V_{12}V_{13} + V_{13}V_{12} + V_{21}V_{23} + V_{23}V_{21} + V_{31}V_{32} + V_{32}V_{31}.$$

Die Induktionsbeiträge lauten in (4.3.127) sowie in (4.3.128) und (4.3.130):

$$U_{\text{ind}}^{(2)} = \tfrac{1}{2}[\phi_{12}^{\text{ind}} + \phi_{13}^{\text{ind}} + \phi_{23}^{\text{ind}} + \phi_{21}^{\text{ind}} + \phi_{31}^{\text{ind}} + \phi_{32}^{\text{ind}}]$$

$$+ \tfrac{1}{6}[\phi_{123}^{\text{ind}} + \phi_{132}^{\text{ind}} + \phi_{213}^{\text{ind}} + \phi_{231}^{\text{ind}} + \phi_{321}^{\text{ind}} + \phi_{312}^{\text{ind}}]$$

$$= \tfrac{1}{2}[(V_{12}V_{12} + V_{12}V_{12}) + (V_{13}V_{13} + V_{13}V_{13})$$

$$+ (V_{23}V_{23} + V_{23}V_{23}) + (V_{21}V_{21} + V_{21}V_{21})$$

$$+ (V_{31}V_{31} + V_{31}V_{31}) + (V_{32}V_{32} + V_{32}V_{32})]$$

$$+ \tfrac{1}{6}[(2V_{12}V_{13} + 2V_{12}V_{23} + 2V_{13}V_{23}) + (2V_{13}V_{12} + 2V_{13}V_{32} + 2V_{12}V_{32})$$

$$+ (2V_{21}V_{23} + 2V_{21}V_{13} + 2V_{23}V_{13}) + (2V_{23}V_{21} + 2V_{23}V_{31} + 2V_{21}V_{31})$$

$$+ (2V_{32}V_{31} + 2V_{32}V_{21} + 2V_{31}V_{21}) + (2V_{31}V_{32} + 2V_{31}V_{12} + 2V_{32}V_{12})]$$

$$= (V_{12}V_{12} + V_{21}V_{21}) + (V_{13}V_{13} + V_{31}V_{31}) + (V_{23}V_{23} + V_{32}V_{32})$$

$$+ (V_{12}V_{13} + V_{13}V_{12}) + (V_{21}V_{23} + V_{23}V_{21}) + (V_{31}V_{32} + V_{32}V_{31}).$$

Diese Gleichung stimmt mit der aus (4.3.126) abgeleiteten Beziehung für die Induktionskräfte überein.

Die Übereinstimmung des Dispersionsterms in beiden Gleichungen für $U^{(2)}$ ist offensichtlich.

4.3.4.2 Das Paarpotential der Induktionskräfte

Der allgemeine Ausdruck: Ausgangspunkt der Entwicklung des expliziten Paarpotentials der Induktionswechselwirkung ist (4.3.128) in Verbindung mit (4.3.41) für den Wechselwirkungsoperator.

Für das im Paarpotential der Induktion auftretende Phasenintegral über den Wechselwirkungsoperator gilt:

$$\int \psi_{0_{\alpha_i}}^{(0)*} \psi_{0_{\beta_j}}^{(0)*} \tilde{V}_{\alpha_i \beta_j} \psi_{k_{\alpha_i}}^{(0)} \psi_{0_{\beta_j}}^{(0)} \, d\tau = \sum_{l_1=0}^{\infty} \sum_{l_2=0}^{\infty} \sum_{\substack{m_1\, n_1 \\ m_2\, n_2 \\ m}}$$

$$\cdot \frac{4\pi(-1)^{l_2}}{r_{\alpha_i \beta_j}^{l_1+l_2+1}} \sqrt{\frac{4\pi(2l_1+2l_2+1)!}{(2l_1+1)!(2l_2+1)!}} \; \frac{\int \psi_{0_{\alpha_i}}^{(0)*\alpha} \tilde{M}_{l_1}^{n_1} \psi_{k_{\alpha_i}}^{(0)} \, d\tau \int \psi_{0_{\beta_j}}^{(0)*\beta} \tilde{M}_{l_2}^{n_2} \psi_{0_{\beta_j}}^{(0)} \, d\tau}{2l_1+2l_2+1}$$

$$\cdot C(l_1 l_2 l_1 + l_2; m_1 m_2 m) \, D_{m_1 n_1}^{l_1}(\omega_{\alpha_i})^* \, D_{m_2 n_2}^{l_2}(\omega_{\beta_j})^* \, Y_{l_1+l_2}^{m}(\omega)^*. \qquad (4.3.131)$$

Damit erhalten wir für das Paarpotential der Induktion nach (4.3.128):

$$\phi_{\alpha_i \beta_j}^{\mathrm{ind}} = - \sum_{l_1=0}^{\infty} \sum_{l_2=0}^{\infty} \sum_{\substack{m_1\, n_1 \\ m_2\, n_2 \\ m}} \sum_{l_1'=0}^{\infty} \sum_{l_2'=0}^{\infty} \sum_{\substack{m_1'\, n_1' \\ m_2'\, n_2' \\ m'}} \frac{16\pi^2(-1)^{l_2+l_2'}}{r_{\alpha\beta}^{l_1+l_2+l_1'+l_2'+2}}$$

$$\cdot \sqrt{\frac{16\pi^2(2l_1+2l_2+1)!(2l_1'+2l_2'+1)!}{(2l_1+1)!(2l_2+1)!(2l_1'+1)!(2l_2'+1)!}}$$

$$\cdot \frac{{}^{\alpha}\Pi_{l_1 l_1'}^{n_1 n_1'} \, {}^{\beta}Q_{l_2}^{n_2} \, {}^{\beta}Q_{l_2'}^{n_2'} + {}^{\beta}\Pi_{l_2 l_2'}^{n_2 n_2'} \, {}^{\alpha}Q_{l_1}^{n_1} \, {}^{\alpha}Q_{l_1'}^{n_1'}}{(2l_1+2l_2+1)(2l_1'+2l_2'+1)}$$

$$\cdot C(l_1 l_2 l_1 + l_2; m_1 m_2 m) \, C(l_1' l_2' l_1' + l_2'; m_1' m_2' m')$$

$$\cdot D_{m_1 n_1}^{l_1}(\omega_{\alpha_i})^* \, D_{m_2 n_2}^{l_2}(\omega_{\beta_j})^* \, D_{m_1' n_1'}^{l_1'}(\omega_{\alpha_i})^* \, D_{m_2' n_2'}^{l_2'}(\omega_{\beta_j})^*$$

$$\cdot Y_{l_1+l_2}^{m}(\omega)^* \, Y_{l_1'+l_2'}^{m'}(\omega)^*. \qquad (4.3.132)$$

Hierin wurden die permanenten Multipolelemente ${}^{\gamma}Q_l^n$ der Molekülart γ nach (4.3.48) sowie die Polarisierbarkeiten ${}^{\alpha}\Pi_{ll'}^{nn'}$ der Molekülart α eingeführt nach

${}^{\alpha}\Pi_{ll'}^{nn'} = - \sum_{k_\alpha \neq 0_\alpha} \frac{\int \psi_{0_\alpha}^{(0)*}\, {}^{\alpha}\tilde{M}_l^{n}\, \psi_{k_\alpha}^{(0)}\,d\tau \int \psi_{k_\alpha}^{(0)*}\, {}^{\alpha}\tilde{M}_{l'}^{n'}\, \psi_{0_\alpha}^{(0)}\,d\tau}{E_{0_\alpha}^{(0)} - E_{k_\alpha}^{(0)}}. \tag{4.3.133}$

Mit den Theoremen (A 4.3.8) und (A 4.3.12) über Produkte von Kugelflächenfunktionen bzw. Drehmatrizen läßt sich Gleichung (4.3.132) umschreiben zu:

$$\phi_{\alpha_i \beta_j}^{\text{ind}} = - \sum_{l_1=0}^{\infty} \sum_{l_2=0}^{\infty} \sum_{l_1'=0}^{\infty} \sum_{l_2'=0}^{\infty} \sum_{l_1''=0}^{\infty} \sum_{l_2''=0}^{\infty} \sum_{l''=0}^{\infty} \sum_{\substack{m_1\,m_1'\,m_1''\,n_1\,n_1'\,n_1'' \\ m_2\,m_2'\,m_2''\,n_2\,n_2'\,n_2'' \\ m\;\;m'\;\;m''}} \frac{16\pi^2(-1)^{l_2+l_2'}}{r_{\alpha_i\beta_j}^{l_1+l_2+l_1'+l_2'+2}}$$

$$\cdot \sqrt{\frac{16\pi^2(2l_1+2l_2+1)!\,(2l_1'+2l_2'+1)!\,(2l_1+2l_2+1)(2l_1'+2l_2'+1)}{(2l_1+1)!\,(2l_2+1)!\,(2l_1'+1)!\,(2l_2'+1)!\,4\pi(2l''+1)}}$$

$$\cdot \frac{{}^{\alpha}\Pi_{l_1 l_1'}^{n_1 n_1'}\,{}^{\beta}Q_{l_2}^{n_2}\,{}^{\beta}Q_{l_2'}^{n_2'} + {}^{\beta}\Pi_{l_2 l_2'}^{n_2 n_2'}\,{}^{\alpha}Q_{l_1}^{n_1}\,{}^{\alpha}Q_{l_1'}^{n_1'}}{(2l_1+2l_2+1)(2l_1'+2l_2'+1)}$$

$$\cdot C(l_1 l_2 l_1+l_2;\, m_1 m_2 m)\, C(l_1' l_2' l_1'+l_2';\, m_1' m_2' m')$$

$$\cdot C(l_1 l_1' l_1'';\, m_1 m_1' m_1'')\, C(l_1 l_1' l_1'';\, n_1 n_1' n_1'')$$

$$\cdot C(l_2 l_2' l_2'';\, m_2 m_2' m_2'')\, C(l_2 l_2' l_2'';\, n_2 n_2' n_2'')$$

$$\cdot C(l_1+l_2\, l_1'+l_2'\, l'';\, m m' m'')\, C(l_1+l_2\, l_1'+l_2'\, l'';\, 000)$$

$$\cdot D_{m_1'' n_1''}^{l_1''}(\omega_{\alpha_i})^*\, D_{m_2'' n_2''}^{l_2''}(\omega_{\beta_j})^*\, Y_{l''}^{m''}(\omega)^*. \tag{4.3.134}$$

Werden hier die Summationszeichen geordnet sowie alle l-Faktoren unter der Wurzel zusammengefaßt, so erhält man:

$$\phi_{\alpha_i \beta_j}^{\text{ind}} = - \sum_{l_1''=0}^{\infty} \sum_{l_2''=0}^{\infty} \sum_{l''=0}^{\infty} \sum_{\substack{m_1''\,n_1'' \\ m_2''\,n_2'' \\ m''}} D_{m_1'' n_1''}^{l_1''}(\omega_{\alpha_i})^*\, D_{m_2'' n_2''}^{l_2''}(\omega_{\beta_j})^*\, Y_{l''}^{m''}(\omega)^*$$

$$\cdot \sum_{l_1=0}^{\infty} \sum_{l_2=0}^{\infty} \sum_{l_1'=0}^{\infty} \sum_{l_2'=0}^{\infty} \sum_{\substack{n_1\,n_1' \\ n_2\,n_2'}} \frac{16\pi^2(-1)^{l_2+l_2'}}{r_{\alpha_i\beta_j}^{l_1+l_2+l_1'+l_2'+2}}$$

$$\cdot \sqrt{\frac{4\pi(2l_1+2l_2)!\,(2l_1'+2l_2')!}{(2l_1+1)!\,(2l_2+1)!\,(2l_1'+1)!\,(2l_2'+1)!\,(2l''+1)}}$$

$$\cdot \left({}^{\alpha}\Pi_{l_1 l_1'}^{n_1 n_1'}\,{}^{\beta}Q_{l_2}^{n_2}\,{}^{\beta}Q_{l_2'}^{n_2'} + {}^{\beta}\Pi_{l_2 l_2'}^{n_2 n_2'}\,{}^{\alpha}Q_{l_1}^{n_1}\,{}^{\alpha}Q_{l_1'}^{n_1'}\right)$$

$$\cdot C(l_1 l_1' l_1'';\, n_1 n_1' n_1'')\, C(l_2 l_2' l_2'';\, n_2 n_2' n_2'')$$

$$\cdot C(l_1+l_2\, l_1'+l_2'\, l'';\, 000) \sum_{\substack{m_1\,m_1' \\ m_2\,m_2' \\ m\;\;m'}} C(l_1 l_2 l_1+l_2;\, m_1 m_2 m)$$

$$\cdot C(l_1 l_1' l_1'';\, m_1 m_1' m_1'')\, C(l_1' l_2' l_1'+l_2';\, m_1' m_2' m')$$

$$\cdot C(l_2 l_2' l_2'';\, m_2 m_2' m_2'')\, C(l_1+l_2\, l_1'+l_2'\, l'';\, m m' m'') \tag{4.3.135}$$

Mit dem Zusammenhang (A 4.4.5) zwischen Clebsch-Gordan-Koeffizienten und den quantenmechanischen $3j$-Symbolen erhält man schließlich die folgende Fassung für das Paarpotential der Induktionswechselwirkung:

$$\phi_{\alpha_i \beta_j}^{\text{ind}}(r_{\alpha_i \beta_j}, \omega_{\alpha_i} \omega_{\beta_j}) = \sum_{l_1'' = 0}^{\infty} \sum_{l_2'' = 0}^{\infty} \sum_{l'' = 0}^{\infty} \sum_{\substack{n_1'' \\ n_2''}} E_{\alpha_i \beta_j}^{\text{ind}}(l_1'' l_2'' l''; n_1'' n_2''; r_{\alpha_i \beta_j})$$

$$\cdot \sum_{\substack{m_1'' \\ m_2'' \\ m''}} C(l_1'' l_2'' l''; m_1'' m_2'' m'') \, D_{m_1'' n_1''}^{l_1''}(\omega_{\alpha_i})^* \, D_{m_2'' n_2''}^{l_2''}(\omega_{\beta_j})^* \, Y_{l''}^{m''}(\omega)^*. \qquad (4.3.136)$$

Hierbei sind die Entwicklungskoeffizienten der Paar-Induktionswechselwirkung definiert durch:

$$E_{\alpha_i \beta_j}^{\text{ind}}(l_1'' l_2'' l''; n_1'' n_2''; r_{\alpha_i \beta_j}) = - \sum_{l_1 = 0}^{\infty} \sum_{l_2 = 0}^{\infty} \sum_{l_1' = 0}^{\infty} \sum_{l_2' = 0}^{\infty}$$

$$\cdot \sqrt{\frac{4\pi(2l_1 + 2l_2 + 1)! \, (2l_1' + 2l_2' + 1)! \, (2l_1'' + 1)(2l_2'' + 1)}{(2l_1 + 1)! \, (2l_2 + 1)! \, (2l_1' + 1)! \, (2l_2' + 1)! \, (2l'' + 1)}}$$

$$\cdot \begin{Bmatrix} l_1 & l_2 & l_1 + l_2 \\ l_1' & l_2' & l_1' + l_2' \\ l_1'' & l_2'' & l'' \end{Bmatrix} C(l_1 + l_2 \, l_1' + l_2' \, l''; 000) \, \frac{16\pi^2 (-1)^{l_2 + l_2'}}{r_{\alpha_i \beta_j}^{l_1 + l_2 + l_1' + l_2' + 2}}$$

$$\cdot \sum_{\substack{n_1 \, n_2 \\ n_1' \, n_2'}} C(l_1 l_1' l_1''; n_1 n_1' n_1'') \, C(l_2 l_2' l_2''; n_2 n_2' n_2'')$$

$$\cdot \left({}^{\alpha}\Pi_{l_1 l_1'}^{n_1 n_1'} \, {}^{\beta}Q_{l_2}^{n_2} \, {}^{\beta}Q_{l_2'}^{n_2'} + {}^{\beta}\Pi_{l_2 l_2'}^{n_2 n_2'} \, {}^{\alpha}Q_{l_1}^{n_1} \, {}^{\alpha}Q_{l_1'}^{n_1'} \right). \qquad (4.3.137)$$

Die Polarisierbarkeitstensoren: Zur Auswertung der Entwicklungskoeffizienten der Induktionskräfte werden zunächst die Polarisierbarkeitstensoren in kartesischen Koordinaten angeschrieben. Für l und/oder $l' = 0$ gilt wegen $\tilde{M}_0^0 \neq f(\tau)$ und der Orthogonalitätsbeziehung (4.3.20) für die Wellenfunktionen:

$$\Pi_{0 \, l'}^{0 \, n'} = \Pi_{l0}^{n0} = \Pi_{00}^{00} = 0. \qquad (4.3.138)$$

Für $l, l' = 1$ erhalten wir den Dipol-Polarisierbarkeitstensor:

$$\Pi_{11}^{nn'} = \begin{pmatrix} \Pi_{11}^{-1\,-1} & \Pi_{11}^{-1\,0} & \Pi_{11}^{-1\,1} \\ \Pi_{11}^{0\,-1} & \Pi_{11}^{00} & \Pi_{11}^{01} \\ \Pi_{11}^{1\,-1} & \Pi_{11}^{10} & \Pi_{11}^{11} \end{pmatrix}. \qquad (4.3.139)$$

Dieser Dipol-Polarisierbarkeitstensor enthält neun Komponenten. Mit den Gleichungen (4.3.53) und (4.3.54) in Operatorform lautet ihre kartesische Schreibweise für die Molekülsorte α:

$${}^{\alpha}\Pi_{11}^{00} = \sum_{k_\alpha \neq 0_\alpha} \frac{\int \psi_{0_\alpha}^{(0)*} \, {}^{\alpha_i}\tilde{M}_1^0 \, \psi_{k_\alpha}^{(0)} d\tau \int \psi_{k_\alpha}^{(0)*} \, {}^{\alpha_i}\tilde{M}_1^0 \, \psi_{0_\alpha}^{(0)} d\tau}{E_{k_\alpha}^{(0)} - E_{0_\alpha}^{(0)}}$$

$$= \frac{1}{4} \frac{3}{\pi} \sum_{k_\alpha \neq 0_\alpha} \frac{\int \psi_{0_\alpha}^{(0)*} \, {}^{\alpha}\tilde{\mu}_z \, \psi_{k_\alpha}^{(0)} d\tau \int \psi_{k_\alpha}^{(0)*} \, {}^{\alpha}\tilde{\mu}_z \, \psi_{0_\alpha}^{(0)} d\tau}{E_{k_\alpha}^{(0)} - E_{0_\alpha}^{(0)}}, \qquad (4.3.140)$$

$$
\begin{aligned}
{}^{\alpha}\Pi_{11}^{-10} &= \sum_{k_\alpha \neq 0_\alpha} \frac{\int \psi_{0_\alpha}^{(0)*}\, {}^{\alpha_i}\tilde{M}_1^{-1}\, \psi_{k_\alpha}^{(0)}\, d\tau \int \psi_{k_\alpha}^{(0)*}\, {}^{\alpha_i}\tilde{M}_1^{0}\, \psi_{0_\alpha}^{(0)}\, d\tau}{E_{k_{\alpha_i}}^{(0)} - E_{0_{\alpha_i}}^{(0)}} \\[2mm]
&= \frac{3}{4\pi}\frac{1}{\sqrt{2}} \sum_{k_\alpha \neq 0_\alpha} \frac{\int \psi_{0_\alpha}^{(0)*}\, |{}^{\alpha}\tilde{\mu}_x - i\,{}^{\alpha}\tilde{\mu}_y|\, \psi_{k_\alpha}^{(0)}\, d\tau \int \psi_{k_\alpha}^{(0)*}\, |{}^{\alpha}\tilde{\mu}_z|\, \psi_{0_\alpha}^{(0)}\, d\tau}{E_{k_\alpha}^{(0)} - E_{0_\alpha}^{(0)}} \\[2mm]
&= {}^{\alpha}\Pi_{11}^{0-1},
\end{aligned}
\tag{4.3.141}
$$

$$
\begin{aligned}
{}^{\alpha}\Pi_{11}^{-1-1} &= \sum_{k_\alpha \neq 0_\alpha} \frac{\int \psi_{0_\alpha}^{(0)*}\, |{}^{\alpha}M_1^{-1}|\, \psi_{k_\alpha}^{(0)}\, d\tau \int \psi_{k_\alpha}^{(0)*}\, |{}^{\alpha}M_1^{-1}|\, \psi_{0_\alpha}^{(0)}\, d\tau}{E_{k_\alpha}^{(0)} - E_{0_\alpha}^{(0)}} \\[2mm]
&= \frac{3}{8\pi} \sum_{k_\alpha \neq 0_\alpha} \frac{\int \psi_{0_\alpha}^{(0)*}\, |{}^{\alpha}\tilde{\mu}_x - i\,{}^{\alpha}\tilde{\mu}_y|\, \psi_{k_\alpha}^{(0)}\, d\tau \int \psi_{k_\alpha}^{(0)*}\, |{}^{\alpha}\tilde{\mu}_x - i\,{}^{\alpha}\tilde{\mu}_y|\, \psi_{0_\alpha}^{(0)}\, d\tau}{E_{k_\alpha}^{(0)} - E_{0_\alpha}^{(0)}},
\end{aligned}
\tag{4.3.142}
$$

$$
\begin{aligned}
{}^{\alpha}\Pi_{11}^{-11} &= \sum_{k_\alpha \neq 0_\alpha} \frac{\int \psi_{0_\alpha}^{(0)*}\, {}^{\alpha}M_1^{-1}\, \psi_{k_\alpha}^{(0)}\, d\tau \int \psi_{k_\alpha}^{(0)*}\, {}^{\alpha}M_1^{+1}\, \psi_{0_\alpha}^{(0)}\, d\tau}{E_{k_{\alpha_i}}^{(0)} - E_{0_{\alpha_i}}^{(0)}} \\[2mm]
&= -\frac{3}{8\pi} \sum_{k_\alpha \neq 0_\alpha} \frac{\int \psi_{0_\alpha}^{(0)*}\, |{}^{\alpha}\tilde{\mu}_x - i\,{}^{\alpha}\tilde{\mu}_y|\, \psi_{k_\alpha}^{(0)}\, d\tau \int \psi_{k_\alpha}^{(0)*}\, |{}^{\alpha}\tilde{\mu}_x + i\,{}^{\alpha}\tilde{\mu}_y|\, \psi_{0_\alpha}^{(0)}\, d\tau}{E_{k_\alpha}^{(0)} - E_{0_\alpha}^{(0)}} \\[2mm]
&= \Pi_{11}^{1-1},
\end{aligned}
\tag{4.3.143}
$$

$$
\begin{aligned}
{}^{\alpha}\Pi_{11}^{10} &= \sum_{k_\alpha \neq 0_\alpha} \frac{\int \psi_{0_\alpha}^{(0)*}\, {}^{\alpha}M_1^{1}\, \psi_{k_\alpha}^{(0)}\, d\tau \int \psi_{k_\alpha}^{(0)*}\, {}^{\alpha}M_1^{0}\, \psi_{0_\alpha}^{(0)}\, d\tau}{E_{k_\alpha}^{(0)} - E_{0_\alpha}^{(0)}} \\[2mm]
&= -\frac{3}{4\pi\sqrt{2}} \sum_{k_\alpha \neq 0_\alpha} \frac{\int \psi_{0_\alpha}^{(0)*}\, |{}^{\alpha}\tilde{\mu}_x + i\,{}^{\alpha}\tilde{\mu}_y|\, \psi_{k_\alpha}^{(0)}\, d\tau \int \psi_{k_\alpha}^{(0)*}\, |{}^{\alpha}\tilde{\mu}_z|\, \psi_{0_\alpha}^{(0)}\, d\tau}{E_{k_\alpha}^{(0)} - E_{0_\alpha}^{(0)}} \\[2mm]
&= {}^{\alpha}\Pi_{11}^{01}.
\end{aligned}
\tag{4.3.144}
$$

Die kartesischen Komponenten des Dipol-Polarisierbarkeitstensors werden abkürzend in der nachstehenden Weise definiert [7]:

$$
{}^{\alpha}\alpha_{\alpha\beta} := 2 \sum_{k_\alpha \neq 0_\alpha} \frac{\int \psi_{0_\alpha}^{(0)*}\, {}^{\alpha}\tilde{\mu}_\alpha\, \psi_{k_\alpha}^{(0)}\, d\tau \int \psi_{k_\alpha}^{(0)*}\, {}^{\alpha}\tilde{\mu}_\beta\, \psi_{0_\alpha}^{(0)}\, d\tau}{E_{k_\alpha}^{(0)} - E_{0_\alpha}^{(0)}},
\tag{4.3.145}
$$

wobei sich der Faktor 2 aus der Tatsache erklärt, daß zwei gleichwertige Terme durch Vertauschung der α-Richtung mit der β-Richtung entstehen. Damit erhält man für den Dipol-Polarisierbarkeitstensor:

$$
{}^{\alpha}\Pi_{11}^{nn'} = \frac{3}{8\pi}
\begin{pmatrix}
\dfrac{1}{2}(\alpha_{xx} - \alpha_{yy} - 2i\alpha_{xy})_\alpha & \dfrac{1}{\sqrt{2}}(\alpha_{xz} - i\alpha_{yz})_\alpha & -\dfrac{1}{2}(\alpha_{xx} + \alpha_{yy})_\alpha \\[4mm]
\dfrac{1}{\sqrt{2}}(\alpha_{xz} - i\alpha_{yz})_\alpha & (\alpha_{zz})_\alpha & -\dfrac{1}{\sqrt{2}}(\alpha_{xz} + i\alpha_{yz})_\alpha \\[4mm]
-\dfrac{1}{2}(\alpha_{xx} + \alpha_{yy})_\alpha & -\dfrac{1}{\sqrt{2}}(\alpha_{xz} + i\alpha_{yz})_\alpha & \dfrac{1}{2}(\alpha_{xx} - \alpha_{yy} + 2i\alpha_{xy})_\alpha
\end{pmatrix}.
$$

$$
\tag{4.3.146}
$$

Polarisierbarkeitstensoren mit Werten $l, l' > 1$ werden hier nicht betrachtet, da Zahlenwerte für die entsprechenden molekularen Parameter, z.B. Quadrupol-Polarisierbarkeiten, in der Regel nicht zur Verfügung stehen. Wenn die Hauptachsen des Dipol-Polarisierbarkeitstensors als molekülfestes Koordinatensystem gewählt werden, verschwinden alle Elemente $\alpha_{\alpha\beta}$ mit $\alpha \neq \beta$, und man erhält schließlich die folgenden Beiträge zur Dipol-Polarisierbarkeit:

$$^{\alpha}\Pi_{11}^{00} = \frac{3}{8\pi} (\alpha_{zz})_{\alpha}, \tag{4.3.147}$$

$$^{\alpha}\Pi_{11}^{-1-1} = {}^{\alpha}\Pi_{11}^{11} = \frac{3}{8\pi} \frac{1}{2} (\alpha_{xx} - \alpha_{yy})_{\alpha}, \tag{4.3.148}$$

$$^{\alpha}\Pi_{11}^{-11} = {}^{\alpha}\Pi_{11}^{1-1} = -\frac{3}{8\pi} \frac{1}{2} (\alpha_{xx} + \alpha_{yy})_{\alpha}, \tag{4.3.149}$$

$$^{\alpha}\Pi_{11}^{-10} = {}^{\alpha}\Pi_{11}^{0-1} = \Pi_{11}^{01} = \Pi_{11}^{10} = 0. \tag{4.3.150}$$

Bei Molekülen mit ausreichend hoher Symmetrie fallen die Hauptachsen des Polarisierbarkeitstensors mit den Hauptachsen des Quadrupoltensors zusammen, und das molekülfeste Koordinatensystem mit beiden. Im allgemeinen Falle muß man die in Tabellenwerken angegebenen Zahlenwerte für α_{xx}, α_{yy} und α_{zz} auf das gewählte molekülfeste Koordinatensystem umrechnen. Sammlungen von Dipolpolarisierbarkeiten findet man in [10, 16]. Auf die Definition der Koordinatensysteme ist stets zu achten.

Die Entwicklungskoeffizienten der Paar-Induktionskräfte für lineare Moleküle und einfache Kreiselmoleküle mit isotroper Polarisierbarkeit: Im allgemeinen Falle sind die drei Hauptelemente des Dipol-Polarisierbarkeitstensors, d.h. α_{xx}, α_{yy} und α_{zz}, voneinander verschieden. Da die Induktionskräfte oft jedoch gegenüber den Multipolkräften nur eine untergeordnete Rolle spielen, ist es sinnvoll, vereinfachende Annahmen einzuführen. Eine solche Annhame besteht darin, die Unterschiede der Polarisierbarkeiten in den verschiedenen Richtungen als klein und vernachlässigbar anzusehen. Wenn man eine solche isotrope Polarisierbarkeit des polarisierten Moleküls annimmt, das heißt:

$$\alpha_{xx} = \alpha_{yy} = \alpha_{zz} = \alpha, \tag{4.3.151}$$

dann bleiben vom Dipol-Polarisierbarkeitstensor nur die folgenden Elemente übrig:

$$\Pi_{11}^{00} = \frac{3}{8\pi} \alpha_{zz} = -\Pi_{11}^{-11} = -\Pi_{11}^{1-1}. \tag{4.3.152}$$

Streng ist dies nur für die kugelförmigen Moleküle und die kugeligen Kreiselmoleküle (z.B. CH_4, SF_6) erfüllt. Näherungsweise rechnet man in anderen Fällen mit der mittleren Polarisierbarkeit, d.h.

$$\alpha = \tfrac{1}{3}(\alpha_{xx} + \alpha_{yy} + \alpha_{zz}). \tag{4.3.153}$$

Für lineare Moleküle und symmetrische Kreismoleküle (z.B. NH_3, CF_3Cl) entfällt der nichtaxiale Anteil des Quadrupoltensors. Es gilt daher $n_1 = n_1' = n_2 = n_2' = 0$.

Diese Vereinfachung zusammen mit der Annahme einer isotropen Polarisierbarkeit führen eine erhebliche Reduktion des Aufwandes in der Berechnung der Entwicklungskoeffizienten der Paar-Induktionswechselwirkung herbei. Es gilt nämlich nunmehr $n_1'' = n_2'' = 0$, weil andernfalls die C-Koeffizienten verschwinden. Wir berücksichtigen Multipolelemente bis zum Quadrupol, das heißt:

$$1 \leqq l_1, l_1', l_2, l_2' \leqq 2,$$

wobei wegen des Verschwindens des nichtaxialen Anteils des Quadrupoltensors nur Multipole mit $n = 0$ auftreten können. Schließlich müssen bei der Auswertung von (4.3.137) noch allgemeine Auswahlregeln der C-Koeffizienten beachtet werden. Es sind die Bedingungen, unter denen die C-Koeffizienten von null verschiedene Werte haben, vgl. A 4.5. Sie lauten nach (A 4.5.3) hier für die C-Koeffizienten in $E_{\alpha_i \beta_j}^{\text{ind}}$:

$$|l_1 - l_1'| \leqq l_1'' \leqq l_1 + l_1',$$
$$|l_2 - l_2'| \leqq l_2'' \leqq l_2 + l_2',$$
$$|(l_1 + l_2) - (l_1' + l_2')| \leqq l'' \leqq (l_1 + l_2) + (l_1' + l_2').$$

Für die C-Koeffizienten, die zusätzlich im Paarpotential zur Beschreibung der Orientierungsabhängigkeit auftreten, gilt:

$$|l_1'' \quad l_2''| \leqq l'' \leqq l_1'' + l_2''$$

sowie die Symmetriebedingung (A 4.5.4)

$$l_1 + l_2 + l_1' + l_2' + l'' = \text{gerade}.$$

Unter den zuvor genannten Bedingungen können Entwicklungskoeffizienten für $0 \leqq l_1'' \leqq 4$, $0 \leqq l_2'' \leqq 4$ und $0 \leqq l'' \leqq 6$ auftreten, wobei wegen der Beschränkung auf die Dipol-Polarisierbarkeit l_1 und l_2 bzw. l_1' und l_2' nicht gleichzeitig den Wert 2 annehmen können.

Unter diesen Einschränkungen der isotropen Polarisierbarkeit und des skalaren Quadrupolmoments findet man die nachstehenden Entwicklungskoeffizienten:

$$E_{\alpha_i \beta_j}^{\text{ind}}(000; 00; r_{\alpha_i \beta_j}) = -\sqrt{\pi}\,\alpha_\alpha(2\mu_\beta^2\, r_{\alpha_i \beta_j}^{-6} + 3\theta_\beta^2\, r_{\alpha_i \beta_j}^{-8})$$
$$\qquad\qquad - \sqrt{\pi}\,\alpha_\beta(2\mu_\alpha^2\, r_{\alpha_i \beta_j}^{-6} + 3\theta_\alpha^2\, r_{\alpha_i \beta_j}^{-8}), \tag{4.3.154}$$

$$E_{\alpha_i \beta_j}^{\text{ind}}(011; 00; r_{\alpha_i \beta_j}) = \tfrac{12}{5}\sqrt{3\pi}\,\alpha_\alpha \mu_\beta \theta_\beta\, r_{\alpha_i \beta_j}^{-7}, \tag{4.3.155}$$

$$E_{\alpha_i \beta_j}^{\text{ind}}(022; 00; r_{\alpha_i \beta_j}) = -2\sqrt{\tfrac{\pi}{5}}\,\alpha_\alpha(\mu_\beta^2\, r_{\alpha_i \beta_j}^{-6} + \tfrac{12}{7}\theta_\beta^2\, r_{\alpha_i \beta_j}^{-8}), \tag{4.3.156}$$

$$E_{\alpha_i \beta_j}^{\text{ind}}(033; 00; r_{\alpha_i \beta_j}) = \tfrac{24}{5}\sqrt{\tfrac{\pi}{7}}\,\alpha_\alpha \mu_\beta \theta_\beta\, r_{\alpha_i \beta_j}^{-7}, \tag{4.3.157}$$

$$E_{\alpha_i \beta_j}^{\text{ind}}(044; 00; r_{\alpha_i \beta_j}) = -\tfrac{6}{7}\sqrt{\pi}\,\alpha_\alpha \theta_\beta^2\, r_{\alpha_i \beta_j}^{-8}, \tag{4.3.158}$$

$$E_{\alpha_i \beta_j}^{\text{ind}}(101; 00; r_{\alpha_i \beta_j}) = -\tfrac{12}{5}\sqrt{3\pi}\,\theta_\alpha \mu_\alpha \alpha_\beta\, r_{\alpha_i \beta_j}^{-7}, \tag{4.3.159}$$

$$E_{\alpha_i \beta_j}^{\text{ind}}(202; 00; r_{\alpha_i \beta_j}) = -2\sqrt{\tfrac{\pi}{5}}\,\alpha_\beta(\mu_\alpha^2\, r_{\alpha_i \beta_j}^{-6} + \tfrac{12}{7}\theta_\alpha^2\, r_{\alpha_i \beta_j}^{-8}), \tag{4.3.160}$$

$$E_{\alpha_i \beta_j}^{\text{ind}}(303; 00; r_{\alpha_i \beta_j}) = -\tfrac{24}{5}\sqrt{\tfrac{\pi}{7}}\,\mu_\alpha \theta_\alpha \alpha_\beta\, r_{\alpha_i \beta_j}^{-7}, \tag{4.3.161}$$

$$E_{\alpha_i \beta_j}^{\text{ind}}(404; 00; r_{\alpha_i \beta_j}) = -\tfrac{6}{7}\sqrt{\pi}\,\alpha_\beta \theta_\alpha^2\, r_{\alpha_i \beta_j}^{-8}. \tag{4.3.162}$$

Entwicklungskoeffizienten mit $l''_1, l''_2 \neq 0$ enthalten die Anisotropie des Dipol-Polarisierbarkeitstensors und verschwinden unter den hier getroffenen Annahmen. Die Genauigkeit praktischer Rechnungen wird dadurch nicht wesentlich beeinflußt. Erweiterte Formen der hier angegebenen und zusätzliche Entwicklungskoeffizienten mit $n''_1, n''_2 \neq 0$ ergeben sich, wenn Moleküle mit nichtaxialen Quadrupolmomenten betrachtet werden. Ihre Ableitung erfolgt nach demselben Schema. Einige Ergebnisse findet man in [17]. Die späteren exemplarischen Anwendungen in diesem Buch beschränken sich der Einfachheit halber auf lineare Moleküle.

Beispiel 4.8

Man entwickle den Ausdruck (4.3.154) für den Entwicklungskoeffizienten $E^{\text{ind}}_{\alpha_i \beta_j}(000; 00; r_{\alpha_i \beta_j})$ für Moleküle mit einem skalaren Quadrupolmoment.

Lösung

Die Gleichung zur Berechnung folgt aus (4.3.137) zu:

$$E^{\text{ind}}_{\alpha_i \beta_j}(000; 00; r_{\alpha_i \beta_j}) = -\sum_{l_1} \sum_{l'_1} \sum_{l_2} \sum_{l'_2} \sqrt{\frac{4\pi(2l_1 + 2l_2 + 1)!\,(2l'_1 + 2l'_2 + 1)!\,(2 \cdot 0 + 1)(2 \cdot 0 + 1)}{(2l_1 + 1)!\,(2l_2 + 1)!\,(2l'_1 + 1)!\,(2l'_2 + 1)!\,(2 \cdot 0 + 1)}}$$

$$\cdot \begin{Bmatrix} l_1 & l_2 & l_1 + l_2 \\ l'_1 & l'_2 & l'_1 + l'_2 \\ 0 & 0 & 0 \end{Bmatrix} \; C(l_1 + l_2\, l'_1 + l'_2\, 0; 000) \; \frac{16\pi^2(-1)^{l_2 + l'_2}}{r_{\alpha_i \beta_j}^{\,l_1 + l_2 + l'_1 + l'_2 + 2}}$$

$$\cdot \sum_{\substack{n_1 \; n_2 \\ n'_1 \; n'_2}} C(l_1\, l'_1\, 0; n_1\, n'_1\, 0)\, C(l_2\, l'_2\, 0; n_2\, n'_2\, 0)\, \left({}^{\alpha}\!\prod\nolimits_{l_1 l'_1}^{n_1 n'_1}\, {}^{\beta}Q_{l_2}^{n_2}\, {}^{\beta}Q_{l'_2}^{n'_2} + {}^{\beta}\!\prod\nolimits_{l_2 l'_2}^{n_2 n'_2}\, {}^{\alpha}Q_{l_1}^{n_1}\, {}^{\alpha}Q_{l'_1}^{n'_1}\right).$$

Wegen $l''_1 = l''_2 = 0$ müssen hier nach den Auswahlregeln der C-Koeffizienten $l_1 = l'_1$ und $l_2 = l'_2$ sein. Die Summe über die l_1, l'_1, l_2, l'_2 reduziert sich also auf eine Summe aus den drei Beiträgen $(1, 1, 1, 1)$, $(1, 1, 2, 2)$, $(2, 2, 1, 1)$.

Wir erhalten also:

$$E^{\text{ind}}_{\alpha_i \beta_j}(000; 00; r_{\alpha_i \beta_j}) = -\sqrt{\frac{4\pi\, 5!\, 5!\, 1!\, 1!}{3!\, 3!\, 3!\, 3!\, 1}} \left(\frac{1}{3}\sqrt{\frac{1}{5}}\right)\sqrt{\frac{1}{5}}$$

$$\cdot \frac{16\pi^2}{r_{\alpha_i \beta_j}^6} \left\{ C(110; -110)\, C(110; 000)\, {}^{\alpha}\!\prod\nolimits_{11}^{-11}({}^{\beta}Q_1^0)^2 + C(110; 000)\, C(110; -110)\, {}^{\beta}\!\prod\nolimits_{11}^{-11}({}^{\alpha}Q_1^0)^2 \right.$$

$$+ C(110; 000)\, C(110; 000)\, [{}^{\alpha}\!\prod\nolimits_{11}^{00}({}^{\beta}Q_1^0)^2 + {}^{\beta}\!\prod\nolimits_{11}^{00}({}^{\alpha}Q_1^0)^2]$$

$$\left. + C(110; 000)\, C(110; 1-10)\, {}^{\beta}\!\prod\nolimits_{11}^{1-1}({}^{\alpha}Q_1^0)^2 + C(110; 1-10)\, C(110; 000)\, {}^{\alpha}\!\prod\nolimits_{11}^{1-1}({}^{\beta}Q_1^0)^2 \right\}$$

$$- \sqrt{\frac{4\pi\, 7!\, 7!\, 1!\, 1!}{3!\, 5!\, 3!\, 5!\, 1}} \sqrt{\frac{1}{105}} \left(-\sqrt{\frac{1}{7}}\right) \frac{16\pi^2}{r_{\alpha_i \beta_j}^8} \left\{ C(110; -110)\, C(220; 000)\, {}^{\alpha}\!\prod\nolimits_{11}^{-11}({}^{\beta}Q_2^0)^2 \right.$$

$$\left. + C(110; 000)\, C(220; 000)\, {}^{\alpha}\!\prod\nolimits_{11}^{00}({}^{\beta}Q_2^0)^2 + C(110; 1-10)\, C(220; 000)\, {}^{\alpha}\!\prod\nolimits_{11}^{1-1}({}^{\beta}Q_2^0)^2 \right\}$$

$$- \sqrt{\frac{4\pi\, 7!\, 7!\, 1!\, 1!}{3!\, 5!\, 3!\, 5!\, 1}} \sqrt{\frac{1}{105}} \left(-\sqrt{\frac{1}{7}}\right) \frac{16\pi^2}{r_{\alpha_i \beta_j}^8} \left\{ C(220; 000)\, C(110; -110)\, {}^{\beta}\!\prod\nolimits_{11}^{-11}({}^{\alpha}Q_2^0)^2 \right.$$

$$\left. + C(220; 000)\, C(110; 000)\, {}^{\beta}\!\prod\nolimits_{11}^{00}({}^{\alpha}Q_2^0)^2 + C(220; 000)\, C(110; 1-10)\, {}^{\beta}\!\prod\nolimits_{11}^{1-1}({}^{\alpha}Q_2^0)^2 \right\}$$

$$= -\sqrt{\frac{400\pi}{9}} \left(\frac{1}{3}\sqrt{\frac{1}{5}}\right)\sqrt{\frac{1}{5}} \frac{16\pi^2}{r_{\alpha_i \beta_j}^6}$$

$$\cdot \frac{3}{8\pi} \cdot \frac{3}{4\pi} \left\{ \sqrt{\frac{1}{3}}\left(-\sqrt{\frac{1}{3}}\right)(-\alpha_\alpha)\,\mu_\beta^2 + \left(-\sqrt{\frac{1}{3}}\sqrt{\frac{1}{3}}\right)(-\alpha_\alpha)\,\mu_\alpha^2 + \left(-\sqrt{\frac{1}{3}}\right)\left(-\sqrt{\frac{1}{3}}\right) \right.$$

$$\cdot [\alpha_\alpha \mu_\beta^2 + \alpha_\beta \mu_\alpha^2] + \left(-\sqrt{\tfrac{1}{3}}\right)\left(\sqrt{\tfrac{1}{3}}\right)(-\alpha_\beta)\,\mu_\alpha^2 + \left(\sqrt{\tfrac{1}{3}}\right)\left(-\sqrt{\tfrac{1}{3}}\right)(-\alpha_\alpha)\,\mu_\beta^2\Big\}$$

$$-\sqrt{196\pi}\,\sqrt{\tfrac{1}{105}}\left(-\sqrt{\tfrac{1}{7}}\right)\frac{16\pi^2}{r_{\alpha_i\beta_j}^8}$$

$$\cdot\frac{5}{4\pi}\cdot\frac{3}{8\pi}\left\{\sqrt{\tfrac{1}{3}}\sqrt{\tfrac{1}{5}}(-\alpha_\alpha)\,\theta_\beta^2 - \sqrt{\tfrac{1}{3}}\sqrt{\tfrac{1}{5}}\,\alpha_\alpha\,\theta_\beta^2 + \sqrt{\tfrac{1}{3}}\sqrt{\tfrac{1}{5}}(-\alpha_\alpha)\,\theta_\beta^2\right\}$$

$$-\sqrt{196\pi}\,\sqrt{\tfrac{1}{105}}\left(-\sqrt{\tfrac{1}{7}}\right)\frac{16\pi^2}{r_{\alpha_i\beta_j}^8}$$

$$\cdot\frac{5}{4\pi}\cdot\frac{3}{8\pi}\left\{\sqrt{\tfrac{1}{5}}\sqrt{\tfrac{1}{3}}(-\alpha_\beta)\,\theta_\alpha^2 - \sqrt{\tfrac{1}{5}}\sqrt{\tfrac{1}{3}}\,\alpha_\beta\,\theta_\alpha^2 + \sqrt{\tfrac{1}{5}}\sqrt{\tfrac{1}{3}}(-\alpha_\beta)\,\theta_\alpha^2\right\}$$

$$= -\sqrt{\pi}\,\alpha_\alpha(2\mu_\beta^2 r_{\alpha_i\beta_j}^{-6} + 3\theta_\beta^2 r_{\alpha_i\beta_j}^{-8}) - \sqrt{\pi}\,\alpha_\beta(2\mu_\alpha^2 r_{\alpha_i\beta_j}^{-6} + 3\theta_\alpha^2 r_{\alpha_i\beta_j}^{-8}).$$

Beispiel 4.9

Man entwickle den Ausdruck für den Entwicklungskoeffizienten $E_{\alpha_i\beta_j}^{\text{ind}}(022;00;r_{\alpha_i\beta_j})$ für lineare Moleküle.

Lösung

Aus $l_1'' = 0$ folgt nach den Auswahlregeln der C-Koeffizienten $l_1 = l_1'$. Aus der Symmetriebedingung folgt $l_2 = l_2'$. Obwohl dies nicht eigentlich eine Bedingung an die Entwicklungskoeffizienten ist, wird sie hier bereits eingebaut, da der entsprechende Beitrag zum Potential auch bei von null verschiedenem Beitrag zum Entwicklungskoeffizienten verschwindet. Die Summe über die l_1,l_1',l_2,l_2' reduziert sich daher wieder auf die Beiträge $(1,1,1,1)$, $(1,1,2,2)$ und $(2,2,1,1)$.

$$E_{\alpha_i\beta_j}^{\text{ind}}(022;00;r_{\alpha_i\beta_j}) = -\sqrt{\frac{4\pi\,5!\,5!\,1\,5}{3!\,3!\,3!\,3!\,5}}\left(\frac{7}{30}\sqrt{\frac{1}{35}}\right)\left(-\sqrt{\frac{2}{7}}\right)$$

$$\cdot\frac{16\pi^2}{r_{\alpha_i\beta_j}^6}\Big\{C(110;-110)\,C(112;000)\,{}^\alpha\Pi_{11}^{-11}({}^\beta Q_1^0)^2 + C(110;000)\,C(112;-110)\,{}^\beta\Pi_{11}^{-11}({}^\alpha Q_1^0)^2$$

$$+ C(110;000)\,C(112;000)\,[{}^\alpha\Pi_{11}^{00}({}^\beta Q_1^0)^2 + {}^\beta\Pi_{11}^{00}({}^\alpha Q_1^0)^2]$$

$$+ C(110;000)\,C(112;1-10)\,{}^\beta\Pi_{11}^{1-1}({}^\alpha Q_1^0)^2 + C(110;1-10)\,C(112;000)\,{}^\alpha\Pi_{11}^{1-1}({}^\beta Q_1^0)^2\Big\}$$

$$-\sqrt{\frac{4\pi\,7!\,7!\,5}{3!\,5!\,3!\,5!\,5}}\left(\frac{12}{35}\sqrt{\frac{1}{6}}\sqrt{\frac{1}{15}}\right)\left(\sqrt{\frac{4}{21}}\right)$$

$$\cdot\frac{16\pi^2}{r_{\alpha_i\beta_j}^8}\Big\{C(110;-110)\,C(222;000)\,{}^\alpha\Pi_{11}^{-11}({}^\beta Q_1^0)^2 + C(110;000)\,C(222;000)\,{}^\alpha\Pi_{11}^{00}({}^\beta Q_2^0)^2$$

$$+ C(110;1-10)\,C(222;000)\,{}^\alpha\Pi_{11}^{1-1}({}^\beta Q_2^0)^2\Big\}$$

$$-\sqrt{\frac{4\pi\,7!\,7!\,5}{3!\,5!\,3!\,5!\,5}}\left(\frac{12}{35}\sqrt{\frac{1}{6}}\sqrt{\frac{1}{15}}\right)\sqrt{\frac{4}{21}}$$

$$\cdot\frac{16\pi^2}{r_{\alpha_i\beta_j}^8}\Big\{C(220;000)\,C(112;-110)\,{}^\beta\Pi_{11}^{-11}({}^\alpha Q_2^0)^2 + C(220;000)\,C(112;000)\,{}^\beta\Pi_{11}^{00}({}^\alpha Q_2^0)^2$$

$$+ C(220;000)\,C(112;1-10)\,{}^\beta\Pi_{11}^{1-1}({}^\alpha Q_2^0)^2\Big\}$$

$$= -\sqrt{\frac{400\pi}{9}}\left(\frac{7}{30}\sqrt{\frac{1}{35}}\right)\left(-\sqrt{\frac{2}{7}}\right)\frac{16\pi^2}{r_{\alpha_i\beta_j}^6}\frac{3}{8\pi}\cdot\frac{3}{4\pi}\left\{\sqrt{\tfrac{1}{3}}\sqrt{\tfrac{2}{3}}(-\alpha_{\perp\alpha})\,\mu_\beta^2 + \left(-\sqrt{\tfrac{1}{3}}\right)\sqrt{\tfrac{1}{6}}(-\alpha_{\perp\beta})\,\mu_\alpha^2\right.$$

$$\left. + \left(-\sqrt{\tfrac{1}{3}}\right)\left(\sqrt{\tfrac{2}{3}}\right)[\alpha_{\parallel\alpha}\mu_\beta^2 + \alpha_\beta\mu_\alpha^2] + \left(-\sqrt{\tfrac{1}{3}}\right)\left(\sqrt{\tfrac{1}{6}}\right)(-\alpha_{\perp\beta})\,\mu_\alpha^2 + \sqrt{\tfrac{1}{3}}\sqrt{\tfrac{2}{3}}(-\alpha_\alpha)\,\mu_{\perp\beta}^2\right\}$$

$$- 14 \sqrt{\pi} \left(\frac{12}{35} \sqrt{\frac{1}{6}} \sqrt{\frac{1}{15}} \right) \sqrt{\frac{4}{21}} \frac{16 \pi^2}{r_{\alpha_i \beta_j}^8}$$

$$\cdot \frac{3}{8\pi} \cdot \frac{5}{4\pi} \left\{ \sqrt{\frac{1}{3}} \left(- \sqrt{\frac{2}{7}} \right) (- \alpha_{\perp \alpha}) \theta_\beta^2 + \left(- \sqrt{\frac{1}{3}} \right) \left(- \sqrt{\frac{2}{7}} \alpha_{\| \alpha} \theta_\beta^2 + \left(\sqrt{\frac{1}{3}} \right) \left(- \sqrt{\frac{2}{7}} \right) (- \alpha_{\perp \alpha}) \theta_\beta^2 \right\}$$

$$- 14 \sqrt{\pi} \left(\frac{12}{35} \sqrt{\frac{1}{6}} \sqrt{\frac{1}{15}} \right) \sqrt{\frac{4}{21}} \frac{16 \pi^2}{r_{\alpha_i \beta_j}^8}$$

$$\cdot \left\{ \frac{3}{8\pi} \cdot \frac{5}{4\pi} \sqrt{\frac{1}{5}} \sqrt{\frac{1}{6}} (- \alpha_{\perp \beta}) \theta_\alpha^2 + \sqrt{\frac{1}{5}} \sqrt{\frac{2}{3}} \alpha_{\| \beta} \theta_\alpha^2 + \left(\sqrt{\frac{1}{5}} \right) \left(\sqrt{\frac{1}{6}} \right) (- \alpha_{\perp \beta}) \theta_\alpha^2 \right\}$$

$$= - 2 \sqrt{\frac{\pi}{5}} \alpha_\alpha (\mu_\beta^2 r_{\alpha_i \beta_j}^{-6} + \frac{12}{7} \theta_\beta^2 r_{\alpha_i \beta_j}^{-8}).$$

Explizite Formeln für die Abstands- und Orientierungsabhängigkeit: Wir beschränken uns auf lineare Moleküle und einfache Kreiselmoleküle. Für sie gilt wegen der Bedingung eines skalaren Quadrupolmomentes $0 = n_1'' = n_2''$ und man kann die Drehmatrizen eliminieren durch [10 Gleichung A 105]:

$$D_{m0}^l(\omega)^* = \sqrt{\frac{4\pi}{2l+1}} \, Y_l^m(\omega).$$

Legt man die z-Achse des raumfesten Koordinatensystems mit der Verbindungsachse der Molekülzentren zusammen, so gilt mit der speziellen Beziehung für die Kugelfunktionen, (A 4.2.9):

$$Y_{l''}^{m''}(\vartheta = 0, \phi) = \delta_{m''0} \sqrt{\frac{2l'' + 1}{4\pi}}.$$

Die verschiedenen Beiträge zum Paarpotential der Induktionskräfte berechnen sich daher unter diesen Bedingungen aus:

$$\phi_{\alpha_i \beta_j}^{\text{ind}}(l_1'' l_2'' l'') = E_{\alpha_i \beta_j}^{\text{ind}}(l_1'' l_2'' l''; 00; r_{\alpha_i \beta_j})$$

$$\cdot \sqrt{\frac{4\pi(2l'' + 1)}{(2l_1'' + 1)(2l_2'' + 1)}} \sum_{\substack{m_1'' \\ m_2''}} C(l_1'' l_2'' l''; m_1'' m_2'' 0) \, Y_{l_1''}^{m_1''}(\omega_{\alpha_i}) \, Y_{l_2''}^{m_2''}(\omega_{\beta_j}). \tag{4.3.163}$$

Es ergeben sich die folgenden Ausdrücke:

$$\phi_{\alpha_i \beta_j}^{\text{ind}}(000) = - (\alpha_\alpha \mu_\beta^2 + \alpha_\beta \mu_\alpha^2) \, r_{\alpha_i \beta_j}^{-6} - (\alpha_\alpha \theta_\beta^2 + \alpha_\beta \theta_\alpha^2) \tfrac{3}{2} \, r_{\alpha_i \beta_j}^{-8}, \tag{4.3.164}$$

$$\phi_{\alpha_i \beta_j}^{\text{ind}}(011) = \tfrac{18}{5} \, \alpha_\alpha \mu_\beta \theta_\beta \cos \vartheta_{\beta_j} \, r_{\alpha_i \beta_j}^{-7}, \tag{4.3.165}$$

$$\phi_{\alpha_i \beta_j}^{\text{ind}}(022) = - \frac{1}{2} \frac{\alpha_\alpha \mu_\beta^2}{r_{\alpha_i \beta_j}^6} (3\cos^2 \vartheta_{\beta_j} - 1) - \frac{6}{7} \frac{\alpha_\alpha \theta_\beta^2}{r_{\alpha_i \beta_j}^8} (3\cos^2 \vartheta_{\beta_j} - 1), \tag{4.3.166}$$

$$\phi_{\alpha_i \beta_j}^{\text{ind}}(033) = \frac{6}{5} \frac{\alpha_\alpha \mu_\beta \theta_\beta}{r_{\alpha_i \beta_j}^7} \cos \vartheta_{\beta_j} (5\cos^2 \vartheta_{\beta_j} - 3), \tag{4.3.167}$$

$$\phi_{\alpha_i \beta_j}^{\text{ind}}(044) = - \frac{9}{56} \frac{\alpha_\alpha \theta_\beta^2}{r_{\alpha_i \beta_j}^8} (35\cos^4 \vartheta_{\beta_j} - 30\cos^2 \vartheta_{\beta_j} + 3). \tag{4.3.168}$$

Entsprechend gelten bei Vertauschen von l''_1 und l''_2 die folgenden Beiträge:

$$\phi^{\text{ind}}_{\alpha_i\beta_j}(101) = -\tfrac{18}{5}\,\alpha_\beta\,\mu_\alpha\,\theta_\alpha\cos\vartheta_{\alpha_i}\,r^{-7}_{\alpha_i\beta_j}, \tag{4.3.169}$$

$$\phi^{\text{ind}}_{\alpha_i\beta_j}(202) = -\frac{1}{2}\frac{\alpha_\beta\,\mu^2_\alpha}{r^6_{\alpha_i\beta_j}}(3\cos^2\vartheta_{\alpha_i}-1) - \frac{6}{7}\frac{\alpha_\beta\,\theta^2_\alpha}{r^8_{\alpha_i\beta_j}}(3\cos^2\vartheta_{\alpha_i}-1), \tag{4.3.170}$$

$$\phi^{\text{ind}}_{\alpha_i\beta_j}(303) = -\frac{6}{5}\frac{\alpha_\beta\,\mu_\alpha\,\theta_\alpha}{r^7_{\alpha_i\beta_j}}\cos\vartheta_{\alpha_i}(5\cos^2\vartheta_{\alpha_i}-3), \tag{4.3.171}$$

$$\phi^{\text{ind}}_{\alpha_i\beta_j}(404) = -\frac{9}{56}\frac{\alpha_\beta\,\theta^2_\alpha}{r^8_{\alpha_i\beta_j}}(35\cos^4\vartheta_{\alpha_i}-30\cos^2\vartheta_{\alpha_i}+3). \tag{4.3.172}$$

Das gesamte Paarpotential der Induktionskräfte entsteht durch Aufsummieren der Einzelterme:

$$\phi^{\text{ind}}_{\alpha_i\beta_j} = \sum_{l''_1=0}^{\infty}\sum_{l''_2=0}^{\infty}\sum_{l''=0}^{\infty}\phi^{\text{ind}}_{\alpha_i\beta_j}(l''_1\,l''_2\,l''), \tag{4.3.173}$$

wobei durch Zusammenfassung gleichartiger Terme eine vergleichsweise übersichtliche Form entsteht. Die hier nicht angeführten Terme mit antisotroper Polarisierbarkeit sind für lineare Moleküle in [11] zusammengestellt. Weitere Beiträge erhält man für Moleküle mit nichtaxialen Quadrupolmomenten. Ihre Ableitung erfordert die explizite Auswertung der Drehmatrizen und erfolgt wie die der Multipolkräfte, vgl. Abschn. 4.3.3.4. Auf ihre Wiedergabe wird hier verzichtet, da die zur Auswertung erforderlichen Moleküldaten heute nur in Sonderfällen vorliegen. Einige Ergebnisse findet man in [17].

Beispiel 4.10

Man entwickle den expliziten Ausdruck für das Paarpotential $\phi^{\text{ind}}_{\alpha_i\beta_j}(022)$ für lineare Moleküle.

Lösung

$$\phi^{\text{ind}}_{\alpha_i\beta_j}(022) = E^{\text{ind}}_{\alpha_i\beta_j}(022;00;r_{\alpha_i\beta_j})\sqrt{4\pi}\,C(022;000)\,Y^0_0(\omega_{\alpha_i})\,Y^0_2(\omega_{\beta_j})$$

$$= -2\sqrt{\frac{\pi}{5}}\,\alpha_\alpha\left(\mu^2_\beta\,r^{-6}_{\alpha_i\beta_j} + \frac{12}{7}\,\theta^2_\beta\,r^{-8}_{\alpha_i\beta_j}\right)\sqrt{4\pi}\,1\cdot\frac{1}{2\sqrt{\pi}}\frac{1}{4}\sqrt{\frac{5}{\pi}}(3\cos\vartheta^2_{\beta_j}-1)$$

$$= \left(-\frac{1}{2}\frac{\alpha_\alpha\,\mu^2_\beta}{r^6_{\alpha_i\beta_j}} - \frac{6}{7}\frac{\alpha_\alpha\,\theta^2_\beta}{r^8_{\alpha_i\beta_j}}\right)(3\cos^2\vartheta_{\beta_j}-1).$$

4.3.4.3 Das Paarpotential der Dispersionskräfte

Der allgemeine Ausdruck: Nach (4.3.129) gilt die folgende Beziehung für das Paarpotential der Dispersionskräfte:

$$\phi^{\text{disp}}_{\alpha_i\beta_j} = \sum_{k_{\alpha_i}\neq 0_{\alpha_i}}\sum_{k_{\beta_j}\neq 0_{\beta_j}}$$

$$\cdot\frac{[\int\psi^{(0)*}_{0_{\alpha_i}}\psi^{(0)*}_{0_{\beta_j}}\tilde{V}_{\alpha_i\beta_j}\psi^{(0)}_{k_{\alpha_i}}\psi^{(0)}_{k_{\beta_j}}d\tau][\int\psi^{(0)*}_{k_{\alpha_i}}\psi^{(0)*}_{k_{\beta_j}}\tilde{V}_{\alpha_i\beta_j}\psi^{(0)}_{0_{\alpha_i}}\psi^{(0)}_{0_{\beta_j}}d\tau]}{E^{(0)}_{0_{\alpha_i}} - E^{(0)}_{k_{\alpha_i}} + E^{(0)}_{0_{\beta_j}} - E^{(0)}_{k_{\beta_j}}}\cdot$$

Für das Phasenintegral im Zähler dieses Ausdruckes gilt bei Verwendung von (4.3.41):

$$\int \psi^{(0)*}_{0_{\alpha_i}} \psi^{(0)*}_{0_{\beta_j}} \tilde{V}_{\alpha_i \beta_j} \psi^{(0)}_{k_{\alpha_i}} \psi^{(0)}_{k_{\beta_j}} d\tau = \sum_{l_1} \sum_{l_2} \sum_{\substack{m_1 \, n_1 \\ m_2 \, n_2 \\ m}} \frac{4\pi(-1)^{l_2}}{r^{l_1+l_2+1}_{\alpha_i \beta_j}} \sqrt{\frac{4\pi(2l_1 + 2l_2 + 1)!}{(2l_1 + 1)!\,(2l_2 + 1)!}}$$

$$\cdot \frac{\int \psi^{(0)*}_{0_{\alpha_i}} {}^{\alpha_i}\tilde{M}^{n_1}_{l_1} \psi^{(0)}_{k_{\alpha_i}} d\tau \int \psi^{(0)*}_{0_{\beta_j}} {}^{\beta_j}\tilde{M}^{n_2}_{l_2} \psi^{(0)}_{k_{\beta_j}} d\tau}{2l_1 + 2l_2 + 1}$$

$$\cdot C(l_1 l_2 l_1 + l_2;\, m_1 m_2 m)\, D^{l_1}_{m_1 n_1}(\omega_{\alpha_i})^*\, D^{l_2}_{m_2 n_2}(\omega_{\beta_j})^*\, Y^m_{l_1 + l_2}(\omega)^*. \tag{4.3.174}$$

Der Nenner in (4.3.129) läßt sich wie folgt schreiben [7]

$$\frac{1}{E^{(0)}_{k_{\alpha_i}} - E^{(0)}_{0_{\alpha_i}} + E^{(0)}_{k_{\beta_j}} - E^{(0)}_{0_{\beta_j}}} = \frac{I_{\alpha_i} I_{\beta_j}}{I_{\alpha_i} + I_{\beta_j}} \frac{1 + \Delta}{(E^{(0)}_{k_{\alpha_i}} - E^{(0)}_{0_{\alpha_i}})(E^{(0)}_{k_{\beta_j}} - E^{(0)}_{0_{\beta_j}})} \tag{4.3.175}$$

mit

$$\Delta = \frac{I^{-1}_{\alpha_i} + I^{-1}_{\beta_j} - (E^{(0)}_{k_{\alpha_i}} - E^{(0)}_{0_{\alpha_i}})^{-1} - (E^{(0)}_{k_{\beta_j}} - E^{(0)}_{0_{\beta_j}})^{-1}}{(E^{(0)}_{k_{\alpha_i}} - E^{(0)}_{0_{\alpha_i}})^{-1} + (E^{(0)}_{k_{\beta_j}} - E^{(0)}_{0_{\beta_j}})^{-1}}. \tag{4.3.176}$$

Wir führen nun für die noch nicht näher erläuterte Energie I_α die folgende Definition ein:

$$I_{\alpha_i} \equiv E^{(0)}_{k_{\alpha_i}} - E^{(0)}_{0_{\alpha_i}} = I_\alpha, \tag{4.3.177}$$

d. h. wir verstehen unter I_{α_i} eine Anregungsenergie des Einzelmoleküles α_i. Mit dieser Spezifikation verschwindet Δ und man findet für das Paarpotential:

$$\phi^{\mathrm{disp}}_{\alpha_i \beta_j} = - \frac{I_\alpha I_\beta}{I_\alpha + I_\beta} \sum_{k_{\alpha_i} \neq 0_{\alpha_i}} \sum_{k_{\beta_j} \neq 0_{\beta_j}}$$

$$\cdot \frac{[\int \psi^{(0)*}_{0_{\alpha_i}} \psi^{(0)*}_{0_{\beta_j}} \tilde{V}_{\alpha_i \beta_j} \psi^{(0)}_{k_{\alpha_i}} \psi^{(0)}_{k_{\beta_j}} d\tau][\int \psi^{(0)*}_{k_{\alpha_i}} \psi^{(0)*}_{k_{\beta_j}} \tilde{V}_{\alpha_i \beta_j} \psi^{(0)}_{0_{\alpha_i}} \psi^{(0)}_{0_{\beta_j}} d\tau]}{(E^{(0)}_{0_{\alpha_i}} - E^{(0)}_{k_{\alpha_i}})(E^{(0)}_{0_{\beta_j}} - E^{(0)}_{k_{\beta_j}})}.$$

$$\tag{4.3.178}$$

Nach Ausführung der Multiplikation analog zu (4.3.132) findet man als Ausdruck für das Paarpotential:

$$\phi^{\mathrm{disp}}_{\alpha_i \beta_j} = - \frac{I_\alpha I_\beta}{I_\alpha + I_\beta} \sum_{l_1=0} \sum_{l_2=0} \sum_{l'_1=0} \sum_{l'_2=0} \sum_{\substack{m_1 \, m'_1 \, n_1 \, n'_1 \\ m_2 \, m'_2 \, n_2 \, n'_2 \\ m \quad m'}} \frac{16\pi^2(-1)^{l_2+l'_2}}{r^{l_1+l_2+l'_1+l'_2+2}_{\alpha_i \beta_j}}$$

$$\cdot \sqrt{\frac{16\pi^2(2l_1 + 2l_2 + 1)!\,(2l'_1 + 2l'_2 + 1)!}{(2l_1 + 1)!\,(2l_2 + 1)!\,(2l'_1 + 1)!\,(2l'_2 + 1)!}}$$

$$\cdot \frac{{}^{\alpha}\Pi^{n_1 n'_1}_{l_1 l'_1}\, {}^{\beta}\Pi^{n_2 n'_2}_{l_2 l'_2}}{(2l_1 + 2l_2 + 1)(2l'_1 + 2l'_2 + 1)}\, C(l_1 l_2 l_1 + l_2;\, m_1 m_2 m)$$

$$\cdot C(l'_1 l'_2 l'_1 + l'_2;\, m'_1 m'_2 m')\, D^{l_1}_{m_1 n_1}(\omega_{\alpha_i})^*\, D^{l'_1}_{m'_1 n'_1}(\omega_{\alpha_i})^*$$

$$\cdot D^{l_2}_{m_2 n_2}(\omega_{\beta_j})^*\, D^{l'_2}_{m'_2 n'_2}(\omega_{\beta_j})^*\, Y^m_{l_1 + l_2}(\omega)^*\, Y^{m'}_{l'_1 + l'_2}(\omega)^*. \tag{4.3.179}$$

Hierbei wurden die Polarisierbarkeiten der Molekülart γ $^{\gamma}\Pi_{ll'}^{nn'}$ nach (4.3.133) eingeführt.

Mit den Theoremen (A 4.3.8), (A 4.3.12) und (A 4.4.5) folgt schließlich entsprechend zur Ableitung von (4.3.136):

$$\phi_{\alpha_i\beta_j}^{\mathrm{disp}}(r_{\alpha_i\beta_j},\omega_{\alpha_i}\omega_{\beta_j}) = \sum_{l_1''=0}\sum_{l_2''=0}\sum_{l''=0}\sum_{\substack{n_1''\\n_2''}} E_{\alpha_i\beta_j}^{\mathrm{disp}}(l_1''\,l_2''\,l'';\,n_1''\,n_2'';\,r_{\alpha_i\beta_j})$$

$$\cdot\sum_{\substack{m_1''\\m_2''\\m''}} C(l_1''\,l_2''\,l'';\,m_1''\,m_2''\,m'')\,D_{m_1''n_1''}^{l_1''}(\omega_{\alpha_i})^*\,D_{m_2''n_2''}^{l_2''}(\omega_{\beta_j})^*\,Y_{l''}^{m''}(\omega)^* \qquad (4.3.180)$$

mit den folgenden Entwicklungskoeffizienten für die Dispersion:

$$E_{\alpha_i\beta_j}^{\mathrm{disp}}(l_1''\,l_2''\,l'';\,n_1''\,n_2'';\,r_{\alpha_i\beta_j}) = -\frac{I_\alpha I_\beta}{I_\alpha + I_\beta}\sum_{l_1=0}^{\infty}\sum_{l_2=0}^{\infty}\sum_{l_1'=0}^{\infty}\sum_{l_2'=0}^{\infty}$$

$$\cdot\sqrt{\frac{4\pi(2l_1+2l_2+1)!\,(2l_1'+2l_2'+1)!\,(2l_1''+1)\,(2l_2''+1)}{(2l_1+1)!\,(2l_2+1)!\,(2l_1'+1)!\,(2l_2'+1)!\,(2l''+1)}}$$

$$\cdot\begin{Bmatrix} l_1 & l_2 & l_1+l_2 \\ l_1' & l_2' & l_1'+l_2' \\ l_1'' & l_2'' & l'' \end{Bmatrix} C(l_1+l_2,\,l_1'+l_2',\,l'';\,000)\,\frac{16\pi^2(-1)^{l_2+l_2'}}{r_{\alpha_i\beta_j}^{l_1+l_2+l_1'+l_2'+2}}$$

$$\cdot\sum_{\substack{n_1\\n_2}}\sum_{\substack{n_1'\\n_2'}} C(l_1\,l_1'\,l_1'';\,n_1\,n_1'\,n_1'')\,C(l_2\,l_2'\,l_2'';\,n_2\,n_2'\,n_2'')\,{}^{\alpha_i}\Pi_{l_1\,l_1'}^{n_1\,n_1'}\,{}^{\beta_j}\Pi_{l_2\,l_2'}^{n_2\,n_2'}.$$

$$(4.3.181)$$

Die Entwicklungskoeffizienten: Wir beschränken uns hier auf den Dipol-Polarisierbarkeitstensor, wie bei den Induktionskräften. Unterstellen wir zunächst den einfachen Sonderfall einer isotropen Dipol-Polarisierbarkeit, d.h. $\alpha_{xx} = \alpha_{yy} = \alpha_{zz}$, wie sie bei einatomigen Molekülen und kugelförmigen Kreiselmolekülen vorliegt. Hierfür findet man bei Auswertung von (4.3.181) nur einen Entwicklungskoeffizienten der Paar-Dispersionskräfte, und zwar:

$$E_{\alpha_i\beta_j}^{\mathrm{disp}}(000;\,00;\,r_{\alpha_i\beta_j}) = -3\sqrt{\pi}\,r_{\alpha_i\beta_j}^{-6}\,\frac{I_\alpha I_\beta}{I_\alpha + I_\beta}\,\alpha_\alpha\alpha_\beta. \qquad (4.3.182)$$

Mit

$$D_{00}^0(\omega)^* = C(000;\,000) = 1$$

und

$$Y_0^0(\omega)^* = \frac{1}{\sqrt{4\pi}}$$

folgt für das Paarpotential der Dispersionskräfte bei isotroper Polarisierbarkeit:

$$\phi_{\alpha_i\beta_j}^{\mathrm{disp}}(000;\,00;\,r_{\alpha_i\beta_j}) = -\frac{3}{2}\frac{\alpha_\alpha\alpha_\beta}{r_{\alpha_i\beta_j}^6}\frac{I_\alpha I_\beta}{I_\alpha + I_\beta}. \qquad (4.3.183)$$

Im Gegensatz zu den molekularen Parametern, die durch die Multipol- und Induktionskräfte eingeführt werden, sind Zahlenwerte für die Anregungsenergien I_α, I_β in der Regel nicht mit ausreichender Genauigkeit bekannt. Sie werden daher zugunsten einer empirischen Parameterkombination $\varepsilon_{\alpha\beta}\,\sigma_{\alpha\beta}^6$ eliminiert durch:

$$\phi_{\alpha_i\beta_j}^{\mathrm{disp}}(000;00;r_{\alpha_i\beta_j}):= -f_{\alpha\beta}\,\varepsilon_{\alpha\beta}\left(\frac{\sigma_{\alpha\beta}}{r_{\alpha_i\beta_j}}\right)^6, \tag{4.3.184}$$

worin $f_{\alpha\beta}$ eine empirisch vorgegebene Zahl ist und $\sigma_{\alpha\beta}$ ein Abstandsparameter. Man eliminiert die Anregungsenergien also durch:

$$\frac{I_\alpha I_\beta}{I_\alpha + I_\beta} = \frac{2}{3}\frac{f_{\alpha\beta}\,\varepsilon_{\alpha\beta}\,\sigma_{\alpha\beta}^6}{\alpha_\alpha\,\alpha_\beta}. \tag{4.3.185}$$

Für $\alpha = \beta$, d.h. einen reinen Stoff, gilt:

$$I_\alpha = \frac{4}{3}f_{\alpha\alpha}\,\frac{\varepsilon_{\alpha\alpha}\,\sigma_{\alpha\alpha}^6}{\alpha_\alpha^2} \tag{4.3.186}$$

mit einer entsprechenden Gleichung für die Komponente β. Hieraus folgt eine Beziehung zwischen den empirischen Potentialparametern ungleicher und gleicher Wechselwirkungen:

$$f_{\alpha\beta}\,\varepsilon_{\alpha\beta}\,\sigma_{\alpha\beta}^6 = 2\,\frac{f_{\alpha\alpha}\,\varepsilon_{\alpha\alpha}\,\sigma_{\alpha\alpha}^6\; f_{\beta\beta}\,\varepsilon_{\beta\beta}\,\sigma_{\beta\beta}^6}{f_{\alpha\alpha}\,\varepsilon_{\alpha\alpha}\,\sigma_{\alpha\alpha}^6\,\alpha_\beta^2 + f_{\beta\beta}\,\varepsilon_{\beta\beta}\,\sigma_{\beta\beta}^6\,\alpha_\alpha^2}\,\alpha_\alpha\,\alpha_\beta = \left(\frac{f\varepsilon\sigma^6}{\alpha^2}\right)_{\mathrm{h}}(\alpha^2)_{\mathrm{g}}, \tag{4.3.187}$$

wobei die Indizes h und g das harmonische bzw. geometrische Mittel zwischen den Größen der gleichen Wechselwirkungen bedeuten. Die Potentialparameter ε und σ müssen für jede Komponente eines Gemisches aus experimentellen Daten ermittelt werden. Aus (4.3.187) kann dann die Parameterkombination $\varepsilon\sigma^6$ für eine ungleichartige Wechselwirkung bestimmt werden.

Die Zahlenfaktoren $f_{\alpha\alpha}$ werden oft für alle Komponenten eines Gemisches als gleich angenommen, z.B. 4 beim Lennard-Jones-(12−6)-Potential, vgl. (4.5.8), und kürzen sich dann aus der Gleichung heraus.

Beschränkt man sich bei der Auswertung der Wechselwirkungskoeffizienten nicht auf die Dipol-Polarisierbarkeit, sondern berücksichtigt auch noch die Quadrupol-Polarisierbarkeit, so treten zusätzliche Terme auf und die Wechselwirkungskoeffizienten sind eine Reihenentwicklung in der Form:

$$E_{\alpha_i\beta_j}^{\mathrm{disp}}(000;00;r_{\alpha_i\beta_j}) = -\frac{C_{\alpha\beta,6}}{r_{\alpha_i\beta_j}^6} - \frac{C_{\alpha\beta,8}}{r_{\alpha_i\beta_j}^8} - \frac{C_{\alpha\beta,10}}{r_{\alpha_i\beta_j}^{10}} - \cdots, \tag{4.3.188}$$

wobei die Koeffizienten $C_{\alpha\beta,6}, C_{\alpha\beta,8}, C_{\alpha\beta,10}, \ldots$ die Dispersionskoeffizienten der Dipol-Dipol-Dispersion, Dipol-Quadrupol-Dispersion und Quadrupol-Quadrupol-Dispersion darstellen.

Die Annahme einer isotropen Polarisierbarkeit eliminiert jegliche Winkelabhängigkeit aus dem Paarpotential der Dispersionskräfte. Dies ist streng korrekt nur für kugelförmige Moleküle. Kugelförmige Kreiselmoleküle, die ebenfalls eine isotrope Dipol-Polarisierbarkeit haben, haben eine anisotrope Dispersion aufgrund der hier vernachlässigten Quadrupol-Polarisierbarkeit [18]. Für lineare

Moleküle und symmetrische Kreiselmoleküle gilt

$$\alpha_{xx} = \alpha_{yy} = \alpha_\perp$$
$$\alpha_{zz} = \alpha_\| \tag{4.3.189}$$

mit

$$\alpha_\perp \neq \alpha_\| \,.$$

Aus (4.3.147) bis (4.3.150) folgt dann für die Elemente des Dipol-Polarisierbarkeitstensors:

$$\Pi_{11}^{00} = \tfrac{3}{8\pi}\,\alpha_\| \tag{4.3.190}$$

$$\Pi_{11}^{-11} = \Pi_{11}^{1-1} = -\tfrac{3}{8\pi}\,\alpha_\perp \tag{4.3.191}$$

$$\Pi_{11}^{-1-1} = \Pi_{11}^{11} = \Pi_{11}^{-10} = \Pi_{11}^{0-1} = \Pi_{11}^{10} = \Pi_{11}^{01} = 0. \tag{4.3.192}$$

Wegen $n_1 + n_1' = n_2 + n_2' = 0$ folgt daraus wegen der Auswahlregeln der C-Koeffizienten, A 4.5.2:

$$n_1'' = n_2'' = 0.$$

Die beiden unabhängigen Elemente des Dipol-Polarisierbarkeitstensors für lineare Moleküle und symmetrische Kreiselmoleküle werden in folgender Form benutzt:

$$\alpha = \frac{\alpha_\| + 2\alpha_\perp}{3} \tag{4.3.193}$$

und

$$\kappa = \frac{2\alpha_{zz} - \alpha_{xx} - \alpha_{yy}}{6\alpha} = \frac{\alpha_\| - \alpha_\perp}{3\alpha}. \tag{4.3.194}$$

Wegen der Beschränkung auf die Dipol-Polarisierbarkeit muß $l_1 = l_1' = 1$ und $l_2 = l_2' = 1$ gelten. Die Auswahlregeln der C-Koeffizienten (vgl. Anhang 4.5) und ihre Symmetriebedingungen lassen daher nur die folgenden Kombinationen für das Paarpotential der Dispersion zu, (000), (202), (022), (220), (222) und (224). Im einzelnen erhält man dafür die nachstehenden Wechselwirkungskoeffizienten:

$$E_{\alpha_i\beta_j}^{disp}(000;00;r_{\alpha_i\beta_j}) = -2\sqrt{\pi}\,f_{\alpha\beta}\,\varepsilon_{\alpha\beta}\,\sigma_{\alpha\beta}^6\,r_{\alpha_i\beta_j}^{-6}, \tag{4.3.195}$$

$$E_{\alpha_i\beta_j}^{disp}(022;00;r_{\alpha_i\beta_j}) = -2\sqrt{\tfrac{\pi}{5}}\,f_{\alpha\beta}\,\varepsilon_{\alpha\beta}\,\sigma_{\alpha\beta}^6\,\kappa_\beta\,r_{\alpha_i\beta_j}^{-6}, \tag{4.3.196}$$

$$E_{\alpha_i\beta_j}^{disp}(202;00;r_{\alpha_i\beta_j}) = -2\sqrt{\tfrac{\pi}{5}}\,f_{\alpha\beta}\,\varepsilon_{\alpha\beta}\,\sigma_{\alpha\beta}^6\,\kappa_\alpha\,r_{\alpha_i\beta_j}^{-6}, \tag{4.3.197}$$

$$E_{\alpha_i\beta_j}^{disp}(220;00;r_{\alpha_i\beta_j}) = -2\sqrt{\tfrac{\pi}{5}}\,f_{\alpha\beta}\,\varepsilon_{\alpha\beta}\,\sigma_{\alpha\beta}^6\,\kappa_\alpha\,\kappa_\beta\,r_{\alpha_i\beta_j}^{-6}, \tag{4.3.198}$$

$$E_{\alpha_i\beta_j}^{disp}(222;00;r_{\alpha_i\beta_j}) = -2\sqrt{\tfrac{2\pi}{35}}\,f_{\alpha\beta}\,\varepsilon_{\alpha\beta}\,\sigma_{\alpha\beta}^6\,\kappa_\alpha\,\kappa_\beta\,r_{\alpha_i\beta_j}^{-6}, \tag{4.3.199}$$

$$E_{\alpha_i\beta_j}^{disp}(224;00;r_{\alpha_i\beta_j}) = -12\sqrt{\tfrac{2\pi}{35}}\,f_{\alpha\beta}\,\varepsilon_{\alpha\beta}\,\sigma_{\alpha\beta}^6\,\kappa_\alpha\,\kappa_\beta\,r_{\alpha_i\beta_j}^{-6}. \tag{4.3.200}$$

Entwicklungskoeffizienten der Paardispersionskräfte für kompliziertere Molekülgeometrien lassen sich analog ableiten. Da die dann erforderlichen Informationen über die Dipolpolarisierbarkeiten heute in der Regel noch nicht vorliegen, wird auf eine Wiedergabe dieser Gleichungen hier verzichtet. Die später betrachteten exemplarischen Anwendungen beschränken sich auf lineare Moleküle. Einige Ergebnisse für kompliziertere Moleküle findet man in [17].

Beispiel 4.11

Man entwickle den Ausdruck für den Entwicklungskoeffizienten $E^{\text{disp}}_{\alpha_i \beta_j}(022; 00; r_{\alpha_i \beta_j})$ linearer Moleküle.

Lösung

Die auszuwertende Beziehung lautet nach (4.3.181):

$$
E^{\text{disp}}_{\alpha_i \beta_j}(022; 00; r_{\alpha_i \beta_j}) = -\frac{2}{3} \frac{f_{\alpha\beta}\,\varepsilon_{\alpha\beta}\,\sigma_{\alpha\beta}^6}{\alpha_\alpha\,\alpha_\beta}
$$

$$
\cdot \sqrt{\frac{4\pi\,5!\,5!\,1\cdot 5}{3!\,3!\,3!\,3!\,5}} \left(\frac{7}{30}\sqrt{\frac{1}{35}}\right)\left(-\sqrt{\frac{2}{7}}\right)\frac{16\pi^2}{r_{\alpha_i\beta_j}^6}\,[C(110;-110)\,C(112;-110)\,{}^{\alpha}\Pi_{11}^{-11}\,{}^{\beta}\Pi_{11}^{-11}
$$

$$
+\,C(110;-110)\,C(112;000)\,{}^{\alpha}\Pi_{11}^{-11}\,{}^{\beta}\Pi_{11}^{00}\,C(110;-110)\,C(112;1-10)\,{}^{\alpha}\Pi_{11}^{-11}\,{}^{\beta}\Pi_{11}^{1-1}
$$

$$
+\,C(110;000)\,C(112;-110)\,{}^{\alpha}\Pi_{11}^{00}\,{}^{\beta}\Pi_{11}^{-11}+C(110;000)\,C(112;000)\,{}^{\alpha}\Pi_{11}^{00}\,{}^{\beta}\Pi_{11}^{00}
$$

$$
+\,C(110;000)\,C(112;1-10)\,{}^{\alpha}\Pi_{11}^{00}\,{}^{\beta}\Pi_{11}^{1-1}+C(110;1-10)\,C(112;-110)\,{}^{\alpha}\Pi_{11}^{1-1}\,{}^{\beta}\Pi_{11}^{-11}
$$

$$
+\,C(110;1-10)\,C(112;000)\,{}^{\alpha}\Pi_{11}^{1-1}\,{}^{\beta}\Pi_{11}^{00}+C(110;1-10)\,C(112;1-10)\,{}^{\alpha}\Pi_{11}^{1-1}\,{}^{\beta}\Pi_{11}^{1-1}]
$$

$$
= -\frac{2}{3}\frac{f_{\alpha\beta}\,\varepsilon_{\alpha\beta}\,\sigma_{\alpha\beta}^6}{\alpha_\alpha\,\alpha_\beta}\frac{20}{3}\sqrt{\pi}\left(\frac{7}{30}\sqrt{\frac{1}{35}}\right)\left(-\sqrt{\frac{2}{7}}\right)16\pi^2\frac{9}{64\pi^2}\,r_{\alpha_i\beta_j}^6
$$

$$
\cdot\frac{1}{3}\left[\sqrt{\frac{1}{2}}(-\alpha_\perp)_\alpha(-\alpha_\perp)_\beta+\sqrt{2}(-\alpha_\perp)_\alpha(\alpha_\parallel)_\beta+\sqrt{\frac{1}{2}}(-\alpha_\perp)_\alpha(-\alpha_\perp)_\beta\right.
$$

$$
-\sqrt{\frac{1}{2}}(-\alpha_\parallel)_\alpha(-\alpha_\perp)_\beta-\sqrt{2}(-\alpha_\parallel)_\alpha(\alpha_\parallel)_\beta-\sqrt{\frac{1}{2}}(-\alpha_\parallel)_\alpha(-\alpha_\perp)_\beta
$$

$$
\left.+\sqrt{\frac{1}{2}}(-\alpha_\perp)_\alpha(-\alpha_\perp)_\beta+\sqrt{2}(-\alpha_\perp)_\alpha(\alpha_\parallel)_\beta+\sqrt{\frac{1}{2}}(-\alpha_\perp)_\alpha(-\alpha_\perp)_\beta\right]
$$

$$
= -2\sqrt{\frac{\pi}{5}}\frac{1}{3}\frac{1}{3}\left[(\alpha_\parallel)_\alpha(\alpha_\parallel)_\beta-(\alpha_\parallel)_\alpha(\alpha_\perp)_\beta+2(\alpha_\perp)_\alpha(\alpha_\parallel)_\beta-2(\alpha_\perp)_\alpha(\alpha_\perp)_\beta\right]
$$

$$
= -2\sqrt{\frac{\pi}{5}}\,f_{\alpha\beta}\,\varepsilon_{\alpha\beta}\,\sigma_{\alpha\beta}^6\,\kappa_\beta\,r_{\alpha_i\beta_j}^{-6}.
$$

Explizite Formeln für die Abstands- und Orientierungsabhängigkeit: Wir beschränken uns wieder auf lineare Moleküle und symmetrische Kreiselmoleküle. Für lineare Moleküle und symmetrische Kreiselmoleküle gilt $n_1'' = n_2'' = 0$, und die Drehmatrizen können wie in Abschn. 4.3.4.2 durch Kugelflächenfunktionen ersetzt werden. Legt man außerdem wieder die z-Achse des raumfesten Koordinatensystems mit der Verbindungsachse der Molekülzentren zusammen, so ergeben sich die nachstehenden Beiträge zum Paarpotential der Dispersionskräfte:

$$
\phi^{\text{disp}}_{\alpha_i\beta_j}(000; r_{\alpha_i\beta_j}) = -f_{\alpha\beta}\,\varepsilon_{\alpha\beta}\,\sigma_{\alpha\beta}^6\,r_{\alpha_i\beta_j}^{-6}, \tag{4.3.201}
$$

$$
\phi^{\text{disp}}_{\alpha_i\beta_j}(022; r_{\alpha_i\beta_j}) = -\tfrac{1}{2}f_{\alpha\beta}\,\varepsilon_{\alpha\beta}\,\sigma_{\alpha\beta}^6\,r_{\alpha_i\beta_j}^{-6}\,\kappa_\beta(3\cos^2\vartheta_{\beta_j}-1), \tag{4.3.202}
$$

$$
\phi^{\text{disp}}_{\alpha_i\beta_j}(202; r_{\alpha_i\beta_j}) = -\tfrac{1}{2}f_{\alpha\beta}\,\varepsilon_{\alpha\beta}\,\sigma_{\alpha\beta}^6\,r_{\alpha_i\beta_j}^{-6}\,\kappa_\alpha(3\cos^2\vartheta_{\alpha_i}-1), \tag{4.3.203}
$$

$$
\phi^{\text{disp}}_{\alpha_i\beta_j}(220; r_{\alpha_i\beta_j}) = -\tfrac{1}{20}f_{\alpha\beta}\,\varepsilon_{\alpha\beta}\,\sigma_{\alpha\beta}^6\,r_{\alpha_i\beta_j}^{-6}\,\kappa_\alpha\kappa_\beta
$$

$$
\cdot\,[3\sin^2\vartheta_{\alpha_i}\sin^2\vartheta_{\beta_j}\cos 2\phi+12\sin\vartheta_{\alpha_i}\cos\vartheta_{\alpha_i}\sin\vartheta_{\beta_j}
$$

$$
\cdot\cos\vartheta_{\beta_j}\cos\phi+(3\cos^2\vartheta_{\alpha_i}-1)(3\cos^2\vartheta_{\beta_j}-1)], \tag{4.3.204}
$$

$$
\phi^{\text{disp}}_{\alpha_i\beta_j}(222; r_{\alpha_i\beta_j}) = -\tfrac{1}{14}f_{\alpha\beta}\,\varepsilon_{\alpha\beta}\,\sigma_{\alpha\beta}^6\,r_{\alpha_i\beta_j}^{-6}\,\kappa_\alpha\kappa_\beta
$$

$$
\cdot\,[3\sin^2\vartheta_{\alpha_i}\sin^2\vartheta_{\beta_j}\cos 2\phi-6\cos\vartheta_{\alpha_i}\sin\vartheta_{\alpha_i}\cos\vartheta_{\beta_j}
$$

$$
\cdot\sin\vartheta_{\beta_j}\cos\phi+(3\cos^2\vartheta_{\alpha_i}-1)(3\cos^2\vartheta_{\beta_j}-1)], \tag{4.3.205}
$$

$$\phi_{\alpha_i\beta_j}^{\text{disp}}(224; r_{\alpha_i\beta_j}) = -\tfrac{27}{70} f_{\alpha\beta}\, \varepsilon_{\alpha\beta}\, \kappa_\alpha\, \kappa_\beta\, \sigma_{\alpha\beta}^6\, r_{\alpha_i\beta_j}^{-6}$$
$$\cdot [\sin^2\vartheta_{\alpha_i} \sin^2\vartheta_{\beta_j} \cos 2\phi - 16\cos\vartheta_{\alpha_i} \sin\vartheta_{\alpha_i} \cos\vartheta_{\beta_j}$$
$$\cdot \sin\vartheta_{\beta_j} \cos\phi + 2(3\cos^2\vartheta_{\alpha_i} - 1)(3\cos^2\vartheta_{\beta_j} - 1)]. \tag{4.3.206}$$

Das gesamte Paarpotential der Dispersionskräfte entsteht durch Aufsummieren der Einzelterme

$$\phi_{\alpha_i\beta_j}^{\text{disp}} = \sum_{l_1''=0}\sum_{l_2''=0}\sum_{l''=0} \phi_{\alpha_i\beta_j}^{\text{disp}}(l_1'' l_2'' l''). \tag{4.3.207}$$

Einige Ergebnisse für kompliziertere Moleküle findet man in [17].

Beispiel 4.12

Man entwickle die explizite Form des Beitrages $\phi_{\alpha_i\beta_j}^{\text{disp}}(220)$ für lineare Moleküle.

Lösung

$$\phi_{\alpha_i\beta_j}^{\text{disp}}(220) = E_{\alpha_i\beta_j}^{\text{disp}}(220; 00; r_{\alpha_i\beta_j}) \sqrt{\tfrac{4\pi\cdot 1}{5\cdot 5}}\, [C(220; -220)\, Y_2^{-2}(\omega_{\alpha_i})\, Y_2^2(\omega_{\beta_j})$$
$$+ C(220; -110)\, Y_2^{-1}(\omega_{\alpha_i})\, Y_2^1(\omega_{\beta_j}) + C(220; 000)\, Y_2^0(\omega_{\alpha_i})\, Y_2^0(\omega_{\beta_j})$$
$$+ C(220; 1-10)\, Y_2^1(\omega_{\alpha_i})\, Y_2^{-1}(\omega_{\beta_j}) + C(220; 2-20)\, Y_2^2(\omega_{\alpha_i})\, Y_2^{-2}(\omega_{\beta_j})]$$
$$= -2\sqrt{\tfrac{\pi}{5}}\, f_{\alpha\beta}\, \varepsilon_{\alpha\beta}\, \sigma_{\alpha\beta}^6\, \kappa_\alpha\, \kappa_\beta\, r_{\alpha_i\beta_j}^{-6}\, \tfrac{1}{5}\sqrt{4\pi}\, [\sqrt{\tfrac{1}{5}}\, (\tfrac{1}{4}\sqrt{\tfrac{15}{2\pi}}\sin^2\vartheta_{\alpha_i}\, e^{-2i\phi_{\alpha_i}})(\tfrac{1}{4}\sqrt{\tfrac{15}{2\pi}}\sin^2\vartheta_{\beta_j}\, e^{+2i\phi_{\beta_j}})$$
$$- \sqrt{\tfrac{1}{3}}\,(\tfrac{1}{2}\sqrt{\tfrac{15}{2\pi}}\cos\vartheta_{\alpha_i}\sin\vartheta_{\alpha_i}\, e^{-i\phi_{\alpha_i}})(-\tfrac{1}{2}\sqrt{\tfrac{15}{2\pi}}\cos\vartheta_{\beta_j}\sin\vartheta_{\beta_j}\, e^{+i\phi_{\beta_j}})$$
$$+ \sqrt{\tfrac{1}{5}}\,(\tfrac{1}{4}\sqrt{\tfrac{5}{\pi}}(3\cos^2\vartheta_{\alpha_i} - 1)(\tfrac{1}{4}\sqrt{\tfrac{5}{\pi}}(3\cos^2\vartheta_{\beta_j} - 1))$$
$$- \sqrt{\tfrac{1}{5}}\,(-\tfrac{1}{2}\sqrt{\tfrac{15}{2\pi}}\cos\vartheta_{\alpha_i}\sin\vartheta_{\alpha_i}\, e^{i\phi_{\alpha_i}})(\tfrac{1}{2}\sqrt{\tfrac{15}{2\pi}}\cos\vartheta_{\beta_j}\sin\vartheta_{\beta_j}\, e^{-i\phi_{\beta_j}})$$
$$+ \sqrt{\tfrac{1}{5}}\,(\tfrac{1}{4}\sqrt{\tfrac{15}{2\pi}}\sin^2\vartheta_{\alpha_i}\, e^{2i\phi_{\alpha_i}})(\tfrac{1}{4}\sqrt{\tfrac{15}{2\pi}}\sin^2\vartheta_{\beta_j}\, e^{-2i\phi_{\beta_j}})]$$
$$= -\tfrac{1}{20} f_{\alpha\beta}\, \varepsilon_{\alpha\beta}\, \sigma_{\alpha\beta}^6\, r_{\alpha_i\beta_j}^{-6}\, \kappa_\alpha\, \kappa_\beta\, [3\sin^2\vartheta_{\alpha_i}\sin^2\vartheta_{\beta_j}\cos 2\phi + 12\sin\vartheta_{\alpha_i}\cos\vartheta_{\alpha_i}\sin\vartheta_{\beta_j}$$
$$\cdot \cos\vartheta_{\beta_j}\cos\phi + (3\cos^2\vartheta_{\alpha_i} - 1)(3\cos^2\vartheta_{\beta_j} - 1)].$$

4.3.4.4 Das Dreikörperpotential der Induktionskräfte

Der allgemeine Ausdruck: Aus der quantenmechanischen Störungsrechnung folgt der allgemeine Ausdruck für das Dreikörperpotential der Induktionskräfte nach (4.3.130) zu:

$$\phi_{\alpha_i\beta_j\gamma_k}^{\text{ind}} = 2\sum_{k_{\alpha_i}\neq 0_{\alpha_i}} \frac{\int \psi_{0_{\alpha_i}}^{(0)*}\psi_{0_{\beta_j}}^{(0)*}\tilde{V}_{\alpha_i\beta_j}\psi_{k_{\alpha_i}}^{(0)}\psi_{0_{\beta_j}}^{(0)}\,d\tau \int \psi_{k_{\alpha_i}}^{(0)*}\psi_{0_{\gamma_k}}^{(0)*}\tilde{V}_{\alpha_i\gamma_k}\psi_{0_{\alpha_i}}^{(0)}\psi_{0_{\gamma_k}}^{(0)}\,d\tau}{E_{0_{\alpha_i}}^{(0)} - E_{k_{\alpha_i}}^{(0)}}$$
$$+ 2\sum_{k_{\beta_j}\neq 0_{\beta_j}} \frac{\int \psi_{0_{\alpha_i}}^{(0)*}\psi_{0_{\beta_j}}^{(0)*}\tilde{V}_{\alpha_i\beta_j}\psi_{0_{\alpha_i}}^{(0)}\psi_{k_{\beta_j}}^{(0)}\,d\tau \int \psi_{k_{\beta_j}}^{(0)*}\psi_{0_{\gamma_k}}^{(0)*}\tilde{V}_{\beta_j\gamma_k}\psi_{0_{\beta_j}}^{(0)}\psi_{0_{\gamma_k}}^{(0)}\,d\tau}{E_{0_{\beta_j}}^{(0)} - E_{k_{\beta_j}}^{(0)}}$$
$$+ 2\sum_{k_{\gamma_k}\neq 0_{\gamma_k}} \frac{\int \psi_{0_{\alpha_i}}^{(0)*}\psi_{0_{\gamma_k}}^{(0)*}\tilde{V}_{\alpha_i\gamma_k}\psi_{0_{\alpha_i}}^{(0)}\psi_{k_{\gamma_k}}^{(0)}\,d\tau \int \psi_{0_{\beta_j}}^{(0)*}\psi_{k_{\gamma_k}}^{(0)*}\tilde{V}_{\beta_j\gamma_k}\psi_{0_{\beta_j}}^{(0)}\psi_{0_{\gamma_k}}^{(0)}\,d\tau}{E_{0_{\gamma_k}}^{(0)} - E_{k_{\gamma_k}}^{(0)}}\cdot$$

Diese Gleichung besteht aus drei analogen Teilen, wobei jeweils eines der drei Moleküle im angeregten Zustand ist und mit den jeweils zwei anderen im Grundzustand wechselwirkt.

Die einzelnen Phasenintegrale entsprechen vollkommen den Integralen der Paarinduktionskräfte. Wir können daher für jeden der drei Terme die Form von (4.3.132) übernehmen, wobei lediglich die Verschiedenheit der Moleküle zu berücksichtigen ist, und erhalten für das Dreikörperpotential der Induktionskräfte:

$$
\begin{aligned}
\phi^{\text{ind}}_{\alpha_i \beta_j \gamma_k} = -2 \Bigg[&\Bigg\{ \sum_{l_1=0}^{\infty} \sum_{l_2=0}^{\infty} \sum_{l_1'=0}^{\infty} \sum_{l_2'=0}^{\infty} \sum_{\substack{m_1\,m_1'\,n_1\,n_1' \\ m_2\,m_2'\,n_2\,n_2' \\ m\ \ m'}} \frac{16\pi^2(-1)^{l_2+l_2'}}{r_{\alpha_i \beta_j}^{l_1+l_2+1}\, r_{\alpha_i \gamma_k}^{l_1'+l_2'+1}} \\
&\cdot \sqrt{\frac{16\pi^2(2l_1+2l_2+1)!\,(2l_1'+2l_2'+1)!}{(2l_1+1)!\,(2l_2+1)!\,(2l_1'+1)!\,(2l_2'+1)!}}\, \frac{1}{(2l_1+2l_2+1)(2l_1'+2l_2'+1)} \\
&\cdot {}^{\alpha}\Pi^{n_1 n_1'}_{l_1 l_1'}\, {}^{\beta}Q^{n_2}_{l_2}\, {}^{\gamma}Q^{n_2'}_{l_2'}\, C(l_1 l_2 l_1 + l_2;\, m_1 m_2 m) \\
&\cdot C(l_1' l_2' l_1' + l_2';\, m_1' m_2' m')\, D^{l_1}_{m_1 n_1}(\omega_{\alpha_i})^*\, D^{l_1'}_{m_1' n_1'}(\omega_{\alpha_i})^* \\
&\cdot D^{l_2}_{m_2 n_2}(\omega_{\beta_j})^*\, D^{l_2'}_{m_2' n_2'}(\omega_{\gamma_k})^*\, Y^{m}_{l_1+l_2}(\omega_{\alpha_i \beta_j})^*\, Y^{m'}_{l_1'+l_2'}(\omega_{\alpha_i \gamma_k})^* \Bigg\} \\
&+ \Bigg\{ \sum_{l_1=0}^{\infty} \sum_{l_2=0}^{\infty} \sum_{l_1'=0}^{\infty} \sum_{l_2'=0}^{\infty} \sum_{\substack{m_1\,m_1'\,n_1\,n_1' \\ m_2\,m_2'\,n_2\,n_2' \\ m\ \ m'}} \frac{16\pi^2(-1)^{l_2+l_2'}}{r_{\alpha_i \beta_j}^{l_1+l_2+1}\, r_{\beta_j \gamma_k}^{l_1'+l_2'+1}} \\
&\cdot \sqrt{\frac{16\pi^2(2l_1+2l_2+1)!\,(2l_1'+2l_2'+1)!}{(2l_1+1)!\,(2l_2+1)!\,(2l_1'+1)!\,(2l_2'+1)!}}\, \frac{1}{(2l_1+2l_2+1)(2l_1'+2l_2'+1)} \\
&\cdot {}^{\beta}\Pi^{n_1 n_1'}_{l_1 l_1'}\, {}^{\alpha}Q^{n_2}_{l_2}\, {}^{\gamma}Q^{n_2'}_{l_2'}\, C(l_1 l_2 l_1 + l_2;\, m_1 m_2 m) \\
&\cdot C(l_1' l_2' l_1' + l_2';\, m_1' m_2' m')\, D^{l_1}_{m_1 n_1}(\omega_{\beta_j})^*\, D^{l_1'}_{m_1' n_1'}(\omega_{\beta_j})^* \\
&\cdot D^{l_2}_{m_2 n_2}(\omega_{\alpha_i})^*\, D^{l_2'}_{m_2' n_2'}(\omega_{\gamma_k})^*\, Y^{m}_{l_1+l_2}(\omega_{\alpha_i \beta_j})^*\, Y^{m'}_{l_1'+l_2'}(\omega_{\beta_j \gamma_k})^* \Bigg\} \\
&+ \Bigg\{ \sum_{l_1=0}^{\infty} \sum_{l_2=0}^{\infty} \sum_{l_1'=0}^{\infty} \sum_{l_2'=0}^{\infty} \sum_{\substack{m_1\,m_1'\,n_1\,n_1' \\ m_2\,m_2'\,n_2\,n_2' \\ m\ \ m'}} \frac{16\pi^2(-1)^{l_2+l_2'}}{r_{\alpha_i \gamma_k}^{l_1+l_2+1}\, r_{\beta_j \gamma_k}^{l_1'+l_2'+1}} \\
&\cdot \sqrt{\frac{16\pi^2(2l_1+2l_2+1)!\,(2l_1'+2l_2'+1)!}{(2l_1+1)!\,(2l_2+1)!\,(2l_1'+1)!\,(2l_2'+1)!}}\, \frac{1}{(2l_1+2l_2+1)(2l_1'+2l_2'+1)} \\
&\cdot {}^{\gamma}\Pi^{n_1 n_1'}_{l_1 l_1'}\, {}^{\alpha}Q^{n_2}_{l_2}\, {}^{\beta}Q^{n_2'}_{l_2'}\, C(l_1 l_2 l_1 + l_2;\, m_1 m_2 m) \\
&\cdot C(l_1' l_2' l_1' + l_2';\, m_1' m_2' m')\, D^{l_1}_{m_1 n_1}(\omega_{\gamma_k})^*\, D^{l_1'}_{m_1' n_1'}(\omega_{\gamma_k})^* \\
&\cdot D^{l_2}_{m_2 n_2}(\omega_{\alpha_i})^*\, D^{l_2'}_{m_2' n_2'}(\omega_{\beta_j})^*\, Y^{m}_{l_1+l_2}(\omega_{\alpha_i \gamma_k})^*\, Y^{m'}_{l_1'+l_2'}(\omega_{\beta_j \gamma_k})^* \Bigg\} \Bigg] .
\end{aligned}
\tag{4.3.208}
$$

Wir erkennen hier, daß die drei Einzelterme in den geschweiften Klammern einander vollkommen analog sind. Wir brauchen uns daher nur mit einem von ihnen, z. B. dem ersten, im Detail zu beschäftigen. Zur weiteren Auswertung des ersten Terms benutzen wir das Summationstheorem (A 4.3.12) in der Form

$$
D^{l_1}_{m_1 n_1}(\omega_{\alpha_i})^*\, D^{l_1'}_{m_1' n_1'}(\omega_{\alpha_i})^* = \sum_{l_1''=0}^{\infty} \sum_{m_1''} \sum_{n_1''} C(l_1 l_1' l_1'';\, m_1 m_1' m_1'')
$$
$$
\cdot C(l_1 l_1' l_1'';\, n_1 n_1' n_1'')\, D^{l_1''}_{m_1'' n_1''}(\omega_{\alpha_i})^* .
\tag{4.3.209}
$$

Wir finden dann für den ersten Term:

$$\phi^{\text{ind}}_{\alpha_i\beta_j\gamma_k}(1) = -2 \sum_{l'_1=0}^{\infty}\sum_{m''_1}\sum_{n''_1}\sum_{l_1=0}^{\infty}\sum_{l_2=0}^{\infty}\sum_{l'_1=0}^{\infty}\sum_{l'_2=0}^{\infty}\sum_{\substack{m_1\\m_2}}\sum_{\substack{m'_1\\m'_2}}\sum_{\substack{n_1\\n_2}}\sum_{\substack{n'_1\\n'_2}} \frac{16\pi^2(-1)^{l_2+l'_2}}{r^{l_1+l_2+1}_{\alpha_i\beta_j}\, r^{l'_1+l'_2+1}_{\alpha_i\gamma_k}}$$

$$\cdot\sqrt{\frac{16\pi^2(2l_1+2l_2+1)!\,(2l'_1+2l'_2+1)!}{(2l_1+1)!\,(2l_2+1)!\,(2l'_1+1)!\,(2l'_2+1)!}}\;\frac{1}{(2l_1+2l_2+1)(2l'_1+2l'_2+1)}$$

$$\cdot\,{}^{\alpha}\Pi^{n_1 n'_1}_{l_1 l'_1}\,{}^{\beta}Q^{n_2}_{l_2}\,{}^{\gamma}Q^{n'_2}_{l'_2}\,C(l_1 l_2 l_1+l_2;\,m_1 m_2 m)$$

$$\cdot\,C(l'_1 l'_2 l'_1+l'_2;\,m'_1 m'_2 m')\,C(l_1 l'_1 l''_1;\,m_1 m'_1 m''_1)\,C(l_1 l'_1 l''_1;\,n_1 n'_1 n''_1)$$

$$\cdot\,D^{l''_1}_{m''_1 n''_1}(\omega_{\alpha_i})^*\,D^{l_2}_{m_2 n_2}(\omega_{\beta_j})^*\,D^{l'_2}_{m'_2 n'_2}(\omega_{\gamma_k})^*\,Y^m_{l_1+l_2}(\omega_{\alpha_i\beta_j})^*\,Y^{m'}_{l'_1+l'_2}(\omega_{\alpha_i\gamma_k})^*. \qquad (4.3.210)$$

Wir stellen nun, wie üblich, das Potential als Summe von Produkten aus Entwicklungskoeffizienten, die die molekularen Parameter und die Abstandsabhängigkeit enthalten, und Winkelfunktionen dar. Dies führt, wenn wir $l_1+l_2=l$ und $l'_1+l'_2=l'$ setzen, auf:

$$\phi^{\text{ind}}_{\alpha_i\beta_j\gamma_k}(1) = -2 \sum_{l''_1=0}^{\infty}\sum_{l_1=0}^{\infty}\sum_{l_2=0}^{\infty}\sum_{l'_1=0}^{\infty}\sum_{l'_2=0}^{\infty}\sum_{n''_1}\sum_{n_2}\sum_{n'_2}$$

$$\cdot\,E^{\text{ind}}_{\alpha\beta/\alpha\gamma}(l''_1;\,l_1 l_2 l;\,l'_1 l'_2 l';\,n''_1,n_2,n'_2;\,r_{\alpha_i\beta_j},r_{\alpha_i\gamma_k})$$

$$\cdot\sum_{\substack{m_1\\m_2}}\sum_{\substack{m'_1\\m'_2}}\sum_{\substack{m''_1\\m\ \ m'}}C(l_1 l_2 l;\,m_1 m_2 m)\,C(l'_1 l'_2 l';\,m'_1 m'_2 m')\,C(l_1 l'_1 l''_1;\,m_1 m'_1 m''_1)$$

$$\cdot\,D^{l''_1}_{m''_1 n''_1}(\omega_{\alpha_i})^*\,D^{l_2}_{m_2 n_2}(\omega_{\beta_j})^*\,D^{l'_2}_{m'_2 n'_2}(\omega_{\gamma_k})^*\,Y^m_{l_1+l_2}(\omega_{\alpha_i\beta_j})^*\,Y^{m'}_{l'_1+l'_2}(\omega_{\alpha_i\gamma_k})^*. \qquad (4.3.211)$$

Hierbei gilt für die Entwicklungskoeffizienten:

$$E^{\text{ind}}_{\alpha\beta/\alpha\gamma}(l''_1;\,l_1 l_2 l;\,l'_1 l'_2 l';\,n''_1,n_2,n'_2;\,r_{\alpha_i\beta_j},r_{\alpha_i\gamma_k}) = \frac{16\pi^2(-1)^{l_2+l'_2}}{r^{l_1+l_2+1}_{\alpha_i\beta_j}\, r^{l'_1+l'_2+1}_{\alpha_i\gamma_k}}$$

$$\cdot\sqrt{\frac{16\pi^2(2l_1+2l_2+1)!\,(2l'_1+2l'_2+1)!}{(2l_1+1)!\,(2l_2+1)!\,(2l'_1+1)!\,(2l'_2+1)!}}\;\frac{1}{(2l_1+2l_2+1)(2l'_1+2l'_2+1)}$$

$$\cdot\sum_{\substack{n_1\\n'_1}}{}^{\alpha}\Pi^{n_1 n'_1}_{l_1 l'_1}\,{}^{\beta}Q^{n_2}_{l_2}\,{}^{\gamma}Q^{n'_2}_{l'_2}\,C(l_1 l'_1 l''_1;\,n_1 n'_1 n''_1). \qquad (4.3.212)$$

Die entsprechenden Terme $\phi^{\text{ind}}_{\alpha_i\beta_j\gamma_k}(2)$ und $\phi^{\text{ind}}_{\alpha_i\beta_j\gamma_k}(3)$ folgen aus den obigen Gleichungen, wenn man α_i und β_j bzw. α_i und γ_k miteinander vertauscht.

Die Entwicklungskoeffizienten: Bei der Berechnung der Entwicklungskoeffizienten des Dreikörperpotentials der Induktionskräfte unterstellen wir, wie bei den Paarinduktionskräften, eine isotrope Dipol-Polarisierbarkeit, vgl. (4.3.151) bis (4.3.152). Dies führt auf $n''_1 = 0$. Für lineare Moleküle und symmetrische Kreiselmoleküle, auf die wir uns hier wieder beschränken, entfällt der nichtaxiale Beitrag des Quadrupoltensors. Damit gilt auch $n_2 = n'_2 = 0$ und man findet für die Entwicklungskoeffizienten:

$$E_{\alpha\beta,\alpha\gamma}^{\mathrm{ind}}(l_1''; l_1 l_2 l; l_1' l_2' l'; 000; r_{\alpha_i \beta_j} r_{\alpha_i \gamma_k}) = \frac{16\pi^2 (-1)^{l_2 + l_2'}}{r_{\alpha_i \beta_j}^{l_1 + l_2 + 1}\, r_{\alpha_i \gamma_k}^{l_1' + l_2' + 1}}$$

$$\cdot \frac{1}{(2l_1 + 2l_2 + 1)(2l_1' + 2l_2' + 1)} \sqrt{\frac{16\pi^2 (2l_1 + 2l_2 + 1)!\,(2l_1' + 2l_2' + 1)!}{(2l_1 + 1)!\,(2l_2 + 1)!\,(2l_1' + 1)!\,(2l_2' + 1)!}}$$

$$\cdot \sum_{\substack{n_1 \\ n_1'}} {}^{\alpha}\Pi_{l_1 l_1'}^{n_1 n_1'}\, {}^{\beta}Q_{l_2}^0\, {}^{\gamma}Q_{l_2'}^0\, C(l_1 l_1' l_1''; n_1 n_1' 0). \tag{4.3.213}$$

Die physikalische Bedeutung der Laufvariablen l_1'' ist zunächst unklar. Sie steuert die Zahlenwerte und insbesondere das Vorzeichen des C-Koeffizienten in den Entwicklungskoeffizienten sowie die Orientierungskoordinaten des Moleküls α_i. Man findet, daß für $l_1'' > 0$ die Anisotropie der Polarisierbarkeit eingeführt wird, unter der hier getroffenen Annahme isotroper Polarisierbarkeit gilt also $l_1'' = 0$. Damit erhält man die folgenden Entwicklungskoeffizienten:

$$E_{\alpha\beta/\alpha\gamma}^{\mathrm{ind}}(0; 112; 112; 000; r_{\alpha_i \beta_j} r_{\alpha_i \gamma_k}) = -\frac{36}{5}\pi\sqrt{\frac{1}{3}}\,\alpha_\alpha \mu_\beta \mu_\gamma \frac{1}{r_{\alpha_i \beta_j}^3\, r_{\alpha_i \gamma_k}^3}, \tag{4.3.214}$$

$$E_{\alpha\beta/\alpha\gamma}^{\mathrm{ind}}(0; 123; 112; 000; r_{\alpha_i \beta_j} r_{\alpha_i \gamma_k}) = \frac{36}{7}\pi\sqrt{\frac{7}{6}}\,\alpha_\alpha \theta_\beta \mu_\gamma \frac{1}{r_{\alpha_i \beta_j}^4\, r_{\alpha_i \gamma_k}^3}, \tag{4.3.215}$$

$$E_{\alpha\beta/\alpha\gamma}^{\mathrm{ind}}(0; 112; 123; 000; r_{\alpha_i \beta_j} r_{\alpha_i \gamma_k}) = \frac{36}{7}\pi\sqrt{\frac{7}{6}}\,\alpha_\alpha \mu_\beta \theta_\gamma \frac{1}{r_{\alpha_i \beta_j}^3\, r_{\alpha_i \gamma_k}^4}, \tag{4.3.216}$$

$$E_{\alpha\beta/\alpha\gamma}^{\mathrm{ind}}(0; 123; 123; 000; r_{\alpha_i \beta_j} r_{\alpha_i \gamma_k}) = -\frac{90}{7}\pi\sqrt{\frac{1}{3}}\,\alpha_\alpha \theta_\beta \theta_\gamma \frac{1}{r_{\alpha_i \beta_j}^4\, r_{\alpha_i \gamma_k}^4}. \tag{4.3.217}$$

Die Entwicklungskoeffizienten $E_{\beta\gamma/\beta\alpha}^{\mathrm{ind}}$ und $E_{\gamma\alpha/\gamma\beta}^{\mathrm{ind}}$ sind vollkommen analog und entstehen aus den obigen dadurch, daß jeweils α durch β bzw. α durch γ ersetzt wird. Höhere Entwicklungskoeffizienten für nichtisotrope Polarisierbarkeiten sind ebenfalls bekannt [19].

Beispiel 4.13

Man entwickle den Ausdruck für den Entwicklungskoeffizienten $E_{\alpha\beta/\alpha\gamma}^{\mathrm{ind}}(0; 123; 123; 000; r_{\alpha_i \beta_j}, r_{\alpha_i \gamma_k})$.

Lösung

Es ist nach (4.3.213) die folgende Beziehung auszuwerten:

$$E_{\alpha\beta/\alpha\gamma}^{\mathrm{ind}}(0; 123; 123; 000; r_{\alpha_i \beta_j} r_{\alpha_i \gamma_k}) = \frac{16\pi^2}{r_{\alpha_i \beta_j}^4\, r_{\alpha_i \gamma_k}^4}\,\frac{1}{7\cdot 7}\sqrt{\frac{16\pi^2\, 7!\, 7!}{3!\, 5!\, 3!\, 5!}}$$

$$\cdot\, [{}^{\alpha}\Pi_{11}^{-11}\, {}^{\beta}Q_2^0\, {}^{\gamma}Q_2^0\, C(110; -110) + {}^{\alpha}\Pi_{11}^{00}\, {}^{\beta}Q_2^0\, {}^{\gamma}Q_2^0\, C(110; 000) + {}^{\alpha}\Pi_{11}^{1-1}\, {}^{\beta}Q_2^0\, {}^{\gamma}Q_2^0\, C(110; 1-10)]$$

$$= \frac{16\pi^2}{r_{\alpha_i \beta_j}^4\, r_{\alpha_i \gamma_k}^4}\,\frac{1}{7\cdot 7}\, 4\pi\cdot 7\,\frac{3}{8\pi}\,\frac{5}{4\pi}\sqrt{\frac{1}{3}}\,[(-\alpha_{\perp\alpha})\theta_\beta \theta_\gamma - \alpha_{\|\alpha}\theta_\beta \theta_\gamma + (-\alpha_{\perp\alpha})\theta_\beta \theta_\gamma]$$

$$= -\frac{90\pi}{7}\sqrt{\frac{1}{3}}\,\alpha_\alpha \theta_\beta \theta_\gamma r_{\alpha_i \beta_j}^{-4}\, r_{\alpha_i \gamma_k}^{-4}.$$

Explizite Formeln für die Abstands- und Orientierungsabhängigkeit: Nachdem die Entwicklungskoeffizienten abgeleitet sind, können nun explizite Ausdrücke für das Dreikörperpotential angegeben werden. Wir beschränken uns wieder auf lineare Moleküle und symmetrische Kreiselmoleküle. Es gilt also $n_1'' = n_2 = n_2' = 0$ und die Drehmatrizen lassen sich zugunsten der Kugelfunktionen eliminieren. Es gilt [10, Gleichung A 105]:

$$D_{m\,0}^l(\omega)^* = \sqrt{\frac{4\pi}{2l+1}}\; Y_l^m(\omega).$$

Aus (4.3.211) wird dann:

$$\phi_{\alpha_i\beta_j\gamma_k}^{\mathrm{ind}}(1) = -2 \sum_{l_1''=0}^{\infty} \sum_{l_1=0}^{\infty} \sum_{l_2=0}^{\infty} \sum_{l_1'=0}^{\infty} \sum_{l_2'=0}^{\infty} E_{\alpha\beta/\alpha\gamma}^{\mathrm{ind}}(l_1''; l_1 l_2 l; l_1' l_2' l'; 000; r_{\alpha_i\beta_j} r_{\alpha_i\gamma_k})$$

$$\cdot \sum_{\substack{m_1\, m_1'\, m_1'' \\ m_2\, m_2'}} C(l_1 l_2 l; m_1 m_2 m)\, C(l_1' l_2' l'; m_1' m_2' m')\, C(l_1 l_1' l_1''; m_1 m_1' m_1'')$$

$$\cdot \sqrt{\frac{4\pi}{2l_1''+1}}\sqrt{\frac{4\pi}{2l_2+1}}\sqrt{\frac{4\pi}{2l_2'+1}}$$

$$\cdot Y_{l_1'}^{m_1''}(\omega_{\alpha_i})\, Y_{l_2}^{m_2}(\omega_{\beta_j})\, Y_{l_2'}^{m_2'}(\omega_{\gamma_k})\, Y_l^m(\omega_{\alpha_i\beta_j})\, Y_{l'}^{m'}(\omega_{\alpha_i\gamma_k})^*. \tag{4.3.218}$$

Diesen Ausdruck spalten wir auf in

$$\phi_{\alpha_i\beta_j\gamma_k}^{\mathrm{ind}}(1) = \sum_{l_1''=0}^{\infty} \sum_{l_1=0}^{\infty} \sum_{l_2=0}^{\infty} \sum_{l_1'=0}^{\infty} \sum_{l_2'=0}^{\infty} \phi_{\alpha_i\beta_j\gamma_k}^{\mathrm{ind}}(1)\,(l_1''; l_1 l_2 l; l_1' l_2' l'; 000; r_{\alpha_i\beta_j} r_{\alpha_i\gamma_k}).$$

$$\tag{4.3.219}$$

Zur Auswertung der Kugelflächenfunktionen für die Orientierungen der Molekülverbindungsachsen wird die Dreieckskonfiguration des Molekültripletts in die $x-y$-Ebene des raumfesten Koordinatensystems gelegt, und zwar so, daß dessen Ursprung mit dem Molekül α_i und die $\alpha_i\gamma_k$-Achse mit der x-Achse zusammenfällt, vgl. Bild 4.5. Dann gilt $\vartheta_{\alpha_i\beta_j} = \vartheta_{\alpha_i\gamma_k} = \vartheta_{\beta_j\gamma_k} = 90°$ sowie $\phi_{\alpha_i\gamma_k} = 0$, $\phi_{\alpha_i\beta_j} = \theta_{\alpha_i}$ und $\phi_{\beta_j\gamma_k} = \pi - \theta_{\gamma_k}$. Bei dieser Wahl des raumfesten Koordinatensystems bleiben von den Kugelflächenfunktionen für die Orientierungen der Molekülverbindungsachsen nur die Y_l^o und $Y_l^{\pm 2}$ übrig.

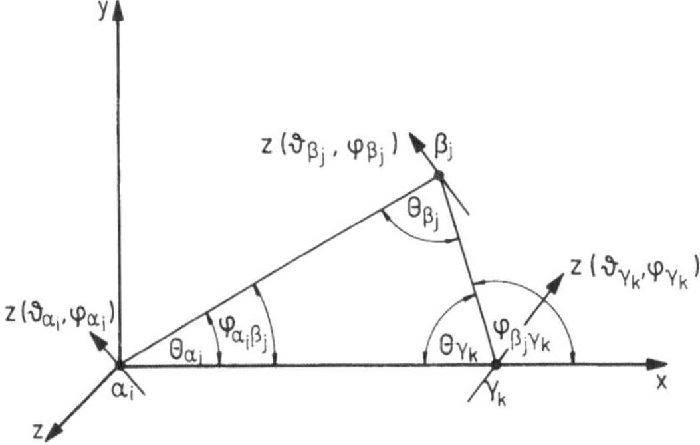

Bild 4.5. Lage des Koordinatensystems bei der gleichzeitigen Wechselwirkung von drei linearen Molekülen

Im einzelnen erhält man dann die folgenden Beiträge zum Dreikörperpotential der Induktion, wobei wegen der Beschränkung auf die isotrope Polarisierbarkeit $l''_1 = 0$ gilt:

$$\phi^{\text{ind}}_{\alpha_i \beta_j \gamma_k}(0; 112; 112; 000; r_{\alpha_i \beta_j}\, r_{\alpha_i \gamma_k}\, r_{\beta_j \gamma_k})$$

$$= -\frac{\alpha_\alpha \mu_\beta \mu_\gamma}{r^3_{\alpha_i \beta_j}\, r^3_{\alpha_i \gamma_k}} \{\tfrac{1}{4} \sin \vartheta_{\beta_j} \sin \vartheta_{\gamma_k} [3\cos(\phi_{\beta_j} + \phi_{\gamma_k} - 2\theta_{\alpha_i})$$

$$+ 9\cos(\phi_{\gamma_k} - \phi_{\beta_j} + 2\theta_{\alpha_i}) + 3\cos(\phi_{\beta_j} + \phi_{\gamma_k}) + \cos(\phi_{\gamma_k} - \phi_{\beta_j})]$$

$$+ \cos \vartheta_{\beta_j} \cos \vartheta_{\gamma_k}\} - \frac{\alpha_\beta \mu_\alpha \mu_\gamma}{r^3_{\alpha_i \beta_j}\, r^3_{\beta_j \gamma_k}} \{\tfrac{1}{4} \sin \vartheta_{\alpha_i} \sin \vartheta_{\gamma_k} [3\cos(\phi_{\alpha_i} + \phi_{\gamma_k} - 2\theta_{\alpha_i})$$

$$+ 9\cos(\phi_{\gamma_k} + \phi_{\alpha_i} - 2\theta_{\beta_j}) + 3\cos(\phi_{\alpha_i} + \phi_{\gamma_k} + 2\theta_{\gamma_k})$$

$$+ \cos(\phi_{\gamma_k} - \phi_{\alpha_i})] + \cos \vartheta_{\alpha_i} \cos \vartheta_{\gamma_k}\}$$

$$- \frac{\alpha_\gamma \mu_\alpha \mu_\beta}{r^3_{\alpha_i \gamma_k}\, r^3_{\beta_j \gamma_k}} \{\tfrac{1}{4} \sin \vartheta_{\alpha_i} \sin \vartheta_{\beta_j} [3\cos(\phi_{\alpha_i} + \phi_{\beta_j})$$

$$+ 9\cos(\phi_{\beta_j} - \phi_{\alpha_i} + 2\theta_{\gamma_k}) + 3\cos(\phi_{\alpha_i} + \phi_{\beta_j} + 2\theta_{\gamma_k})$$

$$+ \cos(\phi_{\beta_j} - \phi_{\alpha_i})] + \cos \vartheta_{\alpha_i} \cos \vartheta_{\beta_j}\}. \tag{4.3.220}$$

$$\phi^{\text{ind}}_{\alpha_i \beta_j \gamma_k}(0; 123; 112; 000; r_{\alpha_i \beta_j}\, r_{\alpha_i \gamma_k}\, r_{\beta_j \gamma_k})$$

$$= \frac{3}{16} \frac{\alpha_\alpha \theta_\beta \mu_\gamma}{r^4_{\alpha_i \beta_j}\, r^3_{\alpha_i \gamma_k}} \{\sin^2 \vartheta_{\beta_j} \sin \vartheta_{\gamma_k} [5\cos(2\phi_{\beta_j} + \phi_{\gamma_k} - 3\theta_{\alpha_i})$$

$$+ 15\cos(2\phi_{\beta_j} - \phi_{\gamma_k} - 3\theta_{\alpha_i}) + \cos(2\phi_{\beta_j} - \phi_{\gamma_k} - \theta_{\alpha_i})$$

$$+ 3\cos(2\phi_{\beta_j} - \phi_{\gamma_k} - \theta_{\alpha_i})] - 2(3\cos^2 \vartheta_{\beta_j} - 1) \sin \vartheta_{\gamma_k} [\cos(\phi_{\gamma_k} - \theta_{\alpha_i})$$

$$+ 3\cos(\phi_{\gamma_k} + \theta_{\alpha_i})] + 16\sin \vartheta_{\beta_j} \cos \vartheta_{\beta_j} \cos \vartheta_{\gamma_k} \cos(\phi_{\beta_j} - \theta_{\alpha_i})\}$$

$$+ \frac{3}{16} \frac{\alpha_\beta \theta_\alpha \mu_\gamma}{r^4_{\alpha_i \beta_j}\, r^3_{\beta_j \gamma_k}} \{\sin^2 \vartheta_{\alpha_i} \sin \vartheta_{\gamma_k} [5\cos(2\phi_{\alpha_i} + \phi_{\gamma_k} - 3\theta_{\alpha_i})$$

$$+ 15\cos(2\phi_{\alpha_i} - \phi_{\gamma_k} - \theta_{\alpha_i} + 2\theta_{\beta_j}) + \cos(2\phi_{\alpha_i} - \phi_{\gamma_k} - \theta_{\alpha_i})$$

$$+ 3\cos(2\phi_{\alpha_i} + \phi_{\gamma_k} - \theta_{\alpha_i} + 2\theta_{\gamma_k})] - 2(3\cos^2 \vartheta_{\alpha_i} - 1) \sin \vartheta_{\gamma_k} [\cos(\phi_{\gamma_k} - \theta_{\alpha_i})$$

$$+ 3\cos(\phi_{\gamma_k} + \theta_{\alpha_i} + 2\theta_{\gamma_k})] + 16\sin \vartheta_{\alpha_i} \cos \vartheta_{\alpha_i} \cos \vartheta_{\gamma_k} \cos(\phi_{\alpha_i} - \theta_{\alpha_i})\}$$

$$+ \frac{3}{16} \frac{\alpha_\gamma \theta_\alpha \mu_\beta}{r^4_{\alpha_i \gamma_k}\, r^3_{\beta_j \gamma_k}} \{\sin^2 \vartheta_{\alpha_i} \sin \vartheta_{\beta_j} [5\cos(2\phi_{\alpha_i} + \phi_{\beta_j})$$

$$+ 15\cos(2\phi_{\alpha_i} - \phi_{\beta_i} - 2\theta_{\gamma_k}) + \cos(2\phi_{\alpha_i} - \phi_{\beta_j}) + 3\cos(2\phi_{\alpha_i} + \phi_{\beta_j} + 2\theta_{\gamma_k})]$$

$$- 2(3\cos^2 \vartheta_{\alpha_i} - 1) \sin \vartheta_{\beta_j} [\cos \phi_{\beta_j} + 3\cos(\phi_{\beta_j} + 2\theta_{\gamma_k})]$$

$$+ 16\sin \vartheta_{\alpha_i} \cos \vartheta_{\alpha_i} \cos \vartheta_{\beta_j} \cos \phi_{\alpha_i}\}. \tag{4.3.221}$$

$$\phi^{\text{ind}}_{\alpha_i \beta_j \gamma_k}(0; 112; 123; 000; r_{\alpha_i \beta_j}\, r_{\alpha_i \gamma_k}\, r_{\beta_j \gamma_k})$$

$$= \frac{3}{16} \frac{\alpha_\alpha \mu_\beta \theta_\gamma}{r^3_{\alpha_i \beta_j}\, r^4_{\alpha_i \gamma_k}} \{\sin \vartheta_{\beta_j} \sin^2 \vartheta_{\gamma_k} [5\cos(\phi_{\beta_j} + 2\phi_{\gamma_k})$$

$$+ 15\cos(\phi_{\beta_j} - 2\phi_{\gamma_k} - 2\theta_{\alpha_i}) + \cos(\phi_{\beta_j} - 2\phi_{\gamma_k}) + 3\cos(\phi_{\beta_j} + 2\phi_{\gamma_k} - 2\theta_{\alpha_i})]$$

$$- 2\sin \vartheta_{\beta_j}(3\cos^2 \vartheta_{\gamma_k} - 1) [\cos \phi_{\beta_j} + 3\cos(\phi_{\beta_j} - 2\theta_{\alpha_i})]$$

$$+ 16 \cos \vartheta_{\beta_j} \sin \vartheta_{\gamma_k} \cos \vartheta_{\gamma_k} \cos \phi_{\gamma_k} \}$$

$$+ \frac{3}{16} \frac{\alpha_\beta \mu_\alpha \theta_\gamma}{r^3_{\alpha_i \beta_j} r^4_{\beta_j \gamma_k}} \{ - \sin \vartheta_{\alpha_i} \sin^2 \vartheta_{\gamma_k} [5 \cos(\phi_{\alpha_i} + 2\phi_{\gamma_k} + 3\theta_{\gamma_k})$$

$$+ 15 \cos(\phi_{\alpha_i} - 2\phi_{\gamma_k} + 2\theta_{\beta_j} - \theta_{\gamma_k}) + \cos(\phi_{\alpha_i} - 2\phi_{\gamma_k} - \theta_{\gamma_k})$$

$$+ 3 \cos(\phi_{\alpha_i} + 2\phi_{\gamma_k} - 2\theta_{\alpha_i} + \theta_{\gamma_k})] + 2 \sin \vartheta_{\alpha_i} (3 \cos^2 \vartheta_{\gamma_k} - 1) [\cos(\phi_{\alpha_i} + \theta_{\gamma_k})$$

$$- 3 \cos(\phi_{\alpha_i} - \theta_{\alpha_i} + \theta_{\beta_j})] - 16 \cos \vartheta_{\alpha_i} \sin \vartheta_{\gamma_k} \cos \vartheta_{\gamma_k} \cos(\phi_{\gamma_k} + \theta_{\gamma_k}) \}$$

$$+ \frac{3}{16} \frac{\alpha_\gamma \mu_\alpha \theta_\beta}{r^3_{\alpha_i \gamma_k} r^4_{\beta_j \gamma_k}} \{ - \sin \vartheta_{\alpha_i} \sin^2 \vartheta_{\beta_j} [5 \cos(\phi_{\alpha_i} + 2\phi_{\beta_j} + 3\theta_{\gamma_k})$$

$$+ 15 \cos(\phi_{\alpha_i} - 2\phi_{\beta_j} - 3\theta_{\gamma_k}) + \cos(\phi_{\alpha_i} - 2\phi_{\beta_j} - \theta_{\gamma_k})$$

$$+ 3 \cos(\phi_{\alpha_i} + 2\phi_{\beta_j} + \theta_{\gamma_k})] + 2 \sin \vartheta_{\alpha_i} (3 \cos^2 \vartheta_{\beta_j} - 1) [\cos(\phi_{\alpha_i} + \theta_{\gamma_k})$$

$$+ 3 \cos(\phi_{\alpha_i} - \theta_{\gamma_k})] - 16 \cos \vartheta_{\alpha_i} \sin \vartheta_{\beta_j} \cos \vartheta_{\beta_j} \cos(\phi_{\beta_j} + \theta_{\gamma_k}) \} . \qquad (4.3.222)$$

$$\phi^{\text{ind}}_{\alpha_i \beta_j \gamma_k} (0; 123; 123; 000; r_{\alpha_i \beta_j} r_{\alpha_i \gamma_k} r_{\beta_j \gamma_k})$$

$$= \frac{45}{320} \frac{\alpha_\alpha \theta_\beta \theta_\gamma}{r^4_{\alpha_i \beta_j} r^4_{\alpha_i \gamma_k}} \{ \sin^2 \vartheta_{\beta_j} (3 \cos^2 \vartheta_{\gamma_k} - 1) [10 \cos(2\phi_{\beta_j} - 3\theta_{\alpha_i})$$

$$+ 2 \cos(2\phi_{\beta_j} - \theta_{\alpha_i})] + \sin^2 \vartheta_{\gamma_k} (3 \cos^2 \vartheta_{\beta_j} - 1) [10 \cos(2\phi_{\gamma_k} + \theta_{\alpha_i})$$

$$+ 2 \cos(2\phi_{\gamma_k} - \theta_{\alpha_i})] - \sin^2 \vartheta_{\beta_j} \sin^2 \vartheta_{\gamma_k} [5 \cos(2\phi_{\beta_j} + 2\phi_{\gamma_k} - 3\theta_{\alpha_i})$$

$$+ 25 \cos(2\phi_{\beta_j} - 2\phi_{\gamma_k} - 3\theta_{\alpha_i}) + \cos(2\phi_{\beta_j} - 2\phi_{\gamma_k} - \theta_{\alpha_i})$$

$$+ 5 \cos(2\phi_{\beta_j} + 2\phi_{\gamma_k} - \theta_{\alpha_i})]$$

$$- 32 \sin \vartheta_{\beta_j} \cos \vartheta_{\beta_j} \sin \vartheta_{\gamma_k} \cos \vartheta_{\gamma_k} [\cos(\phi_{\beta_j} + \phi_{\gamma_k} - \theta_{\alpha_i}) + \cos(\phi_{\beta_j} - \phi_{\gamma_k} - \theta_{\alpha_i})]$$

$$- 4 (3 \cos^2 \vartheta_{\beta_j} - 1)(3 \cos^2 \vartheta_{\gamma_k} - 1) \cos \theta_{\alpha_i} \}$$

$$+ \frac{45}{320} \frac{\alpha_\beta \theta_\alpha \theta_\gamma}{r^4_{\alpha_i \beta_j} r^4_{\beta_j \gamma_k}} \{ \sin^2 \vartheta_{\alpha_i} (3 \cos^2 \vartheta_{\gamma_k} - 1) [10 \cos(2\phi_{\alpha_i} - 2\theta_{\alpha_i} + \theta_{\beta_j})$$

$$- 2 \cos(2\phi_{\alpha_i} - \theta_{\alpha_i} + \theta_{\beta_j})] + \sin^2 \vartheta_{\gamma_k} (3 \cos^2 \vartheta_{\alpha_i} - 1) [10 \cos(2\phi_{\gamma_k} - \theta_{\beta_j} + 2\theta_{\gamma_k})$$

$$- 2 \cos(2\phi_{\gamma_k} - \theta_{\alpha_i} + \theta_{\gamma_k})] - \sin^2 \vartheta_{\alpha_i} \sin^2 \vartheta_{\gamma_k} [- 5 \cos(2\phi_{\alpha_i} + 2\phi_{\gamma_k} - 3\theta_{\alpha_i} + \theta_{\gamma_k})$$

$$+ 25 \cos(2\phi_{\alpha_i} - 2\phi_{\gamma_k} + 3\theta_{\beta_j}) + \cos(2\phi_{\alpha_i} - 2\phi_{\gamma_k} + \theta_{\beta_j})$$

$$- 5 \cos(2\phi_{\alpha_i} + 2\phi_{\gamma_k} - \theta_{\alpha_i} + 3\theta_{\gamma_k})]$$

$$+ 32 \sin \vartheta_{\alpha_i} \cos \vartheta_{\alpha_i} \sin \vartheta_{\gamma_k} \cos \vartheta_{\gamma_k} [\cos(\phi_{\alpha_i} + \phi_{\gamma_k} - \theta_{\alpha_i} + \theta_{\gamma_k})$$

$$- \cos(\phi_{\alpha_i} - \phi_{\gamma_k} + \theta_{\beta_j})] - 4 (3 \cos^2 \vartheta_{\alpha_i} - 1)(3 \cos^2 \vartheta_{\gamma_k} - 1) \cos \theta_{\beta_j} \}$$

$$+ \frac{45}{320} \frac{\alpha_\gamma \theta_\alpha \theta_\beta}{r^4_{\alpha_i \beta_j} r^4_{\beta_j \gamma_k}} \{ - \sin^2 \vartheta_{\alpha_i} (3 \cos^2 \vartheta_{\beta_j} - 1) [10 \cos(2\phi_{\alpha_i} - \theta_{\gamma_k})$$

$$+ 2 \cos(2\phi_{\alpha_i} + \theta_{\gamma_k})] - \sin^2 \vartheta_{\beta_j} (3 \cos^2 \vartheta_{\alpha_i} - 1) [10 \cos(2\phi_{\beta_j} + 3\theta_{\gamma_k})$$

$$+ 2 \cos(2\phi_{\beta_j} + \theta_{\gamma_k})] + \sin^2 \vartheta_{\alpha_i} \sin^2 \vartheta_{\beta_j} [5 \cos(2\phi_{\alpha_i} + 2\phi_{\beta_j} + \theta_{\gamma_k})$$

$$+ 25 \cos(2\phi_{\alpha_i} - 2\phi_{\beta_j} - 3\theta_{\gamma_k}) + \cos(2\phi_{\alpha_i} - 2\phi_{\beta_j} - \theta_{\gamma_k})$$

$$+ 5 \cos(2\phi_{\alpha_i} + 2\phi_{\beta_j} + 3\theta_{\gamma_k})]$$

$$+ 32 \sin \vartheta_{\alpha_i} \cos \vartheta_{\alpha_i} \sin \vartheta_{\beta_j} \cos \vartheta_{\beta_j} [\cos(\phi_{\alpha_i} + \phi_{\beta_j} + \theta_{\gamma_k}) + \cos(\phi_{\alpha_i} - \phi_{\beta_j} - \theta_{\gamma_k})]$$

$$+ 4 (3 \cos^2 \vartheta_{\alpha_i} - 1)(3 \cos^2 \vartheta_{\beta_j} - 1) \cos \theta_{\gamma_k} \} . \qquad (4.3.223)$$

Beispiel 4.14

Man entwickle den expliziten Beitrag $\phi^{ind}_{\alpha_i\beta_j\gamma_k}(1)(0;112;112;000; r_{\alpha_i\beta_j} r_{\alpha_i\gamma_k})$

Lösung

Nach (4.3.218) ist die folgende Beziehung auszuwerten:

$$\phi(1)(0;112;112) = -2E^{ind}_{\alpha\beta/\alpha\gamma}(0;112;112;000; r_{\alpha_i\beta_j} r_{\alpha_i\gamma_k})$$

$$\cdot \sqrt{\frac{4\pi}{1}}\,\sqrt{\frac{4\pi}{3}}\,\sqrt{\frac{4\pi}{3}}\,\sum_{\substack{m_1\, m_1'\\ m_2\, m_2'}} C(112;\, m_1 m_2 m)\, C(112;\, m_1' m_2' m')$$

$$\cdot C(110;\, m_1 m_1' 0)\, Y_0^0(\omega_{\alpha_i})\, Y_1^{m_2}(\omega_{\beta_j})\, Y_1^{m_2'}(\omega_{\gamma_k})\, Y_2^m(\omega_{\alpha_i\beta_j})^*\, Y_2^{m'}(\omega_{\alpha_i\gamma_k})^*$$

$$= -2\left(-\frac{36}{5}\pi\sqrt{\frac{1}{3}}\,\alpha_\alpha\mu_\beta\mu_\gamma\,\frac{1}{r^3_{\alpha_i\beta_j}\, r^3_{\alpha_i\gamma_k}}\right)\frac{4\pi}{3}$$

$$
\begin{aligned}
\cdot\big[\, & C(112;\,000)\, C(112;\,000)\, C(110;\,000)\, Y_1^0(\omega_{\beta_j})\, Y_1^0(\omega_{\gamma_k})\, Y_2^0(\omega_{\alpha_i\beta_j})^*\, Y_2^0(\omega_{\alpha_i\gamma_k})^*\\
+\,& C(112;\,-110)\, C(112;\,1-10)\, C(110;\,-110)\, Y_1^1(\omega_{\beta_j})\, Y_1^{-1}(\omega_{\gamma_k})\, Y_2^0(\omega_{\alpha_i\beta_j})^*\, Y_2^0(\omega_{\alpha_i\gamma_k})^*\\
+\,& C(112;\,1-10)\, C(112;\,-110)\, C(110;\,1-10)\, Y_1^{-1}(\omega_{\beta_j})\, Y_1^1(\omega_{\gamma_k})\, Y_2^0(\omega_{\alpha_i\beta_j})^*\, Y_2^0(\omega_{\alpha_i\gamma_k})^*\\
+\,& C(112;\,112)\, C(112;\,-110)\, C(110;\,1-10)\, Y_1^1(\omega_{\beta_j})\, Y_1^1(\omega_{\gamma_k})\, Y_2^0(\omega_{\alpha_i\beta_j})^*\, Y_2^0(\omega_{\alpha_i\gamma_k})^*\\
+\,& C(112;\,112)\, C(112;\,-1-1-2)\, C(110;\,1-10)\, Y_1^1(\omega_{\beta_j})\, Y_1^{-1}(\omega_{\gamma_k})\, Y_2^2(\omega_{\alpha_i\beta_j})^*\, Y_2^{-2}(\omega_{\alpha_i\gamma_k})^*\\
+\,& C(112;\,-1-1-2)\, C(112;\,1-10)\, C(110;\,-110)\, Y_1^{-1}(\omega_{\beta_j})\, Y_1^{-1}(\omega_{\gamma_k})\, Y_2^{-2}(\omega_{\alpha_i\beta_j})^*\, Y_2^0(\omega_{\alpha_i\gamma_k})^*\\
+\,& C(112;\,-1-1-2)\, C(112;\,112)\, C(110;\,-110)\, Y_1^{-1}(\omega_{\beta_j})\, Y_1^1(\omega_{\gamma_k})\, Y_2^{-2}(\omega_{\alpha_i\beta_j})^*\, Y_2^2(\omega_{\alpha_i\gamma_k})^*\\
+\,& C(112;\,1-10)\, C(112;\,-1-1-2)\, C(110;\,1-10)\, Y_1^{-1}(\omega_{\beta_j})\, Y_1^{-1}(\omega_{\gamma_k})\, Y_2^0(\omega_{\alpha_i\beta_j})^*\, Y_2^{-2}(\omega_{\alpha_i\gamma_k})^*\\
+\,& C(112;\,-110)\, C(112;\,112)\, C(110;\,-110)\, Y_1^1(\omega_{\beta_j})\, Y_1^1(\omega_{\gamma_k})\, Y_2^0(\omega_{\alpha_i\beta_j})^*\, Y_2^2(\omega_{\alpha_i\gamma_k})^*\,\big]
\end{aligned}
$$

$$= -2\left(-\frac{36}{5}\pi\sqrt{\frac{1}{3}}\,\alpha_\alpha\mu_\beta\mu_\gamma\,\frac{1}{r^3_{\alpha_i\beta_j}\, r^3_{\alpha_i\gamma_k}}\right)\frac{4\pi}{3}$$

$$
\begin{aligned}
\cdot\big[\, & \sqrt{\tfrac{2}{3}}\sqrt{\tfrac{2}{3}}\left(-\sqrt{\tfrac{1}{3}}\right)\left(\tfrac{1}{2}\sqrt{\tfrac{3}{\pi}}\cos\vartheta_{\beta_j}\right)\left(\tfrac{1}{2}\sqrt{\tfrac{3}{\pi}}\cos\vartheta_{\gamma_k}\right)\tfrac{1}{4}\sqrt{\tfrac{5}{\pi}}(3\cos^2 90-1)\,\tfrac{1}{4}\sqrt{\tfrac{5}{\pi}}(3\cos^2 90-1)\\
+\,& \sqrt{\tfrac{1}{6}}\sqrt{\tfrac{1}{6}}\sqrt{\tfrac{1}{3}}\left(+\tfrac{1}{2}\sqrt{\tfrac{3}{2\pi}}\sin\vartheta_{\beta_j}\,e^{-i\phi_{\beta_j}}\right)\left(-\tfrac{1}{2}\sqrt{\tfrac{3}{2\pi}}\sin\vartheta_{\gamma_k}\,e^{i\phi_{\gamma_k}}\right)\tfrac{1}{4}\sqrt{\tfrac{5}{\pi}}(3\cos^2 90-1)\,\tfrac{1}{4}\sqrt{\tfrac{5}{\pi}}(3\cos^2 90-1)\\
+\,& \sqrt{\tfrac{1}{6}}\sqrt{\tfrac{1}{6}}\sqrt{\tfrac{1}{3}}\left(-\tfrac{1}{2}\sqrt{\tfrac{3}{2\pi}}\sin\vartheta_{\beta_j}\,e^{i\phi_{\beta_j}}\right)\left(+\tfrac{1}{2}\sqrt{\tfrac{3}{2\pi}}\sin\vartheta_{\gamma_k}\,e^{-i\phi_{\gamma_k}}\right)\tfrac{1}{4}\sqrt{\tfrac{5}{\pi}}(3\cos^2 90-1)\,\tfrac{1}{4}\sqrt{\tfrac{5}{\pi}}(3\cos^2 90-1)\\
+\,& 1\sqrt{\tfrac{1}{6}}\sqrt{\tfrac{1}{3}}\left(-\tfrac{1}{2}\sqrt{\tfrac{3}{2\pi}}\sin\vartheta_{\beta_j}\,e^{i\phi_{\beta_j}}\right)\left(-\tfrac{1}{2}\sqrt{\tfrac{3}{2\pi}}\sin\vartheta_{\gamma_k}\,e^{i\phi_{\gamma_k}}\right)\tfrac{1}{4}\sqrt{\tfrac{15}{2\pi}}(\sin^2 90\,e^{-2i\theta_{\alpha_i}})\,\tfrac{1}{4}\sqrt{\tfrac{5}{\pi}}(3\cos^2 90-1)\\
+\,& 1\cdot 1\sqrt{\tfrac{1}{3}}\left(-\tfrac{1}{2}\sqrt{\tfrac{3}{2\pi}}\sin\vartheta_{\beta_j}\,e^{i\phi_{\beta_j}}\right)\left(+\tfrac{1}{2}\sqrt{\tfrac{3}{2\pi}}\sin\vartheta_{\gamma_k}\,e^{-i\phi_{\gamma_k}}\right)\tfrac{1}{4}\sqrt{\tfrac{15}{2\pi}}(\sin^2 90\,e^{-2i\theta_{\alpha_i}})\,\tfrac{1}{4}\sqrt{\tfrac{15}{2\pi}}\sin^2 90\\
+\,& 1\sqrt{\tfrac{1}{6}}\sqrt{\tfrac{1}{3}}\left(+\tfrac{1}{2}\sqrt{\tfrac{3}{2\pi}}\sin\vartheta_{\beta_j}\,e^{-i\phi_{\beta_j}}\right)\left(+\tfrac{1}{2}\sqrt{\tfrac{3}{2\pi}}\sin\vartheta_{\gamma_k}\,e^{-i\phi_{\gamma_k}}\right)\tfrac{1}{4}\sqrt{\tfrac{15}{2\pi}}(\sin^2 90\,e^{2i\theta_{\alpha_i}})\,\tfrac{1}{4}\sqrt{\tfrac{5}{\pi}}(3\cos^2 90-1)\\
+\,& 1\cdot 1\sqrt{\tfrac{1}{3}}\left(+\tfrac{1}{2}\sqrt{\tfrac{3}{2\pi}}\sin\vartheta_{\beta_j}\,e^{-i\phi_{\beta_j}}\right)\left(-\tfrac{1}{2}\sqrt{\tfrac{3}{2\pi}}\sin\vartheta_{\gamma_k}\,e^{i\phi_{\gamma_k}}\right)\tfrac{1}{4}\sqrt{\tfrac{15}{2\pi}}(\sin^2 90\,e^{2i\theta_{\alpha_i}})\,\tfrac{1}{4}\sqrt{\tfrac{15}{2\pi}}\sin^2 90\\
+\,& \sqrt{\tfrac{1}{6}}\cdot 1\sqrt{\tfrac{1}{3}}\left(\tfrac{1}{2}\sqrt{\tfrac{3}{2\pi}}\sin\vartheta_{\beta_j}\,e^{-i\phi_{\beta_j}}\right)\left(\tfrac{1}{2}\sqrt{\tfrac{3}{2\pi}}\sin\vartheta_{\gamma_k}\,e^{-\phi_{\gamma_k}}\right)\tfrac{1}{4}\sqrt{\tfrac{5}{\pi}}(3\cos^2 90-1)\,\tfrac{1}{4}\sqrt{\tfrac{15}{2\pi}}\sin^2 90\\
+\,& \sqrt{\tfrac{1}{6}}\cdot 1\sqrt{\tfrac{1}{3}}\left(-\tfrac{1}{2}\sqrt{\tfrac{3}{2\pi}}\sin\vartheta_{\beta_j}\,e^{i\phi_{\beta_j}}\right)\left(-\tfrac{1}{2}\sqrt{\tfrac{3}{2\pi}}\sin\vartheta_{\gamma_k}\,e^{\phi_{\gamma_k}}\right)\tfrac{1}{4}\sqrt{\tfrac{5}{\pi}}(3\cos^2 90-1)\,\tfrac{1}{4}\sqrt{\tfrac{15}{2\pi}}\sin^2 90\,\big]
\end{aligned}
$$

$$
\begin{aligned}
= -\frac{\alpha_\alpha\mu_\beta\mu_\gamma}{r^3_{\alpha_i\beta_j}\, r^3_{\alpha_i\gamma_k}}\big[\,& \cos\vartheta_{\beta_j}\cos\vartheta_{\gamma_k} + \tfrac{1}{4}\sin\vartheta_{\beta_j}\sin\vartheta_{\gamma_k}\cos(\phi_{\beta_j}-\phi_{\gamma_k})\\
+\,& \tfrac{3}{4}\sin\vartheta_{\beta_j}\sin\vartheta_{\gamma_k}\cos(\phi_{\beta_j}+\phi_{\gamma_k}) + \tfrac{3}{4}\sin\vartheta_{\beta_j}\sin\vartheta_{\gamma_k}\cos(\phi_{\beta_j}+\phi_{\gamma_k}-2\theta_{\alpha_i})\\
+\,& \tfrac{9}{4}\sin\vartheta_{\beta_j}\sin\vartheta_{\gamma_k}\cos(\phi_{\beta_j}-\phi_{\gamma_k}-2\theta_{\alpha_i})\,\big].
\end{aligned}
$$

4.3.5 Beiträge dritter Ordnung zur intermolekularen Energiefunktion: Dreikörper-Dispersionskräfte

4.3.5.1 Der allgemeine Ausdruck für das Dreikörperpotential der Dispersionskräfte

Der formale Beitrag dritter Ordnung zur intermolekularen Energiefunktion lautet nach (4.3.26):

$$E_0^{(3)} = \sum_{j \neq 0} \sum_{k \neq 0} \frac{\int \psi_0^{(0)*} \, \tilde{V} \psi_j^{(0)} \mathrm{d}\tau \int \psi_j^{(0)*} \, \tilde{V} \psi_k^{(0)} \mathrm{d}\tau \int \psi_k^{(0)*} \, \tilde{V} \psi_0^{(0)} \mathrm{d}\tau}{(E_0^{(0)} - E_k^{(0)})(E_0^{(0)} - E_j^{(0)})}$$

$$- E_0^{(1)} \sum_{j \neq 0} \frac{\int \psi_0^{(0)*} \, \tilde{V} \psi_j^{(0)} \mathrm{d}\tau \int \psi_j^{(0)*} \, \tilde{V} \psi_0^{(0)} \mathrm{d}\tau}{(E_0^{(0)} - E_j^{(0)})^2}.$$

Dieser Beitrag enthält in seinem zweiten Term Effekte, die bereits in niedrigerer Ordnung erfaßt und daher hier nicht mehr berücksichtigt zu werden brauchen, vgl. (4.3.25). Insbesondere erhält er jedoch auch einen bisher nicht beachteten Anteil der intermolekularen Wechselwirkungen, nämlich die Dreikörper-Dispersionswechselwirkungen. Sie ergibt sich aus dem ersten Term von (4.3.26), wenn wir uns die angeregten Zustände k und j des ungestörten Systems durch die Existenz zweier angeregter Moleküle bei Verbleiben aller anderen Moleküle in ihren Grundzuständen repräsentiert denken. Dies bedeutet, daß der Nenner des 1. Terms auf sechs verschiedene Weisen ausgedrückt werden kann, nämlich durch die Permutationen:

$$[(E_{0_{\alpha_i}}^{(0)} - E_{k_{\alpha_i}}^{(0)}) + (E_{0_{\beta_j}}^{(0)} - E_{k_{\beta_j}}^{(0)})] \quad [(E_{0_{\alpha_i}}^{(0)} - E_{k_{\alpha_i}}^{(0)}) + (E_{0_{\gamma_k}}^{(0)} - E_{k_{\gamma_k}}^{(0)})],$$

$$[(E_{0_{\alpha_i}}^{(0)} - E_{k_{\alpha_i}}^{(0)}) + (E_{0_{\beta_j}}^{(0)} - E_{k_{\beta_j}}^{(0)})] \quad [(E_{0_{\beta_j}}^{(0)} - E_{k_{\beta_j}}^{(0)}) + (E_{0_{\gamma_k}}^{(0)} - E_{k_{\gamma_k}}^{(0)})],$$

$$[(E_{0_{\beta_j}}^{(0)} - E_{k_{\beta_j}}^{(0)}) + (E_{0_{\gamma_k}}^{(0)} - E_{k_{\gamma_k}}^{(0)})] \quad [(E_{0_{\alpha_i}}^{(0)} - E_{k_{\alpha_i}}^{(0)}) + (E_{0_{\beta_j}}^{(0)} - E_{k_{\beta_j}}^{(0)})],$$

$$[(E_{0_{\beta_j}}^{(0)} - E_{k_{\beta_j}}^{(0)}) + (E_{0_{\gamma_k}}^{(0)} - E_{k_{\gamma_k}}^{(0)})] \quad [(E_{0_{\gamma_k}}^{(0)} - E_{k_{\gamma_k}}^{(0)}) + (E_{0_{\alpha_i}}^{(0)} - E_{k_{\alpha_i}}^{(0)})],$$

$$[(E_{0_{\gamma_k}}^{(0)} - E_{k_{\gamma_k}}^{(0)}) + (E_{0_{\alpha_i}}^{(0)} - E_{k_{\alpha_i}}^{(0)})] \quad [(E_{0_{\beta_j}}^{(0)} - E_{k_{\beta_j}}^{(0)}) + (E_{0_{\gamma_k}}^{(0)} - E_{k_{\gamma_k}}^{(0)})],$$

$$[(E_{0_{\gamma_k}}^{(0)} - E_{k_{\gamma_k}}^{(0)}) + (E_{0_{\alpha_i}}^{(0)} - E_{k_{\alpha_i}}^{(0)})] \quad [(E_{0_{\alpha_i}}^{(0)} - E_{k_{\alpha_i}}^{(0)}) + (E_{0_{\beta_j}}^{(0)} - E_{k_{\beta_j}}^{(0)})].$$

Berücksichtigen wir die entsprechenden Anregungszustände k und j auch im Zähler, so finden wir unter Benutzung der Orthogonalität der Wellenfunktion für den Beitrag der nichtadditiven Dreikörper-Dispersionskräfte zur intermolekularen Energiefunktion

$$E_{\mathrm{disp}}^{(3)} = \frac{1}{6} \sum_{\alpha} \sum_{\beta} \sum_{\gamma} \sum_{i} \sum_{j} \sum_{k} \phi_{\alpha_i \beta_j \gamma_k}^{\mathrm{disp}} \tag{4.3.224}$$

$$\begin{aligned} \alpha = \beta &: i \neq j \\ \alpha = \gamma &: i \neq k \\ \beta = \gamma &: j \neq k \end{aligned}$$

mit dem Dreikörperpotential der Dispersion [20]: Gleichung 4.3.225 auf Seite 190

$$
\begin{aligned}
\phi_{\alpha_i\beta_j\gamma_k} = &\sum_{\substack{k_{\alpha_i}\neq 0 \\ k_{\beta_j}\neq 0 \\ k_{\gamma_k}\neq 0}} \frac{\int \psi_{0_{\alpha_i}}^{(0)*}\,\psi_{0_{\beta_j}}^{(0)*}\,\widetilde{V}_{\alpha_i\beta_j}\,\psi_{k_{\alpha_i}}^{(0)}\,\psi_{k_{\beta_j}}^{(0)}\,d\tau \int \psi_{k_{\beta_j}}^{(0)*}\,\psi_{0_{\gamma_k}}^{(0)*}\,\widetilde{V}_{\beta_j\gamma_k}\,\psi_{0_{\beta_j}}^{(0)}\,\psi_{k_{\gamma_k}}^{(0)}\,d\tau \int \psi_{k_{\gamma_k}}^{(0)*}\,\psi_{k_{\alpha_i}}^{(0)*}\,\widetilde{V}_{\gamma_k\alpha_i}\,\psi_{0_{\gamma_k}}^{(0)}\,\psi_{0_{\alpha_i}}^{(0)}\,d\tau}{[(E_{0_{\alpha_i}}^{(0)} - E_{k_{\alpha_i}}^{(0)}) + (E_{0_{\beta_j}}^{(0)} - E_{k_{\beta_j}}^{(0)})]\,[(E_{0_{\alpha_i}}^{(0)} - E_{k_{\alpha_i}}^{(0)}) + (E_{0_{\gamma_k}}^{(0)} - E_{k_{\gamma_k}}^{(0)})]} \\[2ex]
+ &\sum_{\substack{k_{\alpha_i}\neq 0 \\ k_{\beta_j}\neq 0 \\ k_{\gamma_k}\neq 0}} \frac{\int \psi_{0_{\alpha_i}}^{(0)*}\,\psi_{0_{\beta_j}}^{(0)*}\,\widetilde{V}_{\alpha_i\beta_j}\,\psi_{k_{\alpha_i}}^{(0)}\,\psi_{k_{\beta_j}}^{(0)}\,d\tau \int \psi_{0_{\gamma_k}}^{(0)*}\,\psi_{k_{\alpha_i}}^{(0)*}\,\widetilde{V}_{\gamma_k\alpha_i}\,\psi_{k_{\gamma_k}}^{(0)}\,\psi_{0_{\alpha_i}}^{(0)}\,d\tau \int \psi_{k_{\beta_j}}^{(0)*}\,\psi_{k_{\gamma_k}}^{(0)*}\,\widetilde{V}_{\beta_j\gamma_k}\,\psi_{0_{\beta_j}}^{(0)}\,\psi_{0_{\gamma_k}}^{(0)}\,d\tau}{[(E_{0_{\alpha_i}}^{(0)} - E_{k_{\alpha_i}}^{(0)}) + (E_{0_{\beta_j}}^{(0)} - E_{k_{\beta_j}}^{(0)})]\,[(E_{0_{\beta_j}}^{(0)} - E_{k_{\beta_j}}^{(0)}) + (E_{0_{\gamma_k}}^{(0)} - E_{k_{\gamma_k}}^{(0)})]} \\[2ex]
+ &\sum_{\substack{k_{\alpha_i}\neq 0 \\ k_{\beta_j}\neq 0 \\ k_{\gamma_k}\neq 0}} \frac{\int \psi_{0_{\beta_j}}^{(0)*}\,\psi_{0_{\gamma_k}}^{(0)*}\,\widetilde{V}_{\beta_j\gamma_k}\,\psi_{k_{\beta_j}}^{(0)}\,\psi_{k_{\gamma_k}}^{(0)}\,d\tau \int \psi_{k_{\gamma_k}}^{(0)*}\,\psi_{0_{\alpha_i}}^{(0)*}\,\widetilde{V}_{\gamma_k\alpha_i}\,\psi_{0_{\gamma_k}}^{(0)}\,\psi_{0_{\alpha_i}}^{(k)}\,d\tau \int \psi_{k_{\alpha_i}}^{(0)*}\,\psi_{k_{\beta_j}}^{(0)*}\,\widetilde{V}_{\alpha_i\beta_j}\,\psi_{0_{\alpha_i}}^{(0)}\,\psi_{0_{\beta_j}}^{(0)}\,d\tau}{[(E_{0_{\beta_j}}^{(0)} - E_{k_{\beta_j}}^{(0)}) + (E_{0_{\gamma_k}}^{(0)} - E_{k_{\gamma_k}}^{(0)})]\,[(E_{0_{\alpha_i}}^{(0)} - E_{k_{\alpha_i}}^{(0)}) + (E_{0_{\beta_j}}^{(0)} - E_{k_{\beta_j}}^{(0)})]} \\[2ex]
+ &\sum_{\substack{k_{\alpha_i}\neq 0 \\ k_{\beta_j}\neq 0 \\ k_{\gamma_k}\neq 0}} \frac{\int \psi_{0_{\beta_j}}^{(0)*}\,\psi_{0_{\gamma_k}}^{(0)*}\,\widetilde{V}_{\beta_j\gamma_k}\,\psi_{k_{\beta_j}}^{(0)}\,\psi_{k_{\gamma_k}}^{(0)}\,d\tau \int \psi_{0_{\alpha_i}}^{(0)*}\,\psi_{k_{\beta_j}}^{(0)*}\,\widetilde{V}_{\alpha_i\beta_j}\,\psi_{k_{\alpha_i}}^{(0)}\,\psi_{0_{\beta_j}}^{(0)}\,d\tau \int \psi_{k_{\gamma_k}}^{(0)*}\,\psi_{k_{\alpha_i}}^{(0)*}\,\widetilde{V}_{\gamma_k\alpha_i}\,\psi_{0_{\gamma_k}}^{(0)}\,\psi_{0_{\alpha_i}}^{(0)}\,d\tau}{[(E_{0_{\beta_j}}^{(0)} - E_{k_{\beta_j}}^{(0)}) + (E_{0_{\gamma_k}}^{(0)} - E_{k_{\gamma_k}}^{(0)})]\,[(E_{0_{\gamma_k}}^{(0)} - E_{k_{\gamma_k}}^{(0)}) + (E_{0_{\alpha_i}}^{(0)} - E_{k_{\alpha_i}}^{(0)})]} \\[2ex]
+ &\sum_{\substack{k_{\alpha_i}\neq 0 \\ k_{\beta_j}\neq 0 \\ k_{\gamma_k}\neq 0}} \frac{\int \psi_{0_{\gamma_k}}^{(0)*}\,\psi_{0_{\alpha_i}}^{(0)*}\,\widetilde{V}_{\gamma_k\alpha_i}\,\psi_{k_{\gamma_k}}^{(0)}\,\psi_{k_{\alpha_i}}^{(0)}\,d\tau \int \psi_{k_{\alpha_i}}^{(0)*}\,\psi_{0_{\beta_j}}^{(0)*}\,\widetilde{V}_{\alpha_i\beta_j}\,\psi_{0_{\alpha_i}}^{(0)}\,\psi_{k_{\beta_j}}^{(0)}\,d\tau \int \psi_{k_{\beta_j}}^{(0)*}\,\psi_{k_{\gamma_k}}^{(0)*}\,\widetilde{V}_{\beta_j\gamma_k}\,\psi_{0_{\beta_j}}^{(0)}\,\psi_{0_{\gamma_k}}^{(0)}\,d\tau}{[(E_{0_{\gamma_k}}^{(0)} - E_{k_{\gamma_k}}^{(0)}) + (E_{0_{\alpha_i}}^{(0)} - E_{k_{\alpha_i}}^{(0)})]\,[(E_{0_{\beta_j}}^{(0)} - E_{k_{\beta_j}}^{(0)}) + (E_{0_{\gamma_k}}^{(0)} - E_{k_{\gamma_k}}^{(0)})]} \\[2ex]
+ &\sum_{\substack{k_{\alpha_i}\neq 0 \\ k_{\beta_j}\neq 0 \\ k_{\gamma_k}\neq 0}} \frac{\int \psi_{0_{\gamma_k}}^{(0)*}\,\psi_{0_{\alpha_i}}^{(0)*}\,\widetilde{V}_{\gamma_k\alpha_i}\,\psi_{k_{\gamma_k}}^{(0)}\,\psi_{k_{\alpha_i}}^{(0)}\,d\tau \int \psi_{0_{\beta_j}}^{(0)*}\,\psi_{k_{\gamma_k}}^{(0)*}\,\widetilde{V}_{\beta_j\gamma_k}\,\psi_{k_{\beta_j}}^{(0)}\,\psi_{0_{\gamma_k}}^{(0)}\,d\tau \int \psi_{k_{\alpha_i}}^{(0)*}\,\psi_{k_{\beta_j}}^{(0)*}\,\widetilde{V}_{\alpha_i\beta_j}\,\psi_{0_{\alpha_i}}^{(0)}\,\psi_{0_{\beta_j}}^{(0)}\,d\tau}{[(E_{0_{\gamma_k}}^{(0)} - E_{k_{\gamma_k}}^{(0)}) + (E_{0_{\alpha_i}}^{(0)} - E_{k_{\alpha_i}}^{(0)})]\,[(E_{0_{\alpha_i}}^{(0)} - E_{k_{\alpha_i}}^{(0)}) + (E_{0_{\beta_j}}^{(0)} - E_{k_{\beta_j}}^{(0)})]}
\end{aligned}
\tag{4.3.225}
$$

$$\phi_{\alpha_i\beta_j\gamma_k}^{\text{disp}} = 2 \sum_{\substack{k_{\alpha_i}\neq 0 \\ k_{\beta_j}\neq 0 \\ k_{\gamma_k}\neq 0}} \frac{\int \psi_{0_{\alpha_i}}^{(0)*}\,\psi_{0_{\beta_j}}^{(0)*}\,\tilde{V}_{\alpha_i\beta_j}\,\psi_{k_{\alpha_i}}^{(0)}\,\psi_{k_{\beta_j}}^{(0)}\,\mathrm{d}\tau \int \psi_{k_{\alpha_i}}^{(0)*}\,\psi_{0_{\gamma_k}}^{(0)*}\,\tilde{V}_{\alpha_i\gamma_k}\,\psi_{0_{\alpha_i}}^{(0)}\,\psi_{k_{\gamma_k}}^{(0)}\,\mathrm{d}\tau \int \psi_{k_{\beta_j}}^{(0)*}\,\psi_{k_{\gamma_k}}^{(0)*}\,\tilde{V}_{\beta_j\gamma_k}\,\psi_{0_{\beta_j}}^{(0)}\,\psi_{0_{\gamma_k}}^{(0)}\,\mathrm{d}\tau}{[(E_{k_{\alpha_i}}^{(0)} - E_{0_{\alpha_i}}^{(0)}) + (E_{k_{\beta_j}}^{(0)} - E_{0_{\beta_j}}^{(0)})]\,[(E_{k_{\beta_j}}^{(0)} - E_{0_{\beta_j}}^{(0)}) + (E_{k_{\gamma_k}}^{(0)} - E_{0_{\gamma_k}}^{(0)})]}$$

$$+ 2 \sum_{\substack{k_{\alpha_i}\neq 0 \\ k_{\beta_j}\neq 0 \\ k_{\gamma_k}\neq 0}} \frac{\int \psi_{0_{\alpha_i}}^{(0)*}\,\psi_{0_{\beta_j}}^{(0)*}\,\tilde{V}_{\alpha_i\beta_j}\,\psi_{k_{\alpha_i}}^{(0)}\,\psi_{k_{\beta_j}}^{(0)}\,\mathrm{d}\tau \int \psi_{k_{\beta_j}}^{(C)*}\,\psi_{0_{\gamma_k}}^{(0)*}\,\tilde{V}_{\beta_j\gamma_k}\,\psi_{0_{\beta_j}}^{(0)}\,\psi_{k_{\gamma_k}}^{(k)}\,\mathrm{d}\tau \int \psi_{k_{\alpha_i}}^{(0)*}\,\psi_{k_{\gamma_k}}^{(0)*}\,\tilde{V}_{\alpha_i\gamma_k}\,\psi_{0_{\alpha_i}}^{(0)}\,\psi_{0_{\gamma_k}}^{(0)}\,\mathrm{d}\tau}{[(E_{k_{\alpha_i}}^{(0)} - E_{0_{\alpha_i}}^{(0)}) + (E_{k_{\beta_j}}^{(0)} - E_{0_{\beta_j}}^{(0)})]\,[(E_{k_{\alpha_i}}^{(0)} - E_{0_{\alpha_i}}^{(0)}) + (E_{k_{\gamma_k}}^{(0)} - E_{0_{\gamma_k}}^{(0)})]}$$

$$+ 2 \sum_{\substack{k_{\alpha_i}\neq 0 \\ k_{\beta_j}\neq 0 \\ k_{\gamma_k}\neq 0}} \frac{\int \psi_{0_{\alpha_i}}^{(0)*}\,\psi_{0_{\gamma_k}}^{(0)*}\,\tilde{V}_{\alpha_i\gamma_k}\,\psi_{k_{\alpha_i}}^{(0)}\,\psi_{k_{\gamma_k}}^{(0)}\,\mathrm{d}\tau \int \psi_{k_{\alpha_i}}^{(0)*}\,\psi_{0_{\beta_j}}^{(0)*}\,\tilde{V}_{\alpha_i\beta_j}\,\psi_{0_{\alpha_i}}^{(0)}\,\psi_{k_{\beta_j}}^{(k)}\,\mathrm{d}\tau \int \psi_{k_{\beta_j}}^{(0)*}\,\psi_{k_{\gamma_k}}^{(0)*}\,\tilde{V}_{\beta_j\gamma_k}\,\psi_{0_{\beta_j}}^{(0)}\,\psi_{0_{\gamma_k}}^{(0)}\,\mathrm{d}\tau}{[(E_{k_{\alpha_i}}^{(0)} - E_{0_{\alpha_i}}^{(0)}) + (E_{k_{\gamma_k}}^{(0)} - E_{0_{\gamma_k}}^{(0)})]\,[(E_{k_{\beta_j}}^{(0)} - E_{0_{\beta_j}}^{(0)}) + (E_{k_{\gamma_k}}^{(0)} - E_{0_{\gamma_k}}^{(0)})]} \cdot$$

$$(4.3.226)$$

Macht man hier von der hermitischen Eigenschaft von $\tilde{V}$ Gebrauch, vgl. Anhang 2.2 so kann man jeweils zwei Summanden zusammenfassen, und das Dreikörperpotential der nichtadditiven Dispersionswechselwirkungsenergie ergibt sich damit zu [21]: Gleichung 4.3.226 auf Seite 191

Für die hier auftretenden Wechselwirkungsoperatoren wird (4.3.41) eingesetzt. Man findet dann für das Dreikörperpotential der nichtadditiven Dispersionskräfte:

$$
\phi^{\mathrm{disp}}_{\alpha_i \beta_j \gamma_k} = 2 \sum_{l_1} \sum_{l_2} \sum_{l'_1} \sum_{l'_2} \sum_{l''_1} \sum_{l''_2} \sum_{\substack{m_1 \\ m_2 \\ m}} \sum_{\substack{m'_1 \\ m'_2 \\ m'}} \sum_{\substack{m''_1 \\ m''_2 \\ m''}} \sum_{\substack{n_1 \\ n_2}} \sum_{\substack{n'_1 \\ n'_2}} \sum_{\substack{n''_1 \\ n''_2}} \frac{64\,\pi^3 (-1)^{l_2 + l'_2 + l''_2}}{r^{l_1 + l_2 + 1}_{\alpha_i \beta_j}\, r^{l'_1 + l'_2 + 1}_{\alpha_i \gamma_k}\, r^{l''_1 + l''_2 + 1}_{\beta_j \gamma_k}}
$$

$$
\cdot \frac{1}{(2l_1 + 2l_2 + 1)(2l'_1 + 2l'_2 + 1)(2l''_1 + 2l''_2 + 1)}
$$

$$
\cdot \sqrt{\frac{64\,\pi^3 (2l_1 + 2l_2 + 1)!\,(2l'_1 + 2l'_2 + 1)!\,(2l''_1 + 2l''_2 + 1)!}{(2l_1 + 1)!\,(2l_2 + 1)!\,(2l'_1 + 1)!\,(2l'_2 + 1)!\,(2l''_1 + 1)!\,(2l''_2 + 1)!}}
$$

$$
\cdot C(l_1 l_2 l_1 + l_2;\, m_1 m_2 m)\; C(l'_1 l'_2 l'_1 + l'_2;\, m'_1 m'_2 m')\; C(l''_1 l''_2 l''_1 + l''_2;\, m''_1 m''_2 m'')
$$

$$
\cdot D^{l_1}_{m_1 n_1}(\omega_{\alpha_i})^*\; D^{l'_1}_{m'_1 n'_1}(\omega_{\alpha_i})^*\; D^{l''_1}_{m''_1 n''_1}(\omega_{\beta_j})^*\; D^{l_2}_{m_2 n_2}(\omega_{\beta_j})^*\; D^{l'_2}_{m'_2 n'_2}(\omega_{\gamma_k})^*\; D^{l''_2}_{m''_2 n''_2}(\omega_{\gamma_k})^*
$$

$$
\cdot Y^{m}_{l_1 + l_2}(\omega_{\alpha_i \beta_j})^*\; Y^{m'}_{l'_1 + l'_2}(\omega_{\alpha_i \gamma_k})^*\; Y^{m''}_{l''_1 + l''_2}(\omega_{\beta_j \gamma_k})^*
$$

$$
\cdot \sum_{\substack{k_{\alpha_i} \neq 0 \\ k_{\beta_j} \neq 0 \\ k_{\gamma_k} \neq 0}} \left(\int \psi^{(0)*}_{0_{\alpha_i}}\, {}^{\alpha}\tilde{M}^{n_1}_{l_1}\, \psi^{(0)}_{k_{\alpha_i}}\, \mathrm{d}\tau \int \psi^{(0)*}_{k_{\alpha_i}}\, {}^{\alpha}\tilde{M}^{n'_1}_{l'_1}\, \psi^{(0)}_{0_{\alpha_i}}\, \mathrm{d}\tau \right)
$$

$$
\cdot \left(\int \psi^{(0)*}_{0_{\beta_j}}\, {}^{\beta}\tilde{M}^{n_2}_{l_2}\, \psi^{(0)}_{k_{\beta_j}}\, \mathrm{d}\tau \int \psi^{(0)*}_{k_{\beta_j}}\, {}^{\beta}\tilde{M}^{n''_1}_{l''_1}\, \psi^{(0)}_{0_{\beta_j}}\, \mathrm{d}\tau \right)
$$

$$
\cdot \int \psi^{(0)*}_{0_{\gamma_k}}\, {}^{\gamma}\tilde{M}^{n'_2}_{l'_2}\, \psi^{(0)}_{k_{\gamma_k}}\, \mathrm{d}\tau \int \psi^{(0)*}_{k_{\gamma_k}}\, {}^{\gamma}\tilde{M}^{n''_2}_{l''_2}\, \psi^{(0)}_{0_{\gamma_k}}\, \mathrm{d}\tau
$$

$$
\cdot \left[\frac{1}{[(E^{(0)}_{k_{\alpha_i}} - E^{(0)}_{0_{\alpha_i}}) + (E^{(0)}_{k_{\beta_j}} - E^{(0)}_{0_{\beta_j}})]\,[(E^{(0)}_{k_{\beta_j}} - E^{(0)}_{0_{\beta_j}}) + (E^{(0)}_{k_{\gamma_k}} - E^{(0)}_{0_{\gamma_k}})]} \right.
$$

$$
+ \frac{1}{[(E^{(0)}_{k_{\alpha_i}} - E^{(0)}_{0_{\alpha_i}}) + (E^{(0)}_{k_{\beta_j}} - E^{(0)}_{0_{\beta_j}})]\,[(E^{(0)}_{k_{\alpha_i}} - E^{(0)}_{0_{\alpha_i}}) + (E^{(0)}_{k_{\gamma_k}} - E^{(0)}_{0_{\gamma_k}})]}
$$

$$
\left. + \frac{1}{[(E^{(0)}_{k_{\alpha_i}} - E^{(0)}_{0_{\alpha_i}}) + (E^{(0)}_{k_{\gamma_k}} - E^{(0)}_{0_{\gamma_k}})]\,[(E^{(0)}_{k_{\beta_j}} - E^{(0)}_{0_{\beta_j}}) + (E^{(0)}_{k_{\gamma_k}} - E^{(0)}_{0_{\gamma_k}})]} \right] \tag{4.3.227}
$$

Wir führen nun nach (4.3.177) die Anregungsenergie der Einzelmoleküle ein:

$$
I_{\alpha_i} \equiv E^{(0)}_{k_{\alpha_i}} - E^{(0)}_{0_{\alpha_i}} = I_\alpha
$$

und können damit für den letzten in eckigen Klammern stehenden Faktor von (4.3.227) schreiben:

$$
2\, \frac{I_{\alpha_i} + I_{\beta_j} + I_{\gamma_k}}{(I_{\alpha_i} + I_{\beta_j})(I_{\alpha_i} + I_{\gamma_k})(I_{\beta_j} + I_{\gamma_k})}\; \frac{I_{\alpha_i} I_{\beta_j} I_{\gamma_k}}{(E^{(0)}_{k_{\alpha_i}} - E^{(0)}_{0_{\alpha_i}})(E^{(0)}_{k_{\beta_j}} - E^{(0)}_{0_{\beta_j}})(E^{(0)}_{k_{\gamma_k}} - E^{(0)}_{0_{\gamma_k}})}\cdot
$$

Die Anziehungsenergien der Einzelmoleküle werden wie bei der Paar-Dispersionswechselwirkung auf die Potentialparameter und Polarisierbarkeiten zurückgeführt, vgl. (4.3.185):

$$\frac{I_\alpha I_\beta}{I_\alpha + I_\beta} = \frac{2}{3}\frac{f_{\alpha\beta}\,\varepsilon_{\alpha\beta}\,\sigma_{\alpha\beta}^6}{\alpha_\alpha\,\alpha_\beta},$$

mit analogen Beziehungen für die anderen Kombinationen. Daraus folgen die Beziehungen:

$$\frac{1}{I_\alpha} + \frac{1}{I_\beta} = \frac{3}{2}\alpha_\alpha\,\alpha_\beta\,\frac{1}{f_{\alpha\beta}\,\varepsilon_{\alpha\beta}\,\sigma_{\alpha\beta}^6}, \tag{4.3.228}$$

$$\frac{1}{I_\alpha} + \frac{1}{I_\gamma} = \frac{3}{2}\alpha_\alpha\,\alpha_\gamma\,\frac{1}{f_{\alpha\gamma}\,\varepsilon_{\alpha\gamma}\,\sigma_{\alpha\gamma}^6}, \tag{4.3.229}$$

und

$$\frac{1}{I_\beta} + \frac{1}{I_\gamma} = \frac{3}{2}\alpha_\beta\,\alpha_\gamma\,\frac{1}{f_{\beta\gamma}\,\varepsilon_{\beta\gamma}\,\sigma_{\beta\gamma}^6}. \tag{4.3.230}$$

Durch geeignete Additionen und Subtraktionen folgt daraus:

$$\frac{1}{I_\alpha} - \frac{3}{4}\alpha_\alpha\,\alpha_\beta\,\alpha_\gamma\left[\frac{1}{\alpha_\gamma\,f_{\alpha\beta}\,\varepsilon_{\alpha\beta}\,\sigma_{\alpha\beta}^6} + \frac{1}{\alpha_\beta\,f_{\alpha\gamma}\,\varepsilon_{\alpha\gamma}\,\sigma_{\alpha\gamma}^6} - \frac{1}{\alpha_\alpha\,f_{\beta\gamma}\,\varepsilon_{\beta\gamma}\,\sigma_{\beta\gamma}^6}\right]$$
$$= \frac{3}{4}\alpha_\alpha\,\alpha_\beta\,\alpha_\gamma\,\frac{1}{R_\alpha}, \tag{4.3.231}$$

$$\frac{1}{I_\beta} = \frac{3}{4}\alpha_\alpha\,\alpha_\beta\,\alpha_\gamma\left[\frac{1}{\alpha_\gamma\,f_{\alpha\beta}\,\varepsilon_{\alpha\beta}\,\sigma_{\alpha\beta}^6} + \frac{1}{\alpha_\alpha\,f_{\beta\gamma}\,\varepsilon_{\beta\gamma}\,\upsilon_{\beta\gamma}^6} - \frac{1}{\alpha_\beta\,f_{\alpha\gamma}\,\varepsilon_{\alpha\gamma}\,\sigma_{\alpha\gamma}^6}\right]$$
$$= \frac{3}{4}\alpha_\alpha\,\alpha_\beta\,\alpha_\gamma\,\frac{1}{R_\beta}, \tag{4.3.232}$$

$$\frac{1}{I_\gamma} = \frac{3}{4}\alpha_\alpha\,\alpha_\beta\,\alpha_\gamma\left[\frac{1}{\alpha_\alpha\,f_{\beta\gamma}\,\varepsilon_{\beta\gamma}\,\sigma_{\beta\gamma}^6} + \frac{1}{\alpha_\beta\,f_{\alpha\gamma}\,\varepsilon_{\alpha\gamma}\,\sigma_{\alpha\gamma}^6} - \frac{1}{\alpha_\gamma\,f_{\alpha\beta}\,\varepsilon_{\alpha\beta}\,\sigma_{\alpha\beta}^6}\right]$$
$$= \frac{3}{4}\alpha_\alpha\,\alpha_\beta\,\alpha_\gamma\,\frac{1}{R_\gamma}, \tag{4.3.233}$$

Damit erhält der in eckige Klammern gesetzte Faktor von (4.3.227) schließlich die Form:

$$2\,\frac{4(R_\alpha + R_\beta + R_\gamma)(R_\alpha R_\beta R_\gamma)}{3\alpha_\alpha\,\alpha_\beta\,\alpha_\gamma(R_\alpha + R_\beta)(R_\alpha + R_\gamma)(R_\beta + R_\gamma)}\,\frac{1}{(E_{k_\alpha}^{(0)} - E_{0_\alpha}^{(0)})(E_{k_\beta}^{(0)} - E_{0_\beta}^{(0)})(E_{k_\gamma}^{(0)} - E_{0_\gamma}^{(0)})}$$
$$= 2\,\frac{2}{3}\frac{v_{\alpha\beta\gamma}}{\alpha_\alpha\,\alpha_\beta\,\alpha_\gamma}\,\frac{1}{(E_{k_\alpha}^{(0)} - E_{0_\alpha}^{(0)})(E_{k_\beta}^{(0)} - E_{0_\beta}^{(0)})(E_{k_\gamma}^{(0)} - E_{0_\gamma}^{(0)})}$$

mit

$$v_{\alpha\beta\gamma} = \frac{2(R_\alpha + R_\beta + R_\gamma)(R_\alpha R_\beta R_\gamma)}{(R_\alpha + R_\beta)(R_\alpha + R_\gamma)(R_\beta + R_\gamma)}. \tag{4.3.234}$$

Führen wir nun nach (4.3.133)

$$^{\alpha}\Pi_{ll'}^{nn'} = \sum_{k_\alpha \neq 0_\alpha} \frac{\int \psi_{0_\alpha}^{(0)*}\, {}^{\alpha}\tilde{M}_l^n\, \psi_{k_\alpha}^{(0)}\,\mathrm{d}\tau \int \psi_{k_\alpha}^{(0)*}\, {}^{\alpha}\tilde{M}_{l'}^{n'}\, \psi_{0_\alpha}^{(0)}\,\mathrm{d}\tau}{(E_{k_\alpha}^{(0)} - E_{0_\alpha}^{(0)})}$$

den Polarisierbarkeitstensor der Molekülsorte α ein, so finden wir für das Dreikörperpotential der Dispersion aus (4.3.227):

$$\phi_{\alpha_i\beta_j\gamma_k}^{\mathrm{disp}} = 4\,\frac{2}{3}\,\frac{v_{\alpha\beta\gamma}}{\alpha_\alpha\alpha_\beta\alpha_\gamma} \sum_{l_1}\sum_{l_2}\sum_{l_1'}\sum_{l_2'}\sum_{l_1''}\sum_{l_2''}\sum_{m_1}\sum_{m_1'}\sum_{m_1''}\sum_{n_1}\sum_{n_1'}\sum_{n_1''} \frac{64\,\pi^3(-1)^{l_2+l_2'+l_2''}}{r_{\alpha_i\beta_j}^{l_1+l_2+1}\,r_{\alpha_i\gamma_k}^{l_1'+l_2'+1}\,r_{\beta_j\gamma_k}^{l_1''+l_2''+1}}$$

$$\begin{array}{ccc} & m_2\ m_2'\ m_2''\ n_2\ n_2'\ n_2'' \\ & m\ \ m'\ \ m'' \end{array}$$

$$\cdot\,\frac{1}{(2l_1 + 2l_2 + 1)(2l_1' + 2l_2' + 1)(2l_1'' + 2l_2'' + 1)}$$

$$\cdot\,\sqrt{\frac{64\,\pi^3(2l_1 + 2l_2 + 1)!\,(2l_1' + 2l_2' + 1)!\,(2l_1'' + 2l_2'' + 1)!}{(2l_1 + 1)!\,(2l_2 + 1)!\,(2l_1' + 1)!\,(2l_2' + 1)!\,(2l_1'' + 1)!\,(2l_2'' + 1)!}}$$

$$\cdot\, C(l_1\, l_2\, l_1 + l_2;\, m_1\, m_2\, m)\ C(l_1'\, l_2'\, l_1' + l_2';\, m_1'\, m_2'\, m')\ C(l_1''\, l_2''\, l_1'' + l_2'';\, m_1''\, m_2''\, m'')$$

$$\cdot\, D_{m_1 n_1}^{l_1}(\omega_{\alpha_i})^*\ D_{m_1' n_1'}^{l_1'}(\omega_{\alpha_i})^*\ D_{m_1'' n_1''}^{l_1''}(\omega_{\beta_j})^*\ D_{m_2 n_2}^{l_2}(\omega_{\beta_j})^*\ D_{m_2' n_2'}^{l_2'}(\omega_{\gamma_k})^*\ D_{m_2'' n_2''}^{l_2''}(\omega_{\gamma_k})^*$$

$$\cdot\, Y_{l_1 + l_2}^{m}(\omega_{\alpha_i\beta_j})^*\ Y_{l_1' + l_2'}^{m'}(\omega_{\alpha_i\gamma_k})^*\ Y_{l_1'' + l_2''}^{m''}(\omega_{\beta_j\gamma_k})^*\ {}^{\alpha}\Pi_{l_1 l_1'}^{n_1 n_1'}\ {}^{\beta}\Pi_{l_2 l_1''}^{n_2 n_1''}\ {}^{\gamma}\Pi_{l_2' l_2''}^{n_2' n_2''}. \tag{4.3.235}$$

Wir benutzen nun (A 4.3.12) über Produkte von Drehmatrizen, führen die Entwicklungskoeffizienten der Dreikörper-Dispersionskräfte ein und erhalten:

$$\phi_{\alpha_i\beta_j\gamma_k}^{\mathrm{disp}} = 4\,\frac{2}{3}\,\frac{v_{\alpha\beta\gamma}}{\alpha_\alpha\alpha_\beta\alpha_\gamma} \sum_{l_1''}\sum_{m_1''}\sum_{n_1''}\sum_{l_1}\sum_{l_1'}\sum_{l_1''}\sum_{m_1}\sum_{m_1'}\sum_{m_1''}$$

$$\begin{array}{ccccccccc} l_2'' & m_2'' & n_2'' & l_2 & l_2' & l_2'' & m_2 & m_2' & m_2'' \\ l_3'' & m_3'' & n_3'' & & & & m & m' & m'' \end{array}$$

$$\cdot\, E_{\alpha_i\beta_j\gamma_k}^{\mathrm{disp}}(l_1''' l_2''' l_3''';\, l_1 l_2 l_1 + l_2;\, l_1' l_2' l_1' + l_2';\, l_1'' l_2'' l_1'' + l_2'';\, n_1''' n_2''' n_3''';\, r_{\alpha_i\beta_j}, r_{\alpha_i\gamma_k}, r_{\beta_j\gamma_k})$$

$$\cdot\, D_{m_1''' n_1'''}^{l_1'''}(\omega_{\alpha_i})^*\ D_{m_2''' n_2'''}^{l_2'''}(\omega_{\beta_j})^*\ D_{m_3''' n_3'''}^{l_3'''}(\omega_{\gamma_k})^*$$

$$\cdot\, Y_{l_1 + l_2}^{m}(\omega_{\alpha_i\beta_j})^*\ Y_{l_1' + l_2'}^{m'}(\omega_{\alpha_i\gamma_k})^*\ Y_{l_1'' + l_2''}^{m''}(\omega_{\beta_j\gamma_k})^*$$

$$\cdot\, C(l_1\, l_1'\, l_1''';\, m_1\, m_1'\, m_1''')\ C(l_2\, l_1''\, l_2''';\, m_2\, m_1''\, m_2''')$$

$$\cdot\, C(l_2'\, l_2''\, l_3''';\, m_2'\, m_2''\, m_3''')\ C(l_1\, l_2\, l_1 + l_2;\, m_1\, m_2\, m)$$

$$\cdot\, C(l_1'\, l_2'\, l_1' + l_2';\, m_1'\, m_2'\, m')\ C(l_1''\, l_2''\, l_1'' + l_2'';\, m_1''\, m_2''\, m'') \quad \text{mit} \tag{4.3.236}$$

$$E_{\alpha_i\beta_j\gamma_k}^{\mathrm{disp}}(l_1''' l_2''' l_3''';\, l_1 l_2 l_1 + l_2;\, l_1' l_2' l_1' + l_2';\, l_1'' l_2'' l_1'' + l_2'';\, n_1''' n_2''' n_3''';\, r_{\alpha_i\beta_j}, r_{\alpha_i\gamma_k}, r_{\beta_j\gamma_k})$$

$$= \frac{64\,\pi^3(-1)^{l_2+l_2'+l_2''}}{r_{\alpha_i\beta_j}^{l_1+l_2+1}\,r_{\alpha_i\gamma_k}^{l_1'+l_2'+1}\,r_{\beta_j\gamma_k}^{l_1''+l_2''+1}}\,\frac{1}{(2l_1 + 2l_2 + 1)(2l_1' + 2l_2' + 1)(2l_1'' + 2l_2'' + 1)}$$

$$\cdot\,\sqrt{\frac{64\,\pi^3(2l_1 + 2l_2 + 1)!\,(2l_1' + 2l_2' + 1)!\,(2l_1'' + 2l_2'' + 1)!}{(2l_1 + 1)!\,(2l_2 + 1)!\,(2l_1' + 1)!\,(2l_2' + 1)!\,(2l_1'' + 1)!\,(2l_2'' + 1)!}}$$

$$\cdot\,\sum_{\substack{n_1\ n_1' \\ n_2\ n_2' \\ n_1''\ n_2''}} C(l_1\, l_1'\, l_1''';\, n_1\, n_1'\, n_1''')\ C(l_2\, l_1''\, l_2''';\, n_2\, n_1''\, n_2''')\ C(l_2'\, l_2''\, l_3''';\, n_2'\, n_2''\, n_3''')$$

$$\cdot\, {}^{\alpha}\Pi_{l_1 l_1'}^{n_1 n_1'}\ {}^{\beta}\Pi_{l_2 l_1''}^{n_2 n_1''}\ {}^{\gamma}\Pi_{l_2' l_2''}^{n_2' n_2''}. \tag{4.3.237}$$

4.3.5.2 Die Entwicklungskoeffizienten der Dreikörper-Dispersionskräfte

Wie bei dem Paarpotential der Dispersion so beschränken wir uns auch hier auf die Dipolpolarisierbarkeit. Dann gilt $l_1 = l'_1 = l_2 = l''_1 = l'_2 = l''_2 = 1$. Beschränken wir uns weiterhin auf lineare Moleküle und symmetrische Kreiselmoleküle, so reduziert sich der Polarisierbarkeitstensor nach (4.3.190) bis (4.3.192) auf die Elemente

$$\Pi_{11}^{00} = \tfrac{3}{8\pi}\,\alpha_{\parallel}$$
$$\Pi_{11}^{-11} = \Pi_{11}^{1-1} = -\tfrac{3}{8\pi}\,\alpha_{\perp}.$$

Wegen $n_1 + n'_1 = 0 = n_2 + n''_1 = n'_2 + n''_2$ folgt aus den Auswahlregeln der C-Koeffizienten (A 4.5.2)

$$n'''_1 = n'''_2 = n'''_3 = 0,$$

und die Berechnungsgleichung für die Entwicklungskoeffizienten des Dreikörperpotentials der Dispersion lautet mit $\underline{n}_1 = -n_1$, $\underline{n}_2 = -n_2$ und $\underline{n}'_2 = -n'_2$:

$$E_{\alpha_i \beta_j \gamma_k}^{\text{disp}}(l'''_1\, l'''_2\, l'''_3;\, 112;\, 112;\, 112;\, 000;\, r_{\alpha_i \beta_j}\, r_{\alpha_i \gamma_k}\, r_{\beta_j \gamma_k})$$

$$= \frac{64\pi^3(-1)^3}{(r_{\alpha_i \beta_j}\, r_{\alpha_i \gamma_k}\, r_{\beta_j \gamma_k})^3}\,\frac{1}{5^3}\sqrt{\frac{64\pi^3\,5!\,5!\,5!}{3!\,3!\,3!\,3!\,3!\,3!}}$$

$$\cdot \sum_{\substack{n_1\\ n_2\\ n'_2}} C(11\, l'''_1;\, n_1\, \underline{n}_1\, 0)\, C(11\, l'''_2;\, n_2\, \underline{n}_2\, 0)\, C(11\, l'''_3;\, n'_2\, \underline{n}'_2\, 0)$$

$$\cdot {}^{\alpha}\Pi_{11}^{n_1\, \underline{n}_1}\, {}^{\beta}\Pi_{11}^{n_2\, \underline{n}_2}\, {}^{\gamma}\Pi_{11}^{n'_2\, \underline{n}'_2}. \tag{4.3.238}$$

Unter Berücksichtigung der Auswahlregeln für die C-Koeffizienten, (A 4.5.3), findet man die folgenden Ergebnisse für die Entwicklungskoeffizienten:

$$E_{\alpha_i \beta_j \gamma_k}^{\text{disp}}(000;\, 112;\, 112;\, 112;\, 000;\, r_{\alpha_i \beta_j}\, r_{\alpha_i \gamma_k}\, r_{\beta_j \gamma_k})$$

$$= \frac{54\pi}{5}\sqrt{\frac{2\pi}{5}}\,\frac{\alpha_\alpha\, \alpha_\beta\, \alpha_\gamma}{(r_{\alpha_i \beta_j}\, r_{\alpha_i \gamma_k}\, r_{\beta_j \gamma_k})^3}, \tag{4.3.239}$$

$$E_{\alpha_i \beta_j \gamma_k}^{\text{disp}}(002;\, 112;\, 112;\, 112;\, 000;\, r_{\alpha_i \beta_j}\, r_{\alpha_i \gamma_k}\, r_{\beta_j \gamma_k})$$

$$= -\frac{108\pi}{5}\sqrt{\frac{\pi}{5}}\,\frac{\kappa_\gamma\, \alpha_\alpha\, \alpha_\beta\, \alpha_\gamma}{(r_{\alpha_i \beta_j}\, r_{\alpha_i \gamma_k}\, r_{\beta_j \gamma_k})^3}, \tag{4.3.240}$$

$$E_{\alpha_i \beta_j \gamma_k}^{\text{disp}}(020;\, 112;\, 112;\, 112;\, 000;\, r_{\alpha_i \beta_j}\, r_{\alpha_i \gamma_k}\, r_{\beta_j \gamma_k})$$

$$= -\frac{108\pi}{5}\sqrt{\frac{\pi}{5}}\,\frac{\kappa_\beta\, \alpha_\alpha\, \alpha_\beta\, \alpha_\gamma}{(r_{\alpha_i \beta_j}\, r_{\alpha_i \gamma_k}\, r_{\beta_j \gamma_k})^3}, \tag{4.3.241}$$

$$E_{\alpha_i \beta_j \gamma_k}^{\text{disp}}(200;\, 112;\, 112;\, 112;\, 000;\, r_{\alpha_i \beta_j}\, r_{\alpha_i \gamma_k}\, r_{\beta_j \gamma_k})$$

$$= -\frac{108\pi}{5}\sqrt{\frac{\pi}{5}}\,\frac{\kappa_\alpha\, \alpha_\alpha\, \alpha_\beta\, \alpha_\gamma}{(r_{\alpha_i \beta_j}\, r_{\alpha_i \gamma_k}\, r_{\beta_j \gamma_k})^3}, \tag{4.3.242}$$

$$E^{disp}_{\alpha_i\beta_j\gamma_k}(022;112;112;112;000;r_{\alpha_i\beta_j}r_{\alpha_i\gamma_k}r_{\beta_j\gamma_k})$$

$$= \frac{108\pi}{5}\sqrt{\frac{2\pi}{5}}\frac{\kappa_\beta\kappa_\gamma\alpha_\alpha\alpha_\beta\alpha_\gamma}{(r_{\alpha_i\beta_j}r_{\alpha_i\gamma_k}r_{\beta_j\gamma_k})^3},$$

(4.3.243)

$$E^{disp}_{\alpha_i\beta_j\gamma_k}(202;112;112;112;000;r_{\alpha_i\beta_j}r_{\alpha_i\gamma_k}r_{\beta_j\gamma_k})$$

$$= \frac{108\pi}{5}\sqrt{\frac{2\pi}{5}}\frac{\kappa_\alpha\kappa_\gamma\alpha_\alpha\alpha_\beta\alpha_\gamma}{(r_{\alpha_i\beta_j}r_{\alpha_i\gamma_k}r_{\beta_j\gamma_k})^3},$$

(4.3.244)

$$E^{disp}_{\alpha_i\beta_j\gamma_k}(220;112;112;112;000;r_{\alpha_i\beta_j}r_{\alpha_i\gamma_k}r_{\beta_j\gamma_k})$$

$$= \frac{108\pi}{5}\sqrt{\frac{2\pi}{5}}\frac{\kappa_\alpha\kappa_\beta\alpha_\alpha\alpha_\beta\alpha_\gamma}{(r_{\alpha_i\beta_j}r_{\alpha_i\gamma_k}r_{\beta_j\gamma_k})^3},$$

(4.3.245)

$$E^{disp}_{\alpha_i\beta_j\gamma_k}(222;112;112;112;000;r_{\alpha_i\beta_j}r_{\alpha_i\gamma_k}r_{\beta_j\gamma_k})$$

$$= -\frac{216\pi}{5}\sqrt{\frac{\pi}{5}}\frac{\kappa_\alpha\kappa_\beta\kappa_\gamma\alpha_\alpha\alpha_\beta\alpha_\gamma}{(r_{\alpha_i\beta_j}r_{\alpha_i\gamma_k}r_{\beta_j\gamma_k})^3}.$$

(4.3.246)

Alle anderen Entwicklungskoeffizienten verschwinden, entweder aufgrund der Auswahlregeln der C-Koeffizienten oder weil sich die Summe über $n_1\,n_2\,n_2'$ zu null addiert. Für kompliziertere Molekülgeometrien können die Entwicklungskoeffizienten der Dreikörper-Dispersionskräfte auf analoge Weise abgeleitet werden.

Beispiel 4.14

Man entwickle den Ausdruck für den Entwicklungskoeffizienten $E^{disp}_{\alpha_i\beta_j\gamma_k}(000;112;112;112;000;r_{\alpha_i\beta_j}r_{\alpha_i\gamma_k}r_{\beta_j\gamma_k})$.

Lösung

Nach (4.3.238) ist die folgende Beziehung auszuwerten:

$$E^{disp}_{\alpha_i\beta_j\gamma_k}(000;112;112;112;000;r_{\alpha_i\beta_j}r_{\alpha_i\gamma_k}r_{\beta_j\gamma_k})$$

$$= \frac{-64\pi^3}{(r_{\alpha_i\beta_j}r_{\alpha_i\gamma_k}r_{\beta_j\gamma_k})^3}\left(-\frac{3}{8\pi}\right)^3\frac{1}{5^3}\sqrt{\frac{64\pi^3\cdot 20^3}{6^3}}$$

$$\cdot\,[C(110;-110)\,C(110;-110)\,C(110;-110)\,\alpha_{\alpha\perp}\alpha_{\beta\perp}\alpha_{\gamma\perp}$$

$$+ C(110;-110)\,C(110;-110)\,C(110;000)\,\alpha_{\alpha\perp}\alpha_{\beta\perp}(-\alpha_{\gamma\parallel})$$

$$+ C(110;-110)\,C(110;-110)\,C(110;1-10)\,\alpha_{\alpha\perp}\alpha_{\beta\perp}\alpha_{\gamma\perp}$$

$$+ C(110;-110)\,C(110;000)\,C(110;-110)\,\alpha_{\alpha\perp}(-\alpha_{\beta\parallel})\alpha_{\gamma\perp}$$

$$+ C(110;-110)\,C(110;000)\,C(110;000)\,\alpha_{\alpha\perp}(-\alpha_{\beta\parallel})(-\alpha_{\gamma\parallel})$$

$$+ C(110;-110)\,C(110;000)\,C(110;1-10)\,\alpha_{\alpha\perp}(-\alpha_{\beta\parallel})\alpha_{\gamma\perp}$$

$$+ C(110;-110)\,C(110;1-10)\,C(110;-110)\,\alpha_{\alpha\perp}\alpha_{\beta\perp}\alpha_{\gamma\perp}$$

$$+ C(110;-110)\,C(110;1-10)\,C(110;000)\,\alpha_{\alpha\perp}\alpha_{\beta\perp}(-\alpha_{\gamma\parallel})$$

$$+ C(110;-110)\,C(110;1-10)\,C(110;1-10)\,\alpha_{\alpha\perp}\alpha_{\beta\perp}\alpha_{\gamma\perp}$$

$$+ C(110;000)\,C(110;000)\,C(110;000)\,(-\alpha_{\alpha\parallel})(-\alpha_{\beta\parallel})(-\alpha_{\gamma\parallel})$$

$$+ C(110;000)\,C(110;000)\,C(110;-110)\,(-\alpha_{\alpha\parallel})(-\alpha_{\beta\parallel})\alpha_{\gamma\perp}$$

$$+ C(110;000)\,C(110;000)\,C(110;1-10)\,(-\alpha_{\alpha\parallel})(-\alpha_{\beta\parallel})\alpha_{\gamma\perp}$$

$$+ C(110;000)\,C(110;-110)\,C(110;-110)\,(-\alpha_{\alpha\parallel})\alpha_{\beta\perp}\alpha_{\gamma\perp}$$

$$+ C(110;000)\,C(110;-110)\,C(110;000)\,(-\alpha_{\alpha\parallel})\alpha_{\beta\perp}(-\alpha_{\gamma\parallel})$$

$$+ C(110;000)\,C(110;-110)\,C(110;1-10)\,(-\alpha_{\alpha\parallel})\alpha_{\beta\perp}\alpha_{\gamma\perp}$$

$$+ C(110;000)\, C(110;1-10)\, C(110;-110)\, (-\alpha_{\alpha\,\|})\, \alpha_{\beta\,\perp}\, \alpha_{\gamma\,\perp}$$
$$+ C(110;000)\, C(110;1-10)\, C(110;000)\, (-\alpha_{\alpha\,\|})\, \alpha_{\beta\,\perp}\, \alpha_{\gamma\,\perp}$$
$$+ C(110;000)\, C(110;1-10)\, C(110;1-10)\, (-\alpha_{\alpha\,\|})\, \alpha_{\beta\,\perp}\, \alpha_{\gamma\,\perp}$$
$$+ C(110;1-10)\, C(110;1-10)\, C(110;1-10)\, \alpha_{\alpha\,\perp}\, \alpha_{\beta\,\perp}\, \alpha_{\gamma\,\perp}$$
$$+ C(110;1-10)\, C(110;1-10)\, C(110;000)\, \alpha_{\alpha\,\perp}\, \alpha_{\beta\,\perp}\, (-\alpha_{\gamma\,\|})$$
$$+ C(110;1-10)\, C(110;1-10)\, C(110;-110)\, \alpha_{\alpha\,\perp}\, \alpha_{\beta\,\perp}\, \alpha_{\gamma\,\perp}$$
$$+ C(110;1-10)\, C(110;000)\, C(110;-110)\, \alpha_{\alpha\,\perp}\, (-\alpha_{\beta\,\|})\, \alpha_{\gamma\,\perp}$$
$$+ C(110;1-10)\, C(110;000)\, C(110;000)\, \alpha_{\alpha\,\perp}\, (-\alpha_{\beta\,\|})\, (-\alpha_{\gamma\,\|})$$
$$+ C(110;1-10)\, C(110;000)\, C(110;1-10)\, \alpha_{\alpha\,\perp}\, (-\alpha_{\beta\,\|})\, \alpha_{\gamma\,\perp}$$
$$+ C(110;1-10)\, C(110;1-10)\, C(110;-110)\, \alpha_{\alpha\,\perp}\, \alpha_{\beta\,\perp}\, \alpha_{\gamma\,\perp}$$
$$+ C(110;1-10)\, C(110;1-10)\, C(110;000)\, \alpha_{\alpha\,\perp}\, \alpha_{\beta\,\perp}\, (-\alpha_{\gamma\,\|})$$
$$+ C(110;1-10)\, C(110;1-10)\, C(110;1-10)\, \alpha_{\alpha\,\perp}\, \alpha_{\beta\,\perp}\, \alpha_{\gamma\,\perp}]$$

$$= \frac{64\pi^3}{(r_{\alpha_i\beta_j}\, r_{\alpha_i\gamma_k}\, r_{\beta_j\gamma_k})^3}\,\frac{27}{8^3\pi^3}\,\frac{1}{125}\,\frac{8\cdot 20\sqrt{20}\,\pi\sqrt{\pi}}{6\sqrt{6}}\,\frac{1}{3}\sqrt{\frac{1}{3}}$$
$$\cdot\, [8\,\alpha_{\alpha\,\perp}\alpha_{\beta\,\perp}\alpha_{\gamma\,\perp} + 4\,\alpha_{\alpha\,\perp}\alpha_{\beta\,\perp}\alpha_{\gamma\,\|} + 4\,\alpha_{\alpha\,\perp}\alpha_{\beta\,\|}\alpha_{\gamma\,\perp} + 4\,\alpha_{\alpha\,\|}\alpha_{\beta\,\perp}\alpha_{\gamma\,\perp}$$
$$+\, 2\,\alpha_{\alpha\,\perp}\alpha_{\beta\,\|}\alpha_{\gamma\,\|} + 2\,\alpha_{\alpha\,\|}\alpha_{\beta\,\perp}\alpha_{\gamma\,\|} + 2\,\alpha_{\alpha\,\|}\alpha_{\beta\,\|}\alpha_{\gamma\,\perp} + \alpha_{\alpha\,\|}\alpha_{\beta\,\|}\alpha_{\gamma\,\|}]$$

$$= \frac{\frac{54\pi}{5}\sqrt{\frac{2\pi}{5}}\,\frac{1}{27}}{(r_{\alpha_i\beta_j}\, r_{\alpha_i\gamma_k}\, r_{\beta_j\gamma_k})^3}\,[\alpha_{\alpha\,\|}(\alpha_{\beta\,\|}\alpha_{\gamma\,\|} + 2\,\alpha_{\beta\,\|}\alpha_{\gamma\,\perp} + 2\,\alpha_{\beta\,\perp}\alpha_{\gamma\,\|} + 4\,\alpha_{\beta\,\perp}\alpha_{\gamma\,\perp})$$
$$+\, 2\,\alpha_{\alpha\,\perp}(\alpha_{\beta\,\|}\alpha_{\gamma\,\|} + 2\,\alpha_{\beta\,\|}\alpha_{\gamma\,\perp} + 2\,\alpha_{\beta\,\perp}\alpha_{\gamma\,\|} + 4\,\alpha_{\beta\,\perp}\alpha_{\gamma\,\perp})]$$

$$= \frac{54\pi}{5}\sqrt{\frac{2\pi}{5}}\,\frac{\alpha_\alpha\,\alpha_\beta\,\alpha_\gamma}{(r_{\alpha_i\beta_j}\, r_{\alpha_i\gamma_k}\, r_{\beta_j\gamma_k})^3}$$

4.3.5.3 Explizite Formeln für die Abstands- und Orientierungsabhängigkeit der Dreikörper-Dispersionskräfte einfacher Moleküle

Wir führen zunächst die Bedingungen $n_1''' = n_2''' = n_3''' = 0$ für lineare Moleküle und symmetrische Kreiselmoleküle ein und benutzen die Beziehung [10, Gleichung A 105]

$$D^l_{m\,0}(\omega)^* = \sqrt{\frac{4\pi}{2l+1}}\, Y^m_l(\omega).$$

Damit gilt für das Dreikörperpotential der Dispersion:

$$\phi^{\mathrm{disp}}_{\alpha_i\beta_j\gamma_k}(l_1'''\, l_2'''\, l_3''') = 4\,\frac{2}{3}\,\frac{v_{\alpha\beta\gamma}}{\alpha_\alpha\alpha_\beta\alpha_\gamma}\sum_{l_1''}\sum_{l_2''}\sum_{l_3''}\sum_{\substack{m_1''\\ m_2''\\ m_3''}}\sqrt{\frac{64\pi^3}{(2l_1''+1)(2l_2''+1)(2l_3''+1)}}$$

$$\cdot\, E^{\mathrm{disp}}_{\alpha_i\beta_j\gamma_k}(l_1'''\, l_2'''\, l_3'''; 112; 112; 112; 000; r_{\alpha_i\beta_j}\, r_{\alpha_i\gamma_k}\, r_{\beta_j\gamma_k})$$

$$\cdot\, Y^{m_1''}_{l_1''}(\omega_{\alpha_i})\, Y^{m_2''}_{l_2''}(\omega_{\beta_j})\, Y^{m_3''}_{l_3''}(\omega_{\gamma_k})\sum_{\substack{m_1\, m_1'\, m_1''\\ m_2\, m_2'\, m_2''\\ m\ \ m'\ \ m''}} Y^m_2(\omega_{\alpha_i\beta_j})^*\, Y^{m'}_2(\omega_{\alpha_i\gamma_k})^*\, Y^{m''}_2(\omega_{\beta_j\gamma_k})^*$$

$$\cdot\, C(11\, l_1''; m_1\, m_1'\, m_1''')\, C(11\, l_2''; m_2\, m_1''\, m_2''')\, C(11\, l_3''; m_2'\, m_2''\, m_3''')$$

$$\cdot\, C(112; m_1\, m_2\, m)\, C(112; m_1'\, m_2'\, m')\, C(112; m_1''\, m_2''\, m''). \tag{4.3.247}$$

Zur Auswertung der Kugelflächenfunktionen für die Orientierungen der Molekülverbindungsachsen wird die Dreieckskonfiguration des Molekültripletts wie bei den Dreikörper-Induktionskräften in die $x - y$-Ebene des raumfesten Koordinatensystems gelegt. Bei dieser Wahl des raumfesten Koordinatensystems bleiben von den Kugelflächenfunktionen für die Orientierungen der Molekülverbindungsachsen nur die Y_2^0 und $Y_2^{\pm 2}$ übrig. Durch Auswertung von (4.3.247) erhält man dann die folgenden Ausdrücke:

$$\phi_{\alpha_i \beta_j \gamma_k}^{\mathrm{disp}}(000) = \frac{v_{\alpha \beta \gamma}}{(r_{\alpha_i \beta_j} r_{\alpha_i \gamma_k} r_{\beta_j \gamma_k})^3}\,(3\cos\theta_{\alpha_i}\cos\theta_{\beta_j}\cos\theta_{\gamma_k} + 1), \qquad (4.3.248)$$

$$\begin{aligned}
\phi_{\alpha_i \beta_j \gamma_k}^{\mathrm{disp}}(002) = &-\frac{3}{8}\frac{\kappa_\gamma v_{\alpha \beta \gamma}}{(r_{\alpha_i \beta_j} r_{\alpha_i \gamma_k} r_{\beta_j \gamma_k})^3}\\
&\cdot \{\sin^2\vartheta_{\gamma_k}[\cos 2\phi_{\gamma_k}(\cos 2\theta_{\alpha_i} + 1 + \cos 2\theta_{\gamma_k} + 9\cos 2\theta_{\beta_j})\\
&+ \sin 2\phi_{\gamma_k}(\sin 2\theta_{\alpha_i} - \sin 2\theta_{\gamma_k} + 9\sin 2\theta_{\beta_j})]\\
&- (3\cos^2\vartheta_{\gamma_k} - 1)(\cos 2\theta_{\alpha_i} + \cos 2\theta_{\beta_j} + \cos 2\theta_{\gamma_k} + 1)\},
\end{aligned}$$
$$(4.3.249)$$

$$\begin{aligned}
\phi_{\alpha_i \beta_j \gamma_k}^{\mathrm{disp}}(020) = &-\frac{3}{8}\frac{\kappa_\beta v_{\alpha \beta \gamma}}{(r_{\alpha_i \beta_j} r_{\alpha_i \gamma_k} r_{\beta_j \gamma_k})^3}\\
&\cdot \{\sin^2\vartheta_{\beta_j}[\cos 2\phi_{\beta_j}(\cos 2\theta_{\alpha_i} + 1 + \cos 2\theta_{\gamma_k} + 9\cos 2\theta_{\alpha_i}\cos 2\theta_{\gamma_k} + 9\sin 2\theta_{\alpha_i}\sin 2\theta_{\gamma_k})\\
&+ \sin 2\phi_{\beta_j}(\sin 2\theta_{\alpha_i} - \sin 2\theta_{\gamma_k} + 9\sin 2\theta_{\alpha_i}\cos 2\theta_{\gamma_k} - 9\cos 2\theta_{\alpha_i}\sin 2\theta_{\gamma_k})]\\
&- (3\cos^2\vartheta_{\beta_j} - 1)(\cos 2\theta_{\alpha_i} + \cos 2\theta_{\beta_j} + \cos 2\theta_{\gamma_k} + 1)\},
\end{aligned}$$
$$(4.3.250)$$

$$\begin{aligned}
\phi_{\alpha_i \beta_j \gamma_k}^{\mathrm{disp}}(200) = &-\frac{3}{8}\frac{\kappa_\alpha v_{\alpha \beta \gamma}}{(r_{\alpha_i \beta_j} r_{\alpha_i \gamma_k} r_{\beta_j \gamma_k})^3}\\
&\cdot \{\sin^2\vartheta_{\alpha_i}[\cos 2\phi_{\alpha_i}(\cos 2\theta_{\alpha_i} + 1 + \cos 2\theta_{\gamma_k} + 9\cos 2\theta_{\beta_j})\\
&+ \sin 2\phi_{\alpha_i}(\sin 2\theta_{\alpha_i} - \sin 2\theta_{\gamma_k} - 9\sin 2\theta_{\beta_j})]\\
&- (3\cos^2\vartheta_{\alpha_i} - 1)(\cos 2\theta_{\alpha_i} + \cos 2\theta_{\beta_j} + \cos 2\theta_{\gamma_k} + 1)\}.
\end{aligned}$$
$$(4.3.251)$$

Gleichung (4.3.248) reicht für Moleküle mit isotroper Polarisierbarkeit aus und wurde bereits von Axilrod und Teller [22] angegeben. Die höheren Entwicklungskoeffizienten enthalten die Anisotropie der Polarisierbarkeit κ in zweiter oder dritter Potenz. Bei den in der Regel kleinen Werten für κ spielen sie daher kaum eine Rolle und werden hier nicht angegeben [23].

Beispiel 4.15

Man entwickle den expliziten Ausdruck für die Abstands- und Orientierungsabhängigkeit $\phi_{\alpha_i \beta_j \gamma_k}^{\mathrm{disp}}(000)$.

Lösung

Nach (4.3.247) ist die folgende Beziehung auszuwerten:

$$\phi^{\mathrm{disp}}_{\alpha_i\beta_j\gamma_k}(000) = 4\,\frac{2}{3}\,\frac{v_{\alpha\beta\gamma}}{\alpha_\alpha\alpha_\beta\alpha_\gamma}\,\sqrt{64\pi^3}\;E^{\mathrm{disp}}_{\alpha_i\beta_j\gamma_k}(000;112;112;112;000;r_{\alpha_i\beta_j}r_{\alpha_i\gamma_k}r_{\beta_j\gamma_k})$$

$$\cdot\,Y^0_0(\omega_{\alpha_i})\,Y^0_0(\omega_{\beta_j})\,Y^0_0(\omega_{\gamma_k})\sum_{\substack{m_1\,m_1'\,m_1''\\m_2\,m_2'\,m_2''\\m\,m'\,m''}}Y^m_2(\omega_{\alpha_i\beta_j})^*\;Y^{m'}_2(\omega_{\alpha_i\gamma_k})^*\;Y^{m''}_2(\omega_{\beta_j\gamma_k})^*$$

$$\cdot\,C(110;m_1 m_1' 0)\,C(110;m_2 m_1'' 0)\,C(110;m_2' m_2'' 0)$$

$$\cdot\,C(112;m_1 m_2 m)\,C(112;m_1' m_2' m')\,C(112;m_1'' m_2'' m'')$$

$$= 4\,\frac{2}{3}\,\frac{v_{\alpha\beta\gamma}}{\alpha_\alpha\alpha_\beta\alpha_\gamma}\,\sqrt{64\pi^3}\,\frac{54\pi}{5}\,\sqrt{\frac{2\pi}{5}}\,\frac{\alpha_\alpha\alpha_\beta\alpha_\gamma}{(r_{\alpha_i\beta_j}r_{\alpha_i\gamma_k}r_{\beta_j\gamma_k})^3}\,\frac{1}{8\sqrt{\pi^3}}\,\frac{1}{9}\,\sqrt{\frac{1}{2}}$$

$$\cdot\left[-\frac{1}{16}\frac{15}{2\pi}\frac{1}{4}\sqrt{\frac{5}{\pi}}\,(e^{-2i\phi_{\alpha_i\beta_j}+2i\phi_{\beta_j\gamma_k}}+e^{2i\phi_{\alpha_i\beta_j}-2i\phi_{\beta_j\gamma_k}})\right.$$

$$-\frac{1}{16}\frac{15}{2\pi}\frac{1}{4}\sqrt{\frac{5}{\pi}}\,(e^{-2i\phi_{\alpha_i\beta_j}+2i\phi_{\alpha_i\gamma_k}}+e^{2i\phi_{\alpha_i\beta_j}-2i\phi_{\alpha_i\gamma_k}})$$

$$-\frac{1}{16}\frac{15}{2\pi}\frac{1}{4}\sqrt{\frac{5}{\pi}}\,(e^{-2i\phi_{\alpha_i\gamma_k}+2i\phi_{\beta_j\gamma_k}}+e^{2i\phi_{\alpha_i\gamma_k}-2i\phi_{\beta_j\gamma_k}})$$

$$\left.-\frac{2}{6}\frac{1}{16}\frac{1}{4}\frac{5}{\pi}\sqrt{\frac{5}{\pi}}+\frac{4}{3}\frac{1}{16}\frac{1}{4}\frac{5}{\pi}\sqrt{\frac{5}{\pi}}\right]$$

$$= \frac{v_{\alpha\beta\gamma}}{(r_{\alpha_i\beta_j}r_{\alpha_i\gamma_k}r_{\beta_j\gamma_k})^3}\left[-\frac{3}{4}\cos(2(\phi_{\beta_j\gamma_k}-\phi_{\alpha_i\beta_j}))-\frac{3}{4}\cos(2(\phi_{\alpha_i\beta_j}-\phi_{\alpha_i\gamma_k}))\right.$$

$$\left.-\frac{3}{4}\cos(2(\phi_{\beta_j\gamma_k}-\phi_{\alpha_i\gamma_k}))-\frac{1}{12}+\frac{1}{3}\right]=\frac{1}{4}\frac{v_{\alpha\beta\gamma}}{(r_{\alpha_i\beta_j}r_{\alpha_i\gamma_k}r_{\beta_j\gamma_k})^3}$$

$$\cdot\,[-3\cos 2\theta_{\beta_j}-3\cos 2\theta_{\eta_i}-3\cos(2(\pi-\theta_{\gamma_k}))+1].$$

Verwendet man die für eine Dreieckskonfiguration gültige Beziehung

$$\cos 2\alpha+\cos 2\beta+\cos 2\gamma=-(4\cos\alpha\cos\beta\cos\gamma+1),$$

so findet man:

$$\phi^{\mathrm{disp}}_{\alpha_i\beta_j\gamma_k}(000)=\frac{v_{\alpha\beta\gamma}}{(r_{\alpha_i\beta_j}r_{\alpha_i\gamma_k}r_{\beta_j\gamma_k})^3}\,(3\cos\theta_{\alpha_i}\cos\theta_{\beta_j}\cos\theta_{\gamma_k}+1).$$

4.4 Intermolekulare Potentiale starrer Moleküle bei kleinen intermolekularen Abständen

Bei kleinen intermolekularen Abständen findet man starke Abstoßungskräfte zwischen den Molekülen vor, die aus Überlappungseffekten der Elektronenwolken verschiedener Moleküle resultieren. Eine Erfassung dieser Effekte durch eine Störungsrechnung um ein System unabhängiger, d.h. nicht wechselwirkender Moleküle ist hier nicht möglich. Die Wechselwirkungsenergie ist zu groß, um durch eine Störungsrechnung berücksichtigt zu werden. Eine analytisch-theoretische Ableitung von Gleichungen für intermolekulare Paar- und Dreikörperpotentiale bei kleinen Abständen zwischen den Molekülen ist nicht bekannt. Wegen der Überlappung der Elektronenwolken der verschiedenen Moleküle verlieren die Einzelmoleküle bei dieser Wechselwirkung ihre Identität, d. h. man kann grundsätzlich die Wechselwirkung nicht streng in Termen der Eigenschaften der Einzelmoleküle darstellen, im Gegensatz zu den im Abschn. 4.3 abgehandelten Wechselwirkungen.

Qualitativ ist klar, daß die intermolekulare Energiefunktion bei kleinen Abständen zwischen den Molekülen sehr stark von diesem Abstand und der gegenseitigen Orientierung abhängen muß. Dabei liegt es nahe, den Molekülen Formen zuzuordnen, in der ihre Ladungsverteilungen zum Ausdruck kommen. Diese Formen lassen sich in groben Zügen aus dem geometrischen Aufbau der Moleküle ableiten. Die intermolekularen Paar- und Dreikörper-Potentiale kleiner Moleküle bei kleinen Abständen sollten daher Informationen über den geometrischen Aufbau der Moleküle enthalten.

4.4.1 Das „Site-Site"-Abstoßungspotential

Das „Site-Site"-Abstoßungspotential für kleine Abstände zwischen den Molekülen besteht in der Plazierung einiger Abstoßungszentren, sogenannten „sites", in das Molekül, vgl. Bild 4.6. Diese Abstoßungszentren können insbesondere mit den Positionen der Atomzentren eines Moleküls identisch sein, man spricht dann vom Atom-Atom-Abstoßungspotential. Allgemein wird die Plazierung proportional zum Abstand zwischen dem Massenschwerpunkt und dem jeweiligen Atom durchgeführt, wobei der Proportionalitätsfaktor an experimentelle Daten angepaßt wird. Eine theoretische, darüber hinaus gehende Anleitung zur Plazierung der Abstoßungszentren existiert nicht, ebenso wenig wie eine Aussage über das spezielle Abstoßungsgesetz zwischen den Kraftzentren. Eine häufig verwendete Form ist

$$\phi^{\text{rep}}_{\alpha_i \beta_j}(r_{\alpha_i \beta_j}, \omega_{\alpha_i} \omega_{\beta_j}) = \sum_{a,b} 4 \varepsilon_{a_\alpha b_\beta} \sigma^{12}_{a_\alpha b_\beta} r^{-12}_{a_{\alpha_i} b_{\beta_j}}. \tag{4.4.1}$$

Hier ist $r_{a_{\alpha_i} b_{\beta_j}}$ der Abstand zwischen dem Abstoßungszentrum a im Molekül α_i und dem Abstoßungszentrum b im Molekül β_j. Dieser Abstand wird dimensionslos gemacht mit dem Abstandsparameter $\sigma_{a_\alpha b_\beta}$ und multipliziert mit dem Energieparameter $\varepsilon_{a_\alpha b_\beta}$. Diese beiden Potentialparameter müssen, ähnlich wie bei den Dispersionswechselwirkungen, eingeführt werden, da eine Reduktion auf ein-

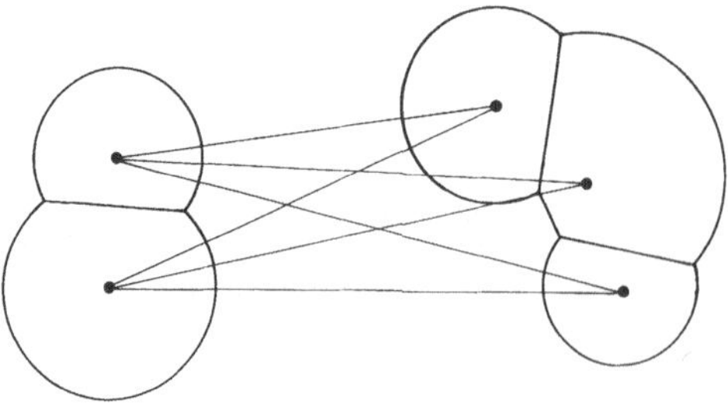

Bild 4.6. Das „Site-Site"-Potential

schlägige, die Ladungsverteilung der Moleküle charakterisierende Molekülparameter nicht möglich ist. Sie sind grundsätzlich aus Meßdaten zu bestimmen. Der Exponent 12 in Verbindung mit dem Faktor 4 hat überwiegend formale Gründe, in dem er für kugelförmige Moleküle auf das bekannte, in Abschn. 4.5 näher behandelte Lennard-Jones-Potential überführt, vgl. (4.5.8). Grundsätzlich kann das Abstoßungsgesetz auch eine beliebige andere Abstandsfunktion zwischen den Abstoßungszentren enthalten, z. B. eine Exponentialfunktion im Sinne des Buckingham-Corner-Potentials, vgl. (4.5.17).

Die Wechselwirkung zwischen zwei NO-Molekülen führt bereits auf die folgenden sechs Potentialparameter:

$$(\varepsilon, \sigma)_{N-N}, \quad (\varepsilon, \sigma)_{N-O}, \quad (\varepsilon, \sigma)_{O-O}.$$

Man kann sich leicht vorstellen, daß man bei großen Molekülen eine sehr große Anzahl zunächst unbestimmter Parameter erhält, für die ad-hoc-Regeln zu entwickeln sind.

Die Winkelabhängigkeit des „Site-Site"-Abstoßungspotentials ist zunächst nicht explizit, ebenso wie beim Punkt-Ladungsmodell in Abschn. 4.3.3.5. Der Abstand $r_{a_{\alpha_i} b_{\beta_j}}$ und damit das Paarpotential, sowohl des „Site-Site"- wie auch des Punkt-Ladungsmodells, können aber durch einige Transformationen analytisch in Termen der Molekülorientierungen, des Abstands zwischen den Molekülzentren und der Koordinaten der Abstoßungszentren in den molekülfesten Koordinatensystemen formuliert werden, vgl. Abschn. 4.4.1.1. Bei Störungsrechnungen mit kugelsymmetrischem Referenzpotential möchte man die komplizierten Integrationen über die Orientierungskoordinaten durch einfache Theoreme eliminieren, wozu man eine Darstellung des „Site-Site"-Paarpotentials als Entwicklung in Kugelfunktionen benötigt, vgl. Abschn. 4.4.1.2.

In der Literatur wird das „Site-Site"-Modell oft nicht nur zur Modellierung der Abstoßungskräfte verwendet, sondern als Modell der gesamten Wechselwirkungsenergie angesetzt, eventuell noch erweitert um Punkt-Ladungsterme zur Erfassung von Multipolkräften. Ein solches Wechselwirkungsmodell ist qualitativ unkorrekt bei großen Molekülabständen [10] und sollte daher zur Beschreibung realer molekularer Wechselwirkungen nicht ohne angemessene Korrekturen für Dispersions- und Induktionskräfte verwendet werden.

4.4.1.1 Analytische Darstellung der Orientierungsabhängigkeit des „Site-Site"-Paarpotentials

Wir benötigen zur analytischen Darstellung der Orientierungsabhängigkeit des „Site-Site"-Paarpotentials die analytische Darstellung der Orientierungsabhängigkeit des Abstandes zwischen den „Sites" $r_{a_{\alpha_i} b_{\beta_j}}$. Hierfür gilt (vgl. Bild 4.7):

$$R_{a_{\alpha_i} b_{\beta_j}} = R_{\alpha_i \beta_j} + R_{b_{\beta_j}} - R_{a_{\alpha_i}}, \tag{4.4.2}$$

wobei die Ortsvektoren sich auf ein raumfestes Koordinatensystem X, Y, Z beziehen. Wir sind an dem Betrag des Abstandes zwischen den „Sites" interessiert, d. h.:

$$R^2_{a_{\alpha_i} b_{\beta_j}} = (R_{a_{\alpha_i} b_{\beta_j}})^2_X + (R_{a_{\alpha_i} b_{\beta_j}})^2_Y + (R_{a_{\alpha_i} b_{\beta_j}})^2_Z \tag{4.4.3}$$

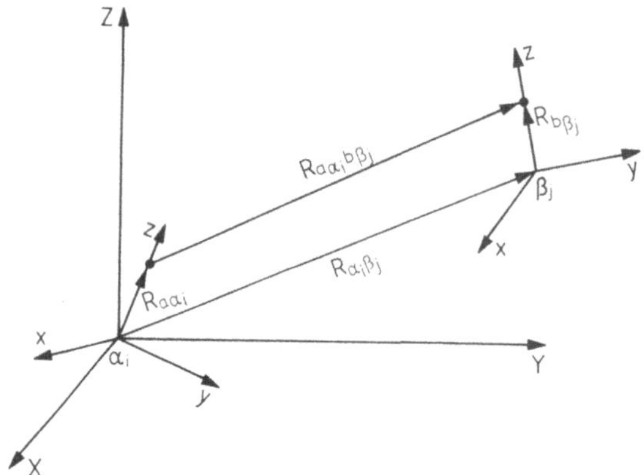

Bild 4.7. Koordinatensysteme und Bezeichnungen für das „Site-Site"-Paarpotential

mit

$$(R_{a_{\alpha_i} b_{\beta_j}})_X = (R_{\alpha_i \beta_j})_X + (R_{b_{\beta_j}})_X - (R_{a_{\alpha_i}})_X \tag{4.4.4}$$

und entsprechenden Gleichungen für die y- und z-Komponente.

Die Komponenten des Molekülzentrenabstandes werden in Polarkoordinaten ausgedrückt:

$$(R_{\alpha_i \beta_j})_X = R_{\alpha_i \beta_j} \sin \vartheta_{\alpha_i \beta_j} \cos \phi_{\alpha_i \beta_j}$$
$$(R_{\alpha_i \beta_j})_Y = R_{\alpha_i \beta_j} \sin \vartheta_{\alpha_i \beta_j} \sin \phi_{\alpha_i \beta_j}$$
$$(R_{\alpha_i \beta_j})_Z = R_{\alpha_i \beta_j} \cos \vartheta_{\alpha_i \beta_j},$$

wobei $\vartheta_{\alpha_i \beta_j}$ und $\phi_{\alpha_i \beta_j}$ die üblichen Polarwinkel von $R_{\alpha_i \beta_j}$ im raumfesten Koordinatensystem sind. Einsetzen in (4.4.4) und dieses in (4.4.3) ergibt:

$$
\begin{aligned}
R^2_{a_{\alpha_i} b_{\beta_j}} = {} & R^2_{\alpha_i \beta_j} + 2 R_{\alpha_i \beta_j} \{ \sin \vartheta_{\alpha_i \beta_j} \cos \phi_{\alpha_i \beta_j} [(R_{b_{\beta_j}})_X - (R_{a_{\alpha_i}})_X] \\
& + \sin \vartheta_{\alpha_i \beta_j} \sin \phi_{\alpha_i \beta_j} [(R_{b_{\beta_j}})_Y - (R_{a_{\alpha_i}})_Y] \\
& + \cos \phi_{\alpha_i \beta_j} [(R_{b_{\beta_j}})_Z - (R_{a_{\alpha_i}})_Z] \} + (R_{b_{\beta_j}})^2_X + (R_{b_{\beta_j}})^2_Y + (R_{b_{\beta_j}})^2_Z \\
& + (R_{a_{\alpha_i}})^2_X + (R_{a_{\alpha_i}})^2_Y + (R_{a_{\alpha_i}})^2_Z - 2(R_{a_{\alpha_i}})_X (R_{b_{\beta_j}})_X \\
& - 2(R_{a_{\alpha_i}})_Y (R_{b_{\beta_j}})_Y - 2(R_{a_{\alpha_i}})_Z (R_{b_{\beta_j}})_Z. \tag{4.4.5}
\end{aligned}
$$

Betrachten wir lediglich die Wechselwirkung zwischen zwei Molekülen, so legen wir die Verbindungsachse der Molekülzentren auf die Z-Achse des raumfesten Koordinatensystems. Dann werden die Winkel $\vartheta_{\alpha_i \beta_j}$ und $\phi_{\alpha_i \beta_j}$ zu null und es gilt, wenn wir zur Notation kleiner Buchstaben für die Abstände zwischen den „Sites" und zwischen den Molekülzentren übergehen:

$$
\begin{aligned}
r^2_{a_{\alpha_i} b_{\beta_j}} = {} & r^2_{\alpha_i \beta_j} + 2 r_{\alpha_i \beta_j} \{ (R_{b_{\beta_j}})_Z - (R_{a_{\alpha_i}})_Z \} \\
& + (R_{b_{\beta_j}})^2_X + (R_{b_{\beta_j}})^2_Y + (R_{b_{\beta_j}})^2_Z + (R_{a_{\alpha_i}})^2_X + (R_{a_{\alpha_i}})^2_Y + (R_{a_{\alpha_i}})^2_Z \\
& - 2(R_{a_{\alpha_i}})_X (R_{b_{\beta_j}})_X - 2(R_{a_{\alpha_i}})_Y (R_{b_{\beta_j}})_Y - 2(R_{a_{\alpha_i}})_Z (R_{b_{\beta_j}})_Z. \tag{4.4.6}
\end{aligned}
$$

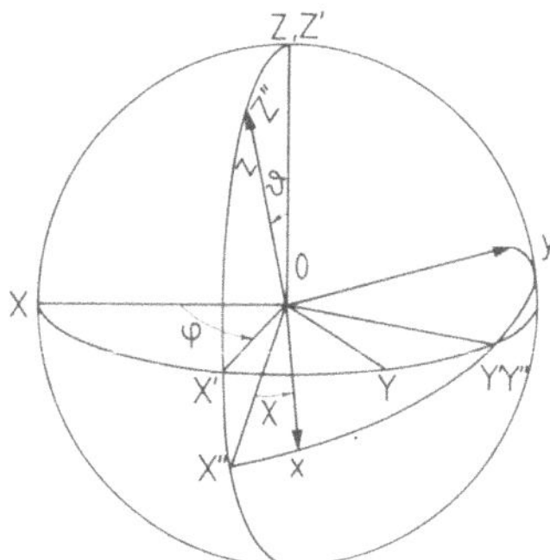

Bild 4.8. Die Euler Winkel φ, ϑ, χ

Zur Einführung der Orientierungswinkel der Moleküle müssen schließlich die Koordinaten der Abstoßungszentren im raumfesten Koordinatensystem (große Buchstaben) auf die entsprechenden im molekülfesten Koordinatensystem (kleine Buchstaben) transformiert werden. Die Drehung des raumfesten Koordinatensystems in das molekülfeste vollzieht sich in drei Schritten (vgl. Bild 4.8): zunächst wird das raumfeste Koordinatensystem (X, Y, Z) um den Winkel ϕ um die z-Achse (Z) gedreht, und man erhält das Koordinatensystem (X', Y', Z'). Anschließend erfolgt eine Drehung um die neue y-Achse (Y') um den Winkel ϑ, und man erhält das Koordinatensystem (X'', Y'', Z''). Schließlich wird eine Drehung um die neue z-Achse (Z'') um den Winkel χ, und man erhält das molekülfeste Koordinatensystem (x, y, z). Alle Drehungen erfolgen in die positive Richtung, d.h. so, daß die positive Richtung der Drehachse wie eine Rechtsschraube voranschreitet. Die letzte Drehung ist für lineare und symmetrische Kreiselmoleküle, deren Symmetrieachse mit der z-Achse ihres molekülfesten Koordinatensystems zusammenfällt, irrelevant. Die Winkel ϕ, ϑ, χ nennt man auch die Euler-Winkel.

Das Transformationsgesetz für diese Drehung lautet allgemein:

$$r_\alpha = \sum_{\alpha'} D_{\alpha\alpha'}\, r'_{\alpha'}, \tag{4.4.7}$$

wobei die ungestrichenen Größen den Zustand von der Drehung kennzeichnen. Zur Ableitung der Drehmatrix D schreiben wir den Vektor $\boldsymbol{R}$ in beiden Koordinatensystemen aus zu:

$$R_X \boldsymbol{E}_X + R_Y \boldsymbol{E}_Y + R_Z \boldsymbol{E}_Z = r_x \boldsymbol{e}_x + r_y \boldsymbol{e}_y + r_z \boldsymbol{e}_z.$$

Multiplikation mit $\boldsymbol{E}_X$ ergibt:

$$R_X = r_x \boldsymbol{e}_x \boldsymbol{E}_X + r_y \boldsymbol{e}_y \boldsymbol{E}_X + r_z \boldsymbol{e}_z \boldsymbol{E}_X = D_{Xx} r_x + D_{Xy} r_y + D_{Xz} r_z. \tag{4.4.8}$$

Entsprechende Beziehungen gelten für R_Y und R_Z. Damit sind alle Elemente der Drehmatrix definiert. Speziell für eine Drehung um die z-Achse um den Winkel ϕ gilt also (vgl. Bild 4.8):

$$D(\phi) = \begin{bmatrix} \cos\phi & -\sin\phi & 0 \\ \sin\phi & \cos\phi & 0 \\ 0 & 0 & 1 \end{bmatrix}. \tag{4.4.9}$$

Entsprechende Ausdrücke für die Drehmatrizen der Drehung um die y- und die z-Achse sind:

$$D(\vartheta) = \begin{bmatrix} \cos\vartheta & 0 & \sin\vartheta \\ 0 & 1 & 0 \\ -\sin\vartheta & 0 & \cos\vartheta \end{bmatrix} \qquad (4.4.10)$$

und

$$D(\chi) = \begin{bmatrix} \cos\chi & -\sin\chi & 0 \\ \sin\chi & \cos\chi & 0 \\ 0 & 0 & 1 \end{bmatrix} . \qquad (4.4.11)$$

Hat man eine sukzessive Rotation um die Euler-Winkel ϕ, ϑ und χ, so findet man aus Anwendung von (4.4.7) unmittelbar:

$$r_\alpha = \sum_{\alpha'} D_{\alpha\alpha'}(\phi,\vartheta,\chi)\, r_{\alpha'} \qquad (4.4.12)$$

mit

$$D(\phi,\vartheta,\chi) = D(\phi)\, D(\vartheta)\, D(\chi)$$

$$= \begin{bmatrix} \cos\phi\,\cos\vartheta\,\cos\chi - \sin\phi\,\sin\chi & -\cos\phi\,\cos\vartheta\,\sin\chi - \sin\phi\,\cos\chi & \cos\phi\,\sin\vartheta \\ \sin\phi\,\cos\vartheta\,\cos\chi + \cos\phi\,\sin\chi & -\sin\phi\,\cos\vartheta\,\sin\chi + \cos\phi\,\cos\chi & \sin\phi\,\sin\vartheta \\ -\sin\vartheta\,\cos\chi & \sin\vartheta\,\sin\chi & \cos\vartheta \end{bmatrix} .$$

$$(4.4.13)$$

Im allgemeinen Fall der Wechselwirkung zwischen drei und mehr Molekülen fällt nur eine Verbindungsachse zwischen zwei Molekülen mit der z-Achse des raumfesten Koordinatensystems zusammen. Die Gleichungen für die Abstände zwischen den „Sites" enthalten dann noch die Orientierungswinkel der jeweiligen Verbindungsachsen zwischen den Molekülzentren, vgl. Beispiel 5.7 [23].

Beispiel 4.16

Man entwickle die explizite Gleichung für den Abstand $r_{a_{\alpha_i} b_{\beta_j}}$ zwischen zwei Abstoßungszentren in Termen des Abstands zwischen den Molekülzentren und der Molekülorientierung für zwei lineare Moleküle α_i und β_j.

Lösung

Für lineare Moleküle kann der dritte Euler-Winkel χ in der Drehmatrix (4.4.13) null gesetzt werden. Man findet dann die einfache Drehmatrix:

$$D(\phi,\vartheta) = \begin{bmatrix} \cos\phi\,\cos\vartheta & -\sin\phi & \cos\phi\,\sin\vartheta \\ \sin\phi\,\cos\vartheta & \cos\phi & \sin\phi\,\sin\vartheta \\ -\sin\vartheta & 0 & \cos\vartheta \end{bmatrix} .$$

Wir legen außerdem ohne Einschränkung der Allgemeinheit die Achse der linearen Moleküle in die z-Achse ihrer molekülfesten Koordinatensysteme. Damit gilt für die Koordinaten der Abstoßungszentren im molekülfesten Koordinatensystem $(r_{a_{\alpha_i}})_x = (r_{a_{\alpha_i}})_y = 0$ und $(r_{a_{\alpha_i}})_z = \pm r_a$ mit einer entsprechenden Beziehung für $\pm r_b$. Schließlich setzen wir den Winkel ϕ_{α_i} zu null und verwenden für ϕ_{β_j} den Relativwinkel $\phi_{ab} = \phi_{\beta_j} - \phi_{\alpha_i}$.

Für den Abstand zwischen den Abstoßungszentren folgt damit aus (4.4.6):

$$r^2_{a_{\alpha_i} b_{\beta_j}} = r^2_{\alpha_i \beta_j} + 2r_{\alpha_i \beta_j}\{\cos \vartheta_b\, r_b - \cos \vartheta_a\, r_a\} + [\cos \phi_{ab} \sin \vartheta_b\, r_b]^2$$
$$+ [\sin \phi_{ab} \sin \vartheta_b\, r_b]^2 + [\cos \vartheta_b\, r_b]^2 + [\sin \vartheta_a\, r_a]^2 + [\cos \vartheta_a\, r_a]^2$$
$$- 2[\sin \vartheta_a \sin \vartheta_b \cos \phi_{ab}\, r_a\, r_b] - 2[\cos \vartheta_a \cos \vartheta_b\, r_a\, r_b].$$

Hieraus ergibt sich ein beliebiger gesuchter Abstand zwischen den Abstoßungszentren durch entsprechendes Einsetzen der Exzentrizitäten $\pm r_a$ bzw. $\pm r_b$ im gewählten molekülfesten Koordinatensystem. Wird dies in (4.4.1) eingesetzt, dann ist das Potentialmodell $\phi^{rep}_{\alpha_i \beta_j}(r_{\alpha_i \beta_j}, \vartheta_a\, \vartheta_b\, \phi_{ab})$ definiert. Wegen der speziellen Wahl des molekülfesten Koordinatensystems gilt im übrigen $\vartheta_a = \vartheta_{\alpha_i}$ und $\vartheta_b = \vartheta_{\beta_j}$, womit die üblichen Orientierungskoordinaten des Moleküls eingeführt sind.

4.4.1.2 Die Darstellung des „Site-Site"-Abstoßungspotentials durch eine Entwicklung in Kugelflächenfunktion

Nach [24] läßt sich die Funktion r^n_{ab} in Kugelfunktionen entwickeln durch:

$$r^n_{ab} = \sum_{l_1 = 0}^{\infty} \sum_{l_2 = 0}^{\infty} \sum_{l = 0}^{\infty} \sum_{\substack{m_1 \\ m_2 \\ m}} {}_2R_y(n; l_1 l_2 l; m_1 m_2 m; r_a r'_b r_{\alpha_i \beta_j})\, Y^{m_1}_{l_1}(\omega_a)\, Y^{m_2}_{l_2}(\omega'_b)\, Y^m_l(\omega)^*$$

$$= \sum_{l_1 = 0}^{\infty} \sum_{l_2 = 0}^{\infty} \sum_{l = 0}^{\infty} \sum_{\substack{m_1 \\ m_2}} {}_2R_y(n; l_1 l_2 l; m_1 m_2 0; r_a r'_b r_{\alpha_i \beta_j})\, \sqrt{\frac{2l + 1}{4\pi}}\, Y^{m_1}_{l_1}(\omega_a)\, Y^{m_2}_{l_2}(\omega'_b),$$

$$\tag{4.4.14}$$

wobei in der zweiten Form der obigen Gleichung die Verbindungsachse der beiden Molekülzentren auf die z-Achse des raumfesten Koordinatensystems gelegt wurde und die Bezeichnung der Abb. 4.3 gelten. Hierin ist

$$_2R_y(- n; l_1 l_2 l; m_1 m_2 m; r_a r'_b r_{\alpha_i \beta_j}) = \sqrt{\frac{4\pi}{(2l_1 + 1)(2l_2 + 1)(2l + 1)}}\,\, \frac{4\pi(-1)^{l_1 + l + m}}{r^n_{\alpha_i \beta_j}}$$

$$\cdot \left(\frac{r_a}{r_{\alpha_i \beta_j}}\right)^{l_1} \left(\frac{r'_b}{r_{\alpha_i \beta_j}}\right)^{l_2} \frac{\left(\dfrac{n}{2}; \Lambda\right)\left(\dfrac{n-1}{2}; \lambda\right)}{\left(\dfrac{1}{2}; l_1\right)\left(\dfrac{1}{2}; l_2\right)} C(l_1 l_2 l; m_1 m_2 \underline{m})\, C(l_1 l_2 l; 000)$$

$$\cdot F_4\left[\Lambda + \frac{n}{2}, \lambda + \frac{n-1}{2}, l_1 + \frac{3}{2}, l_2 + \frac{3}{2}; \left(\frac{r_a}{r_{\alpha_i \beta_j}}\right)^2 \left(\frac{r'_b}{r_{\alpha_i \beta_j}}\right)^2\right] \tag{4.4.15}$$

und es gelten die Definitionen

$$F_4(\alpha, \beta; \gamma, \delta; \xi, \eta) = \sum_{u, v \geq 0} \frac{(\alpha; u + v)(\beta; u + v)}{(\gamma; u)(\delta; v)\, u!\, v!}\, \xi^u \eta^v \tag{4.4.16}$$

$$(\alpha; \beta) = \alpha(\alpha + 1)(\alpha + 2)\ldots(\alpha + \beta - 1) \tag{4.4.17}$$

mit $(\alpha; 0) = 1$ und

$$\Lambda = (l_1 + l_2 + l)/2 \tag{4.4.18}$$

sowie

$$\lambda = \Lambda - l. \tag{4.4.19}$$

Diese Entwicklung ist eine Verallgemeinerung des in (4.3.38) betrachteten Falles $n = -1$ und läßt sich in diese Gleichung überführen. Sie gilt, wie (4.3.38), unter der Bedingung:

$$r_{\alpha_i \beta_j} \geqq r_a + r_b, \tag{4.4.20}$$

also im Nichtüberlappungsbereich der Abstoßungszentren.

Bei kurzreichweitigen Kräften interessieren wir uns für Abstände, die etwas größer und etwas kleiner als der Nulldurchgang des gemittelten Potentials sind, d.h. $r_{\alpha_i \beta_j} \sim \sigma$. Sezten wir den Abstand zwischen zwei Abstoßungszentren eines Moleküls mit L, d.h. der Bindungslänge, gleich (Atom-Atom-Potential), dann beschränkt sich der Gültigkeitsbereich etwa auf

$$\frac{L}{\sigma_{\alpha\beta}} \leqq 1, \tag{4.4.21}$$

bzw. in Termen der Exzentrizitäten

$$\frac{r_a}{\sigma_{\alpha\beta}} = r_a^* \leqq 0,5 \tag{4.4.22}$$

bei einem homonuklearen, zweiatomigen Molekül. Bei N_2, zum Beispiel, gilt $L = 1,0975$ Å und daher $r_a = 0,54875$ Å für ein Atom-Atom-Potential. Unterstellen wir den Abstandsparameter σ_{N_2} in der Größenordnung von 3,7 Å. So erhalten wir $r_a^* \simeq 0,15$ für das N_2-Atom-Atom-Potential und liegen damit weit innerhalb der Konvergenzgrenzen von (4.4.14).

Wir betrachten im folgenden die spezielle Entwicklung mit (4.4.1) als Abstoßungspotential zwischen den „Sites", [25]:

$$\phi_{\alpha_i \beta_j}^{\text{rep}}(\boldsymbol{r}; \omega_{\alpha_i}, \omega_{\beta_j}) = \sum_{ab} 4\varepsilon_{a_\alpha b_\beta} \sigma_{a_\alpha b_\beta}^{12} r_{ab}^{-12}$$

$$= \sum_{l_1=0}^{\infty} \sum_{l_2=0}^{\infty} \sum_{l=0}^{\infty} \sum_{\substack{m_1 \, n_1 \\ m_2 \, n_2 \\ m}} E_{\alpha_i \beta_j}^{\text{rep}}(l_1 l_2 l; n_1 n_2; r_{\alpha_i \beta_j})$$

$$\cdot C(l_1 l_2 l; m_1 m_2 m) \, D_{m_1 n_1}^{l_1}(\omega_{\alpha_i})^* \, D_{m_2 n_2}^{l_2}(\omega_{\beta_j})^* \, Y_l^m(\omega)^* \tag{4.4.23}$$

mit

$$E_{\alpha_i \beta_j}^{\text{rep}}(l_1 l_2 l; n_1 n_2; r_{\alpha_i \beta_j}) = 4\,C(l_1 l_2 l; 000)$$

$$\cdot \sqrt{\frac{4\pi}{(2l_1 + 1)(2l_2 + 1)(2l + 1)}} \, \frac{(6; \Lambda)\left(\dfrac{11}{2}; \lambda\right)}{\left(\dfrac{1}{2}; l_1\right)\left(\dfrac{1}{2}; l_2\right)} \, \frac{4\pi(-1)^{l_2}}{r_{\alpha_i \beta_j}^{12 + l_1 + l_2}}$$

$$\cdot \sum_{a\,b} \varepsilon_{a_\alpha b_\beta}\, \sigma^{12}_{a_\alpha b_\beta}\, r_a^{l_1}\, Y_{l_1}^{n_1}(\omega_a)\, r_b^{l_2}\, Y_{l_2}^{n_2}(\omega_b)$$

$$\cdot F_4\left[\Lambda + 6,\, \lambda + \frac{11}{2},\, l_1 + \frac{3}{2},\, l_2 + \frac{3}{2};\, \left(\frac{r_a}{r_{\alpha_i \beta_j}}\right)^2,\, \left(\frac{r_b}{r_{\alpha_i \beta_j}}\right)^2\right]. \tag{4.4.24}$$

Hierbei wurde von der Symmetriebedingung der C-Koeffizienten, d.h. $l_1 + l_2 + l =$ gerade für $m_1 m_2 m = 0$ Gebrauch gemacht. Außerdem wurden nach (A 4.2.1) die Drehmatrizen zum Übergang auf das molekülfeste Koordinatensystem eingeführt. Die explizite Gleichung für das Paarpotential hängt von der Geometrie des Moleküls ab.

Für den einfachen Sonderfall kugelförmiger Moleküle gilt $r_{a\,b} = r_{\alpha_i \beta_j}$ und wir erhalten für das Paarpotential

$$\phi^{\mathrm{rep}}_{\alpha_i \beta_j}(r_{\alpha_i \beta_j}) = 4\varepsilon_{\alpha\beta}\, \sigma^{12}_{\alpha\beta}\, r^{-12}_{\alpha_i \beta_j}. \tag{4.4.25}$$

Dies ist der Abstoßungsterm des empirischen Lennard-Jones-Potentials, vgl. Abschn. 4.5.

Für lineare Moleküle gilt $n_1 = n_2 = 0$, weil der Winkel χ keine Rolle spielen kann. Wegen (A 4.2.9) vereinfacht sich der Ausdruck für die Entwicklungskoeffizienten dann zu

$$E^{\mathrm{rep}}_{\alpha_i \beta_j}(l_1\, l_2\, l;\, 00;\, r_{\alpha_i \beta_j}) = 4\,\mathrm{C}(l_1\, l_2\, l;\, 000)\,\sqrt{\frac{4\pi}{2l+1}}\,(-1)^{l_2}$$

$$\cdot \frac{(6;\Lambda)\left(\frac{11}{2};\lambda\right)}{\left(\frac{1}{2};l_1\right)\left(\frac{1}{2};l_2\right)} \sum_{u,v} \frac{(\Lambda + 6; u + v)(\lambda + \frac{11}{2}; u + v)}{(l_1 + \frac{3}{2}; u)(l_2 + \frac{3}{2}; v)\, u!\, v!}$$

$$\cdot \sum_{a\,b} \varepsilon_{a_\alpha b_\beta} \left(\frac{\sigma_{a_\alpha b_\beta}}{r_{\alpha_i \beta_j}}\right)^{12} \left(\frac{r_a}{r_{\alpha_i \beta_j}}\right)^{2u + l_1} \left(\frac{r_b}{r_{\alpha_i \beta_j}}\right)^{2v + l_2}. \tag{4.4.26}$$

Hierbei müssen die Exzentrizitäten r_a und r_b mit verschiedenen Vorzeichen eingesetzt werden, da sie vom Molekülzentrum in entgegengesetzte Richtung zeigen. Mit den Abkürzungen

$$r^* = \frac{r_{\alpha_i \beta_j}}{\sigma_{\alpha\beta}}$$

$$r_a^* = \frac{r_a}{\sigma_{\alpha\beta}}$$

$$r_b^* = \frac{r_b}{\sigma_{\alpha\beta}}$$

$$\varepsilon^*_{a_\alpha b_\beta} = \frac{\varepsilon_{a_\alpha b_\beta}}{\varepsilon_{\alpha\beta}}$$

und

$$\sigma^*_{a_\alpha b_\beta} = \frac{\sigma_{a_\alpha b_\beta}}{\sigma_{\alpha\beta}}$$

gilt:

$$E^{\text{rep}}_{\alpha_i \beta_j}(l_1 l_2 l; 00; r_{\alpha_i \beta_j}) = 4\,C(l_1 l_2 l; 000)\sqrt{\frac{4\pi}{2l+1}}\,(-1)^{l_2}$$

$$\cdot \frac{(6;\Lambda)(\tfrac{11}{2};\lambda)}{(\tfrac{1}{2};l_1)(\tfrac{1}{2};l_2)}\sum_{u,v}\frac{(\Lambda+6;u+v)(\lambda+\tfrac{11}{2};u+v)}{(l_1+\tfrac{3}{2};u)(l_2+\tfrac{3}{2};v)\,u!\,v!}$$

$$\cdot\,\varepsilon_{\alpha\beta}\sum_{ab}\varepsilon^{*}_{a_\alpha b_\beta}\sigma^{*\,12}_{a_\alpha b_\beta}\,r^{*\,-[12+2u+l_1+2v+l_2]}\,r_a^{*\,2u+l_1}\,r_b^{*\,2v+l_2}. \qquad (4.4.27)$$

Bei der Auswertung der Entwicklung hat man eine Entscheidung zu treffen, bis zu welchen Werten die $l_1 l_2 l$ gehen sollen. Außerdem muß die Entwicklung von F_4 abgebrochen werden, d. h. man hat sich für maximale Werte von u, v zu entscheiden. Im Gegensatz zu den entsprechenden Entwicklungen bei den langreichweitigen Kräften werden die l hier nicht durch die praktische Verfügbarkeit höherer Multipolmomente begrenzt. Vielmehr muß die Konvergenz der Entwicklung durch Vergleich mit den exakten Ergebnissen für das „Site-Site"-Potential nachgewiesen werden. Die Summation über u, v wird abgebrochen, wenn zusätzliche Terme nur einen vernachlässigbaren Zuwachs bringen. Es zeigt sich, daß die Entwicklung des „Site-Site"-Potentials in Kugelfunktionen nur für sehr kleine Exzentrizitäten rasch konvergiert. Für Moleküle mit starken Exzentrizitäten benötigt man sehr viele Terme. Sie eignen sich nicht mehr für die schriftliche Dokumentation.

Beispiel 4.17

Man berechne die ersten Glieder der Entwicklungskoeffizienten $E^{\text{rep}}_{\alpha_i \beta_j}(000; 00; r_{\alpha_i \beta_j})$ und $E^{\text{rep}}_{\alpha_i \beta_j}(224; 00; r_{\alpha_i \beta_j})$.

Lösung

Die auszuwertende Formel für $E^{\text{rep}}_{\alpha_i \beta_j}(000; 00; r_{\alpha_i \beta_j})$ lautet nach (4.4.27):

$$E^{\text{rep}}_{\alpha_i \beta_j}(000; 00; r_{\alpha_i \beta_j}) = 4\,C(000; 000)\sqrt{\frac{4\pi}{1}}\,(-1)^{0}\,\varepsilon_{\alpha\beta}\frac{(6;0)(\tfrac{11}{2};0)}{(\tfrac{1}{2};0)(\tfrac{1}{2};0)}$$

$$\cdot\sum_{ab}\left(\varepsilon^{*}_{a_\alpha b_\beta}\sigma^{*\,12}_{a_\alpha b_\beta}\sum_{u,v}\frac{(6;u+v)(\tfrac{11}{2};u+v)}{(\tfrac{3}{2};u)(\tfrac{3}{2};v)\,u!\,v!}\,r^{*\,-[12+2u+2v]}\,r_a^{*\,2u}\,r_b^{*\,2v}\right)$$

$$= 8\sqrt{\pi}\,\varepsilon_{\alpha\beta}\sum_{ab}\varepsilon^{*}_{a_\alpha b_\beta}\sigma^{*\,12}_{a_\alpha b_\beta}[r^{*\,-12}+r^{*\,-14}\,22(r_a^{*\,2}+r_b^{*\,2})$$

$$+ r^{*\,-16}\,1001(\tfrac{2}{3}r_a^{*\,2}r_b^{*\,2}+\tfrac{1}{5}r_a^{*\,4}+\tfrac{1}{5}r_b^{*\,4})+\ldots].$$

Für $E^{\text{rep}}_{\alpha_i \beta_j}(224; 00; r_{\alpha_i \beta_j})$ lautet die auszuwertende Formel nach (4.4.27):

$$E^{\text{rep}}_{\alpha_i \beta_j}(224; 00; r_{\alpha_i \beta_j}) = 4\,C(224; 000)\sqrt{\frac{4\pi}{9}}\,(-1)^{2}\,\varepsilon_{\alpha\beta}\frac{(6;4)(\tfrac{11}{2};0)}{(\tfrac{1}{2};2)(\tfrac{1}{2};2)}$$

$$\cdot\sum_{u,v}\frac{(10;u+v)(\tfrac{11}{2};u+v)}{(\tfrac{7}{2};u)(\tfrac{7}{2};v)\,u!\,v!}\sum_{a,b}\varepsilon^{*}_{a_\alpha b_\beta}\sigma^{*\,12}_{a_\alpha b_\beta}\,r^{*\,-[12+2u+2v+4]}\,r_a^{*\,2u+2}\,r_b^{*\,2v+2}$$

$$= 43008\sqrt{\frac{2\pi}{35}}\,\varepsilon_{\alpha\beta}\sum_{ab}\varepsilon^{*}_{a_\alpha b_\beta}\sigma^{*\,12}_{a_\alpha b_\beta}\,r_a^{*\,2}\,r_b^{*\,2}[r^{*\,-16}+\tfrac{110}{7}(r_a^{*\,2}+r_b^{*\,2})\cdot r^{*\,-18}$$

$$+ \tfrac{7865}{441}(7\,r_a^{*\,4}+18\,r_a^{*\,2}r_b^{*\,2}+7\,r_b^{*\,4})\,r^{*\,-20}+\ldots].$$

Wenn die Entwicklungskoeffizienten bekannt sind, kann man durch Auswertung von (4.4.23) die explizite Winkelabhängigkeit des „Site-Site"-Potentials im Rahmen der Entwicklung nach Kugelflächenfunktionen angeben. Sie wird praktisch nicht gebraucht, da in Rechnungen mit direkter Integration über die intermolekulare Energiefunktion, z. B. die Berechnung von Virialkoeffizienten, die analytische Darstellung aus Abschn. 4.4.1.1 benutzt wird. Für die Anwendung in Störungsrechnungen hingegen benötigt man nur die Entwicklungskoeffizienten. Man kann die expliziten Formeln für das Paarpotential der „Site-Site"-Kräfte nach der Reihenentwicklung jedoch benutzen, um mit den exakten Beziehungen des Abschn. 4.4.1.1 zu vergleichen. Dies erlaubt einen Rückschluß auf die Konvergenz der Reihenentwicklung, vgl. Beispiel 4.18.

Beispiel 4.18

Man überprüfe die Konvergenz der Entwicklung des „Site-Site"-Abstoßungspotentials in Kugelfunktionen für lineare, symmetrische Moleküle mit den dimensionslosen Exzentrizitäten $|r_a^*| = |r_b^*| = 0,1$ und $|r_a^*| = |r_b^*| = 0,2$. Hierzu betrachte man folgende Orientierungen $(\vartheta_1; \vartheta_2, \phi)$: $(\pi/2; 0,0)$, $(\pi/2; \pi/2,0)$, $(0; 0,0)$ und $(\pi/2; \pi/2, \pi/2)$. Die potentielle Energie werde bei den Abständen $r^* = 1,8$, $r^* = 1,0$ und $r^* = 0,8$ ausgewertet.

Lösung

Bei der Konvergenzuntersuchung kann man sich mit mäßigen Genauigkeiten für kleine Abstände zwischen den molekularen Zentren zufriedengeben, da die in den Störtermen für die freie Energie auftretende Paarkorrelationsfunktion für $r^* < 1$ rasch kleiner wird und für $r^* < 0,8$ praktisch null ist. In Bild B4.18.1 für $|r_a^*| = |r_b^*| = 0,1$ genügt die für $l_1 = l_2 \leq 2$ und $u,v \leq 3$ eingetragene Entwicklung (gepunktete Kurve) zur Darstellung der freien Energie auf 1 bis 2% Fehler gegenüber den mit der exakten Potentialform (durchgezogene Kurve) berechneten Wert. Bild B4.18.2 zeigt die entsprechenden Ergebnisse für $|r_a^*| = |r_b^*| = 0,2$. Hier repräsentiert die gepunktete Linie eine Entwicklung für $l_1 = l_2 \leq 6$ sowie $u,v \leq 5$, die als ausreichend genau für die Berechnung der freien Energie anzusehen ist. In beiden Bildern sind die Linien zwischen den individuell berechenbaren Konfigurationen lediglich Verbindungslinien der diskreten Punkte.

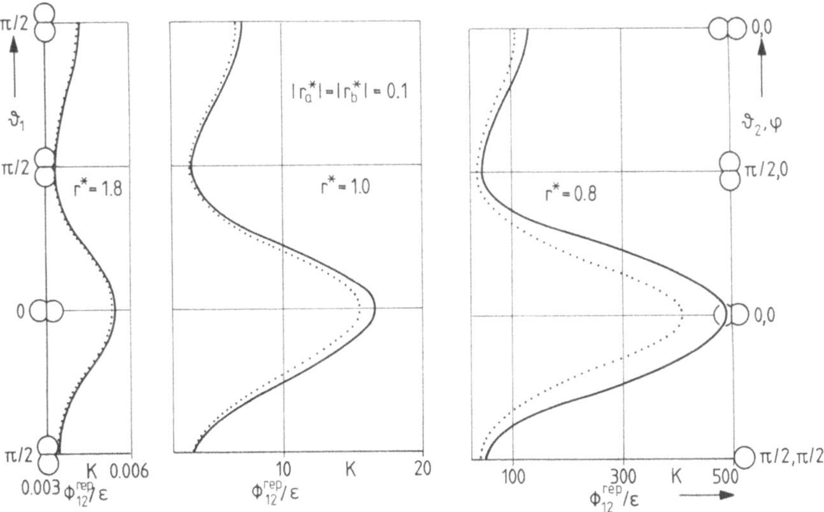

Bild B4.18.1. Vergleich von exaktem (———) und in Kugelfunktionen entwickeltem (·····) „Site-Site"-Potential für $|r_a^*| = |r_b^*| = 0,1$

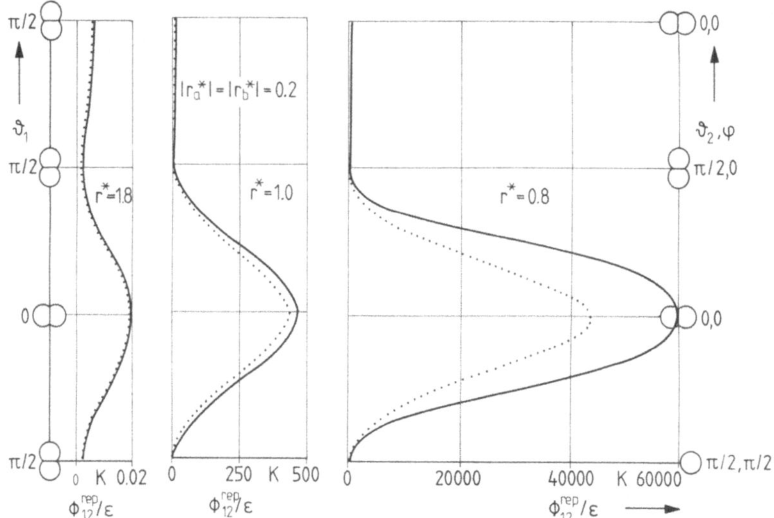

Bild B 4.18.2. Vergleich von exaktem (——) und in Kugelfunktionen entwickeltem (····) „Site-Site"-Potential für $|r_a^*| = |r_a^*| = 0{,}2$

Durch Weiterführen der Entwicklung kann für beide Exzentrizitäten eine beliebig genaue Übereinstimmung mit der exakten Kurve herbeigeführt werden. Allerdings werden dann zahlreiche Entwicklungsglieder benötigt, d. h. die Berechnung der freien Energie auf diese Weise wird unpraktisch. Das gleiche gilt für größere Exzentrizitäten, z. B. $|r_a^*| = |r_b^*| = 0{,}3$. Die Konvergenz ist dann so langsam, daß die Entwicklung im Rahmen der hier betrachteten Anwendungen uninteressant wird.

4.4.1.3 Beziehungen zwischen den Parametern des „Site-Site"-Paarpotentials

Nach (4.4.1) benötigt man zur Auswertung des „Site-Site"-Abstoßungspotentials für jeden Abstand zwischen zwei Abstoßungszentren den Parameter $\varepsilon_{ab}\sigma_{ab}^{12}$. Im einfachen Sonderfall homonuklearer Moleküle, wie z. B. O_2, gibt es nur eine Wechselwirkung und daher auch nur einen solchen Parameter. Da im übrigen das „Site-Site"-Abstoßungspotential für verschwindende Exzentrizität des Moleküls in das Lennard-Jones-Abstoßungspotential zwischen den Molekülzentren übergehen muß, existiert eine Beziehung zwischen den Parametern

$$\sum_{a,b} \varepsilon_{a_\alpha b_\beta}^* \sigma_{a_\alpha b_\beta}^{*\,12} = 1. \tag{4.4.28}$$

Für homonukleare Moleküle wie O_2 liegt daher der einzige Parameter des „Site-Site"-Abstoßungspotentials fest zu

$$\varepsilon_{a_\alpha a_\beta}^* \sigma_{a_\alpha a_\beta}^{*\,12} = 0{,}25.$$

Für Moleküle aus verschiedenen Atomen gilt auch (4.4.28), sie reicht jedoch zur Festlegung der Parameter des „Site-Site"-Abstoßungspotentials nicht aus. Atome verschiedener Art und Größe haben bei gleichem interatomaren Abstand unterschiedliche Abstoßungskräfte. Aus der Anschauung ist unmittelbar einleuchtend, daß der Parameter $\varepsilon\sigma^{12}$ mit zunehmender Atomgröße zunehmen muß. Eine ad-hoc-Regel zur Erfassung dieses Einflusses ist [11]

$$\varepsilon_{a_\alpha a_\alpha}\,\sigma^{12}_{a_\alpha a_\alpha} = \left(\frac{m_a}{m_b}\right)^2 \varepsilon_{b_\alpha b_\alpha}\,\sigma^{12}_{b_\alpha b_\alpha}. \tag{4.4.29}$$

Die quadratische Abhängigkeit vom Massenverhältnis für $\varepsilon\sigma^6$ wird durch die Lennard-Jones-Parameter für die schweren Edelgase Ar, Kr und Xe im wesentlichen gestützt.

Wenn zwei verschiedene Abstoßungszentren a und b beteiligt sind, benötigt man zusätzlich zu (4.4.28) und (4.4.29) noch eine weitere Beziehung für $\varepsilon^*_{ab}\,\sigma^{*\,12}_{ab}$. Hierfür kann man eine Kombinationsregel entwickeln [26]. Stellt man sich vor, daß die Kraft zwischen zwei identischen Atomen dadurch zustande kommt, daß jedem eine dem Abstoßungspotential entsprechende Feder zugeordnet wird, so gilt bei einem r^{-12}-Abstoßungsgesetz für die Kraft auf jedes dieser Atome a $F_a = -12\,C_a/r_a^{13}$, wobei C_a die Federkonstante und r_a die Länge im zusammengedrückten Zustand bezeichnet. Die beiden Federn der beiden Atome wirken gegeneinander. Die entsprechenden Federkräfte sind gleich groß und stimmen mit der Kraft zwischen beiden Atomen überein, d.h. es gilt $F_a = F_{aa} = -12\cdot4\varepsilon_{aa}\,\sigma^{12}_{aa}/r^{13}_{aa}$ mit $r_a = (1/2)\,r_{aa}$ und $C_a = (1/2)^{13}\cdot 4\varepsilon_{aa}\,\sigma^{12}_{aa}$.

Wechselwirken zwei ungleiche Atome a und b, so hat man im mechanischen Ersatzmodell für jedes Atom eine individuelle Feder mit einer individuellen Länge im zusammengedrückten Zustand anzunehmen. Das Kräftegleichgewicht der beiden gegeneinander wirkenden Federn verlangt dann $F_a = -12\,C_a/r_a^{13} = F_b = -12\,C_b/r_b^{13}$ mit $(r_a + r_b) = r_{ab}$. Aus diesem Kräftegleichgewicht folgt $(r_b/r_a) = (C_b/C_a)^{1/13}$. Zur Ableitung einer Kombinationsregel für die Federkonstanten beschreiben wir die Kraft zwischen den beiden ungleichen Atomen a und b, d.h. F_{ab}, durch eine einheitliche Feder mit der Konstante C_{ab} und einer einheitlichen zusammengedrückten Länge $r_{ab}/2$. Das Kräftegleichgewicht fordert nun $(r_{ab}/r_a)^{13} = C_{ab}/C_a$. Mit $r_{ab}/2 = (r_a + r_b)/2$ folgt daraus $C_{ab} = ((C_a^{1/13} + C_b^{1/13})/2)^{13}$.

Gehen wir nun wieder auf den Parameter des „Site-Site"-Abstoßungspotentials zurück, so finden wir die Kombinationsregel

$$\varepsilon_{ab}\,\sigma^{12}_{ab} = \left[\frac{(\varepsilon_{aa}\,\sigma^{12}_{aa})^{1/13} + (\varepsilon_{bb}\,\sigma^{12}_{bb})^{1/13}}{2}\right]^{13}. \tag{4.4.30}$$

In einem Gemisch gilt für dimensionslose Größen

$$\frac{\varepsilon_{ab}}{\varepsilon_{\alpha\beta}}\left(\frac{\sigma_{ab}}{\sigma_{\alpha\beta}}\right)^{12} = \left[\frac{\left(\dfrac{\varepsilon_{\alpha\alpha}\,\sigma^{12}_{\alpha\alpha}}{\varepsilon_{\alpha\beta}\,\sigma^{12}_{\alpha\beta}}\,\varepsilon^*_{a_\alpha a_\alpha}\,\sigma^{*\,12}_{a_\alpha a_\alpha}\right)^{1/13} + \left(\dfrac{\varepsilon_{\beta\beta}\,\sigma^{12}_{\beta\beta}}{\varepsilon_{\alpha\beta}\,\sigma^{12}_{\alpha\beta}}\,\varepsilon^*_{b_\beta b_\beta}\,\sigma^{*\,12}_{b_\beta b_\beta}\right)^{1/13}}{2}\right]^{13} \tag{4.4.31}$$

Mit diesen Regeln können Zahlenwerte für die Parameter des „Site-Site"-Abstoßungspotentials a priori, das heißt ohne Anpassung an Meßdaten, berechnet werden.

4.4.2 Das δ-Überlappungspotential

Die Darstellung des „Site-Site"-Potentials in einer Entwicklung in Kugelfunktionen ist kompliziert. Nach einem Vorschlag von Pople [27] bricht man die Entwicklung nach den ersten Funktionen ab und paßt die Entwicklungskoeffizienten als effektive Parameter an Meßwerte an. Für das Abstoßungspotential zwischen zwei identischen, unsymmetrischen linearen Molekülen (z. B. CO) gilt dann:

$$\phi_{\alpha_i \beta_j}^{\text{rep}} = \phi_{\alpha_i \beta_j}^{\text{rep}}(000) + \phi_{\alpha_i \beta_j}^{\text{rep}}(101) + \phi_{\alpha_i \beta_j}^{\text{rep}}(011),\tag{4.4.32}$$

mit

$$\phi_{\alpha_i \beta_j}^{\text{rep}}(101) = \sqrt{\tfrac{3}{4\pi}}\, E_{\alpha_i \beta_j}^{\text{rep}}(101; 00; r_{\alpha_i \beta_j})\cos \vartheta_{\alpha_i},\tag{4.4.33}$$

$$\phi_{\alpha_i \beta_j}^{\text{rep}}(011) = \sqrt{\tfrac{3}{4\pi}}\, E_{\alpha_i \beta_j}^{\text{rep}}(011; 00; r_{\alpha_i \beta_j})\cos \vartheta_{\beta_j},\tag{4.4.34}$$

Die komplizierten Entwicklungskoeffizienten des Site-Site-Potentials werden nun durch empirische Parameter ersetzt. So schreibt man für den isotropen Anteil:

$$\phi_{\alpha_i \beta_j}^{\text{rep}}(000) = 4\varepsilon_{\alpha\beta}\, \sigma_{\alpha\beta}^{12}\, r_{\alpha_i \beta_j}^{-12},\tag{4.4.35}$$

man vernachlässigt also die höheren Potenzen im Abstand zwischen den Molekülzentren. Weiterhin setzt man

$$\sqrt{\tfrac{3}{4\pi}}\, E_{\alpha_i \beta_j}^{\text{rep}}(101; 00; r_{\alpha_i \beta_j}) = 4\varepsilon_{\alpha\beta}\, \sigma_{\alpha\beta}^{12}\, \delta_{\alpha\beta}^{(\alpha)}\, r_{\alpha_i \beta_j}^{-12}\tag{4.4.36}$$

und

$$\sqrt{\tfrac{3}{4\pi}}\, E_{\alpha_i \beta_j}^{\text{rep}}(011; 00; r_{\alpha_i \beta_j}) = -\,4\varepsilon_{\alpha\beta}\, \sigma_{\alpha\beta}^{12}\, \delta_{\alpha\beta}^{(\beta)}\, r_{\alpha_i \beta_j}^{-12}.\tag{4.4.37}$$

Diese Ausdrücke sind nur in Sonderfällen mit den korrekten Ergebnissen des „Site-Site"-Potentials kompatibel. Sie sind als Definitionen von $\delta_{\alpha\beta}$ anzusehen. Da die Wechselwirkungskoeffizienten grundsätzlich durch die Moleküleigenschaften beider Moleküle α und β beeinflußt werden, $\delta_{\alpha\beta}$ jedoch nur ein Parameter ist, muß der Wert dieses Parameters davon abhängen, ob er die Orientierungsabhängigkeit des einen oder anderen Moleküls steuert. Es ist daher notwendig, ihn zusätzlich durch einen Suffix für das betreffende Molekül zu kennzeichnen.

Damit findet man für das δ-Überlappungspotential für zwei lineare unsymmetrische Moleküle:

$$\phi_{\alpha_i \beta_j}^{\text{rep}}(r\,\omega_{\alpha_i}\,\omega_{\beta_j}) = 4\varepsilon_{\alpha\beta}\, \sigma_{\alpha\beta}^{12}\, r_{\alpha_i \beta_j}^{-12}\,[1 + \delta_{\alpha\beta}^{(\alpha)} \cos \vartheta_{\alpha_i} - \delta_{\alpha\beta}^{(\beta)} \cos \vartheta_{\beta_j}].\tag{4.4.38}$$

Hier sind $\delta_{\alpha\beta}^{(\alpha)}$ bzw. $\delta_{\alpha\beta}^{(\beta)}$ die Überlappungsparameter der $\alpha\beta$-Wechselwirkung, die Meßwerten anzupassen ist. Ein kugelförmiges Molekül der Sorte α hat $\delta_{\alpha\beta}^{(\alpha)} = 0$.

Entsprechende Beziehungen können für lineare symmetrische Moleküle aufgestellt werden. Es gilt dann:

$$\phi_{\alpha_i \beta_j}^{\text{rep}} = \phi_{\alpha_i \beta_j}^{\text{rep}}(000) + \phi_{\alpha_i \beta_j}^{\text{rep}}(202) + \phi_{\alpha_i \beta_j}^{\text{rep}}(022)\tag{4.4.39}$$

mit

$$\phi_{\alpha_i \beta_j}^{\text{rep}}(r\,\omega_{\alpha_i}\,\omega_{\beta_j}) = 4\varepsilon_{\alpha\beta}\, \sigma_{\alpha\beta}^{12}\, r_{\alpha_i \beta_j}^{-12}\,[1 + \delta_{\alpha\beta}^{(\alpha)}(3\cos^2 \vartheta_{\alpha_i} - 1)$$
$$+\, \delta_{\alpha\beta}^{(\beta)}(3\cos^2 \vartheta_{\beta_j} - 1)],\tag{4.4.40}$$

wobei $\delta_{\alpha\beta}^{(\alpha)}$ bzw. $\delta_{\alpha\beta}^{(\beta)}$ wieder zwei an Meßwerte anzupassende Überlappungsparameter sind.

Analoge Ausdrücke existieren für andere Molekülgeometrien [10]. Das δ-Überlappungspotential ist ein einfaches Modell zur Berücksichtigung der Molekülform. Es benutzt allerdings durch das Vorzeichen und Maximalwerte von δ nur in recht pauschaler Weise Informationen über die Molekülgeometrie. So findet man z. B. für zwei identische lineare, symmetrische Moleküle, daß der δ-Wert zwischen $+0,5$ und $-0,25$ liegen muß, um eine insgesamt positive Abstoßungsenergie zu erhalten. Positive Werte des Überlappungsparameters sind stabförmigen Molekülen zugeordnet, da diese die kleinste Abstoßungsenergie bei $\vartheta_1 = \vartheta_2 = \pi/2$ und die größte Abstoßungsenergie bei $\vartheta_1 = \vartheta_2 = 0$ aufweisen. Negative Werte des Überlappungsparameters beschreiben dagegen tellerförmige Moleküle (z. B. Benzol), deren Abstoßungsenergie bei der Orientierung $\vartheta_1 = \vartheta_2 = \pi/2$ maximal und bei $\vartheta_1 = \vartheta_2 = 0$ minimal ist. Bei der Wechselwirkung zwischen ungleichen Molekülen muß eine empirische Kombinationsregel für die beiden Überlappungsparameter herangezogen werden. Insgesamt ist die Orientierungsabhängigkeit dieses Potentials unrealistisch schwach, vgl. Beispiel 4.19.

Beispiel 4.19

Man vergleiche die Orientierungsabhängigkeit des „Site-Site"-Abstoßungspotentials mit $|r_a^*| = |r_b^*| = 0,1$ mit der des δ-Überlappungspotentials eines linearen, symmetrischen Moleküls mit $\delta = 0,5$ und $\delta = 0,1$ bei den gleichen Orientierungskonfigurationen wie in Beispiel 4.18 und den Zentrenabständen $r^* = 1,0$ und $r^* = 0,8$.

Lösung

Bild B 4.19 zeigt die Kurven für die beiden Wechselwirkungsmodelle. Man erkennt, daß das δ-Überlappungspotential selbst für den Maximalwert des Überlappungsparameters von $\delta = 0,5$ (gestrichelte Linie) eine deutlich schwächere Orientierungsabhängigkeit der Abstoßungsenergie beschreibt als das „Site-Site"-Abstoßungspotential bei der geringen Exzentrizität von $|r_a^*| - |r_b^*| = 0,1$. Für $\delta = 0,1$ (gepunktete Kurve) wird die Orientierungsabhängigkeit noch schwächer.

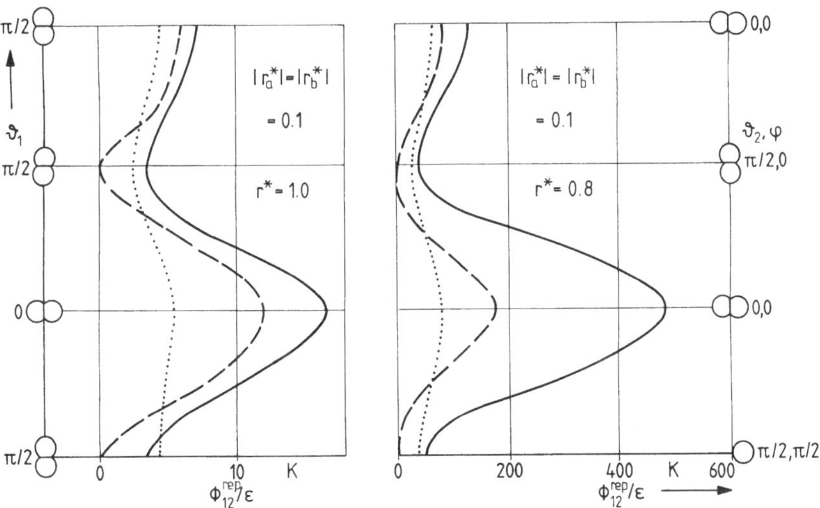

Bild B 4.19. Vergleich des „Site-Site"-Potentials (——) mit dem δ-Überlappungspotential für $\delta = 0,5$ (— —) und $\delta = 0,1$ ($\cdots\cdots$)

Der grundsätzliche Verlauf der Orientierungsabhängigkeit wird in beiden Modellen sehr ähnlich und physikalisch einsichtig modelliert. Insbesondere ist die völlige Vernachlässigung der ϕ-Orientierung bei δ-Überlappungspotentialen offenbar in erster Näherung berechtigt. Für eine Exzentrizität $|r_a^*| = |r_b^*| = 0{,}2$ ist ein Vergleich mit dem „Site-Site"-Abstoßungsmodell nicht sinnvoll durchzuführen, da die Orientierungsabhängigkeit des δ-Überlappungsmodells so schwach ist, daß sie nicht in einem Maßstab mit der des „Site-Site"-Abstoßungsmodells dargestellt werden kann. Bei Abständen $r^* > 1{,}0$ wird die Orientierungsabhängigkeit des δ-Überlappungsmodells stärker als die des „Site-Site"-Abstoßungsmodells, d. h. auch die r^*-Abhängigkeit ist nicht mit dem „Site-Site"-Modell kompatibel. Insgesamt haben diese Effekte wegen der geringeren Energien aber keine praktische Bedeutung. Wie in den Bildern B 4.18.1 und B 4.18.2 haben auch hier die gezeichneten Linien nur die Bedeutung von Verbindungen zwischen den individuell berechneten diskreten Orientierungen.

4.4.3 Das Kihara-Paarpotential mit anisotropem Kern

Die Form eines starren Moleküls ist in der Regel näherungsweise bekannt. Die Orientierungsabhängigkeit der kurzreichweitigen Abstoßungskräfte läßt sich daher näherungsweise dadurch erfassen, daß den Molekülen harte Kerne, die ihrer Form angepaßt sind, zugeordnet werden. Im Kihara-Potential [26] werden hierzu konvexe Körper verwendet. Die Wechselwirkung wird dann in Termen des kürzesten Abstandes ϱ zwischen diesen nicht-kugelförmigen, konvexen Körpern angesetzt, vgl. Bild 4.9. Die bekannteste Form des Kihara-Potentials lautet:

$$\phi(\varrho) = \varepsilon \left[\left(\frac{\varrho_0}{\varrho} \right)^{12} - \left(\frac{\varrho_0}{\varrho} \right)^{6} \right]. \tag{4.4.41}$$

Hierbei ist $\varrho = \varrho(r_{12}, \omega_1 \omega_2)$ und damit eine Funktion, die sowohl die Abstandsabhängigkeit wie auch die Orientierungsabhängigkeit beschreibt. Da das Kihara-Potential mit anisotropem Kern explizit nur von einer Abstandsvariablen abhängt, kann man es als pseudoisotropes Wechselwirkungsmodell bezeichnen.

Das praktische Problem bei der Anwendung des Kihara-Potentials mit anisotropem Kern besteht in der analytischen Ermittlung des kürzesten Abstand zwischen den zwei konvexen Kernen für eine gegebene gegenseitige Anordnung und damit der Orientierungsabhängigkeit. Für zwei Stäbe kann dieses Problem mit einigem Aufwand gelöst werden. Der allgemeine Fall bereitet Schwierigkeiten, da für die Virialkoeffizienten durch die Einführung spezieller geometrischer Eigen-

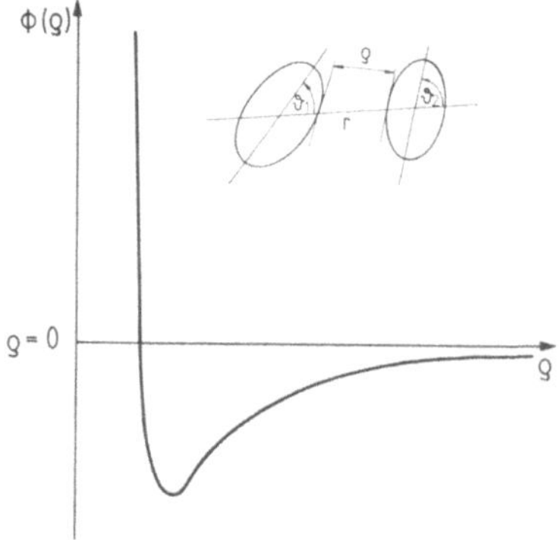

Bild 4.9. Kihara-Potential mit anisotropem Kern

schaften konvexer Körper umgangen werden. Für Computersimulationen und Transporteigenschaften ist dieses Potential ungeeignet. Für harte konvexe Körper sind Gleichungen für die thermodynamischen Eigenschaften bekannt, die als Referenzgleichungen für Störungsrechnungen bei anisotropen Molekülen dienen können, vgl. Kap. 6 und 7.

4.4.4 Das Gaußsche Überlappungspotential

Das Gaußsche Überlappungspotential geht von einer Gaußschen Verteilung der Ladungsdichte für ein symmetrisches, lineares Molekül aus [28]:

$$\varrho(r) = \exp(-\,r \cdot \bar{\bar{\gamma}}^{-1} \cdot r) \tag{4.4.42}$$

wobei

$$\bar{\bar{\gamma}} = (\sigma_\parallel^2 - \sigma_\perp^2)\,u\,u + \sigma_\perp^2\,\bar{\bar{I}}. \tag{4.4.43}$$

Hier sind $\sigma_\parallel$ und $\sigma_\perp$ die charakteristischen Maße für das Rotationsellipsoid, als welches sich ein Körper mit $\varrho = \mathrm{const}$ darstellt. u ist der Einheitsvektor entlang der Rotationsachse, die Indizes $\perp$ und $\parallel$ deuten Richtungen senkrecht und parallel zur Drehachse an. Wenn die z-Achse eines kartesischen Koordinatensystems als Drehachse gewählt wird, dann gilt mit

$$u = \{0, 0, 1\}$$

$$\bar{\bar{\gamma}} = \begin{pmatrix} \sigma_\perp^2 & 0 & 0 \\ 0 & \sigma_\perp^2 & 0 \\ 0 & 0 & \sigma_\parallel^2 \end{pmatrix} \tag{4.4.44}$$

und

$$\varrho(r) = \exp\left(-\frac{x^2 + y^2}{\sigma_\perp^2} - \frac{z^2}{\sigma_\parallel^2}\right). \tag{4.4.45}$$

Zwei Ladungsverteilungen mit dem Abstand r voneinander und den Orientierungen ω_1, ω_2 haben dann nach dem Coulombschen Gesetz die folgende Wechselwirkungsenergie

$$\phi(r\,\omega_1\,\omega_2) = \frac{1}{2} \int_{r_1} \int_{r_2} \varrho(r_1)\,\varrho(r_2)\,\frac{1}{|r_1 - r_2|}\,dr_1\,dr_2\,. \tag{4.4.46}$$

Nimmt man nun an, daß bei kleinen Molekülabständen, bei denen sich die Ladungsverteilungen der beiden Moleküle überlappen, das Paarpotential dem Überlappungsvolumenintegral proportional ist, so gilt [28]:

$$\phi(r, \omega_1\,\omega_2) \sim \int \varrho_1(r_1)\,\varrho_2(r_1 - r)\,dr_1\,. \tag{4.4.47}$$

Nach komplizierten Rechnungen kann man dieses Potential schreiben als [28]:

$$\phi(r\,\omega_1\,\omega_2) = \varepsilon(\omega_1\,\omega_2)\,e^{-r^2/\sigma^2(\omega_1\,\omega_2)}, \tag{4.4.48}$$

wobei die orientierungsabhängigen Potentialparameter gegeben sind durch:

$$\varepsilon(\omega_1\,\omega_2) = \varepsilon_0/(1 - \chi^2 \cos^2 \omega_{12})^{1/2}, \tag{4.4.49}$$

$$\sigma(\omega_1 \omega_2) = \frac{\sigma_0}{\sqrt{1 - \chi \dfrac{\cos^2 \vartheta_1 + \cos^2 \vartheta_2 - 2\chi \cos \omega_{12} \cos \vartheta_1 \cos \vartheta_2}{1 - \chi^2 \cos^2 \omega_{12}}}},$$
(4.4.50)

mit

$$\chi = \frac{(\sigma_\| / \sigma_\perp)^2 - 1}{(\sigma_\| / \sigma_\perp)^2 + 1}$$
(4.4.51)

als dem Anisotropieparameter und

$$\cos \omega_{12} = \sin \vartheta_1 \sin \vartheta_2 \cos \phi + \cos \vartheta_1 \cos \vartheta_2.$$
(4.4.52)

Auch das Gaußsche Überlappungspotential hängt explizit nur von der Abstandsvariablen r ab und ist daher wie das Kihara-Potential ein pseudoisotropes Wechselwirkungsmodell. Im Gegensatz zum Kihara-Modell ist hier die Orientierungsabhängigkeit in die Potentialparameter eingearbeitet. Da die Gaußsche Abstandsabhängigkeit nicht realistisch ist, ersetzt man sie durch eine empirisch besser geeignete, zum Beispiel durch einen r^{-n}-Term. Hierbei bleibt (4.5.8) der Form nach erhalten, die Parameter ε und σ werden durch (4.4.49) und (4.4.50) ersetzt. Die Parameter des Gaußschen Überlappungspotentials sind ε_0, σ_0 sowie der Anisotropieparameter χ und der Exponent n. Praktisch gibt man sich diskrete Werte von χ in Anlehnung an die Molekülgeometrie vor und optimiert die Parameter ε_0, σ_0 und n.

Beispiel 4.20

Man vergleiche die Orientierungsabhängigkeit des Gaußschen Überlappungspotentials mit $\chi = 0{,}12$ und einer r^{-12}-Abstandsabhängigkeit mit der des „Site-Site"-Abstoßungspotentials mit $|r_a^*| = |r_b^*| = 0{,}1$ für die gleichen Orientierungskonfigurationen wie in Beispiel 4.18 und 4.19 und den Zentrenabständen $r^* = 1{,}0$ und $r^* = 0{,}8$.

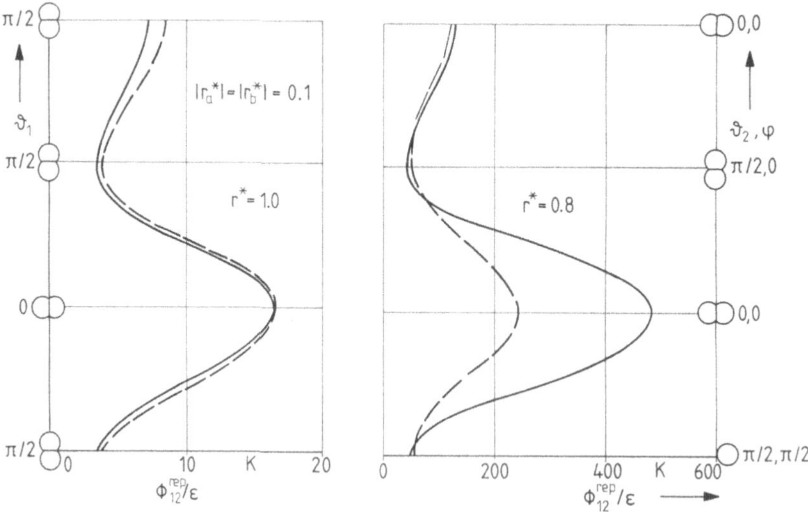

Bild B 4.20. Vergleich des „Site-Site"-Potentials (———) mit dem Gaußschen Überlappungspotential (– – –) für $\chi = 0{,}12$ und $n = 12$

Lösung

Bild B4.20 zeigt die Kurven für beide Wechselwirkungsmodelle. Das Gaußsche Überlappungsmodell (gestrichelte Kurve) zeigt bei $r^* = 1{,}0$ eine dem „Site-Site"-Abstoßungsmodell (ausgezogene Kurve) sehr ähnliche Orientierungsabhängigkeit. Allerdings ist diese Orientierungsabhängigkeit bei $r^* = 0{,}8$ wesentlich schwächer. Die Abstandsabhängigkeit ist daher in beiden Wechselwirkungsmodellen unterschiedlich. Wie in den Bildern B4.18 und B4.19 sind nur die diskreten Orientierungen berechnet worden, und die Linien haben lediglich die Bedeutung von anschaulichen Verbindungslinien.

4.5 Praktische Wechselwirkungsmodelle für starre Moleküle

In den Abschn. 4.3 und 4.4 sind analytische Ausdrücke für verschiedene Beiträge zur intermolekularen Energiefunktion starrer Moleküle abgeleitet worden. Sie unterliegen Modellvorstellungen und mathematischen Approximationen, so daß keineswegs der Eindruck entstehen sollte, daß die Beschreibung der intermolekularen Kräfte zwischen starren Molekülen mit diesen Beziehungen befriedigend gelöst sei. Die entwickelten Gleichungen enthalten jedoch wesentliche Züge der tatsächlichen intermolekularen Wechselwirkungen und sind daher hilfreich bei der Berechnung thermodynamischer Funktionen aus den Gleichungen der Statistischen Thermodynamik. Grundsätzlich enthält jedes Wechselwirkungsmodell einige an Meßwerte anzupassende Parameter. Dies sind z. B. die Parameter ε und σ der isotropen Wechselwirkung und die Elongation des Moleküls. Die Größenordnungen dieser Parameter sind aus Moleküldaten bekannt, ihre genauen Zahlenwerte müssen jedoch so bestimmt werden, daß die thermodynamischen Funktionen in den gewünschten Zustandsbereichen daraus mit der angestrebten Genauigkeit berechnet werden können. Nur in Sonderfällen lassen sich mehr als drei Parameter eindeutig aus Daten ermitteln. Sollten mehr Parameter zur Korrelation eines Datensatzes erforderlich erscheinen, so sind entweder das gewählte Wechselwirkungsmodell oder das statistisch-mathematische Modell oder der Datensatz inkonsistent mit den realen Verhältnissen. Jede Extrapolation ist in solchen Fällen mit großen Unsicherheiten behaftet.

4.5.1 Empirische Paarpotentiale für isotrope Wechselwirkungen zwischen gleichen Molekülen

Streng isotrope Wechselwirkungen sind ein einfacher Sonderfall, der z. B. für die Edelgase erfüllt ist. Näherungsweise isotrop sind auch die Wechselwirkungen zwischen einigen mehratomigen Molekülen, z. B. bei Methan. Paarpotentiale für isotrope Wechselwirkungen benötigt man praktisch auch in Störungsrechnungen für anisotrope Moleküle, die ein System aus kugelförmigen Molekülen als Referenzsystem benutzen. Die Theorie isotroper Wechselwirkungen ist nicht vollständig. Es müssen daher einige an Meßwerte anzupassende Parameter in die Potentialfunktionen eingeführt werden, so z. B. der Parameter ε als Maß für die Stärke der Dispersionsenergie und ein Abstandsparameter. Da insbesondere für die Abstoßungskräfte kein theoretisch begründeter, einfacher Verlauf über dem Atomabstand vorgegeben ist, verwendet man praktisch empirische Funktionen. Zahlrei-

che solcher empirischer Paarpotentiale sind für isotrope Wechselwirkungen
vorgeschlagen worden. Wir betrachten im folgenden nur eine Auswahl. Eine
ausführliche Diskussion isotroper Paarpotentiale findet man in [29], so daß nur
für dort nicht diskutierte Funktionen im folgenden die Originalliteratur angegeben wird. Der grundsätzliche Verlauf dieser Potentiale über dem Abstand der
Molekülzentren ist in Bild 4.1 gezeigt.

4.5.1.1 Das Hartkugelpotential

Das Hartkugelpotential ist definiert durch

$$\phi(r) = \infty \qquad \text{für } r \leq d_- , \tag{4.5.1}$$

$$\phi(r) = 0 \qquad \text{für } r \geq d_+ . \tag{4.5.2}$$

Hier bedeutet d_- eine Annäherung von $r < d$ und d_+ eine Annäherung von $r > d$,
d. h. den links- bzw. rechtsseitigen Grenzwert von $\phi(r)$. Dieses Potential beschreibt
die Wechselwirkungsenergie zwischen harten Kugeln vom Durchmesser d. Die
praktische Bedeutung dieses stark vereinfachten Modells der intermolekularen
Wechselwirkung liegt in seiner Eigenschaft als Ausgangspunkt für Störungsrechnungen in Flüssigkeiten. Die thermodynamischen und strukturellen Eigenschaften von Hartkugelfluiden können weitgehend exakt aus den Gleichungen der
statistischen Mechanik berechnet werden. Das Hartkugelpotential ist in Bild 4.10
als punktierte Linie *1* dargestellt.

4.5.1.2 Das Kastenpotential

Das Kastenpotential ist definiert durch:

$$\phi(r) = \infty \qquad \text{für } r \leq d_- , \tag{4.5.3}$$

$$\phi(r) = -\varepsilon \qquad \text{für } (Rd)_- \geq r \geq d_+ , \tag{4.5.4}$$

$$\phi(r) = 0 \qquad \text{für } r \geq (Rd)_+ . \tag{4.5.5}$$

Auch dieses Potential hat vorwiegend theoretisches Interesse, insbesondere lassen
sich daran die Effekte von Anziehungsenergien studieren. Es ist in Bild 4.10 als
gestrichelte Linie *2* dargestellt.

4.5.1.3 Das Sutherland-Potential

Das Sutherland-Potential ist definiert durch:

$$\phi(r) = \infty \qquad\qquad r \leq d_- , \tag{4.5.6}$$

$$\phi(r) = -C_m r^{-m} \qquad r \geq d_+ . \tag{4.5.7}$$

Dieses Modell beschreibt die Wechselwirkungsenergie zwischen harten Kugeln
vom Durchmesser d, die sich nach einem Potenzgesetz anziehen. Auch dieses
Potential hat überwiegend theoretisches Interesse für Störungstheorien. Es ist in
Bild 4.10 als ausgezogene Linie *3* dargestellt.

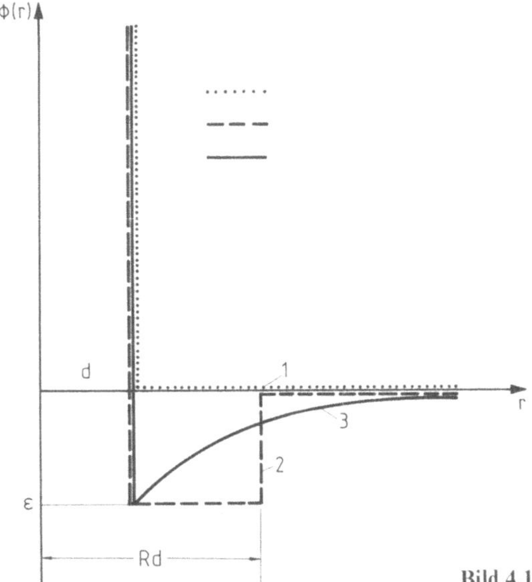

Bild 4.10. Einige Potentiale vom Hartkugel-Typ

4.5.1.4 Das Lennard-Jones-(12-6)-Potential

Das Lennard-Jones-(12-6)-Potential ist definiert durch:

$$\phi(r) = 4\varepsilon\left[\left(\frac{\sigma}{r}\right)^{12} - \left(\frac{\sigma}{r}\right)^{6}\right], \tag{4.5.8}$$

oder, nach Normierung des intermolekularen Abstandes auf das Potentialminimum

$$\phi(r) = \varepsilon\left[\left(\frac{r_m}{r}\right)^{12} - 2\left(\frac{r_m}{r}\right)^{6}\right]. \tag{4.5.9}$$

Dies ist das bekannteste empirische Paarpotential. Die Dispersionswechselwirkung wird durch den entsprechenden Term erster Ordnung, d.h. r^{-6} erfaßt. Die Beschreibung der Abstoßung durch ein r^{-12}-Gesetz ist empirisch. Das Lennard-Jones-(12-6)-Potential ist mit seinen zwei Parametern nicht flexibel genug für eine befriedigend genaue Beschreibung der Gaseigenschaften. Es hat sich jedoch als effektives Paarpotential für Flüssigkeiten bewährt, d.h. als ein Paarpotential, das näherungsweise auch die Dreikörperwechselwirkungen mit berücksichtigt.

4.5.1.5 Das Lennard-Jones-(n-6)-Potential

Das Lennard-Jones-(n-6)-Potential ist definiert durch:

$$\phi(r) = \frac{n}{n-6}\left(\frac{n}{6}\right)^{6/n-6}\varepsilon\left[\left(\frac{\sigma}{r}\right)^{n} - \left(\frac{\sigma}{r}\right)^{6}\right], \tag{4.5.10}$$

oder, nach Normierung des intermolekularen Abstandes auf das Potentialminimum,

$$\phi(r) = \frac{6}{n-6}\,\varepsilon\left[\left(\frac{r_m}{r}\right)^n - \frac{n}{6}\left(\frac{r_m}{r}\right)^6\right]. \tag{4.5.11}$$

Das Lennard-Jones-(n-6)-Potential hat durch seinen zusätzlichen Parameter im Abstoßungsterm eine höhere Flexibilität als das Lennard-Jones-(12-6)-Potential.

4.5.1.6 Das Kihara-Potential mit kugelförmigem Kern

Das Kihara-Potential mit kugelförmigem Kern ist ein Lennard-Jones-(12-6)-Potential in Termen des kürzesten Abstandes zwischen den Oberflächen der harten Kerne mit Durchmesser d:

$$\phi(r) = 4\varepsilon\left[\left(\frac{\sigma-d}{r-d}\right)^{12} - \left(\frac{\sigma-d}{r-d}\right)^6\right], \tag{4.5.12}$$

oder, nach Normierung auf den Abstand des Potentialminimums

$$\phi(r) = \varepsilon\left[\left(\frac{r_m-d}{r-d}\right)^{12} - 2\left(\frac{r_m-d}{r-d}\right)^6\right]. \tag{4.5.13}$$

Dieses Potential hat drei empirische Parameter und entspricht in seiner Flexibilität in etwa dem Lennard-Jones-(n-6)-Potential. Der Grundgedanke, einen harten Kern einzuführen, hat insbesondere für nicht-kugelförmige Moleküle Vorteile, vgl. Abschn. 4.4.

4.5.1.7 Das Maitland-Smith-Kihara-Potential

Von Maitland und Smith stammt die Idee, den Abstoßungsexponenten n im Lennard-Jones-Potential als Funktion des Abstandes anzusetzen [30]. Führt man in diese Form nach dem Grundgedanken von Kihara einen Hartkugelkern ein, so gelangt man zu dem Potential [31]:

$$\phi(r) = \frac{6}{n-6}\,\varepsilon\left[\left(\frac{r_m-d}{r-d}\right)^n - \frac{n}{n-6}\left(\frac{r_m-d}{r-d}\right)^6\right] \tag{4.5.14}$$

mit

$$n = 12 + \gamma\left(\frac{r}{r_m} - \frac{d}{r_m} - 1\right). \tag{4.5.15}$$

In den meisten Anwendungen erhält man für $\gamma = 5$ gute Ergebnisse. Dieses Potential hat dann wiederum drei Parameter ε, r_m und d, ist aber dem Lennard-Jones-(n-6)-Potential sowie dem Kihara-Potential, die ebenfalls jeweils drei Parameter haben, überlegen. Es läßt sich darüber hinaus grundsätzlich durch Einführung eines nicht kugelförmigen, harten Kernes auf anisotrope Wechselwirkungen erweitern. Für $\gamma = 0$ geht es in das Kihara-Potenial (4.5.13) über. Ist zusätzlich $d = 0$, so hat man das Lennard-Jones (12-6)-Potential.

4.5.1.8 Das Hanley-Klein-Potential

Das Hanley-Klein-Potential, auch n-6-8-Potential genannt, ist definiert durch:

$$\phi(r) = \varepsilon \left[\frac{6 + 2\gamma}{n - 6} \left(\frac{r_m}{r} \right)^n - \frac{n - \gamma(n - 8)}{n - 6} \left(\frac{r_m}{r} \right)^6 - \gamma \left(\frac{r_m}{r} \right)^8 \right]. \qquad (4.5.16)$$

In den meisten Anwendungen erzielt man mit $n = 11$ gute Ergebnisse, man spricht dann vom 11-6-8-Potential. Das Potential hat dann drei Parameter und unterscheidet sich von dem Lennard-Jones-(n-6)-Potential durch Hinzufügen des nächsten Terms in der Dispersionswechselwirkung, vgl. Abschn. 4.3.

4.5.1.9 Das Buckingham-Corner-Potential

Das Buckingham-Corner-Potential oder auch exp-6-8-Potential ist definiert durch:

$$\phi(r) = \varepsilon \left[\left(\frac{(1 + \beta)\,\alpha\, \mathrm{e}^\alpha}{\alpha(1 + \beta) - 6 - 8\beta} - \mathrm{e}^{+\alpha} \right) \mathrm{e}^{-\alpha r/r_m} \right.$$

$$\left. - \frac{\alpha}{\alpha(1 + \beta) - 6 - 8\beta} \left(\frac{r_m}{r} \right)^6 - \frac{\alpha\beta}{\alpha(1 + \beta) - 6 - 8\beta} \left(\frac{r_m}{r} \right)^8 \right]. \quad (4.5.17)$$

Dieses Potential hat vier Parameter und entspricht in seiner Flexibilität dem n-6-8-Potential. Es unterscheidet sich von ihm in der Erfassung des Abstoßungsterms durch einen Exponentialansatz.

4.5.1.10 Das n-exp-6-8-Potential

Das n-exp-6-8-Potential ist definiert durch [32]:

$$\phi(r) = \frac{6\gamma + 8}{F} \left(\frac{r_m}{r} \right)^n \mathrm{e}^{\alpha(1 - r/r_m)} - \frac{\gamma(\alpha - n)}{F} \left(\frac{r_m}{r} \right)^6 - \frac{\alpha - n}{F} \left(\frac{r_m}{r} \right)^8 \qquad (4.5.18)$$

mit

$$F = (\gamma + 1)(\alpha - n) - (6\gamma + 8). \qquad (4.5.19)$$

Es hat fünf Parameter und daher eine große Flexibilität. Sein Abstoßungsterm besteht aus einer Kombination der Potenzform und der Exponentialform.

Außer diesen Paarpotentialen mit verhältnismäßig wenigen Parametern sind für einzelne Stoffe insbesondere Vielparameterpotentiale entwickelt worden [29]. Sie können als Referenzpotentiale dienen, haben aber aufgrund ihrer großen Parameterzahl in praktischen Rechnungen kaum eine Bedeutung.

4.5.2 Kombinationsregeln für die Potentialparameter bei isotropen Wechselwirkungen zwischen ungleichen Molekülen

In Gemischen treten neben Wechselwirkungen vom Typ $\alpha\alpha$ und $\beta\beta$ auch solche vom Typ $\alpha\beta$ auf. Will man also die thermodynamischen Eigenschaften von Gemischen aus denen der reinen Komponenten berechnen, so benötigt man Kombinationsregeln für die Potentialparameter. Beschränken wir uns hier speziell auf das Lennard-Jones-(12-6)-Potential (4.5.8), so handelt es sich um Kombinationsregeln für ε und σ.

Für $\varepsilon\sigma^6$ hatten wir aus der Dispersionswechselwirkung eine Kombinationsregel abgeleitet, (4.3.187). Sie lautet für das Lennard-Jones-(12-6)-Potential, wenn $\varepsilon_{\alpha\beta}$ mit dessen Energieparametern gleichgesetzt wird:

$$\varepsilon_{\alpha\beta}\,\sigma_{\alpha\beta}^6 = \frac{2\left(\varepsilon_{\alpha\alpha}\,\sigma_{\alpha\alpha}^6\right)\left(\varepsilon_{\beta\beta}\,\sigma_{\beta\beta}^6\right)}{\varepsilon_{\alpha\alpha}\,\sigma_{\alpha\alpha}^6\,\alpha_\beta^2 + \varepsilon_{\beta\beta}\,\sigma_{\beta\beta}^6\,\alpha_\alpha^2}\,\alpha_\alpha\,\alpha_\beta. \tag{4.5.20}$$

Gleichung (4.5.20) wird als Kohlersche Regel bezeichnet [35]. Für $\varepsilon\sigma^{12}$ hatten wir aus den Abstoßungskräften eine andere Kombinationsregel abgeleitet, (4.4.30). Sie lautet für Lennard-Jones-Wechselwirkungen zwischen isotropen Molekülen α und β:

$$\varepsilon_{\alpha\beta}\,\sigma_{\alpha\beta}^{12} = \left[\frac{\left(\varepsilon_{\alpha\alpha}\,\sigma_{\alpha\alpha}^{12}\right)^{1/13} + \left(\varepsilon_{\beta\beta}\,\sigma_{\beta\beta}^{12}\right)^{1/13}}{2}\right]^{13}. \tag{4.5.21}$$

Aus beiden Gleichungen ergeben sich die folgenden Kombinationsregeln für Potentialparameter des Lennard-Jones-(12-6)-Potentials:

$$\sigma_{\alpha\beta} = \left(\frac{\varepsilon_{\alpha\beta}\,\sigma_{\alpha\beta}^{12}}{\varepsilon_{\alpha\beta}\,\sigma_{\alpha\beta}^6}\right)^{1/6} = \left[\frac{\left[\tfrac{1}{2}\left(\varepsilon_{\alpha\alpha}\,\sigma_{\alpha\alpha}^{12}\right)^{1/13} + \tfrac{1}{2}\left(\varepsilon_{\beta\beta}\,\sigma_{\beta\beta}^{12}\right)^{1/13}\right]^{13}}{2\,\dfrac{\varepsilon_{\alpha\alpha}\,\sigma_{\alpha\alpha}^6\,\varepsilon_{\beta\beta}\,\sigma_{\beta\beta}^6\,\alpha_\alpha\,\alpha_\beta}{\varepsilon_{\alpha\alpha}\,\sigma_{\alpha\alpha}^6\,\alpha_\beta^2 + \varepsilon_{\beta\beta}\,\sigma_{\beta\beta}^6\,\alpha_\alpha^2}}\right]^{1/6}, \tag{4.5.22}$$

$$\varepsilon_{\alpha\beta} = \frac{\left(\varepsilon_{\alpha\beta}\,\sigma_{\alpha\beta}^6\right)^2}{\varepsilon_{\alpha\beta}\,\sigma_{\alpha\beta}^{12}} = \frac{\left(2\,\dfrac{\varepsilon_{\alpha\alpha}\,\sigma_{\alpha\alpha}^6\,\varepsilon_{\beta\beta}\,\sigma_{\beta\beta}^6\,\alpha_\alpha\,\alpha_\beta}{\varepsilon_{\alpha\alpha}\,\sigma_{\alpha\alpha}^6\,\alpha_\beta^2 + \varepsilon_{\beta\beta}\,\sigma_{\beta\beta}^6\,\alpha_\alpha^2}\right)^2}{\left[\tfrac{1}{2}\left(\varepsilon_{\alpha\alpha}\,\sigma_{\alpha\alpha}^{12}\right)^{1/13} + \tfrac{1}{2}\left(\varepsilon_{\beta\beta}\,\sigma_{\beta\beta}^{12}\right)^{1/13}\right]^{13}}. \tag{4.5.23}$$

Diese Kombinationsregeln, obwohl konsistent mit abgeleiteten Ausdrücken für die Dispersions- und Abstoßungskräfte, sind nicht von unumstößlicher theoretischer Bedeutung. Sie sind zwar theoretisch motiviert, insbesondere die Kohlersche Regel, aber keineswegs exakt. Oft setzt man für $\sigma_{\alpha\beta}$ einfacher das arithmetische Mittel zwischen $\sigma_{\alpha\alpha}$ und $\sigma_{\beta\beta}$ an und erhält

$$\sigma_{\alpha\beta} = \tfrac{1}{2}\left(\sigma_{\alpha\alpha} + \sigma_{\beta\beta}\right). \tag{4.5.24}$$

Unterstellt man gleiche Ionisationspotentiale der beiden Moleküle α und β, so folgt aus (4.3.186):

$$\frac{\varepsilon_{\alpha\alpha}\,\sigma_{\alpha\alpha}^6\,\alpha_\beta^2}{\varepsilon_{\beta\beta}\,\sigma_{\beta\beta}^6\,\alpha_\alpha^2} = 1$$

beziehungsweise

$$\varepsilon_{\alpha\beta}\,\sigma_{\alpha\beta}^6 = \sqrt{\varepsilon_{\alpha\alpha}\,\sigma_{\alpha\alpha}^6\,\varepsilon_{\beta\beta}\,\sigma_{\beta\beta}^6}. \tag{4.5.25}$$

Vernachlässigt man hier noch die Unterschiede zwischen den σ-Parameter, so erhält man für $\varepsilon_{\alpha\beta}$ die Kombinationsregel

$$\varepsilon_{\alpha\beta} = \sqrt{\varepsilon_{\alpha\alpha}\,\varepsilon_{\beta\beta}}\,. \tag{4.5.26}$$

Zusammen mit (4.5.24) spricht man von den Lorentz-Berthelot-Regeln.

4.5.3 Praktische Paarpotentiale für anisotrope Wechselwirkungen

Die langreichweitigen Wechselwirkungen zwischen mehratomigen Molekülen lassen sich durch die quantenmechanische Störungstheorie in Verbindung mit der Multipolentwicklung beschreiben, vgl. Abschn. 4.3. Praktisch berücksichtigt man die Terme der Multipolentwicklung, für die man gesicherte Werte der Multipole aus Handbüchern entnehmen kann. In der Regel kommt man dabei kaum über die ersten bzw. die ersten beiden Terme hinaus. Man muß sich also auch hier über die Unvollkommenheit des Wechselwirkungsmodells im klaren sein. Gleichwohl enthalten schon die ersten Glieder wesentliche Züge der tatsächlichen Wechselwirkung und sind daher sehr nützlich bei der Berechnung thermodynamischer Funktionen. Insbesondere benötigt man hier keine zusätzlichen Modelle über Kombinationsregeln von Potentialparametern, da die Ausdrücke allgemein für die Wechselwirkung zwischen ungleichen Molekülen entwickelt sind. Alternativ zu der Multipolentwicklung kann man Punktladungen plazieren, die man an bekannte Multipoldaten anpaßt. Die Dispersionskräfte enthalten die Potentialparameter ε und σ der zentrischen Wechselwirkung. In Gemischen gelten hierfür die Kombinationsregeln des vorigen Abschnitts.

Die kurzreichweitigen Wechselwirkungen können entsprechend der Form des Moleküls durch das „Site-Site"-Abstoßungspotential modelliert werden. Da das Kraftgesetz zwischen den „Sites" nicht vorgegeben ist, hat man hier eine Wahl zwischen den in Abschn. 4.5.1 angegebenen Potentialfunktionen zu treffen. Praktisch am einfachsten ist das r^{-12}-Potential, d.h. der Abstoßungsterm des Lennard-Jones-Potentials nach (4.5.8). Um eine ausreichende Flexibilität für Rechnungen hoher Genauigkeit zu gewährleisten, wird man die Plazierung der „Sites", bei linearen Molekülen also die Elongation, durch einen an Meßwerte anzupassenden Parameter beschreiben. Dabei werden „Sites" in erster Näherung mit den Atomzentren zusammenfallen. Die Überlagerung des „Site-Site"-Abstoßungspotentials mit den Multipoltermen für die langreichweitigen Kräfte wird im folgenden als SSR-MPA-Modell bezeichnet (Site-Site Repulsion – Multipole Attraction). Bei Verwendung des r^{-12}-Gesetzes für die „Site-Site"-Abstoßung enthält es drei Parameter, nämlich den Abstandsparameter, den Energieparameter und die effektive Bindungslänge bzw. ihr Verhältnis zu den aktuellen, aus Handbüchern zu entnehmenden Bindungslängen. Die Parameter der „Site-Site"-Abstoßung werden durch die Regeln des Abschn. 4.4.1.3 eliminiert. Außer dem „Site-Site"-Abstoßungspotential ist auch das Gaußsche Überlappungspotential zur Modellierung anisotroper Abstoßungskräfte in Betracht zu ziehen. In Verbindung mit den Multitermen entsteht so das GO-MPA-Modell. Praktische Dehnungen zeigen, daß für lineare Moleküle das SSR-MPA-Modell geeigneter ist [36].

4.6 Zusammenfassung

Die intermolekulare Energiefunktion ist die entscheidende molekulare Information über ein fluides System. Für isotrope Wechselwirkungen kann man im wesentlichen empirische Paarpotentiale mit drei anpaßbaren Parametern benutzen und die nichtadditiven Dreikörperdispersionskräfte durch den Axilrod-Teller-Term erfassen. Mehratomige Moleküle üben winkelabhängige Kraftwirkungen aufeinander aus. Für kleine, starre Moleküle kann man deren langreichweitigen Anteil mit der Multipolentwicklung formal entwickeln. Die Ausdrücke werden insbesondere für nichtlineare Moleküle sehr kompliziert und enthalten Moleküldaten, die heute nur für eine geringe Anzahl von Molekülen mit ausreichender Genauigkeit bekannt sind. Dennoch können damit wesentliche Effekte, z. B. die eines Dipols, auf die thermodynamischen Funktionen studiert werden, da Dipolmomente fast immer bekannt sind. Für kompliziertere Ladungsverteilungen ist eine Parameterisierung durch Punkt-Ladungsmodelle sinnvoll, die an „ab-initio"-Rechnungen oder Meßdaten der Multipolmomente angepaßt ist. In der Regel ist die Geometrie des Moleküls bekannt. Sie geht in die Modellierung der kurzreichweitigen Abstoßungskräfte ein, deren Winkelabhängigkeit durch das empirische „Site-Site"-Potential erfaßt werden kann. In Verbindung mit den quantenmechanischen Ausdrücken für die langreichweitige Wechselwirkung in Termen der Multipole entsteht so das SSR-MPA-Potential. Es enthält wiederum drei anpaßbare Parameter, wobei zu den Energie- und Abstandsparametern der zentrischen Wechselwirkung ein Exzentrizitätsparameter hinzukommt. Aus theoretischen Modellvorstellungen kann man im übrigen Kombinationsregeln für Potentialparameter ableiten. Damit wird grundsätzlich die Berechnung der intermolekularen Energiefunktion eines Gemisches aus denen der reinen Komponenten möglich. In diesem Schritt besteht der grundsätzliche Vorzug gegenüber Berechnungsmethoden mit empirischen Parametern, deren Kombinationsregeln rein empirisch sein müssen. Die abgeleiteten Ausdrücke für die intermolekulare Energiefunktion eines Fluids in Termen von Orts- und Orientierungskoordinaten sowie einschlägigen Parametern der Moleküle sind keineswegs als exakte Beschreibung der intermolekularen Wechselwirkungen anzusehen. Es sind Modelle mit zahlreichen Approximationen und Verkürzungen der komplizierten, realen Verhältnisse. Dennoch führen sie wesentliche Elemente der intermolekularen Kräfte richtig ein und erlauben daher, in Verbindung mit den Beziehungen der Statistischen Thermodynamik, bereits im heutigen Entwicklungsstand eine systematische Verbesserung gegenüber empirischen Rechenmodellen.

Anhang 4.1

Die Zwei-Zentren-Entwicklung von $1/r_{ab}$ in Kugelflächenfunktionen

Gleichung (4.3.36) kann in nachstehender Form geschrieben werden:

$$\frac{1}{r_{ab}} = \frac{1}{r_{\alpha_i \beta_j}} F(x, y).$$

Mit

$$x = r_{\rm a}/r_{\alpha_i \beta_j}$$
$$y = r_{\rm b'}/r_{\alpha_i \beta_j}$$

sowie

$$\cos \vartheta_{\rm a} = - Z_1$$
$$\cos \vartheta_{\rm b'} = Z_2$$
$$\phi_{\rm b'} - \phi_{\rm a} = \phi$$

und

$$\cos \vartheta_{\rm a} \cos \vartheta_{\rm b'} + \sin \vartheta_{\rm a} \sin \vartheta_{\rm b'} \cos(\phi_{\rm b'} - \phi_{\rm a})$$
$$= Z_3 = - Z_1 Z_2 + \sqrt{1 - Z_1^2}\, \sqrt{1 - Z_2^2}\, \cos \phi$$

lautet die Taylor-Entwicklung von $F(x, y)$ um die beiden Zentren $x = 0$ und $y = 0$:

$$F(x, y) = F(x = 0, y = 0) + \left[\left(\frac{\partial F}{\partial x}\right)_{x, y = 0} x + \left(\frac{\partial F}{\partial y}\right)_{x, y = 0} y\right]$$
$$+ \frac{1}{2}\left[\left(\frac{\partial^2 F}{\partial x^2}\right)_{x, y = 0} x^2 + 2\left(\frac{\partial^2 F}{\partial x\, \partial y}\right)_{x, y = 0} xy + \left(\frac{\partial^2 F}{\partial y^2}\right)_{x, y = 0} y^2\right]$$
$$+ \frac{1}{6}\left[\left(\frac{\partial^3 F}{\partial x^3}\right)_{x, y = 0} x^3 + 3\left(\frac{\partial^3 F}{\partial x^2\, \partial y}\right)_{x, y = 0} x^2 y + 3\left(\frac{\partial^3 F}{\partial x\, \partial y^2}\right)_{x, y = 0} xy^2\right.$$
$$\left. + \left(\frac{\partial^3 F}{\partial y^3}\right)_{x, y = 0} y^3\right] + \frac{1}{24}\left[\left(\frac{\partial^4 F}{\partial x^4}\right)_{x, y = 0} x^4 + 4\left(\frac{\partial^4 F}{\partial x^3\, \partial y}\right)_{x, y = 0} x^3 y\right.$$
$$\left. + 6\left(\frac{\partial^4 F}{\partial x^2\, \partial y^2}\right)_{x, y = 0} x^2 y^2 + 4\left(\frac{\partial^4 F}{\partial x\, \partial y^3}\right)_{x, y = 0} xy^3 + \left(\frac{\partial^4 F}{\partial y^4}\right)_{x, y = 0} y^4\right] + \ldots$$

$$(\mathrm{A}\,4.1.1)$$

mit

$$F(x = 0, y = 0) = 1$$
$$\left(\frac{\partial F}{\partial x}\right)_{x, y = 0} = - Z_1$$
$$\left(\frac{\partial F}{\partial y}\right)_{x, y = 0} = - Z_2$$
$$\left(\frac{\partial^2 F}{\partial x^2}\right)_{x, y = 0} = - 1 + 3 Z_1^2$$
$$\left(\frac{\partial^2 F}{\partial y^2}\right)_{x, y = 0} = - 1 + 3 Z_2^2$$
$$\left(\frac{\partial^2 F}{\partial x\, \partial y}\right)_{x, y = 0} = Z_3 + 3 Z_1 Z_2$$

$$\left(\frac{\partial^3 F}{\partial x^3}\right)_{x,y=0} = 3(3Z_1 - 5Z_1^3)$$

$$\left(\frac{\partial^3 F}{\partial y^3}\right)_{x,y=0} = 3(3Z_2 - 5Z_2^3)$$

$$\left(\frac{\partial^3 F}{\partial x^2 \partial y}\right)_{x,y=0} = 3(Z_2 - 2Z_1 Z_3 - 5Z_1^2 Z_2)$$

$$\left(\frac{\partial^3 F}{\partial x \partial y^2}\right)_{x,y=0} = 3(Z_1 - 2Z_2 Z_3 - 5Z_2^2 Z_1)$$

$$\left(\frac{\partial^4 F}{\partial x^4}\right)_{x,y=0} = 3(3 - 30Z_1^2 + 35Z_1^4)$$

$$\left(\frac{\partial^4 F}{\partial y^4}\right)_{x,y=0} = 3(3 - 30Z_2^2 + 35Z_2^4)$$

$$\left(\frac{\partial^4 F}{\partial x^3 \partial y}\right)_{x,y=0} = -9Z_3 - 45Z_1(Z_2 - Z_1 Z_3) + 105Z_1^3 Z_2$$

$$\left(\frac{\partial^4 F}{\partial x^2 \partial y^2}\right)_{x,y=0} = 3 + 6Z_3^2 + 105Z_1^2 Z_2^2 - 15(-4Z_1 Z_2 Z_3 + Z_1^2 + Z_2^2)$$

$$\left(\frac{\partial^4 F}{\partial x \partial y^3}\right)_{x,y=0} = -9Z_3 - 45Z_2(Z_1 - Z_2 Z_3) + 105Z_2^3 Z_1 .$$

Führt man hier die zugeordnete Legendre-Funktion ein, mit [10, Gleichung A 4 und A 5]:

$$P_l^m(Z) = \frac{(1 - Z^2)^{m/2}}{2^l l!} \frac{d^{l+m}}{d(Z)^{l+m}} (Z^2 - 1)^l = (1 - Z^2)^{m/2} \left(\frac{d}{dZ}\right)^m P_l(Z),$$

$$\text{(A 4.1.2)}$$

wobei

$$P_l(Z) = \frac{1}{2^l l!} \left(\frac{d}{dZ}\right)^l (Z^2 - 1)^l \qquad \text{(A 4.1.3)}$$

das Legendre-Polynom ist, so lassen sich die Ableitungen in folgender Weise schreiben, wenn man zudem noch Z_3 zugunsten von Z_1, Z_2 und $\cos\phi$ eliminiert.

$$F(x = 0, y = 0) = P_0^0(Z_1) = P_0^0(Z_2)$$

$$\left(\frac{\partial F}{\partial x}\right)_{x,y=0} = -P_1^0(Z_1)$$

$$\left(\frac{\partial F}{\partial y}\right)_{x,y=0} = -P_1^0(Z_2)$$

$$\left(\frac{\partial^2 F}{\partial x^2}\right)_{x,y=0} = 2P_2^0(Z_1)$$

$$\left(\frac{\partial^2 F}{\partial y^2}\right)_{x,y=0} = 2\,P_2^0(Z_2)$$

$$\left(\frac{\partial^2 F}{\partial x\,\partial y}\right)_{x,y=0} = 2\,P_1^0(Z_1)\,P_1^0(Z_2) + P_1^1(Z_1)\,P_1^1(Z_2)\cos\phi$$

$$\left(\frac{\partial^3 F}{\partial x^3}\right)_{x,y=0} = -\,6\,P_3^0(Z_1)$$

$$\left(\frac{\partial^3 F}{\partial y^3}\right)_{x,y=0} = -\,6\,P_3^0(Z_2)$$

$$\left(\frac{\partial^3 F}{\partial x^2\,\partial y}\right)_{x,y=0} = -\,6\,P_2^0(Z_1)\,P_1^0(Z_2) - 2\,P_2^1(Z_1)\,P_1^1(Z_2)\cos\phi$$

$$\left(\frac{\partial^3 F}{\partial x\,\partial y^2}\right)_{x,y=0} = -\,6\,P_1^0(Z_1)\,P_2^0(Z_2) - 2\,P_1^1(Z_1)\,P_2^1(Z_2)\cos\phi$$

$$\left(\frac{\partial^4 F}{\partial x^4}\right)_{x,y=0} = 24\,P_4^0(Z_1)$$

$$\left(\frac{\partial^4 F}{\partial y^4}\right)_{x,y=0} = 24\,P_4^0(Z_2)$$

$$\left(\frac{\partial^4 F}{\partial x^3\,\partial y}\right)_{x,y=0} = 24\,P_1^0(Z_2)\,P_3^0(Z_1) + 6\,P_1^1(Z_2)\,P_3^1(Z_1)\cos\phi$$

$$\left(\frac{\partial^4 F}{\partial x^2\,\partial y^2}\right)_{x,y=0} = 24\,P_2^0(Z_1)\,P_2^0(Z_2) + \tfrac{16}{3}\,P_2^1(Z_1)\,P_2^1(Z_2)\cos\phi$$
$$+\,\tfrac{1}{3}\,P_2^2(Z_1)\,P_2^2(Z_2)\cos 2\phi$$

$$\left(\frac{\partial^4 F}{\partial x\,\partial y^3}\right)_{x,y=0} = 24\,P_1^0(Z_1)\,P_3^0(Z_2) + 6\,P_1^1(Z_1)\,P_3^1(Z_2)\cos\phi.$$

Führt man diese Ausdrücke für die Entwicklungskoeffizienten der Taylorreihe (A 4.1.1) ein, so erhält man

$$\begin{aligned}
F(x,y) = {}& P_0^0(Z_1)\,P_0^0(Z_2)\,x^0 y^0 - P_1^0(Z_1)\,P_0^0(Z_2)\,x^1 y^0 \\
& + P_2^0(Z_1)\,P_0^0(Z_2)\,x^2 y^0 - P_3^0(Z_1)\,P_0^0(Z_2)\,x^3 y^0 \\
& + P_4^0(Z_1)\,P_0^0(Z_2)\,x^4 y^0 + \ldots \\
& - P_0^0(Z_1)\,P_1^0(Z_2)\,x^0 y^1 + 2\,P_1^0(Z_1)\,P_1^0(Z_2)\,x^1 y^1 \\
& - 3\,P_2^0(Z_1)\,P_1^0(Z_2)\,x^2 y^1 + 4\,P_3^0(Z_1)\,P_1^0(Z_2)\,x^3 y^1 + \ldots \\
& + P_0^0(Z_1)\,P_2^0(Z_2)\,x^0 y^2 - 3\,P_1^0(Z_1)\,P_2^0(Z_2)\,x^1 y^2 \\
& + 6\,P_2^0(Z_1)\,P_2^0(Z_2)\,x^2 y^2 + \ldots \\
& - P_0^0(Z_1)\,P_3^0(Z_2)\,x^0 y^3 + 4\,P_1^0(Z_1)\,P_3^0(Z_2)\,x^1 y^3 + \ldots \\
& + P_0^0(Z_1)\,P_4^0(Z_2)\,x^0 y^4 + \ldots
\end{aligned}$$

$$
+ x^1 y^1 P_1^1(Z_1) P_1^1(Z_2) \cos\phi - x^2 y^1 P_2^1(Z_1) P_1^1(Z_2) \cos\phi
$$

$$
- x^1 y^2 P_1^1(Z_1) P_2^1(Z_2) \cos\phi + x^3 y^1 P_3^1(Z_1) P_1^1(Z_2) \cos\phi
$$

$$
+ x y^3 P_1^1(Z_1) P_3^1(Z_2) \cos\phi
$$

$$
+ x^2 y^2 \left(\tfrac{4}{3} P_2^1(Z_1) P_2^1(Z_2) \cos\phi + \tfrac{1}{12} P_2^2(Z_1) P_2^2(Z_2) \cos 2\phi \right) + \ldots
$$

$$
= \sum_{l_1=0}^{\infty} \sum_{l_2=0}^{\infty} (-1)^{l_1+l_2} \frac{(l_1+l_2)!}{l_1!\, l_2!} \, x^{l_1} y^{l_2} \, P_{l_1}^0(Z_1) P_{l_2}^0(Z_2)
$$

$$
= \sum_{l_1=1}^{\infty} \sum_{l_2=1}^{\infty} \sum_{m>0}^{l_<} \tfrac{1}{2} (-1)^{l_1+l_2} \frac{(l_1+l_2)!}{(l_1+m)!\,(l_2+m)!} \, x^{l_1} y^{l_2}
$$

$$
\cdot P_{l_1}^m(Z_1) P_{l_2}^m(Z_2) \cos m\phi. \tag{A4.1.4}
$$

In dieser Beziehung bedeutet das Symbol $l_<$ den jeweils kleineren Wert von l_1 bzw. l_2.

Nach Ersetzen von Z_1, Z_2 durch die Winkelfunktionen und Beachtung der Beziehung [33, Gleichung 2.5.19]:

$$
P_l^m(-Z) = (-1)^{l+m} P_l^m(Z) \tag{A4.1.5}
$$

sowie Beachtung von $P_l^m(x) = 0$ für $m > l$, kann man dies umschreiben zu:

$$
F(x\,y) = \sum_{\substack{l_1=0 \\ m=0}}^{\infty} \sum_{l_2=0}^{\infty} (-1)^{l_1+l_2} \frac{(l_1+l_2)!}{(l_1+m)!\,(l_2+m)!} \, x^{l_1} y^{l_2}
$$

$$
\cdot (-1)^{l_1+m} P_{l_1}^m(\cos\vartheta_a) P_{l_2}^m(\cos\vartheta_{b'})
$$

$$
+ \sum_{l_1=0}^{\infty} \sum_{l_2=0}^{\infty} \sum_{m>0}^{l_<} (-1)^{l_1+l_2} \frac{(l_1+l_2)!}{(l_1+m)!\,(l_2+m)!} \, x^{l_1} y^{l_2}
$$

$$
\cdot (-1)^{l_1+m} P_{l_1}^m(\cos\vartheta_a) P_{l_2}^m(\cos\vartheta_{b'}) (e^{im\phi} + e^{-im\phi}). \tag{A4.1.6}
$$

Spaltet man nun die Summe $(e^{im\phi} + e^{-im\phi})$ in eine Summe mit positiven und negativen Werten m einschließlich des Wertes $m = 0$ auf und benutzt die Beziehung [33, Gleichung 2.5.18]

$$
P_l^m(Z) = (-1)^m \frac{(l+m)!}{(l-m)!} P_l^{-m}(Z), \tag{A4.1.7}
$$

so ergibt sich in kompakter Schreibweise:

$$
F(x,y) = \sum_{l_1=0}^{\infty} \sum_{l_2=0}^{\infty} \sum_{m=-l_<}^{+l_<} (-1)^{l_2} \frac{(l_1+l_2)!}{(l_1-m)!\,(l_2+m)!} \, x^{l_1} y^{l_2}
$$

$$
\cdot P_{l_1}^{-m}(\cos\vartheta_a) P_{l_2}^m(\cos\vartheta_{b'}) e^{im\phi}. \tag{A4.1.8}
$$

Mit

$$
\phi = \phi_{b'} - \phi_a
$$

sowie der Definition von Kugelflächenfunktionen [33, Gleichung 2.5.29 und 10, Gleichung A2]

$$Y_l^m(\vartheta, \phi) = (-1)^m \sqrt{\frac{(2l+1)(l-m)!}{4\pi(l+m)!}}\; e^{im\phi}\, P_l^m(\cos \vartheta) \qquad \text{(A 4.1.9)}$$

gilt:

$$F(x,y) = \sum_{l_1=0}^{\infty} \sum_{l_2=0}^{\infty} \sum_{m=-l_<}^{+l_<} (-1)^{l_2}$$

$$\cdot\; \frac{4\pi(l_1+l_2)!\; x^{l_1}\, y^{l_2}\, Y_{l_1}^{-m}(\vartheta_a,\phi_a)\, Y_{l_2}^{m}(\vartheta_{b'},\phi_{b'})}{\sqrt{(2l_1+1)(2l_2+1)(l_1+m)!\,(l_1-m)!\,(l_2+m)!\,(l_2-m)!}}\;\cdot$$

$$\text{(A 4.1.10)}$$

Setzt man hier die Abstandskoordinaten r_a und $r_{b'}$ des betrachteten Ladungspaares ein, so folgt (4.3.37).

Die hier benutzten Kugelflächenfunktionen sind nachstehend zusammengestellt [10, Gleichung A 623]:

$$Y_0^0(\vartheta, \phi) = \frac{1}{2\sqrt{\pi}}, \qquad \text{(A 4.1.11)}$$

$$Y_1^0(\vartheta, \phi) = \tfrac{1}{2}\sqrt{\tfrac{3}{\pi}}\, \cos \vartheta, \qquad \text{(A 4.1.12)}$$

$$Y_1^{\pm 1}(\vartheta, \phi) = \mp\, \tfrac{1}{2}\sqrt{\tfrac{3}{2\pi}}\, \sin \vartheta\; e^{\pm i\phi}, \qquad \text{(A 4.1.13)}$$

$$Y_2^0(\vartheta, \phi) = \tfrac{1}{4}\sqrt{\tfrac{5}{\pi}}\, (3\cos^2 \vartheta - 1), \qquad \text{(A 4.1.14)}$$

$$Y_2^{\pm 1}(\vartheta, \phi) = \mp\, \tfrac{1}{2}\sqrt{\tfrac{15}{2\pi}}\, \cos \vartheta \, \sin \vartheta\; e^{\pm i\phi}, \qquad \text{(A 4.1.15)}$$

$$Y_2^{\pm 2}(\vartheta, \phi) = \tfrac{1}{4}\sqrt{\tfrac{15}{2\pi}}\, \sin^2 \vartheta\; e^{\pm 2 i\phi}, \qquad \text{(A 4.1.16)}$$

$$Y_3^0(\vartheta, \phi) = \tfrac{1}{4}\sqrt{\tfrac{7}{\pi}}\, \cos \vartheta\,(5\cos^2 \vartheta - 3), \qquad \text{(A 4.1.17)}$$

$$Y_3^{\pm 1}(\vartheta, \phi) = \mp\, \tfrac{1}{8}\sqrt{\tfrac{21}{\pi}}\, \sin \vartheta\,(5\cos^2 \vartheta - 1)\; e^{\pm i\phi}, \qquad \text{(A 4.1.18)}$$

$$Y_3^{\pm 2}(\vartheta, \phi) = \tfrac{1}{4}\sqrt{\tfrac{105}{2\pi}}\, \cos \vartheta \, \sin^2 \vartheta\; e^{\pm 2 i\phi}, \qquad \text{(A 4.1.19)}$$

$$Y_3^{\pm 3}(\vartheta, \phi) = \mp\, \tfrac{1}{8}\sqrt{\tfrac{35}{\pi}}\, \sin^3 \vartheta\; e^{\pm 3 i\phi}. \qquad \text{(A 4.1.20)}$$

Anhang 4.2

Darstellung der Zwei-Zentren-Entwicklung in molekülfesten Koordinatensystemen

Zwischen den Kugelfunktionen in zwei Koordinatensystemen, von denen das eine, überstrichene, durch eine Drehung um ω in das andere, ungestrichene, überführt wird, gilt die Beziehung [10, Gleichung A 43]

$$Y_l^m(\vartheta, \phi) = \sum_{n=-l}^{l} D_{mn}^l(\omega)^*\, Y_l^n(\vartheta, \phi). \qquad \text{(A 4.2.1)}$$

Hierbei sind die $D_{mn}^l(\omega)$ Drehmatrizen, die die Umrechnungsfaktoren zwischen beiden Koordinatensystemen enthalten. Ihre Definition lautet [10, Gleichung

A 64 und A 65]

$$D^l_{mn}(\omega) = e^{-im\phi}\, d^l_{mn}(\vartheta)\, e^{-in\chi} \qquad (A\,4.2.2)$$

mit

$$d^l_{mn}(\vartheta) = \sum_\kappa \frac{\sqrt{(l+m)!\,(l-m)!\,(l+n)!\,(l-n)!}\,(-1)^\kappa}{(l+m-\kappa)!\,(l-n-\kappa)!\,(\kappa-m+n)!\,\kappa!}$$
$$\cdot (\cos\tfrac{\vartheta}{2})^{2l+m-n-2\kappa}(\sin\tfrac{\vartheta}{2})^{n-m+2\kappa} \qquad (A\,4.2.3)$$

mit

$$(-x)! = \infty.$$

Die Matrix A 4.2.3 hat folgende Symmetrieeigenschaften [10, Gleichung A 67]:

$$d^l_{mn}(\vartheta) = (-1)^{m+n}\, d^l_{nm}(\vartheta) \qquad (A\,4.2.4)$$

$$d^l_{\underline{mn}}(\vartheta) = (-1)^{m+n}\, d^l_{mn}(\vartheta). \qquad (A\,4.2.5)$$

Führt man die Transformation (A 4.2.1) ein und spaltet die Summe über m in zwei Teilsummen über $m_1 = -m$ und $m_2 = +m$ auf, so erhält man aus (4.3.37):

$$\frac{1}{r_{ab}} = \sum_{l_1=0}^{\infty} \sum_{l_2=0}^{\infty} \sum_{m_1=l_1}^{-l_1} \sum_{m_2=l_2}^{-l_2} \frac{r_a^{l_1}\, r_{b'}^{l_2}}{r_{\alpha_i\beta_j}^{l_1+l_2+1}}$$
$$\cdot \frac{4\pi(l_1+l_2)!\,(-1)^{l_2}\,\delta_{m_1\underline{m_2}}}{\sqrt{(2l_1+1)(2l_2+1)(l_1+m_1)!\,(l_1-m_1)!\,(l_2-m_2)!\,(l_2+m_2)!}}$$
$$\cdot \sum_{n_1=+l_1}^{-l_1} \sum_{n_2=+l_2}^{-l_2} D^{l_1}_{m_1 n_1}(\omega_{\alpha_i})^*\, D^{l_2}_{m_2 n_2}(\omega_{\beta_j})^*\, Y^{n_1}_{l_1}(\vartheta_a,\phi_a)\, Y^{n_2}_{l_2}(\vartheta_{b'},\phi_{b'}).$$
$$(A\,4.2.6)$$

Führt man hier spezielle Clebsch-Gordan-Koeffizienten (C-Koeffizienten) ein [33, Gleichung 3.6.12] (vgl. A 4.5):

$$C(l_1 l_2 l_1 + l_2; m_1 m_2 0)$$
$$= (l_1+l_2)!\,\sqrt{\frac{(2l_1)!\,(2l_2)!}{(2l_1+2l_2)!\,(l_1+m_1)!\,(l_1-m_1)!\,(l_2+m_2)!\,(l_2-m_2)!}}$$
$$(A\,4.2.7)$$

so findet man (4.3.38), wobei die Bedingung $m_1 = -m_2$ bereits eingearbeitet ist, da C = 0, wenn das letzte Element nicht $\equiv m_1 + m_2$, d.h. = 0 im vorliegenden Fall.

Die allgemeine Form (4.3.39) mit der zusätzlichen Kugelfunktion für die Orientierung ω der Verbindungsachse enthält (4.3.38) als Sonderfall, wenn $\omega = (\vartheta,\phi) = (0,\phi)$ angesetzt wird. Mit [10, Gleichung A 55 und A 58 a]

$$P^m_l(1) = \delta_{m0} \qquad (A\,4.2.8)$$

und

$$Y^m_l(0,\phi) = \delta_{m0}\,\sqrt{\frac{2l+1}{4\pi}} = Y^m_l(0,\phi)^* \qquad (A\,4.2.9)$$

folgt (4.3.38) aus (4.3.39).

Anhang 4.3

Theoreme über Produkte von Kugelflächenfunktionen und Drehmatrizen

Für das Produkt von zwei Kugelflächenfunktionen mit dem gleichen Argument gilt nach [34, Gleichung 4.32]:

$$Y_l^m(\omega)\ Y_{l'}^{m'}(\omega) = \sum_{l''} \sqrt{\frac{(2l+1)(2l'+1)}{4\pi(2l''+1)}}\ C(ll'\,l''; mm'\,m+m')$$
$$\cdot\ C(ll'\,l''; 000)\ Y_{l''}^{m+m'}(\omega). \tag{A 4.3.1}$$

Wir schreiben diesen Ausdruck in konjugiert komplexe Kugelfunktionen um. Hierzu benutzen wir die aus der Definitionsgleichung für $Y_l^m(\omega)$ folgende Beziehung, vgl. [34, Gleichung 4.31]:

$$Y_l^m(\omega) = (-1)^m\ Y_l^{\underline{m}}(\omega)^*. \tag{A 4.3.2}$$

Damit folgt aus (A 4.3.1):

$$Y_l^{\underline{m}}(\omega)^*\ Y_{l'}^{\underline{m}'}(\omega)^* = \sum_{l''} \sqrt{\frac{(2l+1)(2l'+1)}{4\pi(2l''+1)}}\ C(ll'\,l''; mm'\,m+m')$$
$$\cdot\ C(ll'\,l''; 000)\ Y_{l''}^{\underline{m}+\underline{m}'}(\omega)^*. \tag{A 4.3.3}$$

Nach (A 4.1.9) gilt der folgende Zusammenhang zwischen Kugelflächenfunktionen und Legendre-Polynomen:

$$Y_l^{\underline{m}}(\omega)^* = (-1)^m\ Y_l^m(\omega) = (-1)^{2m} \sqrt{\frac{(2l+1)(l-m)!}{4\pi(l+m)!}}\ e^{im\phi}\ P_l^m(\cos\vartheta). \tag{A 4.3.4}$$

Mit der Beziehung (A 4.1.7) für die Legendre-Polynome

$$P_l^m(Z) = (-1)^m \frac{(l+m)!}{(l-m)!}\ P_l^{\underline{m}}(Z)$$

findet man

$$Y_l^m(\omega)^* = (-1)^{\underline{m}}\ Y_l^{\underline{m}}(\omega) = (-1)^{2\underline{m}} \sqrt{\frac{(2l+1)(l+m)!}{4\pi(l-m)!}}\ e^{-im\phi}\ P_l^{\underline{m}}(\cos\vartheta)$$
$$= (-1)^m \sqrt{\frac{(2l+1)(l-m)!}{4\pi(l+m)!}}\ e^{-im\phi}\ P_l^m(\cos\vartheta). \tag{A 4.3.5}$$

Division von (A 4.3.4) durch (A 4.3.5) ergibt

$$Y_l^{\underline{m}}(\omega)^* = (-1)^m\ e^{2im\phi}\ Y_l^m(\omega)^*. \tag{A 4.3.6}$$

Mit (A 4.3.6) wird aus (A 4.3.3):

$$Y_l^m(\omega)^*\ Y_{l'}^{m'}(\omega)^* = \sum_{l''} \sqrt{\frac{(2l+1)(2l'+1)}{4\pi(2l''+1)}}\ C(ll'\,l''; mm'\,m+m')$$
$$\cdot\ C(ll'\,l''; 000)\ Y_{l''}^{m+m'}(\omega)^*. \tag{A 4.3.7}$$

Mit $m + m' = m''$ und $C = 0$ für $m + m' \neq m''$ gilt schließlich:

$$Y_l^m(\omega)^* \, Y_{l'}^{m'}(\omega)^* = \sum_{\substack{l'' \\ m''}} \sqrt{\frac{(2l+1)(2l'+1)}{4\pi(2l''+1)}} \, C(ll'l''; mm'm'')$$

$$\cdot \, C(ll'l''; 000) \, Y_{l''}^{m''}(\omega)^*. \tag{A 4.3.8}$$

Für das Produkt zweier Drehmatrizen gilt nach [34, Gleichung 4.25]

$$D_{mn}^l(\omega) \, D_{m'n'}^{l'}(\omega) = \sum_{l''} C(ll'l''; mm' \, m+m') \, C(ll'l''; nn' \, n+n') \, D_{m+m' \, n+n'}^{l''}. \tag{A 4.3.9}$$

Auch diesen Ausdruck schreiben wir in konjugiert komplexe Form um. Wir benutzen dazu eine aus der Definition der Drehmatrix in Verbindung mit der Symmetrieeigenschaft (A 4.2.5) folgende Beziehung, vgl. auch [34, Gleichung 4.22]:

$$D_{mn}^l(\omega)^* = (-1)^{m+n} \, D_{\underline{m}\,\underline{n}}^l(\omega). \tag{A 4.3.10}$$

Mit (A 4.3.10) erhalten wir aus (A 4.3.9):

$$D_{\underline{m}\,\underline{n}}^l(\omega)^* \, D_{\underline{m}'\,\underline{n}'}^{l'}(\omega)^* = \sum_{l''} C(ll'l''; mm' \, m+m') \, C(ll'l''; nn' \, n+n')$$

$$\cdot \, D_{\underline{m}+\underline{m}', \, \underline{n}+\underline{n}'}^{l''}(\omega)^*. \tag{A 4.3.11}$$

Mit $m'' = m + m'$, $n'' = n + n'$ sowie $C = 0$ für $m + m' \neq m''$ mit $n + n' \neq n''$ folgt hieraus nach Vorzeichenumkehr der m, n unter Verwendung von (A 4.5.4):

$$D_{mn}^l(\omega)^* \, D_{m'n'}^{l'}(\omega)^* = \sum_{\substack{l'' \\ m'' \\ n''}} C(ll'l''; mm'm'') \, C(ll'l''; nn'n'') \, D_{m''n''}^{l''}(\omega)^*. \tag{A 4.3.12}$$

Im übrigen gilt das Additionstheorem [10, Gleichung A 33]:

$$\sum_m Y_l^m(\omega)^* \, Y_l^m(\omega') = \frac{2l+1}{4\pi} \, P_l(\cos\gamma) \tag{A 4.3.13}$$

mit γ als dem Winkel zwischen ω und ω'. Für $\omega = \omega'$ wird daraus

$$\sum_m |Y_l^m(\omega)|^2 = \frac{2l+1}{4\pi}. \tag{A 4.3.14}$$

Anhang 4.4

Theoreme über 3j-Symbole

Clebsch-Gordan-Koeffizienten lassen sich durch 3j-Symbole ausdrücken [10, Gleichung A 139]:

$$\begin{pmatrix} l_1 & l_2 & l \\ m_1 & m_2 & m \end{pmatrix} = \frac{(-1)^{l_1+l_2+m}}{\sqrt{2l+1}} \, C(l_1 l_2 l; m_1 m_2 \underline{m}). \tag{A 4.4.1}$$

Summen über C-Koeffizienten lassen sich damit in Summe über 3j-Symbole umschreiben, für die ihrerseits einfache Summenregeln existieren.

Es gilt insbesondere [10, Gleichung A 149]:

$$\sum_{\substack{m_1 m_2\ m_3 m_4 \\ m_{12}\ m_{34}}} \begin{pmatrix} l_1 & l_2 & l_{12} \\ m_1 & m_2 & m_{12} \end{pmatrix} \begin{pmatrix} l_3 & l_4 & l_{34} \\ m_3 & m_4 & m_{34} \end{pmatrix} \begin{pmatrix} l_1 & l_3 & l_{13} \\ m_1 & m_3 & m_{13} \end{pmatrix} \begin{pmatrix} l_2 & l_4 & l_{24} \\ m_2 & m_4 & m_{24} \end{pmatrix} \begin{pmatrix} l_{12} & l_{34} & l \\ m_{12} & m_{34} & m \end{pmatrix}$$

$$= \begin{pmatrix} l_{13} & l_{24} & l \\ m_{13} & m_{24} & m \end{pmatrix} \begin{Bmatrix} l_1 & l_2 & l_{12} \\ l_3 & l_4 & l_{34} \\ l_{13} & l_{24} & l \end{Bmatrix} , \tag{A 4.4.2}$$

wobei das letzte Symbol auf der rechten Seite das $9j$-Symbol ist, vgl. Anhang 4.5.

Wir setzen (A 4.4.1) in (A 4.4.2) ein und sorgen durch Vorzeichenumkehr einiger m dafür, daß in den C-Koeffizienten nur positive oder nur negative m auftreten. Hierbei ist das Vorzeichen für solche m, über die summiert wird, ohne Bedeutung, da sich die Summation über positive und negative Werte von m erstreckt. Man findet dann:

$$\sum_{\substack{m_1\ m_3 \\ m_2\ m_4 \\ m_{12}\ m_{34}}} C(l_1 l_2 l_{12}; m_1 m_2 m_{12})\, C(l_3 l_4 l_{34}; m_3 m_4 m_{34})\, C(l_1 l_3 l_{13}; m_1 m_3 m_{13})$$
$$C(l_2 l_4 l_{24}; m_2 m_4 m_{24})\, C(l_{12} l_{34} l; \underline{m}_{12}\, \underline{m}_{34}\, \underline{m})$$

$$= (-1)^{l_{13}+l_{24}+l_{12}+l_{34}} \sqrt{(2l_{12}+1)(2l_{34}+1)(2l_{13}+1)(2l_{24}+1)}$$

$$\cdot\, C(l_{13} l_{24} l; \underline{m}_{13}\, \underline{m}_{24}\, \underline{m}) \begin{Bmatrix} l_1 & l_2 & l_{12} \\ l_3 & l_4 & l_{34} \\ l_{13} & l_{24} & l \end{Bmatrix} , \tag{A 4.4.3}$$

wobei $m_{12} + m_{34} + m_{13} + m_{24} = 0$ benutzt wurde.

Für die C-Koeffizienten gilt die Symmetriebeziehung (A 4.5.4):

$$C(l_1 l_2 l_{12}; m_1 m_2 m_{12}) = (-1)^{l_1+l_2+l_{12}}\, C(l_1 l_2 l_{12}; \underline{m}_1 \underline{m}_2 \underline{m}_{12}). \tag{A 4.4.4}$$

Wir führen diese Beziehung in (A 4.4.3) ein und finden:

$$\sum_{\substack{m_1\ m_3 \\ m_2\ m_4 \\ m_{12}\ m_{34}}} C(l_1 l_2 l_{12}; m_1 m_2 m_{12})\, C(l_3 l_4 l_{34}; m_3 m_4 m_{34})\, C(l_1 l_3 l_{13}; m_1 m_3 m_{13})$$
$$C(l_2 l_4 l_{24}; m_2 m_4 m_{24})\, C(l_{12} l_{34} l; m_{12} m_{34} m)$$

$$= \sqrt{(2l_{12}+1)(2l_{34}+1)(2l_{13}+1)(2l_{24}+1)}$$

$$\cdot\, C(l_{13} l_{24} l; m_{13} m_{24} m) \begin{Bmatrix} l_1 & l_2 & l_{12} \\ l_3 & l_4 & l_{34} \\ l_{13} & l_{24} & l \end{Bmatrix} . \tag{A 4.4.5}$$

Nach [10, Gleichung A 147] gilt die Beziehung

$$\sum_{m_1 m_2 m_3} (-1)^{m_1+m_2+m_3} \begin{pmatrix} l_1 & l_2 & l_3 \\ m_1 & \underline{m}_2 & m_3 \end{pmatrix} \begin{pmatrix} l_2 & l_3 & l_1' \\ m_2 & \underline{m}_3 & m_1' \end{pmatrix} \begin{pmatrix} l_3 & l_1 & l_2' \\ m_3 & \underline{m}_1 & m_2' \end{pmatrix}$$

$$= (-1)^{l_1+l_2+l_3} \begin{pmatrix} l_1' & l_2' & l_3' \\ m_1' & m_2' & m_3' \end{pmatrix} \begin{Bmatrix} l_1' & l_2' & l_3' \\ l_1 & l_2 & l_3 \end{Bmatrix} , \tag{A 4.4.6}$$

mit der geschweiften Klammer als dem sogenannten $6j$-Symbol, vgl. Anhang 4.5.

Nach [10, Gleichung A 141] gilt weiterhin:

$$\sum_{m_1} \sum_{m_2} C(l\,l\,l; m\,m\,m)\, C(l\,l\,l'; m\,m\,m') = \delta_{ll'}\, \delta_{mm'}. \tag{A 4.4.7}$$

Anhang 4.5

Berechnungsformeln für die C-Koeffizienten und 6,9 j-Symbole

Die allgemeine Formel für die Berechnung der C-Koeffizienten lautet [10, Gleichung A 163]:

$$C(l_1 l_2 l; m_1 m_2 m) = \delta_{m, m_1 + m_2} \sqrt{\frac{(2l + 1)(l_1 + l_2 - l)!\,(l_1 - l_2 + l)!\,(-l_1 + l_2 + l)!}{(l_1 + l_2 + l + 1)!}}$$

$$\cdot \sqrt{(l_1 + m_1)!\,(l_1 - m_1)!\,(l_2 + m_2)!\,(l_2 - m_2)!\,(l + m)!\,(l - m)!}$$

$$\cdot \sum_{Z} (-1)^Z [Z!\,(l_1 + l_2 - l - Z)!\,(l_1 - m_1 - Z)!\,(l_2 + m_2 - Z)!$$

$$\cdot (l - l_2 + m_1 + Z)!\,(l - l_1 - m_2 + Z)!]^{-1}. \tag{A 4.5.1}$$

Hier darf die Summe nur über alle Werte von Z gebildet werden, die positive Werte einschließlich 0! für die Fakultäten im Nenner liefert. Für $l_3 = l_1 + l_2$ sowie $m = 0$ geht diese in die einfache (A 4.2.7) über.

Die C-Koeffizienten nehmen nur unter einschränkenden Bedingungen für die l's und m's von null verschiedene Werte an. Diese Auswahlregeln lauten:

$$m = m_1 + m_2 \tag{A 4.5.2}$$

$$|l_1 - l_2| \leqq l \leqq |l_1 + l_2|. \tag{A 4.5.3}$$

Außerdem gelten Symmetriebedingungen, zum Beispiel [10, Gleichung A 133]

$$C(l_1 l_2 l_3; m_1 m_2 m_3) = (-1)^{l_1 + l_2 + l_3}\, C(l_1 l_2 l_3; \underline{m}_1 \underline{m}_2 \underline{m}_3). \tag{A 4.5.4}$$

Für die Berechnung der 9 j-Symbole gilt die Beziehung [10, Gleichung A 291]:

$$\begin{Bmatrix} a & b & c \\ d & e & f \\ g & h & i \end{Bmatrix} = \sum_{x} (2x + 1) \begin{Bmatrix} a & i & x \\ h & d & g \end{Bmatrix} \begin{Bmatrix} h & d & x \\ f & b & e \end{Bmatrix} \begin{Bmatrix} f & b & x \\ a & i & c \end{Bmatrix}. \tag{A 4.5.5}$$

Hierbei berechnet sich das 6 j-Symbol aus [10, Gleichung A 285 a]

$$\begin{Bmatrix} j_1 & j_2 & j_3 \\ l_1 & l_2 & l_3 \end{Bmatrix} = \Delta(j_1 j_2 j_3)\, \Delta(j_1 l_2 l_3)\, \Delta(l_1 j_2 l_3)\, \Delta(l_1 l_2 j_3)\, W \begin{Bmatrix} j_1 & j_2 & j_3 \\ l_1 & l_2 & l_3 \end{Bmatrix}$$

$$\tag{A 4.5.6}$$

und

$$W \begin{Bmatrix} j_1 & j_2 & j_3 \\ l_1 & l_2 & l_3 \end{Bmatrix} = \sum_{Z>0}$$

$$\cdot \frac{(-1)^Z (Z+1)!}{(Z - j_1 - j_2 - j_3)! (Z - j_1 - l_2 - l_3)! (Z - l_1 - j_2 - l_3)! (Z - l_1 - l_2 - j_3)!}$$

$$\cdot \frac{1}{(j_1 + j_2 + l_1 + l_2 - Z)! (j_2 + j_3 + l_2 + l_3 - Z)! (j_1 + j_3 + l_1 + l_3 - Z)!}$$

$$(A\,4.5.7)$$

sowie

$$\Delta(a\,b\,c) = \left[\frac{(a+b-c)! (a-b+c)! (-a+b+c)!}{(a+b+c+1)!} \right]^{1/2}. \qquad (A\,4.5.8)$$

Die Summation geht wieder nur über solche Werte von Z, bei denen die Fakultäten im Nenner nicht negativ werden. Die erlaubten Werte von Z werden dadurch erheblich zu kleinen und großen Zahlen hin begrenzt. Praktisch bedeutet damit die Auswertung der Summe keine große Mühe.

Insbesondere gilt [10, Gleichung A 288 und A 289]:

$$\sum_x (2x+1) \begin{Bmatrix} a & b & x \\ d & e & f \end{Bmatrix} \begin{Bmatrix} a & b & x \\ d & e & f' \end{Bmatrix} = (2f+1)^{-1} \delta_{ff'} \qquad (A\,4.5.9)$$

$$\sum_x (-1)^x (2x+1) \begin{Bmatrix} a & b & x \\ d & e & f \end{Bmatrix} \begin{Bmatrix} b & a & x \\ d & e & f' \end{Bmatrix} = (-1)^{f+f'} \begin{Bmatrix} a & e & f \\ b & d & f' \end{Bmatrix}.$$

$$(A\,4.5.10)$$

Wenn ein Element des $9j$-Symbols null ist, reduziert es sich auf ein $6j$-Symbol, nach [10, Gleichung A 292]:

$$\begin{Bmatrix} a & b & c \\ d & e & f \\ g & h & 0 \end{Bmatrix} = (-1)^{b+d+c+g} \sqrt{\frac{1}{(2c+1)(2g+1)}} \begin{Bmatrix} a & b & c \\ e & d & g \end{Bmatrix} \delta_{cf}\delta_{gh}.$$

$$(A\,4.5.11)$$

Das $9j$-Symbol ist invariant gegenüber einer Spiegelung bezüglich einer Diagonalen und wird mit $(-1)^s$ bei Auswechseln von zwei Reihen oder zwei Spalten multipliziert, wobei s die Summe aller Elemente ist.

Das $6j$-Symbol ist invariant gegen Vertauschen der Spalten und Vertauschen zweier entsprechender Elemente in der oberen und unteren Reihe. Wenn ein Element gleich null ist, kann dieses immer in die rechte obere Ecke gebracht werden und es gilt dann [10, Gleichung A 285]:

$$\begin{Bmatrix} a & b & 0 \\ d & e & f \end{Bmatrix} = (-1)^{a+d+f} \sqrt{\frac{1}{(2a+1)(2d+1)}} \delta_{ab}\delta_{de}. \qquad (A\,4.5.12)$$

Anhang 4.6

Theoreme über Winkelmittelung von Drehmatrizen

Nach [10, Gleichung A 92] gilt die folgende Beziehung für die Winkelmittelung einer Drehmatrix:

$$\int D^l_{mn}(\omega)\, d\omega = \left(\frac{8\pi^2}{2l+1}\right) \delta_{l0}\, \delta_{m0}\, \delta_{n0},\tag{A 4.6.1}$$

wobei δ_{ij} das Kronecker-Symbol ist.

Für die Winkelmittelung eines Produktes aus zwei Drehmatrizen über denselben Winkel gilt nach [10, Gleichung A 93]:

$$\int D^l_{mn}(\omega)^*\, D^{l'}_{m'n'}(\omega)\, d\omega = \left(\frac{8\pi^2}{2l+1}\right) \delta_{ll'}\, \delta_{mm'}\, \delta_{nn'}.\tag{A 4.6.2}$$

Für die Winkelmittelung eines Produktes aus drei Drehmatrizen über denselben Winkel gilt nach [10, Gleichung A 94]:

$$\int D^l_{mn}(\omega)^*\, D^{l'}_{m'n'}(\omega)\, D^{l''}_{m''n''}(\omega)\, d\omega$$

$$= \left(\frac{8\pi^2}{2l+1}\right) C(l''\,l'\,l;\, m''\,m'\,m)\, C(l''\,l'\,l;\, n''\,n'\,n).\tag{A 4.6.3}$$

Literatur zu Kapitel 4

1. Byrnes, J. M.; Sandler, S. I.: J. Chem. Phys. 80 (1983) 881–885
2. Naumann, K. H.: J. Mol. Struct. 84 (1982) 293–302
3. Schaefer, H. F.: Modern Theoretical Chemistry. London: Chapman and Hall 1974
4. Nakanishi, K.; Ikari, K.; Okazaki, S.; Touhara, H.: J. Chem. Phys. 80 (1984) 1656–1670
5. Hirschfelder, J. O.; Curtiss, C. F.; Bird, R. B.: Molecular theory of gases and liquids. New York: Wiley 1954
6. Hirschfelder, J. O.; Meath, W. J.: Adv. Chem. Phys. 12 (1967) 3
7. Buckingham, A. D.: Adv. Chem. Phys. 12 (1967) 107
8. Kutzelnigg, W.: Einführung in die Theoretische Chemie. Bd. 1. Kap. 6. Weinheim, Verlag Chemie 1975
9. Courant, R.; Hilbert, D.: Methoden der Mathematischen Physik I, Kap. 2. Berlin: Springer-Verlag 1968
10. Gray, C. G.; Gubbins, K. E.: Theory of molecular fluids I. Oxford: Clarendon-Press 1984
11. Moser, B.: Die Theorie der intermolekularen Wechselwirkungen und ihre Anwendung auf die Berechnung von Verdampfungsgleichgewichten binärer Systeme. Diss. Uni. Duisburg (1981)
12. Landolt-Börnstein: Zahlenwerte und Funktionen in Wissenschaft und Technik. Bd II/6, Bd II/14a, Kap. 2.6 und 2,9. Berlin: Springer-Verlag 1974, 1982
13. Monson, P. A.; Steele, W. A.; Street, W. B.: J. Chem. Phys. 78 (1983) 4126–4132
14. Evans, G. J.; Evans, M. W.: J. Chem. Soc. Faraday Trans. 79 (1983) 767–783
15. Böhm, H. J.; Ahlrichs, R.; Scharf, P.; Schiffer, H.: J. Chem. Phys. 81 (1984) 1389–1395
16. Landolt-Börnstein: Zahlenwerte und Funktionen in Wissenschaft und Technik, Bd I, Atom- und Molekularphysik, Teil 3 Berlin: Springer-Verlag 1951

17. Ameling, W.: Die Korrelation und Berechnung von Gasdaten mit Potentialfunktionen. Dissertation Universität Duisburg 1986
18. Meinander, N.; Tabisz, G. C.: J. Chem. Phys. 79 (1983) 416–421
19. Shukla, K. P.; Lucas, K.; Moser, B.: Fluid phase equilibria 15 (1983) 125–172
20. Bell, R. J.: J. Phys. B 3 (1970) 751
21. Stogryn, D. E.: Phys. Rev. Lett. 24 (1970) 971
22. Axilrod, B. M.; Teller, E.: J. Chem. Phys. 11 (1943) 299
23. Ameling, W.; Shukla, K. P.; Lucas, K.: Mol. Phys. 58 (1986) 381–394
24. Sack, R. A.: J. Math. Phys. 5 (1964) 260
25. Downs, J.; Gubbins, K. E.; Murad, S.; Gray, C. G.: Mol. Phys. 37 (1979) 129
26. Kihara, T.: Intermolecular forces. New York: Wiley 1972
27. Pople, G. A.: Proc. Roy. Soc. A 221 (1954) 498
28. Berne, B. J.; Pechukas, P.: J. Chem. Phys. 56 (1972) 4213
29. Maitland, G. C.; Rigby, M.; Smith, E. B.; Wakeham, W. A.: Intermolecular forces. Oxford, Clarendon Press 1981
30. Maitland, G. C.; Smith, E. B.: Chem. Phys. Lett. 22 (1973) 443
31. Ameling, W.; Luckas, M.; Shukla, K. P.; Lucas, K.: Mol. Phys. 65 (1985) 335
32. Leicht, D.; Lucas, K.: Ber. Bunsenges. Phys. Chem. 85 (1981) 20–27
33. Edmonds, A. R.: Drehimpulse in der Quantenmechanik. Mannheim: Bibliographisches Institut 1960
34. Rose, M. E.: Elementary theory of angular momentum. New York: Wiley 1957
35. Kohler, F.: Monatsh. Chem. 88 (1957) 857
36. Lucas, K.: 9th IUPAC Conference on Chemical Thermodynamics, Lisboa, 12–19 July (1986)

5 Reale Gase

Alle Gase gehorchen im Grenzfall verschwindender Dichte dem Gesetz

$$\lim_{n \to 0} \frac{pV}{NkT} = 1,$$

wobei p der Druck, V das Volumen, N die Molekülzahl, k die Boltzmannkonstante, T die absolute thermodynamische Temperatur und $n = N/V$ die Moleküldichte ist. Ein Gas mit dieser thermischen Zustandsgleichung nennt man ein ideales Gas und schreibt:

$$\lim_{n \to 0} \frac{pV}{NkT} = \left(\frac{pV}{NkT} \right)^{id} = 1.$$

In Kap. 3 wurde gezeigt, daß dieses Grenzgesetz aus den allgemeinen Gleichungen der Statistischen Thermodynamik folgt, wenn die intermolekulare Energiefunktion null ist, also die Kräfte zwischen den Molekülen vernachlässigt werden. Es ist einleuchtend, daß dies für $n \to 0$ gegeben ist.

Das Grenzgesetz idealer Gase gilt praktisch auch bei endlichen Dichten, insbesonders kann man es oft bei gewöhnlichem Atmosphärendruck anwenden, woraus sich seine überaus große praktische Bedeutung ergibt. Bei höheren Drükken und Dichten, vielfach auch schon bei Atmosphärendruck in der Nähe der Taulinie, läßt sich die Zustandsgleichung eines Gases jedoch nicht mehr durch das universelle Grenzgesetz idealer Gase beschreiben. Bei mäßigen Dichten sind die Abweichungen vom Verhalten idealer Gase jedoch noch so klein, daß sie als Störung des idealen Grenzverhaltens behandelt werden können. Bezüglich der intermolekularen Energiefunktion bedeutet dies, daß sich auf Grund der mäßigen Dichte nur jeweils zwei, höchstens jeweils drei Moleküle mit nennenswerter Wahrscheinlichkeit gleichzeitig innerhalb der Reichweite ihrer gegenseitigen Beeinflussung aufhalten. Das thermodynamische Verhalten solcher realen Gase läßt sich durch eine Reihenentwicklung um den idealen Gaszustand, die Virialgleichung, beschreiben.

5.1 Die Virialgleichung

Die Virialgleichung ist eine Reihenentwicklung des Realfaktors $Z = \dfrac{pV}{NkT}$ entlang einzelner Isothermen in der Dichte um den Grenzzustand $n = 0$, nach

$$Z = 1 + Bn + Cn^2 + \ldots \tag{5.1.1}$$

Die Entwicklungskoeffizienten $B, C, \ldots$ sind im Sinne einer McLaurinschen Reihenentwicklung definiert durch

$$B = \left(\frac{\partial Z}{\partial n}\right)_{n=0} \tag{5.1.2}$$

$$C = \frac{1}{2!} \left(\frac{\partial^2 Z}{\partial n^2}\right)_{n=0}. \tag{5.1.3}$$

Sie sind die Eigenschaften des Gases bei $n = 0$, hängen also nicht von der Dichte, sondern lediglich von der Temperatur und, bei Gemischen, von der Zusammensetzung ab. Eine analoge Reihenentwicklung nach Potenzen des Druckes läßt sich ebenfalls durchführen und ergibt

$$Z = 1 + B'p + C'p^2 + \ldots, \tag{5.1.4}$$

wobei die Koeffizienten beider Entwicklungen zusammenhängen nach

$$B = NkT\, B' \tag{5.1.5}$$

$$C = (NkT)^2 \, (C' + B'^2). \tag{5.1.6}$$
$$\vdots$$

Man bezeichnet sowohl (5.1.1) als auch (5.1.4) als Virialgleichung, die Koeffizienten B und C bzw. B' und C' entsprechend als Virialkoeffizienten. Die Virialgleichung ist die bevorzugte Form der thermischen Zustandsgleichung für reale Gase bei mäßigen Dichten. Für Temperaturen unterhalb der kritischen gilt sie etwa bis zur Taulinie, für überkritische Temperaturen ist ihr Konvergenzbereich nicht vollkommen klar. Da praktisch ohnehin nur der zweite und, mit geringerer Genauigkeit, der dritte Virialkoeffizient ermittelt werden können, ist die Anwendung der Virialgleichung praktisch auf Dichten bis etwa zur halben kritischen Dichte beschränkt. Dies ist ein großer Bereich im $p - v - T$-Diagramm, wie ein Blick auf Bild 5.1 für Argon zeigt.

Die besondere Bedeutung der Virialgleichung gegenüber anderen Formen der thermischen Zustandsgleichung ergibt sich aus der Tatsache, daß man den zweiten Virialkoeffizienten mit dem Paarpotential und den dritten Virialkoeffizienten mit dem Paar- und Dreikörperpotential zwischen den Molekülen exakt und auch praktisch auswertbar verknüpfen kann. Da man zumindest den zweiten Virialkoeffizienten mit guter Genauigkeit messen kann, hat man damit eine experimentelle Information über das intermolekulare Paarpotential zur Verfügung. Umgekehrt kann man aus bekanntem Wechselwirkungspotential den zweiten und dritten Virialkoeffizienten theoretisch berechnen. Außerdem liefert die statistische

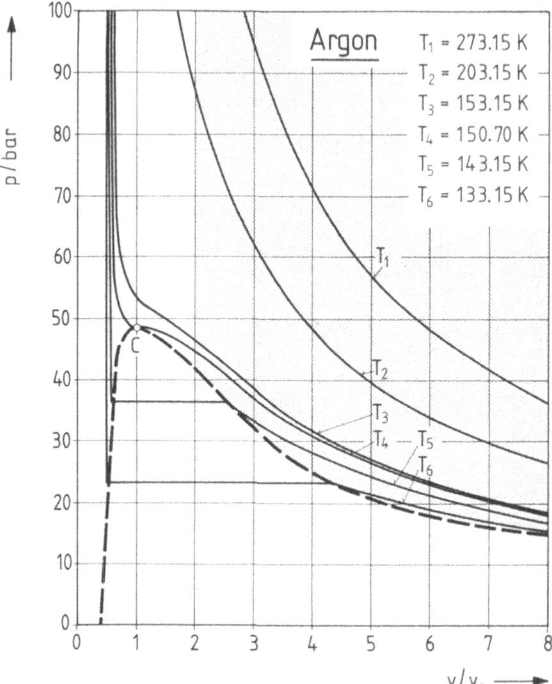

Bild 5.1. Gültigkeitsbereich der Virialgleichung bis zum dritten Virialkoeffizienten am Beispiel von Argon

Ableitung der Virialgleichung die exakte Konzentrationsabhängigkeit der Virialkoeffizienten, was für die Berechnung des chemischen Potentials oder der Fugazität sehr wichtig ist. Schließlich lassen sich theoretische Gleichungen für dichte Fluide bei niedrigen Dichten stets in die Form der Virialgleichung entwickeln, womit eine Kontrolle dieser Gleichungen an bekannten Ergebnissen für niedrige Dichten möglich ist. Im übrigen erlaubt die Kenntnis der Virialkoeffizienten für ein Gas eine einfache Überprüfung, ob das Grenzgesetz idealer Gase für einen bestimmten Zustand noch gilt oder bereits korrigiert werden muß.

Die Virialkoeffizienten sind prinzipiell aus experimentellen $p - v - T$-Daten berechenbar. Allerdings sind sie im Sinne von (5.1.2) und (5.1.3) als Steigungen bzw. Krümmung experimentell ermittelter Isothermen definiert, so daß die Auswertung der gemessenen $p - v - T$-Daten größter Sorgfalt bedarf. Der zweite Virialkoeffizient ist außer bei tiefen Temperaturen mit praktisch befriedigender Genauigkeit bekannt, d. h. seine Unsicherheit beträgt meist einige cm^3/mol. Stellt man die experimentell ermittelte Temperaturabhängigkeit des zweiten Virialkoeffizienten in einem Diagramm dar, so findet man den in Bild 5.2 schematisch dargestellten Verlauf. Bei tiefen Temperaturen ist der zweite Virialkoeffizient stets negativ. In diesem Temperaturbereich sind die intermolekularen Anziehungskräfte dominant. Es bilden sich Molekülpaare, die in nicht vernachlässigbaren Zeiträumen erhalten bleiben und eine Abnahme des Druckes gegenüber dem nach dem Grenzgesetz idealer Gase berechneten Wert bewirken. Bei hohen Temperaturen verlieren die Anziehungskräfte auf Grund der großen kinetischen Energie der Moleküle ihren Einfluß auf die Stöße, statt dessen machen sich die Abstoßungskräfte ähnlich wie endliche Molekülvolumina bemerkbar. Dies führt zu einer

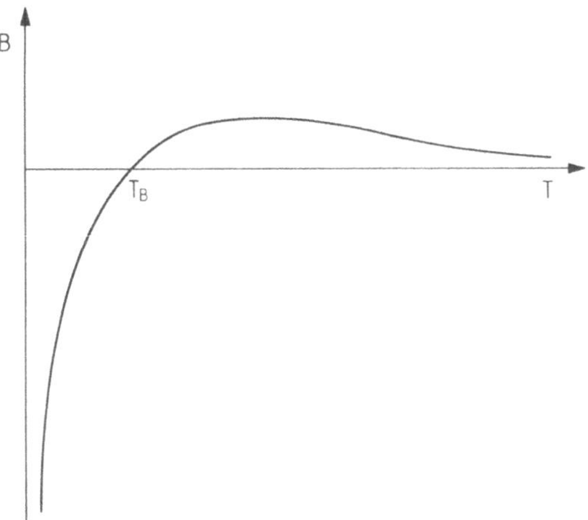

Bild 5.2. Temperaturabhängigkeit des zweiten Virialkoeffizienten (schematisch)

effektiven Verkleinerung des den Gasmolekülen zur Verfügung stehenden Behältervolumens und damit zu einer Erhöhung des Druckes gegenüber dem nach dem idealen Gasgesetz berechneten Wert. Mit zunehmender Temperatur schwächt sich der positive zweite Virialkoeffizient ab, da der effektive Moleküldurchmesser wegen der weichen Abstoßungskräfte mit steigender Temperatur abnimmt. Die Temperatur, bei der der zweite Virialkoeffizient seinen Nulldurchgang hat, wird als Boyle-Temperatur T_B bezeichnet.

Wenn die Virialkoeffizienten eines Gases in Abhängigkeit von der Temperatur und, bei Gemischen, der Konzentration bekannt sind, lassen sich alle von der thermischen Zustandsgleichung abhängigen Eigenschaften berechnen. Man findet z. B. für die innere Energie:

$$U(T, V, \{N_j\}) - U^{\mathrm{id}}(T, \{N_j\}) = -NkT^2\left[n\frac{\mathrm{d}B}{\mathrm{d}T} + \frac{n^2}{2}\frac{\mathrm{d}C}{\mathrm{d}T} + \ldots\right], \quad (5.1.7)$$

wobei N_j die Molekülzahl der Komponente j ist und die Konzentrationsabhängigkeit in den Virialkoeffizienten steckt. Hieraus folgt mit $\lim\limits_{V\to\infty}(\partial U/\partial V)_{T,\{N_j\}} = 0$ die aus den Experimenten von Joule bekannte Unabhängigkeit der inneren Energie realer Gase vom Volumen im Grenzfall großer Volumina bzw. niedriger Drücke. Für die Entropie gilt

$$S(T, V, \{N_j\}) - S^{\mathrm{id}}(T, V\{N_j\})$$
$$= -Nk\left[\left(B + T\frac{\mathrm{d}B}{\mathrm{d}T}\right)n + \left(C + T\frac{\mathrm{d}C}{\mathrm{d}T}\right)\frac{n^2}{2} + \ldots\right]. \quad (5.1.8)$$

In Phasengleichgewichtsrechnungen benötigt man den Fugazitätskoeffizienten ϕ_i einer Komponente i im Gasgemisch. Er ist aus den Virialkoeffizienten berechenbar nach

$$\ln\phi_i = \int_0^n \left\{\left[B + \left(\frac{\partial(nB)}{\partial N_i}\right)_{T,N_i^*}\right]n + \left[2C + \left(\frac{\partial(nC)}{\partial N_i}\right)_{T,N_i^*}\right]n^2\right\}\frac{\mathrm{d}n}{n}$$
$$- \ln(1 + Bn + Cn^2), \quad (5.1.9)$$

wobei die Bedeutung der Konzentrationsabhängigkeit der Virialkoeffizienten zur Berechnung von Fugazitätskoeffizenten offensichtlich ist. Eine spezielle, mit dem zweiten Virialkoeffizienten verknüpfte thermodynamische Funktion ist der auf den Druck $p = 0$ extrapolierte isenthalpe Drosselkoeffizient oder Joule-Thomson-Koeffizient:

$$\mu^{\circ}(T) = \lim_{p \to 0} \left(\frac{\partial T}{\partial p}\right)_{h} = \frac{1}{c_p^{i d}}\left(T \frac{dB}{dT} - B\right). \tag{5.1.10}$$

Er ist relativ einfach und genau meßbar und stellt damit eine wertvolle direkte Information über die Temperaturabhängigkeit des zweiten Virialkoeffizienten dar.

Zur Berechnung der thermodynamischen Funktionen von Gasen für vorgegebene Werte von Druck und Temperatur berechnet man zunächst das hierzu gehörige Volumen aus der Virialgleichung und benutzt dann die obigen Beziehungen. Oft benutzt man die Virialgleichung nur bis zum linearen Term, z. B. bei sehr niedrigen Dichten oder wenn der dritte Virialkoeffizient nicht bekannt ist. Es zeigt sich, daß dann die Entwicklung im Druck günstiger ist, da sie zum einen die praktisch meist vorgegebenen Variablen Druck und Temperatur explizit enthält und zum anderen einen etwas größeren Konvergenzbereich hat. Die entsprechenden Gleichungen für die thermodynamischen Funktionen sind leicht ableitbar. Bei Benutzung des dritten Virialkoeffizienten ist die Dichteentwicklung jedoch vorzuziehen, da sie den größeren Konvergenzbereich hat.

Beispiel 5.1

Man entwickle die Redlich-Kwong-Gleichung [1] in die Virialreihe und diskutiere die Konvergenz der Virialgleichung bis zum dritten Virialkoeffizienten.
1. Redlich, O.; Kwong, Y. N. S.: Chem. Rev. 44 (1949) 233

Lösung

Die Redlich-Kwong-Gleichung lautet:

$$p_{RK} = \frac{N k T}{V - b} - \frac{a}{T^{0.5}\, V(V + b)}.$$

Hier ist V das Volumen des Gases, T seine Temperatur und p sein Druck. Die Größen a, b sind zwei stoffspezifische Konstanten.
Für den Realfaktor folgt daraus:

$$Z_{RK} = \frac{1}{1 - b/V} - \frac{a/(N k)}{T^{3/2}\, V(1 + b/V)} = \frac{V^*}{V^* - 1} - \frac{1}{T^*(V^* + 1)}$$

mit

$$T^* = T^{3/2}\,\frac{(N k)\, b}{a}$$

und

$$V^* = V/b.$$

Die Entwicklung in die Virialform liefert:

$$Z_{RK} = 1 + \left(\frac{\partial Z_{RK}}{\partial(1/V)}\right)_{1/V = 0}\frac{1}{V} + \frac{1}{2!}\left(\frac{\partial^2 Z_{RK}}{\partial(1/V)^2}\right)_{1/V = 0}\left(\frac{1}{V}\right)^2 + \dots$$

$$= 1 + (1 - 1/T^*)\frac{1}{V^*} + \frac{1}{2!}(2 + 2/T^*)\left(\frac{1}{V^*}\right)^2 + \dots$$

$$= 1 + \frac{(1 - 1/T^*)}{V_c^*}\left(\frac{1}{V_r}\right) + \frac{1}{2!}\frac{(2 + 2/T^*)}{(V_c^*)^2}\left(\frac{1}{V_r}\right)^2 + \dots$$

$$= 1 + (B/V_c)\left(\frac{1}{V_r}\right) + (C/V_c^2)\left(\frac{1}{V_r}\right)^2 + \dots$$

mit

$$V_r = V/V_c,$$

wobei der Index c den kritischen Punkt bezeichnet.

Mit den Bedingungen des kritischen Punktes

$$\left(\frac{\partial p}{\partial v}\right)_T = \left(\frac{\partial^2 p}{\partial v^2}\right)_T = 0$$

findet man

$$V_c^* = 3{,}847$$

und

$$T_c^* = 0{,}203.$$

Bild B 5.1.1 zeigt den Vergleich der vollständigen Redlich-Kwong-Gleichung mit der nach dem zweiten bzw. dem dritten Virialkoeffizienten abgebrochenen Virialgleichung. Man erkennt, daß generell der dritte Virialkoeffizient einbezogen werden muß, um einen Konvergenzbereich bis zur halben kritischen Dichte zu erreichen. Auch die Taulinie kann, außer bei den niedrigsten Temperaturen, nur mit Berücksichtigung des dritten Virialkoeffizienten zuverlässig beschrieben werden.

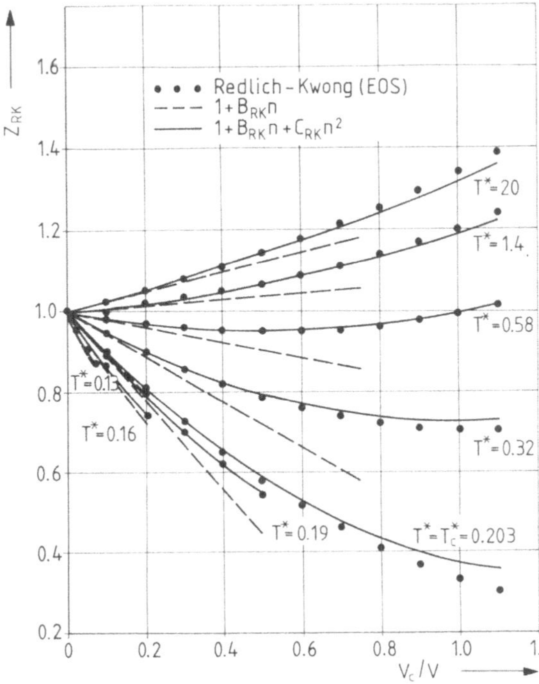

Bild B 5.1.1. Die Konvergenz der Virialgleichung am Beispiel des Redlich-Kwong-Fluids

5.2 Reine Gase aus Molekülen mit kugelförmigen Wechselwirkungen

5.2.1 Die statistische Ableitung der Virialgleichung [1, 2] und ihre Anwendung

Das statistische Analogon des Ausdruckes pV, des großkanonischen Potentials, lautet nach (2.2.111) mit (2.2.113):

$$pV(T, V, \mu) = kT \ln \Xi. \tag{5.2.1}$$

Hierbei ist Ξ die großkanonische Zustandssumme, für die bei reinen Stoffen nach (2.2.105) gilt:

$$\Xi = \sum_{N \geq 0} Q_N(T, V, N)\, e^{N\mu/kT} \tag{5.2.2}$$

mit Q_N als der kanonischen Zustandssumme für ein N-Molekül-System und μ als dem chemischen Potential des Fluids pro Molekül. Die großkanonische Zustandssumme hat die bedeutsame Eigenschaft, sich als Reihe darzustellen, deren einzelne Summanden Teilsysteme von $1, 2, \ldots N$ Molekülen enthalten. Sie ist daher der einfachste Ausgangspunkt für die Ableitung der Virialgleichung im Rahmen der Statistischen Thermodynamik.

Im Sonderfall einatomiger Moleküle läßt sich (5.2.2) bei halbklassischer Approximation nach (2.2.133) und dem Ergebnis von Beispiel 2.11 umschreiben zu:

$$\Xi = \sum_{N \geq 0} \frac{1}{N!}\, \Lambda^{-3N}\, Z_N\, e^{N\mu/kT} = \sum_{N \geq 0} \frac{Z_N}{N!}\, a^N = 1 + \sum_{N=1}^{\infty} \frac{Z_N}{N!}\, a^N \tag{5.2.3}$$

mit, vgl. (2.2.134):

$$Z_N = \int \ldots \int \exp(-U(r_1, r_2, \ldots, r_N)/kT)\, dr^N \tag{5.2.4}$$

und

$$a = \Lambda^{-3}\, e^{\mu/kT} = \left(\frac{2\pi\, m k T}{h^2}\right)^{3/2} e^{\mu/kT}. \tag{5.2.5}$$

Z_N ist das Konfigurationsintegral eines reinen, aus N einatomigen Molekülen bestehenden Systems. Es ist der Anteil des Phasenintegrals, der durch die Konfiguration der Moleküle und damit durch die intermolekulare Energiefunktion U bestimmt ist. Die Größe a wird als absolute Aktivität bezeichnet. Ihre Beziehung zur Fugazität f, vgl. Kap. 1, ist $a = \dfrac{f}{kT}$. Für die Ableitung der Virialgleichung ist bedeutsam, daß a eng mit der Teilchendichte zusammenhängt, vgl. (5.2.8).

Die großkanonische Gesamtheit liefert damit für den Ausdruck $e^{pV/kT}$ eine Reihenentwicklung in Potenzen der absoluten Aktivität. Da wir eine Entwicklung des Realfaktors $Z = \dfrac{pV}{NkT}$ nach der Dichte ableiten wollen, schreiben wir formal die Reihenentwicklung der Funktion $e^{pV/kT}$ zunächst in eine Reihenentwicklung von pV/kT in Termen von a um und eliminieren anschließend die absolute Aktivität zugunsten der Dichte. Als Reihenentwicklung von pV/kT in Potenzen von a wird angesetzt:

$$\frac{pV}{kT} = V \sum_{i \geq 1} b_i\, a^i, \tag{5.2.6}$$

wobei die Koeffizienten b_i so zu bestimmen sind, daß die Entwicklungen (5.2.6) und (5.2.3) konsistent sind. Gleichung (5.2.6) ist zunächst konsistent mit dem Grenzgesetz idealer Gase, denn es gilt nach (3.6.10):

$$\left(\frac{G}{N}\right)^{id} = \mu^{id} = kT \ln \frac{N\Lambda^3}{V} \tag{5.2.7}$$

und daher

$$a^{id} = e^{\ln \frac{N}{V}} = n. \tag{5.2.8}$$

Da bei $n \to 0$ (ideales Gas) nur Einzelmoleküle betrachtet werden, die Reihe (5.2.6) also bei $i = 1$ abzubrechen ist, gilt entsprechend nach (5.2.6):

$$\left(\frac{pV}{kT}\right)^{id} = V b_1\, a^{id}, \tag{5.2.9}$$

was für $b_1 = 1$ (vgl. 5.2.16) übergeht in $(pV)^{id} = NkT$. Damit ist gezeigt, daß (5.2.6) für $n \to 0$ mit der klassischen Virialentwicklung konsistent ist. Es ist allerdings damit keineswegs bewiesen, daß die Reihenentwicklung (5.2.6) existiert, bzw. welchen Konvergenzbereich sie hat. Es sind in der Tat Systeme bekannt, für die eine solche Entwicklung und damit auch die Virialgleichung nicht existiert.

Gleichung (5.2.6) läßt sich in die Virialgleichung umformen, wenn man die absolute Aktivität a zugunsten der Teilchendichte n eliminieren kann. Hierzu zeigen wir zunächst den allgemeinen Zusammenhang zwischen n und a.

Für die Molekülzahl gilt in der großkanonischen Gesamtheit nach (2.2.117)

$$N = kT \left(\frac{\partial \ln \Xi}{\partial \mu}\right)_{T,V} = \left(\frac{\partial \ln \Xi}{\partial \ln a}\right)_{T,V}. \tag{5.2.10}$$

Mit (5.2.6) besteht daher der folgende formale Zusammenhang zwischen n und a:

$$\frac{N}{V} = n = \frac{a}{V}\left(\frac{\partial(pV/kT)}{\partial a}\right)_{T,V} = \sum_{i \geq 1} i\, b_i\, a^i. \tag{5.2.11}$$

Wir kehren diese Entwicklung um, d.h. wir stellen die absolute Aktivität als Reihenentwicklung in der Dichte dar:

$$a = \sum_{j \geq 1} c_j\, n^j = c_1 n + c_2 n^2 + c_3 n^3 + \dots. \tag{5.2.12}$$

Diese Entwicklung enthält den Grenzfall (5.2.8), da $c_1 = 1$ und $c_2, c_3 \dots = 0$ für ideale Gase, vgl. (5.2.13) und (5.2.16). Einsetzen von (5.2.12) in (5.2.11) und Koeffizientenvergleich liefert für die c_i:

$$n:\ c_1 = 1/b_1$$
$$n^2:\ c_2 = -2b_2/b_1^3$$
$$n^3:\ c_3 = -3b_3/b_1^4 + 8b_2^2/b_1^5. \qquad (5.2.13)$$
$$\vdots$$

Setzt man die nunmehr bis auf die Koeffizienten b_i bekannte Dichteentwicklung von a in (5.2.6) ein, so erhält man als Dichteentwicklung für den Realfaktor:

$$\begin{aligned}
\frac{pV}{NkT} &= \frac{V}{N}\sum_{i\geq 1} b_i a_i = \frac{V}{N}\Bigg[b_1\left\{\frac{1}{b_1}n - \frac{2b_2}{b_1^3}n^2 + \left(\frac{8b_2^2}{b_1^5} - \frac{3b_3}{b_1^4}\right)n^3 + \ldots\right\} \\
&\quad + b_2\left\{\frac{1}{b_1}n - \frac{2b_2}{b_1^3}n^2 + \ldots\right\}^2 \\
&\quad + b_3\left\{\frac{1}{b_1}n - \frac{2b_2}{b_1^3}n^2 + \ldots\right\}^3 + \ldots\Bigg] \\
&= 1 + (b_2/b_1 - 2b_2/b_1^2)\,n + (8b_2^2/b_1^4 - 3b_3/b_1^3 \\
&\quad - 4b_2^2/b_1^4 + b_3/b_1^3)\,n^2 + \ldots. \qquad (5.2.14)
\end{aligned}$$

Der Vergleich mit (5.1.1) liefert Ausdrücke für die Virialkoeffizienten in Termen der $b_1, b_2, b_3 \ldots$. Im letzten Schritt kommt es daher darauf an, diese b-Koeffizienten mit den intermolekularen Kräften in Verbindung zu bringen. Hierzu bestimmen wir die b-Koeffizienten so, daß die Reihenentwicklungen (5.2.6) und (5.2.3) konsistent sind. Zunächst schreiben wir (5.2.6) um zu:

$$e^{pV/kT} = e^{V\sum_{i\geq 1} b_i a^i} = \prod_{i\geq 1} e^{Vb_i a^i} = \prod_{i\geq 1}\sum_{m_i \geq 0}\frac{1}{m_i!}(Vb_i a^i)^{m_i}. \qquad (5.2.15)$$

Hierbei wurde die Exponentialfunktion durch ihre Reihenentwicklung dargestellt. Wir führen nun einen Koeffizientenvergleich der aus der Statistischen Thermodynamik vorgegebenen Reihenentwicklung (5.2.3) für die großkanonische Zustandssumme und der ad hoc postulierten Reihenentwicklung (5.2.15) durch und erhalten:

$$N = 0:\qquad 1 = 1$$
$$N = 1:\qquad Z_1 = Vb_1, \quad \text{d.h.} \quad b_1 = Z_1/V = 1$$
$$N = 2:\quad \frac{1}{2!}Z_2 = \frac{1}{2!}(Vb_1)^2 + \frac{1}{1!}Vb_2$$
$$N = 3:\quad \frac{1}{3!}Z_3 = \frac{1}{3!}(Vb_1)^3 + \frac{1}{1!}(Vb_1)\frac{1}{1!}(Vb_2) + \frac{1}{1!}(Vb_3). \qquad (5.2.16)$$
$$\vdots$$

Damit ist die postulierte Reihenentwicklung (5.2.6) in Konsistenz mit der statistisch vorgegebenen Entwicklung für die großkanonische Zustandssumme gebracht. Die Entwicklungskoeffizienten b_n und damit auch die Virialkoeffizienten lassen sich damit durch die Konfigurationsintegrale von 1 bis höchstens N Molekülen ausdrücken. So enthält b_2 die Wechselwirkung von zwei Molekülen, b_3 die von drei Molekülen usw., und zwar jeweils allein im gesamten Systemvolumen, d. h. im Grenzfall verschwindender Dichte. Man spricht auch von Molekülclustern und nennt die b_i Clusterintegrale. Da die Virialkoeffizienten durch die Clusterintegrale ausgedrückt werden können, sind auch sie Eigenschaften des Gases bei Dichte 0 in Übereinstimmung mit ihrer mathematischen Bedeutung als Entwicklungskoeffizienten einer Taylor-Entwicklung des Realfaktors um die Dichte 0.

Durch Vergleich mit der empirischen Virialgleichung erhält man den folgenden Ausdruck für den zweiten Virialkoeffizienten einatomiger Gase in klassischer Näherung:

$$B = -b_2 = -\frac{1}{2V} Z_2 + \frac{1}{2} V = -\frac{1}{2V} \iint e^{-U(\mathbf{r}_1,\mathbf{r}_2)/kT}\, d\mathbf{r}_1\, d\mathbf{r}_2 + \frac{1}{2} V$$

$$= -\frac{1}{2V} \iint (e^{-U(\mathbf{r}_1,\mathbf{r}_2)/kT} - 1)\, d\mathbf{r}_1\, d\mathbf{r}_2$$

$$= -\frac{1}{2V} \iint (e^{-\phi(r_{12})/kT} - 1)\, d\mathbf{r}_1\, d\mathbf{r}_2$$

$$= -2\pi \int_0^\infty (e^{-\phi(r)/kT} - 1)\, r^2\, dr. \tag{5.2.17}$$

Hier ist $\phi(r)$ das Paarpotential zwischen zwei einatomigen Molekülen, das nur vom Abstand r der Molekülzentren abhängt. Die Ortsintegration hat sich streng nur über das Volumen des Systems zu erstrecken. Da $\phi(r)$ für große r aber nach null geht, ist auch die Integration von 0 bis ∞ erlaubt.

Für den dritten Virialkoeffizienten ergibt sich entsprechend:

$$C = 4b_2^2 - 2b_3 = -\frac{1}{3V}\left(Z_3 - \frac{3}{V} Z_2^2 + 3VZ_2 - V^3 \right)$$

$$= -\frac{1}{3V}\left[\iiint e^{-U(\mathbf{r}_1,\mathbf{r}_2,\mathbf{r}_3)/kT}\, d\mathbf{r}_1\, d\mathbf{r}_2\, d\mathbf{r}_3 \right.$$

$$- \frac{3}{V} \iint e^{-U(\mathbf{r}_1,\mathbf{r}_2)/kT}\, d\mathbf{r}_1\, d\mathbf{r}_2 \iint e^{-U(\mathbf{r}_1,\mathbf{r}_3)/kT}\, d\mathbf{r}_1\, d\mathbf{r}_3$$

$$\left. + 3V \iint e^{-U(\mathbf{r}_1,\mathbf{r}_2)/kT}\, d\mathbf{r}_1\, d\mathbf{r}_2 - \iiint d\mathbf{r}_1\, d\mathbf{r}_2\, d\mathbf{r}_3 \right]$$

$$= \left[\frac{1}{V} \iint (e^{-U(\mathbf{r}_1,\mathbf{r}_2)/kT} - 1)\, d\mathbf{r}_1\, d\mathbf{r}_2 \right]\left[\frac{1}{V} \iint (e^{-U(\mathbf{r}_1,\mathbf{r}_3)/kT} - 1)\, d\mathbf{r}_1\, d\mathbf{r}_3 \right]$$

$$- \frac{1}{3V} \iiint (e^{-U(\mathbf{r}_1,\mathbf{r}_2,\mathbf{r}_3)/kT} - e^{-U(\mathbf{r}_1,\mathbf{r}_2)/kT} - e^{-U(\mathbf{r}_1,\mathbf{r}_3)/kT}$$

$$- e^{-U(\mathbf{r}_2,\mathbf{r}_3)/kT} + 2)\, d\mathbf{r}_1\, d\mathbf{r}_2\, d\mathbf{r}_3. \tag{5.2.18}$$

Für die intermolekulare Energiefunktion eines Systems aus drei einatomigen Molekülen schreiben wir allgemein

$$U(\mathbf{r}_1,\mathbf{r}_2,\mathbf{r}_3) = U(\mathbf{r}_1,\mathbf{r}_2) + U(\mathbf{r}_2,\mathbf{r}_3) + U(\mathbf{r}_1,\mathbf{r}_3) + \Delta U(\mathbf{r}_1,\mathbf{r}_2,\mathbf{r}_3). \tag{5.2.19}$$

Mit dieser Beziehung erhalten wir für den dritten Virialkoeffizienten:

$$C = \left[\frac{1}{V} \iint (e^{-U(\mathbf{r}_1,\mathbf{r}_2)/kT} - 1)\, d\mathbf{r}_1\, d\mathbf{r}_2\right]\left[\frac{1}{V} \iint (e^{-U(\mathbf{r}_1,\mathbf{r}_3)/kT} - 1)\, d\mathbf{r}_1\, d\mathbf{r}_3\right]$$

$$- \frac{1}{3V} \iiint \{(e^{-U(\mathbf{r}_1,\mathbf{r}_2)/kT} e^{-U(\mathbf{r}_2,\mathbf{r}_3)/kT} e^{-U(\mathbf{r}_1,\mathbf{r}_3)/kT} [e^{-\Delta U(\mathbf{r}_1,\mathbf{r}_2,\mathbf{r}_3)/kT} - 1]\}\, d\mathbf{r}_1\, d\mathbf{r}_2\, d\mathbf{r}_3$$

$$- \frac{1}{3V} \iiint \{e^{-U(\mathbf{r}_1,\mathbf{r}_2)/kT}\, e^{-U(\mathbf{r}_2,\mathbf{r}_3)/kT}\, e^{-U(\mathbf{r}_1,\mathbf{r}_3)/kT}$$

$$- e^{-U(\mathbf{r}_1,\mathbf{r}_2)/kT} - e^{-U(\mathbf{r}_2,\mathbf{r}_3)/kT} - e^{-U(\mathbf{r}_1,\mathbf{r}_3)/kT} + 2\}\, d\mathbf{r}_1\, d\mathbf{r}_2\, d\mathbf{r}_3$$

$$= - \frac{1}{3V} \iiint \{e^{-U(\mathbf{r}_1,\mathbf{r}_2)/kT}\, e^{-U(\mathbf{r}_2,\mathbf{r}_3)/kT}\, e^{-U(\mathbf{r}_1,\mathbf{r}_3)/kT}$$

$$+ 3e^{-U(\mathbf{r}_1,\mathbf{r}_2)/kT} + 2 + 6e^{-U(\mathbf{r}_1,\mathbf{r}_2)/kT} - 3\}\, d\mathbf{r}_1\, d\mathbf{r}_2\, d\mathbf{r}_3$$

$$+ \frac{1}{V^2} \iint e^{-U(\mathbf{r}_1,\mathbf{r}_2)/kT}\, d\mathbf{r}_1\, d\mathbf{r}_2 \iint e^{-U(\mathbf{r}_1,\mathbf{r}_3)/kT}\, d\mathbf{r}_1\, d\mathbf{r}_3$$

$$- \frac{1}{3V} \iiint [e^{-\Delta U(\mathbf{r}_1,\mathbf{r}_2,\mathbf{r}_3)/kT} - 1]\{e^{-[U(\mathbf{r}_1,\mathbf{r}_2)+U(\mathbf{r}_1,\mathbf{r}_3)+U(\mathbf{r}_2,\mathbf{r}_3)]/kT}\}\, d\mathbf{r}_1\, d\mathbf{r}_2\, d\mathbf{r}_3$$

$$= - \frac{1}{3V} \iiint [e^{-\frac{U(\mathbf{r}_1,\mathbf{r}_2)}{kT}} - 1][e^{-\frac{U(\mathbf{r}_1,\mathbf{r}_3)}{kT}} - 1][e^{-\frac{U(\mathbf{r}_2,\mathbf{r}_3)}{kT}} - 1]\, d\mathbf{r}_1\, d\mathbf{r}_2\, d\mathbf{r}_3$$

$$- \frac{1}{3V} \iiint [e^{-\frac{\Delta U(\mathbf{r}_1,\mathbf{r}_2,\mathbf{r}_3)}{kT}} - 1][e^{-[U(\mathbf{r}_1,\mathbf{r}_2)+U(\mathbf{r}_1,\mathbf{r}_3)+U(\mathbf{r}_2,\mathbf{r}_3)]/kT}]\, d\mathbf{r}_1\, d\mathbf{r}_2\, d\mathbf{r}_3, \quad (5.2.20)$$

wobei die Transformation (A 5.1.4) benutzt wurde, vgl. Anhang A 5.1. Transformation auf praktische Integrationsvariable liefert dann mit (A 5.1.1), vgl. Anhang A 5.1.

$$C(T) = - \tfrac{8}{3}\pi^2 \int_0^\infty \int_0^\infty \int_{-1}^1 [e^{-\phi(r_{12})/kT} - 1][e^{-\phi(r_{13})/kT} - 1]$$

$$\cdot [e^{-\phi(r_{23})/kT} - 1]\, r_{12}^2\, r_{13}^2\, dr_{12}\, dr_{13}\, d(\cos\alpha)$$

$$- \tfrac{8}{3}\pi^2 \int_0^\infty \int_0^\infty \int_{-1}^1 [e^{-\frac{\phi_{123}(r_{12},r_{13},r_{23})}{kT}} - 1]$$

$$\cdot e^{-[\phi(r_{12})+\phi(r_{13})+\phi(r_{23})]/kT}\, r_{12}^2\, r_{13}^2\, dr_{12}\, dr_{13}\, d(\cos\alpha)$$

$$= C_{\text{add}} + C_{\text{non-add}}, \quad (5.2.21)$$

wobei die Integration für $(\cos\alpha)$ hier von -1 bis 1 läuft und ϕ das Paarpotential sowie ϕ_{123} das nichtadditive Dreikörperpotential ist.

Hier ist C_{add} der Anteil des dritten Virialkoeffizienten, der für $\phi_{123} = 0$, also paarweise Additivität der Wechselwirkungsenergien, gilt. Bei der praktischen Ausführung der Integration ist in den obigen Gleichungen r_{23} in ϕ und ϕ_{123} durch r_{12}, r_{13} und $\cos\alpha$ auszudrücken.

Die Gleichungen (5.2.17) und (5.2.21) gelten unverändert auch für mehratomige Moleküle mit isotropen Wechselwirkungen. Die Aktivität enthält dann auch Beiträge der inneren Freiheitsgrade, der Zusammenhang mit der Teilchendichte und damit mit der Virialgleichung bleibt jedoch unverändert.

Beispiel 5.2

a) Für das Hartkugelpotential berechne man den zweiten und den dritten Virialkoeffizienten.
b) Für das Kastenpotential berechne man den zweiten Virialkoeffizienten.

Lösung a

Das Hartkugelpotential ist definiert durch (vgl. (4.5.1) und (4.5.2)):

$$\phi(r) = \infty \qquad \text{für } r \leq d_-$$

$$\phi(r) = 0 \qquad \text{für } r \geq d_+$$

wobei d_- und d_+ den Grenzwert $r \to d$ von Werten $< d$ bzw. $r \to d$ von Werten $> d$ bedeuten soll. Nach (5.2.17) gilt für den zweiten Virialkoeffizienten in cm^3/mol:

$$B = -2\pi N_\text{L} \int_0^\infty [e^{-\phi(r)/kT} - 1]\, r^2\, dr$$

$$= -2\pi N_\text{L} \left[\int_0^d [e^{-\infty} - 1]\, r^2\, dr + \int_d^\infty [e^{-0} - 1]\, r^2\, dr \right] = \tfrac{2}{3}\pi N_\text{L} d^3.$$

Der dritte Virialkoeffizient für das Hartkugelpotential hat nur einen additiven Anteil, der nach (5.2.20) gegeben ist durch:

$$C_\text{add}(T) = -\frac{N_\text{L}^2}{3V} \iiint [e^{-\frac{U(r_1,r_2)}{kT}} - 1][e^{-\frac{U(r_1,r_3)}{kT}} - 1][e^{-\frac{U(r_2,r_3)}{kT}} - 1]\, dr_1\, dr_2\, dr_3$$

$$= -\frac{N_\text{L}^3}{3} \iint [e^{-\phi(r_{12})/kT} - 1][e^{-\phi(r_{13})/kT} - 1][e^{-\phi(r_{23})/kT} - 1]\, dr_{12}\, dr_3$$

$$= -\frac{N_\text{L}^3}{3} \int [e^{-\phi(r_{12})/kT} - 1] \int [e^{-\phi(r_{13})/kT} - 1][e^{-\phi(r_{23})/kT} - 1]\, dr_3\, dr_{12}$$

$$= -\frac{N_\text{L}^3}{3} \int \{[e^{-\phi(r_{12})/kT} - 1]\, I(r_{12})\}\, dr_{12}.$$

Wir betrachten im folgenden das Integral

$$I(r_{12}) = \int [e^{-\phi(r_{13})/kT} - 1][e^{-\phi(r_{23})/kT} - 1]\, dr_3.$$

Dieses Integral hat nur dann von null verschiedene Werte, wenn die Kugel 3 gleichzeitig die Kugeln 1 und 2 berührt bzw. durchdringt. Für einen gegebenen Abstand r_{12} der Kugeln 1 und 2, der kleiner oder höchstens gleich d sein darf, wird der Integrationsbereich von r_3 durch diese

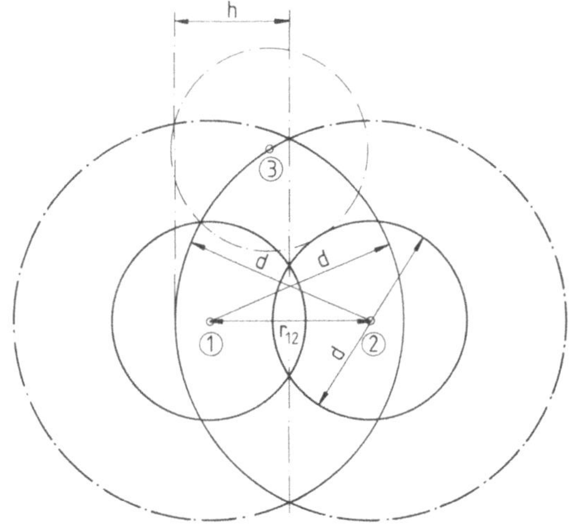

Bild B 5.2.1. Der Integrationsbereich von r_3

Bedingung auf das Überlappungsvolumen zweier Kugeln vom Radius d und dem Abstand r_{12} beschränkt, vgl. Bild B 5.2.1. Das Volumen eines Kugelabschnittes bei einer Kugel vom Radius R ist:

$$V = \frac{\pi h^2}{3}(3R - h)$$

mit

$$R = d$$

und

$$h = d - r_{12} + \tfrac{1}{2}r_{12} = d - \tfrac{1}{2}r_{12}.$$

Damit folgt:

$$I(r_{12}) = 2V = \frac{4\pi}{3}d^3\left[1 - \frac{3}{4}\left(\frac{r_{12}}{d}\right) + \frac{1}{16}\left(\frac{r_{12}}{d}\right)^3\right].$$

Damit folgt:

$$C = -\frac{N_L^2}{3}\int_0^d (-1)\frac{4\pi}{3}d^3\left[1 - \frac{3}{4}\left(\frac{r_{12}}{d}\right) + \frac{1}{16}\left(\frac{r_{12}}{d}\right)^3\right]4\pi r_{12}^2\,dr_{12} = \frac{5}{18}\pi^2 N_L^2 d^6.$$

Lösung b

Das Kastenpotential ist definiert durch (vgl. (4.5.3) bis (4.5.5)):

$$\phi(r) = \infty \qquad \text{für } r \leq d_-$$

$$\phi(r) = -\varepsilon \qquad \text{für } d_+ \leq r \leq (Rd)_-$$

$$\phi(r) = 0 \qquad \text{für } r \geq (Rd)_+.$$

Nach (5.2.17) folgt daraus für den zweiten Virialkoeffizienten:

$$B = -2\pi N_L\left\{\int_0^{d_-}[e^{-\infty} - 1]r^2\,dr + \int_{d_+}^{Rd_-}[e^{\varepsilon/kT} - 1]r^2\,dr\right\}$$

$$= \tfrac{2}{3}\pi N_L d^3[1 - (R^3 - 1)(e^{\varepsilon/kT} - 1)].$$

Im Beispiel 5.2 wurde gezeigt, daß für besonders einfache Potentialfunktionen der zweite und der dritte Virialkoeffizient analytisch berechnet werden kann. Das Hartkugelpotential und das Kastenpotential sind zur Beschreibung der thermodynamischen Funktionen von Gasen bei mäßigen Dichten zu weitgehend idealisiert. Realistische Potentialfunktionen für kugelförmige Wechselwirkungen sind durch einen kontinuierlichen Verlauf der Anziehungs- und Abstoßungskräfte gekennzeichnet, vgl. Abschn. 4.5. Die erforderlichen Integrationen zur Bestimmung des zweiten und dritten Virialkoeffizienten müssen dann in der Regel numerisch durchgeführt werden. Dabei ist die Integration für den zweiten Virialkoeffizienten einfach, die für den dritten Virialkoeffizienten läuft indessen über drei Integrationsvariable und ist daher recht aufwendig. In den in diesem Buch durchgeführten Rechnungen wurde für die Integration über mehrere Variable das Non-Product-Verfahren benutzt [4]. Praktisch brauchbare Potentialfunktionen für isotrope Wechselwirkungen nach Abschn. 4.5 enthalten einige Parameter, die durch nichtlineare Optimierungsrechnungen [5, 6] an Meßdaten angepaßt werden müssen. Es stellt sich die Frage, welche Daten in welchen Temperaturbereichen hierzu verwendet werden sollten. In der Praxis kennt man das „richtige" Potential nicht, und die zur Anpassung benutzten Meßdaten sind mit unvermeidlichen Meßfehlern behaftet. Die Bestimmung physikalisch sinnvoller Potentialparameter ist daher keineswegs trivial. Die Bedeutung zufälliger Meßfehler kann man sich verdeutlichen, wenn man Rechnungen mit pseudoexperimentellen Daten mit und ohne Meßfehler durchführt. Schafft man sich z. B. Daten des zweiten Virialkoeffizienten und des Drosselkoeffizienten für ein bestimmtes Potential mit bestimmten Parametern, so bereitet es keine Schwierigkeiten, die richtigen Potentialparameter dieses Potentials aus wenigen Daten einer Größe, z. B. des zweiten Virialkoeffizienten, von beliebigen Startwerten ausgehend zu finden. Überlagert man hingegen diesen pseudoexperimentellen Daten einen kleinen zufälligen Fehler, so genügt in der Regel eine Größe nicht mehr, um die richtigen Potentialparameter durch eine Optimierungsrechnung zu bestimmen. Es zeigt sich jedoch, daß Daten von zwei geeigneten physikalischen Größen, z. B. des zweiten Virialkoeffizienten und des Drosselkoeffizienten, wiederum auf die richtigen Potentialparameter führen [7]. Man benötigt bei der praktischen Anwendung der Virialgleichung daher grundsätzlich konsistente Daten von mindesten zwei physikalischen Größen zur Bestimmung der Parameter des zugrunde gelegten Potentialmodells. Der praktische Wert der statistischen Gleichungen ergibt sich aus der Tatsache, daß man aus relativ wenigen Meßdaten die Potentialparameter bestimmen und daraus andere, unvermessene physikalische Größen in konsistenter Weise berechnen kann. Insbesondere die gemeinsame Verwendung des zweiten Virialkoeffizienten und des Drosselkoeffizienten erweist sich als besonders günstig zur Parameteroptimierung und wurde von Bier und Mitarbeitern [8] vorgeschlagen.

Bei tiefen Temperaturen ergeben sich insbesondere bei leichten Molekülen Fehler durch die Benutzung der halbklassischen Näherung bei der Ableitung der Virialgleichung. Für einatomige Gase lassen sie sich für den zweiten Virialkoeffizienten erfassen, wenn man die folgende Korrektur addiert [9]:

$$B_{Q1} = \frac{h^2 N_L}{24 \pi m (kT)^3} \int_0^\infty e^{-\phi/kT} \left(\frac{d\phi}{dr}\right)^2 r^2 \, dr. \tag{5.2.22}$$

Der entsprechende Ausdruck für den dritten Virialkoeffizienten ist kompliziert und bereitet Schwierigkeiten bei der numerischen Auswertung. Näherungswerte in Abhängigkeit von der Temperatur kann man [10] entnehmen, wobei die dort angegebenen Werte streng für das Lennard-Jones-(12-6)-Potential gelten.

Beispiel 5.3

Für Argon sind in einem großen Temperaturbereich Daten des zweiten Virialkoeffizienten und des Drosselkoeffizienten bekannt [1, 2, 3]. Für das Lennard-Jones-(12-6)-Potential, das 11-6-8-Potential und das MSK-Potential untersuche man

a) die Korrelation des zweiten Virialkoeffizienten mit Extrapolation auf den Drosselkoeffizienten und den dritten Virialkoeffizienten
b) die Korrelation des Drosselkoeffizienten mit Extrapolation auf den zweiten und dritten Virialkoeffizienten
c) die gemeinsame Korrelation des zweiten Virialkoeffizienten und Drosselkoeffizienten mit Extrapolation auf den dritten Virialkoeffizienten, wobei in einer Rechnung gleiche Gewichtung gewählt und in einer anderen Rechnung der zweite Virialkoeffizient mit 25 % und der Drosselkoeffizient mit 75 % gewichtet wird.

1. Levelt-Sengers, J. M. H.; Klein, M.; Gallagher, J. S.: Report AEDC-TR-71-39, Arnold Engineering Development Center, Tullahoma, Tennessee, 1971
2. Dymond, J. H.; Smith, E. B.: The virial coefficients of pure gases and mixtures. A critical compilation. Oxford, Clarendon Press 1980
3. Volle, B.; Lucas, K.: Forsch. Ing.-Wiss. 46 (1980) 14

Lösung

In den Bildern sind die Ergebnisse zu den Punkten a), b) und c) dargestellt [1, 5]. Die Schatten deuten die geschätzte Unsicherheit der Daten an. Zum Vergleich seien die folgenden, als zuverlässig angesehenen Potentialparameter von Argon zusammengestellt:

$$140 \text{ K} < \varepsilon/k < 144 \text{ K} \quad [2, 3]$$
$$3,75 \text{ Å} < r_m < 3,77 \text{ Å} \quad [2, 3]$$

Die Bilder B 5.3.1 und B 5.3.2 zeigen die Darstellung des zweiten Virialkoeffizienten bzw. des Drosselkoeffizienten durch das Lennard-Jones-(12-6)-Potential. Erwartungsgemäß lassen sich Daten des zweiten Virialkoeffizienten befriedigend mit diesem Paarpotential korrelieren (ausgezogene Kurve *1* in Bild B 5.3.1), während die Berechnung des Drosselkoeffizienten aus den so bestimmten Potentialparametern auf Fehler deutlich außerhalb der 1%-Schranke führt. Analog lassen sich Daten des Drosselkoeffizienten befriedigend korrelieren (gestrichelte Kurve *2* in Bild B 5.3.2), die Berechnung vom zweiten Virialkoeffizienten aus den damit bestimmten Potentialparametern ist jedoch ganz unbrauchbar. Auch eine Verwendung beider Größen gleichzeitig zur Anpassung der Potentialparameter führt nicht auf ein Paarpotential, durch das beide Größen im Rahmen ihrer Meßgenauigkeit beschrieben werden, wenn auch eine zumindest vernünftige gemeinsame Darstellung erreicht wird. Damit ist das Lennard-Jones-Potential als isotropes Paarpotential für Argon disqualifiziert. Dies wird durch die ganz falschen Zahlenwerte der Potentialparameter unterstrichen. Ähnliche Ergebnisse ergeben sich mit dieser Potentialfunktion für andere Gase mit isotropen Wechselwirkungen. Bei der Berechnung des dritten Virialkoeffizienten aus den zuvor bestimmten Paarpotentialen vom Lennard-Jones-(12-6)-Typ unter Verwendung der Dreikörper-Dispersionskräfte von Axilrod-Teller, vgl. Abschn. 4.3.5, ergaben sich durchweg zu hohe, wenn auch technisch noch brauchbare Werte, vgl. Bild B 5.3.3.

Die entsprechenden Ergebnisse für das 11-6-8-Potential zeigen die Bilder B 5.3.4 bis B 5.3.6. Die Überlegenheit des 11-6-8-Potentials gegenüber dem Lennard-Jones-(12-6)-Potential ist deutlich zu erkennen. Eine gemeinsame Darstellung des zweiten Virialkoeffizienten und des Drosselkoeffizienten innerhalb der Datengenauigkeit ist nunmehr möglich (vgl. die punktierte Kurve von Bild B 5.3.4 – B 5.3.6), und die dabei gefundenen Potentialparameter liegen in der Nähe der richtigen Werte. Es wird jedoch ebenfalls deutlich, daß auch hier allein aus einer Größe, also

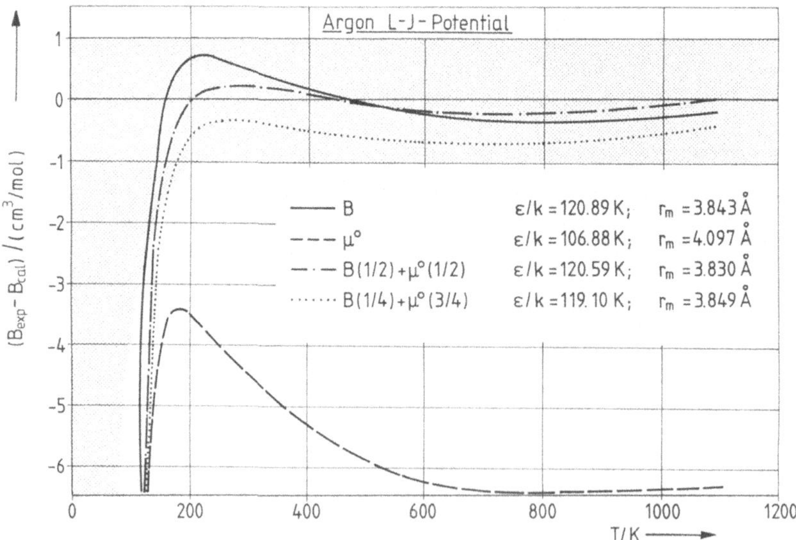

Bild B 5.3.1. Darstellung des zweiten Virialkoeffizienten von Argon durch das Lennard-Jones-(12-6)-Potential

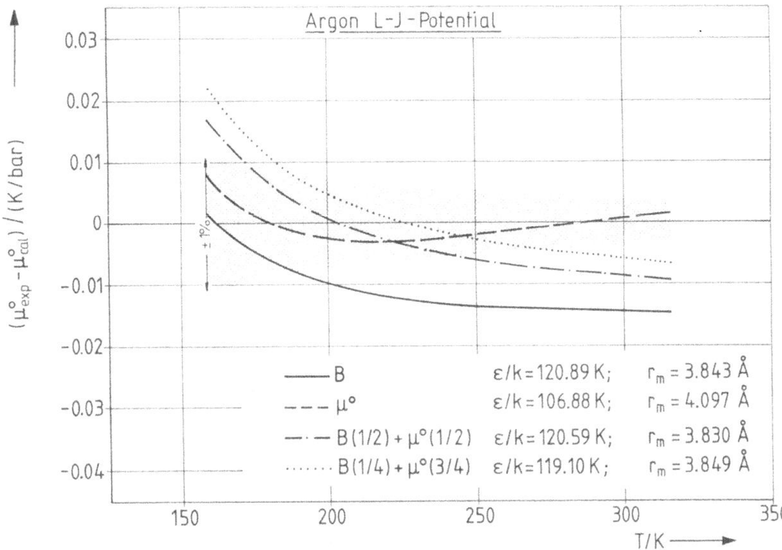

Bild B 5.3.2. Darstellung des Drosselkoeffizienten von Argon durch das Lennard-Jones-(12-6)-Potential

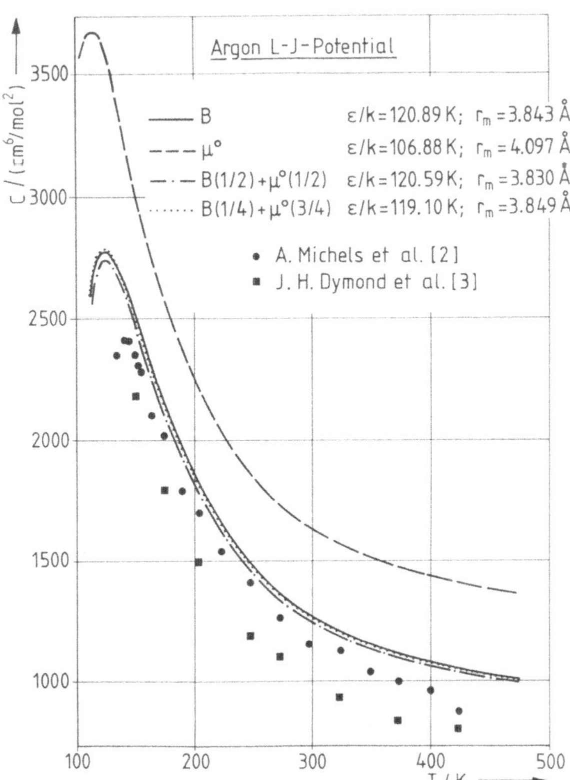

Bild B 5.3.3. Die Berechnung des dritten Virialkoeffizienten von Argon durch das Lennard-Jones-(12-6)-Potential

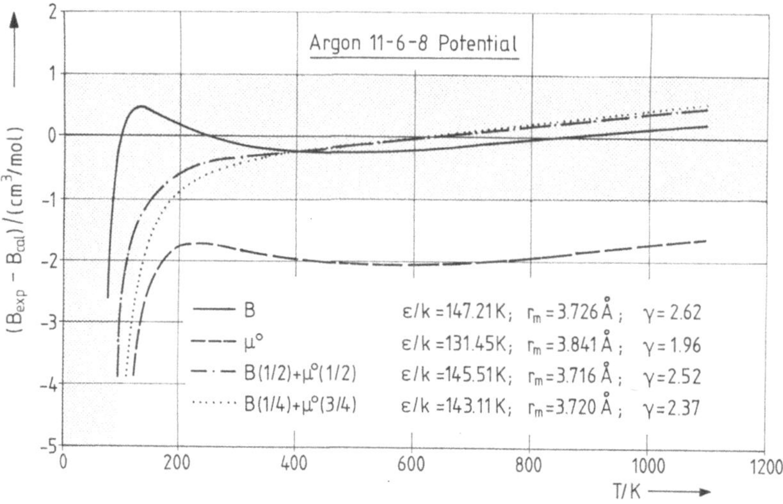

Bild B 5.3.4. Die Darstellung des zweiten Virialkoeffizienten von Argon durch das 11-6-8 Potential

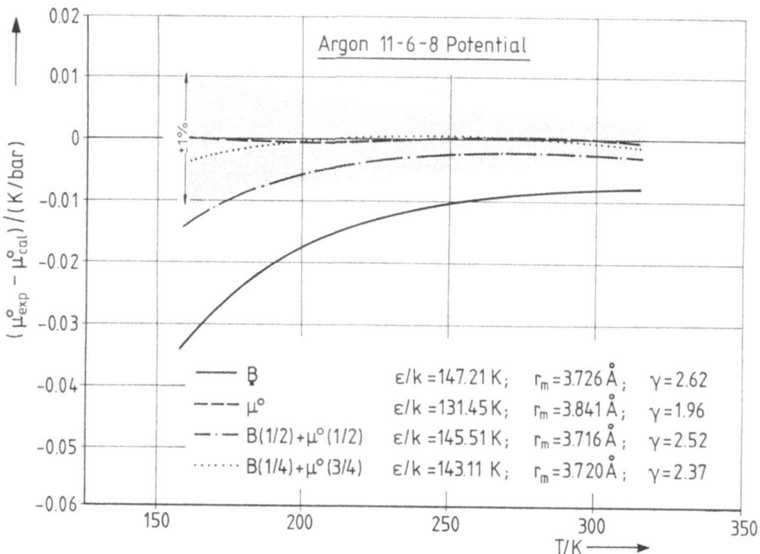

Bild B 5.3.5. Die Darstellung des Drosselkoeffizienten von Argon durch das 11-6-8 Potential

entweder dem zweiten Virialkoeffizienten oder dem Drosselkoeffizienten, keine sinnvollen Potentialparameter bestimmt werden können. Dies ist nicht in erster Linie ein Potentialdefekt, sondern ist darauf zurückzuführen, daß die mit unvermeidlichen Meßfehlern behafteten Daten einer Größe nicht für die Auffindung der optimalen Potentialparameter ausreichen. Verwendet man hingegen außer dem zweiten Virialkoeffizienten noch seine Temperaturableitung, d. h. praktisch den Drosselkoeffizienten, so sind beide Größen offenbar hinreichende Bedingungen zur Festlegung des Paarpotentials [4, 5]. Ein deutlicher Potentialdefekt des 11-6-8-Potentials zeigt sich jedoch, wenn man den dritten Virialkoeffizienten aus den Potentialparametern berechnet, die den

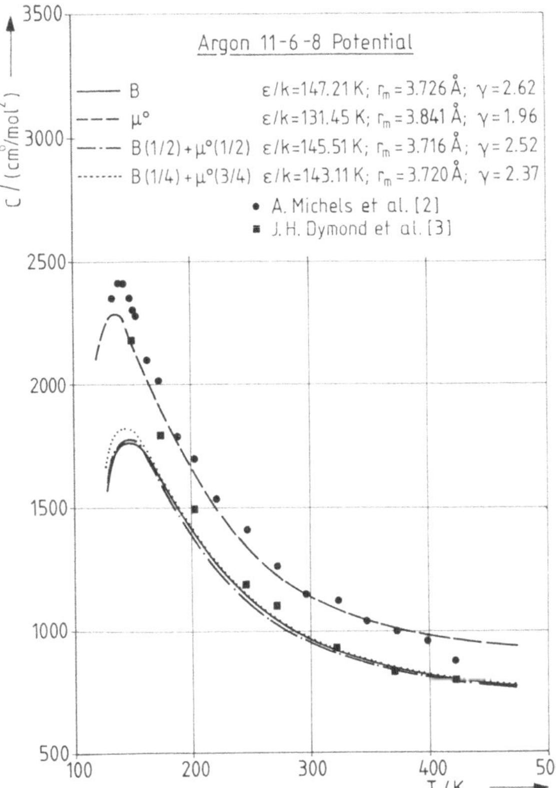

Bild B 5.3.6. Berechnung des dritten Virialkoeffizienten von Argon durch das 11-6-8 Potential

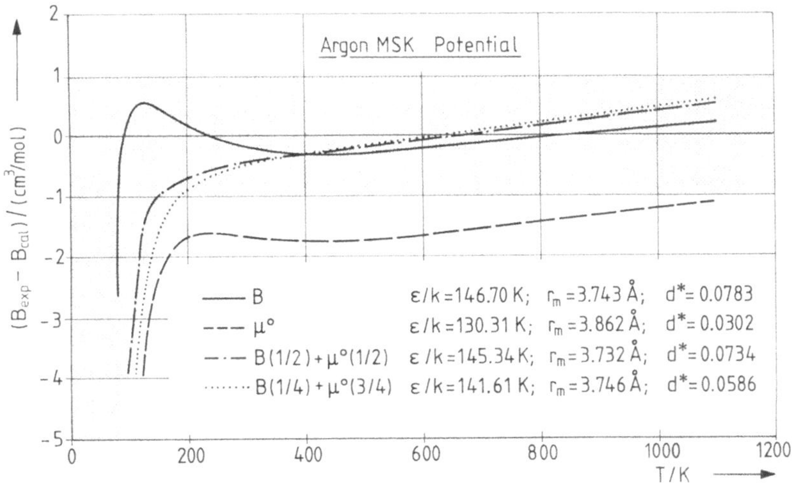

Bild B 5.3.7. Die Darstellung des zweiten Virialkoeffizienten von Argon nach dem MSK-Potential

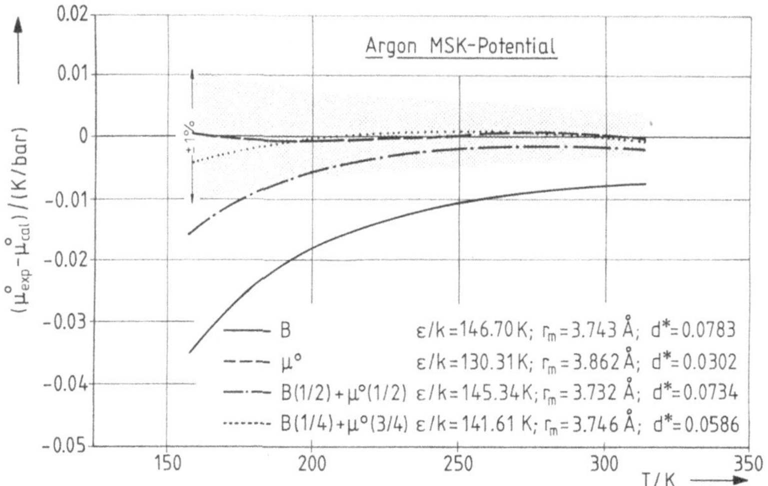

Bild B 5.3.8. Die Darstellung des Drosselkoeffizienten von Argon nach dem MSK-Potential

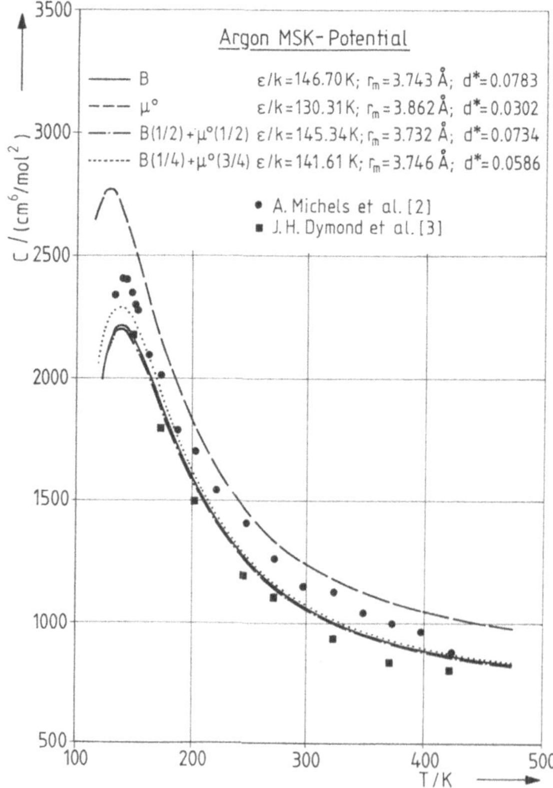

Bild B 5.3.9. Berechnung des dritten Virialkoeffizienten von Argon nach dem MSK-Potential

zweiten Virialkoeffizienten und den Drosselkoeffizienten gemeinsam am besten beschreiben, d. h. aus einer Wichtung des zweiten Virialkoeffizienten von 1/4 und des Drosselkoeffizienten von 3/4. Der vorausberechnete dritte Virialkoeffizient ist dann zu klein, insbesondere in der Nähe des Maximums. Dies liegt daran, daß der Dispersionskoeffizient der Axilrod-Teller-Kräfte nach diesem Potential einen viel zu geringen Wert erhält [5].

Schließlich zeigen die Bilder B 5.3.7 bis B 5.3.9 die entsprechenden Ergebnisse für das MSK-Potential. Die gemeinsame Darstellung des zweiten Virialkoeffizienten und des Drosselkoeffizienten ist hier ebenso gut möglich wie beim 11-6-8-Potential, und die dabei gefundenen Potentialparameter liegen ebenfalls in der Nähe der richtigen Werte. Wiederum ist jedoch die Verwendung beider Größen gleichzeitig zur Bestimmung brauchbarer Potentialparameter erforderlich. Die Überlegenheit des MSK-Potentials gegenüber dem 11-6-8-Potential zeigt sich deutlich bei der Berechnung des dritten Virialkoeffizienten mit den besten der ermittelten Potentialparametern (punktierte Kurve B 5.3.7–B 5.3.9). Er stimmt mit den Meßwerten im wesentlichen im Bereich der Meßgenauigkeit überein. Der Dispersionskoeffizient der Axilrod-Teller-Kräfte ist ebenfalls in guter Übereinstimmung mit experimentell bestimmten Zahlenwerten [5]. Aus diesen Ergebnissen ergibt sich, daß das MSK-Potential das beste der hier untersuchten einfachen Paarpotentiale für isotrope Wechselwirkungen ist.

1. Ameling, W.: Die Korrelation und Berechnung von Gasdaten mit Potentialfunktionen. Diss. Univ. Duisburg 1986
2. Aziz, R. A.; Chen, H. H.: J. Chem. Phys. 67 (1977) 5719
3. Barker, J. A.; Fisher, R. A.; Watts, R. O.: Mol. Phys. 21 (1971) 657
4. Bier, K.; Maurer, G.; Sand, H.: Ber. Bunsenges. Phys. Chem. 84 (1980) 437
5. Ameling, W.; Luckas, M.; Shukla, K. P.; Lucas, K.: Mol. Phys. 56 (1986) 335

Das in Beispiel 5.3 behandelte Gas Argon besteht aus einatomigen Molekülen und ist daher streng durch kugelförmige Wechselwirkungen gekennzeichnet. Es zeigt sich, daß mit einem guten isotropen Potential wie dem MSK-Potential gute Abschätzungen des dritten Virialkoeffizienten durchgeführt werden können. Mehratomige Moleküle üben orientierungsabhängige Kraftwirkungen aufeinander aus, vgl. Kap. 4, ihre Wechselwirkungen sind daher nicht isotrop. In Gasen bei mäßigen Dichten ist der mittlere Abstand der Moleküle jedoch immerhin noch so groß, daß wegen der Molekülrotation die Annahme eines effektiv kugelförmigen Kraftfeldes als sinnvolle Näherung erscheint. Es liegt daher nahe, den Versuch zu unternehmen, auch Gase aus kleinen, mehratomigen Molekülen analog zu Argon mit isotropen Potentialfunktionen zu beschreiben.

Beispiel 5.4

Für Stickstoff sind Daten des zweiten und dritten Virialkoeffizienten und des Drosselkoeffizienten bekannt. Für das MSK-Potential untersuche man die gemeinsame Korrelation des zweiten Virialkoeffizienten und Drosselkoeffizienten mit Extrapolation auf den dritten Virialkoeffizienten.

1. Levelt-Sengers, J. M. H.; Klein, M.; Gallagher, J. S.: Report-AEDC-TR-71-39, Arnold Engineering Development Cent., Tullahoma, Tennessee, 1971
2. Dymond, J. H.; Smith, E. B.: The virial coefficients of pure gases and mixtures. A critical compilation. Oxford: Clarendon Press 1980
3. Dawe, R. A.; Snowdon, P. N.: J. Chem. Thermodyn. 6 (1974) 293
4. Ishkin, I. P.; Kaganer, M. G.: Sov. Phys. Techn. Phys. 1 (1957) 2255
5. Roebuck, J. R.; Osterberg, H.: Phys. Rev. 1 (1935) 450

Lösung

Die Bilder B 5.4.1 und B 5.4.2 zeigen die Darstellung des zweiten Virialkoeffizienten und des Drosselkoeffizienten von N_2 durch das MSK-Potential [1, 2]. Die Schatten deuten wieder die geschätzte Ungenauigkeit der Daten an, wobei die für den zweiten Virialkoeffizienten von

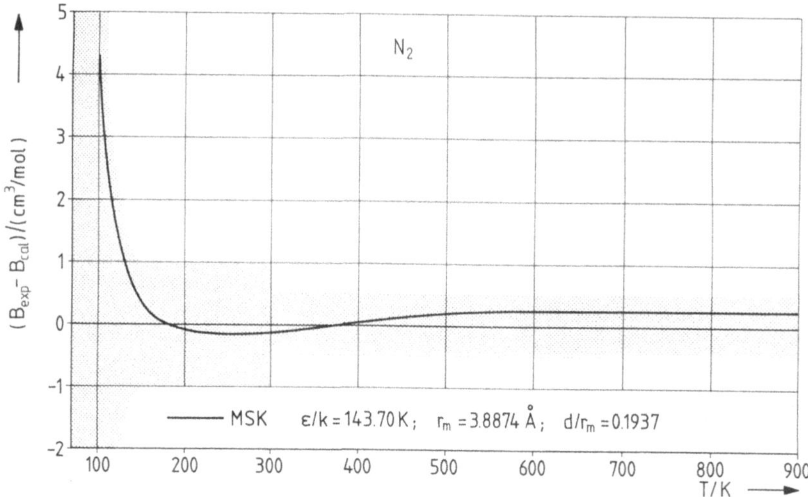

Bild B 5.4.1. Die Korrelation des zweiten Virialkoeffizienten von N_2 mit dem MSK-Potential

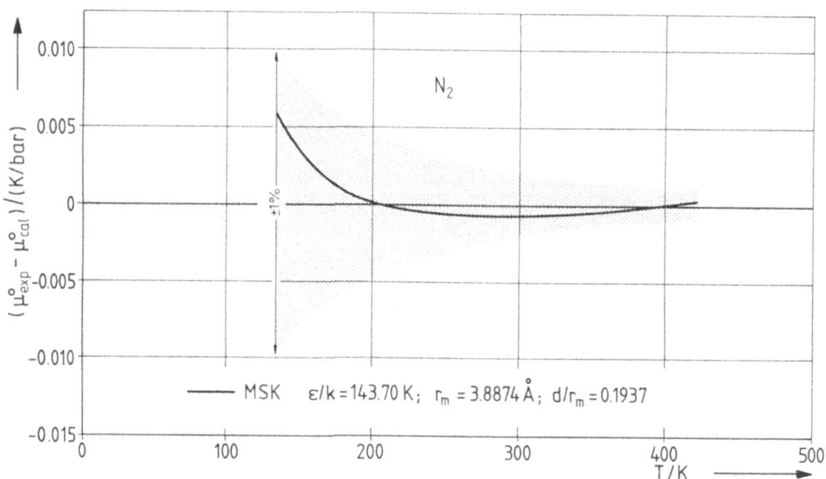

Bild B 5.4.2. Die Korrelation des Joule-Thomson-Koeffizienten mit dem MSK-Potential

Stickstoff über der in der Literatur angenommenen liegt, da dort Inkonsistenzen mit experimentellen Drosselkoeffizienten bei tiefen Temperaturen bestehen. Man erkennt, daß eine gemeinsame Korrelation beider Größen durchaus möglich ist, ohne die Winkelabhängigkeit der Wechselwirkung zwischen zwei N_2-Molekülen zu berücksichtigen. Dies bedeutet jedoch keineswegs, daß damit die Paarwechselwirkung zwischen den N_2-Molekülen angemessen modelliert wäre. Dies wird deutlich, wenn man auf die Berechnung des dritten Virialkoeffizienten in Bild B 5.4.3 blickt. Deutliche Abweichungen von den Meßwerten zeigen, daß auch ein so qualifiziertes isotropes Paarpotential wie das MSK-Potential keine befriedigende Modellierung der Wechselwirkung zwischen N_2-Molekülen darstellt. Dabei ist N_2 ein verhältnismäßig einfaches Molekül. Wesentlich deutlichere Effekte zeigen sich bei komplizierteren starren Molekülen.

1. Ameling, W.: Die Korrelation und Berechnung von Gasdaten mit Potentialfunktionen. Diss. Uni. Duisburg 1986
2. Lucas, K.: Int. J. Thermophys., 7 (1986) 477

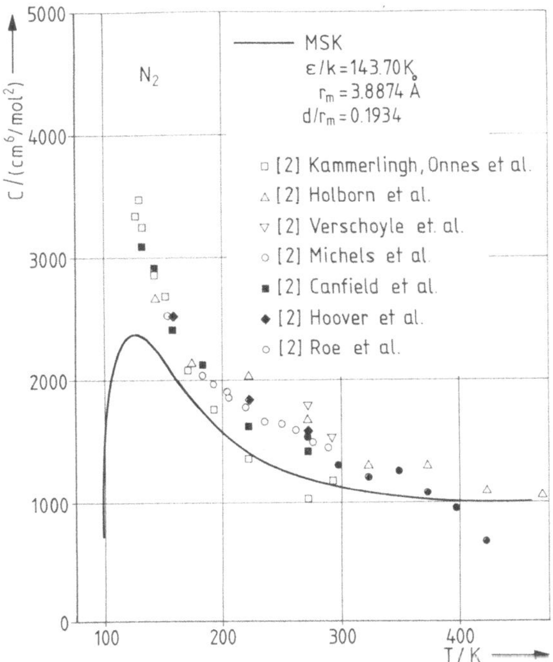

Bild B 5.4.3. Die Vorausberechnung des dritten Virialkoeffizienten von N_2 mit dem MSK-Potential

Aus Beispiel 5.4 wird deutlich, daß Gase aus kleinen, anisotropen Molekülen nicht durch einfache, kugelförmige Potentialfunktionen analog zu den einatomigen Gasen hinreichend genau und konsistent zu beschreiben sind. Es ist vielmehr erforderlich, die Winkelabhängigkeit der Wechselwirkungen zu berücksichtigen, vgl. Beispiel 5.5.

5.2.2 Beziehungen zwischen den Transporteigenschaften und dem Paarpotential

Bei niedrigen Dichten lassen sich die Transporteigenschaften, also die Viskosität, die Wärmeleitfähigkeit und der Selbstdiffusionskoeffizient reiner Gase aus Molekülen mit kugelförmigen Kraftfeldern mit dem Paarpotential verknüpfen. Für einatomige Moleküle sind diese Beziehungen im wesentlichen exakt, für mehratomige Moleküle mit effektiv kugelförmigen Kraftfeldern sind sie oft hinreichend genau für die Viskosität und den Selbstdiffusionskoeffizienten, für die Wärmeleitfähigkeit bisher jedoch unbefriedigend.

Die Ableitung der Beziehungen zwischen den Transporteigenschaften und dem Paarpotential erfolgt nach den Methoden der kinetischen Gastheorie [9, 11, 12]. Die resultierenden Gleichungen stellen eine wichtige weitere Informationsquelle und Kontrolle für eine gewählte Modellierung der intermolekularen Kräfte dar. Experimentelle Daten für die Viskositäten vieler Gase liegen bei mäßigen Temperaturen oft mit einer hohen Genauigkeit von besser als 1 % vor. Bei sehr hohen und tiefen Temperaturen ist die Genauigkeit typisch in der Größenordnung von 2%. Demgegenüber sind Daten für den Selbstdiffusionskoeffizienten meistens nicht sehr genau bekannt. Praktisch bedeutsam zur Bestimmung und Kontrolle von Wechselwirkungsmodellen ist daher nur die Verknüpfung der Viskosität mit dem Paarpotential. Sie lautet [9]:

$$\eta = \frac{5}{16} \sqrt{\pi} \, \frac{\sqrt{mkT}}{\pi \, \sigma^2 \, \Omega^{(2,2)*}(T^*)} \left[1 + \frac{3}{196} \left(8 \, \frac{\Omega^{(2,3)*}(T^*)}{\Omega^{(2,2)*}(T^*)} - 7 \right)^2 \right]. \qquad (5.2.23)$$

Hier sind σ der Nulldurchgang des Paarpotentials, $T^* = kT/\varepsilon$ mit ε als der Potentialtiefe und $\Omega^{(2,2)*}$, $\Omega^{(2,3)*}$ spezielle Kollisionsintegrale, die aus dem Paarpotential numerisch als Funktion der Temperatur berechenbar sind. Die eckige Klammer stellt eine nur wenig von eins abweichende Temperaturfunktion dar. Ein Computerprogramm zur Berechnung der Kollisionsintegrale findet man in der Literatur [13].

Mit (5.2.23) kann die Viskosität eines Gases aus Molekülen mit kugelförmigen Wechselwirkungen aus einem gegebenen Paarpotential berechnet werden, z. B. aus einem Paarpotential, das aus Daten des zweiten Virialkoeffizienten und des Drosselkoeffizienten gewonnen wurde. Ein Vergleich mit Meßwerten erlaubt dann einen einschlägigen Konsistenztest für die gewählte Modellierung der intermolekularen Kräfte.

Beispiel 5.5

Man berechne die Viskosität von Ar nach den in den Beispielen 5.3 und 5.4 gefundenen Paarpotentialen sowie die von N_2 nach dem MSK-Potential und vergleiche mit Meßdaten [1].

1. Maitland, G. C.; Smith, E. B.: J. Chem. Eng. Data. 17 (1972) 150

Lösung

Die Bilder B 5.5.1 bis B 5.5.4 zeigen den Vergleich der berechneten Viskosität mit Meßwerten. Die Schatten deuten die geschätzte Unsicherheit der Daten an. Das Versagen des Lennard-Jones-(12-6)-Potentials für Argon ist wiederum offensichtlich, und dies bestätigt die darüber in Beispiel 5.3 gemachten Ausführungen. Das 11-6-8-Potential ergibt demgegenüber eine vollkommen befriedigende Viskosität, wenn man wiederum die punktierte Kurve als die bei der Anpassung der Potentialparameter als optimal empfundene zugrunde legt. Die Schwäche des 11-6-8-Potentials wird also erst bei der Berücksichtigung von Dreikörper-Wechselwirkung, d. h. im dritten Virialkoeffizienten, deutlich, vgl. Beispiel 5.3. Am besten schneidet auch hier wieder das MSK-Potential ab, die bei der Anpassung der Potentialparameter als optimal empfundene punktierte Kurve ist auch hier optimal. Bild B 5.5.4 macht erneut deutlich, daß auch ein gutes isotropes Potential wie das MSK-Potential nicht in der Lage ist, die Wechselwirkung zwischen zwei N_2-Molekülen angemessen zu modellieren, da die daraus berechnete Viskosität Fehler deutlich außerhalb der Meßgenauigkeit aufweist. Dies unterstreicht die Ergebnisse aus Beispiel 5.4.

1. Ameling, W.: Die Korrelation und Berechnung von Gasdaten mit Potentialfunktionen. Diss. Uni. Duisburg 1986
2. Lucas, K.: Int. J. Thermophys. 7 (1986) 477

Hat man hinreichend genaue Daten der Viskosität zur Verfügung, so kann man sie ebenfalls, zumindest für einatomige Gase, zur Potentialbestimmung benutzen.

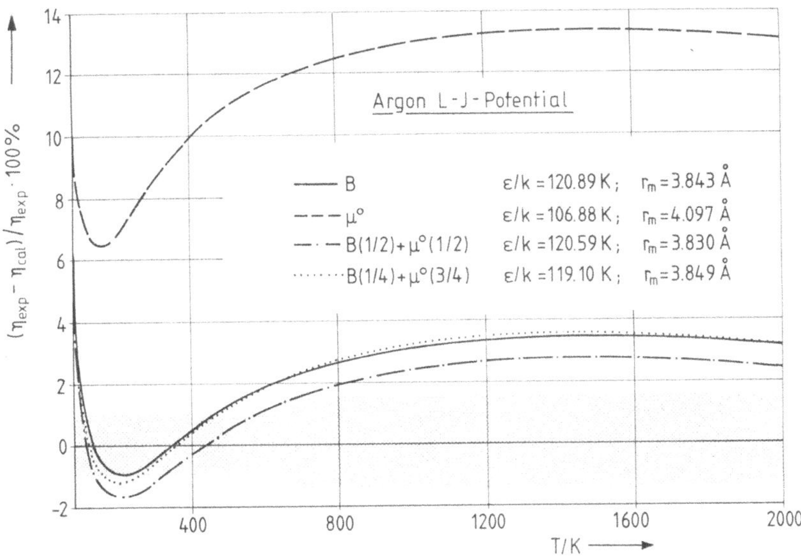

Bild B 5.5.1. Berechnung der Viskosität von Argon nach dem Lennard-Jones-(12-6)-Potential

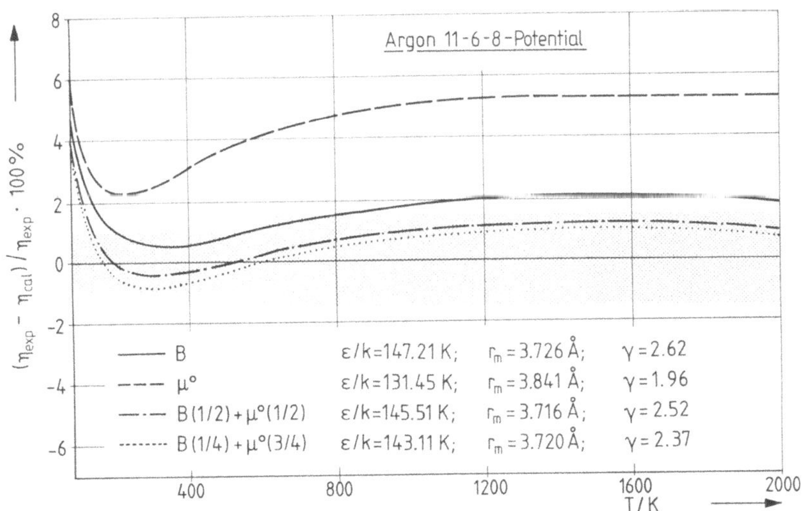

Bild B 5.5.2. Berechnung der Viskosität von Argon nach dem 11-6-8-Potential

Dies ist insbesondere dann erforderlich, wenn Daten des Drosselkoeffizienten nicht vorliegen. Dies ist häufig der Fall, während Daten des zweiten Virialkoeffizienten und der Viskosität für viele Gase verfügbar sind. Die gemeinsame Korrelation des zweiten Virialkoeffizienten und der Viskosität erlaubt ebenfalls die Bestimmung brauchbarer Potentialparameter [7].

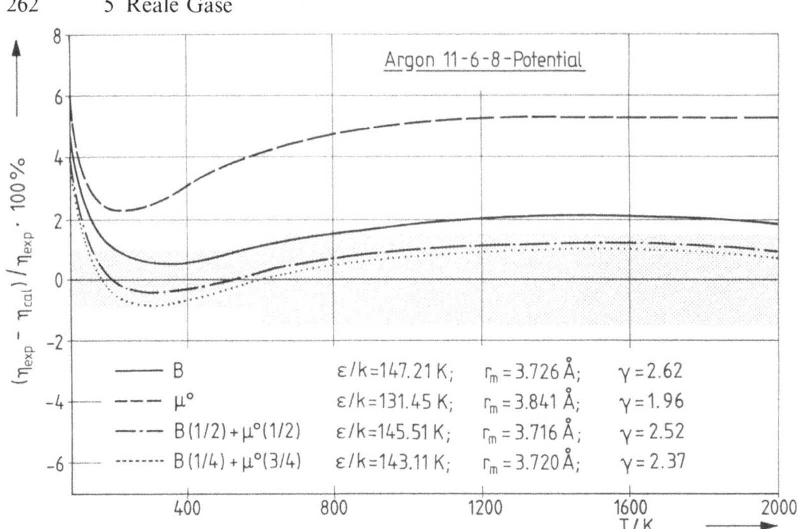

Bild B 5.5.3. Berechnung der Viskosität von Argon nach dem MSK-Potential

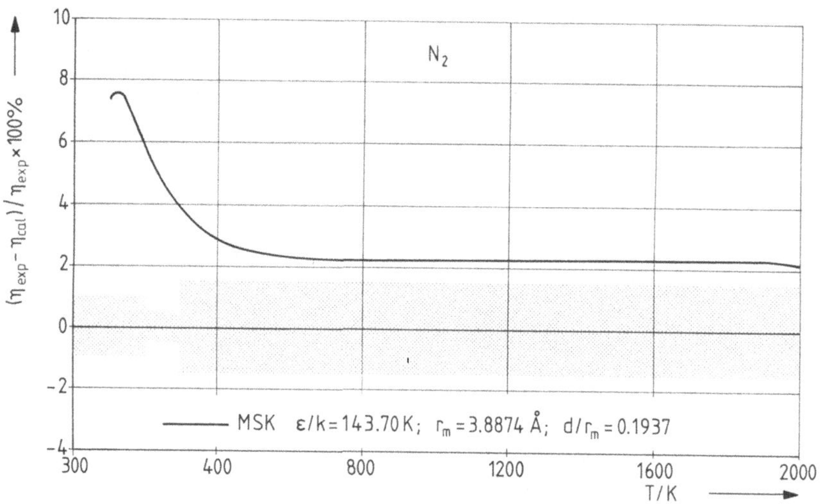

Bild B 5.5.4. Berechnung der Viskosität von N_2 nach dem MSK-Potential

5.3 Das Prinzip korrespondierender Zustände

Wenn man annimmt, daß das Paarpotential der Moleküle durch die folgende, universelle Form ausgedrückt werden kann:

$$\phi^*(r^*) = f_\phi(r^*) \tag{5.3.1}$$

mit

$$\phi^* = \phi/\varepsilon \tag{5.3.2}$$

und

$$r^* = r/\sigma, \tag{5.3.3}$$

dann man man den klassischen zweiten Virialkoeffizienten wie auch die Viskosität in dimensionslose Form umschreiben, nach

$$B^* = f_{\mathrm{B}}(T^*) \tag{5.3.4}$$

$$\eta^* = f_{\eta}(T^*) \tag{5.3.5}$$

mit

$$T^* = kT/\varepsilon, \tag{5.3.6}$$

$$B^* = BN_{\mathrm{L}}/(2/3\,\pi\,N_{\mathrm{L}}\,\sigma^3) \tag{5.3.7}$$

und

$$\eta^* = \eta\,\sigma^2/\sqrt{m\,\varepsilon}. \tag{5.3.8}$$

Aus dieser Darstellung erkennt man, daß diese Eigenschaften und entsprechend alle anderen, die nur vom Paarpotential abhängen, in dimensionsloser Form jeweils universelle Funktionen der dimensionslosen Temperatur sind. Hat man für jede Eigenschaft aus Meßwerten eines Stoffes die universelle Kurve ermittelt, so kann man für jeden anderen Stoff die entsprechenden Eigenschaften berechnen, wenn man die beiden individuellen Potentialparameter ε und σ kennt. Insbesondere muß gelten, daß man diese beiden Potentialparameter aus einer beliebigen Eigenschaft ermitteln und dann jede andere aus den universellen Kurven berechnen kann. Dies ist das Prinzip korrespondierender Zustände.

Aus der Theorie der intermolekularen Kräfte, vgl. Kap. 4, ist bekannt, daß streng nur die Edelgase Argon, Xenon und Krypton auf Grund ihrer großen Masse und ihrer isotropen Wechselwirkungen dem Prinzip korrespondierender Zustände gehorchen können. Alle anderen Substanzen lassen sich, streng genommen, nicht durch diese einfache Formulierung des Prinzips erfassen. Selbst die einatomigen Gase Neon und Helium, deren Paarpotentiale sich grundsätzlich noch durch (5.3.1) darstellen lassen, weichen, zumindest bei tiefen Temperaturen, auf Grund von Quanteneffekten von der allgemeinen Kurve für die Edelgase ab. Mehratomige Gase haben grundsätzlich intermolekulare Wechselwirkungen, die von der Orientierung der Moleküle zueinander abhängen. Die entsprechenden Potentialfunktionen folgen daher nicht der universellen Gleichung (5.3.1). Dies bedeutet, daß man hierbei nicht erwarten darf, für solche Gase Werte von ε und σ zu finden, mit denen man ihre Eigenschaften aus den entsprechenden universellen Kurven für die Edelgase berechnen kann.

Es zeigt sich, daß die verschiedenen Gaseigenschaften verschieden sensibel auf solche Korrespondenzdefekte reagieren. Kestin und Mitarbeiter [14] haben gezeigt, daß sich die Viskositätsdaten vieler Gase in einem begrenzten Temperaturbereich innerhalb ihrer Meßgenauigkeit durch eine universelle Temperaturfunktion beschreiben lassen, wenn die zwei Potentialparameter aus (5.3.1) an die jeweiligen Daten angepaßt werden. Dies ist in Bild 5.3 für einige Gase gezeigt. Die Ursache dafür ist, daß die Viskosität im wesentlichen durch den stark ansteigenden, in seinem Verlauf wenig stoffspezifischen Ast der Abstoßungskräfte bestimmt

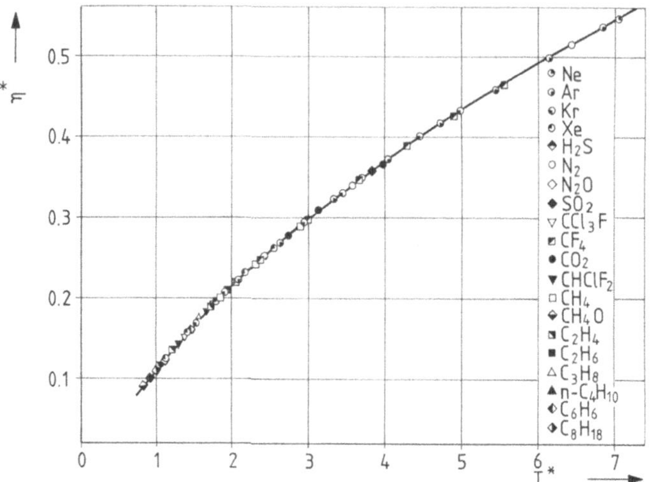

Bild 5.3. Universelle Darstellung der Gasviskosität über der Temperatur mit dem Potential $\phi = = \varepsilon f(r/\sigma)$

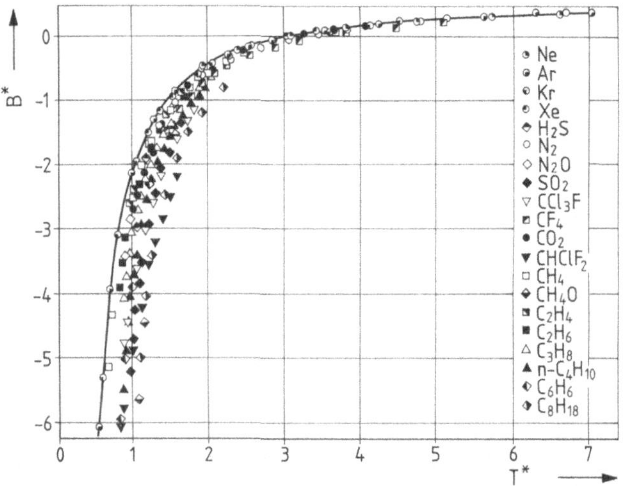

Bild 5.4. Grenzen des Prinzips korrespondierender Zustände für den zweiten Virialkoeffizienten (ε, σ aus der Darstellung von Bild 5.3)

wird [15]. Die genaue Funktion des Paarpotentials kann im Rahmen dieser Darstellung unbekannt bleiben. Nimmt man geringfügige Einbußen an Genauigkeit in Kauf, so kann man aus der universellen Temperaturfunktion auch Daten in Temperaturbereichen berechnen, für die keine Messungen vorliegen, wenn man die Potentialparameter ε, σ aus Daten anderer Temperaturbereiche ermittelt hat. Man hat damit ein nützliches Konzept zur Extrapolation von Viskositätsdaten in unvermessene Temperaturbereiche. Wendet man jedoch die aus Viskositätsdaten gefundenen Werte von ε, σ auf die Meßwerte des zweiten Virialkoeffizienten an, so erhält man keine universelle Kurve, vgl. Bild 5.4. Universalität findet man erwartungsgemäß nur für die schweren Edelgase, deren normierte Paarpotentiale offenbar tatsächlich weitgehend übereinstimmen.

Für einfache Anwendungen hat man das Prinzip korrespondierender Zustände in Termen der kritischen Größen eines Stoffes formuliert. Für Substanzen, deren effektives Wechselwirkungspotential sich bei Annahme paarweiser Additivität durch (5.3.1) universell beschreiben läßt, gelten die nachstehenden Beziehungen zwischen den Potentialparametern und den kritischen Daten, vgl. (6.2.10) bis (6.2.12):

$$\frac{kT_c}{\varepsilon} = C_1 \tag{5.3.9}$$

$$n_c \sigma^3 = C_2 \tag{5.3.10}$$

$$\frac{p_c \sigma^3}{\varepsilon} = C_3, \tag{5.3.11}$$

wobei die Konstanten C_1, C_2 und C_3 von der expliziten Form des universellen Paarpotentials abhängen. Mit diesen Beziehungen lassen sich die universellen Kurven in andere dimensionslose Darstellungen mit den kritischen Größen als Reduktionsparametern umformulieren. Die kritischen Größen sind für zahlreiche Stoffe in der Literatur bekannt. Man findet dann, daß sich die Viskositäten zahlreicher nichtpolarer Gase durch das einfache Prinzip korrespondierender Zustände vorausberechnen lassen, während für stark polare Gase Korrekturen anzubringen sind [16, 17]. Die zweiten Virialkoeffizienten weichen bereits für unpolare, mehratomige Gase von der einfachen Kurve für die Edelgase ab, jedoch lassen sich diese Abweichungen für die sogenannten Normalfluide über einen dritten Parameter, den von Pitzer eingeführten azentrischen Faktor ω, vgl. (6.2.17), korrelieren [17]. Der azentrische Faktor ist ebenfalls für viele Substanzen in der Literatur bekannt. Damit liegt eine bequeme Berechnungsmethode für nicht zu hohe Genauigkeitsansprüche vor. Die Vorhersage wird erwartungsgemäß schlechter, wenn stark polare Gase betrachtet werden, und die Berechnungsvorschrift muß entsprechend empirisch korrigiert werden.

Für den dritten Virialkoeffizienten gilt das Prinzip korrespondierender Zustände nur, wenn außer dem Paarpotential auch die zusätzliche Dreikörperwechselwirkung ϕ_{123} als universelle Abstandsfunktion dargestellt werden kann. Beschränkt man sich hierbei auf die Berücksichtigung des Axilrod-Teller-Terms, vgl. Abschn. 4.3, so bedeutet dies, daß die dimensionslosen Polarisierbarkeiten der Moleküle gleich sein müssen. Dies ist, streng genommen, nicht der Fall. Dennoch gilt das Prinzip korrespondierender Zustände in guter Näherung auch für den dritten Virialkoeffizienten der schweren Edelgase, da zum einen oft der Beitrag des Paarpotentials dominiert und zum anderen die dimensionslosen Polarisierbarkeiten der einzelnen Stoffe nicht sehr unterschiedlich voneinander sind. Für mehratomige Gase gelten analoge Ausführungen wie für den zweiten Virialkoeffizienten. Auch für den dritten Virialkoeffizienten sind im übrigen verallgemeinerte Gleichungen nach dem Prinzip korrespondierender Zustände in Termen der kritischen Daten und des azentrischen Faktor ω entwickelt worden [17]. Insgesamt ist das Prinzip korrespondierender Zustände auf der Basis der kritischen Daten heute das bedeutendste praktische Verfahren zur Vorausberechnung der Eigenschaften einfacher realer Gase. Gibt man sich mit technischen Genauigkeitsansprüchen und speziellen Korrelationen für jede Eigenschaft zufrieden, so besteht für reine Gase kein Bedarf an der Benutzung komplizierter Rechnungen und Potentialmodelle. Will man hingegen zu einer innerlich konsistenten Berechnungsmethode für alle Gasdaten innerhalb ihrer Meßgenauigkeit kommen, so muß man die intermolekularen Wechselwirkungen zwischen den Molekülen adäquat, d. h. unter Berücksichtigung der individuellen molekularen Parameter, modellieren. Dies ist insbesondere eine notwendige Voraussetzung für die zuverlässige Abschätzung der Gasdaten von Gemischen, da für Potentialparameter, im Gegensatz zu empirischen Parametern, exakte bzw. zumindest theoretisch motivierte Kombinationsregeln angegeben werden können, vgl. Kap. 4.

Beispiel 5.6

Nach dem erweiterten Prinzip korrespondierender Zustände auf der Grundlage der kritischen Daten berechne man den zweiten und dritten Virialkoeffizienten von Stickstoff, Chlorwasserstoff und Kohlendioxid und vergleiche mit den Meßdaten aus [1] und [2].

1. Dymond, J. H.; Smith, E. B.: The virial coefficients of pure gases and mixtures. A critical compilation. Oxford: Clarendon Press 1980
2. Schramm, B.; Leuchs, U.: Ber. Bunsenges. Phys. Chem. 83 (1979) 847

Lösung

Der zweite Virialkoeffizient läßt sich aus der Gleichung von Tsonopoulos [1] berechnen nach:

$$\frac{Bp_c}{RT_c} = f^{(0)} + \omega f^{(1)}$$

mit

$$f^{(0)} = 0{,}1445 - \frac{0{,}330}{T_r} - \frac{0{,}1385}{T_r^2} - \frac{0{,}0121}{T_r^3} - \frac{0{,}000607}{T_r^8}$$

und

$$f^{(1)} = 0{,}0637 + \frac{0{,}331}{T_r^2} - \frac{0{,}423}{T_r^3} - \frac{0{,}008}{T_r^8}.$$

Für stark polare Moleküle wird eine Funktion $f^{(2)}$ mit dem Dipolmoment μ addiert, nach

$$f^{(2)} = \frac{1}{T_r^6}(-2{,}140 \cdot 10^{-4}\,\mu_r - 4{,}308 \cdot 10^{-21}\,\mu_r^8)$$

und

$$\mu_r = \frac{10^5\,\mu^2\,p_c}{T_c^2}.$$

Die Tabellen B 5.6.1 bis B 5.6.3 zeigen die Übereinstimmung mit experimentellen Daten. Die zweiten Virialkoeffizienten von Stickstoff liegen oberhalb von 125 K innerhalb der Genauigkeit der Daten von ca. 2,5 cm^3/mol. Unterhalb von 125 K sind die gerechneten Werte absolut erheblich zu hoch, allerdings sind die Daten bei diesen tiefen Temperaturen keineswegs gesichert. Die zweiten Virialkoeffizienten von Kohlendioxid liegen im ganzen Temperaturbereich im wesentlichen innerhalb der Genauigkeit der Daten. Deutlich außerhalb der Datengenauigkeit von ca. 10 cm^3/mol liegen indessen die bei Temperaturen unter 250 K berechneten zweiten Virialkoeffizienten von Chlorwasserstoff. Es deutet sich hier ein auch später, vgl. Kap. 6 und 7, bestätigtes Ergebnis an, daß das mit dem Pitzerschen Faktor erweiterte Prinzip korrespondierender Zustände recht gut Formeffekte und gleichzeitig auftretende, mäßige Multipoleffekte beschreibt, starke Multipoleffekte bei wenig anisotropen Molekülen hingegen nicht. Ohne Berücksichtigung

Tabelle B 5.6.1. Stickstoff

T	B_{exp}	B_{cal}	ΔB	ΔB
K		cm^2/mol		%
75,00	$-\,275,00$	$-\,296,98$	21,98	$-\;8,0$
80,00	$-\,243,00$	$-\,258,02$	15,02	$-\;6,2$
90,00	$-\,197,00$	$-\,202,73$	5,73	$-\;2,9$
100,00	$-\,160,00$	$-\,164,82$	4,82	$-\;3,0$
110,00	$-\,132,00$	$-\,136,95$	4,95	$-\;3,7$
125,00	$-\,104,00$	$-\,106,54$	2,54	$-\;2,4$
150,00	$-\;71,50$	$-\;73,19$	1,69	$-\;2,4$
200,00	$-\;35,20$	$-\;36,59$	1,39	$-\;3,9$
250,00	$-\;16,20$	$-\;17,06$	0,86	$-\;5,3$
300,00	$-\;\;4,20$	$-\;\;4,98$	0,78	$-\,18,5$
400,00	9,00	9,14	$-\;0,14$	$-\;1,5$
500,00	16,90	17,10	$-\;0,20$	$-\;1,2$
600,00	21,30	22,20	$-\;0,90$	$-\;4,2$
700,00	24,00	25,75	$-\;1,75$	$-\;7,3$

Tabelle B 5.6.2. Chlorwasserstoff

T	B_{exp}	B_{cal}	ΔB	ΔB
K		cm^3/mol		%
190,00	$-\,456,00$	$-\,529,08$	73,08	$-\,16,0$
200,00	$-\,392,00$	$-\,440,66$	48,66	$-\,12,4$
225,00	$-\,287,00$	$-\,301,95$	14,95	$-\;5,2$
250,00	$-\,221,00$	$-\,224,06$	3,06	$-\;1,4$
275,00	$-\,175,00$	$-\,175,03$	0,03	$-\;0,0$
295,00	$-\,147,10$	$-\,147,30$	0,20	$-\;0,1$
300,00	$-\,142,10$	$-\,141,46$	$-\;0,64$	0,4
330,00	$-\,114,00$	$-\,112,88$	$-\;1,12$	1,0
370,00	$-\;90,00$	$-\;86,27$	$-\;3,73$	4,1
400,00	$-\;76,00$	$-\;71,57$	$-\;4,43$	5,8
420,00	$-\;68,50$	$-\;63,48$	$-\;5,02$	7,3
450,00	$-\;59,00$	$-\;53,22$	$-\;5,78$	9,8
480,00	$-\;53,00$	$-\;44,71$	$-\;8,29$	15,7

der Dipolkorrektur von Chlorwasserstoff werden dessen zweite Virialkoeffizienten in etwa gleichem Ausmaß absolut zu klein berechnet.

Der dritte Virialkoeffizient läßt sich aus der Gleichung von H. Orbey und J. H. Vera [2] berechnen nach

$$\frac{C p_c^2}{(R T_c)^2} = f_c^{(0)} + \omega f_c^{(1)}$$

mit

$$f_c^{(0)} = 0,01407 + 0,02432/T_r^{2,8} - 0,00313/T_r^{10,5}$$

und

$$f_c^{(1)} = -\,0,02676 + 0,01770/T_r^{2,8} + 0,040/T_r^{3,0} - 0,0030/T_r^{6,0} - 0,00228/T_r^{10,5}.$$

Tabelle B 5.6.3. Kohlendioxid

T	B_{exp}	B_{cal}	ΔB	ΔB
K		cm^3/mol		%
250,00	− 181,80	− 185,96	4,16	− 2,3
270,00	− 153,50	− 155,63	2,13	− 1,4
290,00	− 131,10	− 132,05	0,95	− 0,7
310,00	− 112,80	− 113,18	0,38	− 0,3
330,00	− 97,50	− 97,74	0,24	− 0,2
350,00	− 84,70	− 84,88	0,18	− 0,2
370,00	− 73,80	− 74,02	0,22	− 0,3
390,00	− 64,40	− 64,72	0,32	− 0,5
400,00	− 60,20	− 60,56	0,36	− 0,6
420,00	− 52,60	− 53,05	0,45	− 0,8
440,00	− 45,90	− 46,46	0,56	− 1,2
460,00	− 40,00	− 40,63	0,63	− 1,6
480,00	− 34,70	− 35,45	0,75	− 2,2
500,00	− 30,00	− 30,80	0,80	− 2,7
520,00	− 25,80	− 26,62	0,82	− 3,2
540,00	− 21,90	− 22,83	0,93	− 4,3
560,00	− 18,40	− 19,38	0,98	− 5,3
580,00	− 15,30	− 16,24	0,94	− 6,1
600,00	− 12,40	− 13,35	0,95	− 7,6
620,00	− 9,80	− 10,69	0,89	− 9,1
640,00	− 7,40	− 8,23	0,83	− 11,3
660,00	− 5,10	− 5,96	0,86	− 16,8
680,00	− 3,10	− 3,85	0,75	− 24,0
700,00	− 1,30	− 1,88	0,58	− 44,4
750,00	2,70	2,50	0,20	7,4
800,00	6,00	6,24	− 0,24	− 4,0
850,00	8,80	9,47	− 0,67	− 7,6
900,00	11,10	12,29	− 1,19	− 10,7
950,00	13,00	14,77	− 1,77	− 13,6
1000,00	14,60	16,97	− 2,37	− 16,3

Tabelle B 5.6.4. Stickstoff

T	C_{exp}	C_{cal}	ΔC	ΔC
K		cm^6/mol^2		%
155,89	2540,0	2610,1	− 70,1	− 2,8
181,86	2070,0	2145,1	− 75,1	− 3,6
192,64	1980,0	2012,3	− 32,3	− 1,6
204,61	1900,0	1893,6	6,4	0,3
218,87	1810,0	1781,9	28,1	1,6
234,05	1680,0	1689,6	− 9,6	− 0,6
248,54	1640,0	1620,3	19,7	1,2
263,08	1590,0	1564,5	25,5	1,6
276,94	1500,0	1521,3	− 21,3	− 1,4
291,41	1460,0	1484,1	− 24,1	− 1,6

Tabelle B 5.6.5. Kohlendioxid

T	C_{exp}	C_{cal}	ΔC	ΔC
K		cm^6/mol^2		%
273,15	5608,0	5427,9	180,1	3,2
298,20	4931,0	4970,4	$-$ 39,4	$-$ 0,8
303,05	5160,0	4852,4	307,6	6,0
304,19	5112,0	4824,3	287,7	5,6
305,23	4902,0	4798,6	103,4	2,1
313,25	4987,0	4599,0	388,0	7,8
322,86	4928,0	4363,0	565,0	11,5
348,41	4429,0	3787,0	641,1	14,5
372,92	4154,0	3327,0	826,1	19,9
398,16	3623,0	2943,0	680,0	18,8
412,98	3044,0	2752,8	291,2	9,6
418,20	3084,0	2691,4	392,6	12,7
423,29	3046,0	2634,1	411,9	13,5

Die Tabellen B 5.6.4 und B 5.6.5 zeigen die Übereinstimmung mit experimentellen Daten des dritten Virialkoeffizienten für Stickstoff und Kohlendioxid. Die Ergebnisse liegen im wesentlichen innerhalb der recht hohen Unsicherheiten der Daten.

1. Tsonopoulos, C.: AIChE-Journal 20 (1974) 263
2. Orbey, H.; Vera, J. H.: AIChE-Journal 29 (1983) 107

5.4 Reine Gase aus starren, mehratomigen Molekülen

5.4.1 Die statistischen Gleichungen für die Virialkoeffizienten [18]

Mehratomige Moleküle haben intermolekulare Kräfte, die nicht nur vom Abstand zwischen den Molekülzentren, sondern auch von der Orientierung der Moleküle zueinander abhängen. Grundsätzlich muß auch eine Abhängigkeit vom Schwingungs- und inneren Rotationszustand in Betracht gezogen werden, die aber nach Kap. 4 für starre Moleküle entfallen kann. Das Modell starrer Moleküle enthält daher den Einfluß der Kräfte und damit des Volumens auf die Translations- und Rotationsbewegungen des Moleküls, vernachlässigt hingegen eine zumindest grundsätzlich denkbare Dichteabhängigkeit der inneren Molekülbewegungen wie Schwingungen und innere Rotationen. Diese Beiträge werden wie für ideale Gase berechnet, vgl. Kap. 3.

Die Ableitung der Virialgleichung für orientierungsabhängige Wechselwirkungen ist der für isotrope Kraftfelder vollkommen analog. Anstelle von (5.2.3) und (5.2.4) erhalten wir nun:

$$\Xi = \sum_{N \geq 0} \frac{1}{N!} \lambda^{-3N} q_r^N q_v^N q_{ir}^N q_{el}^N q_{korr}^N Z_N \, e^{N\mu/kT} = \sum_{N \geq 0} \frac{Z_N}{N!} a^N \qquad (5.4.1)$$

mit

$$Z_N = \frac{1}{\Omega^N} \int \dots \int \exp\left\{- U(r_1\, \omega_1 \dots r_N\, \omega_N)/kT\right\}\, dr^N\, d\omega^N \qquad (5.4.2)$$

wobei

$$\Omega = \int \dots \int d\omega. \qquad (5.4.3)$$

Zur Ableitung der Virialgleichung formulieren wir auch hier die Reihenentwicklung von $\varXi$ in Potenzen von a in eine von $\ln \varXi$ in Potenzien von a um. Da auch für mehratomige Moleküle mit

$$a = \lambda^{-3}\, q_r\, q_v\, q_{ir}\, q_{el}\, q_{korr}\, e^{\mu/kT} \qquad (5.4.4)$$

$$a^{id} = n \qquad (5.4.5)$$

gilt, erfüllt die absolute Aktivität auch hier den Grenzfall des idealen Gases. Insgesamt ändert sich damit nichts an der statistischen Ableitung der Virialgleichung. In den Endergebnissen müssen nun lediglich noch die Integrationen über die Orientierungen durchgeführt werden. Es gilt daher z. B. für den zweiten Virialkoeffizienten:

$$B = \frac{-2\pi}{\int d\omega_1\, d\omega_2} \int\!\!\int_0^\infty (e^{-\phi(r\,\omega_1\,\omega_2)/kT} - 1)\, d\omega_1\, d\omega_2\, r^2\, dr$$

$$= -2\pi \int_0^\infty \langle (e^{-\phi(r\,\omega_1\,\omega_2)/kT} - 1)\rangle_{\omega_1\omega_2}\, r^2\, dr. \qquad (5.4.6)$$

Hier wurde die Notation

$$\frac{1}{\int d\omega_1\, d\omega_2} \int A\, d\omega_1\, d\omega_2 = \langle A \rangle_{\omega_1\omega_2} \qquad (5.4.7)$$

eingeführt. Die Normierung der Winkelmittelung $\int d\omega_1\, d\omega_2$ führt auf einen Faktor $(1/4\pi)^2$ für lineare und $(1/8\pi^2)^2$ für nichtlineare Moleküle. Eine entsprechende Beziehung erhält man durch Einführung der Winkelmittelung für den dritten Virialkoeffizienten bei winkelabhängigen Kraftwirkungen.

$$C(T) = -\tfrac{8}{3}\pi^2 \int\!\!\int_0^\infty \int_{-1}^1 \langle (e^{-\phi(r_{12}\,\omega_1\,\omega_2)/kT} - 1)\rangle_{\omega_1\omega_2}\, \langle (e^{-\phi(r_{13}\,\omega_1\,\omega_3)/kT} - 1)\rangle_{\omega_1\omega_3}$$

$$\cdot\, \langle (e^{-\phi(r_{23}\,\omega_2\,\omega_3)/kT} - 1)\rangle_{\omega_2\omega_3}\, r_{12}^2\, r_{13}^2\, dr_{12}\, dr_{13}\, d(\cos\alpha)$$

$$-\tfrac{8}{3}\pi^2 \int\!\!\int_0^\infty \int_{-1}^1 \langle (e^{-\frac{\phi(r_{12}\,r_{13}\,r_{23}\,\omega_1\,\omega_2\,\omega_3)}{kT}} - 1)$$

$$\cdot\, (e^{-\frac{\phi(r_{12}\,\omega_1\,\omega_2)}{kT}}\, e^{-\frac{\phi(r_{13}\,\omega_1\,\omega_3)}{kT}}\, e^{-\frac{\phi(r_{23}\,\omega_2\,\omega_3)}{kT}})\rangle_{\omega_1\omega_2\omega_3}\, r_{12}^2\, r_{13}^2\, dr_{12}\, dr_{13}\, d(\cos\alpha)$$

$$= C_{add}(T) + C_{n\,add}(T). \qquad (5.4.8)$$

In Kap. 4 wurden Paar- und Dreikörperpotentiale in Termen der intermolekularen Abstände und Winkelkoordinaten abgeleitet. Werden diese Ausdrücke in die obigen Gleichungen eingesetzt, so können der zweite und dritte Virialkoeffizient direkt durch numerische Integration berechnet werden. Bei linearen Molekülen erfordert der zweite Virialkoeffizient nun eine Integration über vier Variable, bei nichtlinearen Molekülen über sechs Variable. Die Berechnung des dritten Virialkoeffizienten erfordert eine Integration über neun Variable bei linearen bzw. zwölf Variable bei nichtlinearen Molekülen. Hierbei stößt man an die Grenzen der heutigen Rechenmöglichkeiten.

Beispiel 5.7

Für das Stockmayer-Potential mit $\mu^* = \mu/\sqrt{\varepsilon\sigma^3} = 0{,}92116$ berechne man den dritten Virialkoeffizienten zwischen $T^* = 1{,}0$ und $T^* = 10$ und vergleiche mit Daten von Rowlinson [1] in der von Stogryn [2] korrigierten Form.

1. Rowlinson, J. S.: J. Chem. Phys. 19 (1951) 827
2. Stogryn, D. E.: J. Chem. Phys. 50 (1969) 4967

Lösung

Das Stockmayer-Potential lautet, vgl. (4.3.116):

$$\phi_{12}(r_{12},\vartheta_1\vartheta_2\phi_1\phi_2) = 4\varepsilon\left[\left(\frac{\sigma}{r_{12}}\right)^{12} - \left(\frac{\sigma}{r_{12}}\right)^{6}\right]$$
$$- \frac{\mu_1\mu_2}{r^3}\left[2\cos\vartheta_1\cos\vartheta_2 - \sin\vartheta_1\sin\vartheta_2\cos(\phi_2 - \phi_1)\right].$$

Die Winkel ϑ_1, ϑ_2, ϕ_2 und ϕ_1 in diesem Ausdruck beziehen sich auf ein molekülfestes Koordinatensystem, dessen z-Achse mit der Verbindungslinie der beiden Moleküle als raumfeste z-Achse identisch ist. Bild B 5.7.1 zeigt die molekulare Konfiguration für die Auswertung von (5.4.8) für den dritten Virialkoeffizienten. Man erkennt insbesondere, daß die molekülfesten z-Achsen der drei Moleküle hier nicht mit der raumfesten z-Achse identisch sind. Der Deutlichkeit halber werden diese molekülfesten z-Achsen in Bild B 5.7.1 durch ϑ_1', ϑ_2', ϕ_1', ϕ_2' gekennzeichnet, und (5.4.8) für den additiven Teil des dritten Virialkoeffizienten in cm^6/mol^2 lautet:

$$C(T) = -\frac{N_L^2}{24\pi}\int\limits_0^\infty r_{12}^2\,dr_{12}\int\limits_0^\infty r_{13}^2\,dr_{13}\int\limits_{-1}^{+1}d(\cos\alpha)$$
$$\cdot\int\limits_0^\pi \sin\vartheta_1'\,d\vartheta_1'\int\limits_0^\pi \sin\vartheta_2'\,d\vartheta_2'\int\limits_0^\pi \sin\vartheta_3'\,d\vartheta_3'\int\limits_0^{2\pi}d\phi_1'\int\limits_0^{2\pi}d\phi_2'\int\limits_0^{2\pi}d\phi_3'$$
$$\cdot\left[(e^{-\phi_{12}/kT} - 1)(e^{-\phi_{13}/kT} - 1)(e^{-\phi_{23}/kT} - 1)\right].$$

Zur Auswertung dieser Integrale sind Integrationen über die Orientierungswinkel ϑ', ϕ' der Moleküle im raumfesten Koordinatensystem durchzuführen, vgl. Bild B 5.7.1. Die in Kap. 4 entwickelten Ausdrücke für die intermolekularen Wechselwirkungen enthalten als Orientie-

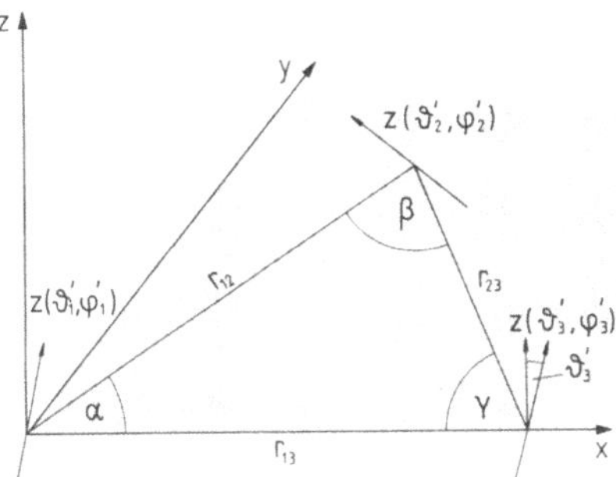

Bild B 5.7.1. Das raumfeste Koordinatensystem

rungswinkel ϑ, ϕ diejenigen, die sich auf eine spezielle Lage der raumfesten z-Achse, nämlich als Verbindungslinie zwischen den Molekülzentren, beziehen. Es ist daher eine Winkeltransformation erforderlich. Hierzu wird die z-Achse des raumfesten Koordinatensystems durch geeignete Rotationen in die einzelnen Verbindungslinien der Moleküle gedreht. Die Winkel (ϑ', ϕ') vor der Drehung werden dann in die Winkel (ϑ, ϕ) nach der Drehung transformiert. Im vorliegenden Fall ist dies besonders einfach für r_{13}, denn eine Drehung um $90°$ im Uhrzeigersinn um die y-Achse überführt das in Bild B 5.7.1 gezeigte raumfeste Koordinatensystem in das für die 13-Wechselwirkung nach Kap. 4 vorgegebene raumfeste Koordinatensystem. Da die y-Achse hierbei unverändert ist, gilt zunächst

$$\sin \vartheta_1 \sin \phi_1 = \sin \vartheta'_1 \sin \phi'_1 .$$

Die alte x-Achse transformiert sich in die negative z-Achse, also

$$\sin \vartheta_1 \cos \phi_1 = - \cos \vartheta'_\alpha,$$

und die alte z-Achse transformiert sich in die alte x-Achse, d.h.

$$\cos \vartheta_1 = \sin \vartheta'_1 \cos \phi'_1 .$$

Entsprechende Beziehungen gelten für die Orientierungswinkel des Moleküls 3.

Die Zusammenhänge für die beiden anderen Verbindungslinien r_{12} und r_{23} müssen durch zwei hintereinander geschaltete Rotationen des in Bild B 5.7.1 gezeigten Koordinatensystems ermittelt werden. Hierbei treten auch Rotationen um die Winkel α und γ auf. Man erhält für r_{12}:

$$\sin \vartheta_1 \cos \phi_1 = - \cos \vartheta'_1$$

$$\sin \vartheta_1 \sin \phi_1 = - \sin \alpha \sin \vartheta'_1 \cos \phi'_1 + \cos \alpha \sin \vartheta'_1 \sin \phi'_1$$

$$\cos \vartheta_1 = \cos \alpha \sin \vartheta'_1 \cos \phi'_1 + \sin \alpha \sin \vartheta'_1 \sin \phi'_1$$

mit entsprechenden Beziehungen für die Orientierungswinkel von Molekül 2. Letztlich erhält man für r_{23}:

$$\sin \vartheta_2 \cos \phi_2 = - \cos \vartheta'_2$$

$$\sin \vartheta_2 \sin \phi_2 = - \sin \gamma \sin \vartheta'_2 \cos \phi'_2 - \cos \gamma \sin \vartheta'_2 \sin \phi'_2$$

$$\cos \vartheta_2 = - \cos \gamma \sin \vartheta'_2 \cos \phi'_2 + \sin \gamma \sin \vartheta'_2 \sin \phi'_2$$

mit ensprechenden Beziehungen für die Orientierungswinkel von Molekül 3.

Zur Durchführung der Integration wird die mehrdimensionale Non-Product-Formel von Stroud [4] benutzt. Die Empfindlichkeit gegenüber der Stützstellendichte (Hauptintervalle!) in der Integration über α, r_{12} und r_{13} wurde durch verschiedene Unterteilung der entsprechenden Intervalle in 25 bis 40 Stützstellen untersucht, wobei sich im vorliegenden Fall 26 Stützstellen als ausreichend erweisen. In den späteren Beispielen wurden 40 in der Integration über $\cos \alpha$, jeweils 30 in der r-Integration und jeweils 3 für die Molekülorientierungen gewählt.

Tabelle B 5.7.1. Der dritte Virialkoeffizient für das Stockmayer-Potential $[C^* = C/(\tfrac{2}{3}\pi \sigma^3 N_L)^2]$

T^*	C^* Rowlinson	C^* (5.4.8)
1,0	0,4136	0,5509
1,2	0,6949	0,7327
1,4	0,6556	0,6662
1,6	0,5800	0,5818
1,8	0,5140	0,5139
2,0	0,4462	0,4636
2,5	0,3923	0,3896
4,0	0,3259	0,3251
6,0	0,3060	0,3053
10,0	0,2851	0,2820

Tabelle B 5.7.1 [1] zeigt die Ergebnisse im Vergleich zu Literaturwerten von Rowlinson bzw. Stogryn, die aus einer Störungsentwicklung gewonnen wurden, vgl. Abschn. 5.4.3.2. Diese Störungsentwicklung bricht bei tiefen Temperaturen zusammen, ist aber zuverlässig für hohe Temperaturen. Die gute Übereinstimmung für $T^* > 1{,}2$ zeigt die Zuverlässigkeit der Integrationsroutine.

1. Ameling, W.; Shukla, K. P.; Lucas, K.: Mol. Phys. 58 (1986) 381

5.4.2 Die kinetischen Gleichungen für die Transporteigenschaften in der Mason-Monchik-Approximation

Durch die Mason-Monchik-Approximation [19] wird (5.2.23) für die Viskosität einatomiger Gase auf Gase aus mehratomigen starren Molekülen erweitert. Grundsätzlich wird angenommen, daß der Transfer von Translationsenergie zu innerer Molekülenergie bei inelastischen Stößen klein ist und die molekularen Trajektorien nur in vernachlässigbarem Maße beeinflußt. Als unmittelbare Konsequenz dieser Annahme bleibt die Form (5.2.23) auch für mehratomige Moleküle erhalten. Bei der Berechnung der Kollisionsintegrale werden jedoch Werte für verschiedene Orientierungen berechnet und anschließend über die Orientierungen gemittelt, nach

$$\Omega^*_{\mathrm{MM}}(T^*) = \langle \Omega^*(T^*, \omega_1\,\omega_2) \rangle_{\omega_1\omega_2}. \tag{5.4.9}$$

Die Winkelmittelung erfolgt numerisch nach dem „Non-Product"-Algorithmus [4]. In klassischer Betrachtungsweise unterstellt daher die Mason-Monchik-Approximation, daß sich ein Stoß zwischen zwei Molekülen bei fester gegenseitiger Orientierung vollzieht und daß alle Orientierungen in gleicher Weise zur Viskosität beitragen. Für kleine Moleküle liegen die Fehler dieser Approximation für die Viskosität gegenüber exakten Rechnungen in der Größenordnung eines Prozents [20], mit Ausnahme der tiefsten Temperaturen. Generell wird die Mason-Monchik-Approximation bei höheren Temperaturen, höheren Rotations-Kollisionszahlen und der Dominanz kurzreichweitiger Wechselwirkungen besser. Die gleiche Approximation führt für den Diffusionskoeffizienten und die Wärmeleitfähigkeit zu weniger befriedigenden Ergebnissen. Die kinetische Theorie mehratomiger Moleküle befindet sich noch im Entwicklungsstadium.

5.4.3 Die Berechnung thermophysikalischer Gasdaten nach dem SSR-MPA-Modell

In Kap. 4 wurde zur Modellierung der intermolekularen Kräfte für kleine, lineare Moleküle die Kombination des „Site-Site"-Abstoßungspotentials mit den aus der quantenmechanischen Störungstheorie in Verbindung mit der Multipolentwicklung folgenden Ausdrücken für die langreichweitigen Wechselwirkungen als besonders realistisch empfohlen. Sie wird als SSR-MPA-Modell bezeichnet und soll den hier vorgestellten Beispielrechnungen zugrunde gelegt werden. Das Abstoßungspotential zwischen zwei „Sites" wird durch ein r^{-12}-Gesetz beschrieben, womit sich das Modell für die intermolekulare Energiefunktion bei kugelförmigen Molekülen auf das Lennard-Jones-(12-6)-Potential reduziert. Aus Rechnungen an Edelgasen mit dem Lennard-Jones-Potential ist bekannt, daß der dritte Virialkoeffizient dabei mit zunehmenden Werten der dimensionslosen Polarisierbarkeit erheblich überschätzt wird [21]. Während man bei Neon gute Übereinstimmung mit Meßwerten erzielt, ist der unter Verwendung der Axilrod-Teller-Kräfte berechnete dritte Virialkoeffizient von Argon deutlich zu hoch, vgl. Beispiel 5.3, ein Effekt, der sich für Krypton und Xenon erheblich verstärkt. Dementsprechend muß bei der Berechnung des dritten Virialkoeffizienten mehratomiger Moleküle mit dem hier benutzten Modell der intermolekularen Kräfte mit einer Überschätzung des dritten Virialkoeffizienten gerechnet werden. Es ist daher à priori nicht klar, mit welchem Gewichtsfaktor k_C der Beitrag der nichtadditiven Dreikörper-Dispersionskräfte anzusetzen ist, gemäß

$$C = C_{\text{add}} + k_C C_{n\,\text{add}}. \tag{5.4.10}$$

Man kann jedoch erwarten, daß er sich über der dimensionslosen Polarisierbarkeit darstellen läßt. Bild 5.5 zeigt diese Darstellung, wie sie aus Rechnungen und Daten der Gase Neon, Argon, Krypton, Xenon, Stickstoff, Sauerstoff, Äthan und Kohlendioxid gewonnen wurde [21]. Die Kurve ist offenbar der Erwartung gemäß universell. Damit können die Gasdaten ohne weiteres aus dem SSR-MPA-Modell berechnet werden.

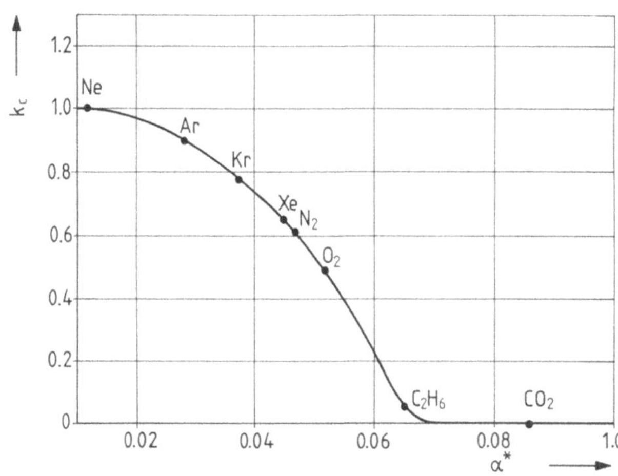

Bild 5.5. Gewichtsfaktor k_c für den nichtadditiven Beitrag zum dritten Virialkoeffizienten

5.4.3.1 Direkte Integrationen der statistischen Gleichungen

Für die komplizierte SSR-MPA-Wechselwirkungsmodelle für starre Moleküle aus Kap. 4 ist die direkte Integration von (5.4.6) für den zweiten Virialkoeffizienten zwar aufwendig, aber bei Verfügbarkeit einer Großrechenanlage durchaus möglich. Die Integration erfolgt dabei zweckmäßig nach einem Non-Product-Algorithmus [4]. Für den dritten Virialkoeffizienten nach (5.4.8) erreicht man mit

9 für lineare bzw. 12 Integrationsvariablen für nichtlineare Moleküle die Grenze der heutigen, allgemein verfügbaren Rechenanlagen. Die Berechnungsbeispiele beschränken sich daher auf lineare Moleküle.

Beispiel 5.8

Für Stickstoff, Äthan und Kohlendioxid sind Daten des zweiten Virialkoeffizienten und des Drosselkoeffizienten bekannt [1−7]. Unter Verwendung der in Kap. 4 für lineare Moleküle entwickelten SSR-MPA-Potentialmodelle bestimme man die Potentialparameter aus der gemeinsamen Korrelation des zweiten Virialkoeffizienten und des Drosselkoeffizienten, berechne daraus den dritten Virialkoeffizienten und die Viskosität und vergleiche mit Meßdaten [1−9].

1. Dymond, J. H.; Smith, E. B.: The virial coefficients of pure gases and mixtures. A critical compilation. Oxford: Clarendon Press 1980
2. Levelt-Sengers, J. M. H.; Klein, M.; Gallagher, J. S.: Report AEDC-TR-71-39, Arnold Engineering and Development Center, Tullaham, Tennessee
3. Dawe, R. A.; Snowdon, P. N.: J. Chem. Thermodyn. 6 (1974) 293
4. Roebuck, J. R.; Osterberg, H.: Phys. Rev. 48 (1935) 450
5. Ishkin, I. P.: Kaganer, M. G.: Sov. Phys. Tech. Phys. 1 (1957) 2255
6. Bender, R.; Bier, K.; Maurer, G.: Ber. Bunsenges. Phys. Chem. 85 (1981) 778
7. Bier, K.; Kunze, J.; Maurer, G.: J. Chem. Thermodyn. 8 (1976) 857
8. Maitland, G. C.; Smith, E. B.: J. Chem. Eng. Data 17 (1972) 150
9. Hanley, H. J. M.; Gubbins, K. E.; Murad, S.: J. Phys. Chem. Ref. Data 6 (1977) 1167

Lösung

In den Bildern B 5.8.1 bis B 5.8.12 sind die Ergebnisse zusammengefaßt [1, 2]. Die Molekülparameter wurden aus [3] entnommen zu:

	$\Theta/10^{-2\varepsilon}\,\mathrm{esu\ cm^2}$	$\alpha/\text{Å}^3$	k
N_2	$-1,4$	$1,74$	$0,133$
C_2H_6	$-1,2$	$4,44$	$0,0578$
CO_2	$-4,3$	$2,65$	$0,264$

Die gemeinsame Korrelation des zweiten Virialkoeffizienten und Joule-Thomson-Koeffizienten für Stickstoff ist innerhalb der Meßgenauigkeit möglich, wenn man berücksichtigt, daß diese Daten bei tiefen Temperaturen nicht konsistent sind und man daher dem zweiten Virialkoeffizienten eine etwas höhere Ungenauigkeit als in der Literatur angenommen zuordnen muß.

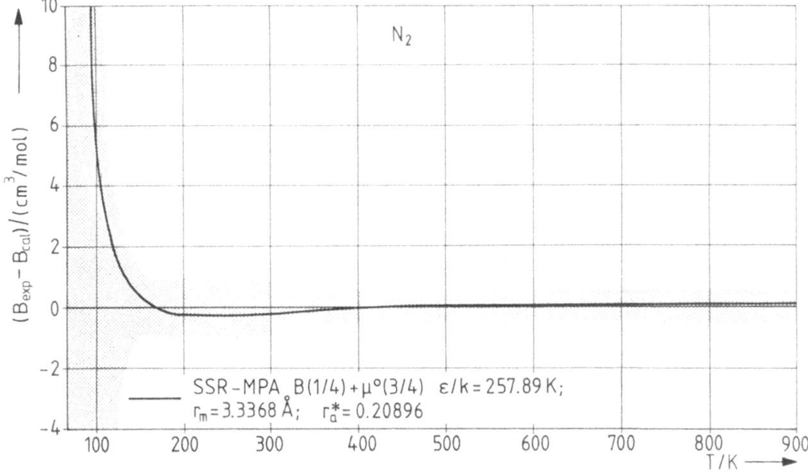

Bild B 5.8.1. Die Darstellung des zweiten Virialkoeffizienten von Stickstoff

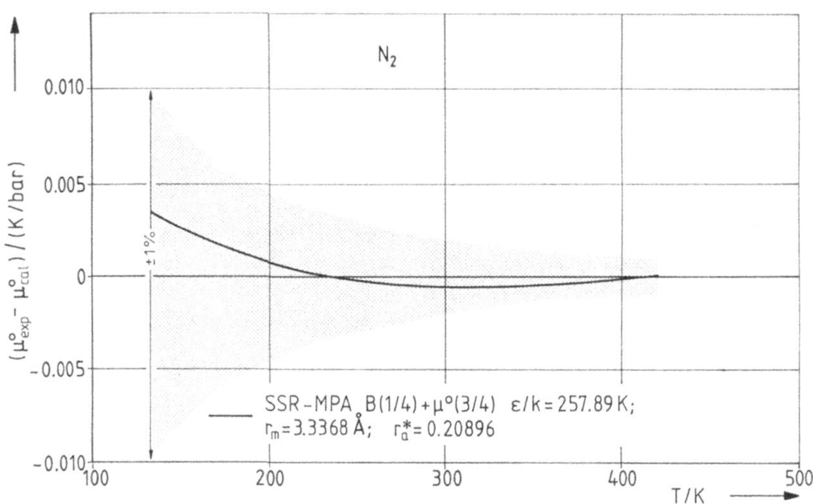

Bild 5.8.2. Die Darstellung des Joule-Thomson-Koeffizienten von Stickstoff

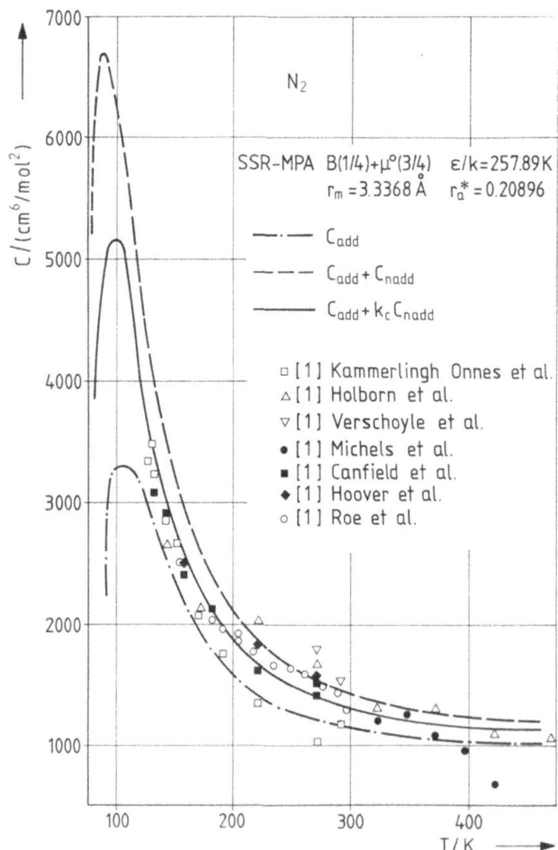

Bild B 5.8.3. Die Berechnung des dritten Virialkoeffizienten von Stickstoff

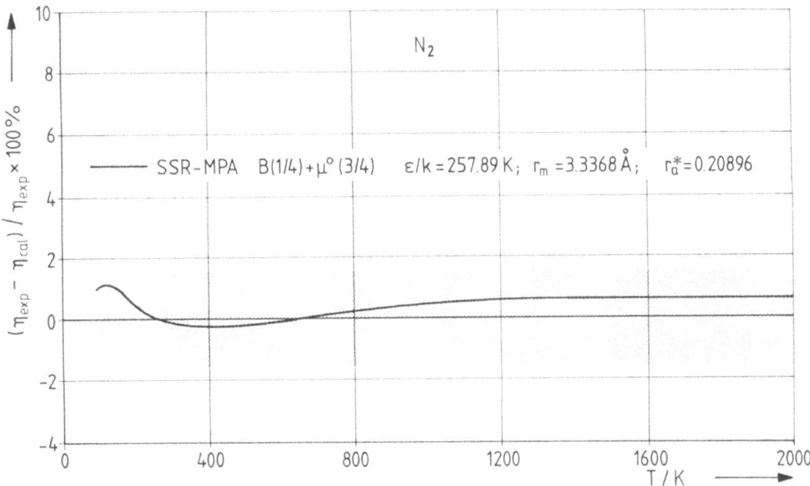

Bild B 5.8.4. Die Berechnung der Viskosität von Stickstoff

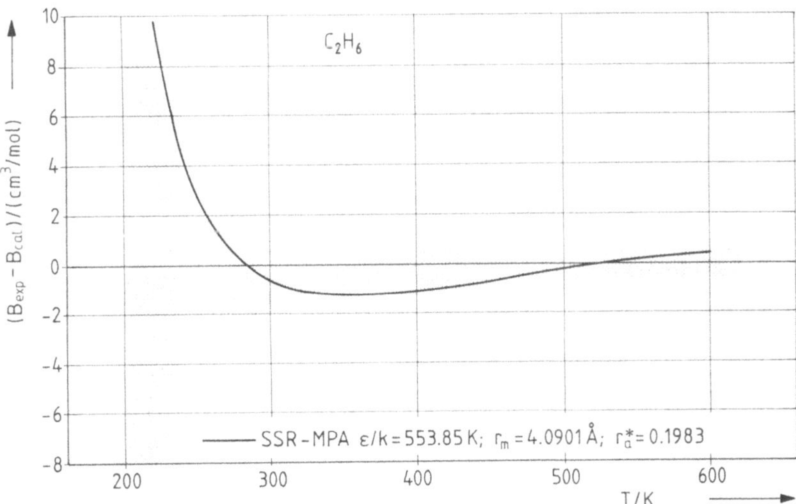

Bild B 5.8.5. Die Darstellung des zweiten Virialkoeffizienten von Äthan

Die Vorausberechnung des dritten Virialkoeffizienten ist nach Einführung des Korrekturfaktors k_c aus Bild 5.5 im Rahmen der recht großen Streuung der Meßwerte befriedigend. Die Viskosität schließlich wird in ausgezeichneter Übereinstimmung mit den Meßwerten vorausberechnet und demonstriert damit sowohl die Güte des Potentials als auch die Zuverlässigkeit der Mason-Monchik-Approximation für Stickstoff. Die Verbesserung gegenüber der Bemerkung eines isotropen Potential, vgl. Beispiel 5.4 und 5.5, ist eindeutig.

Die gemeinsame Korrelation des zweiten Virialkoeffizienten und Joule-Thomson-Koeffizienten von Äthan ist in etwa mit gleicher Qualität wie für Stickstoff möglich. Bei niedrigen Temperaturen $T/T_c \leq 0,8$ wurde den Daten des zweiten Virialkoeffizienten eine Unsicherheit von

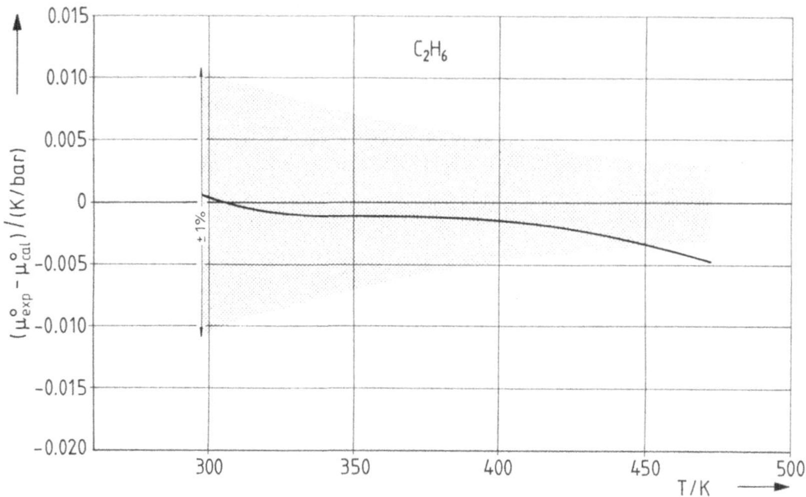

Bild B 5.8.6. Die Darstellung des Joule-Thomson-Koeffizienten von Äthan. — — SSR-MPA
$\varepsilon/k = 553{,}85$ K; $r_\mathrm{m} = 4{,}0901$ Å; $r_\mathrm{a}^* = 0{,}1983$

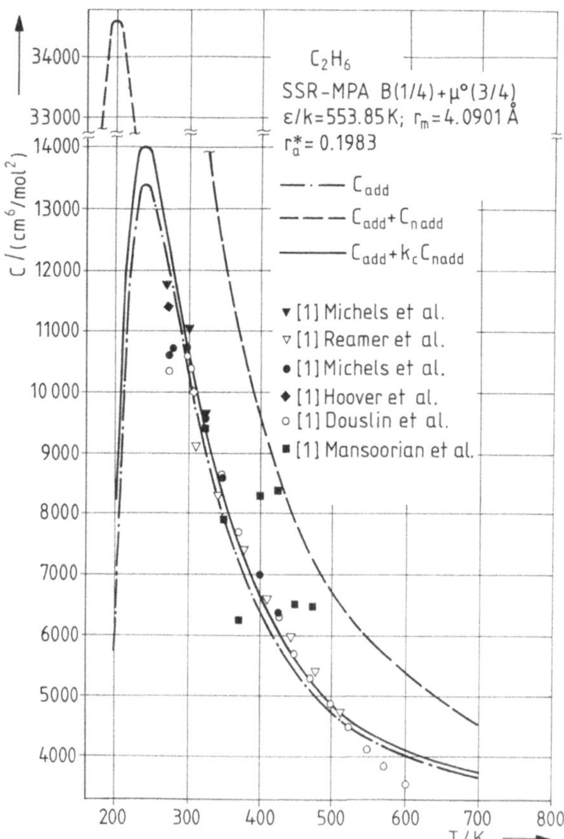

Bild B 5.8.7. Die Berechnung
des dritten Virialkoeffizienten von Äthan

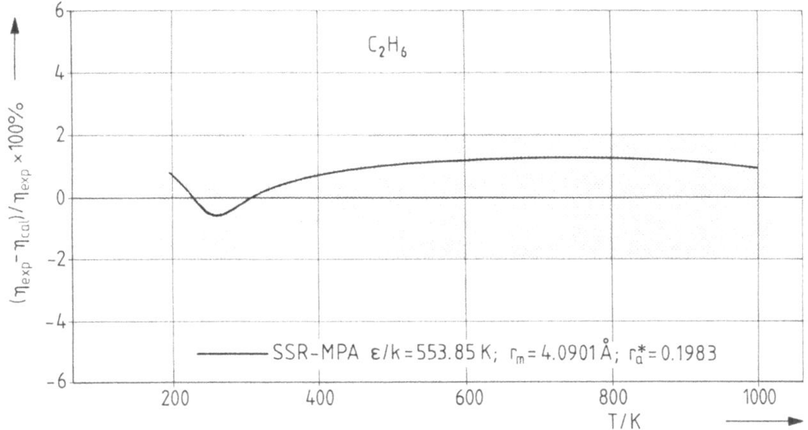

Bild B 5.8.8. Die Berechnung der Viskosität von Äthan

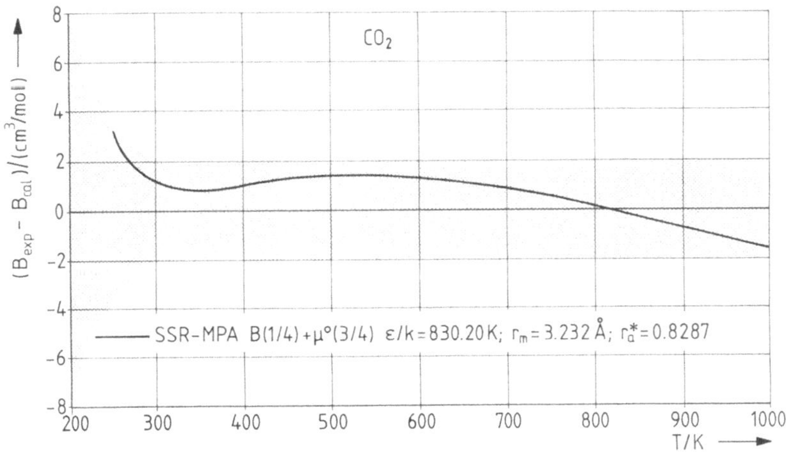

Bild B 5.8.9. Die Darstellung des zweiten Virialkoeffizienten von Kohlendioxid

2,5% zugeordnet, wie auch bei Stickstoff. Die Vorausberechnung des dritten Virialkoeffizienten mit dem Faktor k_c aus Bild 5.5 liegt dann im Bereich der Streuung der Meßdaten und die der Viskosität ist vollkommen befriedigend.

Auch für Kohlendioxid ist die gemeinsame Korrelation des zweiten Virialkoeffizienten und Joule-Thomson-Koeffizienten befriedigend. Für den dritten Virialkoeffizienten ist nur der additive Anteil nach Bild 5.5 maßgeblich und die so berechneten Werte stimmen befriedigend mit den Meßdaten überein. Die Vorausberechnung der Viskosität ist indessen mit Fehlern deutlich über der Fehlerschranke der Daten behaftet. Sie ist zwar immer noch deutlich besser als die nach einfachen, isotropen Paarpotentialen, aber die systematischen Abweichungen deuten auf eine Schwäche der statistischen Rechnungen hin, die vermutlich bei der Mason-Monchik-Approximation liegt, da CO_2 stark anisotrope, langreichweitige Kräfte hat. Genauere Rechnungen mit

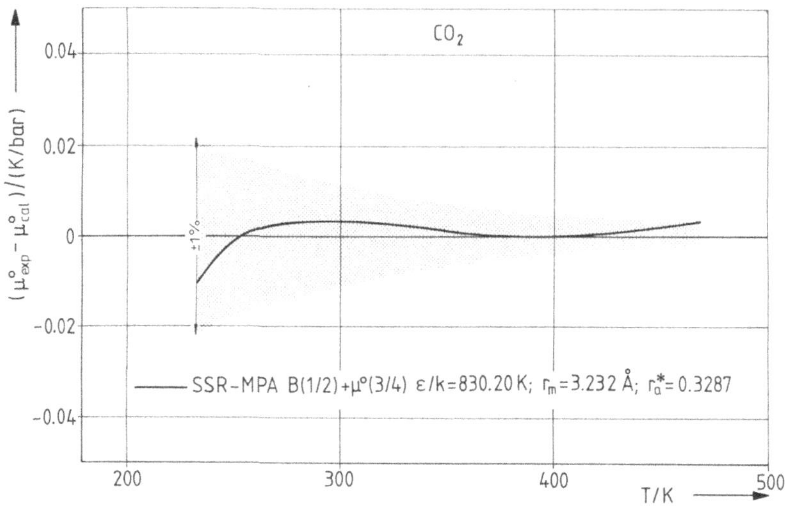

Bild B 5.8.10. Die Darstellung des Joule-Thomson-Koeffizienten von Kohlendioxid

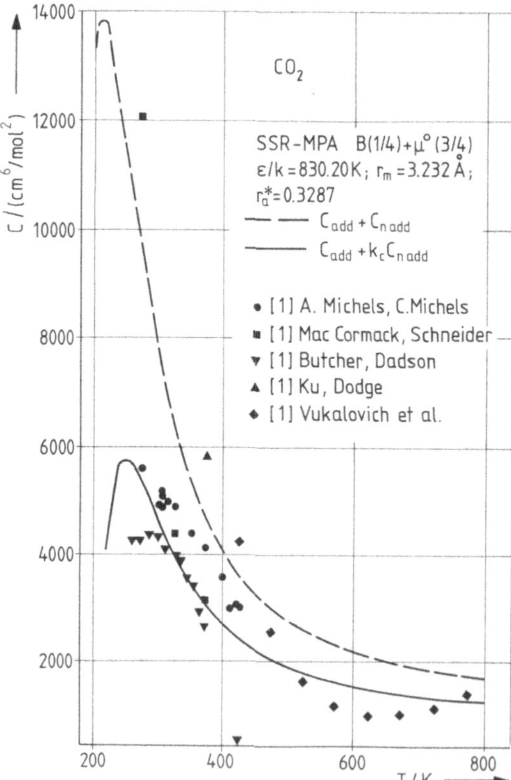

Bild B 5.8.11. Die Berechnung des dritten Virialkoeffizienten von Kohlendioxid

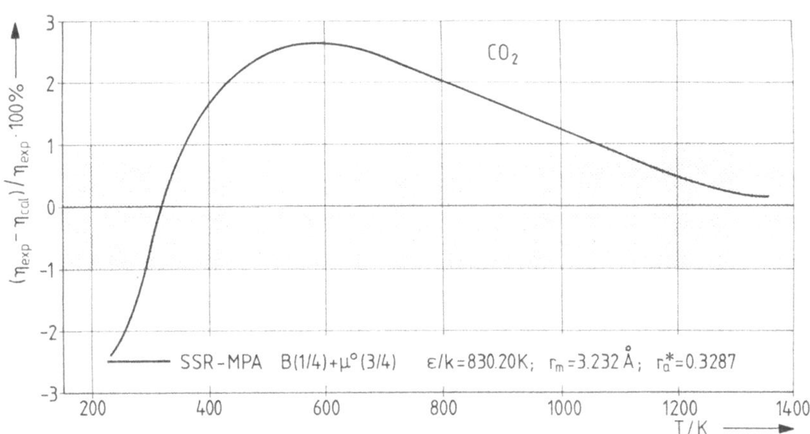

Bild B 5.8.12. Die Berechnung der Viskosität von Kohlendioxid

der komplizierten kinetischen Theorie mehratomiger Gase sind hier erforderlich, können allerdings zur Zeit noch nicht praktisch durchgeführt werden.

1. Ameling, W.; Lucas, K.: Int. J. Thermophys. 7 (1986) 1135
2. Ameling, W.; Lucas, K.: Int. J. Thermophys. (im Druck)
3. Gray, G. C.; Gubbins, K. E.: Theory of molecular fluids 1. Oxford: Clarendon Press 1984

5.4.3.2 Störungsrechnungen mit dem Lennard-Jones-Referenzpotential

Die direkte Integration der statistischen Gleichungen für die Virialkoeffizienten erfordert den Einsatz einer Großrechenanlage, wenn realistische Wechselwirkungsmodelle für mehratomige Moleküle benutzt werden. Für den dritten Virialkoeffizienten stößt man dabei an die Grenzen der heutigen Rechenmöglichkeiten. Der Rechenaufwand kann beträchtlich reduziert werden, wenn man die Virialkoeffizienten aus einer Störungsrechnung um ein einfaches, universelles Referenzsystem ermittelt. Ein solches einfaches Referenzsystem kann z.B. das Lennard-Jones-(12-6)-Gas sein, dessen Virialkoeffizienten als Funktion der dimensionslosen Temperatur $T^* = kT/\varepsilon$ vertafelt sind. Die hierfür eingeführte Störungsrechnung geht auf Pople [22] zurück.

Das vollständige intermolekulare Paarpotential wird in einer Störungsrechnung als Summe eines isotropen Referenzpotentials und eines anisotropen Störanteils angesetzt, nach

$$\phi_{12}(r_{12}\,\omega_1\,\omega_2) = \phi_{12}^{\text{ref}}(r_{12}) + \phi_{12}^{\text{P}}(r_{12}\,\omega_1\,\omega_2). \tag{5.4.11}$$

Nach Pople [22] wird der Referenzanteil als ungewichtetes Mittel des gesamten Paarpotentials definiert, d.h.

$$\phi_{12}^{\text{ref}}(r_{12}) \equiv \langle \phi_{12}(r_{12}\,\omega_1\,\omega_2)\rangle_{\omega_1\omega_2}, \tag{5.4.12}$$

woraus folgt

$$\langle \phi_{12}^{\text{P}}(r_{12}\,\omega_1\,\omega_2)\rangle_{\omega_1\omega_2} = 0. \tag{5.4.13}$$

Zur Durchführung der Störungsentwicklung für den zweiten Virialkoeffizienten
(5.4.6)

$$B = -2\pi \int\limits_0^\infty \langle e^{-\phi_{12}(r\,\omega_1\,\omega_2)/kT} - 1 \rangle_{\omega_1\omega_2}\, r^2\, dr$$

wird das Paarpotential in Termen eines Störparameters λ angesetzt, nach

$$\phi_{12}(r\,\omega_1\,\omega_2) = \phi_{12}^{\mathrm{ref}} + \lambda\,\phi_{12}^{\mathrm{P}}(r\,\omega_1\,\omega_2). \tag{5.4.14}$$

Für $\lambda = 0$ ergibt sich das Referenzpotential und für $\lambda = 1$ das vollständige Potential. Der zweite Virialkoeffizient folgt aus einer Taylorentwicklung um $\lambda = 0$, d. h. einer Störungsentwicklung um das Referenzsystem, zu

$$B = B^{\mathrm{ref}} + \left(\frac{dB}{d\lambda}\right)_{\lambda=0} + \frac{1}{2!}\left(\frac{d^2B}{d\lambda^2}\right)_{\lambda=0} + \frac{1}{3!}\left(\frac{d^3B}{d\lambda^3}\right)_{\lambda=0} + \dots \tag{5.4.15}$$

mit

$$B^{\mathrm{ref}} = -2\pi \int\limits_0^\infty (e^{-\phi^{\mathrm{ref}}(r)/kT} - 1)\, r^2\, dr \tag{5.4.16}$$

$$\left(\frac{dB}{d\lambda}\right)_{\lambda=0} = 2\pi \frac{1}{kT} \int\limits_0^\infty \langle \phi_{12}^{\mathrm{P}}(r\,\omega_1\,\omega_2)\rangle_{\omega_1\omega_2}\, e^{-\phi_{12}^{\mathrm{ref}}/kT}\, r^2\, dr = 0 \tag{5.4.17}$$

wegen (5.4.13),

$$\left(\frac{d^2B}{d\lambda^2}\right)_{\lambda=0} = -\frac{2\pi}{(kT)^2} \int\limits_0^\infty \langle [\phi_{12}^{\mathrm{P}}(r\,\omega_1\,\omega_2)]^2\rangle_{\omega_1\omega_2}\, e^{-\phi_{12}^{\mathrm{ref}}/kT}\, r^2\, dr, \tag{5.4.18}$$

$$\left(\frac{d^3B}{d\lambda^3}\right)_{\lambda=0} = \frac{2\pi}{(kT)^3} \int\limits_0^\infty \langle [\phi_{12}^{\mathrm{P}}(r\,\omega_1\,\omega_2)]^3\rangle_{\omega_1\omega_2}\, e^{-\phi_{12}^{\mathrm{ref}}/kT}\, r^2\, dr. \tag{5.4.19}$$

$$\vdots$$

Die Integrationen über die Orientierungswinkel ω_1 und ω_2 lassen sich analytisch durchführen, wenn man das Paarpotential als Entwicklung in Kugelfunktionen anschreibt und die Theoreme über die Winkelmittelung von Drehmatrizen aus Anhang 4.6 benutzt.

Für die Orientierungsmittelung des Quadrates des Störpotentials erhalten wir für einen bestimmten Krafttyp nach Einsetzen der allgemeinen Darstellung des anisotropen Paarpotentials nach Kap. 4:

$$\langle (\phi_{12}^{\mathrm{P}})^2 \rangle_{\omega_1\omega_2} = \left[\sum_{l_1=0}^{\infty} \sum_{l_2=0}^{\infty} \sum_{l=0}^{\infty} \sum_{m_1\,n_1} \sum_{\substack{m_2\,n_2 \\ m}} E_{12}(l_1\,l_2\,l;\, n_1\,n_2;\, r_{12}) \right.$$

$$\left. \cdot C(l_1\,l_2\,l;\, m_1\,m_2\,m)\, \langle D_{m_1 n_1}^{l_1}(\omega_1)^* D_{m_2 n_2}^{l_2}(\omega_2)^* Y_l^m(\omega)^* \rangle_{\omega_1\omega_2} \right]^2$$

$$= \sum_{l_1=0}^{\infty} \sum_{l_2=0}^{\infty} \sum_{l=0}^{\infty} \sum_{m_1\,n_1} \sum_{\substack{m_2\,n_2 \\ m}} \sum_{l_1'=0}^{\infty} \sum_{l_2'=0}^{\infty} \sum_{l'=0}^{\infty} \sum_{m_1'\,n_1'} \sum_{\substack{m_2'\,n_2' \\ m'}}$$

$$\cdot\, E_{12}(l_1\, l_2\, l;\, n_1\, n_2;\, r_{12})\, E_{12}(l'_1\, l'_2\, l';\, n'_1\, n'_2;\, r_{12})$$

$$\cdot\, C(l_1\, l_2\, l;\, m_1\, m_2\, m)\, C(l'_1\, l'_2\, l';\, m'_1\, m'_2\, m')$$

$$\cdot\, \langle D^{l_1}_{m_1 n_1}(\omega_1)^*\, D^{l'_1}_{m'_1 n'_1}(\omega_1)^*\rangle_{\omega_1}\, \langle D^{l_2}_{m_2 n_2}(\omega_2)\, D^{l'_2}_{m'_2 n'_2}(\omega_2)\rangle_{\omega_2}$$

$$\cdot\, Y_l^m{}^*(\omega)\, Y_{l'}^{m'}{}^*(\omega). \tag{5.4.20}$$

Wir verwenden nun die folgenden Theoreme über Drehmatrizen bzw. Clebsch-Gordan-Koeffizienten (A 4.3.10), (A 4.6.2), (A 4.4.4), (A 4.4.7):

$$D^l_{mn}(\omega)^* = (-1)^{m+n}\, D^l_{\underline{m}\,\underline{n}}(\omega),$$

$$\langle D^l_{mn}(\omega)^*\, D^{l'}_{m'n'}(\omega)\rangle_\omega = \frac{1}{2l+1}\, \delta_{ll'}\, \delta_{mm'}\, \delta_{nn'},$$

$$C(l_1\, l_2\, l;\, m_1\, m_2\, m) = (-1)^{l_1 + l_2 + l}\, C(l_1\, l_2\, l;\, \underline{m}_1\, \underline{m}_2\, \underline{m}),$$

$$\sum_{m_1}\sum_{m_2} C(l_1\, l_2\, l;\, m_1\, m_2\, m)\, C(l_1\, l_2\, l';\, m_1\, m_2\, m') = \delta_{ll'}\, \delta_{mm'}.$$

Wir erkennen zunächst, daß insgesamt nur solche Terme auftreten können, für die $l_1\, l_2\, l = l'_1\, l'_2\, l'$ gilt. Außerdem muß gelten $m_1 = \underline{m}'_1$, $m_2 = \underline{m}'_2$, $m = \underline{m}'$, $n_1 = \underline{n}'_1$ sowie $n_2 = \underline{n}'_2$. Damit folgt:

$$\langle (\phi^{\mathrm{p}}_{12})^2\rangle_{\omega_1 \omega_2} = \sum_\Lambda \langle (\phi^{\mathrm{p}}_{12}(\Lambda))^2\rangle_{\omega_1 \omega_2}, \tag{5.4.21}$$

wobei $\Lambda = l_1\, l_2\, l$ und

$$\langle (\phi^{\mathrm{p}}_{12}(\Lambda))^2\rangle_{\omega_1 \omega_2} = \sum_m \sum_{\substack{n_1 \\ n_2}} E(\Lambda;\, n_1\, n_2;\, r_{12})\, E(\Lambda;\, \underline{n}_1\, \underline{n}_2,\, r_{12})$$

$$\cdot\, (-1)^{l_1 + l_2 + l}\, (-1)^{-m-n_1-n_2}\, \frac{1}{(2l_1 + 1)(2l_2 + 1)}\, Y_l^m(\omega)^*\, Y_l^{\underline{m}}(\omega)^*. \tag{5.4.22}$$

Benutzen wir nun hier (A 4.3.2)

$$Y_l^m(\omega)^* = (-1)^m\, Y_l^{\underline{m}}(\omega)$$

sowie (A 4.3.14)

$$\sum_m |\, Y_l^m(\omega)|^2 = \frac{2l+1}{4\pi},$$

so finden wir

$$\langle (\phi^{\mathrm{p}}_{12}(\Lambda))^2\rangle_{\omega_1 \omega_2} = (-1)^{l_1 + l_2 + l}\, \frac{2l+1}{(2l_1 + 1)(2l_2 + 1)\, 4\pi}$$

$$\cdot \sum_{\substack{n_1 \\ n_2}} (-1)^{-(n_1 + n_2)}\, E(\Lambda;\, n_1\, n_2;\, r_{12})\, E(\Lambda;\, \underline{n}_1\, \underline{n}_2;\, r_{12}). \tag{5.4.23}$$

Eine Vereinfachung dieser Beziehung ist möglich, wenn man formal die konjugierte komplexe Form des Störpotentials einführt, nach:

$$\phi_{12}^{\mathrm{p}}(\Lambda)^* = \phi_{12}^{\mathrm{p}}(\Lambda) = \sum_{\substack{m_1 \, n_1 \\ m_2 \, n_2 \\ m}} E(\Lambda; \underline{n}_1 \underline{n}_2; r_{12})^* \; C(\Lambda; \underline{m}_1 \underline{m}_2 \underline{m})$$

$$\cdot D_{\underline{m}_1 \underline{n}_1}^{l_1}(\omega_1) \; D_{\underline{m}_2 \underline{n}_2}^{l_2}(\omega_2) \; Y_l^{\underline{m}}(\omega),$$ \hfill (5.4.24)

wobei die negativen Laufindizes keine Änderung gegenüber den im allgemeinen verwendeten positiven Laufindizes bedeuten, da sie von $-l$ bis $+l$ zu variieren sind. Transformieren wir nun wieder die Drehmatrizen und Kugelfunktionen in die konjugiert komplexe Form und vergleichen mit der gewöhnlichen Entwicklung des Paarpotentials, dann finden wir:

$$E(\Lambda; n_1 n_2; r_{12}) = (-1)^{l_1 + l_2 + l} \, (-1)^{n_1 + n_2} \, E(\Lambda; \underline{n}_1 \underline{n}_2; r_{12})^* \qquad (5.4.25)$$

und damit

$$\langle (\phi_{12}^{\mathrm{p}}(\Lambda))^2 \rangle_{\omega_1 \omega_2} = \frac{1}{4\pi} \frac{2l+1}{(2l_1+1)(2l_2+1)}$$

$$\cdot \sum_{\substack{n_1 \\ n_2}} E(\Lambda; n_1 n_2; r_{12}) \, E(\Lambda; n_1 n_2; r_{12})^*. \qquad (5.4.26)$$

Das vollständige Störpotential enthält Beiträge aus verschiedenen Typen von intermolekularen Kräften, z. B. Multipolkräfte, Induktionskräfte, anisotrope Abstoßungskräfte u. a. m. Über alle diese Krafttypen ist zu summieren. Bezeichnen wir einen beliebigen Krafttyp mit s, so gilt schließlich:

$$\langle \phi_{12}^{\mathrm{p}}(r_{12}\omega_1\omega_2)^2 \rangle_{\omega_1 \omega_2} = \frac{1}{4\pi} \sum_{\Lambda} \frac{2l+1}{(2l_1+1)(2l_2+1)}$$

$$\cdot \sum_{\substack{n_1 \\ n_2}} \sum_{s} \sum_{s'} E^s(\Lambda; n_1 n_2; r_{12}) \, E^{s'}(\Lambda; n_1 n_2; r_{12})^*.$$ \hfill (5.4.27)

Für das Orientierungsmittel des Störpotentials zur dritten Potenz ergibt sich analog:

$$\langle (\phi_{12}^{\mathrm{p}})^3 \rangle_{\omega_1 \omega_2} = \sum_{\substack{l_1 l_2 l \\ l_1' l_2' l' \\ l_1'' l_2'' l''}} \sum_{\substack{m_1 m_2 m \\ m_1' m_2' m' \\ m_1'' m_2'' m''}} \sum_{\substack{n_1 n_2 \\ n_1' n_2' \\ n_1'' n_2''}} E_{12}(l_1 l_2 l; n_1 n_2; r_{12})$$

$$\cdot E_{12}(l_1' l_2' l'; n_1' n_2'; r_{12}) \, E_{12}(l_1'' l_2'' l''; n_1'' n_2''; r_{12})$$

$$\cdot C(l_1 l_2 l; m_1 m_2 m) \, C(l_1' l_2' l'; m_1' m_2' m') \, C(l_1'' l_2'' l''; m_1'' m_2'' m'')$$

$$\cdot \langle D_{m_1 n_1}^{l_1}(\omega_1)^* \, D_{m_1' n_1'}^{l_1'}(\omega_1)^* \, D_{m_1'' n_1''}^{l_1''}(\omega_1)^* \rangle_{\omega_1}$$

$$\cdot \langle D_{m_2 n_2}^{l_2}(\omega_2)^* \, D_{m_2' n_2'}^{l_2'}(\omega_2)^* \, D_{m_2'' n_2''}^{l_2''}(\omega_2)^* \rangle_{\omega_2}$$

$$\cdot Y_l^m(\omega_{12})^* \, Y_{l'}^{m'}(\omega_{12})^* \, Y_{l''}^{m''}(\omega_{12})^*. \qquad (5.4.28)$$

Wir benutzen nun die folgenden Theoreme über Drehmatrizen (A 4.3.10) und (A 4.6.3)

$$D^l_{mn}(\omega)^* = (-1)^{m+n} D^l_{\underline{m}\,\underline{n}}(\omega)$$

$$\langle D^l_{mn}(\omega)^* \, D^{l'}_{m'n'}(\omega) \, D^{l''}_{m''n''}(\omega)\rangle_\omega = \frac{1}{2l+1} \, C(l''\,l'\,l;\, m''\,m'\,m) \, C(l''\,l'\,l;\, n''\,n'\,n).$$

Dies ergibt:

$$\langle(\phi^{\mathrm{P}}_{12})^3\rangle_{\omega_1\omega_2} = \sum_{\substack{l_1\,l_2\,l \\ l'_1\,l'_2\,l' \\ l''_1\,l''_2\,l''}} \sum_{\substack{m_1\,m_2\,m \\ m'_1\,m'_2\,m' \\ m''_1\,m''_2\,m''}} \sum_{\substack{n_1\,n_2 \\ n'_1\,n'_2 \\ n''_1\,n''_2}} E_{12}(l_1\,l_2\,l;\, n_1\,n_2;\, r_{12})$$

$$\cdot\, E_{12}(l'_1\,l'_2\,l';\, n'_1\,n'_2;\, r_{12})\, E_{12}(l''_1\,l''_2\,l'';\, n''_1\,n''_2;\, r_{12})$$

$$\cdot\, C(l_1\,l_2\,l;\, m_1\,m_2\,m)\, C(l'_1\,l'_2\,l';\, m'_1\,m'_2\,m')$$

$$\cdot\, C(l''_1\,l''_2\,l'';\, m''_1\,m''_2\,m'')\,(-1)^{m_1+n_1}\,(-1)^{m'_1+n'_2}$$

$$\cdot\,(-1)^{m_2+n_2}\,(-1)^{m'_2+n'_2}\,\frac{1}{(2l_1+1)}\,\frac{1}{(2l_2+1)}$$

$$\cdot\, C(l''_1\,l'_1\,l_1;\, \underline{m}''_1\,m'_1\,m_1)\, C(l''_1\,l'_1\,l_1;\, \underline{n}''_1\,n'_1\,n_1)$$

$$\cdot\, C(l''_2\,l'_2\,l_2;\, m''_2\,m'_2\,m_2)\, C(l''_2\,l'_2\,l_2;\, n''_2\,n'_2\,n_2)$$

$$\cdot\, Y^m_l(\omega_{12})^*\, Y^{m'}_{l'}(\omega_{12})^*\, Y^{m''}_{l''}(\omega_{12})^*. \tag{5.4.29}$$

Die dem Zenter-zu-Zenter-Abstand zugeordneten Kugelfunktionen können wir eliminieren, wenn wir ohne Einschränkung der Allgemeinheit ein Koordinatensystem einführen, dessen z-Achse mit der Richtung von r_{12} zusammenfällt. Dann gilt $\omega_{12} = 0$, und man kann schreiben, vgl. (A 4.2.3)

$$Y^m_l(\omega_{12} = 0) = \sqrt{\frac{2l+1}{4\pi}}\,\delta_{m0}.$$

Dies ergibt:

$$\langle(\phi^{\mathrm{P}}_{12})^3\rangle_{\omega_1\omega_2} = \sum_{\substack{l_1\,l_2\,l \\ l'_1\,l'_2\,l' \\ l''_1\,l''_2\,l''}} \sum_{\substack{m_1\,m_2 \\ m'_1\,m'_2 \\ m''_1\,m''_2}} \sum_{\substack{n_1\,n_2 \\ n'_1\,n'_2 \\ n''_1\,n''_2}} E_{12}(l_1\,l_2\,l;\, n_1\,n_2;\, r_{12})$$

$$\cdot\, E_{12}(l'_1\,l'_2\,l';\, n'_1\,n'_2;\, r_{12})\, E_{12}(l''_1\,l''_2\,l'';\, n''_1\,n''_2;\, r_{12})$$

$$\cdot\, C(l_1\,l_2\,l;\, m_1\,m_2\,0)\, C(l'_1\,l'_2\,l';\, m'_1\,m'_2\,0)$$

$$\cdot\, C(l''_1\,l''_2\,l'';\, m''_1\,m''_2\,0)\,\frac{(-1)^{m'_1+m''_1+m'_2+m''_2+n'_1+n''_1+n'_2+n''_2}}{(2l_1+1)(2l_2+1)}$$

$$\cdot\, \sqrt{\frac{(2l+1)(2l'+1)(2l''+1)}{(4\pi)^3}}$$

$$\cdot\, C(l''_1\,l'_1\,l_1;\, \underline{m}''_1\,m'_1\,m_1)\, C(l''_1\,l'_1\,l_1;\, \underline{n}''_1\,n'_1\,n_1)$$

$$\cdot\, C(l''_2\,l'_2\,l_2;\, \underline{m}''_2\,m'_2\,m_2)\, C(l''_2\,l'_2\,l_2;\, \underline{n}''_2\,n'_2\,n_2). \tag{5.4.30}$$

Die Summation über die m kann in kompakter Form geschrieben werden. Wir benutzen (A 4.5.4) zur Transformation der C-Koeffizienten mit l_1 und l_2 sowie (A 4.4.1) zur Elimination eines C-Koeffizienten zugunsten eines $3j$-Symboles, d. h.

$$C(l_1 l_2 l_{12}; m_1 m_2 m_{12}) = (-1)^{l_1 + l_2 + l_{12}} C(l_1 l_2 l_{12}; \underline{m}_1 \underline{m}_2 \underline{m}_{12})$$

und

$$\begin{pmatrix} l_1 & l_2 & l \\ m_1 & m_2 & m \end{pmatrix} = \frac{(-1)^{l_1 + l_2 + m}}{\sqrt{2l + 1}} \, C(l_1 l_2 l; m_1 m_2 \underline{m}).$$

Die Summation lautet dann mit $m_1' + m_2' = m_1'' + m_2'' = 0$:

$$\sum_{\substack{m_1 m_2 \\ m_1' m_2' \\ m_1'' m_2''}} (-1)^{l_1'' + l_1' + l_1 + l_2'' + l_2' + l_2} \sqrt{(2l + 1)(2l' + 1)(2l'' + 1)(2l_1 + 1)(2l_2 + 1)}$$

$$\cdot (-1)^{l_1 + l_2} (-1)^{l_1' + l_2'} (-1)^{l_1'' + l_2''} (-1)^{l_1'' + l_1 + m_1} (-1)^{l_2'' + l_2 + m_2}$$

$$\cdot \begin{pmatrix} l_1 & l_2 & l \\ m_1 & m_2 & 0 \end{pmatrix} \begin{pmatrix} l_1' & l_2' & l' \\ m_1' & m_2' & 0 \end{pmatrix} \begin{pmatrix} l_1'' & l_2'' & l'' \\ m_1'' & m_2'' & 0 \end{pmatrix} \begin{pmatrix} l_1'' & l_1' & l_1 \\ m_1'' & m_1' & m_1 \end{pmatrix} \begin{pmatrix} l_2'' & l_2' & l_2 \\ m_2'' & m_2' & m_2 \end{pmatrix}. \quad (5.4.31)$$

Benutzen wir nun (A 4.4.2), d. h.

$$\sum_{\substack{m_1 m_2 m_3 m_4 \\ m_{12} m_{34}}} \begin{pmatrix} l_1 & l_2 & l_{12} \\ m_1 & m_2 & m_{12} \end{pmatrix} \begin{pmatrix} l_3 & l_4 & l_{34} \\ m_3 & m_4 & m_{34} \end{pmatrix} \begin{pmatrix} l_1 & l_3 & l_{13} \\ m_1 & m_3 & m_{13} \end{pmatrix} \begin{pmatrix} l_2 & l_4 & l_{24} \\ m_2 & m_4 & m_{24} \end{pmatrix} \begin{pmatrix} l_{12} & l_{34} & l \\ m_{12} & m_{34} & m \end{pmatrix}$$

$$= \begin{pmatrix} l_{13} & l_{24} & l \\ m_{13} & m_{24} & m \end{pmatrix} \begin{Bmatrix} l_1 & l_2 & l_{12} \\ l_3 & l_4 & l_{34} \\ l_{13} & l_{24} & l \end{Bmatrix},$$

mit $l_{13} = l''$, $l_{24} = l'$ und $l = l$, so gilt mit $l_1 = l_1''$, $l_3 = l_2''$, $l_2 = l_1'$ und $l_4 = l_2'$:

$$\langle (\phi_{12}^{\mathrm{P}})^3 \rangle_{\omega_1 \omega_2} = \left(\frac{1}{4\pi} \right)^{3/2} \sum_{\substack{l_1 l_2 l \\ l_1' l_2' l' \\ l_1'' l_2'' l''}} \sum_{\substack{n_1 n_2 \\ n_1' n_2' \\ n_1'' n_2''}} E_{12}(l_1 l_2 l; n_1 n_2; r_{12})$$

$$\cdot E_{12}(l_1' l_2' l'; n_1' n_2'; r_{12}) \, E_{12}(l_1'' l_2'' l''; n_1'' n_2''; r_{12})$$

$$\cdot (-1)^{n_1' + n_1''} (-1)^{n_2' + n_2''} \frac{(2l + 1)(2l' + 1)(2l'' + 1)}{\sqrt{(2l_1 + 1)(2l_2 + 1)}}$$

$$\cdot (-1)^{l_1 + l_1'' + l_2 + l_2''} C(l_2'' l_1' l_1; n_1'' n_1' n_1) \, C(l_2'' l_2' l_2; n_2'' n_2' n_2)$$

$$\cdot \begin{pmatrix} l'' & l' & l \\ 0 & 0 & 0 \end{pmatrix} \begin{Bmatrix} l_1'' & l_1' & l_1 \\ l_2'' & l_2' & l_2 \\ l'' & l' & l \end{Bmatrix}. \quad (5.4.32)$$

Berücksichtigen wir die verschiedenen Typen von Wechselwirkungskräften durch Summation über s, s', s'', so gilt

$$\langle (\phi_{12}^{P})^3 \rangle_{\omega_1 \omega_2} = \left(\frac{1}{4\pi} \right)^{3/2} \sum_{\Lambda \Lambda' \Lambda''} \sum_{\substack{n_1 n_2 \\ n_1' n_2' \\ n_1'' n_2''}} \{ (-1)^{(n_1' + n_2' + n_1'' + n_2'' + l_1' + l_1'' + l_2' + l_2'')} \}$$

$$\cdot \frac{(2l+1)(2l'+1)(2l''+1)}{\sqrt{(2l_1+1)(2l_2+1)}} C(l_1'' l_1' l_1; \underline{n}_1'' \underline{n}_1' n_1) \, C(l_2'' l_2' l_2; \underline{n}_2'' \underline{n}_2' n_2)$$

$$\cdot \begin{pmatrix} l'' & l' & l \\ 0 & 0 & 0 \end{pmatrix} \begin{Bmatrix} l_1'' & l_1' & l_1 \\ l_2'' & l_2' & l_2 \\ l'' & l' & l \end{Bmatrix} \sum_{ss's''} E_{12}^{s}(\Lambda; n_1 n_2; r_{12}) \, E_{12}^{s'}(\Lambda; n_1 n_2; r_{12})$$

$$\cdot E_{12}^{s''}(\Lambda; n_1 n_2; r_{12}). \tag{5.4.33}$$

Die Integrationen über die Orientierungswinkel ω_1 und ω_2 in (5.4.18) bzw. (5.4.19) sind damit analytisch ausgeführt. Es verbleibt nur noch die einfache Integration über den Molekülabstand.

Beispiel 5.9

Für zwei lineare Moleküle, die nach einem Lennard-Jones-(12-6)-Potential + Quadrupol-Quadrupol miteinander wechselwirken, berechne man den zweiten Virialkoeffizienten zwischen $T^* = 1{,}0$ und $T^* = 4{,}0$ für dimensionslose Quadrupolmomente von $\theta^* = 0{,}5$, $\theta^* = 0{,}75$ und $\theta^* = 1{,}0$ nach der Popleschen Störungsentwicklung und vergleiche mit Ergebnissen aus der direkten Integration.

Lösung

Der Wechselwirkung zwischen zwei Quadrupolen ist $\Lambda = 224$ zugeordnet, nach

$$E^{\text{mult mult}}(224; 00; r_{12}) = \tfrac{2}{3} \sqrt{70\pi} \, \theta^2 \, r_{12}^{-5}$$

bei linearen Molekülen, wobei $n_1 = n_2 = 0$ ist.
    Es gilt daher:

$$\langle \phi_{12}^{P}(r_{12} \omega_1 \omega_2)^2 \rangle_{\omega_1 \omega_2} = \tfrac{1}{4} \, \tfrac{9}{5 \cdot 5} \, \tfrac{4}{9} (70\pi) \, \theta^4 \, r_{12}^{-10}$$

und damit

$$\left(\frac{\mathrm{d}^2 B}{\mathrm{d}\lambda^2} \right)_{\lambda=0} = - \frac{28\pi}{5(kT)^2} \, \theta^4 \int_0^\infty e^{-\phi^{\text{ref}}/kT} \, r^{-8} \, \mathrm{d}r$$

$$= - \frac{28\pi}{5} \frac{1}{T^{*2}} \frac{\theta^4}{\varepsilon^2 \sigma^{10}} \, \sigma^3 \int_0^\infty e^{-\phi^{\text{ref}}/kT} \, r^{*-8} \, \mathrm{d}r^*.$$

Weiterhin gilt

$$\langle \phi_{12}^{P}(r_{12} \omega_1 \omega_2)^3 \rangle_{\omega_1 \omega_2} = \left(\frac{1}{4\pi} \right)^{3/2} \frac{9 \cdot 9 \cdot 9}{\sqrt{5 \cdot 5}} \left(-\sqrt{\tfrac{2}{7}} \right) \left(-\sqrt{\tfrac{2}{7}} \right)$$

$$\cdot \frac{1}{\sqrt{9}} \sqrt{\tfrac{162}{1001}} \cdot \tfrac{286}{735} \sqrt{\tfrac{1}{715}} \, \tfrac{8}{27} (70\pi)^{3/2} \, \theta^6 \, r_{12}^{-15}$$

und damit

$$\left(\frac{\partial^3 B}{\partial \lambda^3} \right)_{\lambda=0} = \frac{3{,}526\,\pi}{(kT)^3} \, \theta^6 \int e^{-\phi^{\text{ref}}/kT} \, r^{-13} \, \mathrm{d}r$$

$$= 3{,}526\,\pi \, \frac{1}{T^{*3}} \frac{\theta^6}{\varepsilon^3 \sigma^{15}} \, \sigma^3 \int e^{-\phi^{\text{ref}}/kT} \, r^{*-13} \, \mathrm{d}r^*.$$

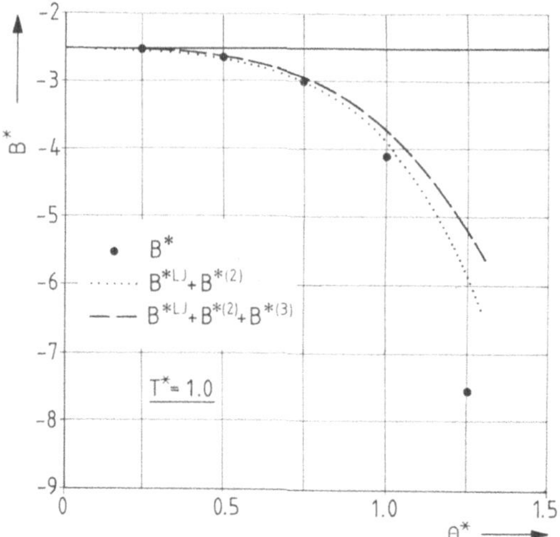

Bild B 5.9.1. Vergleich der Popleschen Störungstheorie mit der exakten Berechnung des zweiten Virialkoeffizienten für ein Lennar-Jones + Quadrupol-Quadrupol Potential bei $T^* = 1.0$

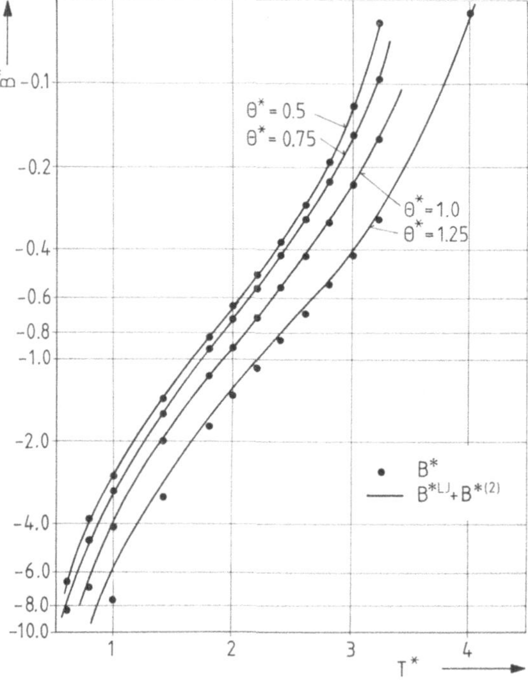

Bild B 5.9.2. Die Temperaturabhängigkeit des zweiten Virialkoeffizienten nach der Störungstheorie (— —) und exakter Berechnung (●)

Die Integrale über r^* können leicht numerisch gelöst werden. Für $\phi^{\mathrm{ref}}(r^*)$ wird das Lennard-Jones-(12-6)-Potential eingesetzt. Bild B 5.9.1 [1] zeigt den nach der Popleschen Störungsentwicklung berechneten dimensionslosen Virialkoeffizienten $B^* = B/(\frac{2}{3}\pi N_{\mathrm{L}}\sigma^3)$ für die Temperatur $T^* = 1.0$ als Funktion des dimensionslosen Quadrupolmomentes. Hier bedeutet

$$B^{(2)} = \frac{1}{2!}\left(\frac{\partial^2 B}{\partial \lambda^2}\right)_{\lambda=0}$$

und

$$B^{(3)} = \frac{1}{3!}\left(\frac{\partial^3 B}{\partial \lambda^3}\right)_{\lambda=0}$$

im Vergleich zu direkt integrierten Werten. Für $\theta^* \leq 0{,}75$ ist die Konvergenz der Störungsrechnung ausgezeichnet, für höhere Quadrupolmomente werden Abweichungen zu den direkt integrierten Werten erkennbar. Kohlendioxid hat ein dimensionsloses Quadrupolmoment θ^* von ca. 0,8 und liegt daher an der Grenze des Konvergenzbereiches. Man erkennt insbesondere, daß die Störungsentwicklung bis zur dritten Ordnung deutlich schlechtere Ergebnisse liefert als die bis zur zweiten Ordnung. Dieses Ergebnis ist unabhängig von der Temperatur, so daß in Bild B 5.9.2 [1] ausschließlich der Störterm zweiter Ordnung berücksichtigt wurde. Insgesamt ist die Leistungsfähigkeit der Störungsrechnung befriedigend.

1. Ameling, W.; Lucas, K.: Int. J. Thermophys. 7 (1986) 1135

Beispiel 5.10

Für zwei lineare Moleküle, die nach einem „Site-Site"-Abstoßungspotential und einer Zenter-zu-Zenter-Anziehung miteinander wechselwirken, berechne man den zweiten Virialkoeffizienten zwischen $T^* = 0{,}5$ und $T^* = 6{,}0$ für verschiedene dimensionslose Exzentrizitäten $|r_a^*| = |r_b^*|$ nach der Popleschen Störungsentwicklung und vergleiche mit Ergebnissen aus der direkten Integration.

Lösung

Das zu untersuchende Wechselwirkungsmodell lautet:

$$\phi_{\alpha\beta} = 4\varepsilon_{\alpha\beta}\left[\sum_{a,b}\varepsilon^*_{a_\alpha b_\beta}\sigma^{*\,12}_{a_\alpha b_\beta}r^{*\,-12}_{ab} - r^{*\,-6}_{\alpha\beta}\right]$$

mit

$$\varepsilon^*_{a_\alpha b_\beta} = \varepsilon_{a_\alpha b_\beta}/\varepsilon_{\alpha\beta},$$
$$\sigma^*_{a_\alpha b_\beta} = \sigma_{a_\alpha b_\beta}/\sigma_{\alpha\beta},$$
$$r^*_{ab} = r_{ab}/\sigma_{\alpha\beta}$$

und

$$r^*_{\alpha\beta} = r_{\alpha\beta}/\sigma_{\alpha\beta}.$$

Im Sinne einer Störungsentwicklung um das Lennard-Jones-(12-6)-System wird das Wechselwirkungsmodell umgeschrieben zu:

$$\phi_{\alpha\beta} = \phi^{(12-6)} + \lambda\phi^{P}$$

mit

$$\phi^{(12-6)} = 4\varepsilon_{\alpha\beta}(r^{*\,-12}_{\alpha\beta} - r^{*\,-6}_{\alpha\beta})$$

und

$$\phi^{P} = 4\varepsilon_{\alpha\beta}\left[\sum_{a,b}\varepsilon^*_{a_\alpha b_\beta}\sigma^{*\,12}_{a_\alpha b_\beta}r^{*\,-12}_{ab} - r^{*\,-12}_{\alpha\beta}\right].$$

Es gelten (5.4.15) bis (5.4.19) der Popleschen Störungsentwicklung. Im vorliegenden Falle wird allerdings der Störterm erster Ordnung nach (5.4.17) nicht null, da die Winkelmittelung über das „Site-Site"-Abstoßungspotential auf ein vom Lennard-Jones-Potential verschiedenes isotropes Potential führt. Im Gegensatz zu den Rechnungen in Beispiel 5.9 wird hier auf die analytische Durchführung der Winkelintegration verzichtet. Die hierzu einzuführende Entwicklung des „Site-Site"-Abstoßungspotentials in Kugelflächenfunktionen ist für große Exzentrizitäten sehr aufwendig, vgl. Abschn. 4.4.1.2. Es wird daher hier die Winkelintegration auf direktem Wege numerisch durchgeführt. Damit geht die attraktive Einfachheit der Störungsrechnung zwar verloren, man erhält aber ein klares Bild über die Konvergenzeigenschaften der Popleschen Störungsentwicklung für das „Site-Site"-Abstoßungspotential.

Bild B 5.10.1 [1] zeigt für $T^* = 1$ die Konvergenz der Störungsentwicklung. Sie ist erwartungsgemäß sehr schlecht, da eine anisotrope Molekülform bei kleinen Molekülabständen einen sehr großen Unterschied in der intermolekularen Energiefunktion gegenüber einem kugelförmigen Referenzpotential herbeiführt. Eine bemerkenswerte Verbesserung der Konvergenz wird

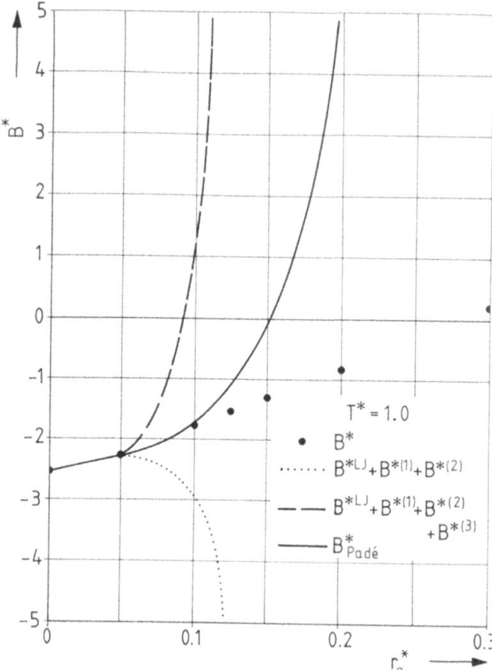

Bild B 5.10.1. Vergleich der Popleschen Störungstheorie mit der exakten Berechnung des zweiten Virialkoeffizienten für ein „Site-Site"-Abstoßungspotential mit zentrischer Lennar-Jones-Anziehung bei $T^* = 1{,}0$

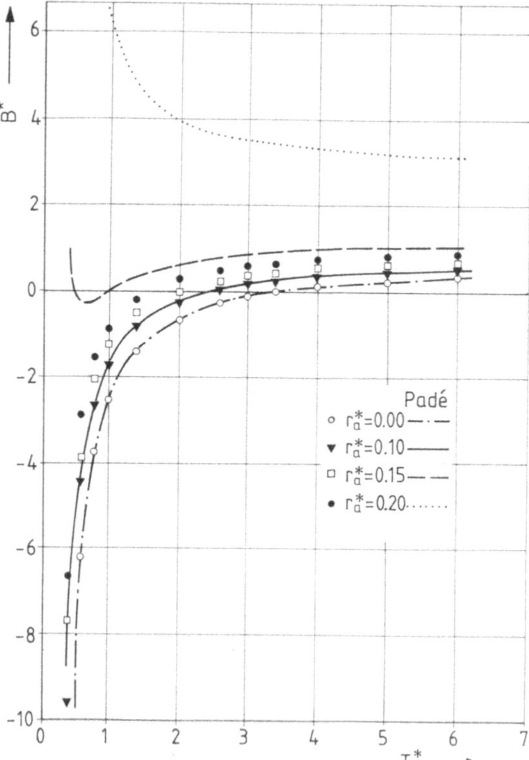

Bild B 5.10.2. Die Temperaturabhängigkeit des zweiten Virialkoeffizienten nach Störungstheorie (Padé) und exakter Berechnung für ein „Site-Site"-Abstoßungspotential mit zentrischer Lennard-Jones-Anziehung indessen durch eine sogenannte Padé-Approximation [2] nach

$$B^*_{\text{Padé}} = B^{*,\text{LJ}} + B^{(1)} + \cfrac{B^{(2)}}{1 - \cfrac{B^{(3)}}{B^{(2)}}}$$

erreicht. Dennoch ist auch nach Einführung der Padé-Approximation die Konvergenz in den meisten praktischen Fällen ungenügend, angesichts eines Wertes von $r_a^* \cong 0{,}2$ für Stickstoff. Die Poplesche Störungsentwicklung ist daher ohne weitere Verfeinerungen für die Berechnung des zweiten Virialkoeffizienten mit einem „Site-Site"-Abstoßungspotential ungeeignet. Die entsprechenden Ergebnisse über den gesamten Temperaturbereich zeigt Bild B 5.10.2.

Man erkennt, insbesondere aus dem Vergleich der Ergebnisse der Bilder B 5.9.1 und B 5.10.1, daß die anisotropen Abstoßungskräfte und die Quadrupolkräfte entgegengesetzte Beiträge vergleichbarer Größenordnung liefern. Die Dipolkräfte beeinflussen den zweiten Virialkoeffizienten ähnlich wie die Quadrupolkräfte. Hieraus erklärt sich die bisweilen recht gute Beschreibung des zweiten Virialkoeffizienten mehratomiger Moleküle durch einfache, isotrope Potentialfunktionen.

1. Ameling, W.; Lucas, K.: Int. J. Thermophys. 7 (1986) 1135
2. Stell, G.; Rasaijah, J. C.; Narang, H.: Mol. Phys. 27 (1974) 1393

Die Poplesche Störungsentwicklung kann für das gewählte Wechselwirkungspotential die direkte Integration der statistischen Gleichungen für die thermodynamischen Eigenschaften von Gasen nicht streng ersetzen. Von einigen Autoren sind jedoch recht erfolgreiche Berechnungen von Gasdaten für Modelle an kugelförmigen Molekülen mit winkelabhängigen, langreichweitigen Kräften auf diesem Wege durchgeführt worden [23, 24]. Die Ungenauigkeiten der Theorie werden dann in den Parametern absorbiert und führen zu Fehlern bei Extrapolationen. Andere Autoren benutzen das δ-Überlappungspotential, vgl. Kap. 4, zur Erfassung anisotroper Abstoßungskräfte in Verbindung mit der Popleschen Störungsentwicklung [25, 26]. Aus Kap. 4 geht hervor, daß die Orientierungsabhängigkeit des δ-Überlappungspotentials wesentlich milder ist als die des „Site-Site"-Abstoßungspotentials. Die Konvergenz der Popleschen Entwicklung ist daher weniger kritisch. Allerdings ist das δ-Überlappungspotential kein realistisches Potential für die anisotrope Abstoßung, was sich mitunter in der Anpassung unphysikalischer Zahlenwerte für δ aus Gasdaten äußert. Grundsätzlich behält die Störungstheorie ihren Wert für halbquantitative Rechnungen, insbesondere bei der individuellen Analyse einzelner Beiträge des Wechselwirkungsmodells. Schließlich hat sie eine große Bedeutung im flüssigen Zustand, in dem direkte Integrationen praktisch nicht möglich sind, vgl. Kap. 6 und 7. Es ist im übrigen gezeigt worden, daß eine Störungsentwicklung für die Quadrupolwechselwirkung unter Verwendung eines „Site-Site"-Referenzsystems wesentlich schlechter konvergiert als bei Verwendung des Lennard-Jones-Referenzsystems [27], wobei allerdings auch hier die Konvergenz durch eine Padé-Approximation herbeigeführt werden kann. Ähnliche Rechnungen wie für das hier gewählte SSR-MPA-Modell können auch nach dem GO-MPA-Modell durchgeführt werden, vgl. Kap 4. Die Ergebnisse sind ähnlich gut, allerdings zeigt sich, daß der Anisotropieparameter χ nicht aus Gasdaten gewonnen werden kann. Er ist unter Berücksichtigung der Molekülgeometrie geeignet vorzugeben.

5.5 Gasgemische

Die großkanonische Zustandssumme für ein binäres Gemisch aus N_A Molekülen der Komponente A und N_B Molekülen der Komponente B lautet:

$$\Xi = \sum_{N_A, N_B \geqq 0} Q_{N_A N_B}(T, V, N_A, N_B)\, e^{N_A \mu_A/kT}\, e^{N_B \mu_B/kT}$$

$$= \sum_{N_A, N_B \geqq 0} \frac{Z_{N_A N_B}}{N_A! \, N_B!}\, a_A^{N_A}\, a_B^{N_B} \tag{5.5.1}$$

mit

$$Z_{N_A N_B} = \frac{1}{\Omega^{N_A}\, \Omega^{N_B}}$$

$$\cdot \int \ldots \int \exp(-\,U(r_{A1}, \omega_{A1}, r_{B1}, \omega_{B1} \ldots r_{AN}, \omega_{AN}, r_{BN}, \omega_{BN})/kT)$$

$$\cdot \, dr^{N_A}\, dr^{N_B}\, d\omega^{N_A}\, d\omega^{N_B} \tag{5.5.2}$$

und

$$a_A = \Lambda_A^{-3}\, q_{rA}\, q_{vA}\, q_{irA}\, q_{elA}\, q_{korrA}\, e^{\mu_A/kT} \tag{5.5.3}$$

mit einer analogen Beziehung für a_B.

Die Statistische Thermodynamik liefert wieder eine spezielle Reihenentwicklung der großkanonischen Zustandssumme in Termen von a_A und a_B. Entsprechend dem Ergebnis für reine Gase gilt nun für Gasgemische im Grenzfall idealer Gase:

$$\mu_A^{id} = kT\left[\ln \frac{N_A \Lambda_A^3}{V} - \ln(q_{rA}\, q_{vA}\, q_{irA}\, q_{elA}\, q_{korrA})\right] \tag{5.5.4}$$

und damit

$$a_A^{id} = n_A, \tag{5.5.5}$$

wobei $n_A = \dfrac{N_A}{V}$ die Moleküldichte der Komponente A als Maß für die Konzentration dieser Komponente im Gemisch ist.

Die der statistisch vorgegebenen Entwicklung (5.5.1) für die großkanonische Zustandssumme entsprechende Reihenentwicklung des Ausdruckes pV/kT in Termen von a_A und a_B lautet:

$$\frac{pV}{kT} = V \sum_{i,\, j \geqq 0} b_{ij}\, a_A^i\, a_B^j, \tag{5.5.6}$$

wobei i und j nicht gleichzeitig 0 sein dürfen. Diese Entwicklung ist wiederum konsistent mit dem Grenzgesetz für ideale Gase. Für die Moleküldichte der Komponente A gilt in der großkanonischen Gesamtheit mit (5.5.6):

$$\frac{N_A}{V} = \frac{kT}{V}\left(\frac{\partial \ln \Xi}{\partial \mu_A}\right)_{T, V, \mu_A^*} = \frac{1}{V}\left(\frac{\partial \ln \Xi}{\partial \ln a_A}\right)_{T, V, a_A^*} = \frac{a_A}{V}\left(\frac{\partial (pV/kT)}{\partial a_A}\right)_{T, V, a_A^*}$$

$$= b_{10}\, a_A + 2b_{20}\, a_A^2 + b_{11}\, a_A\, a_B + \ldots. \tag{5.5.7}$$

Entsprechend gilt:

$$\frac{N_B}{V} = b_{01}\,a_B + 2\,b_{02}\,a_B^2 + b_{11}\,a_A\,a_B + \dots. \tag{5.5.8}$$

Wir eliminieren nun wieder die Größen a_A und a_B durch Umkehrung der Entwicklungen (5.5.7) und (5.5.8). Daraus folgt für a_A:

$$a_A = c_{A1}(n_A) + c_{A2}(n_A)^2 + c_{A3}(n_A)(n_B)\dots, \tag{5.5.9}$$

und eine entsprechende Gleichung existiert für a_B.

Einsetzen von (5.5.9) bzw. der entsprechenden Gleichung für a_B in (5.5.7) bzw. (5.5.8) und Koeffizientenvergleich liefert für die c_{Ai} bzw. für die c_{Bi}:

$$(n_A)^1:\ c_{A1} = 1/b_{10};\quad c_{B1} = 1/b_{01}$$
$$(n_A)^2:\ c_{A2} = -\,2\,b_{20}/b_{10}^3;\quad c_{B2} = -\,2\,b_{02}/b_{01}^3$$
$$(n_A)(n_B):\ c_{A3} = -\,b_{11}/(b_{10}^2\,b_{01}). \tag{5.5.10}$$

Es gilt also:

$$a_A = \frac{1}{b_{10}}\,(n_A) - \frac{2\,b_{20}}{b_{10}^3}\,(n_A)^2 - \frac{b_{11}}{b_{10}^2\,b_{01}}\,(n_A)(n_B) + \dots. \tag{5.5.11}$$

Analog findet man:

$$a_B = \frac{1}{b_{01}}\,(n_B) - \frac{2\,b_{02}}{b_{01}^3}\,(n_B)^2 - \frac{b_{11}}{b_{01}^2\,b_{10}}\,(n_A)(n_B) + \dots. \tag{5.5.12}$$

Damit ergibt sich aus (5.5.6) die folgende Darstellung des Realfaktors:

$$\frac{pV}{NkT} = \frac{V}{N}\,[b_{10}\,a_A + b_{01}\,a_B + b_{20}\,a_A^2 + b_{02}\,a_B^2 + b_{11}\,a_A\,a_B + \dots]$$

$$= \frac{V}{N}\left\{ b_{10}\left[\frac{1}{b_{10}}\,n_A - \frac{2\,b_{20}}{b_{10}^3}\,n_A^2 - \frac{b_{11}}{b_{10}^2\,b_{01}}\,n_A\,n_B + \dots\right]\right.$$

$$+\, b_{01}\left[\frac{1}{b_{01}}\,n_B - \frac{2\,b_{02}}{b_{01}^3}\,n_B^2 - \frac{b_{11}}{b_{01}^2\,b_{10}}\,n_A\,n_B + \dots\right]$$

$$+\, b_{20}\left[\frac{1}{b_{10}}\,(n_A) - \frac{2\,b_{20}}{b_{10}^3}\,(n_A)^2 - \frac{b_{11}}{b_{10}^2\,b_{01}}\,(n_A)(n_B) + \dots\right]^2$$

$$+\, b_{02}\left[\frac{1}{b_{01}}\,(n_B) - \frac{2\,b_{02}}{b_{01}^3}\,(n_B)^2 - \frac{b_{11}}{b_{01}^2\,b_{10}}\,(n_A)(n_B) + \dots\right]^2$$

$$+\, b_{11}\left[\frac{1}{b_{10}}\,(n_A) - \frac{2\,b_{20}}{b_{10}^3}\,(n_A)^2 - \frac{b_{11}}{b_{10}^2\,b_{01}}\,(n_A)(n_B) + \dots\right]$$

$$\left. \cdot\left[\frac{1}{b_{01}}\,(n_B) - \frac{2\,b_{02}}{b_{01}^3}\,(n_B)^2 - \frac{b_{11}}{b_{01}^2\,b_{10}}\,(n_A)(n_B) + \dots\right] + \dots\right\}$$

$$= 1\,\frac{n_A}{n} + 1\,\frac{n_B}{n} + \left(\frac{b_{20}}{b_{10}^2} - \frac{2\,b_{20}}{b_{10}^2}\right)\frac{n_A^2}{n} + \left(\frac{b_{02}}{b_{01}^2} - \frac{2\,b_{02}}{b_{01}^2}\right)\frac{n_B^2}{n}$$

$$+ \left(\frac{b_{11}}{(b_{10}\,b_{01})} - \frac{b_{11}}{(b_{01}\,b_{10})} - \frac{b_{11}}{(b_{10}\,b_{01})} \right) \frac{n_A\,n_B}{n} + \ldots$$

$$= 1 + \left[\left(\frac{b_{20}}{b_{10}^2} - \frac{2b_{20}}{b_{10}^2} \right) x_A^2 + \left(\frac{b_{02}}{b_{01}^2} - \frac{2b_{02}}{b_{01}^2} \right) x_B^2 \right.$$

$$\left. + \left(\frac{b_{11}}{(b_{10}\,b_{01})} - \frac{b_{11}}{(b_{01}\,b_{10})} - \frac{b_{11}}{(b_{10}\,b_{01})} \right) x_\alpha x_\beta \right] n + \ldots \qquad (5.5.13)$$

Hierbei wurde mit

$$x_A = \frac{N_A}{N} = \frac{N_A/V}{N/V} = \frac{n_A}{n} \qquad (5.5.14)$$

der Molenbruch der Komponente A eingeführt.

Die Clusterintegrale b_{ij} lassen sich auf entsprechende Konfigurationsintegrale zurückführen, wenn man einen Koeffizientenvergleich von (5.5.6) mit der aus (5.5.1) folgenden Beziehung

$$e^{\frac{pV}{kT}} = \prod_{i,j \geqq 0} e^{V b_{ij} a_A^i a_B^j} = \prod_{i,j \geqq 0} \sum_{m_{ij} \geqq 0} \frac{1}{m_{ij}!} (V b_{ij}\, a_A^i\, a_B^j)^{m_{ij}} \qquad (5.5.15)$$

durchführt. Man findet für die einfachsten Clusterintegrale:

$$N_A = 0,\; N_B = 0: \qquad 1 = 1$$

$$N_A = 1,\; N_B = 0: \quad \frac{1}{1!} Z_{10} = \frac{1}{1!} V b_{10} = V, \quad \text{d.h.}\quad b_{10} = 1$$

$$N_A = 0,\; N_B = 1: \quad \frac{1}{1!} Z_{01} = \frac{1}{1!} V b_{01} = V, \quad \text{d.h.}\quad b_{01} = 1$$

$$N_A = 1,\; N_B = 1: \quad \frac{1}{1!} Z_{11} = \frac{1}{1!}\frac{1}{1!} V^2 b_{01} b_{10} + \frac{1}{1!} V b_{11}$$

$$N_A = 2,\; N_B = 0: \quad \frac{1}{2!} Z_{20} = \frac{1}{2!} (V b_{10})^2 + \frac{1}{1!} V b_{20}$$

$$N_A = 0,\; N_B = 2: \quad \frac{1}{2!} Z_{02} = \frac{1}{2!} (V b_{01})^2 + \frac{1}{1!} V b_{02}. \qquad (5.5.16)$$

$$\ldots$$

$$\ldots$$

Vergleich mit der empirischen Virialgleichung liefert dann:

$$B(T, x_A) = - (b_{20}\, x_A^2 + b_{02}\, x_B^2 + b_{11}\, x_A\, x_B), \qquad (5.5.17)$$

also eine quadratische Mischungsregel in den Molenbrüchen.

Aus (5.5.16) folgt

$$b_{20} = \frac{1}{2V} Z_{20} - \frac{1}{2} V = - B_{AA}$$

$$b_{02} = \frac{1}{2V} Z_{02} - \frac{1}{2} V = - B_{\text{BB}}$$

$$b_{11} = \frac{Z_{11}}{V} - V = 2\left(\frac{Z_{11}}{2V} - \frac{V}{2}\right) = - 2 B_{\text{AB}}. \tag{5.5.18}$$

Hierbei ist B_{AB} ein Term, der nach der Gleichung für den zweiten Virialkoeffizienten auszuwerten ist, wobei die Wechselwirkung zwischen einem Molekül der Komponente A und einem Molekül der Komponente B angesetzt wird. Damit gilt für den zweiten Virialkoeffizienten eines binären Gemisches aus den Komponenten A und B:

$$B(T, x_{\text{A}}) = x_{\text{A}}^2 B_{\text{AA}} + x_{\text{B}}^2 B_{\text{BB}} + 2 x_{\text{A}} x_{\text{B}} B_{\text{AB}}. \tag{5.5.19}$$

Für Mehrkomponentengemische gilt die allgemeine Gleichung:

$$B(T, \{x_i\}) = \sum_i \sum_j x_i x_j B_{ij}. \tag{5.5.20}$$

Wenn man die statistische Dichteentwicklung des Realfaktors bis zum quadratischen Glied führt, erhält man eine entsprechende kubische Mischungsregel für den dritten Virialkoeffizienten.

$$C(T, \{x_i\}) = \sum_i \sum_j \sum_k x_i x_j x_k C_{ijk}. \tag{5.5.21}$$

In dieser theoretisch exakten Beschreibung der Konzentrationsabhängigkeit der Virialkoeffizienten eines Gasgemisches liegt die praktisch größte Bedeutung der statistischen Ableitung der Virialgleichung. Für die Viskosität eines Gasgemisches aus κ Komponenten gilt die Gleichung [9]:

$$\eta = - \frac{1}{|A|} \begin{vmatrix} a_{11} \dots a_{1\kappa} & x_1 \\ a_{21} \dots a_{2\kappa} & x_2 \\ \vdots & \\ a_{\kappa 1} \dots a_{\kappa\kappa} & x_\kappa \\ x_1 \dots x_\kappa & 0 \end{vmatrix}. \tag{5.5.22}$$

Hier ist $|A|$ eine Determinante mit den Komponenten

$$a_{ii} = \frac{x_i^2}{\eta_i} + \sum_{\substack{k=1 \\ k \neq i}}^{\kappa} \frac{2 x_i x_k}{(M_i + M_k)} \frac{RT}{p D_{ik}} \left(1 + \frac{3}{5} \frac{M_k}{M_i} A_{ik}^*\right) \tag{5.5.23}$$

und

$$a_{ik} = - \frac{2 x_i x_k}{(M_i + M_k)} \frac{RT}{p D_{ik}} (1 - \tfrac{3}{5} A_{ik}^*) = a_{ki}. \tag{5.5.24}$$

D_{ik} ist der binäre Diffusionskoeffizient nach

$$D_{ik} = \tfrac{3}{8} \sqrt{\pi} \sqrt{\frac{M_i + M_k}{2 M_i M_k} kT} \frac{1}{\pi n \sigma_{ik}^2 \Omega_{ik}^{*\,(1,1)}(T_{ik}^*)} \tag{5.5.25}$$

und

$$A^*_{ik} = \frac{\Omega^{*(2,2)}_{ik}}{\Omega^{*(1,1)}_{ik}} \tag{5.5.26}$$

ein Verhältnis von Kollisionsintegralen, das nur schwach temperaturabhängig ist. Es gilt schließlich

$$T^*_{ik} = kT/\varepsilon_{ik}. \tag{5.5.27}$$

Die Anwendung dieser Gleichungen für die Gemischviskosität auf mehratomige, starre Moleküle erfolgt durch die Mason-Monchik-Approximation nach (5.4.9).

Zur Berechnung von B_{ij}, D_{ij}, A^*_{ij} sowie C_{ijk} benötigt man die Potentialparameter der ungleichen Wechselwirkung, d.h. σ_{ij} und ε_{ij}, beim MSK-Potential zusätzlich noch d^*_{ij}. Für σ_{ij} und ε_{ij} wurden Kombinationsregeln in Kap. 4 entwikkelt, für d_{ij} gilt eine arithmetische Mittelung.

Beispiel 5.11

Man berechne die Gaseigenschaften des Gemisches Xe–Ne mit den aus Reinstoffdaten ermittelten Potentialparametern des MSK-Potentials und den Kombinationsregeln (4.5.20) und (4.5.21) und vergleiche mit experimentellen Werten [1, 2].

1. Brewer, J.: AFOSR, No. 67–2795 (1967)
2. Kestin, J.; Khalifa, H. E.; Wakeham, W. A.: Physica 90 A (1978) 215

Lösung

Aus Daten des zweiten Virialkoeffizienten und des Drosselkoeffizienten findet man die nachstehenden Parameter des MSK-Potentials für reines Neon [1]

$$\varepsilon_{Ne}/k = 40{,}8546 \text{ K}$$
$$r_{mNe} = 3{,}10020 \text{ Å}$$
$$d^*_{Ne} = 0{,}040348$$

sowie für reines Xenon [1]

$$\varepsilon_{Xe}/k = 296{,}0421 \text{ K}$$
$$r_{mXe} = 4{,}27841 \text{ Å}$$
$$d^*_{Xe} = 0{,}103115.$$

Die Bilder B 5.11.1 und B 5.11.2 zeigen die berechneten zweiten Virialkoeffizienten und Viskositäten im Gemisch [1]. Die Übereinstimmung mit den experimentellen Werten ist vollkommen befriedigend.

1. Ameling, W.; Lucas, K.: Int. J. Thermophys. 7 (1986) 1007

Beispiel 5.12

Trockene Luft kann in guter Näherung als ein Gemisch aus Argon, Sauerstoff und Stickstoff mit den Molenbrüchen $x_{Ar} = 0{,}0097$, $x_{O_2} = 0{,}2095$ und $x_{H_2} = 0{,}7808$ betrachtet werden. Man berechne die zweiten Virialkoeffizienten der ungleichen Wechselwirkungen und die Viskosität des Gemisches als Funktion der Temperatur nach dem SSR-MPA-Potential und vergleiche mit Meßwerten [1, 2, 3].

1. Dymond, J. H.; Smith, E. B.: The virial coefficients of pure gases and mixtures. A critical compilation. Oxford: Clarendon Press 1980
2. Martin, M. L.; Trengove, R. D.; Harris, K. R.; Dunlop, P. J.: Austr. J. Chem. 35 (1982) 1525
3. Hellemans, J. M.; Kestin, J.; Ro, S. T.: Physica 65 (1973) 362

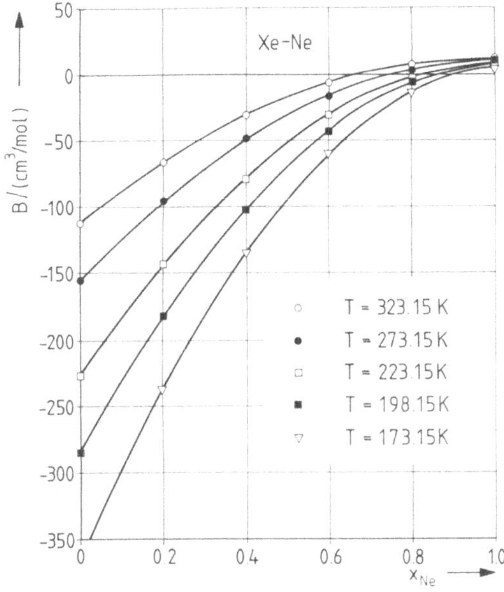

Bild B 5.11.1. Die Berechnung des zweiten Virialkoeffizienten im Gemisch Xenon-Neon nach dem MSK-Potential

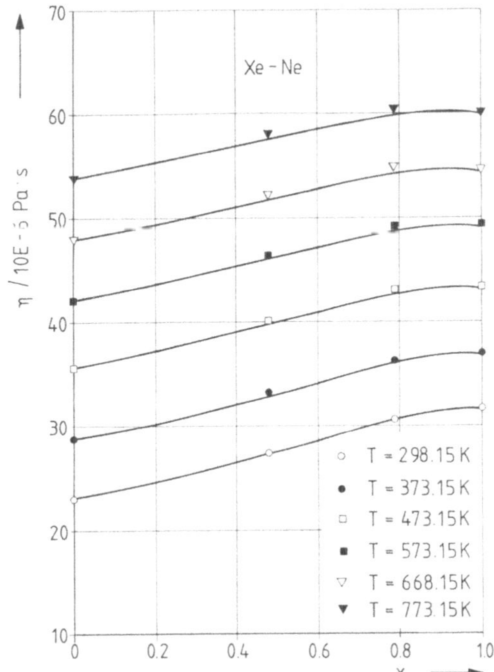

Bild B 5.11.2. Die Berechnung der Viskosität im Gemisch Xenon-Neon nach dem MSK-Potential

Lösung

Die Potentialparameter der N_2-N_2-Wechselwirkung sind, vgl. Beispiel 5.8, [1], wobei hier statt r_m der Abstandsparameter σ benutzt wird:

$$(\varepsilon/k)_{N_2} = 257{,}89 \text{ K}, \quad \sigma_{N_2} = 2{,}9728 \text{ Å}, \quad r_a^* = 0{,}23455.$$

Entsprechend gilt für die O_2-O_2-Wechselwirkung

$$(\varepsilon/k)_{O_2} = 329{,}94 \text{ K}, \quad \sigma_{O_2} = 2{,}7678 \text{ Å}, \quad r_a^* = 0{,}22564.$$

Für Argon im Gemisch werden Potentialparameter benutzt, die durch Anpassung eines Lennard-Jones-(12-6)-Potentials an die jeweiligen MSK-Reinstoffdaten gefunden wurden, da die Kombinationsregeln nur für identische Potentialmodelle der Gemischpartner sinnvoll sind. Man findet dann bei Anpassung an den zweiten Virialkoeffizienten:

$$(\varepsilon/k)_{Ar} = 119{,}10 \text{ K}, \quad \sigma_{Ar} = 3{,}4292 \text{ Å}, \quad r_a^* = 0.$$

Geringfügig andere Werte ergeben sich bei Anpassung an die MSK-Viskosität.

Die Potentialparameter der gemischten Wechselwirkungen folgen aus den in Kap. 4 angegebenen Regeln, (4.5.20) und (4.5.21). Insbesondere gilt für die „Site-Site"-Parameter [2]

$$\varepsilon_{ab}^* \sigma_{ab}^{*\,12} = 0{,}25$$

für $N-N$ und $O-O$ sowie

$$\varepsilon_{ab}^* \sigma_{ab}^{*\,12} = 0{,}5$$

für $Ar-O$ und $Ar-N$. Alle anderen Molekülparameter sind [3] entnommen.

Die Ergebnisse sind in den Bildern B 5.12.1 und B 5.12.2 zusammengestellt. Sie stimmen innerhalb der Meßgenauigkeit mit den experimentellen Daten überein [2].

1. Ameling, W.; Lucas, K.: Int. J. Thermophys. (im Druck)
2. Ameling, W.; Lucas, K.: Int. J. Thermophys. (im Druck)
3. Gray, C. G.; Gubbins, K. E.: Theory of molecular fluids 1. Oxford: Clarendon Press 1984

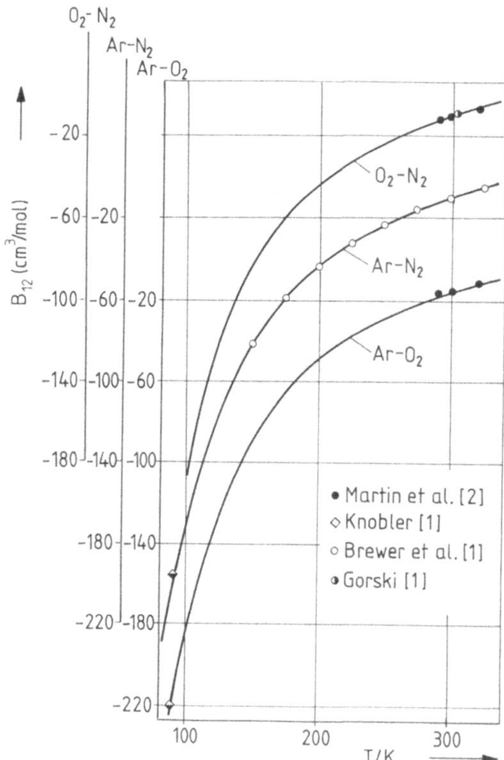

Bild B 5.12.1. Die zweiten Virialkoeffizienten der gemischten Wechselwirkung

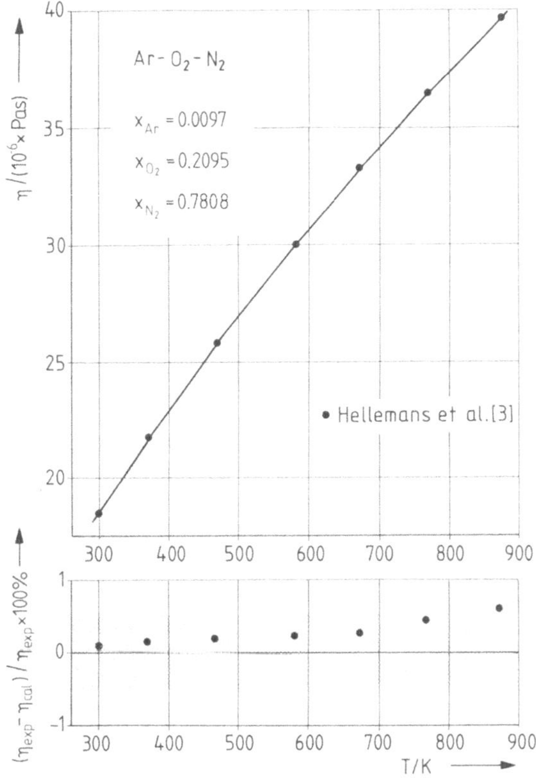

Bild B 5.12.2. Die Viskosität

Beispiel 5.13

Man berechne den zweiten Virialkoeffizienten und die Viskosität des Gemisches Kohlendioxid–Äthan nach dem SSR-MPA-Potential und vergleiche mit Meßwerten [1, 2, 5, 6] sowie den Korrelationen des Prinzips korrespondierender Zustände [3, 4].

1. Dymond, J. H.; Smith, E. B.: The virial coefficients of pure gases and mixtures. A critical compilation. Oxford: Clarendon Press 1980
2. Abe, Y.; Kestin, J.; Khalifa, H. E.; Wakeham, W. A.: Ber. Bunsenges. Phys. Chem. 83 (1979) 271
3. Tsonopoulos, C.: AIChE J. 20 (1974) 263
4. Lucas, K.: VDI-Wärmeatlas, Abschnitt Da. Düsseldorf: VDI-Verlag, 1984
5. Holste, J. C.; Young, J. G.; Enbank, P. T.; Hall, K. R.: AIChE J. 20 (1982) 807
6. Jaeschke, M.: pers. Mitteilung, eingereicht Int. J. Thermophys.

Lösung

Die Potentialparameter von reinem CO_2 und reinem C_2H_6 sind aus Beispiel 5.8 bekannt. In Termen von σ als Abstandsparameter lauten sie:

$$CO_2: \quad \varepsilon/k = 830{,}20 \text{ K}$$
$$\sigma = \quad 2{,}8794 \text{ Å}$$
$$r_a^* = \quad 0{,}3690$$

$$C_2H_6: \quad \varepsilon/k = 553{,}85 \text{ K}$$
$$\sigma = \quad 3{,}6438 \text{ Å}$$
$$r_a^* = \quad 0{,}2225.$$

Als Kombinationsregeln werden wiederum (4.5.20) und (4.5.21) benutzt.

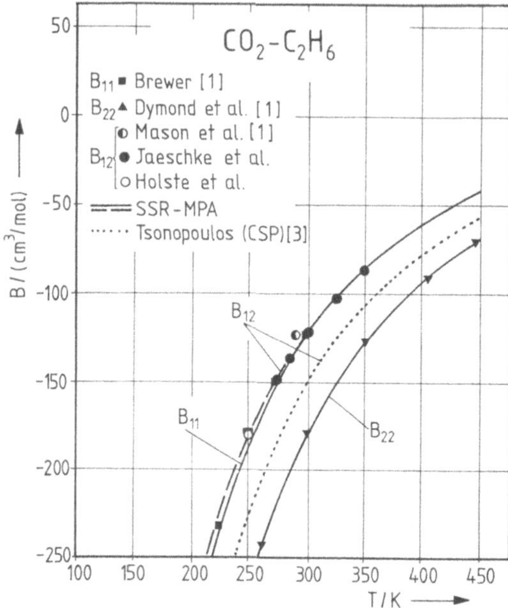

Bild B 5.13.1. Die zweiten Virialkoeffizienten im Gemisch $CO_2 - C_2H_6$

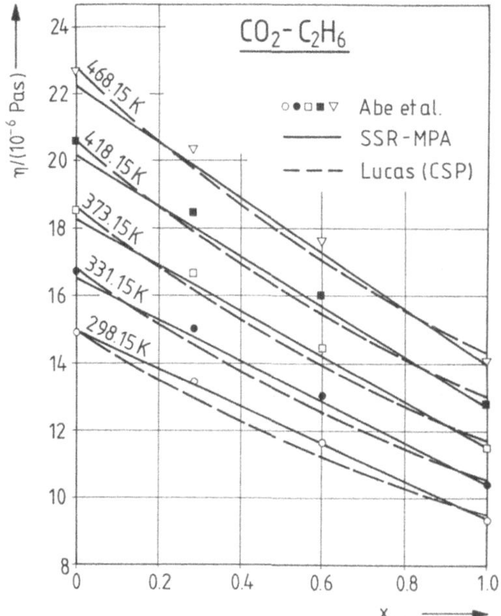

Bild B 5.13.2. Die Viskosität des Gemisches $CO_2 - C_2H_6$. (Potentialparameter wie in Bild B 5.13.1)

Bild B 5.13.1 zeigt die Berechnung der zweiten Virialkoeffizienten im Gemisch. Sie ist vollkommen befriedigend, insbesondere auch in B_{12}, das hier nicht zwischen den Werten von B_{11} und B_{22} liegt. Die Vorausberechnung der Viskosität ist erwartungsgemäß unbefriedigend, da die Mason-Monchik-Approximation für CO_2 zu ungenau ist, vgl. Bild B 5.13.2. Paßt man hingegen

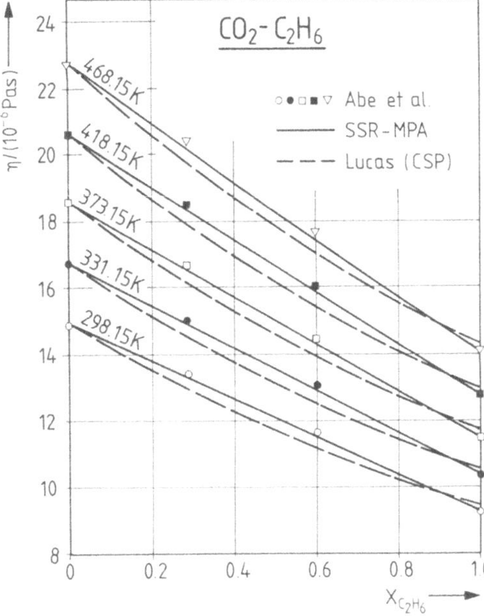

Bild B 5.13.3. Die Viskosität des Gemisches CO_2–C_2H_6. (Potentialparameter für CO_2 aus Viskositätsdaten)

die CO_2-Parameter an Daten der Viskosität an, so erhält man

$$CO_2(\eta): \quad \varepsilon/k = 469{,}51 \text{ K}$$
$$\sigma = \quad 3{,}2481 \text{ Å}$$
$$r_a^* = \quad 0{,}1943.$$

Mit diesen Parametern wird die Viskosität des Gemisches in befriedigender Weise vorausberechnet, wie Bild B 5.13.3 zeigt. Eine Vorausberechnung der Gemischviskosität ist auf diese Weise daher auch für solche Systeme möglich, für die die Mason-Monchik-Approximation zu ungenau ist.

Mit den in Kap. 4 eingeführten Kombinationsregeln für die Zenter-zu-Zenter-Potentialparameter sowie der Elimination aller „Site-Site"-Parameter durch die Schließbedingung (4.4.28) lassen sich für Gasgemische aus einatomigen und linearen Molekülen ausgezeichnete Berechnungen der thermophysikalischen Stoffeigenschaften durchführen. In den meisten Fällen sind die aus den zweiten Virialkoeffizienten und Joule-Thomson-Koeffizienten gewonnenen Potentialparameter in der Lage, die Gemischdaten einschließlich der Gemischviskosität im wesentlichen im Bereich der Meßgenauigkeit vorauszusagen [28, 29]. In besonders schwierigen Fällen können sich kleine Fehler in den berechneten Reinstoffviskositäten und kleine Fehler der Kombinationsregeln so unglücklich addieren, daß bis zu 2% Fehler in der Gemischviskosität erscheinen [28]. Diese Unsicherheiten sind zunächst immer noch wesentlich geringer als bei den heutigen empirischen Berechnungen [16, 17], sie reduzieren sich im übrigen auf das übliche Maß von $\leq 1\%$, wenn die Reinstoffdaten zur Bestimmung der Potentialparameter benutzt werden [28].

Die hier betrachteten Beispiele beziehen sich auf die einfachsten Systeme, d.h. die Edelgase und kleinen, linearen Moleküle. Mit drei Parametern gelingt eine vollkommen befriedigende Korrelation und Extrapolation der Daten. Auch die typischen empirischen Methoden nach dem Korrespondenzprinzip enthalten drei Parameter, nämlich T_c, p_c und ω. Die hier vorgestellte Methode ist deutlich genauer, etwa um den Faktor 5 in typischen Fällen. Sie ist jedoch komplizierter und muß für die meisten technisch interessanten Moleküle erst noch entwickelt werden. Diese Entwicklung wird derzeit durch mangelnde Verfügbarkeit der Molekülkonstanten und die noch nicht ausreichend ausgearbeitete kinetische Theorie mehratomiger Moleküle behindert. Es ist zu erwarten, daß die zunehmende breite Verfügbarkeit von Großrechnern hier positive Impulse geben wird.

5.6 Zusammenfassung

Für einatomige reale Gase bestehen exakte Beziehungen zwischen den thermodynamischen Zustandsgrößen bzw. den Transportgrößen und der intermolekularen Energiefunktion. Da mit dem MSK-Potential ein flexibles Paarpotential mit drei anpaßbaren Parametern zur Verfügung steht, können die thermophysikalischen Eigenschaften einatomiger Gase mit hoher Genauigkeit nach den Gleichungen der Statistischen Thermodynamik bzw. der kinetischen Gastheorie beschrieben werden. Anpassung der drei Parameter an zwei Größen, z. B. den zweiten Virialkoeffizienten und den Joule-Thomson-Koeffizienten, erlaubt die Extrapolation auf den dritten Virialkoeffizienten, die Transporteigenschaften und auf höhere und tiefere Temperaturen. Unter Verwendung geeigneter Kombinationsregeln gelingt die Vorausberechnung der Gasdaten binärer und damit auch polynärer Gemische. Bei mehratomigen starren Molekülen sind die Beziehungen zwischen den thermodynamischen Zustandsgrößen, d.h. hier den zweiten und dritten Virialkoeffizienten, und der intermolekularen Energiefunktion wiederum exakt. Die kinetische Gastheorie für mehratomige Moleküle ist jedoch noch nicht vollständig entwickelt. Ein praktisches Verfahren zur Berechnung der Viskosität bietet die Mason-Monchik-Approximation. Sie ist oft genügend genau für die Viskosität, zumindest für die kleinsten mehratomigen Moleküle, versagt indessen weitgehend für die Wärmeleitfähigkeit und ist schwach für den Diffusionskoeffizienten. Ihre Leistungsfähigkeit für die Viskosität von etwas komplizierteren, starren Molekülen ist noch ungeklärt, ebenso wie auch die Frage, wie man solche Moleküle hinsichtlich ihrer intermolekularen Energiefunktion praktisch zu modellieren hat. In der Regel fehlen dann ausreichende Informationen über die molekularen Parameter. Sehr genaue, konsistente Interpolationen und Extrapolationen sind daher erst für die kleinsten und besonders einfachen starren Moleküle möglich. Hierfür kann man ähnliche Genauigkeiten wie bei den einatomigen Molekülen, d.h. im wesentlichen innerhalb der üblichen Datengenauigkeit, erreichen. Verzichtet man auf Konsistenz der statistisch-kinetischen Rechnungen, d.h. ist man bereit, verschiedene intermolekulare Energiefunktionen für die verschiedenen Eigenschaften zu verwenden, so kann man auch für kompliziertere Moleküle sehr genaue Extrapolationen in unvermessene Temperaturbereiche sowie von Reinstoffen auf Gemische durchführen.

Grundsätzlich ist ein Wechselwirkungsmodell mit an Gasdaten angepaßten Parametern nicht notwendigerweise für den flüssigen Zustand adäquat. Bei drei an fehlerhafte Meßwerte realer Stoffe anzupassenden Parametern sind gewisse Unschärfen in den Parameterwerten unvermeidbar. Wegen der viel größeren Sensibilität der Flüssigkeitseigenschaften auf Details des Wechselwirkungsmodells sollten Daten des flüssigen Zustands zur genauen Festlegung der Parameter benutzt werden. In Kap. 6 wird gezeigt, daß dies heute in Verbindung mit Computersimulationen möglich ist, während bei Verwendung von Näherungstheorien, z. B. Störungsrechnungen, in der Regel noch unterschiedliche Potentialparameter in Gas und Flüssigkeit benutzt werden müssen.

Anhang 5.1

Transformationen zur Integration über $r_1\,r_2\,r_3$ [3]

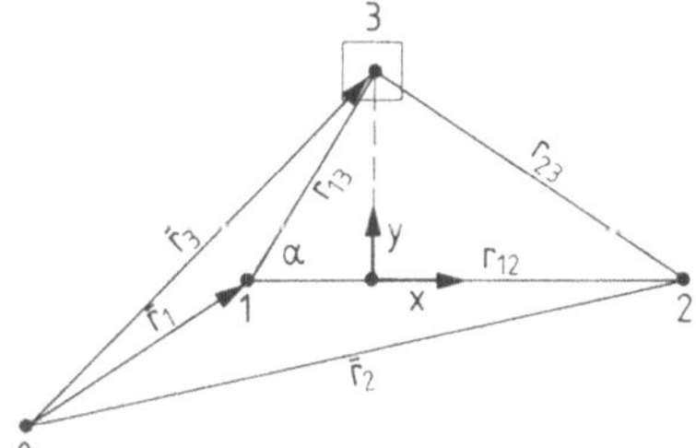

Bild A 5.1. Zur Integration über r_1, r_2, r_3

Wir betrachten in Bild A 5.1 ein geschlossenes Dreieck aus den Molekülen 1, 2 und 3.

Eine Integration über $dr_1\,dr_2\,dr_3$ läßt sich schreiben als Integration über $dr_1\,dr_{12}\,dr_3$, denn die Jakobi-Determinante dieser Transformation ist 1. Das Volumen dr_3 läßt sich schreiben als:

$$dr_3 = 2\pi(r_{13}\sin\alpha)\,dx\,dy.$$

Die Integration über $dx\,dy$ läßt sich in eine über $dr_{13}\,d\alpha$ transformieren. Die Jakobi-Determinante dieser Transformation ist r_{13}, und es gilt daher:

$$dr_3 = 2\pi(r_{13}\sin\alpha)\,r_{13}\,dr_{13}\,d\alpha = -2\pi\,r_{13}^2\,dr_{13}\,d(\cos\alpha).$$

Damit wird

$$\iiint dr_1\,dr_2\,dr_3 = -\iiint dr_1\,dr_{12}\,2\pi\,r_{13}^2\,dr_{13}\,d(\cos\alpha)$$
$$= -8\pi^2\,V\iiint r_{12}^2\,r_{13}^2\,dr_{12}\,dr_{13}\,d(\cos\alpha), \tag{A 5.1.1}$$

wobei in der letzten Gleichung $dr_1 = V$ gesetzt wurde.

Bei der Benutzung dieser Integrationsvariablen r_{12}, r_{13} und $\cos\alpha$ muß der Abstand r_{23} aus dem folgenden Dreieckstheorem ermittelt werden:

$$r_{23} = \sqrt{r_{12}^2 + r_{13}^2 - 2r_{12}r_{13}\cos\alpha}. \tag{A 5.1.2}$$

Will man die Integration über $\cos\alpha$ durch eine über r_{23} ersetzen, so gilt

$$2 r_{23}\, dr_{23} = 2 r_{12} r_{13}\, d(\cos\alpha)$$

und damit

$$d\boldsymbol{r}_1\, d\boldsymbol{r}_2\, d\boldsymbol{r}_3 = 8\pi^2\, V r_{12} r_{13} r_{23}\, dr_{12}\, dr_{13}\, dr_{23}\,. \tag{A 5.1.3}$$

Insbesondere kann man unter Benutzung dieser Transformation die folgende Beziehung ableiten:

$$\iint f(r_1, r_2)\, d\boldsymbol{r}_1\, d\boldsymbol{r}_2 \iint f(r_1, r_3)\, d\boldsymbol{r}_1\, d\boldsymbol{r}_3$$

$$= 16\pi^2\, V^2 \iint f(r_{12})\, f(r_{13})\, r_{12}^2 r_{13}^2\, dr_{12}\, dr_{13}$$

$$= -8\pi^2\, V^2 \int\limits_{-\infty}^{\infty} \int\limits_{-\infty}^{+\infty} \int\limits_{1}^{-1} f(r_{12})\, f(r_{13})\, r_{12}^2 r_{13}^2\, dr_{12}\, dr_{13}\, d(\cos\alpha)$$

$$= V \iiint f(r_1, r_2)\, f(r_1, r_3)\, d\boldsymbol{r}_1\, d\boldsymbol{r}_2\, d\boldsymbol{r}_3\,. \tag{A 5.1.4}$$

Literatur zu Kapitel 5

1. Hill, T. L.: Introduction to statistical thermodynamics. Reading: Addison-Wesley 1960
2. Hála, E.; Boublík, T.: Einführung in die statistische Thermodynamik. Braunschweig: Vieweg 1970
3. Boublík, T.; Nezbeda, I.; Hlavatý, K.: Statistical thermodynamics of simple liquids and their mixtures. Prag: Academia 1980
4. Stroud, A. H.: Approximate calculation of multiple integrals. Englewood Cliffs: Prentice Hall 1971
5. Levenberg, K.: Q. Y. Mech. Appl. Math. 2 (1944) 164
6. Marquardt, D. W.: Y. Soc. Ind. Appl. Math. 11 (1963) 431
7. Ameling, W.; Luckas, M.; Shukla, K. P.; Lucas, K.: Mol. Phys. 56 (1985) 335
8. Bier, K.; Maurer, G.; Sand, H.: Ber. Bunsenges. Phys. Chem. 84 (1980) 437
9. Hirschfelder, J. O.; Curtiss, C. F.; Bird, R. B.: Molecular theory of gases and liquids. New York: Wiley 1954
10. Kim, S.; Henderson, D.: Proc. Natl. Acad. Sci. US 55 (1966) 705
11. Chapman, S.; Cowling, T. G.: Mathematical theory of non-uniform gases. London: Cambridge University Press 1970
12. Ferziger, J. H.; Kaper, H. G.: The mathematical theory of transport properties in gases. Amsterdam: North Holland 1972
13. Maitland, G.; Rigby, M.; Smith, E. B.; Wakeham, W. A.: Intermolecular forces. Oxford: Clarendon Press 1981
14. Kestin, J.; Ro, S. R.; Wakeham, W. A.: Physica 58 (1972) 165
15. Bousheri, A.; Vieland, L. A.; Mason, E. A.: Physica 91 A (1978) 424
16. Lucas, K.: Berechnungsmethoden für Stoffeigenschaften. VDI-Wärmeatlas, Da 1 bis Da 36. Düsseldorf: VDI 1984
17. Reid, R. C.; Sherwood, T. K.; Prausnitz, J. M.: The properties of gases and liquids. New York: McGraw-Hill 1977
18. Mason, E. A.; Spurling, T. H.: The virial equation of state. Oxford: Pergamon Press 1966
19. Monchik, L.; Mason, E. A.: J. Chem. Phys. 35 (1961) 1676
20. Wakeham, W. A.: Int. J. Thermophys. 7 (1986) 1
21. Ameling, W.; Shukla, K. P.; Lucas, K.: Mol. Phys. 58 (1986) 381
22. Pople, J. A.: Proc. Roy. Soc. A 221 (1954) 498

23. Kielich, S.: Physica 28 (1962) 511
24. Orcutt, R. H.: J. Chem. Phys. 39 (1963) 605
25. Spurling, T. H.; Mason, E. A.: J. Chem. Phys. 46 (1967) 322
26. Singh, S.; Singh, Y.: J. Phys. B. 5 (1972) 2039
27. Valderama, J. O.; Sandler, S. I.: Chem. Phys. Lett. 84 (1981) 119
28. Ameling, W.; Lucas, K.: Int. J. Thermophys. 7 (1986) 1135
29. Ameling, W.; Lucas, K.: Int. J. Thermophys. (im Druck)

6 Flüssigkeiten

Als Flüssigkeit im engen Sinne bezeichnet man den Aggregatzustand der Materie bei unterkritischen Temperaturen und überkritischen Dichten. Im typischen Flüssigkeitsbereich ist die Dichte größer als der zweifache kritische Wert. Bei so hohen Dichten ändert sich die Struktur eines Fluides qualitativ kaum, wenn man auf hohe, überkritische Temperaturen übergeht. Im Rahmen der Statistischen Thermodynamik sind überkritische Fluide bei hohen Dichten daher eher den Flüssigkeiten als den Gasen zuzuordnen und werden im vorliegenden Abschnitt wie Flüssigkeiten behandelt. Für Flüssigkeiten existieren keine exakten, praktisch auswertbaren Beziehungen zwischen einem realistischen Modell für die intermolekulare Energiefunktion und den thermodynamischen Funktionen. Man kann jedoch unter großem Aufwand an Rechenzeit die allgemeinen statistischen Gleichungen für nicht zu komplizierte Wechselwirkungsmodelle numerisch auswerten und auf diese Weise die thermodynamischen Funktionen an einzelnen Zustandspunkten im wesentlichen exakt berechnen. Diese sogenannten Computersimulationen sind zwar heute noch ungeeignet für die allgemeine Anwendung, haben aber eine große Bedeutung für die theoretische Weiterentwicklung der Statistischen Thermodynamik und werden in Abschn. 6.1 kurz besprochen. Eine praktisch nützliche und ganz einfache Methode zur Ermittlung von Zahlenwerten der thermodynamischen Zustandsgrößen ist demgegenüber das Prinzip korrespondierender Zustände. Es ist streng genommen zwar nur in Sonderfällen gültig, kann aber empirisch modifiziert werden und ist heute die Grundlage sehr vieler praktischer Korrelationen zur Berechnung von Stoffeigenschaften. Das Prinzip korrespondierender Zustände wird in Abschn. 6.2 besprochen. Zur allgemeinen Formulierung einer statistischen Theorie für einfache Moleküle bei hohen Dichten strebt man eine Reduktion des Phasenraumes an, d.h. eine Beschränkung auf Molekülpaare oder höchstens Molekültripletts. Dieses Vorgehen wird durch mathematisch-numerische Schwierigkeiten diktiert, es findet seine Rechtfertigung jedoch in der Theorie der intermolekularen Wechselwirkungskräfte, vgl. Kap. 4. Dort hatten wir gesehen, daß z.B. die gesamte intermolekulare Energiefunktion auf Grund von permanenten Multipolen exakt aus den Wechselwirkungsenergien aller Molekülpaare additiv zusammengesetzt werden kann. Bei der Induktions- und Dispersionswechselwirkung wird die Kraftwirkung zwischen zwei Molekülen durch die Anwesenheit eines dritten verändert, so daß die gesamte Energie nicht exakt gleich der Summe aller Paarwechselwirkungen ist. In solchen Fällen macht man aber oft die Annahme, daß die paarweise Additivität zumindest näherungsweise erfüllt ist und korrigiert allenfalls einzelne Dreikörpereffekte. Vier- und Mehrkörperkräfte zwischen den Molekülen können in der Regel vernachlässigt werden. Die angestrebte formale Reduktion des Phasenraumes wird dadurch erreicht, daß man die statistischen Gleichungen als Integrale über Korrelationsfunktionen umschreibt. Dies wird in Abschn. 6.3 durchgeführt. Für den Sonderfall des Hartkugelmodells läßt sich dabei eine Integralgleichung aufstellen, aus der man die einschlägigen Korrelationsfunktionen berechnen kann. Durch einige aus dem Vergleich mit Computersimulationen motivierte halbempirische Modifikationen gelangt man auf diese Weise zu einer akkuraten, analytischen Beschreibung der thermodynamischen und strukturellen Eigenschaften des Hartkugelfluids, die sich auch auf andere harte Körper erweitern läßt. Diese Ergebnisse werden in Abschn. 6.4 entwickelt. Sie finden insbesondere ihre Anwendung in der heute praktisch bedeutsamsten Methode zur Berechnung der thermodynamischen Funktionen von Flüssigkeit aus starren Molekülen, nämlich der Störungstheorie. Die praktisch erfolgreichsten Störungsrechnungen werden in Abschn. 6.5 beschrieben.

6.1 Computersimulation

Computersimulationen liefern im wesentlichen exakte Daten für die thermodynamischen Funktionen, die Transporteigenschaften und die Struktur von Systemen, wenn die intermolekularen Kräfte definiert sind. Damit ist eine zentrale Problematik der molekularen Thermodynamik, nämlich der Vergleich theoretischer Ergebnisse mit Meßwerten an realen Systemen, für die man weder die intermolekularen Kräfte noch die Statistik genau beherrscht, entscheidend gemildert. Es ist zum einen möglich, statistische Theorien zu überprüfen, ohne dabei die Unsicherheiten im Wechselwirkungspotential mitzuschleppen. In diesem Zusammenhang sind die Computerdaten als experimentelle Werte für ein System mit wohldefinierten intermolekularen Kräften anzusehen. Andererseits kann man durch Vergleich von Simulationen mit gemessenen Eigenschaften realer Systeme Hinweise über eine angemessene Modellierung ihrer intermolekularen Kräfte erhalten. In diesem Zusammenhang repräsentieren Computerdaten die Theorie. Der Begriff „im wesentlichen exakt" deutet darauf hin, daß die Genauigkeit solcher Computerdaten aus Rechenzeitgründen praktisch nicht beliebig gesteigert werden kann.

Zwei grundsätzlich verschiedene Methoden von Computersimulationen sind bekannt geworden, die Monte-Carlo-Methode [1, 2] und die Molekulardynamik-Methode [3, 4]. In beiden Methoden wird eine Zelle betrachtet, in der eine bestimmte Anzahl von Molekülen, gewöhnlich zwischen 100 und 1 000, mit wohldefiniertem Wechselwirkungspotential und einer bestimmten Anfangskonfiguration vorliegen. In der Monte-Carlo-Methode werden die Koordinaten der Moleküle stochastisch so verändert, daß die Wahrscheinlichkeit einer gegebenen Konfiguration dem ihr zugeordneten Boltzmann-Faktor $\exp(-U_N/kT)$ proportional ist. Das Gesamtheitsmittel einer beliebigen Funktion der Molekülkoordinaten ist dann ein ungewichtetes Mittel über alle betrachteten Konfigurationen, von denen typischerweise etwa 1 Million kreiert werden. Die Molekulardynamik-Methode hingegen schreibt neben den Anfangsorten der Moleküle auch noch ihre Anfangsgeschwindigkeiten vor. Die Trajektorien der einzelnen Moleküle werden durch schrittweise Integration der klassischen Bewegungsgleichungen ermittelt. Die thermodynamischen Eigenschaften werden aus diesen Ergebnissen als Zeitmittel berechnet. Nach dem ersten grundsätzlichen Postulat der statistischen Mechanik über Gleichwertigkeit von zeitlicher Mittelung und Ensemble-Mittelung sollten sich daraus dieselben Zahlenwerte ergeben wie bei der Monte-Carlo-Methode. Dies ist innerhalb der Rechengenauigkeit beider Methoden in der Tat der Fall.

Auf der Grundlage von Computersimulationen kennt man die thermodynamischen Funktionen des reinen Hartkugelsystems und des reinen Lennard-Jones-Systems recht genau. Auch die Eigenschaften einiger Systeme aus starren, aber anisotropen Wechselwirkungen sind nach beiden Methoden der Computersimulation an einzelnen Zustandspunkten bereitgestellt worden. Für Systeme aus komplizierten, flexiblen Molekülen können Computersimulationen für die thermodynamischen Funktionen, insbesondere den Druck, bisher keine praktisch brauchbaren Informationen liefern.

In Tabelle 6.1 sind einige Computersimulationen nach der Monte-Carlo-Methode für das in Abschn. 4.5 eingeführte MSK-Potential wiedergegeben [5]. Die Parameter dieses Potentials wurden für Argon aus Daten des zweiten Virialkoeffizienten und des Drosselkoeffizienten bestimmt, vgl. Beispiel 5.3, zu $\varepsilon/k = 141{,}61$ K, $r_\mathrm{m} = 3{,}746$ Å, $d^* = 0{,}0586$. Mit diesen Parametern erlaubt das MSK-Potential eine sehr gute Beschreibung der Gasdaten von Argon einschließlich des dritten Virialkoeffizienten. Zur Berechnung des Konfigurationsanteils der inneren Energie und des Druckes nach der Monte-Carlo-Methode wurden die Axilrod-Teller-Kräfte wie bei der Berechnung des dritten Virialkoeffizienten berücksichtigt. Ihr Beitrag (Index 2 in Tabelle 6.1) ist mäßig für die innere Energie, aber sehr hoch für den Druck. Bei der genauen Bewertung der Zahlenwerte für die Zweikörperkräfte ist allerdings zu beachten, daß sie aus Paarkonfigurationen berechnet werden, die bereits durch die Axilrod-Teller-Kräfte beeinflußt werden. Die Größenordnung der einzelnen Anteile sind jedoch davon unabhängig. Die für den Druck von flüssigem Argon nicht vernachlässigbaren Quantenkorrekturen wurden aus einer Störungsrechnung, vgl. Beispiel 6.9, ermittelt und sind ebenfalls getrennt ausgewiesen. Die Rechnungen wurden nach dem Metropolis-Algorithmus unter Verwendung periodischer Randbedingungen mit 108 bzw. 256 Molekülen durchgeführt [1, 2]. Der Vergleich mit den in |6| ausgewählten Meßwerten für Argon zeigt eine Übereinstimmung von 3% im Konfigurationsanteil

Tabelle 6.1. Monte-Carlo-Simulationen für den Druck und den Konfigurationsanteil der inneren Energie von Argon nach dem MSK-Potential [5]

T K	v (cm^3/mol)	p_2 bar	p_3 bar	p_Q bar	p_MC bar	p_exp bar	u_2^c kJ/mol	u_3^c kJ/mol	u_Q^c kJ/mol	u_MC^c kJ/mol	$u_\mathrm{exp}^\mathrm{c}$ kJ/mol
100	27,04	127,1	498,6	37,7	663,4	660,6	−6,331	0,430	0,063	−5,838	−5,995
	27,86	−52,8	446,3	33,0	426,5	431,6	−6,162	0,396	0,058	−5,708	−5,841
140	30,65	247,6	317,8	17,2	582,6	590,7	−5,330	0,311	0,036	−4,983	−5,082
168,86	65,67	61,5	29,9	1,1	92,5	91,2	−2,476	0,063	0,007	−2,406	−2,474

der inneren Energie, die gesamte innere Energie von flüssigem Argon wird damit unter Einbeziehung des genau bekannten Anteils des idealen Gases mit einer Genauigkeit von 2% vorausberechnet. Der Druck weicht ebenfalls nur um einige Prozente von den Meßwerten ab, wobei diese Abweichungen etwa gleichgewichtig auf Potentialdefekte und Ungenauigkeiten in der Simulation zurückzuführen sind. Für typische flüssige Dichten bedeutet dies Fehler von weniger als 0,5% und damit ebenfalls ein befriedigendes Ergebnis.

In Tabelle 6.2 sind analoge Ergebnisse für flüssiges und dichtes gasförmiges Kohlendioxid zusammengestellt. Benutzt wurde das SSR-MPA Wechselwirkungsmodell, mit dem auch die Gasdaten von Kohlendioxid berechnet wurden, vgl. Kapitel 5. Allerdings war es hier erforderlich, die aus Gasdaten bestimmten Potentialparameter geringfügig zu verändern, nämlich zu $\varepsilon/k = 839{,}50$ K, $r_m = 3{,}236$ Å und $r_a^* = 0{,}3353$. Die gute Beschreibung der Gasdaten wird durch diese geringfügige Präzisierung der Potentialparameter nicht beeinträchtigt. Nicht-additive Dreikörperkräfte brauchen für Kohlendioxid bei Benutzung des SSR-MPA Modells nicht berücksichtigt zu werden, vgl. Bild 5.5. Die Rechnungen wurden wieder nach dem Metropolis-Algorithmus mit 256 Molekülen durchgeführt. Die Übereinstimmung zwischen den gerechneten Daten und den Meßergebnissen ist wieder gut, d. h. in etwa innerhalb der Genauigkeit der hier etwas weniger präzisen Simulationen bzw. der Meßwerte. Das deutet darauf hin, daß auch Moleküle mit stark winkelabhängigen Wechselwirkungskräften durch verhältnismäßig einfache Kraftmodelle mit nur drei anpaßbaren Parametern im ganzen fluiden Bereich beschrieben werden können. Gute Ausgangswerte für die Potentialparameter werden auch hier bereits durch Anpassung an die Gasdaten gefunden. Eine im Hinblick auf Rechenzeit derzeit prohibitive Optimierung der Potentialparameter durch Simulationsrechnungen ist nicht erforderlich.

Tabelle 6.2. Monte-Carlo-Simulationen für den Druck und den Konfigurationsanteil der inneren Energie von Kohlendioxid nach dem SSR-MPA-Modell

T K	v cm^3/mol	p_{MC}[a] bar	p_{exp}[b] bar	u_{MC}[a] kJ/mol	u_{exp}[b] KJ/mol
230	38,202	115	100	− 13,43	− 13,49
250	40,864	111	100	− 12,35	− 12,40
250	39,779	211	200	− 12,67	− 12,73
270	42,605	188	200	− 11,61	− 11,64
300	48,567	207	200	− 9,98	− 9,92
230	36,082	535	500	− 14,18	− 14,25
250	37,663	523	500	− 13,36	− 13,43
300	42,755	499	500	− 11,25	− 11,21
400	58,979	488	500	− 7,604	− 7,49
300	40,145	817	800	− 11,96	− 11,93
250	35,690	977	1000	− 14,03	− 14,16
300	38,964	994	1000	− 12,31	− 12,29
700	78,489	986	1000	− 4,78	− 4,58

[a] M. Luckas, W. Ameling, K. Lucas: unveröffentlichte Ergebnisse
[b] S. Angus, B. Armstrong, K. M. De Reuck: International Tables of the Fluid State. Carbon Dioxide. IUPAC-Pergamon, London, 1973.

Es ist damit insbesondere gezeigt, daß geeignete Wechselwirkungspotentiale mit nur drei an Daten anzupassenden Parametern den gesamten fluiden Zustandsbereich mit befriedigender Genauigkeit beschreiben. Wegen der geringen Sensibilität der Gasdaten auf den genauen Verlauf des Paarpotentials wird es in der Regel sinnvoll sein, im Gasbereich angepaßte Potentialparameter durch Anpassung an einige Flüssigkeitsdaten oder Gasdaten bei hohen Dichten geringfügig zu modifizieren bzw. zu präzisieren, um eine insgesamt optimale Beschreibung des ganzen Zustandsgebietes zu erreichen. Eine direkte Anwendung an Gasdaten angepaßter Parameter auf die Beschreibung von Flüssigkeiten ist im allgemeinen nicht möglich, so daß die diesbezüglichen Ergebnisse für Argon in Tabelle 6.1 eher eine Ausnahme darstellen. Sie zeigen jedoch, daß komplizierte Potentialfunktionen mit vielen Parametern, wie das bekannte Barker-Fisher-Watts-Potential für Argon [6], für die Korrelation thermophysikalischer Daten nicht erforderlich sind.

Der Aufwand an Rechenzeit für Computersimulationen, die zu den Ergebnissen der Tabellen 6.1 und 6.2 führen, ist sehr hoch und erreicht auch bei den schnellsten heute verfügbaren Rechnern die Größenordnung einer Stunde pro Zustandspunkt. Man erhält im übrigen grundsätzlich diskrete Werte für Druck und innere Energie, nicht jedoch direkte Aussagen über Phasengleichgewichte. Für praktische Rechnungen sind analytische Lösungen der statistischen Gleichungen bequemer. Es ist aber zu erwarten, daß Computersimulationen eines Tages den Aufwand an direkten Messungen erheblich reduzieren und zur Aufstellung empirischer Zustandsgleichungen dienen können. Das gibt insbesondere für Zustandspunkte, die dem Experiment nur schwer zugänglich sind.

6.2 Das Prinzip korrespondierender Zustände

Bei Systemen aus einatomigen Molekülen ist die intermolekulare Kraftwirkung kugelsymmetrisch und innere Molekülbewegungen brauchen nicht berücksichtigt zu werden. Die kanonische Zustandssumme lautet dann in halbklassischer Schreibweise nach (2.2.132) und (2.2.133):

$$Q = \frac{1}{N!\,h^{3N}} \int_{-\infty}^{\infty} \cdots \int e^{-\sum_{i}^{3N}(p_i^2/2m_i)/kT}\, e^{-U(r^N)/kT}\, \mathrm{d}p^N\, \mathrm{d}r^N$$

$$= \frac{1}{N!}\, \Lambda^{-3N} Z \tag{6.2.1}$$

mit Z als dem Konfigurationsintegral nach (2.2.134).

Wir nehmen nun an, daß die gesamte potentielle Energie des Systems ausgedrückt werden kann durch:

$$U = \varepsilon f_{\mathrm{u}}\left(\frac{x_1}{\sigma}, \frac{y_1}{\sigma}, \frac{z_1}{\sigma}, \frac{x_2}{\sigma}, \ldots, \frac{z_N}{\sigma}\right), \tag{6.2.2}$$

wobei die Funktion f_{u} für alle einatomigen Moleküle die gleiche sein möge. Wenn insbesondere paarweise Additivität der Wechselwirkungspotentiale angenommen werden kann, dann gilt:

$$U = \sum_{i<j} \varepsilon f_{ij}\left(\frac{r}{\sigma}\right),$$

(6.2.3)

und die Annahme (6.2.2) ist erfüllt, wenn $f_{ij}(r/\sigma)$ für die betrachteten einatomigen Moleküle universell ist. Die Individualität der verschiedenen Fluide steckt ausschließlich in den Maßstabsfaktoren ε und σ. Wenn hingegen noch die nicht-additiven Dreikörper-Wechselwirkungskräfte wirksam sind (vgl. Abschn. 4.3.5), dann gilt bei Beschränkung auf den Axilrod-Teller-Term (4.3.248):

$$U = \sum_{i<j} \varepsilon f_{ij}\left(\frac{r}{\sigma}\right) + \sum_{i<j<k} \alpha\,\varepsilon f_{ijk}\left(\frac{r_{ij}}{\sigma}, \frac{r_{ik}}{\sigma}, \frac{r_{jk}}{\sigma}, \cos\theta_i, \cos\theta_j, \cos\theta_k\right)$$

(6.2.4)

wobei θ_i der Winkel zwischen r_{ij} und r_{ik} ist, mit entsprechenden Bedeutungen der anderen Winkel. Die gesamte Wechselwirkungsenergie schreibt sich dann:

$$U = \varepsilon f_u\left(\frac{x_1}{\sigma}, \ldots, \frac{z_N}{\sigma}, \alpha^*\right)$$

(6.2.5)

mit α^* als der dimensionslosen Polarisierbarkeit. Da die dimensionslose Polarisierbarkeit für die verschiedenen einatomigen Moleküle verschieden ist, ist die Annahme (6.2.2) streng verletzt. Die Dreikörper-Dispersionskräfte bilden jedoch nur einen Teil der gesamten intermolekularen Energiefunktion und α^* variiert im Gegensatz zur dimensionsbehafteten Polarisierbarkeit α nicht sehr stak von Molekül zu Molekül, so daß die Annahme paarweiser Additivität für die weiteren Ableitungen kaum eine Einschränkung bedeutet.

Unterstellen wir für das folgende Gleichung (6.2.2) und führen dimensionslose Variablen ein nach

$$x_i^* = x_i/\sigma, \qquad y_i^* = y_i/\sigma, \qquad z_i^* = z_i/\sigma$$
$$T^* = kT/\varepsilon$$

und

$$V^* = V/\sigma^3,$$

dann gilt für das Konfigurationsintegral in dimensionsloser Schreibweise, wenn man das Volumen V ohne Einschränkung der Allgemeinheit als einen Würfel der Kantenlänge $V^{1/3}$ ansieht:

$$Z = \sigma^{3N} \int_0^{V^{*1/3}} \ldots \int_0^{V^{*1/3}} \exp\left[-\frac{1}{T^*} f(x_1^* \ldots z_N^*)\right] dx_1^* \ldots dz_N^*$$

$$= \sigma^{3N} f_z(T^*, V^*, N).$$

(6.2.6)

Hier ist f_z eine universelle Funktion für alle Moleküle, für die f_u in (6.2.2) universell ist.

Damit gilt für die thermische Zustandsgleichung:

$$\frac{p\sigma^3}{\varepsilon} = \frac{kT}{\varepsilon}\left(\frac{\partial \ln Z}{\partial V}\right)_T \sigma^3 = T^*\left(\frac{\partial \ln f_z}{\partial V^*}\right)$$

(6.2.7)

beziehungsweise, für $N = N_L$, d. h. 1 mol:

$$p^* = T^* f(T^*, v^*), \qquad (6.2.8)$$

wobei f wieder eine universelle Funktion für alle Moleküle, für die f_u universell ist, sein muß und $p^* = p\,\sigma^3/\varepsilon$ gilt.

Beispiel 6.1

Mit der Zustandsgleichung für Argon von Twu, Lee und Starling [1] überprüfe man das Prinzip korrespondierender Zustände durch Berechnung des Dampfdruckes und der Sättigungsvolumina von Krypton, Xenon, Methan, Sauerstoff und Chlorwasserstoff [2, 3, 4, 5, 6].

1. Twu, C. H.; Lee, L. L.; Starling, K. E.: Fluid phase equilibria 4 (1980) 35
2. Vargaftik, N. B.: Tables on thermophysical properties of liquids and gases. New York: Wiley 1975
3. Da Ponte, M. N.; Staveley, L. A. K.: J. Chem. Therm., 10 (1978) 897
4. Goodwin, R. D.: Natl. Bur. Stand. Tech. Note 653 (1974)
5. McCarty, D.; Weber, L. A.: Natl. Bur. Stand. Techn. Note, 384 (1971)
6. Rowlinson, J. S.; Swinton, F. L.: Liquids and liquid mixtures London: Butterworths 1982

Lösung

Nach [1] lautet die thermische Zustandsgleichung für Argon:

$$Z = 1 + \left(1,31024 - \frac{3,80636}{T^*} - \frac{2,37238}{T^{*2}} - \frac{0,798872}{T^{*3}} + \frac{0,198761}{T^{*5}}\right) n^*$$

$$+ \left(1,47014 - \frac{0,786367}{T^*}\right) n^{*2} + 2,19465\, n^{*3}$$

$$+ \left(\frac{5,75429}{T^{*3}} + \frac{6,78220}{T^{*4}} - \frac{9,94904}{T^{*5}}\right) n^{*2} \exp(-8,68282\, n^{*2})$$

$$+ \left(\frac{-15,6162}{T^{*3}} + \frac{86,6430}{T^{*4}} + \frac{18,5270}{T^{*5}}\right) n^{*4} \exp(-8,68282\, n^{*2})$$

$$+ \frac{9,04755}{T^*}\, n^{*5}$$

Hier ist $T^* = k\,T/\varepsilon$ und $n^* = n\,\sigma^3$ mit $\varepsilon/k = 119,8$ K und $\sigma = 3,405$ Å.

Zur Anwendung auf die fünf in der Aufgabenstellung genannten Stoffe benötigt man zunächst deren Werte von ε/k und σ. Sie werden durch simultane Anpassung der Gleichung für Argon an die experimentellen Werte Dampfdruckkurve und die Siededichte der einzelnen Stoffe ermittelt. Dabei ergeben sich die nachstehenden Zahlenwerte [1]:

	$(\varepsilon/k$ in K)	σ in Å
Krypton	166,7	3,638
Xenon	231,4	3,963
Methan	152,3	3,736
Sauerstoff	123,3	3,405
Chlorwasserstoff	266,5	3,540

Damit können die Sättigungsgrößen der genannten Stoffe berechnet werden. Die Bilder B 6.1.1 bis B 6.1.10 zeigen die Ergebnisse [1]. Die zwei Edelgase Krypton und Xenon befolgen sehr gut das Prinzip korrespondierender Zustände. Die gegenüber Krypton etwas weniger akkurate Darstellung der Sättigungseigenschaften von Xenon mag auf die im Vergleich zu Argon größeren Unterschiede in der dimensionslosen Polarisierbarkeit zurückzuführen sein ($\alpha^*_{Ar} = 0,043$; $\alpha^*_{Kr} = 0,051$; $\alpha^*_{Xe} = 0,064$). Auch Methan befolgt das Prinzip korrespondierender Zustände genügend genau. Dies entspricht der Erwartung, denn Methan ist nahezu kugelförmig und hat lediglich ein schwaches Oktopolmoment. Sauerstoff zeigt bereits deutliche Abweichungen und

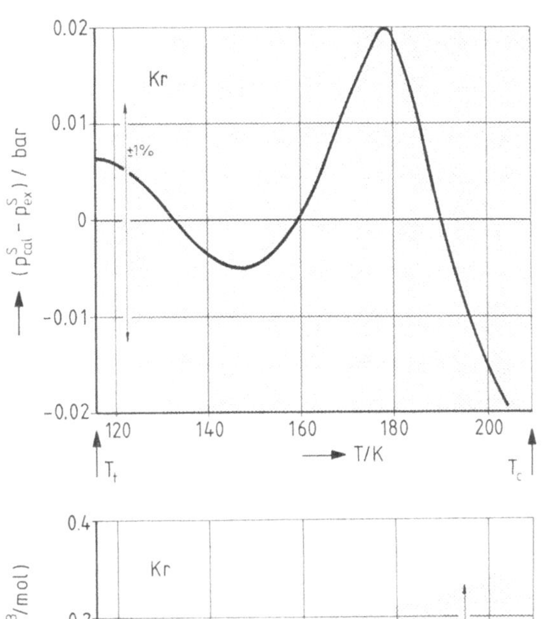

Bild B 6.1.1. Die Dampfdruckkurve von Krypton

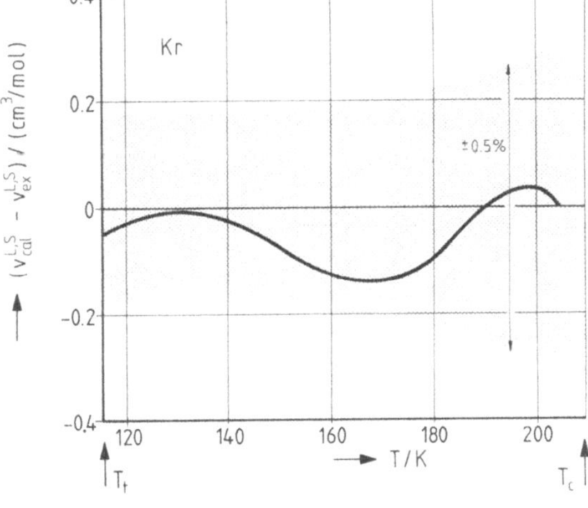

Bild B 6.1.2. Die Siededichte von Krypton

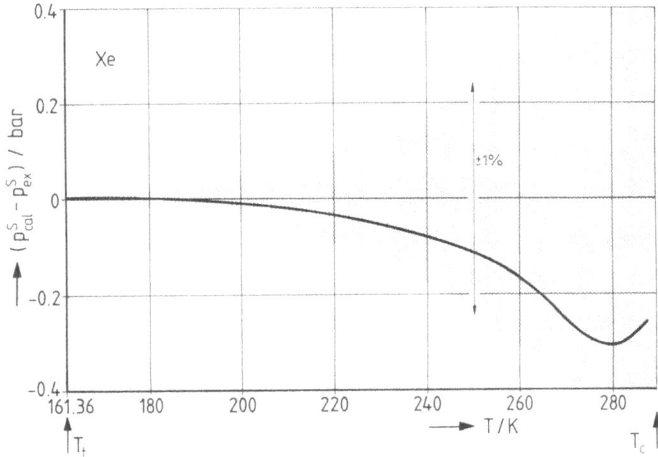

Bild B 6.1.3. Die Dampfdruckkurve von Xenon

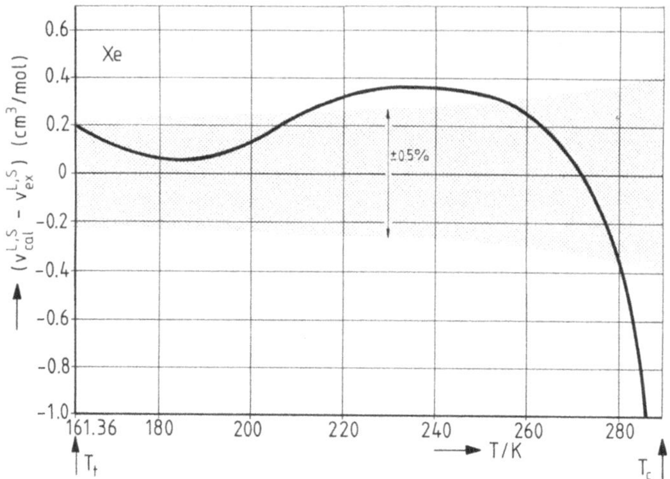

Bild B 6.1.4. Die Siededichte von Xenon

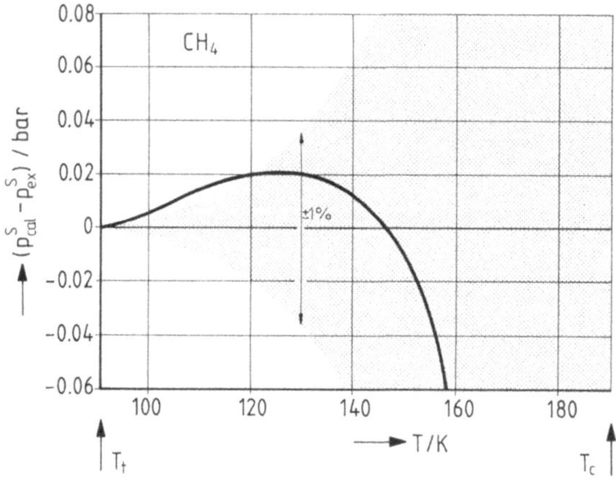

Bild B 6.1.5. Die Dampfdruckkurve von Methan

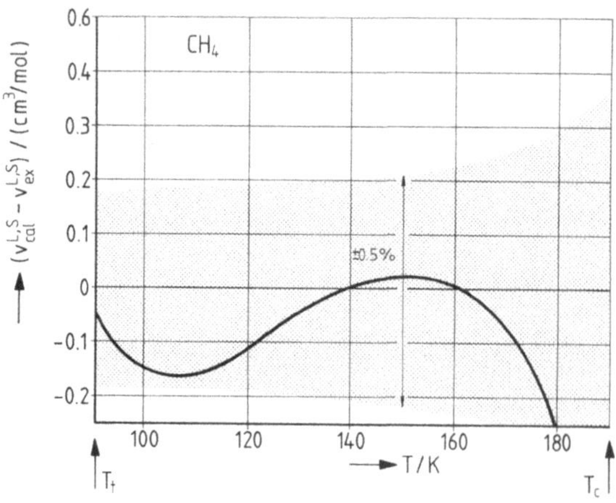

Bild B 6.1.6. Die Siededichte von
Methan

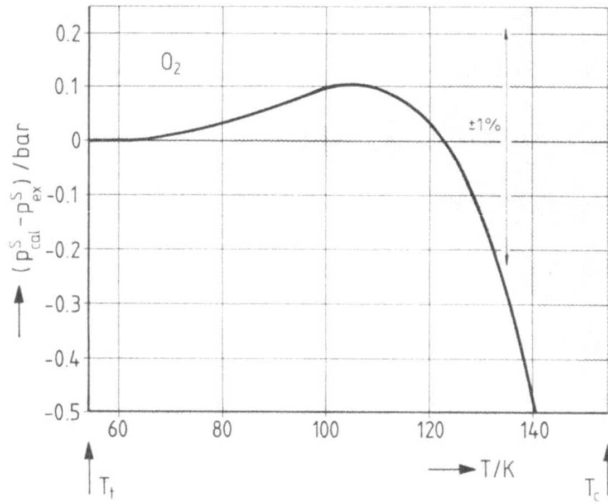

Bild B 6.1.7. Die Dampfdruckkurve von Sauerstoff

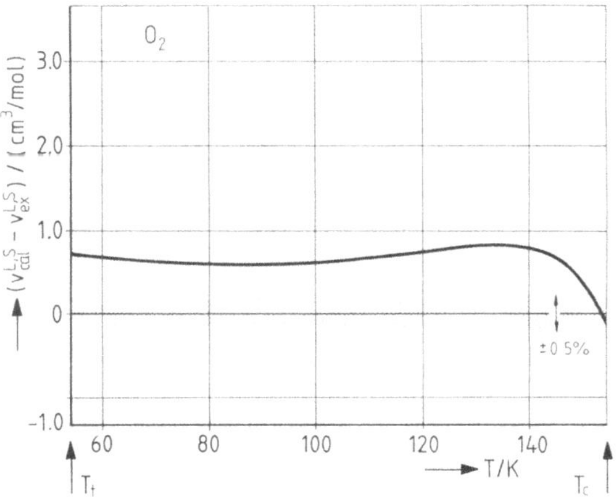

Bild B 6.1.8. Die Siededichte von Sauerstoff

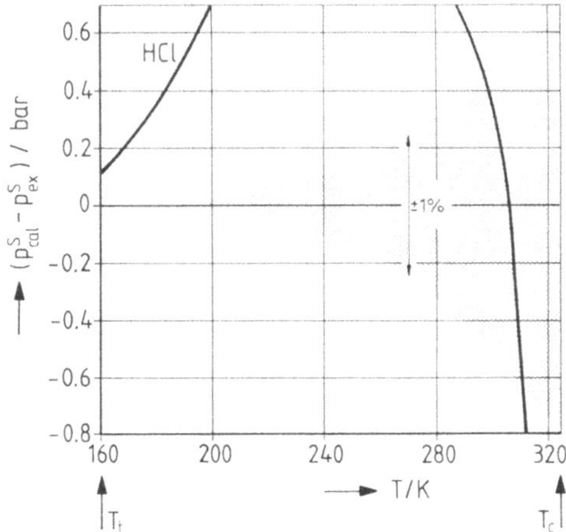

Bild B 6.1.9. Die Dampfdruckkurve von Chlorwasserstoff

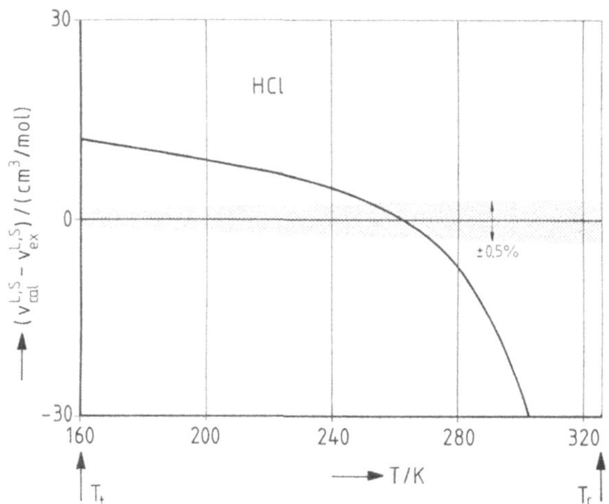

Bild B6.1.10. Die Siededichte von Chlorwasserstoff

Chlorwasserstoff ist überhaupt nicht mehr sinnvoll durch das Prinzip korrespondierender Zustände auf Argon zu reduzieren.

1. Shukla, K. P.; Lucas, K.; Moser, B.: Fluid phase equilibria, 15 (1983) 125

Die Parameter ε und σ der Wechselwirkungsenergie lassen sich durch kritische Daten ausdrücken. Am kritischen Punkt gilt

$$\left(\frac{\partial p}{\partial v}\right)_T = \left(\frac{\partial^2 p}{\partial v^2}\right)_T = 0,$$

das heißt nach (6.2.7):

$$\left|\frac{\partial^2 \ln f(T^*,v^*)}{\partial v^{*2}}\right|_T = \left|\frac{\partial^3 \ln f_z(T^*,v^*)}{\partial v^{*3}}\right|_T = 0. \tag{6.2.9}$$

Wegen der Universalität von $f_z(T^*,v^*)$ folgt daraus:

$$T_c^* = C_1$$

und

$$v_c^* = C_2.$$

Für den dimensionslosen kritischen Druck findet man damit

$$p_c^* = C_3.$$

Es gilt also:

$$T_c = C_1 \, \varepsilon/k, \tag{6.2.10}$$

$$v_c = C_2 \, \sigma^3 N_L, \tag{6.2.11}$$

$$p_c = C_3 \, \varepsilon/\sigma^3 \tag{6.2.12}$$

oder auch

$$T^* = C_1\,(T/T_c) = C_1\,T_r\,,\tag{6.2.13}$$

$$v^* = C_2\,N_L\,(v/v_c) = C_2\,N_L\,v_r\tag{6.2.14}$$

und

$$p^* = C_3\,(p/p_c) = C_3\,p_r\,.\tag{6.2.15}$$

Gleichung (6.2.8) läßt sich damit schreiben als:

$$p_r = f(T_r, v_r)\,.\tag{6.2.16}$$

Beispiel 6.2

Man überprüfe das Prinzip korrespondierender Zustände für Argon, Krypton, Xenon, Methan und Sauerstoff anhand von Daten des kritischen Punktes und des Tripelpunktes.

Lösung

Es ergeben sich für die fünf Fluide die Zahlenwerte aus Tabelle B 6.2.1.

Tabelle B 6.2.1.

	Daten	T_c K	P_c bar	V_c cm³/mol	T_t K	P_t bar	Z_c	T_t/T_c	P_t/P_c
Ar	[1]	150,9	49,0	74,6	83,8	0,689	0,291	0,556	0,0141
Kr	[1]	209,4	55,0	92,2	116,0	0,730	0,291	0,554	0,0133
Xe	[1]	289,8	58,8	118,8	161,3	0,815	0,290	0,557	0,0139
CH_4	[1]	190,6	46,0	99,0	90,68	0,1172	0,288	0,476	0,0025
O_2	[2]	154,6	50,45	73,4	54,36	0,00146	0,288	0,351	0,00003

Man erkennt, daß für die Edelgase Argon, Krypton und Xenon der Realfaktor und das Verhältnis der Tripelpunkttemperatur zur kritischen Temperatur bis auf 0,5%, d.h. in etwa innerhalb der Meßgenauigkeit, übereinstimmen. Das Verhältnis von Tripelpunktdruck zu kritischem Druck ist weniger einheitlich. Es ist ein besonders sensibler Test des Prinzips korrespondierender Zustände, da der Dampfdruck eine sehr starke Temperaturabhängigkeit hat und das Verhältnis daher sehr stark von 1 abweicht. Das einfache Fluid Methan, das in Beispiel 6.1 auch noch recht gut durch das Prinzip korrespondierender Zustände beschrieben werden konnte, fällt bei dem hier gezeigten sensiblen Test bereits deutlich aus der einheitlichen Beschreibung heraus. Dies gilt in noch stärkerem Maße für Sauerstoff.

1. Rowlinson, J. S.; Swinton, F. L.: Liquids and liquid mixtures. London: Butterworths 1982
2. Wagner, W.; Ewers, J.; Pentermann, W.: J. Chem. Thermodyn. 8 (1976) 1049

Quanteneffekte, wie sie bei tiefen Temperaturen für einige einatomige Systeme, insbesondere Helium und Neon, auftreten, lassen sich durch einen weiteren Parameter berücksichtigen. Bei mehratomigen, starren Molekülen sind nach Kap. 4 zusätzliche Moleküleigenschaften, z. B. Multipolmomente, Polarisierbarkeiten und Formparameter, zur Beschreibung der intermolekularen Energiefunktion heranzuziehen. Eine einfache verallgemeinerte Beschreibung der thermodynamischen Zustandsgrößen in dimensionslosen molekularen Variablen erscheint daher aussichtslos. Man hat jedoch zeigen können, daß eine große Anzahl von Systemen, sogenannte Normalfluide, durch einen dritten, empirischen Parameter beschrieben werden können. Dieser dritte Parameter, der sogenannte azentrische Faktor ω, ist definiert durch (vgl. Kap. 5):

$$\omega = -\log \frac{p_s(T_r = 0{,}7)}{p_c} - 1{,}000 , \tag{6.2.17}$$

wobei $p_s(T_r = 0{,}7)$ der Dampfdruck des Stoffes bei der 0,7fachen kritischen Temperatur ist. Er basiert auf der empirisch belegten Tatsache, daß die Edelgase Ar, Kr, und Xe eine universelle Dampfdruckkurve in reduzierten Koordinaten haben und daß diese Kurve in logarithmischer Auftragung bei $T_r = 0{,}7$ den Wert $-1{,}000$ durchläuft. Die Dampfdruckkurven anderer Fluide werden charakterisiert durch ihren Unterschied im Wert von $\log p_{sr}(T_r = 0{,}7)$ zum Wert der schweren Edelgase. Werte des azentrischen Faktors sind, ebenso wie die kritischen Daten, für viele reine Stoffe bekannt. Nach diesem erweiterten Prinzip korrespondierender Zustände sind praktisch sehr nützliche Berechnungsunterlagen für die Eigenschaften reiner Stoffe erarbeitet worden [7, 8]. Die Normalfluide umfassen eine Vielzahl praktisch wichtiger Substanzen, insbesondere solche, die durch ihre Gestalt von den Referenzfluiden Argon, Krypton und Xenon abweichen. Nicht darunter fallen stark polare und assoziierende Moleküle. Normalfluide müssen nicht notwendigerweise aus starren Molekülen bestehen, da dem erweiterten Prinzip korrespondierender Zustände keine strenge Modellierung der intermolekularen Wechselwirkungen zugrunde liegt. Allerdings sind hochflexible, komplizierte organische Moleküle auch ohne starke Multipole nicht den Normalfluiden zuzuordnen.

Beispiel 6.3

Nach dem auf der Basis des azentrischen Faktors erweiterten Prinzip korrespondierender Zustände für Normalfluide berechne man den Dampfdruck und die Sättigungsvolumina von Sauerstoff, Chlorwasserstoff, Äthan und Kohlendioxid und vergleiche mit Meßdaten [1, 2, 3, 4, 5].

1. Da Ponte, M. N.; Staveley, L. A. K.: J. Chem. Therm. 10 (1978) 897
2. Weber, L. A.: J. Res. Natl. Bur. Stand. Sect. A, 74 (1970) 93
3. Rowlinson, J. S.; Swinton, F. L.: Liquids and liquid mixtures. London: Butterworths 1982
4. Goodwin, R. D.; Roder, H. M.; Straty, G. C.: Natl. Bur. Stand. Tech. Note, 684 (1976)
5. Angus, S.; Armstrong, B.; de Reuck, K. M.: International thermodynamic tables of fluid carbon dioxide. IUPAC (1973)

Lösung

Für den Dampfdruck gilt die Beziehung [1]:

$$\ln p_r^s = f^{(0)}(T_r) + \omega f^{(1)}(T_r)$$

mit

$$p_r^s = \frac{p_s}{p_c} , \qquad T_r = \frac{T}{T_c}$$

und

$$f^{(0)} = 5{,}92714 - \frac{6{,}09648}{T_r} - 1{,}28862 \ln T_r + 0{,}169347\, T_r^6$$

$$f^{(1)} = 15{,}2518 - \frac{15{,}6875}{T_r} - 13{,}4721 \ln T_r + 0{,}43577\, T_r^6 .$$

Das Volumen der siedenden Flüssigkeit kann berechnet werden aus [2]:

$$\frac{v^{L,s}}{v_{sc}} = V_r^{(0)}(1 - \omega \Gamma)$$

mit

$$v_{sc} = \frac{R T_c}{p_c}(0,2920 - 0,0967\,\omega)$$

$$V_r^{(0)} = 0,33593 - 0,33953\,T_r + 1,51941\,T_r^2 - 2,02512\,T_r^3$$
$$+ 1,11422\,T_r^4 \qquad (0,2 \leqq T_r \leqq 0,8)$$

$$V_r^{(0)} = 1,0 + 1,3(1 - T_r)^{1/2}\log(1 - T_r) - 0,50879(1 - T_r)$$
$$- 0,91534(1 - T_r)^2 \qquad (0,8 < T_r < 1)$$

$$\Gamma = 0,29607 - 0,09045\,T_r - 0,04842\,T_r^2 \qquad (0,2 \leqq T_r < 1,0).$$

Das Volumen des gesättigten Dampfes berechnet sich aus [1]:

$$Z = Z^{(0)} + \omega Z^{(1)}$$

mit

$$Z = \frac{p^s v^{v,s}}{R T},$$

wobei Z für eine gegebene Temperatur und den daraus ermittelten Sattdampfdruck aus den in [1] angegebenen Tabellen für $Z^{(0)}$ und $Z^{(1)}$ interpoliert wird.

Aus [3] folgen die nachstehenden Werte für die charakteristischen Stoffkonstanten, d.h. kritische Daten und azentrischer Faktor:

	T_c K	p_c bar	ω
O_2	154,6	50,5	0,021
HCl	324,6	83,1	0,120
C_2H_6	305,4	48,8	0,098
CO_2	304,2	73,8	0,225

Aus den Formeln nach dem erweiterten Korrespondenzprinzip erhält man damit die Sättigungseigenschaften, die in Tabelle B 6.3.1 bis Tabelle B 6.3.4 zusammengefaßt sind.
Sauerstoff und Äthan sind typische Vertreter der Normalfluide. Sauerstoff ist ein nahezu kugelförmiges Molekül mit einem schwachen Quadrupol, und Äthan weicht im wesentlichen nur durch seine Gestalt von den Referenzmolekülen Argon, Xenon und Krypton ab. Entsprechend werden die Sättigungsdaten dieser Fluide mit technisch befriedigender Genauigkeit berechnet, d.h. ca. 1% im Dampfdruck, ca. 0,5% in der Siededichte und ca. 2% in der Dampfdichte, mit

Tabelle B 6.3.1. Sauerstoff

T K	p^s bar		$\varrho^{L,s}$ mol/l		$\varrho^{v,s}$ mol/l	
	exp	cal	exp	cal	exp	cal
74	0,1236	0,1229	38,08	38,02	0,0202	0,0202
80	0,3006	0,2980	37,20	37,14	0,0458	0,0458
100	2,5425	2,5393	34,08	34,08	0,3270	0,3260
120	10,215	10,248	30,44	30,53	1,232	1,214
140	27,866	27,851	25,41	25,43	3,650	3,637
150	42,190	42,183	21,11	21,17	6,711	6,930

Tabelle B 6.3.2. Chlorwasserstoff

T K	p^s bar		$\varrho^{L,s}$ mol/l		$\varrho^{v,s}$ mol/l	
	exp	cal	exp	cal	exp	cal
160	0,149	0,142	34,36	31,32	0,0113	0,0112
180	0,623	0,611	33,04	30,12	0,0425	0,0424
200	1,896	1,909	31,62	28,89	0,1197	0,1184
220	4,630	4,741	30,17	27,59	0,2767	0,2726
240	9,641	9,966	28,32	26,17	0,5595	0,5454
260	18,22	18,52	26,46	24,65	– –	1,0232
280	31,11	31,44	24,37	22,57	–	1,7867
300	49,65	49,95	21,79	20,19	– –	3,1397
320	75,70	75,82	17,36	15,84	–	7,7920

Tabelle B 6.3.3. Äthan

T K	p^s bar		$\varrho^{L,s}$ mol/l		$\varrho^{v,s}$ mol/l	
	exp	cal	exp	cal	exp	cal
100	$1,11 \cdot 10^{-4}$	$1,13 \cdot 10^{-4}$	21,34	21,21	$1,33 \cdot 10^{-5}$	$1,32 \cdot 10^{-5}$
120	$3,5 \cdot 10^{-3}$	$3,41 \cdot 10^{-3}$	20,60	20,48	$3,55 \cdot 10^{-3}$	$3,51 \cdot 10^{-3}$
150	$9,7 \cdot 10^{-2}$	$9,3 \cdot 10^{-2}$	19,47	19,33	$7,8 \cdot 10^{-2}$	$7,78 \cdot 10^{-2}$
180	0,79	0,78	18,28	18,16	0,054	0,054
210	3,34	3,35	16,97	16,89	0,208	0,208
240	9,67	9,73	15,46	15,44	0,580	0,581
270	22,1	22,2	13,55	13,47	1,40	1,41
300	43,5	43,65	10,54	10,06	3,94	4,62

Tabelle B 6.3.4. Kohlendioxid

T K	p^s bar		$\varrho^{L,s}$ mol/l		$\varrho^{v,s}$ mol/l	
	exp	cal	exp	cal	exp	cal
218	5,51	5,49	26,66	26,85	0,337	0,333
230	8,94	8,90	25,66	25,88	0,531	0,531
236	11,15	11,10	25,12	25,37	0,659	0,661
246	15,70	15,61	24,18	24,48	0,930	0,933
260	24,19	24,04	22,71	22,90	1,465	1,467
280	41,60	41,63	20,09	20,39	2,764	2,812
300	67,10	67,01	15,46	15,80	6,098	7,464

etwas größeren Abweichungen für die Volumina in der Umgebung der kritischen Temperatur. Chlorwasserstoff ist ein stark polares Molekül mit nahezu kugelförmiger Gestalt und damit kein Normalfluid. Seine Sättigungsdaten, insbesondere das Siedevolumen, werden völlig falsch vorausgesagt. Kohlendioxid wird allgemein den Normalfluiden zugerechnet. Seine Abweichungen von Argon beruhen etwa gleichgewichtig auf seiner asymmetrischen Form und seinem Quadrupolmoment. Das starke Quadrupolmoment läßt Kohlendioxid als Grenzfall eines Normalfluids erscheinen, was an den relativ hohen Abweichungen bei der Vorausberechnung des Flüssigkeitsvolumens erkennbar ist.

1. Lee, B. I.; Kesler, M. G.: AIChE-J. 21 (1975) 510
2. Gunn, R. D.; Yamada, T.: AIChE-J. 17 (1971) 1341
3. Reid, R. C.; Prausnitz, J. M.; Sherwood, Th. K.: The properties of gases and liquids. New York: McGraw-Hill 1977

Die Ergebnisse von Beispiel 6.3 zeigen, daß für reine Normalfluide kaum ein praktischer Bedarf an der Entwicklung molekulartheoretischer Gleichungen für die Zustandsgrößen besteht. Ein Bedarf besteht indessen für Fluide aus stark polaren Molekülen, wie zum Beispiel Chlorwasserstoff, sowie wenn eine über die üblichen technischen Anforderungen übersteigende Genauigkeit verlangt wird. Allgemeiner liegt jedoch der Wert molekulartheoretischer Gleichungen für Reinstoffe jedoch in der Einführung der einschlägigen molekularen Potentialparameter, deren Bedeutung dann auch in Mischphasen erhalten bleibt und über theoretisch begründete Mischungsregeln das thermodynamische Verhalten von Gemischen abzuschätzen erlaubt.

6.3 Thermodynamische Funktionen starrer Moleküle als Integrale über Korrelationsfunktionen

Kleine Moleküle können oft als starr angesehen werden. Nach Kap. 4 ist die intermolekulare Energiefunktion starrer Moleküle nur eine Funktion ihrer Ortsund Orientierungskoordinaten. Die thermodynamischen Funktionen lassen sich dann als Integrale über Korrelationsfunktionen formulieren.

6.3.1 Definition von Korrelationsfunktionen

Zur Definition von Korrelationsfunktionen eines Systems starrer Moleküle fragen wir nach der Wahrscheinlichkeit dafür, daß das System eine bestimmte durch r^N, ω^N gekennzeichnete Konfiguration aufweist. Zunächst setzen wir unterscheidbare Moleküle voraus und untersuchen die Wahrscheinlichkeit dafür, daß Molekül 1 sich im Volumenelement dr_1 um r_1 und im Orientierungselement $d\omega_1$ um ω_1 befindet, während Molekül 2 bei dr_2 um r_2 und $d\omega_2$ um ω_2 liegt und entsprechende Angaben für alle anderen Moleküle gelten. Damit ist ein ganz bestimmter Mikrozustand im Hinblick auf die Konfiguration vorgegeben, und seine Wahrscheinlichkeit lautet:

$$P(r^N \omega^N) = \frac{e^{-U(r^N \omega^N)/kT}}{\left(\dfrac{1}{\Omega}\right)^N \int dr^N \, d\omega^N \, e^{-U(r^N \omega^N)/kT}} = \frac{e^{-U(r^N \omega^N)/kT}}{Z} \tag{6.3.1}$$

mit

$$\left(\frac{1}{\Omega}\right)^N = 1 / \int d\omega_1 \, d\omega_2 \dots d\omega_N . \tag{6.3.2}$$

Diese Wahrscheinlichkeit bezieht sich nur auf den Konfigurations-Mikrozustand. Entsprechend steht im Exponenten der e-Funktion nur der durch die molekulare Konfiguration bestimmte Anteil der Hamilton-Funktion des Systems, nämlich die intermolekulare Energiefunktion $U(r^N \omega^N)$. Diese Wahrscheinlichkeit erfüllt die Normalisierungsbedingung:

$$\left(\frac{1}{\Omega}\right)^N \iint P(r^N \omega^N)\, dr^N\, d\omega^N = 1\,. \qquad (6.3.3)$$

Sie bringt den physikalisch plausiblen Sachverhalt zum Ausdruck, daß sich das System mit Sicherheit in irgendeinem Konfigurations-Mikrozustand befindet.

Wir wissen, daß die Moleküle einer reinen Substanz grundsätzlich nicht unterscheidbar sind. Führen wir diese Tatsache ein und bezeichnen die dann gegebene Wahrscheinlichkeit, daß irgendein Molekül eine bestimmte Konfiguration 1 hat, irgendein anderes die Konfiguration 2 usw. als Verteilungsfunktion, so gilt für die N-Teilchen-Verteilungsfunktion

$$f_N(r^N \omega^N) = N!\, P(r^N \omega^N)\,. \qquad (6.3.4)$$

Hier berücksichtigt der kombinatorische Faktor $N!$ die Anzahl von Anordnungen von N Molekülen, die ein und denselben Mikrozustand ergibt, wenn die Moleküle als nicht unterscheidbar angesehen werden. Gegenüber dem Fall unterscheidbarer Moleküle wird dieser Mikrozustand also $N!$ mal so oft angetroffen, wenn die Moleküle nicht unterscheidbar sind. Die Normalisierungsbedingung der N-Teilchen-Verteilungsfunktion lautet:

$$\left(\frac{1}{\Omega}\right)^N \int f_N(r^N \omega^N)\, dr^N\, d\omega^N = N!\,. \qquad (6.3.5)$$

Zur Beschreibung der gleichzeitigen Wechselwirkung von Molekülpaaren, Molekültripletts usw. ist es zweckmäßig, Verteilungsfunktionen niederer Ordnung zu definieren. Haben wir ein System von N unterscheidbaren Molekülen und greifen daraus ein Untersystem von h Molekülen heraus, so gilt für die Wahrscheinlichkeit, daß Molekül 1 bei $dr_1\, d\omega_1$, Molekül 2 bei $dr_2\, d\omega_2 \ldots$ Molekül h bei $dr_h\, d\omega_h$ liegt, während die Konfiguration aller weiteren Moleküle $h+1,\ h+2\ldots N$ unspezifiziert ist:

$$\begin{aligned}
P_h(r^h \omega^h) &= \left(\frac{1}{\Omega}\right)^{N-h} \int dr^{N-h}\, d\omega^{N-h}\, P(r^N \omega^N) \\
&= \left(\frac{1}{\Omega}\right)^{N-h} \frac{\int dr^{N-h}\, d\omega^{N-h}\, e^{-U(r^N \omega^N)/kT}}{Z}\,.
\end{aligned} \qquad (6.3.6)$$

Für nichtunterscheidbare Moleküle erhält man entsprechend:

$$\begin{aligned}
f(r^h \omega^h) &= \frac{N!}{(N-h)!}\, P(r^h \omega^h) \\
&= \frac{N!}{(N-h)!} \frac{\left(\frac{1}{\Omega}\right)^{N-h} \int dr^{N-h}\, d\omega^{N-h}\, e^{-U(r^N \omega^N)/kT}}{Z}\,.
\end{aligned} \qquad (6.3.7)$$

Der kombinatorische Faktor gibt hier an, auf wieviel Weisen die betrachteten h Moleküle aus den N Molekülen des Systemes ausgewählt werden können. Das 1. Molekül kann auf N verschiedene Weisen gewählt werden, das 2. Molekül auf $(N-1)$ und das h-te Molekül schließlich auf $(N-h+1)$ verschiedene Weisen. Insgesamt gilt also

$$N(N-1)(N-2)\ldots(N-h+1) = \frac{N(N-1)(N-2)\ldots 3\cdot 2\cdot 1}{(N-h)(N-h-1)\ldots 3\cdot 2\cdot 1}$$

$$= \frac{N!}{(N-h)!}. \qquad (6.3.8)$$

Demnach lautet die Normalisierungsbedingung nun

$$\left(\frac{1}{\Omega}\right)^h \int d\mathbf{r}^h \, d\omega^h \, f(\mathbf{r}^h\omega^h) = \frac{N!}{(N-h)!}. \qquad (6.3.9)$$

In einem idealen Gas, in dem keine intermolekularen Wechselwirkungskräfte auftreten, sind die Moleküle vollkommen unkorreliert. Dann sind die Orts- und Orientierungskoordinaten der einzelnen Moleküle unabhängig voneinander, und es gilt, da die Wahrscheinlichkeit eines Gesamtereignisses gleich dem Produkt der Wahrscheinlichkeiten unabhängiger Einzelereignisse ist, daß $f(\mathbf{r}^h\omega^h)$ dem Produkt aus allen Ein-Partikel-Verteilungsfunktionen $f(\mathbf{r}_1\omega_1)f(\mathbf{r}_2\omega_2)\ldots f(\mathbf{r}_h\omega_h)$ entspricht. Man definiert daher eine Korrelationsfunktion $g(\mathbf{r}^h\omega^h)$ sinnvoll durch:

$$f(\mathbf{r}^h\omega^h) = f(\mathbf{r}_1\omega_1)f(\mathbf{r}_2\omega_2)\ldots f(\mathbf{r}_h\omega_h)\, g(\mathbf{r}^h\omega^h). \qquad (6.3.10)$$

Für ideale Gase gilt

$$g(\mathbf{r}^h\omega^h) = 1 \qquad (6.3.11)$$

Die Abweichung von 1 im allgemeinen Fall ist damit ein Maß für den Einfluß der intermolekularen Kräfte auf die Konfigurationsverteilungsfunktion, ebenso wie ein Maß für die Korrelation der Einzelmolekülpositionen und -orientierungen untereinander.

Will man nur die Konfigurationsverteilungsfunktion der Molekülzentren betrachten, die unabhängig von der Orientierung der Moleküle ist, so hat man über die Orientierungen zu integrieren und erhält mit

$$f(\mathbf{r}^h) = \frac{1}{\Omega^h} \int d\omega^h f(\mathbf{r}^h\omega^h), \qquad (6.3.12)$$

$$g(\mathbf{r}^h) = \frac{1}{\Omega^h} \int d\omega^h g(\mathbf{r}^h\omega^h), \qquad (6.3.13)$$

die Sonderfälle einer nur von den Ortskoordinaten der Molekülschwerpunkte abhängigen und über alle Orientierungen gemittelten Verteilungsfunktion bzw. Korrelationsfunktion.

In einem isotropen, homogenen Fluid ist die Wahrscheinlichkeit, ein Molekül mit den Koordinaten $(\mathbf{r}_1\omega_1)$ ohne Spezifikation der Koordinaten der anderen Moleküle zu finden, unabhängig von $\mathbf{r}_1$ und ω_1. Aus der Normierungsbedingung der Verteilungsfunktion folgt daher

$$\left(\frac{1}{\Omega}\right) \int d\boldsymbol{r}_1 \, d\omega_1 \, f(\boldsymbol{r}_1 \, \omega_1) = N = \frac{1}{\Omega} f(\boldsymbol{r}_1 \, \omega_1) \int d\boldsymbol{r}_1 \, d\omega_1 = V f(\boldsymbol{r}_1 \, \omega_1) . \qquad (6.3.14)$$

Daraus folgt:

$$f(\boldsymbol{r}_1 \, \omega_1) = \frac{N}{V} = n \; . \qquad (6.3.15)$$

Damit gilt insbesondere für den Zusammenhang zwischen Verteilungsfunktion und Korrelationsfunktion

$$f(\boldsymbol{r}^h \, \omega^h) = n^h \, g(\boldsymbol{r}^h \, \omega^h) . \qquad (6.3.16)$$

Eine besondere Bedeutung haben Verteilungs- und Korrelationsfunktion für Molekülpaare, weil die intermolekulare Energie von der Summe aller Molekülpaare dominiert wird. Da es dabei nur auf die relativen Koordinaten der beiden Moleküle ankommt, gilt:

$$f(\boldsymbol{r}_1 \, \omega_1 \, \boldsymbol{r}_2 \, \omega_2) = f(\boldsymbol{r}_{12} \, \omega_1 \, \omega_2) = f(\boldsymbol{r}_{12} \, \omega_{12}) \qquad (6.3.17)$$

und

$$g(\boldsymbol{r}_1 \, \omega_1 \, \boldsymbol{r}_2 \, \omega_2) = g(\boldsymbol{r}_{12} \, \omega_1 \, \omega_2) = g(\boldsymbol{r}_{12} \, \omega_{12}) , \qquad (6.3.18)$$

wobei $\boldsymbol{r}_{12}$ der Abstandsvektor zwischen den Molekülzentren und ω_{12} die relative Orientierung des einen Moleküles gegenüber dem anderen bedeutet. Man nennt $g(\boldsymbol{r}_{12} \, \omega_1 \, \omega_2)$ die winkelabhängige Paarkorrelationsfunktion. Die entsprechende Funktion $g(r)$ heißt radiale Paarkorrelationsfunktion, in der Literatur wird sie häufig auch als radiale Verteilungsfunktion bezeichnet.

Bei mäßigen Dichten können wir die statistischen Gleichungen durch eine Dichteentwicklung exakt lösen. Für die thermische Zustandsgleichung ergibt sich die Virialgleichung, vgl. Kap. 5. Eine analoge, exakte Dichteentwicklung muß daher auch für die Paarkorrelationsfunktion existieren. Damit ist die Paarkorrelationsfunktion von Gasen bei mäßigen Dichten exakt berechenbar. Es gilt:

$$g(r; n, T) = g_0 + g_1 \, n + \ldots \qquad (6.3.19)$$

mit

$$g_0 = \lim_{n \to 0} g(r; n, T) \qquad (6.3.20)$$

und

$$g_1 = \left(\frac{\partial g}{\partial n}\right)_T \Bigg|_{n=0} . \qquad (6.3.21)$$

Hier ist g_0 die Paarkorrelationsfunktion eines mäßig dichten Gases im Gültigkeitsbereich des zweiten Virialkoeffizienten, enthält also nur die intermolekulare Energiefunktion auf Grund der Wechselwirkung isolierter Molekülpaare. Es gilt:

$$e^{-U/kT} = \prod_{N \geq i > j \geq 1} e^{-\phi_{ij}/kT} = \prod_{i > j} (1 + f_{ij})$$

$$= 1 + f_{21} + f_{31} + f_{32} + \ldots + f_{21} f_{31} + f_{21} f_{32} + \ldots$$

$$+ f_{31} f_{32} + \ldots + f_{21} f_{31} f_{32} + \ldots \qquad (6.3.22)$$

mit

$$f_{ij} = e^{-\phi_{ij}/kT} - 1 \tag{6.3.23}$$

als der Mayer-Funktion.

Für die Paarkorrelationsfunktion eines mäßig dichten Gases aus Molekülen mit kugelförmigen Wechselwirkungen im Gültigkeitsbereich des 2. Virialkoeffizienten gilt daher:

$$
\begin{aligned}
g_0(r; T) &= \lim_{n \to 0} \left\{ \frac{N(N-1)}{Z} \frac{1}{n^2} \int \ldots \int e^{-U(\mathbf{r}^N)/kT} \, d\mathbf{r}_3 \ldots d\mathbf{r}_N \right\} \\
&= \lim_{n \to 0} \left\{ \frac{N(N-1)}{Z} \frac{1}{n^2} \int \ldots \int (1 + f_{21} + f_{31} + f_{32} + \ldots \right. \\
&\quad + f_{21} f_{31} + f_{21} f_{32} + f_{31} f_{32} + \ldots + f_{21} f_{31} f_{32} \\
&\quad \left. + \ldots) \, d\mathbf{r}_3 \ldots d\mathbf{r}_N \right\} \\
&= \lim_{n \to 0} \left\{ \frac{1}{Z} V^2 (V^{N-2} + V^{N-2} f_{21} + 0(n) \right\} \\
&= 1 + f_{21} = e^{-\phi_{21}(r)/kT}, \tag{6.3.24}
\end{aligned}
$$

wobei in der Zusammenfassung der Integrale die Bedingung $N \gg 2, 1$ sowie $\lim\limits_{n \to 0} Z = V^N$ benutzt wurde.

Bei hohen Dichten kann man die Paarkorrelationsfunktion durch Computersimulation im wesentlichen exakt ermitteln. Der grundsätzliche Verlauf der radialen Paarkorrelationsfunktion ist in Bild 6.1 für verschiedene Fälle gezeigt. Bei einem Abstand in der Umgebung des Potentialminimums, in dem sich Anziehungs- und Abstoßungskräfte gerade aufheben, hält sich ein zweites Molekül statistisch bevorzugt auf, wie man an dem Verlauf der Paarkorrelationsfunktion im Bereich des zweiten Virialkoeffizienten erkennt. Bei beliebig kleinen Abständen kann sich hingegen ein zweites Molekül nicht aufhalten, da es vom ersten Molekül abgestoßen wird. Diese Effekte prägen sich mit zunehmender Dichte stärker aus, da die Kräfte dann wirksamer werden. Im festen Körper ist die Wahrscheinlichkeit, ein Molekül zwischen den Gitterschalen zu finden, verschwindend gering, und wir haben eine ausgeprägt regelmäßige, langreichweitige Ordnung. Die Struktur der Flüssigkeit liegt in ihrem Charakter zwischen dem Gas und dem festen Körper, d.h. sie weist eine Struktur bei kurzen Abständen auf, die aber mit zunehmendem Abstand abklingt. Die Bilder 6.2 und 6.3 zeigen die aus molekulardynamischen Rechnungen gefundenen Verläufe für eine Reihe verschiedener Zustände [9] eines Lennard-Jones-(12-6)-Fluids. Man kann die qualitativen Einflüsse von Dichte und Temperatur auf die Paarkorrelationsfunktion erkennen. Hohe Dichten führen zu scharf ausgeprägten ersten Peaks sowie weiteren Minima und Maxima. Mit abnehmender Dichte wird die Ortsabhängigkeit der Paarkorrelationsfunktion milder. Die Lage des ersten Peaks verschiebt sich geringfügig zu höheren Abständen. Die Temperaturabhängigkeit ist weniger stark ausgeprägt, aber doch durchaus merklich. Bei fester Dichte erhöhen sich die Maxima und Minima mit abnehmender Temperatur. Die Lage des ersten Peaks wird mit ab-

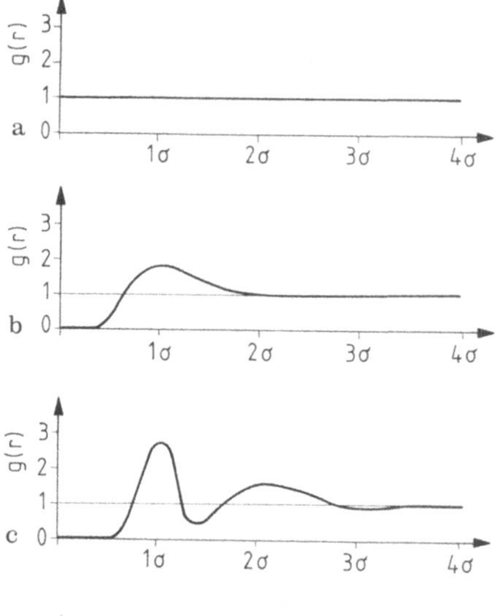

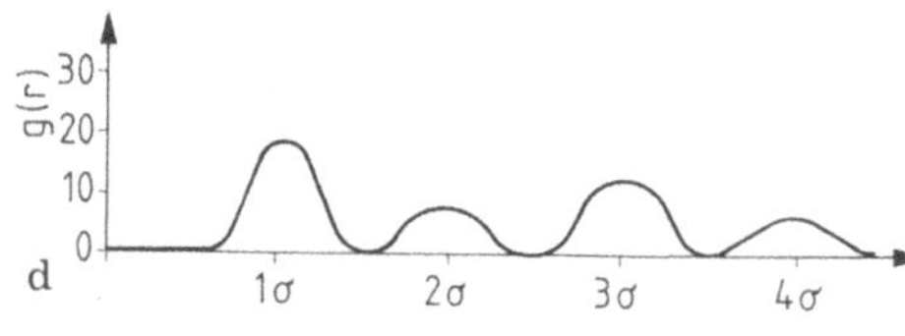

Bild 6.1. Der Verlauf der Paarkorrelationsfunktion über dem Abstand (schematisch) **a** ideales Gas, **b** verdünntes Gas (2. Virialkoeffizient), **c** Flüssigkeit, **d** Festkörper

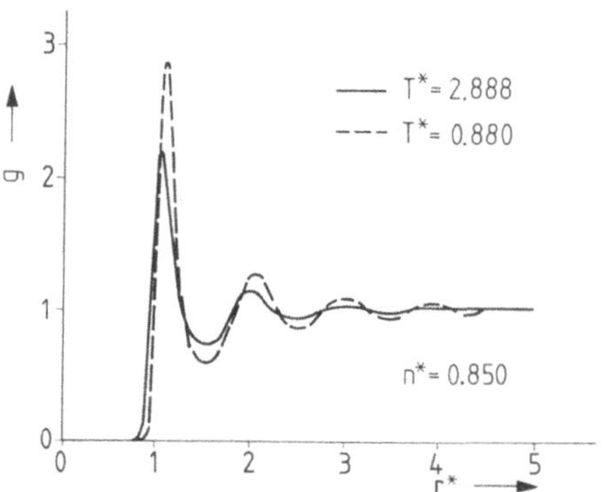

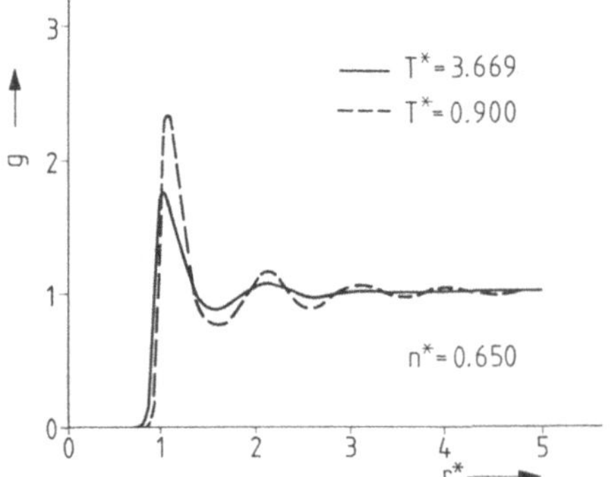

Bild 6.2. Die Temperatur- und Dichteabhängigkeit der Paarkorrelationsfunktion für das Lennard-Jones-Fluid. Computersimulationen von [9]

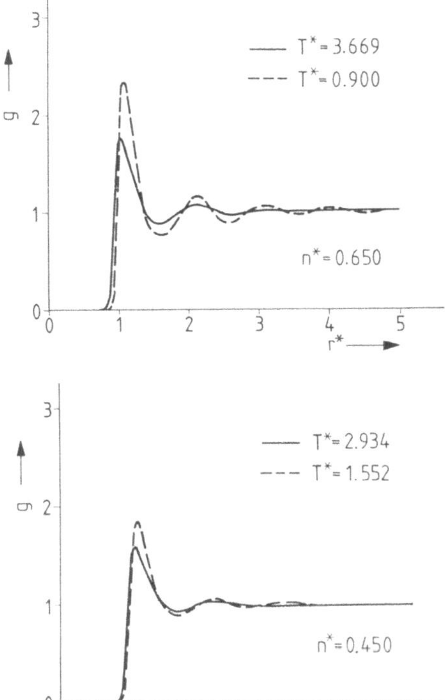

Bild 6.3. Die Temperatur- und Dichteabhängigkeit der Paarkorrelationsfunktion für das Lennard-Jones-Fluid. Computersimulationen von [9]

nehmender Temperatur geringfügig zu größeren Abständen hin verschoben. Auch diese Verläufe sind plausibel. Höhere Temperaturen führen zu einer starken Durchdringung der Moleküle und damit zu einer größeren Annäherung, mit dem Ergebnis, daß die Wahrscheinlichkeit, ein zweites Molekül im Abstand r zu finden, erst bei kleinen Abständen zu null wird. Außerdem wirken höhere Temperaturen wegen der höheren kinetischen Energie der Moleküle der Ausbildung einer Struktur entgegen.

6.3.2 Thermodynamische Funktionen aus Korrelationsfunktionen

Wir stellen die intermolekulare Wechselwirkungsenergie in Übereinstimmung mit Kap. 4 als Summe aller Zweierbeträge und zusätzlicher, nichtadditiver Dreikörperkorrekturen dar:

$$U(\boldsymbol{r}_1\,\omega_1 \ldots \boldsymbol{r}_N\,\omega_N)$$
$$= \sum_{i<j} \phi_{ij}(\boldsymbol{r}_{ij}\,\omega_i\,\omega_j) + \sum_{i<j<k} \phi_{ijk}(\boldsymbol{r}_{ij}\,\boldsymbol{r}_{ik}\,\boldsymbol{r}_{jk}\,\omega_i\,\omega_j\,\omega_k)\,. \tag{6.3.25}$$

Diese Darstellung ist auch bei dichten Fluiden, z. B. Flüssigkeiten, hinreichend genau. Bei der gleichzeitigen Wechselwirkung von mehr als drei Molekülen sind die durch das vierte, fünfte, ... Nte Molekül eingebrachten über die paarweise addierten und durch Dreikörpereffekte korrigierten Anteile hinausgehenden Beiträge zur intermolekularen Energiefunktion so gering, daß sie in der Regel unberücksichtigt bleiben dürfen. Damit brauchen wir uns nur mit der Paarkorrelationsfunktion und der Dreikörperkorrelationsfunktion zu beschäftigen.

6.3.2.1 Die innere Energie

Für die innere Energie gilt nach (2.2.70) die folgende Beziehung zur kanonischen Zustandssumme für einen reinen Stoff:

$$U = k\,T^2 \left(\frac{\partial \ln Q}{\partial T}\right)_{V,N} \tag{6.3.26}$$

mit

$$Q = \Lambda^{-3N}\, q_r^N\, q_v^N\, q_{el}^N\, q_{ir}^N\, q_{korr}^N\, \frac{1}{N!}\, Z \tag{6.3.27}$$

in der hier stets betrachteten Approximation, nach der die Molekülenergien der Translation (kinetischer Anteil), der Rotation (kinetischer Anteil), der Schwingungen, der Elektronen, der inneren Rotation und der Korrekturen voneinander und von der potentiellen Energie der Wechselwirkungskräfte unabhängig sind. Dieses Modell der starren Moleküle ist für viele kleine Moleküle realistisch.

Im folgenden interessieren wir uns nur für den Konfigurationsanteil U^c der inneren Energie. Es ist der durch intermolekulare Kräfte bestimmte Anteil. Für ihn ist daher das Konfigurationsintegral Z maßgeblich:

$$
\begin{aligned}
U^c &= k\,T^2 \left(\frac{\partial \ln Z}{\partial T}\right)_{V,N} = k\,T^2\,\frac{1}{Z}\left(\frac{\partial Z}{\partial T}\right)_{V,N} \\[2mm]
&= \frac{k\,T^2}{Z}\left(\frac{1}{\Omega}\right)^N \frac{\partial}{\partial T} \int dr^N\, d\omega^N\, e^{-U(r^N \omega^N)/kT} \\[2mm]
&= \frac{k\,T^2}{Z}\left(\frac{1}{\Omega}\right)^N \int dr^N\, d\omega^N\, \frac{1}{k\,T^2}\, U(r^N \omega^N)\, e^{-U(r^N \omega^N)/kT} \\[2mm]
&= \frac{N(N-1)}{2!}\,\frac{1}{Z}\left(\frac{1}{\Omega}\right)^N \int dr^N\, d\omega^N\, \phi_{12}\, e^{-U(r^N \omega^N)/kT} \\[2mm]
&\quad + \frac{N(N-1)(N-2)}{3!}\,\frac{1}{Z}\left(\frac{1}{\Omega}\right)^N \int dr^N\, d\omega^N\, \phi_{123}\, e^{-U(r^N \omega^N)/kT} \\[2mm]
&= \frac{1}{2}\,N(N-1)\left(\frac{1}{\Omega}\right)^2 \\[2mm]
&\quad \cdot \int \frac{\left(\dfrac{1}{\Omega}\right)^{N-2} \int dr^{N-2}\, d\omega^{N-2}\, e^{-U(r^N \omega^N)/kT}}{Z}\, \phi_{12}\, dr_1\, dr_2\, d\omega_1\, d\omega_2 \\[2mm]
&\quad + \frac{1}{6}\,N(N-1)(N-2)\left(\frac{1}{\Omega}\right)^3 \int \frac{\left(\dfrac{1}{\Omega}\right)^{N-3} \int dr^{N-3}\, d\omega^{N-3}\, e^{-U(r^N \omega^N)/kT}}{Z} \\[2mm]
&\quad \cdot \phi_{123}\, dr_1\, dr_2\, dr_3\, d\omega_1\, d\omega_2\, d\omega_3
\end{aligned}
$$

$$= \frac{1}{2}\left(\frac{1}{\Omega}\right)^2 \int f_2(r_1\,\omega_1\,r_2\,\omega_2)\,\phi_{12}\,\mathrm{d}r_1\,\mathrm{d}r_2\,\mathrm{d}\omega_1\,\mathrm{d}\omega_2$$

$$+\frac{1}{6}\left(\frac{1}{\Omega}\right)^3 \int f_3(r_1\,\omega_1\,r_2\,\omega_2\,r_3\,\omega_3)\,\phi_{123}\,\mathrm{d}r_1\,\mathrm{d}r_2\,\mathrm{d}r_3\,\mathrm{d}\omega_1\,\mathrm{d}\omega_2\,\mathrm{d}\omega_3$$

$$= \frac{1}{2}\left(\frac{1}{\Omega}\right)^2 n^2 \int g_2(r_1\,\omega_1\,r_2\,\omega_2)\,\phi_{12}\,\mathrm{d}r_1\,\mathrm{d}r_2\,\mathrm{d}\omega_1\,\mathrm{d}\omega_2$$

$$+\frac{1}{6}\left(\frac{1}{\Omega}\right)^3 n^3 \int g_3(r_1\,\omega_1\,r_2\,\omega_2\,r_3\,\omega_3)\,\phi_{123}\,\mathrm{d}r_1\,\mathrm{d}r_2\,\mathrm{d}r_3\,\mathrm{d}\omega_1\,\mathrm{d}\omega_2\,\mathrm{d}\omega_3$$

$$= 2\,\pi\,n^2\,V \int_0^\infty \langle g_2(r_{12}\,\omega_1\,\omega_2)\,\phi_{12}(r_{12}\,\omega_1\,\omega_2)\rangle_{\omega_1\omega_2}\, r_{12}^2\,\mathrm{d}r_{12}$$

$$+\frac{4}{3}\,\pi^2\,n^3\,V$$

$$\cdot \iint_0^\infty \int_{-1}^1 \langle g_3(r_{12}\,r_{13}\,r_{23}\,\omega_1\,\omega_2\,\omega_3)\,\phi_{123}(r_{12}\,r_{13}\,r_{23}\,\omega_1\,\omega_2\,\omega_3)\rangle_{\omega_1\omega_2\omega_3}$$

$$\cdot\, r_{12}^2\,r_{13}^2\,\mathrm{d}r_{12}\,\mathrm{d}r_{13}\,\mathrm{d}(\cos\alpha). \tag{6.3.28}$$

Bei der Einführung praktischer Integrationsvariablen bei der Triplettintegration wurde von Anhang 5.1 Gebrauch gemacht.

Für die gesamte innere Energie ergibt sich

$$U - U^0 = U^{\mathrm{id}} - U^0 + U^{\mathrm{c}}, \tag{6.3.29}$$

wobei U^{id} nach den Gleichungen des Kap. 3 für ideale Gase zu berechnen ist.

6.3.2.2 Der Druck

Für den Konfigurationsanteil des Druckes gilt nach (2.2.67) die folgende Beziehung zum Konfigurationsintegral für reine Stoffe:

$$p^{\mathrm{c}} = k\,T\left(\frac{\partial \ln Z}{\partial V}\right)_{\mathrm{T,N}} = k\,T\,\frac{1}{Z}\left(\frac{\partial Z}{\partial V}\right)_{\mathrm{T,N}}. \tag{6.3.30}$$

Wegen der Dichteunabhängigkeit aller anderen Beiträge zur kanonischen Zustandssumme ist dies auch die Gleichung für den Gesamtdruck.

Ohne Einschränkung der Allgemeinheit kann das Systemvolumen V als Würfel von der Kantenlänge $V^{1/3}$ angesehen werden, denn der Druck hängt nicht von der Form des Volumens ab. Dann gilt:

$$Z = \left(\frac{1}{\Omega}\right)^N \int_0^{V^{1/3}} \int_\omega e^{-\frac{U(r^N\omega^N)}{kT}}\,\mathrm{d}x_1\,\mathrm{d}y_1\,\mathrm{d}z_1\ldots \mathrm{d}x_N\,\mathrm{d}y_N\,\mathrm{d}z_N\,\mathrm{d}\omega^N. \tag{6.3.31}$$

Wegen der erforderlichen Differentiation nach dem Volumen ist es zweckmäßig, zu vom Volumen unabhängigen Koordinaten überzugehen, durch

$$x_{\mathrm{i}} = V^{1/3}\,x_{\mathrm{i}}', \qquad y_{\mathrm{i}} = V^{1/3}\,y_{\mathrm{i}}', \qquad z_{\mathrm{i}} = V^{1/3}\,z_{\mathrm{i}}'.$$

Dann lautet das Konfigurationsintegral:

$$Z = \left(\frac{1}{\Omega}\right)^{N} V^{N} \int_{0}^{1} \int_{\omega} e^{-\frac{U(r^{N}\omega^{N})}{kT}} \, dx_{1}' \, dy_{1}' \, dz_{1}' \ldots dx_{N}' \, dy_{N}' \, dz_{N}' \, d\omega^{N}. \qquad (6.3.32)$$

Für den Druck folgt damit:

$$p = \frac{kT}{Z} \left[\left(\frac{1}{\Omega}\right)^{N} N V^{N-1} \int_{0}^{1} \int_{\omega} e^{-\frac{U(r^{N}\omega^{N})}{kT}} \, dx_{1}' \, dy_{1}' \, dz_{1}' \ldots dz_{N}' \, d\omega^{N} \right.$$

$$\left. - \frac{1}{kT} \left(\frac{1}{\Omega}\right)^{N} V^{N} \int_{0}^{1} \int_{\omega} \left(\frac{\partial U(r^{N}\omega^{N})}{\partial V}\right)_{T,N} e^{-\frac{U(r^{N}\omega^{N})}{kT}} \, dx_{1}' \ldots dz_{N}' \, d\omega^{N} \right].$$
$$(6.3.33)$$

Mit (6.3.25) für die intermolekulare Wechselwirkungsenergie erhält man

$$\frac{\partial U(r^{N}\omega^{N})}{\partial V} = \frac{\partial}{\partial V} \left[\sum_{i<j} \phi_{ij}(r_{ij}\,\omega_{i}\,\omega_{j}) \right.$$

$$\left. + \sum_{i<j<k} \phi_{ijk}(r_{ij}\,r_{ik}\,r_{jk}\,\omega_{i}\,\omega_{j}\,\omega_{k}) \right]$$

$$= \frac{1}{2!} N(N-1) \frac{\partial\phi_{12}}{\partial r_{12}} \frac{\partial r_{12}}{\partial V} + \frac{1}{3!} N(N-1).$$

$$\cdot (N-2) \left[\frac{\partial\phi_{123}}{\partial r_{12}} \frac{\partial r_{12}}{\partial V} + \frac{\partial\phi_{123}}{\partial r_{13}} \frac{\partial r_{13}}{\partial V} + \frac{\partial\phi_{123}}{\partial r_{23}} \frac{\partial r_{23}}{\partial V} \right]. \qquad (6.3.34)$$

Mit

$$r_{ij} = V^{1/3} r_{ij}'$$

gilt

$$\frac{\partial r_{ij}}{\partial V} = \frac{1}{3} V^{-2/3} r_{ij}' = \frac{1}{3} V^{-2/3} \frac{r_{ij}}{V^{1/3}} = \frac{r_{ij}}{3V}.$$

Damit findet man für den Druck:

$$p = \frac{NkT}{V} - \frac{1}{2} N(N-1) \frac{1}{Z} \frac{1}{3V} \left(\frac{1}{\Omega}\right)^{N} \int r_{12} \frac{\partial\phi_{12}(r_{12}\omega_{1}\omega_{2})}{\partial r_{12}}$$

$$\cdot e^{-\frac{U(r^{N}\omega^{N})}{kT}} \, dr^{N} d\omega^{N}$$

$$- \frac{1}{6} N(N-1)(N-2) \frac{1}{Z} \frac{1}{3V} \left(\frac{1}{\Omega}\right)^{N} \left[\int r_{12} \frac{\partial\phi_{123}(r_{12}r_{13}r_{23}\omega_{1}\omega_{2}\omega_{3})}{\partial r_{12}} \right.$$

$$\cdot e^{-\frac{U(r^{N}\omega^{N})}{kT}} \, dr^{N} d\omega^{N}$$

$$+ \int r_{13} \frac{\partial\phi_{123}(r_{12}r_{13}r_{23}\omega_{1}\omega_{2}\omega_{3})}{\partial r_{13}} e^{-\frac{U(r^{N}\omega^{N})}{kT}} \, dr^{N} d\omega^{N}$$

$$+ \int r_{23} \frac{\partial \phi_{123}(r_{12}\, r_{13}\, r_{23}\, \omega_1\, \omega_2\, \omega_3)}{\partial r_{23}}\, e^{-\frac{U(r^N \omega^N)}{kT}}\, dr^N\, d\omega^N \Bigg]$$

$$= \frac{NkT}{V} - \frac{1}{6V}\, n^2\, \frac{1}{\Omega^2} \int r_{12}\, \frac{\partial \phi_{12}(r_{12}\,\omega_1\,\omega_2)}{\partial r_{12}}\, g_2(r_1\, r_2\,\omega_1\,\omega_2)\, dr_1\, dr_2\, d\omega_1\, d\omega_2$$

$$- \frac{1}{18V}\, n^3\, \frac{1}{\Omega^3} \int \left[r_{12}\, \frac{\partial \phi_{123}}{\partial r_{12}} + r_{13}\, \frac{\partial \phi_{123}}{\partial r_{13}} \right.$$

$$\left. + r_{23}\, \frac{\partial \phi_{123}}{\partial r_{23}} \right] g_3(r_1\, r_2\, r_3\,\omega_1\,\omega_2\,\omega_3)\, dr_1\, dr_2\, dr_3\, d\omega_1\, d\omega_2\, d\omega_3$$

$$= \frac{NkT}{V} - \frac{2}{3}\, \pi\, n^2 \int_0^\infty \left\langle \frac{\partial \phi_{12}}{\partial r_{12}}\, g_2 \right\rangle_{\omega_1 \omega_2} r_{12}^3\, dr_{12}$$

$$- \frac{4\pi^2}{9}\, n^3 \int_0^\infty\!\!\!\int \int_{-1}^{+1} \left\langle \left(r_{12}\, \frac{\partial \phi_{123}}{\partial r_{12}} + r_{13}\, \frac{\partial \phi_{123}}{\partial r_{13}} + r_{23}\, \frac{\partial \phi_{123}}{\partial r_{23}} \right) g_3 \right\rangle_{\omega_1 \omega_2 \omega_3}$$

$$\cdot\, r_{12}^2\, r_{13}^2\, dr_{12}\, dr_{13}\, d(\cos\alpha). \tag{6.3.35}$$

Beim Übergang auf praktische Integrationsvariablen bei der Triplettintegration wurde wieder von Anhang 5.1 Gebrauch gemacht.

Beispiel 6.4

Eine Lennard-Jones-(12-6)-Flüssigkeit (Argon) mit $\varepsilon/k = 120$ K und $\sigma = 3{,}500$ Å hat bei $T = 94{,}32$ K und $\varrho = 1{,}315$ g/cm^3 einen aus Computersimulationen bekannten Verlauf der Paarkorrelationsfunktion über den Molekülabstand, der in Tabelle B 6.4.1 angegeben ist [1].

Tabelle B 6.4.1

$r/\text{Å}$	$g(r)$	$r/\text{Å}$	$g(r)$	$r/\text{Å}$	$g(r)$
3,04500	0,00000	3,74500	2,94574	4,44500	1,19854
3,08000	0,00010	3,78000	2,97685	4,48000	1,13900
3,11500	0,00019	3,81500	2,96469	4,51500	1,07585
3,15000	0,00073	3,85000	2,93028	4,55000	1,02622
3,18500	0,00242	3,88500	2,84695	4,58500	0,98157
3,22000	0,01043	3,92000	2,75228	4,62000	0,94189
3,25500	0,02907	3,95500	2,59870	4,65500	0,90094
3,29000	0,07069	3,99000	2,49897	4,69000	0,86449
3,32500	0,15255	4,02500	2,36903	4,72500	0,82739
3,36000	0,27399	4,06000	2,24534	4,76000	0,80512
3,39500	0,46066	4,09500	2,12774	4,79500	0,77586
3,43000	0,71932	4,13000	1,98970	4,83000	0,74452
3,46500	1,03636	4,16500	1,88736	4,86500	0,72456
3,50000	1,34985	4,20000	1,79813	4,90000	0,70270
3,53500	1,68807	4,23500	1,68210	4,93500	0,68060
3,57000	2,03830	4,27000	1,56956	4,97000	0,66241
3,60500	2,30587	4,30500	1,50315	5,00500	0,65325
3,64000	2,54046	4,34000	1,41427	5,04000	0,63709
3,67500	2,75235	4,37500	1,33319	5,07500	0,62170
3,71000	2,86763	4,41000	1,25754	5,11000	0,61850

Tabelle B 6.4.1 (Fortsetzung)

$r/\text{Å}$	$g(r)$	$r/\text{Å}$	$g(r)$	$r/\text{Å}$	$g(r)$
5,14500	0,61004	7,00000	1,25269	8,85500	0,82518
5,18000	0,60064	7,03500	1,25245	8,89000	0,82848
5,21500	0,59057	7,07000	1,26271	8,92500	0,83780
5,25000	0,58918	7,10500	1,27417	8,96000	0,83749
5,28500	0,58310	7,14000	1,27959	8,99500	0,83634
5,32000	0,57953	7,17500	1,27652	9,03000	0,83924
5,35500	0,57442	7,21000	1,26918	9,06500	0,84807
5,39000	0,57787	7,24500	1,27443	9,10000	0,85108
5,42500	0,57136	7,28000	1,28727	9,13500	0,86292
5,46000	0,57326	7,31500	1,28103	9,17000	0,86578
5,49500	0,58365	7,35000	1,28583	9,20500	0,88066
5,53000	0,58743	7,38500	1,26734	9,24000	0,88389
5,56500	0,59538	7,42000	1,25406	9,27500	0,89649
5,60000	0,59242	7,45500	1,25856	9,31000	0,89925
5,63500	0,60638	7,49000	1,24114	9,34500	0,90757
5,67000	0,60790	7,52500	1,23516	9,38000	0,91772
5,70500	0,62677	7,56000	1,22497	9,41500	0,92813
5,74000	0,62607	7,59500	1,20724	9,45000	0,93524
5,77500	0,64120	7,63000	1,18882	9,48500	0,94912
5,81000	0,65172	7,66500	1,17263	9,52000	0,95894
5,84500	0,67312	7,70000	1,16099	9,55500	0,96722
5,88000	0,67937	7,73500	1,14832	9,59000	0,98040
5,91500	0,69375	7,77000	1,12833	9,62500	0,98728
5,95000	0,70704	7,80500	1,10838	9,66000	0,99759
5,98500	0,73538	7,84000	1,09056	9,69500	1,00576
6,02000	0,74811	7,87500	1,07567	9,73000	1,02204
6,05500	0,77000	7,91000	1,06555	9,76500	1,02768
6,09000	0,78220	7,94500	1,03639	9,80000	1,03437
6,12500	0,80315	7,98000	1,02817	9,83500	1,04194
6,16000	0,83191	8,01500	1,01636	9,87000	1,05310
6,19500	0,84716	8,05000	0,99887	9,90500	1,06214
6,23000	0,87014	8,08500	0,97950	9,94000	1,07007
6,26500	0,90235	8,12000	0,97831	9,97500	1,07189
6,30000	0,91278	8,15500	0,95779	10,01000	1,08187
6,33500	0,93765	8,19000	0,93936	10,04500	1,08815
6,37000	0,96404	8,22500	0,92649	10,08000	1,08696
6,40500	0,98565	8,26000	0,91457	10,11500	1,09540
6,44000	1,01287	8,29500	0,91088	10,15000	1,09361
6,47500	1,02880	8,33000	0,88695	10,18500	1,09399
6,51000	1,04419	8,36500	0,88037	10,22000	1,09759
6,54500	1,06470	8,40000	0,87064	10,25500	1,10671
6,58000	1,08711	8,43500	0,86383	10,29000	1,10444
6,61500	1,10953	8,47000	0,85839	10,32500	1,10294
6,65000	1,12221	8,50500	0,84948	10,36000	1,10573
6,68500	1,13603	8,54000	0,84710	10,39500	1,10118
6,72000	1,15557	8,57500	0,83432	10,43000	1,10609
6,75500	1,16382	8,61000	0,83491	10,46500	1,10072
6,79000	1,18034	8,64500	0,83126	10,50000	1,10530
6,82500	1,18933	8,68000	0,83146	10,53500	1,09764
6,86000	1,20934	8,71500	0,82977	10,57000	1,09884
6,89500	1,22234	8,75000	0,82206	10,60500	1,09698
6,93000	1,22652	8,78500	0,82612	10,64000	1.08975
6,96500	1.24132	8.82000	0,82736	10,67500	1,08930

Tabelle B 6.4.1 (Fortsetzung)

$r/\text{Å}$	$g(r)$	$r/\text{Å}$	$g(r)$	$r/\text{Å}$	$g(r)$
10,71000	1,08300	11,06000	1,04026	11,41000	0,99058
10,74500	1,07790	11,09500	1,03494	11,44500	0,98529
10,78000	1.08291	11,13000	1,03500	11,48000	0,98194
10,81500	1.07571	11,16500	1,02903	11,51500	0,97254
10,85000	1,07343	11,20000	1.01748	11,55000	0,96775
10,88500	1,06765	11,23500	1,01689	11,58500	0,96663
10,92000	1,05762	11,27000	1,01192	11,62000	0,95995
10,95500	1,05556	11,30500	1,00377	11,65500	0,95843
10,99000	1,05253	11,34000	0,99702	11,69000	0,95729
11,02500	1,05208	11,37500	0,99942	12,39000	1,00000

Man diskutiere die Berechnung von innerer Energie und Druck aus dem vorliegenden Verlauf der Paarkorrelationsfunktion, insbesondere unter dem Aspekt, wie sich kleine Unsicherheiten in den Potentialparametern auf die Rechenergebnisse auswirken

1. Luckas, M., Lucas, K.: unveröffentlichte Ergebnisse

Lösung

Die Integranden für die innere Energie, $F_\mathrm{u} = \Phi(r)\,g(r)\,r^2$, und für den Druck, $F_\mathrm{p} = \mathrm{d}\,\Phi/\mathrm{d}r\,g(r)\,r^3$, sind für den vorgegebenen Verlauf der Paarkorrelationsfunktion in den Bildern B 6.4.1 und B 6.4.2 aufgetragen. Zur Simulation von Unsicherheiten in den Potentialparametern wurden gestrichelt entsprechende Kurven für die Kombination $\varepsilon/k = 118$ K und $\sigma = 3{,}600$ Å beziehungsweise $\varepsilon/k = 122$ K, $\sigma = 3{,}400$ Å eingetragen, wobei der gleiche reduzierte Lennard-Jones-Zustand, d. h. $T^* = 0{,}786$ und $n^* = 0{,}85$, zugrunde gelegt wurde.

Betrachten wir zunächst die Kurvenverläufe für die Integranden F_u der inneren Energie. Charakteristisch ist hier eine kleine positive Fläche für $r < \sigma$ und eine stark dominierende Fläche

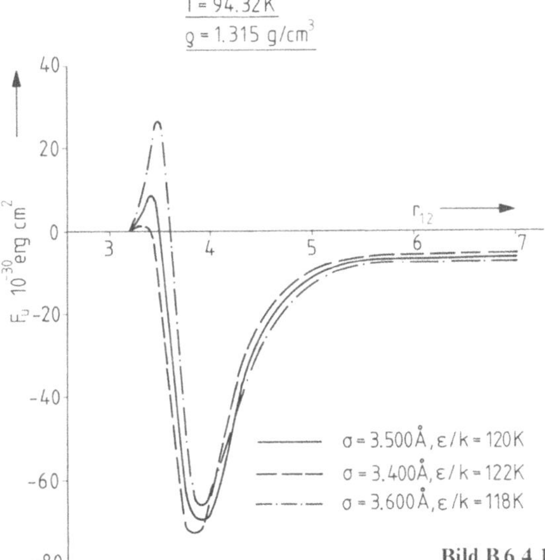

Bild B 6.4.1. Der Integrand für die innere Energie

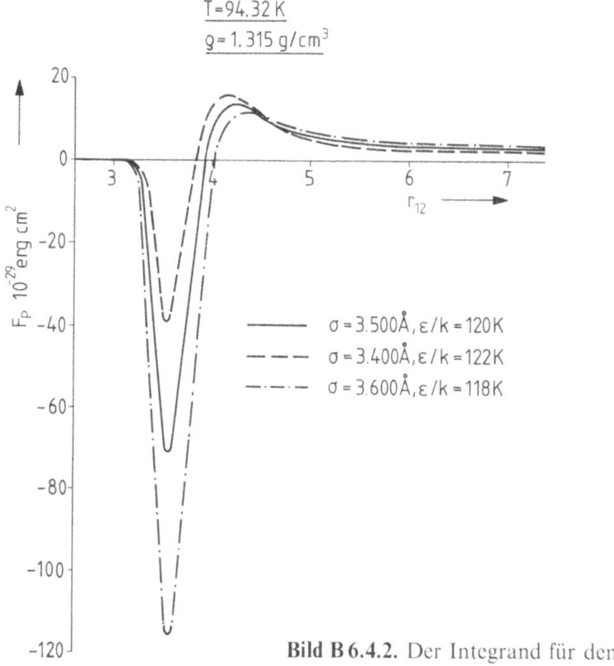

Bild B 6.4.2. Der Integrand für den Druck

für $r > \sigma$. Unsicherheiten in den Potentialparametern machen sich fast ausschließlich bei $r < \sigma$ bemerkbar, wegen der großen absoluten Werte des Paarpotentials und seiner großen Steigung in diesem Bereich. Das Maximum der Sensibilität liegt bei $r \cong \sigma$, da $g(r)$ für $r < \sigma$ rasch sehr kleine Werte annimmt. Insgesamt ist die innere Energie jedoch wegen des unbedeutenden Beitrages des sensiblen Bereiches zur Gesamtfläche recht unsensibel gegenüber solchen Unsicherheiten. Praktisch führt dies dazu, daß die innere Energie realer Systeme auch bei Unsicherheiten im Wechselwirkungspotential recht gut berechnet werden kann.

Der Verlauf des Integranden für den Druck weist demgegenüber zwei etwa gleich große positive und negative Flächen auf. Seine Berechnung ergibt sich also aus der Differenz zweier etwa gleich großer Zahlen und reagiert daher sensibel auf numerische Unsicherheiten im Integrandenverlauf. Unsicherheiten in den Potentialparametern machen sich wieder fast ausschließlich bei $r < \sigma$ bemerkbar. Ihre Wirkung ist nun aber katastrophal. Eine Berechnung des Druckes einer realen Flüssigkeit für vorgegebene Werte von Dichte und Temperatur ist daher numerisch problematisch, da Unsicherheiten im Paarpotential praktisch kaum vermeidbar sind.

Zur praktischen Ausführung der Integrationen kann ein Standardverfahren der numerischen Integration mit automatischer Schrittweitensteuerung benutzt werden. Die Schrittweite im tabellierten Verlauf von $g(r^*)$ sollte ca. 0,01 betragen.

Es ergeben sich dann die folgenden Werte der inneren Energie und des Druckes:

ε/k K	σ Å	u^c (J/mol)	$-p^c$ bar
120	3,500	− 6043	26,3
122	3,400	− 5982	1100
118	3,600	− 5749	− 1665

Man erkennt deutlich die extreme Sensibilität der Berechnung des Druckes auf Unsicherheiten im Potential.

6.3.2.3 Die Kompressibilität

Nach (2.2.89) mit (2.2.102) lautet der Ausdruck für die Wahrscheinlichkeit eines Systems von N Molekülen im Quantenzustand j des N-Molekülsystems in der großkanonischen Gesamtheit:

$$P_{Nj} = \frac{e^{N\mu/kT}\, e^{-E_{Nj}/kT}}{\Xi} \tag{6.3.36}$$

mit der großkanonischen Zustandssumme nach (2.2.105):

$$\Xi = \sum_{N=0}^{N_{gk}} Q_N\, e^{N\mu/kT} \tag{6.3.37}$$

und der kanonischen Zustandssumme des N-Molekülsystems nach (2.2.32):

$$Q_N = \sum_i e^{-E_{Ni}/kT}\,. \tag{6.3.38}$$

Die Wahrscheinlichkeit dafür, daß das System N Moleküle enthält, unabhängig von seinem Quantenzustand, ist gegeben durch

$$P_N = \sum_j P_{Nj} = \frac{e^{N\mu/kT}}{\Xi} \sum_j e^{-E_{Nj}/kT} = \frac{e^{N\mu/kT}}{\Xi}\, Q_N\,. \tag{6.3.39}$$

Die h-Teilchen-Verteilungsfunktion in einem System der großkanonischen Gesamtheit, d.h. in einem offenen System mit nicht festgelegter Teilchenzahl, hängt mit der entsprechenden Verteilungsfunktion in einem N-Teilchensystem zusammen nach

$$f_{(h)}^{gk} = \sum_{N \geq h} f_{(h)}^N\, P_N\,, \tag{6.3.40}$$

wobei $f_{(h)}^N$ die h-Teilchen-Verteilungsfunktion eines N-Teilchensystems ist. Weiß man bestimmt, daß die Teilchenzahl des Systems N ist, so ist $P_N = 1$ und nur ein Term trägt zur Summe bei, mit dem Ergebnis, daß dann in (6.3.40) die Verteilungsfunktion der großkanonischen Gesamtheit in die der kanonischen Gesamtheit übergeht.

Die explizite Gleichung für $f_{(h)}^{gk}$ lautet mit (6.3.7):

$$f_{(h)}^{gk} = \sum_{N \geq h} \left(\frac{N!}{(N-h)!}\, \frac{\left(\dfrac{1}{\Omega}\right)^{N-h}}{Z_N} \int \ldots \int e^{-\frac{U(r^N \omega^N)}{kT}}\, dr^{N-h}\, d\omega^{N-h} \right)$$

$$\cdot \frac{Q_N\, e^{N\mu/kT}}{\Xi}\,. \tag{6.3.41}$$

Wir bilden nun die Größe:

$$\left(\frac{\partial f_{(1)}^{gk}}{\partial \mu} \right)_{T,V} = \frac{1}{kT} \sum_{N \geq 1} N\, \frac{Q_N\, e^{N\mu/kT}}{\Xi}\, \frac{N!}{(N-1)!}$$

$$\cdot \frac{\left(\dfrac{1}{\Omega}\right)^{N-1}}{Z_N} \int \ldots \int e^{-\frac{U(r^N \omega^N)}{kT}}\, dr^{N-1}\, d\omega^{N-1}$$

$$
-\frac{\partial \ln \Xi}{\partial \mu} \sum_{N \geq 1} \frac{Q_N e^{N\mu/kT}}{\Xi} \frac{N!}{(N-1)!} \frac{\left(\frac{1}{\Omega}\right)^{N-1}}{Z_N} \int \ldots \int
$$

$$
\cdot e^{-\frac{U(r^N \omega^N)}{kT}} dr^{N-1} d\omega^{N-1}
$$

$$
= \frac{1}{kT} \sum_{N \geq 1} (N - 1 + 1) P_N \frac{N!}{(N-1)!} \frac{\left(\frac{1}{\Omega}\right)^{N-1}}{Z_N} \int \ldots \int
$$

$$
\cdot e^{-\frac{U(r^N \omega^N)}{kT}} dr^{N-1} d\omega^{N-1} - \frac{\partial \ln \Xi}{\partial \mu} \sum_{N \geq 1} P_N f_{(1)}^N. \tag{6.3.42}
$$

Spalten wir nun die erste Summe auf und verwenden (2.2.117), so folgt:

$$
kT \left(\frac{\partial f_{(1)}^{gk}}{\partial \mu} \right)_{T,V} = \sum_{N \geq 1} P_N f_{(1)}^N
$$

$$
+ \sum_{N \geq 1} P_N (N - 1) \frac{N!}{(N-1)!} \frac{\left(\frac{1}{\Omega}\right)^{N-1}}{Z_N} \int \ldots \int
$$

$$
\cdot e^{-\frac{U(r^N \omega^N)}{kT}} dr^{N-1} d\omega^{N-1} - N \sum_{N \geq 1} P_N f_{(1)}^N
$$

$$
= f_{(1)}^{gk} + \frac{1}{\Omega} \int f_{(2)}^{gk} dr_2 d\omega_2 - N f_{(1)}^{gk}. \tag{6.3.43}
$$

Eine Variablentransformation ergibt:

$$
\left(\frac{\partial f_{(1)}^{gk}}{\partial \mu} \right)_{V,T} = \left(\frac{\partial f_{(1)}^{gk}}{\partial n} \right)_{V,T} \left(\frac{\partial n}{\partial p} \right)_{V,T} \left(\frac{\partial p}{\partial \mu} \right)_{V,T}. \tag{6.3.44}
$$

Wegen der Gibbs-Duhem-Beziehung

$$
- s \, dT + \frac{1}{n} dp - d\mu = 0 \tag{6.3.45}
$$

gilt auch:

$$
\left(\frac{\partial f_{(1)}^{gk}}{\partial \mu} \right)_{V,T} = n \left(\frac{\partial n}{\partial p} \right)_{V,T} \left(\frac{\partial f_{(1)}^{gk}}{\partial n} \right)_{V,T}. \tag{6.3.46}
$$

Mit (6.3.15) ergibt sich $f_{(1)}^{gk}$ als mittlere Teilchendichte eines Systems der groß-kanonischen Gesamtheit. Für ein System mit fester Molekülzahl N gilt daher:

$$
kT \left(\frac{\partial n}{\partial p} \right)_T = 1 + \left(\frac{1}{\Omega} \right) n \int_0^\infty [g(r_1 \omega_1 r_2 \omega_2) - 1] dr_2 d\omega_2. \tag{6.3.47}
$$

Dies ist die Kompressibilitätsgleichung. Sie verknüpft das thermische Zustands-verhalten mit der Paarkorrelationsfunktion, ohne allerdings von der Annahme paarweiser Additivität Gebrauch zu machen, denn die intermolekulare Energiefunktion tritt gar nicht explizit auf. Die Kompressibilitätsgleichung ist in diesem Sinne fundamentaler als die Druckgleichung (6.3.35). Etwaige Dreikörperkräfte werden durch ihre Auswirkungen auf die Paarkorrelationsfunktion erfaßt. Exakte Paarkorrelationsfunktionen führen nach (6.3.35) und (6.3.47) in Systemen mit paarweiser Additivität zu identischen thermischen Zustandsgleichungen. Der Vergleich beider Beziehungen für den Druck ist daher ein wichtiges Konsistenz- und Gütekriterium für jede Theorie der Paarkorrelationsfunktion.

6.3.2.4 Freie Energie, freie Enthalpie und Entropie

Für die residuelle freie Energie gilt, vgl. (1.2.6):

$$A^{\text{res}}(N, V, T) = A(N, V, T) - A^{\text{id}}(N, V, T)$$

$$= -\int_{\infty}^{V} \left[p - \frac{NRT}{V} \right] dV. \tag{6.3.48}$$

Für die residuelle freie Enthalpie und die residuelle Entropie gelten, vgl. (1.1.2) sowie (1.1.4):

$$G^{\text{res}} = A^{\text{res}} + (pV)^{\text{res}} = A^{\text{res}} + pV - NRT \tag{6.3.49}$$

$$S^{\text{res}} = \frac{1}{T}(U^{\text{res}} - A^{\text{res}}). \tag{6.3.50}$$

Damit können sämtliche thermodynamische Funktionen aus Integralen über Korrelationsfunktionen berechnet werden. Die Dreikörperkorrelationsfunktion g_3 ist nur erforderlich, wenn Dreikörperkräfte berücksichtigt werden. Ihr Einfluß auf die innere Energie ist gering, vgl. Tabelle 6.1. Der Druck in Flüssigkeiten wird hingegen sehr stark von Dreikörperkräften beeinflußt. Allerdings kann man die explizite Kenntnis der Triplettkorrelationsfunktion auch hier umgehen, wenn man die Kompressibilität benutzt. Insgesamt kann man sagen, daß die thermodynamischen Eigenschaften im wesentlichen durch die Paarkorrelationsfunktion bestimmt werden. Die Paarkorrelationsfunktion kann experimentell und theoretisch ermittelt werden. Es zeigt sich jedoch, daß die dabei erzielbare Genauigkeit allenfalls für die Berechnung der inneren Energie akzeptabel ist. Die Berechnung des Druckes aus der Paarkorrelationsfunktion ist sehr sensibel in bezug auf kleine Variationen in $g(r)$, da sie sich als kleine Differenz großer positiver und negativer Beiträge ergibt, vgl. Beispiel 6.4. Gleichung (6.3.35) und (6.3.47) haben daher unmittelbar nur eine geringe praktische Bedeutung, mit Ausnahme für den Sonderfall des Hartkugelfluids. Trotz ihrer aus numerischen Gründen eingeschränkten Bedeutung zur direkten Berechnung der thermodynamischen Funktionen für ein gegebenes Wechselwirkungsmodell sind die Korrelationsfunktionen unentbehrlich für die Entwicklung der molekularen Theorie dichter Fluide. Sie werden insbesondere bei der heute erfolgreichsten Theorie für kleine Moleküle, der Störungstheorie, benötigt. Sie sind im übrigen ein wichtiges Kriterium zur Überprüfung einer Theorie, wobei insbesondere theoretischen Berechnungen den Ergebnissen von Computersimulationen gegenübergestellt werden.

6.4 Das Hartkörperfluid

Das Hartkugelpotential, vgl. (4.5.1) und (4.5.2), ist eine besonders einfache Approximation der intermolekularen Paarwechselwirkung in einem Fluid. Im Abschnitt über reale Gase, Kap. 5, haben wir gesehen, daß es zwar aufgrund seiner Einfachheit analytische Lösungen in geschlossener Form für die Virialkoeffizienten liefert, daß diese Ergebnisse jedoch praktisch unrealistisch sind, da sie temperaturunabhängige Werte der Virialkoeffizienten vorhersagen. In Flüssigkeiten bleibt der Vorteil des Hartkugelpotentials, eine besonders einfache, in bestimmten Approximationen sogar analytische Lösung der statistischen Gleichungen zu ermöglichen, erhalten. Es kommt jedoch hinzu, daß das dichte Hartkugelfluid im Grenzfall hoher Temperaturen und hoher Dichten einem realen Fluid aus kugelförmigen Molekülen sehr ähnlich wird. Damit erhalten die strukturellen und thermodynamischen Eigenschaften des Hartkugelfluids eine große praktische Bedeutung als Ausgangspunkt für Störungsrechnungen bei kugelförmigen Molekülen.

Für nichtkugelförmige, harte Moleküle, insbesondere konvexe Körper, lassen sich denen des Hartkugelfluids analoge Beziehungen angeben. Sie sind geeignet als Basis für die Beschreibung nichtkugelförmiger Moleküle, insbesondere wieder durch Störungsrechnungen. Die Gleichungen für harte konvexe Körper können insbesondere auch auf aus harten Kugeln zusammengesetzte Körper umgerechnet werden, durch die sich die Form zahlreicher starrer Moleküle recht realistisch nachbilden läßt.

6.4.1 Strukturelle und thermodynamische Eigenschaften des Hartkugelfluids

Zur theoretischen Berechnung von Paarkorrelationsfunktionen für ein vorgegebenes Wechselwirkungsmodell sind Integralgleichungen entwickelt worden. Im allgemeinen liefern diese Integralgleichungen Paarkorrelationsfunktionen, die für praktische Anwendungen zu ungenau sind. Im Sonderfall harter Kugeln jedoch hat eine dieser Integralgleichungen, die Percus-Yevick-Gleichung, zu praktisch verwertbaren Ergebnissen geführt.

Zur Einführung der Percus-Yevick-Gleichung wird zunächst die totale Paarkorrelationsfunktion $h(r)$ eingeführt, nach

$$h(r_{12}) = g(r_{12}) - 1 . \tag{6.4.1}$$

Die totale Paarkorrelationsfunktion $h(r)$ unterscheidet sich von der Paarkorrelationsfunktion $g(r)$ dadurch, daß sie für $r \to \infty$ zu null wird, entsprechend der Tatsache, daß dann keine Korrelation zwischen den Molekülen 1 und 2 mehr besteht.

Weiterhin wird die direkte Paarkorrelationsfunktion $c(r)$ definiert, durch

$$h(r_{12}) = c(r_{12}) + n \int h(r_{23}) c(r_{13}) \, \mathrm{d}r_3 . \tag{6.4.2}$$

Dies ist die Ornstein-Zernicke-Beziehung [10]. Sie bringt zum Ausdruck, daß die totale Korrelation zwischen den Molekülen 1 und 2 zunächst auf einem direkten Effekt beruht, der kurzreichweitig, d. h. etwa von der gleichen Reichweite wie das Paarpotential ist. Er wird durch die direkte Paarkorrelationsfunktion $c(r_{12})$ erfaßt. Darüber hinaus gibt es jedoch noch einen indirekten Effekt, in dem das Molekül 1 irgendein drittes Molekül 3 beeinflußt, das dann wiederum auf Molekül 2 einwirkt. Ersetzt man $h(r_{23})$ in (6.4.2) durch die Ornstein-Zernicke-Beziehung, so erkennt man eine Dichteentwicklung, in deren zunehmenden Gliedern immer neue Moleküle 4, 5,... einen indirekten Einfluß auf die Korrelation zwischen den Molekülen 1 und 2 ausüben.

Der entscheidende Vorteil von $c(r)$ gegenüber $g(r)$ besteht in seiner kurzen Reichweite, die im wesentlichen mit der des Paarpotentials übereinstimmt. Dies ist experimentell belegt, vgl. Bild 6.4. Hier stammen die totale Korrelationsfunktion h und die direkte Korrelationsfunktion c aus Röntgenstreuungsmessungen an fluidem Argon von $T = 148$ K und $v = 40{,}7$ cm^3/mol. Zum Vergleich wurde auch ein diesem System angepaßtes Lennard-Jones-Paarpotential mit eingetragen [11]. Ein damit konsistenter Ansatz für die direkte Paarkorrelationsfunktion stammt von Percus und Yevick und lautet [12]:

$$c^{PY}(r) = g(r)(1 - e^{\phi/kT}). \tag{6.4.3}$$

Eingesetzt in die Ornstein-Zernicke-Gleichung erhält man daraus die Percus-Yevick-Gleichung zu

$$g^{PY}(r_{12}) e^{\phi(r_{12})/kT} = 1 + n \int [g^{PY}(r_{23}) - 1] g^{PY}(r_{13})$$
$$\cdot (1 - e^{\phi(r_{13})/kT}) dr_3 . \tag{6.4.4}$$

Speziell für harte Kugeln vom Durchmesser d gilt

$$g_d(r) = 0 \quad \text{für} \quad r \leqq d_- \tag{6.4.5}$$

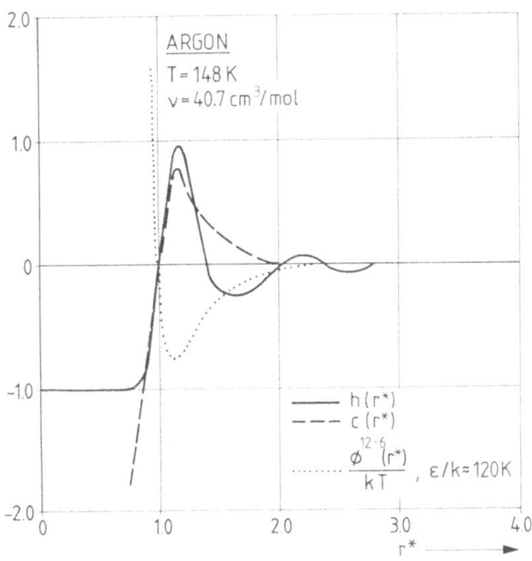

Bild 6.4. Totale und direkte Paarkorrelationsfunktion in fluidem Argon [11]

und die Paarkorrelationsfunktion verläuft diskontinuierlich bei $r = d$. Hingegen hat die Funktion

$$y_d(r) = e^{\phi_d(r)/kT}\, g_d(r) \tag{6.4.6}$$

die Eigenschaft, sowohl für $r < d$ als auch für $r > d$ von null verschieden zu sein und bei $r = d_\pm$ kontinuierlich zu verlaufen. Für harte Kugeln lautet daher die PY-Approximation (6.4.3) für die direkte Paarkorrelationsfunktion:

$$c_d^{PY}(r) = -\, y_d^{PY}(r) \quad \text{für } r \le d_- , \tag{6.4.7}$$

$$c_d^{PY}(r) = 0 \qquad\qquad \text{für } r \ge d_+ . \tag{6.4.8}$$

Aus (6.4.8) folgt, daß für harte Kugeln in der Percus-Yevick-Gleichung nur für $r_{13} < d$ von null verschiedene Beiträge herauskommen. Einsetzen von (6.4.5) und (6.4.6) in (6.4.4) liefert die Percus-Yevick-Gleichung für harte Kugeln:

$$y_d^{PY}(r) = 1 + n \int\limits_{r_{13}<d} y_d^{PY}(r_{13})\, \mathrm{d}\boldsymbol{r}_3 - n \int\limits_{\substack{r_{13}<d \\ r_{23}>d}} y_d^{PY}(r_{13})\, y_d^{PY}(r_{23})\, \mathrm{d}\boldsymbol{r}_3 . \tag{6.4.9}$$

Diese Gleichung läßt sich analytisch lösen [13, 14] zu:

$$c_d^{PY}(r^*) = -\, \lambda_1 - 6\,\eta\,\lambda_2\, r^* - \tfrac{1}{2}\,\eta\,\lambda_1\, r^{*3} \quad r^* = \frac{r}{d} \le 1_- , \tag{6.4.10}$$

$$c_d^{PY}(r^*) = 0 \qquad\qquad\qquad\qquad r^* \ge 1_+ , \tag{6.4.11}$$

mit

$$\lambda_1 = \frac{(1 + 2\,\eta)^2}{(1 - \eta)^4} \tag{6.4.12}$$

und

$$\lambda_2 = \frac{-\,(1 + \tfrac{1}{2}\eta)^2}{(1 - \eta)^4} . \tag{6.4.13}$$

Hierbei gilt

$$\eta = \tfrac{1}{6}\,\pi\, n\, d^3 . \tag{6.4.14}$$

Der Suffix PY soll hierbei auf die Percus-Yevick-Approximation hinweisen und daran erinnern, daß dies kein exaktes Ergebnis für harte Kugeln darstellt. Die Paarkorrelationsfunktion $g_d^{PY}(r^*)$ läßt sich auf numerische Weise aus der analytischen Lösung für die direkte Korrelationsfunktion ermitteln. Tabellierungen liegen vor [15, 16]. Eine bequeme numerische Berechnungsmethode für die Paarkorrelationsfunktion des Hartkugelfluids in der Percus-Yevick-Approximation stammt von Perram [17].

Die Percus-Yevick-Approximation (6.4.3) läßt sich aus einer Dichteentwicklung der Paarkorrelationsfunktion motivieren. Man erkennt dabei, daß sie insbesondere für harte Kugeln günstig sein wird. Dies wird durch den Vergleich ihrer Ergebnisse mit Computersimulationen im wesentlichen bestätigt. Auch für sanft abstoßende Potentiale sind gute Ergebnisse durch numerische Lösung der

Percus-Yevick-Gleichung (6.4.4) erzielt worden [18]. Allerdings geht dabei die attraktive Einfachheit der Lösung für harte Kugeln verloren.

Beispiel 6.5

Das numerische Verfahren von Perram [1] zur Berechnung der Paarkorrelationsfunktion eines Systems reiner harter Kugeln in der PY-Approximation reduziert sich auf die Auswertung der Formel:

$$[r^* h_\mathrm{d}(r^*)]_{n+k} = \frac{12\,\eta\,\Delta r^* \sum_{j=1}^{n-1} q_j [r^* h_\mathrm{d}(r^*)]_{n+k-j}}{1 - 6\,\eta\,\Delta r^*\,q_0}$$

mit

$$r^* = r/d$$

$$h_\mathrm{d}(r^*) = g_\mathrm{d}(r^*) - 1$$

$$q_i = q(i\,\Delta r^*) = \frac{1}{2}\frac{1 + 2\eta}{(1 - \eta)^2}((i\,\Delta r^*)^2 - 1) - \frac{1{,}5\,\eta}{(1 - \eta)^2}(i\,\Delta r^* - 1)$$

$$\eta = \tfrac{1}{6}\pi n^*$$

und

$$[r^* h_\mathrm{d}(r^*)]_n = (-1 + 4{,}5\,\eta - 2\eta^2)/\{2(1 - \eta)^2\}$$

unter dem Summenzeichen.

Die Rechnung startet bei dem bekannten Wert der Paarkorrelationsfunktion bei Kontakt, d. h., vgl. (6.4.16):

$$g_\mathrm{d}^{\mathrm{PY}} = \frac{1 + \tfrac{1}{2}\eta}{(1 - \eta)^2}.$$

Bei einer Schrittweite von $\Delta r^* = 0{,}01$ liegt dieser Kontaktwert bei $n \cdot 0{,}01 = 1$ vor, d. h. $n = 100$. An einem beliebigen Ort $n + v$ gilt $r^* = 1{,}00 + v \cdot \Delta r^*$, und die totale Korrelationsfunktion kann aus ihren zuvor berechneten Werten bei kleinen Abständen berechnet werden, wobei $h_\mathrm{d}(r^*) = -1$ für $r^* < 1$ zu beachten ist.

Man berechne $g_\mathrm{d}^{\mathrm{PY}}(r^*)$ für $n^* = 0{,}9$.

1. Perram, J. W.: Mol. Phys. 30 (1975) 1505

Lösung

Für $n^* = 0{,}9$ gilt $\eta = 0{,}471238898$ und die Formel zur Auswertung von q_i lautet:

$$q_i = 3{,}473818067\,[(i \cdot 0{,}01)^2 - 1] - 2{,}528211444\,(i \cdot 0{,}01 - 1).$$

Für die totale Paarkorrelationsfunktion bei $r^* = 0{,}01\,(n + k)$ gilt:

$$[r^* h_\mathrm{d}(r^*)]_{n+k} = 0{,}0550761305 \sum_{j=1}^{n-1} q_j [r^* h_\mathrm{d}(r^*)]_{n+k-j},$$

wobei unter dem Summenzeichen gilt:

$$[r^* h_\mathrm{d}(r^*)]_n = \frac{(-1 + 4{,}5\,\eta - 2\eta^2)}{2(1 - \eta)^2} = 1{,}209712345.$$

Insbesondere gilt also an der Stelle $r^* = 1{,}01$, d. h. mit $n = 100$ und $k = 1$:

$$101 \cdot 0{,}01 \cdot h(1{,}01) = 0{,}0550761305\,[1{,}209712345 \cdot q_1 + \sum_{j=2}^{n-1} q_j (101 - j) \cdot 0{,}01].$$

Die Auswertung dieser einfachen Gleichung kann grundsätzlich auf einem programmierbaren Taschenrechner erfolgen. Man erhält als Ergebnis Tabelle B 6.5.1.

Tabelle B 6.5.1

r^*	g_d^{PY}	r^*	g_d^{PY}
1,0000	4,4194	1,5100	0,5824
1,0100	4,2117	1,5200	0,5868
1,0200	4,0109	1,5300	0,5923
1,0300	3,8171	1,5400	0,5987
1,0400	3,6301	1,5500	0,6061
1,0500	3,4501	1,5600	0,6144
1,0600	3,2769	1,5700	0,6235
1,0700	3,1105	1,5800	0,6333
1,0800	2,9509	1,5900	0,6439
1,0900	2,7980	1,6000	0,6550
1,1000	2,6516	1,6100	0,6668
1,1100	2,5117	1,6200	0,6792
1,1200	2,3782	1,6300	0,6920
1,1300	2,2509	1,6400	0,7053
1,1400	2,1297	1,6500	0,7191
1,1500	2,0145	1,6600	0,7332
1,1600	1,9051	1,6700	0,7478
1,1700	1,8014	1,6800	0,7626
1,1800	1,7033	1,6900	0,7777
1,1900	1,6150	1,7000	0,7931
1,2000	1,5229	1,7100	0,8088
1,2100	1,4404	1,7200	0,8246
1,2200	1,3628	1,7300	0,8407
1,2300	1,2899	1,7400	0,8570
1,2400	1,2216	1,7500	0,8534
1,2500	1,1578	1,7600	0,8899
1,2600	1,0982	1,7700	0,9066
1,2700	1,0428	1,7800	0,9234
1,2800	0,9912	1,7900	0,9403
1,2900	0,9435	1,8000	0,9572
1,3000	0,8995	1,8100	0,9743
1,3100	0,8589	1,8200	0,9914
1,3200	0,8218	1,8300	1,0086
1,3300	0,7878	1,8400	1,0258
1,3400	0,7569	1,8500	1,0431
1,3500	0,7289	1,8600	1,0604
1,3600	0,7038	1,8700	1,0777
1,3700	0,6813	1,8800	1,0951
1,3800	0,6613	1,8900	1,1125
1,3900	0,6438	1,9000	1,1300
1,4000	0,6286	1,9100	1,1475
1,4100	0,6155	1,9200	1,1650
1,4200	0,6046	1,9300	1,1825
1,4300	0,5956	1,9400	1,2001
1,4400	0,5884	1,9500	1,2176
1,4500	0,5831	1,9600	1,2353
1,4600	0,5793	1,9700	1,2529
1,4700	0,5772	1,9800	1,2706
1,4800	0,5765	1,9900	1,2883
1,4900	0,5772	2,0000	1,3061
1,5000	0,5792		

Für $r^* = 1$ gilt wegen des kontinuierlichen Verlaufes von $y(r^*)$ bei $r^* = 1$

$$g_{\mathrm{d}}(1) = \lim_{r^* \to 1 \pm} y(r^*) = - \lim_{r^* \to 1 -} c(r^*). \tag{6.4.15}$$

Man erhält also aus der Wertheim-Thiele-Lösung für die direkte Paarkorrelationsfunktion in der Percus-Yevick-Approximation die Paarkorrelationsfunktion bei Kontakt zu:

$$g_{\mathrm{d}}^{\mathrm{PY}}(1) = \lambda_1 + 6\eta\,\lambda_2 + \frac{1}{2}\eta\,\lambda_1 = \frac{1 + \frac{1}{2}\eta}{(1 - \eta)^2}. \tag{6.4.16}$$

Die thermodynamischen Eigenschaften des Hartkugelfluids können aus der Paarkorrelationsfunktion bei Kontakt berechnet werden, ihre Abstandsabhängigkeit ist also in diesem Zusammenhang ohne Bedeutung. So gilt z. B. allgemein für den Druck, (6.3.35), mit $r^* = r/d$

$$\left(\frac{p}{n\,k\,T}\right) = 1 - \frac{2}{3}\,\pi\,n\,d^3 \int_0^\infty \frac{\mathrm{d}\,\phi(r^*)/kT}{\mathrm{d}r^*}\, g(r^*)\,r^{*\,3}\,\mathrm{d}r$$

$$= 1 + \frac{2}{3}\,\pi\,n\,d^3 \int_0^\infty y(r^*)\,\frac{\mathrm{d}}{\mathrm{d}r^*}\,\mathrm{e}^{-\frac{\phi(r^*)}{kT}}\,r^{*\,3}\,\mathrm{d}r^*. \tag{6.4.17}$$

Für das Hartkugelpotential gilt:

$$\exp(-\phi_{\mathrm{d}}(r^*)/kT) = \begin{cases} 0 & r^* < 1 \\ 1 & r^* > 1 \end{cases} \tag{6.4.18}$$

und auch

$$\frac{\mathrm{d}\,\phi_{\mathrm{d}}(r^*)}{\mathrm{d}r^*} = \begin{cases} -\infty & r^* = 1 \\ 0 & r^* \neq 1 \end{cases} \tag{6.4.19}$$

Die Ableitung $-\mathrm{d}\,\phi_{\mathrm{d}}(r^*)/\mathrm{d}r^*$ hat daher die Eigenschaft der Diracschen δ-Funktion:

$$\frac{-\mathrm{d}\,\phi_{\mathrm{d}}(r^*)}{\mathrm{d}r^*} = \delta(r^* - 1) \begin{cases} \infty & r^* = 1 \\ 0 & r^* \neq 1 \end{cases} \tag{6.4.20}$$

Damit kann man schreiben

$$\frac{\mathrm{d}}{\mathrm{d}r^*}\left[\mathrm{e}^{-\phi_{\mathrm{d}}(r^*)/kT}\right] = -\frac{1}{k\,T}\,\frac{\mathrm{d}\,\phi_{\mathrm{d}}(r^*)}{\mathrm{d}r^*}\,\mathrm{e}^{-\phi_{\mathrm{d}}(r^*)/kT} = \delta(r^* - 1) \tag{6.4.21}$$

und es gilt für den Druck:

$$\left(\frac{p}{n\,k\,T}\right)_{\mathrm{d}} = 1 + \frac{2}{3}\,\pi\,n\,d^3 \int_0^\infty y_{\mathrm{d}}(r^*)\,\delta(r^* - 1)\,r^{*\,3}\,\mathrm{d}r^*$$

$$= 1 + 4\,\eta\,g_{\mathrm{d}}(1), \tag{6.4.22}$$

wobei von der Eigenschaft der δ-Funktion

$$\int f(x)\,\delta(x - a)\,\mathrm{d}x = f(a) \int \delta(x - a) = f(a) \tag{6.4.23}$$

Gebrauch gemacht wurde.

Für die thermische Zustandsgleichung des Hartkugelfluids findet man also auf diesem Wege

$$\left(\frac{p}{n\,k\,T}\right)_{\mathrm{d}}^{\mathrm{PY,p}} = \frac{1 + 2\,\eta + 3\,\eta^2}{(1 - \eta)^2}.$$ (6.4.24)

Aus der Kompressibilitätsgleichung (6.3.47), findet man eine andere Beziehung für die thermische Zustandsgleichung. Sie läßt sich schreiben als

$$\frac{1}{k\,T}\left(\frac{\partial p}{\partial n}\right)_{\mathrm{T}} = \frac{1}{1 + 4\,\pi\,n \int h(r)\,r^2\,\mathrm{d}r}.$$ (6.4.25)

Das Integral über die totale Paarkorrelationsfunktion läßt sich mit Hilfe der Ornstein-Zernicke-Beziehung (6.4.2), nach Eliminierung von $\mathrm{d}r_3$ durch Einführung bipolarer Koordinaten schreiben als, vgl. Anhang 5.1:

$$\int h(r_{12})\,r_{12}^2\,\mathrm{d}r_{12} = \int c(r_{12})\,r_{12}^2\,\mathrm{d}r_{12} + n \iint h(r_{23})\,c(r_{13})\,r_{12}^2\,\mathrm{d}r_{12}\,\mathrm{d}r_3$$

$$= \int c(r_{12})\,r_{12}^2\,\mathrm{d}r_{12} - 2\,\pi\,n \int\limits_{r_{12}}\int\limits_{r_{13}}\int\limits_{1}^{-1} h(r_{23})\,c(r_{13})$$

$$\cdot r_{12}^2\,\mathrm{d}r_{12}\,r_{13}^2\,\mathrm{d}r_{13}\,\mathrm{d}(\cos\alpha)$$

$$= \int c(r_{12})\,r_{12}^2\,\mathrm{d}r_{12} + 2\,\pi\,n \iint\limits \int\limits_{-1}^{1} h(r_{23})\,r_{23}^2\,c(r_{13})\,r_{13}^2$$

$$\cdot \mathrm{d}r_{23}\,\mathrm{d}r_{13}\,\mathrm{d}(\cos\alpha)$$

$$= \int c(r_{12})\,r_{12}^2\,\mathrm{d}r_{12} + 4\,\pi\,n \int h(r_{23})\,r_{23}^2\,\mathrm{d}r_{23} \int c(r_{13})\,r_{13}^2\,\mathrm{d}r_{13}.$$ (6.4.26)

Damit gilt:

$$1 + 4\,\pi\,n \int h(r)\,r^2\,\mathrm{d}r = \frac{1}{1 - 4\,\pi\,n \int c(r)\,r^2\,\mathrm{d}r},$$ (6.4.27)

und die Kompressibilität läßt sich schreiben als

$$\frac{1}{k\,T}\left(\frac{\partial p}{\partial n}\right)_{\mathrm{T}} = 1 - 4\,\pi\,n \int c(r)\,r^2\,\mathrm{d}r.$$ (6.4.28)

Einsetzen der Wertheim-Thiele-Lösung von $c(r)$, (6.4.10) bis (6.4.13), ergibt:

$$\frac{1}{k\,T}\left(\frac{\partial p}{\partial n}\right)_{\mathrm{T}}^{\mathrm{PY}} = \frac{(1 + 2\,\eta)^2}{(1 - \eta)^4},$$ (6.4.29)

woraus durch Integration folgt:

$$\frac{p^{\mathrm{PY,c}}}{k\,T} = \int\limits_0^n \frac{(1 + 2\,\eta)^2}{(1 - \eta)^4}\,\mathrm{d}n = \frac{6}{\pi\,d^3} \int\limits_0^\eta \frac{(1 + 2\,\eta)^2}{(1 - \eta)^4}\,\mathrm{d}\eta = \frac{n}{\eta}\,\frac{\eta + \eta^2 + \eta^3}{(1 - \eta)^3}$$

oder

$$\frac{p^{\mathrm{PY,c}}}{n\,k\,T} = \frac{1 + \eta + \eta^2}{(1 - \eta)^3}.$$ (6.4.30)

Man erkennt, daß sich diese thermische Zustandsgleichung von (6.4.24) unterscheidet, was auf eine Schwäche der Percus-Yevick-Theorie zurückzuführen ist.

Für die innere Energie des Hartkugelfluids gilt wegen

$$\left[\left(\frac{\partial Z}{\partial T}\right)_{N,V}\right]_d = \frac{1}{kT^2} \int \ldots \int U_d(r^N) \exp\left(-\frac{U_d(r^N)}{kT}\right) dr^N$$

$$U_d^c = 0, \tag{6.4.31}$$

wenn $U_d(r^N)$ nur die Werte 0 und ∞ annehmen kann, da $\exp(-U_d/kT)$ schneller nach 0 geht als U_d nach ∞.

Bild 6.5 zeigt die Übereinstimmung der beiden thermischen Zustandsgleichungen für das Hartkugelfluid in der PY-Approximation im Vergleich zu Computersimulationen [19]. Bild 6.6 zeigt einen entsprechenden Vergleich für die Paarkorrelationsfunktion. Die Paarkorrelationsfunktion ähnelt bei großen Abständen dem Verlauf für ein Lennard-Jones-Fluid, vgl. Bilder 6.2 und 6.3, unterscheidet sich jedoch davon in der Nähe des ersten Peaks. Die grundsätzliche Analogie läßt jedoch darauf schließen, daß die Struktur einer einatomigen Flüssigkeit im wesentlichen durch die Abstoßungskräfte zwischen den Molekülen bestimmt wird. Man erkennt darüber hinaus eine grundsätzlich vernünftige Übereinstimmung zwischen Theorie und Computersimulation. Allerdings ist die Genauigkeit in beiden Eigenschaften für praktische Rechnungen nicht ausreichend. Es zeigt sich jedoch, daß durch empirische Modifikationen der PY-Lösungen Gleichungen von hinreichender Genauigkeit aufgestellt werden können.

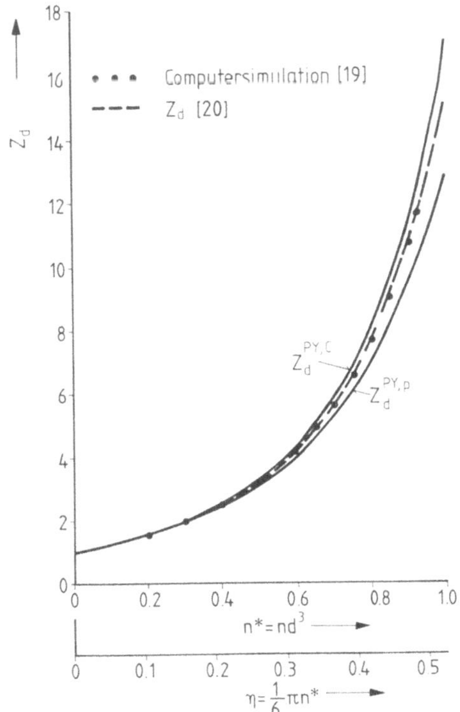

Bild 6.5. Die thermische Zustandsgleichung harter Kugeln

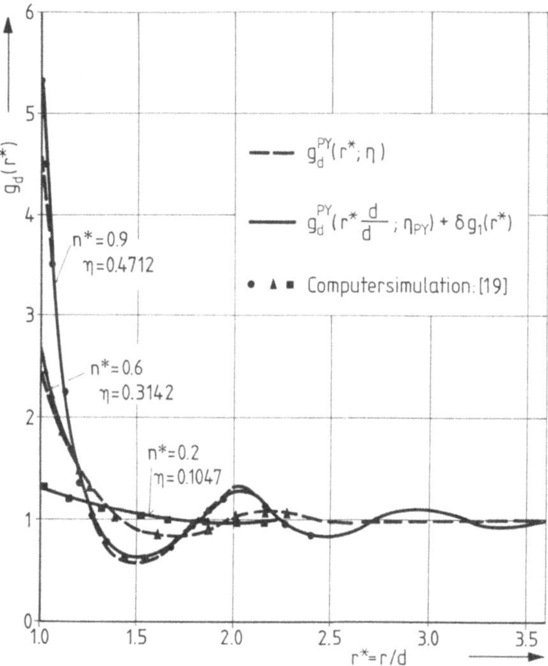

Bild 6.6. Die Paar-Korrelations-funktion harter Kugeln

So wurde eine akkurate Beziehung für den Realfaktor eines reinen Hartkugel-fluids von Carnahan und Starling [20] angegeben:

$$Z_d(\eta) = \frac{1 + \eta + \eta^2 - \eta^3}{(1 - \eta)^3}.$$
(6.4.32)

Diese Gleichung ergibt sich, wenn man (6.4.24) mit dem Faktor 1/3 und (6.4.30) mit dem Faktor 2/3 multipliziert und die Ergebnisse addiert. Sie ist in diesem Sinne als empirische Modifikation der PY-Theorie zu bewerten, wenngleich ihre ursprüngliche Ableitung auf den Virialkoeffizienten harter Kugeln in Verbindung mit einer geeigneten Resummierung der Reihenentwicklung basierte [20]. Sie stimmt mit den Computersimulationen für harte Kugeln innerhalb deren Genauigkeit überein, vgl. Bild 6.5.

Für die residuelle freie Energie des Hartkugelfluides leitet man ab:

$$\left(\frac{A^{res}}{NkT}\right)_d = -\int_\infty^V \left[\left(\frac{pV}{NkT}\right)_d - 1\right]\frac{dV}{V} = \int_0^\eta \left[\left(\frac{pV}{NkT}\right)_d - 1\right]\frac{d\eta}{\eta}$$

$$= \int_0^\eta \frac{4\eta - 2\eta^2}{(1 - \eta)^3}\frac{d\eta}{\eta} = \frac{4\eta - 3\eta^2}{(1 - \eta)^2}.$$
(6.4.33)

Für das molare residuelle chemische Potential des Hartkugelfluides gilt:

$$\left(\frac{\mu^{res}}{RT}\right)_d = \frac{\partial}{\partial N}\left(\frac{A^{res}}{kT}\right)_T = \eta\frac{\partial\left(\frac{A^{res}}{NkT}\right)}{\partial\eta} + \left(\frac{A}{NkT}\right)^{res} = \frac{8\eta - 9\eta^2 + 3\eta^3}{(1 - \eta)^3}.$$
(6.4.34)

Aus der Beziehung zwischen der Paarkorrelationsfunktion bei Kontakt und dem Druck findet man schließlich

$$g_{\rm d}(r^* = 1) = \frac{1 - \frac{1}{2}\eta}{(1 - \eta)^3} \tag{6.4.35}$$

als akkurate Gleichung für die Paarkorrelationsfunktion bei Kontakt.

Die volle Abstandsabhängigkeit der Paarkorrelationsfunktion wird durch eine halbempirische Modifikation der Percus-Yevick-Lösung gefunden. Ein ausführlicher Vergleich mit Computersimulationen zeigt, daß $g_{\rm d}^{\rm PY}(r^*)$ in mehrerer Hinsicht von den exakten Werten abweicht. Zunächst ist der Kontaktwert zu niedrig, d.h. die Lösung $g_{\rm d}^{\rm PY}(r^*)$ unterschätzt die Höhe des ersten „Peaks". Außerdem oszilliert $g_{\rm d}^{\rm PY}(r^*)$ bei großen Abständen etwas außer Phase, und die Amplituden dieser Oszillatoren verkleinern sich zu langsam. Verlet und Weis [21] zeigten, daß der Defekt bei großen Abständen r^* dadurch behoben werden kann, daß man die Lösung bei einer etwas verkleinerten, empirisch bestimmten dimensionslosen Dichte benutzt, in dem der Hartkugeldurchmesser berechnet wird nach

$$d_{\rm PY}^3 = (1 - \tfrac{1}{16}\eta)\,d^3 \, , \tag{6.4.36}$$

d.h. man nimmt die Percus-Yevick-Paarkorrelationsfunktion nicht bei der wirklich vorliegenden Dichte $\eta = \frac{1}{6}\pi n d^3 = \frac{1}{6}\pi n^*$, sondern bei einer modifizierten Dichte

$$\eta_{\rm PY} = \eta - \tfrac{1}{16}\eta^2 \, . \tag{6.4.37}$$

Der durch diese Modifikation verschlimmerte Defekt bei Kontakt wird dadurch aufgehoben, daß ein Zusatzterm kurzer Reichweite addiert wird, nach

$$\delta g_1(r) = \frac{A}{r}\exp\left[-\mu(r - d)\right]\cos\left[\mu(r - d)\right], \tag{6.4.38}$$

wobei der Parameter A so gewählt wird, daß der korrekte Wert der Paarkorrelationsfunktion bei Kontakt und somit des Druckes herauskommt. Dies führt auf [21]:

$$\frac{A}{d} = g_{\rm d}\left(\frac{r}{d} = 1; \eta\right) - g_{\rm d}^{\rm PY}\left(\frac{d}{d_{\rm PY}}; \eta_{\rm PY}\right)$$

$$\cong \frac{3}{4}\frac{\eta_{\rm PY}^2\,(1 - 0{,}7117\,\eta_{\rm PY} - 0{,}114\,\eta_{\rm PY}^2)}{(1 - \eta_{\rm PY})^4} \, . \tag{6.4.39}$$

Der Parameter μ wird dadurch bestimmt, daß die endgültige Gleichung für $g_{\rm d}(r^*)$ die korrekte Gleichung für die isotherme Kompressibilität $\left(\dfrac{\partial n}{\partial p}\right)_{\rm T}$ nach (6.3.47) liefert. Die Paarkorrelationsfunktion wird damit hinsichtlich der thermischen Zustandsgleichung konsistent. Dies führt auf die Bedingung:

$$kT\left[\left(\frac{\partial n}{\partial p}\right)_{\rm d} - \left(\frac{\partial n}{\partial p}\right)_{\rm d}^{\rm PY}\right] = 4\pi n\left[\int_d^\infty g_{\rm d}(r,n)\,r^2\,{\rm d}r - \int_{d_{\rm PY}}^\infty g_{\rm d}^{\rm PY}(r,n)\,r^2\,{\rm d}r\right]$$

$$= 4\pi n\left[\int_d^{d_{\rm PY}} g_{\rm d}^{\rm PY}\left(\frac{r}{d_{\rm PY}}, \eta_{\rm PY}\right)r^2\,{\rm d}r + \int_{d_{\rm PY}}^\infty g_{\rm d}^{\rm PY}\left(\frac{r}{d_{\rm PY}}, \eta_{\rm PY}\right)r^2\,{\rm d}r\right]$$

$$+ \int\limits_{d}^{\infty} \delta g_1(r)\, r^2\, dr - \int\limits_{d_{PY}}^{\infty} g_d^{PY}\left(\frac{r}{d_{PY}}, \eta_{PY}\right) r^2\, dr \Bigg]$$

$$= 4\pi n \left[\int\limits_{d}^{d_{PY}} g_d^{PY}\left(\frac{r}{d_{PY}}, \eta_{PY}\right) r^2\, dr + \int\limits_{d}^{\infty} \delta g_1(r)\, r^2\, dr \right] = 0 \,. \qquad (6.4.40)$$

Als Näherungsgleichung erhält man dafür [21]:

$$\mu d \cong - \frac{24\, A/d}{\eta_{PY}\, g_d^{PY}\left(\dfrac{r}{d_{PY}} = 1; \eta_{PY}\right)} \,. \qquad (6.4.41)$$

Insgesamt gilt damit für die Paarkorrelationsfunktion harter Kugeln:

$$g_d(r^*; \eta) = g_d^{PY}\left(r^* \frac{d}{d_{PY}}; \eta_{PY}\right) + \delta g_1(r^*) \,. \qquad (6.4.42)$$

Diese Beziehung beschreibt den Verlauf der Paarkorrelationsfunktion harter Kugeln über dem Abstand in ausreichend guter Übereinstimmung mit Simulationsdaten, vgl. Bild 6.6.

6.4.2 Die Eigenschaften nichtkugelförmiger harter Körper

Die akkurate thermische Zustandsgleichung für das Hartkugelfluid (6.4.32) ist letztlich eine empirische Gleichung, die die exakten Daten, also die Virialkoeffizienten und die Computersimulationen, mit befriedigender Genauigkeit wiedergibt. Ihre Form ist theoretisch motiviert durch die beiden unterschiedlichen Ergebnisse aus der PY-Gleichung. Nichtkugelförmige harte Körper haben ihre Anwendung bei der Erfassung von Abstoßungskräften zwischen mehratomigen, nichtkugeligen Molekülen. Insbesondere für harte, konvexe Körper, die die harte Kugel als Sonderfall beinhalten, läßt sich eine zu (6.4.32) analoge Form der thermischen Zustandsgleichung angeben.

Harte konvexe Körper lassen sich durch im wesentlichen drei Kenngrößen definieren, den mittleren Radius R_h, die Körperoberfläche S_h und das Körpervolumen V_h. Der aus diesen Kenngrößen durch $\alpha = R_h S_h / 3 V_h$ gebildete Antikugelparameter erlaubt die Verallgemeinerung von Ergebnissen harter Kugeln auf die harter konvexer Körper. Insbesondere muß eine Zustandsgleichung den Antikugeldurchmesser in solch einer Form enthalten, daß für $\alpha = 1$ die Carnahan-Starling-Gleichung (6.4.32) herauskommt. Verschiedene Gleichungen dieser Art sind für den Realfaktor harter Kugeln vorgeschlagen worden. Eine Gleichung mit besonders großer Anwendungsbreite ist die von Boublik [22]:

$$Z_h = \frac{1 + y(3\alpha - 2) + y^2(1 - 3\alpha + 3\alpha^2) - y^3 \alpha^2}{(1 - y)^3} \,, \qquad (6.4.43)$$

wobei

$$y = n V_h \qquad (6.4.44)$$

mit V_h als dem Volumen des betrachteten, harten konvexen Körpers. Für eine harte Kugel ($\alpha = 1$) gilt $y = \eta$ und (6.4.43) geht in (6.4.32) über.

Der Vergleich von (6.4.43) mit Computersimulationen für verschiedene konvexe Körper gibt befriedigende Ergebnisse, wobei allerdings bei hohen α-Werten und hohen Dichten Fehler von über 10% auftreten können. Es sind für einzelne konvexe Körper auch bessere Gleichungen entwickelt worden [23, 24, 25], insbesondere auch solche unter Berücksichtigung eines weiteren Formparameters. Der Vorteil von (6.4.43) besteht jedoch im besonderen darin, daß sie eine besondere Klasse von harten Körpern, nämlich solche, die aus harten Kugeln zusammengesetzt sind, besonders gut beschreibt [26]. Hierzu wird der Antikugelparameter definiert zu

$$\alpha = \frac{R_h^c \, S_h}{3 \, V_h} \tag{6.4.45}$$

mit R_h^c als dem mittleren Krümmungsradius vom „ausgeschmierten" konvexen Körper und S_h, V_h als der Oberfläche und dem Volumen der echten, aus Kugeln zusammengesetzten Moleküle. Andere Gleichungen, die für einzelne konvexe Körper (6.4.43) überlegen sind, fallen für aus harten Kugeln zusammengesetzte Körper gegenüber (6.4.43) ab. Für die residuelle freie Energie folgt aus (6.4.43)

$$\left(\frac{A^{\text{res}}}{N\,k\,T}\right)_h = \frac{\alpha^2}{(1-y)^2} + \frac{3\,\alpha - \alpha^2}{(1-y)} + (\alpha^2 - 1)\ln(1 - y) - 3\,\alpha. \tag{6.4.46}$$

Die strukturellen Eigenschaften nichtkugelförmiger harter Körper, also ihre abstands- und orientierungsabhängige Paarkorrelationsfunktion, sind noch nicht bekannt, mit Ausnahme des Kontaktwertes. Es existieren jedoch Vorschläge für Approximationen [27, 28], insbesondere auf der Basis harter Kugeln.

Beispiel 6.6

Für ein Fluid aus harten Körpern, die aus zwei gleich großen Kugeln vom Durchmesser d im Abstand d zusammengesetzt ist, berechne man den Realfaktor aus (6.4.43) als Funktion der Dichte und vergleiche mit den Computersimulationen von [1].

1. Boublik, T.: Mol. Phys. 44 (1981) 1369

Lösung

Zur Anwendung von (6.4.43) benötigt man den Antikugelparameter α. Das Volumen und die Oberfläche des betrachteten harten Körpers ist gerade das zweifache des Wertes für eine harte Kugel, der mittlere Krümmungsradius ist der eines Sphärozylinders mit $l/d = 1$. Es gilt also

$$\alpha = \frac{R_h^c \, S_h}{3 \, V_h} = \frac{d\left(\dfrac{1}{2} + \dfrac{1}{4}\dfrac{l}{d}\right) 2\,\pi\,d^2}{3\,\dfrac{2}{6}\,\pi\,d^3} = 1{,}5 \,.$$

Damit folgt Tabelle B 6.6.1.

Tabelle B 6.6.1

y	Z_{CS}	Z_h	y	Z_{CS}	Z_h
0,105	1,79	1,81	0,366	8,95	8,79
0,157	2,46	2,44	0,419	12,64	12,51
0,209	3,36	3,32	0,445	15,12	14,96
0,262	4,62	4,57	0,471	18,06	17,99
0,314	6,40	6,31			

Die nach (6.4.43) berechneten Realfaktoren (Z_h) stimmen mit den Realfaktoren aus den Computersimulationen (Z_{CS}) im Rahmen ihrer Genauigkeit überein.

6.5 Störungsrechnungen für starre Moleküle

Für starre Moleküle hat man weitgehende Informationen über die intermolekularen Kräfte zwischen den Molekülen, vgl. Kap. 4. Ihre intermolekularen Energiefunktionen hängen vom gegenseitigen Abstand und den Orientierungen der Moleküle ab. Für solche komplizierten Wechselwirkungsmodelle kann man die statistischen Gleichungen nicht exakt lösen. Die Durchführung von Computersimulationen ist aus Rechenzeitgründen heute noch auf Einzelfälle beschränkt. Man ist daher auf Näherungsmethoden angewiesen. Insbesondere Störungsrechnungen haben sich als sehr erfolgreich erwiesen. Der Grundgedanke solcher Störungsrechnungen besteht darin, die betrachtete Größe, hier in der Regel die freie Energie, durch eine Taylor-Entwicklung auf die eines Referenzsystems zurückzuführen, dessen Eigenschaften man kennt. Dabei ist die geschickte Wahl des Referenzsystems entscheidend für die Konvergenz-eigenschaften der Störungsentwicklung. Je nachdem, ob die durch die Störungsrechnung zu erfassenden Kräfte langreichweitiger oder kurzreichweitiger Natur sind, haben sich verschiedene Typen von Störungsentwicklungen durchgesetzt.

6.5.1 Die λ-Entwicklung

Wir setzen die intermolekulare Energiefunktion als Summe aus einem Referenzanteil und einem Störanteil an [29, 30]:

$$U^\lambda = U^{ref} + \lambda\, U^p, \tag{6.5.1}$$

wobei λ eine kontinuierliche Variable zwischen 0 und 1 ist. Für $\lambda = 0$ gilt $U^\lambda = U^{ref}$ und für $\lambda = 1$ erhalten wir die vollständige intermolekulare Energiefunktion des betrachteten Systems.

Für die Differenz zwischen der konfigurationellen freien Energie eines Systems mit U^λ und eines Referenzsystems mit U^{ref} gilt mit (2.2.64) sowie (2.2.133)

$$A^{c,\lambda} - A^{c,ref} = -kT \ln \frac{Z^\lambda}{Z^{ref}} = -kT \ln \left\{ \frac{1}{Z^{ref}} \int \langle e^{-U^\lambda(r^N \omega^N)/kT} \rangle_{\omega^N}\, dr^N \right\}$$

$$= -kT \ln \langle e^{-\frac{\lambda U^p(r^N \omega^N)}{kT}} \rangle_{ref}. \tag{6.5.2}$$

Hierbei bedeutet $\langle\ldots\rangle_{\text{ref}}$ die kanonische Mittelung über das Referenzsystem. Die Entwicklung der Exponentialfunktion liefert:

$$A^{\text{c},\lambda} - A^{\text{c,ref}} = -kT\ln\left[1 - \lambda\left\langle\frac{U^{\text{p}}}{kT}\right\rangle_{\text{ref}} + \frac{1}{2}\lambda^2\left\langle\left(\frac{U^{\text{p}}}{kT}\right)^2\right\rangle_{\text{ref}}\right.$$

$$\left. - \frac{1}{6}\lambda^3\left\langle\left(\frac{U^{\text{p}}}{kT}\right)^3\right\rangle_{\text{ref}} + \ldots\right]. \qquad (6.5.3)$$

Wir benutzen nun die Taylor-Entwicklung der Funktion $\ln(1 + x)$ um $x = 0$, d.h.

$$\ln(1 + x) = x - \tfrac{1}{2}x^2 + \tfrac{1}{3}x^3 \ldots, \qquad (6.5.4)$$

die für

$$|x| = -\lambda\left\langle\frac{U^{\text{p}}}{kT}\right\rangle_{\text{ref}} + \frac{1}{2}\lambda^2\left\langle\left(\frac{U^{\text{p}}}{kT}\right)^2\right\rangle_{\text{ref}} - \frac{1}{6}\lambda^3\left\langle\left(\frac{U^{\text{p}}}{kT}\right)^3\right\rangle_{\text{ref}} + \ldots \leqq 1$$

konvergiert. Dies ist für beliebig kleine Werte von λ stets erfüllt. Da der formale Aufbau einer Taylor-Entwicklung unabhängig von der Größe des Arguments sein muß, setzen wir ohne Einschränkung $\lambda = 1$ und finden:

$$A^{\text{c}} - A^{\text{c,ref}} = \langle U^{\text{p}}\rangle_{\text{ref}} - \frac{1}{2}\left(\frac{1}{kT}\right)[\langle(U^{\text{p}})^2\rangle_{\text{ref}} - \langle U^{\text{p}}\rangle^2_{\text{ref}}]$$

$$+ \frac{1}{6}\left(\frac{1}{kT}\right)^2\langle[U^{\text{p}} - \langle U^{\text{p}}\rangle_{\text{ref}}]^3\rangle_{\text{ref}} + \ldots$$

$$= A^{\lambda} + A^{\lambda\lambda} + A^{\lambda\lambda\lambda} + \ldots \qquad (6.5.5)$$

Dies ist die λ-Entwicklung. Der Störterm 1. Ordnung ist durch den Mittelwert des Störpotentials bestimmt. Die nach dem linearen Glied abgebrochene Entwicklung

$$A^{\text{c}} = A^{\text{c,ref}} + A^{\lambda} \qquad (6.5.6)$$

bezeichnet man als Hochtemperaturapproximation (HTA). Die höheren Störterme bekommen mit zunehmender Temperatur ein kleineres Gewicht. Sie werden durch die Fluktuationen des Störpotentials um seinen Mittelwert bestimmt. Die HTA wird daher umso eher erfüllt sein, je höher die Temperatur und je schwächer die Fluktuationen des Störpotentials bzw. sein Konfigurationsabhängigkeit ist. Die λ-Entwicklung ist daher grundsätzlich für schwach konfigurationsabhängige, langreichweitige Wechselwirkungen geeignet.

6.5.2 Die Blip-Funktion-Entwicklung

Die kurzreichweitigen Abstoßungskräfte werden im wesentlichen durch die Form des Moleküls bestimmt. Dementsprechend werden sie grundsätzlich am geeignetsten durch eine Störungsrechnung um ein Referenzsystem adäquater harter Körper erfaßt. Dies geschieht zweckmäßigerweise durch die folgende Parametrisierung des Paarpotentials:

$$e^{-\phi^{\alpha}/kT} = e^{-\phi_h/kT} + \alpha\left[e^{-\phi_0/kT} - e^{-\phi_h/kT}\right] = e^{-\phi_h/kT} + \alpha\,\Delta e \tag{6.5.7}$$

Für $\alpha = 0$ erhält man den Boltzmannfaktor des zugrunde gelegten Hartkörperpotentials ϕ_h, für $\alpha = 1$ den für das betrachtete weich abstoßende Potential ϕ_0. Hier ist Δe die sogenannte Blip-Funktion oder der Blip

$$\Delta e\,(r_{12}\,\omega_1\,\omega_2) = e^{-\phi_0(r_{12}\omega_1\omega_2)/kT} - e^{-\phi_h(r_{12}\omega_1\omega_2)/kT}\,. \tag{6.5.8}$$

Der charakteristische Verlauf der Blip-Funktion für steil abstoßende Kräfte geht für eine kugelförmige Wechselwirkung aus Bild 6.7 hervor. Dort bezeichnet der Index d das Hartkugelpotential, vgl. Abschn. 6.4. Die für die Störungsentwicklung entscheidende Eigenschaft der Blip-Funktion ist ihr Verschwinden mit Ausnahme eines kleinen Abstandsbereiches um den Hartkugeldurchmesser [31, 32]. Die konfigurationelle freie Energie des Systems mit dem weich abstoßenden Potential ϕ_0 wird um die des Hartkörpersystems entwickelt nach:

$$A_0^c = A_h^c + \left(\frac{\partial A^{c,\alpha}}{\partial \alpha}\right)_{\alpha=0} + \dots \tag{6.5.9}$$

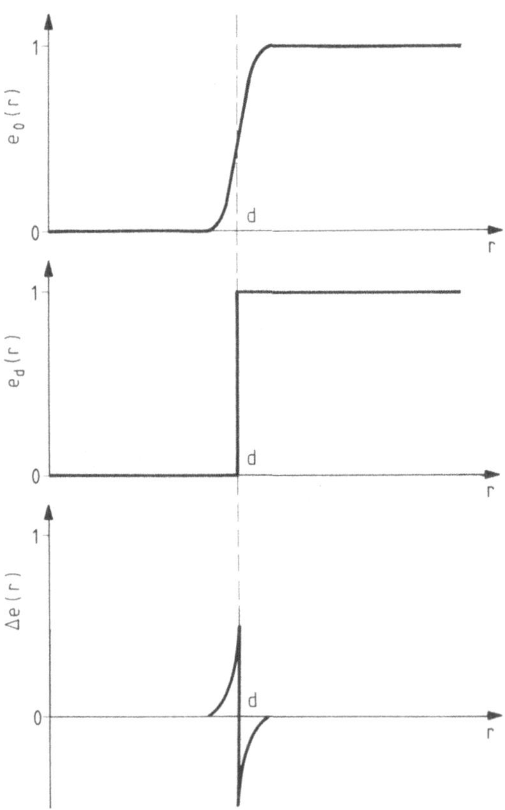

Bild 6.7. Die Blip-Funktion
$\Delta e(r) = e_0(r) - e_d(r)$ (schematisch)

mit

$$\left(\frac{\partial A^{c,\alpha}/N\,k\,T}{\partial \alpha}\right) = -\frac{1}{N}\frac{1}{Z^\alpha}\frac{\partial Z^\alpha}{\partial \alpha}$$

$$= -\frac{1}{N}\frac{1}{Z^\alpha}\int\ldots\int\frac{\partial}{\partial\alpha}\langle e^{-U^\alpha(\mathbf{r}^N\omega^N)/kT}\rangle_{\omega^N}\,d\mathbf{r}^N$$

$$= -\frac{1}{N}\frac{1}{Z^\alpha}\int\ldots\int\left\langle\frac{\partial}{\partial\alpha}\,e^{-\phi_{12}^\alpha(r_{12}\omega_1\omega_2)/kT}\right.$$

$$\left.\cdot\,e^{-\phi_{13}^\alpha(r_{13}\omega_1\omega_3)/kT}\ldots\right\rangle_{\omega^N}\,d\mathbf{r}^N$$

$$= -\frac{1}{N}\frac{N(N-1)}{2}\frac{1}{Z^\alpha}\int\ldots\int\left\langle\frac{\partial}{\partial\alpha}\left[e^{-\phi_{12}^\alpha(r_{12}\omega_1\omega_2)/kT}\right]\right.$$

$$\left.\cdot\,e^{\phi_{12}^\alpha(r_{12}\omega_1\omega_2)/kT}\,e^{-U^\alpha(\mathbf{r}^N\omega^N)/kT}\right\rangle_{\omega^N}\,d\mathbf{r}^N$$

$$= -\frac{1}{N}\frac{1}{2}n^2\int\ldots\int\langle\Delta e(r_{12}\,\omega_1\,\omega_2)\,e^{\phi_{12}^\alpha(r_{12}\omega_1\omega_2)/kT}$$

$$\cdot\,g^\alpha(r_{12}\,\omega_1\,\omega_2)\rangle_{\omega_1\omega_2}\,d\mathbf{r}_1\,d\mathbf{r}_2\,. \tag{6.5.10}$$

Gemäß (6.5.9) ist dieser Störterm für $\alpha = 0$ auszuwerten. Man erhält also:

$$\left(\frac{\partial A^c/N\,k\,T}{\partial\alpha}\right)_{\alpha=0} = -\,2\,\pi\,n\int\langle\Delta e(r_{12}\,\omega_1\,\omega_2)\,y_h(r_{12}\,\omega_1\,\omega_2)\rangle_{\omega_1\omega_2}\,r_{12}^2\,dr_{12}$$

$$\tag{6.5.11}$$

mit

$$y_h(r_{12}\,\omega_1\,\omega_2) = e^{\phi_h(r_{12}\omega_1\omega_2)/kT}\,g(r_{12}\,\omega_1\,\omega_2)\,. \tag{6.5.12}$$

Für die konfigurationelle freie Energie eines Systemes mit weichen Abstoßungskräften gilt damit:

$$\frac{A_0^c}{N\,k\,T} = \frac{A_h^c}{N\,k\,T} - 2\,\pi\,n\int\langle\Delta e(r_{12}\,\omega_1\,\omega_2)\,y_h(r_{12}\,\omega_1\,\omega_2)\rangle_{\omega_1\omega_2}\,r_{12}^2\,dr_{12} + \ldots$$

$$\tag{6.5.13}$$

In dieser Entwicklung ist der zugrunde gelegte harte Körper noch nicht definiert. Wenn er einen nicht vorgegebenen Parameter, z.B. den Durchmesser der harten Kugeln eines aus harten Kugeln zusammengesetzten Körpers enthält, so läßt sich dieser bestimmen durch

$$\int\langle\Delta e(r_{12}\,\omega_1\,\omega_2)\,y_h(r_{12}\,\omega_1\,\omega_2)\rangle_{\omega_1\omega_2}\,r_{12}^2\,dr_{12} = 0\,, \tag{6.5.14}$$

und für die konfigurationelle freie Energie des betrachteten Systems mit weichen Abstoßungskräften folgt in erster Ordnung:

$$\frac{A_0^c}{N\,k\,T} = \frac{A_h^c}{N\,k\,T}\,, \tag{6.5.15}$$

wobei der Hartkugeldurchmesser nach (6.5.14) eine Funktion von Temperatur und Dichte sein wird, die für jedes betrachtete weiche Abstoßungspotential individuell zu ermitteln ist. Die thermodynamischen Eigenschaften des Hartkörperfluids folgen aus seiner thermischen Zustandsgleichung, vgl. (6.4.32) bzw. (6.4.43). Insbesondere folgt daraus die residuelle freie Energie nach (6.4.33) bzw. (6.4.46). Für die Paarkorrelationsfunktion des Systems mit dem weichen Abstoßungspotential erhält man eine Reduktion auf das Hartkörpersystem, wenn man die folgende Entwicklung der y-Funktion benutzt:

$$y_0(r_{12}\,\omega_1\,\omega_2) = g_0(r_{12}\,\omega_1\,\omega_2)\,e^{\phi_0(r_{12}\omega_1\omega_2)/kT}$$

$$= y_h(r_{12}\,\omega_1\,\omega_2) + \alpha\left(\frac{\partial y_0^\alpha(r_{12}\,\omega_1\,\omega_2)}{\partial\alpha}\right)_{\alpha=0} + \ldots \quad (6.5.16)$$

Verwendet man für steile Abstoßungspotentiale nur die nullte Ordnung in dieser Entwicklung [32–34], so findet man $y_0 = y_h$ und damit:

$$g_0(r_{12}\,\omega_1\,\omega_2) = e^{-\phi_0(r_{12}\omega_1\omega_2)/kT}\,y_h(r_{12}\,\omega_1\,\omega_2)\,. \quad (6.5.17)$$

6.5.3 Störungsrechnungen für isotrope Wechselwirkungen mit dem Hartkugelreferenzsystem

Isotrope Wechselwirkungsmodelle bestehen aus steil abstoßenden, kurzreichweitigen und schwach abstandsabhängigen, langreichweitigen Beiträgen. Streng genommen lassen sich nur einatomige Fluide durch isotrope Wechselwirkungsmodelle beschreiben. Näherungsweise gilt dies jedoch auch für einfache mehratomige Moleküle, wenn man eine geeignete isotrope Form der intermolekularen Energiefunktion angeben kann. Wenn man die Eigenschaften eines Systems mit einem solchen isotropen Wechselwirkungsmodell auf die eines Systems harter Kugeln zurückführen will, so kann man die langreichweitigen Kräfte nach der λ-Entwicklung und die kurzreichweitigen Kräfte nach der Blip-Funktion-Entwicklung erfassen. Wir unterstellen zunächst paarweise Additivität der intermolekularen Energiefunktion, nach

$$U(r^N) = \sum_{i<j} \phi_{ij}(r_{ij})\,. \quad (6.5.18)$$

Eine für die Durchführung der Störungsrechnung geeignete Aufteilung des kugelförmigen Paarpotentials ist in Bild 6.8 gezeigt und geht auf Weeks, Chandler und Andersen zurück [32]. Hierbei wird der gesamte Abstoßungsteil des Paarpotentials als Referenzpotential ϕ_0 und der gesamte Anziehungsteil als Störpotential angesehen, nach

$$\phi(r) = \phi_0(r) + \lambda\,\phi^P(r) \quad (6.5.19)$$

mit

$$\phi_0(r) = \phi(r) + \varepsilon \quad r < r_m\,, \quad (6.5.20)$$

$$\phi_0(r) = 0 \qquad r > r_m\,, \quad (6.5.21)$$

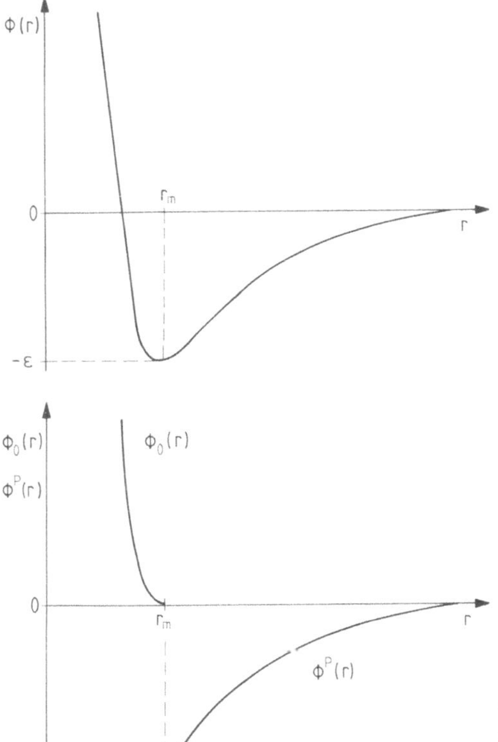

Bild 6.8. Aufspaltung des isotropen Paarpotentials in Referenz- und Störanteil [32]

und

$$\phi^{\mathrm{p}}(r) = -\varepsilon \qquad r < r_m, \tag{6.5.22}$$

$$\phi^{\mathrm{p}}(r) = \phi(r) \qquad r > r_m. \tag{6.5.23}$$

Durch diese Aufteilung sind Referenzpotential ϕ_0 und Störpotential ϕ^{p} eindeutig definiert und für ein vorgegebenes Paarpotential berechenbar. Setzt man dies in die Hochtemperaturapproximation (6.5.6) ein, so findet man unter Verwendung von (6.5.17), angewandt auf harte Kugeln:

$$\frac{A^{\lambda}}{NkT} = \frac{1}{NkT} \langle U^{\mathrm{p}} \rangle_0 = \frac{N(N-1)}{2NkT} \langle \phi^{\mathrm{p}}(r) \rangle_0$$

$$= 2\pi n \frac{1}{kT} \int\limits_0^\infty \phi^{\mathrm{p}}(r)\, g_0(r)\, r^2\, \mathrm{d}r$$

$$= 2\pi n \frac{1}{kT} \int\limits_0^\infty \phi^{\mathrm{p}}(r)\, \mathrm{e}^{-\beta\phi_0(r)}\, y_{\mathrm{d}}(r)\, r^2\, \mathrm{d}r$$

$$= 2\pi n \frac{1}{kT} \left[\int\limits_0^{r_m} \phi^{\mathrm{p}}(r)\, \mathrm{e}^{-\beta\phi_0(r)}\, y_{\mathrm{d}}(r)\, r^2\, \mathrm{d}r \right.$$

$$\left. + \int\limits_{r_m}^0 \phi^{\mathrm{p}}(r)\, y_{\mathrm{d}}(r)\, r^2\, \mathrm{d}r + \int\limits_0^\infty \phi^{\mathrm{p}}(r)\, y_{\mathrm{d}}(r)\, r^2\, \mathrm{d}r \right]$$

$$= 2\pi n \frac{1}{kT} \left\{ \int_0^{r_m} \phi^p(r)\, y_d(r)\, [e^{-\beta\phi_0(r)} - 1]\, r^2\, dr \right.$$

$$\left. + \int_0^d \phi^p(r)\, y_d(r)\, r^2\, dr + \int_d^\infty \phi^p(r)\, y_d(r)\, r^2\, dr \right\}. \tag{6.5.24}$$

Das Kriterium zur Bestimmung des Hartkugeldurchmessers d (6.5.14),

$$\int_0^\infty [e^{-\phi_0(r)/kT} - e^{-\phi_d(r)/kT}]\, y_d(r)\, r^2\, dr = 0 \tag{6.5.25}$$

läßt sich umschreiben zu:

$$\int_0^{r_m} e^{-\phi_0(r)/kT}\, y_d(r)\, r^2\, dr + \int_{r_m}^\infty y_d(r)\, r^2\, dr - \int_d^{r_m} y_d(r)\, r^2\, dr$$

$$- \int_{r_m}^\infty y_d(r)\, r^2\, dr = \int_0^{r_m} e^{-\phi_0(r)/kT}\, y_d(r)\, r^2\, dr - \int_0^{r_m} y_d(r)\, r^2\, dr$$

$$+ \int_0^d y_d(r)\, r^2\, dr = 0. \tag{6.5.26}$$

Setzt man dies in A^λ/NkT ein, so findet man mit $\phi^p(r) = -\varepsilon$ für $0 < r < r_m$ sowie (6.4.42) für die Paarkorrelationsfunktion harter Kugeln:

$$\frac{A^\lambda}{NkT} = 2\pi n \frac{1}{kT} \int_d^\infty \phi^p(r)\, y_d(r)\, r^2\, dr$$

$$= 2\pi n \frac{1}{kT} \int_d^\infty \phi^p(r) \left[g_d^{PY}\left(\frac{r}{d_{PY}}; \eta_{PY}\right) + \delta g_1\left(\frac{r}{d}\right) \right] r^2\, dr$$

$$= 2\pi n \frac{1}{kT} \left[-\varepsilon \int_d^{r_m} g_d^{PY}\left(\frac{r}{d_{PY}}; \eta_{PY}\right) r^2\, dr - \varepsilon \int_d^{r_m} \delta g_1\left(\frac{r}{d}\right) r^2\, dr \right.$$

$$\left. + \int_{r_m}^\infty \phi^p(r)\, g_d^{PY}\left(\frac{r}{d_{PY}}; \eta_{PY}\right) r^2\, dr + \int_{r_m}^\infty \phi^p(r)\, \delta g_1\left(\frac{r}{d}\right) r^2\, dr \right]$$

$$= 2\pi n \frac{1}{kT} \left[-\varepsilon \int_d^{d_{PY}} g_d^{PY}\left(\frac{r}{d_{PY}}; \eta_{PY}\right) r^2\, dr \right.$$

$$- \varepsilon \int_{d_{PY}}^{r_m} g_d^{PY}\left(\frac{r}{d_{PY}}; \eta_{PY}\right) r^2\, dr - \varepsilon \int_d^{r_m} \delta g_1\left(\frac{r}{d}\right) r^2\, dr$$

$$+ \int_{r_m}^{d_{PY}} \phi^p(r)\, g_d^{PY}\left(\frac{r}{d_{PY}}; \eta_{PY}\right) r^2\, dr$$

$$\left. + \int_{d_{PY}}^\infty \phi^p(r)\, g_d^{PY}\left(\frac{r}{d_{PY}}; \eta_{PY}\right) r^2\, dr + \int_{r_m}^\infty \phi^p(r)\, \delta g_1\left(\frac{r}{d}\right) r^2\, dr \right]$$

$$= 2\pi n \frac{1}{kT} \left[\int_{d_{PY}}^\infty \phi(r)\, g_d^{PY}\left(\frac{r}{d_{PY}}; \eta_{PY}\right) r^2\, dr \right.$$

$$- \int_{d_{PY}}^{r_m} \phi_0(r)\, g_d^{PY}\left(\frac{r}{d_{PY}}; \eta_{PY}\right) r^2\, dr$$

$$- \varepsilon \int\limits_{d}^{d_{PY}} g_d^{PY}\left(\frac{r}{d_{PY}};\eta_{PY}\right) r^2\, dr - \varepsilon \int\limits_{d}^{\infty} \delta g_1\left(\frac{r}{d}\right) r^2\, dr$$

$$+ \int\limits_{r_m}^{\infty} [\phi(r) + \varepsilon]\,\delta g_1\left(\frac{r}{d}\right) r^2\, dr \Bigg]. \tag{6.5.27}$$

Das 3. und 4. Integral summieren sich zu null, da die Bestimmungsgleichung von μ dies erzwingt, vgl. (6.4.40). Es gilt also schließlich:

$$\frac{A^{\lambda}}{NkT} = 2\,\pi\,n\,\frac{1}{kT}\Bigg[\int\limits_{d_{PY}}^{\infty} \phi(r)\, g_d^{PY}\left(\frac{r}{d_{PY}};\eta_{PY}\right) r^2\, dr$$

$$- \int\limits_{d_{PY}}^{r_m} [\phi(r) + \varepsilon]\, g_d^{PY}\left(\frac{r}{d_{PY}};\eta_{PY}\right) r^2\, dr$$

$$+ \int\limits_{r_m}^{\infty} [\phi(r) + \varepsilon]\,\delta g_1\left(\frac{r}{d}\right) r^2\, dr \Bigg]. \tag{6.5.28}$$

In dieser Gleichung ist der letzte Term klein, da $\phi(r > r_m) = \phi^p(r) < 0$ in der Größenordnung von ε liegt, und kann in erster Näherung vernachlässigt werden. Die einzelnen Integrale sind vom speziellen Potential abhängig und müssen daher in jedem Falle individuell ausgewertet werden. Für den Sonderfall des Lennard-Jones-Potentials sind die Integrationen durchgeführt und die Ergebnisse durch einfache empirische Formeln approximiert worden [21].

Für die konfigurationelle freie Energie eines Systems mit dem Paarpotential $\phi(r)$ gilt damit in der Hochtemperaturapproximation nach (6.5.6):

$$\frac{A^c}{NkT} = \frac{A_0^c}{NkT} + \frac{A^{\lambda}}{NkT}, \tag{6.5.29}$$

wobei A_0^c/NkT nach (6.5.15) durch die freie Energie des entsprechenden Hartkugelfluids approximiert wird. Eine analoge Gleichung gilt für die residuelle freie Energie, wenn der Suffix c durch den Suffix res ersetzt wird. Da die thermodynamischen Eigenschaften des Referenzsystems letztlich aus der thermischen Zustandsgleichung harter Kugeln berechnet werden, geht man praktisch von residuellen Zustandsgrößen aus. Der Durchmesser der harten Kugeln wird durch (6.5.25) festgelegt.

Da die Blip-Funktion (6.5.8), nach Bild 6.7 nur in einem kleinen Abstandsbereich um d von null verschieden ist, benötigt man auch zur Auswertung von (6.5.25) die y_d-Funktion nur in einem kleinen Bereich um d. Es ist daher sinnvoll, die y_d-Funktion durch eine Taylor-Entwicklung um $r = d$ zu approximieren [21]:

$$\left(\frac{r}{d}\right)^2 y_d\left(\frac{r}{d};\eta\right) = \sigma_0 + \sigma_1\left(\frac{r}{d} - 1\right) + \dots \tag{6.5.30}$$

mit

$$\sigma_0 = \left(\frac{r}{d}\right)^2 y_d\left(\frac{r}{d};\eta\right)\Bigg|_{\frac{r}{d}=1} \tag{6.5.31}$$

und

$$\sigma_1 = \frac{\partial}{\partial\left(\frac{r}{d}\right)}\left[\left(\frac{r}{d}\right)^2 y_d\left(\frac{r}{d};\eta\right)\right]\Bigg|_{\frac{r}{d}=1}. \tag{6.5.32}$$

Setzt man diesen Ausdruck in die Bestimmungsgleichung für d ein, so folgt

$$\int_0^\infty \left\{\left[e^{-\beta\phi_0(r/d)} - e^{-\beta\phi_d(r/d)}\right]\left[\sigma_0 + \sigma_1\left(\frac{r}{d}-1\right)+\ldots\right]\right\} d\left(\frac{r}{d}\right) = 0. \tag{6.5.33}$$

Partielle Integration dieser Gleichung führt auf

$$\left[e^{-\beta\phi_0(r/d)} - e^{-\beta\phi_d(r/d)}\right]\left[\sigma_0\left(\frac{r}{d}\right) + \frac{1}{2}\sigma_1\left(\frac{r}{d}-1\right)^2+\ldots\right]\Bigg|_0^\infty$$

$$- \int_0^\infty \sigma_0\left(\frac{r}{d}\right)\frac{d}{d\left(\frac{r}{d}\right)}(e^{-\beta\phi_0(r/d)} - e^{-\beta\phi_d(r/d)})\,d\left(\frac{r}{d}\right)$$

$$- \int_0^\infty \frac{1}{2}\sigma_1\left(\frac{r}{d}-1\right)^2\frac{d}{d\left(\frac{r}{d}\right)}(e^{-\beta\phi_0(r/d)} - e^{-\beta\phi_d(r/d)})\,d\left(\frac{r}{d}\right)+\ldots$$

$$= \sigma_0 - \sigma_0\int_0^\infty\left(\frac{r}{d}\right)\frac{d}{d\left(\frac{r}{d}\right)}e^{-\beta\phi_0(r/d)}\,d\left(\frac{r}{d}\right)$$

$$- \frac{1}{2}\sigma_1\int_0^\infty\left(\frac{r}{d}-1\right)^2\frac{d}{d\left(\frac{r}{d}\right)}e^{-\beta\phi_0(r/d)}\,d\left(\frac{r}{d}\right)+\ldots$$

$$= \sigma_0 - \sigma_0\frac{d_B}{d} - \frac{1}{2}\sigma_1\int_0^\infty\left(\frac{r}{d}-1\right)^2\frac{d}{d\left(\frac{r}{d}\right)}e^{-\beta\phi_0(r/d)}\,d\left(\frac{r}{d}\right)+\ldots = 0 \tag{6.5.34}$$

mit

$$d_B = \int_0^\infty(1 - e^{-\beta\phi_0(r)})\,dr = \sigma\int_0^\infty(1 - e^{-\beta\phi_0(r/\sigma)})\,d\left(\frac{r}{\sigma}\right) \tag{6.5.35}$$

als einer reinen Temperaturfunktion.

Hieraus ergibt sich der Hartkugeldurchmesser zu [21]:

$$d = d_B\left[1 + \frac{\sigma_1}{2\sigma_0}\frac{d}{d_B}\int\left(\frac{r}{d}-1\right)^2\frac{d}{d\left(\frac{r}{d}\right)}e^{-\beta\phi_0(r/d)}\,d\left(\frac{r}{d}\right)+\ldots\right]$$

$$= d_B\left[1 + \frac{\sigma_1\,\delta}{2\sigma_0}\right] \tag{6.5.36}$$

mit

$$\delta = \frac{d}{d_B} \int \left(\frac{r}{d} - 1\right)^2 \frac{d}{d\left(\frac{r}{d}\right)} e^{-\beta\phi_0(r/d)} d\left(\frac{r}{d}\right)$$

$$\cong \int \left(\frac{r}{d_B} - 1\right)^2 \frac{d}{d\left(\frac{r}{d}\right)} e^{-\beta\phi_0(r/d)} d\left(\frac{r}{d}\right). \tag{6.5.37}$$

Hierbei wurde in der letzten Gleichung davon Gebrauch gemacht, daß d nur wenig von d_B abweicht. Die Größe δ wird damit ebenfalls eine reine Temperaturfunktion. Der Abbruch der Reihe für d in (6.5.36) ist berechtigt, da die weiteren Glieder höherer Potenzen von $(r/d - 1)$ enthalten, die jedoch durch Multiplikation mit $d/d\,(r/d)\,e^{-\phi_0(r/d)/kT}$, d. h. für steile $\phi_0\,(r/d)$ in etwa mit der Deltafunktion $\delta(r/d - 1)$, rasch vernachlässigbar werden.

Zur praktischen Auswertung von (6.5.36) braucht man die Hartkugeleigenschaften σ_0 und σ_1. Mit Hilfe der akkuraten Beziehung für die Paarkorrelationsfunktion harter Kugeln bei Kontakt (6.4.35), folgt aus (6.5.31)

$$\sigma_0 = \frac{1 - \frac{\eta}{2}}{(1 - \eta)^3}. \tag{6.5.38}$$

Aus (6.5.32) folgt:

$$\sigma_1 = 2\,y_d(1,\eta) + \left.\frac{\partial y_d\left(\frac{r}{d};\eta\right)}{\partial\left(\frac{r}{d}\right)}\right|_{\frac{r}{d}=1},$$

beziehungsweise

$$\frac{\sigma_1}{2\sigma_0} = 1 + \left.\frac{\partial y_d\left(\frac{r}{d};\eta\right)}{2\sigma_0\,\partial\left(\frac{r}{d}\right)}\right|_{\frac{r}{d}=1}, \tag{6.5.39}$$

wobei man insbesondere die Ableitung der y-Funktion nach dem Abstand bei Kontakt benötigt. Mit (6.4.42) für die Paarkorrelationsfunktion läßt sich diese Ableitung bilden. Das Ergebnis läßt sich durch eine einfache universelle Approximationsformel darstellen [21]:

$$\frac{\sigma_1}{2\sigma_0} = \frac{1 - 4,25\,\eta_{PY} + 1,362\,\eta_{PY}^2 - 0,8751\,\eta_{PY}^3}{(1 - \eta_{PY})^2}, \tag{6.5.40}$$

womit der Hartkugeldurchmesser leicht iterativ aus (6.5.36) und (6.5.37) errechenbar ist.

Die residuelle freie Energie des Hartkugelfluids kann nunmehr einfach nach (6.4.33) berechnet werden. Ein alternativer Weg im Rahmen dieser Störungstheorie besteht darin, von der Beziehung zwischen dem Realfaktor und der Paarkorrelationsfunktion auszugehen, vgl. (6.4.17). Setzt man hier die Entwicklung (6.5.17) ein, so findet man:

$$Z_0 = 1 + 4\eta \int_0^\infty r^{*3}\, y_\mathrm{d}(r^*,\eta)\, \frac{\mathrm{d}}{\mathrm{d}r^*}\left(\mathrm{e}^{-\phi_0(r^*)/kT}\right)\mathrm{d}r^*, \tag{6.5.41}$$

wobei der Hartkugeldurchmesser wieder nach (6.5.25) zu berechnen ist. Man entwickelt hier entsprechend (6.5.30) die y_d-Funktion um ihren Kontaktwert [21]:

$$\left(\frac{r}{d}\right)^3 y_\mathrm{d}\left(\frac{r}{d};\eta\right) = \tau_0 + \tau_1\left(\frac{r}{d}-1\right) + \frac{1}{2}\tau_2\left(\frac{r}{d}-1\right)^2 + \dots \tag{6.5.42}$$

mit

$$\tau_0 = \sigma_0 = \left(\frac{r}{d}\right)^3 y_\mathrm{d}\left(\frac{r}{d};\eta\right)\Bigg|_{\frac{r}{d}=1} \tag{6.5.43}$$

$$\tau_1 = \frac{\partial}{\partial\left(\frac{r}{d}\right)}\left[\left(\frac{r}{d}\right)^3 y_\mathrm{d}\left(\frac{r}{d};\eta\right)\right]_{r/d=1} \tag{6.5.44}$$

$$\tau_2 = \frac{\partial^2}{\partial\left(\frac{r}{d}\right)^2}\left[\left(\frac{r}{d}\right)^3 y_\mathrm{d}\left(\frac{r}{d};\eta\right)\right]_{r/d=1}. \tag{6.5.45}$$

Für den Realfaktor folgt damit:

$$\begin{aligned}
Z_0 &= 1 + 4\eta \int_0^\infty \tau_0 \frac{\mathrm{d}}{\mathrm{d}r^*}\, \mathrm{e}^{-\phi_0(r^*)/kT}\,\mathrm{d}r^* \\
&\quad + 4\eta \int_0^\infty \tau_1(r^*-1)\frac{\mathrm{d}}{\mathrm{d}r^*}\,\mathrm{e}^{-\phi_0(r^*)/kT}\,\mathrm{d}r^* \\
&\quad + 4\eta \int_0^\infty \frac{1}{2}\tau_2(r^*-1)^2 \frac{\mathrm{d}}{\mathrm{d}r^*}\,\mathrm{e}^{-\phi_0(r^*)/kT}\,\mathrm{d}r^* + \dots \\
&= Z_\mathrm{d} + 4\eta\left[\tau_1\frac{d_\mathrm{B}}{d} - \tau_1 + \frac{1}{2}\tau_2\frac{d_\mathrm{B}}{d}\delta + \dots\right] \\
&\cong Z_\mathrm{d} + 4\eta\,\delta\left(\frac{1}{2}\tau_2 - \tau_1\frac{\sigma_1}{2\sigma_0}\right) + \dots.
\end{aligned} \tag{6.5.46}$$

Für die Hartkugelgrößen τ_1 und τ_2 gelten die folgenden universellen Approximationen [21]:

$$\tau_1 = 2\sigma_0 + \frac{1 - 5\eta_\mathrm{PY} - 5\eta_\mathrm{PY}^2}{(1-\eta_\mathrm{PY})^3} - A\mu \tag{6.5.47}$$

und

$$\tau_2 = 2\sigma_0 + 4\frac{1 - 5\eta_\mathrm{PY} - 5\eta_\mathrm{PY}^2}{(1-\eta_\mathrm{PY})^3} - \frac{3\eta_\mathrm{PY}(2 - 4\eta_\mathrm{PY} - 7\eta_\mathrm{PY}^2)}{(1-\eta_\mathrm{PY})^4} - 4A\mu. \tag{6.5.48}$$

Für die residuelle freie Energie folgt durch Integration [21]:

$$\frac{A_0^{\text{res}}}{NkT} = \int\limits_0^\eta (Z_0 - 1)\,\frac{dn}{n}$$

$$\cong \frac{A_d^{\text{res}}}{NkT} + 4\,\delta\,\frac{3\,\eta^2\,(1 + 1{,}759\,\eta - 5{,}249\,\eta^3)}{(1 - \eta)^3}, \tag{6.5.49}$$

wobei die Integration über den zweiten Term von (6.5.46) durch einen einfachen Ausdruck approximiert wurde.

Man erkennt, daß sich durch die Integration über die Paarkorrelationsfunktion andere Ergebnisse für die thermodynamischen Funktionen des Referenzsystems ergeben als durch die direkte Auswertung der akkuraten Hartkugelgleichungen. Die Entwicklungen (6.5.15) und (6.5.17) sind daher nicht konsistent. Es zeigt sich, daß (6.5.46) bis (6.5.49) geringfügig bessere Ergebnisse liefern. Sie werden daher auch den hier durch geführten Beispielrechnungen zugrunde gelegt. Insgesamt lassen sich daher die thermodynamischen Funktionen von Systemen mit paarweisen isotropen Wechselwirkungen aus den Eigenschaften des Hartkugelfluids auf einfache Weise berechnen. Diese Störungstheorie ist eine Modifikation der Weeks-Chandler-Anderson-Theorie [32] durch Verlet und Weis [21] und wird daher durch die Abkürzung WCA-VW gekennzeichnet.

Beispiel 6.7

Für ein Fluid mit dem weich abstoßenden Paarpotential

$$\phi_0(r) = 4\,\varepsilon\left[\left(\frac{\sigma}{r}\right)^{12} - \left(\frac{\sigma}{r}\right)^6\right] + \varepsilon \quad \text{für } r \leqq r_m$$

und

$$\phi_0(r) = 0 \qquad\qquad \text{für } r > r_m$$

existieren die in Tabelle B 6.7.1 aufgeführten Werte der thermodynamischen Funktionen aus Computersimulationen [1]

Tabelle B 6.7.1.

T^*	n^*	Z_0	$U^c/N\varepsilon$
0,75	0,84	10,23	0,73
1,35	0,40	2,53	0,23
1,35	0,65	4,89	0,62
2,81	0,85	6,92	2,37
3,05	1,10	12,67	5,48

Man berechne diese thermodynamischen Funktionen einschließlich der freien Energie nach WCA-VW.

1. Verlet, L.; Weis, J. J.: Phys. Rev. A 5 (1972) 939

Lösung

Die Berechnung des Hartkugeldurchmessers erfolgt nach (6.5.36):

$$d = d_B\left[1 + \delta\,\frac{\sigma_1}{2\,\sigma_0}\right].$$

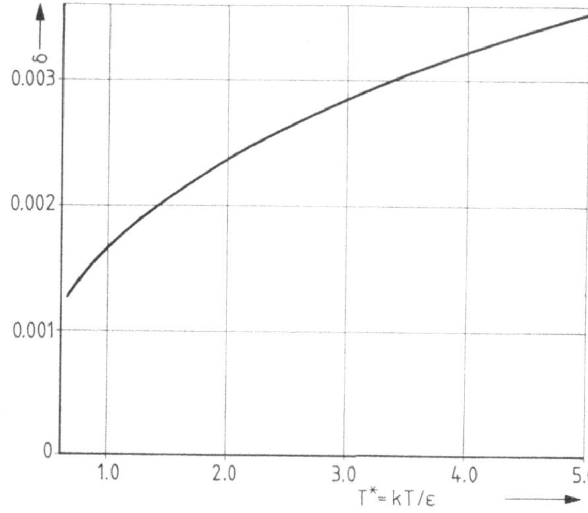

Bild B 6.7.1. Die Temperaturfunktion $\delta(T^*)$

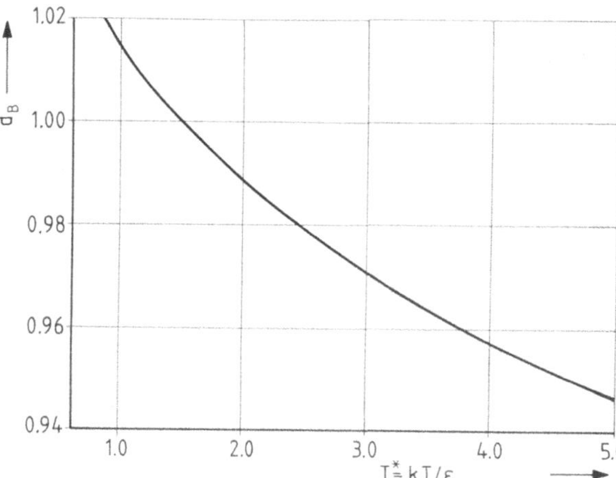

Bild B 6.7.2. Der Durchmesser $d_B(T^*)$

Hier sind d_B und δ Temperaturfunktionen, die für ein gegebenes Potential $\phi_0(r)$ durch die Integration (6.5.35) und (6.5.37) gegeben sind. Sie sind im Temperaturbereich $0{,}6 \leqq T^* \leqq 5{,}0$ für das in der Aufgabenstellung betrachtete Paarpotential $\phi_0(r)$ in den Bildern B 6.7.1 und B 6.7.2 aufgetragen. Der Term $\sigma_1/2\,\sigma_0$ berechnet sich nach (6.5.40) aus:

$$\frac{\sigma_1}{2\,\sigma_0} = \frac{1 - 4{,}25\,\eta_{PY} + 1{,}362\,\eta_{PY}^2 - 0{,}8751\,\eta_{PY}^3}{(1 - \eta_{PY})^2}.$$

Der erste Schätzwert von d ist $d_B = 1{,}0258$. Hierfür gilt

$$\eta_{PY} = \eta - \frac{1}{16}\,\eta^2 = 0{,}4748 - \frac{1}{16}\,0{,}4748^2 = 0{,}4607.$$

Damit folgt

$$\frac{\sigma_1}{2\,\sigma_0} = -\,2{,}5940.$$

mit $\delta = 0{,}00138$ ergibt sich der Hartkugeldurchmesser zu

$$d = 1{,}0221 \,.$$

Mit diesem Wert wird der nächste Iterationsschritt durchgeführt. Hierfür gilt

$$\eta = 0{,}4696$$

$$\eta_{PY} = 0{,}4559$$

$$\frac{\sigma_1}{2\,\sigma_0} = -\,2{,}4909$$

und

$$d = 1{,}0222 \,.$$

Mit diesem Wert wird ein weiterer Iterationsschritt durchgeführt. Er führt auf

$$d = 1{,}0222 \,,$$

womit die Iteration zur Konvergenz geführt hat. Die d_B und d sind stets in Einheiten von σ gegeben.

Wenn der Hartkugeldurchmesser festliegt, können die thermodynamischen Funktionen des Fluides mit dem Paarpotential $\phi_0(r)$ auf verschiedene Weisen berechnet werden. Es gilt im betrachteten Fall ($T^* = 0{,}75$, $n^* = 0{,}84$):

$$\eta = \tfrac{1}{6}\,\pi\,n\,d^3 = \tfrac{1}{6}\,\pi\,0{,}84 \cdot 1{,}0222^3 = 0{,}4697 \,.$$

Damit folgt

$$Z_d = \frac{1 + \eta + \eta^2 - \eta^3}{(1 - \eta)^3} = 10{,}64$$

$$\left(\frac{A^{res}}{N\,k\,T}\right)_d = 4{,}327 \,.$$

Analog findet man aus (6.5.46):

$$Z_0 = Z_d - 0{,}27 = 10{,}37 \,,$$

bzw. aus (6.5.49):

$$\frac{A_0^{res}}{N\,k\,T} = 4{,}327 + 0{,}031 = 4{,}358 \,.$$

Ermittlung von $A_0^{res}/N\,k\,T$ für einige Temperaturen in der Umgebung des betrachteten Zustandspunktes bei der betrachteten Dichte und Bildung der Temperaturableitung ergibt:

$$\frac{U_0}{N\,\varepsilon} = -\,T^{*2}\,\frac{\partial\,(A_0^{res}/N\,k\,T)}{\partial T^*} = 0{,}736 \,.$$

Insgesamt erhält man so Tabelle B 6.7.2 [1].

Tabelle B 6.7.2.

T^*	n^*	d	Z_d	Z_0	$U_0^c/N\,\varepsilon$	$A_0^{res}/N\,k\,T$
0,75	0,84	1,0222	10,64	10,37	0,74	4,36
1,35	0,40	1,0048	2,56	2,55	0,24	1,16
1,35	0,65	1,0029	5,02	5,03	0,63	2,37
2,81	0,85	0,9697	7,16	7,01	2,36	3,23
3,05	1,10	0,9604	13,94	12,73	5,37	5,34

Die Übereinstimmung mit den Simulationsergebnissen liegt zwischen 1 und 3% für den Realfaktor sowie die innere Energie und damit in etwa innerhalb der Genauigkeit der Simulation. Man erkennt insbesondere die Überlegenheit von Z_0 gegenüber Z_d. Entscheidend für die gute Konvergenz der Blip-Funktion-Entwicklung ist der kleine Abstandsbereich, in dem $e^{-\phi_0(r)/kT}$ von null auf eins ansteigt. Bei weicheren Abstoßungspotentialen, z. B. auch dem Verlauf $\phi_0 = 4\,\varepsilon\,(\sigma/r)^{12}$, wird dieser Abstandsbereich größer und die Konvergenz der Entwicklung auf der Grundlage von (6.5.25) schlechter. Ein dann besseres Kriterium für die Wahl des Hartkugeldurchmessers wurde von Lado [2] vorgeschlagen.

1. Shukla, K. P.; Lucas, K.: unveröffentliche Ergebnisse
2. Lado, F.: Mol. Phys. 52 (1984) 871

Beispiel 6.8

Für das Lennard-Jones-(12-6)-System liegen zahlreiche Computersimulationen [1, 2, 3] für den Realfaktor, die innere Energie und die freie Energie bei vorgegebenen Werten von Dichte und Temperatur vor. Man überprüfe die WCA-VW-Theorie.

1. Hansen, J. P.: Phys. Rev. A 2 (1970) 221
2. Levesque, D.; Verlet, L.: Phys. Rev., 182 (1969) 307
3. Luckas, M.: unveröffentlichte Ergebnisse, 1984

Lösung

In Tabelle B 6.8.1 sind die Ergebnisse zusammengestellt [1]. Außer dem auf σ bezogenen Hartkugeldurchmesser d wurde mit Z_d auch der nach der Carnahan-Starling-Gleichung berechnete Realfaktor harter Kugeln aufgenommen. Es zeigt sich, daß der hier benutzte Realfaktor Z_0 für das Referenzsystem weich abstoßender Kugeln bei hohen Dichten deutlich, d. h. um einige Prozent, kleiner ist. Der Störterm erster Ordnung für die Anziehungskräfte zum Realfaktor sowie zur inneren Energie ergab sich durch numerische Ableitungen von A^λ nach der Dichte bzw. der Temperatur.

1. Shukla, K. P.; Lucas, K.: unveröffentlichte Ergebnisse

Wie aus Beispiel 6.8 folgt, kann man mit der Hochtemperaturapproximation die thermodynamischen Eigenschaften eines dichten Fluids mit isotropen Paarwechselwirkungen in einem großen Zustandsbereich aus einer Störungsrechnung um ein Hartkugelfluid berechnen. Beim Vergleich mit Simulationen für ein Lennard-Jones-(12-6)-Fluid findet man allerdings, daß die Übereinstimmung im Rahmen der Genauigkeit der Simulationen von einigen Prozent für den Druck und ca. 10 J/mol für den Konfigurationsanteil der inneren Energie nur in einem Teilbereich des Phasendiagramms erreicht wird. Der für praktische Rechnungen ausreichend genau beschriebene Teilbereich für den Druck bzw. den Realfaktor ist in Bild 6.9 durch eine senkrechte Schraffur gekennzeichnet. Für höhere Temperaturen ($T^* > 3$) wird der Störterm in der λ-Entwicklung klein, d. h. die Ergebnisse werden im wesentlichen durch die Blip-Funktion-Entwicklung und die Hartkugeleigenschaften bestimmt. Bei Dichten bis $n^* = 0,7$ ist die Genauigkeit der Störungstheorie dann wegen der hohen Idealanteile de facto ausreichend. Für noch höhere Dichten werden bei diesen hohen Temperaturen die Drücke so groß, daß der Bereich nur in Sonderfällen technische Bedeutung hat. Eine hier geeignete Störungstheorie liegt in der Literatur vor [35]. Die WCA-VW-Theorie ist ungeeignet als Theorie der thermischen Zustandsgleichung in Flüssigkeiten mit Ausnahme ungewöhnlich hoher Dichten. Die kalorischen Zustandsgrößen innere Energie und Entropie werden dagegen bei Dichten $n^* \geq 0,65$ stets genügend genau berechnet. Praktische Einschränkungen ergeben sich nur bei niedrigen Dichten und tiefen Temperaturen. Bei hohen Temperaturen und niedrigen Dichten dominieren die Idealgasanteile. Die WCA-VW-Störungstheorie kann daher oft in Flüssigkeiten für die kalorischen Zustandsgrößen benutzt werden, obwohl

Tabelle B 6.8.1

T^*	n^*	d	Z_d	Z_0	Z	Z_{CS}	$\dfrac{U^c}{N\varepsilon}$	$\left(\dfrac{U^c}{N\varepsilon}\right)_{CS}$	$\dfrac{A^c}{NkT}$	$\left(\dfrac{A^c}{NkT}\right)_{CS}$	Ref. CS
0,75	0,10	1,0270	1,26	1,26	0,42	0,23	−0,56	−1,15	−0,55	−0,80	
	0,20	1,0268	1,61	1,61	−0,24	−0,29	−1,19	−1,90	−1,15	−1,48	
	0,30	1,0265	2,07	2,09	−0,94	−0,78	−1,88	−2,58	−1,79	−2,10	
	0,40	1,0261	2,73	2,73	−1,60	−1,20	−2,63	−3,21	−2,44	−2,68	
	0,50	1,0255	3,63	3,62	−2,10	−1,69	−3,41	−3,73	−3,08	−3,22	[2]
	0,60	1,0249	4,88	4,86	−2,27	−2,05	−4,22	−4,36	−3,67	−3,73	
	0,70	1,0240	6,67	6,61	−1,85	−1,71	−5,02	−5,07	−4,15	−4,17	
	0,80	1,0228	9,28	9,10	−0,51	−0,53	−5,76	−5,78	−4,45	−4,47	
	0,84	1,0222	10,64	10,37	0,38	0,37	−6,03	−6,01	−4,51	−4,53	
0,786	0,85	1,0204	10,86	10,56	0,97	0,97	−6,06	−6,06			[3]
0,800	0,90	1,0189	12,86	12,37	2,59	2,68	−6,32	−6,31			[3]
0,95	0,75	1,0150	7,38	7,28	0,19	0,25	−5,25	−5,28			[3]
1,00	0,90	1,0108	11,86	11,45	3,68	3,59	−6,08	−6,07			[3]
1,07	0,75	1,0106	7,15	7,05	0,79	0,84	−5,17	−5,17			[3]
1,10	0,65	1,0107	5,25	5,21	−0,03	0,09	−4,45	−4,49			[3]
1,15	0,10	1,0120	1,25	1,25	0,69	0,61	−0,56	−0,86	−0,29	0,38	
	0,20	1,0117	1,58	1,58	0,36	0,35	−1,17	−1,55	−0,61	0,73	
	0,30	1,0113	2,02	2,02	0,04	0,12	−1,84	−2,24	−0,93	−1,05	
	0,40	1,0108	2,60	2,60	−0,20	−0,09	−2,56	−2,85	−1,24	−1,34	
	0,50	1,0102	3,40	3,39	−0,29	−0,13	−3,30	−3,47	−1,52	−1,59	[2]
	0,60	1,0095	4,50	4,48	−0,09	0,07	−4,05	−4,14	−1,74	−1,78	
	0,65	1,0090	5,20	5,16	0,16	0,31	−4,42	−4,45	−1,82	−1,84	
	0,75	1,0079	7,01	6,92	1,12	1,17	−5,11	−5,13	−1,88	−1,89	
	0,85	1,0064	9,60	9,36	2,89	2,86	−5,68	−5,67	−1,77	−1,78	
	0,92	1,0051	12,09	11,59	4,78	4,72	−5,98	−5,96	−1,55	−1,56	
1,20	0,90	1,0039	11,14	10,74	4,30	4,19	−5,85	−5,85			[3]

Tabelle B6.8.1 (Fortsetzung)

T^*	n^*	d	Z_d	Z_0	Z	Z_{CS}	$\dfrac{U^c}{N\varepsilon}$	$\left(\dfrac{U^c}{N\varepsilon}\right)_{CS}$	$\dfrac{A^c}{NkT}$	$\left(\dfrac{A^c}{NkT}\right)_{CS}$	Ref. CS
1.273	0,85	1,0025	9,29	9,06	3,23	3,22	$-5,57$	$-5,54$			[3]
1.304	0,75	1,0031	6,78	6,69	1,60	1,61	$-5,00$	$-5,01$			[3]
1.35	0,10	1,0059	1,25	1,25	0,77	0,72	$-0,55$	0,78	$-0,22$	$-0,29$	
	0,20	1,0056	1,57	1,57	0,53	0,50	$-1,16$	$-1,51$	$-0,46$	$-0,56$	
	0,30	1,0052	1,99	1,99	0,31	0,35	$-1,82$	$-2,09$	$-0,69$	$-0,80$	
	0,40	1,0048	2,55	2,55	0,17	0,27	$-2,52$	$-2,75$	$-0,91$	$-1,00$	[2]
	0,50	1,0041	3,32	3,31	0,19	0,30	$-3,25$	$-3,37$	$-1,10$	$-1,16$	
	0,55	1,0038	3,80	3,78	0,29	0,41	$-3,61$	$-3,70$	$-1,17$	$-1,22$	
	0,70	1,0023	5,79	5,71	1,16	1,17	$-4,66$	$-4,68$	$-1,26$	$-1,29$	
	0,80	1,0010	7,81	7,67	2,46	2,42	$-5,26$	$-5,25$	$-1,16$	$-1,19$	
	0,90	0,9993	10,68	10,30	4,60	4,58	$-5,69$	$-5,66$	$-0,88$	$-0,90$	
	0,95	0,9983	12,76	12,15	6,08	6,32	$-5,83$	$-5,71$	$-0,64$	$-0,67$	
1.827	0,65	0,9908	4,69	4,66	1,57	1,58	$-4,10$	$-4,12$			[3]
2.74	0,10	0,9771	1,22	1,22	0,98	0,97	$-0,52$	$-0,61$	$-0,02$	$-0,03$	
	0,20	0,9767	1,51	1,51	0,99	0,99	$-1,08$	$-1,21$	$-0,03$	$-0,05$	
	0,30	0,9762	1,87	1,87	1,05	1,04	$-1,68$	$-1,78$	$-0,03$	$-0,05$	
	0,40	0,9757	2,34	2,34	1,18	1,20	$-2,29$	$-2,37$	0,005	$-0,01$	
	0,55	0,9745	3,34	3,33	1,65	1,65	$-3,17$	$-3,21$	0,12	0,06	[2]
	0,70	0,9730	4,86	4,82	2,63	2,64	$-3,93$	$-3,90$	0,38	0,37	
	0,80	0,9716	6,32	6,22	3,72	3,60	$-4,28$	$-4,28$	0,66	0,65	
	0,90	0,9699	8,29	8,05	5,29	5,14	$-4,41$	$-4,41$	1,07	1,04	
	1,00	0,9677	10,98	10,41	7,46	7,43	$-4,25$	$-4,18$	1,63	1,58	
	1,08	0,9656	14,29	13,16	9,65	9,58	$-3,83$	$-3,80$	2,22	2,16	
5.0	0,20	0,9495	1,45	1,45	1,17	1,17	$-0,95$	$-1,01$			
	0,40	0,9485	2,18	2,17	1,55	1,55	$-1,91$	$-1,94$			
	0,65	0,9465	3,74	3,73	2,63	2,58	$-2,82$	$-2,83$			[1]
	0,90	0,9485	6,74	6,60	5,07	4,94	$-2,73$	$-2,72$			
	1,00	0,9413	8,52	8,20	6,62	6,34	$-2,16$	$-2,28$			

Tabelle B 6.8.1 (Fortsetzung)

T^*	n^*	d	Z_d	Z_0	Z	Z_{CS}	$\dfrac{U^c}{N\varepsilon}$	$\left(\dfrac{U^c}{N\varepsilon}\right)_{CS}$	$\dfrac{A^c}{NkT}$	$\left(\dfrac{A^c}{NkT}\right)_{CS}$	Ref. CS
20	0,20	0,8793	1,34	1,34	1,27	1,27	$-0,08$	$-0,10$			
	0,40	0,8781	1,83	1,83	1,68	1,67	0,22	0,18			[1]
	0,67	0,8759	2,84	2,83	2,56	2,51	1,79	1,66			
100	0,20	0,7911	1,24	1,24	1,22	1,22	3,60	3,60			
	0,40	0,7901	1,54	1,54	1,51	1,54	8,59	8,50			[1]
	0,67	0,7885	2,09	2,09	2,04	2,00	18,25	17,50			

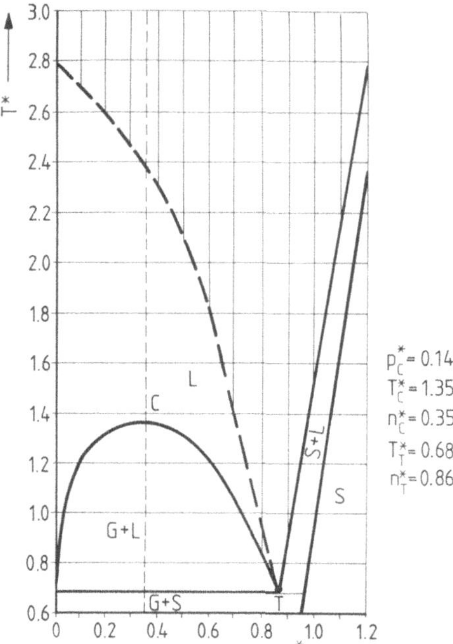

Bild 6.9. Gültigkeitsbereich der WCA-VW-Störungstheorie für kugelförmige Wechselwirkungen am Beispiel des Lennard-Jones (12-6)-Fluids. C kritischer Punkt; L Flüssigkeit; G Gas; S Feststoff

der Druck nicht genügend genau wiedergegeben wird. Wesentlich komplizertere Methoden sind zur Erfassung des durch die Hochtemperaturapproximation nicht abgedeckten Zustandsbereiches entwickelt worden. Ein ausführlicher Vergleich dieser Theorien mit Simulationen findet sich in [36].

Bei der Berechnung der thermodynamischen Funktionen realer Stoffe in der Hochtemperaturapproximation müssen bei Verwendung eines realistischen Paarpotentials auch nichtadditive Dreikörper-Dispersionskräfte berücksichtigt werden. Wie beim 3. Virialkoeffizienten, so genügt auch hier die Berücksichtigung der Axilrod-Teller-Kräfte [37], vgl. Kap. 4:

$$\phi_{123} = v \, \frac{1 + 3\cos\theta_1 \cos\theta_2 \cos\theta_3}{(r_{12} r_{13} r_{23})^3} \tag{6.5.50}$$

mit v als einem Faktor mit der Dimension Energie x (Länge)^9. Dieser Faktor kann in der in Kap. 4 gezeigten Weise konsistent aus den Parametern des Paarpotentials ermittelt werden.

Der Störterm 1. Ordnung zur Berücksichtigung dieser Kräfte lautet:

$$\left(\frac{A}{NkT}\right)^{3B} = \frac{1}{6} \frac{n^2}{kT} \int \ldots \int \phi_{123}\, g_{d3}\, dr_2\, dr_3 . \tag{6.6.51}$$

Dieser Term wurde in [38] numerisch ausgewertet zu

$$\left(\frac{d^9 A}{N v}\right)^{3B} = x^{*2} \frac{2{,}70797 + 1{,}68918\, x^* - 0{,}31570\, x^{*2}}{1 - 0{,}59056\, x^* + 0{,}20059\, x^{*2}} , \tag{6.5.52}$$

wobei $x^* = n d^3 = n\sigma^3 \left(\dfrac{d}{\sigma}\right)^3 = n^* (d/\sigma)^3$.

Damit ist eine einfache Berücksichtigung der Axilrod-Teller-Kräfte bei Rechnungen an realen Stoffen möglich.

Beispiel 6.9

Man berechne den Druck von gasförmigem Argon im Gültigkeitsbereich der WCA-VW-Theorie nach dem MSK-Potential mit den aus Gasdaten bestimmten Parametern und vergleiche mit Meßdaten [1, 2].

1. Crawford, R. K.; Daniels, W. B.: J. Chem. Phys. 50 (1969) 3171
2. Michels, A.; Wijker, H.; Wijker, H.: Physica 15 (1949) 627

Lösung

Das MSK-Potential lautet nach (4.5.14):

$$\phi^{\text{MSK}}(r) = \varepsilon\left[\frac{6}{n(r)-6}\left(\frac{r_m-d}{r-d}\right)^{n(r)} - \frac{n(r)}{n(r)-6}\left(\frac{r_m-d}{r-d}\right)^{6}\right]$$

Für Argon wurden in Beispiel 5.3 die folgenden Potentialparameter aus Anpassung an Daten des zweiten Virialkoeffizienten und des Drosselkoeffizienten gefunden:

$$\varepsilon/k = 141,61 \text{ K}$$
$$r_m = 3,7456 \text{ Å}$$
$$d/r_m = 0,0586$$

Der Nulldurchgang des Potentials liegt bei $\sigma = 3,3463$ Å. Nach (6.5.28) folgt der Störterm 1. Ordnung zu [1]:

$$\begin{aligned}
\frac{A^\lambda}{NkT} &= \frac{12}{T^*}\eta_{\text{PY}}\int_1^\infty \frac{\phi^{\text{MSK}}(r^*/d^*_{\text{PY}})}{\varepsilon}\, g_d^{\text{PY}}\left(\frac{r^*}{d^*_{\text{PY}}};\eta_{\text{PY}}\right)\left(\frac{r^*}{d^*_{\text{PY}}}\right)^2 \mathrm{d}\left(\frac{r^*}{d^*_{\text{PY}}}\right) \\
&\quad - \frac{12}{T^*}\eta_{\text{PY}}\left[\int_1^{r^*_m/d^*_{\text{PY}}} \frac{\phi^{\text{MSK}}(r^*/d^*_{\text{PY}})}{\varepsilon}\, g_d^{\text{PY}}\left(\frac{r^*}{d^*_{\text{PY}}};\eta_{\text{PY}}\right)\left(\frac{r^*}{d^*_{\text{PY}}}\right)^2 \mathrm{d}\left(\frac{r^*}{d^*_{\text{PY}}}\right)\right. \\
&\quad \left. + \int_1^{r^*_m/d^*_{\text{PY}}} g_d^{\text{PY}}\left(\frac{r^*}{d^*_{\text{PY}}};\eta_{\text{PY}}\right)\left(\frac{r^*}{d^*_{\text{PY}}}\right)^2 \mathrm{d}\left(\frac{r^*}{d^*_{\text{PY}}}\right)\right] \\
&\quad + \frac{12}{T^*}\eta\left[\int_{r^*_m/d^*}^\infty \frac{\phi^{\text{MSK}}(r^*/d^*)}{\varepsilon}\, \delta g_1\left(\frac{r^*}{d^*}\right)\left(\frac{r^*}{d^*}\right)^2 \mathrm{d}\left(\frac{r^*}{d^*}\right)\right. \\
&\quad \left. + \int_{r^*_m/d^*}^\infty \delta g_1\left(\frac{r^*}{d^*}\right)\left(\frac{r^*}{d^*}\right)^2 \mathrm{d}\left(\frac{r^*}{d^*}\right)\right].
\end{aligned}$$

Hierin bedeuten $r^* = r/\sigma$, $d^* = d/\sigma$ und $\eta = \frac{1}{6}\pi n d^3$. Im übrigen gilt:

$$d^*_{\text{B}} = \int_0^\infty (1-\mathrm{e}^{-\phi_0/kT})\,\mathrm{d}r^* = 0,5 + \int_{0,5}^{r^*_m}(1-\mathrm{e}^{-\phi_0/kT})\,\mathrm{d}r^*,$$

wobei für $r^* < 0,5$ $\mathrm{e}^{-\phi_0/kT} \cong 0$ gesetzt wurde.

Schließlich gilt:

$$\begin{aligned}
\delta &= \int_0^{r^*_m}\left(\frac{r^*}{d^*_{\text{B}}}-1\right)^2\frac{d}{dr^*}\mathrm{e}^{-\phi_0/kT}\,\mathrm{d}r^* \\
&= -\frac{1}{kT}\int_{0,5}^{r^*_m}\left(\frac{r^*}{d^*_{\text{B}}}-1\right)^2 \mathrm{e}^{-\phi_0/kT}\left\{\frac{6}{n(r^*)-6}\left(\frac{r^*_m-d^*}{r^*-d^*}\right)^{n(r^*)}\right. \\
&\quad \cdot\left[-\frac{n(r^*)}{r^*-d^*}+n'(r^*)\left(\ln(r^*_m-d^*)-\ln(r^*-d^*)-\frac{1}{n(r^*)-6}\right)\right] \\
&\quad \left. - \frac{n(r^*)}{n(r^*)-6}\left(\frac{r^*_m-d^*}{r^*-d^*}\right)^6\left[-\frac{6}{r^*-d^*}+\frac{n'(r^*)}{n(r^*)}-\frac{n'(r^*)}{n(r^*)-6}\right]\right\}\mathrm{d}r^*
\end{aligned}$$

mit $n'(r^*) = 5/r^*_m$.

Mit diesen Gleichungen sowie (6.5.36), (6.5.40) und (6.5.49) kann der Beitrag der Paar-Wechselwirkungskräfte nach der WCA-VW-Störungstheorie berechnet werden. Die Dreikörper-Dispersionskräfte werden berücksichtigt nach (6.5.52) durch:

$$\left(\frac{A}{N\,k\,T}\right)^{3\mathrm{B}} = \frac{v/(\varepsilon\,\sigma^9)}{T^*\,d^{*\,9}}\,x^2\,\frac{2{,}70797 + 1{,}68918\,x - 0{,}31570\,x^2}{1 - 0{,}59056\,x + 0{,}20059\,x^2},$$

wobei

$$x = n^*\,d^{*\,3}$$

und v nach (4.3.234)

$$v = \tfrac{3}{4}\,\alpha\,\varepsilon\,r_m^6\,\bar{f},$$

wobei $\bar{f}$ beim MSK-Potential keine Zahl, sondern eine Abstandsfunktion ist. Es ist daher sinnvoll, mit einem Mittelwert von f zu rechnen, nach [2]

$$\bar{f} = \frac{\iiint [v/(r_{12}\,r_{13}\,r_{23})^3]\,(1 + 3\cos\theta_1\,\cos\theta_2\,\cos\theta_3)\,\mathrm{e}^{-\sum\limits_{i<j}\frac{\phi_{ij}}{kT}}\,\mathrm{d}\boldsymbol{r}_1\,\mathrm{d}\boldsymbol{r}_2\,\mathrm{d}\boldsymbol{r}_3}{\iiint [(\tfrac{3}{4}\alpha\,\varepsilon\,r_m^6)/(r_{12}\,r_{13}\,r_{23})^3]\,(1 + 3\cos\theta_1\,\cos\theta_2\,\cos\theta_3)\,\mathrm{e}^{-\sum\limits_{i<j}\frac{\phi_{ij}}{kT}}\,\mathrm{d}\boldsymbol{r}_1\,\mathrm{d}\boldsymbol{r}_2\,\mathrm{d}\boldsymbol{r}_3}.$$

Hieraus ergibt sich ein schwach temperaturabhängiger Wert von $\bar{f}$, z. B. $\bar{f}\,(T^* = 1{,}0) = 1{,}32$ und $\bar{f}\,(T^* = 3{,}0) = 1{,}28$.

Als Polarisierbarkeit von Argon wird der Wert

$$\alpha = 1{,}642\ \text{Å}^3$$

benutzt [3].

Bei tiefen Temperaturen müssen für Argon Korrekturen für Quanteneffekte angebracht werden. Sie werden nach [4] erfaßt durch

$$\frac{A^{\mathrm{Q}}}{NkT} = \frac{h^2}{\sigma^2\,m\,\varepsilon}\,\frac{6\,\eta/d^{*\,2}}{24\,\pi^2\,T^{*\,2}}\,\int\limits_1^\infty \left(\frac{r^*}{d^*}\right)^2\,\nabla_{\mathrm{r}}^2\,\phi^{\mathrm{MSK}}\left(\frac{r^*}{d^*}\right)\,g_{\mathrm{d}}\left(\frac{r^*}{d^*},\eta\right)\,\mathrm{d}\left(\frac{r^*}{d^*}\right)$$

wobei

$$\nabla_{\mathrm{r}}^2\,\phi^{\mathrm{MSK}}(r^*/d^*) = \frac{1}{(r^*/d^*)}\,\frac{d^2}{d\,(r^*/d^*)^2}\,[\phi^{\mathrm{MSK}}(r^*/d^*)\,r^*/d^*].$$

Die Ergebnisse dieser Rechnungen sind in der Tabelle B 6.9.1 zusammengestellt. Man erkennt, daß die berechneten Drücke bei niedrigen Temperaturen um 2 bis 3% von den Meßwerten abweichen. Diese Abweichungen dürften zu gleichen Teilen auf Potentialdefekte und Schwächen der Störungsrechnung zurückzuführen sein. Mit zunehmender Temperatur werden die Ergebnisse kontinuierlich besser. Bei hinreichend hohen Temperaturen spielt nur noch der Hartkugelanteil eine Rolle. Die Dreikörpereffekte machen in der Regel mehr als 50% des Gesamtdruckes aus. Die Quanteneffekte sind klein, aber nicht vernachlässigbar.

1. Shukla, K. P.; Luckas, M.; Ameling, W.; Lucas, K.: Fluid phase equilibria (im Druck)
2. Ameling, W.; Luckas, M.; Shukla, K. P.; Lucas, K.: Mol. Phys. 56 (1985) 335
3. Gray, C. G.; Gubbins, K. E.: Theory of molecular fluids, Vol. 1. Oxford: Clarendon Press, 1984
4. Kim, S.; Henderson, D.; Barker, J. A.: Can. J. Phys. 47 (1969) 99

Beispiel 6.10

Für flüssiges Argon sind die Werte der thermodynamischen Funktionen aus einer empirischen Zustandsgleichung mit guter Genauigkeit berechenbar [1]. Man berechne die konfigurationelle innere Energie sowie die residuelle Entropie von flüssigem Argon entlang der Siedelinie sowie im homogenen Flüssigkeitsgebiet bei Dichten $n^* \geq 0{,}65$ nach der WCA-VW-Störungstheorie unter Verwendung des MSK-Potentials und seinen aus Gasdaten bestimmten Parametern.

1. Twu, C. H.; Lee, L. L.; Starling, K. E.: Fluid phase equilibria 4 (1980) 35

Tabelle B 6.9.1. Thermische Zustandsgleichung von gasförmigem Argon bei hohen Drücken nach dem MSK-Potential und der WCA-VW-Theorie

		p in bar	
T in K	V in (cm³/mol)	exp	cal
160,47	28,82	1317	1271
	26,26	2345	2287
	24,22	3846	3761
180,21	30,10	1282	1247
	25,81	3038	2978
	23,71	4916	4820
201,29	31,59	1266	1212
	25,80	3517	3427
	23,20	6203	6036
273	39,99	931	909
	34,99	1411	1397
323	62,22	502	493
	43,07	1025	1009
	34,99	1825	1820
373	186,65	168	169
	62,22	631	623
	34,99	2223	2226
423	559,97	63	63
	62,22	757	751
	37,33	2177	2182

Lösung

Die Berechnung im Flüssigkeitsgebiet erfolgt nach den Gleichungen aus Beispiel 6.9. Zusätzlich sind bei Rechnungen entlang der Siedelinie die thermodynamischen Bedingungen des Verdampfungsgleichgewichts zu berücksichtigen. Im Dampfbereich wird die nach dem dritten Virialkoeffizienten abgebrochene Virialgleichung benutzt. Die Tabellen B 6.10.1 und B 6.10.2 zeigen die Ergebnisse [1]. Die Übereinstimmung zwischen den Vergleichswerten und den nach der WCA-VW-Theorie berechneten Werten liegt innerhalb einiger Prozent. Wenn die exakt bekannten Idealgasanteile addiert werden, ist die gesamte Übereinstimmung sehr befriedigend. Die hier nicht gezeigten Drücke sind erwartungsgemäß in schlechter Übereinstimmung mit den Meßwerten, d.h. Abweichung von ca. 10% auf der Dampfdruckkurve und ähnliche Abweichungen im homogenen Flüssigkeitsgebiet. Die Quanteneffekte ebenso wie die Dreikörpereffekte machen in der inneren Energie einige Prozent aus, wobei die Quanteneffekte mit zunehmender Temperatur und abnehmender Dichte abnehmen. Die Daten auf der Siedelinie konnten nur bei niedrigen Temperaturen berechnet werden, da bei den zu den höheren Temperaturen gehörigen niedrigen Dichten die WCA-VW-Theorie zusammenbricht.

1. Shukla, K. P.; Luckas, M.; Ameling, W.; Lucas, K.: Fluid phase equilibria (im Druck)

Störungsrechnungen für Reinstoffe mit isotropen Wechselwirkungen haben insbesondere in extremen Zustandsbereichen eine praktische Bedeutung, da die thermodynamischen Eigenschaften der dadurch erfaßbaren, einfachen Substanzen in gewöhnlichen Zustandsbereichen bereits hinreichend experimentell be-

Tabelle B 6.10.1. Die kalorischen Zustandsgrößen von flüssigem Argon entlang der Siedelinie

T in K	u^c in (J/mol)		s^{res} in (J/mol K)	
	exp	cal	exp	cal
84	-5884	-5714	$-29{,}43$	$-28{,}04$
85	-5832	-5685	$-28{,}88$	$-27{,}74$
87,29	-5768	-5617	$-28{,}20$	$-27{,}05$
90	-5659	-5537	$-27{,}10$	$-26{,}26$
95	-5499	-5388	$-25{,}58$	$-24{,}87$
100	-5342	-5238	$-24{,}18$	$-23{,}55$
105	-5184	-5087	$-22{,}86$	$-22{,}29$
110	-5021	-4933	$-21{,}59$	$-21{,}10$

Tabelle B 6.10.2. Die kalorischen Zustandsgrößen von flüssigem Argon im homogenen Flüssigkeitsgebiet

T in K	v in (cm³/mol)	u^c in (J/mol)		s^{res} in (J/mol K)	
		exp	cal	exp	cal
87,97	28,450	-5785	-5659	$-28{,}35$	$-27{,}64$
	27,932	-5879	-5754	$-29{,}32$	$-28{,}62$
100,94	28,700	-5648	-5517	$-26{,}93$	$-26{,}19$
	27,020	-5954	-5809	$-30{,}21$	$-29{,}27$
110,77	29,30	-5491	-5346	$-25{,}45$	$-24{,}58$
	26,42	-5986	-5820	$-30{,}84$	$-29{,}69$
120,86	30,91	-5173	-5023	$-22{,}71$	$-21{,}86$
	25,85	-5980	-5818	$-31{,}31$	$-30{,}16$
130,87	32,78	-4843	-4693	$-20{,}19$	$-19{,}41$
	25,45	-5922	-5779	$-31{,}32$	$-30{,}31$
140,94	32,47	-4831	-4689	$-20{,}09$	$-19{,}37$
	24,95	-5851	-5740	$-31{,}53$	$-30{,}72$

kannt sind. So läßt sich das thermische Zustandsverhalten in hoch verdichteten Gasen bei hohen Drücken mit großer Zuverlässigkeit vorausberechnen. Mit zunehmender reduzierter Temperatur werden die Drücke praktisch exakt berechnet, so z. B. für Neon, das wegen seiner kleinen Potentialtiefe ($\varepsilon/k \cong 40$) bereits bei Raumtemperatur bei sehr hoher reduzierter Temperatur vorliegt. Im normalen, flüssigen Zustand erhält man für die kalorischen Zustandsgrößen befriedigende Ergebnisse, nicht aber für den Druck. In diesem Bereich wird es jedoch vermutlich einfacher sein, Computersimulationen durchzuführen (vgl. Tabelle 6.1), als die Störungstheorie zu verbessern.

6.5.4 Störungsrechnungen für anisotrope Wechselwirkungen mit dem Lennard-Jones-Referenzsystem

In Flüssigkeiten aus anisotropen Molekülen hat man die tatsächlichen anisotropen Beiträge zur intermolekularen Energiefunktion gemäß Kap. 4 in die makroskopische freie Energie einzuführen. Der praktisch einfachste Weg dazu ist eine Störungsrechnung auf der Basis eines universellen, kugelförmigen Referenzsystems, z. B. des Lennard-Jones-Fluids. Das Lennard-Jones-Modell ist das einfachste realistische isotrope Modell eines intermolekularen Paarpotentials, vgl. Kap. 4. Seine Bedeutung liegt insbesondere darin, daß seine thermodynamischen und strukturellen Eigenschaften aus Computersimulationen bekannt sind. Im übrigen braucht man strenggenommen nur seine strukturellen Eigenschaften, d. h. die Paarkorrelationsfunktion und Dreikörperkorrelationsfunktion. Die freie Energie des Lennard-Jones-Fluids kann durch günstigere Daten, z. B. die thermische Zustandsgleichung von Argon, ersetzt werden.

Die Störungsentwicklung für anisotrope Wechselwirkungen mit dem Lennard-Jones-Referenzsystem geht auf Pople [39] zurück, vgl. Kap. 5. Das vollständige intermolekulare Paarpotential (vgl. Kap. 4) zwischen den Molekülen 1 und 2 wird als Summe aus einem kugelsymmetrischen Referenzanteil $\phi_{12}^{\mathrm{ref}}(r)$ und einem im allgemeinen orientierungsabhängigen Störanteil $\phi_{12}^{\mathrm{p}}(r_{12}\,\omega_1\,\omega_2)$ angesetzt, gemäß

$$\phi_{12}(r_{12}\,\omega_1\,\omega_2) = \phi_{12}^{\mathrm{ref}}(r_{12}) + \phi_{12}^{\mathrm{p}}(r_{12}\,\omega_1\,\omega_2). \tag{6.5.53}$$

Hier sind r_{12} der Zenter-zu-Zenter-Abstand der beiden Moleküle und $\omega_1\,\omega_2$ ihre Orientierungen, gegeben durch die Euler-Winkel $\phi\,\vartheta\,\chi$ für jedes Molekül. Der Referenzanteil des Paarpotentials wird als ungewichtetes Mittel des gesamten Paarpotentials definiert, d. h. [39]:

$$\phi_{12}^{\mathrm{ref}}(r_{12}) \equiv \langle \phi_{12}(r_{12}\,\omega_1\,\omega_2)\rangle_{\omega_1\omega_2}, \tag{6.5.54}$$

wobei

$$\langle\ldots\rangle = \frac{1}{\int \mathrm{d}\omega_1\,\mathrm{d}\omega_2}\int(\ldots)\,\mathrm{d}\omega_1\,\mathrm{d}\omega_2. \tag{6.5.55}$$

Die Normierung der Winkelmittelung $\int \mathrm{d}\omega_1\,\mathrm{d}\omega_2$ führt auf einen Faktor von $1/(4\pi)$ für lineare und $1/(8\pi^2)$ für nichtlineare Moleküle. Bildet man das ungewichtete Mittel des vollständigen intermolekularen Paarpotentials, so erhält man

$$\langle\phi_{12}(r_{12}\,\omega_1\,\omega_2)\rangle_{\omega_1\omega_2} = \phi_{12}^{\mathrm{ref}}(r_{12}) + \langle\phi_{12}^{\mathrm{p}}(r_{12}\,\omega_1\,\omega_2)\rangle_{\omega_1\omega_2}, \tag{6.5.56}$$

woraus mit der Definition von ϕ_{12}^{ref} folgt:

$$\langle\phi_{12}^{\mathrm{p}}(r_{12}\,\omega_1\,\omega_2)\rangle_{\omega_1\omega_2} = 0. \tag{6.5.57}$$

Diese Bedingung führt erhebliche Vereinfachungen in die Störungsentwicklung ein. Setzt man die gesamte intermolekulare Energiefunktion unter der Annahme paarweiser Additivität an, also

$$U = \sum_{i<j}\phi_{ij} = \sum_{i<j}\phi_{ij}^{\mathrm{ref}}(r_{ij}) + \sum_{i<j}\phi_{ij}^{\mathrm{p}}(r_{ij}\,\omega_i\,\omega_j), \tag{6.5.58}$$

so findet man aus der λ-Entwicklung der freien Energie A^{res} nach (6.5.5) unter Benutzung von (6.5.57):

$$\frac{A^{\mathrm{res}}}{NkT} = \frac{A^{\mathrm{res,ref}}}{NkT} + \frac{A^{\lambda}}{NkT} + \frac{A^{\lambda\lambda}}{NkT} + \frac{A^{\lambda\lambda\lambda}}{NkT} + \ldots \tag{6.5.59}$$

mit

$$\frac{A^{\lambda}}{NkT} \equiv \frac{1}{NkT} \langle U^{\mathrm{p}} \rangle_{\mathrm{ref}} = 0, \tag{6.5.60}$$

$$
\begin{aligned}
\frac{A^{\lambda\lambda}}{NkT} &= -\frac{1}{2}\frac{1}{NkT}\left(\frac{1}{kT}\right)\langle (U^{\mathrm{p}})^2 \rangle_{\mathrm{ref}} = \left(\frac{A^{\lambda\lambda}}{NkT}\right)_{\mathrm{A}} + \left(\frac{A^{\lambda\lambda}}{NkT}\right)_{\mathrm{B}} \\
&= -\frac{1}{4}n^2\frac{1}{NkT}\left(\frac{1}{kT}\right)\iint \langle (\phi^{\mathrm{p}}_{12})^2 \rangle_{\omega_1\omega_2} g^{\mathrm{ref}}\, \mathrm{d}\boldsymbol{r}_1\, \mathrm{d}\boldsymbol{r}_2 \\
&\quad -\frac{1}{2}n^3\frac{1}{NkT}\left(\frac{1}{kT}\right)\iiint \langle \phi^{\mathrm{p}}_{12}\phi^{\mathrm{p}}_{13} \rangle_{\omega_1\omega_2\omega_3} g^{\mathrm{ref}}_3\, \mathrm{d}\boldsymbol{r}_1\, \mathrm{d}\boldsymbol{r}_2\, \mathrm{d}\boldsymbol{r}_3,
\end{aligned}
\tag{6.5.61}
$$

$$
\begin{aligned}
\frac{A^{\lambda\lambda\lambda}}{NkT} &= \frac{1}{6}\frac{1}{NkT}\left(\frac{1}{kT}\right)^2 \langle (U^{\mathrm{p}})^3 \rangle_{\mathrm{ref}} \\
&= \left(\frac{A^{\lambda\lambda\lambda}}{NkT}\right)_{\mathrm{A}} + \left(\frac{A^{\lambda\lambda\lambda}}{NkT}\right)_{\mathrm{B}} + \left(\frac{A^{\lambda\lambda\lambda}}{NkT}\right)_{\mathrm{C}} + \left(\frac{A^{\lambda\lambda\lambda}}{NkT}\right)_{\mathrm{D}} + \left(\frac{A^{\lambda\lambda\lambda}}{NkT}\right)_{\mathrm{E}} \\
&= \frac{1}{12}n^2\frac{1}{NkT}\left(\frac{1}{kT}\right)^2 \iint \langle (\phi^{\mathrm{p}}_{12})^3 \rangle_{\omega_1\omega_2} g^{\mathrm{ref}}\, \mathrm{d}\boldsymbol{r}_1\, \mathrm{d}\boldsymbol{r}_2 \\
&\quad + \frac{1}{6}n^3\frac{1}{NkT}\left(\frac{1}{kT}\right)^2 \iiint \langle \phi^{\mathrm{p}}_{12}\phi^{\mathrm{p}}_{13}\phi^{\mathrm{p}}_{23} \rangle_{\omega_1\omega_2\omega_3} g^{\mathrm{ref}}\, \mathrm{d}\boldsymbol{r}_1\, \mathrm{d}\boldsymbol{r}_2\, \mathrm{d}\boldsymbol{r}_3 \\
&\quad + \frac{1}{2}n^3\frac{1}{NkT}\left(\frac{1}{kT}\right)^2 \iiint \langle (\phi^{\mathrm{p}}_{12})^2\phi^{\mathrm{p}}_{13} \rangle_{\omega_1\omega_2\omega_3} g^{\mathrm{ref}}_3\, \mathrm{d}\boldsymbol{r}_1\, \mathrm{d}\boldsymbol{r}_2\, \mathrm{d}\boldsymbol{r}_3 \\
&\quad + \frac{1}{6}n^4\frac{1}{NkT}\left(\frac{1}{kT}\right)^2 \iiiint \langle \phi^{\mathrm{p}}_{12}\phi^{\mathrm{p}}_{13}\phi^{\mathrm{p}}_{14} \rangle_{\omega_1\omega_2\omega_3\omega_4} g^{\mathrm{ref}}_4\, \mathrm{d}\boldsymbol{r}_1\, \mathrm{d}\boldsymbol{r}_2\, \mathrm{d}\boldsymbol{r}_3\, \mathrm{d}\boldsymbol{r}_4 \\
&\quad + \frac{1}{2}n^4\frac{1}{NkT}\left(\frac{1}{kT}\right)^2 \iiiint \langle \phi^{\mathrm{p}}_{12}\phi^{\mathrm{p}}_{23}\phi^{\mathrm{p}}_{34} \rangle_{\omega_1\omega_2\omega_3\omega_4} g^{\mathrm{ref}}_4\, \mathrm{d}\boldsymbol{r}_1\, \mathrm{d}\boldsymbol{r}_2\, \mathrm{d}\boldsymbol{r}_3\, \mathrm{d}\boldsymbol{r}_4 .
\end{aligned}
\tag{6.5.62}
$$

Bei der Auswertung der einzelnen Störterme kann man die Integrationen über die Winkelkoordinaten analytisch durchführen, wenn man die Darstellung des Paarpotentials in einer Entwicklung in Kugelfunktionen zugrunde legt, vgl. Kap. 4. Unter Benutzung gewisser Theoreme über Winkelmittelungen von Drehmatrizen und verwandter Operationen reduzieren sich diese Integrationen auf Zahlenfaktoren. Es braucht schließlich also nur noch über die Paarkorrelationsfunktion des kugelförmigen Referenzfluids integriert zu werden. Da dieses universell gewählt werden kann, brauchen auch diese Integrationen praktisch nicht für jeden Fall neu durchgeführt zu werden. Die einmal ermittelten Integrale werden durch einfache empirische Formeln dargestellt. Die letztlich erforderliche Arbeit bei der numerischen Auswertung der Störterme ist daher relativ gering. Ähnlich wie mit einer empirischen Zustandsgleichung ist eine analytische Auswertung der thermodynamischen Funktionen möglich.

6.5.4.1 Auswertung des Störterms $(A^{\lambda\lambda}/NkT)_A$

Der Störterm $(A^{\lambda\lambda}/NkT)_A$ läßt sich schreiben als:

$$\left(\frac{A^{\lambda\lambda}}{NkT}\right)_A = -\pi n \left(\frac{1}{kT}\right)^2 \int_0^\infty \langle(\phi_{12}^{\mathrm{p}})^2\rangle_{\omega_1\omega_2}\, g^{\mathrm{ref}}\, r_{12}^2\, \mathrm{d}r_{12}. \tag{6.5.63}$$

Für das Orientierungsmittel des quadrierten Störpotentials wurde (5.4.26) abgeleitet. Spalten wir darin noch im Entwicklungskoeffizienten E die Abstandsabhängigkeit ab, nach

$$E^{\mathrm{s}}(\Lambda; n_1 n_2; r) = E^{\mathrm{s}}(\Lambda; n_1 n_2)\left(\frac{\sigma}{r}\right)^{n_{\mathrm{s}}}\frac{1}{(\sigma)^{n_{\mathrm{s}}}}, \tag{6.5.64}$$

so findet man nach Einsetzen für den Störterm $(A^{\lambda\lambda}/NkT)_A$ beim Wechselwirkungstyp ss':

$$\left(\frac{A^{\lambda\lambda}(\Lambda)}{NkT}\right)_A^{ss'} = -\frac{n^*}{4\,T^{*2}}\frac{1}{\sigma^{(n_{\mathrm{s}}+nn_{\mathrm{s'}})}}\frac{2l+1}{(2l_1+1)(2l_2+1)}$$

$$\cdot J^{(n_{\mathrm{s}}+n_{\mathrm{s'}})}(n^*,T^*)\frac{1}{\varepsilon^2}\sum_{\substack{n_1\\n_2}} E^{\mathrm{s}}(\Lambda; n_1 n_2)\, E^{\mathrm{s'}}(\Lambda; n_1 n_2)^* \tag{6.5.65}$$

mit

$$J^{(n_{\mathrm{s}}+n_{\mathrm{s'}})} = \int \frac{1}{r^{*(n_{\mathrm{s}}+n_{\mathrm{s'}})}}\, g^{\mathrm{ref}}\, r^{*2}\, \mathrm{d}r^*. \tag{6.5.66}$$

Die Entwicklungskoeffizienten für die verschiedenen Krafttypen wurden im 1. Kap. abgeleitet. Wenn sie eingesetzt werden, ergeben sich explizite Ausdrücke für die verschiedenen Beiträge zum Störterm $(A^{\lambda\lambda}/NkT)_A$ in Termen der molekularen Parameter. Insbesondere ergeben sich dabei auch Kreuzterme, wenn zwei verschiedene Wechselwirkungstypen gleiche Λ-Werte aufweisen.

Beispiel 6.11

Man entwickle den Störterm $\left(\dfrac{A^{\lambda\lambda}(112)}{NkT}\right)_A$ für lineare Moleküle nach dem SSR-MPA-Potential.

Lösung

Der erste Beitrag mit $\Lambda = 112$ ist der der Wechselwirkung zwischen zwei permanenten Dipolen. Mit

$$E^{\mathrm{mult}}(112; 00; r_{12}) = -2\sqrt{\tfrac{6\pi}{5}}\,\mu^2\, r_{12}^{-3}$$

gilt

$$\left(\frac{A^{\lambda\lambda}(112)}{NkT}\right)_A^{\mathrm{mult\text{-}mult}} = -\frac{1}{4}\frac{n^*}{T^{*2}}\frac{1}{\sigma^6}\frac{5}{3\cdot 3}\,J^{(6)}(n^*,T^*)\,4\,\frac{6\pi}{5}\,\mu^4\,\frac{1}{\varepsilon^2}$$

$$= -\frac{2}{3}\frac{\pi n^*}{T^{*2}}\frac{\mu^4}{\varepsilon^2\sigma^6}\,J^{(6)}(n^*,T^*).$$

Darüber hinaus existiert noch ein Beitrag auf Grund von „Site-Site"-Abstoßungskräften. Mit

$$E^{\mathrm{rep}}(112; 00; r^*) = \varepsilon \sum_{v=1} \varepsilon^{\mathrm{rep}}(112; v)\, r^{*-(12+2v)}$$

gilt:

$$\left(\frac{A^{\lambda\lambda}(112)}{NkT}\right)_A^{\text{rep-rep}} = -\frac{1}{4}\frac{n^*}{T^{*2}}\frac{5}{3\cdot 3}\sum_{v=1}\sum_{w=1}\varepsilon^{\text{rep}}(112;v)\,\varepsilon^{\text{rep}}(112;w)\,J^{(2(12+v+w))}(n^*,T^*)$$

$$= -\frac{5}{36}\frac{n^*}{T^{*2}}\sum_{v=1}\sum_{w=1}\varepsilon^{\text{rep}}(112;v)\,\varepsilon^{\text{rep}}(112;w)\,J^{(2(12+v+w))}(n^*,T^*).$$

Schließlich gibt es noch einen gemischten Beitrag, d.h. eine Wechselwirkung zwischen Multipol- und Repulsivkräften:

$$\left(\frac{A^{\lambda\lambda}(112)}{NkT}\right)_A^{\text{mult-rep}} = -\frac{1}{4}\frac{n^*}{T^{*2}}\frac{1}{\sigma^3}\frac{5}{3\cdot 3}(-2)\sqrt{\frac{6\pi}{5}\frac{\mu^2}{\varepsilon}}\sum_{v=1}\varepsilon^{\text{rep}}(112;v)\,J^{(15+2v)}(n^*,T^*)$$

$$= \frac{1}{3}\sqrt{\frac{5\pi}{6}}\frac{n^*}{T^{*2}}\frac{\mu^2}{\varepsilon\sigma^3}\sum_{v=1}\varepsilon^{\text{rep}}(112;v)\,J^{(15+2v)}(n^*,T^*),$$

wobei dieser Beitrag zweifach auftritt, weil zum einen der Dipol des Moleküls 1 mit dem Abstoßungspotential des Moleküls 2 und zum anderen der Dipol des Moleküls 2 mit dem Abstoßungspotential des Moleküls 1 wechselwirkt.

Beispiel 6.12

Man entwickle den Störterm $\left(\dfrac{A^{\lambda\lambda}(224)}{NkT}\right)_A$ für lineare Moleküle nach dem SSR-MPA-Potential.

Lösung

Der erste Beitrag der Ordnung $\Lambda = 224$ betrifft die Wechselwirkung zwischen zwei permanenten Quadrupolen linearer Moleküle.

Wegen $E^{\text{mult}}(224;00;r_{12}) = \frac{2}{3}\sqrt{70\pi}\,\theta^2 r_{12}^{-5}$ erhält man:

$$\left(\frac{A^{\lambda\lambda}(224)}{NkT}\right)_A^{\text{mult-mult}} = -\frac{14}{5}\frac{\pi n^*}{T^{*2}}\frac{\theta^4}{\varepsilon^2\sigma^{10}}\,J^{(10)}(n^*,T^*).$$

Darüber hinaus weist auch ein Entwicklungskoeffizient der Dispersionskräfte diesen Wert von $\Lambda = 224$ auf,

$$E^{\text{disp}}(224;00;r_{12}) = -48\sqrt{\frac{2\pi}{35}}\,\kappa^2\varepsilon\sigma^6 r_{12}^{-6}.$$

Man erhält daher sowohl einen reinen Dispersionsbeitrag, nämlich

$$\left(\frac{A^{\lambda\lambda}(224)}{NkT}\right)_A^{\text{disp-disp}} = -\frac{1}{4}\frac{n^*}{T^{*2}}\frac{1}{\sigma^{12}}\frac{9}{5\cdot 5}\,J^{(12)}(n^*,T^*)\,48^2\frac{2\pi}{35}\kappa^4\sigma^{12}$$

$$= -\frac{10368\,\pi}{875}\frac{n^*}{T^{*2}}\kappa^4\,J^{(12)}(n^*,T^*)$$

als auch einen gemischten Beitrag zwischen Multipol- und Dispersionskräften, nämlich

$$\left(\frac{A^{\lambda\lambda}(224)}{NkT}\right)_A^{\text{mult-disp}} = -\frac{1}{4}\frac{n^*}{T^{*2}}\frac{1}{\sigma^{11}}\frac{9}{5\cdot 5}\,J^{(11)}(n^*,T^*)\frac{2}{3}\sqrt{70\pi}\frac{\theta^2}{\varepsilon^2}(-48)\sqrt{\frac{2\pi}{35}}\kappa^2\varepsilon\sigma^6$$

$$= \frac{144\,\pi}{25}\frac{n^*}{T^{*2}}\kappa^2\frac{\theta^2}{\varepsilon\sigma^5}\,J^{(11)}(n^*,T^*),$$

wobei dieser Term insgesamt mit dem Faktor 2 auftritt, weil zum einen der Quadrupol des Moleküls 1 mit der Polarisierbarkeit des Moleküls 2, zum anderen aber auch der Quadrupol des Moleküls 2 mit der Polarisierbarkeit des Moleküls 1 wechselwirkt.

Schließlich existiert auch noch ein Repulsionsbeitrag mit $\Lambda = 224$. Der entsprechende Störterm lautet mit $E^{\text{rep}}(224;00;r^*) = \varepsilon\sum_{v=1}\varepsilon^{\text{rep}}(224;v)\,r^{*\,-(14+2v)}$

$$\left(\frac{A^{\lambda\lambda}(224)}{NkT}\right)_A^{\text{rep-rep}} = -\frac{9\,n^*}{100\,T^{*2}}\sum_{v=1}\sum_{w=1}\varepsilon^{\text{rep}}(224;v)\,\varepsilon^{\text{rep}}(224;w)\,J^{(2(14+v+w))}(n^*,T^*).$$

Entsprechend existieren auch gemischte Beiträge zwischen Repulsionskräften und Multipol- bzw. Dispersionskräften:

$$\left(\frac{A^{\lambda\lambda}(224)}{NkT}\right)_{\mathrm{A}}^{\mathrm{mult\text{-}rep}} = -\frac{3}{5}\sqrt{\frac{7\pi}{10}}\,\frac{n^*}{T^{*2}}\,\frac{\theta^2}{\varepsilon\sigma^5}\sum_{v=1}\varepsilon^{\mathrm{rep}}(224;v)\,J^{(19+2v)}(n^*,T^*)$$

$$\left(\frac{A^{\lambda\lambda}(224)}{NkT}\right)_{\mathrm{A}}^{\mathrm{disp\text{-}rep}} = \left(\frac{108}{25}\right)\sqrt{\frac{2\pi}{35}}\,\frac{n^*}{T^{*2}}\,\kappa^2\sum_{v=1}\varepsilon^{\mathrm{rep}}(224;v)\,J^{(20+2v)}(n^*,T^*)$$

wobei beide gemischten Terme jeweils 2fach auftreten.

6.5.4.2 Auswertung des Störterms $(A^{\lambda\lambda}/NkT)_{\mathrm{B}}$

Der Störterm $(A^{\lambda\lambda}/NkT)_{\mathrm{B}}$ läßt sich schreiben als

$$\left(\frac{A^{\lambda\lambda}}{NkT}\right)_{\mathrm{B}} = -4\pi^2\,n^2\left(\frac{1}{kT}\right)^2\int_0^\infty\int_0^\infty\int_{-1}^1\langle\phi^{\mathrm{p}}_{12}\phi^{\mathrm{p}}_{13}\rangle_{\omega_1\omega_2\omega_3}\,g_3^{\mathrm{ref}}$$
$$\cdot\,r_{12}^2\,r_{13}^2\,\mathrm{d}r_{12}\,\mathrm{d}r_{13}\,\mathrm{d}(\cos\alpha). \tag{6.5.67}$$

Für die Orientierungsmittelung von $\phi^{\mathrm{p}}_{12}\phi^{\mathrm{p}}_{13}$ erhalten wir für einen bestimmten Krafttyp nach Einsetzen der allgemeinen Darstellung des isotropen Paarpotentials:

$$\langle\phi^{\mathrm{p}}_{12}\phi^{\mathrm{p}}_{13}\rangle_{\omega_1\omega_2\omega_3} = \sum_{l_1=0}^\infty\sum_{l_2=0}^\infty\sum_{l=0}^\infty\sum_{\substack{m_1\,n_1\\m_2\,n_2\\m}}\sum_{l_1'=0}^\infty\sum_{l_3'=0}^\infty\sum_{l'=0}^\infty\sum_{\substack{m_1'\,n_1'\\m_3'\,n_3'\\m'}}$$
$$\cdot\,E_{12}(l_1\,l_2\,l;\,n_1\,n_2;\,r_{12})\,E_{13}(l_1'\,l_3'\,l';\,n_1'\,n_3';\,r_{13})$$
$$\cdot\,C(l_1\,l_2\,l;\,m_1\,m_2\,m)\,C(l_1'\,l_3'\,l';\,m_1'\,m_3'\,m')$$
$$\cdot\,\langle D^{l_1}_{m_1 n_1}(\omega_1)^*\,D^{l_1'}_{m_1' n_1'}(\omega_1)^*\rangle_{\omega_1}\,\langle D^{l_2}_{m_2 n_2}(\omega_2)^*\rangle_{\omega_2}\,\langle D^{l_3'}_{m_3' n_3'}(\omega_3)^*\rangle_{\omega_3}$$
$$\cdot\,Y_l^m(\omega_{12})^*\,Y_{l'}^{m'}(\omega_{13})^*. \tag{6.5.68}$$

Wir benutzen nun die folgenden Theoreme über Drehmatrizen (A 4.3.10), (A 4.6.2) und (A 4.6.1):

$$D^l_{mn}(\omega)^* = (-1)^{m+n}\,D^l_{\underline{m}\,\underline{n}}(\omega)$$

$$\langle D^l_{mn}(\omega)^*\,D^{l'}_{m'n'}(\omega)\rangle_\omega = \frac{1}{2l+1}\,\delta_{ll'}\,\delta_{mm'}\,\delta_{nn'}$$

$$\langle D^l_{mn}(\omega)\rangle_\omega = \delta_{l0}\,\delta_{m0}\,\delta_{n0}/(2l+1).$$

Hiermit folgt:

$$\langle\phi^{\mathrm{p}}_{12}\phi^{\mathrm{p}}_{13}\rangle_{\omega_1\omega_2\omega_3} = \sum_{l_1=0}^\infty\sum_{l=0}^\infty\sum_{m_1\,n_1}\sum_{l'=0}^\infty E_{12}(l_1\,0\,l;\,n_1\,0;\,r_{12})\,E_{13}(l_1\,0\,l';\,\underline{n}_1\,0;\,r_{13})$$
$$\cdot\,C(l_1\,0\,l;\,m_1\,0\,m_1)\,C(l_1\,0\,l';\,\underline{m}_1\,0\,\underline{m}_1)\,\frac{1}{2l_1+1}\,(-1)^{\underline{m}_1+\underline{n}_1}$$
$$\cdot\,Y_l^{m_1}(\omega_{12})\,Y_{l'}^{\underline{m}_1}(\omega_{13}). \tag{6.5.69}$$

In diesem Ausdruck konnten wegen der benutzten Theoreme über Drehmatrizen die meisten Summationen eliminiert werden. Insbesondere erkennt man, daß nur

Wechselwirkungen mit $l_2, l_3' = 0$ in Betracht zu ziehen sind, womit die Multipolkräfte generell entfallen. Wegen der Auswahlregeln für die C-Koeffizienten, vgl. Anhang 4.5, d.h. $|l_1 - 0| \leq l \leq |l_1 + 0|$ und $|l_1 - 0| \leq l' \leq |l_1 + 0|$ gilt weiterhin $l_1 = l = l'$. Alle C-Koeffizienten haben dann den Wert 1.

Mit (A 4.3.2)

$$Y_l^m(\omega)^* = (-1)^m Y_l^{\underline{m}}(\omega)$$

sowie dem Additionstheorem [30, Gleichung A 33]

$$\sum_m Y_l^m(\omega)^* \, Y_l^m(\omega') = \frac{2l+1}{4} P_l(\cos \gamma),$$

mit γ als dem Winkel zwischen ω und ω' erhält man

$$\langle \phi_{12}^P \phi_{13}^P \rangle_{\omega_1 \omega_2 \omega_3} = \frac{1}{4\pi} \sum_{l_1=0}^\infty \sum_{n_1} E_{12}(l_1 0 l_1; n_1 0; r_{12}) \, E_{13}(l_1 0 l_1; \underline{n}_1 0; r_{13})$$
$$\cdot (-1)^{n_1} \, P_{l_1}(\cos \alpha), \tag{6.5.70}$$

wobei α der Winkel zwischen den Richtungen von r_{12} und r_{13} ist.

Wie zuvor, so ist auch hier bei der Summation über die l-Indizes, hier insbesondere l_1, zu beachten, daß zu einem festen l_1 mehrere Krafttypen s, s' gehören können. Es gilt also:

$$\langle \phi_{12}^P \phi_{13}^P \rangle_{\omega_1 \omega_2 \omega_3} = \frac{1}{4\pi} \sum_{l_1=0}^\infty \sum_{n_1} \sum_s \sum_{s'} (-1)^{n_1}$$
$$\cdot E_{12}^s(l_1 0 l_1; n_1 0; r_{12}) \, E_{13}^{s'}(l_1 0 l_1; \underline{n}_1 0; r_{13}) \, P_{l_1}(\cos \alpha). \tag{6.5.71}$$

Spalten wir schließlich noch in den Entwicklungskoeffizienten E die Anstandsabhängigkeit ab, nach

$$E^s(l_1 0 l_1; n_1 0; r) = E^s(l_1 0 l_1; n_1 0) \left(\frac{\sigma}{r} \right)^{n_s} \frac{1}{(\sigma)^{n_s}}, \tag{6.5.72}$$

so findet man für $(A^{\lambda\lambda}(l_1 0 l_1)/NkT)_B^{ss'}$:

$$\left(\frac{A^{\lambda\lambda}(l_1 0 l_1)}{NkT} \right)_B^{ss'} = -\pi n^{*2} \left(\frac{1}{T^*} \right)^2 \frac{1}{\sigma^{n_s + n_{s'}}} L(l_1; n_s n_{s'}) \sum_{n_1} (-1)^{n_1}$$
$$\cdot \frac{1}{\varepsilon^2} E(l_1 0 l_1; n_1 0) \, E(l_1 0 l_1; \underline{n}_1 0) \tag{6.5.73}$$

mit

$$L(l_1; n, n') = \int_0^\infty \int_0^\infty \int_{-1}^1 dr_{12}^* \, r_{12}^{*\,-(n-2)} \, dr_{13}^* \, r_{13}^{*\,-(n'-2)} \, d(\cos \alpha_1) \, g_3^{\mathrm{ref}} P_{l_1}(\cos \alpha^*).$$

$$\tag{6.5.74}$$

Setzt man hier die Entwicklungskoeffizienten für die in Kap. 4 abgeleiteten intermolekularen Kraftwirkungen ein, so ergeben sich explizite Ausdrücke für die verschiedenen Beiträge zum Störterm $(A^{\lambda\lambda}/NkT)_{\mathrm{B}}$ in Termen der molekularen Parameter.

Beispiel 6.13

Man entwickle den Beitrag $\left(\dfrac{A^{\lambda\lambda}(101)}{NkT}\right)_{\mathrm{B}}$ für lineare Moleküle nach dem SSR-MPA-Modell.

Lösung

Betrachten wir den Beitrag der Ordnung 101, so betrifft dies die Induktionskräfte und die Repulsionskräfte zweier linearer Moleküle und es gilt wegen

$$E^{\mathrm{ind}}(101;00;r_{12}) = -\tfrac{36}{5}\sqrt{\tfrac{\pi}{3}}\,\alpha\mu\theta\,r_{12}^{-7}$$

$$E^{\mathrm{rep}}(101;00;r_{12}^{*}) = \varepsilon \sum_{v=1} \varepsilon^{\mathrm{rep}}(101;v)\,r^{*\,-(11+2v)}$$

$$\left(\frac{A^{\lambda\lambda}(101)}{NkT}\right)_{\mathrm{B}}^{\mathrm{ind\text{-}ind}} = -\pi^{2}\,n^{*2}\left(\frac{1}{T^{*}}\right)^{2} L(1;7,7)\,\frac{\alpha^{2}\mu^{2}\theta^{2}}{\sigma^{14}\varepsilon^{2}}\,\frac{432}{25}$$

$$\left(\frac{A^{\lambda\lambda}(101)}{NkT}\right)_{\mathrm{B}}^{\mathrm{rep\text{-}rep}} = -\pi\left(\frac{n^{*}}{T^{*}}\right)^{2} \sum_{v=1}\sum_{w=1} \varepsilon^{\mathrm{rep}}(101;v)\,\varepsilon^{\mathrm{rep}}(101;w)$$
$$\cdot\, L(1;11+2v,11+2w).$$

Zusätzlich existiert noch ein gemischter Term zwischen Induktions- und Repulsionskräften·

$$\left(\frac{A^{\lambda\lambda}(101)}{NkT}\right)_{\mathrm{B}}^{\mathrm{ind\text{-}rep}} = \frac{12}{5}\sqrt{\frac{3}{\pi}}\left(\frac{\pi n^{*}}{T^{*}}\right)^{2}\frac{\alpha\mu\theta}{\varepsilon\sigma^{7}} \sum_{v=1} E^{\mathrm{rep}}(101;v)\,L(1;7,11+2v).$$

Beispiel 6.14

Man entwickle den Beitrag der langreichweitigen Kräfte zu $\left(\dfrac{A^{\lambda\lambda}(202)}{NkT}\right)_{\mathrm{B}}$ für lineare Moleküle.

Lösung

Betrachten wir den Beitrag langreichweitiger Kräfte auf Grund der Ordnung 202, so treten hier sowohl Induktions- als auch Dispersionskräfte auf. Die Entwicklungskoeffizienten lauten:

$$E^{\mathrm{ind}}(202;00;r_{12}) = -4\sqrt{\tfrac{\pi}{5}}\,\alpha(\tfrac{1}{2}\mu^{2}r_{12}^{-6} + \tfrac{6}{7}\theta^{2}r_{12}^{-8})$$

und

$$E^{\mathrm{dis}}(202;00;r_{12}) = -8\sqrt{\tfrac{\pi}{5}}\,\kappa\varepsilon\sigma^{6}r_{12}^{-6}.$$

Wir erhalten daher zwei reine Beiträge, einen aufgrund von Induktion und einen aufgrund von Dispersion sowie einen weiteren gemischten Beitrag zwischen beiden Wechselwirkungstypen. Es gilt:

$$\left(\frac{A^{\lambda\lambda}(202)}{NkT}\right)^{\mathrm{ind\text{-}ind}} = -\left(\frac{\pi n^{*}}{T^{*}}\right)^{2}\frac{\alpha^{2}}{\sigma^{6}}$$
$$\cdot\left[\frac{4}{5}\frac{\mu^{4}}{\varepsilon^{2}\sigma^{6}}L(2;6,6) + \frac{96}{35}\frac{\mu^{2}\theta^{2}}{\varepsilon^{2}\sigma^{8}}L(2;6,8) + \frac{576}{245}\frac{\theta^{4}}{\varepsilon^{2}\sigma^{10}}L(2;8,8)\right],$$

$$\left(\frac{A^{\lambda\lambda}(202)}{NkT}\right)_{\mathrm{B}}^{\mathrm{disp\text{-}disp}} = -\frac{64}{5}\pi^{2}\left(\frac{n^{*}}{T^{*}}\right)^{2}\kappa^{2}\,L(2;6,6),$$

$$\left(\frac{A^{\lambda\lambda}(202)}{NkT}\right)_{\mathrm{B}}^{\mathrm{disp\text{-}ind}} = -\frac{32}{5}\pi^{2}\left(\frac{n^{*}}{T^{*}}\right)^{2}\frac{\alpha\kappa}{\sigma^{3}}\left[\frac{\mu^{2}}{2\varepsilon\sigma^{3}}L(2;6,6) + \frac{6}{7}\frac{\theta^{2}}{\varepsilon\sigma^{5}}L(2;6,8)\right].$$

6.5.4.3 Auswertung des Störterms $(A^{\lambda\lambda\lambda}/NkT)_\mathrm{A}$

Der Störterm $(A^{\lambda\lambda\lambda}/NkT)_\mathrm{A}$ lautet nach Umschreibung auf praktische Integrationsvariable

$$\left(\frac{A^{\lambda\lambda\lambda}}{NkT}\right)_\mathrm{A} = \frac{1}{3}\,\pi n\left(\frac{1}{kT}\right)^3 \int \langle (\phi_{12}^\mathrm{p})^3\rangle_{\omega_1\omega_2}\, g^\mathrm{ref}\, r_{12}^2\, dr_{12}\,. \tag{6.5.75}$$

Für das Orientierungsmittel der dritten Potenz des Störpotentials wurde (5.4.32) abgeleitet. Spaltet man darin die Abstandsabhängigkeit der Entwicklungskoeffizienten ab (6.5.64), so findet man

$$\left(\frac{A^{\lambda\lambda\lambda}}{NkT}\right)_\mathrm{A} = \sum_{\Lambda\Lambda'\Lambda''}\left(\frac{A^{\lambda\lambda\lambda}(\Lambda\Lambda'\Lambda'')}{NkT}\right)_\mathrm{A} \tag{6.5.76}$$

mit

$$\left(\frac{A^{\lambda\lambda\lambda}(\Lambda\Lambda'\Lambda'')}{NkT}\right)_\mathrm{A} = \frac{1}{12}\sqrt{\frac{1}{4\pi}}\,\frac{n^*}{T^{*3}}\,(-1)^{l_1'+l_1''+l_2'+l_2'}$$

$$\cdot\,\frac{(2l+1)(2l'+1)(2l''+1)}{\sqrt{(2l_1+1)(2l_2+1)}}\begin{pmatrix} l'' & l' & l \\ 0 & 0 & 0 \end{pmatrix}\begin{Bmatrix} l_1'' & l_1' & l_1 \\ l_2'' & l_2' & l_2 \\ l'' & l' & l \end{Bmatrix}$$

$$\cdot\,\sum_{\substack{n_1\,n_2 \\ n_1'\,n_2' \\ n_1''\,n_2''}}(-1)^{n_1'+n_2'+n_1''+n_2''}\,C(l_1''l_1'l_1;\underline{n}_1''\underline{n}_1'n_1)\,C(l_2''l_2'l_2;\underline{n}_2''\underline{n}_2'n_2)$$

$$\cdot\,\sum_s\sum_{s'}\sum_{s''}\frac{1}{\varepsilon^3}\,E_{12}^{s}(\Lambda;n_1n_2)\,E_{12}^{s'}(\Lambda';n_1'n_2')\,E_{12}^{s''}(\Lambda'';n_1''n_2'')$$

$$\cdot\,\frac{1}{\sigma^{n_s+n_s'+n_s''}}\,J^{(n_s+n_s'+n_s'')} \tag{6.5.77}$$

und

$$J^{(n_s+n_s'+n_s'')} = \int \frac{1}{r^{*\,(n_s+n_s'+n_s'')}}\,g^\mathrm{ref}\,r^{*2}\,dr^*\,. \tag{6.5.78}$$

Beispiel 6.15

Man entwickle den Beitrag $(A^{\lambda\lambda\lambda}(112;112;112)/NkT)_\mathrm{A}^{\text{mult-mult-mult}}$ für lineare Moleküle.

Lösung

Für lineare Moleküle gilt $n_1 = n_2 = n_1' = n_2' = n_1'' = n_2'' = 0$. Die Auswahlregeln der C-Koeffizienten fordern dann, daß $(l_1'' + l_1' + l_1)$ sowie $(l_2'' + l_2' + l_2)$ eine gerade Zahl ergeben. Dies ist für den zu entwickelnden Beitrag nicht der Fall, und es gilt also:

$$\left(\frac{A^{\lambda\lambda\lambda}(112;112;112)}{NkT}\right)_\mathrm{A}^{\text{mult-mult-mult}} \equiv 0.$$

Beispiel 6.16

Man entwickle den Beitrag $(A^{\lambda\lambda\lambda}(112;123;213)/NkT)_\mathrm{A}^{\text{mult-mult-mult}}$ für lineare Moleküle.

Lösung

Die Wechselwirkungskoeffizienten für diesen Beitrag lauten, vgl. Kap. 4:

$$E(112;00;r_{12}) = -2\sqrt{\tfrac{6\pi}{5}}\,\mu^2\,r_{12}^{-3}$$

$$E(123;00;r_{12}) = 2\sqrt{\tfrac{15\pi}{7}}\,\mu\,\Theta\,r_{12}^{-4}$$

$$E(213;00;r_{12}) = -2\sqrt{\tfrac{15\pi}{7}}\,\mu\,\Theta\,r_{12}^{-4}.$$

Die Summation über die n's entfällt bei linearen Molekülen. Es gilt also:

$$\left(\frac{A^{\lambda\lambda\lambda}(112;123;213)}{NkT}\right)_{A}^{\text{mult-mult-mult}} = \frac{1}{12}\sqrt{\frac{1}{4\pi}\,\frac{n^*}{T^{*3}}}\,1\,\frac{5\cdot 7\cdot 7}{\sqrt{3\cdot 3}}\begin{pmatrix}3 & 3 & 2\\ 0 & 0 & 0\end{pmatrix}\begin{Bmatrix}2 & 1 & 1\\ 1 & 2 & 1\\ 3 & 3 & 2\end{Bmatrix}$$

$$\cdot\, C(211;000)\,C(121;000)\,8\,\frac{15\pi}{7}\sqrt{\frac{6\pi}{5}}\,\frac{\mu^4\,\Theta^2}{\sigma^{11}\,\varepsilon^3}\,J^{(11)}$$

$$= \frac{8\pi}{75}\,\frac{n^*}{T^{*3}}\,\frac{\mu^4\,\Theta^2}{\sigma^{11}\,\varepsilon^3}\,J^{(11)}.$$

Insgesamt tritt dieser Beitrag aufgrund der möglichen Permutationen sechsmal auf.

6.5.4.4 Auswertung des Störterms $(A^{\lambda\lambda\lambda}/NkT)_{\mathbf{B}}$

Der Störterm $(A^{\lambda\lambda\lambda}/NkT)_{\mathbf{B}}$ lautet nach Umschreibung auf praktische Integrationsvariable:

$$\left(\frac{A^{\lambda\lambda\lambda}}{NkT}\right)_{\mathbf{B}} = \frac{4}{3}\,\pi^2\,n^2\left(\frac{1}{kT}\right)^3\iint_{-\infty}^{+\infty}\int_{-1}^{1}\langle\phi_{12}^{\mathrm{P}}\,\phi_{13}^{\mathrm{P}}\,\phi_{23}^{\mathrm{P}}\rangle_{\omega_1\omega_2\omega_3}\,g_3^{\text{ref}}\,r_{12}^2\,r_{13}^2\,dr_{12}\,dr_{13}\,d(\cos\alpha).$$

$$\tag{6.5.79}$$

Zur Auswertung dieses Ausdruckes setzen wir zunächst den allgemeinen Ausdruck für das intermolekulare Paarpotential ein, und wir erhalten:

$$\langle\phi_{12}^{\mathrm{P}}\,\phi_{13}^{\mathrm{P}}\,\phi_{23}^{\mathrm{P}}\rangle_{\omega_1\omega_2\omega_3} = \sum_{\substack{l_1\,l_2\,l\\ l_1'\,l_3'\,l'\\ l_2'\,l_3''\,l''}}\sum_{\substack{m_1\,m_2\,m\\ m_1'\,m_3'\,m'\\ m_2''\,m_3''\,m''}}\sum_{\substack{n_1\,n_2\\ n_1'\,n_3'\\ n_2''\,n_3''}}E_{12}(l_1 l_2 l;n_1 n_2;r_{12})$$

$$\cdot\,E_{13}(l_1'\,l_3'\,l';n_1'\,n_3';r_{13})\,E_{23}(l_2''\,l_3''\,l'';n_2''\,n_3'';r_{23})$$

$$\cdot\,C(l_1 l_2 l;m_1 m_2 m)\,C(l_1'\,l_3'\,l';m_1'\,m_3'\,m')\,C(l_2''\,l_3''\,l'';m_2''\,m_3''\,m'')$$

$$\cdot\,\langle D_{m_1 n_1}^{l_1}(\omega_1)^*\,D_{m_1'\,n_1'}^{l_1'}(\omega_1)^*\rangle_{\omega_1}\,\langle D_{m_2 n_2}^{l_2}(\omega_2)^*\,D_{m_2''\,n_2''}^{l_2''}(\omega_2)^*\rangle_{\omega_2}$$

$$\cdot\,\langle D_{m_3'\,n_3'}^{l_3'}(\omega_3)^*\,D_{m_3''\,n_3''}^{l_3''}(\omega_3)^*\rangle_{\omega_3}$$

$$\cdot\,Y_l^m(\omega_{12})^*\,Y_{l'}^{m'}(\omega_{13})^*\,Y_{l''}^{m''}(\omega_{23})^*.$$

$$\tag{6.5.80}$$

Wir benutzten die Theoreme (A 4.3.10) und (A 4.6.2) über die Drehmatrizen und finden:

$$\langle\phi_{12}^{\mathrm{P}}\,\phi_{13}^{\mathrm{P}}\,\phi_{23}^{\mathrm{P}}\rangle_{\omega_1\omega_2\omega_3} = \sum_{\substack{l_1\,l_2\,l\\ l_1'\,l_3'\,l'\\ l_2'\,l_3''\,l''}}\sum_{\substack{m_1\,m_2\,m\\ m_1'\,m_3'\,m'\\ m_2''\,m_3''\,m''}}\sum_{\substack{n_1\,n_2\\ n_1'\,n_3'\\ n_2''\,n_3''}}(-1)^{m_1'+n_1'}(-1)^{m_2''+n_2''}(-1)^{m_3''+n_3''}$$

$$\cdot\,\frac{1}{2l_1+1}\,\delta_{l_1 l_1'}\,\delta_{m_1 m_1'}\,\delta_{n_1 n_1'}$$

$$\cdot \frac{1}{2l_2 + 1} \delta_{l_2 l_2''} \delta_{m_2 m_2''} \delta_{n_2 n_2''}$$

$$\cdot \frac{1}{2l_3 + 1} \delta_{l_3' l_3''} \delta_{m_3' m_3''} \delta_{n_3' n_3''}$$

$$\cdot Y_l^m(\omega_{12})^* \, Y_{l'}^{m'}(\omega_{13})^* \, Y_{l''}^{m''}(\omega_{23})^*$$

$$\cdot E_{12}(l_1 l_2 l; n_1 n_2; r_{12}) \, E_{13}(l_1' l_3' l'; n_1' n_3'; r_{13})$$

$$\cdot E_{23}(l_2'' l_3'' l''; n_2'' n_3''; r_{23})$$

$$\cdot C(l_1 l_2 l; m_1 m_2 m) \, C(l_1' l_3' l'; m_1' m_3' m') \, C(l_2'' l_3'' l''; m_2'' m_3'' m'').$$

$$(6.5.81)$$

In dieser Gleichung kann nunmehr bei Beachtung des δ-Symbols die Summation über l_1', l_2'', l_3'' sowie über m_1', m_2'', m_3'' und über n_1', n_2'', n_3'' entfallen. Zur Durchführung der Summation über die C-Koeffizienten ersetzen wir diese nach (A 4.4.1) zunächst durch $3j$-Symbole. Die Summe lautet dann:

$$\sum_{\substack{m_1, m_2 \\ m_3'}} \sqrt{2l+1}\, \sqrt{2l'+1}\, \sqrt{2l''+1}\, (-1)^{m_1 + m_2 + m_3'}(-1)^{l_1 + l_2 + m}$$

$$\cdot (-1)^{l_1 + l_3' + m'}(-1)^{l_2 + l_3' + m''} \begin{pmatrix} l_1 & l_2 & l \\ m_1 & m_2 & \underline{m} \end{pmatrix} \begin{pmatrix} l_1 & l_3' & l' \\ \underline{m_1} & m_3' & \underline{m'} \end{pmatrix} \begin{pmatrix} l_2 & l_3' & l'' \\ \underline{m_2} & \underline{m_3'} & \underline{m''} \end{pmatrix}.$$

Wir benutzen nun die Möglichkeit, m_1 und m_3' durch $\underline{m_1}$ und $\underline{m_3'}$ zu ersetzen, da über positive und negative Werte zu summieren ist. Außerdem führen wir in den $3j$-Symbolen einen Spaltentausch nach der folgenden Regel durch:

$$\begin{pmatrix} j_2 & j_1 & j_3 \\ m_2 & m_1 & m_3 \end{pmatrix} = (-1)^{j_1 + j_2 + j_3} \begin{pmatrix} j_1 & j_2 & j_3 \\ m_1 & m_2 & m_3 \end{pmatrix}.$$

$$(6.5.82)$$

Die Summe über die m's schreibt sich damit:

$$\sum_{\substack{m_1, m_2 \\ m_3'}} \sqrt{2l+1}\, \sqrt{2l'+1}\, \sqrt{2l''+1}\, (-1)^{m_1 + m_2 + m_3'}(-1)^{m}(-1)^{m'}(-1)^{m''}$$

$$\cdot (-1)^{l_1 + l_2 + l}(-1)^{l_2 + l_3' + l''} \begin{pmatrix} l_2 & l_1 & l \\ m_2 & \underline{m_1} & \underline{m} \end{pmatrix} \begin{pmatrix} l_1 & l_3' & l' \\ m_1 & \underline{m_3'} & \underline{m'} \end{pmatrix} \begin{pmatrix} l_3' & l_2 & l'' \\ m_3' & \underline{m_2} & \underline{m''} \end{pmatrix}.$$

Dies hat nun eine Form, auf die (A 4.4.6) angewandt werden kann.

$$\sum_{m_a m_b m_c} (-1)^{m_a + m_b + m_c} \begin{pmatrix} l_a & l_b & l_c' \\ m_a & \underline{m_b} & m_c' \end{pmatrix} \begin{pmatrix} l_b & l_c & l_a' \\ m_b & \underline{m_c} & m_a' \end{pmatrix} \begin{pmatrix} l_c & l_a & l_b' \\ m_c & \underline{m_a} & m_b' \end{pmatrix}$$

$$= (-1)^{l_a + l_b + l_c} \begin{pmatrix} l_a' & l_b' & l_c' \\ m_a' & m_b' & m_c' \end{pmatrix} \begin{Bmatrix} l_a' & l_b' & l_c' \\ l_a & l_b & l_c \end{Bmatrix}.$$

Mit $l_a' = l$, $l_b' = l'$ und $l_c' = l''$ gilt $l_b = l_2$, $l_c = l_1$, $l_a = l_3'$, und wir finden, wenn wir $\underline{m}\,\underline{m'}\,\underline{m''}$ durch Multiplikation mit $(-1)^{l + l' + l''}$ in $m\,m'\,m''$ umformen, wobei die Vorzeichen von m_1, m_2 und m_3' wegen der Summation über diese Variable belanglos sind und damit dabei unverändert bleiben können:

$$\langle \phi_{12}^{P}\, \phi_{13}^{P}\, \phi_{23}^{P}\rangle_{\omega_1\omega_2\omega_3} = \sum_{\substack{l_1 l_2 l \\ l_3' l' \\ l''}} \sum_{\substack{m \\ m' \\ m''}} \sum_{\substack{n_1 n_2 \\ n_3'}} \frac{(-1)^{n_1+n_2+n_3'+m+m'+m''}}{(2l_1+1)(2l_2+1)(2l_3'+1)}$$

$$\cdot\, Y_l^m(\omega_{12})^*\; Y_{l'}^{m'}(\omega_{13})^*\; Y_{l''}^{m''}(\omega_{23})^*$$

$$\cdot\, E_{12}(l_1 l_2 l;\, n_1 n_2;\, r_{12})\; E_{13}(l_1 l_3' l';\, \underline{n}_1 n_3';\, r_{13})$$

$$\cdot\, E_{23}(l_2 l_3' l'';\, \underline{n}_2 n_3';\, r_{23})$$

$$\cdot\, (-1)^{l_2+l'}\sqrt{(2l+1)(2l'+1)(2l''+1)}$$

$$\cdot \begin{pmatrix} l & l' & l'' \\ m & m' & m'' \end{pmatrix} \begin{Bmatrix} l & l' & l'' \\ l_3' & l_2 & l_1 \end{Bmatrix}. \tag{6.5.83}$$

Hier ist der Ausdruck in geschweiften Klammern das sogenannte $6j$-Symbol, vgl. Anhang 4.5. Wir drücken nun noch die Summation über m, m' und m'' in etwas anderer Form aus und finden:

$$\langle \phi_{12}^{P}\, \phi_{13}^{P}\, \phi_{23}^{P}\rangle_{\omega_1\omega_2\omega_3} = \sum_{\substack{l_1 l_2 l \\ l_3' l' \\ l''}} \sum_{\substack{n_1 n_2 \\ n_3'}} E_{12}(l_1 l_2 l;\, n_1 n_2;\, r_{12})$$

$$\cdot\, E_{13}(l_1 l_3' l';\, \underline{n}_1 n_3';\, r_{13})\; E_{23}(l_2 l_3' l'';\, \underline{n}_2 n_3';\, r_{23})$$

$$\cdot\, \frac{(-1)^{n_1+n_2+n_3'}}{(2l_1+1)(2l_2+1)(2l_3'+1)}\, (-1)^{l_2+l'+l''}\sqrt{(2l+1)(2l'+1)}$$

$$\cdot \begin{Bmatrix} l & l' & l'' \\ l_3' & l_2 & l_1 \end{Bmatrix} \psi_{ll'l''}(\alpha_1 \alpha_2 \alpha_3) \tag{6.5.84}$$

mit

$$\psi_{ll'l''}(\alpha_1 \alpha_2 \alpha_3) = \sum_{mm'm''} C(ll'l'';\, mm'm'')\; Y_l^m(\omega_{12})\; Y_{l'}^{m'}(\omega_{13})\; Y_{l''}^{m''}(\omega_{23})^*, \tag{6.5.85}$$

wobei α_1 der Winkel zwischen den Richtungen ω_{12} und ω_{13} ist.

Für den Störterm $(A^{\lambda\lambda\lambda}/NkT)_{\mathrm{B}}$ finden wir damit, wenn wir wieder die Abstandsabhängigkeit im Entwicklungskoeffizienten abspalten, d. h.

$$E(\Lambda;\, n_1 n_2;\, r_{12}) = E(\Lambda;\, n_1 n_2)\left(\frac{\sigma}{r_{12}}\right)^n \frac{1}{\sigma^n}$$

sowie die verschiedenen Wechselwirkungstypen s, s' und s'' berücksichtigen:

$$\left(\frac{A^{\lambda\lambda\lambda}}{NkT}\right)_{\mathrm{B}} = \sum_{\Lambda\Lambda'\Lambda''} \left(\frac{A^{\lambda\lambda\lambda}(\Lambda,\Lambda',\Lambda'')}{NkT}\right)_{\mathrm{B}} \tag{6.5.86}$$

mit

$$\left(\frac{\overline{A^{\lambda\lambda\lambda}(l_1 l_2 l, l_1 l_3' l', l_2 l_3' l'')}}{NkT}\right)_{\mathrm{B}} = \frac{4\pi^2}{3}\frac{n^{*2}}{T^{*3}}(-1)^{l_2+l'+l''}$$

$$\cdot \frac{\sqrt{(2l+1)(2l'+1)}}{(2l_1+1)(2l_2+1)(2l_3'+1)}\begin{Bmatrix} l & l' & l'' \\ l_3' & l_2 & l_1 \end{Bmatrix}\sum_{n_1 n_2 n_3'}(-1)^{n_1+n_2+n_3'}\sum_{ss's''}$$

$$\cdot \frac{1}{\varepsilon^3}E_{12}^{s}(l_1 l_2 l; n_1 n_2)\,E_{13}^{s'}(l_1 l_3' l'; n_1 n_3')\,E_{23}^{s''}(l_2 l_3' l''; n_2 n_3')$$

$$\cdot \sigma^{-(n_s+n_s'+n_s'')}\cdot K(ll'l''; n_s n_s' n_s'') \tag{6.5.87}$$

mit

$$K(ll'l''; nn'n'') = \int_0^\infty \int_0^\infty \int_{-1}^1 r_{12}^{*2-n}\, r_{13}^{*2-n'}\left\{\sqrt{r_{12}^{*2}+r_{13}^{*2}-2r_{12}^{*}r_{13}^{*}\cos\alpha_1^{*}}\right\}^{-n''}$$

$$\cdot \psi_{ll'l''}(\alpha_1^{*}\alpha_2^{*}\alpha_3^{*})\,g_3^{\mathrm{ref}}\,\mathrm{d}r_{12}^{*}\,\mathrm{d}r_{13}^{*}\,\mathrm{d}(\cos\alpha_1^{*}). \tag{6.5.88}$$

Die Ausdrücke für $\psi_{ll'l''}(\alpha_1^{*}\alpha_2^{*}\alpha_3^{*})$ müssen für jede Kombination $ll'l''$ ausgearbeitet werden. Die Winkel α_2^{*} und α_3^{*} können auf $r_{12}^{*}\,r_{13}^{*}$ und α_1^{*} durch Dreiecksbeziehungen umgerechnet werden. Explizite Ausdrücke für $\psi_{ll'l''}$ für einige Fälle findet man bei Bell [40]. Für praktische Anwendungen sind die $K(l_1 l_2 l; n_1 n_2 n)$ für das Referenzsystem korreliert, so daß die komplizierten Integrationen nicht durchgeführt zu werden brauchen, vgl. Abschn. 6.5.4.6.

Beispiel 6.17

Man entwickle den Beitrag $\left(\dfrac{\overline{A^{\lambda\lambda\lambda}(112;112;112)}}{NkT}\right)_{\mathrm{B}}^{\mathrm{mult\text{-}mult\text{-}mult}}$ für lineare Moleküle.

Lösung

Der zu berücksichtigende Entwicklungskoeffizient lautet:

$$E^{\mathrm{mult}}(112; 00; r_{12}) = -2\sqrt{\tfrac{6\pi}{5}}\,\mu^2\,r_{12}^{-3}$$

und es gilt:

$$\left(\frac{\overline{A^{\lambda\lambda\lambda}(112;112;112)}}{NkT}\right)_{\mathrm{B}}^{\mathrm{mult\text{-}mult\text{-}mult}} = \frac{4\pi^2}{3}\frac{n^{*2}}{T^{*3}}(-1)^5\frac{\sqrt{5\cdot5}}{3\cdot3\cdot3}\begin{Bmatrix} 2 & 2 & 2 \\ 1 & 1 & 1 \end{Bmatrix}$$

$$\cdot (-8)\frac{6\pi}{5}\sqrt{\frac{6\pi}{5}}\frac{\mu^6}{\varepsilon^3}\sigma^{-9}\,K(222; 333)$$

$$= \frac{32\pi^3}{135}\sqrt{\frac{14\pi}{5}}\frac{n^{*2}}{T^{*3}}\frac{\mu^6}{\varepsilon^3\sigma^9}\,K(222; 333).$$

Beispiel 6.18

Man entwickle einen expliziten Ausdruck für $\psi_{222}(\alpha_1^{*}\alpha_2^{*}\alpha_3^{*})$.

Lösung

Es gilt die Definition:

$$\psi_{222}(\alpha_1^{*}\alpha_2^{*}\alpha_3^{*}) = \sum_{\substack{mm'm''\\=-2}}^{+2} C(222; mm'm'')\,Y_2^m(\omega_{12})\,Y_2^{m'}(\omega_{13})\,Y_2^{m''}(\omega_{23})^{*}.$$

Wir wählen ein Koordinatensystem, in dem das aus den drei Molekülen gebildete Dreieck in der $z-x$-Ebene liegt und die Verbindungslinie von $1\to3$ in die z-Achse fällt.

Dann gilt:

$$\omega_{13} = 0$$
$$\theta_{12} = \pi - \alpha_1^*; \quad \phi_{12} = 0$$
$$\theta_{23} = \alpha_3^*; \quad \phi_{23} = 0.$$

Wegen $\omega_{13} = 0$ gilt:

$$Y_2^{m'}(\omega_{13}) = Y_2^{m'}(0) = \sqrt{\frac{5}{4\pi}}\,\delta_{m'\,0}$$

und damit

$$\psi_{222}(\alpha_1^*\alpha_2^*\alpha_3^*) = \sqrt{\frac{5}{4\pi}}\sum_{m=-2}^{+2} C(222;\,m0m)\,Y_2^m(\omega_{12})\,Y_2^m(\omega_{23})^*.$$

Im vorliegenden Fall gilt $Y_2^m = Y_2^{m}{}^*$, so daß man erhält:

$$\begin{aligned}
\psi_{222}(\alpha_1^*\alpha_2^*\alpha_3^*) &= \sqrt{\frac{5}{4\pi}}\sqrt{\frac{2}{7}}\,[2\,Y_2^2(\pi-\alpha_1^*,0)\,Y_2^2(\alpha_3^*,0) \\
&\quad - Y_2^1(\pi-\alpha_1^*,0)\,Y_2^1(\alpha_3^*,0) - Y_2^0(\pi-\alpha_1^*,0)\,Y_2^0(\alpha_3^*,0)] \\
&= (\tfrac{5}{4\pi})^{3/2}\sqrt{\frac{2}{7}}\,[\tfrac{3}{4}\sin^2\alpha_1^*\sin^2\alpha_3^* + \tfrac{3}{2}\cos\alpha_1^*\sin\alpha_1^*\cos\alpha_3^*\sin\alpha_3^* \\
&\quad - \tfrac{1}{4}(3\cos^2\alpha_1^* - 1)(3\cos^2\alpha_3^* - 1)] \\
&= (\tfrac{5}{4\pi})^{3/2}\sqrt{\frac{2}{7}}\cdot\tfrac{1}{4}\,[-6\cos\alpha_1^*\cos\alpha_3^*(\cos\alpha_1^*\cos\alpha_3^* - \sin\alpha_1^*\sin\alpha_3^*) \\
&\quad - 3\cos^2\alpha_1^*\cos^2\alpha_3^* + 3\cos^2\alpha_1^* + 3\cos^2\alpha_3^* - 1 \\
&\quad + 3(1 - \cos^2\alpha_1^*)(1 - \cos^2\alpha_3^*)].
\end{aligned}$$

Mit

$$\alpha_1^* + \alpha_2^* + \alpha_3^* = \pi$$

sowie

$$\cos(\alpha_1^* + \alpha_3^*) = \cos\alpha_1^*\cos\alpha_3^* - \sin\alpha_1^*\sin\alpha_3^*$$

folgt

$$\psi_{222}(\alpha_1^*\alpha_2^*\alpha_3^*) = \sqrt{\frac{2}{7}}\,(\tfrac{5}{4\pi})^{3/2}\tfrac{1}{2}(3\cos\alpha_1^*\cos\alpha_2^*\cos\alpha_3^* + 1).$$

Auf eine Auswertung der weiteren Beiträge zum Störterm $A^{\lambda\lambda\lambda}$ kann verzichtet werden, wenn nur Multipolkräfte in dieser Ordnung berücksichtigt werden sollen, da in allen anderen Beiträgen Mittelungen über die Drehmatrizen einer Molekülorientierung auftreten. Eine solche Winkelmittelung führt wegen (A 4.6.1) zu $l = 0$, was für Multipolkräfte unmöglich ist, vgl. Kap. 4. Die Multipolkräfte beherrschen die Orientierungsabhängigkeit der langreichweitigen intermolekularen Kräfte, und es ist daher berechtigt, keine anderen Beiträge langreichweitiger Kräfte bis zur dritten Ordnung zu berücksichtigen. Grundsätzlich ist die Erfassung der anisotropen Abstoßungskräfte in 3. und höherer Ordnung in Betracht zu ziehen. Für das „Site-Site"-Abstoßungspotential führt dies teilweise auf $J - K - L$-Integrale, für die noch keine Korrelationen vorliegen. Die derzeitigen Anwendungen müssen sich daher in grober Näherung darauf beschränken, die winkelabhängigen Abstoßungskräfte durch den ersten, nicht verschwindenden Beitrag der λ-Entwicklung zu erfassen. Die dadurch eingebrachten Grenzen dieser Störungstheorie werden in den Abschnitten 6.5.4.7 und 6.5.4.8 diskutiert. Von einigen Autoren werden im Rahmen dieser Störungstheorie die winkelabhängigen anisotropen Abstoßungskräfte durch das δ-Überlappungspotential modelliert. Die hierdurch eingebrachten Beiträge zur freien Energie in zweiter Ordnung ergeben sich ohne Schwierigkeiten aus den hier abgeleiteten allgemeinen Gleichungen. Explizite Ausdrücke für die entsprechenden Beiträge in 3. Ordnung findet man in [41].

6.5.4.5 Berücksichtigung von nichtadditiven Dreikörperkräften

Nach Kap. 4 sind nichtadditive Dreikörperkräfte vom Dispersionstyp und Induktionstyp in Betracht zu ziehen. Für kugelförmige Wechselwirkungen können die nichtadditiven Dreikörper-Dispersionskräfte durch den Axilrod-Teller-Term (6.5.50) genügend genau erfaßt werden. Sie werden durch eine λ-Entwicklung 1. Ordnung berücksichtigt nach

$$\frac{A^\lambda}{NkT} = \frac{1}{NkT} \langle U^P \rangle_{\text{ref}}, \tag{6.5.89}$$

wobei hier der Störterm 1. Ordnung von null verschieden ist, weil die Axilrod-Teller-Kräfte als Dreikörperkräfte zwischen kugelförmigen Molekülen nicht bei Orientierungsmittelung verschwinden. Einführung der Dreikörperkorrelationsfunktion führt auf, vgl. (6.5.51):

$$\left(\frac{A^\lambda(000)}{NkT} \right)^{\text{disp, 3B}} = \frac{1}{6} \frac{n^2}{kT} \int \phi_{123}^{\text{disp}} \, g_3^{\text{ref}} \, d\mathbf{r}_2 \, d\mathbf{r}_3$$

$$= \frac{4\pi^2}{3} \frac{n^2}{kT} \int\limits_0^\infty \int\limits_0^\infty \int\limits_{-1}^1 \phi_{123}^{\text{disp}} \, g_3^{\text{ref}} \, r_{12}^2 \, r_{13}^2 \, dr_{12} \, dr_{13} \, d(\cos\alpha). \tag{6.5.90}$$

Mit (vgl. (4.3.248))

$$\phi_{123}^{\text{disp}}(000) = v \, \frac{3\cos\theta_1 \cos\theta_2 \cos\theta_3 + 1}{r_{12}^3 \, r_{13}^3 \, r_{23}^3}$$

folgt daraus, vgl. Beispiel 6.18:

$$\left(\frac{A^\lambda(000)}{NkT} \right)^{\text{disp, 3B}} = \frac{4\pi^2}{3} \frac{n^{*2}}{T^*} \frac{\dfrac{v}{\varepsilon\sigma^9}}{\sqrt{\left(\dfrac{5}{4\pi}\right)^3 \dfrac{1}{14}}} \, K(222;333). \tag{6.5.91}$$

Da die Axilrod-Teller-Kräfte auch für Moleküle mit anisotroper Polarisierbarkeit den Hauptbeitrag zu den nichtadditiven Dreikörper-Dispersionskräften beisteuern, kann oft in guter Näherung auf die Berücksichtigung der höheren Terme verzichtet werden.

Die Dreikörper-Induktionskräfte besitzen keinen isotropen Anteil. Es gilt also

$$\left(\frac{A^\lambda}{NkT} \right)^{\text{ind, 3B}} \equiv 0. \tag{6.5.92}$$

Zur Auswertung des Störterms 2. Ordnung beachten wir zunächst, vgl. Kap. 4:

$$\phi_{123}^{\text{ind}} = \phi_{123}^{\text{ind}}(I) + \phi_{123}^{\text{ind}}(II) + \phi_{123}^{\text{ind}}(III). \tag{6.5.93}$$

Für den Störterm 2. Ordnung gilt

$$\left(\frac{A^{\lambda\lambda}}{NkT}\right) = -\frac{1}{2}\,\frac{1}{NkT}\,\frac{1}{kT}\,\langle (U^{P})^2 \rangle_{\text{ref}}\,. \tag{6.5.94}$$

Die intermolekulare Energiefunktion schreibt sich als:

$$(U^{P})^{\text{ind, 3B-mult}} = \sum_{i<j} \phi_{ij}^{\text{mult}} + \sum_{i<j<k} \phi_{ijk}^{\text{ind}}\,, \tag{6.5.95}$$

wenn wir zur Berücksichtigung der Dreikörper-Induktionskräfte nur deren Wechselwirkung mit den Multipolkräften berücksichtigen. Quadratur dieses Ausdrucks und Winkelmittelung läßt die drei folgenden identischen Terme übrig, jeweils zweimal:

$$\langle \phi_{123}^{\text{ind}}(I)\,\phi_{23}^{\text{mult}} \rangle_{\omega_1\omega_2\omega_3};\quad \langle \phi_{123}^{\text{ind}}(II)\,\phi_{13}^{\text{mult}} \rangle_{\omega_1\omega_2\omega_3};\quad \langle \phi_{123}^{\text{ind}}(III)\,\phi_{12}^{\text{mult}} \rangle_{\omega_1\omega_2\omega_3}\,.$$

Hierbei wurde der in ϕ_{123}^{ind} quadratische Term vernachlässigt. Alle anderen Terme verschwinden, da sie entweder auf Multipol- oder auf Induktionsterme mit $l_1, l_2 = 0$ führen. Solche Terme existieren jedoch nicht. Es gilt also:

$$\left(\frac{A^{\lambda\lambda}}{NkT}\right)^{\text{ind, 3B-mult}} = -\frac{1}{2}\,8\pi^2\,n^2\left(\frac{1}{kT}\right)^2 \int_0^\infty \int_0^\infty \int_{-1}^1 \langle \phi_{123}^{\text{ind}}(I)\,\phi_{23}^{\text{mult}} \rangle_{\omega_1\omega_2\omega_3}$$
$$\cdot\, g_3^{\text{ref}}\, r_{12}^2\, r_{13}^2\, dr_{12}\, dr_{13}\, d(\cos\alpha) \tag{6.5.96}$$

mit, vgl. (4.3.211)

$$\phi_{123}^{\text{ind}}(I) = -2 \sum_{l_1''=0} \sum_{l_1 l_2} \sum_{l_1' l_3} \sum_{n_1'' } \sum_{n_2 n_3'} E_{12/13}^{\text{ind}}(l_1''; l_1 l_2 l;\, l_1' l_3' l';\, n_1'' n_2 n_3';\, r_{12} r_{13})$$
$$\cdot \sum_{\substack{m_1\ m_1'\ m_1'' \\ m_2\ m_3' \\ m\ m'}} C(l_1 l_2 l;\, m_1 m_2 m)\ C(l_1' l_3' l';\, m_1' m_3' m')\ C(l_1 l_1' l_1'';\, m_1 m_1' m_1'')$$
$$\cdot\, D_{m_1'' n_1''}^{l_1''}(\omega_1)^*\ D_{m_2 n_2}^{l_2}(\omega_2)^*\ D_{m_3' n_3'}^{l_3'}(\omega_3)^*\ Y_l^m(\omega_{12})^*\ Y_{l'}^{m'}(\omega_{13})^*\,. \tag{6.5.97}$$

Das Orientierungsmittel ist wie folgt auszuarbeiten:

$$\langle \phi_{123}^{\text{ind}}(I)\,\phi_{23}^{\text{mult}} \rangle_{\omega_1\omega_2\omega_3} = -2 \sum_{l_1''=0} \sum_{l_1 l_2 l} \sum_{l_1' l_3' l'} \sum_{l_2^* l_3^* l^*} \sum_{n_1''} \sum_{n_2 n_3'} \sum_{n_2^* n_3^*}$$
$$\cdot\, E_{12/13}^{\text{ind}}(l_1''; l_1 l_2 l;\, l_1' l_3' l';\, n_1'' n_2 n_3';\, r_{12} r_{13})$$
$$\cdot\, E_{23}^{\text{mult}}(l_2^* l_3^* l^*;\, n_2^* n_3^*;\, r_{23}) \sum_{\substack{m_1\ m_1'\ m_1''\ m_2^* \\ m_2\ m_3'\quad m_3^* \\ m\ m'\quad m^*}}$$
$$\cdot\, C(l_1 l_2 l;\, m_1 m_2 m)\ C(l_1' l_3' l';\, m_1' m_3' m')$$
$$\cdot\, C(l_1 l_1' l_1'';\, m_1 m_1' m_1'')\ C(l_2^* l_3^* l^*;\, m_2^* m_3^* m^*)$$
$$\cdot\, \langle D_{m_1'' n_1''}^{l_1''}(\omega_1)^*\ D_{m_2 n_2}^{l_2}(\omega_2)^*\ D_{m_3' n_3'}^{l_3'}(\omega_3)^*$$
$$\cdot\, D_{m_2^* n_2^*}^{l_2^*}(\omega_2)^*\ D_{m_3^* n_3^*}^{l_3^*}(\omega_3)^* \rangle_{\omega_1\omega_2\omega_3}$$
$$\cdot\, Y_l^m(\omega_{12})^*\ Y_{l'}^{m'}(\omega_{13})^*\ Y_{l^*}^{m^*}(\omega_{23})^*\,. \tag{6.5.98}$$

Wir benutzen nun (A 4.6.1) und (A 4.6.2) zur Ausführung der Orientierungsmittelung über Drehmatrizen. Dies führt auf:

$$l_1'' = m_1'' = n_1'' = 0$$

$$l_2 = l_2^*; \quad m_2 = \underline{m}_2^*; \quad n_2 = \underline{n}_2^*$$

$$l_3' = l_3'^*; \quad m_3' = \underline{m}_3'^*; \quad n_3' = \underline{n}_3'^*.$$

Wegen $l_1'' = 0$ muß aufgrund der Auswahlregeln der C-Koeffizienten gelten $l_1 = l_1'$ und damit auch $m_1 = m_1'$.

Man findet daher:

$$\langle \phi_{123}^{\mathrm{ind}}(I)\, \phi_{23}^{\mathrm{mult}} \rangle_{\omega_1 \omega_2 \omega_3} = -2 \sum_{l_1 l_2 l\; l_3' l'}\; \sum_{l^*}\; \sum_{n_2 n_3'} (-1)^{n_2 + n_3'}$$

$$\cdot\, E_{12/13}^{\mathrm{ind}}(0;\, l_1 l_2 l;\, l_1 l_3' l';\, 0 n_2 n_3';\, r_{12} r_{13})$$

$$\cdot\, E_{23}^{\mathrm{mult}}(l_2 l_3' l^*;\, \underline{n}_2 \underline{n}_3';\, r_{23})\, \frac{1}{(2l_2 + 1)(2l_3' + 1)} \sum_{m_1}\sum_{\substack{m_2\\ m}}\sum_{\substack{m_3'\; m^*\\ m'}}$$

$$\cdot\, C(l_1 l_2 l;\, m_1 m_2 m)\, C(l_1 l_3' l';\, \underline{m}_1' m_3' m')$$

$$\cdot\, C(l_1 l_1 0;\, m_1 \underline{m}_1 0)\, C(l_2 l_3' l^*;\, \underline{m}_2 \underline{m}_3' m^*)$$

$$\cdot\, Y_l^m(\omega_{12})^*\; Y_{l'}^{m'}(\omega_{13})^*\; Y_{l^*}^{m^*}(\omega_{23})^* (-1)^{m_2 + m_3'}. \tag{6.5.99}$$

Aus (A 4.5.1) folgt:

$$C(l_1 l_1 0;\, m_1 \underline{m}_1 0) = (-1)^{l_1 - m_1}\, \frac{1}{\sqrt{2l_1 + 1}}.$$

Zur Durchführung der Summation über $m_1 m_2 m_3'$ ersetzen wir die C-Koeffizienten durch 3j-Symbole nach (A 4.4.1) und erhalten dafür:

$$\sum_{m_1 m_2 m_3'} (2l+1)^{1/2}\, (2l'+1)^{1/2}\, (2l^*+1)^{1/2}\, (-1)^{l_1 + l_2 + m}$$

$$\cdot (-1)^{l_1 + l_3' + m'}\, (-1)^{l_2 + l_3' + m^*}\, (-1)^{m_2 + m_3'}\, (-1)^{l_1 - m_2}\, (2l_1 + 1)^{-1/2}$$

$$\cdot \begin{pmatrix} l_1 & l_2 & l \\ m_1 & m_2 & \underline{m} \end{pmatrix} \begin{pmatrix} l_1 & l_3' & l' \\ \underline{m}_1 & m_3' & m' \end{pmatrix} \begin{pmatrix} l_2 & l_3' & l^* \\ \underline{m}_2 & \underline{m}_3' & m^* \end{pmatrix}.$$

Wir benutzen nun die Möglichkeit, m_1 und m_3' durch $\underline{m}_1$ und $\underline{m}_3'$ zu ersetzen, da über positive und negative Werte zu summieren ist. Führen wir außerdem im ersten und letzten 3j-Symbol einen Spaltentausch durch, nach

$$\begin{pmatrix} j_2 & j_1 & j_3 \\ m_2 & m_1 & m_3 \end{pmatrix} = (-1)^{j_1 + j_2 + j_3} \begin{pmatrix} j_1 & j_2 & j_3 \\ m_1 & m_2 & m_3 \end{pmatrix},$$

so schreibt sich die Summe über die m's:

$$\sum_{m_1 m_2 m_3'} \sqrt{(2l+1)(2l'+2)(2l^*+1)}\, (-1)^{m + m' + m^*}\, (-1)^{l_1 + l_2 + l}$$

$$\cdot (-1)^{l_2 + l_3' + l^*}\, (-1)^{m_2 + m_3'}\, (-1)^{l_1 - m_1}\, (2l_1 + 1)^{-1/2}$$

$$\cdot \begin{pmatrix} l_2 & l_1 & l \\ m_2 & \underline{m}_1 & \underline{m} \end{pmatrix} \begin{pmatrix} l_1 & l_3' & l' \\ m_1 & \underline{m}_3' & m' \end{pmatrix} \begin{pmatrix} l_3' & l_2 & l^* \\ m_3' & \underline{m}_2 & m^* \end{pmatrix}.$$

Wir wenden nun (A 4.4.6) an, mit $l'_1 = l$, $l'_2 = l'$ und $l'_3 = l^*$ sowie $l_2 = l_2$, $l_3 = l_1$, $l_1 = l'_3$ und finden, wenn wir $\underline{m}\,\underline{m}'\,\underline{m}^*$ unter Verwendung von (A 4.5.4) durch Multiplikation mit $(-1)^{l+l'+l^*}$ in $m\,m'\,m^*$ umformen:

$$\langle \phi_{123}^{\text{ind}}(I)\,\phi_{23}^{\text{mult}}\rangle_{\omega_1\omega_2\omega_3} = -2 \sum_{\substack{l_1 l_2 l \\ l'_3 ll' \\ l^*}} \sum_{n_2 n'_3} \frac{(-1)^{n_2+n'_3}}{(2l_1+1)^{1/2}(2l_2+1)(2l'_3+1)}$$

$$\sum_{\substack{m \\ m' \\ m^*}} (-1)^{m+m'+m^*}\, E_{12/13}^{\text{ind}}(0;\,l_1 l_2 l;\,l_1 l'_3 l';\,0 n_2 n'_3;\,r_{12} r_{13})$$

$$\cdot E_{23}^{\text{mult}}(l_2 l'_3 l^*;\,\underline{n}_2 \underline{n}'_3;\,r_{23})\sqrt{(2l+1)(2l'+1)(2l^*+1)}$$

$$\cdot \begin{pmatrix} l & l' & l^* \\ m & m' & m^* \end{pmatrix} \begin{Bmatrix} l & l' & l^* \\ l'_3 & l_2 & l_1 \end{Bmatrix} (-1)^{l_1+l_2+l'}$$

$$\cdot Y_l^m(\omega_{12})^*\, Y_{l'}^{m'}(\omega_{13})^*\, Y_{l^*}^{m^*}(\omega_{23})^*. \tag{6.5.100}$$

Drücken wir die Summation über $m\,m'\,m^*$ durch das ψ-Symbol aus, dann gilt:

$$\langle \phi_{123}^{\text{ind}}(I)\,\phi_{23}^{\text{mult}}\rangle_{\omega_1\omega_2\omega_3} = -2 \sum_{\substack{l_1 l_2 l \\ l'_3 l' \\ l^*}} \sum_{n_2 n'_3} \frac{(-1)^{n_2+n'_3}}{\sqrt{2l_1+1}\,(2l_2+1)(2l'_3+1)}$$

$$\cdot E_{12/13}^{\text{ind}}(0;\,l_1 l_2 l;\,l_1 l'_3 l';\,0 n_2 n'_3;\,r_{12} r_{13})$$

$$E_{23}^{\text{mult}}(l_2 l'_3 l^*;\,\underline{n}_2 \underline{n}'_3;\,r_{23})\,(-1)^{l_1+l_2+l'+l^*}\sqrt{(2l+1)(2l'+1)}$$

$$\cdot \begin{Bmatrix} l & l' & l^* \\ l'_3 & l_2 & l_1 \end{Bmatrix} \psi_{ll'l^*}(\alpha_1 \alpha_2 \alpha_3). \tag{6.5.101}$$

Einsetzen in die Gleichung für den Störterm 2. Ordnung führt nach Abspalten der Abstandsfunktion in den Entwicklungskoeffizienten der Paar- und Dreikörperpotentiale auf

$$\left(\frac{A^{\lambda\lambda}}{NkT}\right)^{\text{ind, 3B-mult}} = \sum_{\Lambda\Lambda'\Lambda^*} \left(\frac{A^{\lambda\lambda}(\Lambda,\Lambda',\Lambda^*)}{NkT}\right)^{\text{ind, 3B-mult}} \tag{6.5.102}$$

mit

$$\left(\frac{A^{\lambda\lambda}(\Lambda,\Lambda',\Lambda^*)}{NkT}\right)^{\text{ind, 3B-mult}} = +8\pi^2 \left(\frac{n^*}{T^*}\right)^2 (-1)^{l_1+l_2+l'+l^*}$$

$$\cdot \frac{\sqrt{(2l+1)(2l'+1)}}{\sqrt{2l_1+1}\,(2l_2+1)(2l'_3+1)} \begin{Bmatrix} l & l' & l^* \\ l'_3 & l_2 & l_1 \end{Bmatrix} \sum_{n_2 n'_3} (-1)^{n_2+n'_3}$$

$$\cdot E_{12/13}^{\text{ind}}(0;\,\Lambda;\,\Lambda';\,0 n_2 n'_3)\, E_{23}^{\text{mult}}(\Lambda^*;\,\underline{n}_2 \underline{n}'_3)\,\frac{1}{\varepsilon^2}$$

$$\cdot \sigma^{-(n+n'+n^*)}\, K(ll'\,l^*;\,nn'n^*). \tag{6.5.103}$$

Beispiel 6.19

Man entwickle den Beitrag $\left(\dfrac{A^{\lambda\lambda}(112;112;112)}{NkT}\right)^{\text{ind, 3B-mult}}$ für lineare Moleküle.

Lösung

Für lineare Moleküle gilt $n_2 = n'_3 = 0$ und wir erhalten:

$$
\left(\frac{A^{\lambda\lambda}(112;112;112)}{NkT}\right)^{\text{ind, 3B-mult}} = + 8\pi^2\left(\frac{n^*}{T^*}\right)^2 (-1)^6 \frac{\sqrt{5\cdot 5}}{\sqrt{3}\, 3\cdot 3}
$$

$$
\cdot \begin{Bmatrix} 2 & 2 & 2 \\ 1 & 1 & 1 \end{Bmatrix} \left(-\frac{36\pi}{5}\right)\frac{1}{\sqrt{3}}\alpha\mu^2\left(-2\sqrt{\frac{6\pi}{5}}\right)\mu^2\frac{1}{\varepsilon^2}\sigma^{-9}\,K(222;333)
$$

$$
= 3\cdot\frac{64}{75}\sqrt{\frac{35\pi}{18}}\,\pi^3\left(\frac{n^*}{T^*}\right)^2\frac{\alpha\mu^4}{\varepsilon^2\sigma^9}\,K(222;333).
$$

Beispiel 6.20

Man entwickle den Beitrag $\left(\dfrac{A^{\lambda\lambda}(112;123;123)}{NkT}\right)^{\text{ind, 3B-mult}}$ für lineare Moleküle.

Lösung

$$
\left(\frac{A^{\lambda\lambda}(112;123;123)}{NkT}\right)^{\text{ind, 3B-mult}} = + 8\pi^2\left(\frac{n^*}{T^*}\right)^2 (-1)^8 \frac{\sqrt{5\cdot 7}}{\sqrt{3}\, 3\cdot 5}
$$

$$
\cdot \begin{Bmatrix} 2 & 3 & 3 \\ 2 & 1 & 1 \end{Bmatrix} \left(\frac{36\pi}{7}\right)\sqrt{\frac{7}{6}}\alpha\mu\theta\, 2\sqrt{\frac{15\pi}{7}}\mu\theta\frac{1}{\varepsilon^2}\sigma^{-11}\,K(233;334)
$$

$$
= 3\frac{64}{105}\pi^3\sqrt{3\pi}\left(\frac{n^*}{T^*}\right)^2\frac{\alpha\mu^2\theta^2}{\sigma^{11}\varepsilon^2}\,K(233;344)
$$

$$
= \left(\frac{A^{\lambda\lambda}(123;112;213)}{NkT}\right)^{\text{ind, 3B-mult}}
$$

Beispiel 6.21

Man entwickle den Beitrag $\left(\dfrac{A^{\lambda\lambda}(123;123;224)}{NkT}\right)^{\text{ind, 3B-mult}}$ für lineare Moleküle.

Lösung

$$
\left(\frac{A^{\lambda\lambda}(123;123;224)}{NkT}\right)^{\text{ind, 3B-mult}} = + 8\pi^2\frac{n^{*2}}{T^{*2}} (-1)^{10} \frac{\sqrt{7\cdot 7}}{\sqrt{3}\, 5\cdot 5}
$$

$$
\cdot \begin{Bmatrix} 3 & 3 & 4 \\ 2 & 2 & 1 \end{Bmatrix} \left(-\frac{90\pi}{7}\right)\sqrt{\frac{1}{3}}\alpha\theta^2\frac{2}{3}\sqrt{70\pi}\,\theta^2\frac{1}{\varepsilon^2}\sigma^{-13}\,K(334;445)
$$

$$
= -\frac{32}{105}(154\pi)^{1/2}\pi^3\left(\frac{n^*}{T^*}\right)^2\frac{\alpha\theta^4}{\varepsilon^2\sigma^{13}}\,K(334;445).
$$

6.5.4.6 Die Verwendung des Lennard-Jones-(12-6)-Systems als Referenzsystem

Nach (6.5.54) entsteht das Referenzsystem in der Popleschen Störungsentwicklung durch Winkelmittelung des vollständigen Paarpotentials. Nach den Erkenntnissen des Kap. 4 haben insbesondere die Induktionskräfte und die Abstoßungskräfte auch Beiträge mit $l_1 = l_2 = l_3 = 0$, also isotrope Beiträge. Nach der Definition müßten diese Beiträge eigentlich Bestandteil des Referenzsystems sein. Wollen wir hingegen aus praktischen Gründen universell das Lennard-Jones-

(12-6)-System als Referenzsystem benutzen, so können wir diese Beiträge in erster Ordnung auf das Lennard-Jones-System reduzieren, nach

$$\frac{A^\lambda(000)}{NkT} = \frac{2\pi n}{kT} \int \phi^{\mathrm{P}}(000)\, g^{\mathrm{LJ}}(r)\, r^2\, \mathrm{d}r. \tag{6.5.104}$$

Beispiel 6.22

Man entwickle den Beitrag $\dfrac{A^\lambda(000)}{NkT}$ für die „Site-Site"-Abstoßung und die Induktion linearer Moleküle.

Lösung

Es gilt nach (4.4.27)

$$E^{\mathrm{rep}*}(000;00;r) = [8\sqrt{\pi} \sum_{\mathrm{ab}} \varepsilon^*_{\mathrm{ab}} \sigma^{*12}_{\mathrm{ab}}]\, r^{*-12} + [8\sqrt{\pi} \sum_{\mathrm{ab}} \varepsilon^*_{\mathrm{ab}} \sigma^{*12}_{\mathrm{ab}}\, 22(r^{*2}_{\mathrm{a}} + r^{*2}_{\mathrm{b}})]\, r^{*-14}$$

$$+ \left[8\sqrt{\pi} \sum_{\mathrm{ab}} \varepsilon^*_{\mathrm{ab}} \sigma^{*12}_{\mathrm{ab}}\, 1001 \left(\frac{r^{*4}_{\mathrm{a}}}{5} + 2\frac{r^{*2}_{\mathrm{a}} r^{*2}_{\mathrm{b}}}{3} + \frac{r^{*4}_{\mathrm{b}}}{5} \right) \right] r^{*-16} + \ldots$$

Damit wird

$$\phi^{\mathrm{P}}(r^*) = 4\varepsilon \sum_{\mathrm{ab}} \varepsilon^*_{\mathrm{ab}} \sigma^{*12}_{\mathrm{ab}}\, 22(r^{*2}_{\mathrm{a}} + r^{*2}_{\mathrm{b}})\, r^{*-14}$$

$$+ 4\varepsilon \sum_{\mathrm{ab}} \varepsilon^*_{\mathrm{ab}} \sigma^{*12}_{\mathrm{ab}}\, 1001 \left(\frac{r^{*4}_{\mathrm{a}}}{5} + \frac{2r^{*2}_{\mathrm{a}} r^{*2}_{\mathrm{b}}}{3} + \frac{r^{*4}_{\mathrm{b}}}{5} \right) r^{*-16} + \ldots$$

Einsetzen in A^λ/NkT führt auf

$$\left(\frac{A^\lambda(000)}{NkT} \right)^{\mathrm{rep}} = 2\pi \frac{n^*}{T^*} \left[88 \sum_{\mathrm{ab}} \varepsilon^*_{\mathrm{ab}} \sigma^{*12}_{\mathrm{ab}} (r^{*2}_{\mathrm{a}} + r^{*2}_{\mathrm{b}})\, J^{(14)} \right.$$

$$\left. + 4004 \sum_{\mathrm{ab}} \varepsilon^*_{\mathrm{ab}} \sigma^{*12}_{\mathrm{ab}} \left(\frac{r^{*4}_{\mathrm{a}}}{5} + \frac{2r^{*2}_{\mathrm{a}} r^{*2}_{\mathrm{b}}}{3} + \frac{r^{*4}_{\mathrm{b}}}{5} \right) J^{(16)} + \ldots \right].$$

Für die Induktionswechselwirkung gilt nach (4.3.154):

$$E^{\mathrm{ind}}(000;00;r) = -2\sqrt{\pi}\, \alpha(2\mu^2\, r^{-6} + 3\theta^2\, r^{-8}).$$

Einsetzen in A^λ/NkT ergibt:

$$\frac{A^\lambda(000)^{\mathrm{ind}}}{NkT} = -\frac{4\pi n^*}{T^*} \frac{\alpha\mu^2}{\varepsilon\sigma^6}\, J^{(6)} - \frac{6\pi n^*}{T^*} \frac{\alpha\theta^2}{\varepsilon\sigma^8}\, J^{(8)}.$$

Die thermodynamischen und strukturellen Eigenschaften des Lennard-Jones-(12-6)-Systems sind aus Computersimulationen mit hinreichender Genauigkeit bekannt. Zahlreiche Simulationswerte des Druckes und der inneren Energie sowie Daten der Virialkoeffizienten für das Lennard-Jones-(12-6)-System sind zur Aufstellung einer thermischen Zustandsgleichung in der Form $p^* = p^*(T^*, n^*)$ benutzt worden [42]. Diese Zustandsgleichung des Lennard-Jones-Fluids [42] gibt seine thermodynamischen Eigenschaften mit für viele Zwecke ausreichender Genauigkeit wieder. Sie ist nicht sehr befriedigend in der Nähe des kritischen Punktes und des Sättigungsgebietes. Legt man im übrigen Wert darauf, die Reinstoffeigenschaften der Edelgase und anderer einfacher Substanzen mit hoher Genauigkeit zu beschreiben, so ist es geschickter, zur Modellierung der thermodynamischen Eigenschaften des Referenzfluids eine genaue und über einen hinreichend großen Zustandsbereich gültige Zustandsgleichung eines realen Stoffes wie Argon oder Methan zu benutzen, vgl. z. B. die in Beispiel 6.1 verwendete Gleichung [43].

Die strukturellen Eigenschaften des Lennard-Jones-(12-6)-Systems sind in den Integralen J, K und L verarbeitet, mit den Definitionen

$$J^{(n)} = \int\limits_0^\infty \frac{1}{r^{*n}}\, g^{\text{LJ}}\, r^{*2}\, \mathrm{d}r^*, \tag{6.5.105}$$

$$L(l; n, n') = \int\limits_0^\infty \int\limits_0^\infty \int\limits_{-1}^1 P_l(\cos\alpha)\, g_3^{\text{LJ}}\, r_{12}^{*(2-n)}\, r_{13}^{*(2-n')}\, \mathrm{d}r_{12}^*\, \mathrm{d}r_{13}^*\, \mathrm{d}(\cos\alpha^*) \tag{6.5.106}$$

und

$$K(ll'l''; nn'n'') = \int\limits_0^\infty \int\limits_0^\infty \int\limits_{-1}^1 \psi_{ll'l''}\, g_3^{\text{LJ}}\, r_{12}^{*(2-n)}\, r_{13}^{*(2-n')}\, r_{23}^{*-n''}$$

$$\cdot\, \mathrm{d}r_{12}^*\, \mathrm{d}r_{13}^*\, \mathrm{d}(\cos\alpha^*). \tag{6.5.107}$$

Die $J^{(n)}$-Integrale können prinzipiell durch Integration über die aus Computersimulationen bekannte Paarkorrelationsfunktion ermittelt werden. Will man die L- und K-Integrale auf die gleiche Weise ermitteln, so benötigt man zur Reduktion auf die Paarkorrelationsfunktion eine Approximation, z. B. die Kirkwoodsche Superpositionsapproximation

$$g_3 \cong g_{12}\, g_{13}\, g_{23}. \tag{6.5.108}$$

Diese Superpositionsapproximation ist brauchbar für die K-Integrale, versagt allerdings völlig für die L-Integrale [44]. Es ist daher besser, die K- und L-Integrale direkt zu simulieren. Für große Werte von n gilt dies auch für die $J^{(n)}$-Integrale, da dann die Genauigkeit der bekannten und vertafelten Paarkorrelationsfunktionen nicht für die Integration ausreicht. Insgesamt lassen sich alle Lennard-Jones-Integrale durch einfache, empirische Approximationsgleichungen darstellen. Solche Gleichungen liegen in der Literatur vor [42, 44]. Die Endergebnisse sind in der Regel nicht sehr sensibel auf die Genauigkeit der Integrale, wie ein Vergleich von Rechnungen mit den Integralen aus [42] und denen aus [44] zeigt.

6.5.4.7 Die Konvergenz der Popleschen Störungsentwicklung

Die Poplesche Störungsentwicklung (6.5.59)

$$\frac{A^{\text{res}}}{NkT} = \frac{A^{\text{res, LJ}}}{NkT} + \frac{A^\lambda}{NkT} + \frac{A^{\lambda\lambda}}{NkT} + \frac{A^{\lambda\lambda\lambda}}{NkT} + \cdots \tag{6.5.109}$$

hat unbefriedigende Konvergenzeigenschaften. Man hat jedoch zeigen können, daß die nachstehende Padé-Approximation [45–48]

$$A = A^{\text{LJ}} + A^\lambda + A^{\lambda\lambda}\left(\frac{1}{1 - A^{\lambda\lambda\lambda}/A^{\lambda\lambda}}\right) \tag{6.5.110}$$

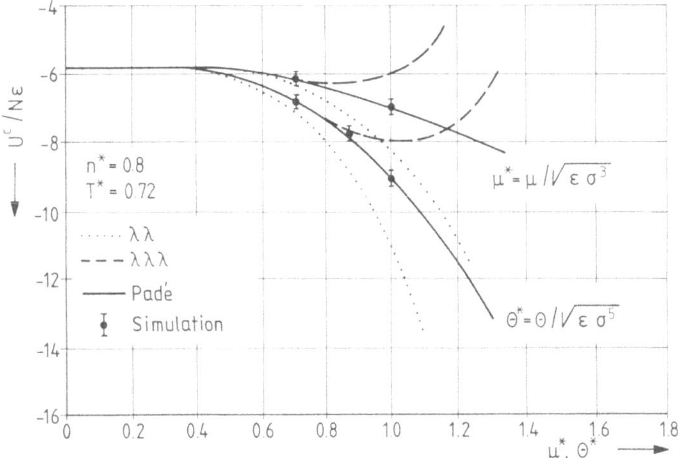

Bild 6.10. Zur Konvergenz der Popleschen Störungsentwicklung bzw. der Padé-Approximation für ein Lennard-Jones (12-6) + Dipol- bzw. ein Lennard-Jones (12-6) + Quadrupol-Fluid [49]

eine sehr günstige Berücksichtigung der höheren Terme für die Multipolkräfte bewirkt. Der Druck und die innere Energie werden aus den entsprechenden Ableitungen der freien Energie berechnet. Bild 6.10 zeigt die Konvergenz der Reihe (6.5.109) wie auch die Leistungsfähigkeit der Padé-Approximation im Vergleich mit Computersimulationen [49] für den Konfigurationsanteil der inneren Energie bei Berücksichtigung von Dipolen und Quadrupolen. Man erkennt die befriedigende Übereinstimmung von (6.5.110) mit den Simulationen bis zu den höchsten für starre, anisotrope Moleküle auftretenden Multipolmomenten. Bild 6.11 zeigt eine entsprechende Darstellung für das in Kap. 4 diskutierte halbempirische Modell anisotroper Abstoßungskräfte, das δ-Überlappungsmodell [41]. Hier werden die Grenzen der Padé-Approximation für anisotrope Abstoßungskräfte deutlich, da nach Kap. 4 selbst δ-Werte von $\pm$ 0,5 nur eine schwach orientierungsabhängige Wechselwirkung herbeiführen. Die Bilder 6.12 und 6.13 zeigen entsprechende Darstellungen für das wesentlich realistischere und stärker orientierungsabhängige „Site-Site"-Abstoßungspotential beim selben thermodynamischen Zustand [50]. Man sieht hier, daß der Haupteffekt der Moleküllongation qualitativ durch den isotropen Potentialanteil (000) gegeben ist, der im δ-Überlappungspotential gar nicht berücksichtigt wird. Die Winkelabhängigkeit des Abstoßungspotentials ($\neq$ 000) kann durch den $\lambda\lambda$-Term offenbar nur bis $r_a^* = 0,06$ erfaßt werden. Angesichts realer Moleküllongationen bis $r_a^* \cong 0,3$ ist dies unbefriedigend. Detaillierte Vergleiche für das Lennard-Jones + Dipol-Fluid für den Realfaktor zeigt Tabelle 6.3 [51]. Die Padé-Approximation liefert Ergebnisse, die im wesentlichen innerhalb der Genauigkeit der Computersimulationen liegen ($\Delta Z \sim 0,06$) und ist bei typisch flüssigen Zuständen dramatisch besser als die einfache abgebrochene Reihenentwicklung. Eine dementsprechende Studie zur Konvergenz der Popleschen Störungsentwicklung für harte Kugeln mit aufgeprägten Dipolen und Quadrupolen liegt ebenfalls vor [52]. Sie bestätigt im wesentlichen die gute Leistungsfähigkeit der Padé-Approximation für Multipolkräfte. Auch die Paarkorre-

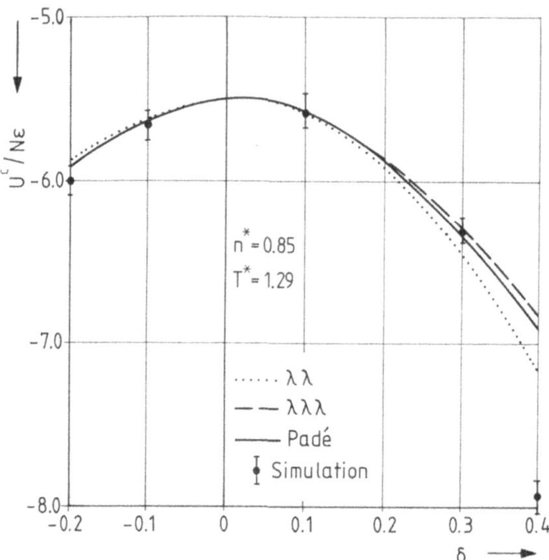

Bild 6.11. Zur Konvergenz der Popleschen Störungsentwicklung bzw. der Padé-Approximation für ein Lennard-Jones (12-6) + δ-Überlappungspotential-Fluid [41]

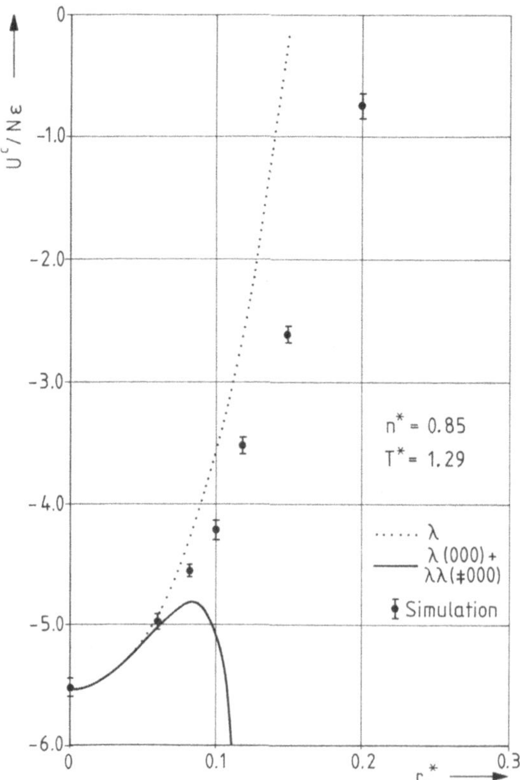

Bild 6.12. Zur Konvergenz der Popleschen Störungsentwicklung für das „Site-Site" + r^{-6}-Fluid [50]

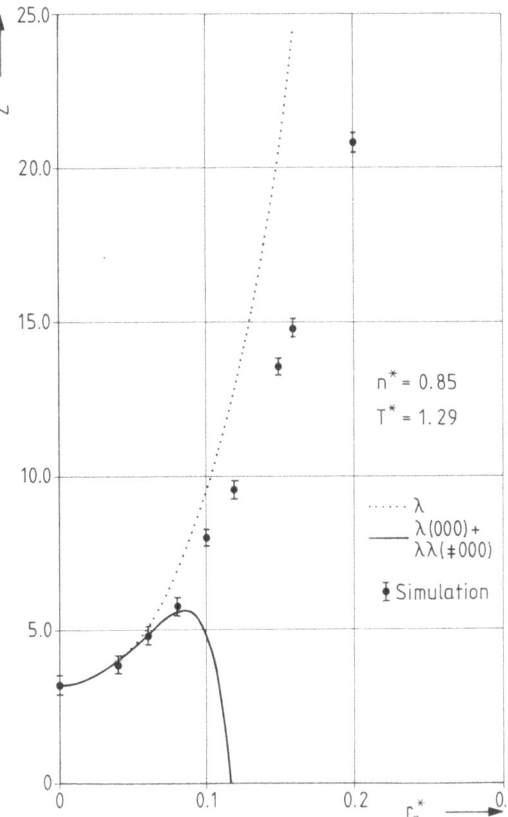

Bild 6.13. Zur Konvergenz der Popleschen Störungsentwicklung für das „Site-Site" + r^{-6}-Fluid [50]

Tabelle 6.3. Zur Konvergenz der Popleschen Störungsentwicklung bzw. der Padé-Approximation für ein Lennard-Jones-(12-6) + Dipol-Fluid [51] ($\mu^* = \sqrt{\mu^2/\varepsilon\sigma^3}$)

μ^*	T^*	n^*	Z_{MC}	Z^{LJ}	$Z^{\lambda\lambda}$	$Z^{\lambda\lambda\lambda}$	$Z^{LJ} + Z^{\lambda\lambda} + Z^{\lambda\lambda\lambda}$	$Z_{Padé}$
0,841	0,75	0,8	−1,22	−0,53	−1,29	0,89	−0,93	−1,26
		0,85	−0,12	0,65	−1,46	1,04	0,23	−0,17
		0,90	1,32	2,24	−1,66	1,20	1,78	1,31
1,00	1,15	0,6	−0,34	0,07	−0,65	0,33	−0,25	−0,34
		0,7	0,13	0,66	−0,88	0,50	0,28	0,12
		0,8	1,30	1,89	−1,14	0,71	1,46	1,30
1,00	1,35	0,5	0,07	0,30	−0,35	0,13	0,08	0,07
		0,6	0,29	0,62	−0,48	0,21	0,35	0,29
		0,7	0,81	1,17	−0,65	0,31	0,83	0,81
		0,8	1,95	2,42	−0,85	0,44	2,01	1,95
1,00	2,74	0,4	1,16	1,20	−0,07	0,01	1,14	1,14
		0,5	1,39	1,47	−0,10	0,02	1,39	1,39
		0,6	1,79	1,93	−0,14	0,03	1,82	1,81
		0,7	2,48	2,64	−0,19	0,04	2,49	2,48
		0,8	3,42	3,60	−0,25	0,06	3,41	3,39

lationsfunktion ist durch die Poplesche Störungsentwicklung berechnet worden [53]. Die Konvergnz ist schlecht. Indessen läßt sich die über die Orientierungen gemittelte Paarkorrelationsfunktion durch eine geeignete Padé-Summierung unter Verwendung von Störtermen 2. und 3. Ordnung gut approximieren [54]. Der Erfolg der Padé-Approximation (6.5.110) für die Multipolkräfte ist erstaunlich. Eine Plausibilitätserklärung dafür besteht darin, daß bei kleinen Störungen

$$A \sim A^{\mathrm{ref}} + A^{\lambda} + A^{\lambda\lambda}$$

gilt, bei sehr großen Störungen hingegen

$$A \sim A^{\mathrm{ref}} - \frac{(A^{\lambda\lambda})^2}{A^{\lambda\lambda\lambda}},$$

d. h. daß die Störung proportional zu U^{P}/kT ist, ein Sättigungseffekt, der in Einzelfällen theoretisch nachgewiesen ist. Die Padé-Approximation (6.5.110) stellt damit eine Interpolation zwischen bekannten Grenzwerten dar.

Grundsätzlich ist die Poplesche Störungsentwicklung damit geeignet für Moleküle mit starken Multipolen und nahezu kugeliger Form. Wenn die Molekülform stark anisotrop ist, kann der Störbeitrag des Potentials $\phi^{\mathrm{P}}_{12}(r_{12}\,\omega_1\,\omega_2)$ bei kleinen Abständen r_{12} in Abhängigkeit von der Orientierung sehr hohe Werte annehmen. Entsprechend ergeben sich dann recht erhebliche Fluktuationen gegenüber seinem Mittelwert. Die hier benutzte Entwicklung des „Site-Site"-Abstoßungspotentials gibt die anisotropen Abstoßungskräfte zwar immer qualitativ richtig wieder, kann aber für reale anisotrope Moleküle nur eine grobe Näherung sein. Die bei der Erfassung der anisotropen Abstoßungskräfte gemachten Fehler werden in den Zahlenwerten, die man für die Potentialparameter durch Anpassung an Meßdaten findet, absorbiert. Sie führen insbesondere dazu, daß in Gas und Flüssigkeit in der Regel unterschiedliche Parametersätze verwendet werden müssen, bzw. daß eine angemessene Beschreibung stark anisotroper Moleküle gar nicht gelingt. Die Berücksichtigung der dritten Ordnung in der λ-Entwicklung für die „Site-Site"-Abstoßungskräfte würde die Aufstellung einer Padé-Approximation ermöglichen. Nach den Erfahrungen mit dem zweiten Virialkoeffizienten, vgl. Beispiel 5.10, wird dabei der Konvergenzbereich zu höheren Molekülelongationen verschoben, die aber immer noch klein im Vergleich mit Werten für reale Moleküle sind. Grundsätzlich ist nicht zu erwarten, daß auf diese Weise eine befriedigende Beschreibung anisotroper Abstoßungskräfte mit der Popleschen Störungsentwicklung erreichbar sein wird.

6.5.4.8 Anwendung auf reale Systeme

Störungsrechnungen für reale reine Systeme aus starren, anisotropen Molekülen um das Lennard-Jones-System sind in großem Umfang durchgeführt worden. Die verschiedenen Rechnungen unterscheiden sich im wesentlichen durch die Beschreibung des Referenzsystems sowie durch die Berücksichtigung anisotroper Abstoßungskräfte. In der ersten mit solchen Rechnungen befaßten Arbeit [55] wurde die Störungsentwicklung bis zum Term 2. Ordnung in der freien Energie benutzt. Die thermodynamischen Eigenschaften des Referenzsystems wurden durch eine thermische Zustandsgleichung für Argon simuliert, die entsprechenden strukturellen Eigenschaften durch computersimulierte Paarkorrelationsfunktionen des Lennard-Jones-Potentials. Drei Parameter, ε, σ und δ, wurden an Siededichten und Dampfdrücke angepaßt, wobei δ der Formparameter des δ-Überlappungspotentials ist, vgl. Kap. 4. In einer späteren Arbeit derselben Gruppe [56] wurden Systeme mit stärkeren Abweichungen vom Lennard-Jones-Modell durch Störungsrechnungen auf der Grundlage der Padé-Approximation (6.5.110) durchgeführt. Die thermodynamischen und strukturellen Eigenschaften des Referenzfluids wurden wieder aus einer thermischen Zustandsgleichung von Argon berechnet, allerdings lag nunmehr ein Lennard-Jones-$(n-6)$-System den Rechnungen zugrunde, womit ein vierter Parameter n an Meßwerte anzupassen war, (n, δ)-Modell. Die freie Energie eines $(n, 6)$-Systems wird auf der eines $(12, 6)$-Systems zurückgeführt nach $A^{(n, 6)} = A^{(12, 6)} + (\partial A^{(12, 6)}/\partial n^{-1})_{n=12} (n^{-1} - 12^{-1})$, wobei die Paarkorrelationsfunktionen von $(n, 6)$ und $(12, 6)$-Potential in erster Näherung gleichgesetzt werden. Die explizite Form ist in [56] angegeben. Dieser Parameter n unterstützt den δ-Parameter in der Modellierung anisotroper Abstoßungskräfte, indem er für $n > 12$ die Veränderung des isotropen Anteils qualitativ richtig erfaßt. Zahlreiche Systeme wurden mit diesem Modell durchgerechnet [57–60]. In einer weiteren Arbeit [61] wurden analoge Rechnungen mit einem Zweiparametermodell (ε, σ), d.h. ohne Berücksichtigung anisotroper Abstoßungskräfte, unter Verwendung einer thermischen Zustandsgleichung für das Lennard-Jones-Fluid [42] sowie der Berücksichtigung von Axilrod-Teller-Dreikörperwechselwirkungen durchgeführt. In [62] wurden die anisotropen Abstoßungskräfte für schwach nichtkugelige Moleküle durch eine Entwicklung des „Site-Site"-Abstoßungspotentials in Kugelfunktionen modelliert. Außerdem wurden nichtadditive Dreikörper-Induktionswechselwirkungen hinzugefügt. In [63] wurde für komplizierte Moleküle die Theorie mit an Meßweite angepaßten Multipolen benutzt. In Kap. 4 wurde die Kombination eines „Site-Site"-Abstoßungspotentials mit den langreichweitigen Beiträgen zur intermolekularen Energiefunktion nach der quantenmechanischen Störungstheorie in Verbindung mit der Multipolentwicklung eingeführt und als SSR-MPA-Modell bezeichnet. In Kap. 5 wurden damit Gasdaten erfolgreich beschrieben. Die beiden folgenden Beispiele werden daher auch mit diesem Modell durchgerechnet. Entsprechend dem exemplarischen, einführenden Charakter dieser Rechnungen beschränken wir uns wiederum auf lineare Moleküle.

Beispiel 6.23

Mit Hilfe einer Störungsrechnung um ein Lennard-Jones-System berechne man die thermodynamischen Eigenschaften von CO_2 nach dem SSR-MPA-Modell. Als Modellierung der thermodynamischen Eigenschaften des Referenzsystems verwende man die in Beispiel 6.1 benutzte thermische Zustandsgleichung von Argon. Man vergleiche mit Meßdaten [1, 2].

1. Angus, S.; Armstrong, B.; de Reuck, K. M.: International tables of the fluid state. Carbon Dioxide. London: IUPAC-Pergamon, 1973
2. Din, F.: Thermodynamic functions of gases. London: Butterworths, 1961

Lösung

Als Wechselwirkungsmodell zwischen den Kohlendioxidmolekülen wird angesetzt:

$$U = \sum_{i<j} \phi_{ij}^{(12\text{-}6)} + \sum_{i<j<k} \phi_{ijk}^{\text{disp,}3\text{B}} + \sum_{i<j} \phi_{ij}^{\text{mult}}(224)$$

$$+ \sum_{i<j} \phi_{ij}^{\text{ind}}(000 + 202 + 022 + 404 + 044)$$

$$+ \sum_{i<j} \phi_{ij}^{\text{disp}}(202 + 022 + 220 + 222 + 224)$$

$$+ \sum_{i<j} \phi_{ij}^{\text{rep}}(000 + 202 + 022 + 220 + 222 + 224).$$

Bei der Auflistung der intermolekularen Kräfte für CO_2 wurden nur gerade Werte von l_1, l_2 berücksichtigt. Dies ist richtig, da wegen

$$Y_l^m(-\omega) = (-1)^l \, Y_l^m(\omega)$$

andernfalls eine Transformation von $\omega \to -\omega$ einen neuen Beitrag liefern würde, was wegen der Axialsymmetrie von CO_2 unmöglich ist. Außerdem werden Dreikörper-Induktionskräfte vernachlässigt. Die Paar- und Dreikörper-Dispersionskräfte des Lennard-Jones-(12-6)-Potentials werden durch Verwendung einer thermischen Zustandsgleichung für Argon [1] in guter Näherung erfaßt. Die strukturellen Eigenschaften des Lennard-Jones-Systems gehen in die $J-K-L$-Integrale ein, für die universelle Korrelationen, vgl. Abschn. 6.5.4.6, benutzt werden.

Die entsprechenden Entwicklungskoeffizienten des Paarpotentials lauten:

Multipolkräfte

$$E^{\text{mult}}(224; 00; r_{12}) = \tfrac{2}{3} \sqrt{70\pi} \, \theta^2 \, r_{12}^{-5}$$

Induktionskräfte

$$E^{\text{ind}}(000; 00; r_{12}) = -2\sqrt{\pi} \, \alpha \, 3\theta^2 \, r_{12}^{-8}$$

$$E^{\text{ind}}(202; 00; r_{12}) = -4\sqrt{\tfrac{\pi}{5}} \, \alpha \, \tfrac{6}{7}\theta^2 \, r_{12}^{-8} = E^{\text{ind}}(022; 00; r_{12})$$

$$E^{\text{ind}}(404; 00; r_{12}) = -\tfrac{6}{7}\sqrt{\pi} \, \alpha \, \theta^2 \, r_{12}^{-8} = E^{\text{ind}}(044; 00; r_{12}).$$

Dispersionskräfte (anisotrope Beiträge)

$$E^{\text{disp}}(202; 00; r_{12}) = -8\sqrt{\tfrac{\pi}{5}} \, \kappa \, \varepsilon \, \sigma^6 \, r_{12}^{-6} = E^{\text{disp}}(022; 00; r_{12})$$

$$E^{\text{disp}}(220; 00; r_{12}) = -8\sqrt{\tfrac{\pi}{5}} \, \kappa^2 \, \varepsilon \, \sigma^6 \, r_{12}^{-6}$$

$$E^{\text{disp}}(222; 00; r_{12}) = -8\sqrt{\tfrac{2\pi}{35}} \, \kappa^2 \, \varepsilon \, \sigma^6 \, r_{12}^{-6}$$

$$E^{\text{disp}}(224; 00; r_{12}) = -48\sqrt{\tfrac{2\pi}{35}} \, \kappa^2 \, \varepsilon \, \sigma^6 \, r_{12}^{-6}.$$

Abstoßungskräfte (Anteil des Lennard-Jones-Referenzfluids abgezogen)

$$E^{\text{rep}}(000; 00; r_{12})^* = [8\pi^{1/2} \sum_{ab} \varepsilon_{ab}^* \sigma_{ab}^{*12} \, 22(r_a^{*2} + r_b^{*2})] \, r^{*-14}$$

$$+ \left[8\pi^{1/2} \sum_{ab} \varepsilon_{ab}^* \sigma_{ab}^{*12} \, 1001 \left(\frac{r_a^{*4}}{5} + \frac{2r_a^{*2} r_b^{*2}}{3} + \frac{r_b^{*4}}{5} \right) \right] r^{*-16} + \dots$$

$$= \sum_{v=2}^{3} \varepsilon^{\text{rep}}(000; v) \, r^{*-(10+2v)}$$

$$E^{\text{rep}}(202; 00; r_{12})^* = [448(\tfrac{\pi}{5})^{1/2} \sum_{ab} \varepsilon_{ab}^* \sigma_{ab}^{*12} \, r_a^{*2}] \, r^{*-14}$$

$$+ [448(\tfrac{\pi}{5})^{1/2} \sum_{ab} \varepsilon_{ab}^* \sigma_{ab}^{*12} \, r_a^{*2} (88/21)(3r_a^{*2} + 7r_b^{*2})] \, r^{*-16}$$

$$+ [448(\tfrac{\pi}{5})^{1/2} \sum_{ab} \varepsilon_{ab}^* \sigma_{ab}^{*12} \, r_a^{*2} (\tfrac{572}{35})(5r_a^{*4} + 30r_a^{*2} r_b^{*2} + 21r_b^{*4})] \, r^{*-18}$$

$$= E^{\text{rep}}(022; 00; r_{12}) = \sum_{v=1}^{3} \varepsilon^{\text{rep}}(202; v) \, r^{*-(12+2v)}$$

$$E^{\mathrm{rep}}(220;00;r_{12})^* = \left[\tfrac{64064}{3}\left(\tfrac{\pi}{5}\right)^{1/2}\sum_{ab}\varepsilon^*_{ab}\,\sigma^{*\,12}_{ab}\,r^{*\,2}_a\,r^{*\,2}_b\right]r^{*\,-16}$$

$$+\left[\tfrac{64064}{3}\left(\tfrac{\pi}{5}\right)^{1/2}\sum_{ab}\varepsilon^*_{ab}\,\sigma^{*\,12}_{ab}\,r^{*\,2}_a\,r^{*\,2}_b\left(\tfrac{120}{7}\right)\left(r^{*\,2}_a+r^{*\,2}_b\right)\right]r^{*\,-18}$$

$$+\left[\tfrac{64064}{3}\left(\tfrac{\pi}{5}\right)^{1/2}\sum_{ab}\varepsilon^*_{ab}\,\sigma^{*\,12}_{ab}\,r^{*\,2}_a\,r^{*\,2}_b\left(\tfrac{1020}{49}\right)\right.$$

$$\left.\cdot\left(7r^{*\,4}_a+18r^{*\,2}_a\,r^{*\,2}_b+7r^{*\,4}_b\right)\right]r^{*\,-20}+\dots$$

$$=\sum_{v=1}^{3}\varepsilon^{\mathrm{rep}}(220;v)\,r^{*\,-(14+2v)}$$

$$E^{\mathrm{rep}}(222;00;r_{12})^* = \left[-\left(\tfrac{78848}{3}\right)\left(\tfrac{2\pi}{35}\right)^{1/2}\sum_{ab}\varepsilon^*_{ab}\,\sigma^{*\,12}_{ab}\,r^{*\,2}_a\,r^{*\,2}_b\right]r^{*\,-16}$$

$$+\left[-\left(\tfrac{78848}{3}\right)\left(\tfrac{2\pi}{35}\right)^{1/2}\sum_{ab}\varepsilon^*_{ab}\,\sigma^{*\,12}_{ab}\,r^{*\,2}_a\,r^{*\,2}_b\left(\tfrac{117}{7}\right)\left(r^{*\,2}_a+r^{*\,2}_b\right)\right]r^{*\,-18}$$

$$+\left[-\left(\tfrac{78848}{3}\right)\left(\tfrac{2\pi}{35}\right)^{1/2}\sum_{ab}\varepsilon^*_{ab}\,\sigma^{*\,12}_{ab}\,r^{*\,2}_a\,r^{*\,2}_b\left(\tfrac{975}{49}\right)\right.$$

$$\left.\cdot\left(7r^{*\,4}_a+18r^{*\,2}_a\,r^{*\,2}_b+7r^{*\,4}_b\right)\right]r^{*\,-20}+\dots$$

$$=\sum_{v=1}^{3}\varepsilon^{\mathrm{rep}}(222;v)\,r^{*\,-(14+2v)}$$

$$E^{\mathrm{rep}}(224;00;r_{12})^* = \left[43008\left(\tfrac{2\pi}{35}\right)^{1/2}\sum_{ab}\varepsilon^*_{ab}\,\sigma^{*\,12}_{ab}\,r^{*\,2}_a\,r^{*\,2}_b\right]r^{*\,-16}$$

$$+\left[43008\left(\tfrac{2\pi}{35}\right)^{1/2}\sum_{ab}\varepsilon^*_{ab}\,\sigma^{*\,12}_{ab}\,r^{*\,2}_a\,r^{*\,2}_b\left(\tfrac{110}{7}\right)\left(r^{*\,2}_a+r^{*\,2}_b\right)\right]r^{*\,-18}$$

$$+\left[43008\left(\tfrac{2\pi}{35}\right)^{1/2}\sum_{ab}\varepsilon^*_{ab}\,\sigma^{*\,12}_{ab}\,r^{*\,2}_a\,r^{*\,2}_b\left(\tfrac{7865}{441}\right)\right.$$

$$\left.\cdot\left(7r^{*\,4}_a+18r^{*\,2}_a\,r^{*\,2}_b+7r^{*\,4}_b\right)\right]r^{*\,-20}+\dots$$

$$=\sum_{v=1}^{3}\varepsilon^{\mathrm{rep}}(224;v)\,r^{*\,-(14+2v)}.$$

Die dazugehörigen Entwicklungskoeffizienten der freien Energie sind:

Multipolkräfte

$$\left(\frac{A^{\lambda\lambda}(224)}{NkT}\right)^{\mathrm{mult\text{-}mult}} = -\frac{14\pi}{5}\,\frac{n^*}{T^{*\,2}}\,\frac{\theta^4}{\sigma^{10}\varepsilon^2}\,J^{(10)}$$

$$A^{\lambda\lambda\lambda,\,\mathrm{mult\text{-}mult\text{-}mult}}(224;224;224) = A^{\lambda\lambda\lambda,\,\mathrm{mult\text{-}mult\text{-}mult}}(224;224;224)_{\mathrm{A}}$$

$$+\,A^{\lambda\lambda\lambda,\,\mathrm{mult\text{-}mult\text{-}mult}}(224;224;224)_{\mathrm{B}}$$

$$\left(\frac{A^{\lambda\lambda\lambda}(224;224;224)}{NkT}\right)^{\mathrm{mult\text{-}mult\text{-}mult}}_{\mathrm{A}} = \frac{144\pi}{245}\,\frac{n^*}{T^{*\,3}}\,\frac{\theta^6}{\sigma^{15}\varepsilon^3}\,J^{(15)}$$

$$\left(\frac{A^{\lambda\lambda\lambda}(224;224;224)}{NkT}\right)^{\mathrm{mult\text{-}mult\text{-}mult}}_{\mathrm{B}} = \frac{32\pi^3}{2025}\sqrt{2002\pi}\,\frac{n^{*\,2}}{T^{*\,3}}\,\frac{\theta^6}{\sigma^{15}\varepsilon^3}\,K(444;555).$$

Induktionskräfte

$$\left(\frac{A^{\lambda}(000)}{NkT}\right)^{\mathrm{ind}} = -\frac{6\pi\,n^*}{T^*}\,\frac{\alpha\theta^2}{\varepsilon\sigma^8}\,J^{(8)}$$

$$A^{\lambda\lambda,\,\mathrm{ind\text{-}ind}} = A^{\lambda\lambda,\,\mathrm{ind\text{-}ind}}(202) + A^{\lambda\lambda,\,\mathrm{ind\text{-}ind}}(404) + A^{\lambda\lambda,\,\mathrm{ind\text{-}ind}}(022) + A^{\lambda\lambda,\,\mathrm{ind\text{-}ind}}(044).$$

Mit

$$A^{\lambda\lambda,\,\mathrm{ind\text{-}ind}} = A^{\lambda\lambda,\,\mathrm{ind\text{-}ind}}_{\mathrm{A}} + A^{\lambda\lambda,\,\mathrm{ind\text{-}ind}}_{\mathrm{B}}$$

gilt:

$$A^{\lambda\lambda,\,\text{ind-ind}} = 2\,A^{\lambda\lambda,\,\text{ind-ind}}(202)_A + 2\,A^{\lambda\lambda,\,\text{ind-ind}}(404)_A$$
$$+ A^{\lambda\lambda,\,\text{ind-ind}}(202)_B + A^{\lambda\lambda,\,\text{ind-ind}}(404)_B.$$

Hierbei wurde berücksichtigt, daß für $l_1 = 0$ keine B-Beiträge existieren und daß (202) und (022) identische Beiträge sind, wobei gilt:

$$\left(\frac{A^{\lambda\lambda}(202)}{NkT}\right)_A^{\text{ind-ind}} + \left(\frac{A^{\lambda\lambda}(404)}{NkT}\right)_A^{\text{ind-ind}} = -\frac{\pi n^*}{T^{*2}}\frac{27}{35}\frac{\alpha^2\theta^4}{\sigma^{16}\varepsilon^2}J^{(16)}$$

$$\left(\frac{A^{\lambda\lambda}(202)}{NkT}\right)_B^{\text{ind-ind}} + \left(\frac{A^{\lambda\lambda}(404)}{NkT}\right)_B^{\text{ind-ind}}$$

$$= -\left(\frac{\pi n^*}{T^*}\right)^2\left[\frac{576}{245}\frac{\alpha^2\theta^4}{\sigma^{16}\varepsilon^2}L(2;8,8) + \frac{36}{49}\frac{\alpha^2\theta^4}{\sigma^{16}\varepsilon^2}L(4;8,8)\right].$$

Dispersionskräfte

$$A^{\lambda\lambda,\,\text{disp-disp}} = A^{\lambda\lambda,\,\text{disp-disp}}(202) + A^{\lambda\lambda,\,\text{disp-disp}}(022) + A^{\lambda\lambda,\,\text{disp-disp}}(220)$$
$$+ A^{\lambda\lambda,\,\text{disp-disp}}(222) + A^{\lambda\lambda,\,\text{disp-disp}}(224).$$

Mit

$$A^{\lambda\lambda,\,\text{disp-disp}} = A_A^{\lambda\lambda,\,\text{disp-disp}} + A_B^{\lambda\lambda,\,\text{disp-disp}}$$

gilt:

$$A^{\lambda\lambda,\,\text{disp-disp}} = 2\,A^{\lambda\lambda,\,\text{disp-disp}}(202)_A + A^{\lambda\lambda,\,\text{disp-disp}}(202)_B$$
$$+ A^{\lambda\lambda,\,\text{disp-disp}}(220)_A + A^{\lambda\lambda,\,\text{disp-disp}}(222)_A + A^{\lambda\lambda,\,\text{disp-disp}}(224)_A$$

wobei

$$\left(\frac{A^{\lambda\lambda}}{NkT}\right)_A^{\text{disp-disp}} = -\frac{16\pi}{5}\frac{n^*}{T^{*2}}\left[2\kappa^2 + \frac{19}{5}\kappa^4\right]J^{(12)}$$

$$\left(\frac{A^{\lambda\lambda}(202)}{NkT}\right)_B^{\text{disp-disp}} = -\frac{64\pi^2}{5}\left(\frac{n^*}{T^*}\right)^2\kappa^2\,L(2;6,6).$$

Abstoßungskräfte

Kohlendioxid ist ein gestaltlich stark anisotropes Molekül. Da die Poplesche Störungsentwicklung jedoch nur für kleine Elongationen sinnvoll ist, wird die Entwicklung des „Site-Site"-Abstoßungspotentials in Kugelfunktionen daher auf $l_1, l_2 \leq 2$ beschränkt. Entsprechend genügt die Berücksichtigung von $v, w \leq 3$.

$$\left(\frac{A^{\lambda}(000)}{NkT}\right)^{\text{rep}} = 2\pi\frac{n^*}{T^*}\left[88\sum_{ab}\varepsilon_{ab}^*\,\sigma_{ab}^{*12}(r_a^{*2} + r_b^{*2})J^{(14)}\right.$$

$$\left. + 4004\sum_{ab}\varepsilon_{ab}^*\,\sigma_{ab}^{*12}\left(\frac{r_a^{*4}}{5} + \frac{2r_a^{*2}r_b^{*2}}{3} + \frac{r_b^{*4}}{5}\right)J^{(16)} + \ldots\right]$$

$$A^{\lambda\lambda,\,\text{rep-rep}} = A^{\lambda\lambda,\,\text{rep-rep}}(202) + A^{\lambda\lambda,\,\text{rep-rep}}(022)$$
$$+ A^{\lambda\lambda,\,\text{rep-rep}}(220) + A^{\lambda\lambda,\,\text{rep-rep}}(222) + A^{\lambda\lambda,\,\text{rep-rep}}(224).$$

Mit

$$A^{\lambda\lambda,\,\text{rep-rep}} = A_A^{\lambda\lambda,\,\text{rep-rep}} + A_B^{\lambda\lambda,\,\text{rep-rep}}$$

gilt:

$$A^{\lambda\lambda,\,\text{rep-rep}} = 2\,A^{\lambda\lambda,\,\text{rep-rep}}(202)_A + A^{\lambda\lambda,\,\text{rep-rep}}(202)_B$$
$$+ A^{\lambda\lambda,\,\text{rep-rep}}(220)_A + A^{\lambda\lambda,\,\text{rep-rep}}(222)_A + A^{\lambda\lambda,\,\text{rep-rep}}(224)_A$$

wobei

$$\left(\frac{A^{\lambda\lambda}}{NkT}\right)_A^{\text{rep-rep}} = 2\left(-\frac{n^*}{4\,T^{*2}}\right)\sum_{v,w=1}^{3}\varepsilon^{\text{rep}}(202;v)\,\varepsilon^{\text{rep}}(202;w)\,J^{(2(12+r+w))}$$

$$+ \left(-\frac{n^*}{100\,T^{*2}}\right)\sum_{v,w=1}^{3}\varepsilon^{\text{rep}}(220;v)\,\varepsilon^{\text{rep}}(220;w)\,J^{(2(14+r+w))}$$

$$+ \left(-\frac{n^*}{20\,T^{*2}}\right) \sum_{v,w=1}^{3} \varepsilon^{\text{rep}}(222;v)\,\varepsilon^{\text{rep}}(222;w)\,J^{(2(14+v+w))}$$

$$+ \left(-\frac{9\,n^*}{100\,T^{*2}}\right) \sum_{v,w=1}^{3} \varepsilon^{\text{rep}}(224;v)\,\varepsilon^{\text{rep}}(224;w)\,J^{(2(14+v+w))}$$

$$\left(\frac{A^{\lambda\lambda}(202)}{NkT}\right)_{\text{B}}^{\text{rep-rep}} = -\pi\left(\frac{n^*}{T^*}\right)^2 \sum_{v,w=1}^{3} \varepsilon^{\text{rep}}(202;v)\,\varepsilon^{\text{rep}}(202;w)\,L(2;12+2v,12+2w).$$

Gemischte Terme

Gemischte Terme treten auf, wenn eine bestimmte Kombination $(l_1\,l_2\,l)$ in mehreren Wechselwirkungstypen vorkommt, nach

$$A(l_1\,l_2\,l)^{\text{s}\cdot\text{s}'} \sim \sum_{\text{ss}'} E^{\text{s}}(l_1\,l_2\,l)\,E^{\text{s}'}(l_1\,l_2\,l).$$

Der (224)-Term der Multipolkräfte mischt sich mit dem (224)-Term der Dispersionskräfte und dem (224)-Term der Abstoßungskräfte. Es gilt:

$$A^{\lambda\lambda,\,\text{mult-disp}} = 2\,A^{\lambda\lambda,\,\text{mult-disp}}(224)_{\text{A}}$$

sowie

$$A^{\lambda\lambda,\,\text{mult-rep}} = 2\,A^{\lambda\lambda,\,\text{mult-rep}}(224)_{\text{A}}$$

mit

$$\left(\frac{A^{\lambda\lambda}(224)}{NkT}\right)_{\text{A}}^{\text{mult-disp}} = \frac{144\,\pi}{25}\,\frac{n^*}{T^{*2}}\,\frac{\kappa^2\,\theta^2}{\sigma^5\,\varepsilon}\,J^{(11)}$$

und

$$\left(\frac{A^{\lambda\lambda}(224)}{NkT}\right)_{\text{A}}^{\text{mult-rep}} = -\left(\frac{3}{5}\right)\left(\frac{7\pi}{10}\right)^{1/2}\,\frac{n^*}{T^{*2}}\,\frac{\theta^2}{\sigma^5\,\varepsilon}\,\sum_{v=1}^{3} \varepsilon^{\text{rep}}(224;v)\,J^{(19+2v)}.$$

Die (202)-Terme der Induktions-, Dispersions- und Abstoßungskräfte mischen sich wie folgt. Für die gemischten Terme zwischen Induktions- und Dispersionskräften gilt:

$$A^{\lambda\lambda,\,\text{ind-disp}} = 4\,A^{\lambda\lambda,\,\text{ind-disp}}(202)_{\text{A}} + 2\,A^{\lambda\lambda,\,\text{ind-disp}}(202)_{\text{D}}$$

mit

$$\left(\frac{A^{\lambda\lambda}(202)}{NkT}\right)_{\text{A}}^{\text{ind-disp}} = -\frac{8\pi}{5}\,\frac{n^*}{T^{*2}}\,\frac{6}{7}\,\frac{\alpha\kappa\theta^2}{\sigma^8\,\varepsilon}\,J^{(14)}$$

und

$$\left(\frac{A^{\lambda\lambda}(202)}{NkT}\right)_{\text{B}}^{\text{ind-disp}} = -\frac{32\pi^2}{5}\left(\frac{n^*}{T^*}\right)^2\,\frac{6}{7}\,\frac{\alpha\kappa\theta^2}{\sigma^8\,\varepsilon}\,L(2;6;8).$$

Für die gemischten Terme zwischen Induktionskräften und Repulsionskräften gilt:

$$A^{\lambda\lambda,\,\text{ind-rep}} = 4\,A^{\lambda\lambda,\,\text{ind-rep}}(202)_{\text{A}} + 2\,A^{\lambda\lambda,\,\text{ind-rep}}(202)_{\text{B}}$$

mit

$$\left(\frac{A^{\lambda\lambda}(202)}{NkT}\right)_{\text{A}}^{\text{ind-rep}} = \frac{1}{2}\left(\frac{\pi}{5}\right)^{1/2}\,\frac{n^*}{T^{*2}}\,\frac{12}{7}\,\frac{\alpha\theta^2}{\varepsilon\sigma^8}\,\sum_{v=1}^{3} \varepsilon^{\text{rep}}(202;v)\,J^{(20+2v)}$$

sowie

$$\left(\frac{A^{\lambda\lambda}(202)}{NkT}\right)_{\text{B}}^{\text{ind-rep}} = \left(\frac{4}{5\pi}\right)^{1/2}\left(\frac{\pi\,n^*}{T^*}\right)^2\,\frac{12}{7}\,\frac{\alpha\theta^2}{\varepsilon\sigma^8}\,\sum_{v=1}^{3} \varepsilon^{\text{rep}}(202;v)\,L(2;8;12+2v).$$

Schließlich gilt für die gemischten Terme zwischen Dispersions- und Repulsionskräften:

$$A^{\lambda\lambda,\,\text{disp-rep}} = 4\,A^{\lambda\lambda,\,\text{disp-rep}}(202)_{\text{A}} + 2\,A^{\lambda\lambda,\,\text{disp-rep}}(202)_{\text{B}}$$
$$+ 2\,A^{\lambda\lambda,\,\text{disp-rep}}(220)_{\text{A}} + 2\,A^{\lambda\lambda,\,\text{disp-rep}}(222)_{\text{A}} + 2\,A^{\lambda\lambda,\,\text{disp-rep}}(224)_{\text{A}}$$

mit

$$\left(\frac{A^{\lambda\lambda}(202)}{NkT}\right)_{\text{A}}^{\text{disp-rep}} = 2\left(\frac{\pi}{5}\right)^{1/2}\,\frac{n^*}{T^{*2}}\,\kappa\,\sum_{v=1}^{3} \varepsilon^{\text{rep}}(202;v)\,J^{(18+2v)}$$

$$\left(\frac{A^{\lambda\lambda}(202)}{NkT}\right)_{\mathrm{B}}^{\text{disp-rep}} = \left(\frac{64}{5\pi}\right)^{1/2}\left(\frac{\pi n^*}{T^*}\right)^2 \kappa \sum_{v=1}^{3} \varepsilon^{\text{rep}}(202; v)\, L(2; 6; 12 + 2v)$$

$$\left(\frac{A^{\lambda\lambda}(220)}{NkT}\right)_{\mathrm{A}}^{\text{disp-rep}} = \left(\frac{2}{25}\right)\left(\frac{\pi}{5}\right)^{1/2} \frac{n^*}{T^{*2}} \kappa^2 \sum_{v=1}^{3} \varepsilon^{\text{rep}}(220; v)\, J^{(20+2v)}$$

$$\left(\frac{A^{\lambda\lambda}(222)}{NkT}\right)_{\mathrm{A}}^{\text{disp-rep}} = \left(\frac{2}{5}\right)\left(\frac{2\pi}{35}\right)^{1/2} \frac{n^*}{T^{*2}} \kappa^2 \sum_{v=1}^{3} \varepsilon^{\text{rep}}(222; v)\, J^{(20+2v)}$$

$$\left(\frac{A^{\lambda\lambda}(224)}{NkT}\right)_{\mathrm{A}}^{\text{disp-rep}} = \left(\frac{108}{25}\right)\left(\frac{2\pi}{35}\right)^{1/2} \frac{n^*}{T^{*2}} \kappa^2 \sum_{v=1}^{3} \varepsilon^{\text{rep}}(224; v)\, J^{(20+2v)}.$$

Zur Auswertung der Gleichungen wurden die folgenden molekularen Parameter für Kohlendioxid benutzt [2]:

$$\alpha = 2{,}913\ \text{Å}^3$$
$$\kappa = 0{,}240$$
$$\theta = -4{,}40 \cdot 10^{-26}\ \text{esu cm}^2.$$

Die drei Abstoßungszentren wurden so in dem Molekül plaziert, daß sich eine optimale Wiedergabe der Temperaturabhängigkeit der Dampfdruckkurve ergab. Dies war erfüllt für

$$r_{\mathrm{a}}^* = 0{,}09$$
$$r_{\mathrm{b}}^* = -0{,}09,$$

wobei das dritte Abstoßungszentrum mit dem Molekülschwerpunkt zusammenfällt. Die gefundene Molekülelongation entspricht etwa einem Drittel des aus Handbüchern zu entnehmenden Wertes. Diese kleine Elongation beansprucht nicht, physikalisch realisitsch zu sein, sondern ergibt die optimale Darstellung der Sättigungsdaten von reinem Kohlendioxid mit dem vorliegenden molekularen Modell. Aus den Bildern 6.12 und 6.13 erkennt man überdies, daß selbst bei dieser relativ kleinen Elongation die erste Ordnung der Popleschen Störungstheorie für die Abstoßungskräfte die beste Näherung darstellt. Ihre Winkelabhängigkeit wird daher hier nicht benutzt.

Die drei Parameter der „Site-Site"-Kräfte ergeben sich nach den Gleichungen des Kap. 4 zu:

$$\sum \varepsilon_{\mathrm{ab}}\sigma_{\mathrm{ab}}^{12} = \varepsilon\sigma^{12},$$
$$\varepsilon_{\mathrm{CC}}\sigma_{\mathrm{CC}}^{12} = \left(\frac{m_{\mathrm{C}}}{m_{\mathrm{O}}}\right)^2 \varepsilon_{\mathrm{OO}}\sigma_{\mathrm{OO}}^{12}$$

sowie

$$\varepsilon_{\mathrm{CO}}\sigma_{\mathrm{CO}}^{12} = \left[\frac{(\varepsilon_{\mathrm{CC}}\sigma_{\mathrm{CC}}^{12})^{1/13} + (\varepsilon_{\mathrm{OO}}\sigma_{\mathrm{OO}}^{12})^{1/13}}{2}\right]^{13}.$$

Die Potentialparameter ε und σ des Lennard-Jones-Potentials wurden durch Anpassung an Daten des Dampfdruckes und der Siededichte bestimmt zu [3]:

$$\varepsilon/k = 248{,}633\ \text{K}$$
$$\sigma = \quad 3{,}5703\ \text{Å}.$$

Damit sind alle Parameter definiert und die freie Energie kann für jeden Zustandspunkt ohne besondere Schwierigkeiten berechnet werden. Durch Differentiation nach Volumen und Temperatur folgen der Druck bzw. die innere Energie. Die Bilder B 6.23.1 bis B 6.23.5 und die Tabelle B 6.23.1 zeigen die insgesamt befriedigende Beschreibung von Kohlendioxid durch die dargestellte Störungstheorie mit nur drei angepaßten Parametern. Die in den Bildern durch Schatten gekennzeichnete, anzustrebende technische Genauigkeit wird zwar in der Regel nicht erreicht, es zeigt sich daher aber die sukzessive und systematische Verbesserung, wenn man vom Prinzip korrespondierender Zustände (Argon-Zustandsgleichung) zum molekularen Modell ohne „Site-Site"-Kräfte und schließlich zum molekularen Modell mit „Site-Site"-Kräften übergeht. In Tabelle B 6.23.1 sind die berechneten thermodynamischen Eigenschaften von CO_2 im homogenen, fluiden Zustandsgebiet den Meßwerten gegenübergestellt. Die Übereinstimmung ist

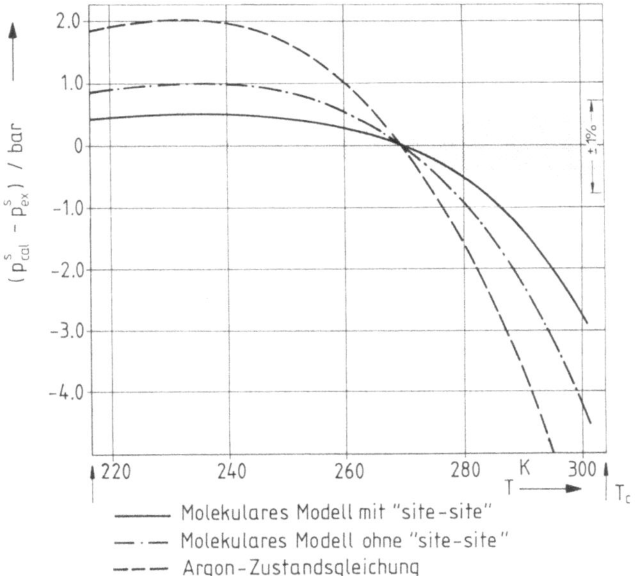

Bild B 6.23.1. Die Dampfdruckkurve von CO_2

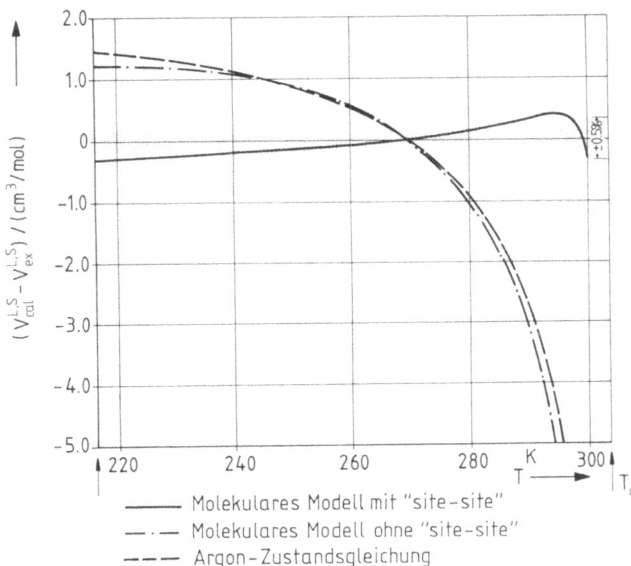

Bild B 6.23.2. Die Siededichte von CO_2

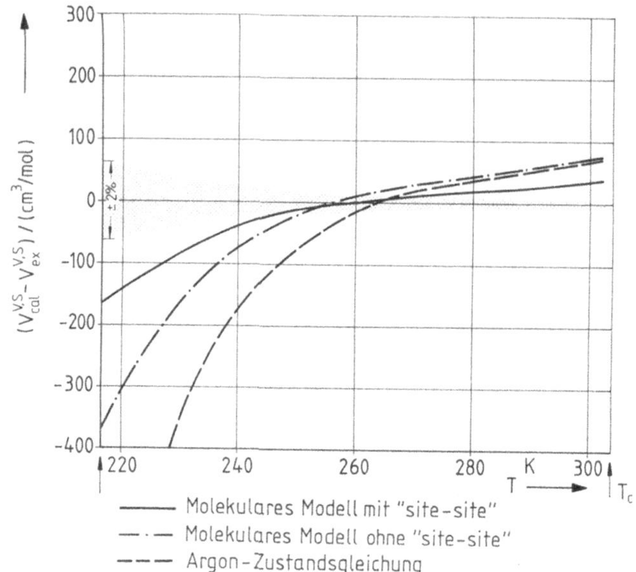

Bild B 6.23.3. Die Dampfdichte von CO_2

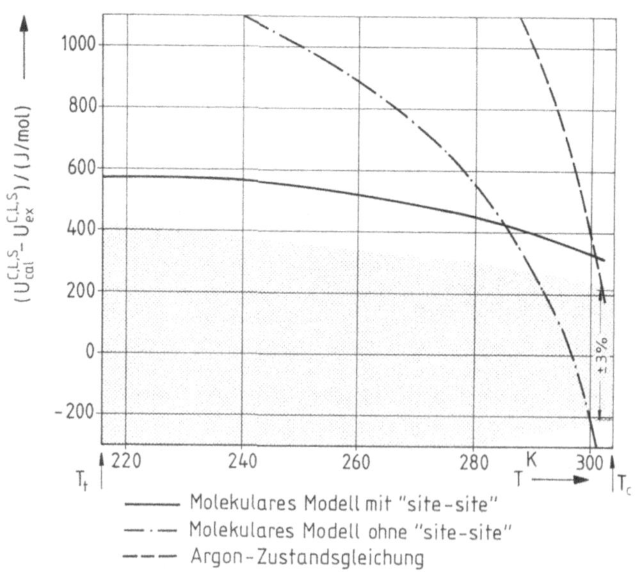

Bild B 6.23.4. Die konfigurationelle innere Energie von CO_2 entlang der Siedelinie

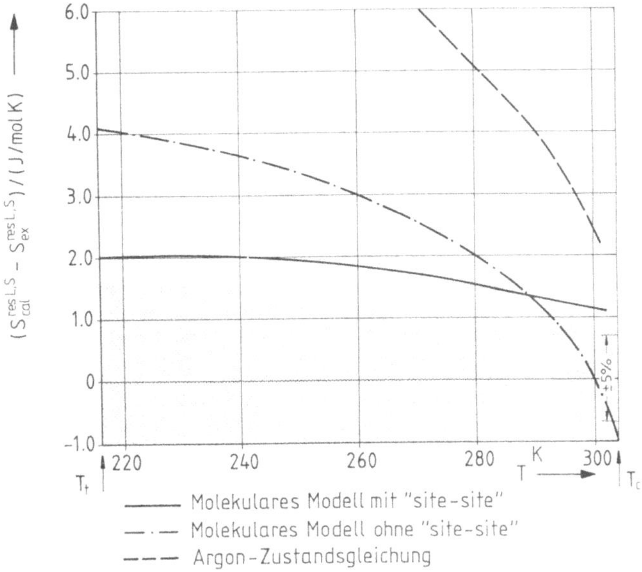

Bild B 6.23.5. Die residuelle Entropie von CO_2 entlang der Siededichte

Tabelle B 6.23.1. Die thermodynamischen Eigenschaften von CO_2 im homogenen, fluiden Zustandsgebiet

T in K	p in bar	v in (cm^3/mol) exp	cal	u^c in (J/mol) exp	cal	s^v in $(J/mol\,K)$ exp	cal
220	10	37,691	37,406	−13789	−13225	−33,66	−31,62
	50	37,430	37,106	−13885	−13328	−34,04	−32,07
	100	37,131	36,764	−13997	−13448	−34,49	−32,50
250	20	42,039	41,861	−12062	−11519	−27,19	−25,27
	50	41,553	41,334	−12197	−11657	−27,65	−25,72
	100	40,864	40,596	−12396	−11857	−28,32	−26,39
	200	39,779	39,451	−12725	−12186	−29,49	−27,54
	400	38,245	37,852	−13225	−12684	−31,34	−29,37
	500	37,663	37,245	−13427	−12885	−32,12	−30,15
	600	37,164	36,718	−13604	−13064	−32,83	−30,86
280	50	49,279	49,236	−10060	− 9630	−20,87	−19,39
	100	46,912	46,703	−10508	−10086	−22,12	−20,65
	200	44,302	43,951	−11084	−10663	−23,84	−22,34
	400	41,475	41,037	−11814	−11381	−26,19	−24,64
	500	40,532	40,074	−12086	−11645	−27,12	−25,54
	600	39,755	39,280	−12319	−11872	−27,95	−26,34
300	200	48,567	48,183	− 9924	− 9588	−20,31	−19,11
	400	44,063	43,571	−10888	−10529	−23,14	−21,85
	500	42,755	42,245	−11214	−10844	−24,17	−22,84
	600	41,722	41,198	−11488	−11109	−25,07	−23,71

Tabelle B 6.23.1 (Fortsetzung)

T in K	p in bar	v in (cm³/mol)		u^c in (J/mol)		s^v in (J/mol K)	
		exp	cal	exp	cal	exp	cal
315	101	68,437	70,574	− 6887	− 6850	−12,49	−12,49
	203	52,373	52,359	− 9002	− 8749	−17,78	−16,80
	304	48,060	48,097	− 9781	− 9445	−20,32	−18,64
	507	44,231	43,968	−10711	−10277	−22,77	−21,05
	1013	39,827	39,399	−11754	−11416	−26,39	−24,80
343	101	173,578	168,826	− 3335	− 3113	− 5,71	− 5,24
	203	66,369	64,787	− 6665	− 7033	−11,46	−12,59
	304	55,586	54,743	− 8004	− 8141	−15,82	−15,14
	507	48,456	47,754	− 9312	− 9233	−15,82	−15,14
	1013	42,171	41,476	−10717	−10563	−22,93	−21,99
373	101	229,563	226,689	− 2350	− 2226	− 3,57	− 3,56
	203	89,826	86,690	− 5091	− 5263	− 8,25	− 8,82
	304	66,017	64,465	− 6685	− 6799	−12,41	−11,92
	507	53,473	52,522	− 8254	− 8190	−15,80	−15,18
	1013	44,627	43,848	− 9980	− 9722	−20,28	−19,43
403	101	272,383	270,187	− 1800	− 1783	− 2,62	− 2,74
	203	116,717	112,164	− 3913	− 4015	− 6,13	− 6,40
	304	78,912	76,664	− 5525	− 5627	− 9,79	− 9,38
	507	59,283	58,022	− 7273	− 7242	−13,13	−12,84
	1013	47,224	46,364	− 9260	− 8958	−17,98	−17,27

im Rahmen technischer Genauigkeitsansprüche im ganzen zufriedenstellend. Allerdings sind die in Tabelle 6.2 durch Computersimulationen erzielten Ergebnisse deutlich besser und haben überdies den Vorzug, auch im Gasbereich gültige Potentialparameter zu verwenden.

1. Twu, C. H.; Lee, L. L.; Starling, K. E.: Fluid Phase Equilibria. 4 (1980) 35
2. Gray, C. G.; Gubbins, K. E.: Theory of molecular fluids. Vol. 1. Oxford: Clarendon Press, 1984
3. Marquardt, H.; Shukla, K. P.; Lucas, K.: unveröffentlichte Ergebnisse

Beispiel 6.24

Mit Hilfe einer Störungsrechnung um ein Lennard-Jones-System berechne man die thermodynamischen Eigenschaften von HCl. Die thermodynamischen Eigenschaften des Referenzsystems werden durch die in Beispiel 6.1 und 6.23 benutzte thermische Zustandsgleichung von Argon erfaßt. Man vergleiche die Ergebnisse mit den entsprechenden nach dem Prinzip korrespondierender Zustände in Beispiel 6.1 sowie mit Daten [1, 2].

1. Rowlinson, J. S.; Swinton, F. L.: Liquids and liquid mixtures. London: Butterworths 1982
2. Da Ponte, M. N.; Staveley, L. A. K.: J. Chem. Thermodyn. 13 (1981) 179

Lösung

Als Wechselwirkungsmodell zwischen den HCl-Molekülen wird angesetzt:

$$U = \sum_{i<j} \phi_{ij}^{(12-6)} + \sum_{i<j<k} \phi_{ijk}^{\text{disp. 3B}}$$
$$+ \sum_{i<j} \phi_{ij}^{\text{mult}}(112 + 123 + 213 + 224)$$
$$+ \sum_{i<j} \phi_{ij}^{\text{ind}}(000 + 101 + 011 + 202 + 022 + 303 + 033 + 404 + 044)$$

$$+ \sum_{i < j} \phi_{ij}^{\mathrm{disp}}(202 + 022 + 220 + 222 + 224)$$

$$+ \sum_{i < j < k} \phi_{ij}^{\mathrm{ind,\,3B}}[(0;112;112) + (0;123;112) + (0;112;123) + (0;123;123)].$$

Im Gegensatz zu Kohlendioxid werden hier auch ungerade Werte von l berücksichtigt, da HCl ein unsymmetrisches Molekül ist. Außerdem ist zu erwarten, daß wegen der hohen Multipolmomente und Polarisierbarkeit von HCl nichtadditive Dreikörper-Induktionskräfte eine Rolle spielen werden. Andererseits ist HCl praktisch kugelförmig, so daß die anisotropen Abstoßungskräfte vernachlässigbar sind. Ebenso wie bei CO_2 wird angenommen, daß die nichtadditiven Dreikörper-Dispersionskräfte durch die thermische Zustandsgleichung von Argon [1] berücksichtigt sind. Die thermodynamischen und strukturellen Eigenschaften des Referenzfluids werden ebenso wie in Beispiel 6.23 erfaßt.

In Beispiel 6.23 wurden bereits die mit geraden Werten von l_1, l_2 verbundenen Entwicklungskoeffizienten des Paarpotentials aufgeführt. Darüber hinaus treten hier noch folgende Beiträge mit ungeraden Werten von l_1, l_2 hinzu:

Multipolkräfte

$$E^{\mathrm{mult}}(112;00;r_{12}) = -2\sqrt{\tfrac{6\pi}{5}}\,\mu^2 r_{12}^{-3}$$

$$E^{\mathrm{mult}}(123;00;r_{12}) = 2\sqrt{\tfrac{15\pi}{7}}\,\mu\theta r_{12}^{-4} = -E_{12}^{\mathrm{mult}}(213).$$

Induktionskräfte

$$E^{\mathrm{ind}}(011;00;r_{12}) = \tfrac{12}{5}\sqrt{3\pi}\,\alpha\mu\theta r_{12}^{-7} = -E_{12}^{\mathrm{ind}}(101)$$

$$E^{\mathrm{ind}}(033;00;r_{12}) = \tfrac{24}{5}\sqrt{\tfrac{\pi}{7}}\,\alpha\mu\theta r_{12}^{-7} = -E_{12}^{\mathrm{ind}}(303).$$

Bei dem schon in Beispiel 6.23 berücksichtigten Term $E_{12}^{\mathrm{ind}}(022)$ tritt noch der Beitrag des Dipolmomentes hinzu, d. h.

$$E^{\mathrm{ind}}(000;00;r_{12}) = -4\sqrt{\pi}\,\alpha\mu^2 r_{12}^{-6}$$

$$E^{\mathrm{ind}}(022;00;r_{12}) = -2\sqrt{\tfrac{\pi}{5}}\,\alpha\mu^2 r_{12}^{-6}.$$

Nichtadditive Dreikörper-Induktionskräfte

$$E_{12/13}^{\mathrm{ind,\,3B}}(0;112;112) = -\tfrac{36\pi}{5}\sqrt{\tfrac{1}{3}}\,\alpha\mu^2/r_{12}^3 r_{13}^3$$

$$E_{12/13}^{\mathrm{ind,\,3B}}(0;123;112) = \tfrac{36\pi}{7}\sqrt{\tfrac{7}{6}}\,\alpha\theta\mu/r_{12}^4 r_{13}^3$$

$$E_{12/13}^{\mathrm{ind,\,3B}}(0;112;123) = \tfrac{36\pi}{7}\sqrt{\tfrac{7}{6}}\,\alpha\theta\mu/r_{12}^3 r_{13}^4$$

$$E_{12/13}^{\mathrm{ind,\,3B}}(0;123;123) = -\tfrac{90\pi}{7}\sqrt{\tfrac{1}{3}}\,\alpha\theta^2/r_{12}^4 r_{13}^4.$$

Auf Grund der zusätzlichen Beiträge zum Wechselwirkungsmodell treten die nachstehenden Störterme zur freien Energie zu den in Beispiel 6.23 aufgeführten Beiträge hinzu:

Multipolkräfte

$$\left(\frac{A^{\lambda\lambda}(112)}{NkT}\right)_{\mathrm{A}}^{\mathrm{mult\text{-}mult}} = -\frac{2}{3}\frac{\pi n^*}{T^{*2}}\frac{\mu^4}{\varepsilon^2\sigma^6}J^{(6)}$$

$$\left(\frac{A^{\lambda\lambda}(123)}{NkT}\right)_{\mathrm{A}}^{\mathrm{mult\text{-}mult}} = -\frac{\pi n^*}{T^{*2}}\frac{\mu^2\theta^2}{\varepsilon^2\sigma^8}J^{(8)} = \left(\frac{A^{\lambda\lambda}(213)}{NkT}\right)_{\mathrm{A}}^{\mathrm{mult\text{-}mult}}$$

$$\left(\frac{A^{\lambda\lambda\lambda}}{NkT}\right)_{\mathrm{A}}^{\mathrm{mult\text{-}mult\text{-}mult}} = 3\left[\frac{8\pi}{25}\frac{n^*}{T^{*3}}\frac{\mu^4\theta^2}{\varepsilon^3\sigma^{11}}J^{(11)}\right] + 6\left[\frac{8\pi}{75}\frac{n^*}{T^{*3}}\frac{\mu^4\theta^2}{\varepsilon^3\sigma^{11}}J^{(11)}\right]$$

$$+ 6\left[\frac{8\pi}{35}\frac{n^*}{T^{*3}}\frac{\mu^2\theta^4}{\varepsilon^3\sigma^{13}}J^{(13)}\right]$$

$$\left(\frac{A^{\lambda\lambda\lambda}}{NkT}\right)_{\mathrm{B}}^{\text{mult-mult-mult}} = \frac{32\,\pi^3}{135}\sqrt{\frac{14\pi}{5}}\,\frac{n^{*2}}{T^{*3}}\,\frac{\mu^6}{\varepsilon^3\,\sigma^9}\,K(222;333)$$

$$+ \frac{192\,\pi^3}{315}\sqrt{3\pi}\,\frac{n^{*2}}{T^{*3}}\,\frac{\mu^4\,\theta^2}{\varepsilon^3\,\sigma^{11}}\,K(233;344)$$

$$- \frac{96\,\pi^3}{135}\sqrt{\frac{22\pi}{7}}\,\frac{n^{*2}}{T^{*3}}\,\frac{\mu^2\,\theta^4}{\varepsilon^3\,\sigma^{12}}\,K(334;445).$$

Induktionskräfte

$$\left(\frac{A^{\lambda}(000)}{NkT}\right)^{\text{ind}} = -\frac{4\pi\,n^*}{T^*}\,\frac{\alpha\,\mu^2}{\varepsilon\,\sigma^6}\,J^{(6)}$$

$$A^{\lambda\lambda,\,\text{ind-ind}} = A^{\lambda\lambda,\,\text{ind-ind}}(101) + A^{\lambda\lambda,\,\text{ind-ind}}(303) + A^{\lambda\lambda,\,\text{ind-ind}}(011) + A^{\lambda\lambda,\,\text{ind-ind}}(033)$$

$$+ A^{\lambda\lambda,\,\text{ind-ind}}(202) + A^{\lambda\lambda,\,\text{ind-ind}}(022)$$

$$= 2\,A^{\lambda\lambda,\,\text{ind-ind}}(101)_{\mathrm{A}} + 2\,A^{\lambda\lambda,\,\text{ind-ind}}(303)_{\mathrm{A}} + 2\,A^{\lambda\lambda,\,\text{ind-ind}}(202)_{\mathrm{A}}$$

$$+ A^{\lambda\lambda,\,\text{ind-ind}}(101)_{\mathrm{B}} + A^{\lambda\lambda,\,\text{ind-ind}}(303)_{\mathrm{B}} + A^{\lambda\lambda,\,\text{ind-ind}}(202)_{\mathrm{B}}$$

mit

$$\left(\frac{A^{\lambda\lambda}(101)}{NkT}\right)_{\mathrm{A}}^{\text{ind-ind}} + \left(\frac{A^{\lambda\lambda}(303)}{NkT}\right)_{\mathrm{A}}^{\text{ind-ind}} = -\frac{36}{7}\,\frac{\pi\,n^*}{T^{*2}}\,\frac{\alpha^2\,\mu^2\,\theta^2}{\varepsilon^2\,\sigma^{14}}\,J^{(14)}$$

$$\left(\frac{A^{\lambda\lambda}(101)}{NkT}\right)_{\mathrm{B}}^{\text{ind-ind}} + \left(\frac{A^{\lambda\lambda}(303)}{NkT}\right)_{\mathrm{B}}^{\text{ind-ind}}$$

$$= -\left(\frac{\pi\,n^*}{T^*}\right)^2\left[\frac{432}{25}\,\frac{\alpha^2\,\mu^2\,\theta^2}{\varepsilon^2\,\sigma^{14}}\,L(1;7;7) + \frac{576}{175}\,\frac{\alpha^2\,\mu^2\,\theta^2}{\varepsilon^2\,\sigma^{14}}\,L(3;7;7)\right].$$

Außerdem kommen noch Terme auf Grund des Dipolmomentes in $E^{\text{ind}}(202;00;r_{12})$ hinzu:

$$\left(\frac{A^{\lambda\lambda}(202)}{NkT}\right)_{\mathrm{A}}^{\text{ind-ind}} = \left[-\frac{1}{5}\,\frac{\pi\,n^*}{T^{*2}}\,\frac{\alpha^2\,\mu^4}{\varepsilon^2\,\sigma^{12}}\,J^{(12)} - \frac{24}{35}\,\frac{\alpha^2\,\mu^2\,\theta^2}{\varepsilon^2\,\sigma^{14}}\,J^{(14)}\right]$$

$$\left(\frac{A^{\lambda\lambda}(202)}{NkT}\right)_{\mathrm{B}}^{\text{ind-ind}} = -\left(\frac{\pi\,n^*}{T^*}\right)^2\left[\frac{4}{5}\,\frac{\alpha^2\,\mu^4}{\varepsilon^2\,\sigma^{12}}\,L(2;6;6) + \frac{96}{35}\,\frac{\alpha^2\,\mu^2\,\theta^2}{\varepsilon^2\,\sigma^{14}}\,L(2;6;8)\right].$$

Als zusätzliche gemischte Terme ergeben sich:

$$\left(\frac{A^{\lambda\lambda}(202)}{NkT}\right)_{\mathrm{A}}^{\text{ind-disp}} = -\frac{4\pi}{5}\,\frac{n^*}{T^{*2}}\,\frac{\kappa\,\alpha\,\mu^2}{\varepsilon\,\sigma^6}\,J^{(12)} = \left(\frac{A^{\lambda\lambda}(022)}{NkT}\right)_{\mathrm{A}}^{\text{ind-disp}}$$

sowie

$$\left(\frac{A^{\lambda\lambda}(202)}{NkT}\right)_{\mathrm{B}}^{\text{ind-disp}} = -\frac{16\pi^2}{5}\left(\frac{n^*}{T^*}\right)^2\frac{\kappa\,\alpha\,\mu^2}{\varepsilon\,\sigma^6}\,L(2;6;6).$$

Für die Beiträge auf Grund von nichtadditiven Dreikörper-Induktionskräften gilt schließlich:

$$A^{\lambda\lambda,\,\text{ind. 3B-mult}} = A^{\lambda\lambda,\,\text{ind. 3B-mult}}(112;112;112)$$

$$+ A^{\lambda\lambda,\,\text{ind. 3B-mult}}(112;123;123) + A^{\lambda\lambda,\,\text{ind. 3B-mult}}(123;123;224).$$

Diese Beiträge sind in den Beispielen 6.19, 6.20 und 6.21 definiert.

Zur Auswertung der Gleichungen wurden die folgenden molekularen Parameter von HCl benutzt [2]

$$\alpha = 2{,}600\ \text{Å}^3$$

$$\kappa = 0{,}039$$

$$\mu = 1{,}109\cdot 10^{-18}\ \text{esu cm}$$

$$\theta = 3{,}80\cdot 10^{-26}\ \text{esu cm}^2.$$

Die Potentialparameter ε und σ des Lennard-Jones-Potentials werden durch Anpassung an
Daten des Dampfdrucks und der Siededichte bestimmt zu [3]

$$\varepsilon/k = 178{,}34 \text{ K}$$
$$\sigma = 3{,}621 \text{ Å}.$$

Damit können die thermodynamischen Eigenschaften von HCl berechnet werden. Die Bilder
B 6.24.1 bis B 6.24.4 zeigen die Beschreibung der Sättigungsdaten, Tabelle B 6.24.1 die thermody-
namischen Funktionen von HCl im homogenen flüssigen Zustand. Für ein Modell mit nur zwei
an Meßwerte angepaßte Parameter ist die Beschreibung befriedigend. Aus dem Vergleich mit
Beispiel 6.1 erkennt man die deutliche Verbesserung gegenüber dem Prinzip korrespondierender
Zustände auf Grund der Berücksichtigung individueller intermolekularer Wechselwirkungen.
Aus den verbleibenden Fehlern gegenüber den Daten, insbesondere beim Temperaturverlauf der
Siedelinie, werden jedoch auch Schwächen des Potentialmodells deutlich. Insbesondere dürften
die Effekte der Wasserstoffbrückenbindungen kaum durch das Dipolmoment allein angemessen
zu modellieren sein.

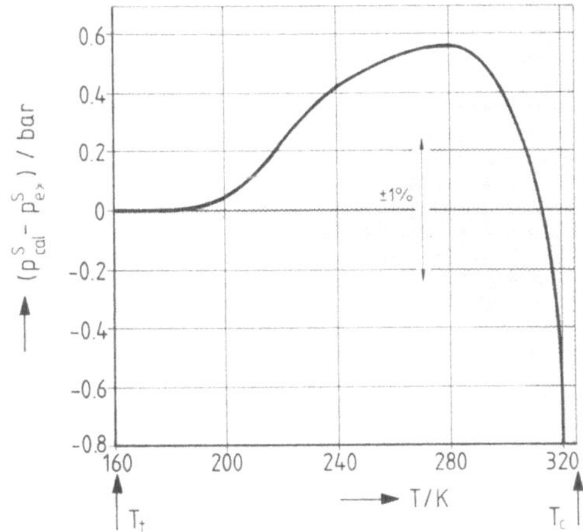

Bild B 6.24.1. Die Dampfdruckkurve
von HCl

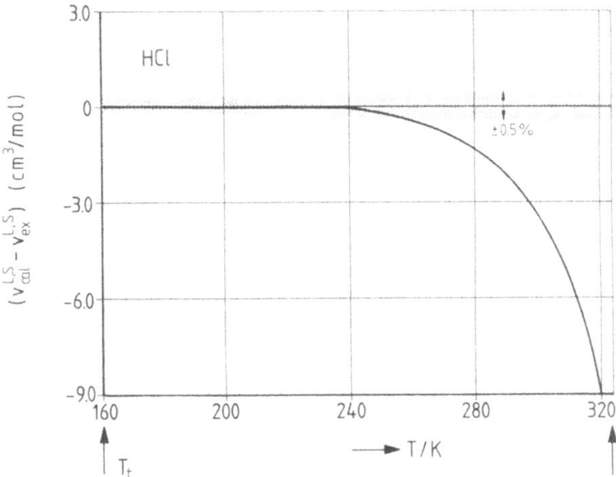

Bild B 6.24.2. Die Siededichte
von HCl

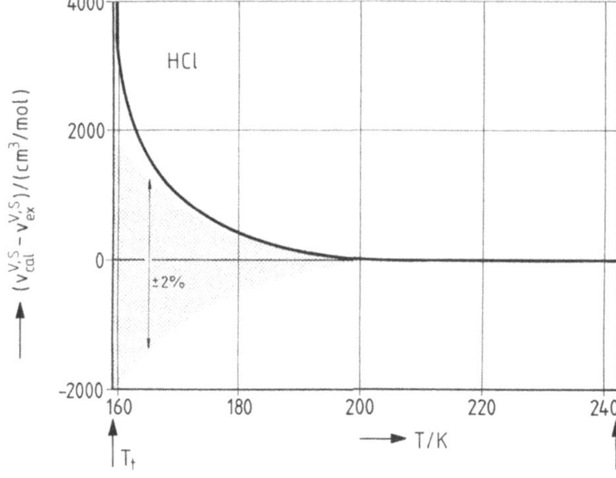

Bild B 6.24.3. Die Taudichte von HCl

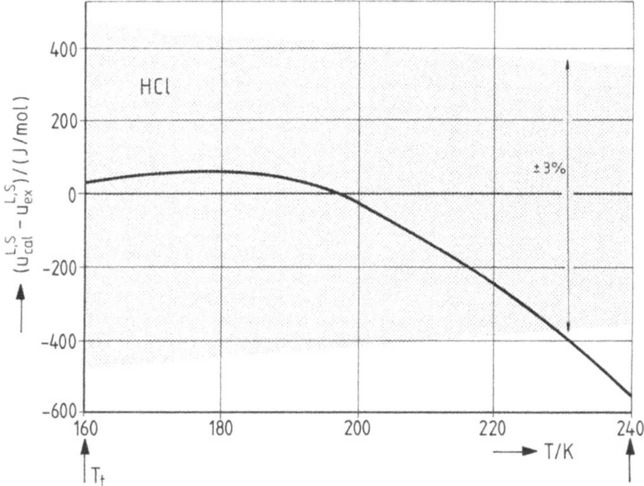

Bild B 6.24.4. Der Konfigurationsanteil der inneren Energie von HCl entlang der Siedelinie

1. Twu, C. H.; Lee, L. L.; Starling, K. E.: Fluid Phase Equilibria 4 (1980) 35
2. Gray, C. G.; Gubbins, K. E.: Theory of molecular fluids. Vol. 1. Oxford: Clarendon Press, 1984
3. Marquardt, H.; Lucas, K.: unveröffentlichte Ergebnisse

Störungsrechnungen mit einem universellen Lennard-Jones-Referenzsystem sind relativ einfach durchführbar, können aber reale Fluide mit anisotropen Molekülformen nur näherungsweise beschreiben. Ihr eigentliches Anwendungsgebiet ist nicht die Beschreibung von Reinstoffen, sondern die Abschätzung von Gemischdaten aus denen der Reinstoffe, vgl. Kap. 7. Bei der Extrapolation auf Gemischdaten benötigt man physikalisch fundierte Parameter für die Reinstoffe. Es zeigt sich, daß auch eine unvollkommene Störungsentwicklung wie die um das universelle Lennard-Jones-System solche Parameter liefern kann. Rechnungen nach

Tabelle B 6.24.1. Vergleich experimenteller und berechneter Werte für die thermodynamischen Funktionen von flüssigem HCl

		v in $(cm^3 \cdot mol^{-1})$		u^c in $(J \cdot mol^{-1})$	
T in K	p in bar	exp	cal	exp	cal
188,29	21,6	30,634	30,875	-14658	-14606
	32,3	30,544	30,842	-14669	-14619
	38,8	30,454	30,822	-14681	-14627
200,00	18,4	31,466	31,713	-14078	-14106
	25,0	31,396	31,689	-14088	-14115
	33,2	31,286	31,659	-14102	-14126
	46,3	31,205	31,613	-14113	-14144
220,00	14,7	33,039	33,262	-13045	-13274
	19,3	32,949	33,239	-13058	-13281
	34,3	32,768	33,167	-13085	-13306
	45,0	32,698	33,116	-13095	-13324
230,00	21,1	33,840	34,071	-12496	-12874
	32,2	33,700	34,008	-12518	-12894
	39,4	33,610	33,967	-12533	-12907
240,00	19,6	34,782	34,991	-12492	-12456
	25,8	34,732	34,949	-12501	-12469
	32,4	34,611	34,905	-12522	-12483
	43,7	34,511	34,830	-12538	-12506

dem (n, δ)-Modell für die Abstoßung führen auf ähnliche Ergebnisse wie die hier gezeigten nach dem SSR-MPA-Modell, wobei der Dampfdruck etwas besser, dafür die Siededichten etwas schlechter beschrieben werden. Eine grundsätzliche Grenze dieser Störungstheorie ergibt sich dadurch, daß für stark von der Referenzsubstanz abweichende Systeme die Eigenschaften des Referenzsystems bei Zustandspunkten berechnet werden müssen, für die keine Daten bzw. Gleichungen vorliegen.

6.5.5 Störungsrechnungen für anisotrope Wechselwirkungen mit einem nichtkugelförmigen Referenzsystem

Für Systeme aus Molekülen mit stark anisotroper Gestalt ist eine Störungsrechnung mit einem Lennard-Jones-Referenzsystem aus Konvergenzgründen grundsätzlich nur eine grobe Näherung. In solchen Fällen ist es naheliegend, Störungsrechnungen mit einem an das zu untersuchende System angepaßten nichtkugelförmigen Referenzsystem durchzuführen. Die ersten Arbeiten in dieser Richtung führten die strukturellen Eigenschaften [27, 64] bzw. die strukturellen und thermodynamischen Eigenschaften [33, 34] des nichtkugelförmigen Referenzsystems auf die eines Hartkugelsystems zurück. Die neueren Arbeiten [65–70] benutzen für die thermodynamischen Eigenschaften eine thermische Zustandsgleichung für harte konvexe Körper, vgl. Abschn. 6.4.2, und berechnen die strukturellen Daten nach verschiedenen dafür entwickelten Theorien. Allen bisher vorgeschlagenen Theorien ist gemeinsam, daß sie wegen des individuellen Referenzsystems grundsätzlich sehr viel aufwendiger in der praktischen Anwendung sind als die Störungsrechnungen mit dem universellen Lennard-Jones-Referenzsystem. Es ist außerdem bisher nicht möglich, bei diesen Störungsrechnungen die langreichweitigen, orientierungsabhängigen Wechselwirkungen, z. B. die Multipolkräfte, zu erfassen. Ihre praktische Bedeutung ist daher heute noch begrenzt. Störungsrechnungen mit nichtkugelförmigem Referenzsystem berücksichtigen jedoch die Molekülform grundsätzlich besser als Störungsrechnungen mit dem Lennard-Jones-Referenzsystem. Da die Molekülform einen großen Einfluß auf die thermodynamischen Eigenschaften ausübt, ist die grundsätzliche Bedeutung solcher Rechnungen heute schon sehr groß.

Eine der etablierten Störungstheorie (WCA-VW) für isotrope Wechselwirkungen mit dem Hartkugelreferenzsystem analoge Methode für „Site-Site"-Wechselwirkungen ist von Kohler et al. [66] vorgeschlagen und von Fischer [67] weiterentwickelt worden. Die Aufspaltung des Paarpotentials erfolgt hier in Verallgemeinerung der Vorschrift von Weeks, Chandler und Andersen [32–34] durch:

$$\phi(r_{12}\,\omega_1\,\omega_2) = \phi_0(r_{12}\,\omega_1\,\omega_2) + \lambda\,\phi^{\mathrm{P}}(r_{12}\,\omega_1\,\omega_2) \tag{6.5.111}$$

mit

$$\phi_0(r_{12}\,\omega_1\,\omega_2) = \phi(r_{12}\,\omega_1\,\omega_2) + \phi_m(\omega_1\,\omega_2) \qquad r_{12} < r_m(\omega_1\,\omega_2) \tag{6.5.112}$$

$$\phi_0 = 0 \qquad\qquad\qquad\qquad\qquad r_{12} > r_m(\omega_1\,\omega_2) \tag{6.5.113}$$

und

$$\phi^{\mathrm{P}}(r_{12}\,\omega_1\,\omega_2) = -\,\phi_m(\omega_1\,\omega_2) \qquad r_{12} < r_m(\omega_1\,\omega_2) \tag{6.5.114}$$

$$\phi^{\mathrm{P}}(r_{12}\,\omega_1\,\omega_2) = \phi(\omega_1\,\omega_2) \qquad\quad r_{12} > r_m(\omega_1\,\omega_2). \tag{6.5.115}$$

Die Aufspaltung ist hier abhängig von der Orientierung der Moleküle und hat numerisch zu erfolgen. Der Index m bezeichnet das Minimum des Potentialverlaufes bei einer gegebenen Orientierung.

Der Beitrag des langreichweitigen Störpotentials $\phi^{\mathrm{P}}(r_{12}\,\omega_1\,\omega_2)$ zur freien Energie wird durch den Störterm erster Ordnung in der λ-Entwicklung (HTA) berücksichtigt, nach:

$$\frac{A^\lambda}{NkT} = 2\pi\,n\,\frac{1}{kT}\int \langle \phi^{\mathrm{P}}(r_{12}\,\omega_1\,\omega_2)\,g_0(r_{12}\,\omega_1\,\omega_2)\rangle_{\omega_1\omega_2}\,r^2\,\mathrm{d}r, \tag{6.5.116}$$

wobei $g_0(r_{12}\,\omega_1\,\omega_2)$ die Paarkorrelationsfunktion des durch (6.5.112) definierten nichtkugelförmigen Referenzpotentials ist. Während die Paarkorrelationsfunktion für das isotrope Referenzpotential in Abschn. 6.5.2 nach der Blip-Funktions-Entwicklung (6.5.7) durch $\mathrm{e}^{-\phi(r)/kT}\,y_\mathrm{d}(r)$ auf die Hartkugel-Korrelationsfunktion reduziert werden kann, ist dies für das hier benutzte anisotrope Referenzpotential nicht mit hinreichender Genauigkeit möglich. Vielmehr besteht eine bessere Methode darin, zunächst ein isotropes Abstoßungspotential einzuführen, nach [71, 72]

$$\mathrm{e}^{-\hat\phi(r)/kT} = \left\langle \mathrm{e}^{-\frac{\phi_0(r_{12}\,\omega_1\,\omega_2)}{kT}} \right\rangle_{\omega_1\omega_2}, \tag{6.5.117}$$

der sogenannten RAM-Theorie („Reference-Average-Mayer"-function). Die Paarkorrelationsfunktion des Referenzsystems wird damit approximiert durch [73]

$$g_0(r_{12}\omega_1\omega_2) \cong e^{-\frac{\phi_0(r_{12}\omega_1\omega_2)}{kT}}\, \hat{y}(r_{12}),$$
(6.5.118)

wobei

$$\hat{y}(r_{12}) = e^{\frac{\hat{\phi}(r_{12})}{kT}}\, \hat{g}(r_{12})$$
(6.5.119)

durch Lösung der Percus-Yevick-Gleichung gewonnen wird [18]. In [74] wurde gezeigt, daß in dieser Approximation zumindest der isotrope Anteil von $g_0(r_{12}\omega_1\omega_2)$ in guter Übereinstimmung mit Computersimulationen ist. Die volle winkelabhängige Paarkorrelationsfunktion wird indessen durch (6.5.118) nicht befriedigend erfaßt. Die weitere erstrebenswerte Reduktion von $\hat{y}(r_{12})$ auf die strukturellen Eigenschaften des Hartkugelfluids scheitert hier an dem relativ großen Abstandsbereich, in dem $e^{-\phi(r)/kT}$ zwischen 0 und 1 ansteigt. Dieser Abstandsbereich wächst mit zunehmender Anisotropie des betrachteten Moleküls. Insgesamt ergibt sich damit für den Störterm erster Ordnung in der λ-Entwicklung:

$$\frac{A^{\lambda}}{NkT} = 2\pi n\, \frac{1}{kT} \int \langle \phi^{\mathrm{P}}(r_{12}\omega_1\omega_2)\, e^{-\phi_0(r_{12}\omega_1\omega_2)/kT} \rangle_{\omega_1\omega_2}\, \hat{y}(r_{12})\, dr_{12}.$$
(6.5.120)

Stark winkelabhängige, langreichweitige Kräfte, wie z.B. Multipolkräfte, können durch diese Gleichung nicht erfaßt werden, da $\hat{y}(r_{12})$ nur den isotropen Anteil von $y_0(r_{12}\omega_1\omega_2)$ genügend genau beschreibt.

Die freie Energie des Referenzsystems A_0 wird durch eine Blip-Funktions-Entwicklung auf die eines aus harten Kugeln zusammengesetzten Körpers zurückgeführt. Mit der Parameterisierung, vgl. (6.5.7):

$$\exp\left(\frac{-\phi^{\alpha}(r_{12}\omega_1\omega_2)}{kT}\right) = \exp\left(\frac{-\phi_{\mathrm{h}}(r_{12}\omega_1\omega_2)}{kT}\right)$$
$$+ \alpha\left[\exp\left(-\frac{\phi_0(r_{12}\omega_1\omega_2)}{kT}\right) - \exp\left(-\frac{\phi_{\mathrm{h}}(r_{12}\omega_1\omega_2)}{kT}\right)\right]$$
(6.5.121)

und der bereits in (6.5.118) benutzten Approximation

$$y_0(r_{12}\omega_1\omega_2) \cong \hat{y}(r_{12}),$$
(6.5.122)

gilt mit (6.5.13)

$$\frac{A_0^{\mathrm{res}}}{NkT} = \frac{A_{\mathrm{h}}^{\mathrm{res}}}{NkT} - 2\pi n \int \langle e^{-\phi_0(r_{12}\omega_1\omega_2)/kT} - e^{-\phi_{\mathrm{h}}(r_{12}\omega_1\omega_2)/kT} \rangle_{\omega_1\omega_2}$$
$$\cdot \hat{y}(r_{12})\, r_{12}^2\, dr_{12}.$$
(6.5.123)

Der aus harten Kugeln zusammengesetzte Körper muß in seiner Geometrie der Gestalt des betrachteten Moleküls angepaßt werden. Dies kann z.B. dadurch geschehen, daß man die Abstände zwischen den Hartkugelzentren und, bei nichtlinearen Molekülen, die Winkel zwischen den entsprechenden Verbindungslinien aus der bekannten Molekülstruktur übernimmt. Dann ist nur noch der Kugeldurchmesser frei und wird gemäß (6.5.14) festgelegt durch:

$$\int \left\langle e^{-\phi_0(r_{12}\omega_1\omega_2)/kT} - e^{-\phi_h(r_{12}\omega_1\omega_2)/kT} \right\rangle_{\omega_1\omega_2} \hat{y}(r_{12})\, r_{12}^2\, dr = 0. \qquad (6.5.124)$$

Die freie Energie des aus harten Kugeln zusammengesetzten Körpers wird schließlich durch Integration einer thermischen Zustandsgleichung harter konvexer Körper, vgl. (6.4.43), gewonnen.

Beispiel 6.25

Aus den in dimensionslosen Variablen tabellierten Sättigungsdaten für Systeme aus „Site-Site"-Molekülen [1] berechne man den Dampfdruck, das Siedevolumen und das Dampfvolumen von Chlorwasserstoff, Äthan und Kohlendioxid und vergleiche mit Meßdaten [2–6].

1. Fischer, J.; Lustig, R.; Breitenfelder-Manske, H.; Lemming, W.: Mol. Phys. 52 (1984) 485
2. Da Ponte, M. N.; Staveley, L. A. K.: J. Chem. Thermodyn. 10 (1978) 897
3. Rowlinson, J. S.; Swinton, F. L.: Liquids and liquid mixtures. London: Butterworths 1982
4. Goodwin, R. D.; Roder, H. M.; Straty, G. C.: Nat. Bur. Stand. T.N. 684 (1978)
5. Angus, S.; Armstrong, B.; de Reuck, K. M.: International thermodynamic tables of fluid carbon dioxide. IUPAC (1973)

Lösung

Die Sättigungsdaten für Systeme aus Molekülen, deren Wechselwirkungen durch Lennard-Jones-Potentiale auf zwei „Sites" mit dem Abstand l modelliert werden, wurden aus der Störungstheorie berechnet und in dimensionslosen Variablen tabelliert. Sie können innerhalb ihrer Genauigkeit durch empirische Interpolationsgleichungen approximiert werden. Für den Dampfdruck p^s gilt:

$$\ln p^{s\cdot *} = 3{,}201468450 + \frac{0{,}4207163600}{L} + \frac{0{,}0100461599}{L^2}$$
$$+ \frac{1}{T^*}\left(-3{,}425126666 - \frac{5{,}641763200}{L} + \frac{0{,}0591246888}{L^2}\right)$$
$$+ \frac{1}{T^{*2}}\left(3{,}088367199 - \frac{4{,}821600159}{L} + \frac{1{,}629017861}{L^2}\right)$$
$$+ \frac{1}{T^{*3}}\left(-1{,}577678670 + \frac{2{,}220105850}{L} + \frac{0{,}9707547586}{L^2}\right)$$

wobei

$$p^* = \left(\frac{p\sigma^3}{\varepsilon}\right)(1 + 1{,}5\,L - 0{,}5\,L^3)$$

und

$$L = l/\sigma.$$

Für die Siededichte $\varrho^{\mathrm{L.S}}$ gilt:

$$n^{\mathrm{L.S}*} = 1{,}315798020 + 0{,}284782196\,L - 0{,}427608358\,L^2$$
$$+ T^*(-0{,}031842757 - 0{,}943786313\,L + 0{,}469655639\,L^2)$$
$$+ T^{*2}(-0{,}074462169 + 0{,}517603406\,L - 0{,}284691951\,L^2)$$
$$+ T^{*2}(-0{,}016507131 - 0{,}088635887\,L + 0{,}00647551\,L^2).$$

Schließlich gilt für die Dampfdichte $\varrho^{\mathrm{V.S}}$

$$n^{\mathrm{V.S}*} = 5{,}34441682 - \frac{0{,}786314061}{L} + \frac{0{,}182651977}{L^2}$$
$$+ \frac{1}{T^*}\left(-5{,}696949083 - \frac{7{,}500076617}{L} + \frac{0{,}241815537}{L^2}\right)$$

$$+ \frac{1}{T^{*2}}\left(1{,}977321286 + \frac{0{,}090337642}{L} + \frac{1{,}547427242}{L^2}\right)$$

$$+ \frac{1}{T^{*3}}\left(-0{,}728974599 + \frac{0{,}859308298}{L} - \frac{1{,}386033055}{L^2}\right)$$

mit

$$n^* = \varrho\,\sigma^3(1 + 1{,}5\,L - 0{,}5\,L^3)$$

und

$$L = l/\sigma.$$

Die Ergebnisse der Störungsrechnung gelten nur für tiefe Temperaturen, da sie auf der WCA-Theorie basieren, vgl. Beispiel 6.9. Es können daher nur Temperaturen kleiner $0{,}8\,T_c$ betrachtet werden. Benutzt man experimentelle Daten des Dampfdrucks und der Siededichte zur Bestimmung der drei Parameter ε, σ und l, so erhält man die in Tabelle B 6.25.1 bis B 6.25.3 zusammengefaßten Ergebnisse.

Man erkennt, daß nur die Sättigungsdaten von Äthan mit der technisch befriedigenden Genauigkeit von 1 % im Dampfdruck, 0,5 % in der Siededichte und 2 % in der Dampfdichte beschrieben werden. Äthan ist von seinen intermolekularen Kräften am ehesten durch das Zwei-Zentren-

Tabelle B 6.25.1. *Chlorwasserstoff.* $\sigma = 3{,}136016\ \text{Å}$, $\varepsilon/k = 111{,}96\ \text{K}$, $l = 1{,}28803\ \text{Å}$

T K	p^S in bar		$n^{L,S}$ in $(\text{mol} \cdot \text{l}^{-1})$		$n^{V,S}$ in $(\text{mol} \cdot \text{l}^{-1})$	
	exp	cal	exp	cal	exp	cal
160	0,149	0,154	34,36	34,32	0,0113	0,0119
180	0,623	0,625	33,04	33,12	0,0425	0,0427
200	0,1896	0,1896	31,62	31,91	0,1197	0,1167
220	4,630	4,523	30,17	30,68	0,2767	0,2655
240	9,641	9,374	28,32	29,41	0,5595	0,5287

Tabelle B 6.25.2. *Äthan.* $\sigma = 3{,}5247\ \text{Å}$, $\varepsilon/k = 139{,}3313\ \text{K}$, $l = 2{,}35451\ \text{Å}$

T K	p^S in bar		$n^{L,S}$ in $(\text{mol} \cdot \text{l}^{-1})$		$n^{V,S}$ in $(\text{mol} \cdot \text{l}^{-1})$	
	exp	cal	exp	cal	exp	cal
100	$1{,}11 \cdot 10^{-4}$	$1{,}1 \cdot 10^{-4}$	21,34	21,49	$1{,}33 \cdot 10^{-5}$	$1{,}27 \cdot 10^{-5}$
120	$3{,}5 \cdot 10^{-3}$	$3{,}6 \cdot 10^{-3}$	20,60	20,61	$3{,}55 \cdot 10^{-3}$	$3{,}70 \cdot 10^{-3}$
150	$9{,}7 \cdot 10^{-2}$	$9{,}6 \cdot 10^{-2}$	19,47	19,35	$7{,}8 \cdot 10^{-2}$	$7{,}8 \cdot 10^{-2}$
180	0,79	0,78	18,28	18,12	0,054	0,054
210	3,34	3,31	16,97	16,87	0,208	0,209
240	9,67	9,60	15,46	15,55	0,580	0,585

Tabelle B 6.25.3. *Kohlendioxid.* $\sigma = 2{,}93755\ \text{Å}$, $\varepsilon/k = 161{,}936\ \text{K}$, $l = 2{,}32505\ \text{Å}$

T K	p^S in bar		$n^{L,S}$ in $(\text{mol} \cdot \text{l}^{-1})$		$n^{V,S}$ in $(\text{mol} \cdot \text{l}^{-1})$	
	exp	cal	exp	cal	exp	cal
218	5,51	5,73	26,66	26,49	0,337	0,348
230	8,94	8,86	25,66	25,65	0,531	0,535
236	11,15	11,01	25,12	25,22	0,659	0,653
246	15,70	15,14	24,18	24,50	0,930	0,891

Lennard-Jones-Modell zu modellieren, da es nur ein schwaches Quadrupolmoment hat. Die beiden anderen hier betrachteten Moleküle sind ebenso durch ihre Multipolmomente wie durch ihre Form beeinflußt. Ein Modell, das die Multipolmomente vernachlässigt, kann für diese Fluide daher keine befriedigenden Ergebnisse liefern. Interessant ist, daß die durch Anpassung gewonnenen Molekülelongationen im wesentlichen mit den aus Handbüchern entnommenen Moleküldaten übereinstimmen.

In dieser Störungstheorie werden die intermolekularen Kräfte durch das „Site-Site"-Paarpotential modelliert, wobei zwischen den „Sites" Lennard-Jones-(12-6)-Kräfte angesetzt werden. Potentiale dieser Art sind trotz ihrer grundsätzlichen Schwächen im langreichweitigen Bereich (vgl. Kap. 4) für viele starre Moleküle mit Erfolg verwendet worden. Da die vorliegende Störungstheorie ohnehin keine Multipolkräfte berücksichtigen kann, sind die Schwächen im langreichweitigen Bereich ohne große Bedeutung. Sie ist daher geeignet für solche Systeme, deren thermodynamische Eigenschaften überwiegend durch die gestaltliche Anisotropie ihrer Moleküle bestimmt werden. Typische Vertreter solcher Moleküle sind C_2H_6, C_3H_8, CCl_4 und CF_4. Während diese Theorie im Gegensatz zu der mit dem Lennard-Jones-Referenzsystem durch wenige Gleichungen umfassend zu beschreiben ist, steckt ein erheblich größerer Aufwand in der zahlenmäßigen Auswertung. Zur Ermittlung der Struktur des Referenzsystems in der RAM-Approximation muß die Percus-Yevick-Gleichung für das sanft abstoßende Potential $\hat{\phi}(r_{12})$ numerisch gelöst oder eine Störungstheorie höherer Ordnung benutzt werden. Die Bestimmung des Hartkugeldurchmessers nach (6.5.124) erfordert recht komplizierte Winkelintegrationen, und auch der Störterm erster Ordnung erfordert Integrationen über mehrere Variable. Die Theorie ist also im Gegensatz zu der mit dem Lennard-Jones-Referenzsystem nicht analytisch, und alle Rechnungen müssen für jedes Molekül individuell durchgeführt werden. Darüber hinaus ist die Theorie im Zustandsbereich ähnlich begrenzt wie die Week-Chandler-Andersen-Theorie, d. h. insbesondere auf hohe Dichten. Verdampfungsgleichgewichte lassen sich daher nur bei tiefen Temperaturen berechnen, wobei im Gasbereich die Virialgleichung verwendet werden muß. Bei Beachtung dieser Einschränkung kann man für Systeme, deren thermodynamisches Verhalten im wesentlichen durch die gestaltliche Anisotropie ihrer Moleküle bedingt ist, sehr befriedigende Ergebnisse erzielen [75]. Auch die zweiten Virialkoeffizienten werden dann mit guter Genauigkeit abgeschätzt [76].

6.6 Zusammenfassung

In Flüssigkeiten ist der mittlere Abstand zwischen den Molekülen gering. Details der intermolekularen Kräfte, sowohl der abstoßenden als auch der anziehenden, spielen daher eine entscheidende Rolle bei zahlenmäßigen Berechnungen der thermodynamischen Funktionen. Für Flüssigkeiten aus einatomigen Molekülen können Computersimulationen zumindest im homogenen Zustandsbereich ohne große Schwierigkeiten durchgeführt werden. Mit solchen Daten lassen sich an Gasdaten angepaßte Wechselwirkungsmodelle durch Vergleich mit Meßwerten optimieren. Bei hohen Dichten und Temperaturen lassen sich mit wesentlich geringerem Aufwand an Rechenzeit Störungsrechnungen nach der WCA-VW-

Theorie durchführen. Bei niedrigen Dichten sind die Störungsrechnungen sehr kompliziert und nicht genügend genau. Für Flüssigkeiten aus mehratomigen Molekülen müssen winkelabhängige Wechselwirkungsmodelle benutzt werden, z. B. das SSR-MPA-Modell. Computersimulationen kommen hier zur Zeit nur in Ausnahmefällen in Betracht, da bei der erforderlichen Genauigkeit insbesondere für den Druck übermäßig hohe Rechenzeiten erforderlich sind. Als praktisch einsetzbare Störungsrechnung empfiehlt sich die Poplesche Entwicklung um ein Lennard-Jones-(12-6)-Potential. Ungenauigkeiten dieser Störungstheorie insbesondere für die anisotrope Abstoßung können zum großen Teil in den drei Parametern des Wechselwirkungspotentials absorbiert werden. Zwangsläufig sind diese Parameter dann nicht mehr mit den aus Gasdaten ermittelten Parametern für dasselbe Fluid konsistent. Immerhin zeigen sich trotz dieser Schwächen deutliche Verbesserungen gegenüber dem einfachen Korrespondenzprinzip. Eine Darstellung der thermodynamischen Eigenschaften reiner Flüssigkeiten innerhalb ihrer Meßgenauigkeit ist mit dem derzeitigen Stand der Theorie noch nicht möglich. Man erhält jedoch durch Anpassung an Daten in engen Tenmperaturbereichen physikalisch sinnvolle Potentialparameter auch für recht komplizierte Flüssigkeiten, die über Kombinationsregeln sinnvolle Abschätzungen der thermodynamischen Eigenschaften von Gemischen erlauben, vgl. Kap. 7.

Literatur zu Kapitel 6

1. Metropolis, N.; Rosenbluth, A. W.; Rosenbluth, M. N.; Teller, A. H.; Teller, E.: J. Chem. Phys. 21 (1953) 1087
2. Wood, W. W.: in: Physics of Simple Liquids. Temperly, H. N. V.; Rushbrooke, G. S.; Rowlinson, J. S.: (Hrsg.) Amsterdam: North-Holland 1968
3. Alder, B. J.; Wainwright, T. E.: J. Chem. Phys. 27 (1957) 1208
4. Verlet, L.: Phys. Rev. 159 (1967) 98
5. Ameling, W.; Luckas, M.; Shukla, K. P.; Lucas, K.: Mol. Phys. 56 (1985) 335
6. Barker, J. A.; Fisher, R. A.; Watts, R. O.: Mol. Phys. 21 (1971) 657
7. Reid, R. C.; Prausnitz, J. M.; Sherwood, Th. K.; The properties of gases and liquids. New York: McGraw-Hill 1977
8. Lucas, K.: Berechnungsmethoden für Stoffeigenschaften. VDI-Wärmeatlas, Abschnitt Da. Düsseldorf: VDI-Verlag 1984
9. Verlet, L.: Phys. Rev. 165 (1968) 201
10. Ornstein, L. S.; Zernicke, F.: Proc. Akad. Sci. (Amsterdam) 17 (1914) 793
11. Rowlinson, J. S.; Swinton, F. L.: Liquids and liquid mixtures. London: Butterworths Scientific 1982
12. Percus, J. K.; Yevick, G. J.: Phys. Rev. 110 (1958) 1
13. Wertheim, M. S.: J. Math. Phys. 5 (1964) 643
14. Thiele, E.: J. Chem. Phys. 39 (1963) 474
15. Throop, G. J.; Bearman, R. J.: J. Chem. Phys. 42 (1965) 2408
16. Smith, W. R.; Henderson, D.: Mol. Phys. 19 (1970) 411
17. Perram, J. W.: Mol. Phys. 30 (1975) 1505
18. Kohler, F.; Marius, W.; Quirke, N.; Perram, J. W.; Hoheisel, C.; Breitenfelder-Manske, H.: Mol. Phys. 38 (1979) 2057
19. Barker, J. A.; Henderson, D.: Mol. Phys. 21 (1971) 187
20. Carnahan, N. F.; Starling, K. E.: J. Chem. Phys. 51 (1969) 635
21. Verlet, L.; Weis, J. J.: Phys. Rev. A, 5 (1972) 939
22. Boublik, T.: J. Chem. Phys. 63 (1975) 4048
23. Nezbeda, I.: Chem. Phys. Lett. 41 (1976) 55

24. Boublík, T.: Mol. Phys. 42 (1981) 209
25. Nezbeda, I.; Boublík, T.: Mol. Phys. 51 (1984) 1443
26. Boublík, T.; Nezbeda, I.: Chem. Phys. Lett. 46 (1977) 315
27. Boublík, T.: Mol. Phys. 32 (1976) 1737
28. Boublík, T.: Mol. Phys. 51 (1984) 1429
29. Zwanzig, R. W.: J. Chem. Phys. 22 (1954) 1420
30. Gray, C. G.; Gubbins, K. E.: Theory of molecular fluids, Vol. 1. Oxford: Clarendon Press 1984
31. Andersen, H. C.; Weeks, J. D.; Chandler, D.: Phys. Rev. A 4 (1971) 1597
32. Weeks, J. D.; Chandler, D.; Andersen, H. C.: J. Chem. Phys. 54 (1971) 5237
33. Sung, S.; Chandler, D.: J. Chem. Phys. 56 (1972) 4989
34. Mo, K. C.; Gubbins, K. E.: J. Chem. Phys. 65 (1975) 1490
35. Ross, M.: J. Chem. Phys. 71 (1979) 1567
36. Labík, S.; Malijevsky, A.: Collect. Czech. Chem. Commun. 48 (1983) 347
37. Barker, J. A.; Bobetic, M. V.: J. Chem. Phys. 79 (1983) 6306
38. Barker, J. A.; Henderson, D.; Smith, W. R.: Phys. Rev. Lett. 21 (1968) 134
39. Pople, J. A.: Proc. Roy. Soc. A. 221 (1954) 498
40. Bell, R. J.: J. Phys. B 3 (1970) 751
41. Gray, C. G.; Gubbins, K. E.; Twu, C. H.: J. Chem. Phys. 69 (1978) 182
42. Nicolas, J. J.; Gubbins, K. E.; Streett, W. B.; Tildesley, D. J.: Mol. Phys. 37 (1979) 1429
43. Twu, C. H.; Lee, L. L.; Starling, K. E.: Fluid Phase Equilibria 4 (1980) 35
44. Luckas, M.; Lucas, K.; Deiters, U.; Gubbins, K. E.: Mol. Phys. 57 (1986) 241
45. Stell, G.; Rasaijah, J. C.; Narang, H.: Mol. Phys. 23 (1972) 393
46. Stell, G.; Rasaijah, J. C.; Narang, H.: Mol. Phys. 27 (1974) 1393
47. Rasaijah, J. C.; Larsen, B.; Stell, G.: J. Chem. Phys. 63 (1975) 722
48. Rushbrooke, G. S.; Stell, G.; Høye, J. S.: Mol. Phys. 26 (1973) 1199
49. Wang, S. S.; Gray, C. G.; Egelstaff, P. A.; Gubbins, K. E.: Chem. Phys. Lett. 21 (1973) 123
50. Hoheisel, C.; Luckas, M.; Marquardt, H.; Lucas, K.: unveröffentlichte Ergebnisse
51. McDonald, I. R.: J. Phys. C. 7 (1974) 1225
52. Patey, G. N.; Valleau, J. P.: J. Chem. Phys. 64 (1976) 170
53. Gubbins, K. E.; Gray, C. G.: Mol. Phys. 23 (1972) 187
54. Madden, W. G.; Fitts, D. D.; Smith, W. R.: Mol. Phys. 35 (1978) 1017
55. Ananth, M. S.; Gubbins, K. E.; Gray, C. G.: Mol. Phys. 28 (1974) 1005
56. Gubbins, K. E.; Twu, C. H.: Chem. Eng. Sci. 33 (1978), 863; 879
57. Calado, J. C. G.; Gray, C. G.; Gubbins, K. E.; Palavra, A. M. F.; Soares, V. A. M.; Staveley, L. A. K.; Twu, C. H.: J. Chem. Soc. Faraday Trans. 2, 74 (1978) 893
58. Lobo, L. Q.; McClure, D. W.; Staveley, L. A. K.; Clancy, P.; Gubbins, K. E.; Gray, C. G.: J. Chem. Soc. Faraday Trans. 2, 77 (1981) 425
59. Gubbins, K. E.; Gray, C. G.; Machado, J. R. S.: Mol. Phys. 42 (1981) 817
60. Shukla, K. P.; Ram, J.; Singh, Y.: Mol. Phys. 31 (1976) 873
61. Moser, B.; Lucas, K.; Gubbins, K. E.: Fluid Phase Equilibria 7 (1981) 153
62. Shukla, K. P.; Lucas, K.; Moser, B.: Fluid Phase Equilibria 15 (1983) 125
63. Winkelmann, J.: Fluid Phase Equilibria 7 (1981) 207
64. Sanlder, S. I.: Mol. Phys. 28 (1974) 1207
65. Pavlicék, J.; Boublík, T.: Fluid Phase Equilibria 7 (1981) 1
66. Kohler, F.; Quirke, N.; Perram, J. W.: J. Chem. Phys. 71 (1979) 4128
67. Fischer, J.: J. Chem. Phys. 72 (1980) 5371
68. Lombardero, M.; Abaseal, J. L. F.; Lago, S.: Mol. Phys. 48 (1981) 999
69. Tildesley, D. J.: Mol. Phys. 41 (1980) 341
70. Monson, P. A.; Gubbins, K. E.: J. Phys. Chem. 87 (1983) 2852
71. Perram, J. W.; White, L. R.; Mol. Phys. 28 (1974) 527
72. Smith, W. R.: Can. J. Phys. 52 (1974) 2022
73. Smith, W. R.; Nezbeda, I.: Molecular-based study of fluids. Adv. Chem. Ser. 204 (J. M. Haile, G. A. Mansoori, ed.) (1983) 235
74. Fischer, J.; Quirke, N.: Mol. Phys. 38 (1979) 1703
75. Fischer, J.; Lustig, R.; Breitenfelder-Manske, H.; Lemming, W.: Mol Phys. 52 (1984) 485
76. Bohn, M.; Lustig, R.; Fischer, J.: Fluid Phase Equilibria 25 (1986) 251

7 Mischphasen

Ein Gebiet von besonderer praktischer Bedeutung ist die Statistische Thermodynamik der Mischphasen, insbesondere der flüssigen Gemische. Während bei idealen und realen Gasen exakte und praktisch auswertbare Mischungsregeln für die Berechnung der thermodynamischen Funktionen aus Reinstoffdaten existieren, fehlen solche Erkenntnisse für flüssige Gemische. Dies ist praktisch besonders bedauerlich, da viele technisch nützliche Effekte in Fluiden durch die individuellen Mischungseigenschaften in der flüssigen Phase bedingt sind. Es besteht daher ein großes praktisches Interesse daran, diese Effekte einer theoretisch fundierten Beschreibung und Berechnung zuzuführen.

Flüssige Mischphasen, deren reine Komponenten bei Zustand des Gemisches ebenfalls flüssig sind, lassen sich durch Exzeßfunktionen bzw. Mischungsfunktionen beschreiben. Die freie Mischungsenergie eines binären Systems entsteht, wenn man in einem Reinstoff aus N Molekülen eine gewisse Anzahl durch die einer anderen Komponente ersetzt, d. h. aus einem Reinstoff eine Mischung macht. Die freie Mischungsenergie ergibt sich dabei zu:

$$\Delta A(T, V, N, x_1) = A(T, V, N, x_1) - x_1 A_{01}(T, V, N, x_1 = 1)$$

$$- x_2 A_{02}(T, V, N, x_1 = 0)$$

$$= - kT \ln \frac{Q}{Q_{01}^{x_1} Q_{02}^{x_2}}.$$

Mit (2.2.133) folgt daraus

$$\Delta A(T, V, N, x_1) = NkT \left[x_1 \ln x_1 + x_2 \ln x_2\right] - kT \ln \frac{Z}{Z_{01}^{x_1} Z_{02}^{x_2}}$$

wobei die Stirlingsche Formel, vgl. Anhang 2.3, benutzt wurde.

Betrachten wir den in Abschn. 3.5 abgehandelten Fall des idealen Gasgemisches, so gilt wegen $Z^{id} = V^N$

$$\Delta A^{id} = NkT \left[x_1 \ln x_1 + x_2 \ln x_2\right]$$

in Übereinstimmung mit (3.5.16).

Betrachten wir andererseits eine Mischung aus starren Molekülen, bei der aufgrund identische Kräfte zwischen den verschiedenen Molekülen die intermolekulare Energiefunktion unabhängig von der Verteilung der einzelnen Moleküle auf die verschiedenen Komponenten ist, so erhalten wir wegen $Z = Z_{01} = Z_{02}$

mit

$$\Delta A^{\mathrm{iL}} = NkT \left[x_1 \ln x_1 + x_2 \ln x_2 \right]$$

die freie Mischungsenergie einer idealen Lösung, vgl. Abschn. 1.2.2. Praktisch wird dies in guter Näherung durch eine Isotopenmischung realisiert. Streng sind die intermolekularen Kräfte selten für zwei Isotope identisch. Bei Isotopengemischen aus nicht-starren Molekülen führen dichtabhängige Schwingungsfreiheitsgrade zu einem schwach nicht-idealen Verhalten.

Wegen

$$\Delta p^{\mathrm{iL}} = - \left(\frac{\partial \Delta A^{\mathrm{iL}}}{\partial V} \right)_{T, \{N_j\}} = 0$$

folgt, daß der isochore Mischungsprozeß in einer idealen Lösung auch isobar abläuft, und daraus, daß bei der isotherm-isobaren Vermischung das Mischungsvolumen verschwindet. Wegen

$$\Delta U^{\mathrm{iL}} = \partial(\Delta A^{\mathrm{iL}}/T)/\partial(1/T)|_{V, \{N_j\}}$$

verschwinden auch Mischungsenergie und Mischungsenthalpie, und es ergeben sich die bekannten, einfachen Gesetze der idealen Lösung, vgl. (1,2.35) bis (1.2.38). Abweichungen realer Mischphasen von den Gesetzen der idealen Lösung gehen daher auf Unterschiede in den intermolekularen Kräften zwischen den unterschiedlichen Molekülen zurück, gleichgültig, ob diese Unterschiede die Molekülgröße, die Stärke der Anziehungskräfte, die Molekülform oder andere Aspekte der Ladungsverteilung betreffen. Diese Effekte beschreiben wir durch Exzeßfunktionen nach

$$\begin{aligned}
A^{\mathrm{E}}(T, V, N, x_1) &= \Delta A - \Delta A^{\mathrm{iL}} = - kT \ln \frac{Z}{Z_{01}^{x_1} Z_{02}^{x_2}} \\
&= A^{\mathrm{c}}(T, V, N, x_1) - x_1 A_{01}^{\mathrm{c}}(T, V, N, x_1 = 1) \\
&\quad - x_2 A_{02}^{\mathrm{c}}(T, V, N, x_1 = 0),
\end{aligned}$$

wobei die in Abschn. 2.2.4 eingeführten konfigurationellen Größen, hier die konfigurationellen freien Energien A^{c}, benutzt werden.

Die Statistische Thermodynamik flüssiger Mischphasen strebt danach, die Abweichungen realer Gemische von der idealen Lösung aus Unterschieden in den Potentialparametern der Komponenten zu berechnen. Wenngleich eine exakte und auch praktisch für realistische Wechselwirkungsmodelle auswertbare Theorie hierfür nicht existiert, so kann man sich doch einzelne, im wesentlichen exakte Daten durch Computersimulationen beschaffen. Die hierzu in Abschn. 6.1 gemachten Ausführungen gelten auch hier, und einige typische Ergebnisse dieser Simulationen werden in Abschn. 7.1 besprochen. Ausgangspunkt praktisch auswertbarer Theorien ist die Darstellung der thermodynamischen Funktionen als Integrale über Korrelationsfunktionen. Sie wird in Abschn. 7.2 angegeben. Von besonderer Bedeutung ist der Sonderfall der Mischung aus harten Körpern, er wird in Abschn. 7.3 besprochen. Die Erweiterung des Prinzips korrespondierender Zustände auf Gemische, die sogenannte Theorie konformer Lösungen, wird in Abschn. 7.4 abgehandelt. Sie erfaßt die Abweichungen von der idealen Lösung auf Grund von Unterschieden in den Parametern ε und σ eines universellen Paarpotentials für die verschiedenen Komponenten. Abschn. 7.5 befaßt sich mit Störungsrechnungen für dichte Mischphasen aus starren Molekülen, durch die individuelle Paarpotentiale berücksichtigt werden können.

7.1 Computersimulationen

Meßwerte an realen fluiden Mischphasen sind für die Erfolgskontrolle eines theoretischen Fluidmodells letztlich unerläßlich. Sie sind in der Regel jedoch nicht geeignet, detaillierten Aufschluß über seine Mängel zu geben, da Abweichungen zwischen Theorie und Experiment sowohl dem Wechselwirkungsmodell als auch dem statistischen Modell anzulasten sein können. Eine klare Trennung der Effekte ist durch Computersimulationen möglich. In diesen Computersimulationen, deren grundlegende Typen in Abschn. 6.1 vorgestellt wurden, wird ein wohldefiniertes Wechselwirkungsmodell vorgegeben. Die thermodynamischen Funktionen auf der Grundlage dieses Wechselwirkungsmodells werden im wesentlichen exakt numerisch simuliert. Man kann daher auf zweierlei Weise Gebrauch von solchen simulierten Daten machen. Will man ein statistisches Modell überprüfen, so wertet man es für ein Wechselwirkungmodell aus, für das Computersimulationen vorliegen. Abweichungen zwischen den Ergebnissen des statistischen Modells und den Simulationen deuten auf Modellschwächen hin. Bei diesem Vergleich übernehmen die Simulationen die Rolle des Experiments. Will man hingegen ein Wechselwirkungsmodell entwickeln oder überprüfen, so vergleicht man Simulationen für dieses Wechselwirkungsmodell mit Meßwerten an einem realen Gemisch. Bei einem solchen Vergleich übernehmen die Simulationen die Rolle der Theorie. Schließlich liefern Computersimulationen in Gemischen insbesondere wertvolle Erkenntnisse auf die Auswirkungen unterschiedlicher Wechselwirkungstypen auf das Mischungsverhalten fluider Systeme.

Als Beispiel zeigt die Tabelle 7.1 simulierte Werte der isobaren Exzeßfunktionen v^{E}, h^{E} und g^{E} für einige äquimolare Lennard-Jones-Mischungen bei $T = 97$ K und $p = 0$ bar [1]. Die Potentialparameter der ungleichen Wechselwirkungen bleiben konstant zu

$$\frac{\varepsilon_{12}}{k} = \sqrt{\frac{\varepsilon_{11}}{k}\frac{\varepsilon_{22}}{k}} = 133{,}5 \text{ K}$$

sowie

$$\sigma_{12} = \tfrac{1}{2}(\sigma_{11} + \sigma_{22}) = 3{,}596 \text{ Å}.$$

Es gelten also die Lorentz-Berthelot-Kombinationsregeln, vgl. Abschn. 4.5. Variiert werden die Verhältnisse der Potentialparameter. Für gleiche Werte des Energieparameters ε ergeben sich kleine Exzeßfunktionen, deren absolute Werte mit zunehmenden Verhältnissen des Abstandsparameters ansteigen. Das Exzeßvolumen ist negativ, da Moleküle unterschiedlicher Größe aus geometrischen Gründen eine dichtere Packung erlauben als Moleküle gleicher Größe. Für die Ex-

Tabelle 7.1. Computersimulierte isobare Exzeßfunktionen einiger äquimolarer Lennard-Jones-Mischungen mit Lorentz-Berthelot-Kombinationsregeln [1] ($T = 97$ K; $p \cong 0$ bar)

σ_{11} Å	σ_{22} Å	(ε_{11}/k) K	(ε_{22}/k) K	$\dfrac{\sigma_{11}}{\sigma_{22}}$	$\dfrac{\varepsilon_{11}}{\varepsilon_{22}}$	v^{E} cm³/mol	h^{E} J/mol	g^{E} J/mol
3,5960	3,5960	108,14	164,87	1,00	0,65	−0,89	120	142
3,5960	3,5960	120,15	148,33	1,00	0,81	−0,21	27	36
3,5960	3,5960	133,15	133,15	1,00	1,00	0	0	0
3,5960	3,5960	148,33	120,15	1,00	1,23	−0,22	24	36
3,5960	3,5960	164,87	108,14	1,00	1,53	−0,96	73	144
3,8118	3,3802	108,14	164,87	1,13	0,65	−1,29	274	245
3,8118	3,3802	120,15	148,33	1,13	0,81	−0,41	120	85
3,8118	3,3802	133,15	133,15	1,13	1,00	0,02	24	− 4
3,8118	3,3802	148,33	120,15	1,13	1,23	−0,1	− 40	−24
3,8118	3,3802	164,87	108,14	1,13	1,53	−0,68	− 80	32
4,0275	3,1645	108,14	164,87	1,27	0,65	−1,76	468	341
4,0275	3,1645	120,15	148,33	1,27	0,81	−0,66	250	126
4,0275	3,1645	133,15	133,15	1,27	1,00	−0,1	72	−19
4,0275	3,1645	148,33	120,15	1,27	1,23	−0,02	− 64	−92
4,0275	3,1645	164,87	108,14	1,27	1,53	−0,45	−194	−92

zeßenthalpie ergeben sich schwach positive, für die freie Exzeßenthalpie schwach negative Werte. Die Exzeßentropie ist daher schwach positiv. Wesentlich größere Werte für die Exzeßfunktionen findet man bei großen Unterschieden in den Energieparametern. Je nachdem, ob das größere Molekül den kleineren oder den größeren Energieparameter hat, ergibt sich dabei ein entgegengesetzter Einfluß der unterschiedlichen Molekülgröße. Hat das größere Molekül den kleineren Energieparameter, so folgt die Abhängigkeit vom Verhältnis der Abstandsparameter beim Exzeßvolumen und bei der Exzeßenthalpie in verstärkter Form dem Trend bei den Systemen mit gleichen Energieparametern, bei der freien Exzeßenthalpie jedoch dem umgekehrten Trend. Gerade umgekehrte Verhältnisse findet man bei den Systemen, bei denen das größere Molekül den größeren Energieparameter hat. Beide Arten von Systemen treten real auf. Die freie Exzeßenthalpie zeigt für ε-Verhältnisse ungleich 1 ähnliche Verläufe wie die Exzeßenthalpie, da die Exzeßentropie klein ist.

Von entscheidender Bedeutung ist die Beziehung zwischen dem Energieparameter der ungleichen Wechselwirkung zu denen der gleichartigen Wechselwirkungen. Tabelle 7.2 zeigt einige Simulationsergebnisse für die isochore freie Exzeßenergie an Lennard-Jones-Systemen mit gleichen Abstandsparametern der Komponenten, aber großen Unterschieden in den Energieparametern. Es werden verschiedene Kombinationsregeln für die Energieparameter vorgegeben, und man erkennt die dramatische Veränderung der Exzeßfunktionen mit ihnen. Die Systeme 1, 2 und 3 sind Lorentz-Berthelot-Systeme. System 4 hat eine besonders kleine 1 − 2-Wechselwirkung und neigt zur Entmischung im flüssigen Zustand. System 5 hingegen ist auf Grund seiner starken 1 − 2-Wechselwirkung besonders stabil. In dem bei den letzten drei Systemen der Tabelle 7.2 betrachteten Sonderfall des arithmetischen Mittels, d. h.

$$\varepsilon_{12} = (\varepsilon_{11} + \varepsilon_{22})/2,$$

Tabelle 7.2. Computersimulierte isochore freie Exzeßenergie einiger Lennard-Jones-Mischungen mit verschiedenen Kombinationsregeln [2, 3] ($T = 120$ K; $n^* = 0{,}75$; $\sigma_1 = \sigma_2 = 3{,}405$ Å)

Nr.	(ε_{11}/k) K	(ε_{22}/k) K	(ε_{12}/k) K	$\dfrac{\varepsilon_{22}}{\varepsilon_{11}}$	$\dfrac{\varepsilon_{12}}{\varepsilon_{11}}$	a^{E} in (J/mol) x_1						
						0,125	0,250	0,375	0,500	0,625	0,750	0,875
1	84,71	169,42	119,8	2	$\sqrt{2}$	74	132	167	174	161	134	76
2	69,17	207,5	119,8	3	$\sqrt{3}$		320		438		313	
3	59,9	239,6	119,8	4	$\sqrt{4}$		551		767		597	
4	84,71	169,42	84,71	2	1	422	650	826	894	800	659	400
5	84,71	169,42	169,42	2	2	-440	-722	-902	-944	-878	-728	-423
6	79,87	159,73	119,8	2	1,5		15		20		17	
7	59,9	179,7	119,8	3	2		37		48		37	
8	47,92	191,68	119,8	4	2,5		51		65		44	

werden die Exzeßfunktionen bei gleichen Abstandsparametern auch bei großen Unterschieden in den Energieparametern sehr klein. Man nähert sich dann dem Verhalten einer idealen Lösung, denn die Tendenz einer Molekülsorte, sich wegen des größeren Energieparameters bevorzugt mit seinesgleichen zu umgeben, wird hierbei gerade dadurch ausbalanciert, daß die mittleren ungleichen Wechselwirkungen dem Mittel der gleichartigen Wechselwirkungen in den Reinstoffen entsprechen.

7.2 Thermodynamische Funktionen als Integrale über Korrelationsfunktionen

Die in Abschn. 6.3 abgeleiteten Beziehungen zwischen den thermodynamischen Funktionen reiner Fluide und den Korrelationsfunktionen lassen sich ohne weiteres auf Gemische umschreiben. Hierzu ersetzt man die Paarkorrelationsfunktion g, das Paarpotential ϕ und den Abstand r_{12} durch $g_{\alpha\beta}$, $\phi_{\alpha\beta}$ und $r_{\alpha_1\beta_2}$ und die Dreikörperkorrelationsfunktion g_3 sowie das Dreikörperpotential ϕ_{123} durch $g_{\alpha\beta\gamma}$ und $\phi_{\alpha\beta\gamma}$ und summiert über die entsprechenden Molenbrüche. Man findet dann für den Konfigurationsanteil der inneren Energie aus (6.3.28):

$$U^{\mathrm{C}} = 2\pi\, n^2\, V \sum_{\alpha}\sum_{\beta} x_\alpha x_\beta \int_0^\infty \langle g_{\alpha\beta}\,\phi_{\alpha\beta}\rangle_{\omega_{\alpha_1}\omega_{\beta_2}} r_{\alpha_1\beta_2}^2\, \mathrm{d}r_{\alpha_1\beta_2}$$

$$+ \tfrac{4}{3}\pi^2\, n^3\, V \sum_{\alpha}\sum_{\beta}\sum_{\gamma} x_\alpha x_\beta x_\gamma \iint_0^\infty \int_{-1}^{1} \langle g_{\alpha\beta\gamma}\,\phi_{\alpha\beta\gamma}\rangle_{\omega_{\alpha_1}\omega_{\beta_2}\omega_{\gamma_3}}$$

$$\cdot\, r_{\alpha_1\beta_2}^2\, r_{\alpha_1\gamma_3}^2\, \mathrm{d}r_{\alpha_1\beta_2}\, \mathrm{d}r_{\alpha_1\gamma_3}\, \mathrm{d}(\cos\alpha). \tag{7.2.1}$$

Entsprechend findet man für den Druck aus (6.3.35):

$$p = \frac{NkT}{V} - \frac{2}{3}\pi\, n^2 \sum_{\alpha}\sum_{\beta} x_\alpha x_\beta \int_0^\infty \left\langle \frac{\partial\phi_{\alpha\beta}}{\partial r_{\alpha_1\beta_2}}\, g_{\alpha\beta} \right\rangle_{\omega_{\alpha_1}\omega_{\beta_2}} r_{\alpha_1\beta_2}^3\, \mathrm{d}r_{\alpha_1\beta_2}$$

$$+ \frac{4}{9}\pi^2\, n^3\, V \sum_{\alpha}\sum_{\beta}\sum_{\gamma} x_\alpha x_\beta x_\gamma \iint_0^\infty \int_{-1}^{1}$$

$$\cdot \left\langle \left(r_{\alpha_1\beta_2} \frac{\partial \phi_{\alpha\beta\gamma}}{\partial r_{\alpha_1\beta_2}} + r_{\alpha_1\gamma_3} \frac{\partial \phi_{\alpha\beta\gamma}}{\partial r_{\alpha_1\gamma_3}} + r_{\beta_2\gamma_3} \frac{\partial \phi_{\alpha\beta\gamma}}{\partial r_{\beta_2\gamma_3}} \right) g_{\alpha\beta\gamma} \right\rangle_{\omega_{\alpha_1}\omega_{\beta_2}\omega_{\gamma_3}}$$

$$\cdot r_{\alpha_1\beta_2}^2 r_{\alpha_1\gamma_3}^2 \, dr_{\alpha_1\beta_2} \, dr_{\alpha_1\gamma_3} \, d(\cos\alpha). \qquad (7.2.2)$$

Die Gleichungen für die anderen thermodynamischen Funktionen folgen daraus analog zu Abschn. 6.3.

Bereits aus diesen allgemeinen Beziehungen sind einige allgemeine Folgerungen über die Theorie dichter Mischphasen abzuleiten. Die Konzentrationsabhängigkeit der thermodynamischen Funktionen ist kompliziert. Explizit ist sie in erster Näherung quadratisch, und zwar streng, wenn paarweise Additivität der Wechselwirkungspotentiale angenommen werden kann. Die Berücksichtigung nichtadditiver Dreikörperwechselwirkungen führt zu einem Korrekturterm mit expliziter kubischer Konzentrationsabhängigkeit. In allen Fällen ist jedoch noch die implizite Konzentrationsabhängigkeit der Paarkorrelationsfunktionen und der Dreikörperkorrelationsfunktionen zu beachten. Bereits in einem binären Gemisch gibt es drei verschiedene Paarkorrelationsfunktionen, die alle von den Parametern aller Wechselwirkungen und der Konzentration abhängen. Für Moleküle mit kugelförmigen Wechselwirkungen gilt also in einem binären Gemisch:

$$g_{\alpha\alpha} = f(T, n, x_\alpha; \varepsilon_{\alpha\alpha}, \sigma_{\alpha\alpha}, \varepsilon_{\alpha\beta}, \sigma_{\alpha\beta}, \varepsilon_{\beta\beta}, \sigma_{\beta\beta}; r_{\alpha_1\beta_2}), \qquad (7.2.3)$$

mit entsprechenden Abhängigkeiten für $g_{\beta\beta}$ und $g_{\alpha\beta}$. Die Paarkorrelationsfunktion zwischen zwei Molekülen der gleichen Komponente in einem Gemisch ist verschieden von der entsprechenden Paarkorrelationsfunktion im Reinstoff. Eine solche komplizierte Abhängigkeit von vielen Parametern kann nur in Einzelfällen durch rechenaufwendige Computersimulationen ermittelt werden. Im Sonderfall einer Mischung aus harten Kugeln erhält man eine weitgehend vollständige Information hierüber aus der Lösung der Percus-Yevick-Gleichung, vgl. Abschn. 7.3.

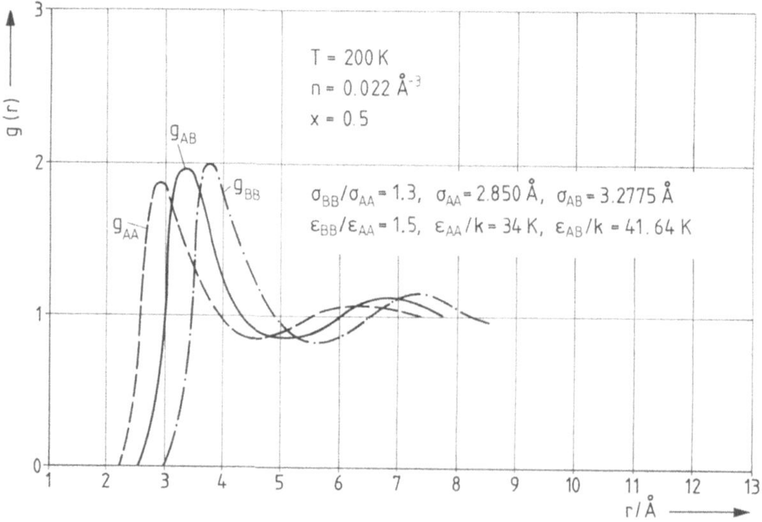

Bild 7.1. Paarkorrelationsfunktionen in einer binären Lennard-Jones-Mischung [4]

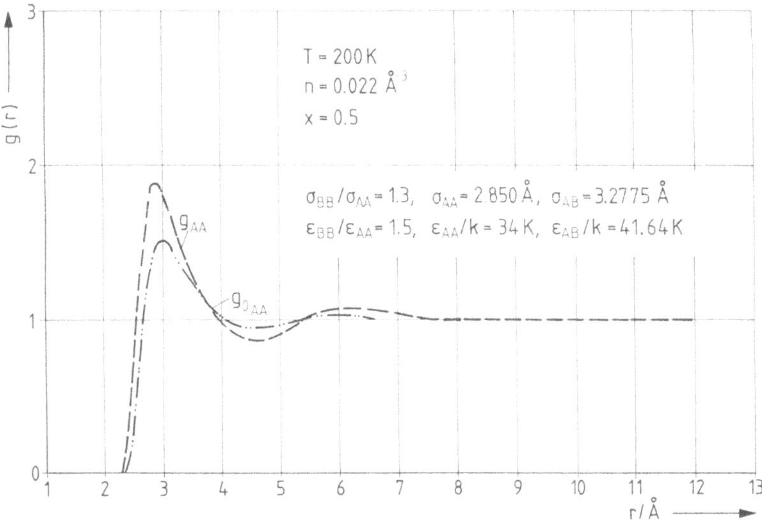

Bild 7.2. Paarkorrelationsfunktion g_{AA} in einer binären Lennard-Jones-Mischung im Vergleich zur Paarkorrelationsfunktion $g_{0_{AA}}$ in dem reinen System A, bei gleicher Dichte und Temperatur

Für das binäre Lennard-Jones-System sind für zahlreiche Zustände Ergebnisse bekannt, für komplizierte Wechselwirkungsmodelle lediglich Einzelfälle. Bild 7.1 zeigt die Paarkorrelationsfunktionen in einer binären Lennard-Jones-Mischung [4]. Bild 7.2 vergleicht die Funktionen g_{AA} im Gemisch und im reinen Fluid bei denselben Werten von Temperatur und Dichte.

7.3 Mischungen aus harten Körpern

Harte Körper erfassen den Beitrag der Abstoßungskräfte zu den thermodynamischen Funktionen sehr befriedigend, wenn man ihre Abmessungen temperaturabhängig macht. Harte Kugeln sind der Ausgangspunkt für Störungsrechnung bei isotropen Wechselwirkungsmodellen, vgl. Abschn. 6.5.3. Nichtkugelförmige harte Körper, insbesondere harte konvexe Körper, werden für Störungsrechnungen mit anisotropen Referenzpotentialen benutzt, vgl. Abschn. 6.5.5.

7.3.1 Mischungen aus harten Kugeln

Für Mischungen aus harten Kugeln ist die Percus-Yevick-Gleichung, vgl. Abschn. 6.4.1, von Lebowitz gelöst worden [5]. Bedingt durch Ungenauigkeiten der Percus-Yevick-Approximation ergeben sich wie beim Reinstoff aus der Druckgleichung und aus der Kompressibilitätsgleichung verschiedene thermische Zustandsgleichungen, nämlich:

$$Z_{\mathrm{d}}^{\mathrm{PY,\,p}} = \left(\frac{p}{nkT}\right)_{\mathrm{d}}^{\mathrm{PY,\,p}} = \frac{1 + \eta + \eta^2 - 3\eta(y_1 + y_2\,\eta) - 3\eta^3\,y_3}{(1-\eta)^3} \qquad (7.3.1)$$

und

$$Z_{\mathrm{d}}^{\mathrm{PY,\,c}} = \left(\frac{p}{nkT}\right)_{\mathrm{d}}^{\mathrm{PY,\,c}} = \frac{1 + \eta + \eta^2 - 3\eta(y_1 + y_2\,\eta)}{(1-\eta)^3}. \qquad (7.3.2)$$

Hierbei gilt:

$$\eta = \tfrac{1}{6}\pi n \sum_{i=1} x_i d_{ii}^3 = \sum \eta_{ii} \qquad (7.3.3)$$

$$\eta_{ii} = \tfrac{1}{6}\pi n \, d_{ii}^3 \, x_i \qquad (7.3.4)$$

$$y_1 = \sum_{j>i=1} \Delta_{ij}(d_{ii} + d_{jj})(d_{ii}d_{jj})^{-1/2} \qquad (7.3.5)$$

$$y_2 = \sum_{j>i=1} \Delta_{ij} \sum_{k=1} \left(\frac{\eta_{kk}}{\eta}\right)\frac{(d_{ii}d_{jj})^{1/2}}{d_{kk}} \qquad (7.3.6)$$

$$y_3 = \left[\sum_{i=1}\left(\frac{\eta_{ii}}{\eta}\right)^{2/3} x_i^{1/3}\right]^3 \qquad (7.3.7)$$

$$\Delta_{ij} = \left[(\eta_{ii}\eta_{jj})^{1/2}/\eta\right]\left[(d_{ii} - d_{jj})^2/d_{ii}d_{jj}\right](x_i x_j)^{1/2}. \qquad (7.3.8)$$

Im Falle des reinen Hartkugelfluids wird $y_1 = y_2 = 0$ und $y_3 = 1$ und die beiden Zustandsgleichungen reduzieren sich auf (6.4.24) bzw. (6.4.30). In Abschn. 6.4.2 wurde gezeigt, daß eine spezielle Kombination beider Zustandsgleichungen eine akkurate thermische Zustandsgleichung des reinen Hartkugelfluids, nämlich die Carnahan-Starling-Gleichung, ergibt. Mansoori, Carnahan, Starling und Leland [6] haben nach dem gleichen Konzept auch eine akkurate thermische Zustandsgleichung für die Hartkugelmischung abgeleitet:

$$Z_{\mathrm{d}} = \frac{1}{3}Z_{\mathrm{d}}^{\mathrm{PY,\,p}} + \frac{2}{3}Z_{\mathrm{d}}^{\mathrm{PY,\,c}} = \frac{1 + \eta + \eta^2 - 3\eta(y_1 + y_2\,\eta) - \eta^3\,y_3}{(1-\eta)^3}. \qquad (7.3.9)$$

Für ein reines Hartkugelfluid geht diese Gleichung in die Carnahan-Starling-Gleichung über.

Für die residuelle freie Energie der Hartkugelmischung leitet man ab:

$$\left(\frac{A^{\mathrm{res}}}{NkT}\right)_{\mathrm{d}} = -\int_{\infty}^{V}\left[\left(\frac{pV}{NkT}\right)_{\mathrm{d}} - 1\right]\frac{\mathrm{d}V}{V} = \int_{0}^{\eta}\left[\left(\frac{pV}{NkT}\right)_{\mathrm{d}} - 1\right]\frac{\mathrm{d}\eta}{\eta}$$

$$= (y_3 - 1)\ln(1-\eta) + \frac{3}{2}\frac{1 - y_1 - y_2 - \dfrac{y_3}{3}}{(1-\eta)^2}$$

$$+ \frac{3y_2 + 2y_3}{(1-\eta)} + \frac{3}{2}(y_1 - 1 - y_2 - y_3). \qquad (7.3.10)$$

Für das molare residuelle chemische Potential der Komponente i in der Hartkugelmischung gilt:

$$\left(\frac{\mu_i^{\text{res}}}{RT}\right)_{\text{d}} = N \frac{\partial}{\partial N_i}\left(\frac{A^{\text{res}}}{NkT}\right)_{T,v} + \frac{A^{\text{res}}}{NkT} = [y_3(3s_i - 2v_i) - 1]\ln(1 - \eta)$$

$$+ \frac{\eta\,[(1 - y_3)\,v_i + 3(1 - y_1)\,(r_i + s_i - v_i)]}{(1 - \eta)}$$

$$+ \frac{\eta\,[3(1 - y_1)\,v_i + 3y_3(s_i - v_i)]}{(1 - \eta)^2} + \frac{2y_3 v_i \eta}{(1 - \eta)^3} \qquad (7.3.11)$$

mit

$$r_i = \frac{d_{ii}}{\sum x_i d_{ii}}$$

$$s_i = \frac{d_{ii}^2}{\sum x_i d_{ii}^2}$$

und

$$v_i = \frac{d_{ii}^3}{\sum x_i d_{ii}^3}\,.$$

Die Paarkorrelationsfunktion bei Kontakt wird genügend genau durch die nachstehende Modifikation der Percus-Yevick-Lösung berechnet:

$$g_{\text{d},\alpha\beta}(d_{\alpha\beta}) = \frac{1}{1 - \xi_3} + \frac{3}{2}\frac{d_{\alpha\alpha}d_{\beta\beta}}{d_{\alpha\beta}}\frac{\xi_2}{(1 - \xi_3)^2} + \frac{1}{2}\left(\frac{d_{\alpha\alpha}d_{\beta\beta}}{d_{\alpha\beta}}\right)^2\frac{\xi_2^2}{(1 - \xi_3)^3}$$
$$(7.3.12)$$

mit

$$\xi_K = \sum_j \frac{1}{6}\pi\,n\,x_j\,d_{jj}^k\,. \qquad (7.3.13)$$

Tabelle 7.3 zeigt einen Vergleich des nach (7.3.9) berechneten Realfaktors für eine binäre, äquimolare Hartkugelmischung von $d_{22}/d_{11} = 3$ mit Computersimulationen [7] in Abhängigkeit von der Dichte. Tabelle 7.4 zeigt einen Vergleich der Exzeßfunktionen v^E und g^E bei vorgegebenen Drücken mit Simulationen [7]. Man erkennt, daß (7.3.9) die Eigenschaften der Hartkugelmischung mit befriedigender Genauigkeit beschreibt.

Tabelle 7.3. Realfaktor äquimolarer Hartkugelmischungen $(d_{22}/d_{11} = 3)$. Vergleich von Computersimulationen (CS) [7] mit der MCSL-Gleichung

η	Z_{CS}	Z_{d}
0,2333	2,37	2,368
0,2692	2,77	2,772
0,3106	3,36	3,356
0,3583	4,24	4,241
0,3808	4,76	4,764
0,4393	6,57	6,567
0,5068	9,77	9,898

Tabelle 7.4. Isobare Exzeßfunktionen äquimolarer Hartkugelmischungen ($d_{22}/d_{11} = 3$) in Abhängigkeit vom Druck. Vergleich von Computersimulationen (CS) [7] mit der MCSL-Gleichung

$p^* = \dfrac{\pi d_1^3 p}{6\,kT}$	$(v^E/v)_{CS}$	$(v^E/v)_d$	$(g^E/kT)_{CS}$	$(g^E/kT)_d$
0,03955	$-0,03 \pm 0,003$	$-0,0267$	$-0,16$	$-0,159$
0,05342	$-0,024 \pm 0,003$	$-0,0223$	$-0,17$	$-0,175$
0,07460	$-0,019 \pm 0,002$	$-0,0176$	$-0,19$	$-0,195$
0,10845	$-0,012 \pm 0,002$	$-0,0127$	$-0,22$	$-0,217$
0,1295	$-0,011 \pm 0,0015$	$-0,0108$	$-0,23$	$-0,226$

Die Abstandsabhängigkeit der Paarkorrelationsfunktion in einer Mischung aus harten Kugeln ergibt sich aus der Percus-Yevick-Gleichung in vernünftiger, wenn auch nicht ausreichend genauer Übereinstimmung mit Computersimulationen. Man kann jedoch ähnlich wie beim reinen Hartkugelfluid durch empirische Korrekturen zu befriedigenden Ergebnissen kommen [8]. Ein verhältnismäßig bequemes numerisches Verfahren zur Ermittlung der Paarkorrelationsfunktionen in Hartkugelmischungen wurde von Perram [9] angegeben. Es reduziert sich für das reine Hartkugelfluid auf die in Beispiel 6.5 vorgestellte Methode für g_d^{PY}. Die empirische Korrektur der Percus-Yevick-Lösung besteht in Analogie zum Reinstoff zunächst darin, einen korrigierten Durchmesser einzuführen, nach

$$d_{PY,\alpha\beta}^3 = \left(1 - \tfrac{1}{16}\eta\right) d_{\alpha\beta}^3 \tag{7.3.14}$$

d. h. es wird mit einer korrigierten Dichte

$$\eta_{PY} = \eta - \tfrac{1}{16}\eta^2 \tag{7.3.15}$$

gerechnet.

Eine Verbesserung der Kontaktwerte wird durch Addition eines Zusatzterms

$$\delta g_{1,\alpha\beta}(r) = \frac{A_{\alpha\beta}}{r} \exp\left[-\mu_{\alpha\beta}(r - d_{\alpha\beta})\right] \cos\left[\mu_{\alpha\beta}(r - d_{\alpha\beta})\right] \tag{7.3.16}$$

erreicht, wobei gilt:

$$\frac{A_{\alpha\beta}}{d_{\alpha\beta}} = g_{d,\alpha\beta}\left(\frac{d_{\alpha\beta}}{d_{11}},\eta\right) - g_{d,\alpha\beta}^{PY}\left(\frac{d_{\alpha\beta}}{d_{PY,11}},\eta_{PY}\right) \tag{7.3.17}$$

mit $g_{d,\alpha\beta}$ als dem hinreichend genauen Wert der Paarkorrelationsfunktion bei Kontakt nach (7.3.12).

Weiterhin gilt:

$$\mu_{\alpha\beta}\, d_{\alpha\beta} = \frac{24\, A_{\alpha\beta}/d_{\alpha\beta}}{\eta_{PY}\, g_{d,\alpha\beta}^{PY}\left(\dfrac{d_{PY,\alpha\beta}}{d_{PY,11}},\eta_{PY}\right)} . \tag{7.3.18}$$

Die Paarkorrelationsfunktionen der Hartkugelmischung werden damit berechnet nach

$$g_{d,\alpha\beta}(r) = g_{d,\alpha\beta}^{PY}(r) + \delta g_{1,\alpha\beta}(r). \tag{7.3.19}$$

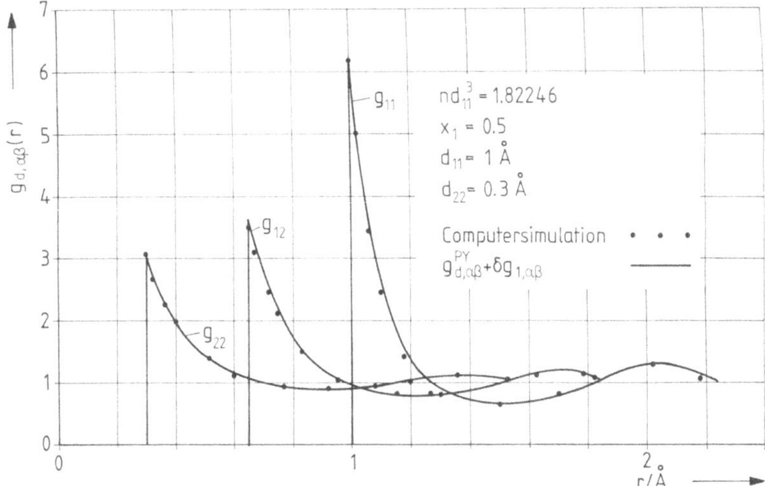

Bild 7.3. Paarkorrelationsfunktionen einer binären, äquimolaren Hartkugelmischung nach Computersimulation [8] und korrigierter PY-Theorie

Bild 7.3 zeigt den Vergleich die nach (7.3.19) berechneten Paarkorrelationsfunktionen einer äquimolaren Hartkugelmischung mit einem Durchmesserverhältnis von 3 mit Computersimulationen [8]. Die Fehler liegen in der Größenordnung von einigen Prozent.

Beispiel 7.1

Das numerische Verfahren von Perram [1] zur Berechnung der Paarkorrelationsfunktionen in einer Hartkugelmischung in der PY-Approximation reduziert sich auf die Auswertung der nachstehenden Formeln:

$$\theta_{\alpha\beta}[N_{max} + k] - \pi n \delta \left\{ \sum_{\gamma=1}^{\beta} x_\gamma Q_{\alpha\gamma}[0]\, \theta_{\gamma\beta}[N_{max} + k] + \sum_{\gamma=\beta+1}^{\kappa} x_\gamma Q_{\alpha\gamma}[0]\, \theta_{\beta\gamma}[N_{max} + k] \right\}$$

$$= 2\pi n \delta \left\{ \sum_{\gamma=1}^{\beta} x_\gamma \sum_{j=1}^{N_\gamma - 1} Q_{\alpha\gamma}[j]\, \theta_{\gamma\beta}[N_{max} + k - j] \right.$$

$$+ \sum_{\gamma=\beta+1}^{\kappa} x_\gamma \sum_{j=1}^{N_\gamma - 1} Q_{\alpha\gamma}[j]\, \theta_{\beta\gamma}[N_{max} + k - j] \right\}$$

$$+ \pi n \left\{ \sum_{\gamma=1}^{\beta} x_\gamma (\delta + \varepsilon_{\gamma\gamma})\, Q_{\alpha\gamma}[N_{\gamma\gamma}]\, \theta_{\gamma\beta}[N_{max} + k - N_{\gamma\gamma}] \right.$$

$$+ \sum_{\gamma=\beta+1}^{\kappa} x_\gamma (\delta + \varepsilon_{\gamma\gamma})\, Q_{\alpha\gamma}[N_{\gamma\gamma}]\, \theta_{\gamma\beta}[N_{max} + k - N_{\gamma\gamma}] \right\}.$$

Hier ist

$$\theta_{\alpha\beta} = r\, h_{d,\alpha\beta}(r)$$

mit der totalen Korrelationsfunktion $h_{d,\alpha\beta}(r)$ und wegen

$$h_{d,\alpha\beta}(r) = g_{d,\alpha\beta}(r) - 1$$

mit der gesuchten Paarkorrelationsfunktion verknüpft. Es gilt $\theta_{\alpha\beta} = \theta_{\beta\alpha}$, so daß die Summen zusammengefaßt werden können.

Die Größe δ ist die Schrittweite in Å. Für den Hartkugeldurchmesser der binären Wechselwirkung gilt

$$d_{\alpha\beta} = N_{\alpha\beta}\delta + \varepsilon_{\alpha\beta},$$

wobei $N_{\alpha\beta}$ die Zahl der Schrittweiten ist, bei der ausgehend von $\delta = 0$ die größte Annäherung an den Kontaktwert erreicht wird und $\varepsilon_{\alpha\beta}$ einen kleinen Korrekturabstand $< \delta$ zur genauen Erreichung des Kontaktwertes darstellt.

Die Q-Werte sind definiert zu

$$Q_{\alpha\gamma}[j] = q_{\alpha\gamma}^{(0)} + q_{\alpha\gamma}^{(1)}j + q_{\alpha\gamma}^{(2)}j^2$$

mit

$$q_{\alpha\gamma}^{(0)} = - d_{\gamma\gamma}[\tfrac{1}{2}a_\alpha d_{\alpha\alpha} + b_\alpha]$$
$$q_{\alpha\gamma}^{(1)} = \delta[a_\alpha S_{\alpha\gamma} + b_\alpha]$$
$$q_{\alpha\gamma}^{(2)} = \delta^2 \tfrac{1}{2}a_\alpha$$

sowie

$$S_{\alpha\gamma} = \tfrac{1}{2}(d_{\alpha\alpha} - d_{\gamma\gamma})$$
$$a_\alpha = \frac{1 - \zeta_3 + 3d_{\alpha\alpha}\zeta_2}{(1 - \zeta_3)^2}$$
$$b_\alpha = \frac{-\tfrac{3}{2}d_{\alpha\alpha}^2 \zeta_2}{(1 - \zeta_3)^2}$$

mit

$$\zeta_k = \frac{\pi n}{6} \sum_{\gamma=1}^{\kappa} x_\gamma d_{\gamma\gamma}^k; \qquad k = 0, 1, 2, 3, \ldots$$

Weiterhin gilt bei Kontakt:

$$\theta_{\alpha\beta}[N_{\max}] = \tfrac{1}{2}[a_\alpha d_{\alpha\beta} + b_\alpha] - d_{\alpha\beta}$$

und für $j^* < N_{\max}$

$$\theta_{\alpha\beta}[j^*] = - j^*\delta - d_{\alpha\beta} + d_{\max}.$$

Man berechne $g_{d,\,ij}(r)$ in einer äquimolaren Hartkugelmischung mit $d_{11} = 1$ Å, $d_{22} = 0{,}3$ Å, $d_{12} = \tfrac{1}{2}(d_{11} + d_{22})$ und $n = 1{,}82246\ 1/\text{Å}^3$ mit $\delta = 0{,}01$ Å.

1. Perram, J. W.: Mol. Phys. 30 (1975) 1505

Lösung

Aus den Daten der Aufgabenstellung folgt:

$$d_{11} = 1{,}00\ \text{Å}$$
$$d_{12} = 0{,}65\ \text{Å}$$
$$d_{22} = 0{,}3\ \text{Å}$$

und daraus

$$N_{11} = 100 = N_{\max}$$
$$N_{12} = 65$$
$$N_{22} = 30$$

sowie

$$\varepsilon_{11} = \varepsilon_{22} = \varepsilon_{12} = 0.$$

Zunächst werden alle diejenigen Werte ermittelt, die nicht von r abhängen, d.h. die Größen ζ_k, a_α, b_α, $S_{\alpha\beta}$ sowie $q_{\alpha\gamma}^{(0)}$, $q_{\alpha\gamma}^{(1)}$ und $q_{\alpha\gamma}^{(2)}$. Alsdann werden $\theta_{\alpha\beta}[j^*]$ für $j^* < N_{\max}$ und der Kontaktwerte $\theta_{\alpha\beta}[N_{\max}]$ berechnet.

Zur Berechnung von $\theta_{\alpha\beta}[N_{\max} + k]$ nach der angegebenen Formel ist eine Iteration erforderlich, da auf der linken Seite zwei unbekannte θ-Werte stehen, auf der rechten Seite hingegen nur bekannte aus der früheren berechenbare. Für $k = 1$, d.h. $r = d + 0{,}01$ startet die Iteration unter Vernachlässigung der Summe auf der linken Seite, deren Vorfaktor klein ist. Im zweiten und den folgenden Iterationsschritten wird die Summe hinzugenommen und iteriert, bis zur Konvergenz. Die totale Paarkorrelationsfunktion folgt für den speziellen Abstand aus

$$\theta_{\alpha\beta}[N_{\alpha\beta} + k] = (N_{\alpha\beta} + k)\,\delta\; h_{\alpha\beta,\,d}[(N_{\alpha\beta} + k)\,\delta].$$

Anschließend geht man zu $k = 2$ über. Tabelle B 7.1.1 enthält die Ergebnisse.

Tabelle B 7.1.1 Paarkorrelationsfunktionen in einer binären Hartkugelmischung

r_{11}	$g_{d,\,11}$	r_{12}	$g_{d,\,12}$	r_{22}	$g_{d,\,22}$
1,01	4,680443	0,66	3,207886	0,31	2,755717
1,02	4,412070	0,67	3,074222	0,32	2,654293
1,03	4,154906	0,68	2,944411	0,33	2,556354
1,04	3,908937	0,69	2,818636	0,34	2,461940
1,05	3,674107	0,70	2,697042	0,35	2,371069
1,06	3,450323	0,71	2,579740	0,36	2,283741
1,07	3,237459	0,72	2,466814	0,37	2,199941
1,08	3,035358	0,73	2,358320	0,38	2,119642
1,09	2,843840	0,74	2,254291	0,39	2,042802
1,10	2,662697	0,75	2,154738	0,40	1,969375
1,11	2,491707	0,76	2,059653	0,41	1,899304
1,12	2,330626	0,77	1,969012	0,42	1,832525
1,13	2,179200	0,78	1,882776	0,43	1,768970
1,14	2,037160	0,79	1,800891	0,44	1,708566
1,15	1,904228	0,80	1,723295	0,45	1,651238
1,16	1,780119	0,81	1,649913	0,46	1,596905
1,17	1,664541	0,82	1,580662	0,47	1,545486
1,18	1,557198	0,83	1,515452	0,48	1,496899
1,19	1,457792	0,84	1,454187	0,49	1,451060
1,20	1,366023	0,85	1,396764	0,50	1,407833
1,21	1,281591	0,86	1,343080	0,51	1,367284
1,22	1,204198	0,87	1,293023	0,52	1,329178
1,23	1,133547	0,88	1,246482	0,53	1,293482
1,24	1,069345	0,89	1,203344	0,54	1,260110
1,25	1,011302	0,90	1,163494	0,55	1,228981
1,26	0,959133	0,91	1,126816	0,56	1,200013
1,27	0,912560	0,92	1,093194	0,57	1,173126
1,28	0,871308	0,93	1,062513	0,58	1,148240
1,29	0,835110	0,94	1,034659	0,59	1,125279
1,30	0,803706	0,95	1,009518	0,60	1,104167
1,31	0,775823	0,96	0,986428	0,61	1,084486
1,32	0,750306	0,97	0,964773	0,62	1,065844
1,33	0,727065	0,98	0,944511	0,63	1,048212
1,34	0,706015	0,99	0,925603	0,64	1,031560
1,35	0,687070	1,00	0,908008	0,65	1,015858
1,36	0,670146	1,01	0,891686	0,66	1,001079
1,37	0,655164	1,02	0,876599	0,67	0,987194
1,38	0,642044	1,03	0,862709	0,68	0,974176
1,39	0,630709	1,04	0,849977	0,69	0,962000
1,40	0,621083	1,05	0,838366	0,70	0,950639
1,41	0,613092	1,06	0,827839	0,71	0,940068
1,42	0,606664	1,07	0,818359	0,72	0,930263
1,43	0,601729	1,08	0,809891	0,73	0,921199
1,44	0,598219	1,09	0,802400	0,74	0,912853

Tabelle B7.1.1 Fortsetzung

r_{11}	$g_{d,11}$	r_{12}	$g_{d,12}$	r_{22}	$g_{d,22}$
1,45	0,596065	1,10	0,795850	0,75	0,905202
1,46	0,595204	1,11	0,790208	0,76	0,898223
1,47	0,595571	1,12	0,785439	0,77	0,891894
1,48	0,597104	1,13	0,781510	0,78	0,886194
1,49	0,599743	1,14	0,778390	0,79	0,881102
1,50	0,603430	1,15	0,776047	0,80	0,876596
1,51	0,608107	1,16	0,774448	0,81	0,872658
1,52	0,613719	1,17	0,773564	0,82	0,869266
1,53	0,620213	1,18	0,773365	0,83	0,866402
1,54	0,627536	1,19	0,773822	0,84	0,864048
1,55	0,635639	1,20	0,774906	0,85	0,862184
1,56	0,644471	1,21	0,776589	0,86	0,860793
1,57	0,653987	1,22	0,778844	0,87	0,859858
1,58	0,664141	1,23	0,781645	0,88	0,859361
1,59	0,674889	1,24	0,784967	0,89	0,859287
1,60	0,686189	1,25	0,788784	0,90	0,859618
1,61	0,697999	1,26	0,793071	0,91	0,860340
1,62	0,710283	1,27	0,797807	0,92	0,861438
1,63	0,723002	1,28	0,802967	0,93	0,862896
1,64	0,736123	1,29	0,808533	0,94	0,864702
1,65	0,749614	1,30	0,814482	0,95	0,866842
1,66	0,763446	1,31	0,820797	0,96	0,869304
1,67	0,777590	1,32	0,827460	0,97	0,872076
1,68	0,792020	1,33	0,834452	0,98	0,875145
1,69	0,806712	1,34	0,841759	0,99	0,878503
1,70	0,821643	1,35	0,849365	1,00	0,882137
1,71	0,836794	1,36	0,857255	1,01	0,886039
1,72	0,852144	1,37	0,865416	1,02	0,890199
1,73	0,867676	1,38	0,873836	1.03	0,894608
1,74	0,883374	1,39	0,882502	1,04	0,899259
1,75	0,899223	1,40	0,891403	1,05	0,904142
1,76	0,915209	1,41	0,900529	1,06	0,909251
1,77	0,931320	1,42	0,909870	1,07	0,914578
1,78	0,947545	1,43	0,919416	1,08	0,920117
1,79	0,963874	1,44	0,929160	1,09	0,925862
1,80	0,980298	1,45	0,939094	1,10	0,931806
1,81	0,996809	1,46	0,949209	1,11	0,937945
1,82	1,013399	1,47	0,959501	1,12	0,944272
1,83	1,030064	1,48	0,969961	1,13	0,950784
1,84	1,046797	1,49	0,980585	1,14	0,957475
1,85	1,063595	1,50	0,991368	1,15	0,964341
1,86	1,080453	1,51	1,002304	1,16	0,971379
1,87	1,097368	1,52	1,013390	1,17	0,978584
1,88	1,114339	1,53	1,024622	1,18	0,985954
1,89	1,131363	1,54	1,035997	1,19	0,993485
1,90	1,148440	1,55	1,047510	1,20	1,001175
1,91	1,165569	1,56	1,059161	1,21	1,009021
1,92	1,182750	1,57	1,070946	1,22	1,017020
1,93	1,199984	1,58	1,082864	1,23	1,025170
1,94	1,217271	1,59	1,094913	1,24	1,033470
1,95	1,234614	1,60	1,107091	1,25	1,041917
1,96	1,252013	1,61	1,119399	1,26	1,050511
1,97	1,269472	1,62	1,131834	1,27	1,059250

Tabelle B 7.1.1 Fortsetzung

r_{11}	$g_{d,11}$	r_{12}	$g_{d,12}$	r_{22}	$g_{d,22}$
1,98	1,286992	1,63	1,144398	1,28	1,068132
1,99	1,304576	1,64	1,157089	1,29	1,077158
2,00	1,322229	1,65	1,169907	1,30	1,086325
2,01	1,336529	1,66	1,181037	1,31	1,094614
2,02	1,344607	1,67	1,188885	1,32	1,101115
2,03	1,347172	1,68	1,193772	1,33	1,105977
2,04	1,344890	1,69	1,196002	1,34	1,109343
2,05	1,338381	1,70	1,195862	1,35	1,111350
2,06	1,328223	1,71	1,193626	1,36	1,112130
2,07	1,314953	1,72	1,189548	1,37	1,111807
2,08	1,299068	1,73	1,183868	1,38	1,110501
2,09	1,281026	1,74	1,176810	1,39	1,108323
2,10	1,261247	1,75	1,168583	1,40	1,105381
2,11	1,240114	1,76	1,159382	1,41	1,101774
2,12	1,217979	1,77	1,149385	1,42	1,097597
2,13	1,195158	1,78	1,138758	1,43	1,092935
2,14	1,171938	1,79	1,127653	1,44	1,087873
2,15	1,148574	1,80	1,116209	1,45	1,082484
2,16	1,125295	1,81	1,104551	1,46	1,076839
2,17	1,102301	1,82	1,092793	1,47	1,071003
2,18	1,079770	1,83	1,081038	1,48	1,065035
2,19	1,057854	1,84	1,069376	1,49	1,058987
2,20	1,036685	1,85	1,057889	1,50	1,052909
2,21	1,016371	1,86	1,046648	1,51	1,046845
2,22	0,997004	1,87	1,035713	1,52	1,040834
2,23	0,978657	1,88	1,025138	1,53	1,034910
2,24	0,961386	1,89	1,014966	1,54	1,029105
2,25	0,945232	1,90	1,005234	1,55	1,023443
2,26	0,930223	1,91	0,995971	1,56	1,017949
2,27	0,916373	1,92	0,987199	1,57	1,012641
2,28	0,903684	1,93	0,978934	1,58	1,007534
2,29	0,892148	1,94	0,971185	1,59	1,002641
2,30	0,881748	1,95	0,963958	1,60	0,997972
2,31	0,872457	1,96	0,957251	1,61	0,993532
2,32	0,864244	1,97	0,951062	1,62	0,989327
2,33	0,857077	1,98	0,945386	1,63	0,985361
2,34	0,850925	1,99	0,940217	1,64	0,981635
2,35	0,845753	2,00	0,935547	1,65	0,978153
2,36	0,841527	2,01	0,931370	1,66	0,974915
2,37	0,838213	2,02	0,927676	1,67	0,971923
2,38	0,835776	2,03	0,924455	1,68	0,969175
2,39	0,834179	2,04	0,921698	1,69	0,966670
2,40	0,833387	2,05	0,919391	1,70	0,964408
2,41	0,833364	2,06	0,917524	1,71	0,962385
2,42	0,834072	2,07	0,916084	1,72	0,960599
2,43	0,835475	2,08	0,915057	1,73	0,959047
2,44	0,837535	2,09	0,914428	1,74	0,957724
2,45	0,840217	2,10	0,914185	1,75	0,956626
2,46	0,843482	2,11	0,914311	1,76	0,955747
2,47	0,847293	2,12	0,914791	1,77	0,955083
2,48	0,851615	2,13	0,915610	1,78	0,954628
2,49	0,856411	2,14	0,916751	1,79	0,954375
2,50	0,861643	2,15	0,918198	1,80	0,954318

Tabelle B7.1.1 Fortsetzung

r_{11}	$g_{d,11}$	r_{12}	$g_{d,12}$	r_{22}	$g_{d,22}$
2,51	0,867277	2,16	0,919934	1,81	0,954450
2,52	0,873276	2,17	0,921944	1,82	0,954764
2,53	0,879606	2,18	0,924209	1,83	0,955252
2,54	0,886232	2,19	0,926714	1,84	0,955907
2,55	0,893120	2,20	0,929441	1,85	0,956721
2,56	0,900236	2,21	0,932373	1,86	0,957687
2,57	0,907548	2,22	0,935493	1,87	0,958795
2,58	0,915024	2,23	0,938785	1,88	0,960037
2,59	0,922633	2,24	0,942231	1,89	0,961406
2,60	0,930344	2,25	0,945816	1,90	0,962892
2,61	0,938128	2,26	0,949523	1,91	0,964488
2,62	0,945956	2,27	0,953335	1,92	0,966184
2,63	0,953800	2,28	0,957238	1,93	0,967973
2,64	0,961634	2,29	0,961215	1,94	0,969845
2,65	0,969431	2,30	0,965250	1,95	0,971793
2,66	0,977167	2,31	0,969330	1,96	0,973807
2,67	0,984818	2,32	0,973440	1,97	0,975880
2,68	0,992362	2,33	0,977564	1,98	0,978003
2,69	0,999775	2,34	0,981690	1,99	0,980167
2.70	1,007038	2,35	0,985804	2,00	0,982366
2,71	1,014130	2,36	0,989892	2,01	0,984591
2,72	1,021032	2,37	0,993942	2,02	0,986833
2,73	1,027727	2,38	0,997941	2,03	0,989085
2,74	1,034196	2,39	1,001878	2,04	0,991340
2,75	1,040425	2,40	1,005740	2,05	0,993590
2,76	1,046397	2,41	1,009517	2,06	0,995828
2,77	1,052098	2,42	1,013197	2,07	0,998046
2,78	1,057514	2,43	1,016771	2,08	1,000237
2,79	1,062632	2,44	1,020227	2,09	1,002394
2,80	1,067440	2,45	1,023556	2,10	1,004510
2,81	1,071927	2,46	1,026749	2,11	1,006580
2,82	1,076082	2,47	1,029796	2,12	1,008595
2,83	1,079895	2,48	1,032689	2,13	1,010550
2,84	1,083356	2,49	1,035420	2,14	1,012438
2,85	1,086456	2,50	1,037979	2,15	1,014254
2,86	1,089188	2,51	1,040359	2,16	1,015990
2,87	1,091543	2,52	1,042553	2,17	1,017642
2,88	1,093513	2,53	1,044553	2,18	1,019203
2,89	1,095094	2,54	1,046352	2,19	1,020668
2,90	1,096277	2,55	1,047944	2,20	1,022030
2,91	1,097056	2,56	1,049321	2,21	1,023286
2.92	1,097428	2,57	1,050477	2,22	1,024428
2,93	1,097385	2,58	1,051406	2,23	1,025452
2,94	1,096923	2,59	1,052103	2,24	1,026353
2,95	1,096037	2,60	1,052560	2,25	1,027126
2,96	1,094724	2,61	1,052773	2,26	1,027765
2,97	1,092978	2,62	1,052735	2,27	1,028265
2,98	1,090795	2,63	1,052443	2,28	1,028623
2,99	1,088172	2,64	1,051889	2,29	1,028832
3,00	1,085105	2,65	1,051070	2,30	1,028888

7.3.2 Mischungen aus nichtkugelförmigen harten Körpern

Die thermische Zustandsgleichung für harte konvexe Körper ist als Verallgemeinerung von (6.4.43) gegeben durch [10]:

$$Z_{\mathrm{h}} = \frac{1 + y\left(3\,\dfrac{RS}{3V} - 2\right) + y^2\left(3\,\dfrac{R^2 S^2}{9V^2} - 3\,\dfrac{RS}{3V} + 1\right) - \dfrac{R^2 S^2}{9V^2}\,y^3}{(1 - y)^3} \qquad (7.3.20)$$

mit

$$V = \sum_{i=1}^{\kappa} x_i\, V_{\mathrm{h},i} \qquad (7.3.21)$$

$$R = \sum_{i=1}^{\kappa} x_i\, R_{\mathrm{h},i} \qquad (7.3.22)$$

$$S = \sum_{i=1}^{\kappa} x_i\, S_{\mathrm{h},i} \qquad (7.3.23)$$

$$R^2 = \sum_{i=1}^{\kappa} x_i\, R_{\mathrm{h},i}^2 \qquad (7.3.24)$$

und

$$y = n \sum x_i\, V_{\mathrm{h},i} = n\,V. \qquad (7.3.25)$$

Hier sind $R_{\mathrm{h},i}$, $S_{\mathrm{h},i}$ und $V_{\mathrm{h},i}$ der mittlere Radius, die Oberfläche und das Volumen des harten Körpers i, vgl. Kap. 6. Gemäß den dortigen Ausführungen kann (7.3.20) auch auf aus harten Kugeln aufgebauten Körpern angewendet werden. Für das reine Hartkörperfluid reduziert sich (7.3.20) auf (6.4.43), für die Hartkugelmischung auf (7.3.9). Für sehr stark anisotrope harte Körper ist, wie bei reinen Fluiden, eine verbesserte Gleichung vorgeschlagen worden [11].
Für die residuelle freie Energie einer Mischung aus harten konvexen Körpern findet man durch Integration von (7.3.20):

$$\frac{A_{\mathrm{h}}^{\mathrm{res}}}{NkT} = \left(\frac{R^2 S^2}{9V^2} - 1\right)\ln(1 - y) + \frac{\left(\dfrac{RS}{V} + \dfrac{R^2 S^2}{9V^2} - \dfrac{RS}{V}\,y\right)y}{(1 - y)^2}. \qquad (7.3.26)$$

7.4 Konforme Lösungen

Wenn die Wechselwirkungen aller Komponenten in einer Mischphase durch eine universelle Potentialfunktion mit zwei Parametern, also z. B. durch das Lennard-Jones-(12-6)-Potential beschrieben werden können, dann liegt eine konforme Lösung vor. Wir betrachten also eine Mischung, in der alle Paarwechselwirkungen durch

$$\phi_{\alpha\beta} = \varepsilon_{\alpha\beta}\, f\left(r_{\alpha_i\beta_j}/\sigma_{\alpha\beta}\right), \tag{7.4.1}$$

mit f als einer universellen Funktion beschrieben werden. Die thermodynamischen Eigenschaften konformer Lösungen unterscheiden sich daher von denen einer idealen Lösung ausschließlich infolge von Unterschieden im Abstandsparameter und Energieparameter zwischen den verschiedenen Komponenten. Eine direkte Anwendung hat die Theorie konformer Lösung auf Gemische wie Argon–Krypton, näherungsweise ist sie jedoch auch auf Gemische wie Stickstoff–Sauerstoff anwendbar. Eine besondere Bedeutung erhält sie dadurch, daß eine konforme Lösung ein bequemes Referenzgemisch für Störungsrechnungen an Mischphasen mit individuell unterschiedlichen Wechselwirkungspotentialen zwischen den Komponenten darstellt. Von den verschiedenen möglichen Formen der Theorie konformer Lösungen behandeln wir hier die Van-der-Waals-1-Theorie (VDW1), die „Mean Density" Approximation (MDA), die Hartkugel-Entwicklungstheorie und die Hartkugel-Störungstheorie.

7.4.1 Die Van-der-Waals-1-Approximation (VDW1) [12]

Der Druck einer konformen Lösung ist nach (7.2.2) gegeben durch

$$p = nkT - \frac{2}{3}\pi n^2 \sum_\alpha \sum_\beta x_\alpha x_\beta \int_0^\infty \frac{\mathrm{d}\phi_{\alpha\beta}}{\mathrm{d}r_{\alpha_1\beta_2}}$$
$$\cdot\, g_{\alpha\beta}(r_{\alpha_1\beta_2}; T, n, \{x_\gamma\}; \{\varepsilon_{\gamma\delta}\}; \{\sigma_{\gamma\delta}\})\, r_{\alpha_1\beta_2}^3\, \mathrm{d}r_{\alpha_1\beta_2}, \tag{7.4.2}$$

wenn wir effektive paarweise Additivität der Wechselwirkungen annehmen. Hier steht $\{x_\gamma\}$ für alle Molenbrüche in der Mischung, $\{\varepsilon_{\gamma\delta}\}$ für alle Energieparameter und $\{\sigma_{\gamma\delta}\}$ für alle Abstandsparameter aller möglichen Paarwechselwirkungen.

Die VDW1-Theorie ermittelt die Eigenschaften der Mischphase aus den entsprechenden Eigenschaften eines hypothetischen reinen Stoffes. Es handelt sich also um eine 1-Fluid-Approximation. In einer 1-Fluid-Approximation benötigt man konzentrationsabhängige Potentialparameter ε_x und σ_x. Eine natürliche Wahl für σ_x ergibt sich für solche Mischungen, in denen alle Komponenten die gleichen Energieparameter haben, d.h. $\varepsilon_{\alpha\beta} = \varepsilon$. Formuliert man (7.4.2) für diesen Fall in dimensionslose Größen um, so erhält man:

$$p = nkT - \frac{2}{3}\pi n^2 \varepsilon \sum_\alpha \sum_\beta x_\alpha x_\beta \sigma_{\alpha\beta}^3 \int_0^\infty \frac{\mathrm{d}\phi_{\alpha\beta}/\varepsilon}{\mathrm{d}r^*_{\alpha_1\beta_2}}$$
$$\cdot\, g_{\alpha\beta}(r^*_{\alpha_1\beta_2}; T, n, \{x_\gamma\}; \varepsilon; \{\sigma_{\gamma\delta}\})\, r^{*\,3}_{\alpha_1\beta_2}\, \mathrm{d}r^*_{\alpha_1\beta_2} \tag{7.4.3}$$

mit

$$r^*_{\alpha_1\beta_2} = r_{\alpha_1\beta_2}/\sigma_{\alpha\beta}.$$

Der Übergang zu einer 1-Fluid-Approximation ergibt sich, wenn man postuliert, daß es nur einen mittleren, konzentrationsabhängigen Potentialparameter σ_x gibt, nach

$$g_{\alpha\beta}(r^*_{\alpha_1\beta_2}; T, n, \{x_\gamma\}; \varepsilon; \{\sigma_{\gamma\delta}\}) = g_0\left(\frac{r_{12}}{\sigma_x}; \frac{kT}{\varepsilon}, n\sigma_x^3\right) \tag{7.4.4}$$

und
$$\sigma_x^3 = \sum x_\alpha x_\beta \, \sigma_{\alpha\beta}^3, \tag{7.4.5}$$

wobei

$$g_0\left(\frac{r_{12}}{\sigma_x}; \frac{kT}{\varepsilon}, n\sigma_x^3\right)$$

die Paarkorrelationsfunktion für einen Reinstoff mit den Potentialparametern ε und σ_x ist, bei einer mittleren Dichte, die konzentrationsabhängig ist. Die Paarkorrelationsfunktion folgt daraus als Funktion des Abstands in Å durch Multiplikation des dimensionslosen Abstands mit $\sigma_{\alpha\beta}$. Der Druck berechnet sich aus:

$$p = nkT - \frac{2}{3}\pi n^2 \, \varepsilon \, \sigma_x^3 \, I\left(\frac{kT}{\varepsilon}, n\sigma_x^3\right) \tag{7.4.6}$$

mit

$$I(kT/\varepsilon, n\sigma_x^3) = \int_0^\infty \frac{\mathrm{d}(\phi_0/\varepsilon)}{\mathrm{d}\left(\dfrac{r_{12}}{\sigma_x}\right)} \, g_0\left(\frac{r_{12}}{\sigma_x}; \frac{kT}{\varepsilon}, n\sigma_x^3\right)\left(\frac{r_{12}}{\sigma_x}\right)^3 \mathrm{d}\left(\frac{r_{12}}{\sigma_x}\right). \tag{7.4.7}$$

Wenn die Energieparameter $\varepsilon_{\alpha\beta}$ der Paarwechselwirkungen verschieden sind, lautet die dimensionslose Gleichung für den Druck der Mischung:

$$p = nkT - \frac{2}{3}\pi n^2 \sum_\alpha \sum_\beta x_\alpha x_\beta \, \varepsilon_{\alpha\beta} \, \sigma_{\alpha\beta}^3 \int_0^\infty \frac{\mathrm{d}(\phi_{\alpha\beta}/\varepsilon_{\alpha\beta})}{\mathrm{d}r_{\alpha_1\beta_2}^*}$$
$$\cdot g_{\alpha\beta}(r_{\alpha_1\beta_2}^*; T, n, \{x_\gamma\}; \{\varepsilon_{\gamma\delta}\}; \{\sigma_{\gamma\delta}\}) \, r_{\alpha_1\beta_2}^{*3} \, \mathrm{d}r_{\alpha_1\beta_2}^*. \tag{7.4.8}$$

Der Übergang zu einer 1-Fluid-Approximation ergibt sich nun, wenn man postuliert, daß es nur einen mittleren Energieparameter und einen mittleren Abstandsparameter gibt, nach:

$$g_{\alpha\beta}(r_{\alpha_1\beta_2}^*; T, n, \{x_\gamma\}; \{\varepsilon_{\gamma\delta}\}; \{\sigma_{\gamma\delta}\}) = g_0\left(\frac{r_{12}}{\sigma_x}; \frac{kT}{\varepsilon_x}, n\sigma_x^3\right). \tag{7.4.9}$$

Dabei wird ε_x berechnet aus:

$$\varepsilon_x \sigma_x^3 = \sum_\alpha \sum_\beta x_\alpha x_\beta \, \varepsilon_{\alpha\beta} \, \sigma_{\alpha\beta}^3, \tag{7.4.10}$$

und

$$g_0\left(\frac{r_{12}}{\sigma_x}; \frac{kT}{\varepsilon_x}, n\sigma_x^3\right)$$

ist die Paarkorrelationsfunktion eines Reinstoffes bei einer mittleren Dichte und einer mittleren Temperatur, beide konzentrationsabhängig. Der Druck berechnet sich nun aus:

$$p_{\mathrm{VDW1}} = nkT - \tfrac{2}{3}\pi n^2 \, \varepsilon_x \, \sigma_x^3 \, I_{\mathrm{VDW1}}(kT/\varepsilon_x, n\sigma_x^3) \tag{7.4.11}$$

mit

$$I_{\mathrm{VDW1}}(kT/\varepsilon_x, n\sigma_x^3) = \int_0^\infty \frac{\mathrm{d}(\phi_0/\varepsilon_x)}{\mathrm{d}\left(\dfrac{r_{12}}{\sigma_x}\right)} \, g_0\left(\frac{r_{12}}{\sigma_x}; \frac{kT}{\varepsilon_x}, n\sigma_x^3\right)\left(\frac{r_{12}}{\sigma_x}\right)^3 \mathrm{d}\left(\frac{r_{12}}{\sigma_x}\right).$$
$$\tag{7.4.12}$$

Da die Struktur des Fluids aus Molekülen mit kugelförmigen Wechselwirkungen nicht stark durch die durch ε beschriebenen Anziehungskräfte verändert wird, ist es plausibel, (7.4.5) für σ_x auch in diesem Falle zu benutzen. Damit liegen die konzentrationsabhängigen Potentialparameter des hypothetischen reinen Fluids fest. Man nennt dieses Modell die Van-der-Waals-1-Approximation (VDW1), da sie die von van der Waals vorgeschlagenen Mischungsregeln für die Konstanten $a \simeq \varepsilon \sigma^3$ und $b \simeq \sigma^3$ seiner Zustandsgleichung darstellen. Offensichtlich wird die VDW1-Theorie umso zuverlässiger, je weniger unterschiedlich die Potentialparameter der einzelnen Komponenten sind und wird exakt im Grenzfall einer idealen Lösung.

Hat man eine thermische Zustandsgleichung für einen Reinstoff zur Verfügung, so läßt sie sich durch die VDW1-Theorie auf Gemische erweitern, indem man schreibt:

$$p_{\text{VDW1}} = p_0(kT/\varepsilon_x, n\sigma_x^3). \tag{7.4.13}$$

Genaue empirische thermische Zustandsgleichungen sind für zahlreiche reale Reinstoffe bekannt. Die VDW1-Theorie erlaubt damit die Berechnung von Phasengleichgewichten und Exzeßfunktionen realer Systeme ohne Annahme eines Wechselwirkungspotentials. Wir haben daher die Möglichkeit, z.B. aus der bekannten thermischen Zustandsgleichung von Argon Verdampfungsgleichgewichte und Exzeßfunktionen von Gemischen zu berechnen, wenn wir sie durch die VDW1-Regeln auf Gemische erweitern.

Beispiel 7.2

In Beispiel 6.1 wurden die folgenden Parameter ε, σ für Argon und Krypton durch Anpassung der thermischen Zustandsgleichung von Argon [1] an die Reinstoffsättigungsdaten ermittelt:

	σ Å	(ε/k) K
Ar	3,405	119,8
Kr	3,638	166,7

Auf analoge Weise findet man für Kohlendioxid und Äthan bei 243 K

	σ Å	(ε/k) K
C_2H_6	4,251	250,03
CO_2	3,659	256,93

Mit Hilfe der Kombinationsregeln (4.5.20) und (4.5.21) und der VDW1-Theorie berechne man daraus das Verdampfungsgleichgewicht und das Exzeßvolumen der Systeme Ar–Kr und C_2H_6–CO_2 und vergleiche mit Meßdaten [2, 3, 4].

1. Twu, C. H.; Lee, L. L.; Starling, K. E.: Fluid Phase Equilibria 4 (1980) 35
2. Davies, R. H.; Duncan, A. G.; Saville, G.; Staveley, L. A. K.: Trans. Faraday Soc. 63 (1967) 855
3. Fredenslund, A.; Mollerup, J.: J. Chem. Soc. Faraday Trans. 1, 70 (1974) 1653
4. Wallis, K. P.; Clancy, P.; Zollweg, J. A.; Streett, W. B.: J. Chem. Thermodyn. 16 (1984) 811

Lösung

Die Bilder B 7.2.1 und B 7.2.2 zeigen das Verdampfungsgleichgewicht und das Exzeßvolumen des Systems Ar–Kr. Die Verhältnisse der Potentialparameter sind $\sigma_{Kr}/\sigma_{Ar} = 1{,}07$ und $\varepsilon_{Kr}/\varepsilon_{Ar} = 1{,}39$ und damit recht klein. Entsprechend befriedigend ist die Abschätzung der thermodynamischen Eigenschaften des Gemisches, für das lediglich das Exzeßvolumen etwas zu tief berechnet wird.

Die entsprechenden Ergebnisse für das System C_2H_6–CO_2 sind in den Bildern B 7.2.3 bis B 7.2.5 gezeigt. Die Verhältnisse der Potentialparameter sind hier $\sigma_{C_2H_6}/\sigma_{CO_2} = 1{,}16$ und $\varepsilon_{C_2H_6}/\varepsilon_{CO_2} = 0{,}97$ und liegen damit für das Größenverhältnis etwas über den Werten von Argon–Krypton. Damit ist der Gültigkeitsbereich der VDW1-Theorie geringfügig überschritten, vgl. Beispiel 7.5. Dennoch ist das Ausmaß der Fehler dadurch nicht zu erklären, ebenso wenig wie durch Verwendung der Argon-Gleichung. Das vollständige Versagen ist vielmehr hier darauf zurückzuführen, daß die intermolekularen Kräfte der beiden Komponenten nicht konform sind. CO_2 hat einen starken Quadrupol und ist stark anisotrop, es kann daher im Gemisch mit dem viel weniger polaren und anisotropen Molekül C_2H_6 nicht durch die Theorie konformer Lösungen beschrieben werden. Empirisch kann man diese Effekte durch veränderte Kombinatonsregeln erfassen. Eine theoretische Vorausberechnung kann jedoch nur durch die Einführung individueller Wechselwirkungen nach Kap. 4 ermöglicht werden.

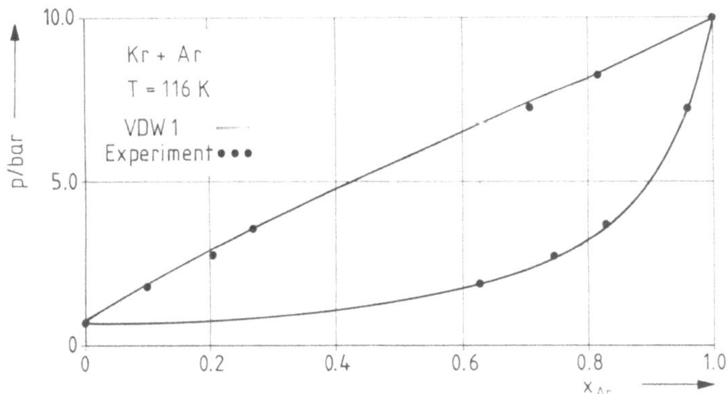

Bild B 7.2.1. Verdampfungsgleichgewicht des Systems Krypton–Argon

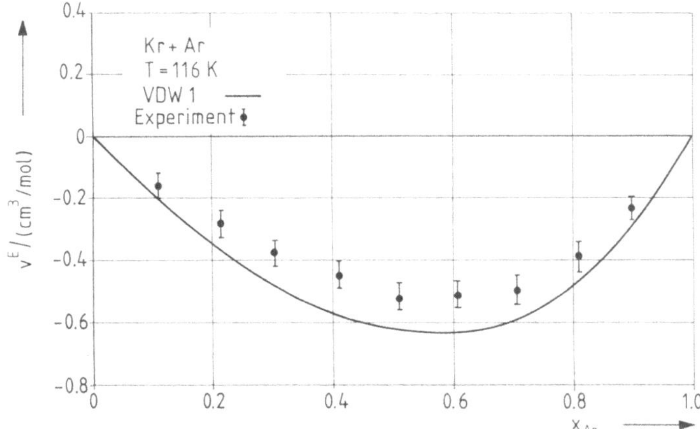

Bild B 7.2.2. Exzeßvolumen des Systems Krypton–Argon

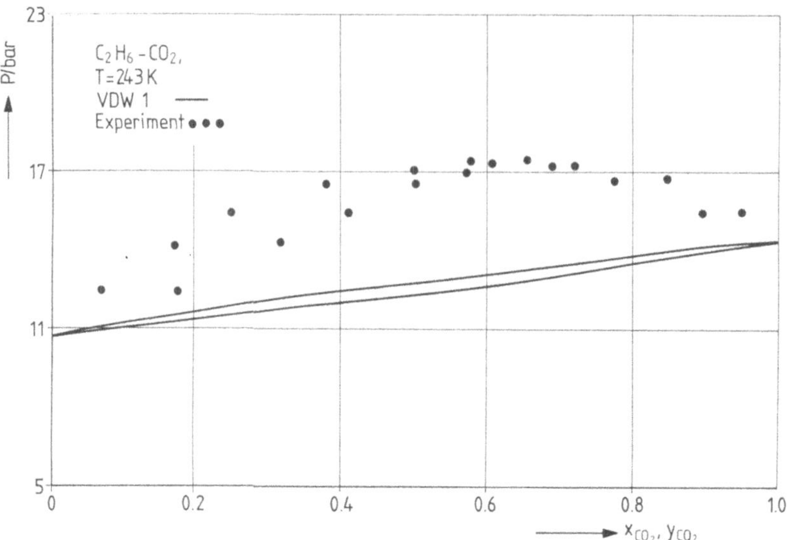

Bild B 7.2.3. Das Verdampfungsgleichgewicht von Äthan–Kohlendioxid

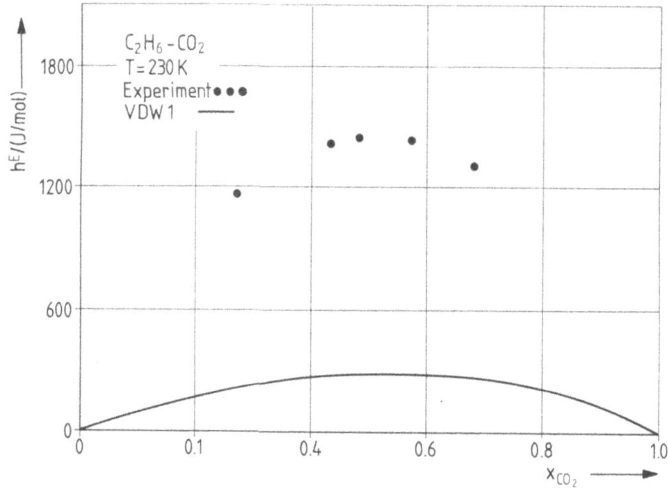

Bild B 7.2.4. Die Exzeßenthalpie von Äthan–Kohlendioxid

Beispiel 7.3

Man berechne das Verdampfungsgleichgewicht und die Exzeßfunktionen des Systems Äthan–Kohlendioxid nach der Redlich-Kwong-Gleichung [1] und vergleiche mit den in Beispiel 7.2 zitierten Meßdaten.

1. Redlich, O.; Kwong, J. N. S.: Chem. Rev. 44 (1949) 233

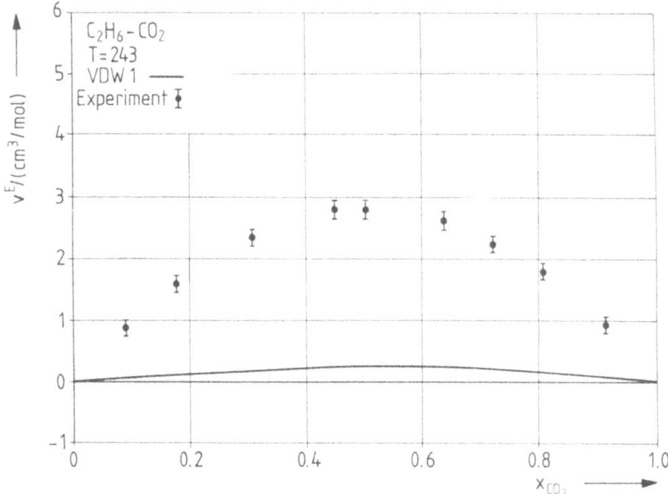

Bild B 7.2.5. Das Exzeßvolumen von Äthan–Kohlendioxid

Lösung

Die thermische Zustandsgleichung von Redlich-Kwong lautet:

$$p = \frac{RT}{v - b} - \frac{a}{T^{1/2} v(v + b)}.$$

Die Parameter a, b werden an die Dampfdrücke der reinen Komponenten angepaßt. Der Parameter b ist ein Größenparameter und entspricht damit σ^3, der Parameter a entspricht im wesentlichen der Kombination $\varepsilon\sigma^3$. Die Übertragung der VDW1-Regeln auf die Redlich-Kwong-Gleichung liefert daher:

$$b = \sum\sum x_i x_j b_{ij}$$
$$a = \sum\sum x_i x_j a_{ij}.$$

Als Kombinationsregeln verwendet man oft

$$b_{12} = \tfrac{1}{2}(b_{11} + b_{22})$$

und

$$a_{12} = \sqrt{a_{11} a_{22}}\,(1 - k_{12}),$$

was in etwa den Lorentz-Berthelot-Regeln für die Potentialparameter entspricht, vgl. Kap. 4. Der binäre Parameter k_{12} korrigiert diese Regeln durch Anpassung an einen oder mehrere Datenpunkte des Verdampfungsgleichgewichts.

Die Bilder B 7.3.1 bis B 7.3.3 zeigen die Vorausberechnung ($k_{12} = 0$) und die Korrelation ($k_{12} \neq 0$) für das betrachtete System. Während die Vorausberechnung erwartungsgemäß völlig unbefriedigend ist, läßt sich eine Korrelation der Daten des Verdampfungslgleichgewichts mit einem $k_{12} \neq 0$ bewerkstelligen, wenn auch nicht im Rahmen der Meßgenauigkeit. Auch die sensiblen Größen Exzeßvolumen und Exzeßenthalpie werden bei Anpassung an Daten des Verdampfungsgleichgewichts, d.h. praktisch bei Anpassung an die freie Exzeßenthalpie, für dieses System recht befriedigend wiedergegeben. Die entsprechenden vorausberechneten Werte sind wieder völlig falsch. Bei vielen Systemen findet man weniger gute Berechnungen der Exzeßfunktionen nach Anpassungen von g^E aus der Redlich-Kwong-Gleichung. Typische Abweichungen sind 30 % in der Exzeßenthalpie und im Exzeßvolumen.

Empirische thermische Zustandsgleichungen werden oft in generalisierter Form unter Verwendung der kritischen Daten benutzt. In Abschn. 6.2 wurde dargelegt,

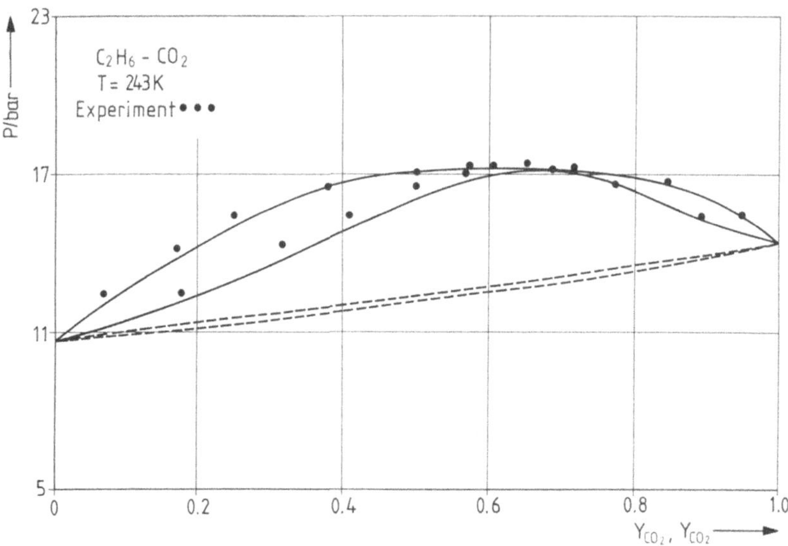

Bild B 7.3.1. Verdampfungsgleichgewicht des Systems Äthan–Kohlendioxid nach der Redlich-Kwong-Gleichung. —— angepaßt, $k_{12} = 0{,}14044$; – – – ohne Anpassung, vgl. Bild 1.7

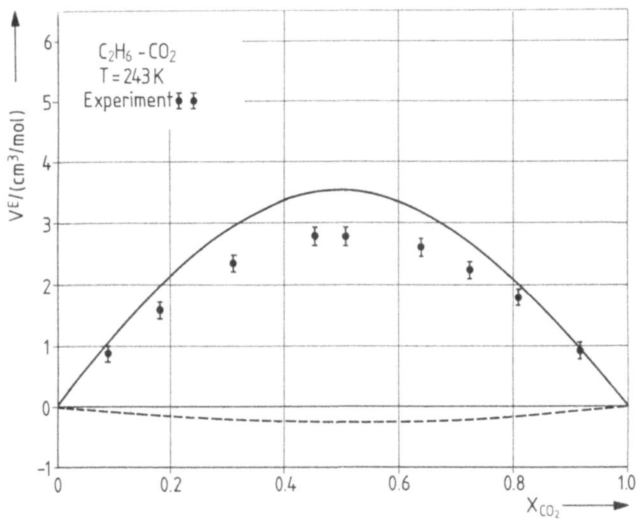

Bild B 7.3.2. Exzeßvolumen des Systems Äthan–Kohlendioxid nach der Redlich-Kwong-Gleichung. —— angepaßt, $k_{12} = 0{,}14044$; – – – ohne Anpassung, vgl. Bild 1.8

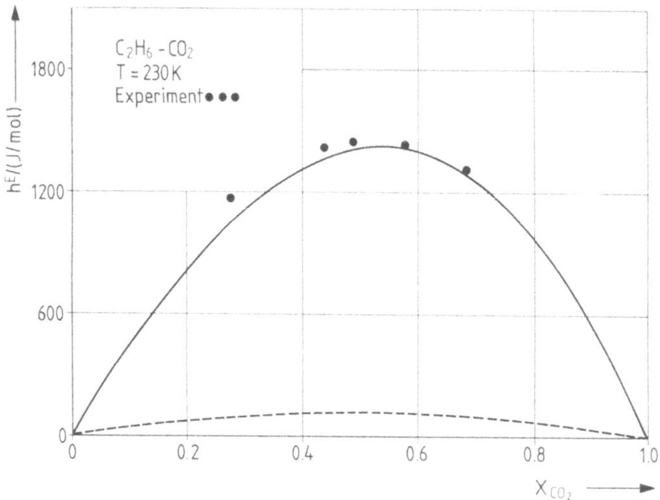

Bild B 7.3.3. Exzeßenthalpie des Systems Äthan–Kohlendioxid nach der Redlich-Kwong-Gleichung. —— angepaßt, $k_{12} = 0{,}14044$; – – – ohne Anpassung, vgl. Bild 1.9

daß bei konformen Wechselwirkungspotentialen Beziehungen zwischen den Potentialparametern und den kritischen Größen bestehen. Aus der VDW1-Approximation erhält man damit die folgenden Mischungsregeln für die kritischen Konstanten:

$$T_{c,x} = \frac{\sum_\alpha \sum_\beta x_\alpha x_\beta\, T_{c,\alpha\beta}\, v_{c,\alpha\beta}}{\sum_\alpha \sum_\beta x_\alpha x_\beta\, v_{c,\alpha\beta}} = \frac{\sum_\alpha \sum_\beta x_\alpha x_\beta\, T_{c,\alpha\beta}^2/p_{c,\alpha\beta}}{\sum_\alpha \sum_\beta x_\alpha x_\beta\, T_{c,\alpha\beta}/p_{c,\alpha\beta}} \qquad (7.4.14)$$

$$v_{c,x} = \sum_\alpha \sum_\beta x_\alpha x_\beta\, v_{c,\alpha\beta}, \qquad (7.4.15)$$

wobei noch geeignete Kombinationsregeln für die kritischen Daten der ungleichen Wechselwirkung hinzugefügt werden müssen. Nach Einführung der kritischen Daten führt man als Erweiterung des Prinzips korrespondierender Zustände oft den azentrischen Faktor ω ein, vgl. Abschn. 6.2. Eine ad-hoc-Mischungsregel für den azentrischen Faktor lautet [13]:

$$\omega_x = \sum x_i \omega_i. \qquad (7.4.16)$$

Auf der Basis dieses Konzeptes sind sehr leistungsfähige Berechnungsmethoden für die thermodynamischen Funktionen von Gemischen, insbesondere Verdampfungsgleichgewichte, entwickelt worden [13, 14].

Beispiel 7.4

Man berechne das Verdampfungsgleichgewicht und die Exzeßfunktionen des Systems Äthan–Kohlendioxid nach der Lee-Kesler-Gleichung [1] und vergleiche mit den in Beispiel 7.2 zitierten Meßwerten.

1. Lee, B. I.; Kesler, M. G.: AIChE-Journal 21 (1975) 510

Lösung

Die Lee-Kesler-Gleichung lautet für einen reinen Stoff:

$$Z = Z^{(0)} + \left(\frac{\omega}{\omega^{\mathrm{r}}}\right)(Z^{(\mathrm{r})} - Z^{(0)}).$$

Hierbei ist

$$Z = \frac{p_{\mathrm{r}} v_{\mathrm{r}}}{T_{\mathrm{r}}}$$

der Realfaktor des betrachteten Stoffes, $Z^{(0)}$ der eines einfachen Fluids mit $\omega = 0$ und $Z^{(\mathrm{r})}$ der eines Referenzfluids (Oktan, $\omega^{\mathrm{r}} = 0{,}3978$). Für $Z^{(0)}$ und $Z^{(\mathrm{r})}$ werden analytische Gleichungen in [1] angegeben, und insbesondere gilt:

$$p_{\mathrm{r}} = p/p_{\mathrm{c}}$$
$$T_{\mathrm{r}} = T/T_{\mathrm{c}}$$
$$v_{\mathrm{r}} = \frac{p_{\mathrm{c}} v}{R T_{\mathrm{c}}}.$$

Zur Anwendung dieser Gleichung auf Gemische werden die VDW1-Regeln für $T_{\mathrm{c,x}}$ und $v_{\mathrm{c,x}}$ benutzt, d.h. (7.4.14) und (7.4.15). Für den kritischen Druck einer Mischung gilt

$$p_{\mathrm{c,x}} = (0{,}2905 - 0{,}085\,\omega_{\mathrm{x}})\,\frac{R T_{\mathrm{c,x}}}{v_{\mathrm{c,x}}}.$$

Die den Lorentz-Berthelot-Regeln entsprechenden Kombinationsregeln lauten hier

$$v_{\mathrm{c,ij}} = [\tfrac{1}{2}(v_{\mathrm{c,ii}}^{1/3} + v_{\mathrm{c,jj}}^{1/3})]^3$$

mit

$$v_{\mathrm{c,ii}} = (0{,}2905 - 0{,}085\,\omega_{\mathrm{ii}})\,\frac{R T_{\mathrm{c,ii}}}{p_{\mathrm{c,ii}}}$$

sowie

$$T_{\mathrm{c,ij}} = \sqrt{T_{\mathrm{c,ii}} T_{\mathrm{c,jj}}}\,(1 - k_{\mathrm{ij}}),$$

wobei der binäre Parameter k_{ij} diese Regeln wiederum unter Verwendung von Gemischdaten korrigiert.

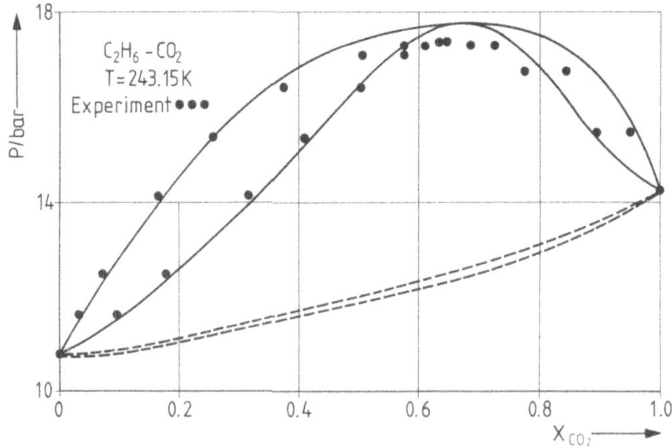

Bild B 7.4.1. Verdampfungsgleichgewicht des Systems Kohlendioxid–Äthan nach der Zustandsgleichung von Lee-Kesler. ––– angepaßt, $K = 0{,}107$; –·– ohne Anpassung

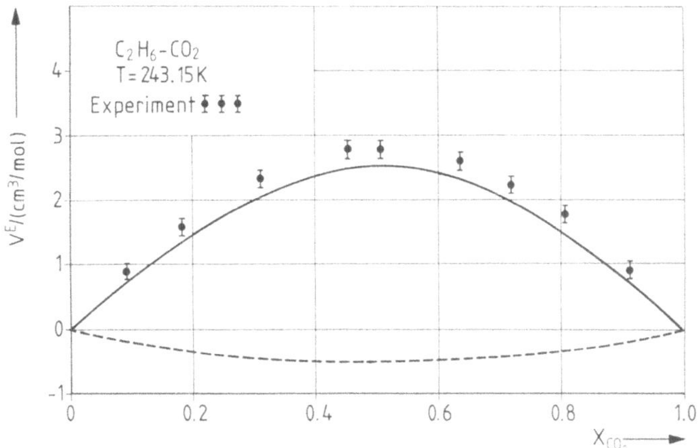

Bild B 7.4.2. Exzeßvolumen des Systems Kohlendioxid – Äthan nach der Zustandsgleichung von Lee-Kesler. —— angepaßt, $k_{12} = 0{,}1072$; – – – ohne Anpassung

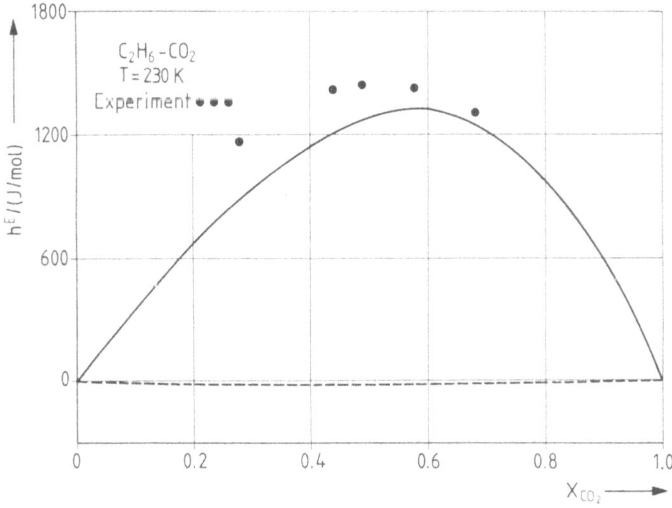

Bild B 7.4.3. Exzeßenthalpie des Systems Kohlendioxid – Äthan nach der Zustandsgleichung von Lee-Kesler. —— angepaßt an P_{exp} 15,33 bar, $T = 243{,}15$ K ($K_{12} = 0{,}107$); – – – ohne Anpassung

Die Bilder B 7.4.1 bis B 7.4.3 zeigen die Vorausberechnung ($k_{ij} = 0$) und die Korrelation ($k_{ij} \neq 0$) für das betrachtete System. Die Vorausberechnung liefert Ergebnisse, die im wesentlichen mit denen der Redlich-Kwong-Gleichung übereinstimmen und ebenso völlig unbefriedigend sind. Die Korrelation mit einem binären Parameter bringt wiederum eine erhebliche Verbesserung, wenngleich auch damit die Darstellung der Meßergebnisse noch unbefriedigend ist.

1. Lee, B. I.; Kesler, M. G.: AIChE Journal 21 (1975) 510

Aus den Beispielen 7.2 bis 7.4 geht hervor, daß die VDW1-Theorie nur für Systeme, deren Komponenten nahezu konforme Wechselwirkungspotentiale haben, vernünftige Abschätzungen der Gemischeigenschaften liefert. Dies ist nicht gebunden an die Argon-Gleichung, die Redlich-Kwong- oder die Lee-Kesler-Gleichung, sondern gilt allgemein für alle thermischen Zustandsgleichungen, die keine individuellen Molekülparameter einführen. Die Ergebnisse nach allen drei Zustandsgleichungen sind im wesentlichen gleichwertig. Die geringfügig besseren Ergebnisse mit der Argon-Gleichung sind auf die Verwendung der theoretisch motivierten Kombinationsregeln für die Potentialparameter zurückzuführen. Durch analoge Kombinationsregeln für die empirischen Parameter der Redlich-Kwong-Gleichung bzw. die kritischen Daten der Lee-Kesler-Gleichung ließen sich analoge Ergebnisse erzeugen. Insbesondere läßt sich die große praktische Bedeutung des azentrischen Faktors ω zur Berücksichtigung nichtkonformer Potentialfunktionen für die Reinstoffe nicht auf Gemische übertragen, wie aus der schlechten Abschätzung der thermodynamischen Eigenschaften für das System C_2H_6–CO_2 nach der Lee-Kesler-Gleichung folgt.

7.4.2 Die „Mean-Density"-Approximation

Eine weitere Approximation für die Paarkorrelationsfunktion im Rahmen der Theorie konformer Lösungen ist [15, 16]

$$g_{\alpha\beta}(r^*_{\alpha_1\beta_2}; T, n, \{x_\gamma\}; \{\sigma_{\gamma\delta}\}; \{\varepsilon_{\gamma\delta}\}) = g_0\left(\frac{r_{12}}{\sigma_{\alpha\beta}}; \frac{kT}{\varepsilon_{\alpha\beta}}, n\sigma^3_x\right) \tag{7.4.17}$$

Gleichung (7.4.17) definiert die „Mean-Density"-Approximation (MDA). Durch Verwendung von $\varepsilon_{\alpha\beta}$ zur Reduktion der Temperatur reproduziert sie korrekt den Grenzfall niedriger Dichte, d. h. $n \to 0$ vgl. (6.3.24), und unterschiedet sich dadurch von der VDW1-Theorie. Die Konzentrationsabhängigkeit bei höheren Dichten wird durch eine mittlere Dichte wie bei der VDW1-Theorie erfaßt. Die MDA ist komplizierter in der Handhabung als die VDW1-Theorie, da sie nicht auf ein 1-Fluid-Modell führt. Der Druck in der MDA wird berechnet aus:

$$p_{\mathrm{MDA}} = nkT - \tfrac{2}{3}\pi n^2 \sum_\alpha \sum_\beta x_\alpha x_\beta \varepsilon_{\alpha\beta} \sigma^3_{\alpha\beta} I_{\mathrm{MDA}}(kT/\varepsilon_{\alpha\beta}, n\sigma^3_x)$$
$$\tag{7.4.18}$$

mit

$$I_{\mathrm{MDA}}(kT/\varepsilon_{\alpha\beta}, n\sigma^3_x) = \int_0^\infty \frac{\mathrm{d}(\phi_{\alpha\beta}/\varepsilon_{\alpha\beta})}{\mathrm{d}r^*_{\alpha_1\beta_2}} g_0\left(r^*_{\alpha_1\beta_2}; \frac{kT}{\varepsilon_{\alpha\beta}}, n\sigma^3_x\right) r^{*\,3}_{\alpha_1\beta_2}\, \mathrm{d}r^*_{\alpha_1\beta_2}. \tag{7.4.19}$$

Die Übertragung der MDA auf eine thermische Zustandsgleichung erfolgt durch:

$$p = nkT + n^2 \sum_\alpha \sum_\beta x_\alpha x_\beta \varepsilon_{\alpha\beta} \sigma^3_{\alpha\beta} \frac{p^{\mathrm{res}*}\left(\dfrac{kT}{\varepsilon_{\alpha\beta}}, n^*\right)}{n^{*2}} \tag{7.4.20}$$

mit

$$p^{\mathrm{res}} = p - p^{\mathrm{id}} = p - nkT \tag{7.4.21}$$

als dem residuellen thermodynamischen Druck, und

$$p^* = p\,\sigma_x^3/\varepsilon_{\alpha\beta} \tag{7.4.22}$$

$$n^* = n\,\sigma_x^3 \tag{7.4.23}$$

als den dimensionslosen Variablen der Zustandsgleichung. Die MDA kann daher für die meisten thermischen Zustandsgleichungen ebenso einfach benutzt werden wie die VDW1. Für $\varepsilon_{\alpha\beta} = \varepsilon$, d.h. identische Energieparameter der Komponenten, wird die MDA identisch mit der VDW1-Theorie.

Beispiel 7.5

Bei $T \simeq 200\,\mathrm{K}$ liegen Computersimulationen für den Druck (p_{MD}) verschiedener binärer Lennard-Jones-(12-6)-Mischungen vor [1]. Die Potentialparameter der Komponente 1 sind gegeben durch:

$$\varepsilon_{11}/k = 34\,\mathrm{K}$$
$$\sigma_{11} = 2{,}850\,\text{Å}.$$

Es werden Werte für σ_{22}/σ_{11} und $\varepsilon_{22}/\varepsilon_{11}$ vorgegeben, sowie die Lorentz-Berthelot-Kombinationsregeln

$$\varepsilon_{12} = \sqrt{\varepsilon_{11}\varepsilon_{22}}$$

und

$$\sigma_{12} = \tfrac{1}{2}(\sigma_{11} + \sigma_{22}).$$

Für die nachstehend aufgeführten Simulationswerte bei $x = 0{,}5$ berechne man die Ergebnisse der VDW1 und MDA unter Verwendung der thermischen Zustandsgleichung des reinen Lennard-Jones-Fluids [2].

1. Hoheisel, C.; Deiters, U.; Lucas, K.: Mol Phys. 49 (1983) 159
2. Nicolas, J. J.; Gubbins, K. E.; Streett, W. B.; Tildesley, D. J.: Mol. Phys. 37 (1979) 1429

$\varepsilon_{22}/\varepsilon_{11}$	σ_{22}/σ_{11}	$n\sigma_x^3$	$p_{\mathrm{MD}}/\mathrm{bar}$
1,50	1,05	0,8	3323
1,50	1,30	0,8	2347
1,50	1,55	0,8	1765
1,50	2,00	0,8	1078
2,50	1,05	0,8	3323
2,50	1,30	0,8	2323
2,50	1,55	0,8	1752
2,50	2,00	0,8	1081
3,50	1,05	0,8	3162
3,50	1,30	0,8	2213
3,50	1,55	0,8	1716
3,50	2,00	0,8	1097
4,50	1,05	0,8	2935
4,50	1,30	0,8	2092
4,50	1,55	0,8	1568
4,50	2,00	0,8	1076
1,50	1,30	0,68858	1531
1,50	2,00	0,70863	711
4,50	1,30	0,5000	444

Lösung

Für den Druck bei $\varepsilon_{22}/\varepsilon_{11} = 4{,}5$, $\sigma_{22}/\sigma_{11} = 2{,}0$ gilt:

$$\sigma_x^3 = 0{,}25\,\sigma_{11}^3 + 0{,}5\,\sigma_{12}^3 + 0{,}25\,\sigma_{22}^3$$

mit

$$\sigma_{22} = 5{,}700\ \text{Å}$$

und

$$\sigma_{12} = 4{,}275\ \text{Å}$$

folgt

$$\sigma_x = 4{,}500\ \text{Å}.$$

Für den Energieparameter folgt in der VDW1-Approximation:

$$\varepsilon_x\,\sigma_x^3 = 0{,}25\,\varepsilon_{11}\,\sigma_{11}^3 + 0{,}5\,\varepsilon_{12}\,\sigma_{12}^3 + 0{,}25\,\varepsilon_{22}\,\sigma_{22}^3.$$

Mit

$$\varepsilon_{22}/k = 153\ \text{K}$$

und

$$\varepsilon_{12}/k = 72{,}13\ \text{K}$$

ergibt sich

$$(\varepsilon/k)_x = 110{,}8\ \text{K}.$$

Damit ergibt sich aus der Zustandsgleichung des reinen Lennard-Jones-Fluids für $n\sigma_x^3 = 0{,}8$:

$$p_{\text{VDW1}} = 784\ \text{bar}$$

bzw.

$$p_{\text{MDA}} = 748\ \text{bar}.$$

Tabelle B 7.5.1 zeigt die Zusammenstellung der Ergebnisse.

Zusammenstellung der Ergebnisse [1].

Tabelle B 7.5.1

$\dfrac{\varepsilon_{22}}{\varepsilon_{11}}$	$\dfrac{\sigma_{22}}{\sigma_{11}}$	$n^* = n\sigma_x^3$	p_{MD} bar	p_{VDW1} bar	Δ_{VDW1} %	p_{MDA} bar	Δ_{MDA} %
1,50	1,05	0,8	3323	3307	− 0,5	3298	− 0,7
1,50	1,30	0,8	2347	2268	− 3,4	2262	− 3,6
1,50	1,55	0,8	1765	1620	− 8,2	1616	− 8,4
1,50	2,00	0,8	1078	917	−14,9	915	−15,1
2,50	1,05	0,8	3323	3351	0,8	3300	− 0,7
2,50	1,30	0,8	2323	2247	− 3,3	2212	− 4,8
2,50	1,55	0,8	1752	1596	− 8,9	1574	−10,2
2,50	2,00	0,8	1081	867	−19,8	856	−20,8
3,50	1,05	0,8	3162	3279	3,7	3169	0,2
3,50	1,30	0,8	2213	2167	− 2,1	2094	− 5,4
3,50	1,55	0,8	1716	1553	− 9,5	1505	−12,3
3,50	2,00	0,8	1097	843	−23,2	819	−25,3
4,50	1,05	0,8	2935	3114	6,1	2946	0,03
4,50	1,30	0,8	2092	2072	− 1,0	1960	− 6,3
4,50	1,55	0,8	1568	1424	− 9,2	1351	−13,8
4,50	2,00	0,8	1076	784	−27,1	748	−30,5
1,50	1,30	0,68858	1531	1479	− 3,4	1476	− 3,6
1,50	2,00	0,70863	711	625	−12,1	624	−12,2
4,50	1,30	0,5000	444	433	− 2,5	415	− 6,5
4,50	2,00	0,42518	109	101	− 7,3	99	− 9,1

Man erkennt, daß für starke Unterschiede im Energieparameter die MDA bei nicht sehr unterschiedlicher Molekülgröße der VDW1-Theorie deutlich überlegen ist. Die Unterschiede im Energieparameter sind in der MDA grundsätzlich besser erfaßt als in der VDW1-Theorie. Andererseits wird die thermische Zustandsgleichung für merklich unterschiedliche Abstandsparameter durch beide Theorien falsch wiedergegeben, und zwar durch die VDW1-Theorie bei zunehmenden Unterschieden in den Energieparametern deutlich besser als durch die MDA. Dies liegt an einer glücklichen Kürzung der Fehler in p bei wachsenden σ-Unterschieden einerseits und wachsenden ε-Unterschieden andererseits. Da die Zustandsgleichung selbst kein sehr sensibler Indikator für die Güte einer Mischung ist, sind bereits Fehler im Druck von mehr als 1 % in der Regel nicht tolerabel. Diese Anforderungen werden von der MDA bei wenig unterschiedlichen Molekülgrößen im ganzen untersuchten Bereich von Energieparametern erreicht. Da bei realen Systemen oft große Unterschiede des einen Parameters mit großen Unterschieden des anderen einhergehen, wird man mit der VDW1 und der MDA häufig nur für kleine ε- und σ-Verhältnisse eine ausreichend realistische Beschreibung des Mischungsverhaltens erreichen, wobei als Richtwerte $\varepsilon_{22}/\varepsilon_{11} \leqq 1,50$ und $\sigma_{22}/\sigma_{11} \leqq 1,10$ anzusehen sind.

1. Hoheisel, C.; Deiters, U.; Lucas, K.: Mol. Phys. 49 (1983) 159

Beispiel 7.6

Bei $T = 115,8$ K und einem Druck $p \cong 0$ bar sind die folgenden Monte-Carlo-Werte der Exzeßfunktionen für binäre Lennard-Jones-Mischungen mit den Parameterverhältnissen $\varepsilon_{22}/\varepsilon_{11} = 1,79$ und $\sigma_{22}/\sigma_{11} = 0,94$ bekannt [1]. Die gemischten Potentialparameter werden nach den Lorentz-Berthelot-Regeln berechnet, d.h. $\sigma_{12} = \frac{1}{2}(\sigma_{11} + \sigma_{22}) = 3,519$ Å und $\dfrac{\varepsilon_{12}}{k} = \sqrt{\dfrac{\varepsilon_{11}}{k}\dfrac{\varepsilon_{22}}{k}} = 141,44$ K.

x_2	g^{E} (J/mol)	h^{E} (J/mol)	v^{E} (cm^3/mol)
0,25	298	222	$-2,07$
0,398	363	254	$-2,98$
0,50	372	265	$-3,32$
0,602	354	229	$-3,57$
0,75	271	161	$-3,31$

Mit Hilfe der thermischen Zustandsgleichung des Lennard-Jones-Reinstoffes [2] berechne man die entsprechenden Exzeßfunktionen nach der VDW1-Theorie und nach der MDA.

1. McDonald, I. R.: Mol. Phys. 24 (1972) 391
2. Nicolas, J. J.; Gubbins, K. E.; Streett, W. B.; Tildesley, D. J.: Mol. Phys. 37 (1979) 1429

Lösung

Die Ergebnisse der Rechnungen sind in Bild B 7.6.1 aufgetragen. Für g^{E} und h^{E} liegen die VDW1-Werte knapp außerhalb des Bereiches der geschätzten Simulationsgenauigkeiten. Deutlich außerhalb der Fehlerschranken liegen jedoch die VDW1-Werte für das Exzeßvolumen. Die MDA liefert durchweg geringfügig bessere Werte. Dies ist darauf zurückzuführen, daß die Nichtidealität dieses Systems im wesentlichen durch das große Verhältnis der Energieparameter beschrieben wird, was durch die MDA besser erfaßt wird als durch die VDW1. Die zugrunde liegenden Verhältnisse der Energie- und Längenparameter des Lennard-Jones-Potentials und damit die Zahlenwerte der Exzeßfunktionen sind repräsentativ für typische Gemische und keineswegs extrem.

Während die Unterschiede zwischen der MDA und der VDW1-Theorie beim Druck und bei den Exzeßfunktionen in der Regel nicht groß sind, findet man ganz

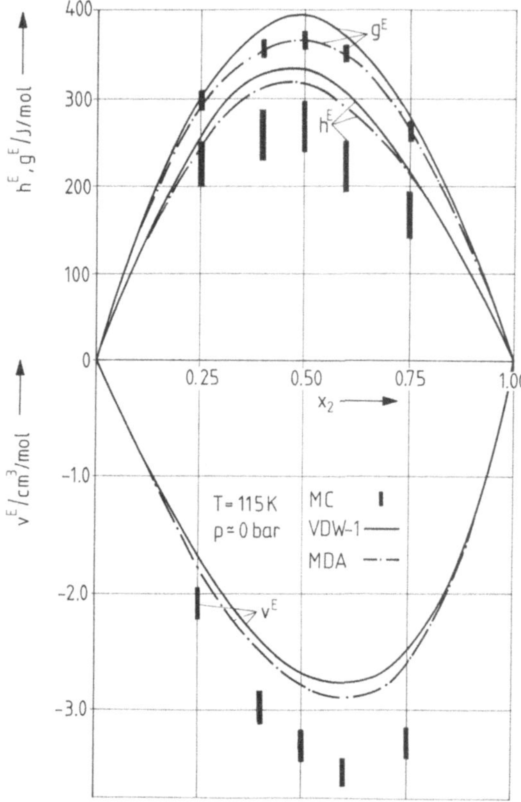

Bild B 7.6.1. Isobare Exzeßfunktionen ($p \simeq 0$) eines Lennard-Jones-Systems nach Monte-Carlo-Simulationen, VDW1 und MDA. ($\sigma_{22}/\sigma_{11} = 0{,}94$; $\varepsilon_{22}/\varepsilon_{11} = 1{,}79$)

verschiedene Ergebnisse bei der Berechnung der Paarkorrelationsfunktionen und ihrer Integrale. Praktisch wichtige Integrale über die Paarkorrelationsfunktionen sind definiert durch

$$J_{\alpha\beta}^{(n)} = \int g_{\alpha\beta}\, r^{-n} r^2 \, dr, \tag{7.4.24}$$

und treten bei der Berechnung der thermodynamischen Funktionen aus Korrelationsfunktionen und durch Störungsrechnungen auf, vgl. Abschn. 7.5. Für das reine Lennard-Jones-Fluid sind diese Integrale für zahlreiche Werte von n in einem großen Zustandsbereich in Abhängigkeit von Temperatur und Dichte berechnet und durch Interpolationsgleichungen dargestellt worden [17]. Durch Benutzung der VDW1-Theorie bzw. der MDA können diese Reinstoffintegrale auf Gemische umgerechnet werden. Es gilt:

$$J_{\alpha\beta,\,\mathrm{VDW1}}^{(n)}(T, n, x) = J_0^{(n)}\left(\frac{kT}{\varepsilon_{\mathrm{x}}}, n\sigma_{\mathrm{x}}^3\right) \tag{7.4.25}$$

in der VDW1-Theorie sowie

$$J_{\alpha\beta,\,\mathrm{MDA}}^{(n)}(T, n, x) = J_0^{(n)}\left(\frac{kT}{\varepsilon_{\alpha\beta}}, n\sigma_{\mathrm{x}}^3\right) \tag{7.4.26}$$

in der MDA. Hierbei ist $J_0^{(n)}$ aus den Korrelationen für die Reinstoffintegrale berechenbar.

Beispiel 7.7

Für die in Bild 7.1 gezeigten Paarkorrelationsfunktionen sowie die Integrale $J_{\alpha\beta}^{(6)}$ und $J_{\alpha\beta}^{(24)}$ einer äquimolaren binären Lennard-Jones-Mischung berechne man die Ergebnisse der VDW1-Theorie und der MDA und vergleiche mit den simulierten Daten [1].

1. Hoheisel, C.; Lucas, K.: Mol. Phys. 53 (1984) 51

Lösung

Für die VDW1-Theorie und die MDA werden die Paarkorrelationsfunktionen eines reinen Fluids bei der reduzierten Dichte $n^* = n\sigma^3$ benötigt. Mit $\sigma_{AA} = 2{,}850$ Å, $\sigma_{BB} = 3{,}705$ Å sowie $\sigma_{AB} = \frac{1}{2}(\sigma_{AA} + \sigma_{BB}) = 3{,}2775$ Å

$$\sigma_x^3 = x_A^2\,\sigma_{AA}^3 + 2\,x_A\,x_B\,\sigma_{AB}^3 + x_B^2\,\sigma_{BB}^3$$

folgt $\sigma_x = 3{,}3052$ Å und für $n = 0{,}02215$ Å^{-3}

$$n^* = 0{,}8.$$

Die Pseudoreinstofftemperatur der VDW1-Theorie ist

$$T^* = kT/\varepsilon_x.$$

Mit $\varepsilon_{AA}/k = 34$ K, $\varepsilon_{BB}/k = 51$ K sowie

$$\frac{\varepsilon_{AB}}{k} = \sqrt{\frac{\varepsilon_{AA}}{k}\,\frac{\varepsilon_{BB}}{k}}$$

und

$$\frac{\varepsilon_x}{k} = \frac{1}{\sigma_x^3}\left[x_A^2\,\frac{\varepsilon_{AA}}{k}\,\sigma_{AA}^3 + 2\,x_A\,x_B\,\frac{\varepsilon_{AB}}{k}\,\sigma_{AB}^3 + x_B^2\,\frac{\varepsilon_{BB}}{k}\,\sigma_{BB}^3 \right]$$

folgt

$$T_{VDW1}^* = \frac{200}{43{,}71} = 4{,}58.$$

Für die MDA gilt demgegenüber

$$T_{MDA,\,\alpha\beta}^* = \frac{200}{(\varepsilon_{\alpha\beta}/k)}.$$

Die erforderlichen Paarkorrelationsfunktionen im Gemisch und in den Reinstoffen sind zu simulieren. Die Ergebnisse sind in den Bildern B 7.7.1 bis B 7.7.3 und der Tabelle B 7.7.1 zusammengestellt [1].

Sowohl die VDW1-Werte wie auch die MDA-Werte folgen im großen und ganzen befriedigend den simulierten Paarkorrelationsfunktionen im Gemisch. Bei genauer Betrachtung fällt auf, daß bei kleinen Abständen bis zum ersten Peak die MDA genauere Ergebnisse liefert. Insbesondere folgt sie der Veränderung des Verlaufs mit der reduzierten Temperatur in diesem Abstandsbereich besser. Diese Vorteile sind nur scheinbar geringfügig, sie sind vielmehr bedeutend für die Anwendung, wie man an der wesentlich besseren Vorausberechnung der Integrale erkennt.

Tabelle B 7.7.1 Zusammenstellung der Ergebnisse.

	$J_{AA}^{(6)}$	$J_{BB}^{(6)}$	$J_{AB}^{(6)}$	$J_{AA}^{(24)}$	$J_{AB}^{(24)}$	$J_{BB}^{(24)}$
Simulation	0,638	0,602	0,635	1,098	0,765	0,932
VDW1	0,616	0,616	0,616	0,855	0,855	0,855
MDA	0,632	0,602	0,615	1,135	0,713	0,895

1. Hoheisel, C.; Lucas, K.: Mol. Phys. 53 (1984) 51

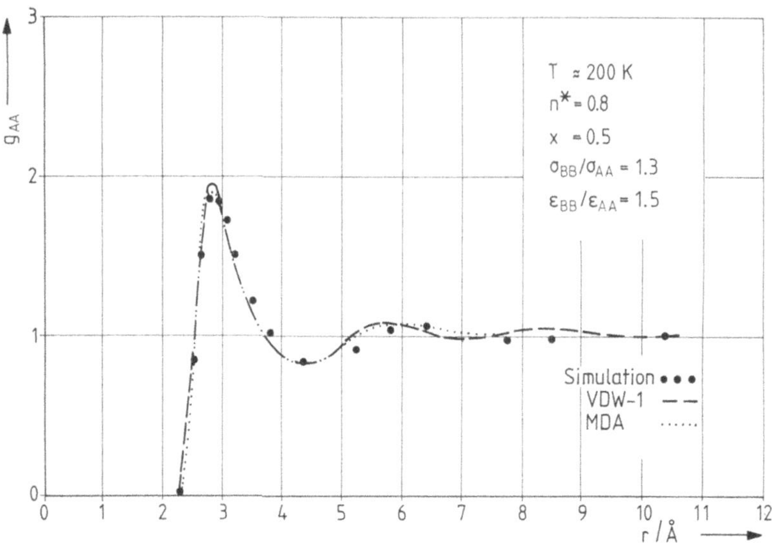

Bild B 7.7.1. Die Paarkorrelationsfunktion g_{AA}

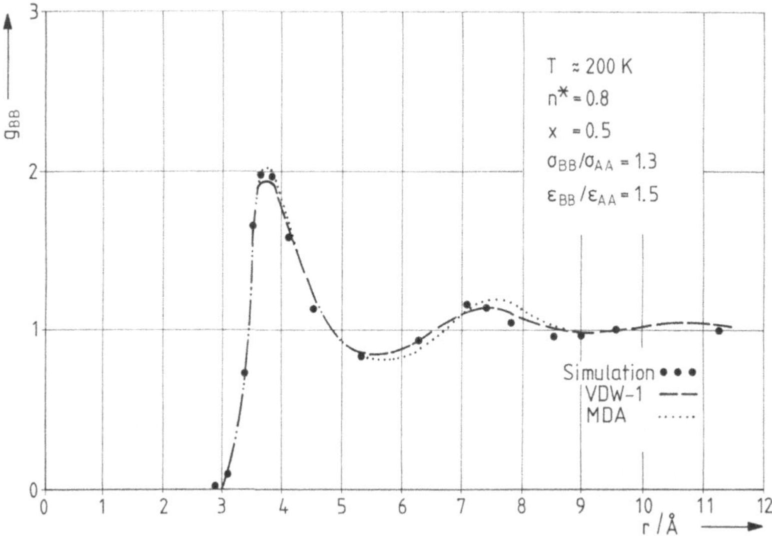

Bild B 7.7.2. Die Paarkorrelationsfunktion g_{BB}

Die MDA ist in der Beschreibung der Paarkorrelationsfunktionen im Gemisch und ihrer Integrale der VDW1-Theorie deutlich überlegen. Insbesondere liefert die VDW1-Theorie identische Integralwerte für die drei Integrale in einem binären System, im Gegensatz zu den Computersimulationen. Die MDA gibt demgegenüber die Individualität der verschiedenen $\alpha\beta$-Kombinationen qualitativ richtig wieder. Die Überlegenheit der MDA nimmt mit zunehmenden Unterschieden der Potentialparameter mit zunehmenden Werten von n erheblich zu [4]. Dies

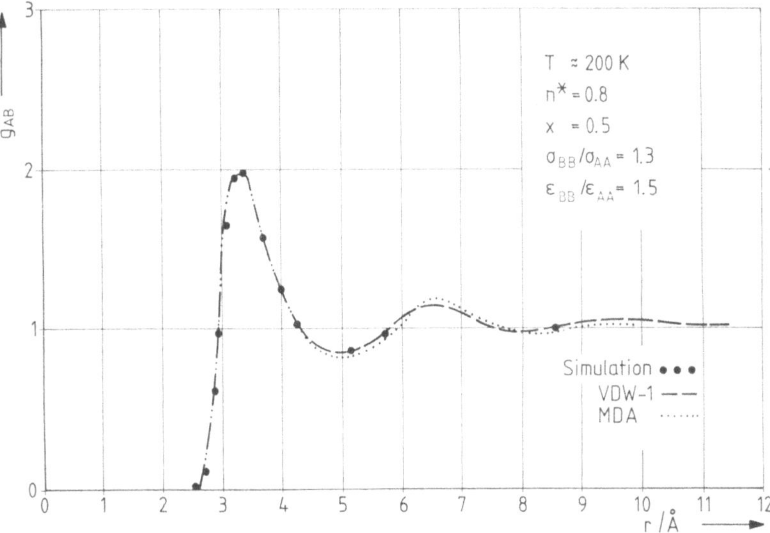

Bild B 7.7.3. Die Paarkorrelationsfunktion g_{AB}

ist darauf zurückzuführen, daß die Integranden der Integrale (7.4.24) Produkte aus einer exakt bekannten Abstandsfunktion, nämlich r^{-n+2}, und einer fehlerhaften Abstandsfunktion, nämlich der Paarkorrelationsfunktion $g_{\alpha\beta}(r)$, sind. Bei kurzen Abständen werden mit zunehmenden Werten von n die Werte für $g_{\alpha\beta}(r)$ mit großen Zahlen multipliziert. Fehler in $g_{\alpha\beta}(r)$ schlagen daher in ihrer Wirkung auf den Integralwert bei kleinen Abständen viel stärker durch als bei größeren. Dies bedcutct, daß diejenige Theorie bessere Integralwerte liefert, die bei kleinen Abständen die Paarkorrelationsfunktion besser beschreibt, während die Qualität der Beschreibung der Paarkorrelationsfunktion bei Abständen $r^* = r/\sigma > 1$ weniger bedeutsam ist. Genau in diesem Punkt ist aber die MDA der VDW1-Theorie überlegen, da sie die Verschiebung des ersten Peaks mit der Temperatur im wesentlichen richtig wiedergibt.

Bei hohen Unterschieden in den Potentialparametern, wie sie insbesondere bei Gemischen mit überkritischen Komponenten praktisch auftreten, vermag auch die MDA die Integrale (7.4.24) nicht mit genügender Genauigkeit zu berechnen. Es ist jedoch möglich, eine empirische Modifikation der MDA anzugeben, die auch in komplizierten Systemen maximale Fehler unter 10 % in allen Integralen aufweist [4]. Diese Modifikation der MDA ist allerdings nicht direkt auf die thermische Zustandsgleichung übertragbar.

7.4.3 Die Hartkugel-Entwicklungstheorie [18]

Für Mischungen aus harten Kugeln mit unterschiedlichen Durchmessern ist die thermische Zustandsgleichung bekannt, vgl. (7.3.9). Es ist daher naheliegend, diese Information in die Theorie konformer Lösungen einzuarbeiten, um die Abhängigkeit vom Durchmesserverhältnis der Moleküle besser zu erfassen. Hierzu benutzt

man die Zustandsgleichung der Hartkugelmischung zur Berücksichtigung des
Beitrags der Abstoßungskräfte und erfaßt die Anziehungsbeiträge im Sinne der
Theorie konformer Lösungen durch eine entsprechende Beziehung für Reinstoffe
mit konzentrationsabhängigen Potentialparametern. Dies ist das Vorgehen der
Hartkugel-Entwicklungstheorie (HSE).

Zur Ableitung der entsprechenden konzentrationsabhängigen Potentialparameter für die Anziehungsparameter des Wechselwirkungspotentials gehen wir von
einer Mischphase aus, in der die Wechselwirkungen zwischen den Molekülen
durch das Sutherland-Potential, d.h. einem Potential mit hartem Kern, beschrieben werden, vgl. (4.5.6) und (4.5.7):

$$\phi_{\alpha\beta}(r) = \infty \qquad\qquad \text{für } r \leqq d_{\alpha\beta-} \tag{7.4.27}$$

$$\phi_{\alpha\beta}(r) = -\varepsilon_{\alpha\beta}\left(\frac{r}{d_{\alpha\beta}}\right)^{-m} \qquad \text{für } r \geqq d_{\alpha\beta+}. \tag{7.4.28}$$

Das Sutherland-Potential läßt sich daher für den ganzen Abstandsbereich auch
schreiben als

$$\phi_{\alpha\beta}(r) = \phi_{d_{\alpha\beta}} - \varepsilon_{\alpha\beta}\left(\frac{r}{d_{\alpha\beta}}\right)^{-m} \tag{7.4.29}$$

mit $\phi_{d_{\alpha\beta}}$ als dem Hartkugelpotential nach (4.5.1) und (4.5.2). Für den Realfaktor
einer Sutherland-Mischung gilt mit (7.2.2), wenn paarweise Additivität der Wechselwirkungen angenommen wird:

$$Z = 1 - \frac{2}{3}\frac{\pi n}{kT}\sum_\alpha\sum_\beta x_\alpha x_\beta \varepsilon_{\alpha\beta} d_{\alpha\beta}^3 \int_0^\infty \frac{d}{dr_{\alpha\beta}^*}\left[\phi_{d_{\alpha\beta}}^*(r_{\alpha\beta}^*) - r_{\alpha\beta}^{*-m}\right] g_{\alpha\beta}\, r_{\alpha\beta}^{*3}\, dr_{\alpha\beta}^*. \tag{7.4.30}$$

Hier ist $\phi_{d_{\alpha\beta}}^* = \phi_{d,\alpha\beta}/\varepsilon_{\alpha\beta}$. Es kommt nun darauf an, diese Gleichung in einen
Abstoßungs- und einen Anziehungsanteil aufzuspalten. Für das Sutherland-
Paarpotential ist dies durch die Definition gegeben. Für die Paarkorrelationsfunktionen $g_{\alpha\beta}$ der Sutherland-Mischung erreichen wir es durch eine λ-Ent-
wicklung um das Referenzsystem harter Kugeln, d.h. eine Entwicklung nach der
reziproken Temperatur, vgl. Abschn. 6.5. Da wir für die Beiträge der Anziehungskräfte Reinstoffapproximationen ansetzen wollen, erfassen wir dabei insbesondere den Störterm durch die „Mean-Density"-Approximation und erhalten:

$$g_{\alpha\beta} = g_{d,\alpha\beta}(r_{\alpha\beta}^*, n, \{d_{\alpha\beta}\}) + \frac{\varepsilon_{\alpha\beta}}{kT} f_{0d}(r_{\alpha\beta}^*, n d^3) + 0\left(\frac{1}{kT}\right)^2. \tag{7.4.31}$$

Hier ist $g_{d,\alpha\beta}$ die Paarkorrelationsfunktion harter Kugeln α und β, f_{0d} eine Funktion für den Hartkugelreinstoff und d ein noch festzulegender mittlerer Hartkugeldurchmesser. Damit läßt sich die Aufspaltung des residuellen Realfaktors in einen
Hartkugelanteil und einen Anziehungsanteil durchführen. Der Anziehungsanteil

lautet, wenn wir hier auch für $g_{\mathrm{d},\alpha\beta}$ die MDA einführen:

$$Z^{\mathrm{res,\,att}} = -\frac{2\pi n}{3kT}\sum_\alpha\sum_\beta x_\alpha x_\beta \varepsilon_{\alpha\beta} d_{\alpha\beta}^3 \int\limits_0^\infty \frac{\mathrm{d}}{\mathrm{d}r_{\alpha\beta}^*}\left(r_{\alpha\beta}^{*\,-m}\right) g_{\mathrm{0d}}(r_{\alpha\beta}^*;\,n\boldsymbol{d}^3)\, r_{\alpha\beta}^{*\,3}\,\mathrm{d}r_{\alpha\beta}^*$$

$$+\frac{2\pi n}{3(kT)^2}\sum_\alpha\sum_\beta x_\alpha x_\beta \varepsilon_{\alpha\beta}^2 d_{\alpha\beta}^3 \int\limits_0^\infty \frac{\mathrm{d}}{\mathrm{d}r_{\alpha\beta}^*}\,\phi_{\mathrm{d},\alpha\beta}^*(r_{\alpha\beta}^*)\, f_{\mathrm{0d}}(r_{\alpha\beta}^*;\,n\boldsymbol{d}^3)\, r_{\alpha\beta}^{*\,3}\,\mathrm{d}r_{\alpha\beta}^*$$

$$-\frac{2\pi n}{3(kT)^2}\sum_\alpha\sum_\beta x_\alpha x_\beta \varepsilon_{\alpha\beta}^2 d_{\alpha\beta}^3 \int\limits_0^\infty \frac{\mathrm{d}r_{\alpha\beta}^{*\,-m}}{\mathrm{d}r_{\alpha\beta}^*}\, f_{\mathrm{0d}}(r_{\alpha\beta}^*;\,n\boldsymbol{d}^3)\, r_{\alpha\beta}^{*\,3}\,\mathrm{d}r_{\alpha\beta}^* + 0\left(\frac{1}{kT}\right)^3.$$

$$(7.4.32)$$

Dieser Beitrag kann durch eine 1-Fluid-Approximation wiedergegeben werden, wenn man die folgenden konzentrationsabhängigen Potentialparameter einführt:

$$\varepsilon\boldsymbol{d}^3 = \sum_\alpha\sum_\beta x_\alpha x_\beta \varepsilon_{\alpha\beta} d_{\alpha\beta}^3 \tag{7.4.33}$$

und

$$\varepsilon^2\boldsymbol{d}^3 = \sum_\alpha\sum_\beta x_\alpha x_\beta \varepsilon_{\alpha\beta}^2 d_{\alpha\beta}^3. \tag{7.4.34}$$

Insgesamt erhält man dann für den residuellen Realfaktor einer konformen Sutherland-Lösung:

$$Z^{\mathrm{res}} = Z_{\mathrm{d}}^{\mathrm{res}}(n;\,\{d_{\alpha\beta}\}) + Z^{\mathrm{res,\,att}}\left(\frac{kT}{\varepsilon};\,n\boldsymbol{d}^3\right), \tag{7.4.35}$$

wobei $Z_{\mathrm{d}}^{\mathrm{res}}(n;\,\{d_{\alpha\beta}\})$ aus der thermischen Zustandslgeichung für die Hartkugel-mischung berechnet wird.

Das praktische Problem bei der Anwendung dieser Theorie auf Systeme mit realistischen Wechselwirkungen ist die Bestimmung der Hartkugeldurchmesser $\{d_{\alpha\beta}\}$. Realen Wechselwirkungen ist kein natürlicher Hartkugeldurchmesser zu-zuordnen, und die Theorie ist insofern unvollständig. Für ein gegebenes isotropes Paarpotential, z. B. das Lennard-Jones-(12-6), kann für gegebene Werte der Po-tentialparameter ε, σ sowie Temperatur und Dichte ein geeigneter Hartkugel-durchmesser nach den Beziehungen von Abschn. 6.5.3 für jede reine Kompo-nente ermittelt werden. Wesentlich komplizierter, aber auch realistischer ist die Berechnung der Hartkugeldurchmesser der Komponenten im Gemisch, vgl. Abschn 7.4.4. Der Beitrag der Anziehungskräfte ist dann für einen Reinstoff mit konzentrationsabhängigen Potentialparametern durch die Hochtemperatur-approximation berechenbar, vgl. Abschn. 6.5.3:

$$Z^{\mathrm{res,\,att}}\left(\frac{kT}{\varepsilon};\,n\sigma^3\right) = -V\left(\frac{\partial A^{\mathrm{att}}/NkT}{\partial V}\right)_{\mathrm{T}} \tag{7.4.36}$$

mit (6.5.28),

$$\frac{A^{\mathrm{att}}}{NkT} \cong \frac{A^\lambda}{NkT} \cong \frac{2\pi n}{kT}$$
$$\cdot\left[\int\limits_{d_{\mathrm{PY}}}^\infty \phi(r)\, g_{\mathrm{d}}^{\mathrm{PY}}\left(\frac{r}{d_{\mathrm{PY}}};\,\eta_{\mathrm{PY}}\right) r^2\,\mathrm{d}r - \int\limits_{d_{\mathrm{PY}}}^{r_{\mathrm{m}}} \phi_0(r)\, g_{\mathrm{d}}^{\mathrm{PY}}\left(\frac{r}{d_{\mathrm{PY}}};\,\eta_{\mathrm{PY}}\right) r^2\,\mathrm{d}r\right],$$

$$(7.4.37)$$

wobei $\phi_0(r)$ das weich abstoßende Referenzpotential im Sinne der WCA-Störungstheorie ist.

Die Hartkugel-Entwicklungstheorie in Verbindung mit den WCA-VW-Reinstoffdurchmessern beschreibt die Abweichungen konformer Lösungen von der idealen Lösung bei großen Unterschieden in den Molekülgrößen in der Regel etwas besser als die VDW1-Theorie und die MDA, vgl. Beispiel 7.8. Ein erheblicher praktischer Nachteil besteht jedoch darin, daß sie im Gegensatz zu diesen beiden Theorien nicht ohne weiteres in empirische Zustandsgleichungen realer Stoffe eingebaut werden kann. Damit ist sie hinsichtlich des Anwendungsbereiches auf den Gültigkeitsbereich der WCA-VW-Störungstheorie beschränkt, vgl. Abschn. 6.5. Fehler in berechneten Größen gehen daher teilweise zu Lasten der WCA-VW-Störungstheorie, und der Vergleich mit Werten, die unter Benutzung der MDA oder VDW1-Theorie aus einer empirischen Reinstoffzustandsgleichung ermittelt wurden, ist daher prinzipiell nicht ganz fair. Er entspricht indessen den Realitäten der praktischen Anwendung. Die Ergebnisse reagieren außerordentlich sensibel auf die Wahl des Hartkugeldurchmessers. Die Bestimmung eines adäquaten Hartkugeldurchmessers aus einer empirischen thermischen Zustandsgleichung ist daher grundsätzlich und praktisch problematisch, obwohl Konzepte dafür entwickelt worden sind [19].

7.4.4 Die Hartkugel-Störungstheorie

Konforme Lösungen lassen sich durch eine Störungsrechnung auch ohne eine Reinstoffapproximation für den Anziehungsanteil des Wechselwirkungspotentials auf das Referenzsystem einer Hartkugelmischung zurückführen. Die allgemeinen Überlegungen hierzu sind eine offensichtliche Erweiterung der in Abschn. 6.5 besprochenen Entwicklung für Reinstoffe. Es gilt auch hier, daß die langreichweitigen Kräfte durch die λ-Entwicklung und die kurzreichweitigen Kräfte durch die Blip-Funktion-Entwicklung erfaßt werden. Insbesondere empfiehlt sich auch hier die WCA-Aufspaltung des Potentials, d.h. nach (6.5.20) bis (6.5.23):

$$\phi_{\alpha\beta}(r) = \phi_{0,\alpha\beta}(r) + \lambda\phi^P_{\alpha\beta}(r) \tag{7.4.38}$$

$$\phi_{0,\alpha\beta}(r) = \phi_{\alpha\beta}(r) + \varepsilon_{\alpha\beta} \qquad r < r_{m,\alpha\beta} \tag{7.4.39}$$

$$\phi_{0,\alpha\beta}(r) = 0 \qquad r > r_{m,\alpha\beta} \tag{7.4.40}$$

und

$$\phi^P_{\alpha\beta}(r) = -\varepsilon_{\alpha\beta} \qquad r < r_{m,\alpha\beta} \tag{7.4.41}$$

$$\phi^P_{\alpha\beta}(r) = \phi_{\alpha\beta}(r) \qquad r > r_{m,\alpha\beta}. \tag{7.4.42}$$

Für die Paarkorrelationsfunktion des Systems mit dem weichen Abstoßungspotential $\phi_{0,\alpha\beta}(r)$ erhält man analog zu (6.5.17):

$$g_{0,\alpha\beta}(r) = e^{-\phi_{0,\alpha\beta}(r)/kT}\, y_{d,\alpha\beta}(r). \tag{7.4.43}$$

Das WCA-Kriterium zur Bestimmung der Hartkugeldurchmesser ergibt sich analog zu (6.5.26):

$$0 = \int_0^{r_{m,\alpha\beta}} (e^{-\phi_{0,\alpha\beta}(r)/kT} - 1)\, y_{d,\alpha\beta}(r)\, r^2\, dr + \int_0^{d_{\alpha\beta}} y_{d,\alpha\beta}(r)\, r^2\, dr.$$ (7.4.44)

Damit folgt für den Störterm erster Ordnung schließlich analog zu (6.5.28):

$$\begin{aligned}
\frac{A^\lambda}{NkT} = 2\pi n\, \frac{1}{kT} \sum\sum x_\alpha x_\beta \Bigg[&\int_{d_{\mathrm{PY},\alpha\beta}}^{\infty} \phi_{\alpha\beta}(r)\, g_{d,\alpha\beta}^{\mathrm{PY}}\left(\frac{r}{d_{\mathrm{PY},\alpha\beta}}; \eta_{\mathrm{PY}}\right) r^2\, dr \\
&- \int_{d_{\mathrm{PY},\alpha\beta}}^{r_{m,\alpha\beta}} \phi_{0,\alpha\beta}(r)\, g_{d,\alpha\beta}^{\mathrm{PY}}\left(\frac{r}{d_{\mathrm{PY},\alpha\beta}}; \eta_{\mathrm{PY}}\right) r^2\, dr \\
&+ \int_{r_{m,\alpha\beta}}^{\infty} [\phi_{\alpha\beta}^{\mathrm{P}}(r) + \varepsilon_{\alpha\beta}]\, \delta g_{1,\alpha\beta}\left(\frac{r}{d_{\alpha\beta}}\right) r^2\, dr \Bigg].
\end{aligned}$$ (7.4.45)

Die Blip-Funktion ist bei steil abstoßenden Potentialen nur in einem kleinen Abstandsbereich $d_{\alpha\beta}$ von null verschieden. Wie bei reinen Stoffen, so ist daher auch hier eine Taylor-Entwicklung der $y_{d,\alpha\beta}$-Funktion um $r = d_{\alpha\beta}$ sinnvoll, d. h. wenn $d_{\alpha\alpha}$ als universeller Bezugsabstand benutzt wird

$$\left(\frac{r_{\alpha\beta}^*}{\xi_{\alpha\beta}}\right)^2 y_{d,\alpha\beta}(r^*) = \sigma_{0,\alpha\beta} + \sigma_{1,\alpha\beta}(r_{\alpha\beta}^* - \xi_{\alpha\beta}) + \dots$$ (7.4.46)

mit

$$\sigma_{0,\alpha\beta} = \left[\left(\frac{r_{\alpha\beta}^*}{\xi_{\alpha\beta}}\right)^2 y_{d,\alpha\beta}(r_{\alpha\beta}^*)\right]_{r_{\alpha\beta}^* = \xi_{\alpha\beta}}$$ (7.4.47)

und

$$\sigma_{1,\alpha\beta} = \frac{\partial}{\partial r^*}\left[\left(\frac{r_{\alpha\beta}^*}{\xi_{\alpha\beta}}\right)^2 y_{d,\alpha\beta}(r_{\alpha\beta}^*)\right]_{r_{\alpha\beta}^* = \xi_{\alpha\beta}}.$$ (7.4.48)

Hierbei gelten $r_{\alpha\beta}^* = r_{\alpha\beta}/d_{\alpha\alpha}$ und $\xi_{\alpha\beta} = d_{\alpha\beta}/d_{\alpha\alpha}$.

Setzt man diesen Ausdruck in die Bestimmungsgleichung für $d_{\alpha\beta}$ ein, so kann man die entsprechende Rechnung von dem Reinstoff auf das Gemisch übertragen und findet:

$$d_{\alpha\beta} = d_{\mathrm{B},\alpha\beta}\left[1 + \frac{\sigma_{1,\alpha\beta}}{2\sigma_{0,\alpha\beta}}\, \xi_{\alpha\beta}\, \delta_{\alpha\beta}\right]$$ (7.4.49)

mit

$$d_{\mathrm{B},\alpha\beta} = \int_0^{\infty} (1 - e^{-\beta\phi_{0,\alpha\beta}})\, dr$$ (7.4.50)

und

$$\delta_{\alpha\beta} = \int_0^{\infty} \left(\frac{r}{d_{\mathrm{B},\alpha\beta}} - 1\right)^2 \frac{d}{dr}\, e^{-\beta\phi_{0,\alpha\beta}(r)}\, dr.$$ (7.4.51)

Zur Auswertung der Hartkugeldurchmesser der Mischung benötigt man die Hartkugeleigenschaften $\sigma_{0,\alpha\beta}$ und $\sigma_{1,\alpha\beta}$. Hierbei folgt $\sigma_{0,\alpha\beta}$ ohne weiteres aus den

Kontaktwerten der Paarkorrelationsfunktion, vgl. (7.3.12), wegen

$$y_{d,\,\alpha\beta}(d_{\alpha\beta}) = g_{d,\,\alpha\beta}(d_{\alpha\beta}). \tag{7.4.52}$$

Für die Berechnung von $\sigma_{1,\,\alpha\beta}$ braucht man die Ableitung der y-Funktion nach dem Abstand bei Kontakt. Von Grundke und Henderson [20] stammt der Vorschlag, die y-Funktion zwischen 0 und d durch die Funktion

$$\ln y(r) = a_1 + a_2 r + a_3 r^2 + a_4 r^3 \tag{7.4.53}$$

zu beschreiben. Die vier Parameter dieses Ansatzes werden durch vier exakte Bedingungen an die y-Funktion bei $r = 0$ und bei $r = d$ bestimmt, mit

$$\ln y_{\alpha\beta}(d_{\alpha\beta}) = a_1 + a_2 d_{\alpha\beta} + a_3 d_{\alpha\beta}^2 + a_4 d_{\alpha\beta}^3 \tag{7.4.54}$$

$$\left[\frac{d \ln y_{\alpha\beta}(r)}{dr}\right]_{r=d_{\alpha\beta}} = a_2 + 2a_3 d_{\alpha\beta} + 3a_4 d_{\alpha\beta}^2 \tag{7.4.55}$$

$$\ln y_{\alpha\beta}(a_{\alpha\beta}) = a_1 + a_2 a_{\alpha\beta} + a_3 a_{\alpha\beta}^2 + a_4 a_{\alpha\beta}^3 \tag{7.4.56}$$

$$\left[\frac{d \ln y_{\alpha\beta}(r)}{dr}\right]_{r=a_{\alpha\beta}} = a_2 + 2a_3 a_{\alpha\beta} + 3a_4 a_{\alpha\beta}^2 \tag{7.4.57}$$

und

$$a_{\alpha\beta} = \tfrac{1}{2}\,|d_{\alpha\alpha} - d_{\beta\beta}|. \tag{7.4.58}$$

Die y-Funktion bei Kontakt ist gleich der Paarkorrelationsfunktion bei Kontakt, womit die linke Seite von (7.4.54) bekannt ist. Die Ableitung der y-Funktion bei Kontakt auf der linken Seite von (7.4.55) wird aus einer Taylor-Entwicklung der analytischen Percus-Yevick-Lösung für die totale Korrelationsfunktion um $r = d_{\mathrm{PY},\,\alpha\beta}$ unter Berücksichtigung des Korrekturgliedes $\delta g_1(r)$ gewonnen, zu

$$\left[\frac{d}{dr}\ln y_{\alpha\beta}(r)\right]_{r=d_{\alpha\beta}} = \left\{[-c'_{\alpha\beta}(r)]_{r=d_{\mathrm{PY},\,\alpha\beta}} + (d_{\alpha\beta} - d_{\mathrm{PY},\,\alpha\beta})\,[-c''_{\alpha\beta}(r)]_{r=d_{\mathrm{PY},\,\alpha\beta}}\right.$$
$$\left. + \frac{1}{2}(d_{\alpha\beta} - d_{\mathrm{PY},\,\alpha\beta})^2\,[-c'''_{\alpha\beta}(r)]_{r=d_{\mathrm{PY},\,\alpha\beta}} - \frac{A_{\alpha\beta}}{d_{\alpha\beta}^2} - \frac{A_{\alpha\beta}\mu_{\alpha\beta}}{d_{\alpha\beta}}\right\}$$
$$\cdot\left\{-c_{\alpha\beta}(d_{\mathrm{PY},\,\alpha\beta}) + (d_{\alpha\beta} - d_{\mathrm{PY},\,\alpha\beta})\,[-c'_{\alpha\beta}(r)]_{r=d_{\mathrm{PY},\,\alpha\beta}}\right.$$
$$+ \frac{1}{2}(d_{\alpha\beta} - d_{\mathrm{PY},\,\alpha\beta})^2\,[-c''_{\alpha\beta}(r)]_{r=d_{\mathrm{PY},\,\alpha\beta}}$$
$$\left. + \frac{1}{6}(d_{\alpha\beta} - d_{\mathrm{PY},\,\alpha\beta})^3\,[-c'''_{\alpha\beta}(r)]_{r=d_{\mathrm{PY},\,\alpha\beta}} + \frac{A_{\alpha\beta}}{d_{\alpha\beta}}\right\}^{-1}. \tag{7.4.59}$$

Dieser Ausdruck kann prinzipiell direkt zur Berechnung von $\sigma_{1,\,\alpha\beta}$ benutzt werden. Da er jedoch wegen der bekannten Schwächen der Percus-Yevick-Lösung auch bei Hinzufügen des Korrekturgliedes $\delta g_1(r)$ nicht akkurat ist, empfiehlt sich die Berücksichtigung exakter Informationen über die y-Funktion bei $r = a_{\alpha\beta}$. Sie lauten [20] mit $d_{\alpha\alpha} \leqq d_{\beta\beta}$.

$$\int_0^\eta \left(\frac{\partial Z_{\mathrm{d}}/n}{\partial n_\alpha} - 1 \right)_{n_\alpha^*} \frac{\mathrm{d}\eta}{\eta} = \ln y_{\alpha\beta}(r \leqq a_{\alpha\beta}) \tag{7.4.60}$$

mit

$$\left[\frac{d}{dr} \ln y_{\alpha\beta}(r) \right]_{r=a_{\alpha\beta}} = - \delta_{\alpha\beta} \pi n \sum_{\alpha=1}^\kappa x_\alpha d_{\alpha\beta}^2 \, y_{\alpha\beta}(d_{\alpha\beta}), \tag{7.4.61}$$

mit $\delta_{\alpha\beta}$ als dem Kronecker-Symbol.

Damit läßt sich die linke Seite von (7.4.57) durch die bekannten Kontaktwerte von y bzw. g ausdrücken. Die linke Seite von (7.4.56) erfordert die Ableitung der thermischen Zustandsgleichung der Hartkugelmischung nach der Teilchendichte der Komponente α. Man findet:

$$\int_0^\eta \left(\frac{\partial Z_{\mathrm{d}}/n}{\partial n_\alpha} - 1 \right)_{n_\alpha^*} \frac{\mathrm{d}\eta}{\eta} = \ln y_{\alpha\beta}(r \leqq a_{\alpha\beta}) = - \ln(1-\eta) + \frac{\eta}{1-\eta} \left[\frac{\frac{\pi}{6} d_{\alpha\alpha}^3}{V} + 3(A_{\alpha\alpha} + B_{\alpha\alpha}) \right]$$

$$+ \left(\frac{1}{2(1-\eta)^2} - \frac{1}{(1-\eta)} + \frac{1}{2} \right) [6\,A_{\alpha\alpha} \cdot B_{\alpha\alpha} + 9\,A_{\alpha\alpha}^2]$$

$$- \left(\frac{1}{2(1-\eta)^2} - \ln(1-\eta) - \frac{2}{1-\eta} + \frac{3}{2} \right) [3\,A_{\alpha\alpha}^2 + A_{\alpha\alpha}^3]$$

$$+ \left(\frac{1}{3(1-\eta)^3} + \frac{1}{(1-\eta)} - \frac{1}{(1-\eta)^2} - \frac{1}{3} \right) [9\,A_{\alpha\alpha}^3]$$

$$- \left(\frac{1}{3(1-\eta)^3} - \frac{3}{2} \frac{1}{(1-\eta)^2} + \frac{3}{(1-\eta)} + \ln(1-\eta) - \frac{11}{6} \right) [3\,A_{\alpha\alpha}^3] \tag{7.4.62}$$

wobei

$$A = \frac{d_{\alpha\alpha} S}{V}, \tag{7.4.63}$$

$$B = \frac{d_{\alpha\alpha}^2 R}{V} \tag{7.4.64}$$

und

$$R = \frac{\pi}{6} \sum_i x_\alpha d_{\alpha\alpha} \tag{7.4.65}$$

$$S = \frac{\pi}{6} \sum_i x_\alpha d_{\alpha\alpha}^2 \tag{7.4.66}$$

$$V = \frac{\pi}{6} \sum_i x_\alpha d_{\alpha\alpha}^3. \tag{7.4.67}$$

Aus (7.4.54) bis (7.4.57) folgen damit die Parameter des Ansatzes (7.4.53) und damit

$$\sigma_{1,\alpha\beta} = \frac{2}{\xi_{\alpha\beta}} + \left[\frac{d\,y_{\mathrm{d}}(r_{\alpha\beta}^*)}{dr_{\alpha\beta}^*} \right]_{r_{\alpha\beta}^* = \xi_{\alpha\beta}}. \tag{7.4.68}$$

Die Berechnung des Hartkugeldurchmessers aus (7.4.49) erfolgt iterativ mit $d_{B,\alpha\beta}$ als erstem Schätzwert.

In der obigen Weise werden praktisch lediglich die Durchmesser $d_{\alpha\alpha}$ und $d_{\beta\beta}$ bestimmt. Der Durchmesser der $\alpha\beta$-Wechselwirkung wird aus der additiven Kombinationsregel für harte Kugeln gewonnen, nach

$$d_{AB} = \tfrac{1}{2}(d_{AA} + d_{BB}). \tag{7.4.69}$$

Der Grund für diese Berechnung von d_{AB} ist die Tatsache, daß die Gleichungen für die Hartkugelmischung nur für additive Durchmesser gelten. Die hierdurch eigentlich erforderliche Korrektur der freien Energie des Hartkugelsystems für das nicht streng verschwindende Blip-Integral der AB-Wechselwirkung ist sehr klein und wird hier vernachlässigt. Es gilt also in der Hochtemperaturapproximation, vgl. (6.5.6):

$$\frac{A^{\text{res}}}{NkT} = \frac{A_d^{\text{res}}}{NkT} + \frac{A^{\lambda}}{NkT}. \tag{7.4.70}$$

Diese Form der WCA-Theorie für Gemische geht, mit Ausnahme der Berechnung von $\sigma_{1,\alpha\beta}$, auf Lee und Levesque [8] zurück. Die Berechnung von $\sigma_{1,\alpha\beta}$ beruht auf Grundke und Henderson [20]. Die Theorie wird daher hier mit WCA-LL-GH bezeichnet. Der bei der entsprechend für Reinstoffe gültigen Störungstheorie (WCA-VW) hinzugefügte Term auf Grund der Integration über die Paarkorrelationsfunktion, vgl. (6.5.49), ist wiederum klein und wird hier nicht benutzt.

Beispiel 7.8

Für die in Beispiel 7.5 angeführten Simulationswerte für den Druck überkritischer Mischungen berechne man die Ergebnisse nach der HSE und der WCA-LL-GH-Störungstheorie.

Lösung

Wir betrachten den Druck bei $\varepsilon_{22}/\varepsilon_{11} = 4{,}5$ und $\sigma_{22}/\sigma_{11} = 2{,}0$ bei der Dichte $n^* = n\sigma_x^3 = 0{,}8$. Diese Gemischdichte entspricht einem Wert von

$$n = \frac{n^*}{\sigma_x^3} = \frac{0{,}8}{4{,}5^3} = 0{,}008779 \text{ Å}^{-3}.$$

Für die HSE benötigen wir die Hartkugeldurchmesser der beiden Komponenten. Sie ergeben sich zu

$$d_{11} = 2{,}6929 \text{ Å}$$
$$d_{22} = 5{,}484 \text{ Å}.$$

Mit diesen Hartkugeldurchmessern läßt sich der Hartkugelanteil zum Realfaktor nach (7.3.9) berechnen:

$$Z_d = \frac{1 + \eta + \eta^2 - 3\eta(y_1 + y_2\eta) - \eta^3 y_3}{(1 - \eta)^3},$$

wobei

$$y_1 = 0{,}17267$$
$$y_2 = 0{,}063106$$
$$y_3 = 0{,}76422$$
$$\eta = 0{,}42384.$$

Es gilt daher

$$Z_d = 6{,}7535$$

und damit

$$Z_0 = 6{,}7314.$$

Der Anziehungsanteil zur freien Energie kann für das reine Lennard-Jones-Fluid durch geschlossene Formeln berechnet werden [1]:

$$\frac{A^\lambda}{NkT} = \underset{\varepsilon}{\underbrace{\frac{48\,\eta_{PY}}{kT}}} \left[\left(\frac{\sigma}{d_{PY}}\right)^{12} \left(J_1^{(12)} - \frac{\alpha_0}{10} - \frac{\alpha_1}{90} - \frac{\alpha_2}{720}\right) - \left(\frac{\sigma}{d_{PY}}\right)^6 \left(J_1^{(6)} - \frac{\alpha_0}{4} - \frac{\alpha_1}{12} - \frac{\alpha_2}{24}\right) \right.$$

$$- \frac{9}{64}\left(\frac{r_m}{\sigma}\frac{\sigma}{d_{PY}}\right)^4 \alpha_2 - \frac{2}{9}\left(\frac{r_m}{\sigma}\frac{\sigma}{d_{PY}}\right)^3 (\alpha_1 - \alpha_2)$$

$$\left. - \frac{9}{40}\left(\frac{r_m}{\sigma}\frac{\sigma}{d_{PY}}\right)^2 \left(\alpha_0 - \alpha_1 + \frac{\alpha_2}{2}\right) + \frac{1}{8}\left(\alpha_0 - \frac{\alpha_1}{3} + \frac{\alpha_2}{12}\right) \right]$$

mit

$$\alpha_0 = \frac{(1 + 0{,}5\,\eta_{PY})}{(1 - \eta_{PY})^2}$$

$$\alpha_1 = \frac{1 - 5\,\eta_{PY} - 5\,\eta_{PY}^2}{(1 - \eta_{PY})^3}$$

$$\alpha_2 = -\frac{3\,\eta_{PY}(2 - 4\,\eta_{PY} - 7\,\eta_{PY}^2)}{(1 - \eta_{PY})^4}$$

$$I_1^{(6)} = \frac{1}{3}\frac{1 - 0{,}691\,\eta_{PY} - 1{,}169\,\eta_{PY}^2 + 0{,}751\,\eta_{PY}^3}{(1 - \eta_{PY})^2}$$

$$I_1^{(12)} = \frac{1}{9}\frac{1 - 0{,}797\,\eta_{PY}^2 - 0{,}48\,\eta_{PY}^3}{(1 - \eta_{PY})^2},$$

wobei ε, σ und d nach den HSE-Mischungsregeln auszuwerten sind, und

$$r_m/\sigma = 2^{1/6}$$
$$d_{PY}^3 = (1 - \tfrac{1}{16}\eta)\,d^3$$
$$\eta = \tfrac{1}{6}\pi n d^3.$$

Für $x = 0{,}5$ findet man dann

$$\varepsilon/k = 128{,}493 \text{ K}$$
$$\sigma = 4{,}2876 \text{ Å}$$
$$d = 4{,}1128 \text{ Å}$$
$$d_{PY} = 4{,}0852 \text{ Å}$$
$$\eta_{PY} = 0{,}31331$$
$$\frac{A^\lambda}{NkT} = -3{,}2555.$$

Durch Berechnung einiger Stützwerte bei verschiedenen Dichten in der Umgebung des betrachteten Zustandspunktes und Differentiation nach der Dichte folgt der Beitrag der Anziehungskräfte zur Realfaktor:

$$Z^{att} = -3{,}5012.$$

Es gilt also:

$$Z = Z_0 + Z^{att} = 3{,}2302.$$

Damit folgt für den Druck

$$p_{\text{HSE}} = 803 \text{ bar.}$$

Für die WCA-LL-GH-Theorie benötigt man zunächst die Hartkugeldurchmesser. Ihre Berechnung erfolgt nach (7.4.49)

$$d_{\alpha\beta} = d_{\text{B},\alpha\beta}\left[1 + \frac{\sigma_{1,\alpha\beta}}{2\sigma_{0,\alpha\beta}}\,\zeta_{\alpha\beta}\,\delta_{\alpha\beta}\right].$$

Für $\varepsilon_{\text{BB}}/\varepsilon_{\text{AA}} = 4{,}5$, $\sigma_{\text{BB}}/\sigma_{\text{AA}} = 2{,}0$, $x = 0{,}5$ und $n^* = 0{,}8$ ergibt sich

$$\delta_{\text{AA}} = 0{,}0036, \qquad d_{\text{B,AA}} = 2{,}6855 \text{ Å}$$
$$\delta_{\text{BB}} = 0{,}0019, \qquad d_{\text{B,BB}} = 5{,}7246 \text{ Å.}$$

Die weitere Rechnung erfolgt iterativ mit $d_{\text{B},\alpha\alpha}$ als erstem Schätzwert und man findet

$$d_{\text{AA}} = 2{,}6683 \text{ Å}$$
$$d_{\text{BB}} = 5{,}5988 \text{ Å}$$

sowie

$$d_{\text{AB}} = \tfrac{1}{2}(d_{\text{AA}} + d_{\text{BB}}) = 4{,}1336.$$

Damit erhält man aus (7.3.19)

$$Z_{\text{d}} = 7{,}6587$$

und aus (7.4.44)

$$\frac{A^{\lambda}}{NkT} = -3{,}3884.$$

Berechnung einiger benachbarter Dichtepunkte und Differentiation ergibt

$$Z^{\text{att}} = -3{,}6661$$

und damit

$$P_{\text{WCA-LL}} = 993 \text{ bar.}$$

Tabelle B 7.8.1 stellt die Ergebnisse zusammen [2].

Man erkennt, daß die WCA-LL-GH-Störungstheorie das Mischungsverhalten auch bei großen Unterschieden in den Potentialparametern befriedigend, das heißt innerhalb von Fehlern von ca. 1 % im Druck, beschreibt. Bei niedrigen Dichten kann man grundsätzlich keine befriedigenden Ergebnisse von der WCA-LL-GH-Theorie erwarten, vgl. Abschn. 6.5. Bei Beachtung dieser Einschränkung sind die Ergebnisse der Störungstheorie jedoch durchweg ausgezeichnet, wenn man sich auf Verhältnisse im Größenparameter von $\sigma_{22}/\sigma_{11} \leqq 1{,}30$ beschränkt. Dies deckt die Mehrzahl aller praktisch auftretenden Fälle ab. Die Anwendungsgrenzen der WCA-LL-GH-Störungstheorie werden daher im wesentlichen durch die grundsätzlichen Grenzen der WCA-Theorie bestimmt.

Demgegenüber beschreibt die HSE-Theorie die Abhängigkeit vom Verhältnis der Abstandsparameter σ_{22}/σ_{11} zwar besser als die VDW1-Theorie und die MDA, erreicht jedoch in keinem Falle die erforderliche Genauigkeit von weniger als 1 % im Druck. Die HSE-Theorie kann jedoch als grundsätzliches Konzept möglicherweise dann praktisch bedeutsam werden, wenn man eine bessere Methode zur Bestimmung des Hartkugeldurchmessers findet, insbesondere durch Berechnung aus einer genauen empirischen Zustandsgleichung.

1. Verlet, L.; Weis, J. J.: Phys. Rev. A, 5 (1972) 939
2. Shukla, K. P.; Luckas, M.; Marquardt, H.; Lucas, K.: Fluid Phase Equilibria 26 (1986) 129

Tabelle B 7.8.1 Zusammenstellung der Ergebnisse

$\varepsilon_{22}/\varepsilon_{11}$	σ_{22}/σ_{11}	$n^* = n\sigma_x^3$	P_{MD}/bar	P_{HSE}/bar	Δ_{HSE}/%	$P_{\text{WCA-LL-GH}}$	$\Delta_{\text{WCA-LL-GH}}$/%
1,50	1,05	0,8	3323	3476	4,6	3352	0,9
1,50	1,30	0,8	2347	2400	2,3	2438	−0,9
1,50	1,55	0,8	1765	1715	− 2,8	1658	−6,1
1,50	2,00	0,8	1078	944	−12,4	988	−8,3
2,50	1,05	0,8	3323	3458	4,9	3320	−0,1
2,50	1,30	0,8	2323	2362	1,7	2284	−1,1
2,50	1,55	0,8	1752	1690	− 3,5	1686	−3,8
2,50	2,00	0,8	1081	886	−18,0	979	−9,4
3,50	1,05	0,8	3162	3317	4,9	3172	0,3
3,50	1,30	0,8	2213	2267	2,4	2192	−0,9
3,50	1,55	0,8	1716	1652	− 3,7	1666	−2,9
3,50	2,00	0,8	1097	861	−21,5	998	−9
4,50	1,05	0,8	2935	3080	4,9	2927	−0,3
4,50	1,30	0,8	2092	2155	3,0	2076	−0,8
4,50	1,55	0,8	1568	1522	− 3,7	1557	−0,7
4,50	2,00	0,8	1076	803	−25,4	993	−7,7
1,50	1,30	0,68858	1531	1565	2,2	1514	−1,1
1,50	2,00	0,70863	711	673	− 5,3	675	−5,1
4,50	1,30	0,5000	444	458	3,2	423	−4,7
4,50	2,00	0,42518	109	118	8,3	100	−8,3

7.4.5 Vergleich und Bewertung der verschiedenen Mischungsmodelle für konforme Lösungen

In diesem Abschnitt wägen wir die verschiedenen Theorien konformer Lösungen gegeneinander ab. Wir ziehen dazu zusätzlich zu den in den Beispielen durchgeführten Rechnungen Exzeßfunktionen verschiedener Lennard-Jones-Mischungen und chemische Potentiale als Vergleichsmaßstäbe heran [3].

Am einfachsten sind die VDW1-Theorie und die MDA zu handhaben, wobei insbesondere die VDW1-Theorie in jede thermische Zustandsgleichung eingesetzt werden kann. Die MDA als 3-Fluid-Approximation für die Paarkorrelationsfunktion kann nur den Realanteil der thermischen Zustandsgleichung beschreiben und benötigt daher eine Form der Zustandsgleichung, in der Ideal- und Residualanteil klar getrennt erscheinen. Für die thermodynamischen Eigenschaften sind die VDW1-Theorie und die MDA im wesentlichen gleichwertig. Große Unterschiede in den Energieparametern bei schwach unterschiedlichen Molekülgrößen werden durch die MDA besser wiedergegeben, gleichzeitig auftretende große Unterschiede in Energie- und Abstandsparameter beschreibt die VDW1-Theorie etwas besser. In den Bildern 7.4 bis 7.6 [3] ist die MDA nicht getrennt aufgeführt, da sie sich für die dort betrachteten Verhältnisse kaum von der VDW1-Theorie unterscheidet. Für $\sigma_{22}/\sigma_{11} < 1{,}10$ und $\varepsilon_{22}/\varepsilon_{11} < 1{,}50$ sind beide Theorien befriedigend.

Die HSE-Theorie benutzt die thermische Zustandsgleichung der Hartkugelmischung und berechnet den Anteil der Anziehungskräfte nach einer Reinstoff-

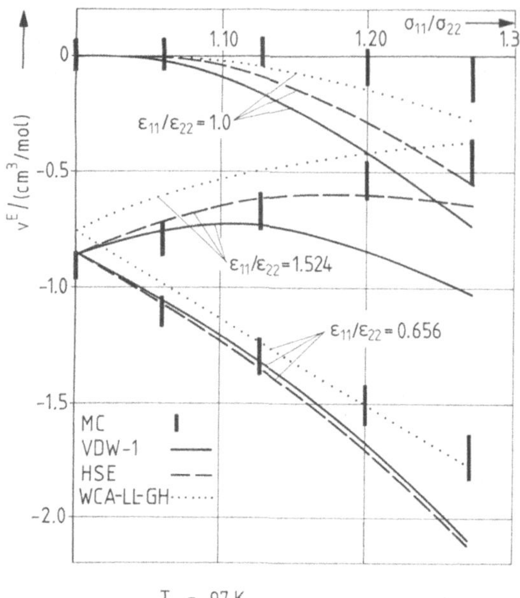

$$T = 97\,\text{K}$$
$$p \simeq 0\,\text{bar}$$
$$\varepsilon_{12}/k = \sqrt{(\varepsilon_{11}/k)(\varepsilon_{22}/k)} = 133.5\,\text{K}$$
$$\sigma_{12} = 1/2\,(\sigma_{11} + \sigma_{22}) = 3.596\,\text{Å}$$

Bild 7.4. Das Exzeßvolumen einiger äquimolarer Lennard-Jones-Mischungen. Vergleich von Computersimulation mit VDW-1, HSE und WCA-LL-GH

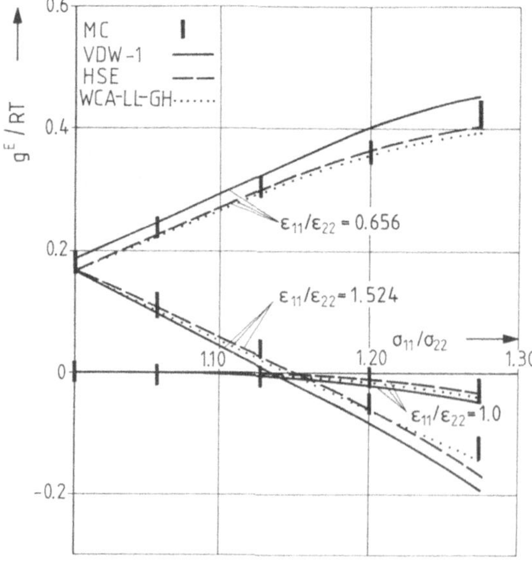

Bild 7.5. Die freie Exzeßenthalpie einiger äquimolarer Lennard-Jones-Mischungen. Vergleich von Computersimulation mit VDW-1, HSE und WCA-LL-GH. Bedingungen wie Bild 7.4

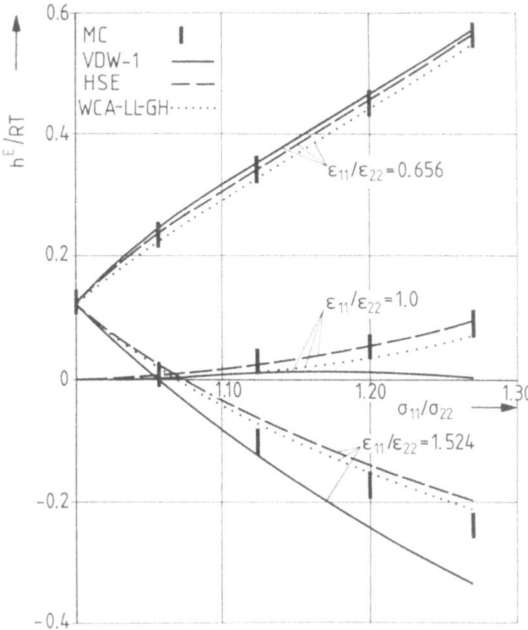

Bild 7.6. Die Exzeßenthalpie einiger äquimolarer Lennard-Jones-Mischungen. Vergleich von Computersimulation mit VDW-1, HSE und WCA-LL-GH. Bedingungen wie Bild 7.4

approximation. Sie benötigt einen Hartkugeldurchmesser für jede Komponente, der für reale Fluide nicht bekannt ist. Für ein gegebenes Wechselwirkungsmodell lassen sich Hartkugeldurchmesser und Reinstoffeigenschaften nach der WCA-VW-Störungstheorie berechnen. Die damit berechneten thermodynamischen Eigenschaften stimmen bei sehr ungleichen Molekülgrößen in der Regel besser mit Computersimulationen überein als die nach der VDW1-Theorie bzw. der MDA berechneten. Sie sind jedoch mühsamer zu gewinnen und eingeschränkt durch den begrenzten Anwendungsbereich und die Ungenauigkeiten der WCA-VW-Störungstheorie. Insbesondere ist zu beachten, daß die Exzeßgrößen in Systemen mit großen Unterschieden in den Potentialparametern oft grundsätzlich nicht durch eine Theorie berechnet werden können, die die Reinstoffe nach WCA-VW berechnet. Bei großen Unterschieden in den Potentialparametern ist in der Regel einer der Reinstoffe und damit auch das Gemisch bei entsprechend hoher Konzentration an dieser Komponente in einem Zustand, in dem WCA-VW nicht anwendbar ist. Aus diesem Grunde konnten für die HSE die dem Beispiel 7.6 entsprechenden Berechnungen der Exzeßfunktion nicht durchgeführt werden. Die Zustände in den Bildern 7.4 bis 7.6 liegen bei genügend hohen Reinstoffdichten, allerdings sind auch hier bisweilen die Temperaturen zu niedrig für eine befriedigende Beschreibung des Druckes. Die Auswirkungen der damit etwas fehlerhaft gerechneten Reinstoffdichte einer Komponente auf die HSE-Kurven in den Bildern sind vermutlich gering. Die sich hier darstellende deutliche Verbesserung der HSE-Theorie gegenüber der VDW1-Theorie ist jedoch vermutlich auf die Kürzung der Fehler der WCA-VW-Störungsrechnung bei der Bildung der Exzeßfunktionen zurückzuführen.

Die WCA-LL-GH-Theorie erfordert einen beträchtlichen Rechenaufwand. Bei kleinen Verhältnissen der Potentialparameter also etwa $\varepsilon_{22}/\varepsilon_{11} \lesssim 1{,}5$ und

$\sigma_{22}/\sigma_{11} \leqq 1{,}1$, ist dieser Aufwand in der Regel nicht gerechtfertigt, da dann bereits die einfache VDW 1-Theorie befriedigend, wenn nicht sogar besser ist. Bei Vergleichen mit Exzeßfunktionen ist wieder der Gültigkeitsbereich der WCA-Theorie im Hinblick auf hinreichend hohe Dichten und Temperaturen zu beachten. Wie für die HSE-Theorie, so konnten auch für die WCA-LL-GH-Theorie nicht die in Beispiel 7.6 berechneten Exzeßfunktionen berechnet werden, während die entsprechenden Fehler in den Zuständen der Bilder 7.4 bis 7.6 vermutlich klein sind. Aus diesen Bildern ergibt sich die WCA-LL-Theorie als die einzige, die große Unterschiede in den Molekülgrößen richtig zu beschreiben vermag. Allerdings deutet sich auch in diesen Bildern eine Grenze von $\sigma_{22}/\sigma_{11} = 1{,}30$ an, in Übereinstimmung mit den in Beispiel 7.8 berechneten Drücken. Die Paarkorrelationsfunktionen und ihre Integrale können ebenfalls durch die WCA-LL-GH-Theorie berechnet werden. Der Verlauf der Paarkorrelationsfunktion ist insgesamt deutlich in besserer Übereinstimmung mit Simulationen als nach der MDA. Allerdings ergeben sich bei kleinen Abständen geringfügig zu große Werte, d. h. die Paarkorrelationsfunktion fällt nicht schnell genug auf null ab. Da die Integrale für die thermodynamischen Eigenschaften sensibel auf die Paarkorrelationsfunktion bei kleinen Abständen reagieren, ist ihre Beschreibung durch die MDA sogar deutlich besser als durch die WCA-LL-GH-Theorie. Der praktisch zwar unrealistische, aber grundsätzlich interessante Fall von Mischungen gleicher Größe, aber unterschiedlicher Energieparameter und, insbesondere, unterschiedlicher Kombinationsregeln, wird in Tabelle 7.5 betrachtet. Die Ergebnisse der WCA-LL-GH-Störungstheorie liegen zumindest bei den Lorentz-Berthelot-Mischungen innerhalb der Fehlergrenzen der Simulationen [2, 3]. Bei starken Abweichungen vom geometrischen Mittel der ε-Werte ergeben sich indessen deutliche Abweichungen von den simulierten Daten, deren Genauigkeit bei $\pm$ 10 J/mol bei Mischungen Nr. 1 und 6, $\pm$ 20 J/mol bei den Mischungen Nr. 2, 7 und 8 und $\pm$ 30 J/mol bei den Mischungen Nr. 3, 4 und 5 liegen [3]. Dies deutet darauf hin, daß die WCA-LL-GH-Theorie die Effekte der Kombinationsregeln in den ε-Parametern auf die thermodynamischen Eigenschaften von Mischungen nicht vollkommen befriedigend erfaßt. Dies ist nicht unplausibel, da in den Referenzanteil der Hartkugelmischung die spezielle Kombinationsregel nicht eingeht und somit nur den Störterm beeinflußt. Die VDW1-Theorie wird bei großem ε-Verhältnis erwartungsgemäß schwach, während die MDA insgesamt die besten Ergebnisse liefert. Dies liegt an den gleichen Molekülgrößen und ist nicht auf den realistischen Fall unterschiedlicher σ-Werte zu übertragen. Schließlich betrachten wir in den Bildern 7.7 und 7.8 den Henry-Koeffizienten in binären Lennard-Jones-Mischungen im Vergleich zu Monte-Carlo-Simulationen [21]. Es werden die Lorentz-Berthelot-Kombinationsregeln zugrunde gelegt. Bild 7.7 betrachtet den Fall gleich großer Moleküle bei großen Unterschieden in den Energieparametern. Bis zu einem Verhältnis der Energieparameter von 4, d. h. $\sqrt{\varepsilon_{11}/\varepsilon_{22}} = 2$, stimmen sowohl die MDA als auch die WCA-LL-GH-Theorie gut mit den Simulationen überein. Der Grenzfall $\varepsilon_{11}/\varepsilon_{22} \to 0$, d. h. $\varepsilon_{11} = \varepsilon_{22} = 0$, führt zum Grenzzustand des idealen Systems, d. h. das residuelle chemische Potential wird null. Alle Theorien können dieses Grenzgesetz nicht erfüllen. Für die sehr großen Unterschiede in den Energieparametern von $\varepsilon_{11}/\varepsilon_{22} = 16$ versagen alle Theorien. In Bild 7.8 sind analoge Ergebnisse für Mischungen mit identischen Energiepara-

Tabelle 7.5. Isochore freie Exzeßenergie einiger Lennard-Jones-Mischungen mit gleichen Abstandsparametern: Vergleich von Computersimulation (CS) und Theorien ($T = 120$ K, $n^* = 0,75$, $\sigma_1 = \sigma_2 = 3,405$ Å)

ε_{11}/k K	ε_{22}/k K	ε_{12}/k K	a^E in (J/mol)											
			$x_1 = 0,25$				$x_1 = 0,5$				$x_1 = 0,75$			
			CS	VDW1	MDA	WCA-LL-GH	CS	VDW1	MDA	WCA-LL-GH	CS	VDW1	MDA	WCA-LL-GH
84,71	169,42	119,8	134	154	137	135	180	207	183	180	140	156	137	134
69,17	207,50	119,8	335	389	349	347	444	524	465	460	348	395	349	343
59,5	239,6	119,8	546	638	566	563	724	850	754	745	552	641	365	554
84,71	169,42	84,71	654	739	694	771	879	965	925	1024	675	707	694	765
84,71	169,42	169,42	−733	−684	−694	−761	−955	−893	−925	−1015	−726	−645	−694	−757
79,87	159,73	119,8	15	32	18	3	20	47	24	4	17	39	18	3
59,9	179,7	119,8	71	71	42	7	48	111	56	9	37	98	42	7
47,92	191,68	119,8	51	105	63	8	65	167	83	12	44	152	63	9

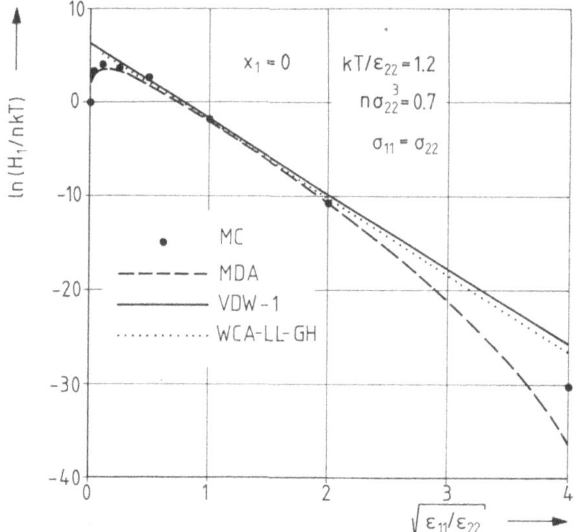

Bild 7.7. Der Henry-Koeffizient in Lennard-Jones-Mischungen mit identischen Molekülgrößen und stark unterschiedlichen Energieparametern

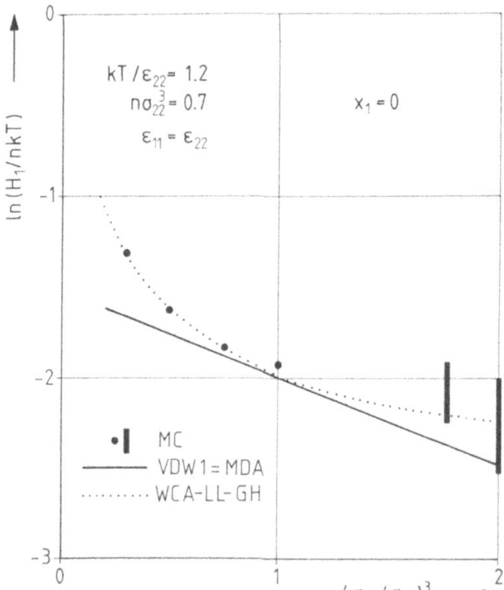

Bild 7.8. Der Henry-Koeffizient in Lennard-Jones-Mischungen mit identischen Energieparametern und stark unterschiedlichen Molekülgrößen

metern, aber starken Unterschieden in den Größenparametern dargestellt. Der Bereich $0 < \sigma_{12}/\sigma_{22} < 1$, d. h. $\sigma_{11} < \sigma_{22}$, wird durch die WCA-LL-GH-Theorie in ausgezeichneter Übereinstimmung mit den Simulationen beschrieben, im Gegensatz zur VDW1. Für $1 < \sigma_{12}/\sigma_{22}$, d. h. $\sigma_{11} > \sigma_{22}$, sind die simulierten Daten nur grob bekannt [21], stützen jedoch wiederum die WCA-LL-GH-Theorie.

Der Bereich $\varepsilon_{11}/\varepsilon_{22} < 1$, $\sigma_{11}/\sigma_{22} < 1$ liegt typischerweise bei der Löslichkeit von Gasen in Flüssigkeiten vor und wird durch die WCA-LL-GH-Theorie ad-

Tabelle 7.6. Residuelle chemische Potentiale in einer binären Lennard-Jones-Mischung mit $\varepsilon_{11} = \varepsilon_{22}$ und $\sigma_{11} = 1{,}29\,\sigma_{22}$ $[kT/\varepsilon = 1{,}2;\ n(x_1\,\sigma_{11}^3 + x_2\,\sigma_{22}^3) = 0{,}7]$

x_1	$\mu_1^{res}/\varepsilon_{22}$			$\mu_2^{res}/\varepsilon_{22}$		
	MC	VDW1	WCA-LL-GH	MC	VDW1	WCA-LL-GH
0,0	−2,25	2,67	−2,56	−2,39	−2,38	−2,31
0,0185	−2,31	−2,70	−2,57	−2,38	−2,38	−2,32
0,0741	−2,47	−2,76	−2,61	−2,39	−2,42	−2,33
0,1481	−2,60	−2,80	−2,63	−2,40	−2,44	−2,34
0,3333	−2,68	−2,79	−2,61	−2,40	−2,42	−2,32
0,5	−2,59	−2,71	−2,56	−2,37	−2,37	−2,28
0,6667	−2,51	2,61	−2,49	−2,29	−2,32	−2,24
0,8519	−2,43	−2,48	−2,42	−2,21	−2,25	−2,19
0,9259	−2,40	−2,43	−2,39	−2,19	−2,23	−2,18
1,0	−2,39	−2,38	−2,37	−2,15	−2,21	−2,17

äquat beschrieben, während die VDW1-Theorie angesichts der hier typischen großen Unterschiede in den Molekülgrößen versagt. Der Bereich $\sigma_{11} > \sigma_{22}$ ist bei Flüssig–Flüssig-Gleichgewichten denkbar. Die Konzentrationsabhängigkeit des chemischen Potentials in diesem Bereich wird wiederum befriedigend durch die WCA-LL-GH-Theorie beschrieben, wenn man die Genauigkeit der simulierten Daten jedoch zwischen 5% und 15% annimmt.

7.5 Störungsrechnungen für Gemische aus starren Molekülen

Wie bei den reinen Stoffen, so kommt es auch bei den Gemischen aus starren Molekülen darauf an, für das betrachtete System ein geeignetes Referenzsystem zu finden, um das seine Eigenschaften entwickelt werden können. Die Techniken der λ-Entwicklung und der Blip-Funktionsentwicklung gelten, mit offensichtlicher Verallgemeinerung, auch für Gemische. Insbesondere haben sich auch die in Kap. 6 eingeführten Referenzsysteme, d.h. das Hartkugelsystem, das Lennard-Jones-System und das System aus nichtkugeligen harten Körpern für Gemische bewährt. Die in Abschn. 6.5.1 und 6.5.2 abgeleiteten Beziehungen bleiben für Gemische erhalten, wenn man, wie in Abschn. 7.2 gezeigt, die Paarkorrelationsfunktion, das Paarpotential und den Abstand sowie die Molekülorientierungen auf Gemische veallgemeinert und über die Molenbrüche summiert. Besonderheiten ergeben sich hingegen bei der expliziten Anwendung der Störungsrechnungen für spezielle Referenzsysteme.

7.5.1 Störungsrechnungen für isotrope Wechselwirkungen mit dem Hartkugelreferenzsystem

Für Mischungen aus harten Kugeln mit verschiedenen Durchmessern sind die thermodynamischen und strukturellen Eigenschaften mit guter Genauigkeit bekannt, vgl. Abschn. 7.2. Es ist daher naheliegend, die Eigenschaften von Gemischen mit isotropen Wechselwirkungen zwischen den Molekülen auf die von harten Kugeln zurückzuführen. Für konforme Lösungen wurde dies in Abschn. 7.4.4 durchgeführt. Die dort durchgeführten Rechnungen sind nicht auf konforme Wechselwirkungen beschränkt und können daher auf beliebige isotrope Wechselwirkungen in einer Mischphase angewendet werden.

Beispiel 7.9

Für das flüssige Gemisch Argon–Krypton sind bei 116 K und $p \cong 0$ bar die Exzeßfunktionen bekannt [1, 2]. Man berechne diese Exzeßfunktionen nach der WCA-LL-GH-Theorie unter Verwendung des MSK-Potentials.

1. Davies, R. H.; Duncan, A. G.; Saville, G.; Staveley, L. A. K.: Trans. Faraday Soc. 63 (1967) 855
2. Lewis, K. L.; Lobo, L. Q.; Staveley, L. A. K.: J. Chem. Thermodyn. 10 (1978) 354

Lösung

Das MSK-Potential lautet für die Wechselwirkung zwischen einem Molekül der Komponente α und einem Molekül der Komponente β, vgl. (4.5.14) und (4.5.15):

$$\phi_{\alpha\beta}(r) = \varepsilon_{\alpha\beta}\left[\frac{6}{n_{\alpha\beta}(r)-6}\left(\frac{r_{\mathrm{m},\alpha\beta}-d_{\alpha\beta}}{r-d_{\alpha\beta}}\right)^{n_{\alpha\beta}(r)} - \frac{n_{\alpha\beta}(r)}{n_{\alpha\beta}(r)-6}\left(\frac{r_{\mathrm{m},\alpha\beta}-d_{\alpha\beta}}{r-d_{\alpha\beta}}\right)^{6}\right]$$

mit

$$n_{\alpha\beta}(r) = 12 + 5\left(\frac{r}{r_{\mathrm{m},\alpha\beta}} - \frac{d_{\alpha\beta}}{r_{\mathrm{m},\alpha\beta}} - 1\right).$$

Für reines Argon gelten die Potentialparameter, vgl. Beispiel 5.3

$$\varepsilon_{\mathrm{Ar\text{-}Ar}}/k = 141{,}61 \ \mathrm{K}$$
$$r_{\mathrm{m,\ Ar\text{-}Ar}} = 3{,}7456 \ \text{Å}$$
$$(d/r_{\mathrm{m}})_{\mathrm{Ar\text{-}Ar}} = 0{,}0586.$$

Die entsprechenden Parameter für reines Krypton lauten [1]

$$\varepsilon_{\mathrm{Kr\text{-}Kr}}/k = 200{,}00 \ \mathrm{K}$$
$$r_{\mathrm{m,\ Kr\text{-}Kr}} = 3{,}9815 \ \text{Å}$$
$$(d/r_{\mathrm{m}})_{\mathrm{Kr\text{-}Kr}} = 0{,}0583.$$

Diese Potentialparameter beschreiben die Gasdaten ebenso wie auch die flüssigen Eigenschaften der beiden Reinstoffe. Die Parameter der ungleichen Wechselwirkung folgen aus dem arithmetischen Mittel für d, bzw. den Gleichungen (4.5.20) und (4.5.21) für ε und r_{m}.

Wir benutzen die WCA-LL-GH-Theorie zur Berechnung der freien Energie der Mischung, nach (7.4.55):

$$\frac{A^{\mathrm{res}}}{NkT} = \frac{A_{\mathrm{d}}^{\mathrm{res}}}{NkT} + \frac{A^{\lambda}}{NkT},$$

wobei $A_{\mathrm{d}}^{\mathrm{res}}/NkT$ aus (7.3.10) folgt und A^{λ}/NkT nach (7.4.45).

Zur Bestimmung der Hartkugeldurchmesser $d_{\mathrm{Ar\text{-}Ar}}$ und $d_{\mathrm{Kr\text{-}Kr}}$ im Gemisch nach (7.4.49) bis (7.4.51) benutzen wir, vgl. Beispiel 6.9:

$$\frac{d\phi}{dr} = \frac{6\varepsilon_{\alpha\beta}}{n_{\alpha\beta}(r)-6}\left(\frac{r_{\mathrm{m},\alpha\beta}-d_{\alpha\beta}}{r-d_{\alpha\beta}}\right)^{n_{\alpha\beta}(r)}$$
$$\cdot\left\{-\frac{n_{\alpha\beta}(r)}{r-d_{\alpha\beta}} + \frac{5}{r_{\mathrm{m},\alpha\beta}}\left[\ln(r_{\mathrm{m},\alpha\beta}-d_{\alpha\beta}) - \ln(r-d_{\alpha\beta}) - \frac{1}{n_{\alpha\beta}(r)-6}\right]\right\}$$
$$- \frac{n_{\alpha\beta}(r)}{n_{\alpha\beta}(r)-6}\varepsilon_{\alpha\beta}\left(\frac{r_{\mathrm{m},\alpha\beta}-d_{\alpha\beta}}{r-d_{\alpha\beta}}\right)^{6}\left\{\frac{5/r_{\mathrm{m},\alpha\beta}}{n_{\alpha\beta}(r)} - \frac{5/r_{\mathrm{m},\alpha\beta}}{n_{\alpha\beta}(r)-6} - \frac{6}{r-d_{\alpha\beta}}\right\}.$$

Tabelle B7.9.1. Die Exzeßfunktionen von Kr–Ar nach Theorie und Experiment

x_{Kr}	v^E in (cm^3/mol)		g^E in (J/mol)		h^E in (J/mol)	
	exp	WCA-LL-GH	exp	WCA-LL-GH	exp	WCA-LL-GH
0,2	$-0,36$	$-0,35$	54	58	18	31
0,4	$-0,48$	$-0,47$	80	83	36	44
0,5	$-0,52$	$-0,47$	84	86	43	47
0,6	$-0,42$	$-0,42$	78	83	47	49
0,8	$-0,24$	$-0,26$	52	54	40	31

Für die Berücksichtigung der Dreikörper-Dispersionskräfte benutzen wir den Axilrod-Teller-Term in der Störungsrechnung erster Ordnung, wie in Beispiel 6.9:

$$\frac{A^{3B}}{NkT} = \frac{n^2}{kT} \sum_\alpha \sum_\beta \sum_\gamma x_\alpha x_\beta x_\gamma \, d_{\alpha\beta}^2 d_{\alpha\gamma}^2 d_{\beta\gamma}^2 \, \frac{v_{\alpha\beta\gamma}}{d_{\alpha\beta}^3 d_{\alpha\gamma}^3 d_{\beta\gamma}^3} \, \frac{2,70797 + 1,68918\,x - 0,31570\,x^2}{1 - 0,59056\,x + 0,20059\,x^2},$$

wobei

$$x = n d^3 \cong n d_{\alpha\beta} d_{\alpha\gamma} d_{\beta\gamma}$$

mit $d_{\alpha\beta}$ hier als dem Hartkugeldurchmesser und $v_{\alpha\beta\gamma}$ durch (4.3.231) bis (4.3.234) gegeben ist. Für $f_{\alpha\beta}$ wird näherungsweise die Kombinationsregel

$$f_{\alpha\beta} = \sqrt{f_{\alpha\alpha} \, f_{\beta\beta}}$$

benutzt.

Für $T = 116$ K, $p \cong 0$ bar und $x = 0,5$ findet man die folgenden Hartkugeldurchmesser:

$$d_{Ar\text{-}Ar} = 3,395856 \text{ Å}$$
$$d_{Kr\text{-}Kr} = 3,650965 \text{ Å}$$

und das arithmetische Mittel aus beiden für $d_{Ar\text{-}Kr}$. Tabelle B 7.9.1 [1] faßt die Ergebnisse zusammen. Man erkennt, daß die Exzeßfunktionen mit sehr befriedigender Genauigkeit vorausberechnet werden. Der Vergleich mit Beispiel 7.2 zeigt eine deutliche Verbesserung gegenüber der VDW1-Theorie für das Exzeßvolumen. Noch deutlicher sind die Verbesserungen für die Exzeßenthalpie und die freie Exzeßenthalpie [2]. Da der Zustand eigentlich außerhalb des strengen Gültigkeitsbereiches der WCA-Theorie liegt, macht sich hier die Fehleraufhebung bei der Bildung der Exzeßfunktionen positiv bemerkbar.

1. Shukla, K. P.; Ameling, W.; Luckas, M.; Lucas, K.: Fluid Phase Equilibria (im Druck)
2. Shukla, K. P.; Lucas, K.; Moser, B.: Fluid Phase Equilibria 17 (1984) 19

Beispiel 7.10

Für die Löslichkeit von Neon in Krypton, Wasserstoff in Methan und Helium in Methan sind Daten bekannt [1, 2, 3]. Man berechne die Henry-Koeffizienten für diese Systeme in Abhängigkeit von der Temperatur nach VDW1 und WCA-LL-GH auf der Grundlage des Lennard-Jones-Potentials und vergleiche mit den Daten.

Lösung

Nach (1.2.27) hängt der Henry-Koeffizient des gelösten Gases, Komponente 2, in folgender Weise mit dem residuellen chemischen Potential zusammen:

$$H_2(T, n) = n\,kT\,(e^{\mu_2^{res,\,ivL}})/kT.$$

Hier ist n die Dichte der Flüssigkeit, d.h. des reinen Lösungsmittels, und $\mu_2^{res,\,ivL}$ das residuelle chemische Potential der Komponente 2 in der Flüssigkeit bei $x_2 \to 0$. Sein Zusammenhang mit der residuellen freien Energie ist durch (1.2.16) gegeben. Das Lennard-Jones-Potential ist für die betrachteten Stoffe in dem betrachteten Anwendungsbereich ein angemessenes Modell der intermolekularen Wechselwirkungen. Für die gasförmigen Komponenten werden seine Parameter aus der Anpassung an die zweiten Virialkoeffizienten im betrachteten Temperaturbereich ermittelt, mit dem Ergebnis [6]:

$$\text{Neon:} \qquad \varepsilon/k = 35{,}51 \text{ K}; \qquad \sigma = 2{,}802 \text{ Å}$$
$$\text{Wasserstoff:} \quad \varepsilon/k = 38{,}18 \text{ K}; \qquad \sigma = 2{,}949 \text{ Å}$$
$$\text{Helium:} \qquad \varepsilon/k = 8{,}49 \text{ K}; \qquad \sigma = 2{,}539 \text{ Å}.$$

Die Lennard-Jones-Parameter der beiden Lösungsmittel Krypton und Methan wurden aus der Anpassung an Flüssigkeitsdaten ermittelt. Für Krypton wurden die Werte [4]

$$\varepsilon/k = 167{,}00 \text{ K}; \qquad \sigma = 3{,}633 \text{ Å}$$

und für Methan die wegen des großen Temperaturbereiches temperaturabhängigen Werte [6]

$$T = 108 \text{ K}; \quad \varepsilon/k = 148{,}2 \text{ K}; \qquad \sigma = 3{,}817 \text{ Å}$$
$$T = 133 \text{ K}; \quad \varepsilon/k = 148{,}4 \text{ K}; \qquad \sigma = 3{,}727 \text{ Å}$$
$$T = 163 \text{ K}; \quad \varepsilon/k = 147{,}6 \text{ K}; \qquad \sigma = 3{,}723 \text{ Å}$$
$$T = 183 \text{ K}; \quad \varepsilon/k = 145{,}82 \text{ K}; \qquad \sigma = 3{,}756 \text{ Å}.$$

gefunden.

Die Potentialparameter der ungleichen Wechselwirkung wurden aus den Regeln (4.5.20) und (4.5.21) berechnet. Die dazu erforderlichen Polarisierbarkeiten entstammen der Literatur [5]. In den Tabellen B 7.10.1 – B 7.10.3 [6] sind die Ergebnisse nach der VDW1-Approximation und der WCA-LL-GH-Theorie den Meßwerten gegenüber gestellt. Angesichts der hohen Unterschiede, insbesondere in den σ-Parametern, ist die VDW1-Theorie nicht angemessen. Hingegen liefert die WCA-LL-GH-Theorie eine Übereinstimmung von etwa 10% mit den Daten und ist daher sehr befriedigend. Etwas höhere Abweichungen ergeben sich bei tiefen Temperaturen im System Helium – Methan, was vermutlich auf das extrem hohe Verhältnis der σ-Parameter zurückzuführen ist.

Tabelle B 7.10.1 Henry-Koeffizienten von Neon in Krypton

T in K	H_2 in bar		
	VDW1	WCA-LL-GH	exp/[1]
120	5613	2912	2878
130	4518	2296	2345
140	3595	1761	1901
150	2898	1492	1616

Tabelle B 7.10.2 Henry-Koeffizienten von Wasserstoff in Methan

T in K	H_2 in bar		
	VDW1	WCA-LL-GH	exp/[2]
108,13	1964	1236	1231 – 1059
133,14	1359	817	793 – 747
163,17	854	547	435 – 439
183,12	532	364	163 – 322

Tabelle B 7.10.34 Henry-Koeffizienten von Helium in Methan

T in K	H_2 in bar		
	VDW1	WCA-LL-GH	exp/[3]
109,90	38869	10233	12250
139,83	10169	3255	3825
184,83	1214	705	750

1. Miller, R. C.; Kidnay, A. J.; Hiza, M. J.: J. Chem. Thermodyn. 4 (1972) 807–818
2. Hong, J. H.; Kobayashi, R.: J. Chem. Eng. Data 26 (1981) 127–131
3. Heck, C. K.; Hiza, M. J.: AIChE-J. 13 (1967) 593–599
4. McDonald, I. R.: Mol. Phys. 23 (1972) 41–48
5. Gray, C. G.; Gubbins, K. E.: Theory of molecular fluids. Vol. 1. Oxford: Clarendon Press, 1984
6. Shukla, K. P.; Lucas, K.: Fluid Phase Equilibria (im Druck)

7.5.2 Störungsrechnungen für anisotrope Wechselwirkungen mit der konformen Lennard-Jones-Referenzmischung

In Abschn. 6.5.4 wurde die Poplesche Störungsentwicklung für die freie Energie reiner Stoffe abgehandelt:

$$A = A^{\text{ref}} + A^{\lambda} + A^{\lambda\lambda} + A^{\lambda\lambda\lambda} + \dots, \tag{7.5.1}$$

wobei wegen

$$\phi_{\alpha\beta}^{\text{ref}} = \langle \phi_{\alpha\beta}(r_{\alpha_1 \beta_2} \omega_{\alpha_1} \omega_{\beta_2}) \rangle_{\omega_{\alpha_1} \omega_{\beta_2}} \tag{7.5.2}$$

der Störterm erster Ordnung entfällt.

Die in Abschn. 6.5.4 abgeleiteten allgemeinen Ausdrücke für die einzelnen Störterme in Termen der Paar- und Dreikörperpotentiale lassen sich ohne weiteres auf Gemische umschreiben, wenn man die Paarkorrelationsfunktion g und das Paarpotential ϕ durch $g_{\alpha\beta}$ und $\phi_{\alpha\beta}$, die Dreikörperkorrelationsfunktion g_3 und das Dreikörperpotential ϕ_{123} durch $g_{\alpha\beta\gamma}$ und $\phi_{\alpha\beta\gamma}$ und die Vierkörperkorrelationsfunktion g_4 und $g_{\alpha\beta\gamma\delta}$ ersetzt und über die Konzentrationen summiert. Man findet dann für den Störterm zweiter Ordnung aus (6.5.61):

$$\frac{A^{\lambda\lambda}}{NkT} = -\frac{1}{4} n^2 \frac{1}{NkT} \left(\frac{1}{kT}\right) \sum_{\alpha} \sum_{\beta} x_{\alpha} x_{\beta} \int \langle (\phi_{\alpha\beta}^{\text{P}})^2 \rangle_{\omega_{\alpha_1} \omega_{\beta_2}} g_{\alpha\beta}^{\text{ref}} \, d\mathbf{r}_{\alpha_1} d\mathbf{r}_{\beta_2}$$

$$- \frac{1}{2} n^3 \left(\frac{1}{NkT}\right)\left(\frac{1}{kT}\right) \sum_{\alpha} \sum_{\beta} \sum_{\gamma} x_{\alpha} x_{\beta} x_{\gamma} \iiint \langle \phi_{\alpha\beta}^{\text{P}} \phi_{\alpha\gamma}^{\text{P}} \rangle_{\omega_{\alpha_1} \omega_{\beta_2} \omega_{\gamma_3}} g_{\alpha\beta\gamma}^{\text{ref}} \, d\mathbf{r}_{\alpha_1} d\mathbf{r}_{\beta_2} d\mathbf{r}_{\gamma_3}$$

$$= \left(\frac{A^{\lambda\lambda}}{NkT}\right)_{\text{A}} + \left(\frac{A^{\lambda\lambda}}{NkT}\right)_{\text{B}}. \tag{7.5.3}$$

Entsprechend folgt für den Störterm dritter Ordnung durch Verallgemeinerung von (6.5.62):

$$\frac{A^{\lambda\lambda\lambda}}{NkT} = \frac{1}{12} n^2 \frac{1}{NkT} \left(\frac{1}{kT}\right)^2 \sum_{\alpha} \sum_{\beta} x_{\alpha} x_{\beta} \int \langle (\phi_{\alpha\beta}^{\text{P}})^3 \rangle_{\omega_{\alpha_1} \omega_{\beta_2}} g_{\alpha\beta}^{\text{ref}} \, d\mathbf{r}_{\alpha_1} d\mathbf{r}_{\beta_2}$$

$$+ \frac{1}{6} n^3 \frac{1}{NkT} \left(\frac{1}{kT}\right)^2 \sum_{\alpha} \sum_{\beta} \sum_{\gamma} x_{\alpha} x_{\beta} x_{\gamma} \int \langle \phi_{\alpha\beta}^{\text{P}} \phi_{\alpha\gamma}^{\text{P}} \phi_{\beta\gamma}^{\text{P}} \rangle_{\omega_{\alpha_1} \omega_{\beta_2} \omega_{\gamma_3}} g_{\alpha\beta\gamma}^{\text{ref}} \, d\mathbf{r}_{\alpha_1} d\mathbf{r}_{\beta_2} d\mathbf{r}_{\gamma_3}$$

$$+ \frac{1}{2} n^3 \frac{1}{NkT} \left(\frac{1}{kT}\right)^2 \sum_{\alpha} \sum_{\beta} \sum_{\gamma} x_{\alpha} x_{\beta} x_{\gamma} \int \langle (\phi_{\alpha\beta}^{\text{P}})^2 \phi_{\alpha\gamma}^{\text{P}} \rangle_{\omega_{\alpha_1} \omega_{\beta_2} \omega_{\gamma_3}} g_{\alpha\beta\gamma}^{\text{ref}} \, d\mathbf{r}_{\alpha_1} d\mathbf{r}_{\beta_2} d\mathbf{r}_{\gamma_3}$$

$$+ \frac{1}{6} n^4 \frac{1}{NkT} \left(\frac{1}{kT}\right)^2 \sum_\alpha \sum_\beta \sum_\gamma \sum_\delta x_\alpha x_\beta x_\gamma x_\delta \int \langle \phi^{\mathrm{P}}_{\alpha\beta} \phi^{\mathrm{P}}_{\alpha\gamma} \phi^{\mathrm{P}}_{\alpha\delta} \rangle_{\omega_{\alpha_1} \omega_{\beta_2} \omega_{\gamma_3} \omega_{\delta_4}}$$

$$\cdot g^{\mathrm{ref}}_{\alpha\beta\gamma\delta}\, d\boldsymbol{r}_{\alpha_1} d\boldsymbol{r}_{\beta_2} d\boldsymbol{r}_{\gamma_3} d\boldsymbol{r}_{\delta_4}$$

$$+ \frac{1}{2} n^4 \frac{1}{NkT} \left(\frac{1}{kT}\right)^2 \sum_\alpha \sum_\beta \sum_\gamma \sum_\delta x_\alpha x_\beta x_\gamma x_\delta \int \langle \phi^{\mathrm{P}}_{\alpha\beta} \phi^{\mathrm{P}}_{\beta\gamma} \phi^{\mathrm{P}}_{\gamma\delta} \rangle_{\omega_{\alpha_1} \omega_{\beta_2} \omega_{\gamma_3} \omega_{\delta_4}}$$

$$\cdot g^{\mathrm{ref}}_{\alpha\beta\gamma\delta}\, d\boldsymbol{r}_{\alpha_1} d\boldsymbol{r}_{\beta_2} d\boldsymbol{r}_{\gamma_3} d\boldsymbol{r}_{\delta_4}. \tag{7.5.4}$$

Wie bei den reinen Stoffen, so können auch hier bei den Gemischen die Winkel-integrationen analytisch durchgeführt und die Abstandsintegrationen auf die $J-K-L$-Integrale des Lennard-Jones-Fluids, nun für die entsprechenden binären und ternären Wechselwirkungen, reduziert werden. Zur Reduktion auf das Lennard-Jones-Referenzsystem müssen wiederum alle isotropen Potentialbei-träge, die über Lennard-Jones hinausgehen, durch Störterme erster Ordnung erfaßt werden. Für Beiträge zum Paarpotential gilt dabei entsprechend (6.5.104):

$$\frac{A^\lambda(000)}{NkT} = \frac{2\pi n}{kT} \sum_\alpha \sum_\beta x_\alpha x_\beta \int \phi^{\mathrm{P}}_{\alpha\beta}(000)\, g^{\mathrm{LJ}}_{\alpha\beta} r^2_{\alpha_1\beta_2}\, d\boldsymbol{r}_{\alpha_1\beta_2}. \tag{7.5.5}$$

Die in Abschn. 6.5.4 detailliert angegebenen Ableitungen für die einzelnen Stör-terme können ohne Schwierigkeiten auf Gemische erweitert werden.

7.5.2.1 Die Störterme erster Ordnung

Die Störterme erster Ordnung erfassen zunächst die isotropen Paarwechselwir-kungen, die nicht in dem Lennard-Jones-(12-6)-Referenzsystem enthalten sind. Dies sind der isotrope Anteil der Induktionskräfte und der Abstoßungskräfte. Für sie findet man:

$$\frac{A^\lambda(000)^{\mathrm{ind}}}{NkT} = - \frac{2\pi n}{kT} \sum_\alpha \sum_\beta x_\alpha x_\beta\, \alpha_\alpha \left(2 \frac{\mu^2_\beta}{\sigma^3_{\alpha\beta}} J^{(6)}_{\alpha\beta} + 3 \frac{\theta^2_\beta}{\sigma^5_{\alpha\beta}} J^{(8)}_{\alpha\beta} \right) \tag{7.5.6}$$

und, wenn das „Site-Site"-Abstoßungsmodell zugrunde gelegt wird,

$$\frac{A^\lambda(000)^{\mathrm{rep}}}{NkT} = \frac{2\pi n}{kT} \sum_\alpha \sum_\beta x_\alpha x_\beta \Bigg[88\, \varepsilon_{\alpha\beta}\, \sigma^3_{\alpha\beta} \sum_{ab} \varepsilon^*_{ab}\, \sigma^{*12}_{ab} (r^{*2}_a + r^{*2}_b)\, J^{(14)}_{\alpha\beta}$$

$$+ 4004\, \varepsilon_{\alpha\beta}\, \sigma^3_{\alpha\beta} \sum_{ab} \varepsilon^*_{ab}\, \sigma^{*12}_{ab} \left(\frac{r^{*4}_a}{5} + \frac{2 r^{*2}_a r^{*2}_b}{3} + \frac{r^{*4}_b}{5} \right) J^{(16)}_{\alpha\beta} + \dots \Bigg]. \tag{7.5.7}$$

Beide Ausdrücke reduzieren sich bei reinen Stoffen auf die in Beispiel 6.22 abgeleite-ten Beziehungen. Darüber hinaus berücksichtigen wir isotrope, nichtadditive Dreikörper-Dispersionskräfte in erster Ordnung durch

$$\frac{A^\lambda(000)^{\mathrm{disp,\,3B}}}{NkT} = \frac{4\pi^2}{3} \frac{1}{\sqrt{(\frac{5}{4\pi})^3 \frac{1}{14}}} \frac{n^2}{kT} \sum_\alpha \sum_\beta \sum_\gamma x_\alpha x_\beta x_\gamma\, v_{\alpha\beta\gamma} \frac{K_{\alpha\beta\gamma}(222;333)}{\sigma_{\alpha\beta}\, \sigma_{\alpha\gamma}\, \sigma_{\beta\gamma}}. \tag{7.5.8}$$

Für einen reinen Stoff geht diese Gleichung in (6.5.91) über.

7.5.2.2 Die Störterme zweiter Ordnung

Der Störterm zweiter Ordnung ist insgesamt gegeben durch:

$$A^{\lambda\lambda} = A^{\lambda\lambda,\,\text{mult-mult}} + A^{\lambda\lambda,\,\text{ind-ind}} + A^{\lambda\lambda,\,\text{disp-disp}} + A^{\lambda\lambda,\,\text{rep-rep}}$$
$$+ A^{\lambda\lambda,\,\text{mult-ind}} + A^{\lambda\lambda,\,\text{mult-disp}} + A^{\lambda\lambda,\,\text{mult-rep}}$$
$$+ A^{\lambda\lambda,\,\text{ind-disp}} + A^{\lambda\lambda,\,\text{ind-rep}}$$
$$+ A^{\lambda\lambda,\,\text{disp-rep}}. \tag{7.5.9}$$

Im einzelnen lassen sich für lineare Moleküle die Ableitungen aus Abschn. 6.5 übernehmen und ergänzen. Für den Störterm zweiter Ordnung aufgrund der Multipolkräfte erhält man:

$$\frac{A^{\lambda\lambda,\,\text{mult-mult}}}{NkT} = \frac{\pi n}{(kT)^2} \sum_\alpha \sum_\beta x_\alpha x_\beta \left[\frac{2}{3} \frac{\mu_\alpha^2 \mu_\beta^2}{\sigma_{\alpha\beta}^3} J_{\alpha\beta}^{(6)} + 2 \frac{\mu_\alpha^2 \theta_\beta^2}{\sigma_{\alpha\beta}^5} J_{\alpha\beta}^{(8)} + \frac{14}{5} \frac{\theta_\alpha^2 \theta_\beta^2}{\sigma_{\alpha\beta}^7} J_{\alpha\beta}^{(10)} \right]. \tag{7.5.10}$$

Für den Störterm zweiter Ordnung auf Grund der Induktionskräfte ergibt sich:

$$\frac{A^{\lambda\lambda,\,\text{ind-ind}}}{NkT} = \left(\frac{A^{\lambda\lambda}}{NkT} \right)_A^{\text{ind-ind}} + \left(\frac{A^{\lambda\lambda}}{NkT} \right)_B^{\text{ind-ind}}, \tag{7.5.11}$$

mit

$$\left(\frac{A^{\lambda\lambda}}{NkT} \right)_A^{\text{ind-ind}} = -\frac{\pi n}{(kT)^2} \sum_\alpha \sum_\beta x_\alpha x_\beta$$
$$\cdot \left[\frac{2}{5} \frac{\alpha_\alpha^2 \mu_\beta^2}{\sigma_{\alpha\beta}^9} J_{\alpha\beta}^{(12)} + \frac{408}{35} \frac{\alpha_\alpha^2 \mu_\beta^2 \theta_\beta^2}{\sigma_{\alpha\beta}^{11}} J_{\alpha\beta}^{(14)} + \frac{54}{35} \frac{\alpha_\alpha^2 \theta_\beta^4}{\sigma_{\alpha\beta}^{13}} J_{\alpha\beta}^{(16)} \right] \tag{7.5.12}$$

und

$$\left(\frac{A^{\lambda\lambda}}{NkT} \right)_B^{\text{ind-ind}} = -\left(\frac{\pi n}{kT} \right)^2 \sum_\alpha \sum_\beta \sum_\gamma x_\alpha x_\beta x_\gamma\, \sigma_{\beta\gamma}^2 \left[\frac{432}{25} \frac{\alpha_\beta \alpha_\gamma \mu_\alpha^2 \theta_\alpha^2}{\sigma_{\alpha\beta}^5 \sigma_{\alpha\gamma}^5} L_{\alpha\beta\gamma}(1;7,7) \right.$$
$$+ \frac{4}{5} \frac{\alpha_\beta \alpha_\gamma \mu_\alpha^4}{\sigma_{\alpha\beta}^4 \sigma_{\alpha\gamma}^4} L_{\alpha\beta\gamma}(2;6,6) + \frac{96}{35} \frac{\alpha_\beta \alpha_\gamma \mu_\alpha^2 \theta_\alpha^2}{\sigma_{\alpha\beta}^4 \sigma_{\alpha\gamma}^6} L_{\alpha\beta\gamma}(2;6,8)$$
$$+ \frac{576}{245} \frac{\alpha_\beta \alpha_\gamma \theta_\alpha^4}{\sigma_{\alpha\beta}^6 \sigma_{\alpha\gamma}^6} L_{\alpha\beta\gamma}(2;8,8) + \frac{576}{175} \frac{\alpha_\beta \alpha_\gamma \mu_\alpha^2 \theta_\alpha^2}{\sigma_{\alpha\beta}^5 \sigma_{\alpha\gamma}^5} L_{\alpha\beta\gamma}(3;7,7)$$
$$\left. + \frac{36}{49} \frac{\alpha_\beta \alpha_\gamma \theta_\alpha^4}{\sigma_{\alpha\beta}^6 \sigma_{\alpha\gamma}^6} L_{\alpha\beta\gamma}(4;8,8) \right]. \tag{7.5.13}$$

Die Dispersionskräfte liefern die folgenden Beiträge zum Störterm zweiter Ordnung:

$$\frac{A^{\lambda\lambda,\,\text{disp-disp}}}{NkT} = \left(\frac{A^{\lambda\lambda}}{NkT} \right)_A^{\text{disp-disp}} + \left(\frac{A^{\lambda\lambda}}{NkT} \right)_B^{\text{disp-disp}}, \tag{7.5.14}$$

mit

$$\left(\frac{A^{\lambda\lambda}}{NkT}\right)_A^{\text{disp-disp}} = -\frac{16\pi}{5}\frac{n}{(kT)^2}\sum_\alpha\sum_\beta x_\alpha x_\beta \varepsilon_{\alpha\beta}^2 \sigma_{\alpha\beta}^3\left(\kappa_\alpha^2 + \kappa_\beta^2 + \frac{19}{5}\kappa_\alpha^2\kappa_\beta^2\right)J_{\alpha\beta}^{(12)}$$

$$(7.5.15)$$

und

$$\left(\frac{A^{\lambda\lambda}}{NkT}\right)_B^{\text{disp-disp}} = -\frac{65}{5}\left(\frac{\pi n}{kT}\right)^2\sum_\alpha\sum_\beta\sum_\gamma x_\alpha x_\beta x_\gamma \varepsilon_{\alpha\beta}\varepsilon_{\alpha\gamma}\kappa_\alpha^2 \sigma_{\alpha\beta}^2 \sigma_{\alpha\gamma}^2 \sigma_{\beta\gamma}^2\, L_{\alpha\beta\gamma}(2;6,6).$$

$$(7.5.16)$$

Für die „Site-Site"-Abstoßungskräfte lautet der Störterm zweiter Ordnung bei Beschränkung der Entwicklung nach Kugelfunktionen auf $l \leq 2$:

$$\frac{A^{\lambda\lambda,\,\text{rep-rep}}}{NkT} = \left(\frac{A^{\lambda\lambda}}{NkT}\right)_A^{\text{rep-rep}} + \left(\frac{A^{\lambda\lambda}}{NkT}\right)_B^{\text{rep-rep}},$$

$$(7.5.17)$$

mit

$$\left(\frac{A^{\lambda\lambda}}{NkT}\right)_A^{\text{rep-rep}} = -\frac{n}{(kT)^2}\sum_\alpha\sum_\beta x_\alpha x_\beta \varepsilon_{\alpha\beta}^2 \sigma_{\alpha\beta}^3\Big[\frac{1}{2}\sum_{v,w}\varepsilon_{\alpha\beta}^{\text{rep}}(101,v)\,\varepsilon_{\alpha\beta}^{\text{rep}}(101,w)\,J_{\alpha\beta}^{(2(11+v+w))}$$

$$+ \frac{1}{36}\sum_{v,w}\varepsilon_{\alpha\beta}^{\text{rep}}(110,v)\,\varepsilon_{\alpha\beta}^{\text{rep}}(110,w)\,J_{\alpha\beta}^{(2(12+v+w))}$$

$$+ \frac{5}{36}\sum_{v,w}\varepsilon_{\alpha\beta}^{\text{rep}}(112,v)\,\varepsilon_{\alpha\beta}^{\text{rep}}(112,w)\,J_{\alpha\beta}^{(2(12+v+w))}$$

$$+ \frac{1}{2}\sum_{v,w}\varepsilon_{\alpha\beta}^{\text{rep}}(202,v)\,\varepsilon_{\alpha\beta}^{\text{rep}}(202,w)\,J_{\alpha\beta}^{(2(12+v+w))}$$

$$+ \frac{1}{10}\sum_{v,w}\varepsilon_{\alpha\beta}^{\text{rep}}(211,v)\,\varepsilon_{\alpha\beta}^{\text{rep}}(211,w)\,J_{\alpha\beta}^{(2(13+v+w))}$$

$$+ \frac{7}{30}\sum_{v,w}\varepsilon_{\alpha\beta}^{\text{rep}}(213,v)\,\varepsilon_{\alpha\beta}^{\text{rep}}(213,w)\,J_{\alpha\beta}^{(2(13+v+w))}$$

$$+ \frac{1}{100}\sum_{v,w}\varepsilon_{\alpha\beta}^{\text{rep}}(220,v)\,\varepsilon_{\alpha\beta}^{\text{rep}}(220,w)\,J_{\alpha\beta}^{(2(14+v+w))}$$

$$+ \frac{1}{20}\sum_{v,w}\varepsilon_{\alpha\beta}^{\text{rep}}(222,v)\,\varepsilon_{\alpha\beta}^{\text{rep}}(222,w)\,J_{\alpha\beta}^{(2(14+v+w))}$$

$$+ \frac{9}{100}\sum_{v,w}\varepsilon_{\alpha\beta}^{\text{rep}}(224,v)\,\varepsilon_{\alpha\beta}^{\text{rep}}(224,w)\,J_{\alpha\beta}^{(2(14+v+w))}\Big].$$

$$(7.5.18)$$

und

$$\left(\frac{A^{\lambda\lambda}}{NkT}\right)_B^{\text{rep-rep}} = -\pi\left(\frac{n}{kT}\right)^2\sum_\alpha\sum_\beta\sum_\gamma x_\alpha x_\beta x_\gamma \varepsilon_{\alpha\beta}\varepsilon_{\alpha\gamma}\sigma_{\alpha\beta}^2 \sigma_{\alpha\gamma}^2 \sigma_{\beta\gamma}^2$$

$$\cdot\Big[\sum_{v,w}\varepsilon_{\alpha\beta}^{\text{rep}}(101,v)\,\varepsilon_{\alpha\gamma}^{\text{rep}}(101,w)\,L_{\alpha\beta\gamma}(1;11+2v,11+2w)$$

$$+ \sum_{v,w}\varepsilon_{\alpha\beta}^{\text{rep}}(202,v)\,\varepsilon_{\alpha\gamma}^{\text{rep}}(202,w)\,L_{\alpha\beta\gamma}(2;12+2v,12+2w)\Big].$$

$$(7.5.19)$$

Die gemischten Beiträge zwischen Multipol- und Induktionskräften verschwinden, wenn für die Formulierung der Induktionskräfte eine isotrope Polarisierbarkeit angenommen wird. Der gemischte Beitrag zwischen Multipol- und Dispersionskräften zum Störterm zweiter Ordnung lautet:

$$\frac{A^{\lambda\lambda,\,\text{mult-disp}}}{NkT} = \frac{288\,\pi}{25}\,\frac{n}{(kT)^2}\sum_\alpha\sum_\beta x_\alpha x_\beta \varepsilon_{\alpha\beta}\kappa_\alpha\kappa_\beta\,\frac{\theta_\alpha\theta_\beta}{\sigma_{\alpha\beta}^2}\,J_{\alpha\beta}^{(11)}. \tag{7.5.20}$$

Für den gemischten Beitrag zwischen Multipol- und „Site-Site"-Abstoßungskräften findet man:

$$\begin{aligned}
\frac{A^{\lambda\lambda,\,\text{mult-rep}}}{NkT} = {} &\frac{n}{(kT)^2}\sum_\alpha\sum_\beta x_\alpha x_\beta \varepsilon_{\alpha\beta}\left[\frac{2}{3}\sqrt{\frac{5\pi}{6}}\,\mu_\alpha\mu_\beta\sum_v \varepsilon_{\alpha\beta}^{\text{rep}}(112,v)\,J_{\alpha\beta}^{(15+2v)}\right.\\
&+ 2\sqrt{\frac{7\pi}{15}}\,\frac{\mu_\beta\theta_\alpha}{\sigma_{\alpha\beta}}\sum_v \varepsilon_{\alpha\beta}^{\text{rep}}(213,v)\,J_{\alpha\beta}^{(17+2v)}\\
&\left.-\frac{6}{5}\sqrt{\frac{7\pi}{10}}\,\frac{\theta_\alpha\theta_\beta}{\sigma_{\alpha\beta}^2}\sum_v \varepsilon_{\alpha\beta}^{\text{rep}}(224,v)\,J_{\alpha\beta}^{(19+2v)}\right].
\end{aligned} \tag{7.5.21}$$

Für den gemischten Beitrag zwischen Induktions- und Dispersionskräften gilt bei Formulierung der Induktionskräfte mit einer isotropen Polarisierbarkeit:

$$\frac{A^{\lambda\lambda,\,\text{ind-disp}}}{NkT} = \left(\frac{A^{\lambda\lambda}}{NkT}\right)_A^{\text{ind-disp}} + \left(\frac{A^{\lambda\lambda}}{NkT}\right)_B^{\text{ind-disp}}, \tag{7.5.22}$$

mit

$$\begin{aligned}
\left(\frac{A^{\lambda\lambda}}{NkT}\right)_A^{\text{ind-disp}} = {} &-\frac{16\pi}{5}\,\frac{n}{(kT)^2}\sum\sum x_\alpha x_\beta\,\frac{\varepsilon_{\alpha\beta}}{\sigma_{\alpha\beta}^3}\,\kappa_\alpha\alpha_\beta\mu_\alpha^2\,J_{\alpha\beta}^{(12)}\\
&-\frac{192\pi}{35}\,\frac{n}{(kT)^2}\sum\sum x_\alpha x_\beta\,\frac{\varepsilon_{\alpha\beta}}{\sigma_{\alpha\beta}^5}\,\kappa_\alpha\alpha_\beta\theta_\alpha^2\,J_{\alpha\beta}^{(14)}
\end{aligned} \tag{7.5.23}$$

und

$$\begin{aligned}
\left(\frac{A}{NkT}\right)_B^{\text{ind-disp}} = {} &-\frac{32}{5}\left(\frac{\pi n}{kT}\right)^2\sum_\alpha\sum_\beta\sum_\gamma x_\alpha x_\beta x_\gamma \varepsilon_{\alpha\beta}\sigma_{\alpha\beta}^2\sigma_{\beta\gamma}^2\kappa_\alpha\\
&\cdot\left[\frac{\alpha_\gamma\mu_\alpha^2}{\sigma_{\alpha\gamma}^4}\,L_{\alpha\beta\gamma}(2;6,6) + \frac{12}{7}\,\frac{\alpha_\gamma\theta_\alpha^2}{\sigma_{\alpha\gamma}^6}\,L_{\alpha\beta\gamma}(2;6,8)\right].
\end{aligned} \tag{7.5.24}$$

Für die gemischten Beiträge zwischen Induktions- und „Site-Site"-Abstoßungskräften findet man, wiederum bei Annahme einer isotropen Polarisierbarkeit für die Induktionskräfte:

$$\frac{A^{\lambda\lambda,\,\text{ind-rep}}}{NkT} = \left(\frac{A^{\lambda\lambda}}{NkT}\right)_A^{\text{ind-rep}} + \left(\frac{A^{\lambda\lambda}}{NkT}\right)_B^{\text{ind-rep}}, \tag{7.5.25}$$

mit

$$\left(\frac{A^{\lambda\lambda}}{NkT}\right)_{A}^{\text{ind-rep}} = \frac{n}{(kT)^2}\sum_{\alpha}\sum_{\beta}x_{\alpha}x_{\beta}\varepsilon_{\alpha\beta}\left[\frac{12}{5}\sqrt{3\pi}\,\frac{\alpha_{\beta}\mu_{\alpha}\theta_{\alpha}}{\sigma_{\alpha\beta}^4}\sum_{v}\varepsilon_{\alpha\beta}^{\text{rep}}(101,v)\,J_{\alpha\beta}^{(18+2v)}\right.$$

$$+\,2\sqrt{\frac{\pi}{5}}\,\frac{\alpha_{\beta}\mu_{\alpha}^2}{\sigma_{\alpha\beta}^3}\sum_{v}\varepsilon_{\alpha\beta}^{\text{rep}}(202,v)\,J_{\alpha\beta}^{(18+2v)}$$

$$\left.+\,\frac{24}{7}\sqrt{\frac{\pi}{5}}\,\frac{\alpha_{\beta}\theta_{\alpha}^2}{\sigma_{\alpha\beta}^5}\sum_{v}\varepsilon_{\alpha\beta}^{\text{rep}}(202,v)\,J_{\alpha\beta}^{(20+2v)}\right] \qquad (7.5.26)$$

und

$$\left(\frac{A^{\lambda\lambda}}{NkT}\right)_{B}^{\text{ind-rep}} = \left(\frac{\pi n}{kT}\right)^2\sum_{\alpha}\sum_{\beta}\sum_{\gamma}x_{\alpha}x_{\beta}x_{\gamma}\varepsilon_{\alpha\gamma}\sigma_{\alpha\gamma}^2\sigma_{\beta\gamma}^2$$

$$\cdot\left[\frac{24}{5}\sqrt{\frac{3}{\pi}}\,\frac{\alpha_{\beta}\mu_{\alpha}\theta_{\alpha}}{\sigma_{\alpha\beta}^5}\sum_{v}\varepsilon_{\alpha\gamma}^{\text{rep}}(101,v)\,L_{\alpha\beta\gamma}(1;7;11+2v)\right.$$

$$+\,\frac{4}{\sqrt{5\pi}}\,\frac{\alpha_{\beta}\mu_{\alpha}^2}{\sigma_{\alpha\beta}^4}\sum_{v}\varepsilon_{\alpha\gamma}^{\text{rep}}(202,v)\,L_{\alpha\beta\gamma}(2;6;12+2v)$$

$$\left.+\,\frac{48}{7\sqrt{5\pi}}\,\frac{\alpha_{\beta}\theta_{\alpha}^2}{\sigma_{\alpha\beta}^6}\sum_{v}\varepsilon_{\alpha\beta}^{\text{rep}}(202,v)\,L_{\alpha\beta\gamma}(2;8;12+2v)\right].$$

$$(7.5.27)$$

Schließlich erhält man noch die gemischten Beiträge zwischen den Dispersions- und Repulsionskräften:

$$\frac{A^{\lambda\lambda,\,\text{disp-rep}}}{NkT} = \left(\frac{A^{\lambda\lambda}}{NkT}\right)_{A}^{\text{disp-rep}} + \left(\frac{A^{\lambda\lambda}}{NkT}\right)_{B}^{\text{disp-rep}}, \qquad (7.5.28)$$

mit

$$\left(\frac{A^{\lambda\lambda}}{NkT}\right)_{A}^{\text{disp-rep}} = \frac{n}{(kT)^2}\sum_{\alpha}\sum_{\beta}x_{\alpha}x_{\beta}\varepsilon_{\alpha\beta}^2\sigma_{\alpha\beta}^3\left[8\sqrt{\frac{\pi}{5}}\,\kappa_{\alpha}\sum_{v=1}\varepsilon_{\alpha\beta}^{\text{rep}}(202,v)\,J_{\alpha\beta}^{(18+2v)}\right.$$

$$+\,\frac{4}{25}\sqrt{\frac{\pi}{5}}\,\kappa_{\alpha}\kappa_{\beta}\sum_{v=1}\varepsilon_{\alpha\beta}^{\text{rep}}(220,v)\,J_{\alpha\beta}^{(20+2v)}$$

$$+\,\frac{4}{5}\sqrt{\frac{2\pi}{35}}\,\kappa_{\alpha}\kappa_{\beta}\sum_{v=1}\varepsilon_{\alpha\beta}^{\text{rep}}(222,v)\,J_{\alpha\beta}^{(20+2v)}$$

$$\left.+\,\frac{216}{25}\sqrt{\frac{2\pi}{35}}\,\kappa_{\alpha}\kappa_{\beta}\sum_{v=1}\varepsilon_{\alpha\beta}^{\text{rep}}(224,v)\,J_{\alpha\beta}^{(20+2v)}\right] \qquad (7.5.29)$$

und

$$\left(\frac{A^{\lambda\lambda}}{NkT}\right)_{B}^{\text{disp-rep}} = \frac{8}{\sqrt{5\pi}}\left(\frac{\pi n}{kT}\right)^2\sum_{\alpha}\sum_{\beta}\sum_{\gamma}x_{\alpha}x_{\beta}x_{\gamma}\varepsilon_{\alpha\beta}\varepsilon_{\alpha\gamma}\sigma_{\alpha\beta}^2\sigma_{\alpha\gamma}^2\sigma_{\beta\gamma}^2\kappa_{\alpha}$$

$$\cdot\sum_{v=1}\varepsilon_{\alpha\gamma}^{\text{rep}}(202,v)\,L_{\alpha\beta\gamma}(2;6;12+2v). \qquad (7.5.30)$$

Will man auch die nichtadditiven Dreikörper-Induktionskräfte berücksichtigen, so benötigt man schließlich noch die folgenden Terme:

$$\frac{A^{\lambda\lambda,\,\text{ind, 3B, mult}}}{NkT} = \frac{\pi^3 n^2}{(kT)^2} \sum_\alpha \sum_\beta \sum_\gamma x_\alpha x_\beta x_\gamma$$

$$\cdot \left[\frac{64}{75} \sqrt{\frac{35\pi}{18}} \left(\alpha_\alpha \mu_\beta^2 \mu_\gamma^2 + \alpha_\beta \mu_\alpha^2 \mu_\gamma^2 + \alpha_\gamma \mu_\alpha^2 \mu_\beta^2 \right) \right.$$

$$\cdot \frac{1}{\sigma_{\alpha\beta} \sigma_{\alpha\gamma} \sigma_{\beta\gamma}} K_{\alpha\beta\gamma}(222, 333)$$

$$+ \frac{64}{105} \sqrt{3\pi} \left(\alpha_\alpha \theta_\beta^2 \mu_\gamma^2 + \alpha_\alpha \mu_\beta^2 \theta_\gamma^2 + \alpha_\beta \theta_\alpha^2 \mu_\gamma^2 + \alpha_\beta \mu_\alpha^2 \theta_\gamma^2 \right.$$

$$\left. + \alpha_\gamma \theta_\alpha^2 \mu_\beta^2 + \alpha_\gamma \mu_\alpha^2 \theta_\beta^2 \right) \frac{1}{\sigma_{\alpha\beta} \sigma_{\alpha\gamma}^2 \sigma_{\beta\gamma}^2} K_{\alpha\beta\gamma}(233, 344)$$

$$- \frac{32}{315} \sqrt{154\pi} \left(\alpha_\alpha \theta_\beta^2 \theta_\gamma^2 + \alpha_\beta \theta_\alpha^2 \theta_\gamma^2 + \alpha_\gamma \theta_\alpha^2 \theta_\beta^2 \right)$$

$$\left. \cdot \frac{1}{\sigma_{\alpha\beta}^2 \sigma_{\alpha\gamma}^2 \sigma_{\beta\gamma}^3} K_{\alpha\beta\gamma}(334, 445) \right]. \tag{7.5.31}$$

7.5.2.3 Die Störterme dritter Ordnung

Wie bei den Reinstoffen, so werden auch hier nur die Beiträge der Multipolmomente zu dem Störterm dritter Ordnung angegeben. Es gilt:

$$\frac{A^{\lambda\lambda\lambda,\,\text{mult-mult-mult}}}{NkT} - \left(\frac{A^{\lambda\lambda\lambda}}{NkT} \right)_A^{\text{mult-mult-mult}} + \left(\frac{A^{\lambda\lambda\lambda}}{NkT} \right)_B^{\text{mult-mult-mult}}, \tag{7.5.32}$$

mit

$$\left(\frac{A^{\lambda\lambda\lambda}}{NkT} \right)_A^{\text{mult-mult-mult}} = \frac{n}{(kT)^3} \sum_\alpha \sum_\beta x_\alpha x_\beta \left[\frac{24\pi}{25} \frac{\mu_\alpha^2 \mu_\beta^2 \theta_\alpha \theta_\beta}{\sigma_{\alpha\beta}^8} J_{\alpha\beta}^{(11)} \right.$$

$$+ \frac{48\pi}{75} \frac{\mu_\alpha^2 \mu_\beta^2 \theta_\alpha \theta_\beta}{\sigma_{\alpha\beta}^8} J_{\alpha\beta}^{(11)} + \frac{48\pi}{35} \frac{\mu_\alpha^2 \theta_\alpha \theta_\beta^3}{\sigma_{\alpha\beta}^{10}} J_{\alpha\beta}^{(13)}$$

$$\left. + \frac{144\pi}{245} \frac{\theta_\alpha^3 \theta_\beta^3}{\sigma_{\alpha\beta}^{12}} J_{\alpha\beta}^{(15)} \right] \tag{7.5.33}$$

und

$$\left(\frac{A^{\lambda\lambda\lambda}}{NkT} \right)_B^{\text{mult-mult-mult}} = \frac{n^2}{(kT)^3} \sum_\alpha \sum_\beta \sum_\gamma x_\alpha x_\beta x_\gamma$$

$$\cdot \left[\frac{32\pi^3}{135} \sqrt{\frac{14\pi}{5}} \frac{\mu_\alpha^2 \mu_\beta^2 \mu_\gamma^2}{\sigma_{\alpha\beta} \sigma_{\alpha\gamma} \sigma_{\beta\gamma}} K_{\alpha\beta\gamma}(222; 333) \right.$$

$$+ \frac{192\pi^3}{315} \sqrt{3\pi} \frac{\mu_\alpha^2 \mu_\beta^2 \theta_\gamma^2}{\sigma_{\alpha\beta} \sigma_{\alpha\gamma}^2 \sigma_{\beta\gamma}^2} K_{\alpha\beta\gamma}(233; 344)$$

$$- \frac{96\pi^3}{135} \sqrt{\frac{22\pi}{7}} \, \frac{\mu_\alpha^2 \, \theta_\beta^2 \, \theta_\gamma^2}{\sigma_{\alpha\beta}^2 \sigma_{\alpha\gamma}^2 \sigma_{\beta\gamma}^3} \, K_{\alpha\beta\gamma}(334; 445)$$

$$+ \frac{32\pi^3}{2025} \sqrt{2002\pi} \, \frac{\theta_\alpha^2 \, \theta_\beta^2 \, \theta_\gamma^2}{\sigma_{\alpha\beta}^3 \sigma_{\alpha\gamma}^3 \sigma_{\beta\gamma}^3} \, K_{\alpha\beta\gamma}(444; 555) \Bigg].$$

$$(7.5.34)$$

Damit sind die Störterme in dem Umfang angegeben, wie sie auch für reine Stoffe benutzt wurden und gehen in diese über.

7.5.2.4 Die Eigenschaften der Lennard-Jones-Referenzmischung

Das Lennard-Jones-(12-6)-Referenzsystem gilt universell, d. h. unabhängig von den speziellen Komponenten einer bestimmten Mischung. Das Referenzsystem ist daher eine konforme Lösung. Damit können die in Abschn. 7.4 entwickelten Theorien für konforme Lösungen auf das Referenzsystem angewandt werden. Am einfachsten geschieht dies dadurch, daß man die thermische Zustandsgleichung des reinen Lennard-Jones-(12-6)-Fluids, vgl. Abschn. 6.5.4.6, auf Gemische anwendet, z. B. durch Benutzung der VDW1-Regeln, (7.4.5) und (7.4.10). In gleicher Weise kann man verfahren, wenn man eine thermische Zustandsgleichung für Argon zur Modellierung der thermodynamischen Eigenschaften des Referenzsystems verwendet. Für die $J_{\alpha\beta}$-Integrale bietet sich die Anwendung der MDA an, vgl. (7.4.26). Für die K- und L-Integrale ist eine naheliegende Approximation [22]:

$$K_{\alpha\beta\gamma} = [K(n\sigma_x^3, kT/\varepsilon_{\alpha\beta}) \, K(n\sigma_x^3, kT/\varepsilon_{\alpha\gamma}) \, K(n\sigma_x^3, kT/\varepsilon_{\beta\gamma})]^{1/3} \qquad (7.5.35)$$

sowie

$$L_{\alpha\beta\gamma} = [L(n\sigma_x^3, kT/\varepsilon_{\alpha\beta}) \, L(n\sigma_x^3, kT/\varepsilon_{\alpha\gamma}) \, L(n\sigma_x^3, kT/\varepsilon_{\beta\gamma})]^{1/3}. \qquad (7.5.36)$$

Alle Integrale sind für das Lennard-Jones-(12-6)-Fluid als Funktion von T^* und n^* korreliert, vgl. Abschn. 6.5.4.6. Zusätzlich zu den Ableitungen nach T und n benötigt man bei Gemischen insbesondere Ableitungen nach der Zusammensetzung. Sie werden gebildet durch:

$$\frac{\partial J_{\alpha\beta}}{\partial x} = \frac{\partial J_{\alpha\beta}}{\partial n^*} \frac{\partial n^*}{\partial x} = \frac{\partial J_{\alpha\beta}}{\partial n^*} \frac{n^*}{\sigma_x^3} \frac{\partial \sigma_x^3}{\partial x} \qquad (7.5.37)$$

mit entsprechenden Ausdrücken für die K- und L-Integrale.

7.5.2.5 Anwendungen von Störungsrechnungen für anisotrope Wechselwirkungen mit der Lennard-Jones-Referenzmischung

In der Praxis mit empirischen Zustandsgleichungen ist es üblich, empirische binäre Korrekturparameter in universelle Kombinationsregeln einzuführen, vgl. Beispiele 7.3 und 7.4. Man benötigt daher grundsätzlich Gemischdaten. Demgegenüber ist das praktische Ziel der Statistischen Thermodynamik, die thermodynamischen Eigenschaften der Mischphasen aus denen der reinen Komponenten ohne Benutzung irgendwelcher Gemischdaten mit sinnvoller Genauigkeit abzuschätzen. Im Rahmen der vorliegenden Störungstheorie benötigt man hierzu Kombinationsregeln für die beiden Potentialparameter ε, σ des Lennard-Jones-(12-6)-Potentials, die in Kap. 4 untersucht wurden. Die darüber hinaus gehenden individuellen intermolekularen Kräfte zwischen gleichen und ungleichen Molekülen in einem Gemisch werden durch theoretische Kombinationsregeln erfaßt.

Störungsrechnungen für anisotrope Wechselwirkungen mit dem Lennard-Jones-Referenzsystem sind auf eine große Zahl realer Systeme angewandt worden. In den meisten Rechnungen wurden die anisotropen Abstoßungskräfte durch das δ-Überlappungspotential in Kombination mit einem empirisch angepaßten isotropen Abstoßungsexponenten n erfaßt, dem (n, δ)-Modell, und die Wechselwirkungen zwischen ungleichen Molekülen durch empirische binäre Parameter korrigiert [23–27]. Es gelingt dann durchweg eine sehr befriedigende Darstellung der experimentellen Daten. Da dies jedoch auch mit rein empirischen Modellen möglich ist, tritt bei diesen Anwendungen der Vorteil molekularthermodynamischer Modelle nicht ausreichend in Erscheinung. Diese Vorteile werden jedoch deutlich, wenn man eine Vorausberechnung des Gemischverhaltens aus einigen Reinstoffdaten, d.h. ohne Benutzung von Gemischdaten, unternimmt [28–30]. Anwendungen dieser Störungstheorie ohne Berücksichtigung der Molekülform wurden in [31, 32] veröffentlicht.

Beispiel 7.11

Bei $T = 195{,}42$ K liegen Messungen der Exzeßfunktionen g^E und v^E sowie des Verdampfungsgleichgewichts für das binäre System HBr–Xe vor [1]. Ausgehend von den durch Anpassung an Dampfdruck und Siededichte gewonnenen Reinstoffparametern $(\varepsilon/k)_{Xe} = 231{,}4$ K, $\sigma_{Xe} = 3{,}963$ Å, $(\varepsilon/k)_{HBr} = 236{,}94$ K, $\sigma_{HBr} = 3{,}780$ Å berechne man das Gemischverhalten des Systems aus einer Störungsrechnung um eine konforme Lennard-Jones-Mischung und vergleiche mit den Daten. Zur Simulation der thermodynamischen Eigenschaften des Referenzsystems benutze man die thermische Zustandsgleichung von Argon [2].

1. Calado, J. C. G.; Gray, C. G.; Gubbins, K. E.; Palavra, A. M. F.; Soares, V. A. M.; Staveley, L. A. K.; Twu, C. H.: J. Chem. Soc. Faraday Trans. A 1, 74 (1978) 893
2. Twu, C. H.; Lee, L. L.; Starling, K. E.: Fluid Phase Equilibria (1980) 35

Lösung

Die VDW1-Approximation und die MDA sind angesichts der geringen Unterschiede in den Potentialparametern berechtigt. Die Störbeiträge der reinen HBr–HBr-Wechselwirkung entsprechen den in Beispiel 6.24 zusammengestellten und können entsprechend den Beziehungen der Abschn. 7.5.2.1 bis 7.5.2.3 auf die HBr–HBr-Wechselwirkung im Gemisch übertragen werden. Die Molekülparameter wurden aus [1] entnommen. Als Kombinationsregeln für die Lennard-Jones-Parameter werden (4.5.20) und (4.5.21) verwendet.

Die Bilder B 7.11.1 bis B 7.11.3 zeigen die Ergebnisse für die Exzeßfunktionen g^E, v^E und das Verdampfungsgleichgewicht. Zum Vergleich sind gestrichelt die Ergebnisse der Theorie konformer Lösungen nach der VDW1-Theorie eingetragen. Die dazu verwendeten Potentialparameter von HBr sind $\varepsilon/k = 304{,}6$ K und $\sigma = 3{,}7058$ Å. Die Verbesserung [2] ist deutlich, obwohl die Nichtidealität nun übertrieben ist.

1. Gray, C. G.; Gubbins, K. E.: Theory of molecular fluids 1. Oxford: Clarendon Press 1984
2. Shukla, K. P.; Lucas, K.; Moser, B.: Fluid Phase Equilibria 17 (1984) 19

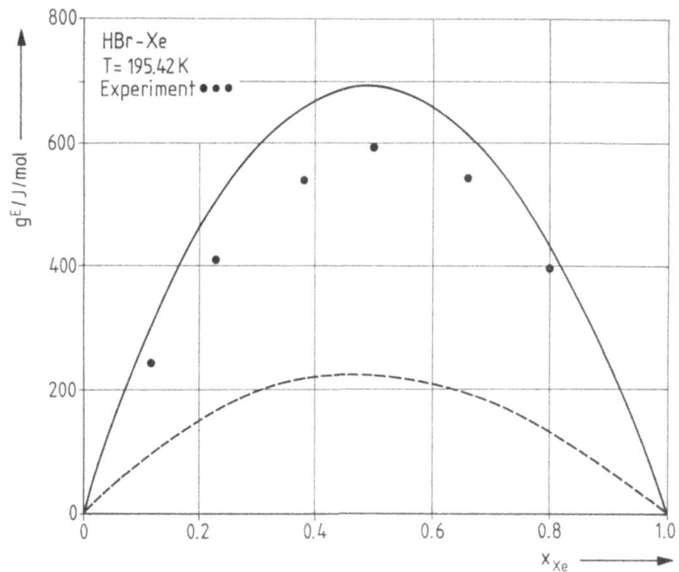

Bild B 7.11.1. Die freie Exzeßenthalpie von HBr–Xe nach Störungstheorie (—) und VDW1 (– – –)

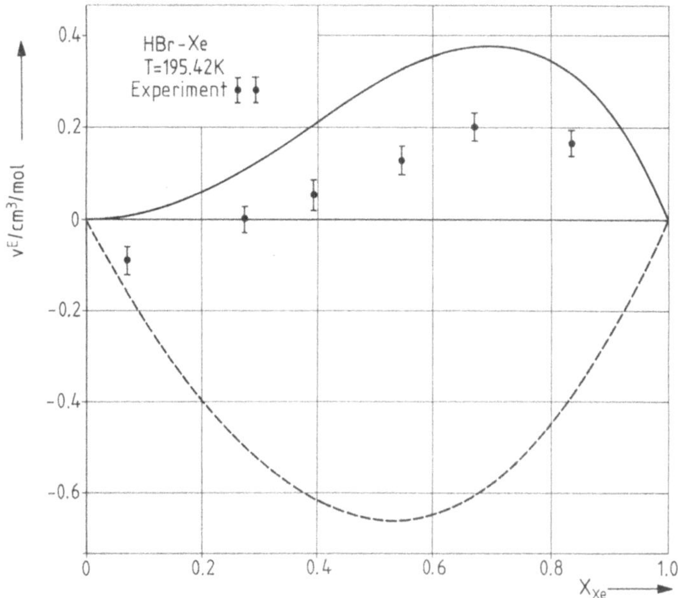

Bild B 7.11.2. Das Exzeßvolumen HBr–Xe nach Störungstheorie (— —) und VDW1 (– – –)

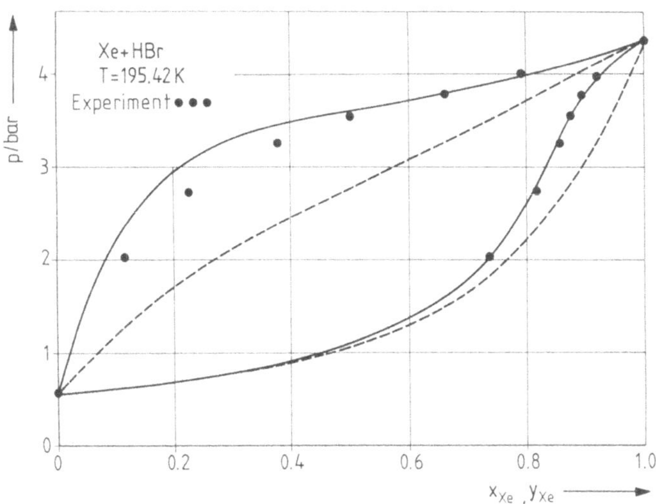

Bild B7.11.3. Das Verdampfungsgleichgewicht HBr–Xe nach Störungstheorie (——) und VDW1 (– – –)

Beispiel 7.12

Für das System Äthan-Kohlendioxid sind Daten des Verdampfungsgleichgewichts und der Exzeßfunktionen bekannt [1, 2]. Man berechne das Gemischverhalten des Systems aus einer Störungsrechnung um eine konforme Lennard-Jones-Mischung und vergleiche mit den Daten. Zur Simulation der thermodynamischen Eigenschaften der Referenzmischung verwende man die thermische Zustandsgleichung von Argon [3].

1. Fredenslund, A.; Mollerup, J.: J. Chem. Soc. Faraday Trans. 1, 70 (1974) 1653
2. Wallis, K. P.; Clancy, P.; Zollweg, J. A.; Streett, W. B.: J. Chem. Thermodyn. 16 (1984) 811
3. Twu, C. H.; Lee, L. L.; Starling, K. E.: Fluid Phase Equilibria 4 (1980) 35

Lösung

Die Moleküle CO_2 und C_2H_6 weichen stark von der Kugelgestalt ab. Eine strenge Beschreibung ihrer anisotropen Abstoßungskräfte durch eine Entwicklung eines „Site-Site"-Potentials in Kugelfunktionen sowie die Poplesche Störungstheorie ist nach dem gegenwärtigen Stand des Wissens nicht möglich. Ein im Rahmen des Modells sinnvoller Weg zur Vorausberechnung des Gemischverhaltens eines solchen Systems besteht indessen darin, die Reinstoffdampfdrücke und -siededichten durch schwach temperaturabhängige Parameter ε, σ des Referenzpotentials mit hoher Genauigkeit zu beschreiben und mit diesen Parameter die Gemischeigenschaften vorauszuberechnen. Dabei werden die Unzulänglichkeiten in der Beschreibung der Abstoßungskräfte durch die temperaturabhängigen Reinstoffparameter in erster Näherung berücksichtigt.

Aus der Literatur [1] entnimmt man die folgenden molekularen Parameter von CO_2 und C_2H_6:

CO_2: $\alpha = 2{,}91 \text{ Å}^3$; $\kappa = 0{,}240$; $\theta = -4{,}40 \cdot 10^{-26} \text{ esu cm}^2$
C_2H_6: $\alpha = 4{,}44 \text{ Å}^3$; $\kappa = 0{,}0578$; $\theta = -1{,}20 \cdot 10^{-26} \text{ esu cm}^2$

Die Molekülelongation für CO_2 ergab sich in Beispiel B6.23 zur $r_a^* = \pm 0{,}09$. Eine entsprechende Rechnung für C_2H_6 liefert $r_a^* = \pm 0{,}037$. Beide Werte sind als effektive, die Modellschwächen korrigierende Werte anzusehen.

Die Lennard-Jones-Parameter wurden durch Anpassung an die experimentellen Dampfdrücke und Siededichten als schwach temperaturabhängige Funktionen ermittelt. Die Wechselwirkungsmodelle für CO_2-CO_2 und C_2H_6-C_2H_6 entsprechen dem Beispiel B 6.23. Es ergeben sich die nachstehenden Parameter:

	T in K	ε/k in K	σ in Å
CO_2:	223,15	254,409	3,5818
	243,15	251,922	3,5774
	263,15	249,703	3,5725
C_2H_6:	223,15	265,663	4,2099
	243,15	263,759	4,2121
	263,15	262,313	4,2010

Das Wechselwirkungsmodell für CO_2-C_2H_6 entspricht dem für die Reinstoffwechselwirkungen. Als Kombinationsregeln für die Lennard-Jones-Parameter werden (4.5.20) und (4.5.21) benutzt, als Kombinationsregeln für die „Site-Site"-Parameter die Gleichungen (4.4.30) und (4.4.31). Für CO_2 wird zusätzlich (4.4.29) benutzt. Der Gültigkeitsbereich von VDW1-Approximation und MDA ist aufgrund des recht hohen σ-Verhältnisses geringfügig überschritten. Allerdings dürften die dadurch eingebrachten Fehler nicht dramatisch sein.

Die Ergebnisse sind in den Bildern B 7.12.1 bis B 7.12.4 zusammengestellt und mit denen der Theorie konformer Lösungen (gestrichelt, vgl. Beispiel 7.12) verglichen. Man erkennt die deutliche Verbesserung auf Grund der Berücksichtigung individueller intermolekularer Wechselwirkungen. Die Vorhersage kann als insgesamt befriedigend angesehen werden. Die nahezu perfekte Vorausberechnung des Verdampfungsgleichgewichts und der Exzeßenthalpie sollte allerdings nicht überbewertet werden. Die vorliegende Störungsrechnung kann als Näherungstheorie grundsätzlich nur qualitativ oder halb-quantitativ richtig sein, nicht aber im Rahmen der Meßgenauigkeit.

1. Gray, C. G.; Gubbins, K. E.: Theory of molecular fluids. Vol 1. Oxford: Clarendon Press 1984

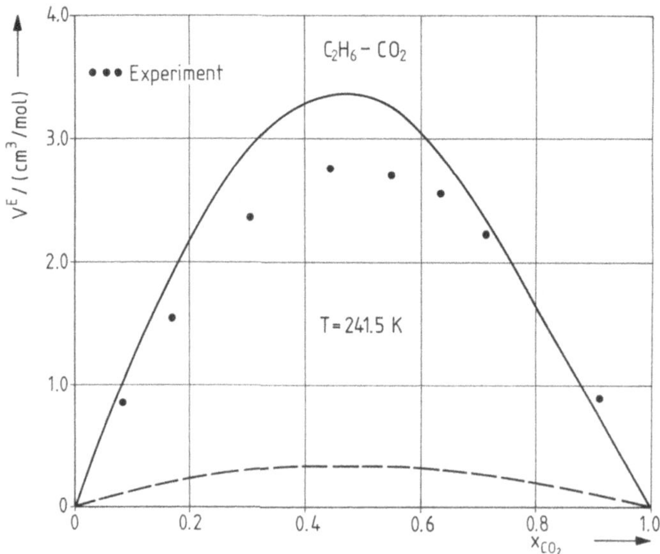

Bild B 7.12.1. Das Exzeßvolumen von C_2H_6-CO_2 nach Störungstheorie (— —) und VDW1 (---)

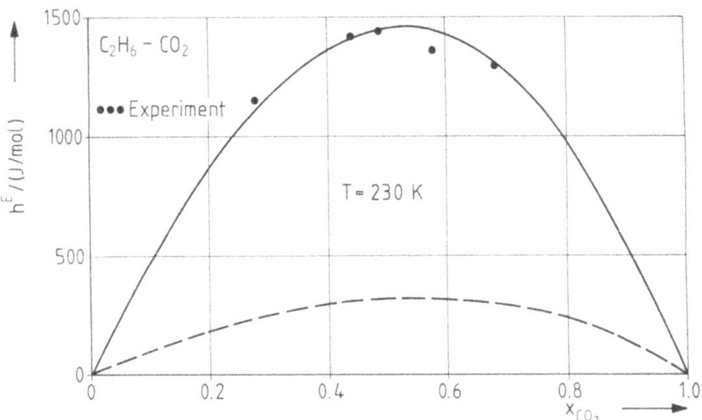

Bild B 7.12.2. Die Exzeßenthalpie von C_2H_6–CO_2 nach Störungstheorie (——) und VDW1 (– – –)

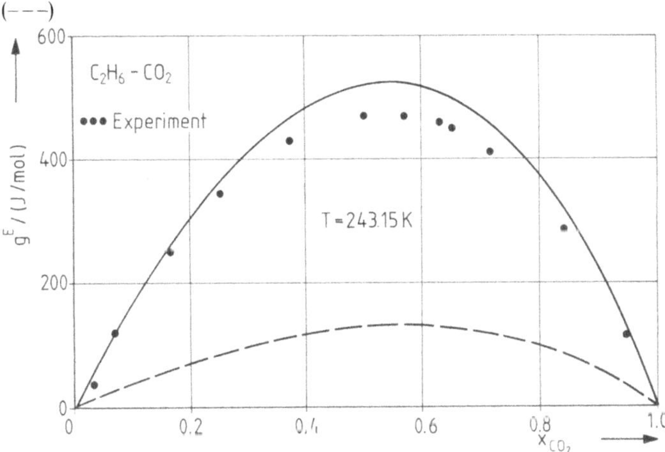

Bild B 7.12.3. Die freie Exzeßenthalpie von C_2H_6–CO_2 nach Störungstheorie (——) und VDW1 (– – –)

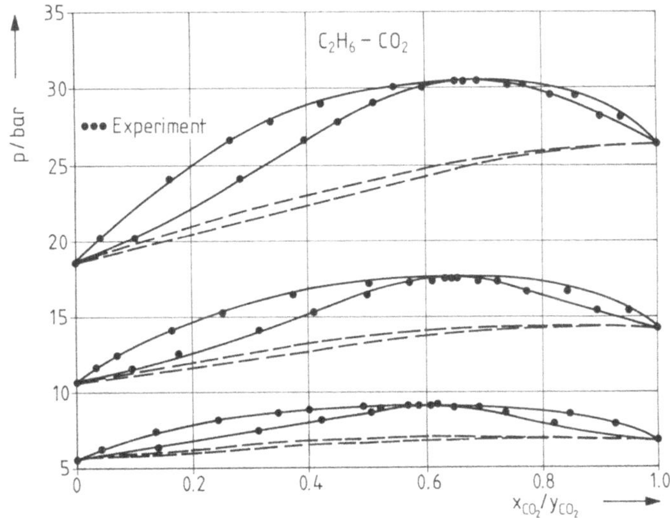

Bild B 7.12.4. Das Verdampfungsgleichgewicht von C_2H_6–CO_2 nach Störungstheorie (——) und VDW1 (– – –)

Beispiel 7.13

Für das System Schwefelkohlenstoff–Kohlendioxid sind Daten des Verdampfungsgleichgewichts mit teilweise überlagertem Flüssig-Flüssig-Gleichgewicht bekannt [1]. Man berechne das Gemischverhalten des Systems aus einer Störungsrechnung um eine konforme Lennard-Jones-Mischung einschließlich der kritischen Kurven und der Dreiphasenlinie und vergleiche mit den Daten. Zur Simulation der thermodynamischen Eigenschaften der Referenzmischung verwende man die thermische Zustandsgleichung von Argon [2].

1. Reiff, W.-E.; Roth, H.; Lucas, K.: Fluid phase equilibria (eingereicht)
2. Twu, C. H.; Lee, L. L.; Starling, K. E.: Fluid phase equilibria 4 (1980) 35

Lösung

Die Lösung erfolgt nach dem Schema des vorangegangenen Beispiels. Aus der Literatur [1] entnimmt man die folgenden molekularen Parameter von CS_2:

$$\alpha = 8{,}73 \text{ Å}^3; \quad \kappa = 0{,}361; \quad \theta = 2{,}1 \cdot 10^{-26} \text{ esu cm}^2.$$

Die Moleküelongation von CS_2 ergab sich durch Anpassung an Dampfdrücke und Siededichten zu $r_a^* = \pm\,0{,}03$, wobei für diesen Zahlenwert analoge Bemerkungen gelten wie für die entsprechenden für CO_2 und C_2H_6 des vorangegangenen Beispiels. Die Parameter von CO_2 wurden aus dem vorangegangenen Beispiel übernommen.

Die Lennard-Jones-Parameter wurden wie zuvor als schwach temperaturabhängige Funktionen ermittelt. Für die hier betrachteten Isothermen ergeben sich die nachstehenden Werte:

	T in K	ε/k in K	σ in Å
CS_2:	273,15	428,426	4,5185
	300,00	431,205	4,5178
	473,15	428,256	4,4916
CO_2:	273,15	248,202	3,5692
	300,00	243,969	3,5592
	473,15	248,633	3,5703

Zur Berechnung der kritischen Kurve des Verdampfungsgleichgewichts wurden die Lennard-Jones-Parameter von CO_2 an dessen kritischen Punkt angepaßt und die von CS_2 für jede Temperatur an Dampfdruck und Siededichte. Das Wechselwirkungsmodell von CS_2–CO_2 entspricht dem für die Reinstoffwechselwirkungen. Als Kombinationsregeln für die Lennard-Jones-Parameter werden (4.5.20) und (4.5.21) benutzt, als Kombinationsregeln für die „Site-Site"-Parameter die Gleichungen (4.4.30) und (4.4.31) sowie (4.4.29). Der Gültigkeitsbereich von VDW1-Approximation und MDA ist für das ε-Verhältnis geringfügig, für das σ-Verhältnis deutlich überschritten. Daß Phasengleichgewichte auf Fehler der VDW1-Approximation infolge von zu hohen σ-Verhältnissen nicht sensibel reagieren, dürften die dadurch eingebrachten Ungenauigkeiten nicht dramatisch sein.

Die Ergebnisse sind in den Bildern B 7.13.1 bis B 7.13.4 zusammengestellt [2]. Bei $T = 273$ K, vgl. Bild B 7.13.1, ergibt sich eine Mischungslücke im flüssigen Zustand, die von der Störungstheorie qualitativ richtig vorhergesagt wird. Die Mischungslücke wird bei dieser Temperatur als im wesentlichen druckunabhängig vorausberechnet. Bei $T = 300{,}00$ K, vgl. Bild B 7.13.2, ist keine Entmischung im flüssigen Zustand mehr feststellbar, was ebenfalls durch die Theorie richtig vorausgesagt wird. Bei $T = 473{,}15$ K, vgl. Bild B 7.13.3, schließlich ist CO_2 überkritisch, das Verdampfungsgleichgewicht einschließlich des kritischen Punktes wird auch hier im wesentlichen richtig vorausgesagt. In Bild B 7.13.4 sind die kritischen Kurven und die Dreiphasenlinie des Systems in einem $p - T$-Diagramm aufgetragen. Die kritische Kurve des Verdampfungsgleichgewichts und die Dreiphasenlinie werden durch Theorie befriedigend vorausberechnet. Für die kritische Kurve des Flüssig-Flüssig-Gleichgewichts liegen bisher keine Meßdaten vor.

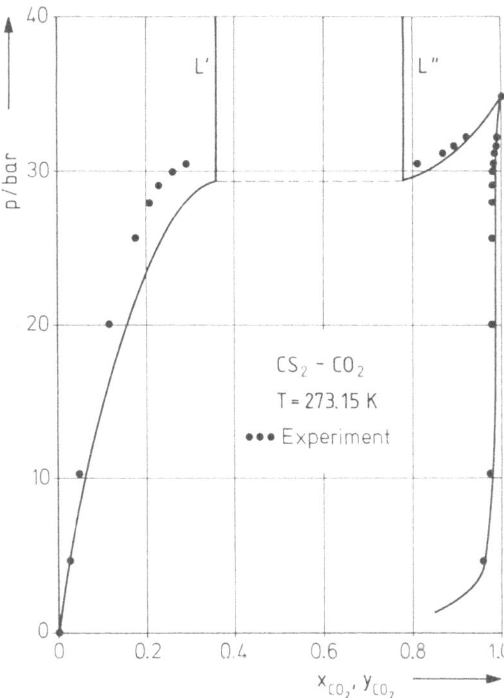

Bild B 7.13.1. Verdampfungsgleichgewicht im System $CS_2 - CO_2$ mit Entmischung in der flüssigen Phase ($L' - L''$)

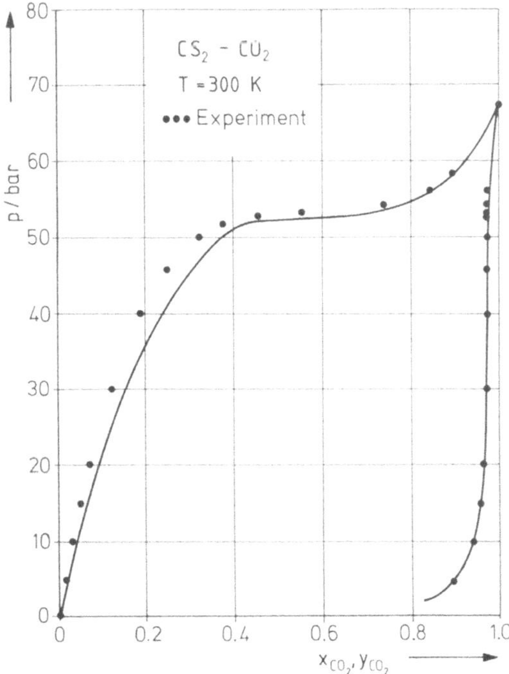

Bild B 7.13.2. Verdampfungslgeichgewicht im System $CS_2 - CO_2$ oberhalb der oberen kritischen Entmischungstemperatur

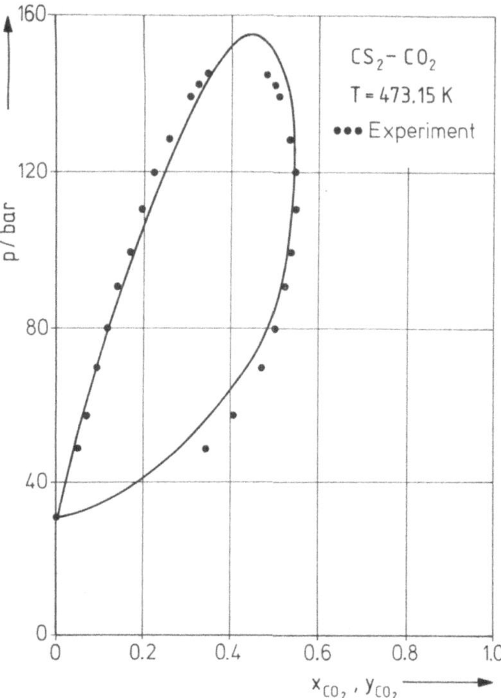

Bild B 7.13.3.   Verdampfungsgleichgewicht im System CS_2-CO_2 im kritischen Bereich

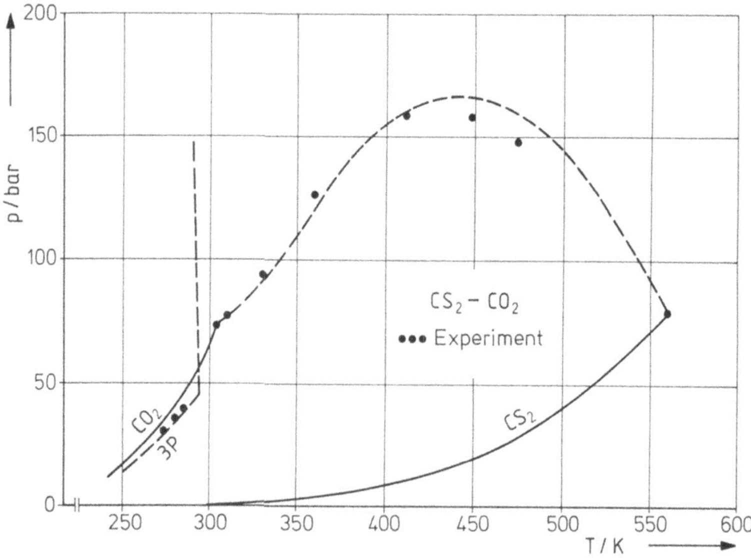

Bild B 7.13.4. Kritische Kurven für Verdampfungs- und Entmischungsgleichgewicht sowie Dreiphasenlinie (3P) im System CS_2-CO_2

Insgesamt ist die Übereinstimmung zwischen Rechnung und Experiment auch bei diesem komplizierten Phasenverhalten sehr befriedigend und wiederum deutlich besser als mit einer der etablierten empirischen Methoden erreichbar.

1. Gray, C. G.; Gubbins, K. E.: Theory of molecular fluids. Vol. 1. Clarendon Press, Oxford 1984
2. Reiff, W.-E.; Roth, H.; Lucas, K.: Fluid phase equilibria (eingereicht)

Die Störungstheorie mit der konformen Lennard-Jones-Mischung führt auf praktisch relativ leicht auswertbare Beziehungen. Sie führt auf befriedigende Weise die einschlägigen molekularen Parameter für die langreichweitigen Wechselwirkungskräfte ein. Ihre Berücksichtigung der Molekülform ist nur in grober Näherung möglich. Die Theorie arbeitet in der Regel eindrucksvoll für Systeme aus Molekülen mit stark unterschiedlichen Formen und Multipolkräften. Allerdings sind die theoretischen Grenzen zu beachten. Praktisch ist häufig das Verhältnis der ε-Parameter wesentlich größer als es für die VDW1-Theorie zulässig ist. In solchen Fällen kann es zu Fehlberechnungen des Gemischverhaltens kommen, wie z. B. bei CO_2-O_2, $C_2H_6-N_2$ und ähnlichen Systemen. Für nahezu ideale Systeme wie $Ar-O_2$, N_2-O_2 und ähnlichen ist die Anwendung dieser Theorie ebenfalls nicht sinnvoll, da dann die Exzeßfunktionen die Größenordnung von weniger als einem Prozent der totalen Gemischeigenschaften haben, womit jede Näherungstheorie praktisch problematisch wird.

7.5.3 Störungsrechnungen mit anisotropen Referenzmischungen

Praktische Störungsrechnungen für Gemische aus starren Molekülen mit anisotropen Referenzpotentialen sind im wesentlichen von nur einer Gruppe durchgeführt worden [33–35]. Die in Abschn. 6.5.5 als praktisch erfolgreichste Theorie dieser Art vorgestellte Störungsrechnung, eine Erweiterung der WCA-Theorie auf Moleküle mit „Site-Site"-Wechselwirkungen, ist in [33] auf die Exzeßfunktionen von $Ar-N_2$ und $Ar-O_2$ angewandt worden. Ohne Anpassung an Gemischdaten sind die damit erzielten Ergebnisse denen aus der Störungsrechnung mit dem Lennard-Jones-Referenzgemisch im wesentlichen äquivalent, wobei sich für $Ar-O_2$ falsche Vorzeichen ergaben, während die quantitative Übereinstimmung für $Ar-N_2$ besser ist. Beide Systeme haben aber so kleine Exzeßfunktionen, daß alle theoretischen Rechnungen prozentual unbefriedigend sein müssen. Außerdem sind N_2 und O_2 für eine Beschreibung durch das „Site-Site"-Potential nicht vollkommen geeignet, da bei ihnen sowohl die Effekte der Quadrupole als auch der Elongationen auf das thermodynamische Verhalten zu berücksichtigen sind. Indessen deuten Ergebnisse für Mischungen wie die aus Äthan mit verschiedenen Edelgasen eine grundsätzlich befriedigende Vorausberechnung der Exzeßfunktionen aus Reinstoffdaten an [34], wenn im wesentlichen nur Formeffekte zu berücksichtigen sind. Dies ist ein wichtiger Schritt zur richtigen Erfassung der Formeffekte in flüssigen Gemischen. Ein umfangreicher Vergleich mit Meßwerten für die Exzeßfunktion zahlreicher Systeme wurde in [35] durchgeführt, wobei auch der Einfluß von Kombinationsregeln herausgearbeitet wird. Die Ergebnisse sind im großen und ganzen befriedigend, wenn Systeme mit überwiegenden Formeffekten betrachtet werden. Im Gegensatz zu den in Abschn. 7.5.2 besprochenen Rechnungen sind diese Störungsrechnungen mit einem hohen numerischen Aufwand verbunden. Insbesondere wird die numerische Lösung der Percus-Yevick-Gleichung für Gemische aus weich abstoßenden Kugeln sowie komplizierte Winkelintegrationen für die Blip-Integrale harter Körper erforderlich. Aus diesem Grunde sind diese Störungsrechnungen noch nicht ohne weiteres für die praktische Anwendung geeignet und werden daher hier noch nicht durch Beispielrechnungen illustriert. Systeme mit überkritischen Komponenten können auf diese Weise grundsätzlich nicht beschrieben werden.

7.6 Zusammenfassung

Wenn die intermolekularen Wechselwirkungen der Moleküle so ähnlich sind, daß die intermolekulare Energiefunktion unabhängig von der Verteilung der einzelnen Moleküle auf die verschiedenen Komponenten ist, dann bildet die Mischphase eine ideale Lösung. Abweichungen von diesem einfachen Grenzfall beruhen daher auf Unterschieden in den intermolekularen Kräften der einzelnen Komponenten. Bei konformen Lösungen kommen diese Unterschiede ausschließlich durch Unterschiede in den beiden Potentialparametern bei identischen dimensionslosen Paarpotentialen zustande. Sind diese Unterschiede klein, so erlaubt die VDW1-Theorie eine einfache und ausreichend genaue Erfassung dieser Effekte. Bei großen Unterschieden sind komplizierte Theorien, insbesondere die Störungsrechnung WCA-VW-GH um eine Mischung aus harten Kugeln, heranzuziehen. Diese Theorie ist nicht auf konforme Potentiale beschränkt und vermutlich in den meisten realen Systemen, die sich nicht nach VDW1 beschreiben lassen, befriedigend. Sie ist allerdings auf hohe Temperaturen und Dichten beschränkt. Für mehratomige Moleküle empfiehlt sich eine Störungsrechnung mit der konformen Lennard-Jones-Mischung als Referenzsystem. Es ergeben sich danach in der Regel befriedigende Vorhersagen der thermodynamischen Eigenschaften. Die Verbesserungen gegenüber den eingeführten empirischen Methoden sind bemerkenswert systematisch für stark nichtideale Systeme, wenn das Verhältnis der ε-Parameter nicht zu weit über dem nach VDW1 zulässigen Wert liegt. Für nahezu ideale Systeme mit unbedeutend kleinen Exzeßfunktionen wie Gemischen aus den Substanzen Ar, N_2, O_2 sind die durch die Berücksichtigung der individuellen intermolekularen Wechselwirkungen eingebrachten Effekte unsystematisch und unbedeutend. Auch bei stark anisotropen Molekülen, deren winkelabhängige Abstoßungskräfte durch die Poplesche Störungsentwicklung nicht adäquat beschrieben werden, ergeben sich gute Vorhersagen des Mischungsverhaltens, wenn die Potentialparameter der reinen Komponenten in engen Temperaturbereichen an Meßdaten angepaßt werden. Offenbar sind auch dann die gleichartigen und ungleichartigen Wechselwirkungen in dem Sinne richtig erfaßt, daß sich ihre Fehler bei der Bildung der Exzeßfunktionen weitgehend herausheben. Die Reinstoffrechnungen haben dabei lediglich die Funktion, physikalisch sinnvolle Potentialparameter zu liefern. Für Systeme, deren Nichtidealität im wesentlichen durch Formeffekte der Moleküle entsteht, ist die Störungstheorie mit einer anisotropen Referenzmischung vielversprechend.

Literatur zu Kapitel 7

1. Singer, J. V. L.; Singer, K.: Mol. Phys. 24 (1972) 357
2. Nakanishi, K.; Okazaki, S.; Ikari, K.; Higuchi, T.; Tanaka, H.: J. Chem. Phys. 76 (1982) 629
3. Shukla, K. P.; Luckas, M.; Marquardt, H.; Lucas, K.: Fluid Phase Equilibria 26 (1986) 129
4. Hoheisel, C.; Lucas, K.: Mol. Phys. 53 (1984) 51
5. Lebowitz, J. L.: Phys. Rev. A 133 (1964) 895
6. Mansoori, G. A.; Carnahan, N. F.; Starling, K. E.; Leland, T. W.: J. Chem. Phys. 54 (1971) 1523
7. Alder, B. J.: J. Chem. Phys. 40 (1964) 2742
8. Lee, L. L.: Levesque, D.: Mol. Phys. 26 (1973) 1351
9. Perram, J.: Mol. Phys. 30 (1975) 1505
10. Boublik, T.: J. Chem. Phys. 63 (1975) 4084
11. Naumann, K. H.; Chen, Y. P.; Leland, T. W.: Ber. Bunsenges. Phys. Chem. 85 (1981) 1029
12. Leland, T. W.; Rowlinson, J. S.; Sather, G. A.: Trans. Faraday Soc. 64 (1968) 1447
13. Reid, R. C.; Prausnitz, J. M.; Sherwood, T. K.: The properties of gases and liquids. New York: McGraw-Hill 1977
14. Lucas, K.: Berechnungsmethoden für Stoffeigenschaften. VDI-Wärmeatlas, Abschnitt Da. Düsseldorf, VDI-Verlag 1984
15. Leland, T. W.: Adv. Cryog. Eng. 21 (1976) 466
16. Leland, T. W.; Chappelear, P. S.; Gamson, B. W.: AIChE-J. 8 (1962) 482
17. Luckas, M.; Lucas, K.; Deiters, U.; Gubbins, K. E.: Mol. Phys. 57 (1986) 241
18. Mansoori, G. A.; Leland, T. W.: J. Chem. Soc. Faraday Trans. 2, 68 (1972) 320
19. Chen, Y. P.; Angelo, P.; Naumann, K. H.; Leland, T. W.: Proc. 8th Symp. Thermophys. Prop., Vol. 1. New York: ASME 1982, p. 24
20. Grundke, E. W.; Henderson, D.: Mol. Phys. 24 (1972) 269
21. Shing, K. S.; Gubbins, K. E.: Mol. Phys. 49 (1983) 1121; Shing, K. S.; Gubbins, K. E.; Lucas, K.: Mol. Phys. (eingereicht) (Korrektur der Werte von Shing und Gubbins, 1983)
22. Gubbins, K. E.; Twu, C. H.: Chem. Eng. Sci. 33 (1978) 863
23. Wallis, K. P.; Clancy, P.; Zollweg, J. A.; Streett, W. B.: J. Chem. Thermodyn. 16 (1984) 811
24. Lobo, L. Q.; McClure, D. W.; Staveley, L. A. K.; Clancy, P.; Gubbins, K. E.; Gray, C G.; J. Chem. Soc. Faraday Trans. 2 (1981) 77
25. Gubbins, K. E.; Gray, C. G.; Machado, J. R. S.: Mol. Phys. 42 (1981) 817
26. Shukla, K. P.; Singh, Y.: J. Chem. Phys. 72 (1980) 2719
27. Twu, C. H.; Gubbins, K. E.; Gray, C. G.: Mol. Phys. 29 (1975) 713
28. Shukla, K. P.; Lucas, K.; Moser, B.: Fluid Phase Equilibria 17 (1984) 19
29. Shukla, K. P.; Lucas, K.; Moser, B.: Fluid Phase Equilibria 17 (1984) 153
30. Calado, J. G. C.; Gomes de Azevedo, E. J. S.; Soares, V. A. M.; Lucas, K.; Shukla, K. P.: Fluid Phase Equilibria 16 (1984) 171
31. Moser, B.; Lucas, K.; Gubbins, K. E.: Fluid Phase Equilibria 7 (1981) 153
32. Winkelmann, J.: Fluid Phase Equilibria 11 (1983) 207
33. Fischer, J.; Lago, S.: J. Chem. Phys. 78 (1983) 5750
34. Fischer, J.; Kohler, F.: Fluid Phase Equilibria 14 (1983) 177
35. Bohn, M.; Fischer, J.; Kohler, F.: Fluid Phase Equilibria (im Druck)

Sachverzeichnis